全国岩土工程师论坛文集
(2018)

陈湘生　张建民　黄　强　主编

U0202624

中国建筑工业出版社

图书在版编目（CIP）数据

全国岩土工程师论坛文集（2018）/陈湘生，张建民，黄强主编. —北京：中国建筑工业出版社，2018.10
ISBN 978-7-112-22629-0

Ⅰ.①全… Ⅱ.①陈…②张…③黄… Ⅲ.①岩土工程-文集
Ⅳ.①TU4-53

中国版本图书馆 CIP 数据核字（2018）第 200849 号

本书是中国工程院土木、水利与建筑工程学部主办的"2018 全国岩土工程师论坛"论文选集，主要涉及以下内容：地下结构安全性研究与实践、城市地下空间与城轨岩土技术研究与实践、大面积场地与地基处理技术研究与实践、深基础工程施工新技术研究与实践、岩土工程测试新技术研究与实践、环境岩土工程研究与实践、岛礁建设的岩土工程研究与实践、地质灾害风险与防控及综合篇。
本文集适合从事岩土工程有关的科研、工程技术人员及高校相关专业师生阅读、参考。

责任编辑：咸大庆　王　梅　杨　允
责任校对：王　瑞

全国岩土工程师论坛文集（2018）
陈湘生　张建民　黄　强　主编
*
中国建筑工业出版社出版、发行（北京海淀三里河路 9 号）
各地新华书店、建筑书店经销
北京科地亚盟排版公司制版
北京同文印刷有限责任公司印刷
*
开本：880×1230 毫米　1/16　印张：47　字数：1489 千字
2018 年 12 月第一版　　2018 年 12 月第一次印刷
定价：**139.00** 元
ISBN 978-7-112-22629-0
（32750）

前　　言

20 年前，由中国工程院主办的"岩土青年专家学术论坛"在武汉召开。

中国工程院院士与岩土工程青年专家学术论坛全体代表合影

时任中国工程院副院长潘家铮教授专门为论坛论文集作序，勉励青年岩土工程师：岩土工程存在大量复杂问题和重要关键有待研究和攻克，而要解决这些问题，仅靠理论与实验室研究是不够的，岩土的性质如此复杂多彩变幻无常，要取得突破，既要做深入的理论探索和基础性研究，需要各种高新科技的引进和渗透，更需要丰富的实践经验的反馈，从中吸取养料、检验、丰富和改进理论。一定要将两者紧密结合起来才能有成。"岩土工程"这个名词正是意味着岩土力学理论和工程实践的综合，文集中不少论文都是两者结合的范例。我想论坛采用这个名词也有深意吧。既然中国将进行规模空前的工程建设，只要我们努力，在肥沃的土地上也一定能盛开灿烂的鲜花、结出丰硕的成果。谨以此意贡献给青年岩土工程专家们。

二十年来，伴随着建设事业突飞猛进发展，我国岩土工程技术取得了世界瞩目的成就。参会代表是我国岩土工程战线的一支中坚力量，为我国岩土工程理论、实践的发展做出了巨大贡献。

岩土工程系与地质体物理力学性质、环境、工法（施工力学）和过程（时空观）等关联的复杂系统性工程，一向被人们视为影响大、风险也大的一个技术领域。在我国岩土工程技术发展历程中，既有不少成功经验，也有一些沉痛教训。这些都需要我们在前进中继续深入研究总结。在这个科学试验、理论计算、工程经验与施工变形检测监控并存并重的领域里，岩土工程技术人员正确认知岩土工程性质和应用设计理论、正确理解规程规范和把握技术条件、采用合适的施工手段非常重要。期望通过这次论坛交流和论文集的出版，为促进我国岩土工程技术全面健康发展和提高贡献力量。希望岩土工程创新模式和改进规范规程，从静态走向动态、从人工走向智能，使我国岩土工程技术水平走在世界最前列。同时，以纪念我们那个时代青年岩土工程师走过的这二十年。

本论文集的出版，得到了深圳市住建局、中国建筑工业出版社的大力支持，在此表示衷心感谢。

陈湘生　张建民　黄　强

2018 年 9 月 28 日

目　录

一、地下结构安全性研究与实践

二、城市地下空间与城轨岩土技术研究与实践

三、大面积场地与地基处理技术研究与实践

四、深基础工程施工新技术研究与实践

五、岩土工程测试新技术研究与实践

六、环境岩土工程研究与实践

七、岛礁建设的岩土工程研究与实践

八、地质灾害风险与防控

九、综合篇

一、地下结构安全性研究与实践

可液化地层中地下结构地震响应的动力分析

陈韧韧，王睿，张建民

（清华大学水利水电工程系，北京　100084）

摘　要： 可液化地层中地下结构的震动响应规律和计算方法是岩土工程抗震研究领域长期以来的热点和难点。现有研究普遍将场地视为假想的均质可液化土层，且缺乏能高效计算并合理反映地下结构构件配筋与动力非线性性能的建模方法，对成层可液化地层中结构震动响应规律和破坏机制尚无系统认知。本文通过建立可液化地层中地下结构有限元建模及静动力时程计算分析方法，揭示成层可液化地层中地下结构震动响应的基本规律。

关键词： 地震；液化；地下结构；数值分析方法

1　引言

城镇人口密度的迅速增加，促使居民对城镇生存和发展空间需求同步增加。当前，我国主城区含百万人口的大城市已超过 100 座，其地上空间利用已逐步趋于饱和，科学开发利用地下空间成为中国未来城市发展的重要方向。当前，地铁地下结构的兴建极大地促进了城市地下空间的开发利用，而且地铁地下结构已经逐步和地下商业街、停车场、地下综合管廊以及人防工程相结合，形成复杂的多功能大规模地下建筑群。《城市地下空间开发利用"十三五"规划》指出"力争到 2020 年，初步建立较为完善的城市地下空间规划建设管理体系"，一方面为促进城市地下空间科学合理开发利用提供制度保障，另一方面也对改变科学理论研究落后于工程建设实践的现状提出了新要求。

相比于地上建筑，大规模建设地下结构的历史相对短，震害案例相对少，同时，传统上普遍认为地下结构震动变形小、抗震性能好。然而，全球地下结构震害屡见不鲜，尤其在 1995 年 Hyogoken-Nanbu（日本阪神）地震引起地层液化且出现地下结构严重震害后，引起众多抗震研究者开展对地下结构震动响应规律和机理的研究。此外在 1999 年集集、2010 年 Maule、2011 年 Tohoku、Christchurch 和 2013 年 Emilia 等强震中，均出现地层液化以及地下结构或设施的震害实例[1-3]。我国以地铁工程建设为代表的地下空间开发实践中，常遇见穿越非均匀分布可液化地层的情况，例如南京地铁 1 号线、上海地铁 2 号线、广州地铁 2 号线、太原地铁 2 号线、天津地铁 5 号线、福州地铁 1～7 号线等，可液化地层的出现增加了城市地下空间开发利用的难度与安全隐患。

然而，目前已有研究普遍针对地下结构处于均质可液化地层的简化工况展开，尚无对实际工程实践中常遇的地下结构穿越非均匀分布可液化地层时震动响应的系统认识。在物理试验方面，国内外学者通过振动台和离心机振动台设备开展了许多模拟可液化场中地下结构震动响应的缩尺试验研究，在一定程度上再现和揭示了简单条件下可液化土-地下结构动力相互作用，但仍未形成统一的规律性认知。随着计算机科学技术水平的高速发展，通过数值计算开展可液化地层中地下结构静动力时程分析的优点越来越突出，诸多学者运用该方法进行数值模拟研究，但尚缺少能同时精细、合理和高效地评价可液化土-结构非线性特征的研究。在地下结构模拟方面，需要准确高效地反映钢筋混凝土构件配筋及其动力非线性性能；在可液化土描述方面，需要采用基于砂土液化物理机制的弹塑性本构模型[4,5]。

本文运用 OpenSees 有限元计算程序，采用混合单元对地下结构进行建模，合理地模拟了可液化土体与钢筋混凝土地下结构的动力相互作用行为。在此基础上，分析了成层可液化地基中地下结构的动力响应规律，重点关注地下结构的变形、内力及土-结构相互作用。

2 可液化地层中地下结构建模与计算方法

2.1 地下结构混合单元建模方法

在地面结构工程领域，组合式建模方法已经得到广泛应用。纤维梁单元、分层壳单元是组合式方法中经典的建模手段，具有精度高、计算代价小的特点。二维计算可采用纤维梁单元模拟结构的梁、墙、柱等构件，它将截面离散为纤维束，分别描述钢筋、混凝土的位置、面积以及材料分区；三维计算仍可采用纤维梁单元模拟结构的柱体（图1a），而可采用分层壳单元模拟结构的板、墙等构件（图1b），它将沿壳厚度方向离散为不同材料层，分别描述纵、横钢筋层和混凝土层[6,7]。

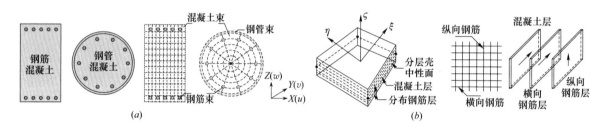

图1 纤维梁、分层壳单元对钢筋混凝土构件空间离散示意图

不同于地上结构，可液化场中地下结构周边与土、水接触，如果直接使用纤维梁单元或分层壳单元模拟地下结构，一方面不能很好地模拟结构细部几何信息及其质量分布；另一方面，在结构周边液化土层发生强非线性变形的工况分析中，纤维梁、分层壳结构单元直接与土体单元连接容易使计算不收敛。而使用实体单元模拟地下结构，能很好地反映结构几何信息和质量分布，但精细化模拟构件弹塑性动力非线性性能的计算代价过大。因此，通过结合纤维梁、分层壳单元与实体单元的优点，采用地下结构混合单元实用建模方法，以适用于可液化地层中的地下结构建模。该方法运用实体单元提供结构几何及质量信息，纤维梁/分层壳单元则提供刚度和强度信息，从而实现对钢筋混凝土结构配筋和构件性能的模拟。

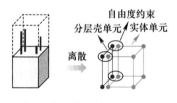

图2 分层壳-实体混合单元法结构建模示意图

在有限元数值实现中，利用实体单元、纤维梁/分层壳单元同时对结构进行空间离散，如图2所示，以分层壳-实体混合单元为例。通过合理地对实体单元刚度阵置小数以及增加两类单元间的自由度约束方程，从而在求解方程组中实现混合目的，见式（1）～式（6）。

实体单元与分层壳单元运动方程分别为：

$$[M_B]\{\ddot{u}_B\} + [C_B]\{\dot{u}_B\} + [K_B]\{u_B\} = \{F(t)\} \tag{1}$$

$$[M_S]\{\ddot{u}_S\} + [C_S]\{\dot{u}_S\} + [K_S]\{u_S\} = \{F(t)\} \tag{2}$$

其中 $[M]$ 为质量阵，$[C]$ 为阻尼阵，$[K]$ 为刚度阵；$\{u\}$ 为节点平动自由度向量；$\{F(t)\}$ 为节点动力荷载向量；下标"B"和"S"分别代表实体单元和分层壳单元。

对实体单元刚度阵置小数，并对分层壳单元质量阵置零，当采用瑞利阻尼时：

$$[M_B]\{\ddot{u}_B\} + [C'_B]\{\dot{u}_B\} + [K'_B]\{u_B\} = \{F(t)\} \tag{3}$$

$$[C'_S]\{\dot{u}_S\} + [K_S]\{u_S\} = \{F(t)\} \tag{4}$$

其中 $[K'_B]$ 为置小数后的刚度阵，$[C']$ 为受刚度阵和质量阵调整影响后的阻尼阵。

对实体单元与分层壳单元在空间中相同位置节点增加自由度捆绑约束：

$$\{u_B\} = \{u_S\} \tag{5}$$

从而使该离散构件在有限元求解方程组中的求解表达式等效为：

$$[M_B]\{\ddot{u}\} + [C'_B + C'_S]\{\dot{u}\} + [K'_B + K'_S]\{u\} = \{F(t)\} \tag{6}$$

由于其中 $[K'_B]$ 相对于 $[K'_S]$ 为小量，即分层壳单元所采用的材料本构关系控制了该构件的变形和强度。

混合单元建模方法继承了原有单元的优点，能高效地离散复杂的钢筋混凝土构件，且能够合理模拟钢筋混凝土构件的动力加载反应（图3）[8]，能够适用于地下结构地震反应数值研究。

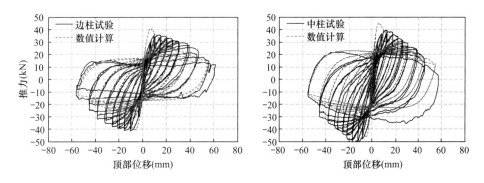

图 3　框架柱循环加载试验与数值模拟滞回曲线

2.2　可液化地层中地下结构地震反应计算方法

本节在混合单元建模方法的基础上，着重考虑材料本构、初始状态以及地震波选用，采用 OpenSees 有限元开源程序，合理地同时考虑可液化地层与地下结构动力非线性特性，建立可液化地层中地下结构抗震计算方法。

（1）材料本构

地下结构采用混合单元模拟，其中钢筋采用 Giuffre-Menegotto-Pinto 本构模型，可模拟金属材料的往返加载时的包辛格效应；混凝土采用 Kent-Scott-Park model 本构模型，可考虑加卸载中混凝土损伤导致的模量衰减。

可液化土体采用砂土液化大变形本构模型 CycLiqCPSP，该模型框架基于边界面塑性理论。该模型考虑了临界状态土力学的状态参数对剪胀的影响，进而统一描述饱和砂土从液化前到液化后的不同状态。该模型的参数包括弹性模量（G_0，κ），塑性模量（h），临界状态参数（M，λ_c，e_0，ξ），状态参数（n_p，n_d），可逆性剪胀参数（$d_{re,1}$，$d_{re,2}$），不可逆性剪胀参数（d_{ir}，α，γ_d，r）[9]。

（2）初始状态

由于不同的地下结构施工方法与施工过程，地下结构周边土体的初始应力状态是不同的，进而会影响土体的动力响应以及与结构的运动相互作用。所以需要通过对边界条件的控制，在计算程序中实现对单元、节点的分离与重建，模拟施工过程，再现准确的初始应力状态。根据施工方法的区别，地下结构主要分为明挖和暗挖法施工。可通过数值方法细化模拟该过程：①场地自重应力场计算；②逐层分级开挖至拟建结构区域；③逐级结构施工与覆土回填。当埋深超过一定限度后，明挖法不再适用，而要改用暗挖法，施工时对地面的道路通行影响小，适用于市中心和一些埋深很深的结构；数值模拟过程为：①场地自重应力场计算；②逐级开挖与结构施工，直至结构完工。

（3）地震波选用

针对实际工程，由于不同地震波输入往往得到不同的动力时程分析结果，因此根据美国国家地震减灾计划（NEHRP，2011）中关于地震波选取及缩放的推荐方法及《建筑抗震设计规范》的相关规定，应选用多条符合该工程所在地区抗震设防要求的实测地震波作为输入，并取计算结果的平均值进行分析和评价，从而提高计算结果的可靠性。

3 成层可液化地层中地下结构震动响应规律

3.1 计算概况

本文以一高8m、宽22.1m、埋深6m的单层双跨矩形地铁车站结构作为研究对象，将对3种典型的地层剖面工况开展研究（图4），包括：①结构处于厚度为20m的均质可液化层中部（简称为Liq）；②结构横穿6m厚的可液化夹层（简称为M-liq），其顶底板均处于不可液化土层；③结构处于不可液化层（简称为Non-liq），作为前两个工况的对照。

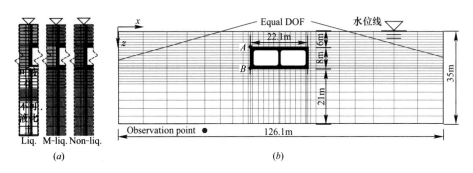

图4 地层条件示意图

计算采用OpenSees有限元二维分析，计算域均为饱和地层，地表排水，左右边界为捆绑边界，结构采用前文提出的非线性纤维梁单元与实体单元组成的混合单元，共同模拟钢筋混凝土地下结构。场地土体采用基于比奥固结理论的u-p格式四节点流固耦合单元建模。

根据NEHRP（2011）中关于地震波选取及缩放的推荐方法及《建筑抗震设计规范》GB 50011—2010的相关规定，运用太平洋地震工程研究中心（PEER，2016）地震动数据库选用了7条符合要求的地震波，并设置地震峰值加速度为2.20m/s²。

3.2 结果分析

（1）结构变形与内力响应

根据《建筑抗震设计规范》和《混凝土结构设计规范》关于钢筋混凝土结构设计的相关内容，弯矩、剪力和层间位移角常用于结构构件的截面验算和变形验算，要求地下结构在设防地震作用下其弯矩和剪力不超过相应的设计值，且弹塑性层间位移角小于1/250。计算结果显示在可液化土层穿过结构的M-liq工况中，地下结构的变形和内力明显大于Liq和Non-liq工况（图5），表明结构在穿越可液化夹层中的震动破坏危险性明显高于其处在均质可液化地层和不可液化地层的情况。因此，应更加重视工程中常见的非均匀可液化土层对地下结构抗震安全性的影响。

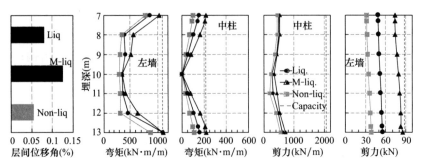

图5 各地震作用下各工况结构变形与内力平均峰值

（2）土-结构相互作用分析

场地土体发生的地震变形通过外力作用在地下结构上，导致结构产生地震内力响应与变形，即土与结构动力相互作用。在水平方向上，地下结构主要受到土体对其左右墙面的法向土水压力、顶底板摩擦力和惯性力，本节通过对这三种作用力展开分析土与结构相互作用。

图 6（a）给出了地震作用下各工况的平均左右墙面法向作用力初始值及动力增量峰值。对比表明，Liq 和 M-liq 工况的墙面法向力增量大于 Non-liq 工况的结果，且 M-liq 工况中墙面顶部法向力增量明显大于另外两种工况，并形成两端大、中间小的非均匀墙面法向力增量分布，增强了地下结构横断面内的剪切作用。

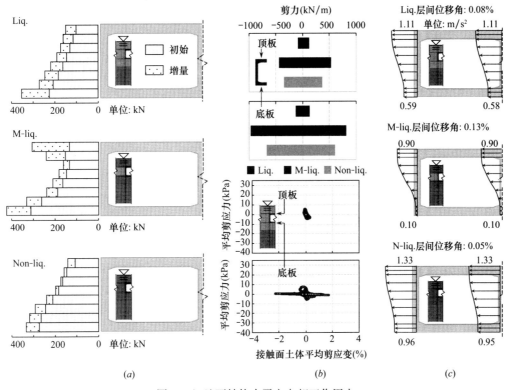

图 6　土-地下结构水平方向相互作用力

图 6（b）上给出了地震作用下各工况结构顶底板平均剪力值范围。由图可见，M-liq 工况的顶底板剪力峰值最大，分别是 Non-liq 和 Liq 工况的 1.4 倍和 5 倍，表明 Liq 工况中，可液化土对地下结构顶底板的剪切作用非常有限。为了分析其原因，图 6（b）下给出了 Liq 工况中结构顶底板的平均剪应力和剪应变关系图，可见 Liq 的底板下土体发生液化。

然而，在三种地层中，虽然 Liq 工况的顶底板剪力均明显小于 Non-liq 工况，但其地下结构的震动内力和变形响应仍大于 Non-liq 工况，下面将从地下结构惯性力分布角度分析其原因。图 6（c）展示了地震作用下各工况在最大层间位移角时刻的结构加速度分布。在 Liq 和 M-liq 工况中，地下结构的顶底板加速度差异值较大，分别为 0.52m/s^2 和 0.8m/s^2，然而，在 Non-liq 工况中，虽然其加速度绝对值明显大于另外两种工况，但其顶底板加速度差值却较小，为 0.37m/s^2，表明土体震动液化导致土体对地下结构的约束作用减弱，并使得结构内部产生更大的差异加速度，即更大的内部不均匀惯性力。与以往研究常对地下结构惯性力忽略不计的观点不同，本研究表明，惯性力是影响可液化地层中的地下结构地震响应的重要因素。

4　结论

本文将纤维梁/分层壳单元与实体单元相结合，提出了地下结构混合单元建模方法，并在此基础上，建立了可液化地层中地下结构抗震计算方法，讨论了成层可液化地层中地下结构震动响应规律。得到以下认识和结论：（1）提出的混合单元法继承了原单元的优点，能够同时合理地考虑地下结构几何信息、质量信息以及材料力学性能，可在二维和三维有限元分析中高效地离散钢筋混凝土地下结构，实现了对地下结构的合理建模。（2）通过对均质液化地层、不可液化地层以及可液化夹层穿越地下结构的对比分析，表明当液化夹层穿越地下结构时，结构弹塑性层间位移角、弯矩和剪力比其处于均质可液化地层和不可液化地层更大，更易达到剪切破坏，其主要原因是侧墙不均匀法向力和顶底板剪切力均显著大于另外两种工况。（3）地下结构的惯性力分布是影响地下结构震动响应的重要因素。地层震动液化可使得结构内部出现更大的差异惯性力，引起的结构变形与内力是不容忽视的。相比于不可液化地层中的浅埋地下结构，当地下结构局部或整体处于可液化土层时，结构更容易发生震动破坏。

参考文献

［1］ Tokimatsu K，Asaka Y．Effects of liquefaction-induced ground displacements on pile performance in the 1995 Hyogo-ken-Nambu earthquake ［J］．Soils and Foundations，1998，38（Special）：163-177.

［2］ Iida H，Hiroto T，Yoshida N，et al．Damage to Daikai subway station ［J］．Soils and foundations，1996，36（Special）：283-300.

［3］ Hashash Y M A，Karina K，Koutsoftas D，et al．Seismic design considerations for underground box structures ［C］//Earth Retention Conference 3．2010：620-637.

［4］ 张建民．砂土动力学若干基本理论探究 ［J］．岩土工程学报，2012，34（1），1-50.

［5］ Zhang J M，Wang G．Large post-liquefaction deformation of sand，part I：physical mechanism，constitutive description and numerical algorithm ［J］．Acta Geotechnica，2012，7（2）：69-113.

［6］ Lu X，Xie L，Guan H，et al．A shear wall element for nonlinear seismic analysis of super-tall buildings using OpenSees ［J］．Finite Elements in Analysis and Design，2015，98：14-25.

［7］ 聂建国，王宇航．基于 ABAQUS 的钢-混凝土组合结构纤维梁模型的开发及应用 ［J］．工程力学，2012，29（1）：70-80.

［8］ 陆新征，叶列平，潘鹏，等．钢筋混凝土框架结构拟静力倒塌试验研究及数值模拟竞赛 I：框架试验 ［J］．建筑结构，2012，42（11）：19-22.

［9］ Wang R，Zhang J M，Wang G．A unified plasticity model for large post-liquefaction shear deformation of sand ［J］．Computers and Geotechnics，2014，59：54-66.

作者简介

陈韧韧，男，1990 年生，福建上杭人，研究生，工学博士。E-mail：haoyangwuji@126.com，地址：北京市海淀区清华大学土工离心机实验室，100084。

DYNAMIC SEISMIC ANALYSIS OF UNDERGROUND STRUCTURES IN LIQUEFIABLE GROUND

CHEN Ren-ren，WANG Rui，ZHANG Jian-Min

(Tsinghua University，Department of Hydraulic Engineering，Beijing 100084)

Abstract：The seismic response of underground structures in liquefiable ground is an important and challenging topic in the field of geotechnical earthquake engineering．However，existing research on underground structures in liquefiable ground have mostly been conducted in idealized homogeneous soil profiles，without sufficient modelling of non-linear dynamic properties of the soil and reinforced concrete components. The seismic response and failure mechanism of underground structures in layered liquefiable ground is still unclear. In this research，a new combined structure element modelling technique is presented，based on which a dynamic finite element analysis method for underground structures in liquefiable ground is developed. The seismic response and failure mechanism of underground structures in layered liquefiable ground are revealed.

Key words：earthquake；liquefaction；underground structure；dynamic analysis

混凝土沉管隧道介质传输与耐久性研究

谢梅杰，李克非

（清华大学土木系，北京　100084）

摘　要： 考虑我国东南沿海在建的沉管隧道环境，针对沉管隧道壁所处的特殊环境条件建立了热-水-离子耦合传输模型，研究多离子多场作用下侵蚀性离子在沉管壁混凝土中的迁移过程。利用该传输模型计算了 120 年使用期内在不同温度和压力工况下的水分与离子分布，结果表明：（1）隧道壁的水分迁移为内侧干燥过程与外侧海水渗入过程的叠加；（2）温度变化对离子和水分传输的影响比外部水压变化更加显著；（3）120 年隧道外侧溶蚀深度有限，钢筋锈蚀诱发区域深度约为 0.65m，但锈蚀电流低于 $0.1\mu A/cm^2$。

关键词： 介质传输；孔隙材料；沉管隧道；混凝土；溶蚀；钢筋锈蚀

1　沉管隧道

海底沉管隧道是一类极富挑战性的工程结构。与填埋式隧道相比，沉管隧道具有较快的施工速度、较好的质量控制和较高的海洋环境适应性[1]。据统计，从 1910 年美国首个沉管隧道建成后，超过 150 个工程使用了沉管隧道。未来 30 年中国拟（在）建的海底隧道有江西南昌红谷隧道、港珠澳大桥海底隧道等。混凝土沉管隧道或者外表面覆盖防水层，或直接暴露于海水中，使用结构混凝土来防渗和防水。不论何种方案，均需要隧道混凝土在使用周期内保持较高的耐久性。

沉管隧道混凝土的耐久性与海水中有害介质直接相关，包括 H^+，SO_4^{2-}，Cl^-，Mg^{2+} 以及侵蚀性 CO_2[2]。这些介质侵入混凝土材料、通过不同机理造成材料劣化：Cl^- 侵入混凝土孔隙溶液后，会导致内部钢筋锈蚀的电化学反应[3]；SO_4^{2-} 侵入混凝土材料后可能导致硫酸盐化学反应、生成膨胀性产物，造成材料开裂[4]；Mg^{2+} 侵入水泥基材料后会与水化产物发生化学反应，引起材料基体的破坏[5]。由于海水 pH 值较低，混凝土中的 Ca^{2+} 和 OH^- 会向海水中迁移，使混凝土材料发生溶蚀[6]：首先降低混凝土孔隙的 pH 值、减弱混凝土对钢筋的保护作用，其次会增大材料孔隙率，加速海水中其他有害介质的侵入、并降低结构材料的力学性能。本文针对沉管隧道的环境条件建立了考虑了温度、海水压力、多离子多场传输模型，研究在不同压力和温度作用下水分和离子的迁移过程，为沉管隧道耐久性定量化设计提供支撑[7]。

2　热-水-离子传输理论

2.1　孔隙材料假设

混凝土是一种多孔多相的非均质工程材料，其传输性质与过程的研究需要界定材料的代表性单元体（REV）。研究假定材料孔隙相互连通，处于非饱和状态。定义材料连通孔隙率为 ϕ，气相占据的孔隙率为 ϕ_g，液相占据的孔隙率为 ϕ_l 以及饱和度为 s_l。孔隙中气相分为干燥空气和水蒸气两种组分，因此总气体压力 P_g 为干燥空气分压 P_a 和水蒸气分压 P_v 之和，即 $P_g = P_a + P_v$。假定气体满足理想气体方程，

基金项目：国家自然科学基金（51778332）

$$P_i M_i = \rho_i RT, \quad i = a, v \tag{1}$$

上式中 M_i 为是气体 i 的摩尔质量（mol/kg）；ρ_i 是气体 i 的体积密度（kg/m³）；R 是理想气体常数（J/mol/K）；T 是绝对温度（K）。水蒸气与液相水之间的气液平衡可以用下式表达：

$$\ln\left[\frac{P_v}{P_{vs}(T)}\right] = \frac{M_v}{RT\rho_w}(P_l - P_{atm}) \tag{2}$$

式中 $P_{l,vs,atm}$ 分别代表液相压力、饱和蒸汽压力和标准大气压（Pa），其中 P_{vs} 与温度相关；ρ_w 代表液态水的密度（kg/m³）。

2.2　热量守恒

以 REV 作为研究对象，其总的熵的变化率包括由流体流动产生的热对流和由温度梯度产生的热传导。同时，忽略离子传输、结晶以及气液相变过程对热的影响，热守恒方程可以写成下式：

$$\dot{S}_{tot} = -\left[\nabla(w_a S_a + w_v S_v + w_w S_w)\right] - \frac{1}{T}\nabla(-\lambda\nabla T) \tag{3}$$

其中，

$$S_{tot} = -\rho_{sk}(1-\phi)S_{sk} + \rho_w\phi s_l S_w + \sum_{i=a,v}\rho_i\phi(1-\phi)S_i \tag{4}$$

上式 $S_{tot,sk,a,v,w}$ 分别代表整个 REV、固体骨架、干燥空气、水蒸气和液态水的熵值（J/K）；λ 是 REV 的平均导热系数（W/m/K）。

2.3　流体质量和 REV 单元质量守恒

REV 中流体主要包括干燥空气、水蒸气以及孔隙液体。干燥空气的质量守恒方程如下：

$$\frac{\partial m_a}{\partial t} + \text{div}(w_a) = 0 \tag{5}$$

考虑水蒸气传输过程中会与液相发生相互转化，同时液体流动时也会与固相发生吸附与溶解等物理化学作用，因此给出代表性单元体总体的物质质量守恒方程：

$$\frac{\partial m_{tot}}{\partial t} + \text{div}(w_a + w_v + w_l) = 0 \tag{6}$$

其中，

$$w_l = -\rho_l\frac{k_{int}k_{rl}}{\mu_l}\nabla P_l, \quad m_{tot} = \sum_{i=a,v,l}m_i + m_{s0} + \sum_{j}^{CH,CSH,MH}m_j \tag{7}$$

式中 m_{s0} 是固相中不可溶解的物质质量。多孔材料毛细孔压 $P_c = P_g - P_l$，可以通过特征曲线表示为饱和度 s_l 的函数[13]：

$$P_c(s_l) = a(s_l^{-b} - 1)^{1-1/b} \tag{8}$$

其中，a（Pa）与 b 是特征曲线参数，通过水蒸气的等温吸附实验获得。

2.4　溶质质量与电荷守恒

混凝土材料孔溶液和海水含有多种离子。本文考虑了 7 种带电荷离子，在孔溶液中有 Na^+、H^+、Ca^{2+} 和 OH^-，在海水中有 Mg^{2+}、Na^+、H^+、Ca^{2+}、OH^-、SO_4^{2-} 和 Cl^-。另外，H_4SiO_4 作为 C-S-H 凝胶的水解产物之一，也作为一个零电荷离子被考虑在内。H^+ 和 OH^- 离子较为特殊，将由其他关系确定其在液相的浓度。剩余 6 种离子质量守恒方程可以表示为：

$$\frac{\partial N_i}{\partial t} + \text{div}(J_i) = 0 \quad 其中，N_i = c_i s_l \phi + s_i \tag{9}$$

式中 c_i 是离子 i 的浓度（mol/m³）；s_i 表示离子 i 溶出或吸附摩尔浓度（mol/m³）。对于含有多离子的孔隙溶液，本文假定其始终满足电中性条件：

$$\sum_{i}^{ions} z_i c_i = 0 \tag{10}$$

同时，溶液满足电荷守恒条件。定义 j 为电流密度（A/m^2），REV 的电荷守恒写作：

$$\frac{\partial}{\partial t}\left(\sum_{i} F\phi s_l c_i z_i\right) + \text{div}\overbrace{\left(F\sum_{i} z_i J_i\right)}^{j} = 0 \tag{11}$$

2.5 固相-液相溶解平衡

在 REV 中固相和液相之间存在两种平衡：液相离子与固相之间的吸附平衡，以及固体可溶物在溶液中的溶解平衡[8]。本文考虑的可溶物质溶解平衡如下：

$$\begin{cases} c_H c_{OH} = K_W(T) \\ c_{Ca}(c_{OH})^2 \leqslant K_{CH}(T) \\ c_{Mg}(c_{OH})^2 \leqslant K_{MH}(T) \\ (c_{Ca})^x(c_{OH})^{2x}(c_{H_4SiO_4})^y \leqslant K_{CSH}(T) \end{cases} \tag{12}$$

式中，当固体可溶物尚未全部溶解时，等号成立。本研究认为液态自由水一直存在，因此水的电离平衡始终满足。式（1）～式（12）给出了完整的热-水-离子模型的本构方程。模型一共有 15 个基本变量，包括：温度 T，8 种离子的浓度 c_i（Mg^{2+}，Ca^{2+}，Na^+，H^+，OH^-，Cl^-，SO_4^{2-}，H_4SiO_4），液相压力 P_l，饱和度 s_l，电动势 ψ，以及固相可溶部分的摩尔浓度 $N_{MH,CH,CSH}$。采用有限体积法求解模型，通过使用开源软件 Bil-2.0 完成对多场模型一维情况的求解。

3 沉管隧道工程（港珠澳大桥）

3.1 材料与性质

本文研究的工程对象为某海底混凝土沉管隧道。该隧道位于我国东南沿海海域，位于海平面下 40m 左右，壁厚为 1.5m。沉管隧道的设计使用年限为 120 年，沉管采用钢筋混凝土材料，外部直接暴露在海水中。沉管隧道混凝土材料的性质如表 1 所示。

沉管隧道混凝土材料的性质参数　　　　　　　　　　　　　　　　　表 1

性能	数值
水胶比 W/B（—）	0.35
孔隙率 ϕ（—）	0.11
材料密度 ρ_c（kg/m^3）	2370
本征渗透系数 k_{int}（$10^{-22}\ m^2$）	7.25
氯离子 90 天饱和扩散系数 D_{Cl}^0（$10^{-12} m^2/s$）	3.0
氯离子吸附系数 r_{Cl}（$10^{-5} m^3/kg$）	6.0
固体热传导系数 λ_{sk}（$W/m/K$）	1.12
溶液热传导系数 λ_l（$W/m/K$）	0.6
气体热传导系数 λ_g（$W/m/K$）	0.26
等温吸附特征曲线参数 a（MPa）	53.3
等温吸附特征曲线参数 b（—）	2.06
隧道混凝土材料厚度 L（m）	1.5

3.2 计算边界条件

为研究沉管隧道所处由海水深度造成的外界水压以及环境温度对隧道长期耐久性的影响，本文采用建立的热-水-离子模型模拟水分以及海水中离子在隧道墙壁中的迁移过程。在模拟计算中，本文讨论了两种外界水压，1（bar）和5（bar），分别对应海面常水压（NP）和海底高水压（HP）；同时讨论了两种海水温度，278.15K和293.15K，分别对应冬天低温（LT）和夏天常温（NT）。其中，隧道内部（行车区域）认为始终保持293.15K的常温。本文一共考虑了四种工况：低温常压（LTNP），低温高压（LTHP），常温常压（NTNP）和常温高压（NTHP）。隧道混凝土壁的初始饱和度假定为0.8。隧道内壁所处环境的相对湿度为70%，根据等温吸附特征曲线计算，与此相对湿度对应的混凝土材料边界饱和度为0.75。表2给出了数值模拟中使用的边界和初始条件。

THI 模型的初始和边界条件　　　　　　　　　　　　　　　　　　　　　表2

变量	内边界	初始	外边界
$T(\text{K})$	293.15	293.15	293.15/278.15
$s_l(-)$	0.75	0.80	1.0
$P_l(\text{MPa})$	−48.3	−40.3	0.101/0.506
$c_{Cl}(\text{mol/m}^3)$	—	0	400
$c_{SO_4}(\text{mol/m}^3)$	—	0	15.0
$c_{OH}(\text{mol/m}^3)$	—	72.5	10^{-4}
$c_{H}(\text{mol/m}^3)$	—	$9.37\ 10^{-11}$	10^{-4}
$c_{Mg}(\text{mol/m}^3)$	—	0	1.24
$c_{Ca}(\text{mol/m}^3)$	—	1.24	27.6
$c_{Na}(\text{mol/m}^3)$	—	70.0	350
$c_{H_4SiO_4}(\text{mol/m}^3)$	—	$1.38\ 10^{-6}$	0
$N_{CH,CSH,MH}(\text{mol/m}^3)$	—	2000，700，0	0，0，0
$\psi(\text{V})$	0		0

4　耐久性分析

图1给出孔隙饱和度沿材料深度的分布情况。可以看出在内边界（隧道内部），孔隙材料是发生的干燥过程，而外边界（接触海水）则是由于海水渗入导致的湿润过程。如图1（b）所示，LTNP（LTHP）和NTNP（NTHP）工况的湿度传输有明显的不同，温度越高，水分传输越深入，对应的材料饱和度越高。水分的传输受到液体黏度 μ 的影响，黏度越大，水的流动速度越慢。而 μ 是受温度影响的函数，LTNP和NTNP工况的水的黏度比值 $\mu_l^{LT}/\mu_l^{NT}\approx1.5$。因此，温度高的工况，液态水流动速度大。而LTNP（NTNP）和LTHP（NTHP）工况的水分传输无明显差别。这是由于无论外边界水压是0.506MPa还是0.101MPa，相对于孔隙材料内部孔隙压力都小了接近两个数量级，例如内部孔隙压力在初始时刻（孔隙饱和度为0.8）的数值为40.4MPa。因此隧道所处的海水深度对水分的传输影响可以忽略不计。

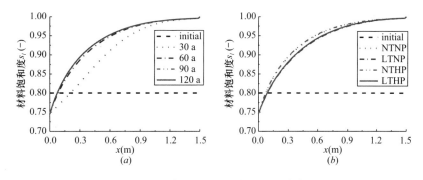

图1　孔隙饱和度沿材料深度的分布

（a）饱和度 s_l 在NTHP条件下的分布；（b）饱和度在4种工况条件下120年时的分布

图 2 分别给出了 Cl^- 和 OH^- 的浓度沿材料深度的分布情况。如图 2（a）和图 2（b）所示，海水中氯离子通过离子扩散作用和海水侵入作用，进入混凝土孔隙中。不同温度条件（LT/NT）对氯离子的侵入速度影响明显大于外部水压（NP/HP）造成的影响。温度越高，离子的扩散系数越大，则扩散流量越大；同时，温度升高，离子的对流流量也会增大。LTNP（LTHP）工况氯离子的侵入深度约 0.75m，而 NTNP（NTHP）工况氯离子侵入深度达到了 1.0m 左右。这是由于 Cl^- 主要吸附在 C-S-H 上，当 C-S-H 由于溶蚀作用溶解时，造成一部分吸附于固体上的 Cl 释放进入溶液中。图 2（b）给出了 OH^- 的浓度分布。由于海水中的 OH^- 浓度低，材料内部的 OH^- 会通过扩散作用进入海水中。因此，材料外部的 OH^- 浓度降低。同样，海水边界有 OH^- 突降，这是由于固相可溶部分的完全溶解引起的。由于在靠近隧道内壁处水分的蒸发，可以看到 OH^- 浓度急剧上升，对于内侧钢筋保护有利。

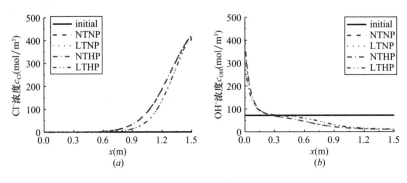

图 2 Cl^- 和 OH^- 的浓度沿材料深度的分布
（a）Cl^- 浓度 c_{Cl} 在 120 年时的分布；（b）OH^- 浓度 c_{OH} 在 120 年时的分布

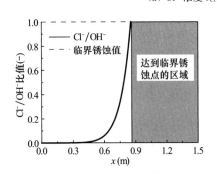

图 3 Cl^-/OH^- 在最不利工况（NTHP）条件下 120 年时沿隧道壁厚的分布

NTHP 工况下水分迁移和离子迁移速率最快，属于最不利工况。下面就该工况下沉管隧道的钢筋锈蚀危险性进行分析。对于海洋环境中的钢筋混凝土材料，孔隙溶液中 Cl^- 和 OH^- 的浓度比值，Cl^-/OH^-，是用来表征材料判断钢筋锈蚀状态的常用参数。图 3 给出了 Cl^-/OH^- 沿隧道壁厚的分布，临界锈蚀状态取值为 $Cl^-/OH^- = 1.0$。如图 3 所示，对于工况 NTHP，可能发生锈蚀的区域为从隧道壁外侧向内深入 0.65m，剩余部分 Cl^-/OH^- 比值均低于 1.0。本文采用 Ghods 等人[9]提出的模型来计算锈蚀电流 i_{corr}（A/m^2），计算出来的锈蚀电流均小于 0.1（$\mu A/m^2$）。当钢筋的锈蚀电流低于 $0.1\mu A/cm^2$ 时，可认为钢筋仍处于钝化状态。

5 研究结论

（1）本文通过混凝土孔隙材料代表性单元体的热量、离子与流体质量、电荷守恒以及单元内固相与液相的平衡，建立了混凝土多孔材料的热-水-离子多场传输模型。模型考虑了温度场、压力场以及 7 种带电离子和一种非带电溶质的传输过程，能够描述混凝土孔隙材料在复杂环境条件作用下的物质传输问题。本文通过有限体积法求解了多场多离子模型的一维情况。

（2）本文使用模型分析了某沉管隧道在海水环境下的离子与水分传输过程，为其 120 年使用期内的耐久性提供研究依据。模型分析的四种工况分别对应于隧道外侧的高水压和低水压、隧道外侧的常温和低温。温度和外部水压越高，离子和水分传输速率越快。但是温度对离子和水分的传输过程影响远大于外部 50m 水压的影响。隧道外侧的溶蚀深度很小，120 年仅为 2cm，但与溶蚀相关的 Ca^{2+} 和 OH^- 的迁移对整个隧道壁的厚度均有影响。

（3）通过计算出的孔隙溶液中 Cl^- 和 OH^- 的浓度比，确定了 120 年服役期内沉管隧道混凝土壁达到临界锈蚀的区域，该区域深度为 0.65m。根据文献锈蚀电流模型，该区域锈蚀电流低于 $0.1\mu A/cm^2$，表明在锈蚀诱发区域范围内，钢筋尚未脱钝。

参考文献

[1] 王梦恕. 水下交通隧道发展现状与技术难题——兼论"台湾海峡海底铁路隧道建设方案"[J]. 岩石力学与工程学报，2008，27（11）：2163-2172.

[2] Mehta P K. Durability of concrete in marine environment-A review [J]. Journal of the American Concrete Institute，1980，65：1-20.

[3] Melchers R E, Li C Q. Reinforcement corrosion in concrete exposed to the North sea for more than 60 years [J]. Corrosion，2009，65：554-566.

[4] Chen J K, Jiang M Q, Zhu J. Damage evolution in cement mortar due to erosion of sulphate [J]. Corrs Sci，2008，50：2478-2483.

[5] Vedalakshmi R, Saraswathy V, Yong A K. Performance evaluation of blended cement concretes under $MgSO_4$ attack [J]. Mag Concr Res，2011，63：669-681.

[6] Haga K, Sutou S, et al. Effect of porosity on leaching of Ca from hardened ordinary Portland cement paste [J]. Cem Concr Res，2005，35：1764-1775.

[7] 曲立清，金祖权，赵铁军，李秋义. 海底隧道钢筋混凝土基于氯盐腐蚀的耐久性参数设计研究 [J]. 岩石力学与工程学报，2007，26（11）：2333-2340.

[8] Yokozeki K, Watanabe K, et al. Modeling of leaching from cementitious materials used in underground environment [J]. Appl Clay Sci，2004，26：293-308.

[9] Ghods P, Isgor O B, Pour-Ghaz M. Experimental verification and application of a practical corrosion model for uniformly depassivated steel in concrete [J]. Mater Struct，2008，41：1211-1223.

作者简介

李克非，男，1972 年生于陕西，博士，清华大学教授。E-mail：likefei@tsinghua.edu.cn，电话：010-62781408，地址：北京市海淀区清华大学土木工程系，100084。

MASS TRANSPORT AND DURABILITY OF CONCRETE IMMERGED TUBE TUNNEL

XIE Meijie　LI Kefei

(Civil Engineering Department，Tsinghua University，Beijing 100084)

Abstract：This paper investigates the multi-species transport of ions in sea water in the concrete wall of immerged tube tunnels. This paper establishes a thermo-hydro-ionic (THI) model for the ions transport through the tunnel wall considering the mass，heat and electrical charge conservations. The THI model is applied to an ongoing project of immerged tube tunnel for a design life of 120 years under different working cases. The results show that（1）the moisture transport is superimposed by internal drying and external sea water penetration；（2）the temperature gradient has more impact on transport processes than hydraulic pressure；（3）the external leaching depth is small，the corrosion initiation range attains 0.65m but the corrosion current is less than $0.1\mu A/cm^2$.

Key words：mass transport，porous materials，immerged tube tunnel，Leaching，steel corrosion

黄土地区地下结构抗震有关问题研究

王兰民，夏坤

（中国地震局兰州地震研究所，中国地震局黄土地震工程重点实验室，甘肃 兰州 730000）

摘　要：随着黄土地区社会经济的发展，大量的地下结构不断涌现。然而，目前在地下结构建设中对黄土地区的地震场地放大效应和液化、震陷判别与处理还没有系统、定量的考虑。本文采取现场震害实例调查、室内外试验与测试、现场大型爆破模拟地震动试验、大型振动台试验、数值模拟分析和工程实用化相结合的综合研究方法，提出了考虑黄土场地地震动放大效应的抗震设防参数调整方法、黄土液化和震陷判别方法与处理技术、桩基抗震陷与液化设计方法。为黄土地区地下结构抗震设计提供了科学依据。

关键词：黄土地区；放大效应；震陷；液化；桩基

1　引言

黄土高原是世界上黄土分布面积最广、厚度最大、成因类型最复杂的地区，同时该区域地处强震多发地带，历史上曾发生过 1718 年通渭 7.5 级地震、1920 年海原 8.5 级地震等百余次 6 级以上强震，造成山河改观，超过 140 万人死亡，财产损失不计其数，灾害严重的主要原因是地震造成的黄土滑坡、震陷、液化以及地震动放大效应等[1]。因此，在地震作用下黄土的动力特性、灾变行为和震害防御技术备受关注。国内外针对黄土场地地震效应、黄土地震灾害特征、致灾机理和预防方法开展了一定的研究，但是由于黄土工程地质特性的特殊性及赋存地形地貌条件的复杂性，相关研究工作系统性不够、定量化不足和实用性不强，尤其有关复杂黄土场地地震效应、黄土场地震害判别与评价和黄土地基抗震处理等方面亟待形成系统的抗震设计理论、方法与技术。

本文采用现场震害实例调查、室内外试验与测试、现场大型爆破模拟地震动试验、大型振动台试验、数值模拟分析和工程实用化相结合的综合研究方法，从应用基础研究、关键技术突破到实际应用推广，系统探讨了黄土场地地震动放大效应与抗震设防参数调整方法、黄土液化判别方法与处理技术、黄土震陷判别方法与处理技术和桩基抗震陷与液化方法的研究，创建了黄土地区工程建设亟需的场地抗震设计理论、方法与技术。研究为强震多发的黄土地区建设工程抗震设防参数确定、地基抗震设计与处理提供了重要的理论依据和技术支撑。研究成果不仅对大力提升我国黄土地区工程场地抗震设计方法与技术的精准化、实用化水平具有重大的科学意义和应用价值，而且对服务于国家"一带一路"建设和区域重大发展战略具有重大的现实意义。

2　黄土场地放大效应与抗震设计参数的确定

2.1　黄土场地放大效应实例分析

通过汶川地震震后科学考察发现，汶川地震局部场地的震害和地震动放大效应明显，地震对甘肃省境内远离震中的黄土地区造成了较为严重的破坏[2]。在此基础上，结合钻孔波速测试，运用二维等价线

基金项目：国家自然科学基金（51478444）

性时程响应动分析法[3]对甘肃省平凉市、岷县马家沟地区典型黄土场地进行了地震动力响应计算，分析了局部场地条件对地震动放大效应的影响。

结果表明，黄土塬具有地震动放大效应，随着高度的增加，加速度、速度、位移均出现放大效应，峰值加速度最大值出现在山顶前缘位置。由于厚黄土覆盖层使得山顶较山底的地震烈度放大1度，此结果与地震现场烈度调查结果相一致。

2.2 考虑放大效应的抗震设计参数确定

运用二维等价线性时程响应动分析方法，对不同黄土覆盖层厚度的典型黄土塬进行动力响应的数值模拟，以汶川地震3条实际基岩强震动力记录作为输入，地震动峰值按照抗震设防烈度对应的设计基本地震加速度值0.05g、0.10g、0.15g、0.20g、0.30g和0.40g进行调整，对9种不同厚度（20～240m）的场地模型进行了动力响应计算。分析了地震动输入峰值及黄土覆盖层厚度对典型黄土场地地表加速度峰值及其放大系数、加速度反应谱及其特征周期的影响。

经计算，得到不同地震动输入峰值、不同覆盖层厚度对应的黄土场地峰值加速度放大系数及反应谱特征周期，并将计算结果与规范给出的一般场地结果进行对比（图1）。可见，黄土场地的峰值加速度放大系数及反应谱特征周期均大于现行规范的一般场地取值，现行规范考虑或解决不了黄土地区的问题，因此综合数值计算、理论分析及现场震害实例调查结果提出黄土地区地震动参数调整方法（表1和表2）。

结果表明：地震动输入峰值越小，地震动峰值加速度放大系数越大；地震动输入峰值越大，场地特征周期越大；地震动加速度峰值0.05g时，随着覆盖层厚度的增加，其地震加速度峰值放大系数从20m时的1.1增加到240m时的1.6，场地特征周期从20m时的0.54s增大到240m时的0.75s。地震动加速度峰值0.40g时，地震加速度峰值放大系数均为1，场地特征周期从20m时的0.63s增大到240m时的0.75s。

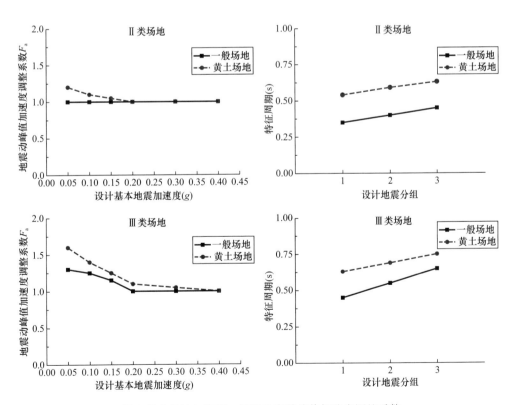

图1 黄土场地与规范一般场地有关峰值加速度调整系数
（左）及反应谱特征周期（右）对比情况

黄土场地地震动峰值加速度调整系数 F_a　　　　　表 1

黄土覆盖厚度（m）	20	40	60	80	100	120	160	200	≥240
≤0.05g	1.1	1.2	1.3	1.3	1.3	1.4	1.4	1.5	1.6
0.10g	1.1	1.1	1.2	1.2	1.2	1.3	1.3	1.4	1.4
0.15g	1.05	1.05	1.1	1.1	1.1	1.2	1.2	1.2	1.2
0.20g	1	1.05	1.05	1.05	1.05	1.1	1.1	1.1	1.1
0.30g	1	1	1	1	1	1	1.05	1.05	1.05
≥0.40g	1	1	1	1	1	1	1	1	1

黄土场地特征周期　　　　　表 2

黄土覆盖厚度（m）	20	40	60	80	100	120	160	200	≥240
≤0.05g	0.54	0.63	0.69	0.7	0.7	0.7	0.7	0.7	0.75
0.10g	0.55	0.64	0.69	0.7	0.7	0.7	0.7	0.7	0.75
0.15g	0.57	0.65	0.69	0.7	0.7	0.7	0.7	0.7	0.75
0.20g	0.59	0.67	0.69	0.7	0.7	0.7	0.7	0.75	0.75
0.30g	0.61	0.68	0.7	0.7	0.7	0.7	0.7	0.75	0.75
≥0.40g	0.63	0.69	0.7	0.7	0.7	0.7	0.7	0.75	0.75

3　黄土液化及其判别处理

尽管黄土液化机理和特性方面已有许多研究成果，不过有关黄土液化工程评价方法和抗液化处理技术的研究资料较少，加之对整个黄土区域的覆盖不够，导致研究成果缺乏系统性，国内外相关工程规范尚无针对黄土地基液化判别与处理的具体规定。研究利用动扭剪仪试验、微结构测试、振动台试验和现场试验测试等综合研究手段，对黄土液化及其判别处理问题进行了系统研究，提出了黄土地基液化势工程初判、详判方法及抗震改良技术。

黄土地基液化势初判方法：当黄土中黏粒含量百分率在烈度Ⅶ度、Ⅷ度和Ⅸ度下分别不小于12、15和18时，可不考虑液化影响。当饱和新黄土经初步判别需要进一步进行液化判别时，可按标准贯入判别法判别地面下20m范围内土的液化。黄土地基液化势室内详判以轴向变形＞3％且孔压比≥0.2可视为液化破坏判别的综合指标。

黄土地基液化势详判方法：20m深度范围内，黄土液化可按《建筑抗震设计规范》GB 50011—2016中基于标贯试验的判别公式，但公式中的标贯击数基准值比砂土、粉土明显小，应采用本文推荐值（见表3）。并可由表4的天然黄土液化势综合判定分级标准确定目标黄土场地的液化特性。

液化判别标贯击数基准值参考值　　　　　表 3

设计加速度（g）		0.10	0.15	0.20	0.30	0.40
液化判别标贯击数基准值	饱和砂土、粉土（国标）	7	10	12	16	19
	饱和黄土（省标）	7	8	9	11	13

天然黄土液化等级判定标准　　　　　表 4

液化等级	轻微	中等	严重
液化指数（I_{IE}）	$0 < I_{IE} \leq 6$	$6 < I_{IE} \leq 18$	$I_{IE} > 18$

基于性态设计理念系统性地提出了相应工程需求下的黄土地基处理方面的技术与标准。抗震设防分类为乙类的高层建筑和丙类超限高层建筑，位于中等级严重液化的饱和黄土地基上时，可采用桩基础穿越液化土层，中等液化地基应考虑桩基的构造措施，严重液化地基时，除构造措施外，桩基尚应考虑负

摩阻力影响。采用浅基础时，应进行地基处理（表5）。

黄土液化势分级及处理措施　　　　　　　　　　　　　　表5

液化等级	轻微液化	中等液化	严重液化
地基处理方法	振冲挤密或振冲置换；强夯碎石墩；桩基穿越；改性、改良处理		
地基处理标准及结构措施　乙类高层建筑	部分消除液化沉陷	全部或部分消除液化沉陷	全部消除液化沉陷
丙类超限高层建筑	不采取措施	基础与上部结构处理，或更高要求的措施	全部或部分消除液化沉陷，且对基础或上部结构处理

4　黄土震陷及其判别处理

4.1　黄土震陷机制

黄土震陷的主要结构影响因素是由粉粒、砂粒、黏粒构成的架空孔隙，架空孔隙是孔隙破坏和颗粒重新排列的内因条件[4]。因此，微结构扫描电镜图像中的架空孔隙面积可表征黄土发生残余变形的潜在可能性。利用黄土气固表面原理分析颗粒-孔隙相互作用，采用架空孔隙面积 A_{01}，黄土骨架动力特性参数 a、b 以及固结应力 σ_{1c}、σ_{3c} 等参量，推导出震陷系数计算公式（1），可计算一定动荷载作用下某偏差应力的震陷系数，即此种偏差应力下的最大残余变形。

$$\varepsilon_p = \frac{10}{b}\left[e^{\ln a + b \cdot A_{01}(0.9\sigma_{1c} - \sigma_{3c})}\right] - \frac{10a}{b} \tag{1}$$

通过对兰州、西安等地黄土的动三轴试验、微结构扫描电镜测试、试验与计算震陷系数的对比分析，论证对该公式所用主要参数——架空孔隙面积通过量化处理获取的可行性和公式的合理性与适用范围；通过对基于微观架空孔隙面积量化数据的黄土震陷系数计算公式的数学分析，提出了黄土震陷的微结构破坏机制，即黄土震陷包括两种变形机制：低围压下的压密震陷变形-应变硬化型（包括弹性变形，充填塑性变形，压密变形）和剪切震陷变形-应变软化型（破裂软化变形，屈服变形）。其动应力-应变过程可被划分为弹性阶段、充填塑性阶段、剪胀压密硬化阶段、破裂软化阶段和流变屈服阶段等5个阶段，这就从微观结构对黄土震陷给出相应的物理解释，即认为黄土震陷是由于不同大小的架空孔隙不断破坏而导致的多个突变过程的最终宏观结果。

4.2　黄土地基震陷性判别指标与方法

黄土地基是否具有震陷性是工程场地勘察中考虑震陷性时必须回答的首要问题。对于黄土震陷性的判别，前人已经做过一些研究[5]，主要考虑孔隙比和含水量，但是这两个量在实际中还不能满足需要，因此，本研究进一步进行了震陷性初判的综合指标研究。基于室内试验研究、现场测试和震害现场调查，黄土地基震陷性可以通过黄土地层、天然含水量、孔隙比、干密度、土层深度、压实系数、塑性指数、剪切波速、场地卓越周期等进行初判。

黄土震陷初判方法：当第四系晚更新世及其以后时代形成的新黄土，孔隙比 $(e) \geqslant 0.95$ 或相对密实度 $\leqslant 0.7$ 且含水量 $\geqslant 20\%$ 或饱和度 $\geqslant 0.65$；或剪切波速度 $\leqslant 150\text{m/s}$，对抗震设防烈度为8度的甲、乙类建筑场地，抗震设防烈度大于8度 $(\geqslant 0.30g)$ 的丙类建筑场地可判为震陷性黄土。

黄土地基震陷工程详判方法：①震陷性黄土土层厚度判别法：基础底面下震陷性黄土层总厚度 (H)：$H \leqslant 5\text{m}$，轻微震陷；$5\text{m} < H \leqslant 15\text{m}$，中等震陷；$H > 15\text{m}$，严重震陷。②累计震陷量判别方法：根据动三轴试验测定或微结构控制参量计算的每层土的震陷系数，计算累计震陷量然后评价，震陷量 $0 < S_d \leqslant 20\text{cm}$，轻微震陷；$20\text{cm} < S_d \leqslant 80\text{cm}$，中等震陷；$S_d > 80\text{cm}$，严重震陷。

动三轴试验判别方法：测定黄土震陷系数，计算累计震陷量并划分震陷等级：①震陷量小于2cm时属基本完好地基；②震陷量在 2～4cm 时属轻微震陷；③震陷量在 4～8cm 时属中等震陷；④震陷量在 8～40cm 时属严重震陷；⑤震陷量大于 40cm 属失稳破坏。然后，进行震陷性分析与评价。

黄土震陷剪切波速判别方法：剪切波速度≤150m/s 时可以被视为震陷性黄土场地。

对黄土地基湿陷性处理已经有了较成熟的技术方法[6]，如果能将震陷性和湿陷性结合起来进行一次性工程处理，则可收到事半功倍的效果，也可节约大量工程资金。为此，研究结合黄土湿陷性处理施工，试验研究了强夯法、灰土挤密桩法、化学灌浆法、换土垫层法和预浸水湿陷法对黄土地基震陷性处理的效能，分析了黄土地基震陷性处理与湿陷性处理的可结合性，提出了黄土地基震陷性处理的技术方法与标准（表6）。

黄土地基抗震陷处理技术 表 6

震陷破坏程度		轻微	中等	严重
累计震陷量 s_d（cm）		0～20	20～80	＞80
地基处理措施		不处理	黄土地基的湿陷性和震陷在设计时应一并考虑，并采取地基处理、防水措施、结构措施相结合的综合措施	
地基处理标准	乙类高层建筑	无需处理	以整片或局部垫层、强夯、挤密及其他复合地基，消除地基全部或部分湿陷量、震陷量，或采用桩基础将建筑物荷载传至较深的非湿陷性、非震陷性土层中	
	丙类超限高层建筑	无需处理	不处理	同上

5 桩基抗液化与抗震陷方法

5.1 桩基抗液化处理技术与标准

考虑重力作用下斜坡上液化黄土斜向流动对基桩的水平作用力（H_{FS}），该作用力并不仅是液化新黄土对桩身的压力。液化前，桩身四周皆存在土压力，处于平衡状态，不会由此产生倾向于某个方向的推力；液化时，斜坡的存在势必会使液化黄土对基桩施加一个额外的流动水平推力。这一潜在物理过程，是此处为考虑特殊条件下的基桩稳定性而引入 H_{FS} 的基本原因[7]。基于性态设计理念给出了液化黄土变形过程中施加于桩身的下拽力、水平推力的基本规律（图2和图3），提出了饱和新黄土基桩考虑液化的抗震计算方法，包括液化前在地震作用下单桩水平承载力计算及水平位移验算的方法、液化后基桩在竖向压力下稳定性的验算方法、斜坡场地基桩受液化黄土斜向流动的水平作用力计算方法（式1～式3）。并系统性地提出了相应工程需求下的桩基础设计方面的技术与标准。

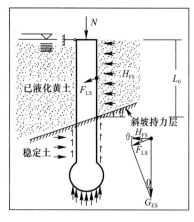
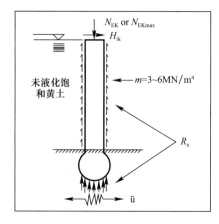

图 2 斜坡上液化黄土水平推力　　图 3 桩基抗液化水平承载力与水平位移验算

水平承载力计算公式：
$$H_{Ek} \leqslant 1.2R_{ha} \tag{2}$$

式中，H_{Ek} 为在荷载效应标准组合下作用于单桩顶的处的地震作用水平力；R_{ha} 为单桩水平承载力特征值。

水平位移验算时的控制值：
$$X_{ea} = 15mm \tag{3}$$

式中，X_{ea} 为桩顶允许水平位移。

水平推力计算公式：
$$H_{FS} \leqslant R_{ha} ; \quad H_{FS} = (\gamma L_0^2 \varphi \sin\theta \cos\theta) \tag{4}$$

式中，H_{FS} 为液化黄土斜向流动的水平作用力；R_{ha} 为单桩水平承载力特征值；L_0 为桩身露出稳定土层表面自由长度；ϕ 为桩身直径；γ 为黄土的饱水重力密度；θ 为斜坡倾角。d 为基桩直径；γ 为土体重力密度。

考虑测定饱和黄土液化需进行动三轴实验等工作的复杂性，我们认为饱和黄土液化场地的桩基应依建筑结构的重要性及液化势的分级区别对待进行桩基的抗震设计。桩基抗震设计措施的建筑物分类可分为二类：第一类为乙类高层建筑、丙类超限高层建筑，超限大跨公共建筑；第二类为丙类高层建筑、重要中跨公共建筑、重要乙类多层建筑，其桩基抗震设计原则建议按（表7）选取。当黄土场地经密实处理消除湿陷性时，压实系数大于 0.85 但小于 0.90 时，对于丁类建筑可降低液化势等级一级采取工程防御措施。

饱和黄土液化桩基抗震性态设计标准 表7

	液化等级	轻微液化	中等液化	严重液化
抗震设计措施	乙类高层建筑、丙类超限高层建筑、超限大跨公共建筑	基桩采取抗震构造措施	桩基液化前，液化后进行水平承载力、水平位移及稳定验算。基桩采取抗震构造措施	桩基液化前，液化后进行水平承载力、水平位移及稳定验算。桩基进行场地地基处理，并采取抗震构造措施
	丙类高层建筑、重要中跨公共建筑、重要乙类多层建筑	不考虑	基桩采取抗震构造措施	基桩液化前、液化后进行水平承载力、水平位移及稳定性验算。基桩采取抗震构造措施

5.2 桩基抗震陷处理技术与标准

黄土特殊的架空孔隙结构，使其在浸水和动荷载作用时，表现出较强的易损性，从而发生湿陷和震陷。当黄土发生湿陷和震陷时，都伴随有土体的沉降变形，容易诱发负摩阻力。负摩阻力现象异常复杂，它涉及桩-土间相互作用、土体沉降变形的侧向约束和土体沉降的诱因及衍生过程等具有极强非线性的问题。所以，针对特定土体场地条件下负摩阻力的计算方法，目前皆未有令人满意的解答。

本研究力图解决震陷作用下桩基负摩阻力计算问题。研究中以我国黄土地区广泛应用的混凝土灌注桩为对象，通过上述爆破震陷和负摩阻力观测试验，分析研究震陷条件下桩基负摩阻力衍生的主要规律，寻求计算该类桩基负摩阻力的有效方法。通过现场爆破震陷试验和桩基负摩阻力的监测，证实和观测到了黄土场地震陷时桩基负摩阻力的客观存在及其衍生过程，建立了黄土地基震陷时桩基所受负摩阻力的下拉荷载 Q_g^n 计算公式（式5）：
$$Q_g^n = u \cdot q_{sk}^n \cdot L_s \tag{5}$$

式中，u 为桩身周长（m）；q_{sk}^n 为新黄土震陷时基桩平均摩阻力（kPa），其取值见表8；L_s 为震陷性新黄土土层厚度（m）。震陷性新黄土土层厚度 L_s（桩基负摩阻力的中性点深度）取值：新黄土土层厚度 $\geqslant 20m$ 时，$L_s = 20m$；新黄土土层厚度 $< 20m$，L_s 取新黄土土层实际厚度。

基于黄土场地震陷引起桩基负摩阻力的现场试验结果以及推广到黄土场地液化对桩基影响的计算，本研究认为对黄土场地桩基的抗震设计应该考虑黄土震陷和液化对桩基产生的不利影响。同时，考虑到工程应用的简便易行，提出了黄土地基中桩基抗震设计方法，核心成果被《甘肃省建筑抗震设计规程》

DB62/T 25—3055—2011[8]采纳，此处不再赘述，详见规范第4.3.3条。同时，运用宏微观土力学相结合的方法，提出了桩基础抗震陷处理技术与标准（表9）。

震陷时单桩平均负摩阻力特征 q_{sik} 值表   表8

震陷量计算值（mm）	钻、挖孔混凝土灌注桩（kPa）	震陷量计算值（mm）	钻、挖孔混凝土灌注桩（kPa）
50～100	12	>100	15

桩基抗震陷设计原则   表9

震陷破坏程度	轻微	中等	严重
乙类B级高度的超限高层建筑；丙类大于B级高度的超限高层建筑；大跨超限高层建筑；特别重要的特殊工程	不考虑	基桩采取抗震构造措施	进行基桩震陷下的抗震计算；基桩计算考虑震陷引起的负摩阻力；基桩采取抗震构造措施；进行场地地基处理

6 结论

（1）运用现场震害实例调查、测试和数值模拟分析相结合的方法，对汶川地震甘肃省平凉市、岷县马家沟地区实际黄土塬场地及通过有限元分析软件构建了9种不同厚度（20～240m）的场地模型，分析了地震动输入峰值及覆盖层厚度对场地地表加速度峰值及其放大系数、加速度反应谱及其特征周期的影响规律，探讨并给出了黄土场地地震动放大效应与抗震设防参数调整方法。

（2）考虑工程实践的可行性与实效性需求，利用动扭剪仪试验、微结构测试、振动台试验和现场试验测试等综合研究手段，提出了黄土地基液化势工程初判、详判方法及抗震改良技术，并从黄土地基、桩基础设计方面建立了黄土地基（包括桩基础）抗液化处理技术与标准。

（3）运用宏微观土力学相结合的方法，提出了基于微结构定量分析的黄土震陷性评价方法和能够有效降低土体物性参量离散性和随机性影响的场地动力沉降定量评价方法；系统建立了黄土地基震陷工程初判和详判方法；提出了黄土地基（包括桩基础）抗震陷处理技术与标准，给出了考虑负摩阻力的桩基抗震陷设计方法。

参考文献

[1] 王兰民，石玉成，刘旭，等. 黄土动力学［M］. 北京：地震出版社，2003：306-323.
[2] 石玉成，卢育霞. 汶川8.0级地震甘肃灾区震害特点及恢复重建对策［J］. 西北地震学报，2009，1（1）：1-7.
[3] 吴志坚，王兰民，陈拓，等. 汶川地震远场黄土场地地震动场地放大效应机制研究［J］. 岩土力学，2012，33（12）：3736-3740.
[4] 张振中，段汝文. 黄土震陷研究与震害［J］. 西北地震学报，1987，9（增刊）：63-69.
[5] 廖胜修. 黄土显微结构的区域性变化与湿陷性的关系［C］. 西安：陕西人民教育出版社，1990：144-154.
[6] 罗宇生，汪国烈. 湿陷性黄土研究与工程［M］. 北京：中国建筑工业出版社，2001：73-82.
[7] Poulos H. G., Davis E. H. The development of negative frication with time in end-bearing piles［J］. Aust. Geomechs，1972，62（1）：11-20.
[8] 甘肃省住房和城乡建设厅. 甘肃省建筑抗震设计规程 DB62/T 25—3055—2011［S］. 兰州，2012：38-45.

作者简介

王兰民，男，1960年生，陕西蒲城人，博士，研究员，主要从事黄土动力学、岩土地震工程等方面的研究。E-mail：wanglm@gsdzj.gov.cn；联系电话：0931-8276660；通讯地址：甘肃省兰州市东岗西路450号甘肃省地震局，邮编：730000。

STUDY ON SEISMIC PROBLEMS OF UNDERGROUND STRUCTURES IN LOESS AREAS

WANG Lan-min，XIA Kun

(Lanzhou Institute of Seismology，China Earthquake Administration，Key Laboratory of Loess Earthquake Engineering of China Earthquake Administration，Lanzhou 730000，China)

Abstract：Along with the social and economic developments in loess areas，a large number of underground structures are in construction. However，seismic site effects and evaluation and treatments of liquefaction and seismic subsidence of loess sites have not been systematically and quantitatively considered in construction of underground structures. In this paper，amplification factors of ground motion for seismic design at loess sites considering site effect，the methods of evaluation and treatment of liquefaction and seismic subsidence of loess sites，and the method of pile foundation design against seismic subsidence and liquefaction were developed based on field investigation，laboratory tests，blasting tests of simulating earthquake ground motion，shaking table tests and numerical simulation. The results may provide a scientific basis for seismic design of underground structures in loess areas.

Key words：Loess region，amplification effect，liquefaction，seismic settlement，pile foundation

SV 波斜入射时隧道地震反应分析的纵向整体式反应位移法

刘晶波，王东洋，宝鑫，谭辉，李述涛

（清华大学土木工程系，土木工程安全与耐久教育部重点实验室，北京 100084）

摘　要： 目前隧道纵向地震反应的实用分析方法主要针对 SH 波入射情况，对于 SV 波输入问题，本文给出了适用于地下隧道纵向地震反应分析的纵向整体式反应位移法，提出了 SV 波斜入射时隧道结构纵向变形和内力最不利时刻的确定方法；以北京某地铁区间盾构隧道为对象，采用纵向整体式反应位移法和动力时程法进行了 SV 波斜入射下隧道纵向地震反应计算。结果表明，通过自由场空间点运动时程随时间变化规律来判断 SV 波斜入射时结构纵向地震反应最不利时刻的方法简便可行；纵向整体式反应位移法概念清晰、计算精度良好，可用于 SV 波斜入射时隧道等长线型地下结构纵向地震反应分析。

关键词： 隧道结构；纵向整体式反应位移法；平面内剪切波；非一致地震动输入

1　引言

对于纵向尺度较大的地下结构而言，非一致地震动输入对结构纵向变形和内力大小的影响不容忽视。为了研究非一致激励下地下结构纵向地震反应规律，近年来学者们开展了一系列振动台模型试验[1-4]。然而，由于受到试验条件的限制，如振动台承载能力、动力边界条件处理等问题，振动台模型试验难以全面反映非一致地震动输入下结构内力分布情况或进行大比尺的模型试验研究。因此，依靠数值模拟技术、发展非一致地震动输入下地下结构纵向地震反应分析方法是十分必要的。

目前，地下结构纵向地震反应分析方法主要有动力时程分析法和拟静力的实用分析法两大类。与动力时程法相比，拟静力分析方法，主要包括自由场变形法[5]和纵向反应位移法[6,7]，计算模型简单，计算工作量小，在实际工程设计中得到了更为广泛的应用。其中，纵向反应位移法在一定程度上反映了地震作用下土体和地下结构之间的相互作用，被我国现行《城市轨道交通结构抗震设计规范》GB 50909—2014[8]建议用于隧道结构纵向地震反应分析。但该方法仍然存在几点不足，包括计算模型中地基弹簧刚度尚无统一取值方法、离散分布的弹簧不能反映地基土体之间的相互作用、通过正弦波式土层位移分布求解等效地震作用与真实情况的偏差较大等，使得结构内力计算结果相比于动力时程法可能存在较大误差。

针对纵向反应位移法现存的问题，文献［9］针对 SH 波入射情况，提出了一种非一致地震动输入下隧道等长线型地下结构抗震分析的实用方法—纵向整体式反应位移法，通过与动力时程法计算结果的对比验证了该方法在 SH 波入射条件下的计算精度和适用性。本文将讨论 SV 波入射条件下纵向整体式反应位移法的实现过程，以北京某地铁区间盾构隧道为对象，采用纵向整体式反应位移法和动力时程法进行了 SV 波斜入射时隧道纵向地震反应分析，并对比了两种方法的计算结果。结果表明，纵向整体式反应位移法是一种概念明确、计算精度良好的实用方法，可用于 SV 波斜入射时隧道等长线型地下结构的纵向地震反应分析。

2　纵向整体式反应位移法

应用地下隧道纵向整体式反应位移法时，需建立三维自由场有限元模型和隧道-地基整体有限元模

基金项目：国家自然科学基金（51478247）；国家自然科学基金重大研究计划集成项目（91215301）

型，模型底面和侧面外边界均为固定约束条件，以文献［9］为基础，可以建立 SV 波斜入射时，隧道地震反应分析的纵向整体式反应位移法的基本环节如下：

（1）求解三维自由场地震反应。对于弹性半空间问题，可采用解析方法求解自由波场；对于水平成层半空间问题，可采用解析方法在频域内求解[10]，也可采用一维化时域算法先获得 SV 波入射下三维自由场有限元模型中竖向一列节点的运动，再根据地震行波传播规律、经过几何扩展得到三维自由场在时域内的反应[11,12]。

（2）确定 SV 波斜入射下地下隧道结构地震反应的最不利时刻。根据步骤（1）获得的自由场的解，确定隧道结构纵向最不利变形和内力的发生时刻，这是将结构动力时程分析转化为等效静力问题计算的关键步骤。

（3）求解等效输入地震荷载。将隧道外表面，即隧道与地基的交界面记为 s，三维自由场有限元模型中 s 界面所包围的区域由对应隧道埋深位置的地基土填充。由步骤（1）（2）可以确定最不利时刻三维自由场地震反应，将最不利时刻自由场位移施加于三维自由场有限元模型中 s 界面的有限元节点上，同时将最不利时刻自由场加速度施加于界面 s 所包围的土体单元节点上，完成静力计算得到最不利时刻作用于隧道-地基交界面 s 上的有限元节点反力，即等效输入地震荷载。

（4）采用隧道-地基整体有限元模型进行静力计算。将步骤（3）得到的等效输入地震荷载施加于隧道-地基整体有限元模型中交界面 s 的有限元节点上，完成静力计算获得隧道结构的最大地震反应。

3 SV 波斜入射下纵向整体式反应位移法的实现

下面介绍 SV 波斜入射条件下，隧道纵向整体式反应位移法的实现过程。为叙述简便，将半无限地基简化为弹性半空间模型。

图 1 为弹性半空间模型，图 2 为埋置于弹性半空间中的长线型隧道结构模型。笛卡尔坐标系中 x 轴和 y 轴分别为两水平方向，z 轴为竖直方向，隧道结构纵轴与 x 方向平行。地震 SV 波由远场斜入射至计算区域，入射方向与 z 轴夹角为 θ、在水平面内的投影与 x 轴夹角为 ϕ。如图 1 所示，入射 SV 平面波在自由表面发生反射，反射 SV 波与 z 轴夹角为 θ，反射 P 波与 z 轴夹角为 θ_P。

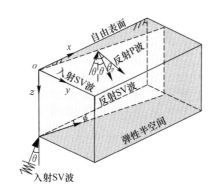
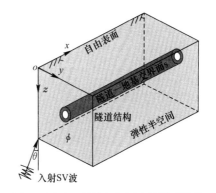

图 1　SV 波在弹性半空间自由表面的入射和反射

Fig. 1　Incidence and reflection of SV wave on the ground surface in the elastic semi-space

图 2　埋置于弹性半空间中的隧道结构

Fig. 2　Tunnel structure embedded in the elastic semi-space

3.1 自由场地震反应

设入射 SV 波位移向量为 $\boldsymbol{u}_g(t)$，根据弹性半空间波动传播的特点可知自由场位移解 $\boldsymbol{u}^0(x,y,z,t)$ 是入射 SV 波、反射 SV 波和反射 P 波位移场的叠加，如式（1），

$$\boldsymbol{u}^0(x,y,z,t) = \boldsymbol{u}_g(x\sin\theta\cos\phi + y\sin\theta\sin\phi - z\cos\theta - c_S t) + \boldsymbol{u}_{gS}(x\sin\theta\cos\phi + y\sin\theta\sin\phi + z\cos\theta - c_S t)$$
$$+ \boldsymbol{u}_{gP}(x\sin\theta_P\cos\phi + y\sin\theta_P\sin\phi + z\cos\theta_P - c_P t) \tag{1}$$

式（1）中 $\boldsymbol{u}^0(x,y,z,t)$ 包括 x，y，z 三个方向的位移分量 $u_x^0(x,y,z,t)$、$u_y^0(x,y,z,t)$ 和 $u_z^0(x,y,z,t)$；

$\boldsymbol{u}_{gS}(t)$、$\boldsymbol{u}_{gP}(t)$ 分别为反射 SV 波和反射 P 波的位移向量，c_S 和 c_P 分别为弹性半空间中 SV 波和 P 波波速。

由 Snell 定律可以给出如下关系式，

$$\frac{c_S}{\sin\theta} = \frac{c_P}{\sin\theta_P} \tag{2}$$

由式（1）及式（2）可以得到如下关系式，

$$\boldsymbol{u}^0(x,y,z,t) = \boldsymbol{u}^0\left(y,z,t-\frac{x}{c_x}\right)$$

$$c_x = \frac{c_S}{\sin\theta\cos\phi} = \frac{c_P}{\sin\theta_P\cos\phi} \tag{3}$$

式（3）中 c_x 为 x 方向视波速。

由式（3）可以推得自由场位移时程 $\boldsymbol{u}^0(x,y,z,t)$ 关于空间坐标 x 的 n 阶偏导数与时间导数的关系如下：

$$\frac{\partial^n \boldsymbol{u}^0(x,y,z,t)}{\partial x^n} = \left(-\frac{1}{c_x}\right)^n \frac{\partial^n \boldsymbol{u}^0(x,y,z,t)}{\partial t^n}$$

$$n = 1,2,3,\cdots \tag{4}$$

可以证明，对于弹性成层半空间问题，式（3）和式（4）仍然成立。

3.2 隧道纵向地震反应的最不利时刻

将图 2 中隧道结构中心线的横向和竖向坐标分别记为 y_T 和 z_T，对应隧道埋置处的自由场位移时程为 $\boldsymbol{u}^0(x,y_T,z_T,t)$。当隧道结构横截面尺寸较小时，可用弯曲梁来近似模拟，其运动状态用隧道中心线位移矢量 $\boldsymbol{u}(x,t)$ 描述、受力状态用横截面轴力 $N_x(x,t)$、绕 y 轴弯矩 $M_y(x,t)$、绕 z 轴弯矩 $M_z(x,t)$ 和剪力 $V_y(x,t)$、$V_z(x,t)$ 描述。根据梁的初等变形理论、并考虑到地下结构在地震作用下的变形主要受到周围土体约束这一特点，分别建立弯曲梁的运动状态、受力状态与自由波场之间的联系，如式（5）~式（10）所示：

$$\boldsymbol{u}(x,t) \propto \boldsymbol{u}^0(x,y_T,z_T,t) \tag{5}$$

$$N_x(x,t) \propto EA \frac{\partial u_x^0(x,y_T,z_T,t)}{\partial x} \tag{6}$$

$$M_y(x,t) \propto (-EI) \frac{\partial^2 u_z^0(x,y_T,z_T,t)}{\partial x^2} \tag{7}$$

$$M_z(x,t) \propto (-EI) \frac{\partial^2 u_y^0(x,y_T,z_T,t)}{\partial x^2} \tag{8}$$

$$V_y(x,t) \propto (-EI) \frac{\partial^3 u_y^0(x,y_T,z_T,t)}{\partial x^3} \tag{9}$$

$$V_z(x,t) \propto (-EI) \frac{\partial^3 u_z^0(x,y_T,z_T,t)}{\partial x^3} \tag{10}$$

式中 EA、EI 分别为梁的抗拉刚度、抗弯刚度。

由式（3）、式（6）~式（10）可以得到：

$$|N_x(x,t)|_{max} \propto \left|\frac{\partial u_x^0(x,y_T,z_T,t)}{\partial t}\right|_{max} \tag{11}$$

$$|M_y(x,t)|_{max} \propto \left|\frac{\partial^2 u_z^0(x,y_T,z_T,t)}{\partial t^2}\right|_{max} \tag{12}$$

$$|M_z(x,t)|_{max} \propto \left|\frac{\partial^2 u_y^0(x,y_T,z_T,t)}{\partial t^2}\right|_{max} \tag{13}$$

$$|V_y(x,t)|_{max} \propto \left|\frac{\partial^3 u_y^0(x,y_T,z_T,t)}{\partial t^3}\right|_{max} \tag{14}$$

$$|V_z(x,t)|_{\max} \propto \left|\frac{\partial^3 u_z^0(x,y_T,z_T,t)}{\partial t^3}\right|_{\max} \quad (15)$$

可见，当地震波斜入射至弹性均匀半空间或水平成层半空间时，隧道结构上任一点纵向地震反应最不利时刻可通过该点自由波场的 n 阶时间导数来判断，即利用行波效应将自由场空间波形变化规律分析转化为对空间点运动时程随时间变化规律的分析；地震作用下隧道结构上任一点位移反应最不利时刻就是该点自由场位移达到峰值时刻；相应于轴力的最不利时刻为该点自由场速度达到峰值的时刻；相应于弯矩的最不利时刻为该点自由场加速度达到峰值的时刻；相应于剪力的最不利时刻为该点自由场位移对时间的三阶导数达到峰值的时刻。

确定了各物理量的最不利时刻后，依据纵向整体式反应位移法的其余计算步骤完成静力计算，可获得 SV 波作用下隧道结构纵向最大地震反应。

4 方法验证

4.1 计算模型和参数

以北京某地铁区间隧道为研究对象，结构顶部埋深为 12m，纵向长度取为 300m。衬砌结构采用 C50 钢筋混凝土平板型管片，内、外直径分别为 5.4m 和 6.0m。隧道所在土层均匀，其质量密度为 2000kg/m³，剪切波速为 300m/s，泊松比为 0.3。SV 波入射角度为 $\theta=30°$、$\phi=30°$。图 3 为土体-隧道结构三维有限元分析模型，其中隧道结构采用梁单元模拟、土体采用实体单元模拟。有限元模型 x 方向、y 方向和 z 方向的尺寸分别为 300m、40m 和 50m。应用纵向整体式反应位移法计算时，有限元模型的四个侧面和底面采用固定边界条件；应用动力时程法计算时有限元模型的侧面和底面采用黏弹性人工边界，在隧道两端截断处的结构部分按自由边界处理。为了反映不同频谱成分地震波对隧道结构纵向地震反应的影响，选用 Kobe 波、Loma Prieta 波、Northridge 波三种实际地震动记录进行计算，入射波峰值加速度调幅为 0.1g，三种地震波的加速度时程曲线如图 4 所示。需要说明的是，当 SV 波以 $\theta=30°$、$\phi=30°$ 角度斜入射时，隧道结构发生轴向、横向和竖向位移，主要内力分量有轴力 N_x、绕 y 轴弯矩 M_y、绕 z 轴弯矩 M_z，相较之下结构剪力值 V_y、V_z 很小，因此下文中没有给出剪力计算结果。

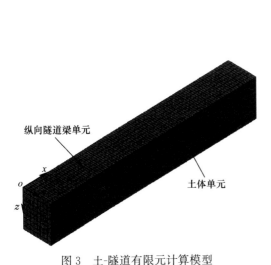

图 3 土-隧道有限元计算模型

Fig. 3 Soil-tunnel finite element analysis model

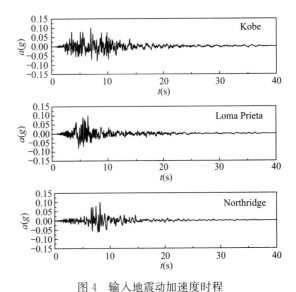

图 4 输入地震动加速度时程

Fig. 4 Input seismic motion time-history

4.2 纵向整体式反应位移法计算结果

以隧道中点（$x=150$m 位置）为观测点，按照纵向整体式反应位移法实施步骤完成静力计算，三种地震波斜入射条件下隧道结构纵向最不利地震反应结果列于表1之中。

4.3 动力时程法计算结果

通过波动方法实现地震波动的有效输入，采用时域逐步积分动力时程法完成隧道结构-地基动力相互作用系统的地震反应分析。计算得到的三种地震波输入条件下隧道结构中点位置处的位移 u、轴力 N_x、绕 y 轴弯矩 M_y 和绕 z 轴弯矩 M_z 的时程曲线分别如图5～图7所示。由图5～图7可以确定三种地震波入射时隧道中点纵向地震反应峰值及其相应的峰值时刻，将相应的计算结果也列于表1之中，并与纵向整体式反应位移法计算结果进行对比。

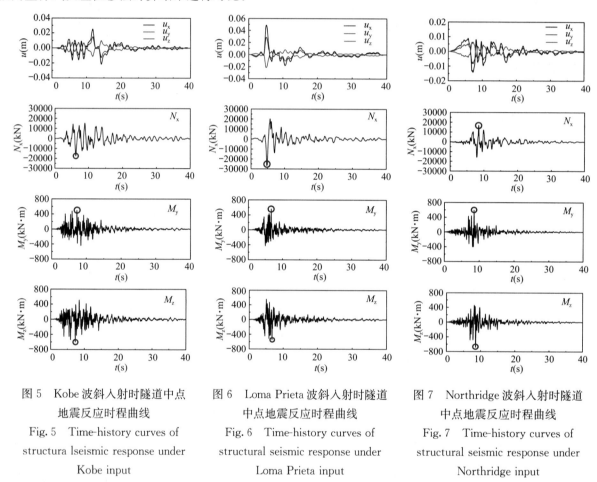

图5 Kobe波斜入射时隧道中点地震反应时程曲线

Fig. 5 Time-history curves of structura lseismic response under Kobe input

图6 Loma Prieta波斜入射时隧道中点地震反应时程曲线

Fig. 6 Time-history curves of structural seismic response under Loma Prieta input

图7 Northridge波斜入射时隧道中点地震反应时程曲线

Fig. 7 Time-history curves of structural seismic response under Northridge input

4.4 计算结果对比

对比表1中两种方法计算得到的不同地震波斜入射条件下隧道结构中点最不利位移和内力反应结果，可以看出，纵向整体式反应位移法得到的结构位移结果与动力时程法非常接近，最大相对误差约为0.5%；两种方法得到的轴力值最大相对误差约为2%，弯矩值最大相对误差约为6%。可见，在SV波斜入射条件下纵向整体式反应位移法具有良好的计算精度。

隧道结构纵向最不利地震反应计算结果对比 表1

Comparison of calculation results Table. 1

地震波	计算方法	隧道结构纵向地震反应					
		位移 u_x(m)	位移 u_y(m)	位移 u_z(m)	轴力 N_x(kN)	弯矩 M_y(kN·m)	弯矩 M_z(kN·m)
Kobe	本文方法	0.0251	0.0147	−0.0112	−17468.50	497.56	−596.82
	动力时程法	0.0251	0.0147	−0.0112	−17465.90	494.55	−601.74
	相对误差	0	0	0	0.01%	0.61%	−0.82%

地震波	计算方法	隧道结构纵向地震反应					
		位移 u_x(m)	位移 u_y(m)	位移 u_z(m)	轴力 N_x(kN)	弯矩 M_y(kN·m)	弯矩 M_z(kN·m)
LomaPrieta	本文方法	0.0486	0.0283	−0.0215	−26989.90	513.12	−522.28
	动力时程法	0.0486	0.0283	−0.0214	−26701.70	546.26	−545.95
	相对误差	0	0	0.47%	1.08%	−6.07%	−4.34%
Northridge	本文方法	−0.0142	−0.0084	0.0064	16607.57	570.62	−680.91
	动力时程法	−0.0142	−0.0084	0.0064	16873.10	595.34	−683.05
	相对误差	0	0	0	−1.57%	−4.15%	−0.31%

为分析 SV 波入射时隧道纵向整体式反应位移法在确定不同物理量地震反应最不利时刻时的精度，表 2 列出了纵向整体式反应位移法确定的最不利时刻 t_m 与动力时程法得到的峰值时刻 t_p，可以看出，不同地震波斜入射时相应于各物理量的最不利时刻 t_m 与峰值时刻 t_p 十分接近，二者最大相对误差不超过 0.5%。

最不利时刻与峰值时刻对比   表 2

Results of the critical moments   Tab. 2

地震波	时刻（s）	相应于隧道结构地震反应			
		位移 u	轴力 N_x	弯矩 M_y	弯矩 M_z
Kobe	t_m	11.800	6.240	7.300	7.300
	t_p	11.790	6.235	7.310	7.325
LomaPrieta	t_m	5.180	4.760	6.750	6.750
	t_p	5.205	4.770	6.755	6.765
Northridge	t_m	7.235	8.445	8.500	8.500
	t_p	7.240	8.430	8.500	8.530

5 结论

纵向整体式反应位移法通过分析自由场静力模型得到等效地震作用，将最不利时刻等效地震作用沿纵向布置于隧道-地基整体模型上，完成静力计算即可获得隧道结构纵向最不利地震反应。与动力时程法相比，纵向整体式反应位移法概念明确、过程简便，具有良好的计算精度，节约了计算时间。

不同地震波斜入射下隧道纵向地震反应分析算例表明，纵向整体式反应位移法不仅适用于出平面波动问题，也适用于平面内波动问题，是非一致地震动输入下隧道等长线型地下结构的抗震分析的一种实用方法。计算模型能够直接反映结构和地基的相互作用，避免了经典反应位移法中由集中地基弹簧带来的计算误差。

在纵向整体式反应位移法应用过程中，对隧道的几何形状和尺寸并未提出限制，因此这一方法可望推广应用于较大横断面尺寸或变截面地下隧道结构的纵向抗震反应计算。

参考文献

［1］ 谷音，谌凯，吴怀强等. 考虑地震动空间非一致性的地铁车站结构振动台试验研究［J］. 振动与冲击，2017，36（17）：256-261.

［2］ CHEN Jun，SHI Xiaojun and LI Jie. Shaking table test of utility tunnel under non-uniform earthquake wave excitation［J］. Soil Dynamics and Earthquake Engineering. 2010，30（11）：1400-1416.

［3］ YU Haitao，YAN Xiao，Antonio Bobet，et al. Multi-point shaking table test of a long tunnel subjected to non-uniform seismic loadings［J］. Bulletin of Earthquake Engineering. 2018，16（2）：1041-1059.

［4］ 李立云，王成波，韩俊艳，等. 埋地管道-场地地震反应振动台试验研究的场地响应［J］. 地震工程与工程振动，2015，35（3）：166-176.

［5］ St John C. M., Zahrah T. F. Aseismic design of underground structures ［J］. Tunneling and Underground Space Technology. 1987，2 (2)：165-197.

［6］ 耿萍，何川，晏启祥. 隧道结构抗震分析方法现状与进展 ［J］. 土木工程学报，2013，46 (s1)：262-268.

［7］ 苗雨，陈超，阮滨，等. 基于广义反应位移法的过江盾构隧道纵向地震反应分析 ［J］. 北京工业大学学报，2018，44 (3)：344-350.

［8］ GB 50909-2014，城市轨道交通结构抗震设计规范 ［S］. 北京：中国计划出版社，2014.

［9］ 刘晶波，王东洋，谭辉，等. 隧道纵向地震反应分析的整体式反应位移法 ［J］. 工程力学. （已录用）

［10］ 傅淑芳，刘宝诚. 地震学教程 ［M］. 北京：地震学出版社，1991.

［11］ 刘晶波，王艳. 成层介质中平面内自由波场的一维化时域算法 ［J］. 工程力学，2007，24 (7)：16-22.

［12］ 赵密，杜修力，刘晶波，等. P-SV 波斜入射时成层半空间自由场的时域算法 ［J］. 地震工程学报，2013，35 (1)：84-90.

作者简介

刘晶波，男，1956 年生，辽宁人，博士，教授，博士生导师，主要从事结构抗震和防灾减灾研究。E-mail：liujb@tsinghua.edu.cn，电话：010-62772988，地址：北京市海淀区清华大学土木工程系，100084。

LONGITUDINAL INTEGRAL RESPONSE DEFORMATION METHOD FOR SEISMIC ANALYSIS OF TUNNEL SUBJECTED TO OBLIQUE SV-WAVE INCIDENCE

LIU Jingbo，WANG Dongyang，BAO Xin，TAN Hui，LI Shutao

(Department of Civil Engineering，Tsinghua University，Beijing 100084，China)

Abstract：The practical methods for longitudinal seismic analysis of tunnel structure mainly focus on the issue of SH wave incidence. For the incidence of SV wave, a kind of longitudinal integral response deformation method is proposed in this paper, as well as an approach of determining the critical moment of structural longitudinal deformation and internal force. Taking a certain shield tunnel structure in Beijing as the research object, the longitudinal seismic analysis is performed subjected to the oblique SV wave incidence, through the proposed method and the dynamic time-history method, respectively. It is shown that the critical moment of structural longitudinal seismic response can be obtained conveniently by analyzing the laws of free-field movement time-history changing over time variable. The proposed method has clear concept and high computation accuracy, which can be employed practically to analyze the longitudinal seismic response of underground tunnel subjected to the oblique SV wave incidence.

Key words：tunnel structure，longitudinal integral response deformation method，in-plane shear wave，asynchronous seismic wave input

关于地铁地下车站结构抗震研究的几点认识和思考

陈国兴，庄海洋

（南京工业大学岩土工程研究所，江苏 南京 210009）

摘 要： 自1995年日本阪神地震中大规模地铁地下车站发生震害以来，地铁地下车站结构的地震安全问题引起了学术界和工程界的高度重视，但目前对地铁地下车站结构抗震性能及其地震破坏过程的认识仍然有限，尤其对地铁地下车站结构减隔震技术、震后修复技术和性能化抗震设计方法等方面的研究还不能满足工程建设的需求。鉴于此，针对地铁地下车站结构抗震研究的相关问题，总结了课题组近期在该研究领域的相关研究成果，并提出几点建议。

关键词： 地铁地下车站结构；抗震性能；地震破坏；分析方法

1 引言

截至 2017 年年底，我国大陆已有 31 座城市开通了地铁，地铁运营线路里程 3881.77km。我国城市轨道交通新建和规划线路规模大、投资增长迅速、建设速度持续加快，城市轨道交通的快速发展必将为解决我国城市交通拥堵问题做出重要的贡献。

据不完全统计，20 世纪以来中国共发生 6 级以上地震近 800 次，自 1950 年至 2010 年 60 年间共发生 7.0 级及以上地震 65 次[1]。我国强地震遍布除贵州、浙江两省和香港特别行政区以外的所有省、自治区、直辖市。已有地下结构的震害可以追溯到 1923 年的日本关东大地震。1995 年日本阪神地震、1999 年台湾集集地震和 1999 年土耳其科咯艾里（Kocaeli）地震中均发生了地铁地下结构的严重破坏现象。由于阪神地震中大规模地铁地下车站及其区间隧道的严重破坏，使得地铁地下结构抗震成为土木工程的一个重要研究方向。地铁车站结构虽进行了抗震专项设计，但其抗震计算方法仍是基于简单地下结构概念的方法。然而，目前现行大型复杂地铁地下结构所受的地震作用水平、土与结构的相互作用方式和地震反应特征等明显区别于地面结构和简单的地下结构。因此，必须针对大型复杂地铁地下结构的自身特点，开展地铁地下车站结构的抗震性能水平、目标和分析方法的研究。

作者在《地铁地下结构抗震》中较系统地总结了课题组在地铁地下结构抗震领域的系列研究成果[2]，并在文献［3］中总结和回顾了地下结构震害、模型试验及抗震设计与分析方法等领域的研究现状。这里，仅结合作者近期的一些研究，对地铁地下车站结构抗震研究谈几点新的认识与思考。

2 对地铁地下车站结构抗震的几点认识

2.1 地铁地下车站结构的地震破坏机理

在 1995 年日本阪神大地震中地铁地下结构发生严重破坏之前，普遍认为地震惯性力作用下产生的地下结构变形受到周围岩土体的约束，地下结构的抗震性能优于地面结构。已有的地下结构抗震性能研究表明[4-6]：强地震时地下结构的地震反应主要取决于周围土体的地震位移场，地震引起的惯性力对地下结构的破坏不是主要因素，且地下结构的地震反应明显受周围岩土体物理状态变化的影响。课题组曾分析了不同场地类别的自由场位移反应和常见地下车站结构动力变形特征[6]。当基岩地震动水平较高时，不论场地分类属于哪一类，土-结构动力相互作用系数 β（地下结构变形与自由场地侧向变形之比，$\beta = \Delta_{\text{structure}} / \Delta_{\text{free-filed}}$）均小于 1，也即地下车站结构侧向的土体将"推着"地下车站结构产生最大相对变形；对于 IV 类场地，仅受到基岩弱震动作用时也会出现 β 小于 1 的情况。这说明地下车站结构的地震破坏机理与场地类别和地震动强度密切相关。

2.2 地铁地下车站结构的抗震性能水平与评价

目前，根据《建筑结构抗震设计规范》GB 50011—2010（2016 版）规定：混凝土框架结构的弹性层间位移角限值为 1/550，弹塑性层间位移角限值为 1/50。但该层间位移角限值是否也适用于地下车站结构抗震性能水平的评价，这是需要研究的一个问题。鉴于此，考虑材料非线性、结构与土体的刚度比、土与结构动力接触和地震动强度等因素，开展了土体-地下结构体系非线性地震反应的数值模拟，分析了典型地下车站结构的弹塑性工作状态及其层间位移角与地震损伤的对应关系。结果表明[7]：与地上的混凝土框架结构相比，地下车站结构的弹性和弹塑性层间位移角限值明显要小，但并非说明地下车站结构本身抗侧向变形能力较差，其主要原因应为地下车站结构周围土层的大变形沿地下车站结构外侧全接触面的作用特征，导致地下结构的动内力分布明显区别于惯性力作用下地面框架结构的动内力分布特征；其次，地下车站结构的地震破坏主要受制于周围土层的地震大变形，结构自身的延性在其地震破坏过程中尚未充分发挥，地下车站结构抗震性能水平的评价不能仅从结构的延性考虑，应考虑地下车站结构周围土体的地震变形的约束作用。据此，表 1 给出了水平向地震作用下框架式地下结构的抗震性能水平与地震破坏的物理描述。

水平向地震作用下地下结构抗震性能水平划分与描述　　表 1

The seismic performance levels of subway underground station and described in detail　　Tab. 1

抗震水平		层间位移角限值	性能水平描述
水平 1	结构完好	$\theta_{\max} \leqslant \dfrac{1.2}{1000}$	结构完全处于弹性工作状态：构件基本没有发生地震损伤，在地震或震后结构完好无损
水平 2	轻微破坏	$\dfrac{1.2}{1000} < \theta_{\max} \leqslant \dfrac{2.5}{1000}$	结构的主体结构基本处于弹性工作状态：中柱和中板等抗震薄弱部位进入塑性工作状态。在地震或震后主体结构完好无损，中柱和中板将发生局部破坏，经过简单的加固处理能够恢复正常使用
水平 3	中等破坏	$\dfrac{2.5}{1000} < \theta_{\max} \leqslant \dfrac{4.0}{1000}$	结构整体进入弹塑性工作状态：在地震或震后主体结构的中柱和中板破坏严重，主体结构尚可。结构中柱和中板要进行必要的加固才能正常使用，主体结构底板要进行加固和防水堵漏处理才能恢复正常使用
水平 4	严重破坏	$\dfrac{4.0}{1000} < \theta_{\max} \leqslant \dfrac{6.5}{1000}$	结构完全进入弹塑性工作状态：在地震或震后整个车站结构的连接部位都遭受严重的地震破坏，丧失主要承载能力，结构未倒塌。地下结构中柱必须进行完全加固或托换处理才能恢复车站结构的正常使用。主体结构必须经过加固和防水堵漏才能恢复正常使用
水平 5	完全破坏	$\dfrac{6.5}{1000} < \theta_{\max}$	结构完全破坏：在地震或震后整个车站结构构件都遭受严重的破坏，完全丧失承载能力

2.3 软土场地地铁地下车站结构的抗震性能

当地下结构周围存在软硬交叠土层和可液化土层时，强震作用下场地土层间的相对侧移明显增大，地下车站结构更易损伤和破坏。课题组对不同厚度和不同埋深软土层的两层三跨岛式地下车站结构的地震反应进行了数值模拟[8]。结果表明：地下车站结构侧向的软土层对其抗震性能有非常不利的影响，且软土层位于地下车站结构侧向底部时最为不利，如图 1（a）（软场地 1～3 代表软土层分别位于车站侧向地基顶、中、底部，软场地 4 和 5 分别代表软土层位于车站结构底部）；软土层位于地下车站结构底部时，对其抗震性能一般是有利的；软土层位于地下车站结构侧向顶部时，对地下车站结构抗震性能的不利影响随软土层厚度变大而增大；软土层位于地下车站结构侧向底部和结构底板正下方时，软土层厚度对地下车站结构抗震性能的影响较为有限。软土层位于地下车站结构侧向地基中时，车站结构侧向相对水平位移幅值随软土层埋深增加而增大，见图 1（b）。同时，软土层对地下车站结构关键部位的动应力反应有较强的放大效应，局部部位的动应力反应可达一般场地条件的3～4倍。因此，地下车站结构侧向软土层会导致地下车站结构产生严重的局部地震破坏，顶底板间会产生不可恢复的残余侧向相对变形。

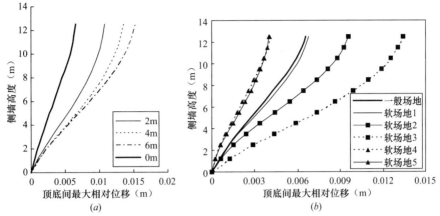

图 1　不同软土层厚度和位置地铁地下车站结构的侧向变形曲线

Fig. 1　lateral deformation curves of subway station under the different thickness and depth of soft soil layer

（a）软土层厚度变化；（b）软土层位置变化

2.4　可液化场地中地铁地下结构的抗震性能

场地液化是地铁车站结构发生严重震害的主要原因之一，尤其是地震中砂土液化造成的地下结构上浮震害非常严重。可液化地基中地下车站结构的上浮主要是由于车站底部地基土的震动孔压累积而引起的上浮力增大、侧向地基液化而引起的侧向土体对车站结构侧墙的摩阻力减小和侧向地基土体向底部地基产生位移而引起的上托力共同作用的结果[9]。这表明：有必要针对可液化地基土地下车站结构，开展专门的抗震分析方法研究。

强地震动作用下砂土液化引起的土体流动或滑移会加重地下车站结构的地震破坏。采用砂土液化大变形动力本构模型模拟液化土层的剪切大变形，采用ALE（Arbitrary Lagrange-Euler）算法的网格动态自适应调整技术解决土体液化大变形后有限单元网格的畸变问题，开展了地面微倾斜液化地基-地下车站结构体系的数值模拟，结果表明[10]：随着可液化土层地面坡度的增加，地下车站结构逐渐从整体上浮转变为左右两侧差异上浮；地下车站周围土层的顺坡向侧移使车站结构上坡侧土体作用在车站结构侧墙上的动土压力比下坡侧墙上动土压力要大，进而导致车站结构上坡侧墙底端的内力幅值比下坡侧墙底的要大；地震动水平相同时，地表倾斜角的增大会导致结构的受拉损伤明显增大，且靠近坡顶的地下车站结构构件的拉伸损伤总是大于靠近坡底的右侧构件的拉伸损伤。

2.5　地铁地下车站结构的抗震分析方法

地下结构抗震研究的主要途径有：理论分析、数值模拟、原型观测（包括现场震害调查和足尺试验）、模型试验（主要是1-g振动台试验、拟动力试验和离心机振动台试验）等。由于地下结构的震害调查非常困难，导致地下结构抗震性能评价的经验数据极为有限。（离心机）振动台模型试验是认识地下结构抗震性能和震害机理的重要手段，不仅可以揭示地下结构的地震反应规律和破坏形态，也可以为理论分析和数值模拟方法的可靠性提供有效的验证。目前，已形成了比较成熟的土-地下结构体系（离心机）振动台模型试验成套技术。

目前，有多种较为有效的地下结构地震反应分析方法，包括从简单的解析弹性解到复杂且原理上更精确的整体动力数值模拟。按照地震作用的描述和模拟方法，分析方法主要可以分成三类[3]：基于力的方法、基于位移的方法、土体与地下结构体系整体时程分析法。第一、二类方法可以再分为考虑或不考虑土-结构相互作用效应的方法。对不考虑土-结构相互作用效应的方法，假设地下结构的侧向变形与自由场地基的变形是一致的；对考虑土-结构相互作用效应的方法，需对以自由场地基位移或等效力方式表示的输入运动进行修正，以考虑地下结构存在的影响。基于位移的方法中，地震荷载以地基地震位移的方式表示。同样地，该类方法的主要差异在于地基的地震位移估算方法及土-结构相互作用效应的模拟方式。基于力或位移的简化方法可能过高或过低估计结构的地震反应，这与土体-地下结构两者之间的相对刚度有关。该类简化方法对于弱震作用下地下车站结构的抗震分析是可用的，但对强震作用时地下车站结构的抗震设计应采用土体-地下结构体系的整体时程分析，只有该分析法能有效地模拟复杂场地-地下结构体系的强非线性动力相互作用效应。

3 对地铁地下车站结构抗震的几点思考

3.1 地铁地下车站结构抗震设计的必要性

除了 1995 年阪神地震中地铁地下结构遭受了严重震害，现行地铁地下结构基本未经历过大地震的考验。我国城市地铁建设虽已有近 50 年历史，但城市地铁建设的快速发展主要是最近 10 余年的事。目前，地下车站结构不再仅限于简单小尺寸断面的矩形或圆形地下结构，已发展成为多层多跨、上下层不等跨数和中间带夹层等大型复杂地下结构。这类大型地下车站结构所受的地震作用机理与特征、土与结构的相互作用方式等也明显区别于地面结构和简单结构形式的地下结构。鉴于城市地铁地下车站结构具有结构空间尺度大、安全隐患不易发现且震后修复难度大等自身特点，对地铁地下车站结构进行专门的抗震设计尤为重要。

3.2 地铁地下车站结构抗震分析方法

如前所述，地铁地下车站结构抗震性能的研究方法可分为模型试验、理论分析和数值模拟三类。在模型试验方面，由于 1-g 振动台试验设备无法模拟真实场地的自重应力状态，很难实现多介质的相似比统一，因此，1-g 振动台模型试验的局限性是显而易见的。离心机振动台试验虽能弥补 1-g 振动台模型试验的某些不足，但受几何尺寸小的限制，离心机振动台试验很难实现对大型地铁地下结构尺寸效应的模拟。目前，地下结构的振动台模型试验主要在定性上反映地下结构的动力学行为及其地震反应规律，很难实现其在定量上真实反映地铁地下结构的抗震性能水平及其地震倒塌过程等。因此，在地铁地下结构的物理模型试验方面，还需在模型相似设计、试验材料选取、先进测试技术和模型试验方法等方面进行深入的研究，建立能有效地模拟地铁地下结构地震反应性态及其倒塌演化过程的物理模型试验方法。

虽然基于理论分析的地下结构抗震简化计算方法概念清晰且容易被工程技术人员掌握，但是该类方法无法对强震中地铁地下结构的非线性动力学特性及其抗震弹塑性工作性态进行有效的预测和分析，也无法有效用于强震中地铁地下结构地震倒塌破坏的研究。然而，从弹性分析到弹塑性分析是结构抗震设计的一个重要进步，从弹塑性分析到结构倒塌分析更是结构计算分析中一个极大的挑战，对相应的分析方法和计算手段提出了非常高的要求。因此，导致目前已有数值模拟方法对强震下土与地下结构相互作用系统的土体非线性动力学特性、土与地下结构非线性动力接触效应和模型地基动力边界条件等问题的处理结果还与实际情况存在很大的差距，对土与地下结构的动力相互作用机理及其时空演变规律的认识仍不足，尤其对大型地铁地下结构四维空间（传统的三维空间加上时间维度）的地震反应规律及其地震倒塌连锁破坏效应的研究还未形成有效的分析方法。

3.3 基于性能化的地铁地下车站结构延性抗震设计

由于基于传统承载力和构造措施保证延性的抗震设计方法已不能完全满足现代结构功能需求的抗震设计要求，因此，基于性能化的结构抗震设计方法应运而生。与地面结构抗震研究相比，地铁地下结构抗震性能水平、性能目标和性能化分析方法的研究还处于起步阶段。无疑地，地铁地下车站结构的抗震性能水平、性能目标和抗震分析方法不能简单套用地面建筑结构的抗震性能水平、性能目标和分析方法，必须针对地铁地下结构的自身特点，专门开展其抗震性能水平、性能目标和基于性能的抗震分析方法研究，建立基于性能化的地铁地下车站结构延性抗震设计理论与方法。

3.4 地铁地下车站结构的减隔震技术

由于地铁地下结构深埋于岩土体中，其地震反应特征及破坏机理明显区别于一般的地面建筑结构；同时，基于刚性地基假定的结构主被动控制理论和方法很难实用于地下结构的隔震要求。因此，应针对地铁地下车站结构的特殊性，研究适应地铁地下结构工作性态的减隔震技术。目前，地面建筑物和桥梁的隔震设计是通过隔震装置来延长结构的周期达到降低地震反应的目的，借助于结构与基础之间设置的滑移元件吸收部分地震波的能量。但地下结构不可能与其周围的场地土分离，通过延长地下结构周期达到降低地震反应的方法是不可行的。地下结构的减隔震设计，目前还存在如下问题：（1）工程实例很少，地下结构减隔震设计的有效性仅仅是根据数值模拟和振动台试验来验证的，尚未见有实际地震考验的报道，其有效性还需进一步的研究；（2）地下结构采用刚度小或摩擦系数小的隔震层后对周边场地土及邻近结构的影响，也需进一步的研究；（3）为保证地下结构的隔震层有效发挥隔震效果，需要保证隔震层材料的刚度、厚度和性能的长期耐久性与稳定性，这需要大量和长期的试验验证；（4）需要建立适用于既有地下车站结构的隔震技术施工工法。

3.5 地铁地下车站结构的震后修复技术

地下车站结构一旦发生震害，其震后修复难度很大且费用昂贵，尤其当地下车站结构发生地震坍塌时，很难像地面建筑结构那样进行原地拆除重建。虽有 1995 年阪神地震后地下车站结构震后修复技术的实施经验，但目前的地下车站结构形式比 1995 年阪神地震中发生严重震害的地下车站结构形式更为复杂。近年已建的地下车站结构尚未经历强震的考验，但有必要根据地铁地下车站结构的地震破坏特征，超前研究地下车站结构的震后修复技术，为现行地下车站结构的地震应急和震后快速修复提供坚实的科学依据和可靠的技术方法。

参考文献

[1] 蔡晓光，薄涛，薄景山，等. 1950 年以来亚洲大地震及震害分析 [J]. 世界地震工程，2011，27（3）：8-16.

[2] 庄海洋，陈国兴. 地铁地下结构抗震 [M]. 北京：科学出版社，2017.

[3] 陈国兴，陈苏，杜修力，等. 城市地下结构抗震研究进展 [J]. 防灾减灾工程学报，2016，36（1）：1-23.

[4] Zhuang Haiyang, Zhonghua Hu, Xuejian Wang, Guoxing Chen. Seismic responses of a large underground structure in liquefied soils by FEM numerical modelling [J]. Bulletin of Earthquake Engineering, 2015, 13（12）：3645-3668.

[5] Zhuang Haiyang, Hu Zhonghua, Chen Guoxing. Numerical modeling on the seismic responses of a large underground structure in soft ground. Journal of Vibroengineering, 2015，17（2）：802-815.

[6] 庄海洋，王雪剑，王瑞，陈国兴. 土-地铁地下结构动力相互作用体系侧向变形特征研究 [J]. 岩土工程学报，2017，39（10）：1761-1769.

[7] 庄海洋，任佳伟，王瑞，等. 两层三跨框架式地铁地下车站结构弹塑性工作状态与抗震性能水平研究 [J]. 岩土工程学报，2018. 录用待刊.

[8] 庄海洋，王修信，陈国兴. 软土层埋深变化对地铁车站结构地震反应的影响规律研究 [J]. 岩土工程学报，2009，（08）：1258-1266.

[9] Zhuang Haiyang, Chen Guoxing, Hu Zhonghua, Qi Chengzhi. Influence of soil liquefaction on the Seismic response of a subway station by the model tests, Bulletin of Engineering Geology and the Environment, 2016，75（4）：1169-1182.

[10] 王瑞，庄海洋，陈国兴，付继赛. 地面微倾斜可液化场地中地铁地下车站结构的地震反应研究 [J]. 地震工程与工程振动，2018，38（2）：130-140.

作者简介

陈国兴，男，1963 年生，南京工业大学教授，主要从事岩土地震工程研究。E-mail：gxc6307@163.com。

SEVERAL NEW RECOGNITIONS AND IDEAS ON THE SEISMIC PERFORMANCE OF SUBWAY UNDERGROUND STATION STRUCTURE

CHEN Guoxing，ZHUANG Haiyang

（Institute of Geotechnical Engineering，Nanjing Tech University，Jiangsu Nanjing，210009）

Abstract：Though the seismic performance of subway underground structures have been paid more attention by the scholars and engineers after the 1995 Kobe earthquake，we have not well understood the seismic performance and earthquake damage process of subway underground station constructed recently. Especially，the seismic isolation techniques，the strengthening and repairing methods after large earthquakes and the performance-based seismic design methods have not studied specifically for the modern subway underground stations. According to our recent researches on this problem，some new recognitions on the seismic performance of modern subway underground stations structures have been introduced. Meanwhile，due to the research deficiency in this field，some ideas and suggestions are also discussed in this paper.

Key words：subway underground structure；seismic performance；earthquake damage；analysis method

海底盾构隧道三维非线性地震反应分析

赵凯，赵丁凤，阮滨，陈国兴

（南京工业大学岩土工程研究所，江苏 南京　210009）

摘　要：以苏埃海底隧道为工程背景，采用修正的 Davidenkov 黏弹性动力本构模型，考虑盾构管片之间的连接方式，建立了盾构隧道-海床动力相互作用体系的三维精细化有限元模型，对苏埃海底隧道北段进行了整体动力时程分析，重点分析了海底盾构隧道纵向地震反应规律。与广义反应位移法进行了对比分析，结果表明：场地土体动力非线性和隧道接头地震性能的差异显著影响隧道的地震反应特性。广义反应位移法采用梁-弹簧模型简化了土体非线性和结构的非线性性能，以及土-结构接触面的性能，所得隧道纵向环间接头张开量显著高于三维模型，偏于保守。三维模型可以真实考虑土体径向阻尼，所得的位移幅值包络曲线相对反应位移法得到的包络线更加平缓。研究成果对提高海底盾构结构抗震性能的认识及其抗震设计水平提供合理的参考与指导。

关键词：海底盾构隧道；Davidenkov 本构模型；地震反应分析；非线性

1　引言

　　震害经验表明：地下结构受强地震动引起的地基变形控制，地下结构的几何形状与概念特征使其地震行为与性能与地面结构有很大的差异[1]。盾构管片结构的相对柔性，可以保证隧道衬砌与周围地层协调变形。然而，盾构隧道的埋置深度较浅，表层深厚软弱沉积土的大变形特性会对盾构管片产生显著影响。

　　深厚软弱场地中地下结构发生严重破坏的经典案例为1995年 Kobe 地震中完整记录到的不跨越活断层而在地震作用下完全倒塌的大开地铁车站；除了塌陷引起的位移外，并未发现其他引起场地永久位移的因素（如周围地层的液化）[2-5]。在距离大开车站东面约 3km 的 Port 岛的西北角（场地条件与大开车站非常接近），三维井内加速度计阵列记录的数据表明：强地震动作用的持时约 10s（从 3～13s），在深度 16～83m 范围内的水平向峰值加速度超过 0.5g，而地表处的竖向峰值加速度是水平向峰值加速度的两倍。在 1985 年墨西哥 Ms 8.1 级地震中，在建的污水管道（直径为 6.1m）发生了结构性破坏，由于结构扭曲变形造成管片间的环向连接螺栓发生严重脱离。这也是软土地基中由强震引发地下结构严重破坏的典型案例[6]。

　　上述深厚软弱场地震害现象推动了地下结构抗震设计方法的发展，目前已经提出了多种隧道纵向地震反应分析方法。根据 ISO 23469（2005）[7] 和 FWHA（2009）[8]，现行隧道和地下结构抗震设计中地下结构的纵向地震反应分析方法主要有基于位移的简化分析方法，如梁-弹簧模型、质点-弹簧模型（或等效质点-弹簧模型）等，前者把隧道作为支撑在弹性地基上的连续梁，后者把隧道作为多质点系统，接头统一用弹簧模拟，土-结构之间的相互作用用弹簧和阻尼来模拟。显然，整体动力时程分析是长大地下结构抗震设计更为适宜的方法，可以同时模拟与分析地下结构的横向和纵向地震反应，并考虑复杂的土层分布几何构型，可采用适当的本构模型描述土体和结构的非线性性能，以及土-结构接触面的性能。因此，本文采用修正的 Davidenkov 黏弹性动力本构模型，考虑盾构管片之间的连接方式，建立了盾构隧道-海床动力相互作用体系三维精细化有限元模型，对苏埃海底隧道北段 300～800m 进行了整体

基金项目：国家自然科学基金项目（51608267，51438004）

时域动力时程分析，并与广义反应位移法进行了对比分析。

2　工程概况

苏埃海底盾构隧道工程起点位于汕头市龙湖区天山南路与金砂东路平交口，穿越苏埃湾海域，在南岸汕头跳水馆西侧 200m 处上岸[9]，具体的位置如图 1 所示。隧道方案为"两管盾构＋南岸围堰明挖"。该方案设计线路全长 6638m，隧道长度 5300m，其中敞开段 910m，暗埋段 1645m，盾构段 2705m。

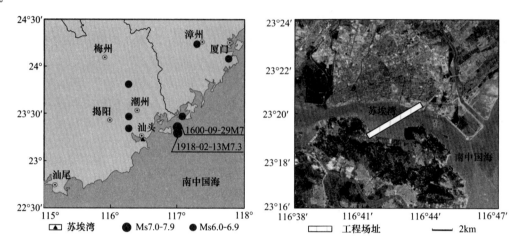

图 1　区域中强地震震中分布及工程场址

隧道所处地区属于 8 度地震区，穿越极软土、砂土（可液化层）、硬岩、孤石、不同土层高低错落等复杂地层，为国内外少见。苏埃海底隧道工程沿隧道纵向轴线断面地质示意图如图 2 所示，隧道顶部距海床面为 15～19.5m，剪切波速大于 800m/s^2 的风化岩定义为地震基岩面，根据勘察结果取海床面下100m 处为地震动输入基岩面。两条双红线是盾构隧道所在位置，可以看出隧道穿越了区域内的所有土层：淤泥、中粗砂、淤泥质土、粉黏，淤泥质混砂，花岗岩。各类土互相夹杂，有突起有凹陷，有些呈透镜体状分布。

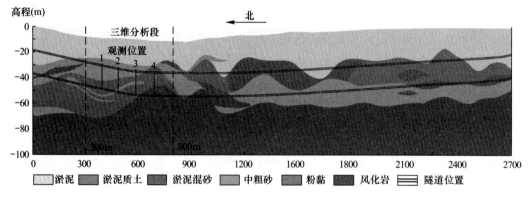

图 2　苏埃海底盾构隧道工程纵向断面示意图

3　三维精细化有限元模型的建立

3.1　修正的 Davidenkov 黏弹性动力本构模型

非等幅循环荷载下，土体的动力特性由赵丁凤等[10]开发的不规则加卸载准则修正的 Davidenkov 本构模型描述，如图 3 所示。其中，Davidenkov 模型的骨架曲线为：

$$\tau = G \cdot \gamma = G_{\max} \cdot \gamma \cdot [1 - H(\gamma)] \tag{1}$$

$$H(\gamma) = \left\{ \frac{(\gamma/\gamma_0)^{2B}}{1 + (\gamma/\gamma_0)^{2B}} \right\}^A \tag{2}$$

滞回曲线为：

$$\tau - \tau_c = G_{\max} \cdot (\gamma - \gamma_c) \cdot \left[1 - H\left(\frac{\mid \gamma - \gamma_c \mid}{2n}\right)\right] \tag{3}$$

$$(2n\gamma_r)^{2B} = (\gamma_{ex} \pm \gamma_c)^{2B} \cdot \left(\frac{1-R}{R}\right) \tag{4}$$

$$R = \left(1 - \frac{\tau_{ex} \pm \tau_c}{G_{\max} \cdot (\gamma_{ex} \pm \gamma_c)}\right)^{\frac{1}{A}} \tag{5}$$

式中，τ、γ 分别为剪应力和剪应变；$G_{\max}$ 和 γ_r 分别为初始剪切模量及参考剪应变；A 和 B 为土的试验参数；γ_c 为加卸载转折点处的应变；符号"±"在加载时取"−"，卸载时取"＋"。

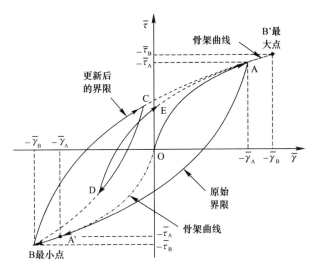

图 3 不规则加载条件下 Davidenkov 模型加卸载曲线的示意图

3.2 有限元分析模型的建立

隧道结构采用四节点曲面薄壳单元（S4R），土体采用八节点线性六面体剪缩积分单元（C3D8R）。三维模型尺寸为 500m（长）×100m（深）×43.5m（宽）。模型共 2172837 个节点、2088500 个单元、6719499 个自由度。隧道每个环段在圆周方向分 44 个相等壳单元，壳单元的尺寸在纵向方向上为 1 m。

管环与管环之间通过一个旋转弹簧和拉压异性弹簧连接。假定在动力作用下，各土层之间、土和隧道结构之间不发生脱离和相对滑动，即在变形的过程中截面始终满足位移协调的条件，在 ABAQUS 中利用 Tie 约束实现。模型细节见图 4。

边界采用黏弹性人工边界[11]，隧道结构采用线弹性本构，结构主要参数见表 1。输入方式为双向输入，水平向地震动加速度峰值：竖向地震动加速度峰值为 1∶0.65。选取 Chen 等（2018）[12]论文中 2 条人工波、1 条实际地震动 Darfield 波来对比分析广义反应位移法和三维动力时程分析法对隧道纵向环间接头张开量的影响，具体工况见表 2。

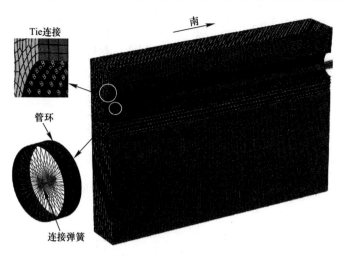

图 4   三维有限元模型

盾构隧道主要结构参数   表 1

外径 D(m)	内径 d(m)	环宽 l_s(m)	混凝土弹性模量 E_c(MPa)	螺栓直径 d_0(mm)	长度 l(mm)
14.5	13.3	2	3.6E4	36	750
数量 n(个)	螺栓弹性模量 E_c(MPa)	螺栓屈服应力	螺栓极限应力	弹塑性刚度比	螺栓预应力 P(MPa)
42	2.06E5	640	800	0.01	—

三维动力时程分析计算工况   表 2

输入地震动	水平向峰值加速度	竖向峰值加速度	工况
人工波 1	0.3g	0.195g	工况 1
人工波 1	0.4g	0.26g	工况 2
人工波 2	0.3g	0.195g	工况 3
人工波 2	0.4g	0.26g	工况 4
Darfield 波	0.4g	0.26g	工况 5

4   计算结果分析

截取离隧道口北端 300～800m 段进行整体动力时程分析（见图 2），与 Chen 等[12] 提出的广义反应位移法进行对比分析。图 5 为不同工况下广义反应位移法和三维动力时程分析沿隧道纵向环间接头张开量对比图。图右侧为三维时程分析法对应的不同工况相邻管环间张开量包络曲线，可以看出张开量包络曲线走势及发展规律与反应位移法计算结果接近，在离北隧道口 600m 附近张开量发生突变。

各个工况下，张开量最大值均小于 1.5cm（一般防水措施允许的张开量限值）。在基岩位置处张开量极值较小，且峰值随着地震动水平的增加而增加，同样，幅值并非线性增长；广义反应位移法计算的张开量值要明显大于三维时程分析得到的张开量值，不同的工况下增大的幅值不同；由于反应位移法是无阻尼振动，看出三维包络曲线要比反应位移法包络曲线平缓，削平了不少峰值点，广义反应位移法计算的结果更为保守。从输入方式上看，反应位移法分析为三向输入，且输入地震动时程水平向与切向一致，本身偏安全，而三维时程分析为两向输入，这也是反应位移法计算结果偏大的原因。

沿隧道纵向间隔 100m 依次取 4 个点进行时程观测（分别为隧道位置 400m、500m、600m、700m 处），观测位置见图 2。由于文章篇幅限制，位移时程响应对比以工况 1 为例。

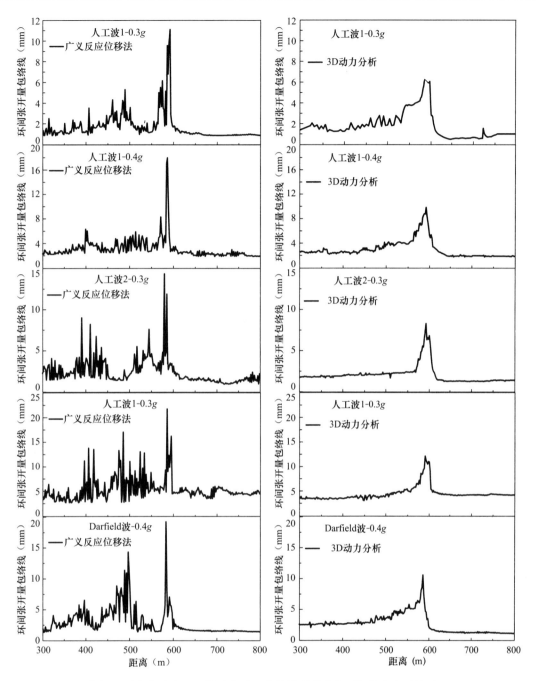

图 5　反应位移法和三维动力时程分析沿隧道纵向环间接头张开量对比

　　图 6 为广义反应位移法中的二维自由场与三维模型在隧道底部、中部和顶部观测点处土的水平向位移时程响应对比图。三维模型计算结果可知，由于隧道结构的存在对土层运动起约束作用，三维时程分析时的位移时程曲线比二维自由场模型分析的时程曲线平缓；二维自由场模型和三维模型在同一观测点位置的位移时程曲线走势基本一致，但是离基岩越近，位移时程走势越接近，隧道底部的峰值位移要稍小于顶部；在离北隧道口 600m 这个观测点，由于存在连续的凹凸地形，并且处于软硬土层交汇位置，该观测点位置处的位移时程幅值要比其他观测点位移幅值要大一些。在观测点 2～4 处，明显看出其二维自由场模型和三维模型的位移时程曲线差异较小，而观测点 1 处差异较大，可能是因为观测点 2～4 隧道位于基岩面上，进一步说明较好的土质条件，隧道结构对土层地震反应特性的影响较小，通过观察同一观测点隧道不同位置处的位移时程曲线，发现这种影响随着离基岩面的距离增大而减弱。

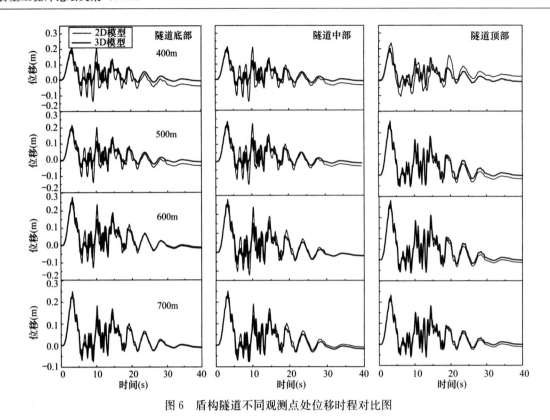

图6　盾构隧道不同观测点处位移时程对比图

5　结论

本文基于通用非线性有限元软件ABAQUS，采用修正的 Davidenkov 黏弹性动力本构模型，考虑盾构管片之间的连接方式，建立了盾构隧道-海床动力相互作用体系的三维精细化有限元模型，对苏埃海底隧道北段 300～800m 进行整体动力时程分析，并与广义反应位移法进行对比分析，得到如下结论：

（1）沿盾构隧道纵向相邻管片张开量极值都小于 1.5cm，即小于一般防水措施允许的张开量限值，同样对于不同频谱特性的地震动，在同一地震动水平下，引起隧道整体纵向张开量的变化趋势类似，但是幅值相差较大。随着地震动强度的增加，不同地震动的张开量增长幅值各异。

（2）对比相同计算工况下的反应位移法计算结果，由于梁-弹簧模型与三维实体模型在地震波输入方式、隧道模型简化及土单元模拟等方面存在差异，梁-弹簧模型的隧道纵向张开量显著高于三维实体模型，偏于保守。三维模型可以真实考虑土体径向阻尼，降低了结构反应幅值，而且削平了一些峰点，所得的位移幅值包络曲线相对反应位移法得到的包络线更加平缓。

（3）三维模型的位移时程曲线比二维自由场模型分析的时程曲线平缓；二维自由场模型和三维模型在同一观测点位置的位移时程曲线趋势基本一致，但是可以明显看出离基岩越近，位移时程走势越接近；隧道底部的峰值位移要稍小于顶部。在离北隧道口 600m 这个观测点（软硬土层交界处），位移峰值要大一些。

参考文献

［1］陈国兴，陈苏，杜修力，等. 城市地下结构抗震研究进展［J］. 防灾减灾工程报，2016，36（1）：1-23.

［2］Iida H，Hiroto T，Yoshida N，Iwafuji M. Damage to Daikai Subway Station［J］. Soils and Foundations，1996（Special）：283-300.

［3］Uenishi K，Sakurai S. Characteristic of the vertical seismic waves associated with the 1995 Hyogo-ken Nanbu（Kobe），Japan earthquake estimated from the failure of the Daikai Underground Station［J］. Earthquake Engineering and Structural Dynamics，2000，29（6）：813-822.

［4］Huo H，Bodet A，Fernandez G，et al. Analytical solution for deep rectangular structures subjected to far-field shear stresses [J]. Tunnelling and Underground Space Technology，2006，21：613-625.

[5] Pitilakis K，Tsinidis G. Performance and seismic design of underground structures. In Earthquake Geotechnical Engineering Design. Springer International Publishing，2014，279-340.

[6] Kawashima K. Seismic design of underground structures in soft ground：areview [A]. Proceedings of the International Symposium on Tunneling in Difficult Ground Conditions，1999，Tokyo，Japan.

[7] ISO 23469. Bases for design of structures-seismic actions for designing geotechnical works. ISO International Standard，2005，ISO TC 98/SC3/WG10.

[8] FWHA. Technical manual for design and construction of road tunnels-civil elements. U. S. Department of transportation. Federal Highway Administration. Publication No. FHWA-NHI-10-034，702p，2009.

[9] 温玉辉，张金龙，梁淦波. 苏埃过海通道盾构始发方案论证分析 [J]. 公路，2015（10）：252-257.

[10] 赵丁凤，阮滨，陈国兴，等. 基于Davidenkov骨架曲线模型的修正不规则加卸载准则与等效应变算法及其验证 [J]. 岩土工程学报，2017，39（5）：1-8.

[11] 章小龙，李小军，陈国兴，等. 黏弹性人工边界等效荷载计算的改进方法 [J]. 力学学报，2016，48（05）：1126-1135.

[12] Chen G，Ruan B，Zhao K，et al. Nonlinear Response Characteristics of Undersea Shield Tunnel Subjected to Strong Earthquake Motions [J]. Journal of Earthquake Engineering，2018：1-30.

作者简介

赵凯，男，1982 年生，副教授，主要从事城市地下结构抗震研究。E-mail：zhaokai@njtech. edu. cn。

3D NONLINEAR SEISMIC ANALYSIS OF A SUBSEASHIEID TUNNEL

ZHAO Kai，ZHAO Ding-feng，RUAN Bin，CHEN Guo-xing

(Institute of Geotechnical Engineering，Nanjing Tech University，Nanjing 210009，China)

Abstract：Taking the Suai subsea tunnels as the project case，with a modified Davidenkov Visco-elastic dynamic constitutive model adopted，we construct a sophisticated 3D FEM model on shield tunnel-seabed interaction system，in which the connection between shield segments is well considered. As the research focus is on the longitudinal seismic response of subsea shield tunnels，a systematic and thorough dynamic time history analysis against northern section of Suai subsea tunnel is carried out. Compared with the Generalized displacement method，the results of the 3D model indicate that both the nonlinear dynamic characteristics of ground and the discrepancy of seismic performance between tunnel segment joints significantly affect the seismic response features of tunnels. The beam-spring model is utilized in the Generalized displacement method，which leads to a simplification of nonlinear property of soil and structure，as well as the behavior of soil-structure interface，and therefore the resulted longitudinal opening value is remarkably higher than that by the 3D model，that is，the result is conservative. While the 3D model takes account into the soil radial damping，from which the obtained displacement enveloping curve is comparatively much smoother. The research is of great interest in the way of enhancing the understanding on the aseismic performance of subsea tunnels，and therefore is beneficial to provide supports for seismic design of similar coastal structures.

Key words：Subsea shield tunnel，Davidenkov constitutive model，Seismic analysis，Nonlinear

上海500kV虹杨地下变电站抗震分析与设计

苏银君[1,2]，翁其平[1,2]

(1. 华东建筑设计研究院有限公司上海地下空间与工程设计研究院，上海 200002；

2. 上海基坑工程环境安全控制工程技术研究中心，上海 200002)

摘　要： 上海500kV虹杨变电站是与上部建筑结合建造的地下变电站，能够很好地解决城市用电问题和土地使用紧张问题之间的矛盾，但其在电力系统的应用及研究较少，面临新的挑战，包括上下建筑的协调与转换、变电站结构的抗震与防连续倒塌等安全性问题。本文对比了各种转换结构类型，选择了厚板转换形式，并采用有限元软件对其受力和变形进行了精细分析。在抗震方面，本文采用振型分解反应谱法和土层-结构时程分析法，建立了虹杨变电站地上、地下结构的整体三维有限元模型，考虑土的弹性约束影响，考虑水平和竖向地震力，进行了抗震性能设计，得到了地震作用下上下结构的共同作用及转换厚板的应力变形规律，指导了本工程的抗震设计。

关键词： 地下变电站；上部建筑；转换；抗震；防连续倒塌

1　引言

近年来，随着我国城市化建设的加快，城市用电量快速增长与城市土地面积的日益紧张，越来越多的地下变电站将与上部建筑相结合进行建造。但是相比于地上变电站或纯地下变电站，有上部结构的地下变电站的受力性能变得更加复杂：(1) 由于上下的使用功能不同，地下变电站的柱网通常很大，而上部结构的柱网普遍较小，上下结构的柱网无法很好地协调一致，所以必须选择合适的转换形式，才能较好地协调上下结构的受力和变形；(2) 在地震作用下，上部结构所受地震力通常较大，而地下室受地震作用较小，一般不受地震作用控制，但是本工程属于重要建筑，对安全要求很高，尤其是转换层作为上部结构的嵌固端，其抗震能力关系到上下结构的安全，所以应对地震作用对转换结构的影响加强分析计算。

2　工程概况

虹杨500kV变电站工程位于上海市区东北部逸仙路以东、小吉浦河以西、三门路以南、政立路以

北的一块典型软土基地上。工程结构形式为地下三层框架-剪力墙结构变电站，地下建筑边长为68.4m×166m，埋置深度约24m，地上为3栋6层(含±0.0m标高以下夹层)框架结构生产管理用房，总高约24m。上下结构需在-2.1m标高通过转换层结构过渡(图1)。

地下室框支柱为与逆作阶段钢管混凝土芯柱相结合的外包钢筋混凝土方柱；地上框架柱为钢筋混凝土矩形柱。地下室周边采用"两墙合一"地下连续墙，作为基坑逆作阶段围护墙，内设钢筋混凝土内衬墙，二者共同作为正常使用阶段的地下室外墙。

图1　虹杨500kV变电站结构剖面图

Fig. 1　Structural profile of Hongyang 500kV Substation

3　转换层结构选型

从图 1 可知，上下结构的柱网均无法连续，所以必须在地下室顶板进行转换，目前较为常见的转换形式有梁式转换、厚板转换等[1,2]。梁式转换受力性能较好、自重较轻、构造简单、施工较方便，最为常用。但当跨度较大，上部结构荷载较大时，将导致梁截面很大，占用太多建筑净空。且上部柱网布置与地下室柱网不对齐，转换梁布置困难，存在二次或三次转换，增加了力的传递途径和节点构造难度。结合本工程上下柱网错位较多的实际情况，梁式转换不太适用。

厚板转换可不受上下结构柱网错开或布置不规则的限制，同时，厚板本身的抗剪切、抗冲切承载力较高，其平面内外刚度较大，可较好地控制变形。（1）转换厚板相对于梁式转换刚度更大，对上部结构的嵌固作用更强；（2）工程桩以抗浮为主，转换厚板重量的增加有利于减少抗拔桩的数量；（3）有利于上下部框架柱在转换层的锚固构造简化及施工便利；（4）有利于逆作法作为水平支撑体系控制基坑的变形；（5）有利于降低支模难度，提高施工工效；（6）有利于增加地下建筑的净高；（7）有利于增加结构的冗余度，防止地下结构的在地震及偶然荷载作用下的连续倒塌。综合考虑上述转换结构的优缺点，并结合本工程自身特点，最终决定采用厚板转换形式。

4　振型分解反应谱法分析模型

4.1　计算模型

本工程首先采用高层建筑结构空间有限元分析与设计软件 PKPM 及 YJK 程序建立整体分析模型进行计算（图 2）。对于本工程与上部建筑相结合的地下结构，采用振型分解反应谱法计算仍可作为设计首选。

梁、柱采用空间杆单元，剪力墙采用墙元（壳元）模型。考虑土体对地下室的弹性约束。考虑厚板面外的变形，转换厚板定义为弹性板 3。

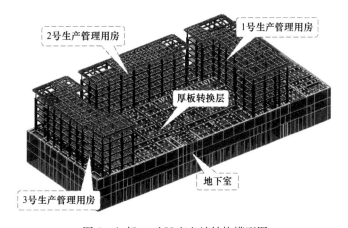

图 2　虹杨 500kV 变电站结构模型图

Fig. 2　Structural Model of Hongyang 500kV Substation

地震工况：抗震设防类别乙类，设计使用年限 100 年，抗震设防烈度为 7 度（0.10g），Ⅳ类场地，场地特征周期 T_g 为 0.9s，阻尼比为 0.05。地下结构多遇地震下抗震等级：转换厚板、框架柱二级、墙一级。考虑竖向地震作用，竖向地震影响系数按上部结构水平地震影响系数最大值的 65% 采用。

由于转换结构是复杂的三维空间受力体系，在竖向荷载、风荷载、水平及竖向地震作用下受力复杂。所以本工程结构分析应满足以下要求：

45

（1）结构分两步走，即三维空间整体计算及采用有限元法补充局部计算[3]。整体分析采用转换层设置虚梁或暗梁的分析方法，局部补充计算采用连续体有限元法对转换厚板进行精细化分析。

（2）采用多个不同计算模型的软件分析，以避免单一模型带来的差错，并互相校核。

（3）地震作用计算时宜同时考虑双向水平地震、竖向地震、偶然偏心及扭转耦连。

（4）由于本工程厚板转换结构受力复杂，在多遇地震（小震）作用下按结构弹性状态下计算得到的结果可能不满足罕遇地震作用下的弹塑性变形要求，所以宜对变电站地下结构进行设防地震（中震）和罕遇地震（大震）下的性能设计[4]（表1），验算其构件承载力及结构变形，以使其在设防地震下可安全使用，在罕遇地震下能满足抗震变形验算的要求，构件性能验算时的各参数详见表2。

（5）采用等效线性方法或弹塑性静力分析方法验算大震下薄弱层弹塑性层间位移角不超过1/250。

地下室结构抗震性能目标 表1

Aseismic performance target of basement structure Tab. 1

	结构抗震性能水准	宏观损坏程度	损坏部位（关键构件、普通竖向构件）	层间位移角限值
小震	1	完好	无损坏（抗剪、抗弯弹性）	远小于1/1000
中震	2	基本完好	无损坏（抗剪、抗弯弹性）	1/1000
大震	4	中度损坏	转换板柱轻度损坏（抗剪、抗弯不屈）	1/250

构件性能验算参数表 表2

Component performance checking parameter table Tab. 2

设计参数	小震弹性	中震弹性	大震不屈
水平地震影响系数（100年）	0.11	0.33	0.66
竖向地震影响系数（100年）	0.08	0.22	0.44
场地特征周期 T_g（s）	0.9	0.9	1.1
周期折减系数	0.7	1.0	1.0
阻尼比	0.05	0.05	0.06
荷载分项系数	按规范	按规范	1.0
材料强度	设计值	设计值	极限值
抗震等级调整系数	考虑	不考虑	不考虑
是否考虑风荷载	考虑	不考虑	不考虑
变形计算重力二阶效应	不考虑	考虑	考虑

4.2 模型整体指标

本工程分别采用 PKPM-SATWE 及 YJK 计算的整体指标详见表3，对比可知，两个软件计算结果较接近。根据计算结果，地上结构位移角均小于1/550，地下变电站在设防烈度下层间位移角小于1/1000，大震下层间位移小于1/250，满足设计要求。

模型整体指标 表3

Model overall index Tab. 3

模型整体指标		SATWE		YJK	
		x 向	y 向	x 向	y 向
地上最大层间位移角	地震作用	1/630	1/653	1/625	1/651
	风荷载	1/3125	1/3759	1/3124	1/3758
地下最大层间位移角	设防地震	1/2835	1/2355	1/3706	1/3834
	罕遇地震	1/795	1/793	1/1039	1/1291
地震作用	总剪力	154796	169112	136148	145215
	剪重比	6.82	7.45	6.00	6.40
	总弯矩	2746256	2940811	2584923	2715959

对于地下室能否作为上部结构的嵌固端，最重要的指标就是上下层的剪切刚度比，按《抗规》6.1.14条规定，结构地上一层的侧向刚度，不宜大于相关范围地下一层侧向刚度的0.5倍。刚度计算

方法因转换层设置在首层，所以按《高规》附录 E.0.1 等效剪切刚度比计算：

$$\gamma_{\mathrm{e1}} = \frac{G_1 A_1}{G_2 A_2} \times \frac{h_2}{h_1} \tag{1}$$

本工程因上部结构有三栋，三栋地上结构和地下室整体建模的模型中，刚度比结果为上面某个单体与全部地下室的比值，没有参考价值，所以需按分拆的模型进行计算，仅考虑上部结构投影范围以外 2 跨之内的地下室刚度。以 1# 为例，因地下室墙柱截面较大，地上柱截面相对较小，所以此刚度比最大为 0.0824＜0.5，满足规范要求，且有充分的安全度。

4.3 转换厚板有限元内力及配筋计算

采用 SLABCAD 及 YJK 软件对转换厚板进行有限元内力分析。转换厚板在组合荷载工况下的内力计算结果详见图 3 和图 4。基本组合作用下，考虑对应力集中的削峰处理，1200 厚转换厚板中最大弯矩设计值达 10481×0.7＝7336.7 kN·m/m，此弯矩位于柱节点处，计算得该处的暗梁配筋为 14205mm²，每米实配 24 Φ 32（配筋值为 19296 mm²），满足要求。

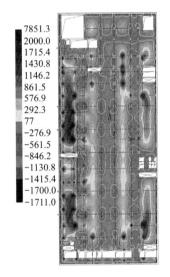

图 3 顶板弯矩 M_{x}（单位：kN·m/m）

Fig. 3 Roof bending moment M_{x}

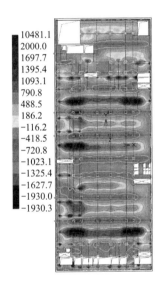

图 4 顶板弯矩 M_{y}（单位：kN·m/m）

Fig. 4 Roof bending moment M_{y}

5 土层-结构时程分析法模型

振型分解反应谱法本质上将动力效应等效为静荷载、采用静力计算模型分析地震作用下结构内力，且无法考虑时间效应和地震主动土压力，具有一些局限性。土层-结构时程分析法可以考虑地下结构与土层之间的相互作用，更为接近真实条件下结构的边界条件和地震响应。

5.1 基本原理和计算模型

理论基础：时程分析法以下式中结构运动方程为基础，将实际地震加速度时程记录作为动荷载输入，求解结构运动方程以进行结构的地震反应分析。

$$[M]\{\ddot{u}(t)\} + [C]\{\dot{u}(t)\} + [K]\{u(t)\} = p(t) \tag{2}$$

式中，$\ddot{u}(t)$、$\dot{u}(t)$、$u(t)$ 分别为系统的加速度、速度和位移向量。M、C、K 和 $p(t)$ 分别是系统质量矩阵、阻尼矩阵、刚度矩阵和系统地震动输入。

三维模型：为采用土层-结构时程分析方法对虹杨 500kV 变电站结构抗震性能进行数值模拟，建立地上、地下整体结构与周边一定范围内的土体的三维有限元模型，以上海人工波做相应调整作为地震波输入，在边界输入地震波作为荷载，进行动力有限元分析，得出变电站结构的抗震动力响应。

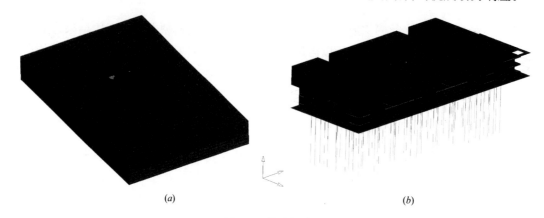

(a)　　　　　　　　　　　　　　　　(b)

图 5　三维分析模型
Fig. 5　3D simulation model
（a）土层-结构三维有限元模型；（b）与上部结构相结合的变电站结构模型

材料参数：结构模型中围护墙体、剪力墙、地下室楼板及底板采用三维壳单元模拟，主次梁、环梁、柱、桩均采用三维梁单元模拟。钢筋混凝土本构关系采用线弹性材料进行描述。密度取 $2500kg/m^3$，弹性模量取 $30GPa$，泊松比取 0.2。本工程埋深范围由浅到深的主要分布土层为：③层淤泥质粉质黏土；④层淤泥质黏土及⑤$_{1-1}$层淤泥质粉质黏土。$20\sim90m$ 深度主要分布有工程性质较好的⑤$_2$层砂质粉土层、软弱的⑧$_{2-1}$层粉质黏土夹粉砂层、⑧$_{2-2}$层粉质黏土与粉砂互层以及⑨层中粗砂。鉴于土体动力参数确定的复杂性，本次计算中土体采用均质土层，本构关系采用线弹性材料进行描述，密度取 $1800kg/m^3$，弹性模量取 $40MPa$，泊松比取 0.35。

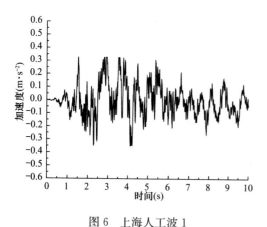

图 6　上海人工波 1
Fig. 6　Shanghai artificial wave no. 1

边界条件：对土体 x、y 方向边界施加无反射边界。对土体底部节点施加 x 方向加速度边界条件，y、z 方向设置位移约束，以此模拟水平向地震动。

地震工况：抗震设防类别为乙类，抗震设防烈度为 7 度（设计基本加速度值为 $0.10g$），Ⅱ类场地，场地特征周期 T_g 为 $0.35s$，阻尼比为 0.05，采用在上海地区地震反应分析时常用的上海人工波 1 作为地震加速度曲线输入。根据《建筑抗震设计规范》GB 50011—2010[5] 表 5.1.2-2，时程分析所用地震加速度的最大值为 $35cm/s^2$，据此相应改波形峰值已满足规范要求。波形中每个数据记录的时间间隔 $0.01s$。因此将人工波中作为基岩地震波输入，即从模型底部沿不利方向（X 方向）输入计算人工波的加速度，取前 $10s$ 的记录。

5.2　模型整体变形

根据时程分析计算结构，给出模型在各典型时间（$T=2,4,6,8,10s$）的变形情况如图 7 所示。可以看到，随着时间的推移，模型整体的变形趋势逐步增大，变电站结构跟随地层发生了整体位移。而最大位移周期性地由模型底面（假定为基岩面）传递至地表附近。

选取地下结构周边与土体直接接触的外墙（地下连续墙）典型跨中位置节点，输出其位移时程曲线如图 8 所示。从图中可以看到，外墙位移在约 3.6s 时最小，之后随时间迅速增大，在 8.5s 时位移达到峰值。结构位移对地震的响应首先逐步放大，然后稳定在一定区间内。

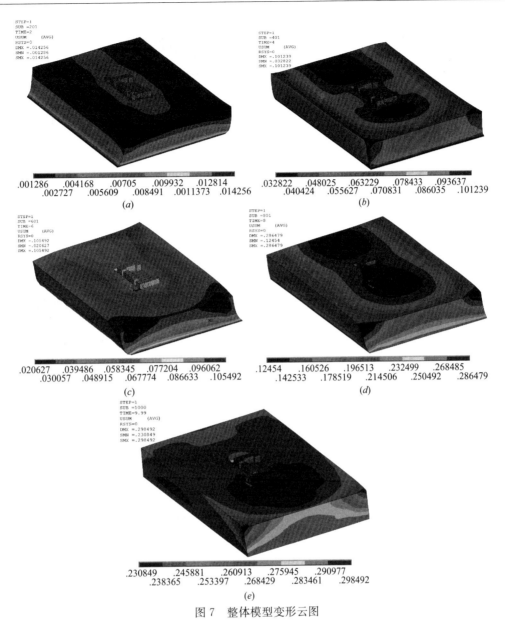

图 7 整体模型变形云图

Fig. 7 Displacement contour for the whole model

（a）$T=2$s 整体变形云图；（b）$T=4$s 整体变形云图；（c）$T=6$s 整体变形云图；
（d）$T=8$s 整体变形云图；（e）$T=10$s 整体变形云图

5.3 地下结构外墙应力

选取与土体直接接触的地下室外墙（地下连续墙），提取其在各典型时间的墙体 von Mises 应力分布情况如图 9 所示。从应力分布形态可知，在墙体底角部产生应力集中。选取墙体典型位置加速度、应力时程曲线分别如图 10、图 11 所示。可以看到，墙身应力与加速度基本呈正相关关系，在约 4.4s 时达到峰值，随后峰值逐步衰减。地墙应力最大值约 1.0MPa，经验算正常使用阶段 2.2m 厚钢筋混凝土地下室外墙（由 1.2m 厚围护墙与 1.0m 厚内衬墙组成）可以满足受力要求，是安全的。

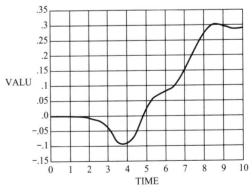

图 8 地墙典型 X 向位移时程曲线（单位：m）

Fig. 8 Time history of displacement at typical location on the diaphragm wall（m）

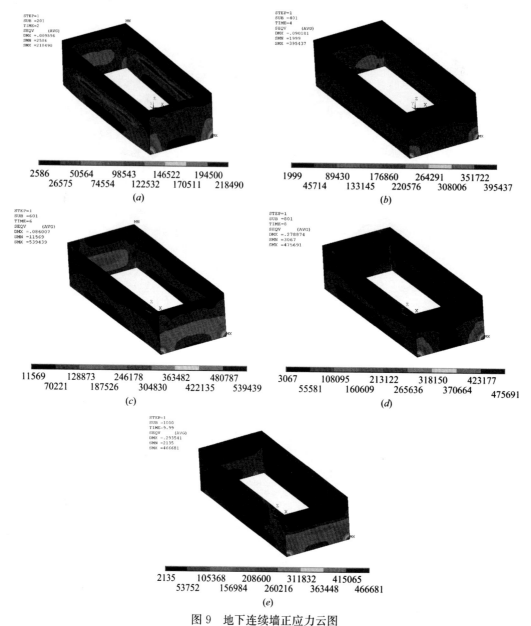

图 9　地下连续墙正应力云图

Fig. 9　Normal stress contour of diaphragm wall

（a）$T=2s$ 地墙应力分布；（b）$T=4s$ 地墙应力分布；（c）$T=6s$ 地墙应力分布；（d）$T=8s$ 地墙应力分布；（e）$T=10s$ 地墙应力分布

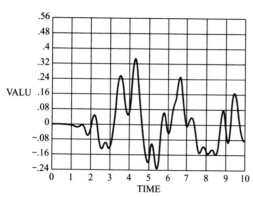

图 10　地墙典型 X 向加速度时程曲线（单位 m/s²）

Fig. 10　Time history of x-acceleration at typical location on the diaphragm wall（m/s²）

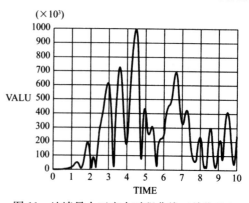

图 11　地墙最大正应力时程曲线（单位 Pa）

Fig. 11　Time history of maximum normal stress on the diaphragm wall（Pa）

6 结论

本文首先针对虹杨 500kV 地下变电站上下柱网不对齐的主要特点，对多种转换形式受力性能进行了比较，确定出最合适本工程的厚板转换类型。其次，采用有限元软件建立整体模型，考虑各种不利工况，对地下变电结构进行抗震性能设计，采用振型分解反应谱法，分析了整体结构变形及内力指标，对转换厚板进行有限元分析复核其配筋。

另外基于土层-结构时程分析方法，建立了虹杨 500kV 变电站工程地上、地下结构和周边地层的整体三维有限元模型，以上海人工波 1 做相应调整作为基岩地震波输入，对结合地上、地下结构和周地层的整体模型进行了动力响应分析，所提出的分析方法可以反映地震作用下土与结构物的共同作用及其应力变形规律，校验了结构抗震设计，计算结果表明该工程抗震设计是安全的，可为后续类似的上下结合的变电站工程的设计应用提供参考。

参考文献

[1] 李锋. 地下变电站与上部建筑相结合的结构设计 [J]. 现代物业·新建设，2012，11 (5)：64-65.

[2] 杨宏钦. 地下变电站与上部建筑相结合建造的转换层结构设计 [J]. 上海建设科技，2011，(2)：8-9.

[3] 文波. 西安地铁 330kV 地下变电站结构设计及施工方法研究 [J]. 建筑结构，2013，43 (7)：65-68.

[4] 扶长生. 钢筋混凝土转换厚板的抗震设计 [J]，建筑结构，2010，40 (8)：57-63.

[5] 中国建筑科学研究院. GB 50011—2010 建筑抗震设计规范 [S]. 北京：中国建筑工业出版社，2010.

作者简介

苏银君，男，1984 年生，江苏南通人，汉族，本科，主要从事建筑结构设计和研究工作。电话：13386019287，E-mail：yinjun_su@arcplus.com.cn，地址：上海市黄浦区西藏南路 1368 号。

ASEISMIC ANALYSIS AND DESIGN OF SHANGHAI 500KV HONGYANG UNDERGROUND SUBSTATION

SU Yin-jun[1,2]，WENG Qi-ping[1,2]

（1. Shanghai Underground Space Engineering Design & Research Institute，East China Architecture Design & Research Institute Co.，Ltd.，Shanghai 200002，China；2. Shanghai Engineering Research Center of Safety Control for Facilities Adjacent to Deep Excavations，Shanghai 200002，China）

Abstract：The Shanghai 500kV Hongyang substation is an underground substation combined with the upper building. It can solve the contradiction between the problem of urban electricity consumption and the tension problem of land use very well. However，the application and research of the power system are less. It faces new challenges，including the coordination and conversion of the upper and lower buildings，the earthquake resistance and prevention of the structure of the substation. Safety problems such as continuous collapse. In this paper，various types of transfer structures are compared，the thick plate conversion forms are selected, and the stress and deformation are analyzed by finite element software. In the field of earthquake resistance, the overall three-dimensional finite element model of the ground and underground structures of Hongyang substation is established by using the vibration mode decomposition response spectrum method and the soil layer structure time history analysis method. Considering the influence of the elastic confinement of the soil, the seismic energy is designed with the consideration of the horizontal and vertical seismic forces, and the upper and lower junctions under the earthquake action are obtained. The joint action of the structure and the transformation of the stress and deformation laws of the thick plate have guided the aseismic design of the project.

Key words: underground substation, superstructure, conversion, earthquake resistance, anti progressive collapse

地下空间建造对地下水渗流影响初步研究

康景文[1]，朱文汇[1,2]，刘丹[3]，郑立宁[1,2]，杜超[1]

(1. 中国建筑西南勘察设计研究院有限公司，四川成都　610052；2. 中建地下空间有限公司，四川成都　610073；3. 西南交通大学土木学院，四川成都　611756)

摘　要： 地下空间的开发与利用越来越引起投资者和城市规划者的重视。与地面结构建设不同，地下空间开发建造将改变场地水文地质环境且难以恢复，不当的地下空间建设和运营过程会对城市既有地下水环境造成一定程度的危害。为了探明地下空间建造及运行期改变地下水环境的影响因素，建立环保型地下空间，本文通过对地下空间建造对局部地下水渗流改变试验及数值计算，获取地下空间对地下水环境影响及其变化规律，为今后地下空间开发前期研究及建成后地下水环境变化趋势分析提供参考依据。

关键词： 地下空间；地下水；渗流；水位

1　引言

长期以来，由于缺乏可持续发展的理念，保护环境的意识淡薄，大规模工程的勘察设计、施工和运营使用阶段，未足够重视环境保护。地下空间工程不仅建造过程中受到地下水的影响，而且运营期内将长期经受地下水的作用。在地下空间工程建造过程中，因局部改变了地下水流场，可能引起渗流、潜蚀、突涌和管涌，影响地下空间工程基础、围护结构和周边环境，突发安全事故；地下水水位改变对地下空间结构产生浮力作用，若防水措施或抗浮措施不力，将引起地下空间结构破坏，影响其正常使用；地下水对钢混凝土结构具有弱腐蚀性，减小其使用寿命并带来长期的安全隐患。研究地下空间建设对地下水状态影响评价方法和影响程度，达到环境保护和结构安全的目标，对明确完善地下空间工程建设环境评价标准及设计施工规范的不足，促进隧道建设切实落实环境保护、资源节约的建设理念，具有十分重要的作用。

本文通过对地下空间的建造对局部地下水渗流改变试验及数值，获取地下空间对地下水环境影响及其变化规律，为今后地下空间开发前期研究、建成后地下水环境变化趋势分析提供系统方法。

2　地下空间对地下水环境负效应分析

环境负效应是指对人类或环境有害无利或者是弊大于利的环境效应。地下水环境负效应是指人类开发建设活动对其状态及环境条件产生的不利影响。地下空间建设对地下水环境负效应指因地下空间工程穿越后，对地下水环境产生的不利影响，主要体现在以下几方面。

（1）渗流作用

地下水流动接触到地下工程的结构体后，会沿着结构体表面的孔隙渗透。当地下工程埋置深度超过地下水位线时，由于水位差的存在，将产生渗透压力，地下工程埋得愈深，地下水位愈高，渗透压也越大。大多数地下工程的渗漏水就是缘于地下水的渗透作用。所以要求地下工程采用防水混凝土，水泥水化充分、结构致密、振捣密实，方能够抗渗。在饱和的砂性土层中施工时，由于地下水水力的作用，使土颗粒悬浮于水中，形成流砂，会造成大量的土体流动，致使地表塌陷或地基破坏，影响到主体结构的

基金项目：中建股份科技研发计划（CSCEC-2014-Z-(1-5)）

安全性和耐久性。

（2）水位作用

地下水位骤升或始终保持在相对较高的状态会产生强大的浮力。地下水位的变化，对地下工程有很大的影响，地下水位上升，地下水对地下结构物有浮托作用，并使地基承载力降低。就建筑本身而言，若是地下水位在基础底面以下压缩层内发生上升变化，水浸湿和软化岩土，因而使地基土的强度降低，压缩性增大，导致地基严重变形。开挖基坑会减小基坑底部承压水上部的隔水层厚度，减小过多会使承压水的水头压力冲破基坑底板形成涌水。冲毁基坑和破坏地基，给工程带来一定程度的经济损失。

（3）水冲蚀（潜蚀）作用

冲蚀（潜蚀）是流动的地下水对岩土冲刷、磨蚀和溶蚀等作用的总称。通常地下水动能小对岩石的冲刷破坏是比较弱，在一些较大的裂隙或洞穴，如暗河，水流集中，能够冲刷带走一些砂砾、黏土等土颗粒。承压水流动的机械冲刷在土层中应该引起重视，土层胶结性差，较疏松，颗粒间有裂隙存在，易于被冲蚀掉，下部被掏空后将产生土洞并造成地面塌陷。

（4）腐蚀作用

地下水是一种相当复杂的溶液，常含有溶解的气体、矿物质和有机质等。常见有碱金属和碱土金属离子，溶解的气体有氧、氮、碳酸气，偶尔也有硫化氢、沼气等。这些溶解于水中的物质，使地下水具有各种特性，如酸、盐及有害物质的含量超过一定限度时，地下水就会侵蚀以至损坏地下工程结构体的混凝土，金属材料最容易受到侵蚀。高矿化度的水往往会造成混凝土强度降低、腐蚀钢筋等。

（5）地下水污染

过量疏排地下水，必然造成水力梯度加大，包气带增厚、空隙介质冲蚀的加剧和降雨及地表水下渗补给的增强，从而导致水在地下净化时间的缩短和一系列化学反应的发生。当地表水受到污染或在包气带形成新污染物后，由于水的下渗速度过快，水质在短时间内得不到良好的净化，从而会污染含水层中的地下水。

3 地下结构对地下水渗流影响试验

模型试验是研究地下结构存在时地下水渗流特性的重要方法，为理论分析和数值模拟提供依据。针对砂土中地下结构存在时地下水渗流的特性，研究地下结构的尺寸对砂土层中地下水渗流场的影响，并为数值模拟提供验证数据及基础。

3.1 试验设计

整体模型试验见图1。通过上下游的水桶调整高度来保证不同的常水头条件；为满足系统在整个试验过程中稳定水位的要求，供水系统采用循环水路、溢流供水装置，以保证供水桶内水位稳定；为便于观察，模型箱用有机玻璃，厚度10mm，模型箱尺寸1500mm×1000mm×1500mm。模型箱外焊接角铁固定以防止其变形过大，箱体加工严格满足密水性要求，在槽箱的两侧设置带阀门的进排水孔；为防止水沿箱体侧壁流动，设计时将进排水管深入箱体30mm，在进水管和出水管蒙上土工布以防砂土颗粒被水冲走。

模型试验土样采用细砂，粒径$d \leqslant 0.5$mm，经过晒干后筛分再分层填埋入模型箱。以10cm一层分层填筑，填筑过程中均匀夯实。通过常水头试验测定土样的渗透系数，实测渗透系数为5.35×10^{-5}m·s^{-1}。

采用敞口式测压管监测各土层中地下水位，测压管为ϕ20mm，薄壁PVC管，底部裹土工布以防止土粒阻塞管眼，水位通过液位计监测，每排间距200mm，每个测点之间约为100mm，每排埋深分别为0.4m、0.45m、0.55m，共有30个测压管，如图2、图3所示。为消除进水区与出水区的水头变化影响，渗流区上游和下游均设置渗流的过渡带。

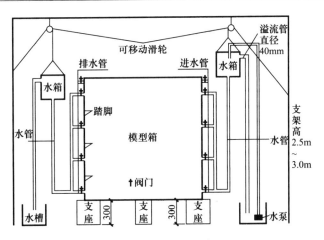

图1 试验模型示意

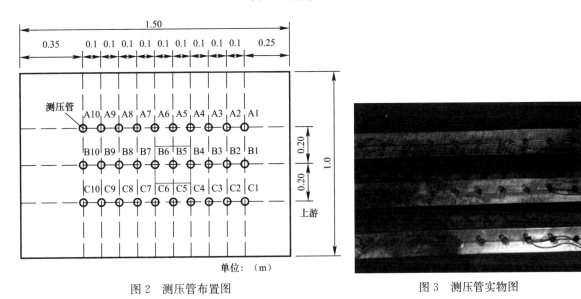

图2 测压管布置图

图3 测压管实物图

采用孔隙水压力传感器监测结构侧面的孔隙水压力，试验中采用HC型应变式孔隙水压力传感器，传感器参数见表1。

模型试验中孔隙水压力监测系统具有动态采集、自动存储、实时显示、曲线分析等功能，整个系统由稳压电源、孔隙水压力计、Datataker数据采集仪、计算机组成，如图4所示。

微型孔隙水压力传感器设计参数   表1

几何尺寸（mm）	量程（kPa）	精度（F·S）	桥路电阻（Ω）	激励电压（V）
$\phi 6 \times 10$	0～20	≤0.2%	350（全桥）	5

图4 数据采集系统

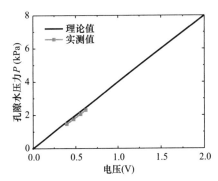

图5 孔隙水压力传感器孔压与电压关系曲线

3.2 试验结果及分析

静水条件下水位线分布，在无地下结构、保持两侧边界为常水头、底板为水平和缓变流的条件下，竖向的分速度很小可以忽略，应用裘布依假设，可以简化为一维渗流，其水位的分布可以用下式表述：

$$h^2(y) = h_1^2 - y(h_1^2 - h_2^2)/L$$

式中，$h(y)$ 为距上游边界 y 的水头；h_1、h_2 分别为上游和下游边界水头；L 为上下游边界距离。

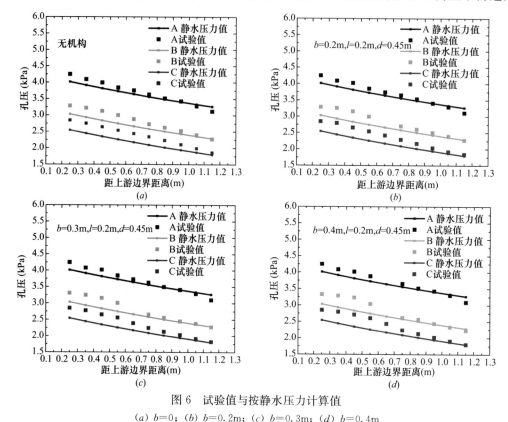

图 6 试验值与按静水压力计算值

（a）$b=0$；（b）$b=0.2$m；（c）$b=0.3$m；（d）$b=0.4$m

图 6 所示为不同地下结构尺寸下试验结果与按静水压力计算的孔隙水压力值对比曲线，可见，模型试验测试结果普遍比按静水压力的结果偏大。

图 7 所示为地下结构宽度变化时，试验结果对比。可见，在结构上游侧孔压有一定的增大，下游侧孔压有一定的减小，且结构的宽度 b 越大孔压增值越大。同时，在结构附近影响较大，在埋深超过结构底部以下部分影响较小。

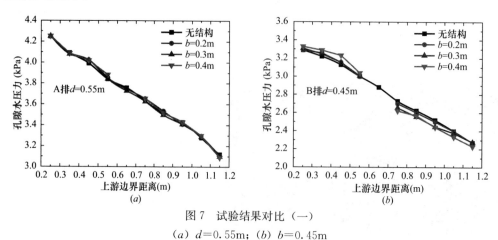

图 7 试验结果对比（一）

（a）$d=0.55$m；（b）$b=0.45$m

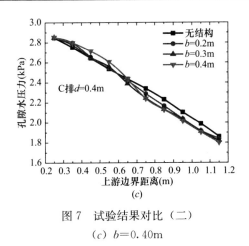

图 7　试验结果对比（二）

（c）$b=0.40\mathrm{m}$

4　地下结构对地下水渗流影响模拟分析

采用 ABAQUS 有限元分析软件模拟地下水渗流模型试验。限于篇幅，省略对数值分析模型验证过程，数值计算与模型试验结果更接近，可以认为有限元模拟的方法可行且有效。在验证长 $L=200\mathrm{m}$、宽 $B=200\mathrm{m}$ 和高 $D=100\mathrm{m}$ 的模型上，进一步研究结构长（l）、宽（b）及入土深度（d）对地下水渗流的影响。

4.1　结构宽度的影响

数值模型验证表明，当结构宽度与模型宽度比 $b/B\leqslant0.2$ 时不需考虑模型边界效应的影响，因此，在研究结构宽度的影响时，保持结构的长度 $l=10\mathrm{m}$，入土深度 $d=30\mathrm{m}$，宽度 $b=0\mathrm{m}$、$10\mathrm{m}$、$20\mathrm{m}$、$40\mathrm{m}$ 变化。如图 8 所示为结构宽度变化示意图。

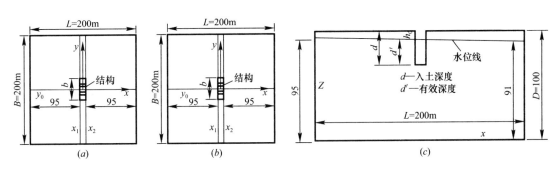

图 8　结构宽度、长度和入土深度改变示意

（a）宽度；（b）长度；（c）入土深度

图 9 和图 10 为 x_1、y_0 剖面孔压云图及水位线，可知由于结构的存在，结构上游侧水位上升，且结构宽度越大水位上升越多；结构下游侧水位下降，且随宽度增加，下降越大。水位在横向（y）的分布呈现中间大两头小的分布，水位最大改变位置在结构中轴线（$y=0$）上，在结构附近其水位与孔隙水压力的变化最大，因此，结构宽度对地下水位渗流的影响不可忽略。

4.2　结构长度的影响

研究结构长度对地下水渗流的影响时，结构的宽度 $b=10\mathrm{m}$，入土深度 $d=30\mathrm{m}$，结构长度 $l=0\mathrm{m}$、$10\mathrm{m}$、$20\mathrm{m}$、$40\mathrm{m}$，图 8（b）为结构长度变化示意。上游边界地下水位埋深 $h_1=5\mathrm{m}$，下游边界地下水埋深 $h_2=9\mathrm{m}$。

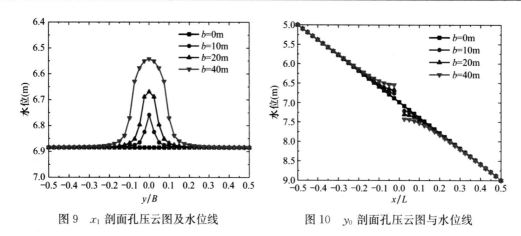

图9　x_1 剖面孔压云图及水位线　　　　图10　y_0 剖面孔压云图与水位线

图11 为纵向水位分布曲线，在结构上游侧（$x<-l/2$），水位几乎不随结构长度变化，而在结构长度变化方向最大的水位差值（图12），$\Delta h_{max}/il=2.5\%$，认为地下水水位随长度 l 的变化可以忽略。

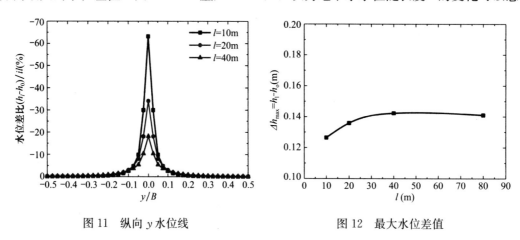

图11　纵向 y 水位线　　　　　　　图12　最大水位差值

图13 为结构底部孔隙水压力横向分区曲线，孔隙水压力增量比分别为 21%、12%、7%，且最大孔压增量的差值 $\Delta P_{max}/il=0.15$kPa，可以忽略不计，即可认为结构长度的变化并不影响地下水位与结构底侧孔隙水压力分布。

图14 为孔隙水压力差值竖向分布曲线，可见随结构长度变化，孔隙水压力竖向分布非常接近，可以忽略其影响，即认为结构长度变化并不影响孔隙水压力的竖向分布。

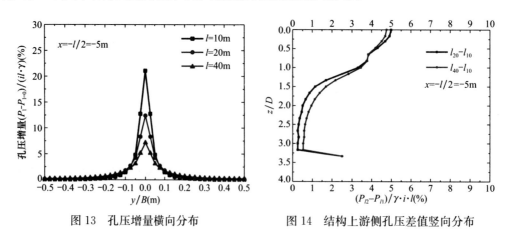

图13　孔压增量横向分布　　　　图14　结构上游侧孔压差值竖向分布

4.3　结构有效入土深度的影响

图8（c）为模型尺寸确定时结构入土深度变化示意图，研究结构有效入土深度 d' 对地下水渗流的

影响时，保持结构宽度 $b=10\mathrm{m}$，$l=10\mathrm{m}$，上游边界地下水埋深 $h_1=5\mathrm{m}$，下游边界地下水位埋深 $h_2=9\mathrm{m}$，入土深度 $d=15\mathrm{m}$、$30\mathrm{m}$、$60\mathrm{m}$、$100\mathrm{m}$。

图 15 和图 16 所示分别为结构不同有效深度时地下水位差值比纵向（x）和横向（y）分布，可见地下结构深度变化对结构附近地下水水位的分布有较小的影响，但由结构深度变化时最大水位增量与增量差值比可知，随着结构深度增量最大水位增量增加，且增量的差值比不能忽略。

图 17 所示为结构不同入土深度时结构上游侧孔压竖向分布曲线（$x=0$，$y=0$），随着结构入土深度的变化，在结构范围内孔隙水压力竖向分布的影响不可以忽略。

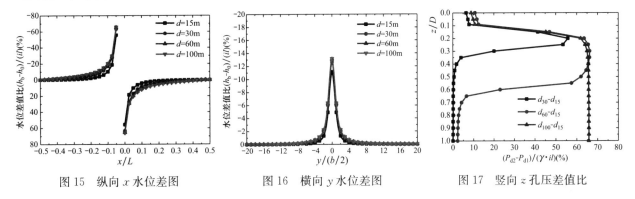

图 15　纵向 x 水位差图　　　　图 16　横向 y 水位差图　　　　图 17　竖向 z 孔压差值比

5　结论

利用室内常水头渗流模型试验，并通过试验结果与静水压力计算、ABAQUS 有限元模拟结果进行了对比，研究了地下结构对地下水渗流的影响，主要结论如下：

（1）地下水渗流受到地下结构的阻挡，上游侧孔压增大，下游侧孔压减小，且结构的宽度越大，增量越大，在结构附近影响较大，在埋深超过结构底部以下部分影响较小。

（2）地下水渗流时会受到模型边界的影响，当结构宽度与模型宽度比值 $b/B \leqslant 0.2$ 时，认为地下结构对地下水渗流的影响不受模型边界的影响。

（3）均质土层中地下结构对地下水稳态渗流的影响的因素主要有地下结构的宽度和有效入土深度。

作者简介

康景文，男，1960 年生，河南新乡人，汉族，博士，教授级高级工程师，注册岩土工程师，现任中国建筑西南勘察设计研究院有限公司总工程师，主要从事岩土工程方面科研工作。E-mail：kangjingwen007@163.com，地址：四川省成都市东三环路二段龙潭总部经济城航天路 33 号。

STUDY ON THE INFLUENCE OF UNDERGROUND SPACE CONSTRUCTION ON GROUNDWATER SEEPAGE

KANG Jing-wen[1]，ZHU Wen-hui[1,2]，LIU Dan[3]，ZHENG Li-ning[1,2]，DU Chao[1]

(1. China Southwest Geotechnical Investigation & Design Institute Co.，Ltd，Sichuan Chengdu 610052，China；2. China Construction Underground Space Co.，Ltd，Sichuan Chengdu 610073；3. Southwest Jiaotong University Chengdu 611756)

Abstract：The development and utilization of underground space have attracted more and more attention from investors and urban planners. Different from the surface construction，underground space development and construction will change of hydrogeological environment，however，this change is difficult to restore. This is to say，undesirable construction and operation process of urban underground space will have nonrecoverable effects on the groundwater system. In order to find out the factors affecting groundwater system during the construction period an economical underground space has been built. In this paper，experiment tests and numerical analysis were carried out to study how the construction of the underground space influences on groundwater seepage，the outcomes are used to obtain the factors affecting the groundwater environment and its change law. These findings can provide the basis in analyzing the trend of change of groundwater environmental in previous study and post construction period.

Key words：underground space，groundwater，seepage，the water level

盐渍土环境中钢筋混凝土耐久性设计与提升技术研究

刘加平[1,2]，穆松[2]，王育江[2]，石亮[2]

(1. 东南大学材料科学与工程学院，江苏南京　211189；2. 高性能土木工程材料国家
重点实验室，江苏南京　211103)

摘　要： 我国盐渍土面积分布范围广、腐蚀性强，混凝土结构耐久性劣化问题突出。盐渍土环境中氯盐、硫酸盐等化学介质的耦合侵蚀是造成混凝土及钢筋腐蚀的主要诱因，应高度重视钢筋混凝土的耐久性设计与提升技术研究。本文建立了考虑硫酸盐侵蚀导致混凝土表层损伤与氯离子传输耦合作用的钢筋混凝土寿命评估方法，提出了混凝土水化速率和膨胀历程双控调控的裂缝控制技术，以及混凝土基体抑制侵蚀性离子传输、钢筋表面高效阻锈的耐久性提升技术。研究了盐渍土环境中钢筋混凝土耐腐蚀的应用技术，并应用于实际工程。

关键词： 盐渍土；钢筋混凝土；耐久性设计；抗裂；耐久性提升

1　引言

我国盐渍土分布范围广，从东部滨海、黄淮海平原到西部半漠境内陆、青新极端干旱漠境区均有盐渍土存在，盐渍土面积约 99.13 万 km^2[1]。东部滨海盐渍土和西部内陆盐渍土区域均存在常年离子富集（例如：青岛黄岛区域某滨海盐渍土地下水中氯离子含量达 44000mg/L，硫酸根离子含量达 12000mg/L；内陆察哈尔盐湖盐渍土地下水中氯离子含量达 220000mg/L，硫酸根离子含量达 23000mg/L），环境中介质浓度超出了现有混凝土耐久性标准规范的规定（《混凝土结构耐久性设计规范》GB/T 50476—2008 和《铁路混凝土结构耐久性设计规范》TB 10005—2010 中地下水硫酸根最高浓度限制仅为 10000mg/L），混凝土耐久性无对应设计指标，对于超出浓度范围的环境，现有混凝土耐久性标准规范提出需要通过专项研究确定混凝土设计指标与提升技术，导致处于此类区域的混凝土结构寿命保障缺乏标准规范指导。因此，本文围绕盐渍土环境钢筋混凝土寿命保障与提升的关键问题，建立了盐渍土环境中钢筋混凝土寿命评估方法，提出了钢筋混凝土耐久性提升技术，同时结合实际工程开展了应用研究。

2　耐久性设计方法

盐渍土环境中钢筋混凝土应根据服役环境、设计寿命及结构形式等进行混凝土的耐久性设计与耐腐蚀加速评价。其中，考虑到裂缝将导致混凝土中氯离子扩散系数提高 3～20 倍[2]，因此满足耐久性设计要求的前提是混凝土无有害裂缝。最大程度避免或降低混凝土开裂风险，将显著地降低侵蚀性离子和水分在混凝土内部的传输速率，从而有效延长钢筋混凝土的实际使用寿命。

总体而言，在服役环境类别、作用等级及设计寿命年限确定的条件下，盐渍土环境中混凝土耐久性设计方法的关键难点在于混凝土结构服役寿命预测模型。目前，在国际上有关硫酸盐侵蚀的混凝土结构使用寿命预测模型尚未形成明确结论，但单一氯盐环境作用下混凝土结构使用寿命计算的模型主要以 Fick 第二定律为基础，采用可靠度理论进行耐久性设计，包括美国 life365 模型、欧洲 Duracrete、fib 模型、日本土木工程学会模型等。为解决实际工程中的钢筋混凝土的寿命预测及耐久性指标测算，在借鉴美国混凝土协会 ACI（American Concrete Institute，ACI）Life365 氯离子扩散模型和美国核监管委员会

（U. S. Nuclear Regulatory Commission）硫酸根离子扩散与反应模型[3]的基础上，刘加平等建立了全浸泡条件下氯盐与硫酸盐耦合作用的钢筋混凝土寿命预测模型。该模型以氯盐侵入引起钢筋锈蚀作为混凝土结构耐久性的极限状态，考虑硫酸盐侵蚀引起的混凝土保护层损伤对氯离子传输的加速作用。为简化计算，将硫酸盐侵蚀造成的保护层厚度减薄速度近似等效为由于钢筋按同等速度向表层迁移造成的保护层减薄速度，从而实现在氯离子传输模型基础上进行保护层损伤深度以及氯离子扩散系数的修正，最终完成钢筋混凝土的寿命计算。

耐腐蚀加速评价方法，是验证耐久性设计是否满足设计要求的关键。考虑到腐蚀反应过程具有时间长的特点，亟需建立与服役寿命相联系的等效加速评价方法，实现耐腐蚀设计的有效评价。为达到加速实验进程的目的，需要采取一系列的加速措施。目前为止，加速方法主要有减小试件的尺寸、提高侵蚀溶液的浓度及温度、增大水胶比和干湿循环等。其中，干湿循环是硫酸盐侵蚀加速试验中理论研究与工程应用最为广泛的加速方法。尽管如此，现有研究中干湿循环制度的差异性较大，并未形成广泛认可、具有普适性的测试方法，目前仍需要针对实际工程的环境特征及腐蚀机理建立专用的耐腐蚀加速试验方法。我国国家标准《普通混凝土长期性能和耐久性试验方法标准》GB/T 50082—2009采用了干湿循环制度来评价混凝土的抗硫酸盐侵蚀性能，但是在制度的选择上试件的烘干温度为80℃，超出了钙矾石的稳定范围，致使侵蚀过程中钙矾石发生分解，改变了侵蚀机理。与干湿循环方法不同，美国ASTM（American Society for Testing and Materials，ASTM）标准中包含两种加速硫酸盐侵蚀的试验方法，即C452[4]和C1012[5]。C452通过在水泥砂浆试件制备过程中内掺石膏的方法来加速试件的膨胀，上述内掺法虽然缩短了试件的腐蚀膨胀周期，但明显忽略了硫酸根离子向试件内部的传输过程。C1012是将经预养护的水泥净浆试件完全浸泡于50g/L的硫酸盐溶液中，定期测试其长度和强度变化，该方法虽然与全浸泡条件下的实际工程相类似，但试验周期较长且工作量较大，并不适合于评价盐渍土环境中结构混凝土破坏严重的干湿交替部位。刘加平等参考了现有硫酸盐加速试验制度与评价方法研究的最新成果，经系统研究后提出如下耐腐蚀加速试验方法：10%浓度的硫酸钠溶液作为腐蚀介质，以60±5℃作为烘干温度、22±2.5℃作为冷却与浸泡温度，浸泡与干燥时间比为1∶1，干湿循环周期为24h，评价指标采用耐压强度抗蚀系数、体积变形率、弹性模量。该加速评价方法在不显著改变干湿交替环境中混凝土硫酸盐侵蚀机理的基础上，即与自然腐蚀制度相比加速制度未改变腐蚀产物组成与强度衰减规律（图1与图2），实现了对混凝土抗硫酸盐侵蚀性能的加速评价。

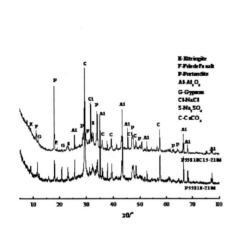

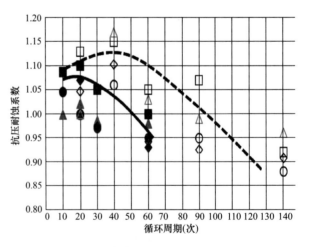

图1　自然与加速制度下腐蚀产物组成变化　　　图2　自然与加速制度下抗压强度变化

3　混凝土提升技术

针对混凝土早期开裂是耐久性劣化的首要因素，提出了水化速率和膨胀历程双控调控抗裂技术。针对盐渍土环境中钢筋混凝土的腐蚀劣化主要表现为氯离子、硫酸根离子的侵蚀、钢筋的脱钝锈蚀，分别提出了基于混凝土基体抗介质侵蚀、钢筋阻锈的耐久性提升新技术。

3.1 水化速率和膨胀历程双控调控抗裂

温度变形和自生收缩变形叠加是混凝土早期开裂的主要原因。温度变形由混凝土水化温升引起，水泥用量越高，放热速率越快，温升越高，后期温降收缩越大；混凝土的自生收缩则主要包括早期自收缩和长期干燥收缩。在原材料及配合比优化（降低水泥用量、掺加掺合料等）基础上，合理采用抗裂功能材料降低温升及收缩是提升抗裂性的关键。

针对早期开裂问题，一方面，采取水化热调控材料，在不改变放热总量条件下，通过降低水泥水化加速期的放热速率，实现在一定散热条件下混凝土结构温度场的调控；另一方面，并调膨胀材料的膨胀行为，使其在降温阶段产生有效膨胀。通过上述两方面作用，形成基于水化速率和膨胀历程双重调控抗裂技术，有效解决传统膨胀补偿等技术和混凝土温度及收缩历程不匹配问题。研究结果表明，水化热调控组分，能够降低水泥水化放热速率峰值50%以上（图3），降低结构混凝土的温升5～10℃；调控了膨胀材料膨胀历程，使得温降阶段的膨胀增大50～120$\mu\varepsilon$（图4），混凝土温降阶段收缩降低50%。协同调控材料可降低结构混凝土开裂风险系数（收缩产生的拉应力和抗拉强度比值）60%以上，结合配合比优化、施工等技术措施，可实现混凝土无可见裂缝，确保混凝土基体密实、完整。

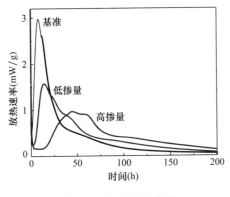
图3 水化热调控效果

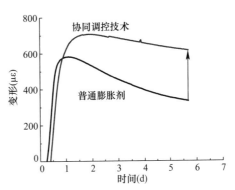
图4 混凝土的变形（变温条件）

3.2 抗介质侵蚀

目前盐渍土环境中提升混凝土基体抗介质侵蚀的方法主要包括降低水胶比、提高胶凝材料用量和使用矿物掺和料的高性能混凝土技术，或在混凝土表面涂刷耐侵蚀涂层技术，但这些方法均存在明显的弊端，没有从根本上抑制侵蚀介质在混凝土内部的传输。

相比于上述技术，内掺侵蚀性离子传输抑制剂TIA（Ionic Transport Inhibitor Agent）在实际工程中具有更广泛的实用性。它具有施工方便的特点，在混凝土制备时作为一种化学外加剂掺入其中。区别于表面防护技术，内掺侵蚀性离子抑制剂技术将在整个混凝土基体中发挥作用，且不存在老化现象，避免了频繁维护增加成本的问题。传统的内掺侵蚀性离子传输抑制剂存在混凝土吸水率降低幅度较低的问题，其主要原因在于传统的侵蚀性离子传输抑制技术以疏水性材料为主要成分，其在混凝土中的物理分散性较差，且对混凝土基体的致密性并无明显的改善作用。针对上述问题，蔡景顺、刘加平等[6]开发了一种基于水化响应的新型侵蚀性离子传输抑制技术，即通过酯化反应制备了具有不同链长、水溶性、强分散的有机酸酯聚合物体系纳米材料前驱体。该技术的作用原理是利用水泥水化碱性环境下有机羧酸酯水解产物与水化产物体系中Ca^{2+}反应的特性，在水泥水化过程中原位生成纳米有机羧酸钙颗粒，实现混凝土孔结构的优化及疏水化改性。当在悬浮液中大幅度提高纳米二氧化硅颗粒的浓度后，纳米颗粒易团聚沉降，水溶液中分散性较差；水化响应纳米材料溶液则是一种天然的水溶性物质，可以与水任意比例互溶，因此在混凝土中具有良好的应用潜力。从图5和6中可以发现，在混凝土中直接掺入纳米二氧化硅（1%）可以显著降低混凝土的氯离子迁移系数与吸水率。

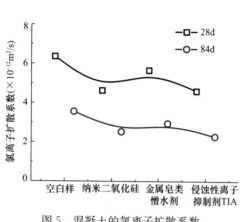

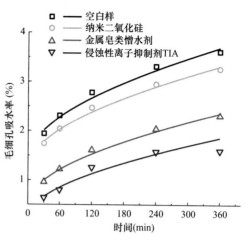

图 5　混凝土的氯离子扩散系数　　　　　图 6　混凝土的毛细孔吸水率

3.3　钢筋阻锈

钢筋锈蚀是导致盐渍土环境中混凝土结构耐久性劣化的主要诱因，严重影响了基础设施的安全服役，因此研发钢筋耐蚀技术刻不容缓。现有主要的钢筋耐蚀技术包括环氧涂层钢筋、电化学阴极保护与钢筋阻锈剂技术等。其中，钢筋阻锈剂技术是有效防止或延缓混凝土中钢筋腐蚀的高性价比技术。目前，在钢筋混凝土中加入阻锈剂以延长使用寿命被美国混凝土学会（ACI）确认为钢筋防护的长期有效措施之一。早期的阻锈剂主要为亚硝酸盐，在工程上有较长的应用史，但存在对人体致癌、用量不足时导致局部腐蚀等缺点。近 20 年来，研究的重点集中于有机阻锈剂的开发，此类分子中含有 O、N、S 等杂原子、多重键或芳环，具体机理虽不明确，但普遍的观点认为这些官能团与铁存在较强的相互作用，

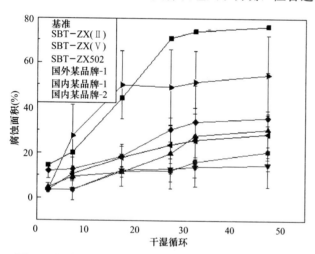

图 7　干湿循环下不同种类阻锈剂对钢筋锈蚀面积比影响

使有机分子吸附于钢筋表面起到隔离氯离子等有害介质的作用，从而减缓了锈蚀速率。除了考察较多的胺、醇胺和羧酸分子，其他技术领域的金属缓蚀剂也逐渐应用于钢筋阻锈的性能评价中，目前阻锈剂领域的发展方向为阻锈高效性和环保化。刘加平等[7,8]基于阻锈剂界面吸附理论，提出选择具有多位点强吸附基团的有机分子是实现高效阻锈的关键途径。阻锈分子结构中氨基与多羟基吸附基团的共同作用，不仅确保阻锈剂分子在吸附于具有点蚀活性的阳极区，也能吸附于阴极区，从而实现阴阳极复合协同保护，提升了高氯盐环境中阻锈剂的阻锈效果（图 7）。

4　工程应用

青岛某滨海盐渍土项目位于青岛市黄岛区，总占地 90.3 万 m²，总建筑面积 339.5 万 m²，设计寿命为 50 年。该项目 A 地块桩基与地下室混凝土所处服役环境中 Cl^- 浓度约 40000mg/L，SO_4^{2-} 浓度约 4000mg/L，腐蚀介质含量超规范数倍。

考虑到该项目地下室结构多处环境的严酷程度及结构形式的复杂性，"抗裂"与"防腐"是进行总体方案设计时两条并行的主线。在抗裂技术方面，当厚度 1.6m 的底板在 44m 这一最大浇筑长度时，开裂风险（η＝某时刻混凝土的拉压力与抗拉强度的比值）在 0.7 左右；若进一步结合早期终凝后蓄水养护等措施，基本不会出现由于温度和自收缩所引起的开裂现象；厚度 0.35m 的侧墙混凝土使用具有水

化热调控功能的混凝土（温控、防渗）高效抗裂剂可降低开裂风险30%左右，在35m浇筑长度时，最大拉应力不会超过抗拉强度，但也存在由材料波动等原因所引起的开裂风险。因而，在实际工程中，结合材料及施工质量控制，可以满足侧墙少裂的技术要求（图8与图9）。

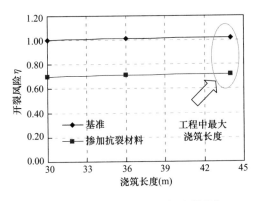
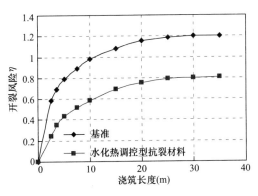

图8　厚度1.6m底板最大开裂风险　　　　图9　厚度0.35m侧墙混凝土最大开裂风险

　　在耐腐蚀技术方面，以50年服役寿命为设计目标，采取了如下技术方案：（1）桩基采用矿物掺合料双掺＋高效防腐剂＋有机阻锈剂的耐腐蚀技术方案，可有效提升混凝土基体的抗硫酸盐侵蚀等级至KS120且28d氯离子扩散系数降低至$3.1 \times 10^{-12}\,\mathrm{m^2/s}$，钢筋腐蚀的临界氯离子浓度提高3～5倍，因此在保证率达到95%的前提下有效保障结构达到50年的设计服役寿命要求。（2）地下室底板/侧墙采用100mm垫层/保护墙＋高效抗裂剂＋有机阻锈剂的耐腐蚀技术方案，配合前述抗裂技术中蓄水养护与浇筑长度等施工措施，可在实现底板/侧墙混凝土少裂甚至不开裂的基础上满足耐久性设计指标要求，有效保障结构达到50年设计服役寿命。

5　结论

　　（1）超高盐浓度的盐渍土环境中钢筋混凝土耐久性的保障与提升，重点需要根据实际工程的服役环境、设计寿命及结构形式等，建立考虑硫酸盐侵蚀导致混凝土表层损伤与氯离子传输耦合作用的钢筋混凝土寿命评估方法。

　　（2）在盐渍土环境中钢筋混凝土耐久性提升技术中，首先利用水化速率和膨胀历程双控调控抗裂材料实现混凝土的不开裂。其次，应通过内掺侵蚀性离子抑制剂技术实现混凝土基体的抗介质侵蚀性能提升，采用多位点、强吸附基团的有机分子是实现钢筋的高效阻锈。

　　（3）基于盐渍土环境中钢筋混凝土耐久性设计与提升技术已在实际工程中应用，经检测耐腐蚀混凝土各项指标均满足设计与工程需求。

参考文献

[1]　王遵亲. 中国盐渍土［M］. 北京：科学出版社，1993.

[2]　Djerbi A，Bonnet S，Khelidj A，Baroghel-bouny V. Influence of traversing crack on chloride diffusion into concrete ［J］. Cement and Concrete Research. 2008，38（6）：877-883；

[3]　Pabalan R T，Glasser F P，Pickett D A，et al. Review of Literature and Assessment of Factors Relevant to Performance of Grouted Systems for Radioactive Waste Disposal ［M］. Texas：Center for Nuclear Waste Regulatory Analyses，2009.

[4]　ASTM C452-15，Standard Test Method for Potential Expansion of Portland-Cement Mortars Exposed to Sulfate ［S］. ASTM International，West Conshohocken，PA：2015.

[5]　ASTM C1012/C1012M-18a，Standard Test Method for Length Change of Hydraulic-Cement Mortars Exposed to a Sulfate Solution ［S］. ASTM International，West Conshohocken，PA：2018.

[6]　Cai J S，Liu J P，Shi L，et al. The influence of a newly organic inhibitor on corrosion resistance of reinforcing steel and

concrete［C］. London：37th Cement and Concrete Science Conference，2017：175-178.

［7］ Liu JP，Chen CC，CaiJS，Liu JZ，Cui G. 1，3-dibutylaminopropan-2-ol as inhibitor for reinforcement steel in chloride contaminated simulated concrete pore solution［J］. Materials and Corrosion，2013，64（12）：1075-1081.

［8］ CaiJS，Chen CC，Liu JP，LiuJZ. Corrosion resistance of carbon steel in simulated concrete pore solution in presence of 1-dihydroxyethylamino-3-dirpopylamino-2-propanol as corrosion inhibitor［J］. Corrosion EngeneeringScience and Techonology，2014，49（1）：66-72.

作者简介：

刘加平，男，1967 年生，江苏人，教育部长江学者特聘教授，国家杰出青年基金获得者，高性能土木工程材料国家重点实验室主任。E-mail：ljp@cnjsjk. cn，地址：南京市江宁区东南大学材料科学与工程学院，211189。

STUDY ON DESIGN AND IMPROVEMENT TECHNOLOGY OF REINFORCED CONCRETE DURABILITYIN SALINE SOIL

Liu Jia Ping[1,2]，Mu Song[2]，Wang Yu Jiang[2]，Shi Liang[2]

(1. Southeast University，School of Materials Science and Engineering，Nan Jing，211189；

2. State Key Laboratory of High Performance Civil Engineering Materials，Nan Jing，211103)

Abstract： The area of saline soil in China is widely distributed and corrosive，and the durability of concrete structure is seriously deteriorated. Coupling erosion of chemical media such as chloride salt and sulfate in saline soil environment is the main cause of corrosion of concrete and steel rebar. It should pay great attention to the durability design and improvement technology of reinforced concrete. In view of the above problems，this paper establishes a reinforced concrete life assessment method that considers the coupling effect of concrete surface damage caused by sulfate attack and chloride ion transport. The technology with combination of hydration temperature rise regulation and shrinkage compensation improved crack resistance of concrete. Besides，the durability improvement technology for inhibiting aggressive ion transport of concrete matrix and efficient rust inhibition on steel surface is proposed. Combined with the actual project，the application research of the key technology of reinforced concrete corrosion resistance in saline soil environment was carried out.

Key words： saline soil，reinforced concrete，durability design，crack resistance，durability improvement

拱形断面车站与矩形断面车站地震响应规律对比分析

杜修力[1]，刘思奇[1]，蒋家卫[1]，刘洪涛[1]

（北京工业大学城市与工程安全减灾教育部重点实验室，北京　100124）

摘　要：拱形断面车站已广泛应用于实际地铁工程中，但其在地震作用下的动力反应特征研究较少。基于 ABAQUS 平台建立了有限元模型，采用等效线性化动力分析方法对拱形和矩形断面地铁车站结构关键截面的内力及变形进行对比分析。结果表明：水平地震动作用下，相比于矩形断面车站，拱形断面结构顶板与侧墙连接处的剪力和弯矩明显降低，内柱截面内力变化不明显，顶板承受的轴力增大，但顶、底板相对变形较小。拱形车站的顶板能避免因上角点承受弯矩过大而破坏，更有利于结构抗震。

关键词：地铁车站；拱形断面；数值分析；等效线性化方法

1　引言

近些年来，地下轨道运输公共交通系统以速度快、运量大、不拥堵等优势成为解决城市交通问题的重要手段[1]。截止到 2014 年底，中国大陆 22 个城市的轨道交通运营线路达到 101 条、运营总里程 3173km，居世界首位[2]。但地铁车站及其区间隧道的地震安全性是我国所面临的严峻问题，尤其是 1995 年的日本阪神地震发生后[3]，地下结构的抗震性才引起重视。国内外地铁车站结构抗震性能研究方法主要以数值模拟和振动台试验为主，其中绝大部分以典型矩形断面形式的地铁车站结构和区间隧道[5,6]为主，而对拱形断面车站研究较少。李彬等[13]对双层拱形车站结构的顶点、中部和底部的变形进行了研究，缺乏对结构内力的分析。刘祥庆等[14]和陈磊等[4]对拱形单层双跨地铁车站进行了地震反应分析，得出拱形车站是更合理的结构形式。从上述有限研究结果可以看出，拱形地铁车站地震反应规律的研究成果不足。随着拱形车站数量的增多，对拱形车站的抗震分析与研究变得愈加重要。

本文通过大型商用有限元软件 ABAQUS，采用等效线性化的土-地下结构整体动力时程分析方法[10]对拱形断面地铁车站进行了二维地震响应分析，并与矩形断面车站地震响应进行了对比，从结构内力和变形两个角度对比分析两种截面车站抗震性能的差异，可为工程中拱形断面地铁车站的抗震分析设计提供参考依据。

2　车站及场地条件简介

2.1　地铁车站简介

以某拱形断面和矩形断面两层三跨地铁车站为研究对象，车站均为双柱岛式结构形式，结构主体均采用 C40 混凝土，内柱采用 C50 混凝土，断面尺寸相近，结构宽 21.1m，纵向跨度均为 7m，内柱截面宽度为 0.8m，车站埋深 4.8m，结构形式及具体尺寸见图 1 和图 2。

2.2　场地参数

采用实际工程场地条件作为数值计算参数，地铁车站位于 Ⅱ 类场地，土体主要由黏土、粉砂与粉土组成，具体参数及分层情况如表 1 所示。

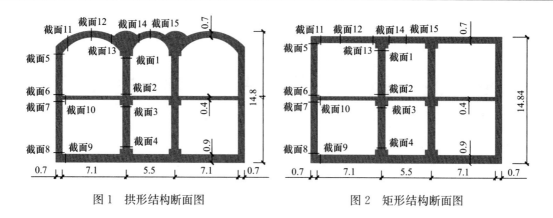

图 1 拱形结构断面图　　　　　　　　　图 2 矩形结构断面图

土层参数　　　　　　　　　　　　　　　　　　　　　　　　　　　　表 1

序号	土层	厚度（m）	密度（kg/m³）	泊松比	剪切波速（m/s）
1	杂填土	1.0	1860	0.38	136
2	粉质黏土	4.6	1950	0.37	138
3	粉质黏土	2.2	1930	0.36	146
4	粉砂夹粉土	5.2	1890	0.35	170
5	粉砂夹粉土	5.2	1910	0.34	200
6	粉质黏土	2.8	1960	0.36	202
7	粉质黏土	4.0	1900	0.37	217
8	粉质黏土	9.4	1910	0.38	246
9	粉质黏土	6.1	1950	0.35	273
10	粉土夹粉砂	2.5	1900	0.37	289
11	粉砂	17	1880	0.35	331

3　有限元计算模型

3.1　有限元模型

本文采用整体法进行动力时程分析，地铁车站纵向结构形式相同且连续，可将车站模型简化为二维平面应变问题，采用刚度折减的方法来考虑以平面应变单元模拟三维内柱带来的影响。有限元模型如图 3 所示，计算宽度为 150m，高度为 60m，网格尺寸满足计算精度要求[7,8]。采用四结点平面应变缩减积分单元（CPE4R）模拟土体介质，四结点平面应变全积分单元（CPE4）模拟车站结构。混凝土材料考虑为线弹性，泊松比为 0.2，C50 和 C40 的混凝土弹性模量为 3.45e4MPa 和 3.25e4MPa，内柱折减后的弹性模量为 4.93e3MPa。土体材料的非线性通过文献［10］中所提出的等效非线性方法进行等效处理。

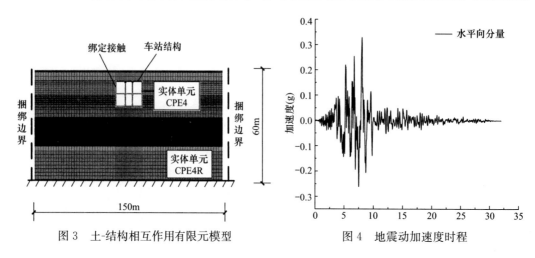

图 3　土-结构相互作用有限元模型　　　　　　　图 4　地震动加速度时程

3.2 边界条件及地震动输入

有限元模型宽度与结构宽度之比大于5时，动力响应的结果达到稳定的态势[9]，与远置边界的试验结果基本一致，边界带来的影响可以忽略不计，模型中部与边界的地震响应相近。本文有限元模型计算宽度大于结构宽度的7倍，模型底部固定，两侧边界采用捆绑边界[12]。

地震作用引起结构水平变形是造成地下结构破坏的主要原因[11]。本次地震动采用日本阪神地震中神户大学获得的南北向水平地震动，地震动加速度时程如图4所示，其加速度峰值为0.328g。采用振动法进行地震响应分析。

4 数值模拟结果与分析

4.1 结构内力

为了对比分析两种不同断面形式地铁车站的地震反应特征，分别监测地震过程中结构不同位置处（15处截面）的内力变化情况，各截面的具体位置见图1和图2。矩形断面与拱形断面的各截面的轴力、弯矩和剪力如图5~图7所示，各截面内力峰值见表2。

拱形与矩形断面内力峰值对比   表2

断面类型	轴力（kN/m）		剪力（kN/m）		弯矩（kN·m/m）	
	矩形	拱形	矩形	拱形	矩形	拱形
截面1	1112.00	1204.00	249.00	349.10	737.60	838.40
截面2	1208.00	1283.00	305.70	398.30	547.70	567.10
截面3	1303.00	1373.00	297.60	284.70	522.40	491.40
截面4	1390.00	1460.00	324.80	316.30	785.40	771.80
截面5	704.00	771.90	282.10	479.80	1313.00	891.90
截面6	937.00	886.20	404.90	401.80	251.00	179.50
截面7	987.00	940.50	319.80	273.90	299.20	422.70
截面8	1009.00	1032.00	754.90	737.50	1521.00	937.10
截面9	668.90	682.10	892.40	711.30	1553.00	1453.00
截面10	516.40	457.80	123.16	154.40	286.90	305.40
截面11	236.80	383.60	771.80	369.80	1315.00	1177.00
截面12	228.00	467.50	532.70	413.90	416.20	956.30
截面13	228.10	428.10	318.50	435.40	442.50	471.20
截面14	214.90	800.10	326.90	162.70	266.60	256.00
截面15	214.70	824.50	117.50	127.40	33.44	202.70

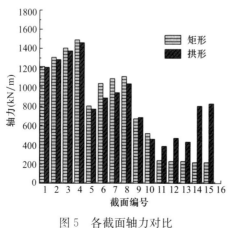

图5 各截面轴力对比

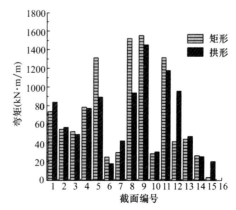

图6 各截面弯矩对比

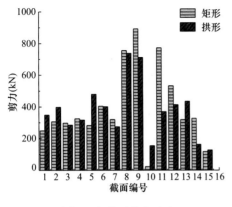

图 7　各截面剪力对比

取截面 1 和截面 5 的内力，分别计算矩形与拱形车站内柱与侧墙的轴压比，其中矩形断面车站内柱和侧墙的轴压比分别为 0.420 和 0.053，拱形断面车站的内柱与侧墙的轴压比分别为 0.458 和 0.058，由此可以得知内柱的轴压比远远大于侧墙的轴压比，导致内柱是车站较为脆弱的构件。对比两种不同断面结构的截面 1～4（上、下柱顶底面）的剪力与弯矩可知，矩形断面车站上柱剪力与弯矩小于下柱，而拱形断面车站与之相反，上柱的内力反应更大，内力水平与矩形车站相近。由图 5～图 7 可知，相对于矩形断面，拱形断面结构的截面 5 与截面 8（侧墙顶端与底端）的弯矩明显减小，截面 9 与截面 11（顶板与底板左端）所承受的剪力和弯矩明显减小，截面 11～15（顶板各截面）的轴力均明显增大，其中截面 12 与截面 15（副拱与主拱中点位置）的弯矩也显著增大，其余截面两种断面车站的内力区别不大。由上述分析可知，内柱的轴压比远远大于侧墙的轴压比，导致内柱是车站较为脆弱的构件。两种不同断面的地铁车站在地震作用下的内力分布明显不同，矩形断面地铁车站的四个角点处的剪力与弯矩较大，容易发生应力集中而破坏，而拱形断面车站相同截面处的弯矩和剪力明显减小，更有利于抗震。庄海洋等[9]认为地铁车站发生坍塌是由顶板失效导致上覆土压力全部由内柱承担，从而导致的内柱破坏，从这个角度考虑，拱形顶板在强震中不易失效，顶板及上方的荷载不会瞬间全部施加于内柱之上，但拱形断面车站的主拱与副拱中点位置的弯矩与轴力明显增大。

4.2　结构变形

内柱是地铁车站中抗震性能最为薄弱的构件，因此分别以矩形断面结构与拱形断面结构的内柱的顶、底截面的位移角作为研究对象，同时将侧墙顶、底面的位移角作为对比。内柱与侧墙的变形见表 3。

相对位移及位移角　　　　　　　　　　　　　　　　　　　表 3

构件	矩形截面		拱形截面	
	最大相对位移	位移角	最大相对位移	位移角
上柱	0.0231	0.004217	0.0225	0.004108
下柱	0.0221	0.004429	0.0238	0.004771
侧墙	0.0454	0.003584	0.0433	0.003418

从表 3 中可以发现，相对于矩形断面地铁车站，拱形断面车站的侧墙变形略有减小，而两者的内柱变形相差不明显。图 8 为结构顶、底板相对位移时程曲线，当结构顶、底板相对位移最大时，是结构受力最不利时刻，此时对结构抗震性能不利。拱形断面结构的顶、底板相对位移小于矩形断面结构的相对位移。

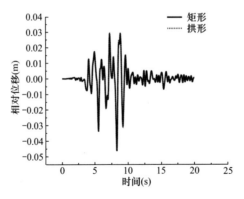

图 8　顶底板相对位移

5 结论

（1）拱形断面车站的顶板一定程度上改变了结构内力分布形式。传统的矩形断面地铁车站四个角点的弯矩较大，容易发生破坏，而拱形断面车站的顶板边缘处弯矩和剪力明显减小，可避免侧墙与顶板连接处发生断裂。

（2）拱形顶板主拱与副拱处所承受的轴力增加明显，其变形能力减弱，同时起拱部位承受了更大的弯矩。

（3）内柱是拱形断面车站的抗震薄弱构件，在地震中会承受较大的剪力与弯矩，但与矩形断面相比，内柱和侧墙的变形略有改善，层间位移角有所降低。

参考文献

[1] 施仲衡，王新杰. 解决我国大城市交通问题的根本途径：稳步发展地铁与轻轨交通［J］. 都市快轨交通，1996（1）：2-5.

[2] 陈国兴，陈苏，杜修力，路德春，戚承志. 城市地下结构抗震研究进展［J］. 防灾减灾工程学报，2016，36（1）：1-23.

[3] 庄海洋，梁艳平，陈国兴等. 地下结构抗震研究方法评述［C］//全国首届防震减灾工程学术研讨会论文集. 北京：科学出版社，2004，162-167.

[4] 陈磊，陈国兴，陈苏，龙慧. 三拱立柱式地铁地下车站结构三维精细化非线性地震反应分析［J］. 铁道学报，2005，36（7）：1899-1914.

[5] 陶连金，王沛霖，边金. 典型地铁车站结构振动台模型试验［J］. 北京工业大学学报，2006，32（9）：798-801.

[6] 杜修力，王刚，路德春. 日本阪神地震中大开地铁车站地震破坏机理分析［J］. 防灾减灾工程学报，2016，36（2）：165-171.

[7] 刘晶波，廖振鹏. 有限元离散模型中的出平面波动［J］. 力学学报，1992（2）：207-215.

[8] 杜修力，马超，路德春，等. 大开地铁车站地震破坏模拟与机理分析［J］. 土木工程学报，2017，50（1）：53-69.

[9] 楼梦麟，朱彤. 土-结构体系振动台模型试验中土层边界影响问题［J］. 地震工程与工程振动，2000，20（4）：30-36.

[10] 杜修力，许紫刚，许成顺，李洋，蒋家卫. 基于等效线性化的土-地下结构整体动力时程分析方法研究［J］. 岩土工程学报，2018.

[11] 谷拴成，朱彬，杨鹏. 地下结构地震反应非线性分析［J］. 地下空间与工程学报，2006，2（5）：748-752.

[12] Zienkiewicz O C，Bicanic N，Shen F Q. Earthquake Input Definition and the Trasmitting Boundary Conditions［M］//Advances in Computational Nonlinear Mechanics. Springer Vienna，1989：109-138.

[13] 李彬，刘晶波，尹骁. 双层地铁车站的强地震反应分析［J］. 地下空间与工程学报，2005，1（5）：779-782.

[14] 刘祥庆，刘晶波. 基于纤维模型的拱形断面地铁车站结构弹塑性地震反应时程分析［J］. 工程力学，2008，25（10）：150-157.

作者简介

杜修力，男，1962 年生，四川广安人，工学博士，教授。E-mail：duxiuli@bjut.edu.cn，地址：北京市朝阳区北京工业大学城市与工程安全减灾教育部重点实验室，100124。

COMPARATIVE ANALYSIS OF SEISMIC RESPONSE OF RECTANGULAR SECTION AND ARCH SECTION STATION

DU Xiu-li[1], LIU Si-qi[1], JIANG Jia-wei[1], LIU Hong-tao[1]

(1. Key Laboratory of Urban Security and Disaster Engineering of the Ministry of Education，Beijing University of Technology，Beijing 100124，China)

Abstract：Arch section stations have been widely used in practical subway engineering，but there are few studies on dynamic response characteristics under earthquake action. The finite element model is established，and the internal forces and deformation of arch section and rectangular section stations key sections are compared by the equivalent linearized dynamic analysis method，which based on ABAQUS platform. The results shows that the shear force and bending moment at the junction of roof and sidewall of arch section structure reduce significantly compared with rectangular section station. The internal force of middle column section changes a little. The axial force of roof is increased，but the deformation between top and bottom plate is smaller，under horizontal vibration. The roof of the arched station can avoid the damage caused by the excessive bending moment on the upper corner，which is more conducive to the seismic resistance of the structure.

Key words：subway station，arch section，numerical analysis，equivalent linearization method

二、城市地下空间与城轨岩土技术研究与实践

城市深层地下工程中地下水管控方法探讨

程丽娟[1,2]，侯攀[1,2]，马玉岩[1,2]，邓树密[2,3]

(1. 中国电建集团成都勘测设计研究院有限公司，四川 成都　611130；2. 四川省城市地下空间勘察设计与建设技术工程实验室，四川 成都　611130；3. 中国电建集团中国水利水电第十工程局有限公司，四川 成都　610072)

摘　要： 城市深层大断面地下结构，承担高外水压力的能力不强，由外部结构承担全部外水压力会导致结构尺寸过大，并且高外水压力下结构渗漏风险大，同时要求采取抗浮措施，因此有必要探讨城市深层地下结构的地下水管控方法。以成都某大型复杂深层地下工程为例，其结构底板最大埋深约 40m，最大外水压力约 38m 水头，基于排水泄压原理，采用先阻后排、阻排结合的地下水管控方式，充分利用相对不透水地层的防渗作用减小渗漏量，同时采用特殊的组合结构实现基坑壁地层长期稳定性和渗漏水及时排泄，则地下结构在运行期不会承担高外水压力，可以有效减小地下结构尺寸、提高地下结构防渗可靠性，并且可以靠结构自重抗浮，节省抗浮措施。

关键词： 城市地下空间；地下结构；地下水管控；抗浮

1　引言

随着经济建设高速发展，城市土地资源愈发紧张，地下空间开发利用规模越来越大，开发深度也越来越深，地下水问题就显得越发突出。据统计，地下结构施工过程中出现的质量事故和安全事故 80% 以上的事故原因都是由于地下水影响造成的，虽然人们日益认识到地下水控制在城市地下空间开发中的重要作用，但在现实工程中，由于对地质条件认识不清，对地下水控制理论、方法把握不好，在地下结构施工中盲目采用不适当的方法，造成的工程事故或巨大财产损失的情况还是屡见不鲜；运营期地下结构地下水渗漏的情况就更为常见，往往需要花费更大代价去处理[1]。由于地下水环境和地下空间相互作用是长期的，贯穿着整个运营期，其治理和控制的难度及成本要比施工期间的地下水问题大得多，在一些地下空间开发较早的发达国家已经出现了上述问题，并已经开始了相关研究与治理工作，前车之鉴后事之师，我国地下空间开发应吸取以往的经验和教训，对该类问题开展深入性研究，并采取有效控制措施。

目前国内城市地下空间开发深度普遍在 15～20m，超过 30m 的比较少，因此对深层地下结构的地下水控制技术研究相对较少。而随着地下空间开发深度加深，高地下水压力问题则越发突出。在高地下水压力下，地下结构需要较大尺寸才能承担水土压力，结构设计的计算分析理论有待进一步完善；结构防渗难度大，单一的防渗措施往往不能满足长期防渗需求[2]；地下结构抗浮要求高，需要配套大量的抗浮措施或采取地下水管控措施[3,4]。

当前城市地下结构普遍采用地下结构承担全部水土压力的方法进行设计，对地下水管控普遍以防为主，该方法适用于浅层地下结构设计，当应用于深层大断面地下结构设计时，由外部结构承担全部外水压力会导致结构尺寸过大，并且高外水压力下结构渗漏风险增加，同时要求采取抗浮措施，因此有必要探讨城市深层地下结构的地下水管控方法。本文以成都某多线地铁换乘站大型复杂深层地下工程为例，对比分析采用结构承担全部外水压力的设计方案和采用地下水管控的结构设计方案的差异，后者基于排水泄压原理，结合地层条件采用先阻后排、阻排结合的地下水管控方式，充分利用相对不透水地层的防渗作用减小渗漏量，同时采用特殊的组合结构实现基坑壁地层长期稳定性和渗漏水及时排泄，则地下结构在运行期不会承担高外水压力，可以有效减小地下结构尺寸、提高地下结构防渗可靠性，并且结构自重足以抵抗浮托力，不需要增设额外的抗浮措施。

2 地下结构承担全部外水压力的结构设计方案

2.1 设计输入资料

以成都某多线地铁换乘站大型复杂深层地下工程为例，其结构底板最大埋深约 40m，地下结构平面形状为长条形，典型剖面见图 1，地下－15m 以上依次为杂填土、黏土、粉土、卵石土，后三种土体渗透系数建议值依次为 0.001m/d、1.0m/d、22m/d，地下－15m 以下为中风化泥岩，渗透系数建议值为 0.44m/d。

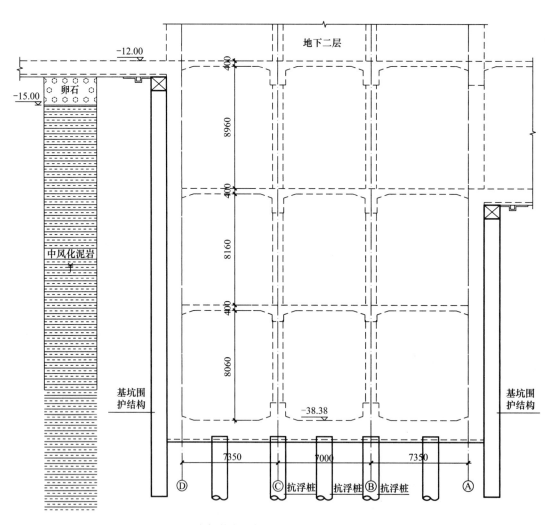

图 1　成都某大型复杂深层地下结构典型剖面

2.2 地下结构尺寸及配筋计算

将地下结构外墙按单宽连续梁简化，底板厚度大于 1m 按固端考虑，其他楼板厚度较小按铰支支座考虑，水土压力按水土分算考虑，土压力取主动土压力，水压力取静水压力，按地下水位埋深 2m 考虑，计算结果显示，最下层地下结构外墙厚度取 2m 才能对外墙结构正常配筋。

2.3 地下结构抗浮计算

当前现行规程规范对地下结构浮力的计算[5]，一般由抗浮设防水位计算的静水压力来确定，不少学者结合当地工程经验，对抗浮设防水位的确定方法做过研究[6]，欧标（EN 1997-2：2007）附录C也提供了一个基于模型和长期观测资料的地下水压力预测实例。至于弱透水地层中的结构浮力计算是否在抗浮水位静水压力基础上进行折减，目前没有达成统一的认识，部分学者认为：受强结合水影响，弱透水地层中地下结构抗浮设计可以取一定的折减系数[7]；但也有部分学者通过实验验证在长期的稳定状态下（无渗流）不应该折减[8,9]，笔者认为是否折减取决于地下水渗流情况和防渗措施对强透水地层的阻隔效果，当地下结构外墙与土体之间的接缝没有做特殊处理的情况下，这个接缝区域就是盛水容器，即使部分地下结构位于弱透水地层，经过一段时间后接缝区域也会灌满自由水，相当于地下结构漂浮在一个大水池中，这种情况下抗浮计算不应在抗浮静水压力基础上折减。

本工程地勘报告中建议的抗浮设防水位为地下2m，当地下结构外墙与土体之间的接缝不做特殊处理时，水浮力计算不折减，由此计算的单宽浮力为9766kN，每4.5m宽度范围的浮力为43947kN。抗浮措施为抗浮桩，桩径取1.5m，按3倍桩径确定的桩间距为4.5m，一排布置5根桩，设需要的桩长为 h，根据《建筑桩基技术规范》估算的基桩抗拔力为403h（kN），每4.5m宽度范围的地下结构自重约10125kN，可知最小桩长 $h=17m$。地下结构底板按无梁楼盖简化计算，厚度取2.0m才能对底板正常配筋。

2.4 工程量估算

每4.5m宽度范围地下结构工程量估算见表1，表中仅给出地下结构外墙、底板、抗浮桩的工程量，可见在高外水压力作用下，深层地下结构外墙尺寸大、抗浮措施工程量大，工程建设成本高。

每4.5m宽度范围地下结构工程量估算　　　　　　表1

序号	名称	单位	数量	备注
1	外墙混凝土，厚2m	m³	475	
2	外墙钢筋	t	72	按150kg/m³估算
3	底板混凝土，厚2.0m	m³	231	
4	底板钢筋	t	35	按150kg/m³估算
5	抗浮桩，直径1.5m	m	85	

3 先阻后排、阻排结合的地下水管控效果分析

3.1 地下水排水泄压

为了长期有效并可靠地降低地下结构所承担的外水压力，需要对地下水采取一定的管控措施。地下工程建设过程中对地下水控制的方法主要分为两种：一是阻水（也叫截水），二是降水（也称为排水）。常用的阻水方法有围护结构阻水、帷幕阻水、注浆阻水和冻结法阻水，常用的降水方法有重力式降水和真空式降水。根据以往工程经验，在地质条件和周边环境条件不复杂的条件下，阻水方法或降水方法都能达到地下水控制的目的；在复杂地质条件或地下水控制对周边环境影响较大时，两种方法综合利用，互相取长补短，才能达到地下水控制之目的。

地层的透水性强弱只是相对概念，即使是弱透水地层，只要存在压力差，地层中也会产生渗流，只有压力差消除，渗流过程才会停止，强透水地层中这个渗流过程可以在短时间内完成，而弱透水地层中则需要花费较长时间，因此对于跨越了多个含水层的深层地下结构，仅采用阻水方式并不能保障地下结构在漫长的运行期中不承受高外水压力，因为地下结构外墙与地层之间的缝隙最终仍会被地下水填满，使得地下

结构漂浮在一个大水池中。如果能及时将渗漏到缝隙中的水引排，使缝隙中的地下水不能积聚，则能有效降低地下结构外墙和底板的外水压力，该方法就是利用地下水排水泄压的原理有效降低外水压力。

但是，城区建筑物密集，地下水大量排泄会导致影响区域的土体固结沉降、地面开裂等，从而对周边建筑物和地下管线和生态环境，并且在运行期大量抽排地下水也需要较高的运维成本，因此有必要先用阻水方式降低排泄量。

3.2 阻排水措施效果分析

针对地下结构的典型断面，按照各边界的水力情况设定水力边界，分析其渗流场和渗漏量。建模时根据地质剖面，模拟地层分布等地质特征，岩土体均采用二维 4 节点 4 边形单元模拟，模型共计 2239 个单元 2296 个自由度。计算软件采用 Rockscience. Phase2。

进行渗流场计算，关键参数是各地层的渗透系数，其中卵石层渗透系数取 22m/d，中风化泥岩地层渗透系数取 0.44m/d，模型左、右外边界和底边界取为不透水边界，当砂卵石地层不做特殊的阻水措施、坑内地下水位通过排泄控制在坑底，即坑底为抽排水边界，水压力为 0，基坑边墙为自由渗流边界，地层孔隙水压力分布、渗流场水力梯度分布分别如图 2、图 3 所示，图中箭头表示渗流场流速矢量。计算成果显示，坑底中部总水头势最小，而坑外总水头势明显大于坑内，地下水从坑外流向坑内，水力梯度自基坑壁两侧向外逐渐由大变小。中等风化泥岩中渗透流速小，卵石层中渗透流速较大，与两种地层的渗透特性相符合。基坑整体渗水量不大，不同地层中的基坑侧壁与基坑底部单位宽度范围基坑渗水量统计见表 2。

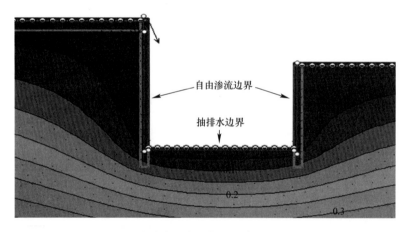

图 2 孔隙水压力分布图（单位：MPa）

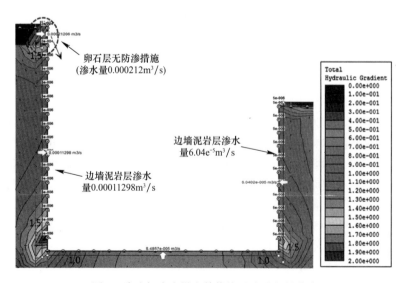

图 3 渗流场水力梯度等值线及流速矢量分布

			表 2
地层	部位	厚度（m）	渗流量（m³/d）
卵石层	基坑侧壁	2.0	18.3
中风化泥岩	基坑侧壁	24.28+18.30	15.0
中风化泥岩	基坑底部	—	7.3

不同地层单位宽度范围基坑渗水量

根据以上计算成果，本基坑渗漏水通道主要集中于基坑侧壁上层 2.0m 厚砂卵石地层，下部中风化泥岩相对不透水，整体渗流量不大，鉴于此处主要渗水通道厚度不大，因此推荐采用防渗墙或高压旋喷桩等手段隔断卵石层渗水通道，降低渗水量，减小运行期抽排水费用。假定截水帷幕渗透系数为 1×10^{-8} m/s，采用上述控制方案后渗流场水力梯度分布如图 4 所示，图中箭头表示渗流场流速矢量。计算成果显示，单位宽度 2.0m 厚卵石地层范围渗水量可得到明显减小，流速矢量与中风化泥岩层相当，远小于图 3 中卵石层的流速矢量，从初始情况（图 3）的 18.3m³/d 减小至 0.18m³/d，同时泥岩层渗水量没有明显变化，总渗水量减小约 45%。如果希望进一步降低运行期的排水量，还可以在施工期对基坑壁主要渗水区域进行针对性的低压灌浆，封堵泥岩层中的裂隙，进一步降低泥岩地层的渗水量。

由于基坑围护结构属于施工期临时结构，为了长期维持基坑壁土体的稳定，运行期需要保持土体水平向约束，因此地下结构外墙与基坑壁之间应能够传递水平力，同时，为了确保基坑壁渗漏的水能够及时排出，避免地下结构外墙和底板承受较大水压力，在地下结构外墙与基坑围护结构中间填筑强度足够的透水反滤材料，引导中风化泥岩中的渗漏水排出。

4 实施地下水管控的地下结构设计方案

将地下结构外墙按单宽连续梁简化，底板按固端考虑，其他楼板按铰支支座考虑，水土压力按水土分算考虑，土压力取主动土压力，采取先阻后排的地下水管控措施后，水压力大幅度减小，按底板以上 3m 水头的静水压力考虑，计算结果显示，最下层地下结构外墙厚度可以减小到 0.8m 以内，混凝土方量仅为第 2 节所述方案的 40%。

由于外水压力大幅度减小，地下结构仅依靠自重即可满足结构抗浮要求，不需要额外设置抗浮措施，并且底板厚度也可以减小到满足构造要求即可。

实施先阻后排的地下水管控措施，不需要特殊的施工设备，工艺简单，施工难度小，不存在抗浮措施被腐蚀的风险，外水压力小可显著降低地下结构渗漏风险，可靠度高，建成后方便维修、改造和升级。

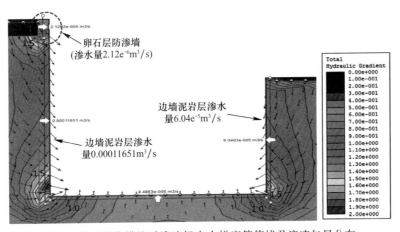

图 4 采用截水措施后渗流场水力梯度等值线及流速矢量分布

5 结论

目前浅层城市地下工程对地下水管控普遍以防为主，由外部结构承担全部的外水压力，采用抗浮措施解决结构抗浮，该方法应用于深层大断面地下结构设计时，由于大断面结构承担外水压力的能力不强，由外部结构承担全部外水压力会导致结构尺寸过大，高外水压力下结构渗漏风险大，并且过大的浮托力需要采用额外的抗浮措施，因此本文探讨了城市深层地下结构的地下水管控方法。

以成都某大型复杂深层地下工程为例，基于排水泄压原理，采用先阻后排、阻排结合的地下水管控方式，充分利用相对不透水地层的防渗作用减小渗漏量，同时采用特殊的组合结构实现基坑壁地层长期稳定性和渗漏水及时排泄，则地下结构在运行期不会承担高外水压力，可以有效减小地下结构尺寸、提高地下结构防渗可靠性。实施先阻后排的地下水管控措施，不需要特殊的施工设备，工艺简单，施工难度小，不存在抗浮措施被腐蚀的风险，外水压力小可显著降低地下结构渗漏风险，可靠度高，建成后方便维修、改造和升级。

参考文献

[1] 郑小燕，张志林. 浅谈城市地下空间开发中的地下水控制问题 [J]. 城市地质，2018，13（1）：30-36.

[2] 刘强. 大断面临海隧道结构防排水技术研究 [D]. 北京：北京交通大学博士学位论文，2016.

[3] 覃亚伟. 大型地下结构泄排水减压抗浮控制研究 [D]. 武汉：华中科技大学博士学位论文，2013.

[4] 刘卡丁. 地下空间可持续发展深圳益田村——地下停车库抗浮问题的优化设计 [J]. 隧道建设，2014，34（2）：140-146.

[5] 中华人民共和国国家标准. 岩土工程勘察规范 GB 50021—2001（2009 年版）[S]. 北京：中国建筑工业出版社，2009.

[6] 李广信，吴剑敏. 关于地下结构浮力计算的若干问题 [J]. 土工基础，2003，17（3）：39-41.

[7] 张欣海. 深圳地区地下建筑抗浮设计水位取值与浮力折减分析 [J]. 勘察科学技术，2004（2）：12-20.

[8] 张第轩，陈龙珠. 地下结构抗浮计算方法试验研究 [J]. 四川建筑科学研究，2008，34（3）：105-108.

[9] 崔岩，崔京浩，吴世红等. 浅埋地下结构外水压折减系数试验研究 [J]. 岩石力学与工程学报，2000，19（1）：82-84.

作者简介

程丽娟，女，1984 年生，四川仁寿人，2012 年毕业于清华大学水利系，获工学博士学位，高级工程师，主要从事地下工程、岩土工程等方面的研究和设计工作。E-mail：2012035@chidi.com.cn，电话：18981952602，地址：四川省成都市温江区政和街 8 号成勘院温江办公区 A916，611130。

STUDY OF GROUNDWATER CONTROL METHODS IN URBEN DEEP UNDERGROUND PROJECT

CHENG Li-juan[1,2], HOU Pan[1,2], MA Yu-yan[1,2], DENG Shu-mi[2,3]

(1. HydroChina Chengdu Engineering Corporation，Chengdu 610072，China；2. Sichuan Engineering Laboratory of Urban Underground Space（Survey，Design&Construction），Chengdu 610072，China；3. HydroChina Sinohydro Bureau 10 Co. LTD.，Chengdu 610072，China）

Abstract：The deep underground structure with large-section is not rigid enough to bear the high external water pressure. The external structure which bears the full external water pressure might with large size and under high risk of leakage. At the same time, anti-floating measures are required. Therefore, it is necessary to explore the groundwater control methods for deep underground structures in cities. Taking a large-scale complex deep underground project in Chengdu as an example, the maximum burial depth of the structural floor is about 40 meters，and the maximum external water pressure is about 38 meters. Based on the principle of drainage pressure，the groundwater control method combining seepage and drainage is adopted. Make full use of the anti-seepage effect of the relatively impervious stratum to reduce the leakage，and at the same time adopt a special combination structure to maintain the long-term stability of the foundation wall and timely drainage of the leakage water，then the underground structure will not bear the high external water pressure during the operation period. This method can effectively reduce the size of the underground structure，improve the anti-seepage reliability. And the structure can resist floating by itself.

Key words：urban underground space，underground structure，groundwater control，uplift resisting

下卧运营地铁长大基坑竖井施工方案优化研究

安国勇[1]，宋林[1]，王新宇[2]，王俊波[2]

（1. 中铁一局集团有限公司，陕西 西安 710054；2. 河南理工大学 土木工程学院，河南 焦作 454000）

摘 要： 深圳前海交易广场工程下卧运营地铁与深大基坑底最小净距仅 3.2m，存在卸载上浮重大风险，开挖方案的制定和优化是下卧地铁运营和结构安全的重要保障措施之一。本文创新提出了基坑竖井跳仓法开挖方案，并采用 Midas 有限元软件建立基坑与下卧地铁的三维数值模型，研究了填海区复杂地层条件下竖井开挖顺序、竖井开挖深度、竖井内支撑间距等施工关键参数对下卧地铁隧道结构变形的影响。研究结果表明，数值模拟结果能够较好地反映基坑竖井施工过程中下卧地铁隧道管片的变形特征，优化后的基坑竖井跳仓法施工方案合理可行。

关键词： 下卧地铁隧道；基坑；竖井；跳仓法

1 引言

由于城市轨道交通在利用城市空间资源上的独有优势，其在我国城市化进程中得到了快速发展，已成为诸多大中型城市缓解交通压力的重要措施之一。截止 2017 年底，我国轨道交通运营城市已达 34 座，运营总里程约为 5021.7km，其中地铁里程约为 3881.8km，占线路总长的 77.3%。地铁工程的大规模建设和运营，必然会面临地铁隧道下穿既有建筑、既有运营地铁隧道上方深大基坑开挖施工等技术难题[1,2]。而对于既有地铁隧道上方深大基坑开挖工程，如何采取有效措施确保基坑开挖过程中的安全稳定以及既有下卧地铁区间隧道变形受控与结构安全，已成为岩土工程领域的重要研究课题之一[3-5]。

对于下卧既有地铁隧道的深大基坑工程，下卧隧道管片加固、地基加固[6]、建立下卧地铁隧道保护区[7]、分区开挖[8]等措施均可起到控制地铁隧道变形的作用。而作为分区开挖法的一种特殊形式，竖井跳仓法施工在下卧既有地铁隧道的深大基坑工程中鲜见。本文结合深圳前海交易广场深大基坑工程，采用 Midas/GTS 建立基坑与下卧地铁的三维数值模型，研究填海区复杂地层条件下竖井开挖深度、竖井内支撑间距等施工参数的变化对下卧地铁隧道结构变形的影响，以优化深大基坑竖井跳仓法施工方案，保障下卧地铁结构稳定和运营安全。

2 工程概况

前海交易广场项目位于深圳市前海自贸区桂湾片区，东邻地铁 1 号线鲤鱼门车站，南侧与华润前海项目隔桂湾四路，西侧为在建的地铁 5 号线桂湾车站，北侧为腾讯前海项目，地铁 1 号线鲤鱼门站—前海湾站区间从项目地铁下方穿过，基坑与下卧地铁平面位置如图 1 所示。本项目占地面积为 7.9 万 m²，设 1~3 层地下室，基坑开挖深度约 9~17m。为保证下卧运营地铁安全，地铁上部土体采用竖井跳仓法开挖，并设置试验段。试验段竖井基坑呈标准长方形，长边约 16.7m，短边约 5m，开挖深度 12.65m，支护结构采用 C20 混凝土连续墙，厚度为 100mm；竖向支撑采用 25b 工字钢，竖井内支撑结构如图 2 所示。

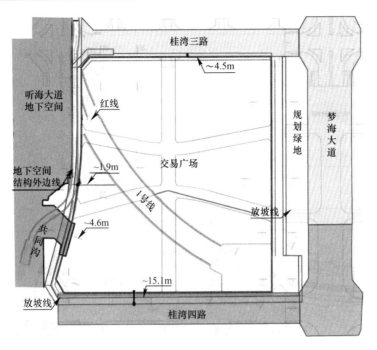

图 1　基坑与平面位置图

3　有限元模型

3.1　有限元模型

采用 Midas GTS 有限元软件建立竖井和下卧地铁隧道结构的三维数值模型，有限元模型如图 3 所示，模型尺寸为：沿隧道轴向 80m，水平垂直于隧道轴向取 100m，模型竖向取 50m。模型中，各类岩土用实体单元模拟，连续墙用板单元模拟，立柱及内支撑用梁单元模拟，土体采用摩尔-库仑弹塑性本构模型。

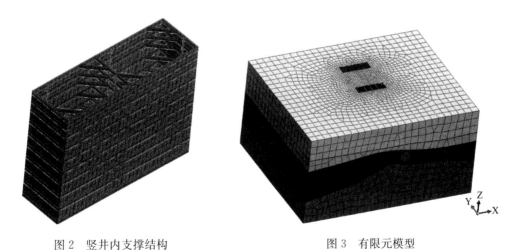

图 2　竖井内支撑结构　　　　　　　　图 3　有限元模型

3.2　模型参数

模型自上而下依次为填土层、黏土层、砂质黏土层、全风化花岗岩、强风化花岗岩和中风化花岗岩，各岩土层参数如表 1 所示，各类支护结构材料参数如表 2 所示。

岩土层参数					表1
层号	土层名称	重度（kN/m³）	弹性模量（MPa）	泊松比	黏聚力（kPa）	内摩擦角（°）
1	填土	19.0	9.0	0.35	15.0	12
2	黏土	19.0	15.0	0.31	18.0	13
3	砂质黏土层	18.5	13.5	0.32	28.0	20
4	全风化花岗岩	19.0	35.0	0.33	35.0	27
5	强风化花岗岩	21.0	70.0	0.31	45.0	30
6	中风化花岗岩	22.5	1000	0.3	160.0	45

支护结构材料参数			表2
结构类型	弹性模量（MPa）	泊松比	重度（kN/m³）
内支撑及圈梁	20600	0.2	78.5
连续墙	3000	0.22	25
隧道管片	2500	0.22	25

3.3 计算方案

数值计算方案包括两个竖井同时开挖、先开挖竖井1、先开挖竖井2三种情况。其中，两竖井同时开挖包括7个步骤：①初始地应力状态；②施工连续墙；③开挖至−3.0m（开挖1）；④开挖竖井1至−6m（竖井1-开挖2），并施工"竖井1-开挖1"部分的内支撑；⑤开挖至−9m（开挖3），并施工开挖2部分的内支撑；⑥开挖至−12.65m（开挖4），并施工开挖3部分的内支撑；⑦施工开挖4部分的内支撑。

先开挖竖井1包括12个步骤：①初始地应力状态；②施工连续墙；③开挖竖井1至−3.0m（竖井1-开挖1）；④开挖至−6m（开挖2），并施工开挖1部分的内支撑；⑤开挖竖井1至−9m（开挖3），并施工开挖2部分的内支撑；⑥开挖竖井1至−12.65m（开挖4），并施工开挖3部分的内支撑；⑦施工开挖4部分的内支撑；⑧开挖竖井2至−3.0m（开挖1）；⑨开挖竖井2至−6m（开挖2），并施工开挖1部分的内支撑；⑩开挖竖井2至−9m（开挖3），并施工开挖2部分的内支撑；⑪开挖竖井2至−12.65m（开挖4），并施工开挖3部分的内支撑；⑫施工开挖4部分的内支撑。先开挖竖井2的步骤与先开挖竖井1的步骤相同。

4 结果分析

为保证地铁的正常运营及既有隧道管片的安全，在基坑施工过程中采用信息化施工，对既有隧道的结构隆沉、左右线轨道隆沉等项目进行了密切监测。针对试验段竖井内支撑间距为0.5m的情况，将右线管片拱顶的竖向变形计算结果与现场实测数据比较，如图4所示。由图4可知，下卧隧道右线管片拱顶竖向变形实测最大值为1.4mm，数值计算结果为0.95mm，由于实际工况的复杂性，数值模拟结果小于实测数据；但沿隧道轴向数值模拟结果与实测数据变化趋势基本一致，且两者最大变形位置基本吻合，说明数值模型参数选取的合理性和可靠性，所建数值模型基本可以反映竖井开挖过程的实际变形，亦可作为施工前风险控制的依据。

根据计算结果，得到隧道管片变形趋势，见图5，右线管片的最大变形出现在两开挖竖井的正下方，主要是因为竖井开挖后，基底反力增大，故该管片在竖井下放出现了"山包"；而左线管片由于竖井距竖井较远，变形趋势与右线管片相差很大。

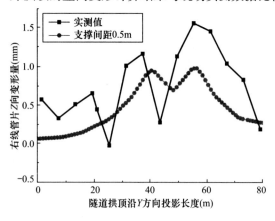

图4 右线管片拱顶处变形实测值与模拟值对比

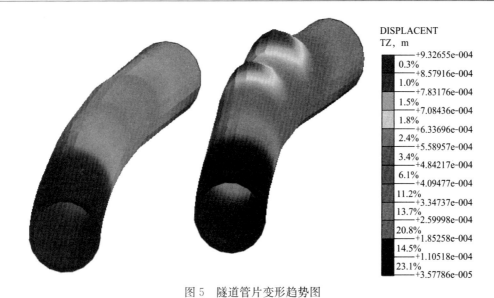

图 5　隧道管片变形趋势图

4.1　竖井跳仓顺序分析

为研究不同开挖顺序下竖井开挖对隧道管片变形的影响,本文主要建立了两竖井同时开挖、先开挖竖井一再开挖竖井二和先开挖竖井二再开挖竖井一等三种情况,取其中三个测点的竖井开挖全过程隧道管片拱顶竖向垂直变形进行分析,如图 6～图 8 所示。由图可知,在开挖过程中,两竖井同时开挖时隧道管片拱顶竖向变形量最大;而先进行竖井 2 开挖的最终管片变形量最小,同时开挖和竖井 1 先开挖的最终变形量基本一致。

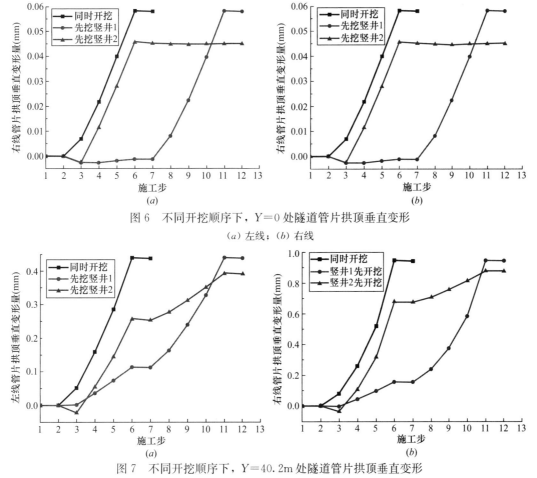

图 6　不同开挖顺序下,$Y=0$ 处隧道管片拱顶垂直变形

(*a*) 左线;(*b*) 右线

图 7　不同开挖顺序下,$Y=40.2$m 处隧道管片拱顶垂直变形

(*a*) 左线;(*b*) 右线

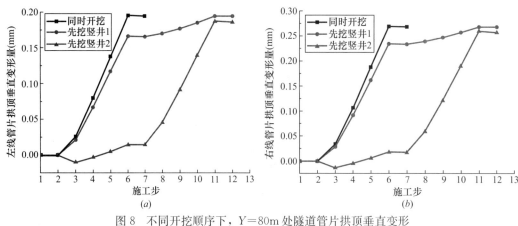

图8　不同开挖顺序下，$Y=80m$ 处隧道管片拱顶垂直变形

（a）左线；（b）右线

4.2　开挖深度对隧道管片影响

本节主要研究两竖井同时开挖时不同开挖深度对隧道管片的影响。图9为不同开挖深度时管片拱顶处竖向变形，由图9可知，隧道管片的变形随着开挖深度的增加而增大，当开挖至−3m时，隧道管片的变形呈现中间大两端小的规律，起伏不大；当开挖至基坑标高位置处时变形曲线呈现为在竖井的下面出现两个峰值，其他位置离竖井的水平距离越远变形量越小；而右线管片由于在两竖井下面，其管片变形对竖井开挖更为敏感，当开挖至−6m时，在竖井下管片的变形开始出现两个峰值，而开挖至−9m时这一现象就非常明显；左线管片由于相对距离较远，变形在开挖至−9m，在竖井下方的管片出现峰值，当开挖至基底处时两个峰值出现的比较明显。且右线管片的变形量明显大于左线，变形达到1mm左右，而左线最大变形量只有0.45mm左右。

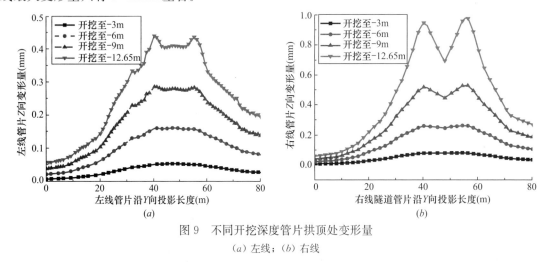

图9　不同开挖深度管片拱顶处变形量

（a）左线；（b）右线

4.3　不同支撑间距对隧道管片和竖井的影响

为保证竖井开挖过程中地铁管片运营安全的同时，减少施工成本，确保施工方案经济合理，本节对不同内支撑间距下竖井开挖对隧道管片的影响进行分析。根据提取隧道管片拱顶处垂直变形的结果对比可知，隧道管片的变形量基本随着支撑间距的增大而增大，如图10所示。当支撑间距为1.5m时右线管片的最大变形量达到1.3mm左右，而间距为0.5m时的最大变形量不到1mm，间距为0.8m和1.0m时的变形量居于中间，变形量均在安全范围内。

图11~图13为不同支撑间距时支护结构水平方向应力分布图。由图可知，支撑间距为0.5m时，支护结构最大水平位移为0.56mm左右，最大应力为708.1kPa；支撑间距为1.0m时，支护结构最大水平位移为0.59mm左右，最大应力为691.8kPa；支撑间距为1.5m时，支护结构最大水平位移为0.6mm左右，最大应力为817.1kPa。依据计算结果，在保证安全的前提下，为达到施工的经济、合理，内支撑间距可取为1.0m。

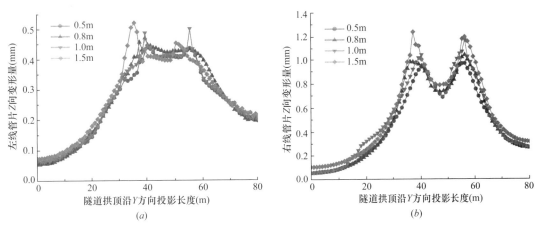

图 10　K 型撑不同支撑间距左右隧道管片拱顶位置变形量

（a）左线；（b）右线

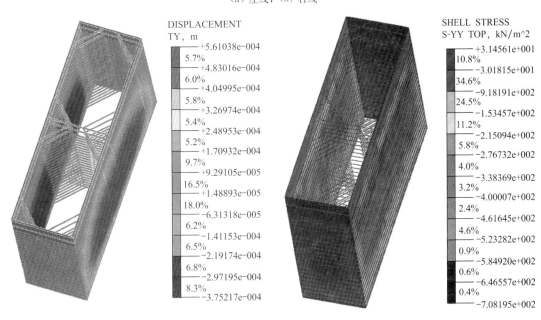

图 11　支撑间距为 0.5m 时支护结构 Y 向变形量及应力分布图

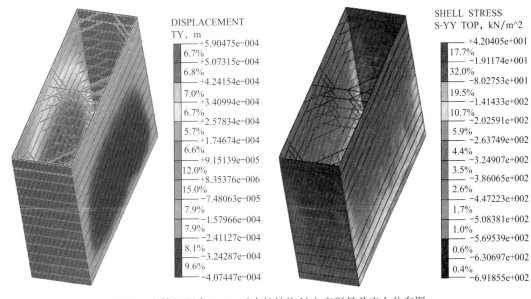

图 12　支撑间距为 1.0m 时支护结构 Y 向变形量及应力分布图

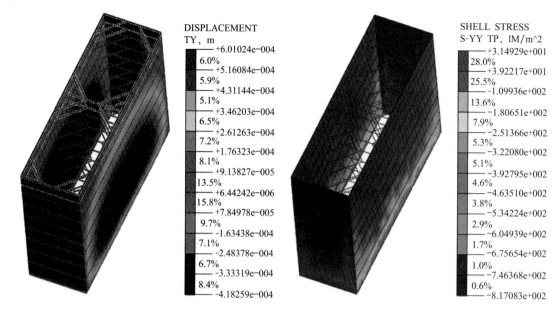

图 13　支撑间距为 1.5m 时支护结构 Y 向变形量及应力分布图

5　试验段竖井跳仓施工

参考数值模拟结果，结合现场施工环境确定整个试验段竖井跳仓施工方案如下：

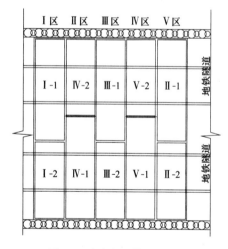

图 14　试验段竖井施工方案

竖井开挖纵向间距 5m，横向分为 2 仓。竖井开挖时跳仓施工，先施工Ⅰ、Ⅴ区域，然后施工Ⅲ区，最后施工Ⅱ、Ⅳ区，横向即先施工Ⅰ-1→Ⅱ-1→Ⅰ-2→Ⅱ-2→Ⅲ-1→Ⅲ-2→Ⅳ-1→Ⅳ-2→Ⅴ-1→Ⅴ-2，如图 14 所示。其中Ⅰ-1 开挖至基地后将抗浮压板与围护桩、抗拔桩可靠连接，形成抗浮体系，两仓竖井均完成后底部连通工程桩相连形成整体抗浮压板。

竖井开挖工艺流程：1.0m 循环进尺开挖→喷混凝土→挂网→设置工字钢→挂网→喷混凝土→注浆锚固施工→坑底铺设垫层→施工底板并预留甩筋。竖井开挖采用逆作法施工，自上而下逐榀开挖，开挖时采用对角开挖，严禁整个墙体同时悬空，具体技术要求如下：

（1）开挖遵循"自上而下、分层、分步、支护紧跟土方开挖和连续作业"的原则。

（2）土方分层开挖时必须严格按照设计榀距 1.0m 进行，严禁超挖、欠挖。

（3）槽段开挖分层、分步开挖过程中，每挖完一层，即刻安装钢架环梁，挂钢筋网喷混凝土，并做到墙体周围尽快封闭，土壁外露的时间不得大于 3 小时。

（4）分层、分步开挖过程中，不得将上部已经完成的槽段壁底全部挖空，应分步进行，先挖空二分之一或三分之一，待此部分支护完成后，再挖其余部分。

（5）每个槽段开挖应进行分两仓先后开挖，两仓之间的开挖高差不得小于 3m。

（6）开挖、支护过程中，加强监控量测，发现问题采取处理措施。

6　结论

本文对填海区复杂地层条件下竖井跳仓顺序、竖井开挖深度、竖井内支撑间距等施工关键参数对下卧地铁隧道结构变形的影响进行了较为系统的数值模拟研究，主要结论如下：

（1）由于右线管片位于两竖井的正下面，竖井开挖对右线管片的影响更大；竖井开挖后，右线管片的变形在两竖井位置下方分别出现两个峰值。

（2）先开挖竖井2再开挖竖井1的开挖顺序优于两竖井同时开挖方案和竖井1先开挖方案，其最终变形量小于另外两种方案。

（3）隧道管片的变形随着开挖深度的增加而增大，开挖深度的变化对右线管片的影响更为明显，施工中应重点监测右线管片变形。

（4）综合考虑竖井开挖对隧道管片的影响、支护结构自身的安全，竖井内支撑间距可放大至1.0m。

参考文献

[1] 薛彦琪，张可能，胡晓军. 深基坑开挖卸荷对下卧既有地铁隧道的影响分析 [J]. 工程地质学报，2016，24（6）：1230-1239.

[2] 周泽林，陈寿根，张海生，等. 明挖卸荷对下卧地铁双洞隧道变形影响的计算方法研究 [J]. 铁道学报，2016，38（9）：109-117.

[3] 郭鹏飞，杨龙才，周顺华，等. 基坑开挖引起下卧隧道隆起变形的实测数据分析 [J]. 岩土力学，2016（s2）：613-621.

[4] 魏纲. 基坑开挖对下方既有盾构隧道影响的实测与分析 [J]. 岩土力学，2013，34（5）：1421-1428.

[5] 王永伟. 基坑开挖对下方地铁隧道影响数值分析 [J]. 铁道工程学报，2018，（2）：74-78.

[6] 陈思明，欧雪峰，韩雪峰，等. 临近既有地铁隧道新建基坑的数值计算分析 [J]. 铁道科学与工程学报，2016，13（8）：1585-1592.

[7] 高强，于文龙. 市政隧道基坑开挖对既有下卧地铁盾构隧道影响分析 [J]. 隧道建设，2014，34（4）：311-317.

[8] 王定军，王婉婷，段罗，等. 基坑开挖对下卧地铁隧道的施工影响分析 [J]. 地下空间与工程学报，2017，13（s1）：223-232.

作者简介

安国勇，男，1970年生，陕西绥德人，本科，教授级高工，现任中铁一局集团有限公司副总经理、总工程师。电话：18691013066，E-mail：18691013066@163.com，地址：陕西省西安市碑林区雁塔北路1号中铁一局，710054。

OPTIMIZATION OFEXCAVATION SCHEME OF THE SHAFT OVER OPERATIONAL SUBWAY

An Guoyong[1]，Song Lin[1]，Wang Xinyu[2]，Wang Junbo[2]

(1. China Railway First Group Co.，Xi'an Shan Xi 710054；2. college of Civil Engineering，Henan Polytechnic University，Jiaozuo Henan 454000)

Abstract： The clear distance between the existing metro tunnel and the foundation pit of Qianhai exchange square is 3.2m，and uplift of the tunnel induced by excavation of the foundation pit is dangerous. Optimization of excavation scheme is one of the important measures to ensure the safety of tunnel structure and subway operation. Alternative bay construction method was creatively proposed in this paper. Finite element software of Midas is used to establish three-dimensional numerical model of the foundation pit and existing metro tunnel，effects of the critical parameters，such as excavation sequence and excavation depth of the shaft，distance of the inner support on deformation of the existing metro tunnel were investigated。The research in this paper indicates that，results of numerical simulation could describe deformation characteristics of the existing tunnel segment，and the optimized excavation scheme of the shaft over operational subway is reasonable and feasible。

Key words：existing metro tunnel，foundation pit，shaft，alternative bay construction method

狭长型地铁车站基坑分步开挖的空间效应研究

穆保岗[1]，龚湘源[2]，陶津[1]，王敏[3]

(1. 东南大学土木工程学院，江苏 南京 210096；2. 中铁二院华东勘察设计有限责任公司，
浙江 杭州 310004；3. 中交二公局第三公路有限公司，陕西 西安 710016)

摘 要：为研究狭长型地铁车站各部分支护结构的受力和变形相互影响，需考虑基坑开挖存在的空间效应。以广东佛山市地铁 2 号线某地铁车站为依托，开展理论分析、工程实测和数值模拟研究。通过空间效应系数理论计算，确定合理的地铁车站基坑分块长度；实测分析地表沉降、地下连续墙水平位移在基坑的三维分布的空间效应特征；应用 PLAXIS3D 软件，模拟分层整体开挖和分层、分块开挖两种不同的开挖方式，对比两种开挖方式的不同结果，阐述地铁车站基坑开挖过程的空间效应，结论可为类似车站建造提供理论依据和指导。

关键词：岩土工程；狭长型地铁车站；空间效应

1 引言

为了缓解交通压力，近年来大中城市都在密集地进行地铁项目建设。地铁车站深基坑工程是一项风险性很高的工程，地铁车站一般为狭长型分布，各部分支护结构的受力和变形相互影响，基坑开挖存在空间效应，如何合理避免其不利影响，需要针对其空间效应特性开展研究。

空间效应的较早描述见于黄强[1]（1989）对于基坑护坡桩空间受力简化计算方法一文中。认为空间效应的根本原因在于基坑边界的限制。杨雪强，刘祖德[2]（1998）在黄强（1989）研究基础上进一步确定空间效应影响范围，Lee[3]（1998）等通过数值模拟及现场实测数据对多层支撑开挖的空间效应进行了研究，认为影响空间效应的主要因素是：基坑开挖长度与深度比、软土层深度、支撑系统刚度。刘建航[4]（1999）结合上海软土流变特性和深基坑工程经验，提出考虑时空效应的基坑工程动态设计施工方法。范益群（2000）[5]研究指出时空效应在软土地区应用在本质上等同于工程控制论在软土深基坑工程中的应用。雷明锋等（2010）[6]提出了黏性土条件下长大深基坑施工空间效应的简化计算方法，李育枢等[7]（2012）开展成都特定砂卵石地层中时空效应研究，刘念武[8]（2014）等对空间效应的主要影响因素展开了深入的讨论。

本文以佛山地铁 2 号线某地铁车站为依托，开展理论分析、工程实测和数值模拟研究，对地表沉降、地下连续墙水平位移、在基坑的三维分布上明显的空间效应特征进行分析和验证。

2 空间效应的理论

2.1 地铁车站基坑的特点

多数地铁车站采用明挖法施工，两端兼作盾构机的始发井和接收井，两端深度更深。一般地铁车站基坑深度在 15～20m，长度为 200～300m。周边环境复杂，车站基坑周围建（构）筑物林立、地下管线等市政设施错综复杂，常采取地下连续墙作为竖向围护结构，配合内支撑体系（混凝土支撑或者钢支撑或者二者兼有）一起构成基坑的围护体系。

2.2 深基坑空间效应的计算

深基坑空间效应作为一种深基坑施工指导理念在实际工程广泛运用。但目前对于深基坑空间效应的研究主要是定性的描述，定量的计算理论较少。

（1）空间效应系数

文献[1,2]均采用空间效应影响系数来定量地描述深基坑空间效应，并定义空间效应影响系数为考虑空间效应条件下作用在挡墙上的主动土压力与平面二维状态下作用在挡墙上的主动土压力的比值，记为

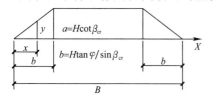

图1 基坑顶面的三维破裂土体边界线

K。文献[2]认为坑壁端部b范围内是深基坑空间效应的主要影响区域，在剩余$(B-2b)$的中间坑壁段是空间效应的次要影响区域，且其影响程度随坑壁长B与坑深H的比值B/H的增大而减弱。文献[9]中指出当$B/H \geqslant 5$时可近似不考虑基坑空间效应对$(B-2b)$坑壁段的影响。其空间效应影响系数K的表达式见公式（1）。

$$K = \frac{\dfrac{x}{H} \cdot \dfrac{\cos\beta_{cr}\cos\varphi\left(1 - \dfrac{x}{H}\cos\beta_{cr}\right)}{\sin(\delta+\varphi)\tan\varphi + \dfrac{x}{H}\cos(\delta+\varphi)\cos\beta_{cr}}}{\dfrac{\cot\theta_{cr}\sin(\theta_{cr}-\varphi)}{\cos(\theta_{cr}-\delta-\varphi)}} \quad 0 \leqslant x \leqslant b \left.\right\} \tag{1}$$

$$K = \left[\frac{\cot\beta_{cr}\sin(\beta_{cr}-\varphi)}{\cos(\beta_{cr}-\delta-\varphi)}\right] \bigg/ \left[\frac{\cot\theta_{cr}\sin(\theta_{cr}-\varphi)}{\cos(\theta_{cr}-\delta-\varphi)}\right] \quad b \leqslant x \leqslant \frac{B}{2}$$

$$P_{a平} = \frac{1}{2}\gamma H^2 \frac{\cot\theta\sin(\theta-\varphi)}{\cos(\theta-\delta-\varphi)} \tag{2}$$

当$P_{a平}$取得最大值时对应破裂角称为临界破裂角θ_{cr}。

$$E_a = \frac{\sin(\beta-\varphi)\cot\beta}{\cos(\beta-\delta-\varphi)}\left(\frac{1}{2}\gamma BH^2 - \frac{1}{3}\gamma H^3 \frac{\tan\varphi}{\sin\beta}\right) \tag{3}$$

由公式（3）可知E_a仅是破裂角β的函数，据式（3）试算求出E_{amax}所对应的β即为坑壁土体临界破裂角β_{cr}。其中，δ为地下连续墙与土体之间的外摩擦角，φ为土体内摩擦角。

（2）空间效应系数计算

佛山地铁2号线某站，基坑长边$B=216m$，短边$D=24m$，深度$H=17m$，如图2所示。

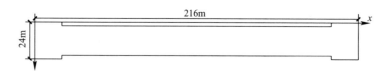

图2 基坑平面尺寸图

长边空间效应系数									表1
x(m)	0	1	2	3	4	5	6	7	7.4	$7.4 < x \leqslant 158$
K	0	0.3664	0.6064	0.7662	0.8718	0.9393	0.9787	0.9971	0.9996	0.9997

短边空间效应系数									表2
x(m)	0	1	2	3	4	5	6	7	7.1	$7.1 < x \leqslant 12$
K	0	0.3475	0.581	0.7404	0.849	0.9212	0.9664	0.9912	0.9927	0.9930

由式（2）试算可得二维滑裂体土体临界破裂角$\theta_{cr}=49°$。由式（3）得三维滑裂体土体临界破裂角分别为：长边临界破裂角$\beta_{cr}=50°$，短边临界破裂角$\beta_{cr}=53°$。

$$b = H \frac{\tan\varphi}{\sin\beta_{cr}} \tag{4}$$

由式（4）可计算得长边与短边影响区段 b 值分别为 7.4m 与 7.1m。可见，b 值大小主要取决于土体物理性质和基坑的深度。地铁车站基坑深度一般在 20m 左右，结合本算例可知地铁车站基坑 b 值（长边 b 值 7.4m，短边 b 值 7.1m）一般在 10m 以内，因此地铁车站分块长度在 20m（$2b$ 长度范围）左右比较合理，理论上可以充分利用空间效应。

3 现场监测成果

地铁车站平面尺寸较大，布设各类监测点较多，利用对称性选取相关监测点有序编号进行分析。

3.1 地表沉降

依次选取 6 个典型断面，其中标准断面（AA、CC、DD、EE、FF）布置 3 排监测点：第 1 排监测点距基坑边缘 1.5m，第 1、2 排监测点间距 3.5m，第 2、3 排监测点间距 6m；主测断面（BB）布置 5 排监测点，前 3 排间距和标准断面相同，第 3、4 排监测点间距 10m，第 4、5 排监测点间距 14m。具体布置如图 3 所示。根据现场监测数据，绘制曲线如图 4 所示。

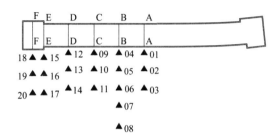

图 3 地表沉降监测点

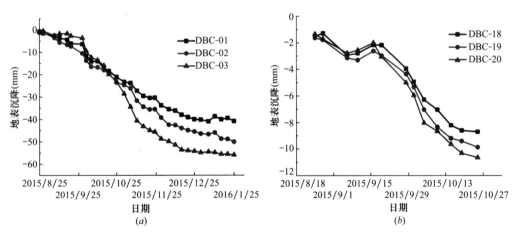

图 4 实测地表沉降曲线
（a）AA 断面；（b）FF 断面

以上结果显示：

（1）地铁车站基坑周围地表沉降在基坑横断面上分布具有明显的不均匀特征，即地表沉降量随测点到基坑边缘距离的增加先递增后递减。（2）进一步分析各断面最大地表沉降量，AA、BB、CC、DD 断面最大地表沉降量较为接近，量值为 55～65mm；而 EE、FF 断面最大地表沉降量要小很多，其中 EE 断面约为 28mm，FF 断面约为 11mm。

原因有以下 3 点：（1）支撑刚度的空间分布并不均匀。地铁车站基坑围护结构设计方案为地下连续墙＋4 层内支撑形式，AA、BB、CC、DD 断面位于车站标准（宽度）段部分，第 1 层为混凝土支撑，第 2～4 层为钢支撑；EE、FF 断面位于车站扩大端及扩大端与标准段分界处，4 层均为支撑刚度较大的混凝土支撑。（2）施工顺序不同。为方便盾构机进洞工作，车站分块开挖是从扩大端，即 EE、FF 断面开始，尔后施工后续板块 AA-DD 断面。（3）几何尺寸的空间效应因素。当基坑平面尺寸长度 B 与基坑深度 H 的比值 $B/H < 5$ 时，存在显著的端部效应。

3.2 地下连续墙水位位移

依次选择 6 个典型断面及扩大端中点（07 号点）和阴角（08 号点）、阳角（05 号点），其中阳角点和 EE 断面点为同一个点，01～08 号点具体位置分布如图 5 所示，选择其中代表性的 01 测点和 07 测点实测地下连续墙的位移如图 6 所示。

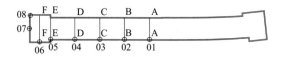

图 5　地下连续墙水平位移测点

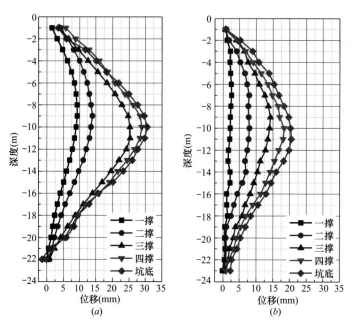

图 6　实测地连续墙的水平位移
（a）测点 1；（b）测点 7

由图 6 可见：

（1）所有测点地下连续墙水平位移随着基坑开挖深度的增加而增大。就单个监测点而言，地下连续墙水平位移随深度的增加先增大后减小，挖至坑底时最大值约为 14～31mm，深度位置约为基坑开挖深度的 2/3。（2）随着基坑开挖深度的增加，地下连续墙水平位移最大值深度位置也随之下移。（3）长边中点 AA 断面 01 点地下连续墙水平位移最大值约为 31mm，其他断面监测点地下连续墙水平位移最大值均小于 30mm，比短边中点 GG 断面 07 号测点大约 10mm。

以上现象体现了地铁车站狭长型基坑中，地下连续墙水平位移在纵向均有明显的空间效应特征。

4　空间效应的数值模拟

4.1　土体硬化 模型（HS）

PLAXIS3D 提供了多种常用的土体本构模型，土体硬化模型属于双曲线线弹塑性模型，考虑了剪切硬化，可模拟主偏量加载引起的不可逆应变，同时还考虑了压缩硬化，可模拟土体在主压缩条件下的不可逆压缩变形。HS 模型能同时考虑剪切硬化和体积硬化，实现双硬化[10]（图 7），对复杂应力路径下发生的剪切应变和体积应变进行更准确的计算。双曲线公式中偏应力 q 是自变量，轴应变 ε_1 是因变量，具体表达式为：

$$q = \sigma_1 - \sigma_3 \tag{5}$$

$$-\varepsilon_1 = \frac{q_a}{2E_{50}} \cdot \frac{q}{q_n - q} \tag{6}$$

从式（6）可知，E_{50} 和 q_a 是影响双曲线的主要因素，其对应双曲线如图 7 所示，q_a 是双曲线的渐近线，略大于莫尔-库仑剪切强度 q_f，它们之间的比例关系称为破坏比，PLAXIS 默认设置为 0.9。

土体硬化模型的输入参数中对双曲线起到控制作用的参数有四个：E_{50}^{ref}、m、c' 和 φ'。

（1）E_{50}^{ref} 是参考模量，它是 100kPa 围压下 $q_f/2$ 偏应力的割线斜率。

（2）m 是应力相关系数，决定不同围压下曲线的 E_{50} 等刚度模量，具体关系见式（6）

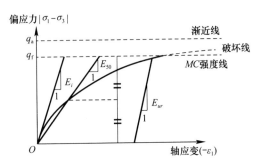

图 7 土体硬化本构模型的双曲线近似

$$E_{50} = E_{50}^{ref} \left(\frac{c\cos\varphi - \sigma_3'\sin\varphi}{c\cos\varphi - p^{ref}\sin\varphi} \right)^m \tag{7}$$

（3）c' 和 φ' 共同决定曲线的破坏线。

4.2 两种开挖方式模拟

（1）分层整体开挖

为对比不同开挖方式对上述指标的影响，数值模拟了分层整体开挖，在基坑开挖深度范围内，将土体分层依次挖除。这种开挖方式共分 9 个分析步。

（2）分层、分块开挖

与分层开挖厚度相同，分块大小如图 8 所示。这种开挖方式共 13 个分析步，首先初始地应力平衡后，激活地下连续墙、地下连续墙正负界面、基坑周围超载，分布开挖。

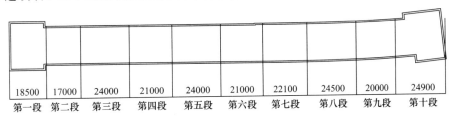

| 18500 | 17000 | 24000 | 21000 | 24000 | 21000 | 22100 | 24500 | 20000 | 24900 |
| 第一段 | 第二段 | 第三段 | 第四段 | 第五段 | 第六段 | 第七段 | 第八段 | 第九段 | 第十段 |

图 8 车站基坑板块划分图

上述两种开挖方式，第二种是实际开挖方式，第一种是虚拟开挖方式（实际工程中很少采用）。为了验证数值模型的准确性，将第二种开挖方式的实测值与模拟值进行对比，其对比情况如图 9 所示。

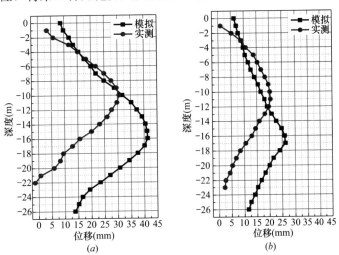

图 9 分层、分块开挖模拟与实测地连墙水平位移对比曲线图

（a）AA 断面；（b）GG 断面

模拟与实测地下连续墙水平位移变形趋势是一致的。地下连续墙水平位移实测最大值约为 18～31mm，取得最大值深度位置约为 10～13m；地下连续墙水平位移模拟最大值约为 19～41mm，取得最大值深度位置约为 16～17m。上述差异的主要原因与测斜结果的数据整理原理有关。测斜结果假定地连墙底是理想零点，该点处水平位移为零，而实际上地下连续墙底处水平位移可能并不为零，模拟结果地下连续墙底水平位移约为 9～13mm。另外实测值会由于水位变化、温度变化、地面超载造成漂移，模拟计算工况比较理想化，但上述结果仍然说明采用数值模拟能够基本反映真实情况。

4.3 不同开挖方案结果对比

依次选取 6 个典型断面 AA、BB、CC、DD、EE 和 FF，断面位置与图 3 和图 5 保持一致。

（1）地表沉降

在两种工况分步中，分层整体开挖的第 2、6、8 步分别与分层、分块开挖的第 4、8、12 步处于同一开挖深度，对比遵循同一深度原则。详见图 10。

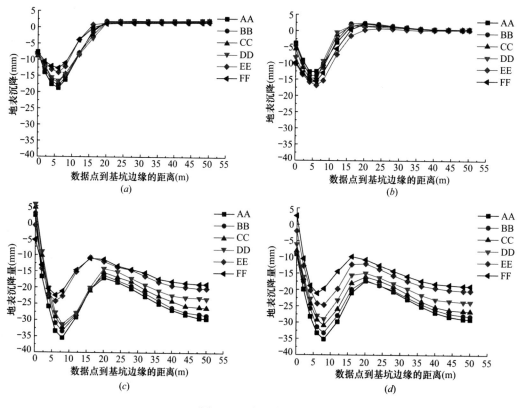

图 10　地表沉降曲线图

（a）分层整体开挖第 2 步；（b）分层、分块开挖第 4 步；（c）分层整体开挖第 8 步；（d）分层、分块开挖第 12 步

如图 10 所示：（1）两种开挖方式地表沉降量在距基坑边缘 0～17m 范围内为凹槽形，随着距基坑边缘距离的增加先增大后减小，距基坑边缘约 5～8m 时达到最大值，开挖至坑底时最大值约为 25～36mm。（2）分层整体开挖标准段各断面地表沉降量差异不大，同一工况下最大值均比扩大端大 6～10mm（图 10a、c）。（3）分层、分块开挖各断面在同一工况下地表沉降量差异比较明显，开挖至坑底时，扩大端区段地表沉降量比标准段板块小约 5～16mm（图 10b、d）。（4）分层整体开挖主要表现在标准段和扩大端之间地表沉降量在空间分布上的差异。

（2）墙体水平位移

图 11 为两种开挖方式下基坑长边中点（AA 断面处）地下连续墙水平位移曲线，水平位移峰值均在开挖深度约 2/3 处。在最终状态下，分层分块开挖的水平位移峰值小于分层整体开挖 5～10mm，分层分块开挖对控制变形更为有利。

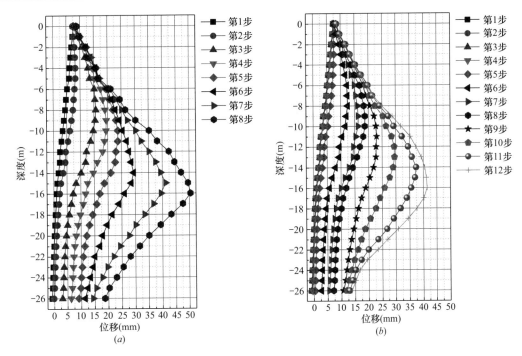

图 11　分层整体、分层分块开挖地连墙水平位移对比曲线
（*a*）分层整体开挖 AA 断面；（*b*）分层分块开挖 AA 断面

5　结论

本文通过理论分析、实测总结和数值模拟，得到如下结论：

（1）狭长形地铁车站深基坑的开挖过程具有明显的时空效应，依托工程地铁车站基坑合理分块长度应为 20m 左右时，可以充分利用空间效应。

（2）模拟了分层整体开挖和分层、分块开挖两种开挖方式，并通过地表沉降、地下连续墙水平位移 2 个指标的对比分析，分析了在基坑横向、纵向的空间效应分布特征。

（3）地铁车站基坑开挖过程中，无论采用何种方式，地表沉降量、地连墙水平位移 2 个指标，在纵向基坑标准段的中部均比扩大端区域要大。

（4）相比而言，实际采用的分层、分块开挖方案能更好利用基坑开挖的空间效应，利于基坑的变形控制。

本文只研究了空间效应，对时间效应很少提及，后续可以在二者结合上做些研究，得出更有益的结论。

参考文献

［1］ 黄强. 护坡桩空间受力简化计算方法 ［J］. 建筑技术，1989（6）：43-45
［2］ 杨雪强，刘祖德，何世秀. 论深基坑支护的空间效应 ［J］. 岩石力学与工程学报，1998，20（2）：74-78
［3］ Lee Fook-hou，Yong Kwet-yew，Kevin C. N. Quan. Effect of Corners in Strutted Excavations：Field Monitoring and Case Histories ［J］. Journal of Geotechnical and Geoenvironmental Engineering，1998，124（4）：339-349
［4］ 刘健航. 软土基坑工程中时空效应理论与实践 ［J］. 岩石力学与工程学报，1999，18（8）：763-770
［5］ 范益群，钟万勰，刘健航. 时空效应理论与软土基坑工程现代设计概念 ［J］. 清华大学学报（自然科学版），2000，40（S1）：49-53
［6］ 雷明峰，彭立敏，施成华等. 长大深基坑施工空间效应研究 ［J］. 岩土力学，2010，31（5）：1579-1596
［7］ 李育枢，谭建忠，高美奔，等. 成都地铁车站深基坑开挖变形的时空效应初步分析 ［J］. 四川建筑科学研究，2012，38（6）：118-121

［8］ 刘念武，龚晓南，俞峰，等. 内支撑结构基坑的空间效应及影响因素分析［J］. 岩土力学，2014，35（8）：2293-2306

［9］ 杨雪强，何世秀，余天庆. 加筋砂土作用在挡土墙上的土压力研究［J］. 岩土力学，1997，18（1）：25-34

［10］ 刘志祥，张海清. PLAXIS 高级应用教程［M］. 北京：机械工业出版社，2015

作者简介

穆保岗，男，1974 年生，河南邓州人，副教授，工学博士，主要从事岩土工程方面的研究工作。E-mail：mubaogang@seu. edu. cn。

THE STUDY ON SPATIAL EFFECTS OF PIT EXCAVATION BY STEPS IN LONG AND NARROW SUBWAY STATION

MU Bao-gang[1], GONG Xiang-yuan[2], TAO Jin[1], WANG Min[3]

(1. College of Civil Engineering, Southeast University, Nanjing 210096, Jiangsu;

2. China Railway Eryuan Engineering Group Co., Ltd, Hangzhou 310004, Zhejiang;

3. CCCC-SHEC Third Highway Engineering Co., Ltd, Xi'an 710016, Shanxi)

Abstract： In order to study the interaction effects of each part of supporting structure on stress and deformation, the spatial effect of pit excavation by steps needs to be considered. Based on a subway station of Foshan 2nd metro line of Guangdong province, theoretical analysis, field measurements and numerical simulations are implemented. According to the theoretical calculation of spatial effect coefficient, the reasonable block length of subway station foundation is determined; the spatial effect characteristics of foundation three-dimensional distribution in surface subsidence and horizontal displacement of underground diaphragm wall are measured and analyzed in the field; two different excavation methods of stratified integral excavation and stratified block excavation are simulated by software PLAXIS3D, the results of two methods are compared to demonstrate the spatial effect of subway station pit excavation, the conclusions may provide theoretical basis and guidance for similar station constructions.

Key words： Geotechnical engineering, long and narrow subway station, spatial effect

软土地区地铁车站纵向暗挖拓建施工技术探索

程子聪[1]，吴小建[1]，孙廉威[1,2]，王新新[1]

（1. 上海建工集团股份有限公司，上海　201114；2. 浙江大学建筑工程学院，浙江 杭州　310058）

摘　要： 针对目前国内大型城市地铁车站容量不足，运力已达瓶颈的问题，基于地铁车站提升承载能力、运能的需要，对软土地区中的地铁车站纵向暗挖扩容施工工艺及关键技术开展前瞻性探索。在传统管幕施工工艺的基础上，通过结合分级围护施工技术、微扰动管幕施工技术、"栅栏式"土体冻结技术和微扰动土体开挖技术，创新性地提出了一种适于软土地区既有地铁车站纵向暗挖拓建施工工艺，并对其中的关键技术展开了探索，为今后软土地区地铁车站纵向暗挖扩容提供了初步的探索和技术支撑。

关键词： 软土；地铁车站；暗挖；拓建

1　引言

随着近年来上海城市化加速、城市人口密度的不断加大，人口规模和交通需求迅猛发展，2016 年，上海地铁全路网日均客流量达到 928 万人次，占公共交通总客流的 50.73%，2017 年 4 月 28 日更是创下 1186.7 万人次的客流新高，工作日高峰时段，部分断面客流饱和度达 130%，对于人民广场等一些大型换乘站，客流密度超过每平方米 2.5 人。如何在一定的时间内疏导如此高的客流量，提升地铁运力是一种极其有效的方式，而改变现有地铁车辆编组配置，增加车厢数量可以显著的提升地铁运力。北京地铁八通线、深圳地铁龙华线通过将车辆编组由 4 节增加为 6 节，运能提升了 50%；上海地铁、天津地铁、广州地铁等也通过增加车厢数量来提升运能。以上以及很多国内城市在建设地铁车站的时候，对未来的扩编进行了预留，规划车站可以停靠 6 节或是 8 节编组（8 节编组为国内现阶段最长地铁车辆编组）的列车。因此在增加车辆编组提升运力的同时并不需要改拓建现有的车站结构。

但是对于上海、北京等特大型城市的干线地铁线路，8 节编组也已经不再能满足日益增长的客流需求，早在 2015 年，上海地铁 1、2 号线运力已经达到瓶颈，高峰期车站容量超出饱和，运力矛盾已非常突出，现阶段只能通过车站限流等措施来缓解大量的客流，因此对现有地铁车站进行纵向扩容将使得地铁编组再次扩充成为可能，将会显著地提升地铁运力，提高车站承载能力，应对日益增长的客流需求。

现阶段对于既有地铁车站拓建的研究并不多，姜忻良等[1]对天津地铁 1 号线既有线路车站新建与改造方案进行了分析，验算了区间隧道箱体在明挖拓宽改造后的内力和强度，提出了几种改造方案与新旧结构的连接方法，并进行了计算分析与比较。郑刚等[2,3]在姜忻良的研究基础上，进一步对天津地铁原车站进行延伸改造所涉及的开挖与支护问题展开了研究：通过二维有限元方法对控制箱体在开挖过程中的位移、改造完成并回填土后的沉降以及减少开挖改造对交通的影响进行了模拟和分析，并给出了一些建议；同时对新旧隧道结构交接处的差异沉降也进行了二维有限元分析，确立了控制差异沉降的高压旋喷加固地基方案。刘晓生[4]针对哈尔滨地铁既有人防改造工程，提出并介绍了人防既有车站改造为地铁车站的方案设计。高兴[5]针对天津地铁 1 号线既有线改建工程二纬路站和哈尔滨地铁 1 号线一期工程烟厂站两个既有车站的改造实例，提出了老地铁交通线路的改扩建多以"利用区间、重建车站"的指导原则。徐正良等[6]结合港汇广场地下室改造为上海市轨道交通 9 号线徐家汇枢纽站工程，重点研究了结构体系的转换与协调、改造施工的切割与加固、整体建筑的抗震与降噪等关键技术，为大面积利用既有地

基金项目：上海市科学技术委员会科研计划项目（16DZ1201600）

下空间改建成地铁车站所涉及的系列问题提出了完整的实施方案。杨德春等[7]针对苏州地铁1号线金鸡湖西站与周边现有商业及规划建筑实现对接改造工程，运用有限元的方法模拟分析了在改造过程中既有结构的附加应力和变位，为控制改造施工安全提出了结构构造措施和监测措施等合理化建议。

综合现有国内外研究现状，可以看出现阶段对于既有地铁车站拓建中纵向扩容方面的研究鲜有涉及。本文基于传统管幕施工工艺，结合静压钢管桩施工技术、土体加固技术、微扰动土体开挖等技术，探索性地提出了一种适用于软土地区地下水丰富区域地铁车站纵向暗挖拓建施工工艺，期望为今后软土地区地铁车站纵向暗挖扩容提供技术支撑。

2 工艺原理及流程

基于传统管幕方法施工工艺，采用静压钢管桩作为拟拓建车站区域两侧的第一级围护，通过土体冻结加固，分块开挖拓建区域地下一层土体并实施桩柱一体化施工形成地下一层内部支撑体系；继续施工静压桩作为地下二层围护，以MJS土体加固和临时加载作为微扰动措施，分层、分块拆除既有盾构隧道周边土体及管片，铺设预制底板，然后依次向上顺作地下结构，拆除临时支撑，最后完成地下车站拓建施工。

地铁车站纵向暗挖拓建施工工艺主要包括以下几部分内容：拟拓建车站区域两侧工作井施工、管幕施工、土体加固施工、拓建区域地下一层土方开挖及桩柱一体化施工、拓建区域地下二层土方开挖、底板铺设、结构回筑。具体拓建流程如图1所示。

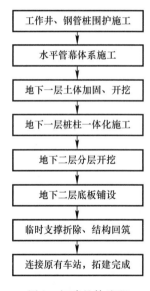

图1 拓建整体流程

3 施工关键技术

3.1 分级围护施工技术

为了降低围护施工对周边环境及居民生活的影响，提高施工效率，本工艺提出了一种快速分级围护施工技术，即分阶段施工静压钢管桩作为拓建车站围护结构。围护结构共分两级，第一级围护：即土方开挖前在拓建车站两侧施工钢管桩作为围护结构，该围护结构既作为工作井围护也作为未来拓建车站结构两侧的外墙；第二级围护：即在拓建区域地下一层分步开挖中，施工静压钢管桩作为拓建地下二层的围护结构，如图2所示。

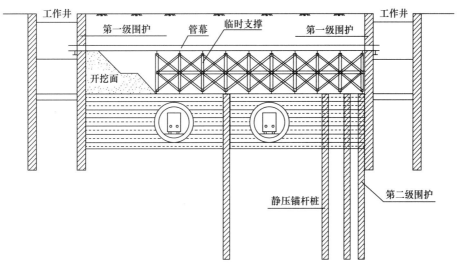

图 2 分级围护示意图（横断面）

快速分级围护施工技术通过将拓建车站部分围护分为地下一层围护和地下二层围护，大大降低前期围护施工工程量；实现了地下二层围护施工和地下一层土体开挖工序的并行开展，节约了施工工期；同时采用静压钢管桩作为围护体系，避免了传统打入桩带来的挤土效应和噪声污染，具有施工占地少、污染小等优点。虽然该技术比较新颖，但其施工子步骤均已在桩基施工中得到广泛应用，其打桩方法和一般静压钢管桩一致，而桩间处理类似常用的排桩桩间施工方法，因此整个施工工艺具备可操作性，施工难度低。

3.2 微扰动管幕施工技术

为降低车站拓建对上部土体和地表的影响，在本工艺中通过建立"L 型"水平管幕体系来承受上部土体荷载和局部侧向荷载，如图 3 所示。管幕通过采用微型顶管法顶进带有"子母"企口钢管而形成，并通过水平注浆进行止水处理。

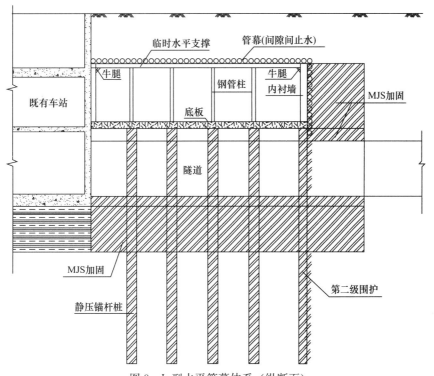

图 3 L 型水平管幕体系（纵断面）

为了降低开挖阶段管幕变形，在水平管幕下随土方开挖及时设置临时水平支撑，并通过设置牛腿支撑作为水平临时支撑与围护结构的连接节点，以此来增加围护结构与水平管幕之间的连接强度，从而达到控制整个水平管幕体系变形量，必要时还可采取钢管内灌注混凝土芯方法增加管幕刚度。

通过管幕施工降低对上部土体的影响在许多工程已有实用，上海金山铁路倪家一组平改立工程利用微型顶管技术在拟建的地下建筑物四周顶入钢管并注入防水材料而形成水密性地下空间，在此空间内进行地下建筑物修建，最终环境变形控制在2cm之内。大量使用案例证明了微扰动管幕施工技术成熟度较高，能满足现场环境保护要求。

3.3 "栅栏式"土体冻结加固技术

拓建区域土体卸载采用人工开挖方式，对于地下水丰富的软土地区，为了确保施工安全性，本工艺中采用使用冻结法对开挖土体预先进行加固。

考虑到全断面整体冻结体量过大，成本高，工艺中采用"栅栏式"冻结加固形式，如图4所示，冻结区域包括：（1）开挖土体上方1m范围内土体；（2）开挖土体下方1m范围内土体；（3）其余区域沿车站纵向拓建方向每5m冻结1.5m宽度土体。相比较一般全断面冻结形式，"栅栏式"土体冻结形式既能够利用四周冻土壁的固结强度确保方格内土体开挖施工安全，又可以最大程度上减少冻结量，降低开挖难度。

"栅栏式"冻结加固技术其原理和施工方法和普通全断面冻结法一致。作为软土地区常用土体加固方法，大量用于盾构进出洞、深基坑施工等。国内施工经验丰富，施工可靠性高。

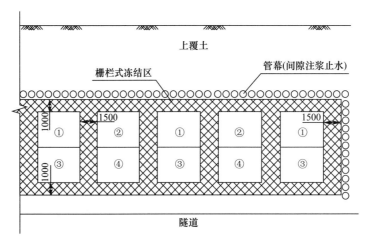

图4 "栅栏式"冻结加固（纵断面）

3.4 微扰动土体开挖技术

（1）地下一层土体分层跳挖施工技术

结合土体"栅栏式"冻结形式，先行开挖内部未冻结土体，并及时施作临时支撑体系；土体开挖采用小方格间隔跳挖形式开挖；若地下一层开挖土体高度大于4m，每个开挖方格内土体建议采用分层开挖。整个开挖流程如图4所示，即：先行开挖施工①号区域内未冻结土体，开挖至施工进尺深度约等于未冻结土体宽度2倍即8m左右时，可进行②号区域内未冻结土体的开挖施工，随后依次开挖③、④区域未冻结土体。采用分层间隔式跳挖可最大限度地降低土体大规模开挖对周边环境的影响，并充分利用冻土的固结强度起到一定的支撑作用。同时，考虑到软土地区土体特性，严格控制土体放坡开挖高度，开挖高度大于4m时拟采用两级放坡开挖，开挖坡度应不大于1∶1.5，留土平台应不小于2m。

（2）地下二层抗隆起开挖技术

为了尽量减少拓建车站地下二层土体开挖卸荷而导致的下方土体的隆起，本工艺中采用以下关键技术作为抗隆起施工措施：

1）静压锚杆桩

在地下一层开挖过程中，静压锚杆桩会逐步替换掉竖向临时支撑，在桩柱一体化施工完成连接顶部管幕后形成以临时钢管柱——静压锚杆桩为主的竖向临时支撑系统，如图5所示。在地下二层开挖过程中静压锚杆桩深埋于底板以下的部分一方面能加固隧道下方土体，另一方面也能达到抗拔桩的作用，将隧道下方土体的隆起力直接传递至拓建结构顶部管幕结构，有效控制土体隆起量。

2）分层分条开挖

对于拓建车站地下二层区域挖土采用放坡分层分条挖土，开挖步骤如下：

① 通过一层底板取土口分条开挖二层土体至隧道中心高度，在已开挖处安置混凝土块作为压重，如图5所示，然后拆除隧道管片；

② 待底部标准块之外的隧道衬砌管片拆除后，分条开挖至二层底板。

为了不影响地铁正常运营，每次施工进尺建议为1～2环，待开挖完成后，应及时铺设带轨道的预制混凝土底板，整个②步骤（包括铺设底板）应控制在四个小时之内。

3）MJS土体加固技术

为了提高隧道下方土体强度，降低土体开挖造成的地层应力损失及周边环境变形。本工艺中对隧道周边及下方的土体进行MJS改良加固，如图5所示。加固范围为拓建区域地下二层至隧道下方8m范围，在地下一层底板施工前，采用MJS旋喷设备进行垂直施工。MJS工法具有全方位施工特点，可以通过调节排泥量控制加固过程的地内压力，该工法在很大程度上解决了以往土体改良方法特别是旋喷工艺造成土体沉降及位移的影响程度，十分适合车站拓建低扰动要求。

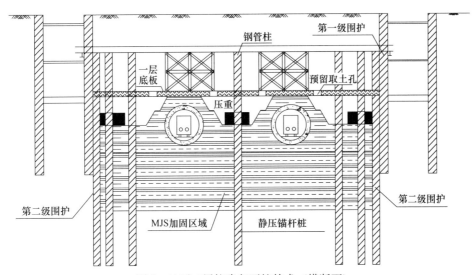

图5 地下二层抗隆起开挖技术（横断面）

在上海这类大型城市中心城区，在已有建筑近邻施工的工程案例已经屡见不鲜。上述微扰动技术已在大量实际工程中得到充分应用：2008年8月于上海轨道九号线徐家汇站施工中针对周边管线众多的不利施工环境，首次采用MJS注浆工艺进行土体加固，最终上水管变形小于7mm；上海外滩综合改造工程使用分层跳挖施工技术和分层分条挖土工艺进行通道施工，最终周边保护建筑变形量控制在1.7cm；而抗拔桩更是作为常用基坑抗浮措施在国内广泛使用。这些微扰动技术均通过大量工程实例验证，施工安全性和可靠性极高。

4 结论与展望

4.1 结论

（1）在传统管幕工法建设理论及施工经验的基础上，通过分级围护、对管幕下方土体的分层加固以及微扰动开挖，针对上海、杭州等地下水丰富的软土地区探索性地提出了一种适于软土地层地铁车站纵向暗挖拓建施工工艺。

（2）创新性地提出了分级围护施工技术，该技术大大降低前期围护施工工程量，实现了地下二层围护施工和地下一层土体开挖工序的并行开展，节约了施工工期，提高了施工效率。

（3）为了有效控制地铁车站拓建中土体开挖面的稳定，提出了"栅栏式"土体冻结加固结合压密注浆的施工技术，该技术在地下一层土体加固中采用"栅栏式"土体冻结法加固，地下二层采用MJS水平加固处理。

4.2　技术展望

虽然现阶段我国主要采用增加车辆编组以及新建地铁线路方法提升轨道交通运力，地铁车站的扩建也主要针对地上车站及高架车站，对地下已建车站的改扩建暂无实际工程。但在国外发达国家，如日本，通过暗挖工艺扩建地下地铁车站，从而实现增加车辆编组配置，达到提高地铁运能的方法已得到实际工程应用，正在建设过程中的日本东京地铁木场站改建工程就是该理念的真实应用例子。该工程的顺利开展也证明了纵向暗挖拓建施工技术是极具可行性的。

随着中国城市化进程的不断加快，大型中心城市人口密度不断增加，通过暗挖工艺，纵向拓建地下车站是一种极具发展前景的轨道交通运能发展方法。通过借鉴并结合管幕工法、静压钢管桩、土体冻结法等众多已有的成熟技术，提出的地下车站纵向暗挖拓建技术具有施工安全性高，环境影响低的优点，希望能为我国未来软土地区地铁车站的改拓建工程提供借鉴和技术支撑。

参考文献

[1] 姜忻良，郑刚，侯树民等. 天津地铁既有线路车站改造研究 [J]. 岩土力学，2002，23（4）：504-507.

[2] 郑刚，姜忻良，侯树民等. 天津地铁改造中车站箱体位移控制研究 [J]. 岩土力学，2002，23（6）：733-736.

[3] 郑刚，裴颖洁. 天津地铁既有线改造工程中的控制差异沉降研究 [J]. 岩土力学，2007，28（4）：728-732.

[4] 刘晓生. 哈尔滨地铁既有人防改造工程车站方案设计探讨 [J]. 铁道标准设计，2006（5）：63-65.

[5] 高兴. 地铁既有车站改建中的几个问题 [J]. 铁道工程学报，2006，23（5）：109-112.

[6] 徐正良，张中杰. 既有地下空间改造为地铁车站的关键技术研究 [C]. 城市轨道交通关键技术论坛暨地铁学术交流会，2010.

[7] 杨德春，刘建国. 对建成地铁车站结构改造设计与施工的数值模拟分析 [J]. 现代隧道技术，2012，49（3）：94-103.

作者简介

程子聪，男，1984年生，上海，高级工程师，硕士，主要从事基坑和隧道施工技术的研究。E-mail：chengzicong@ scgtc. com. cn，电话：13661471599，地址：上海市闵行区新骏环路700号。

EXPLORATION OF CONSTRUCTION TECHNOLOGY FOR LONGITUDINAL EXTENSION OF METRO STATION IN SOFT SOIL

CHENG Zi-cong[1], WU Xiao-jian[1], SUN Lian-wei[1,2], WANG Xin-xin[1]

(Shanghai Construction Group，Shanghai，201114，China College of Civil Engineering，Zhejiang University，Zhejiang，Hangzhou，310058)

Abstract：Aiming at the problem that the capacity of subway stations is insufficient and the capacity of subway stations has reached the bottleneck in large cities in China，a forward-looking and basic discussion on the longitudinal subsurface excavation expansion technology of subway stations in soft soil areas are carried out based on the need of improving the carrying capacity and transportation capability of subway stations. A longitudinal subsurface excavation expansion technology of metro station in soft soil is proposed innovatively based on traditional pipe roofing method through classify retaining construction technology，perturbation pipe-roofing construction technology，soil barrier freezing technology and perturbation soil excavation technology. It can provide preliminary exploration and technical support in the future.

Key words：soft soil，metro station，mining，extension

青岛地铁工程渗漏水处置关键技术

刘泉维[1]，马晨阳[2]

（1. 青岛地铁集团有限公司，山东 青岛 266000；2. 山东大学岩土与结构工程研究中心，
山东 济南 250061）

摘 要：青岛具有典型的岩土二元复合地层结构，地铁线路广泛穿越第四系砂土层、强风化花岗岩等不良地质体，地下水较为丰富，地铁建设深受涌水溃砂、裂隙涌水及衬砌渗漏水等水害威胁！在施工过程中，采用劈裂-压密注浆技术、模袋桩技术、钢花管注浆等技术，并将自动化实时监测技术应用到地铁隧道的开挖建设中，有效地治理富水砂层涌水流砂灾害。运用地质雷达及钻孔影像技术全方位探明了裂隙富水区域，在裂隙深部涌水点进行环形注浆，针对围岩裂隙采用径向群孔注浆，对浅层裂隙及初期支护背后实施充填注浆，针对难以根治的滴水点，使用环氧树脂进行针对性治理，有效地解决了地层裂隙水及衬砌渗漏水问题。

关键词：富水砂层；裂隙涌水；衬砌渗漏水；地下水；系统注浆堵水

1 引言

当今，城市地铁迅速发展，我国拥有地铁的城市数量已经超过了 26 个，地铁运营线路高达 3618km，其中在建地铁线路达到 4448km，据规划，到 2020 年我国地铁线路运营里程将高达 6000km，地铁已经进入大规模发展时期[1,2]。青岛地铁隧道在修建过程中，经常遇到第四系富水砂层。第四系富水砂层的地层介质的胶结强度较弱、自稳定能力较差，在地下隧道修建扰动下及地下水相互作用下极易在开挖过程中引起隧道塌方、突水溃砂等灾害事故，常常导致经济损失、人员伤亡与工期延误，甚至工程被迫停建。如：在建的青岛地铁灵山卫车站基坑东西长约 190m，深 22m 左右，开挖过程中揭露第四系富水砂层，由于地下水补给充分、地层稳定性极差，导致多次发生洞内塌方及溃砂等重大工程事故，随后洞内溃砂塌方发展至地表形成地面塌陷，严重地威胁着地表管线和周边建筑物的安全，工期延误超过 1 年，水害处置耗资巨大。

地铁穿越第四系富水砂层极易引发巨大工程事故。在穿越第四系富水砂层时，注浆法不失为优良改善地质条件的方法。注浆法的原理是将化学浆液或水泥浆液注入地层中，以改善该地层的物理力学性能，并起到抗渗加固的目的，由于该方法具有能够明显改善地层的地质条件、注浆材料成本低廉、施工效率相对其他方法较高、对地表及附近建筑物影响可控等优势，已迅速成为富水砂层治理的最有效方法。因此，注浆法在正确处理防治渗漏水灾害事故、安全穿越地层破碎带及富水砂层、有效避免地下工程灾害事故的发生、保障人民生命财产安全与保护生态环境等方面都具有极大的工程价值及科学意义[3]。

2 青岛地铁渗水原因分析

（1）车站侧墙出现裂缝，车站顶板出现裂缝导致的渗漏产生的原因主要有两方面。其一，混凝土在凝结固化过程中，不断反应固化，释放大量热量，在隧道内热量难以及时消散，加之隧道内湿度较大，在温差及潮湿场的影响下，混凝土发生收缩变形，出现不同程度不同位置的裂缝，尤其在应力集中处表

现明显。其二，地铁的基础位于较为软弱的地层上时，由于基础在各种作用力共同作用下出现不同程度的沉降，结构受到强迫变形，最终使得管壁出现裂缝，从而使局部管片出现自防水能力下降及丧失现象，从而出现大面积渗漏水情况。

（2）周围地质环境的影响也会造成不同程度的渗漏，如地下破碎带裂隙水、涌砂、断裂带等地质条件的影响也会造成螺栓孔、吊装孔及管片接缝出现大面积渗水。

（3）隧道内部止水结构出现缺陷也会造成大面积渗漏现象。例如结构缝中的遇水膨胀止水条还未来得及完全吸水膨胀，或者止水条带上的缓膨剂涂抹不均匀，局部发生破损现象，使得止水条带遇水局部提前膨胀，不能和管片形成有效的止水结构，造成管片环向及纵向渗漏水现象[4]。

3 青岛地铁开挖过程中涌水涌砂灾害发生客观条件分析

（1）砂土体分析：青岛地铁隧道揭露的第四系典型富水砂层主体由细砂层、粗砂层、黏性土层及饱和动态流砂层构成，而以上软弱砂层均位于青岛地铁隧道洞身上端，均不同程度上对隧道开挖面产生各种不良影响。

（2）地下水分析：青岛地铁隧道灵山卫区间段位于海水附近，该段地铁隧道地下水丰富，水源充足，主要富集在第四系富水基岩裂隙及富水松散砂层中。由于第四系富水松散砂层属于强透水砂层，以孔隙潜水为主，处于人工填土之下，而且分布不均，各含水层之间相互贯通，水源互相补充，水力联系密切，水量处于中等水平。

（3）渗流路径分析：地铁线路大多地处繁华地带，隧道经过饱和动态流砂层及富水砂层，由于砂层结构松散、无黏聚力、自稳能力较差、孔隙率较大，在开挖过程中极易引发地表塌陷，严重影响地面及管路安全。

解决地铁渗漏问题需要全面分析，应贯彻以堵为主，以排为辅，堵排结合，因地制宜，综合治理的原则。

4 典型渗漏水治理技术

4.1 富水砂层注浆加固的意义

（1）止水防渗

浆液通过注浆设备注入被加固地层，会在孔隙中滞留充填，驱赶走原始孔隙中的空气与水，继而固结硬化，截断导水通道，减少地下水的入渗量，降低工程现场的孔隙水压力，并显著降低砂土层孔隙率和渗透系数，提高了砂土介质抵抗渗透破坏的能力。

矿山巷道、竖井、隧道、地铁等地下工程建设时，可采用注浆防渗帷幕控制涌水或者防渗堵漏。坝体坝基的防渗堵漏、基坑周边渗水和基底涌水涌砂都可以采取注浆法处理。岩土工程实践中，在碳质页岩、泥岩、黏土等软黏土质岩石中进行隧道（井巷）开挖时经常遭遇岩溶含水等技术难题。由于软黏土质岩石具有层理构造和碎屑结构、稳定性能低、强度低的特点，尤其沿层理方向开凿巷道时，不仅爆破效果不好，而且容易产生冒顶、垮塌事故，给开挖和支护带来不利影响。在进行注浆工作中，通过选用合适的注浆材料进行注浆施工，可截断岩层内的水流，有效地降低岩土的渗透性。通过注浆施工还可以有效地控制地下水的渗流过程，减弱甚至避免岩土体部分渗透失稳现象，这对于提高岩土工程的抗渗性有着极其重要的意义。

（2）地层及地基加固

渗入地层的浆液形成凝胶后，可把骨架颗粒黏结在一起，充填骨架颗粒间的孔隙，提高砂土层的密实度；同时，浆液可通过与土体内某些元素物质的化合反应或离子交换过程，与砂土层共同形成致密坚硬的结石体，增加了砂土颗粒间的黏聚力，强化了浆-土结构体的整体性，从而显著提高了地层的强度和刚度。

注浆可用于地下工程开挖时防止基础或地面沉陷、掌子面塌方，隧洞、巷道、竖井围岩加固，开挖基坑时对附近已有构筑物的防护，挡土构筑物背后加固，滑坡地层加固，岩溶地层加固，流沙层加固等地层加固工程。另外，还广泛应用于各种地基加固，提高地基承载力，实现对建筑物沉陷地基的加固和抬升，以及桩底注浆加固、公路路基、铁路和机场跑道下沉的加固等。

4.2　富水砂层超前治理技术

注浆作为加固断层破碎带、富水砂层等软弱地层的有效手段，在地下工程中获得了广泛应用。在穿越第四系富水砂层时，注浆法不失为改善地质条件的有效方法。在注浆过程中，注浆管出口的浆液对四周地层施加了附加压应力，使土体产生剪切裂缝，而浆液则沿着裂缝从土体强度低的地方向强度高的地方劈裂，劈入土体中的浆体便形成了加固土体的网络或骨架。在青岛地铁的施工过程中，我们采用了如下三种劈裂加固新技术：

（1）劈裂-压密注浆技术：通过砂层的压密固结作用与浆脉骨架作用共同提高砂层的力学性能的一种注浆手法。在压密固结作用方面，被浆脉劈裂的地层在浆液压力作用下发生压缩变形，地层中砂土体被挤密，随着地层压缩变形量的增大，地层被压缩的难度不断增加，地层被压缩后颗粒与颗粒之间黏接更为紧密，抵抗破坏的能力显著提高，表现在地层黏聚力与内摩擦角的增加，地层被压缩后抗渗能力提高，表现为渗透系数的降低。在劈裂-压密注浆过程中，地层的压密性能及抗渗性能在不同程度上都得到提升，在浆脉骨架支撑与地层压密固结的协同作用下，地层整体性能得到显著提高。

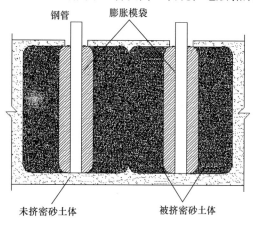

图1　模袋桩原理示意图

（2）模袋桩技术：为了进一步加强注浆效果，实施了模袋桩技术。模袋桩技术采用钻机造孔、模袋内架设钢管注浆工艺，形成将模袋桩沿拱顶开挖轮廓线布置，向膨胀模袋中注入速凝浆液，对隧道拱顶周围砂土体进行挤密加固，并起到管棚支撑作用。模袋桩挤压控制性灌浆使桩周及桩底淤泥硬化，形成复合结构共同体，解决桩体周围及其底部淤泥的硬化问题，充分发挥承载桩体及其淤泥硬化体的联合作用，提高承载能力，扩大工程应用范围。

（3）钢花管注浆技术：钢花管注浆是通过压力将水泥浆液注入岩土体中，水泥浆液在压力的作用下，挤密、充填、封闭岩层的孔隙和裂缝，并在凝结过程中与周围的松散岩土体颗粒产生物理及化学性质的改变。注浆完毕钢花管永久植入围岩内部，又对岩土体起到加筋锚固的作用。钢花管注浆技术，结合了注浆、加筋两种隧道围岩加固技术，增加了岩土体的密实度，使之形成一个受力整体，从而提高了隧道的防渗水能力，以及提高了围岩的抗滑抗剪能力，有效地改善了较软弱破碎、节理裂隙发育地层及富水饱和松散砂体的力学性能。钢花管注浆技术是结合了注浆、管棚两种砂层加固的技术，增加了砂土体的密实度，提高了砂土抗渗性、抗滑抗剪能力，有效地改善砂层力学性能。

青岛第四系典型富水砂层分布较为广泛，地铁隧道开挖掘进过程中不可避免地会穿越砂层地段。砂层地段地下水丰富，砂层胶结强度较低、稳定性极差，具有上软下硬的特点。而且富水砂层和饱和流砂层段呈现不连续、分布无规律的特点，所以造成隧道在采用矿山法开挖时极易发生涌水涌砂、隧洞变形及地面塌陷等灾难性后果。例如灵山卫车站基坑东西长约190m，深22m左右，地层主要为素填土、中粗砂、含黏性土砾砂，地下水丰富。车站开挖过程中，多次发生基坑侧壁涌水溃砂事故。为了顺利开挖，注浆钻孔设计为偏基坑内侧25cm，钻孔采用两序次，一序孔间距2.8m，二序孔内插一序孔检查补充注浆，注浆设计45m为一个循环，采用模袋注浆工艺，浆液以水泥水玻璃双液浆为主。采用以上注浆工艺治理后，基坑侧壁富水砂层得到有效加固，无渗漏水现象，保证了基坑安全开挖。在地表对注浆区进行取芯，芯样内有明显的贯穿浆脉，浆脉连续，砂层固结，基坑开挖，揭露侧壁浆脉明显[5]。

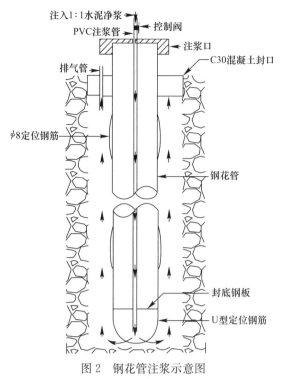

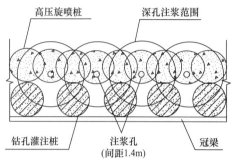

图 2　钢花管注浆示意图　　　　　　图 3　灵山卫车站注浆钻孔平面图

图 4　灵山卫基坑侧壁治理前渗漏水现象图　　　图 5　灵山卫基坑治理后侧壁干燥

　　灵黄区间隧道埋深约 11m，主要覆土层为杂填土、粉质黏土、中粗砂、含黏性土砾砂等，地下水丰富，开挖过程中掌子面多次发生严重涌水溃砂，上覆土层埋有多条热力、燃气管线。为了有效地治理涌水溃砂，注浆采用洞内上半断面帷幕注浆治理方案，采用四序次注浆，前三序孔对隧道拱顶以及开挖轮廓线周边进行加固，第四序孔对沙-岩界面及掌子面补强。注浆压力 1～1.5MPa；水灰比 1∶1，C∶S 为1∶1，扩散半径 0.8～1m。经系统注浆治理，砂层及粉质黏土层得到充分加固，稳定性显著提高，掌子面无渗水富水砂层涌水溃砂得到有效控制，保证了施工安全。

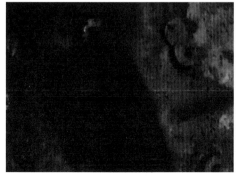

图 6　灵黄区间涌水涌砂现象图　　　　　图 7　灵黄区间治理后隧道掌子面效果图

4.3 裂隙水治理

在地下工程开挖过程中，往往会揭露地下破碎岩层，在地下水的影响下，伴随着严重的灾难性的裂隙突涌水问题，例如井嘉区间隧道治理区段内主要以Ⅳ级围岩为主，有少量Ⅲ级围岩区段。地勘资料显示，渗水揭露围岩主要位于微风化粗粒花岗岩中，穿越段节理裂隙较发育，同时该段地下水发育丰富，经水质分析，确定有海水补给。经初步分析，渗漏水主要为基岩裂隙水，且部分裂隙与上部海水联通，仰拱渗漏水主要由围岩裂隙或初期支护背后越流引起。

在施工中首先运用地质雷达及钻孔影像技术全方位对隧道进行了探测，探明了裂隙富水区域，明确了裂隙突涌水的补给方式及补给范围，判别出治理区域内出水点的分布情况以及出水量的大小。其次在治理区域深部涌水点进行环形注浆，封堵上游突涌水。依次从相对标高较高的地区向隧道标高较低的地区循环推进注浆作业。针对围岩裂隙采用径向群孔注浆的方案，在有效防止串浆的前提下，提高注浆效率。最后对浅层裂隙及初期支护背后实施充填注浆，有效地改善了初期支护附近的渗漏状况，明显地增强了初支的抗渗能力。最后，针对难以根治的滴水点，使用环氧树脂进行针对性治理。根据实践结果，实施深层裂隙截堵裂隙源头突涌水、依次循环推进治理浅层涌水，取得了较好的治理效果[6]。

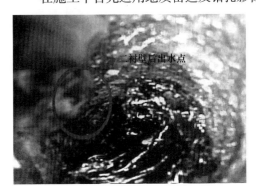

图8 钻孔成像显示出水层位图

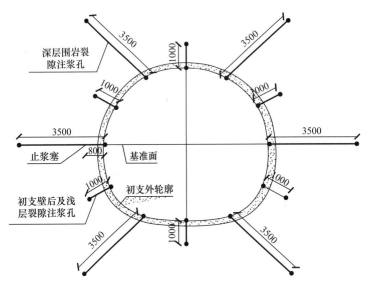

图9 注浆孔横断面图

4.4 衬砌渗漏水治理

嘉年华车站沿滨海大道东西走向布置，地处青岛市黄岛区滨海大道东侧。嘉年华车站所在位置的地势平坦，车站隧道顶板覆土约2.3～3.6m。车站形式设计为地下两层岛式车站，站台宽13m，车站全长200.7m，有效站台长80m，共设三个出入口。嘉年华车站开挖深度范围内，地层从上至下主要为杂填土、含淤泥质中粗砂、粉质黏土、含黏性土粗砾砂、强风化、中风化和微风化角砾凝灰岩。最上层的杂填土层土质松散，胶结性能、自稳定性能较差。在工程地质较差的地段，锚索及衬

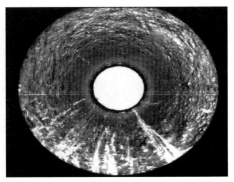

图10 治理后钻孔影像图

砌施工完毕后隧道内出现大面积渗漏水，施工缝及管片连接处出现严重的渗漏现象，严重影响后续施工工序。

针对渗漏水现状总体策略如下：

（1）采用钻孔在渗水部位打孔，使用钻孔电视对钻孔进行高清摄像，寻找出水点，插入注浆管，在出水点处定点封堵渗漏水；

（2）为确定渗漏水地区的裂隙发育程度，对注浆孔进行压水试验，明确渗水点的渗透性，合理地确定了注浆量，并起到清洗钻孔的作用；

（3）通过观察周边跑浆情况，分析地层含导水构造发育及空间展布特征。采用单孔注浆，保证注浆效果，防止出现大量跑浆现象；如若出现轻微跑浆情况，在水泥浆内掺入一定量的锯末，继续注浆，使浆液集中在围岩附近，提高浆液的注入率和减少对隧道环境污染，并且对集中跑浆点及时采用环氧树脂封堵。如果依旧难以处理跑浆现象，使用水泥水玻璃浆液，并根据实际情况动态调整注浆配比；

（4）根据地层情况及现场实际情况调整注浆压力，注浆压力范围一般为 0.5～1.5MPa。在深层围岩裂隙和初期支护背后及浅层裂隙注浆结束后，对于还未能治理的出水区域，采用超细水泥注浆；如若超细水泥仍不能封堵，则采用环氧树脂进行封堵。

在每环注浆结束后，都使用数字钻孔电视摄像检测孔内裂隙注浆量充填状况，进行注浆效果检测。经检测裂隙内充满浆液，且隧道洞室基本无水，隧道洞壁干燥，保证施工正常运营。

图 11　治理前衬砌渗漏水现象

图 12　治理后效果图

5　结论

（1）在穿越第四系富水砂层时，注浆法不失为改善地质条件的有效方法。在青岛地铁的施工过程中，我们采用了如下三种劈裂加固新技术并取得了明显的治理效果：劈裂-压密注浆技术、模袋桩技术、钢花管注浆技术，并将自动化实时监测技术应用到地铁隧道的开挖建设中，很大程度上提高了地铁隧道运营的安全性。

（2）在井嘉区间隧道施工区间，运用地质雷达及钻孔影像技术全方位探明了裂隙富水区域，明确了裂隙突涌水的补给方式及补给范围。在裂隙深部涌水点进行环形注浆，封堵上游突涌水，针对围岩裂隙采用径向群孔注浆的方案。对浅层裂隙及初期支护背后实施充填注浆，增强了初期支护的抗渗能力。针对难以根治的滴水点，使用环氧树脂进行针对性治理。根据实践结果，实施深层裂隙截堵裂隙源头突涌水、依次循环推进治理浅层涌水，综合治理围岩的裂隙涌水，取得了较好的治理效果。

（3）针对嘉年华车站衬砌渗漏水治理，使用钻孔电视对钻孔进行高清摄像，寻找出水点，对注浆孔进行压水试验，合理的确定注浆量，并采用多材料复合应用注浆治理技术，充分发挥各类注浆材料特性，保证砂层注浆效果，使用数字钻孔电视摄像检测孔内裂隙注浆量充填状况，进行注浆效果检测。经检测裂隙内充满浆液，且隧道洞室基本无水，隧道洞壁干燥，达到了良好的注浆封堵涌水的效果，保证施工正常运营。

参考文献

[1] 钱七虎，戎晓力. 中国地下工程安全风险管理的现状、问题及相关建议 [J]. 岩石力学与工程学报，2008，27（4）：649-655.

[2] 崔玖江，崔晓青. 隧道与地下工程注浆技术 [M]. 中国建筑工业出版社，2011.

[3] 张连震. 地铁穿越砂层注浆扩散与加固机理及工程应用 [D]. 山东大学，2017.

[4] 张亚果. 裂隙岩体注浆技术在青岛地铁中的应用 [J]. 现代隧道技术，2017，54（05）：224-228.

[5] 商海星，陆海军，李继祥，刘肖凡，宗正阳. 裂隙岩体注浆结石体收缩变形与抗剪强度 [J]. 科学技术与工程，2016，16（36）：231-235.

[6] 郭栋. 隧道裂隙岩体注浆加固机理及其应用研究 [J]. 建筑技术开发，2015，42（05）：48-52.

作者简介

刘泉维，男，1977 年生，山东莱芜人，博士，主要从事地下工程破裂岩体注浆加固机理及应用研究工作。E-mail：598552631@qq.com，联系电话：18660280968，地址：山东省青岛市市北区常宁路 6 号，266000。

KEY TECHNOLOGY OF SEEPAGE AND LEAKAGE DISPOSAL IN QINGDAO METRO PROJECT

LIU Weiquan[1]，MA Chenyang[2]

（1. Qingdao West Coast Rail Transportation Co.，Ltd.，Shandong，266000，China

2. Geotechnical and Structural Engineering Research Center，Shandong University，Ji'nan，Shandong 250061，China）

Abstract：Qingdao has a typical dual stratigraphic structure of soil and rock. The subway line passes through the fourth series sand and soil layer，strong weathering granite and other bad geological bodies. Groundwater is abundant and subway construction is threatened by water hazards such as sand erosion，water bursting in cracks and seepage in lining. In the construction process，the technology of split compaction grouting is adopted，such as die bag pile technology，steel tube grouting technology，etc.，and the technology of automatic real-time monitoring is applied to the excavation construction of subway tunnel. Effective control of water-rich sand-bearing sand-bearing sand disaster. The water-rich area of fissures was found by using geological radar and borehole imaging technology. Using geological radar and all-round exploration borehole imaging techniques，at deep fissure water ring grouting，in view of the surrounding rock fracture by the radial hole grouting，the shallow fissure filling grouting behind and initial support，in view of the drop point is difficult to cure，using epoxy resin for targeted treatment，and effectively solve the ground fissure water water leakage，lining fissure water rich area.

Key words：Water rich sand layer；Fractured water；Lining leakage；Groundwater；System grouting and water shutoff

长短桩组合围护结构工作特性的模型试验和数值研究

丁海滨[1]，许海明[2]，徐长节[1,3]，杨仲轩[3]

(1. 华东交通大学，江西 南昌　330013；2. 浙江大学新宇集团，浙江 杭州　310058；

3. 浙江大学滨海和城市岩土工程研究中心，浙江 杭州　310058)

摘　要：利用室内模型试验，对一长一短、一长两短和一长三短三种长短桩组合围护结构的工作特性进行了研究，并采用 ABAQUS 有限元软件对此三种试验工况进行了数值模拟，验证了数值模拟的准确性。随后，采用数值模拟扩展研究了长桩长度不变、短桩长度不同时，长短桩弯矩及桩体深层水平位移变化规律。结果表明：长桩所分担的弯矩大于短桩，短桩配比越多，桩身弯矩值越大；不同长短桩组合形式对坑底以上位移有一定的影响，对坑底以下几乎无影响；减小短桩长度会增加长短桩弯矩和位移，但其控制弯矩（围护桩最大弯矩）增长率小于基坑面以下弯矩增长率。对于长短桩组合围护结构，建议在满足规范要求的前提下可通过适当减小短桩长度，增加短桩配比，以降低工程造价。

关键词：长短桩；基坑；室内模型试验；数值模拟

1　引言

　　基坑支护是当前岩土工程领域中一个备受关注的问题，具有技术复杂、综合性强的特点。目前基坑围护设计中常用的设计方法有：围护桩、地下连续墙、放坡、土钉墙等。但由于地下连续墙造价高、工期长，而放坡和土钉墙围护只适用于土质较好、挖深较浅的情况。排桩围护结构由于其适用性强，且造价相对较低，因此，在基坑围护结构设计中使用得较为广泛。但在工程中其通常按等长桩布置，等长围护桩由于没有充分利用土质条件和桩土共同作用的原理，在一定程度上造成了工程浪费[1]。随着长短桩组合结构在地基处理[2-4]和桩基[5,6]中的成熟应用，已有学者将长短桩组合结构应用至基坑围护结构设计中。李竹[7]等进行了室内模型试验，研究了基坑开挖过程中悬臂长短桩组合围护结构的力学特性，其结果表明：长短桩组合围护结构中，当短桩具有一定的插入深度时，在单点水平支撑条件下，长短桩组合与等长桩的水平位移相近，但长桩比短桩分担更多的弯矩。成守泽[8]研究了不同嵌固深度和不同桩间距组合情况下，短桩桩长变化对坑底隆起、围护结构变形及地表变形的影响。Xu 等[9]结合实际工程，采用数值模拟方法讨论了软土地区长短桩支护体系中短桩长度和长桩数与短桩数的比值对桩身水平变形、弯矩的影响，得出了可行的长短桩组合形式。Shen 等[10]基于室内模型试验和 FLAC3D 有限元研究了双排长短桩和全长双排桩的土压力和两者承载能力的差异，分析了土体抗剪强度和双排桩布置对长短桩承载力的影响。以往针对长短桩组合围护结构的研究主要采用数值模拟的手段，虽有相关的模型试验，但也只是讨论了一种长短桩组合形式，或只是对悬臂式基坑进行了研究。目前，关于不同长短桩组合形式下且带水平内支撑的长短桩组合围护结构工作特性的室内模型试验研究鲜有报道。

　　为此，本文针对设有水平内支撑时不同长短桩组合形式的长短桩组合围护结构进行了室内模型试验，对基坑开挖时长短桩的力学特性进行了研究。随后，采用 ABAQUS 对本模型试验进行数值模拟，将计算结果与试验结果对比，以验证数值模拟的正确性，随后将其推广至其他工况，进一步系统地分析基坑开挖时，长短桩组合围护结构受力变形机制。

基金项目：基础工程及土动力学（2002017065），国家重点基础研究发展计划（973 计划）（2015CB057801），国家自然科学基金项目（51238009，51338009）

2 试验方案

2.1 试验设备与材料

（1）试验模型

试验整体模型如图 1 所示，模型箱为 174cm×174cm×120cm（长×宽×高），其四周采用厚度为 1.2cm 的钢化玻璃以便于观察土体及桩身变形，模型箱底面为钢板，其厚度为 1.2cm。试验时在模型箱四周均匀涂抹凡士林以减小试验用砂与模型箱之间的摩擦力对试验结果的影响。

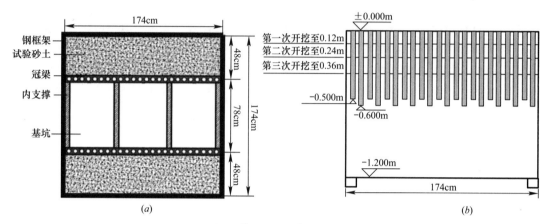

图 1 模型试验整体示意图

（a）平面图；（b）立面图

（2）模型桩及试验用砂

模型试验桩采用直径为 4cm 的尼龙棒，试验中分别选取 60cm 和 50cm 的尼龙棒来模拟长桩和短桩。桩身上画上刻度，便于粘贴应变片。应变片粘贴位置示意图及实物图如图 2 所示。基坑两侧等间距布置 24 根模型桩，桩间距 2.5cm。试验前测得尼龙棒弹性模量为 2272MPa，泊松比为 0.23，密度为 2.2g/cm³。本次试验用砂为赣江中采集的河砂，测得其弹性模量为 68MPa，内摩擦角 32°，泊松比 0.25，密度 1.87 g/cm³。

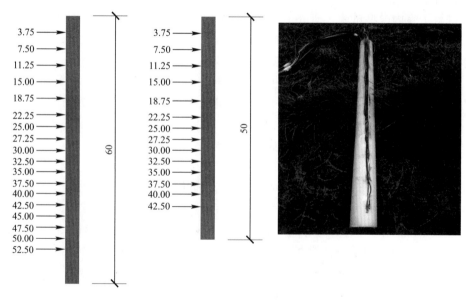

图 2 长短模型桩及测点示意图

（3）冠梁及内支撑

桩顶冠梁采用 174cm×4.5cm×3cm（长×宽×高）的木质板加工而成，在预设桩位处开孔。内支撑采用 72cm×0.2cm×3cm（长×宽×高），其材质与冠梁相同。冠梁与试验桩实体图如图 3 所示。

图 3　排桩围护结构实体图

2.2　试验工况

模型桩桩径为 4cm，用其模拟直径 0.8m 的围护桩，其几何相似比为 1/20。模型桩顶部采用冠梁紧密连接，以使桩顶产生协调变形。此次试验长短桩组合分为一长一短、一长两短和一长三短三种试验工况，如图 4 所示，图中虚线区域为试验过程中的观测桩。试验中土体分三层开挖，每次开挖 0.12m，如图 1（b）所示。

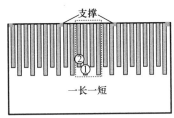 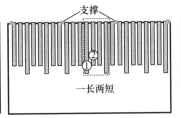 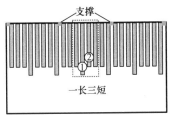

图 4　长短桩试验工况

2.3　试验过程

此次试验分三次开挖至坑底，每次开挖结束待基坑稳定后，记录围护桩的变形。具体试验过程如下：①模型箱外侧标记好长度刻度；②向模型箱中均匀填入砂土 0.6m；③将贴有应变片的模型桩放置预设位置，其顶部采用冠梁固定；④桩顶水平方向等间距布置四道支撑；⑤采用柔性布料包裹长短桩围护结构外侧，防止开挖时基坑外侧土流入基坑中；⑥继续向模型槽中分层填入松散砂；⑦压实松砂，重复步骤⑥直至砂土填至与冠梁平齐；⑧基坑第一层开挖，开挖深度 0.12m，待模型桩变形稳定后，记录其应变；⑨重复步骤⑧继续开挖第二层、第三层土体。

3　试验结果与分析

为研究不同长短桩组合情况下，基坑开挖过程对长短桩组合围护结构受力的影响，本试验选取一长一短、一长两短和一长三短，三种情况进行了室内模型试验。图 5 为基坑开挖过程桩身弯矩随桩深分布曲线（取图 4 中所测弯矩平均值）。

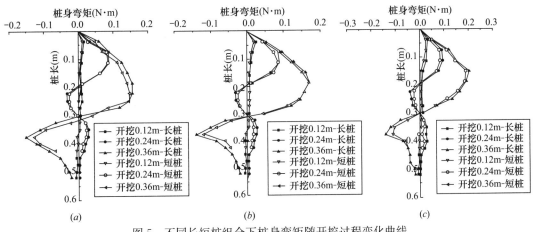

图 5　不同长短桩组合下桩身弯矩随开挖过程变化曲线

（a）一长一短；（b）一长两短；（c）一长三短

图 5 为室内模型试验中不同长短桩组合情况下，桩身弯矩随基坑开挖过程的变化曲线。由图可知，随着基坑开挖深度的增加，桩身弯矩逐渐增大。对比图 5 中三幅图可知，不同长短桩组合下，长桩弯矩值都略大于短桩弯矩值，且弯矩最大值出现在基坑开挖面附近。

为更加直观地表示不同长短桩组合下，桩身弯矩对比关系，将基坑开挖至 0.36cm 时，三种组合形式下的长短桩弯矩值绘制于图 6。由图可知，由一长一短变化至一长三短时，桩身最大弯矩值逐渐增加，且最大变化率出现在基坑面以上，如：一长一短时，长桩及短桩最大弯矩值分别为 0.154N·m，0.146N·m，而一长三短时，长桩及短桩最大弯矩值变为 0.202N·m，0.189N·m，长桩和短桩最大弯矩增长率分别为 31.2% 和 29.5%。由此可知，由一长一短变化至一长三短时，长桩弯矩增长率大于短桩。

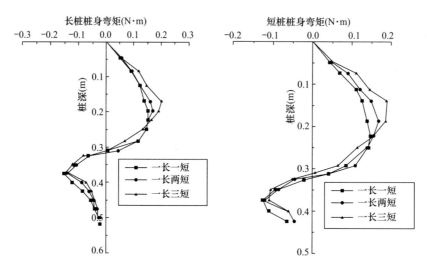

图 6　不同长短桩组合下桩身弯矩对比曲线

综上所述，长短桩组合围护结构基坑支护系统中，长桩比短桩所分担的弯矩更多，且短桩配比越多，长桩和短桩所承担的弯矩更大。

4　数值模拟及扩展

室内模型试验虽然能够较好地反映基坑开挖过程中围护桩的内力及变形规律，但由于其实施起来较为繁琐，受外界因素影响较大等因素，而很难采用室内试验模拟所有工况。除此之外，室内模型试验很难观测到围护桩的深层水平位移和坑底隆起等情况。为此，本文采用 ABAQUS 软件对本次室内模型试验进行模拟并将其推广至其他工况。

土体物理力学参数						表 1
物理参数	P（kg/m³）	泊松比 ν	体积对数 λ	体积模量 κ	应力比 M	e_0
试验砂	1870	0.25	0.0887	0.0045	1.25	1.362

有限元模型尺寸为 174cm×174cm×120cm（长×宽×高），土体采用实体单元模拟，本构采用修正剑桥模型，计算参数可由 1.1 节中试验参数计算及参考相关文献得出[19]，具体参数见表 1。土体四周约束其法向位移，底面约束其竖向及水平位移。长短桩和冠梁采用弹性体模拟，桩与土体之间为摩擦接触，摩擦系数为 0.25。支撑结构采用梁单元模拟。一长两短有限元模型图（其他工况类似）如图 7 所示。

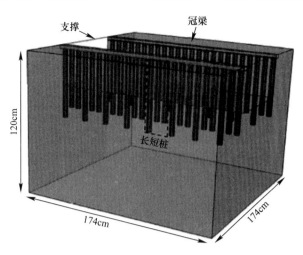

图 7　一长两短计算模型图

4.1　计算值与实测值对比

本文采用 ABAQUS 有限元软件对本文试验进行模拟，为说明数值模拟的准确性，将数值计算所得不同长短桩组合下长短桩弯矩值与相应试验结果进行对比，其对比曲线如图 8 所示。

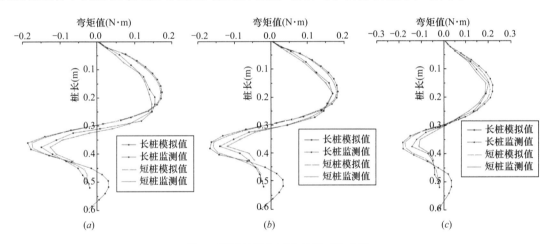

图 8　模拟结果与试验结果对比曲线

(a) 一长一短；(b) 一长两短；(c) 一长三短

由图 8 可知，一长一短时基坑底部长、短桩最大弯矩实测值分别为 -0.152N·m，-0.126N·m，数值模拟最大弯矩值分别为 -0.186N·m，-0.175N·m，除此处外，其他情况数值结果与实测结果更为接近，且数值模拟和实测弯矩分布特征基本一致，说明本次数值模拟的准确性。

4.2　桩体深层水平位移及坑底隆起

图 9、图 10 分别为基坑开挖结束时，一长二短组合下长短桩位移云图和三种组合工况下深层水平位移变化曲线（图 9 云图为图 4 中一长两短虚线内四根桩，图 10 曲线对应图 4 中的①号和②号桩）。由图 9 可知，长短桩位移最大处出现在基坑面以上，由图 10 可知，不同组合下桩体深层水平位移变化规律基本一致，一长三短时桩体深层水平位移最大，长桩桩顶最大位移为 0.22mm，短桩桩顶最大位移为 0.23mm，且桩体水平位移主要发生在坑底以上，相对于一长一短，一长三短情况下长桩和短桩桩顶位移增长率分别为 36.4％和 40.5％，坑底以下桩体深层水平位移几乎无变化。由此可知，不同长短桩组合围护结构对坑底以上桩身深层水平位移影响较大，对坑底以下几乎无影响，而不同组合方式下长桩和短桩相互间的位移差别不大，这是由于冠梁的作用，而使得相邻围护桩产生协调变形。

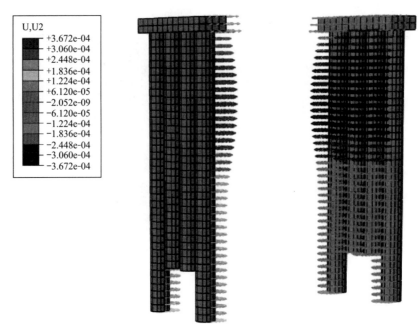

图9　一长两短桩身向基坑侧位移云图

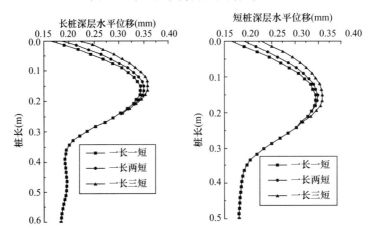

图10　长短桩深层水平位移变化曲线

4.3　短桩长度对计算结果的影响

为充分分析短桩长度对长短桩组合围护结构内力及变形的影响，本文分别选取一长两短时，短桩长为0.5m、0.48m及0.45m三种情况进行对比分析。

由图11可知，短桩长度对长短桩弯矩影响较为显著，桩身弯矩变化最大处主要发生在基坑底以下，且长桩弯矩大于短桩弯矩，基坑面以上弯矩值大于基坑面以下弯矩值。短桩长为0.5m情况下，基坑面以上长桩和短桩最大弯矩分别为0.183N·m和0.175N·m；短桩长0.45m时，对应长桩和短桩弯矩变为0.201N·m和0.184N·m，由此可得，长桩及短桩增长率为9.8%和5.1%。与此相对应基坑面以下短桩长度为0.5m和0.45m时，长短桩弯矩增长率分别为25.3%和11.5%。由此说明，对于长短桩组合围护结构，减小短桩长度会在一定程度上增加长短桩弯矩，基坑面以下长短桩弯矩值增长率大于基坑面以上。

图12为短桩长度为0.50m、0.48m和0.45m三种情况下，长桩及短桩深层水平位移变化曲线。由图可知，短桩长度对桩体深层水平位移有一定的影响，且对基坑以上的影响大于基坑以下，短桩长度越小，长桩与短桩的位移值越大。除此之外，不同短桩长度下，长桩及短桩的深层水平位移值相差不大，且变化规律大致相同。

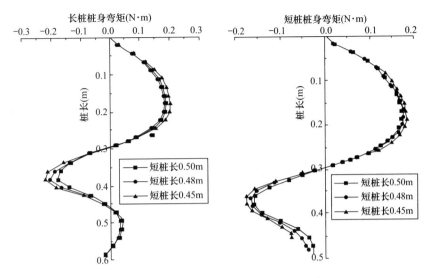

图 11　短桩长度不同时桩身弯矩变化曲线

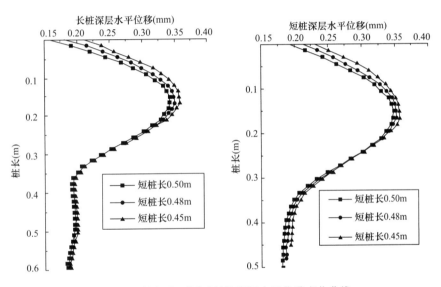

图 12　短桩长度不同时桩体深层水平位移变化曲线

综上所述，长短桩组合围护结构中，减小短桩长度在一定程度上会增加桩体弯矩和其深层水平位移，其中，长桩所承担的弯矩大于短桩，且基坑面以上弯矩值大于基坑面以下，除此之外，减小短桩长度时基坑面以上弯矩增长率小于基坑面以下。基坑围护结构设计中通常将基坑面以上最大弯矩作为控制弯矩进行通长配筋，因此采用合适形式的长短桩围护结构，在控制弯矩增大幅度不大前提下，应充分发挥桩身其他位置，尤其是坑底以下桩身的抗弯潜力。因此，长短桩组合围护结构设计中，在满足规范要求的内力及变形情况下（对桩身最大弯矩和变形进行控制），可在一定程度上减小短桩长度、增加短桩的配比以节约工程造价。

5　结论

对一长一短、一长两短和一长三短三种长短桩组合围护结构进行了室内模型试验，并采用ABAQUS有限元软件模拟了三种试验，验证了数值模拟的准确性。随后，采用数值模拟研究了长桩长度不变，短桩长度不同时，长短桩弯矩及位移变化曲线，得出如下结论：

长短桩组合围护结构中，长桩比短桩所分担的弯矩更多，且短桩配比越多，长桩和短桩所承担的弯矩更大。

不同长短桩组合对坑底以上桩身深层水平位移影响较大，对坑底以下几乎无影响，而对不同组合方式下长桩和短桩相互间的位移变化不大。

长短桩组合围护结构中，减小短桩长度会在一定程度上增加长短桩弯矩和深层水平位移，且弯矩增长率最大处发生在基坑面以下，而基坑设计时所采用的控制弯矩（围护桩最大弯矩）增长率并不大，因此，建议在桩身控制弯矩及变形满足规范的前提下，可适当减小短桩长度、增加短桩配比，以降低工程造价。

本文的研究针对具体的室内模型开展，其适用范围有一定的局限性。对于实际工程，具体长短桩围护结构的选型建议进行数值模拟后选定。

参考文献

[1] Chen L T, Poulos H G. Behavior of pile subject to excavation-induced soil movement. discussion and closure [J]. Environmental Health Perspectives, 2002, 123 (12): 279-280.

[2] 林志强，黄伟达，姜彦彬，等. 长短桩复合地基工程事故原因分析与预防措施 [J]. 岩土工程学报，2017，39 (1): 185-191.

[3] 娄炎，何宁，娄斌. 长短桩复合地基中的土拱效应及分析 [J]. 岩土工程学报，2011，33 (1): 77-80.

[4] Qian S B, Zhang L H. Research of Deformation Characteristics of Long-Short Pile Composite Foundation under Rigid Foundation [J]. Applied Mechanics & Materials, 2014, 638-640: 694-698.

[5] 朱小军，杨敏，杨桦，等. 长短桩组合桩基础模型试验及承载性能分析 [J]. 岩土工程学报，2007，29 (4): 580-586.

[6] 陈亚东，陈思，于艳. 长短桩组合桩基宏细观工作性状研究 [J]. 地下空间与工程学报，2015，11 (3): 700-705.

[7] 李竹，郑刚，王海旭. 带水平支撑长短桩组合排桩工作性状模型试验研究 [J]. 岩土工程学报，2010 (s1): 440-446.

[8] 成守泽. 长短桩组合围护结构工作机理研究 [D]. 浙江大学，2013.

[9] Xu C, Xu Y, Sun H. Application of long-short pile retaining system in braced excavation [J]. International Journal of Civil Engineering, 2015, 13 (2): 81-89.

[10] Shen Y, Yu Y, Ma F, et al. Earth pressure evolution of the double-row long-short stabilizing pile system [J]. Environmental Earth Sciences, 2017, 76 (16): 586.

作者简介

丁海滨，男，1991 年生，江西鄱阳，博士研究生。E-mail: dinghaibinecjtu@163.com。

MODEL TESTING AND NUMERICAL STUDY ON MECHANISM OF LONG-SHORT COMBINED RETAINING PILES

Ding Hai-bin[1], Xu Hai-ming[2], Xu Chang-jie[1,3], Yang Zhong-xuan[3]
(1. East China JiaoTong University, Jiangxi Nanchang, 330013, China; 2. Sinew Group Co., Ltd., Zhejiang University, Zhejiang Hangzhou 310058, China; 3. Research Center of Coastal and Urban Geotechnical Engineering, Zhejiang University, Zhejiang Hangzhou 310058, China)

Abstract: The mechanism of three kinds of long and short combined retaining piles including long-short, long-double-short and long-triple-short combined piles are studied by laboratory model testing. The corresponding numerical models are also implemented using ABAQUS, and the numerical simulations are verified by comparing with the testing results. Subsequently，the bending moment and depth of horizontal displacements of different pile combinations，with variable short piles in length by keeping the length of long pile unchanged，are investigated numerically. From the results，the moments the long piles undertook larger than that undertook by short piles，and it even larger for the combination higher percentage of short piles. In addition，it is found that the combination styles have significant influence on the piles displacement above the pit bottom while neglected influence on that beneath the pit bottom. The bending moment and displacement of the piles tend to increase by decreasing the length of short piles，while，the increasing rate of control moment is less than that of piles moment beneath the pit bottom. For economical consideration，the length of short piles can be reduced as well as increasing the number of short piles under the premise of satisfying specific technical specification.

Key words：long-short piles，pit，laboratory model test，numerical simulation

盾构施工引起地层位移的时空发展规律及控制技术研究与应用

张晋勋[1]，江华[2]，程晋国[2]，周刘刚[1]，武福美[1]，曲行通[2]

（1. 北京城建集团有限责任公司，北京　100088；2. 中国矿业大学（北京）力学与建筑工程学院，北京　100083）

摘　要： 城市地铁盾构交叉穿越施工必然带来深层位移难测、位移规律难辨、穿越风险难控等难题。为解决上述难题开展系列研究，取得如下成果：提出了盾构掘进引起土质地层深层位移的测试方法，研发了高精度、高频率、低扰动地层不同深度位移测试系统；阐明了地层横、纵、竖各位移分量中竖向位移为主控分量，揭示了地层竖向位移"横三区、竖两层、纵向五阶段"的分布特征；提出了盾构施工引起地层位移的"分层、分级、分阶段"控制方法，研发了基于盾构开挖间隙填注的新型材料。研究结果为盾构施工引起地层位移的发展及控制提供了重要依据。

关键词： 地层位移测试系统；位移发展及分布；主控位移分量；分级控制体系设计；新型注浆材料

1　引言

盾构隧道施工技术为城市地下空间的开发利用提供巨大便利，与传统的浅埋暗挖法（或钻爆法）相比，盾构法具有机械化程度高、掘进速度快、开挖扰动小等特点。国内外既有文献中对盾构施工引起的位移测试及分布特征也有相关研究[1-4]，基于理论分析和数值模拟推导较多地表位移的预测公式[5-7]，以及通过现场实测来研究地表位移规律[8-10]，但是对于盾构引起的地层分层位移测试、地层位移时空分布特征、地层位移控制技术等领域的研究仍存在以下不足：

（1）地层深层位移难测：常见的多点位移计多用于岩石大坝、地基沉降等测试，而土层同一钻孔很难布置多个测点，布设难度高，误差大，基准点难确定，对于城市土层测试适应性差。

（2）位移发展规律难辨：目前对地表沉降研究较细，而对地层深层位移的实时分布形态及传播规律等研究较少，从而对指导近接施工的安全间距确定等问题尚未开展系统研究。

（3）穿越施工风险难控：目前多以地层加固、风险隔离等为主，风险控制手段单一，对于开挖间隙尚无有效的注浆材料及工艺进行有效充填，未能形成技术体系和标准。

为解决上述技术难题，基于"以测试揭规律、以规律提方法、以方法避风险"的总体研究思路，通过研发一套地层位移测试系统以解决城市土质地层位移测试难度大、精度低的难题，并在北京地铁14号线方庄站至十里河站盾构区间成功应用，进而揭示地层竖向位移的分布特征，提出盾构施工引起的地层位移控制原理和方法。

2　工程原位测试试验

2.1　工程背景及测点布置

原位测试试验选在北京地铁14号线方庄站至十里河站盾构区间待开发地块内，地面为绿地，测试场地四周有围墙，受外界因素影响小，测试试验场地地层均一，主要为粉土、粉质黏土。共设置A、B、C三个测试断面，相邻2个断面间隔26环，即31.2m，三个断面的测点布置情况一致，以A断面为例，

a10～a50 为地表测点，a14～a54 为地层内部测点，埋深依次为 1.3m，4.3m，7.8m，9.3m（距隧道拱顶距离依次为 9m，6m，2.5m，1m），隧道拱顶埋深 10.3m。地表及地层内部测点投影到 A 断面上的剖面图和平面图如图 1 所示。

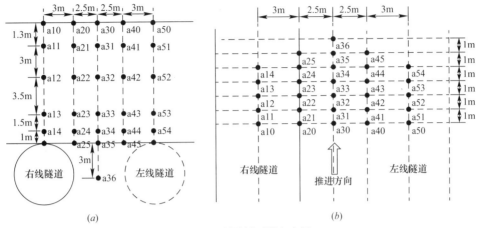

图 1　A 监测断面测点布置

(a) 剖面图；(b) 平面图

2.2　原位测试方法

图 2　地层位移测试系统

基于盾构施工引起的地层位移研究分析，文献 [3] 提出了一种适用于盾构工程的高精度地层深层位移的测试技术，该技术利用锚固平台、静力水准仪和单点位移计组成地层深层位移综合测试系统（图 2），实现高精度、高频率、低扰动的测量。其基本原理如图 3 所示。基于地层连续均匀和盾构推进均匀的基本假定，利用盾构施工引起地层位移使得沉降盘沿着测杆相对于固定在地表的传感器产生位移，从而测出地层间位移（即单点沉降）；在各列测点的最深孔处设置地面测点，即静力水准仪，用于测量地表即埋深为 0 处的位移（即水准沉降）。水准沉降和单点沉降的和为该测点埋深处的绝对沉降，实现了某点某深度的地层深层位移的测量。

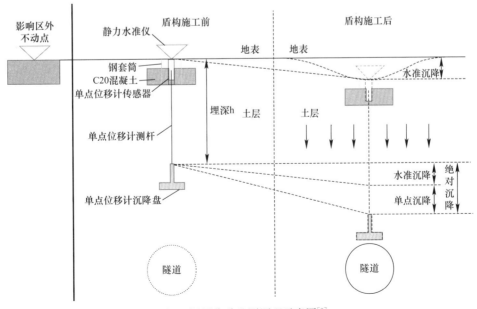

图 3　深层位移监测原理示意图[3]

为将某点某深度的地层深层位移转化为某坐标点不同深度的位移，要布置不同坐标点的多孔测点，此时需要通过坐标转换来实现，其基本原理图如图4所示。如需要测量盾构隧道附近A坐标点埋深为h_1、h_2、h_3、h_4四处的沉降，在盾构推进过程中，可以测出B点、C点、D点对应位置处当各自L值与A相同时的沉降数值，就测出了A点不同深度处测点沉降[3]。同时为了消除盾构施工中各环施工控制水平差异带来的测点位移测量差异，增加监测数据转化的可行性，必须在对监测数据进行坐标转换之前分析影响测点沉降的原因，采用多元回归分析的方法修正和排除施工参数不同造成的差异。地层位移测试操作流程如图5所示。

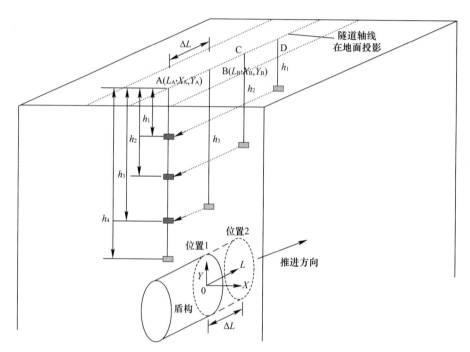

图4　坐标转换原理示意图[3]

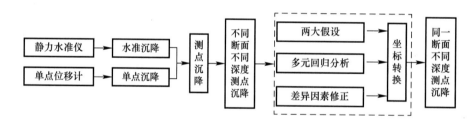

图5　地层位移测试操作流程

3　地层位移主控分量的确定

3.1　地层位移的分解

地层内任一点产生的位移在空间是三维的，地层位移实际上是一个三维的空间矢量，由于地质条件、推力、土舱压力等施工参数等是变化的，任一点的地层位移矢量均不相同，地层位移相对复杂，为研究地层位移各分量的主次关系，将地层位移 s 沿着垂直于隧道轴线的水平方向（X 轴，横向）、平行于隧道轴线的水平方向（Y 轴，纵向）和垂直于隧道轴线的竖直方向（Z 轴，竖向）进行分解，分量依次为 u、v、w，依次称为横向位移、纵向位移、竖向位移，如图6所示。

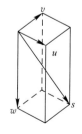

图6　地层位移分解

3.2 模型建立与参数设置

选取北京地铁 14 号线方～十区间进行 ABAQUS 数值建模，采用 A 监测断面地质情况进行模拟，如图 7 所示。数值模型尺寸为宽×长×高（70m×90m×30m），土层材料采用 Mohr-Coulomb 本构模型，利用单元生死法进行开挖，开挖直径 6.28m，管片外径 6m，内径 5.4m，管片与土体间隙用 0.09m 厚的圆环用同步注浆等代层填充，为简化计算，忽略浆液的硬化过程，直接考虑浆液终凝时的情况。盾体、管片和注浆层选用线弹性材料，其参数设置如表 1 所示。在两隧道上方地表及地层内部布置测点，5 条水平测线从地表往下埋深依次是 0，1.3m，4.3m，7.8m，9.3m，与监测断面实际测点布置保持一致，测点布置如图 8 所示。模型中不同分层土体参数根据选取监测断面实际地层的勘察报告数据选取，具体参数如表 1 所示。

图 7 ABAQUS 数值模型建立

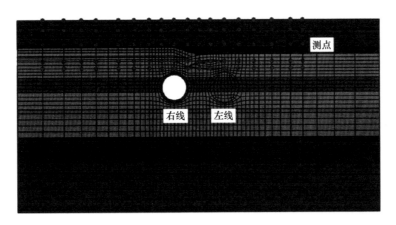

图 8 模型监测断面测点布置图

模型中土体材料及盾体、管片、注浆层的计算参数　　　　表 1

项目	土层名称	重度（kN/m³）	弹性模量（MPa）	内摩擦角（°）	黏聚力（kPa）	泊松比
土层	粉土素填土	17.9	3500	12	5	
	粉土	19.1	39500	24	15	
	粉质黏土	20.5	24750	15	28	
	黏土	19.9	31900	11	34	
	粉细砂	18.7	63300	29	0	
	粉质黏土	20.1	53500	15	30	
	中粗砂	20.5	98500	33	0	
	粉质黏土	20	51800	13	31	
结构	盾体	78	206000			0.28
	管片	26	35000			0.25
	注浆层	15	2			0.2

3.3 地层位移各分量主次关系分析

为研究地层位移各分量的分布规律及主次关系，对先行隧道（右线）开挖结束时埋深 4.3m 的测点进行分析，结果如图 9 所示。由图可以直观地看出，地层竖向位移呈现明显的沉降槽形态，纵向位移在形态上呈现平缓的类似沉降槽形状，横向位移呈现关于隧道中心对称形态，在数值上竖向位移显著大于横向位移和纵向位移。为详细分析各分量的主次程度，对各分量分别进行比值研究，得到竖向位移与横向位移比值 w/u，竖向位移与纵向位移比值 w/v，横向位移与纵向位移比值 u/v，比值分布关系如图10～图12所示，可以得出：

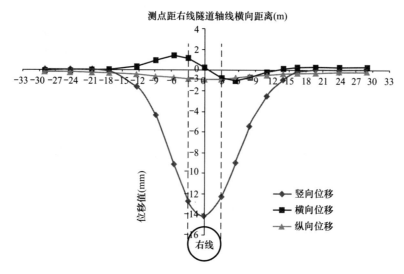

图 9 右线开挖结束时埋深 4.3m 测点位移分量

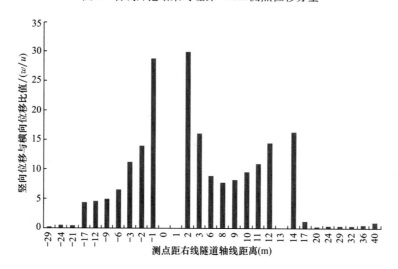

图 10 右线开挖结束时埋深 4.3m 测点位移 w/u 比值

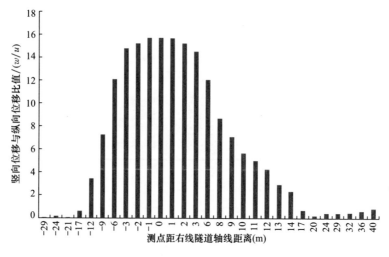

图 11 右线开挖结束时埋深 4.3m 测点位移 w/v 比值

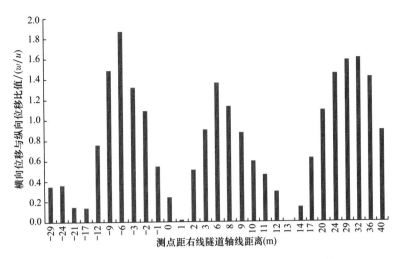

图 12　右线开挖结束时埋深 4.3m 测点位移 u/v 比值

（1） w/u 比值平均达 $1.1 \sim 30.0$，竖向位移显著大于横向位移，沉降槽中心的竖向位移达到最大（-14mm），横向位移几乎为 0，随着测点距隧道中心的距离加大，w/u 比值总体呈减小趋势，在部分区域呈现局部增大趋势。

（2） w/v 比值平均达 $1.0 \sim 15.8$，竖向位移显著大于纵向位移，隧道中心的竖向位移和纵向位移均达到最大值（分别为 -14mm 和 -0.9mm），纵向位移也在隧道开挖范围内（$-3\text{m} \sim 3\text{m}$）$w/v$ 比值总体呈现较大值，随着测点距隧道中心的距离加大，w/v 比值呈减小趋势。

（3） u/v 比值平均约 $0.1 \sim 1.8$ 之间，较 w/u、w/v 显著偏小。u 和 v 总体偏小（最大仅 $1 \sim 2\text{m}$），在隧道开挖范围内 u/v 小于 1，即横向位移小于纵向位移；在隧道开挖范围外一定区域 u/v 大于 1，即横向位移大于纵向位移，但随着测点距隧道中心越远，u/v 逐渐减小。

由以上可知，盾构施工引起的地层位移基本呈现竖向位移最大，横向位移与纵向位移在数量级上相当的趋势。竖向位移在数值上显著大于横、纵向位移，横、纵向位移在工程意义上可以忽略。

4　地层位移的现场实测分析

4.1　地层位移的分布及发展历程研究

由上节分析可知，地层位移的主要分量是竖向位移，为研究竖向位移的发展历程及分布规律，对方～十区间 A 断面的现场监测数据进行分析，如图 13 所示。由图 13 可知，盾构开挖引起的不同深度地层的最终位移（即竖向位移）分布规律较为相似，均呈现正态分布的沉降槽形态，拱顶正上方测点位移呈现一定的分层，距离拱顶越近，分层现象越明显，位移沿着隧道轴线两侧向外逐渐衰减，隧道开挖轮廓线为分层位移的分界点，隧道开挖范围外地层为整体位移，无明显分层。

为揭示盾构开挖过程中不同深度地层位移随盾构推进的发展历程，选取刀盘到达测点前（-24.6m、15m）、刀盘通过测点（0.6m）、盾尾脱出测点（9m）、盾构远离测点（21m）、长期稳定（65.4m）等时刻，对埋深 4.3m 测点的位移发展历程进行分析，如图 14 所示，可以看出，不同深层测点位移的发展历程规律基本一致，刀盘到达测点前，地层位移不明显；刀盘过测点时，沉降槽开始初步形成，由于盾构推进对刀盘前方土体挤压的影响，沉降槽底部出现较大回弹，而沉降槽底部两侧沉降继续增大，故沉降槽呈现出了双峰特征；盾尾脱出测点后，不同位置各测点位移值迅速增大，隧道拱顶正上方测点竖向位移增加最快，仍呈现回弹现象，但回弹有所减弱，其位移值仍略小于轴线两侧测点；盾构远离测点时，沉降槽继续发展，此时隧道拱顶正上方测点

127

位移回弹消失，沉降槽形态接近于正态分布特征；待地层位移趋于稳定时，沉降槽的形态及各侧最大沉降值基本稳定。

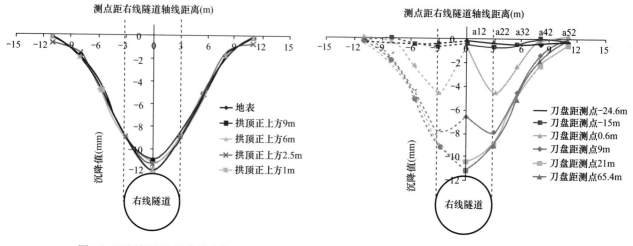

图 13　不同深度地层位移曲线　　　　图 14　埋深 4.3m 位移发展过程

4.2　盾构施工各阶段地层位移比例分析

地层位移在不同阶段所占比例也各不相同。选取埋深 4.3m 地层各阶段位移所占最终位移比例进行分析，如图 15 所示，由图可知，超前影响阶段和刀盘到达前阶段，地层位移所占比例均较小，分别约占总位移的 2.1％和 3.8％；在盾体通过阶段，地层位移所占比例最大，是位移发展的主要阶段，约占总位移的 53.3％；盾尾脱出阶段，地层位移的比例较大，所占比例为 34.3％，是位移发展的次要阶段；长期沉降阶段，地层位移所占比例最小，仅 6.5％。

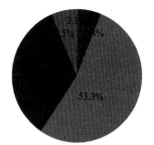

图 15　地层位移各阶段所占比例

5　地层竖向位移的分布特征

根据地层位移的发展历程及分布规律，按地层位移的影响范围，分别从空间角度和时间角度对地层位移进行分区域研究，形成地层位移的"横三区"（主要影响区、显著衰减区、稳定区）、"竖两层"（显著扰动层、整体下沉层）、"纵向五阶段"（超前影响阶段、刀盘到达前阶段、盾体通过阶段、盾体脱出后阶段、长期沉降阶段）分布特征，各区域划分及位移占比分别如图 16～图 18 所示。

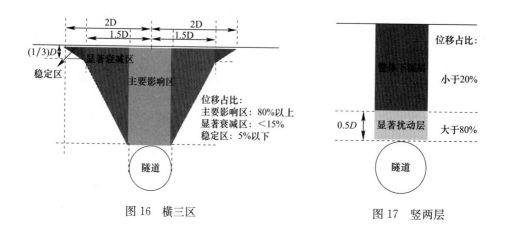

图 16　横三区　　　　　　　　　　图 17　竖两层

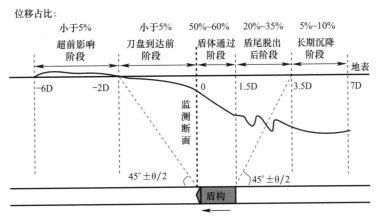

图18 纵向五阶段

6 地层位移分级控制标准及体系设计

6.1 地层位移分级控制标准

对地层位移进行控制时应综合考虑时间（即盾构推进至需保护的建筑物或结构物等这一动态过程）和空间（即待保护结构物与开挖隧道的相对位置等）效应。地层位移的主控变量可从主控位移、主控阶段、主控地层等角度去阐述，主控位移是针对地层竖向位移（主要是沉降），主控阶段是针对盾体通过阶段，主控地层的分层沉降带。

6.2 地层位移分级控制方法及体系设计

综合上节提出的地层位移"横三区"、"竖两层"、"纵向五阶段"分布特征，分别形成地层位移的分区、分层、分阶段控制方法，进而形成地层位移的综合控制技术体系设计，地层位移的各类控制原则分别如下：

（1）地层位移的分区控制原则：重大风险工程远离主要影响区；显著影响区差异沉降较大，如存在长条形建（构）筑物，需加强差异沉降的观测与处理。

（2）地层位移的分层控制原则：显著扰动层竖向位移大，叠落隧道最小间距最好大于 $0.5D$；整体下沉层沉降占比小，该区内可根据既有建（构）筑物沉降要求有选择地采取措施。

（3）地层位移的分阶段控制原则：主控阶段（盾体通过阶段）采用开挖间隙充填（需注入新型材料），次要阶段（盾尾脱出后阶段）采用常规同步注浆。

地层位移的综合控制技术体系设计如图19和表2所示。

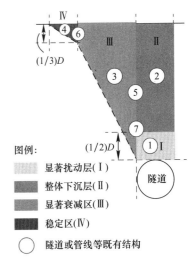

图19 位置关系示意

图例：
显著扰动层（Ⅰ）
整体下沉层（Ⅱ）
显著衰减区（Ⅲ）
稳定区（Ⅳ）
○ 隧道或管线等既有结构

地层位移综合控制技术体系设计　　　　表2

相对位置	扰动程度	控制阶段	控制方法
1	显著扰动	各阶段	开挖间隙和盾尾空隙均充填新型材料
2	较大扰动	各阶段	开挖间隙和盾尾空隙均充填新型材料
3	一般扰动	盾体通过、盾尾脱出	开挖间隙充填新型材料；盾尾间隙常规同步注浆
4	微扰动	盾体通过	开挖间隙充填新型材料；盾尾间隙常规同步注浆
5	较大扰动	盾体通过、盾尾脱出	开挖间隙和盾尾空隙均充填新型材料
6	微扰动	盾体通过	开挖间隙充填新型材料；盾尾间隙常规同步注浆
7	显著扰动	各阶段	开挖间隙和盾尾空隙均充填新型材料

7 新型注浆材料的研发与试验

新型注浆材料采用 A 液和 B 液的双液浆形式，浆液与注浆压力、填充率、注浆量、浆液性能等因素有关。在实验室选用水泥、硅酸钠溶液、水玻璃、膨润土、粉煤灰、外加剂等进行配比研究，通过反复配比试验，如图 20 所示，最终优选出 7 组配比，如表 3 所示。

图 20 新型注浆材料配比试验

通过试验得到 7 组优选配比，浆液均满足抗剪强度小于 20kPa，凝结时间在 90～150s 之间。对 7 组配比进行了相关性能指标测试。针对不同环境及施工条件，可选用不同的配比，以满足相应要求：

（1）地层条件较好，对浆液性能要求不高，而需考虑成本时，可选用成本较低的 2、4 组配比；

（2）在无水砂卵石地层，浆液凝结后会出现明显失水现象，可选用收缩率较低的 5、6 组配比；

（3）在软弱地层或沉降控制要求高的施工地段，则需要强度较高的浆液，可选用 1 组配比。

实验室七组优选配比   表 3

试验配比	A 液									B 液	
	粉煤灰（g）	膨润土（g）	水泥（g）	水（g）	KFA（g）	砂（g）	明矾（g）	石膏（g）	膨胀剂（g）	水玻璃（mL）	水（mL）
试验 1		60.00	120.00	396.00						240.00	60.00
试验 2	36.00	54.00	96.00	442.00						150.00	60.00
试验 3	36.00	54.00	96.00	442.00	2.00					150.00	60.00
试验 4	36.00	54.00	96.00	442.00		28.00				110.00	60.00
试验 5	36.00	54.00	96.00	442.00			2.00			150.00	60.00
试验 6	36.00	54.00	96.00	442.00				2.00		150.00	60.00
试验 7	36.00	54.00	96.00	442.00					2.00	150.00	60.00

8 结论

采用地层位移测试系统在北京地铁 14 号线开展了原位测试试验研究，得到了地层位移的发展历程及分布特征，同时开展了新型注浆材料的相关试验，主要结论如下：

（1）新型研发的均质地层位移测试系统具有高精度、高频率、低扰动的特点，采用坐标转换及差异因素分析等获取同孔不同深度地层位移，在北京地铁 14 号线地层位移原位测试试验中取得较好的验证。

（2）地层位移各分量中竖向位移为主要分量，横、纵向位移在工程意义上可忽略；地层竖向位移的时空发展及分布具有明显的分区域特征，形成了地层竖向位移的"横三区、竖两层、纵向五阶段"的分布特征。

（3）基于地层位移的分布特征提出了地层位移的分级控制标准及方法，形成地层位移的综合控制技术体系设计；研发了适用于盾构开挖间隙充填的新型注浆材料，能够适应无水砂卵石地层、软弱地层或沉降控制要求高的施工地段等条件。

参考文献

［1］ ROWE R K，KACK G J. A theoretical examination of the settlements induced by tunnelling：four case histories ［J］. Canadian Geotechnical Journal，1983，20：299-314.

［2］ LOGANATHAN N，POULOS H G. Analytical prediction for tunneling-induced ground movement in clays ［J］. Journal of Geotechnical and Geoenvironmental Engineering，1998，124（9）：846-856.

［3］ 张晋勋，江华，江玉生，等. 盾构施工引起的地层分层位移测试技术研究 ［J］. 现代隧道技术，2017，54（4）：123-130.

［4］ 韩煊，李宁，Jamie R S. Peck 公式在我国隧道施工地面变形预测中的适用性分析 ［J］. 岩土力学，2007，28（1）：23-28，35.

［5］ Mair R J，Taylor R. N.，Bracegirdle A. Subsurface settlement profiles above tunnel in clays ［J］. Geotechnique，1993，43（2）：315-320.

［6］ 姜忻良，赵志民，李园. 隧道开挖引起土层沉降槽曲线形态的分析与计算 ［J］. 岩土力学，2004，25（10），1542-1544.

［7］ Attewell P B，Glossop N H，Farmer I W. Ground deformations caused by tunnelling in soil ［J］. Ground Engineering，1978，15（8）：32-41.

［8］ 胡雄玉，晏启祥，何川，等. 土压平衡盾构掘进对散粒体地层扰动和开挖面破坏特性研究 ［J］. 岩石力学与工程学报，2016，35（8），1618-1627.

［9］ Peck R B. Deep excavations and tunnelling in soft ground ［C］// Proc. 7th Int. Conf on soil mechanics foundation engineering. Mexico City，State of the Art Volume，1969：225-290.

［10］ 李宗梁，黄锡刚. 泥水盾构穿越堤坝沉降控制研究 ［J］. 现代隧道技术，2011，48（1）：103-110.

作者简介

张晋勋，男，1967 年生，山西人，北京学者，博士、教授级高工，1995 年毕业于清华大学土木工程系地震工程及防护工程专业，现任北京城建集团副总经理、总工程师，主要从事建筑施工技术研发及技术管理工作。邮箱：jinxun8100@aliyun.com，电话：13501083785，地址：北京市海淀区北太平庄路 18 号，100088。

RESEARCH AND APPLICATION ON TIME-DEPENDENT STRATIFICATI ON DISPLACEMENT DISTRIBUTION INDUCED BY TBM TUNNELING AND ITS CONTROLLING MEASURES

ZHANG Jin-xun[1]，JIANG Hua[2]，CHENG Jin-guo[2]，ZHOU Liu-gang[1]，WU fu-mei[1]，QU Xing-tong[2]

（1. Beijing Urban Construction Group Co.，Ltd，Beijing 100088，China；2. School of Mechanics and Civil Engineering，China University of Mining and Technology，Beijing 100083，China）

Abstract：Shield tunnelling in urban metro construction brings about such difficulties as in monitoring deep displacement，determining the displacement law and controlling the risk of tunnel crossing. Series investigations have been performed for solving the above problems and research goals were achieved as follows. First，monitoring method for deep ground displacement induced by shield tunnelling was put forward，and the monitoring system for deep ground displacement was developed with high precision， high frequency and low disturbance. Secondly, vertical displacement was the main control displacement component among the transverse, longitudinal and vertical ones. Meanwhile, displacement distribution law was found described by three zones in transverse direction, two layers in vertical direction and five periods in longitudinal direction. Finally, the control methods for displacement were formed considering displacement in layers, grade and period, and new grouting material to backfill the excavation gap between shield and tunnel was developed. The results can provide significant reference for law determination and control of displacement induced by shield tunnelling.

Key words: monitoring system for ground displacement, displacement evolution and distribution, main controlled displacement component, designation for graded displacement control, new grouting material

基于分布式光纤监测技术的盾构隧道纵向变形研究

代兴云[1]，陶津[2*]，穆保岗[2]，王敏[3]

(1. 中国联合工程有限公司，浙江 杭州 310052；2. 东南大学土木工程学院，江苏 南京 210096；
3. 中交二公局三公司，陕西 西安 710016)

摘　要：隧道纵向变形是表征盾构隧道结构健康、安全的重要指标，利用现有技术对其实施大规模监测存在困难。为此，引入分布式光纤传感技术，建立盾构隧道沉降变形的监测方法。通过对某地铁隧道结构变形实时监测数据进行计算分析，得出隧道结构的纵向应变和纵向沉降等监测结果。通过分析相关纵向变形数据，得出隧道的管片在安装之后会在一周内逐渐上浮，但上浮量通常在 1.2～2mm；并且隧道结构的沉降与隧道埋深和土层参数有着密切关系，在埋深小、土质差的地层中，隧道纵向沉降大，在埋深大、土质好的地层中，隧道纵向沉降小。

关键词：光纤监测；盾构；管片应变；纵向沉降

1　引言

随着我国城市化进程的加快，为解决城市交通拥堵问题，城市地铁建设成为城市交通发展的重点方向[1]。城市隧道埋深浅、地质条件复杂、地上建筑物及地下管线密集等特点决定了施工期间隧道将可能产生较大的结构变形，而且盾构隧道是用螺栓将预应力管片在纵向和横向上连接在一起的三维结构，纵向是一细长结构，承受变形能力要脆弱许多，纵向变形对隧道结构非常不利，当隧道存在过大的变形量或者纵向曲率达到一定的量值时，将会导致环缝张开过大而引起漏水漏泥，或者是管片受拉破坏；当隧道纵向不均匀沉降量过大时，将会造成地表沉降过大，进而也会波及地表周围各类构筑物的正常使用[2]。因此对隧道结构变形进行实时监测，及时调整施工参数就显得至关重要。

光纤传感技术具有传感合一的特点，以光波为载体、光纤为媒质，具有动态响应快、抗干扰强、精度高、耐久性强等优点，可以实现远距离实时监测[3]。自从 1989 年，Mendez 等首次将光纤传感器埋入混凝土结构中用于应变监测后，英国、日本、美国等国家率先对光纤传感系统进行了应用研究。目前我国也已经将光纤传感器的应用扩展到了桩基、隧道、桥梁、大坝、边坡等领域[4-10]。

2　盾构隧道纵向沉降-应变模型

根据材料力学的理论，梁上的荷载与弯矩是等效的，即改变荷载相当于改变梁上的弯矩分布，亦即曲率分布。而在共轭梁法原理中弹性地基梁的曲率分布等价于共轭梁的荷载分布。因此通过监测梁的应变分布来计算出曲率分布，即可得到等效共轭梁的荷载分布，又可以模拟弹性地基梁中的随机荷载条件，如：

$$k(x) = \frac{M(x)}{EI} = \frac{\varepsilon(x)}{y} = \bar{q}(x) \tag{1}$$

式中　$k(x)$——弹性地基梁的曲率分布；

$\quad\quad M(x)$——弹性地基梁的弯矩分布；

$\quad\quad \varepsilon(x)$——弹性地基梁的应变分布；

$\quad\quad EI$——弹性地基梁的弯曲刚度；

y——传感器到结构中和轴的距离；

$\bar{q}(x)$——共轭梁中的等效荷载分布。

再通过计算相应共轭梁的弯矩分布，便可求解实梁中对应各点的挠度值。

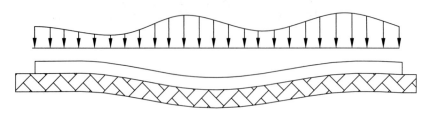

图 1 半无限平面地基梁

隧道的纵向受力特征犹如一段受分布荷载的弹性地基梁，如图 2 所示。但弹性地基梁是一无穷多次超静定结构，需要解微积分方程或积分方程才能求出精确解，因此需要将结构简化为有限次超静定，将该梁等分为 n 个微段，将每个微段节点进行编号，从左至右编号为 0，1，2，…，n，每个微段的长度为 l，如图 2 所示，相应的共轭梁如图 3 所示，弹性地基梁中的中间铰支座对应共轭梁中梁中铰。由于弹性地基梁是超静定的，而其相应共轭梁则是缺少约束的，但共轭梁上 M/EI 荷载分布可保证其稳定[11]。

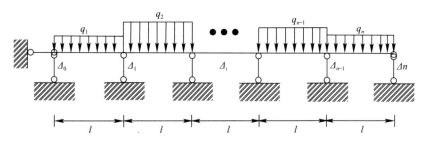

图 2 弹性地基梁

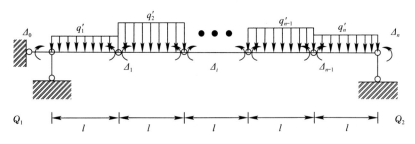

图 3 共轭梁

假设支座链杆处的沉降值为 Δ_i（i 为 0，1，…，n），其中两端 Δ_0 和 Δ_n 可以用全站仪或静力水准仪等精密仪器测得。弹性地基梁中各点的沉降在共轭梁中等效在各点施加一对初始弯矩，弯矩值大小为 Δ_i，如图 3 所示。

假设对应的虚梁两端的支座剪力分别为 Q_1 和 Q_2，由力的平衡 $\sum Y = 0$ 可知：

$$Q_1 + Q_2 - \sum_{i=1}^{n} \frac{\varepsilon_i}{y_i} = 0 \tag{2}$$

由弯矩平衡 $\sum M_i = 0$ 可知：

$$-Q_1 \cdot nl + \sum_{j=1}^{n} \frac{\varepsilon_i}{y_i} \cdot l \cdot \left(n - j + \frac{1}{2}\right) \cdot l + \Delta_0 - \Delta_n = 0 \tag{3}$$

由式（2）和式（3）两式共可得 $n+1$ 个方程，故可求解 $n+1$ 个未知数：Q_1、Q_2、Δ_i（i 为 0，1，…，$n-1$）。

各单元结点的位移公式如下：

$$\nu_p = -l^2\left[\frac{p}{n}\sum_{i=1}^{n}\bar{k}_i\left(n-i+\frac{1}{2}\right)-\sum_{i=1}^{p}\bar{k}_i\left(p-i+\frac{1}{2}\right)\right]+\frac{n-p}{n}\Delta_0+\frac{p}{n}\Delta_n \tag{4}$$

各单元中点的位移公式如下：

$$\nu_{p+1/2} = -l^2\left[\frac{1}{n}\sum_{i=1}^{n}\frac{\varepsilon_i}{y_i}\left(n-i+\frac{1}{2}\right)\left(p+\frac{1}{2}\right)-\sum_{i=1}^{p}\frac{\varepsilon_i}{y_i}\left(p-i+\frac{1}{2}\right)\right]+\frac{n-p-1/2}{n}\Delta_0+\frac{p+1/2}{n}\Delta_n \tag{5}$$

3 现场监测方案

3.1 项目概况

某地铁盾构区间线路主要沿公路敷设，全长为 1317.38m；区间左、右线隧道平面曲线半径最小为 550m，左右线线间距 13.1~15.4m，隧道埋深在 13~20m 之间。该盾构区间采用直径 6280mm 土压平衡盾构机，管片采用"3+2+1"的 6 块组成，即每环管片由 3 块标准块、2 块邻接块和 1 块封顶块组成，每环管片为 1.5m，采用错缝拼接，如图 4 所示。

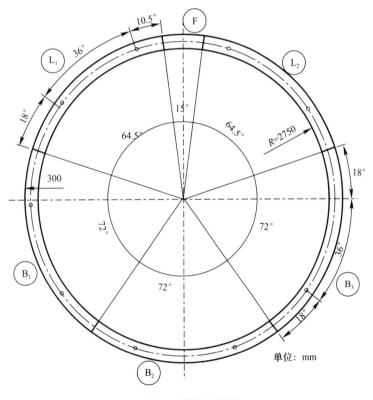

图 4　管片示意图

主要工程地质问题：砂层透水性较强，结构松散，施工开挖中极易发生坍塌、涌水、涌砂、管涌等不良现象。淤泥质土强度低，含水量大，孔隙比大，自稳能力差，灵敏度高，易触变。素填土结构松散，开挖中容易坍塌。砂质黏性土、全风化变粒岩位于地下水位以下，由于动水压力（渗透压力）作用，容易产生流泥、涌土等不良现象。

3.2 监测内容

本工程盾构较多地穿行于软弱的淤泥质土中，盾构隧道在施工阶段形成的纵向不均匀沉降曲线，不仅沉降差异较大，而且曲率半径小，起伏多；在较软弱的土层中，盾构因推进速度时快时慢，则容易使盾尾隧道管片产生较大的不均匀沉降；盾构机在暂停一段时间后继续推进，如开挖面及盾尾封闭不够严密，会引起盾尾衬砌及其邻近衬砌在盾构停顿过程中产生较大沉降；而不均匀沉降就会导致管片受力不均，变形加大。

根据已有的实际工程监测资料，隧道左线和右线的沉降变形相差微小，为掌握盾构施工过程中隧道结构的变形情况，发现隐患，及时报警，以使相关部门采取措施，保障施工安全。因此，选定右线 YDK41+050～YDK41+1（第95～127环）先开挖隧道为监测对象。监测段盾构穿行在中粗砂和淤泥质粉细砂处，地层承载力较差，并且该段隧道是倾斜的，隧道埋深在 13.3～14.6m 之间，变化幅度 1.3m，如图5所示。

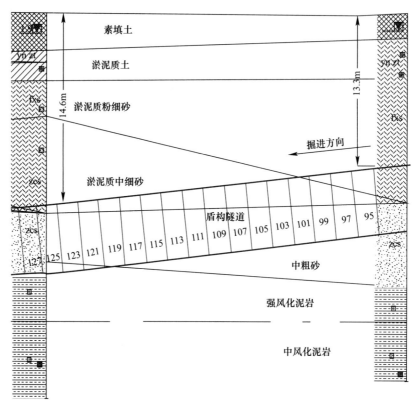

图5　隧道埋深示意图

3.3　传感器选择和布设方案

本工程长标距光纤光栅应变传感器，传感器的主要性能数据见表1。

传感器的主要性能　　　　　　　　　　　　　　　　　　　　表1

应变测量范围（με）	±30
应变灵敏系数（pm/με）	1.14～1.20
使用温度范围（℃）	−20～120
应变测量精度（με）	±1～2
应变分辨率（με）	0.5
外形直径（mm）	2～3
连接跳线种类	FC-APC
耐久性	大于5年

在第95～127环的盾构区间，每隔两环（3m）顶部和底部各布设一个光纤传感器；隧道顶部17个传感器，隧道底部17个传感器，顶部和底部各有一个温补传感器，总共36个传感器。如图6所示选取相邻两半个管片环及其中间接缝宽度为一个单元，共17个单元。

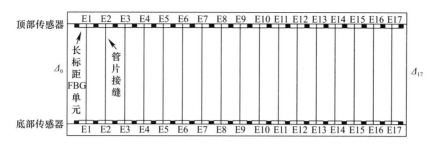

图6 隧道传感器布设示意图

已知隧道监测范围全长 L 为 48m，共分为 17 个微段单元，每微段 l 单元长 3m，传感器布设在环缝两端，在管片中间部位断开，即一个传感器一个单元。

3.4 监测结果分析

（1）隧道纵向应变分布

本监测段 6 月 3 日开始开挖，6 月 6 日开挖完成；光纤传感器 6 月 4 日开始安装，之后随着开挖的进行逐步进行安装。因为刚刚安装之后的管片很不稳定，所以光纤传感器安装会在管片安装完成 2～3 环之后。

第 95～127 环隧道顶部和底部的管片平均应变（拉为正，压为负）见图 7。6 月 4 日时盾构掘进至 109 环，从监测数据可以看出，顶部压应变约为 $-10\mu\varepsilon$ 左右，而底部压应变则为 $-10\sim-50\mu\varepsilon$，明显比顶部应变要大得多；这主要由于盾构开挖之后，在同步注浆和在地下水的作用下，使管片上浮造成底部压力大、顶部压力较小的上拱状态。

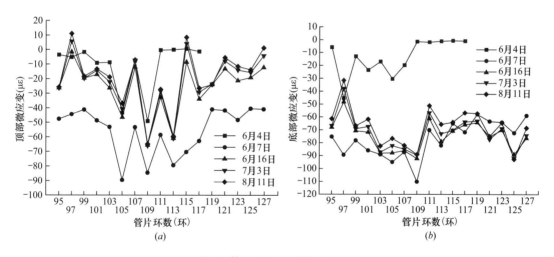

图7 第 95～127 环管片应变图
（a）顶部；（b）底部

但 6 月 7 日盾构掘进完成之后，隧道管片顶底的压应变均增大很多，管片上拱的状态逐渐减弱，并且在第 111 环附近应变值达到最大，其中顶部压应变约为 $-85\mu\varepsilon$，底部压应变 $-110\mu\varepsilon$；这主要是隧道犹如一道"梁"，管片先安装的部分同步注浆的浆液已经凝固完成且强度较大，该部分管片的应变增大不多；而后安装的部分正处于"上拱"的状态，应变较小；中间部分的管片在经历了上浮之后，在管片自重和下卧层土体逐渐固结的情况下，应变逐渐增大直到稳定。

6 月 16 日和 7 月 3 日盾构机已距离该监测区段 100m 以上，并且隧道下卧层土体也已经完成了主要沉降。从 6 月 16 日顶底应变图来看，顶部的压应变均比 6 月 7 日要减小 $20\mu\varepsilon$ 左右，而底部压应变则变化不大，这主要是地表沉降逐渐完成，对顶部管片的约束也逐渐增强，致使管片结构的纵向应变逐渐减小。而 7 月 3 日之后管片的顶底应变与 6 月 16 日的应变均无大的变化，这主要是隧道管片结构已达到相对稳定的状态。

8月11日时隧道左线盾构掘进至该区段，如图7所示左线掘进对右线管片的纵向应变略有影响，8月11日时管片顶底压应变均比7月3日减小1～5$\mu\varepsilon$，这主要是左线掘进时对隧道上方土体再次产生扰动，致使右线隧道管片应变略有变化。

（2）隧道纵向应变时程曲线

从第95～127环的应变时程曲线图来看，顶底的管片压应变均经历了先增大后减小的趋势，在管片安装之后的一周内，压应变先是以-40$\mu\varepsilon$/d的速率急速增大，一周之后管片应变又以0.5～1$\mu\varepsilon$/d的速率缓慢减小并逐渐稳定下来；这主要是管片刚安装完成之后，注浆浆液还未完全凝固，在下卧层土体固结的情况下，隧道结构应变较大；而后土体固结逐渐完成，并且浆液强度增强应变逐渐减小。

从图8（a）顶部应变时程曲线来看，该区段两端的应变较小，且最终稳定在-10$\mu\varepsilon$～-50$\mu\varepsilon$之间；第95环和第123环在安装之后的一周内应变变化较大，此时应变速率-40$\mu\varepsilon$/d，之后应变以1$\mu\varepsilon$/d的速率逐渐减小并稳定。而中间第113环的应变明显比两端管片的压应变要大20$\mu\varepsilon$左右，后续管片应变速率也只有0.5$\mu\varepsilon$/d，并最终稳定在-62.3$\mu\varepsilon$左右。

从图8（b）底部应变时程曲线来看，与顶部应变的变化规律基本相同；只是底部应变的减小速率较小只有0.2$\mu\varepsilon$/d左右，并且中间环与两端的管片应变相差不大；与顶部不同的是底部第103环的管片应变最大为-90$\mu\varepsilon$左右。

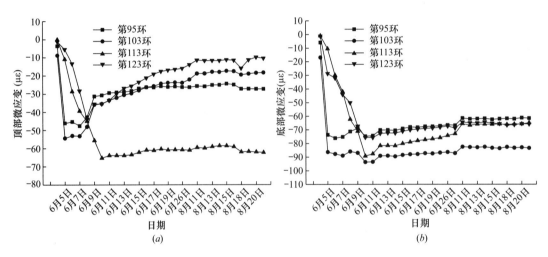

图8　第95～127环管片应变时程曲线图

（a）顶部；（b）底部

（3）隧道纵向沉降监测结果及分析

第95～127环区段两端的沉降数据采用全站仪进行测量，然后将两端测量数据与光纤传感器监测数据一起计算，可得出所有监测点的沉降数据见图9；从图上可以看出基本所有的管片的沉降趋势都一致。管片在安装之后，因地下水浮力的影响会有大约0～3mm的上浮现象，然后管片安装5天之后上浮量逐渐减小；之后在下卧层土体固结的作用下，管片不断下沉，速率约为0.2mm/d；在管片安装2～3个月内管片逐渐稳定，不再发生较大的变化。从图9来看管片安装前期靠近95环一侧的沉降较小，127环一侧的管片主要是轻微的上浮状态，这主要是95环一侧盾构掘进的时间较长，下卧层土体已经开始固结，而127环一侧还处于上浮状态；而最后稳定之后则呈现95环一侧沉降大，127环一侧沉降小。从稳定后的数据来看沉降最大的是埋深较浅的95环的最终沉降量约为16.54mm，沉降最小的是第127环，最终沉降约为7.61mm；即该区段表现出随着环数的增大沉降逐渐减小的趋势，这主要是靠近第95环埋深浅，盾构掘进时对土层的扰动大，土层固结沉降量较大，从而导致管片的沉降较大；而第127环附近的土层是性质较好的中粗砂，下卧层土体的固结沉降速度快、固结量小，呈现出较小的沉降。

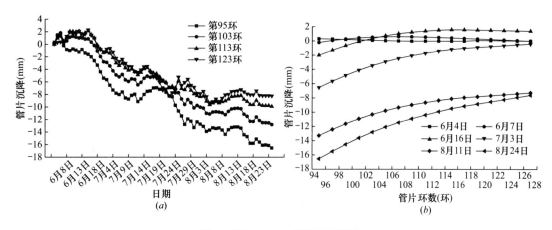

图 9　第 95～127 环管片沉降图
(a) 沉降时程曲线；(b) 各环管片沉降

4　结论

(1) 盾构掘进之后管片由于地下水和注浆压力作用下顶部压应变较小，底部压应变较大，出现一种"上拉下压"的上拱状态；掘进完成之后的 10 天内，"上拱"的状态在下卧层固结的过程中逐渐减弱。

(2) 隧道结构在下卧层完成固结之后逐渐稳定，在左线盾构机再次对地层扰动时，隧道顶底管片应变略有减小，但影响程度有限。

(3) 管片安装之后的 5 天内，压应变快速增大；之后下卧层土体逐渐固结，管片压应变逐渐减小并趋向稳定。

(4) 安装之后会在一周内逐渐上浮，上浮量一般在 1.5～3mm 之间；之后管片逐渐沉降，并在两个月左右的时间完成绝大部分的沉降。

(5) 沉降量的大小受到隧道埋深、土层参数等多种参数的影响，在隧道埋深小、土层条件差的管片处沉降量较大；而那些土层好，埋深大的地方，管片沉降量一般较小。

参考文献

[1]　钱七虎. 迎接我国城市地下空间开发高潮 [J]. 岩土工程学报，1998，20 (1)：112-113.

[2]　谭林波. 既有地铁隧道结构的监测和耐久性评估方法研究 [D]. 东南大学，2014.

[3]　Zhao X，Qiu H. Application of fiber Bragg grating sensing technology to tunnel monitoring [J]. Chinese Journal of Rock Mechanics & Engineering，2007，26 (3)：587-593.

[4]　隋海波，施斌，张丹，等. 边坡工程分布式光纤监测技术研究 [J]. 岩石力学与工程学报，2008，27 (a02)：3725-3731.

[5]　李焕强，孙红月，刘永莉，等. 光纤传感技术在边坡模型试验中的应用 [J]. 岩石力学与工程学报，2008，27 (8)：1703-1708.

[6]　胡宁. FBG 应变传感器在隧道长期健康监测中的应用 [J]. 交通科技，2009 (3)：91-94.

[7]　葛捷. 分布式布里渊光纤传感技术在海堤沉降监测中的应用 [J]. 岩土力学，2009，30 (6)：1856-1860.

[8]　马豪豪，刘保健，翁效林，等. 光纤 Bragg 光栅传感技术在隧道模型试验中应用 [J]. 岩土力学，2012 (s2)：185-190.

[9]　苏胜昔，杨昌民，范喜安. 光纤光栅传感技术在高速公路隧道围岩变形实时监测中的应用 [J]. 工程力学，2014，31 (s1)：134-138.

[10]　郭余根. 基于长标距分布式布拉格光纤光栅（FBG）传感的地铁基坑施工监测 [J]. 城市轨道交通研究，2013，16 (7)：26-29.

作者简介

代兴云，男，1992 年出生，河南省淮阳县人，硕士，助理工程师。E-mail：daix-ingyunkc@163.com，电话：15261897218，地址：浙江省杭州市滨江区滨安路 1060 号 310000。

RESEARCH ON THE LONGITUDINAL DEFORMATION OF SHIELD TUNNEL BASED ON THE DISTRIBUTED FIBER OPTIC SENSE MONITORING TECHNIQUE

DAI Xing-yun，TAO Jin，MU Bao-gang，WANG Min

（1. China United engineering corporation Limited，Hangzhou，310052；2. Civil Engineering School，Southeast University，Nanjing，210096；3. CCCC-SHEC Third Highway Engineering Co.，Ltd.）

Abstract： Longitudinal deformation of the tunnel is an important indicator to characterize the health and safety of the shield tunnel structure. It is difficult to implement large-scale monitoring using the existing technology. So the distributed optical fiber sensing technology is introduced to establish a monitoring method for the settlement deformation of shield tunnels. Through the calculation and analysis of the real-time monitoring data of the structural deformation of a subway tunnel，the monitoring results of longitudinal strain and longitudinal settlement of the tunnel structure are obtained. By analyzing the relevant longitudinal deformation data，it is concluded that the tunnel segments will gradually rise in a week after installation，but the floating amount is usually about 1.2～2mm；and the settlement of the tunnel structure is closely related to the tunnel depth and soil parameters. In the stratum with small buried depth and poor soil quality，the longitudinal settlement of the tunnel is large. In the stratum with large depth and good soil，the longitudinal settlement of the tunnel is small.

Key Words： distributed fiber monitoring，shield，strain of segment，longitudinal deformation

深圳前海地铁安保区基坑施工隧道变位控制实践

庞小朝[1,2]，苏栋[2]，陈湘生[2,3]，刘树亚[3]，申明文[4]，顾问天[1]

（1. 中国铁道科学研究院深圳研究设计院，广东 深圳 518054；2. 深圳大学未来地下城市研究院，广东 深圳 518060；3. 深圳市地铁集团有限公司，广东 深圳 518026；4. 深圳市前海开发投资控股有限公司，广东 深圳 518052）

摘 要： 前海区域工程地质条件极其复杂，轨道交通密度高，进行地下工程施工易造成周边地铁设施变形过大。本文首先总结和讨论了地铁设施安全控制标准和盾构隧道结构变形控制标准，然后结合前海交易广场项目基坑工程、前海弘毅项目、前海梦海大道跨地铁1号线鲤前区间路基基坑工程等实例，介绍了基于隧道管片足尺模型试验和精细有限元仿真分析的隧道管片受力和变形机理研究，以及控制隧道变位的施工组合控制技术，该套技术主要包括：（1）隧道围岩注浆加固（包括隧道内和隧道外加固）；（2）小竖井跳挖（控制隧道上浮）技术；（3）门式框架加固反压技术；（4）隧道精准实时监测。前海地铁域开发的工程实践表明，该套方法对控制基坑施工造成地铁设施变位卓有成效，对类似滨海地区土地开发利用也具有借鉴意义。

关键词： 深圳前海；地铁安保区；基坑；变位；盾构隧道；施工技术

1 引言

深圳前海位于珠江口东岸，隔深圳湾紧邻香港，占地面积 14.92km²，由月亮湾大道、双界河、妈湾大道和海岸线围合而成，是中国（广东）自由贸易试验区深圳前海蛇口自贸片区的一个区块。前海片区原是滨海滩涂和鱼蚝养殖区，20 世纪末陆续承接市政建设产生的余泥渣土，逐渐填筑形成现有场地。前海场区工程地质条件极其复杂，主要表现为：上层为各种渣土（石），来源复杂，工程性质很差；中层为淤泥，受上层无序填筑影响，分布不均，且为欠固结软土，含水量大、压缩性高、强度低；下层为花岗岩风化层，遇水和扰动极易崩解，扰动后强度和刚度急剧降低。复杂的地质条件使得在前海地区进行地下工程施工易造成周边地铁设施变形过大。

前海推行高规划定位，倡导绿色交通。根据规划，前海合作区规划轨道交通线路 12 条，其中城际线 5 条，快线 3 条，干线 2 条，局域线 2 条，总计 52.58km，共设有 37 个站点，轨道网络密度 3.5km/km²。地铁域地下空间是城市最有价值的地下空间，结合地铁建设进行的地铁域地下空间开发是解决城市发展与土地稀缺矛盾的主要出路[1]。地铁安保区在地铁域地下空间范围内，更接近地铁设施，是工程活动（包括桩基工程、基坑开挖等）对地铁设施影响较大区域。根据住建部《城市轨道交通运营管理办法》的规定[2]，城市轨道交通设施两侧设置控制保护区，地下车站和隧道两侧一般为 50m 范围内，深圳前海地区特别规定为 80m[3]。另根据国家标准《城市轨道交通结构安全保护技术规范》[4]，轨道交通结构两侧设置施工禁入区，称为安全限制区，最小值为 3m。

在轨道交通高密度的前海，安全限制区的设定对前海土地开发和利用造成很大影响。根据规定，安全限制区内不能进行工程施工，造成地铁隧道上方大量土地被占用、割裂而无法使用。据统计，前海片区共有 25.4 万 m² 土地处于安全限制区，约有 223 万 m² 土地处于地铁安保区范围内。前海建设经验表明，控制保护区内工程施工会对既有地铁设施产生较大影响，部分工程甚至严重影响了地铁安全运营，因此研究和推广地铁安保区基坑施工过程的地铁隧道变形控制技术是前海新城建设亟需解决的重大问题。本文首先总结和讨论了地铁设施安全控制标准和盾构隧道结构变形控制标准，然后结合前海交易广场项目基坑工程、前海弘毅项目、前海梦海大道跨地铁 1 号线鲤前区间路基基坑工程等实例，介绍了基于隧道管片足尺模型试验和精细有限元仿真分析的隧道管片受力和变形机理，开发和总结了控制隧道变位的施工组合控制技术。工程实践表明，该套方法在前海地铁域对控制施工造成地铁设施变位是卓有成效的，对类似滨海地区土地开发利用也将具有借鉴意义。

2 地铁设施变形控制标准

2.1 地铁设施安全和控制标准

地铁设施安全是指工程施工过程中造成的地铁结构附加变形满足地铁设施安全要求，包括两方面的含义[5]：（1）地铁设施运营安全：对应于地铁结构正常使用极限状态，主要是指地铁结构的变形满足地铁运营的正常使用要求，对于隧道来说，主要是指隧道平面和纵断面满足设计要求，保证隧道结构不侵限、不漏水，同时也要保证隧道内轨道的平顺性；（2）地铁设施结构安全：对应于地铁结构承载能力极限状态，对于隧道主要是指在各种荷载作用下，构件强度满足要求，结构不失稳。

王如路和刘建航根据上海地铁监护实践较早提出了国内地铁结构保护标准[6]，深圳以此基础，制定了深圳地区地铁结构保护控制标准。在这些指标中，结构绝对沉降量及水平位移量是日常监测和近接基坑工程安全管理的最重要指标，该指标考虑了地铁结构变形引起的内力改变，隧道防水性能的适应性以及隧道结构安全，还考虑了轨道扣件及接触网的可调整量[6]。但是，随着不同洞径和拼装方式盾构隧道在全国各地陆续建成，对于以上指标的适用性应继续深入研究讨论[5]。

2.2 盾构隧道结构变形控制标准

在城市地下结构中，盾构隧道凭借施工安全、掘进速度快、复杂地层适应性强、地表沉降小和对周围环境影响小等优点，成为城市轨道交通的主要结构。盾构隧道结构安全控制标准首先要考虑隧道结构服役性能，即隧道目前结构性能状态。根据文献[7]，盾构隧道结构服役状态评估主要考虑如下几方面因素：（1）构件强度和变形；（2）接缝张开、错台和密闭性；（3）结构区段横断面相对变形和纵断面相对变形。按现行设计、施工和验收规范[8,9]，盾构隧道的设计、施工和验收对盾构隧道横断面变形提出了系统控制要求，主要指标有直径椭圆度、直径变形量（径向收敛）等。一般要求荷载作用下，设计计算的直径变形量应小于 $2‰D$（D 为设计管片环外径，下同），施工时，控制结构的直径变形量在 $2‰D$～$6‰D$ 之间，管片拼装成环允许偏差为直径椭圆度小于 $5‰D$，竣工后地铁隧道允许偏差为直径椭圆度小于 $6‰D$。

庞小朝等[5]通过统计深圳地区部分区间隧道的三维隧道扫描结果发现，部分区段隧道横断面直径变形量普遍超过 $5‰D$。盾构隧道结构受施工致损、环境侵蚀和运营期建设活动影响，管片衬砌过早破坏，横断面变形超标比较普遍，盾构隧道结构安全控制必须考虑既有变形，尤其是横断面变形对隧道安全的影响。《城市轨道交通结构安全保护技术规范》CJJ/T 202[4] 在 2.1 节指标体系基础上引入了隧道收敛作为控制隧道结构安全评估和控制的一个重要指标。庞小朝等[5]针对深圳前海交易广场超大基坑项目，进行了多组盾构隧道足尺模型试验，研究隧道前期变形、基坑开挖和项目后期运营对隧道安全的影响[5]，试验采用深圳地区直径 6m 的错缝拼装管片，其拼装形式和管片配筋均根据实际隧道设计要求，由试验结果得到：（1）衬砌结构比例极限（腰部、顶底收敛变形处于 30～40mm，约 $5‰D$），将衬砌环结构比例极限作为结构整体变形发展的预警点，出现比例极限相关现象后，应开始关注隧道结构可能出现的结构大变形问题；（2）衬砌结构弹塑性极限时（腰部收敛变形 60～70mm，约 10‰D），顶部、侧面荷载差较弹性极限时高 13％～14％，可作为隧道变形的控制点。

3 前海地铁安保区基坑施工变位控制方法及实例

前海轨道交通密度高，区域内工程地质条件极其复杂，进行地下工程施工易造成周边地铁设施变形过大。首先采用隧道管片足尺模型试验和精细有限元仿真分析，研究了在现场各工况下（包括地下水位下降、基坑开挖、地下室施工和项目完工地下水位恢复等）隧道管片的受力和变形机理。在工程实践中，开发和总结了控制隧道变位的组合控制技术，这套技术主要包括：（1）隧道围岩注浆加固（包括隧道内和隧道外加固）；（2）小竖井跳挖（控制隧道上浮）技术；（3）门式框架加固反压技术；（4）隧道精准实时监测等。以上技术在前海交易广场基坑工程、前海弘毅全球 PE 中心基坑工程、梦海大道跨地铁 1 号线保护工程等项目成功运用，取得了良好效果，为前海自贸区土地开发，集约利用和地铁设施保护和安全运营做出了贡献。前海地铁域开发的工程实践表明，该套方法对控制施工造成地铁设施变位是卓有成效的，对类似滨海地区土地开发利用也具有借鉴意义。

3.1 前海交易广场项目基坑工程

前海交易广场综合体项目选址前海桂湾片区一单元，用地总面积 7.9 万 m^2，是前海桂湾片区的核心区块。前海交易广场项目西侧为听海大道和梦海大道地下空间开发和共同沟项目，听海大道下方为正在施工的地铁 5 号线南延线和地铁 11 号线，地铁 1 号线鲤鱼门～前海湾区间隧道从本项目场地内下方穿过。前海交易广场项目地下室面积 20 万 m^2，隧道两侧为三层地下室，隧道上方场地中心地段开挖两层地下室，如图 1 所示。

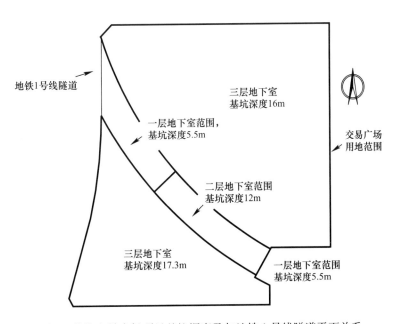

图 1 前海交易广场项目基坑深度及与地铁 1 号线隧道平面关系

Fig. 1 Layout of the foundation pit of Trade Square project in Qianhai and Metro Line 1

为保护运营隧道安全，研究并控制隧道变形，该项目在设计和施工过程中综合采用了隧道管片足尺模型试验、隧道精细有限元仿真分析、隧道门式架保护、预留土台反压逆作、小竖井跳挖开挖、地下水回灌等地铁保护和开挖组合技术，并结合三维隧道扫描和隧道变形自动化监测技术，以实现隧道变形精细实时调控，确保地铁安全运营。

（1）隧道管片足尺模型试验

交易广场段区间地铁 1 号线隧道受其他工程影响，已出现管片大面积脱落、裂缝等严重损伤，交易广场项目在隧道上方大面积开挖，可能会加剧隧道的损害，对地铁 1 号线的运营安全造成重大影响。为进一步深入研究交易广场项目基坑开挖对该段区间隧道的影响，论证地铁保护方案的可行性，本项目进行了隧道管片足尺整环试验。

试验选取地铁 1 号线鲤前区间代表环（左线第 200 环）为试验环，该环管片现状腰部最大水平距离 5467mm，裂缝最大宽度 0.2mm，环、纵缝均有破损出现，根据对该代表环进行足尺模型试验（图 2），得到结论如下：

① 在交易广场项目基坑开挖工况中，隧道结构无明显新增裂缝及环、纵缝破坏现象，结构基本保持稳定；施工完成水位恢复过程工况中，隧道收敛无明显变形变化。基坑开挖和地铁保护方案可行。

② 整个模拟工况中，结构最大弯矩呈增大趋势，顶底正弯矩最大增加 147kN·m，腰部负弯矩最大增加 -152kN·m，轴力整体呈减小趋势。整个基坑施工工况和运营工况模拟过程中，环间错动无明显增加，最大累计错动 3.2mm。

③ 隧道结构在隧道普通环、加强环设计工况下，呈"横鸭蛋"式变形，顶底内弧面、腰部外弧面有裂缝出现，裂缝宽度、收敛变形满足规范要求。

（2）隧道精细有限元仿真分析

考虑到交易广场基坑项目的复杂性和地铁保护的重要性，利用数值分析方法与整环足尺试验进行对比分析也是必要的。本项目利用有限元软件 ABAQUS 和 LS-DYNA，建立隧道精细有限元模型，与足尺模型试验同步模拟现场工况，论证了交易广场项目实施（包括基坑开挖、地下室施工和项目完工地下水位恢复）对隧道的影响，同时通过计算进一步分析受损管片的受力和变形机理。

有限元分析模型如图 3 所示，该计算模型不实际建立钢筋构件，通过变形模量的调整考虑钢筋的刚度贡献，将螺栓简化为考虑非线性弹塑性抗拉的节点连接。螺栓连接采用三折线弹塑性本构，混凝土材料采用折线弹塑性模型，模型参数通过对管片留样进行材料性质实验取得。模型中径向接触设置为罚函数硬接触模式，切向为 Mohr-Coulomb 摩擦方式，摩擦系数为 0.85。计算结果表明：①中全环变形整体呈现横鸭蛋形状，腰部横向收敛变形与试验结果较接近（图 4 和图 5），在基坑开挖阶段和后续地下室运营阶段，地铁隧道收敛不再增加；②进入塑性阶段以后，管片接头接触面高度不断减小。正弯矩接缝处接缝外缘张开，管片下缘互相接触。负弯矩接缝处接缝内缘张开，管片上部相互接触；③中环横向收敛变形转折点出现在 C、F 接缝螺栓（C、F 接缝位置见图 6）进入屈服段后，C、F 接缝螺栓的屈服是试验环整体进入塑性阶段的关键性能点；④中环的变形性能、管片环错台量受环间摩擦影响较大，环间摩擦作用提高了中环的整体刚度和环间整体作用，说明错缝拼装及纵向环间压力对盾构管片变形有重要影响。

图 2　盾构隧道错缝拼装管片足尺模型试验

Fig. 2　Full-scale model tests of staggered stitching segment

图 3　管片有限元分析模型

Fig. 3　Finite element analysis model of segment

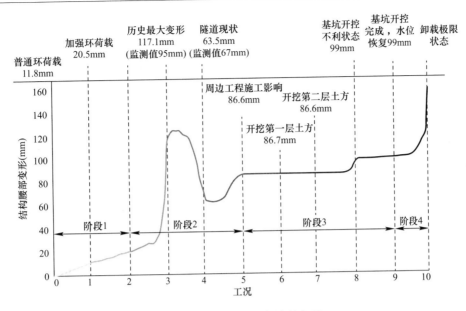

图 4　各试验工况腰部收敛变形

Fig. 4　Waist convergence under different test conditions

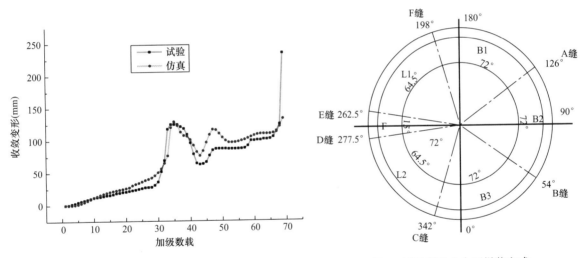

图 5　腰部收敛变形对比分析

Fig. 5　Comparison of waist convergences

图 6　试验管片中全环拼装方式

Fig. 6　Assemble mode of the whole ring

（3）隧道变位控制综合施工技术

为控制基坑施工过程中隧道的变位，前海交易广场综合体项目综合采用了小竖井跳挖开挖、门式架结合预留土台反压和围护桩全回转钻机成桩工艺等技术。

① 小竖井跳挖开挖技术

为控制隧道安全限制区上方基坑开挖时隧道的上浮变形，采用小竖井跳挖开挖技术，其施工过程为：平整场地至施工要求标高，在地铁保护范围外施工止水帷幕（采用搅拌桩和旋喷桩）和控制水位井；施工抗拔钻孔桩（全套管护壁钻进），抗隆起板底面标高以上采用空桩；将地铁上方基坑在平面上划分为若干分仓小块，每块宽度不大于 5m，采用多序、分仓矿山法竖井跳挖方式开挖竖井，基坑土方开挖从一侧向另一侧推进，开挖前地下水位降至开挖标高下方 1.0m；分仓内土方开挖至抗隆起板底面标高，然后施工抗隆起板（连梁），抗隆起板与抗拔桩有效锚固；开挖后续分仓至设计标高，并施工抗隆起板；破除分仓槽壁，连通抗隆起板，基坑开挖完成。

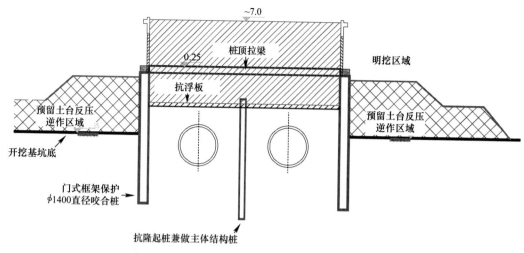

图 7　交易广场项目控制隧道横向变形组合工法

Fig. 7　Combinatorial method to control the lateral deformation of tunnels in Trade Square project

② 门式架结合预留土台反压技术

在隧道安全限制区两侧进行基坑开挖，控制隧道的横向变形和隧道的收敛变形也是隧道保护的关键。如图 7 所示，为保护地铁隧道和控制隧道横向变形，采用直径 1.4m 咬合桩结合桩顶抗隆起板组成门式架保护，门式架外土体预留土台反压，开挖采用逆作法施工。施工前为验证工法的有效性，先采用有限元法进行详细计算，计算结果和实践均证明，门式架结合预留土台反压组合工法是控制隧道横向变形的有效手段。

③ 围护桩全回转钻机成桩工艺

采用门式架工法控制隧道横向变形是地铁隧道保护的重要工法，两侧门架一般采用钢筋混凝土桩作为保护桩，该混凝土桩距离地铁隧道很近，应采用特别工法减少围护桩施工对隧道扰动的影响。本项目门式架围护桩施工采用全套管回转钻机成孔工艺进行成孔。全回转套管成孔工艺是采用全回转钢套管进行 360°回转切削成孔，其中套管可以起到护壁作用，管口的高强刀头切削土体、岩层和混凝土等，利用液压抓斗出土。实践证明，该工艺可有效降低桩基施工对地铁隧道的扰动。

（4）精准实时监测系统

精准实时监测系统除常规隧道变形自动化监测（如测量莱卡机器人监测系统），还包括三维隧道激光扫描。三维激光扫描技术（又称实景复制技术）是利用激光测距原理，记录被测物体表面大量密集点的三维坐标、反射率和纹理等信息，结合计算机视觉与图像处理技术，将扫描结果直接显示为点云。无数测点云可以快速复建出被测目标的三维模型及线、面、体等各种图件数据，从而在计算机里真实再现被测物体。在交易广场项目施工前、施工中多次对该段隧道进行三维激光扫描，形成区间隧道数据库，并与莱卡机器人监测结果互相印证对比，从而对施工形成有效监控，为施工提供反馈并有效指导施工，真正实现信息化施工。采用地铁保护组合技术的前海交易广场项目，目前基坑开挖顺利，项目正在有序实施。

3.2　前海弘毅全球 PE 中心基坑工程

弘毅全球 PE 中心项目位于前海桂湾片区二单元，项目占地面积 1.1 万 m²，西侧为地铁 5 号线南延线桂航区间隧道，项目场地被建成的地铁 11 号线区间隧道分割、下穿，项目场地大部分在地铁 11 号线安全限制区内。

弘毅项目基坑围护结构开始施工时，地铁 5 号线南延线该段区间隧道还没有施工，地铁 11 号线前海湾～南山区间隧道已经施工完成，正在铺设轨道，地铁 11 号线区间该段隧道顶埋深 18.0～19.0m。该项目北侧采用一层地下室，基坑深度约为 7.5～8.3m，南侧局部采用 3 层地下室，基坑深度 13.8～

15.7m。为保护好地铁隧道，该项目采用了隧道围岩加固、地下连续墙成槽护壁、分仓抽条开挖和隧道变形实时监测动态调控等组合技术，基坑开挖顺利完成。

（1）隧道围岩加固

为增加地铁隧道围岩刚度，提高隧道抗变形能力，对本段区间隧道进行了隧道内钢化管注浆加固，通过既有注浆孔，打设注浆管对隧道围岩进行加固，注浆钢花管还可起到系统锚杆的锚固作用，主要注浆工艺和参数如下：注浆浆液采用双液浆（水泥浆＋水玻璃）。为减少对隧道扰动，注浆压力控制在0.5MPa以下。注浆管采用DN25的镀锌钢管，管片注浆孔内外露10～20cm，外露端设球阀。注浆管长度3～5m，距离管片1m范围内不打孔，其余部分打孔，孔径6mm，间距30cm，按梅花形布置。

（2）地下连续墙护槽和外层围岩加固

理论分析和实践经验均表明，地下连续墙施工是造成周边地层变形的一个主要原因。本项目南侧基坑地下连续墙距离地铁隧道较近（小于4.2m），为减少地下连续墙施工对11号线隧道的影响，地下连续墙施工前，先采用搅拌桩形成地下连续墙护槽，以减少地下连续墙施工对隧道的影响。

考虑到隧道内注浆加固围岩时注浆管长度受隧道空间的限制，围岩加固范围有限，因此在本项目中对隧道5m外围岩采用三轴搅拌桩加固，以增加外围围岩刚度，减少开挖引起的坑底回弹。

（3）分仓抽条开挖

位于地铁上方的浅基坑工程且地铁隧道埋置较深时，在设计施工中，可将地铁上方基坑划分为一系列抽条，抽条宽度不大于15m，每次开挖一个抽条，在限定时段内完成该分块开挖及底板施工，然后再跳挖施工下一个抽条。通过抽条限时施工并压载的方式，可以有效控制基坑下卧地铁隧道的隆起。

（4）隧道变形自动化监测和实时调控

本项目对隧道变形采用自动化监测，并实时上传至处理中心，为实时调控施工过程提供依据。自动化监测系统由五部分组成：测量莱卡机器人、监测站、控制计算机房、基准点和变形点。远程计算机通过因特网控制中继站计算机，可远程监视和控制监测系统的运行。系统在无需操作人员干预条件下，实现自动观测、记录、处理、存储、变形量报表编制和变形趋势显示等功能。

本项目通过上述隧道变位控制组合技术，有效地控制了基坑开挖过程中隧道的变形。施工过程中隧道的自动化监测结果表明隧道最大上浮不超过6.7mm，满足隧道变形控制要求。

3.3 前海梦海大道跨地铁1号线鲤前区间路基基坑工程

梦海大道是前海片区贯通南北的主干道，计划在2017年6月全线通车。该条干道在桂湾片区与桂湾四路路口段跨越地铁1号线鲤鱼门～前海湾区间隧道。梦海大道在地铁1号线交通安全限制区上方施工面积约为4000m²。该路口段项目西侧紧邻交易广场项目，开挖地面距离隧道顶约10.5m。

2015年12月填筑梦海大道路基时，在桂湾四路路口段下方的地铁1号线隧道变形超过控制标准，施工单位卸载地铁上方路基填土后停工。同时，受周边其他工程施工影响，该段区间隧道出现较大面积破损。另据规划，梦海大道为前海片区轨道交通走廊，该条主干道下规划了深惠线和笋岗线两条轨道交通线路。若采用桩筏方案，桩基将对未来轨道交通建设造成障碍；经比选采用XPS轻质材料换填方案[10]。XPS板是挤塑型聚苯乙烯硬质泡沫塑料板，XPS板具有质量轻（40～60kg/m³）、吸水性极低、低热导、高抗压性、抗老化性和不降解等优点。考虑到本项目梦海大道为主干道，车辆荷载较大，项目采用了标称强度为550kPa的耐燃XPS板，并对选择的XPS板进行了抗压试验（结果如图8所示），经测算，其抗压模

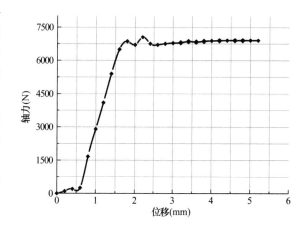

图8　标称抗压强度550kPa XPS板压缩试验曲线

Fig. 8　The compression testing curve for 550kPa XPS boards

量为 19.5MPa，刚度较周边填土刚度高。

为保护路口段地铁隧道，保证施工过程中和梦海大道使用期间隧道竖向变形满足控制要求，该工程 XPS 换填设计应满足隧道变形控制要求，并满足换填材料的抗浮要求。为控制梦海大道施工期间隧道变形满足要求，主要采取如下技术措施：（1）根据路基填筑深度和 XPS 抗浮要求，超挖基坑一定深度，保证超挖荷载和填筑荷载相近；（2）超挖基坑采用分仓施工，减少超挖造成的隧道上浮变形。为控制开挖过程中的隧道上浮，经计算并结合该区间既有管线布置，本项目分为 12 个小竖井仓，如图 9 所示。

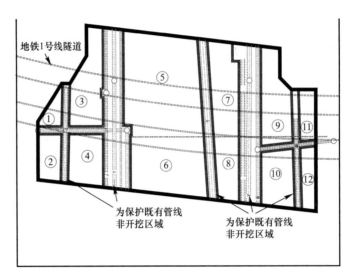

图 9 梦海大道路口段基坑施工小竖井分仓布置

Fig. 9 Small vertical shaft arrangement at road

本项目采用隧道变形自动化监测（测量莱卡机器人监测系统）和三维隧道激光扫描技术对该段隧道进行实时监测。施工完成时，隧道最大上浮 6mm，下沉不超过 4mm，满足地铁隧道保护要求。

4 展望

据中国城市轨道交通协会统计，截至 2017 年，大陆地区 34 个城市轨道交通开通运营，包括运营、在建和规划线路城市轨道总长 18703km。地铁域空间属性决定了地铁沿线必将继续建设大量地下工程，地铁设施保护是这些工程开发建设顺利进行的关键。研究总结建成隧道服役性能评估理论、隧道沿线工程建设对地铁结构影响规律和防控技术是我国效能最大化地开发地下空间，拓展城市战略新空间的关键。

参考文献

[1] 陈湘生等. 地铁域地下空间利用的工程实践与创新 [M]. 北京：人民交通出版社，2015.

[2] 中华人民共和国建设部. 城市轨道交通运营管理办法 [Z]. 2005.

[3] 深圳市前海深港现代服务业合作区管理局. 深圳市前海合作区地铁安保区基坑技术导则 [Z]. 2017.

[4] CJJ/T 202—2013 城市轨道交通结构安全保护技术规范 [S]. 北京：中国建筑工业出版社，2013.

[5] 庞小朝等. 工程施工对地铁安全影响评估体系和防护标准研究报告 [R]. 北京：中国铁道科学研究院，2017.

[6] 王如路等. 上海地铁监护实践 [M]. 上海：同济大学出版社，2013.

[7] DGTJ 08-2123—2013 盾构法隧道结构服役性能鉴定规范 [S]. 上海：同济大学出版社，2013.

[8] GB 50157—2013 地铁设计规范 [S]. 北京：中国建筑工业出版社，2013.

[9] GB 50466—2017 盾构法隧道施工及验收规范 [S]. 北京：中国建筑工业出版社，2017

[10] 肖文海，申明文，刘树亚，张文慧，庞小朝. XPS 换填在控制下穿地铁隧道变形中的应用 [J]. 铁道建筑，2018，58（2）：61-63.

作者简介

庞小朝，男，1971 年生，河北人，汉族，博士，副研究员，主要从事基坑工程、地下工程等方面的设计和科研工作。电话：0755-83274124，E-mail：pangxc81@163.com，地址：深圳市南山区工勘大厦 21 层。

PRACTICE ONDISPLACEMENT CONTROL OF FOUNDATION PIT CONSTRUCTION IN SUBWAY PROTECTION AREA OF QIANHAI, SHENZHEN

PANG Xiao-chao[1,2], SU Dong[2], CHEN Xiang-sheng[2,3], LIU Shu-ya[3], SHEN Ming-wen[4], GU Wen-tian[1]

(1. Shenzhen Research and Design Institute of China Academy of Railway Science, Guangdong Shenzhen518054, China; 2. Underground Polis Academy, Shenzhen University, Guangdong Shenzhen518060, China; 3. Shenzhen Metro Group Co., Ltd., Guangdong Shenzhen518026, China; 4. Qianhai Development Investment and Holdings Ltd, Shenzhen, Guangdong Shenzhen518054, China)

Abstract: The engineering geological condition in Qianhai area is extremely complicated. This, combined with high density of rail traffic, often results into a large deformation of subway facilities during underground construction. The paper first summarizes the standards for security control of subway facilities and deformation control of shield tunnel structures. The research on the mechanism of force and deformation of tunnel segments, which is based on full-scale model tests and finite element analyses, is presented. To control the deformation of tunnels, combined techniques for construction control are proposed and adopted, which include (1) Grouting reinforcement of tunnel surrounding rock (from both inside and outside of tunnels); (2) Jump excavation of small shafts (to prevent tunnel uplift); (3) Portal frame and reinforcement anti pressure technology; (4) Real-time monitoring of tunnels. These approaches prove to be effective to control the deformation of subway facilities based on the practices in the several engineering projects in Qianhai area, and can be applied to land development projects in other coastal regions.

Key words: Shenzhen Qianhai, subway protection areas, foundation pit, deformation, shield tunnel, construction technique

深圳滨海地层地铁保护区内地下道路施工
隧道变形控制技术

陈仁朋[1,2,3]，吴怀娜[1,2,3]，刘源[1,2,3]

（1. 建筑安全与节能教育部重点实验室，湖南 长沙 410082；2. 国家级建筑安全与环境国际联合
研究中心，湖南 长沙 410082；3. 湖南大学土木工程学院，湖南 长沙 410082）

摘 要： 针对深圳城市地下快速路网的发展中出现地下道路与运营地铁线路交叉、重叠、甚至长距离共线的复杂工程，本文系统介绍了深圳地铁保护区工程地质条件，以及明挖法施工地下道路的难点。通过上跨和长距离共线既有运营地铁隧道两个典型工程案例分析，探讨地铁保护区内的地下道路施工控制技术。针对近距离上跨运营地铁线路，提出抗浮桩结合抗浮板的加固措施，其中抗浮板采用"竖井跳挖＋回填施作"方式控制其对隧道的影响。针对长距离共线既有地铁隧道，提出以留土反压、分层分段开挖方式、门式地层加固等措施。现场实测数据表明，基坑开挖引起的隧道上浮变形存在滞后现象，从坑底开挖隧道上浮到最终达到稳定约需 10 天，其上浮量约占最大上浮量的 50%，坑底开挖时的沉降量应避免超过隧道允许变形值的 50%。

关键词： 地下道路；地铁隧道；长距离共线；上跨施工；上浮变形

1 引言

深圳地铁自 2004 年开通第一条线路以来快速发展，现已形成由 8 条线路、总运营里程 285km 的大型城市轨道交通系统。我国地铁隧道多采用盾构工法修建，其衬砌是由管片拼接的柔性结构，一旦扰动极易产生变形，造成管片开裂、接缝螺栓变形、隧道渗漏水、轨道扭曲等病害。因此，隧道变形控制十分重要，国内外对临近隧道施工制定了严格的地铁保护控制标准，以深圳为例[1]，地铁结构外边线四周的 3m 范围内不能进行任何工程建设，车站、隧道结构绝对沉降量及水平位移量≤20mm，变形缝差异沉降≤20mm。

为了缓解城市交通压力，深圳近年来开展了城市高快速路网优化及地下快速路布局。这些新建城市快速路网、特别是核心区地下道路网，不可避免出现与既有地铁运营线路交叉、重叠等近距离穿越情况。地下快速路规划埋深通常小于地铁隧道，采用明挖法施工，由于地铁隧道埋深仅为 10～30m，上部地下快速路施作的空间十分有限。同时，由于地下快速路与地铁线路通常位于城市主干道，可能出现二者长距离共线的情况。地铁保护区内工程施工，面临了许多新的问题和挑战[1]，如何有效控制浅层地下道路施工对既有隧道的影响，需要理论和大量实践的基础上进行深入研究。

本文系统介绍了深圳地铁地质条件、保护区内地下道路施工难点，并结合两个典型的工程案例探讨基于地铁保护的地下道路施工技术，以期为类似地下工程施工提供借鉴。

2 深圳地铁工程地质条件

图 1 为深圳市地质分布图。市境内地质包括中元古界、泥盆系、石灰系、三叠系、侏罗系、白垩系～古近系及第四系。深圳地铁覆盖六个市辖行政区，其中以宝安区、南山区、福田区沿海地带居多，

基金项目：国家重点研发计划项目（2016YFC0800207），深圳市交通公用设施建设中心（20151118003B）

如图1所示。地铁所穿越地层以第四系土层为主，包括：①人工填土，包括素填土、填砂、填石、杂填土；②全新统近冲积层，以粉砂、黏土、细砂为主；③全新统海积层、海陆交互沉积层，淤泥、粗砂为主；⑤第四系全新统冲洪积层，以黏土、粗砂为主；⑥第四系晚更新统湖沼沉积层，以淤泥质黏土、粉质黏土、砾砂为主；⑧第四系中更新统残积层，以砾质黏性土、粉质黏土、砂质黏土为主。第四系地层厚度约为10～30m，下覆全风化～微风化燕山期侵入粗粒花岗岩、侏罗系火山碎屑灰质砂岩等。深圳市地下水潜藏较为丰富，包括松散孔隙水、基岩裂隙水和岩溶水。

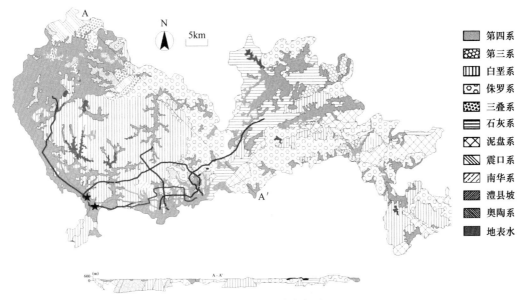

图1　深圳地质分布图

3　地铁保护区内地下道路施工特点及难点

随着深圳城市轨道交通网络覆盖率的不断提高，新建地下道路工程不可避免地要上下穿越既有地铁隧道，甚至与之共线，给施工带来极大的困难：

（1）地下道路采用明挖法施工，其开挖深度普遍达12～18m，开挖卸载量大，地层应力释放造成坑底回弹，隧道随之上浮变形[3]。特别地，当地下道路与地铁隧道长距离共线时，由于纵向卸载叠加效应的影响，上方开挖卸载引起的隧道变形量大大增加，隧道变形控制极为困难；

（2）浅层土体含淤泥、淤泥质黏土、粗砂（含淤泥）等软弱土层，力学性质差、自稳能力不强，一旦扰动容易产生较大变形，对基坑支护体系设计和施工要求高，如施工不当，可能引发地层变形过大、围护结构失稳等工程灾害；

（3）第四系中更新统残积层为花岗岩残积土、砾质黏性土，具有很强的结构性、各向异性及崩解特性。开挖施工卸荷会使得土体裂隙增加，当降雨或接触地下水，土体胶结，丧失产生应力集中从而引发崩解，给施工带来危险。当前，针对花岗岩残积土的结构认识仍不足，缺乏合适的本构模型及参数，给工程数值模拟带来了一定的困难。

4　地铁保护区安全施工技术

4.1　案例一：上跨运营地铁线路的地下道路施工

（1）工程概况
深圳湖滨西路改造工程道路呈南北走向，主线隧道道路全长约1.4km，采用明挖法施工，最大开挖宽度约40m，开挖深度约9m，工程先后上跨地铁1、5和11号线（见图2）。场地工程地质条件如图3所示。基坑开挖深度约为8.7m，基坑底板与地铁5号线和11号线垂直净距约为3.0m和8.6m。

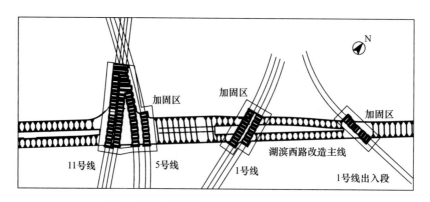

图2 湖滨西路改造工程与地铁交汇平面图

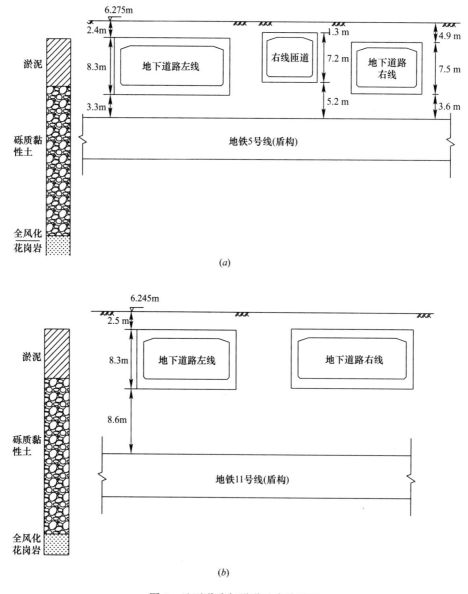

(a)

(b)

图3 地下道路与隧道垂直关系图

（2）控制措施

为了减小上方基坑开挖的影响，拟在交汇区域采用抗浮板＋抗拔桩的加固方案。采用"竖井跳挖＋回填施作抗浮板"，并充分考虑时空效应，进行"分层分区卸载"的控制措施，其施工流程如图4所示。竖井采用跳挖的施工方式，跳挖顺序如图5所示。开挖到底后施工抗浮板和连梁，抗浮板施做完成后进行竖井土体回填，抗拔桩深度为18m。待地铁隧道上方抗浮板全部施工完成后，采用分线、分段开挖地下通道，及时施做地下道路内部结构，形成反压，最后开挖交汇区外侧土体。为提高施工效率，同时开挖5号线左线（或右线）和11号线左线（或右线）上方土体。

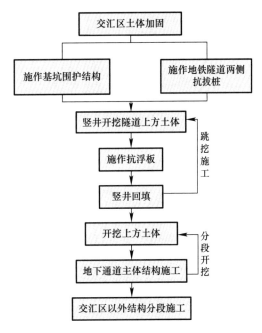

图4　上跨运营地铁线路的地下道路施工流程

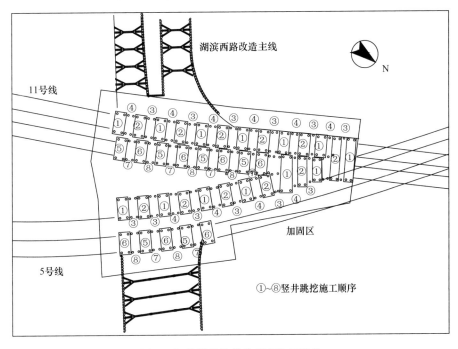

图5　竖井跳挖施作抗浮板加固措施

（3）效果分析

基于有限元数值模拟对上述加固措施在施工过程的影响及加固效果进行分析。为了更好地反映土体在开挖卸载下的变形特性，土体本构模型采用小应变硬化土模型（HSS 模型），通过现场取土、室内试验确定相关参数，如表 1 所示。

土层模型及计算参数

表 1

土层名称		淤泥	砾质黏性土	强风化花岗岩	加固土
厚度	（m）	6	24	8	6
γ	（kN/m³）	18	18	20	18
E_{oed}^{ref}	（MPa）	2.13	6.54	15	18
E_{50}^{ref}	（MPa）	3.03	6.54	15	16
E_{ur}^{ref}	（MPa）	10.08	25.5	45	42
m	—	0.8	0.72	0.74	0.8
c'	（kPa）	12	8	0	20
φ'	（°）	5	32	32	28
G_0	（MPa）	32.7	54.2	163.5	100
$\gamma_{0.7}$	—	0.0004	0.0003	0.0002	0.0003
K_0	—	0.53	0.47	0.49	0.4

注：γ—土的天然重度，E_{oed}^{ref}—侧限压缩试验切线刚度，E_{50}^{ref}—标准三轴排水试验割线刚度，E_{ur}^{ref}—工程应变范围内卸载/重加载刚度，m—刚度的应力相关幂指数，c'—有效黏聚力，φ'—有效内摩擦角，G_0—小应变参考模量，$\gamma_{0.7} = G_s - 0.722 G_0$ 时的剪切应变，K_0—正常固结土的侧压力系数。

施工各阶段隧道上浮量如图 6 所示。可以看出，5 号线未采用抗浮板加固措施所引起的最大上浮量为 23.4mm，远远超过变形允许值。竖井跳挖＋回填方式施做地铁 5 号线抗隆起板过程中，隧道整体上浮量不足 1mm，上方土体开挖完成后基坑底土体向上发生移动，隧道最大上浮量为 7.2mm。施作地下通道内部结构之后，隧道上浮量由 7.2mm 减小为 2.9mm。进行地铁隧道周边土体开挖的过程中，5 号线隧道拱顶上浮量由 2.9mm 增加到 5.3mm。施工过程地铁变形均在控制范围（10mm）之内。同样，11 号线采用提出的抗浮加固方案后，最大变形量从 12mm 减小为 4.8mm。

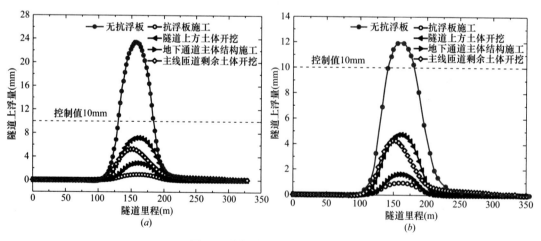

图 6　不同开挖阶段隧道上浮量
（a）5 号线；（b）11 号线

4.2　案例二：长距离共线运营地铁的地下道路施工

（1）工程概况

深圳桂庙路地下通道快速化改造工程（一期）道路全长约 4.8km，其中与地铁 11 号线共线段长 3.09 km。地下通道采用明挖施工，基坑最大开挖深度 18m，最大开挖宽度 46m，隧道距离坑底最小距离为 6m。场地地层自上而下为：素填土、填砂、人工填石、杂填土（①）；第四系全新统海积、海陆交互沉积淤泥、粗砂（含淤泥）、粗砂及中粗砂（③₁～③₄）；全新统冲洪积黏土、粗砂（⑤₁～⑤₂）；上更新统湖沼沉积淤泥质黏土、上更新统冲洪积粉质黏土、砾砂（⑥₁～⑥₃）；晚中更新统残积砾质黏性土（⑧）以及下覆燕山期侵入粗粒花岗岩（⑨₁～⑨₄）。图 7 为典型剖面及对应地层分布图。

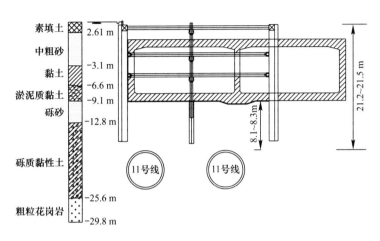

图 7 典型断面图

（2）控制措施

1）留土反压法

基坑开挖在基底产生卸荷拱，一定深度范围内土体卸荷回弹变形、隧道上浮。对于长距离共线地下道路基坑开挖，会在纵向上形成大跨度卸荷拱，从而引起隧道大幅度变形量。为了有效地控制隧道变形量，宜利用"土拱效应"原理，将大土拱分解为若干个小土拱，使卸荷拱影响控制在一定范围之内，如图 8 所示。采用留土反压方式，预留中岛作为拱脚支撑，待开挖区底板浇筑、上部结构施作完成形成反压后，以结构为拱脚支撑点开挖中岛。较之传统的抽条开挖法，留土反压的另一优势在于增加工作面，进而有效缩短了工期。

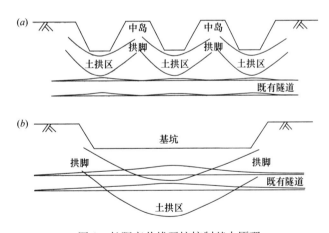

图 8 长距离共线开挖控制基本原理

为充分发挥土拱效应，需控制中岛和侧坑开挖的长度。图 9 利用数值模拟获得的不同留土反压方案引起的隧道变形量对比。土体本构模型和上述案例一致，采用小应变硬化土模型（HSS 模型）。结果表明，若中岛长度为 20m、两侧开挖长度为 40m，侧坑开挖完成后隧道最大上浮量为 22mm，位于侧坑中心点上方；上部结构施工导致其相应位置上浮量回落，中岛施工完成后，最大上浮量为 20mm，位于中岛上方。若中岛长度为 50m、两侧开挖长度 25m，则侧坑开挖上浮量明显减小，为 15mm，但中岛施工后上方最大变形量达到了 25mm。实际开挖应以侧坑长度大于中岛长度为宜。

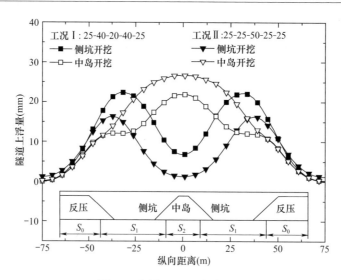

图 9　不同留土反压方案对比

2）开挖层高及步长控制

上述分析中中岛与侧坑开挖以一次性开挖至底的方法进行模拟，隧道上浮量仍超限，需进行分层分段开挖，对层高和步长进行严格控制。图 10 为不同层高和步长开挖方案示意图。表 2 为不同步开挖方案数值模拟结果。由表可知，2m 层高、10m 每幅开挖，较之 8m 每幅，隧道变形有较大增幅。这是由于 10m 每幅时整体开挖范围因 8 层的原因每幅增加了 16m 的开挖范围，使得隧道上方存在整体卸载，隧道变形增大，左线隧道竖向变形增大 6.5mm，约为 8m 步长竖向变形量的 64.5%。4m 层高下，10m 每幅相对 8m 每幅增加范围小，开挖至底时仅增加 8m，隧道变形增量较小，但由于实际施工中后续施工推进，隧道变形增大幅度会受上方开挖范围影响，整体开挖范围增长对隧道控制不利，故施工中采用 8m 每幅为宜。

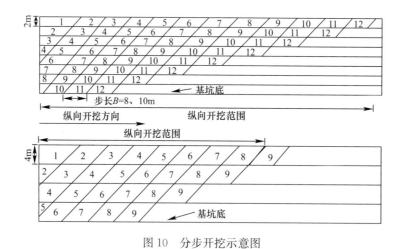

图 10　分步开挖示意图

不同分步开挖方案计算结果　　　　　　　　　　　　　　　　　　　　　表 2

工况		左线隧道变形最大值（mm）		右线隧道变形最大值（mm）	
层高	幅长	水平	竖向	水平	竖向
2m	8m	5.3	9.9	11.0	6.1
2m	10m	11.2	16.4	17.8	6.8
4m	8m	6.1	10.3	10.8	5.8
4m	10m	6.0	10.7	11.7	6.2

当采用 2m 层高 8m 每幅开挖时，由于单步开挖层高较小且步长较短，对周边土体扰动较小，隧道变形相应较小。其中，左线隧道竖向变形 9.9mm，右线隧道竖向变形 6.1mm。但因其开挖层高仅为 2m，当开挖深度为 16m，基坑开挖到底共需 8 层。考虑实际开挖中，将开挖范围、底板浇筑范围、整体结构施作范围等全部考虑后，其开挖部分整体长度过大，难以结合留土反压法进行施工。采用 4m 层高 8m 每幅，仅需 4 层开挖即可到达基坑底，卸荷范围减小，上方整体卸载量较小，因此虽然单次开挖层高较大，但因隧道纵向受影响范围较小，整体隧道纵向应变协调对其的限制作用。隧道最大竖向变形与 2m 层高时相差无几，但单次开挖量大，对于实际施工较为有利。综合考虑实际施工中开挖长度范围，宜采用该种开挖方式。

3）地基加固

为控制隧道及基坑的变形，常用高压旋喷桩对基坑底土体进行加固[5]，地基加固提高了加固区土体的刚度和强度，减小了基坑开挖过程中地基土的变形。基坑底加固方案包括：①满堂加固；②"门式"加固（图 11）。为分析不同加固方案对隧道上浮控制的影响，采用数值模拟方法进行分析，其结果如图 12 所示。如图所示，未进行地基加固隧道最大上浮量为 19.8mm。满堂加固下，左线隧道拱顶最大竖向变形为 14.3mm，相较于无地基加固方案，隧道变形有所减小，减小幅度约 27.5%，具有较好的控制效果。相比基底满堂加固，"门式"地基加固对控制基坑下方隧道上浮更为有利，隧道最大竖向变形控制在 10.3mm，相较于无地基加固方案减小约 47.8%。

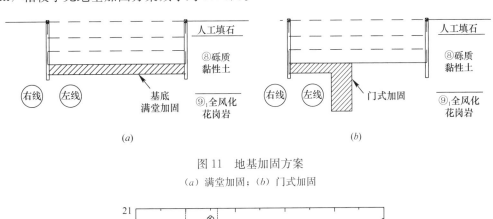

图 11 地基加固方案

(a) 满堂加固；(b) 门式加固

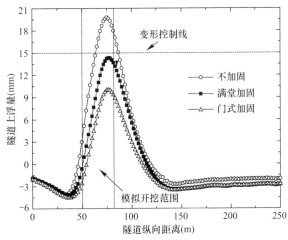

图 12 不同地基加固方案隧道上浮量

（3）现场实测分析

综合上述方法对现场施工进行控制，图 13 为不同剖面处现场实测隧道变形量随时间变化发展曲线。由于 K2＋510 处隧道距离坑底约 15.1m，隧道最大上浮量约 4.5mm。K2＋847 处最大上浮量达到了 17.5mm，其原因为：①基坑开挖深度大，隧道距离坑底仅 6.2m；②该剖面基岩埋藏较深，上覆深厚的晚中更新统残积砾质黏性土⑧，对变形控制极为不利；③高压旋喷桩成桩差，加固效果不明显。分析各个剖面隧道变形情况知，当开挖深度较大时，隧道的上浮量增加显著增快。从基坑开挖引起的隧道上浮变形存在滞后现象，从坑底开挖隧道上浮到最终达到稳定约需 10 天。基坑开挖到底至隧道上浮稳定时隧道上浮量约占最大上浮量的 50%。施工中应加强监测，坑底开挖时的沉降量应避免超过隧道允许变形值的 50%。

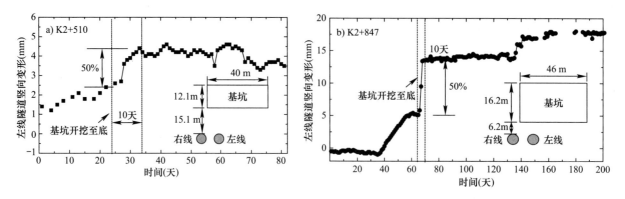

图 13　隧道变形随时间变化图

5　结论

针对深圳滨海地层地铁保护区内地下道路施工问题，系统介绍其工程地质条件、施工难点，并通过上跨和长距离共线既有运营地铁隧道两个典型工程案例分析，提出保护地铁的地下道路施工方法，得出结论如下：

（1）针对近距离上跨运营地铁线路的地下道路施工，提出抗浮桩结合抗浮板的加固措施，其中抗浮板采用"竖井跳挖＋回填施作"方式控制其对隧道的影响，充分利用时空效应分线、分段开挖地下通道。与无抗浮板的方案相比，竖井跳挖施作抗浮板的加固方案大大减小了隧道的变形量。

（2）长距离共线既有地铁隧道的地下道路施工，由于基坑开挖卸载可导致隧道产生较大上浮变形。采用留土反压方法将大卸荷拱化解为小卸荷拱，并结合分层分段开挖方式、门式地层加固措施可有效控制隧道的上浮变形。

（3）当开挖深度较大时，隧道的上浮量显著增快。基坑开挖引起的隧道上浮变形存在滞后现象，从坑底开挖隧道上浮到最终达到稳定约需 10 天。基坑开挖到底至隧道上浮稳定时隧道上浮量约占最大上浮量的 50%。施工中应加强监测，坑底开挖时的沉降量应避免超过隧道允许变形值的 50%。

参考文献

[1]　地铁运营安全保护区和建设规划控制区工程管理办法. 深圳市地铁集团有限公司，2016

[2]　刘树亚，欧阳蓉. 基坑工程对深圳地铁的结构变形影响和风险控制技术 [J]. 岩土工程学报，2012，34（S1）：638-643.

[3]　郑刚，杜一鸣，刁钰等. 基坑开挖引起邻近既有隧道变形的影响区研究 [J]. 岩土工程学报，2016，38（04）：599-612.

[4]　谢雄耀，牛俊涛，杨国伟等. 重叠隧道盾构施工对先建隧道影响模型试验研究 [J]. 岩石力学与工程学报，2013，32（10）：2061-2069.

[5]　田军. 大面积搅拌桩加固对隧道变形影响的施工控制技术 [J]. 岩土工程学报，2010，32（S2）：435-438.

[6]　宗翔. 基坑开挖卸载引起下卧已建隧道的纵向变形研究 [J]. 岩土力学，2016，37（S2）：571-577＋596.

作者简介

陈仁朋（Chen Renpeng），男，1972 年 11 月生，浙江衢州人，博士，教授。

1994 年获湖南大学公路与城市道路工程专业学士学位；1997 年或浙江大学岩土工程专业获硕士学位；2001 年获浙江大学岩土工程专业博士学位；2004.12-2005.12 美国普渡大学土木系访问学者；2015.8 起担任湖南大学土木工程学院院长。国家杰出青年基金获得者、万人计划领军人才、中国青年科技奖获得者。长期从事隧道与地下工程、软弱土灾变控制及交通岩土工程等领域的研究，在国内外权威期刊发表 SCI 论文 45 篇、EI 论文 84 篇，主持了杰青、重点和面上等国家自然科学基金项目 6 项，国家重点研发计划项目课题、国家 973 计划、863 计划课题各 1 项。研究成果获国家科技进步二等奖 1 项（排名第 2）、教育部科技进步二等奖 1 项、浙江省科技进步一等奖 1 项、二等奖 2 项。担任国际土力学及岩土工程学会（ISSMGE）等多个重要学术组织委员、中国土木工程学会土力学及岩土工程分会 3 个专业委员会副主任。

E-mail：chenrp@hnu.edu.cn，电话：0731-88821342，地址：湖南长沙岳麓山湖南大学土木工程学院，410082。

TUNNEL DEFORMATION CONTROL TECHNOLOGY FOR UNDERGROUND ROAD CONSTRUCTION IN METRO PROTECTION AREA OF SHENZHEN COASTAL GROUND

CHEN Ren-peng[1,2,3], WU Huai-na[1,2,3], LIU Yuan[1,2,3]

(1. Key Laboratory of Building Safety and Energy Efficiency of Ministry of Education, Hunan University, Changsha 410082, China; China; 2. National Center for International Research Collaboration in Building Safety and Environment, Hunan University, Changsha 410082, China; 3. College of Civil Engineering, Hunan University, Changsha 410082)

Abstract：The development of underground roads in Shenzhen has leaded to the occurrence of many complicated projects that intersect, overlap or even long-distance collinear with the operating subway lines. This paper systematically introduces the engineering geological conditions of metro tunnels and the difficulties encountered by underground road construction with open-cut method. Through the analysis of two typical engineering cases, that is, constructing above and long-distance collinearity the existing metro tunnels, the underground road construction control technology in the metro protection zone is discussed. For the constructing above the existing subway tunnels, the reinforcement measure that combining anti-floating pile with the anti-floating board is proposed. The anti-floating board adopts the method of "shaft jumping construction + backfilling" for minimizing the influence on the tunnel. For long-distance collinearity case, measures such as excavation alternated with non-excavation in longitudinal direction, layered excavation, and "gate-shape" reinforcement are proposed. According to the field measurement, the phenomenon of hysteresis in the tunnel uplift deformation caused by the excavation was observed. It takes about 10 days for the tunnel to stabilize after completion of the excavation, and the post-construction deformation accounted for about 50% of the total deformation. The tunnel deformation should be controlled within 50% of the allowable value when the bottom of foundation pit is excavated.

Key words：Underground road, metro tunnel, long-distance collinearity, over-crossing; uplift

改良膨胀土 SHPB 试验动力特性与能量耗散分析

马芹永[1,2]，操子明[2]

(1. 安徽理工大学 矿山地下工程教育部工程研究中心，安徽 淮南 232001；

2. 安徽理工大学 土木建筑学院，安徽 淮南 232001)

摘 要： 为研究改良膨胀土在冲击荷载下动力特性与能量耗散变化，采用直径50mm分离式霍普金森压杆试验装置，对不同掺砂量的水泥粉煤灰改良膨胀土进行0.3MPa、0.4MPa和0.5MPa冲击气压下的SHPB试验。试验结果表明，掺砂量在0～24％范围内，改良土动强度随掺砂量增加先增大后减小；掺砂量为8％，动强度达到最大值；随着平均应变率的增加，改良土动强度呈二次关系增大；掺砂后改良土试样破碎块度均匀性较好；改良土单位体积吸收能随平均应变率增加呈二次关系增加。

关键词： 改良膨胀土；SHPB；动强度；平均应变率；单位体积吸收能

1 引言

由于膨胀土吸水膨胀、失水收缩的特性[1]，膨胀土地区公路路基和地基极易产生不均匀沉降以及边坡崩塌等工程地质灾害。膨胀土的改良方法有多种：换填法、压实法、掺合料法等。工程中常用的改良方法是利用石灰、粉煤灰、水泥等掺合料的化学改良方法[2,3]。由于砂的价格低廉和来源广泛，选择其作为掺合料结合化学改良方法，不仅可以改良膨胀土的颗粒级配，同时合适掺量的砂可以达到提高土体强度的效果。目前国内外学者对改良膨胀土的性质进行了大量的研究。Kolay P K 等[4]研究发现，掺砂对膨胀土的膨胀性有一定的抑制作用，同时适量的砂可以提高土体的强度和压缩性。在工程实践中，改良土体往往会承受冲击和撞击等动荷载作用。因此，研究改良膨胀土在冲击荷载作用下的动态力学性能是有意义的。

利用安徽理工大学直径50mm分离式霍普金森压杆装置，采用三种冲击气压对不同掺砂量的水泥粉煤灰改良土进行SHPB试验，分析冲击荷载作用下改良土的动态力学特性，并从能量的角度，进一步分析改良土在冲击荷载作用下的能量耗散规律和动态力学特性。

2 试样制备和 SHPB 试验方法

2.1 水泥粉煤灰改良膨胀土加固机理分析

由于水泥水化产物与黏土颗粒的胶结作用以及凝硬反应使得膨胀土内部结构致密而具有较高的强度。在碱性环境下，水泥水化反应中释放的 Ca^{2+} 与膨胀土矿物成分中部分物质发生化学反应，生成不溶于水的结晶化合物，在水和空气中硬化而具有较高的强度[5]。

粉煤灰加入到膨胀土中，会发生离子交换作用、团粒化作用和絮凝作用，使得土中细颗粒体团聚而形成相对粗颗粒体，有效降低膨胀土的塑性指数、活性指数以及胀缩特性等，并在一定程度上提高其水稳定性和强度[6]。

2.2 试验材料和试样制备

试验土样取自安徽省某市地铁施工线路，土样的液限和塑限分别为42.8％和22.0％，塑性指数为

20.8，土粒相对密度为2.71，最优含水率为18.9％，最大干密度为1.76g/cm³，土样的自由膨胀率为46％，根据《膨胀土地区建筑技术规范》[7]，属于弱膨胀土。水泥采用P·O 42.5普通硅酸盐水泥；粉煤灰为淮南电厂的粉煤灰，SiO_2、Al_2O_3、Fe_2O_3和CaO的含量分别为40.12％、23.58％、7.39％和9.65％，其他化学成分占19.26％；根据ASTM粉煤灰的分类方法可知，为F类粉煤灰；砂子采用标准细砂，细度模数为2.31。

结合国内外研究，选择水泥粉煤灰改良土的最佳掺量为粉煤灰：水泥＝2：1，水泥粉煤灰改良土的静动态强度试验结果（SHPB试验冲击气压为0.5MPa）如表1所示。

水泥粉煤灰改良土的静动态强度   表1
Static and dynamic strength of cement-fly ash stabilized soil   Table. 1

水泥粉煤灰掺量	静态单轴抗压平均强度（MPa）	单轴冲击平均强度（MPa）
水泥5％＋粉煤灰0％	1.14	4.94
水泥5％＋粉煤灰5％	1.21	5.26
水泥5％＋粉煤灰10％	1.30	5.78
水泥5％＋粉煤灰15％	1.24	5.39
水泥5％＋粉煤灰20％	1.20	4.87

确定水泥掺量为干土质量的5％，水灰比为0.5，粉煤灰掺量为干土质量的10％，掺砂量为干土质量的0％、8％、16％和24％。制备土样时，将烘干、粉碎后的土样过2mm的筛，按照含水率18.9％制样，搅拌均匀后在密封容器内静置24h，以保证试样含水率均匀。然后将一定质量的土样、水泥、粉煤灰和砂搅拌均匀，采用分层击实法制备试样，试样高度为25mm，直径为50mm。将制备好的试样用保鲜袋密封后置于温度为20±2℃、相对湿度为95％的标准养护室内养护28d。

2.3 SHPB试验装置和试验方法

试验采用直径50mm分离式霍普金森压杆试验装置，如图1所示。试样放置于入射杆和透射杆之间，并在试样和压杆端面的接触处涂抹凡士林以消弱端面摩擦效应。SHPB试验原理建立在两个基本假设上，即一维应力波和应力均匀性假设。

由于改良土的波阻抗较低，当入射脉冲传播到压杆与试件交界面处时，大部分入射信号被反射，透射信号十分微弱，采用普通箔式电阻应变片不能够采集到有效的透射信号。根据文献，采用半导体应变片可以较好地采集到透射信号。故在透射杆上粘贴半导体应变片以采集微弱的透射信号，在入射杆上粘贴普通箔式电阻应变片采集入射和反射信号，然后通过三波法来计算改良土的动态力学参数应力$\sigma(t)$、应变$\varepsilon(t)$和应变率$\dot{\varepsilon}(t)$。

图1 SHPB试验装置
Fig.1 SHPB apparatus

3 SHPB试验结果与分析

3.1 改良土的动态应力-应变曲线

当冲击气压为0.4MPa，不同掺砂量下水泥粉煤灰改良土的动态应力-应变曲线如图2所示。随着应变的增大，应力近似呈线性增大；随着应变的进一步增大，应力缓慢增长；达到峰值应力后，应力下降，进入破坏阶段。未掺砂的水泥粉煤灰改良土的动态应力-应变曲线在达到峰值应力后，随着应变的增大，应力下降较为迅速，而掺砂的水泥粉煤灰改良土动态应力-应变曲线在达到峰值应力后下降较缓。

随着掺砂量的增加，改良土的峰值应力呈现先增大后减小的趋势，但试样的极限应变并未随掺砂量的改变而出现明显的变化，同时不同掺砂量的动态应力-应变曲线表现出汇聚现象。

当掺砂量为8％时，不同冲击气压下水泥粉煤灰改良土的动态应力-应变曲线如图3所示。随冲击气压的增大，改良土动态应力-应变曲线的峰值应力逐渐增大，极限应变也逐渐增大。由于冲击气压的增加，改良土试样内部的裂纹从来不及充分发展到各局部区域内同时扩展，同时扩展的裂纹数量迅速增加表现为吸收能量的增加，进而提高峰值应力和极限应变。

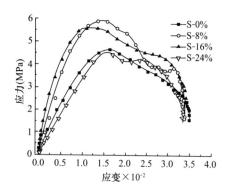

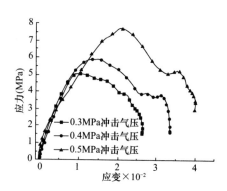

图2　不同掺砂量的改良土动态应力-应变曲线

（0.4MPa 冲击气压）

Fig. 2　Dynamic stress-strain curves for stabilized soil specimen with different sand contents（0.4MPa impact pressure）

图3　不同冲击气压下改良土的动态应力-应变曲线

Fig. 3　Dynamic stress-strain curves forstabilized soil specimen under different impact pressures

3.2　掺砂量对改良土动强度的影响

不同冲击气压下水泥粉煤灰改良土的动强度随掺砂量变化的散点图如图4所示，从图中不同掺砂量试样的变异系数 C_v 可知，试验数据的离散性较小。当掺砂量在0～24％范围内时，水泥粉煤灰改良土的动强度随掺砂量的增加呈先增大后减小的趋势。当掺砂量为8％时，冲击气压为0.3MPa、0.4MPa 和0.5MPa 时，平均动强度分别为5.13MPa、6.02MPa 和7.91MPa，与未掺砂的水泥粉煤灰改良土动强度相比，分别提高了28.25％、29.18％和36.85％；当掺砂量超过8％时，试样的动强度出现下降的趋势。

砂的掺入增加了改良土的密实度，试样内部孔隙减小，同时适量的砂与黏土颗粒、水化产物之间形成的胶结界面，使得水泥粉煤灰改良土的整体性提高，强度增大。试验中，当掺砂量为8％时，土体-砂-水化产物三相界面之间的胶结能力达到最优。随着掺砂量的进一步增大，试样内部形成大量的砂-砂界面，由于砂-砂颗粒之间的咬合力小于土体-砂-水化产物三相界面之间的整体连接力，因此其动强度有大幅度的降低。

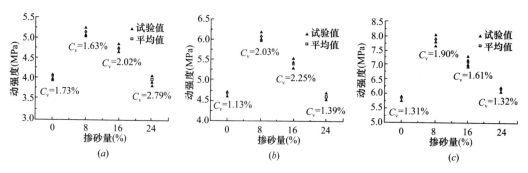

图4　改良土动强度随掺砂量变化关系图

Fig. 4　Relationship betweensand content and dynamic strength of stabilized soil specimen

（a）0.3MPa impact pressure；（b）0.4MPa impact pressure；（c）0.5MPa impact pressure

3.3 应变率对改良土动强度的影响

掺砂量为 8% 的改良土动强度与平均应变率关系如图 5 所示，从图 5 可以看出，随平均应变率的增大，试样的动强度呈二次函数关系增大，表明改良土具有较好的应变率效应，试样的动强度和平均应变率具有较强的相关性，其表达式为：

$$\sigma_{\mathrm{d}} = 3.573 \times 10^{-4}\, \bar{\varepsilon}^2 - 0.097\, \bar{\varepsilon} + 11.701 \quad (R^2 = 0.986) \quad (1)$$

式中，σ_{d} 为改良土的动强度；$\bar{\varepsilon}$ 为改良土的平均应变率。

由于改良土试样内部存在不同的微裂纹和微孔洞，材料的破坏是由于裂纹的产生和扩展导致的。裂纹产生过程所需的能量远大于裂纹扩展过程所需的能量。应变率越大，产生的裂纹就越多，因此所需的能量就越多。

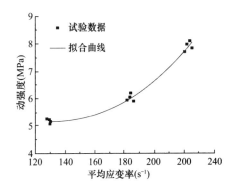

图 5 改良土动强度与平均应变率的关系图

Fig. 5 Relationship between dynamic strength and average strain rate ofstabilized soil specimen

3.4 改良土的冲击破坏形态

当冲击气压为 0.4MPa 时，在 SHPB 试验中，不同掺砂量水泥粉煤灰改良土的破坏形态如图 6 所示。

图 6 不同掺砂量改良土的破坏形态

Fig. 6 Failure modes ofstabilized soil specimen with different sand content

(a) S—0%；(b) S—8%；(c) S—16%；(d) S—24%

掺砂量 8% 水泥粉煤灰改良土在不同冲击气压下的破坏形态如图 7 所示。

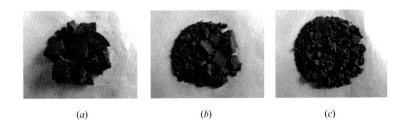

图 7 不同冲击气压下改良土的破坏形态

Fig. 7 Failure modes of stabilized soil specimen under different impact pressure

(a) 0.3MPa；(b) 0.4MPa；(c) 0.5MPa

随掺砂量的增大，试样的破坏程度逐渐增大，碎块的数量逐渐增多，尺寸逐渐变小。与未掺砂的水泥粉煤灰改良土相比，小碎块数量增加，大碎块数量减少，破碎块度均匀性较好。

当冲击气压较小，为 0.3MPa 时，改良土试样破裂成几个比较大的块状碎块；当冲击气压为 0.5MPa 时，试样碎块中出现很多细粒碎块，碎块颗粒较为均匀、细小。随冲击气压的增加，试样的破碎程度逐渐增大，裂纹扩展程度逐渐加剧，破碎的碎块尺寸减小，碎块数目增多，试样的破坏形式由块状转变为粉状。

3.5 改良土能量耗散分析

能量耗散是材料破坏的原动力[8]，材料的变形破坏可以看成是不同形式能量之间的相互转换，是一种能量耗散的不可逆过程[9]。根据一维应力波理论和能量守恒定律，由试验所得的入射波、反射波和透射波计算入射能 W_I、反射能 W_R 和透射能 W_T；由应力均匀性假定，得试样吸收能量 W_S 为：

$$W_S = 2EAC \int \varepsilon_R(t) \varepsilon_T(t) \mathrm{d}t \qquad (2)$$

式中，A、C 和 E 分别为压杆材料的横截面面积、纵波波速和弹性模量；$\varepsilon_R(t)$ 和 $\varepsilon_T(t)$ 分别为反射应变波和透射应变波。

当掺砂量为 8% 和冲击气压为 0.5MPa 时，改良土的能量时程曲线如图 8 所示。

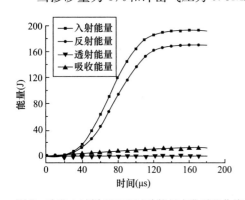

图 8　改良土试样 SHPB 试验能量变化时程曲线

Fig. 8　Energy-time curve ofstabilized soil specimen in SHPB test

由图 8 可以看出，在初始阶段，入射能量、反射能量和试样吸收能量均随时间的增加而增加，达到一定时间后，能量基本保持在一恒定值不再增加；入射能量和反射能量最终恒定值分别为 191.91J 和 169.81J，是吸收能量最终恒定值的 17 倍和 15 倍左右；透射能量随时间增加变化不明显。

引入单位体积吸收能分析应变率和动强度与改良土试样吸收能量的关系。改良土试样吸收能量与试样体积之比[27]为单位体积吸收能 E_S，计算公式为：

$$E_S = W_S / V_S \qquad (3)$$

式中，V_S 为改良土的体积。

表 2 为 SHPB 试验中部分改良土试样（掺砂量 8%）的能量分析结果。

部分试样能量分析结果　　　　　　　　表 2

Energy analysis results of partial stabilized soil specimens　　　Table. 2

试样	平均应变率（s^{-1}）	动强度（MPa）	单位体积吸收能（$J \cdot cm^{-3}$）
	129.34	5.23	0.0921
	130.13	5.16	0.1012
	129.79	5.08	0.0923
	127.74	5.25	0.0965
	186.38	5.90	0.1423
	184.46	6.21	0.1292
掺砂量 8%	181.89	5.93	0.1394
	183.94	6.05	0.1342
	223.57	8.10	0.2051
	221.78	7.99	0.2264
	220.39	7.70	0.2111
	225.10	7.85	0.2314

为分析试样平均应变率、动强度与单位体积吸收能的关系，将表 2 中的数据绘制成图 9 和图 10。从图 9 的拟合曲线可以明显看出，随着平均应变率的增加，改良土试样的单位体积吸收能呈二次函数增加，其表达式为：

$$E_S = 1.482 \times 10^{-5} \bar{\varepsilon}^2 - 0.004 \bar{\varepsilon} + 0.352 \quad (R^2 = 0.979) \qquad (4)$$

平均应变率的增加会导致试样内部损伤程度增大，裂纹数量增多，裂纹起裂、扩展和贯通的速度加快，由于裂纹的孕育、产生、扩展和贯通每一过程都需要从外部吸收能量[9]，因此改良土的单位体积吸收能迅速增加；此外，由于新裂纹的产生所需的能量远大于原有裂纹扩展所需的能量，应变率越高，新裂纹的数量越多，改良土单位体积吸收能越大。

图 10 表明，改良土动强度随单位体积吸收能的增加呈线性增加，其表达式为：

$$\sigma_d = 21.770E_s + 3.103 \quad (R^2 = 0.956) \tag{5}$$

试样动强度随单位体积吸收能的增加而线性增加，线性拟合的相关系数较高，表明动强度与单位体积吸收能具有良好的正向相关性。当单位体积吸收能较低时，仅有一些能量作用于试样内部裂纹的萌生与扩展，故强度较低；当单位体积吸收能较高时，试样内微裂纹未能及时扩展和贯通，试样变形滞后，出现动强度强化效应[10]，导致改良土试样动强度提高。

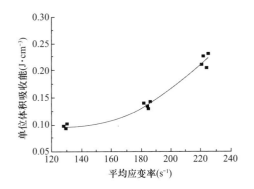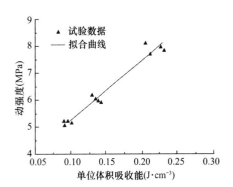

图 9　改良土平均应变率与单位体积吸收能的关系

Fig. 9　Relationship betweenaverage strain rate and absorption energy per unit volume of stabilized soil specimen

图 10　改良土单位体积吸收能与动强度的关系

Fig. 10　Relationship between absorption energy per unit volume and dynamic strength ofstabilized soil specimen

4　结论

（1）改良土的动强度随掺砂量的增加呈先增大后减小的趋势，当掺砂量为 8% 时，试样的平均动强度达到最大值；随着平均应变率的增加，改良土动强度呈二次函数增大。

（2）掺砂后改良土试样破碎块度均匀性较好，随冲击气压的增加，试样破碎程度增大，碎块尺寸减小，碎块数目增多。

（3）改良土试样单位体积吸收能随平均应变率增加呈二次函数增加；改良土试样动强度随单位体积吸收能的增加线性增加，具有良好的正向相关性。

参考文献

[1]　廖世文. 膨胀土与铁路工程 [M]. 北京：中国铁道出版社，1984.

[2]　查甫生，刘松玉，杜延军. 石灰-粉煤灰改良膨胀土试验 [J]. 东南大学学报（自然科学版），2007，37（2）：339-344.

[3]　黄斌，聂琼，徐言勇，等. 膨胀土水泥改性试验研究 [J]. 长江科学院院报，2009，26（11）：27～30.

[4]　Kolay P. K., Ramesh K. C. Reduction of expansive index, swelling and compression behavior of kaolinite and bentonite clay with sand and class C fly ash [J]. Geotechnical & Geological Engineering, 2016, 34: 87-101.

[5]　惠会清，胡同康，王新东. 石灰粉煤灰改良膨胀土性质机理 [J]. 长安大学学报（自然科学版），2006，26（2）：34-37.

[6]　冯美果，陈善雄，余颂，等. 粉煤灰改性膨胀土水稳定性试验研究 [J]. 岩土力学，2007，28（9）：1889-1893.

[7]　中华人民共和国国家标准. 膨胀土地区建筑技术规范 GB 50112—2013 [S]. 北京：中国建筑工业出版社，2012.

[8]　赵忠虎，谢和平. 岩石变形破坏过程中的能量传递和耗散研究 [J]. 四川大学学报，2008，40（2）：26～31.

［9］ 谢和平，鞠杨，黎立云. 基于能量耗散与释放原理的岩石强度与整体破坏准则［J］. 岩石力学与工程学报，2005，24（17）：3003-3010.

［10］ 刘鑫，郭连军，徐振洋. 岩石劈裂拉伸试验的能量耗散分析［J］. 爆破，2016，33（3）：17-22.

作者简介

马芹永，男，1964 年生，安徽宿州市人，博士、教授、博士生导师，2005 年于北京科技大学获岩土工程博士学位，主要从事岩土工程的教学和科研工作。E-mail：qymaah@126.com，电话：0554-6655961；13645548968，地址：安徽省淮南市泰丰大街 168 号安徽理工大学土木建筑学院，232001。

ANALYSIS ON DYNAMIC PROPERTIES AND ENERGY DISSIPATION OF STABILIZED EXPANSIVE SOIL BASED ON SHPB TESTS

MA Qin-yong[1,2], CAO Zi-ming[2]

（1. Engineering Research Center of Underground Mine Construction, Ministry of Education, Anhui University of Science and Technology, Huainan 232001, China; 2. School of Civil Engineering and Architecture, Anhui University of Science and Technology, Huainan 232001, China）

Abstract： In order to study the dynamic mechanical properties and energy dissipation of stabilized expansive soil under impact loading, SHPB tests on cement-fly ash stabilized soil with different sand contents are performed by ϕ50mm split Hopkinson pressure bar （SHPB） under 0.3MPa, 0.4MPa and 0.5MPa impact pressures. Test results show that when sand content is within 24%, dynamic strength of stabilized soil first increases and then decreases with the increase of sand content. With sand content of 8%, the maximum value of average dynamic strength is obtained. Dynamic strength of stabilized soil increases in a quadratic function with average strain rate. The fragment size of stabilized soil specimens with sand presents a good uniformity. Specific absorption energy of stabilized soil increases in a quadratic function with average strain rate.

Key words： stabilized expansive soil, SHPB, dynamic strength, average strain rate, specific absorption energy

地铁车站与市政桥梁合建关键技术研究

杨德春[1]，杨璐菡[2]

(1. 广州地铁设计研究院有限公司，广东 广州 510010;

2. 华南农业大学材料与能源学院，广东 广州 510642)

摘 要： 城市地铁车站与市政桥梁合建越来越日益普遍，优点节约土地，实现资源共享，缺点是两者线路难以完全重合，结构柱网布置存在转换和利用关系，地铁车站与市政桥梁同时建造的关键技术因地铁车站功能、地面道路交通状况、地下管线分布及建设时序等因素影响较大，存在着分建和合建情况。本文通过地铁车站与市政桥梁合建的关键技术研究，结合有关工程设计实施实例，合建技术风险有效控制及经验总结，以期为类似工程提供参考。

关键词： 地铁车站；市政桥梁；合建关键技术；车站类型分析；重难点分析

1 引言

城市化进程大规模发展，城市地铁成为缓解城市交通压力和降低能耗的技术手段。地铁建设一方面给居民出行带来了便捷，也给城市道路拆迁、地面交通规划及市政桥或隧道等城市建设带来不少困难。在老城区由于道路规划宽度受制于周边建筑物及构筑物，地铁车站与市政桥梁同步建设，须考虑两者结构建造技术的合理性和可能性，如分开建造技术是须加宽道路，带来周边建（构）筑物和管线拆迁，地面交通组织等技术难题；如两者结构采用叠建或共建同步规划可分期建设即合建技术[1-4]，可达到节约土地，利用有限城市空间，满足了地铁与市政建设需求。但合建技术需要充分考虑桥梁结构与地铁结构连接、荷载转换和传递和振动影响等关键技术[5-7]。本文通过地铁车站结构类型及市政桥梁功能分析研究合建关键技术可靠性和有效性，总结相关工程实例经验，以期对类似工程建造有所启发。

2 合建设计思路

市政桥梁一般位于道路中央或跨城市中心区交叉口正上方，其中心线与道路中心线重合且对称，困难地段在道路一侧建造；地铁车站需吸引客流最大要求，车站及出入口布置，车站规模受车站类型、换乘方式、配线方式、地下结构层数及区间工法等影响，并考虑道路下方相关管线和构筑物迁改影响，往往布置在道路或交叉口一侧、中央及两侧均有可能。地铁车站结构明挖建造，有基坑临时支护结构类型和车站主体结构类型选择，不同车站规模及基坑类型其重难点差异很大。

2.1 地铁车站类型分析

地铁车站从线网运营及建造角度大致类型有：

(1) 功能分类：侧式、岛式和一岛两侧等两层标准车站。

(2) 配线分类：单渡线、交叉渡线、存车线、联络线、出入段线及越行站渡线等。

(3) 换乘分类：岛岛换乘、岛侧换乘、T形、L形、十字形和同站台换乘等。

(4) 层数及柱跨分类：单层岛式及侧式站、双层侧式及岛式站、三层岛式站等。

(5) 建造技术工法分类：明挖及明挖铺盖和暗挖矿山法等。

2.2 市政桥梁类型分析

城市桥梁一般在道路中心架设，根据车型及桥梁幅宽有下列形式：

（1）按左、右线幅宽：单幅和双幅桥。

（2）按墩柱设置：单柱、双柱及三柱等。

（3）按预制及现浇：小箱梁预制拼装和单箱、双箱及多箱整孔现浇梁等。

（4）按材料：钢箱梁和混凝土箱梁。

（5）按纵向受力：单跨预制简支和多跨钢构。

2.3 合建关键技术研究

城市道路在修建地铁车站及高架桥时，最理想状态是道路红线有足够宽，一般有 60～80m 红线时，在地下管线位于道路两侧式，且道路中间有绿化隔离带时，可以将规划地铁线路及站址放在道路中间，将高架桥左右幅分开或采用门式墩柱，将桥梁墩柱基础与地铁保持一定距离，满足相关城市地铁保护条例，墩柱桩与地铁支护结构外净距在 3m 以上，高架桥设置双墩柱形式，保证地铁建设同步规划实施城市桥梁，即所谓分离式建造。其特点是道路红线宽，两边建筑物有足够退缩距离，双墩柱之间必须有满足地铁车站宽度柱距，交通疏解和管线迁改在道路一侧。但实际情况是城市道路在老城区狭窄，红线宽 30～40m，两边建（构）筑物邻近红线，修建地铁车站及高架桥必须在有限空间范围内实施，为节约土地资源和城市地下空间利用率，规划地铁线路站址时同步考虑高架桥设置形式，保证地铁建设同步规划实施建造高架桥接口条件，尽量使地铁车站与市政桥梁结构重叠合建，以便满足交通疏解和管线迁改。由于城市道路线路中线与地铁线路中线难以重合或重叠，往往是车站一段对齐，两端因区间工法需要偏离，导致高架桥墩柱很难与地铁车站结构柱网重合或一致，上下结构组合形式。

综上所述，地铁车站结构明、暗建造工法可见，车站结构形式多样，功能上有岛式和侧式，有配线及交叉渡线或联络线与存车线，单柱、双柱及多柱跨箱形结构，有单层、双层及三层等，涉及标准车站及换乘车站设置多线换乘站的结构变化；同时上部桥梁有单幅、双幅及单柱单墩和双柱双墩和门式架、简支箱梁和连续刚构等各种桥型等，因此，桥与地铁结构实现完全重叠、部分重叠及结构转换，组合形式有很多，在此，不一一列举，需要结合实际工程实例进行阐述，桥梁与地铁合建结构受力转换可能性及可靠性。

2.4 建造技术重难点分析

地铁站与市政桥梁在城市道路有限红线用地范围内，地铁站址选择可能在路中、路侧或跨交叉路口等情况。单一道路地铁站即使是标准车站，结构形式诸多，而在路口布局车站存在多线换乘线路车站。单方向市政桥梁有连续墩柱架，局部存在有上、下行匝道，桥梁分幅等，有单柱及多柱连续箱梁或预制小箱梁组合。交叉口建造跨线立交桥，长度在 550～680m 之间，两端有引桥存在。因此市政桥梁与地铁站合建技术重难点如下：

（1）建筑总平面分析，三者中心线重合度，影响道路、市政桥与地铁站整体布局。道路中心线、道路规划红线宽度与两侧建（构）筑物退缩距离是城市规划建设市政桥和地铁线路及车站选址的依据。道路存在平直和曲线段及平交路口等，道路中心线与市政桥中心线完全重合的可能性很小，主要是地上与桥面行车速度不同，转弯半径不同，存在偏离，同时市政桥墩随桥梁幅宽的影响，采用单柱、双柱及多柱墩设计，两者中心线更难重合。考虑地铁车站随运营车辆编组 4～8 节变化，车站总长度需要考虑配线、联络线、存在线及换乘等影响，如要避开桥墩及邻近两侧建（构）物基础，地铁左、右中心线与桥梁左、右幅中心线及道路车道中心线合建技术难，几乎不可能。

（2）市政立交桥与地铁站两者结构竖向纵断面关系处理。市政桥梁下部空间存在行车道和绿化道，桥梁墩柱一般在 25～30m 之间布置，满足预制小箱梁或现浇连续箱梁；地铁站柱网在公共区要求在 9～10m 之间，主要有单柱及双柱布局，设备区根据房间使用功能在 8～9m 之间较合理。存在桥梁基础与车站结构之间连接处理，目前国内有分离式和整体叠合式建造，对地铁结构地下空间使用需要从功能、建造传力路径及经济上分析。

（3）合理选择建设时序与地铁预留墩柱接驳或桥墩立柱条件。由于高架桥与地铁车站同步规划，但建设时序两者可先可后，如地铁站先期建设，根据建造要求，须有必要的转换柱和承台大梁，横跨车站顶板，对车站抗浮、结构受力及抗震计算影响较大。

3 合建关键技术

3.1 合建技术优势

地铁站与市政架合建，为确保高架桥梁墩柱与基础与地铁车站结构相互重叠和承重，作为独立受力体系，必须充分研究桥梁墩柱布跨与车站柱网结构的一致性，尽量让高架线路与地铁平行，如图1所示。

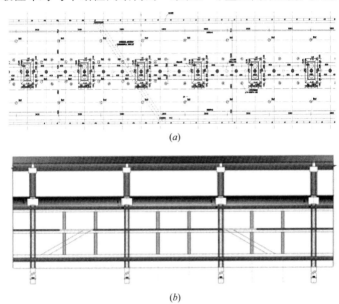

(a)

(b)

图1　站与桥合建技术平、纵剖示意图

Fig. 1　the diagram of the horizontal，vertical and transverse sections for the construction

（a）车站柱网与桥墩柱结构转换关系图；（b）车站柱网与桥墩柱结构转换关系纵剖图

通过上述地铁站与桥梁合建平、纵、横剖面分析，技术优势是二者线位基本一致，地铁车站可作为桥梁墩柱基础，既是用车站箱形结构做桥梁基础，桥梁承力体系通过地铁站顶板或增设横梁与车站中柱形成横向受力体系，也可通过车站主体结构侧墙、中柱与横梁组成地下框架体系，车站纵向每隔27～30m设置桥梁墩柱与车站中柱结合，形成一体化设计，对车站和桥梁受力转换更为可靠和有效，桥梁重量对地铁车站抗浮有利，地铁车站箱形结构，对桥梁抗震起到减震和耗能作用。

3.2 合建关键技术

地铁站与市政桥墩柱基础一体化设计与建造，有利与节省材料和地下空间。地铁站常规结构设计较为简单，结构内力及配筋控制工况主要是水、土侧压力和覆土重及地面车辆等荷载影响；人防、地震及施工工况等不是最主要工况，车站考虑耐久性需验算裂缝宽度。当车站与桥梁合建之后，情况则大为不同。关键技术如下：

（1）权限不同协调难度大

站、桥都是公共建筑，而管理方及设计单位往往不是一家，技术决策非一家能决定，站、桥两家设计单位互提要求以及提供相关参数作为对方的设计输入资料，涉及众多接口预留。

（2）标准及规范不同

因涉及专业不同，站、桥设计依据的国家及行业的规范、标准均不一致，而车站结构在设计时需考虑同时满足。

（3）桥与站连接方式选择

合建与脱开两种建造，需要依据实际工程情况进行选择。地铁车站顶板有 3～4m 左右覆土情况下，覆土深度能满足桥梁基础设计相关要求，建议两者结构脱离开来，采用分离式，钢筋不连接，混凝土不同时浇筑，这样结构受力不会相互干扰，市政桥视地铁车站作为刚性地基，地铁车站承受桥梁竖向及水平力（若有），不会传递弯矩。

当遇到地铁车站轨道埋深及相关接口限制，顶板覆土较浅，不满足立交桥设计要求，则需将桥墩与车站刚性连接即所谓合建，立交桥墩与顶板钢筋连接，混凝土整体浇筑。无论采用何种方式连接，都存在一些利弊，需要采用措施保证双方结构安全。

（4）合建计算模型复杂

分离式地铁站只选取典型的横断面，简化为平面模型计算即可，但站桥合建连接，桥墩沿车站纵向布置，因桥跨与车站柱网不一，很难选取典型的计算断面，需要建立车站的整体模型进行计算，以便更准确计算车站结构的内力，车站顶板在有桥墩位置内力较其他区域大。合建给结构设计实现一体化，增加车站结构整体抗震设防计算且车站局部受桥梁墩柱荷载影响，需要考虑车站结构侧墙及中柱加强。尤其是车站中柱轴压比控制，过分增大截面影响车站宽度及造价。因此，作为桥梁承受荷载的中柱及侧墙与顶板及底板共同受力，在满足结构强度下，需考虑结构刚度稳定性。另外，桥梁墩柱将影响车站顶板整体全包防水，应重视墩柱地下段防水做法。再次，桥梁重载车辆行驶引起的振动，对车站结构有可能产生共振，对地铁车站结构不利，需进行抗震频率计算，规避上下车行振动危害。

（5）合建应加强车站结构设计

桥墩与车站合建，采取顶板、顶纵梁等位置应根据构件的受力分析进行加强，局部顶板加厚、梁截面加大等，集中荷载较大位置应进行抗剪承载力验算，站桥合建结构计算时，把顶纵梁单独进行内力计算配筋，计算结果表明，有桥墩位置梁弯矩较大，结构需加强设计[1]。

（6）根据车站底板地质情况，控制车站结构不均匀沉降

桥梁传给车站的荷载，将传至地基，合建站桥结构体系，中柱所承受的荷载较大，容易对底板造成冲切破坏，因此应对车站底板与中柱连接部位进行加强。对上部墩柱偏心较大时，由于偏载的存在，会造成地基应力不均匀，产生不均匀沉降，车站结构内应力大容易发生开裂等，因此应着重于不均匀沉降的控制，在车站底板下设置了较多的桩基承台，底板局部加厚[1]。

（7）施工关键技术

合建车站与桥梁，必须先行完成施工地铁车站，对承担上部桥梁墩柱的中柱及车站顶、底板和侧墙，需要根据桥梁荷载进行预压，预留墩柱桥梁钢筋接驳位置和锚固长度。对同期实施车站，车站顶板需要考虑上部桥梁施工脚手架等施工临时超载，相关吊装梁重载等要求。分步实施时，预留桥梁墩柱钢筋需要进行临时保护，车站需要覆土保护，在二次施工时，应考虑车站主体结构抗浮影响，建议车站主体结构设计必须考虑设置底板抗浮桩，减少上部桥梁施工引起的不均匀沉降危害。另外，桥梁与地铁属于不同管理权限单位，应合理分解及费用分摊，确保运营阶段维修保养不相互干扰和影响。

4 合建工程实例

4.1 广州地铁 4、5 号线车陂南站跨线立交桥合建

（1）工程概况

广州市黄埔大道车陂路跨线桥位于广州市天河区黄埔大道和车陂路交叉口处，沿黄埔大道跨越车陂

路设置。此交叉口地下也是广州市轨道交通 4 号线车陂南站（原黄洲站）和 5 号线的交叉点，为 4、5 号线的 T 形岛岛换乘站。沿着黄埔大道东西向 5 号线位于南北向 4 号线之上。跨线桥东南侧是两栋商住楼天成居，西南侧为广州市自来水公司车陂水厂，西北侧是广州市公共汽车公司车陂停车场，东北侧是迅发装饰材料市场。由于车陂南跨线立交桥与地铁站同步设计分步实施，设计主要涉及五号线地下车站部分结构与跨线立交桥墩柱存在接口处理。

设计技术标准：1）设计行车速度：跨线桥 60 km/h，地面道路 50 km/h；2）设计荷载等级：城-A 级，不计人群荷载；3）平曲线：左、右分幅，主线桥 $R=15000$ 米的曲线；4）竖曲线：竖曲线半径"凸"形采用 $R=3500m$，"凹"形采用 $R=1800m$，竖曲线最小长度 63m；5）纵坡：纵坡 4%，引桥部分采用 0.5% 的纵坡与现状路面相接；6）横坡：2% 的"人"字坡；7）桥面宽度：左、右分幅双向六车道，单幅宽度 13.3m（包含两侧花槽的宽度）；8）高架桥桥梁标准横断面为：主线桥为双幅，左右对称，单幅：0.50m(花槽)+0.40m(防撞墙)+0.5m(路缘带)+2×3.75m+3.5m(行车道)+0.5m(路缘带)+0.40(防撞墙)=13.3m，两幅桥之间距离为 0.5m，全宽为 13.3+0.5+13.3=27.1m；9）通行净空：跨线桥：$H \geqslant 5.0m$；地铁风亭 $\geqslant 1.5m$；10）抗震要求：按Ⅶ度设防；11）设计基准期：100 年。

此桥为国内第一座在城市快速路交叉口地铁换乘站实施长度达 600m 长的跨线立交桥，地铁站 2004 开工建造，2008 年主体完工。

（2）地铁车站与跨线高架桥合建方案

地铁 4、5 号线换乘车陂南站，为 T 形岛岛换乘双柱三跨二、三层站，4 号线为南北线沿车陂路布置为地下三层，5 号线为东西向沿黄埔大道布置地下两层站。站位为十字交叉路口，地下重要管线及周边构筑物较多。场地地质为杂填土、粉质黏土、粉砂层及强风化泥质粉砂岩和中风化泥岩。跨线立交桥沿黄埔大道东西向布置，与地铁 5 号线路平行，但由于跨线桥采用左右线分幅布置，导致跨线桥墩柱与地铁 5 号线柱网无法一致，采用地铁车站与桥梁墩柱合建后，通过顶板上设置较大跨度转换梁，充分利用多桩（车站中柱、基坑围护桩）共同受力体系，上部桥梁推荐现浇整孔连续箱梁桥型。

地铁站基坑支护采用 $\phi 1200$ 钻孔密排桩，桩间高压旋喷止水，五号线基坑宽度 23m，深度 18.6m 左右，4 号线三层基坑宽度 23m，基坑深度 24m，采用明挖法建造，车站中柱用型钢混凝土柱。基坑内疏干降水处理，为同步规划设计，分步实施的站桥合建工程，上部跨线立交桥于 2010 年开建，2014 年建成通车，投入使用。如图 2 所示。

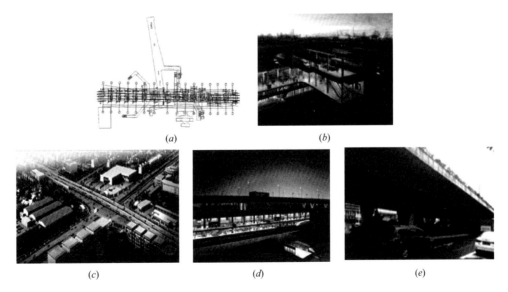

图 2　车陂南站与跨线立交桥景观图

Fig. 2　the landscape of Chebeinan Station and cross line overpass

（a）结构转换布置；（b）车陂南站剖视图；（c）跨线立交桥鸟瞰图；（d）站、桥合建一体化剖视图；（e）桥下实景

（3）关键技术应用和创新

技术创新应用：

1）国内首次在地铁换乘站实施双向双幅6车道跨线立交桥建造，实现同步规划设计分步实施创新，在城市快速道交叉点上实现地铁与市政桥梁共享用地资源，效果显著。

2）首次采取与换乘车站结构中柱、围护桩多承台承力转换体系，在地铁覆土深度范围完成桥基础设计，确保车站与桥梁双体系规范实施。

3）合建车站作为桥梁墩柱地下箱形基础结构，对抗震有耗能作用，既满足车站抗浮需要又对桥桩基础进行补偿。

4）国内首次将地铁车站两端风井设置在桥梁下部实现顶出，缩短了风道路径，同时实现桥下绿化，改善整体景观。

5）确保两侧道路管线敷设及河涌渠道有效通过。

6）通过桥梁车站震动与地铁运营试验，与理论分析，采取车站顶板局部换填改善避免结构共振发生[8]。

4.2　厦门地铁1号线吕厝站与高架桥合建

（1）工程概况

吕厝站是厦门市地铁1、2号线十字换乘节点站，站址受1、2号线换乘线路限制，位于市政高架桥--吕厝跨线桥下，其中，1号线为两层地下岛式车站，2号线为地下三层明挖岛式车站，局部采用半盖挖施工。市政桥梁为单幅双向4车道，桥面宽为15m×2，主桥采用3联3跨连续曲线钢箱梁，30m×3+（30+40+30）m+30m×3＝整个桥长280m，曲线半径150m，加上两端引道全长490m。经过综合比选及专家论证，从地铁施工安全考虑，对该市政桥梁采取拆除还建措施[1]。该地铁车站主体于2014年开工建设，目前地铁1号线开通运行，桥梁还建完成。属于同步规划设计和建造，采用合建技术。如图3（a）所示。

（2）地铁车站与跨线高架桥合建方案

吕厝站位于厦门本岛中心地段，1号线地铁车站经过多次方案如分离式明挖、明暗结合及全暗挖建造技术比选，从风险控制及安全考虑，需要拆除已建成的市政吕厝桥，对交通疏解和管线迁改影响大，最后选择拆桥还建，地铁站与吕厝立交桥合建技术，如图3所示。

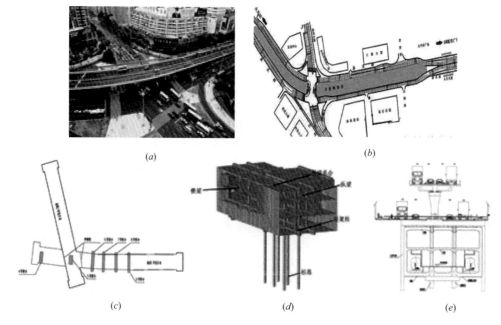

（a）　　　　　　　　　　　　　　　　　（b）

（c）　　　　　　　　　（d）　　　　　　　　　（e）

图3　厦门吕厝桥与车站合建技术方案图

Fig. 3　the plan of the joint construction of Luo CuO bridge and the station in Xiamen

（a）还建桥实景；（b）施工总平面；（c）车站与既有桥平面关系；（d）立体受力模型；（e）还建桥与车站剖面

（3）关键技术应用和创新

本工程突破了站桥合建中建筑功能融合，但结构受力需各自独立的禁锢，车站与桥梁融为一体，避免了桥梁墩柱桩基础穿越车站对车站建筑功能的影响，增强了车站的整体稳定性，提升了结构的受力性能。

上部桥梁的承台通过与地铁车站顶板及围护结构固接，将荷载传递至车站下部桩基及两侧围护结构，保证了荷载的传力途径及结构整体的受力安全。

换乘节点采用纵横梁体系对结构进行了加强，提升了开敞结构的抗震性能。

由于桥梁基础与地铁车站顶板固结，地铁结构顶板防水不能全包，采用桥梁墩柱脚锁扣密封防水，应高于地下水位，留有返水高度。

5 结论与体会

根据地铁车站与桥梁合建关键技术分析，其技术优势明显，在地铁与市政桥梁合建推广应用价值，具有良好的社会效益和经济效益。但合建结构，大大增加了工作协调难度，涉及管理及费用分摊等，须注意如下[3]：

（1）合理确定合建二者时序

当地铁站先建时必须预留桥墩立柱条件。若高架桥先建设，而地铁站滞后较多时，建议两者结构脱离，以为地铁站后续建设留下灵活条件，避免浪费工程出现。

（2）明确建设主体及管理界限

地铁站与市政桥投资主体不同，双方管理权限不对等，可能导致在设计、建造过程中出现多重主体责权不明，进而影响设计的整体与施工的连续性。

（3）建议沟通及协调机制

应加强设计和施工过程中不同设计单位与施工单位之间的协调工作。建议建立统一的沟通平台，对设计、施工时序、施工期间交通组织、管线迁改等事项进行统一规划，避免出现二次或多次返工现象发生。

（4）合建结构应满足地铁和桥梁双规范和标准

应加强合建结构设计，充分考虑到车站抗浮与桥梁结构沉降的相互影响。

综上，我们应当重视站、桥合建结构技术优缺点，但也不能过于夸大桥对车站结构的影响，应当借鉴成功的工程案例并结合准确的模型理论分析来进行结构设计，这样才能做到结构的最优。当前我国正处在地铁建设的高峰期，工期压力大，设计周期短，很多时候未能做到精细化设计，大多数车站结构构件偏大，配筋偏大[8]。特别是再遇到这种站桥合建情况，有的则无限制的增加车站结构尺寸及配筋，不仅浪费资源，有时还影响建筑功能的使用以及通风、给排水的功能，实无必要。

参考文献

[1]　赵月. 与市政桥梁合建的地铁车站结构设计——以厦门地铁吕厝站为例 [J]. 隧道建设，2015，35：（5），449-442.

[2]　史娣. 武汉站桥建合建结构桥梁设计的关键技术研究 [J]. 桥梁建设，2008，（6）：34-38

[3]　魏世强，张倪. 浅谈地铁车站与立交桥叠建在结构设计中需要注意的几个问题 [J]. 基层建设，2015，（3）

[4]　蒲苏东. 关于某地铁车站与市政高架桥同体合建关键技术研究 [J]. 建筑与装饰，2017，（5）

[5]　申齐豪，盖怀涛. 关于地铁车站与高架桥结合设计方案研究 [J]. 工业建筑，2015，增刊 I.

[6]　王力勇，杨兆仁. 地铁隧道下穿高架桥施工控制技术 [J]. 市政技术，2010（4）：101-103，135.

[7]　叶茂，谭平，周福霖，等. 高架桥对地面作用力的随机振动分析 [J]. 工程力学，2009，26（3）：128-133，139

[8]　邸国恩. 地铁车站与建筑地下室基坑工程整体支护设计 [J]. 地下空间与工程学报，2009，5（增2）：1637-1642.

作者简介

杨德春，广州地铁设计研究院有限公司副总工程师，教授级高级工程师，西南交通大学岩土专业工学硕士研究生毕业，国家一级注册结构工程师、注册土木（岩土）、注册造价、注册监理工程师；发表论文 23 篇，参与有关规范编制和审查，专利发明 3 项。电话：13503043595，E-mail：yangdechungz@126.com，地址：广州市环市西路 204 号大院广州地铁设计研究院有限公司总工室，510010。

RESEARCH ON KEY TECHNOLOGIES FOR JOINT CONSTRUCTION OF SUBWAY STATIONS AND MUNICIPAL BRIDGES

YANG De-chun[1] YANG Lu-han[2]

（1. Guangzhou Metro Research Institute Co., Ltd. Guangzhou; 2. South China Agricultural University Guangzhou）

Abstract：Urban subway stations and municipal bridges are becoming more and more common. advantages of saving land and sharing resources. the shortcoming is that the lines of the two can not be completely overlapped. there is a relationship between transformation and utilization of structural column network arrow, key technologies for simultaneous construction of subway stations and municipal bridges due to the functions of the subway station and the traffic conditions on the ground. factors such as underground pipeline distribution and construction timing have great influence. there is a situation of construction and joint construction. this paper studies the key technologies for the construction of subway stations and municipal bridge. combined with the practical examples of engineering design. effective control and experience summary of joint construction technology risk in order to provide reference for similar projects.

Key words：Subway station; Municipal bridge; the key technology of construction; analysis of station type; analysis of key and difficult points

地铁换乘基坑环框支撑结构关键技术分析

杨璐菡[1]，杨德春[2]

（1. 华南农业大学 广州 510462；2. 广州地铁设计研究院有限公司 广州 510010 ）

摘 要： 两线或多线地铁在地下交汇换乘，建造时需要对换乘节点深基坑设计，存在地铁线路埋深差异和运行方向不同，基坑支护结构平面呈现"X"或"T"形凹凸布置，对内支撑体系布置设计增添技术难度，需较多临时立柱和交叉梁支撑体系，拆撑废弃量大，支护结构受力不均，基坑降水引起地层变形大，对周边建（构）筑物保护和交通安全不利，存在安全风险。既不利土方开挖施工也不利于车站建筑换乘功能发挥。本文结合相关地铁换乘基坑运用圆形环框梁支撑设计体系布置，减少拆撑，环保经济，提高施工速度和风险控制措施，为类似工程提供借鉴和参考。

关键词： 地铁换乘基坑；圆形环框梁支撑；地下连续墙；围护结构；关键技术

1 引言

城市化进程加快，引起城市人口剧增，城区道路沿线建筑建设密度增高，交通拥堵加剧，发展大运量快捷安全交通输送系统成为必然选择，如 BRT、有轨电车、轻轨和地铁等。地下轨道交通工程兴建，从运行网络考虑，需同步规划设计建设或预留后期建设的条件。相交地铁线路节点称为"地铁换乘节点"，换乘节点是两条或多条线路交汇，存在着车站建筑换乘功能要求，如岛岛、岛侧及侧岛、岛侧岛和通道等换乘方式；从平面布置有"十""T"和"L"及平行换乘等。地铁车站建造在道路路口下，地面交通繁忙，地下管线及构筑物分布密集，路侧高层建筑地下室邻近道路红线，换乘节点线路平面交叉且竖向分离，形成竖向基坑深度至少三层及以上，换乘节点区基坑深度超 20m 以上，属超深基坑工程设计。明挖法施工需综合考虑周边环境和地面交通要求，选用刚性支护结构加内支撑体系设计，来控制基坑整体水平位移和沉降。本文结合地铁换乘节点实际工程分析深基坑运用大直径圆形环框梁支撑体系设计[1][2]，布置简捷，结构受力明确，变形易控制，建造高效等关键技术，为国内同类工程提供借鉴。

2 换乘节点区深基坑特点

换乘节点区不论采用何种换乘功能进行建筑组合，车站负一层站厅层，负二层为轨行区站台层及设备层；负三层为相交线路轨行区及站台层。看平面交叉布局：正交、斜交和平行重叠三种，基坑竖向必须有三层。其基坑设计特点如下：

2.1 支护结构

根据站址地质及水文，在明确周边环境要求下，采用大直径钻孔灌注密排桩或地下连续墙，优选地下连续墙支护结构。

2.2 支撑体系

根据基坑平面布局及宽度，在确保基坑竖向水平位移可控下，可选用多道锚杆支撑、混凝土支撑、钢管支撑及桁架支撑等组合，但节点区跨度大，形状不规则，导致组合支撑需要设置多个中间临时支撑点，施做临时立柱及桩。

3 换乘节点深基坑及内支撑体系优化分析

3.1 换乘节点功能区站厅层优化

换乘节点区深基坑平面一般根据线路相交情况呈"X"或"T"形布局，但对车站换乘客流组织不利，尤其是站厅层在交叉点处出现拥堵，必须进行外扩，正常设计是进行倒角处理，增加外挂面积，形成矩形或菱形站厅层，不规则且客流不顺畅，基坑支护布置不利于支撑布置，因此，对于有换乘功能节点区，只要地面环境许可，建议对"X"或"T"形节点区站厅层进行圆形外扩，形成环状站厅。

3.2 基坑优化圆形站厅层的优势

换乘节点区基坑站厅层外扩为圆形布局，首先站厅层环状客流有利于设备布局，对基坑支护结构承受外侧水土压力属于围压，结构充分发挥地连墙抗压性能，减少不利于弯矩产生；将原来基坑对撑或桁架组合撑直接采用砼圆形环框撑[3][4]，用圆环承受内压，变形易于控制；减少设置临时立柱及桩数量，基坑中心区域实现无支撑，土方施工和主体结构建造更方便快捷，同时减少不必要的拆撑风险和废弃工程，技术优势明显，如图1所示：

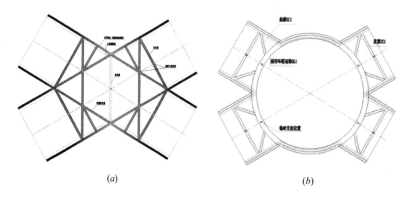

(a)　　　　　　　　　　(b)

图1　换乘节点基坑支撑体系优化平面对比

Fig. 1　Optimization plane comparison of foundation pit support system of transfer node

(a)"X"或"T"形支撑布置；(b)优化圆形基坑环框支撑布置

3.3 换乘节点区支护结构布置原则

（1）应综合考虑地铁换乘节点区基坑形状、开挖深度、周围环境及施工顺序等因素，布置方式宜对称、均匀。建议首层站台层为扩大换乘通道及利于站内客流环状有序，减少平面交织，对基坑交叉点对称位置应进行外扩，增大交点区面积，在地面各象限用地位置和环境容许的前提下，应形成平面对称圆形或菱形平面布置，支护结构选型应优用防水性能较好的地下连续墙，其次采用大直径密排桩结构。

（2）二、三层轨形区、站台区支护结构应考虑换乘方式及限界前提，结合车站站台宽度及柱网布置，支护结构属于坑中坑形式，应满足整体稳定要求的嵌固深度[4]。

3.4 内支撑体系布置原则

（1）换乘节点区支撑体系优先大直径圆形环框梁与支护结构、围檩及立柱等共同组成几何不变体系，形成超静定体系，下部狭长深基坑宜采用对称支撑体系。

（2）内支撑材料选型：以混凝土桁架支撑、钢管及组合结构支撑体系为主，锚杆支撑为辅。

（3）支撑杆件宜避开主体地下结构的墙、柱等竖向构件，不能影响地铁车站主体结构施工。

（4）上、下各道支撑杆件中心线宜布置在同一竖向平面内，水平支撑应形成整体。

（5）内支撑体系与临时立柱形成空间结构体系，兼顾主体结构功能。

（6）应考虑主体结构施工分区、地面交通疏解等分坑施工，或设置必要的栈桥通道。

（7）支撑体系中杆件设计应受力简捷，充分发挥材料力学性能。

（8）节点按刚结点设计时，应采取有效措施保证结点的连结刚度。

3.5 圆形环框梁支撑在换乘节点区具体应用

换乘节点区站厅层运用圆形支护地连墙结构布置，既是车站建筑功能需要，也是有利结构整体受力变形控制。众所周知，圆形环框结构受压性能最好，作为圆形支护结构正是承担水土压力构件，将支护结构所传来的荷载转化为圆形环框梁的轴力，对环框梁来说，轴向力具有自动平衡的调节作用，可以充分发挥砼抗压性能。另外，从能量守恒的观点看，环框梁整个支撑体系具有消能作用，可以将外来能量大部分都转化为环框梁的轴向变形能，从而，作用于支撑系统的外力将转化为环框梁的轴向轴力，让环框梁的弯矩较小，有利于用较小截面进行抗弯。再次，对换乘节点区从施工土方开挖看，坑内几乎无其他构件影响土石方施工和主体结构施工，适合大型机具施工，没有拆撑和换撑影响。与其他角撑和桁架支撑体系，具有无法比拟的优势，对于超深、超大节点、地质条件较差的基坑，使用环框梁支撑体系优点就显得更加突出[3]。如图 2 所示。

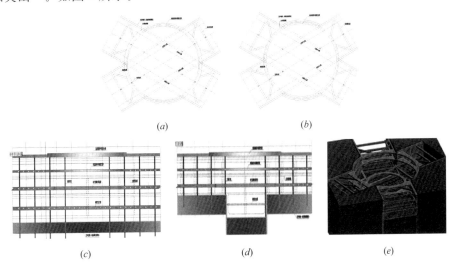

图 2　换乘节点基坑环框支撑各层平面图

Fig. 2　Optimization plane comparison of foundation pit support system of transfer node

（a）节点环框冠梁支撑；（b）二道内环框支撑；（c）换乘节点基坑三层剖面；（d）换乘节点二层基坑剖面；（e）换乘节点鸟瞰图

3.6 圆形环框梁支撑体系力学分析

换乘节点深基坑布局圆形环框梁支撑体系受力，使得基坑平面布置简捷，适合基坑大型机械施工，正常情况下，基坑周边主要承受土层水、土压力和基坑周边均匀设计容许超载，当采用圆环内土方开挖对称均布开挖时，圆形环框梁承受均布围压，有利于圆环支撑产生均布压力为主，弯矩及剪力减小。但当基坑边有高层建筑或较大局部堆载，施工单位基坑土方开挖不均匀对称，将产生不利于圆形环框梁受力，弯矩及剪力加大，变形不协调，需要考虑超载及开挖不对称方向设置拉杆。

通过基坑不对称土方开挖计算模式力学分析，地铁换乘节点深基坑采用圆形环框梁支撑体系，其受力性能随不对称土方开挖深度不同影响，但其内力影响较小，主要是没有开挖部分对支护结构有保护作用，只是局部环梁超前受力，但均在计算最大值容许范围，可控。由此可见，圆形环框梁支撑体系对基坑内土方开挖不受限制。也就是说，基坑局部先挖不会使该挖出部分的支撑结构受力超过设计限制，是安全的。

3.7 圆形环框梁支撑配筋及构造措施

（1）基坑围护结构与首层冠梁形成第一道闭合圆形环框梁，首道圆形环框梁是在围护结构顶部实施，称之为"冠梁"，该梁设计需要考虑兼做主体结构抗浮压顶梁，在没有支护结构段环梁需要设计其他支撑梁连接，并考虑该段梁在平面支撑稳定，设置必要水平斜撑，结合中立柱，形成首道圆形环框冠梁支撑体系，如图3所示。

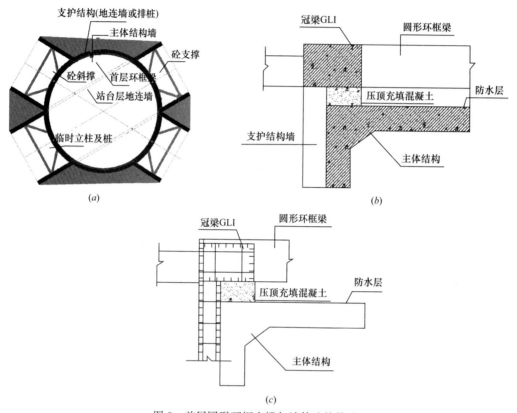

图3 首层圆形环框支撑与墙体连接构造

Fig. 3 The connecting structure of the first floor ring frame support and the underground wall

（a）圆形环框梁支撑体系；（b）冠梁与主体结构顶板；（c）配筋构造图

（2）第二道围护结构腰梁设置成第二道闭合圆形环框梁。第二道内支撑圆形环框梁位于深基坑围护结构内侧，需要挖基坑土方至该腰梁下，需要在有基坑支护位置设置圆形腰梁，在基坑内设计弧形支撑梁，与首层支撑对应，考虑弧形梁平面稳定，必须设置平面斜撑杆件，同坑中立柱形成基坑第二道腰梁圆形环框支撑体系。如图4所示。

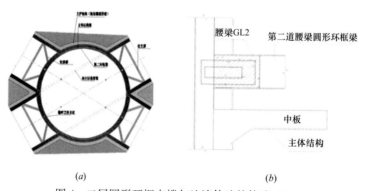

图4 二层圆形环框支撑与地墙体连接构造（一）

Fig. 4 Two layer garden ring frame support and underground wall connection structure（一）

（a）内环框梁支撑体系；（b）环框梁与中板

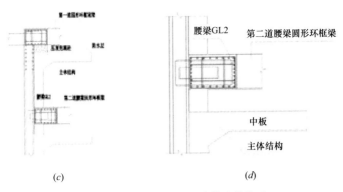

图 4　二层圆形环框支撑与地墙体连接构造（二）

Fig. 4　Two layer garden ring frame support and underground wall connection structure（二）

(c) 环梁配筋；(d) 剖面

（3）基坑开挖段斜撑与环框梁连接大样。坑内圆形环框梁段，因无支护结构，无背后水土压力，随基坑开挖宽度弧形梁段加长，在结构自重及基坑两侧受力下，会产生很大弯矩和剪力，因此需要根据基坑宽度，设置对称八字形斜撑及中立柱，形成稳固的环框支撑受力体系。如图 5 所示。

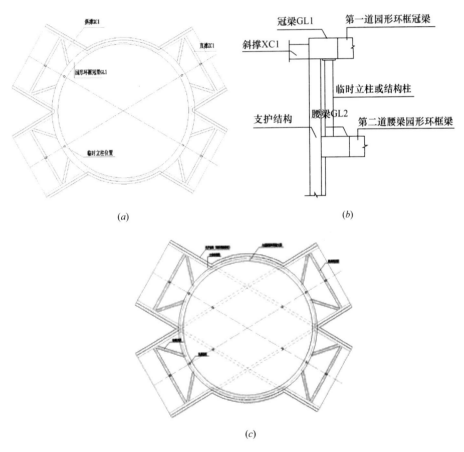

图 5　节点区圆形环框支撑平、剖关系

Fig. 5　Support leveling and caesarean section of circular ring frame in node area

(a) 框梁支撑体系；(b) 环框梁竖向剖面；(c) 二道环梁支撑体系

（4）环框梁设置竖向临时立柱位置及大样。地铁换乘节点临时立柱设置，一般采用格构式或圆形钢管立柱，位置需要综合基坑内多道环形支撑体系及线路基坑开挖宽度，设置一组或多组，上下需要对齐，同时要兼顾主体结构施工，避开主体结构梁或柱位置，兼做抗拔桩设计。连接如图 6 所示。

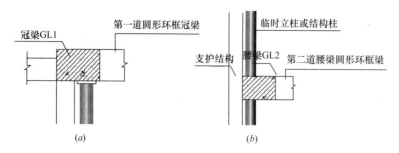

图 6　圆形环框支撑与临时立柱连接剖面

Fig. 6　Garden ring frame support and temporary column connection section

（a）冠梁环框剖面；（b）二道环框剖面

3.8　圆形环框梁支撑体系变形监测

一般基坑监测项目多，不但有支护结构测斜管，还有地面沉降、坑外水位监测井，支撑轴力，临时立柱沉降及基坑隆起等，非常烦琐。采用圆形环框梁内支撑体系，监测方式及项目非常有限，主要是基坑圆环梁对称变形收敛及内力（一般是环框梁轴力）监测，基坑外侧地面沉降，其他项目可以省略，大大方便了施工。如图 7 所示。

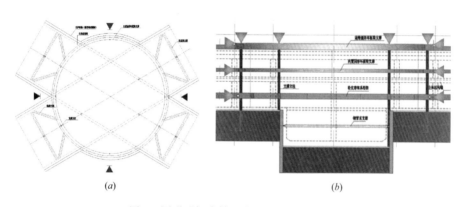

图 7　圆形环框支撑及临时立柱监测布置

Fig. 7　Garden ring frame support and temporary column monitoring and arrangement

（a）圆形环框梁支撑监测平面；（b）环框梁支撑体系监测剖面

4　换乘节点区圆形环框梁内支撑建造关键技术

4.1　圆形环框冠梁支撑

首道环框梁支撑是在基坑支护结构冠梁基础上形成，地铁覆土层厚在 3m 左右，环框梁埋深需考虑周边环境保护和交通疏解要求，如放坡开挖，深度在 2.5～3m 以内较安全，同时冠梁兼作压顶抗浮之用，由此，圆形环框梁在节点支护结构围壁完成后，土方开挖一次整体浇筑完成，达到设计强度 75% 时，坑内土石方施工较为安全。同时应考虑基坑周边大型机械施工和运土车辆震动荷载的影响，对环框产生偏压和内力。第一道圆形环框冠梁梁直径在 40m 左右，弧长 120m 以上，要考虑混凝土浇筑温度应力及施工缝，环梁钢筋绑扎以圆环，箍筋是等截面为主，施工便捷。

4.2　基坑内圆形环框腰梁支撑

站厅层层高约 6m，首层环状基坑内需设置一道腰梁圆形环框梁支撑，与支护结构预留钢筋接驳器接驳，因环框腰梁除承受平面内水平向水、土压力，在结构自重下，产生向下滑移的剪切力，内圆环框腰梁整体受力为压扭为主。为确保内置圆形环框梁受力安全，不发生下滑失稳，必须在支护结构上有足够的水平剪切钢筋预留和接驳，与环框梁进行整体绑扎和浇筑养护。

4.3 建造关键技术步骤分析

基坑各道环框梁建造关键，应以土方开挖使圆形环框支撑体系均匀受力，根据圆形基坑及环框梁特点，可在基坑中心安装大型旋转塔吊，有利于施工便捷和快速。

4.4 圆形环框梁支撑利用与拆除

基坑环形支撑体系拆除需要考虑主体结构整层完整性，不可以局端拆除，导致圆形环框梁局部支撑受力现象。如需拆除应整体处理。实际应用建议尽可能将内置环框梁及冠梁环框梁与主体结构结合使用，避免进行拆撑，成为主体结构一部分，实现无废弃工程。

5 工程实例

5.1 广州地铁 21 号线天河公园站三线换乘节点区

广州地铁天河公园站是广州地铁线网中 11、13 和 21 号线三线换乘节点车站，位于天河公园西南角，两边紧邻市政快速路及跨线立交桥，在公园一角为三线换乘三角形平面布局，基坑平面占地面积近 5 万 m²，是目前亚洲最大同步规划同步实施车站，站址环境如图 8 所示。

图 8 天河公园站三线换乘节点基坑平面

Fig. 8 Foundation pit plane of the three line transfer node of Tianhe Park Station

场地范围地质主要是杂填土 1～3m，淤泥及淤泥质有 2～5m，粉质黏土及黏性土 3～8m，全风化、中风化及微风化有 5～15m。基坑呈东北向西南方向地质局部倾斜，基坑内局部基岩突起，基坑支护形式通过技术经济比选，西边支护结构用 800mm 厚地下连续墙，西南角因有淤泥及砂层，位于换乘节点地下三层，用 1000mm 厚地下连续墙，东边基岩突起地质较好用直径 $\phi 1000$ 钻孔灌注桩，北边是部分地下连续墙和钻孔灌注桩组合。基坑换乘节点区三层最深达 29.8m，换乘节点区支撑体系从上到下用三道圆形直径达 50m 内环框梁支撑，三线夹角位置为地下一层采用局部放坡及桁架支撑，如图 9 所示。

图 9 天河公园站三线换乘节点基坑实景

Fig. 9 Foundation pit view of three line transfer node

5.2 南通地铁 1 号线文化公园站换乘节点区

南通市地铁 1 号线环西文化广场站位于人民中路与濠西路交叉口，为南通轨道交通 1、2 线换乘站。1 号线车站为 14m 岛式站台地下两层车站，站中心底板埋深 17.56m，车站净长约 359.63m，净宽 21.3m；2 号线车站为 14m 岛式站台地下三层车站，站中心底板埋深 24.614m，车站净长约 212m，净宽 21.7m。如图 10 所示。

图 10 环西文化广场站换乘节点总图

Fig. 10 The transfer node general map of the Western Cultural Plaza Station

人民中路交通主干道，红线宽 35m，现状为：双向 4＋2 车道＋2 条人非混行车道；濠西路红线宽 38m，为双向 4＋2 车道＋2 条人非混行车道。基坑周边建筑物密集，北侧为人民中路游戏动漫城、濠西综合楼，南侧为白云宾馆、起凤社区、医药大厦、口腔医院，西北角为南通电视台和文峰电器城，西南角为原供销商厦，东北角为世纪花园酒店、市民防局地下室，东南角为南通电视塔，北端为通达大厦。

土层从上到下分布：①层填土、②砂质粉土、③₁ 粉砂夹粉土、③₂ 层粉砂、④₂ 层粉质黏土夹粉土、④₂ 层砂质粉土夹粉质黏土，开挖面以下依次为④₂ 层砂质粉土夹粉质黏土、⑤₁ 层粉砂夹粉土、⑤₂ 层砂质粉土夹粉质黏土、⑤₃ 层粉砂夹粉土、⑥层粉砂，围护墙墙趾位于⑥层粉砂。场地潜水水位埋深为 0.70～4.70m，平均水位埋深为 2.02m。第Ⅰ承压水一般赋存于④₂ 层以下的砂土、粉土层中，即⑤₁ 层粉砂夹粉土⑤₂ 粉土夹粉质黏土⑤₃ 粉砂夹粉土以及⑥层粉砂，接受径流及越流补给，水头埋深 2～5m。经计算，抗承压水稳定不满足要求，需降承压水。如图 11 所示。

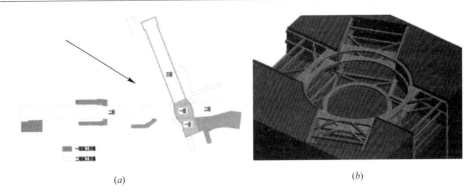

图 11 环西文化广场站 "L" 换乘节点基坑

Fig. 11 Foundation pit of "L" transfer node at the Western Cultural Square Station

（a）环西文化广场站分期施工平面图；（b）换乘节点环框梁支撑体系模型图

6 结语

地铁换乘节点区深基坑工程被称为岩土工程设计中"最具挑战性的工程"。节点区深基坑工程支护结构布局复杂，周边环境不确定因素很多，如水、土压力计算的合理选用，基坑计算模型合理选择，相关土力学计算参数及结构力学参数的合理确定等都需设计者根据地质、水文和结构设计环境进行综合分析判断，地铁换乘节点区深基坑支护结构设计具有明显的概念性，也具有很强的艺术性。设计者不应盲目地照搬照抄使用，应因地制宜，将其作为一种指南、参考，在实际设计中做出明智的选择。

参考文献

[1] 张金密. 圆环形支撑深基坑不均匀下挖对支撑结构安全性探讨 [J]. 建筑安全，2007，（5）：57-61

[2] 邓永恒. 地下连续墙＋环形梁内支撑深基坑支护体系 [J]. 广东建材，2009，（5）

[3] 程建国 莫云 谢武军. 环梁支撑在深基坑支护中的设计及应用 [J]. 土工基础，2012，26（1）：9-11

[4] 王增辉. 环梁支撑体系在深基坑工程中的应用 [J]. 山西建筑，2013（12）. 39（34）：97-99.

作者简介

杨璐菡，华南农业大学能源与环境工程学院，本科四年级，优秀学生干部，曾发表多篇 EI 文章，参加全国大学生创业竞赛大奖和国际大学生发明竞赛三等奖。电话：13503043595，E-mail：yangdechungz@126. com。

KEY TECHNOLOGY ANALYSIS OF RING RFAME SUPPORTING STRUCTURE FOR SUBWAY TRANSFER FOUNDATION PIT

YANG Lu-han[1] YANG De-chun[2]

（1. South China Agricultural University Guangzhou；

2. Guangzhou Metro Research Institute Co.，Ltd. Guangzhou）

Abstract：Two lines or multi-line subway transfer in underground interchange pit for transfer and multiplication node in construction. There are differences in buried depth and operation direction of subway lines. The supporting structure of foundation pit presents a "X" or "T" concave and convex layout. Adding technical differculty to layout design of internal support system need more column and cross beam supporting system. Large amount of dismantling stress and unevensupport structure dewatering of foundation pit caused large formation deformation. disadvantageous to the protection of the surrounding construction (construction) and traffic safety security risk. Unfavorable excavation of the earth is not conducive to the transfer function of the station building combined with the relevant subway transfer foundation pit，design system layout by using circular ring frame beam support and reduce brace，environ mental protection economy which can provide reference and reference for similar projects.

Key words：subway transfer foundation pit，circular frame girders support，concrete diaphragm wall，exterior-protected construction；key technology，improvement of construction speed and risk control measures.

北京新机场综合交通枢纽桩基础变形控制设计实践

方云飞，孙宏伟，王媛，卢萍珍，李伟强

（北京市建筑设计研究院有限公司，北京　100045）

摘　要： 北京新机场综合交通枢纽由航站楼及综合换乘中心（中心区、轨道交通、指廊、登机桥）、停车楼和综合服务中心（办公、酒店和连接段）等建筑组成，建筑规模宏大、主体结构体系复杂、地层土质不均匀，航站区 B2 层下穿轨道交通，设计复杂程度高，施工难度大。在勘察成果、基桩承载力计算大数据统计和试验桩工程成果计算分析基础上，考虑基桩-筏板基础-地基协同作用并采用岩土工程数值计算分析结果进行桩基设计。桩基工程量巨大，桩基和基坑施工交叉作业，施工难度大。工程实施结果表明，工程检验桩数据的分析验证了桩基设计是合理的。

关键词： 北京新机场；交通枢纽；桩基础；沉降计算分析

1　前言

北京新机场综合交通枢纽由航站楼及综合换乘中心（中心区、轨道交通、指廊、登机桥）、停车楼和综合服务中心（办公、酒店和连接段）等建筑组成，建筑规模宏大、主体结构体系复杂、地层土质不均匀，航站楼中心区 B1 层柱顶采用隔震措施，各类高铁、地铁等轨道交通下穿整个航站区，设计复杂程度高，涉及基于总沉降和差异沉降控制的桩筏基础设计、深度基坑工程及超多数量工程桩施工等难点，本文分别逐一进行详细分析。

2　工程概况

2.1　建筑概况

北京新机场位于永定河北岸，北京市大兴区礼贤镇、榆垡镇和河北省廊坊市广阳区之间，北距天安门 46km，西距京九铁路 4.3km，南距永定河北岸大堤约 1km，距首都机场 68.4km，属国家重点工程。

航站区主要包括航站楼及综合换乘中心、停车楼和综合服务中心等三个主要的建筑单元，航站楼及综合换乘中心又由航站楼中心区、指廊、登机桥等建筑组成，具体详见文献 [1]。航站区总用地面积约 27.9ha，南北长 1753.4m，东西宽约 1591m，总建筑面积 113 万 m²（含地下一层），其中航站楼总建筑面积约 70 万 m²，综合换乘中心总建筑面积约 8 万 m²，停车楼总建筑面积约 25 万 m²，综合服务中心总建筑面积约 10 万 m²。

主体建筑航站楼由中央大厅和 5 个互呈 60°夹角的放射状指廊构成（图 2）。在航站楼以北的中轴线上是综合服务楼，在综合服务楼的东西两侧是两栋停车楼，综合服务楼的平面形状与航站楼的指廊相同，由此与航站楼共同形成了一个形态完整的总体构形。

2.2　结构概况

航站楼主体为钢筋混凝土框架结构，南北长 996m，东西宽 1144m，由中央大厅、中央南和东北、东南、西北、西南 5 个指廊组成，中央大厅地下 2 层、地上 5 层，其他区地下 1 层，地上 2～3 层。停车楼地上 3 层，框架-剪力墙结构，办公楼地上 6 层，框架斜撑结构，酒店地上 10 层，框架斜撑结构，均为地下 1 层。连接段地下 2 层，框架结构。

图 1　建筑效果图和总平面示意图

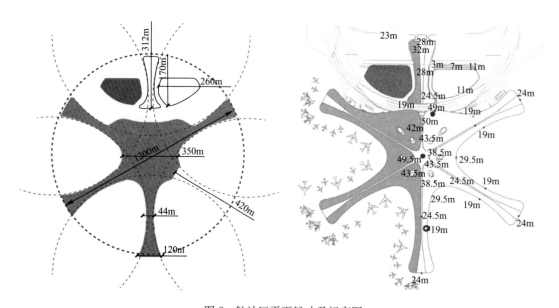

图 2　航站区平面尺寸及标高图

3　地质条件与单桩承载性状分析

3.1　岩土工程条件

（1）工程地质条件

本工程场地位于永定河冲积扇扇缘地带，区内地形地貌较简单，主要为冲积、洪积平原。总体地形开阔，地势较平坦，地面绝对标高为 21.00～23.00。最大勘探深度 120.00m 范围内所揭露土层按成因年代分为人工堆积层、新近沉积层和一般第四纪沉积层三大类，按土层岩性进一步分为 13 个大层及其亚层。表 1 为航站楼区土层岩性及物理力学性质综合统计。

土层物理力学参数　　　　　　　　　　　　　　　　　　表1

土层	黏聚力 c (kPa)	内摩擦角 φ (°)	压缩模量 $E_S(P_Z+100)$ (MPa)	桩极限侧阻力标准值 q_{sik} (kPa)	桩极限端阻力标准值 q_{pk} (kPa)
② 粉砂—砂质粉土	(5)	(25)	11.69	40	—
②₁黏质粉土	15.68	24.16	6.25	40	—
②₂重粉质黏土—黏土	26.03	8.93	4.67	35	—
②₃砂质粉土	13.70	24.57	11.46	45	—
③ 有机质泥炭质黏土—重粉质黏土	29.57	8.86	5.09	35	—
③₁黏质粉土—砂质粉土	11.64	25.00	14.61	50	—
③₂粉砂—细砂	(0)	(28)	(15～18)	45	—
③₃重粉质黏土—粉质黏土	22.95	9.10	7.18	45	—
④ 黏质粉土—砂质粉土	11.57	22.20	16.38	65	—
④₁重粉质黏土—粉质黏土	31.71	11.53	9.12	55	—
④₂细砂	(0)	(30)	(20～25)	55	—
⑤ 细砂—粉砂	(0)	(32)	(25～28)	65	1000
⑤₁重粉质黏土—粉质黏土	(30)	(10)	10.15	60	800
⑥ 粉质黏土—重粉质黏土	35.47	11.24	12.86	65	850
⑥₁粉质黏土—重粉质黏土	10.01	25.55	24.01	65	900
⑥₂粉质黏土—重粉质黏土	47.46	10.98	11.73	70	850
⑥₃粉质黏土—重粉质黏土	(0)	(32)	(30～35)	70	1000
⑦ 细砂—中砂	(0)	(34)	(35～40)	80	1500
⑦₁粉质黏土—重粉质黏土	36.6	16.20	15.20	75	850
⑦₂黏质粉土—砂质粉土	4.70	29.20	32.8	75	1100
⑧ 粉质黏土—重粉质黏土	—	—	16.87	80	1200
⑧₁细砂	—	—	(40～45)	80	1500
⑧₂黏质粉土—砂质粉土	—	—	32.88	80	1200
⑨ 细砂	—	—	(45～50)	85	1500
⑨₁重粉质黏土—粉质黏土	—	—	19.7	80	1000
⑨₂黏质粉土—砂质粉土	—	—	36.19	80	1100
⑩ 粉质黏土—重粉质黏土	—	—	21.12	80	1000
⑩₁细砂	—	—	(50～55)	85	1500
⑩₂黏质粉土—砂质粉土	—	—	37.47	80	1100
⑪ 细砂	—	—	(50～55)	85	1600

注：1. 本表参数引自勘察报告；2. 括号内数值为经验值。

(2) 水文地质条件

根据勘察报告，目前钻孔内共揭露3层地下水，分别为上层滞水、层间潜水和承压水。其主要含水层除⑥₃细砂—粉砂层及⑦细砂—中砂层外，分别为⑨、⑩₁层及⑪细砂层。本工程场地建筑抗浮设防水位标高按19.00m考虑，防渗设防水位按自然地面考虑。

本工程建筑场地类别为Ⅲ类，场地地下水在长期浸水情况下对钢筋混凝土结构中的钢筋具有微腐蚀性。在干湿交替情况下上层滞水及层间潜水具有弱腐蚀性，承压水具有微腐蚀性。

3.2 单桩承载性状分析

本工程勘察工作量巨大，其中航站楼中心区和指廊区域勘察钻孔共659个，进尺51308m。在勘察方案制定和具体实施过程中，设计人员积极参与勘察技术要求、勘察孔平面布置、勘察孔深等方案的制定，并在勘察施工期间，不定期现场考察，确保勘察方案具体落实，并及时反馈勘察技术人员的意见和建议。

本工程场区地表层人工填土及新近沉积的黏性土属软弱土，其下至20m左右的黏性土、粉土及粉、细砂属中软土，20m以下一般第四纪沉积的各土层属中硬土。总体呈多层土体结构，为粉土、黏性土与砂土交错，具体见图3。

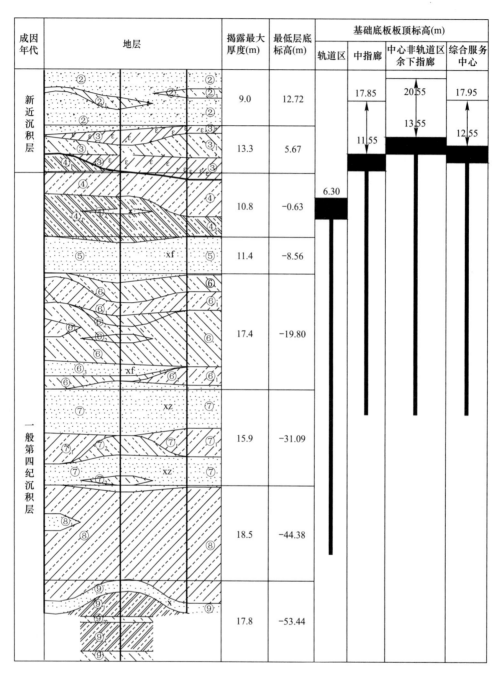

图3 地层及桩基剖面示意图

注：1. 各土层序号与表1各序号及地层名称一一对应；2. 各区域基础底板顶标高不等，图中给出相应范围。

本工程占地范围广，各区域地层有一定的变化，尤其是桩端持力层变化大，为确保工程安全，查找岩土工程条件较差区域，根据勘察报告钻孔资料，对中心区轨道和非轨道区的桩基单桩竖向抗压承载力进行大数据统计分析。结合桩基施工钢筋笼一次性吊装要求，设计计算桩长控制在40m以内。

中心区桩基计算参数如下：轨道区域桩径1.0m、桩长40m，非轨道区域桩径1.0m、桩长35m，桩侧桩端复式后注浆。桩侧摩阻力、桩端端阻力及后注浆提高系数均按照勘察报告提供的设计参数计算，计算单桩竖向抗压承载力特征值云图见图4。

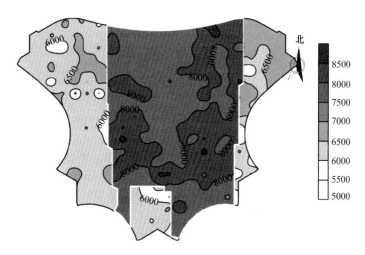

图 4　中心区单桩竖向抗压承载力特征值计算结果（kN）

由图 4 可见，计算的基桩的竖向抗压承载力特征值差异较大，故在工程桩承载力取值时适当考虑该因素，同时工程桩检测桩位选取时，在确保均匀选取和不影响施工进度的情况下，优先选取计算的竖向抗压承载力特征值较低区域的基桩。

4　桩筏基础变形控制设计

4.1　桩基设计参数

在初步计算分析基础上，分别选择了 3 个区域进行试验桩工程，各区域试验桩设计和检测成果见参考文献[2,3]。综合勘察报告、试验桩报告以及专家论证会建议，分别对各桩型单桩承载力特征值取值进行了确定。并依据勘察报告、结构导荷图进行桩基设计，应用国际地基基础与岩土工程专业数值分析有限元计算软件 Z-soil，基于基桩-筏板基础-地基的相互作用进行航站楼区的沉降变形计算分析，并依托我院多年相关经验[4-7]，进行基于桩筏基础变形控制的桩基设计。

根据 3 个试验区试验成果，并结合施工质量控制和施工工艺要求，设计最长桩长不超过 40m，最终确定各建筑区域桩型和设计参数，具体见表 2。

桩基设计参数汇总　　　　　　　　　　　　　　　　　　　　　　　　　　表 2

区域	基础形式	桩型	桩径(m)	桩长(m)	单桩承载力特征值(kN)	桩身混凝土强度等级	主筋
中心轨道区	桩筏	抗压	1.0	40	7500	C40	12ф20
		抗拔	0.8	21.0	1600/3000	C40	20ф28
中心非轨道区	桩基承台＋抗水板	抗压	1.0	32.0~39.0	5000~5500	C40	12ф20
综合服务中心		抗压	1.0	29.0~35.0	5000	C40	12ф20
高架桥		抗压	1.0	30.0~39.0	5000	C40	12ф20
指廊		抗压	1.0	29.0~40.0	5000~5500	C40	12ф20
登机桥		抗压	1.0	22.0~37.0	2000~5000	C40	12ф20

注：各桩型均采用桩底桩侧复式注浆。

通过基于变刚度调平理论进行桩基平面布置设计，计算结果见 4.3 节和 4.4 节内容。

4.2　桩与基础数值建模

采用岩土数值软件 Z-soil 建模计算，图 5 和图 6 分别为整体轨道区模型和航站楼轨道区模型。

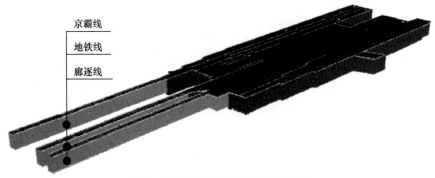

图 5　整体轨道区桩与基础计算模型

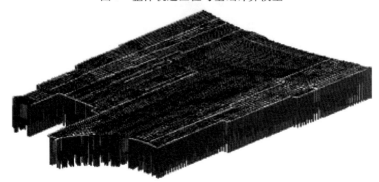

图 6　航站楼轨道区桩与基础计算模型

4.3　沉降变形计算分析

　　航站区地下 2 层均设有高铁和地铁车站，且从南到北有高铁等轨道贯穿，高铁高速穿越时产生的振动应控制在旅客能接受的合理范围内，故在进行主体结构基础设计时对基础沉降控制提出了更高的要求。

　　经过多次优化调整计算分析，最终航站楼中心轨道区总沉降见图 7，可见，最大沉降 6.9cm，满足设计及规范要求；最大差异沉降 $0.04\%l$，小于 $0.1\%l$ 的规范限值要求。航站楼轨道区工后沉降平均小于 5mm，满足高铁和地铁设计及运行需求。更多相关计算分析资料详见资料[2]。

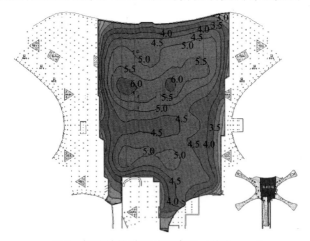

图 7　航站楼轨道区总沉降图（单位：cm）

5　基坑支护与基桩相互影响分析

　　航站楼中心区深基坑采用一桩一锚的支护结构，对局部受基础桩或承台影响的部位的锚杆间距及水平角度进行调整，并以双排桩进行弥补加强，如图 8 所示。对于航站楼中心浅区临近深基坑位置的桩基础，由于深基坑开挖对桩侧土的扰动，因此在桩基础设计时，对桩侧阻力进行适当折减。

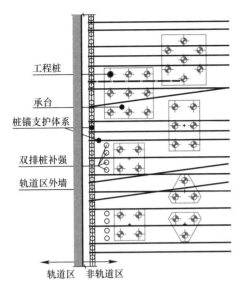
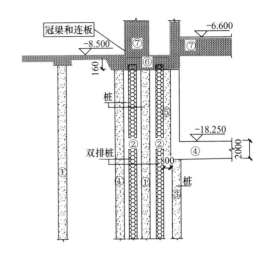

图 8　航站楼中心区基坑支护与桩基础平面位置示意　　图 9　综合服务中心基坑支护及桩基础施工顺序示意

综合服务中心采用双排桩支护结构体系，为保证施工的安全性，对施工顺序进行了如下设计：步骤①浅区域双排桩及锚杆涉及范围内工程桩施工；步骤②双排桩、锚杆及冠梁连板等基坑支护施工；步骤③轨道深区工程桩施工；步骤④轨道深区基础底板及外墙等结构构件施工；步骤⑤肥槽回填，建议使用素混凝土进行回填；步骤⑥拆除冠梁和连板；⑦浅区结构构件施工。详见图 9。

施工过程中对如下指标进行了监测：桩顶水平位移、桩顶竖向位移、桩体水平位移、锚索拉力、地表竖向位移、坡顶水平位移、坡顶竖向位移、地下水位，并定期进行巡查。监测结果表明，本基坑工程均处于正常状态，施工过程中监测数据变化平稳。

6　工程桩施工与质量控制

6.1　成桩施工难点分析

本工程桩基工程量巨大，工期紧，施工质量要求高，故施工单位压力很大。尤其是中心区桩基工程，桩基共计 8275 根：轨道区 5983 根，非轨道区 2292 根。

为确保工程质量，要求成孔采用旋挖钻机施工，且钢筋笼一次吊装，即钢筋笼下放过程中不再拼接，采用履带吊运输，深槽轨道区内基础桩的总数量达 5983 根（占总桩数的 72%），桩数量多，施工场地及交通运输受限，施工组织难度大。经过施工单位的精心组织和施工，圆满完成施工任务，且桩基均达到设计要求。图 10 为施工现场俯视图。

(a)　　　　　　　　　　　　　　　　(b)

图 10　中心区施工现场俯视图
(a) 航站楼；(b) 停车楼和综合服务中心

6.2　工程桩检测成果分析

（1）检测内容及数量要求

根据规范[8]和相关各方会商内容，本桩基工程检测内容和数量如下：成孔检测 20％（为桩基总数的比例，余同）、低应变法桩身完整性检测 100％、声波透射法桩身完整性检测 10％、单桩竖向抗压静载检测 1％、单桩竖向抗拔静载检测 1％。

（2）工程桩检测成果数据分析

各区域工程桩检测成果汇总于表 3，图 11 为轨道区典型 Q-s 曲线，各区域工程桩加载至单桩竖向承载力特征值 R_a 和 $2R_a$ 时所对应的变形量及残余变形见论文[3]。根据检测成果，$2R_a$ 加载值下最大变形不超过 25mm，均满足规范和设计要求。

工程桩检测成果汇总　　　　　　　　　　　　　　　　　　　　　　　表 3

区域	桩型	单桩承载力特征值（kN）	对应的平均变形值（mm）			回弹率平均值（％）
			R_a	$2R_a$	残余变形	
中心轨道区	抗压	7500	4.59	13.22	6.81	50.1
		3000	2.08	6.60	2.84	58.3
中心非轨道区	抗压	5000/5500	2.68	8.00	3.55	57.0
综合服务中心	抗压	5000	2.91	9.05	4.94	45.8
高架桥	抗压	4500	5.54	15.20	9.91	35.7
指廊	抗压	5500	3.02	9.01	4.55	50.3
轨道区抗拔桩	抗拔	1600	2.08	6.60	2.84	58.3

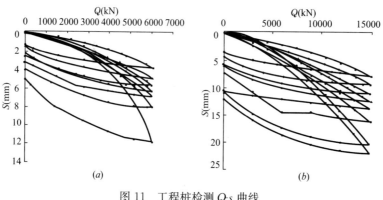

图 11　工程桩检测 Q-s 曲线

（a）R_a＝3000kN；（b）R_a＝7500kN

桩身完整性检测成果如下：中心轨道区共 Ⅰ 类桩 5890 根，Ⅱ 类桩 93 根，无 Ⅲ 类桩，Ⅰ 类桩占总桩数的 98.4％；中心非轨道区共 Ⅰ 类桩 2115 根，Ⅱ 类桩 29 根，无 Ⅲ 类桩，Ⅰ 类桩占总桩数的 98.6％。桩身完整性满足规范要求。

7　结语

（1）北京新机场综合交通枢纽占地面积大、地质条件复杂，采用沉降变形控制和承载力控制双控设计准则进行桩筏基础设计。应用通用岩土有限元软件进行整体建模，通过反复迭代"调整桩基设计方案—数值建模计算—沉降变形结果分析反馈"计算过程，确定的桩筏基础设计方案满足设计和规范要求的沉降变形。

（2）本工程桩基工程量巨大，且土方工程、降水工程、支护工程与桩基础工程施工交叉作业，施工组织需制定合理有序，在规定工期内完成工程任务。

（3）大面积工程进行桩基工程的单桩承载力大数据分析十分必要，在此基础上对桩基进行针对性设计、施工及检测，在确保工程安全的前提下经济、合理。工程桩检测成果表明，北京新机场航站区桩基设计和施工满足工程需求。

参考文献

[1] 束伟农，朱忠义，祁跃，等. 北京新机场航站楼结构设计研究 [J]. 建筑结构，2016，46 (17)：1-7.

[2] 王媛，孙宏伟，束伟农，等. 北京新机场航站楼桩筏基础基于差异变形控制的设计与分析 [J]. 建筑结构，2016，46 (17)：93-98.

[3] 方云飞，王媛，卢萍珍，等. 北京新机场航站区桩基础设计与验证 [J]. 建筑结构，2017，47 (18)：21-25.

[4] 王媛，孙宏伟. 北京 Z15 地块超高层建筑桩筏基础的数值分析 [J]. 建筑结构，2013，43 (17)：134-139.

[5] 孙宏伟，常为华，宫贞超，等. 中国尊大厦桩筏协同作用计算与设计分析 [J]. 建筑结构，2014，44 (20)：109-114.

[6] 方云飞，王媛，孙宏伟. 长沙北辰项目高层建筑软岩地基工程特性 [J]. 工程勘察，2015，43 (7)：11-17.

[7] 孙宏伟. 岩土工程进展与实践案例选编 [M]. 北京：中国建筑工业出版社，2016.

[8] 建筑基桩检测技术规范 JGJ 106—2014 [S]. 北京：中国建筑工业出版社，2014.

作者简介

方云飞，男，1979 年生，安徽贵池人，硕士研究生，高级工程师，注册土木工程师（岩土），主要从事地基基础设计、咨询和研究工作。电话：13581595847，E-mail：fangyunfei@126.com，地址：北京市西城区南礼士路 62 号，100045。

BEIJING NEW AIRPORT GEOTECHNICAL ENGINEERING PRACTICE

FANG Yun-fei，SUN Hong-wei，WANG Yuan，LU Ping-zhen，LI Wei-qiang

(Beijing Institute of Architectural Design，Beijing 100045)

Abstract： Beijing New Airport integrated transport hub from the terminal building and integrated transfer center (central district，rail transit，referring corridor，boarding bridge)，parking building and integrated service center (office，hotel and connection section) and other building composition，building scale，the main structural system complex，uneven formation of soil，terminal B2 layer under the rail transport，The design complexity is high，the construction difficulty is big. On the basis of investigation results，large data statistics of foundation pile bearing capacity calculation and calculation and analysis of test pile engineering results，the pile foundation design is considered by considering the synergistic Action of foundation Pile-Raft Foundation-Foundation and using the numerical calculation analysis results of geotechnical engineering. The Pile foundation Project quantity is huge，the pile foundation and the Foundation pit construction crosses the work，the construction difficulty is big. The results of the project show that the design of pile Foundation is reasonable by analyzing the data of engineering test pile.

Key words： Beijing New Airport，Transportation hub，Pile foundation，Calculation and analysis of settlement

应用新型管幕工法修建地铁车站研究

赵文，贾鹏蛟，柏谦，王志国

（东北大学 资源与土木工程学院，辽宁 沈阳　110819）

摘　要：对于在城市复杂环境下建设地铁暗挖车站，传统的施工手段工序复杂、风险较大，新型管幕结构结合洞桩的施工工法是通过翼缘板、螺栓和混凝土把相邻钢管连接起来的新型支护体系。笔者从理论、实验、模拟计算和现场试验等方面，系统叙述了新型管幕结构理论和实践，为新型管幕结构的后续研究和完善提供参考依据。

关键词：新型管幕结构；力学性能；顶力计算；地表变形

1　引言

随着城市的发展，地下交通和地下空间的建设越来越多，当遇到需要跨越地面主要交通干道或者穿越铁路、公路、既有地铁等[1]，为了降低影响，多采用地下暗挖的工法，近年来，地下暗挖多采用浅埋暗挖法，如 CD 法、CRD 法、洞桩法、中洞法、双侧壁导坑法等多种施工工法，但浅埋暗挖法施工劳动强度大，安全性差，地表沉降控制难度较大[2]。管幕工法相比于浅埋暗挖法，它不仅在开挖过程中能够显著减少地表沉降，实现浅埋或超浅埋情况下平顶结构形式的施工，而且还能解决因地下结构与城市主干道成正交而出现的端头厅难题[3]。因此，管幕工法在国内外工程应用较为广泛，并且适用于回填土、砂土、粘土等多种地层。但传统的管幕结构相邻钢管间仅用锁口连接，因而管幕的横向刚度和承载力较弱，故开挖管幕内部土体时，需要架设大量临时支撑以确保整体结构的稳定性，造成施工步序和支撑体系受力复杂，进而影响施工进度。

为了解决管幕工法横向连接较弱这一问题，沈阳地铁建设中采用了新型管幕工法。新型管幕工法是指采用大直径钢管顶入土中，相邻钢管横向用上下两排螺栓连接，并设置上下翼缘板（挡土和承载）。施工顺序首先在钢管两侧焊接翼缘板，然后依次将钢管顶入土中，在顶进过程中及时清除管内土体，同时在钢管侧壁开槽进行管间土的清除工作，当钢管顶进结束后在管内安装横向连接螺栓，灌注混凝土，形成管幕结构，最后开挖管幕结构内部土方的地下结构施工方法[4]。新型管幕结构在钢管间增加了横向连接措施，即利用高强度螺栓和翼缘板使管幕横向连成整体结构，使其横向承载力得到显著提高，在施工阶段无需辅以密集临时支撑的情况下，仍能将地表沉降控制在较小的范围内[5]。

2　新型管幕结构的合理参数选取

2.1　横向连接螺栓的锚固参数选取

研究通过 12 组室内试验，对新型管幕构件横向锚固力学特性试验进行研究。得出[6]当锚固长度不小于 200mm 时，抗拔力主要取决于锚杆强度；锚杆间距至少要大于 300mm，否则需要考虑"群锚效应"影响。

基金项目：国家自然科学基金资助项目（51578116），中央高校基本科研业务专项资金资助（N160106006）.

2.2 新型管幕结构的连接参数选取

管间的连接形式相较于钢管混凝土而言，承载能力较弱，基于此，为研究新型管幕结构的抗弯性能，共设计 18 组新型管幕结构试件，并结合数值分析软件，对其关键连接参数进行分析[5,7]。

通过研究得到了翼缘板参数、横向螺栓连接、混凝土强度等级等因素，对新型管幕构件极限承载力的影响。得出翼缘板厚度和钢管壁厚二者的合理比值在 1.0～1.3 之间。

在以上理论分析的基础上，结合相关地层参数，钢管直径选用外径 900mm 的 Q235 钢，壁厚 16mm，翼缘板壁厚 16mm，螺栓选用 M27 8.8 级的高强度螺栓。螺栓长度为 900mm，混凝土选用 C30。为了满足施工需要，下翼缘板在施工过程中进行焊接，螺栓则采用上下两排，间距 500mm。相关参数见图 1。

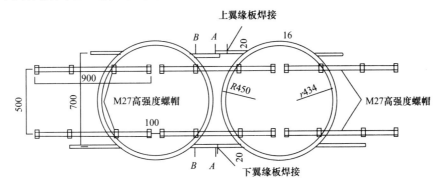

图 1　新型管幕工法横向连接形式

Fig. 1　Lateral connection of the new pipe-roof method

3　钢顶管顶进理论分析

3.1　带翼缘板钢管顶力计算

受翼缘板的影响，管周土压力非均匀性明显。因此，带翼缘板的圆管管周土压力分布规律和传统圆形、矩形顶管迥异。基于此，根据带翼缘板钢管受力特性，提出了根据土压力产生原因分区域讨论 STS 管幕管周摩阻力的理念，见图 2。并将压力拱理论、有限土压力理论和弹性地基反力理论相结合，推导出相应区域的土压力理论公式，得到对应的摩阻力计算公式。结合试验管顶进的现场监测值，验证了所推导的公式可行性[8]。

A 区域位于上翼缘板的上侧，该区域土压力产生原因同样是卸荷拱内的土体自重。

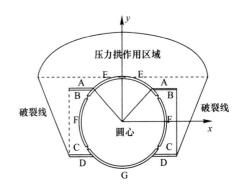

图 2　STS 管周土压力分区域示意图

Fig. 2　Map of earth pressure around STS pipe

$$N_A = \int_{x_D}^{x_E} \gamma(ax^2 + b - y_D)\mathrm{d}x = \gamma\left[\frac{a}{3}\,x^3\,|_{x_D}^{x_E} + (b - y_D) \cdot x\,|_{x_D}^{x_E}\right] \tag{1}$$

土体受自重影响，天然地有向下固结沉降的趋势。B 部分土体和翼缘有脱开趋势，该部分土体和翼缘板联系并不紧密，且作用范围较小，为简化计算本文假定 $N_B = 0$。

C 部分假定土体压力呈线性分布，上、下翼缘板之间的土体自重完全作用在下翼缘板上侧。该区域计算高度为上、下翼缘的间距，取上、下翼缘板之间的有限土体重量进行计算，有：

$$N_C = 2\gamma \cdot H_{BC} \tag{2}$$

摩擦力由垂直于作用面的法向力产生，土压力作用方向为垂直方向，需要将土压力分解成垂直于作用面的力进行求解。

取管身单位圆弧 ds 作为研究对象，单位圆弧 ds 对应的圆心角为 dθ，则：

$$N_E = \int_0^\theta \frac{q_v D}{2} \sin^2\theta d\theta$$

$$= \frac{D\gamma}{2}\left[\frac{aD^2}{4}\left(\frac{\theta}{8} - \frac{\sin(4\theta)}{32}\right) + b\left(\frac{\theta}{2} - \frac{\sin(2\theta)}{4}\right) - \frac{D}{2}\left(\frac{1}{12}\cos(3\theta) - \frac{3}{4}\cos\theta\right)\right] \tag{3}$$

F 区的土压力分布较复杂，管体上下翼缘间的土柱为有限土体，其自重作用形成的侧向土压力作用在管壁上（F 区）。土体自重自上而下呈线性关系，侧压力为梯形分布。通过积分可得，

$$N_F = \gamma K_1 D^2\left[\frac{\sin\alpha}{4} \times \left(\frac{\alpha}{2} + \frac{\sin2\alpha}{4}\right) + \frac{1}{6} \times (1 - \cos^3\alpha)\right] \tag{4}$$

基于 Klaine 分布模型，将 G 区域上部重量施加在下卧层，得到 G 区域土压力计算式为：

$$\sigma_G = \frac{6P \times (\cos\theta - \cos(\theta_G/2))\cos\theta}{D \times (3\sin(\theta_G/2) - 3 \times \theta_G \times \cos(\theta_G/2) + \sin^3(\cos(\theta_G/2)))} \tag{5}$$

取微段 ds 对式（5）进行积分，Klaine 分布模型中地基反力和管身法向接触，σ_G 和微段 ds 垂直，作用力全部转化为摩擦力，有：

$$N_G = \int_{-\theta_G/2}^{\theta_G} \frac{6P(\cos\theta - \cos(\theta_G/2))\cos\theta}{D \times (3\sin(\theta_G/2) - 3 \times \theta_G \times \cos(\theta_G/2) + \sin^3(\cos(\theta_G/2)))}ds \tag{6}$$

基于提出的顶力计算公式，结合实际施工的地层情况以及顶管相关参数，可计算得到单根钢管顶进所需要的预估顶力。根据所需顶力的大小，可结合实际工况，对顶管机的型号、功能以及相关顶进参数进行选择，为顶管施工提供了强有力的理论依据。

3.2 顶管楔形体顶部均布荷载简化模型

假设顶管拱顶的竖向土压力作为掌子面前方楔形块体顶部的均布竖向土压力。浅埋条件下，采用太沙基法进行计算竖向土压力；深埋条件下，为了便于计算，可将图中顶管拱顶点竖向压力作为掌子面楔形体顶部均布荷载，将土体松动区简化为宽×高=$B_c \times (B + N - B_c/2)$ 的矩形计算竖向土压力[9]，见图 3。

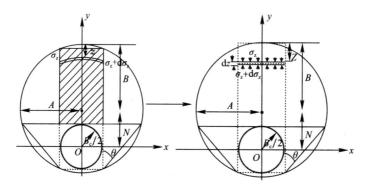

图 3 顶管周边松动土压力计算简化图

Fig. 3 The simplified calculating model of loosening earth pressure around pipe

假设选取的水平薄条带基本单元离压力拱的距离为 z，则该拱形线的曲线方程可以看作是压力拱沿着 y 轴向下平移了 z。

薄条带拱形土条自重为：

$$2B_c\gamma dz \tag{7}$$

垂直应力差为：

$$2B_c d\sigma_z \tag{8}$$

土条两侧剪应力为：

$$\tau = 2(c + \sigma_z k_0 \tan\varphi)dz \tag{9}$$

列平衡方程如下：

$$B_c\gamma dz = B_c d\sigma_z + (c + \sigma_z k_0 \tan\varphi)dz \tag{10}$$

$$\frac{\mathrm{d}\sigma_z}{\mathrm{d}z} = \gamma - \frac{c}{B_c} - \frac{k_0}{B_c}\sigma_z\tan\varphi \tag{11}$$

$$z = B + N - \frac{B_c}{2} \tag{12}$$

$$\sigma_z = 0 \tag{13}$$

式（11）的边界条件为压力拱形线下部各点土压力为0，将式（12）和式（13）代入式（11）中可以解出微分方程，通过求解微分方程求出顶管拱顶竖向土压力 Q：

$$Q = (1 - e^{\frac{k_0\tan\varphi\left(B+N-\frac{B_c}{2}-z\right)}{B_c}}) \cdot \frac{\gamma B_c - c}{k_0\tan\varphi} \tag{14}$$

4　现场施工应用研究

新管幕结合洞桩法的施工方法是新管幕工法在我国地铁工程界尚属首例，没有相关规范作为技术指导。基于此，综合工程特点和难点以及存在的问题，通过数值模拟的方法，建立大型有限元模型，系统性分析新型管幕工法修建地铁车站的整个施工过程。得到最优的施工步序以、关键性施工参数以及重要的施工环节等[10]。

新型管幕工法结合洞桩法被应用到沈阳地铁9号线奥体中心站和10号线东北大马路站。本节以奥体中心站为例，详细介绍新型管幕工法成功修建超浅埋大跨度地铁暗挖车站。

4.1　工程概况

沈阳地铁9号线某车站位于青年南大街与浑南西路交口处，是沈阳地铁9号线和2号线的一个换乘站，其结构形式为三层双柱三跨结构。车站暗挖区段下穿越沈阳交通要道青年南大街。暗挖段采用STS管幕结构及洞桩法相结合的工艺进行施工，在国内属于首次应用。其中暗挖区长80.8m，结构净宽22.9m，高21.14m，底板埋深约24.5m，覆土约3.4m，属于超浅埋大断面暗挖车站，车站结构断面见图4。

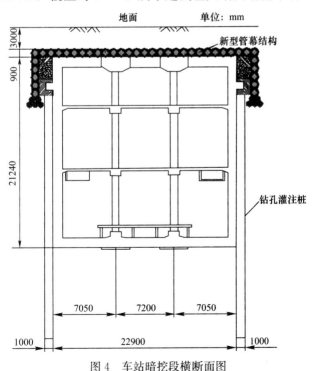

图4　车站暗挖段横断面图

Fig. 4　Cross section of Station

4.2 主要施工工序

结合以上研究成果，制定了新管幕结构结合洞桩法的施工工序，主要包含以下 4 步，见图 5。

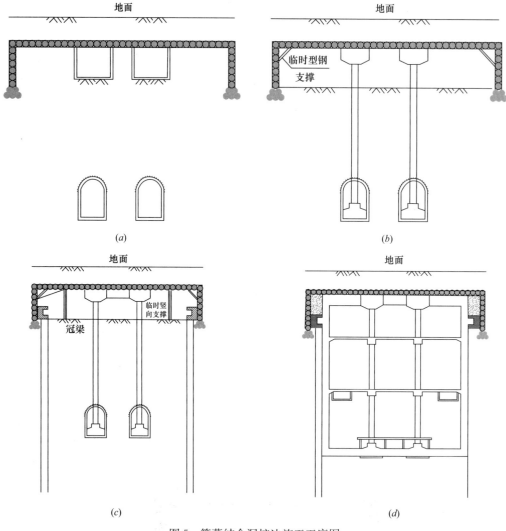

图 5 管幕结合洞桩法施工工序图

Fig. 5 Construction process diagram of STS with PBA method

（1）对管幕和导洞进行施工；

（2）依次施作底纵梁、钢管柱、顶纵梁、部分顶板等结构及防水层，并同时预留好钢筋及防水接头；

（3）待顶、底纵梁等结构达到设计强度后，开挖负一层中跨、边跨土体，架设角部斜撑，确保施工安全，并施工钻孔桩及桩顶冠梁；

（4）继续开挖土体至三层，依次施作负一层、负二层的中板及底板、侧墙、防水，以及内部结构。

5 结论

（1）得到了新型管幕结构的力学性能，并对关键设计参数进行优化。

（2）提出了砂土层顶管拱顶竖向土压力计算方法以及掌子面支护压力计算模型；提出了带翼缘板钢管顶进的顶力模型，得出了顶力计算相关理论。

（3）通过对顶管机械设备的配套改造与升级，实现了采用机械设备顶管施工，解决了长距离施工过程中掌子面稳定性差以及钢管顶进定位不准的难题，确保了大直径带翼缘板密集顶管的顺利实施。

参考文献

[1] 汪洪星，吴军，谈云志，等. 盾构-矿山法隧道并行施工的相互扰动分析 [J]. 工程地质学报，2017，25（2）：344-351.

[2] Qian Fang，Dingli Zhang，Louis Ngai Yuen Wong. Environmental Risk Management for a Cross Interchange Subway Station Construction in China [J]. Tunnelling and Underground Space Technology，2011，26：750-763.

[3] Forrest P. Schumacher，Eunhye K. Modeling the pipe umbrella roof support system in a Western US underground coal mine. International Journal of Rock & Mining Science，2013，60（6）：114-124.

[4] 赵文，董驾潮，贾鹏蛟，等. 地铁暗挖车站 STS 管幕结构施工技术研究 [J]. 隧道建设，2018，38（1）：72-79.

[5] 赵文，贾鹏蛟，王连广，等. 地铁车站 STS 新管幕构件抗弯承载力试验研究 [J]. 工程力学，2016，33（8）：167-176.

[6] 阎石，王世哲，金春福，等. 新管幕构件横向锚固力学特性试验 [J]. 沈阳建筑大学学报（自然科学版），2016，32（5）：778-787.

[7] 关永平，赵文，王连广，等. STS 管幕结构抗弯性能试验研究及参数优化 [J]. 工程力学，2017，34（9）：83-91.

[8] 姜宝峰，赵文，贾鹏蛟，等. 基于压力拱理论的 STS 带翼缘板管幕顶力计算理论研究 [J]. 东北大学学报，2018，39（4）：589-593.

[9] Xinbo Ji，Pengpeng Ni，Marco Barlad，Wen Zhao，et al. Earth pressure on shield excavation face for pipe jacking considering arching effect [J]. Tunnelling and Underground Space Technology，2018，72（2）：17-27.

[10] 赵文，姜宝峰，贾鹏蛟，赵朕等. STS 管幕结合洞桩法修建地铁车站施工数值模拟研究 [J]. 应用力学学报，2017，34（4）：756-762.

作者简介

赵文，男，1962 年生，内蒙古化德县人，博士，教授，现任东北大学资源与土木工程学院岩土与隧道工程研究所所长，土木工程系教授委员会主任，中国岩石力学与工程学会东北分会理事长、中国土木工程学会隧道与地下工程分会理事等职务。主要从事隧道与地下工程、地铁工程、非开挖施工等方面的研究工作。先后主持和参加国家科支撑计划、国家自然科学基金等科研项目 50 余项；主编或参编教材 6 部；发表学术论文 160 余篇；获得省部级科技进步二等奖以上 6 次。电话：13700028971，E-mail：zhaowen@mail.neu.edu.cn，地址：沈阳东北大学资源与土木工程学院，110819。

STUDT ON CONSTRUCTION OF SUBWAY STATION USING A NEW PIPE ROOFING METHOD

ZHAO Wen，JIA Peng-jiao，BAI Qian，WANG Zhi-guo

(School of Resources & Civil Engineering，Northeastern University，Shenyang 110819，China)

Abstract：The traditional construction methods have complicated process and high risk, the new pipe roofing method and Pile-Beam-Arch is proposed, and the steel tubes are connected by flange plate, bolt and concrete to form a temporary supporting structure. So the new pipe roofing structure is detailedly investigated in the aspects of theory, experiment, simulation and in-suit test, the results provide a strong evidences for the application and promotion of the new pipe roofing method.

Key words：new pipe roofing structure，mechanical behavior，jacking calculation，ground deformation

三、大面积场地与地基处理技术研究与实践

大面积回填场地的强夯地基处理技术

水伟厚，董炳寅

（中化岩土集团股份有限公司，北京 102600）

摘　要： 大规模的"围海造地""开山填谷""削峁建塬"等方法已成为我国东南沿海、中西部山区解决用地矛盾的主要方法。围海、填谷造地回填形成的场地不仅非常疏松，而且极不均匀，未经有效处理，填土及原地基土的承载力、变形难以满足使用要求。经济高效，节能环保，处理深度大，处理效果好，交叉作业少的强夯法及其复合工艺被广泛应用于各类大面积回填场地之中。本文介绍了强夯技术在大面积填土场地中的应用发展以及变形计算问题、振动监测问题和检测技术等关键技术，提出了一种新型强夯复合隔振系统，对国内各规范强夯法相关内容进行了评述，介绍了强夯法在西部大开发城镇空间拓展中的应用。

关键词： 高填方；大面积场地；强夯；变形；沉降；西部开发；空间拓展；准挖方区

1　引言

我国目前是全球最大的建设热土，经济的持续快速健康发展带动了石油、化工、船舶、铁道、电力、交通、物流以及房屋建设等多领域的蓬勃发展。与国际上其他国家一样，我国在解决用地矛盾时已采用大规模的"围海造地""开山填谷"等方法，这已成为沿海地区、中西部山区解决用地矛盾的有效方法。

围海、填谷造地堆积起来的场地土方量巨大，不仅非常疏松，而且还常夹杂有淤泥杂质，极不均匀，若不作处理，根本无法作为建设用地，因此处理方法的选择，方案的制定尤为重要。强夯法作为一种节能环保、经济高效的地基处理技术，对于大面积回填场地的地基处理具有不可比拟的优势：一是处理方法多样可靠，近些年强夯技术已经发展出许多新型复合工艺，同时强夯技术本身的能级发展，可适应不同深度和土质的回填土。若方法选择得当，控制到位，均能达到较好地处理效果；二是经济、高效，节能、环保，例如需要分层碾压的大面积填土场地，存在频繁的交叉作业，易受降雨、降雪影响，对回填土粒径要求高等问题，而采用高能级强夯交叉作业少，受环境影响小，对回填土质要求低并且可一次性处理 10～20m，这将大大缩短工期，节省了工程投资。可见强夯技术在大面积回填场地具有很好的适用性和较高的性价比，市场前景广阔。

2　大面积回填场地强夯应用及发展

工程建设中的山区杂填地基，开山块石回填地基、炸山填海、吹砂填海等围海造地工程越来越多，深厚填土工程也随之越来越多，需要加固处理的填土厚度和深度相应也越来越大。

一是山区高填方工程，如辽宁、重庆、山西、陕西、河南和湖南等地约 20 余个重大项目的最大填土厚度超过了 40m，近几年一些新区建设中的开山造地填土厚度已经超过 100m，其填方量以亿计。这些项目一般工期紧、任务重，不容许实现 50cm 左右的分层碾压，而且很多项目批复下来时场地已经一次性回填完成或已经回填较大深度。为了使其地基强度、变形及均匀性等满足工程建设的要求而最终

基金项目：住房城乡建设部研究开发项目（2016-K5-018），北京市科技创新领军人才资助项目（2016-2-01）

选用了分层强夯处理或者高能级强夯法进行处理。

二是抛石填海工程，其传统地基加固做法是吹填完成后进行真空预压或 2～3 年的堆载预压。由于工期太长，且承载力提高有限，传统做法无法满足要求。地基基础使用要求多为预处理手段，此类"炸山填海""炸岛填海"等工程中回填的抛石、海水对钢材和混凝土的腐蚀性等问题都大幅增加了桩基施工的难度、工期和造价。也促成了高能级强夯的大量应用和快速发展，部分工程抛石和淤泥层的最大厚度达到了 25m，如福建、广东、山东、广西、浙江等近 30 个国家重大工程项目，经方案经济、技术、工期等综合比选后采用了高能级强夯地基。

三是由于我国地震高烈度区（可液化砂土区）、湿陷性黄土区和软黏土区分布广泛，为强夯技术在我国的发展应用提供了良好的客观条件。我国自 1975 年开始介绍与引进强夯技术，1978 年开始在工程中试用。在强夯技术基础上出现了一些复合工艺，比如适用于吹填土地基的降水强夯法；针对西部超厚湿陷性黄土的深层孔内强夯法；针对超厚填土高地下水位的预成孔深层水下夯实法；针对深厚软土的预成孔置换强夯法；适用于含水量非常高、抗剪强度非常低的深厚软弱下卧层地基土的预成孔侧向约束桩法。

基于以上分析不难看出，高能级强夯技术和强夯复合工艺的发展是有其客观基础的，在深度和广度上都在进一步迅速发展中，是一种必然趋势。

3 大面积回填场地强夯应用的关键理论与技术

现行《建筑地基处理技术规范》JGJ 79—2012 中的最高能级为 12000kN·m，《湿陷性黄土地区建筑规范》GB 50025—2004 中为 8500kN·m，《钢制储罐地基处理技术规范》GB/T 50756—2012 中为 18000kN·m。而实际工程中，湿陷性黄土地基上的最高能级已经达到 20000kN·m，高能级强夯工程实践的开展如火如荼。在高填土和深厚湿陷性黄土等工程中，其加固效果如何是当前工程界关心和思考的问题，也是世界范围内亟待解决的重要课题。

3.1 关于国内各规范强夯的评述

当前应用强夯法处理地基的工程范围极广，已付诸实践的有工业与民用建筑、重型构筑物、机场、堤坝、公路和铁路路基、贮仓、飞机场跑道及码头、核电站、油库、油罐、人工岛等。各行业、地方规范标准对于强夯地基处理的要求不尽相同各有侧重点。本文就作者所参编的规范中强夯章节的特点进行评述，如表 1 所示。

各规范中关于强夯的特点 表 1

Characteristics of dynamic compaction method in various codes Tab. 1

序号	规范名称	特点
1	《建筑地基处理技术规范》JGJ 79—2012	变形计算有突破：墩变形＋应力扩散法
2	《复合地基技术规范》GB/T 50783—2012	强夯置换更明晰
3	《钢制储罐地基处理技术规范》GB/T 50756—2012	首次将强夯能级提高至 18000kN·m
4	《上海市地基处理技术规范》DG/TJ 08—40—2010	首次提出降水强夯
5	《高填方地基技术规范》GB 51254—2017	对分层强夯做出明确要求
6	《吹填土地基处理技术规范》GB/T 51064—2015	上硬下软双层地基
7	《建筑地基检测技术规范》JGJ 340—2015	多种方法综合判定

（1）《建筑地基处理技术规范》JGJ 79—2012：强夯置换地基的变形计算突破原有规范（02 版）复合地基的计算方法，将强夯置换地基变形计算分为两个部分，即"墩变形＋应力扩散法"，详见 3.3 节。

（2）《复合地基技术规范》GB/T 50783—2012：强夯置换的理论和技术更加明晰，将强夯置换墩长突破到 11m，最高能级达到 18000kN·m。强夯置换的四个缺一不可条件：①有无填料；②填料与原地基土有无变化；③静接地压力大小；④是否形成墩体（比夯间土明显密实）。

（3）《钢制储罐地基处理技术规范》GB/T 50756—2012 将强夯施工能级首次提高到 18000kN·m，这也是国内规范规定的最高能级。

（4）《上海市地基处理技术规范》DG/TJ 08—40—2010 国内规范中首次提出降水强夯法：对需处理不适宜强夯法直接压密的软土先进行降水，并施加多遍合适能量（少击多遍，先低后高）的强夯击密，达到降低土体含水量，提高土体密实度和承载力，减少地基的工后沉降与差异沉降量。

（5）《高填方地基技术规范》GB 51254—2017 对分层强夯做出明确要求，并对工作面搭接、挖填方交接面及填方边缘的强夯做出明确要求。

（6）《吹填土地基处理技术规范》GB/T 51064—2015 明确强夯法，包括强夯置换法和降水强夯法适用于处理粗颗粒吹填土、砂混淤泥、砂（碎石）混黏性土及表层覆盖一定厚度碎石土、砂土、素填土、杂填土或粉性土的吹填土地基。

（7）《建筑地基检测技术规范》JGJ 340—2015：强夯地基的检测要全面，辩证，综合判断，要运用多种方法（包括各种室内、现场试验）综合判定。

3.2　按变形控制进行强夯法处理回填地基设计的方法

强夯地基设计应是承载力和变形双控，但实际上往往只侧重于承载力却忽视变形的重要性。因此，按变形控制进行强夯法处理回填土地基设计是一个"矫枉过正"的提法，是对强夯法变形难测性、难算性和易忽视的特点针对性提出的。

在进行地基处理设计时应当考虑的两点：（1）在长期荷载作用下，地基变形不致造成上部结构的破坏或影响上部结构的正常使用；（2）在最不利荷载作用下，地基不出现失稳的现象。前者为变形控制设计的原则，后者为强度控制的原则。对于大多数的工程来讲，关键是地基处理中地基的变形特性是否满足要求。在利用变形控制思想进行地基处理设计时，首先应计算分析地基变形是否满足建筑物的使用要求，在变形满足要求的前提下，再验算地基的强度是否满足上部建筑物的荷载要求。

按变形控制进行强夯地基处理设计，一是根据变形要求确定强夯加固有效深度，再由有效加固深度合理选择强夯能级及其他设计参数；二是使夯后地基的刚度分布与基底压力分布相吻合，夯点的布置尽量与上部结构的刚度分布一致，使两者变形协调，减小差异沉降；三是重视原点加固夯和满夯对浅层地基的加固效果，确保浅层地基承载力满足要求。

3.3　强夯变形计算的理论研究

（1）强夯置换地基的变形计算

强夯置换往往都是大粒径的填料，岩土变形参数难以确定，所以强夯置换地基变形的计算方法应该化繁为简。强夯置换有效加固深度是选择该方法进行地基处理的重要依据，又是反映强夯置换处理效果、计算强夯置换地基变形的重要参数。置换墩长度直观体现强夯置换地基的有效加固深度；由于应力向深层传递，置换墩下地基土的仍存在变形可能。因此，结合以上两点，强夯置换地基变形可按"墩变形＋应力扩散法"来计算。计算的关键点：

① 加固区变形：按照《复合地基技术规范》GB/T 50783—2012 中 13.2.13 条单墩载荷试验或单墩复合地基载荷试验确定的变形模量计算加固区的地基变形。

② 墩下地基土变形：对墩下地基土的变形可按置换墩材料的压力扩散角计算传至墩下土层的附加应力，按现行国家标准《建筑地基基础设计规范》GB 50007 的有关规定计算确定。

（2）强夯地基的变形计算

深厚回填地基经强夯后可能出现两种地基模型：均匀地基和上硬下软的双层地基，对于均匀地基可采用分层总和法或规范法计算地基工后沉降；对于上硬下软的双层地基可采用应力扩散角法进行沉降计算，如图 1 所示。以上变形计算的关键点是压缩模量 E_s 的取值。

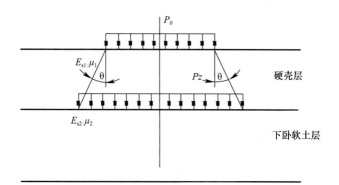

图 1　存在硬壳层的应力扩散

Fig. 1　Stress diffusion in the hard shell and underlying stratum with soft soil

3.4　强夯地基检测方法

强夯地基的质量检测方法，宜根据土性选用原位试验和室内试验。对于一般工程，应用两种和两种以上方法综合检验；对于重要工程，应增加检验项目并须做现场大型复合地基载荷试验；对液化场地，应做标贯试验，检验深度应超过设计处理深度。对于碎石土下存在软弱夹层地基土，一定要有钻孔试验，建议采用各种方案综合测试。

3.5　强夯振动及侧向变形对环境的影响

强夯法是一种经济高效的地基处理方法，但美中不足的是施工时产生的振动和噪声，尤其是高能级强夯施工时产生的振动影响亟待研究。噪声扰民，振动可能在一定范围内对其他的建（构）筑物和建筑物内安装和使用的设备、仪表仪器等产生不利影响，这也是强夯法进一步发展的瓶颈。强夯振动对建筑物的影响的大小，不仅与强夯的有关工艺参数（如夯击能、夯点间距）有关，还与土体的组成及建筑物本身的结构有关。

（1）强夯引起的环境振动

由于强夯冲击波的作用引起地基土的挤密和表层的松弛变形，从而造成了地基土变形，从而影响了周围已建建筑物基础的安全。众多实际工程实测数据表明：

① 振动速度越大，则相应的加速度及振动位移也越大，并且随测点与夯点距离的增大而减小。

② 隔振沟的减振、隔振作用明显。当与夯点距离相同时，有减振沟时测得的振动远小于无减振沟时的振动，对于各类地基，减振沟的深度宜超过3m。

（2）柱锤强夯置换振动及侧向变形

由于强夯施工过程中，夯锤冲击地基土，在强夯施工过程中会对周围土体产生压缩、挤压作用，使得夯锤周围土体在一定程度上都会发生侧向变形，这种侧向变形会对周边相邻建筑物产生作用力。以青岛某强夯置换试验为例，为了研究柱锤强夯施工不同能量对周围土体的影响，通过在不同距离进行地面振动监测和埋设测斜管，监测地面振动和土体深层水平位移情况，来了解不同能级的柱锤夯击下振动和土体侧向变形实际影响范围。图2为相同能级下，与夯点不同距离的土体侧向变形随深度的变化情况。

通过柱锤强夯置换试验的地面振动及周围土体测斜监测可得：随着柱锤强夯置换能级的增大，柱锤四周土体的侧向变形在减小，但对地面振动影响范围增大。在距振源距离大致相同的情况下，强夯置换能级越大，对周围土体侧向变形影响越小。当能级增大到一定时，远离振源的

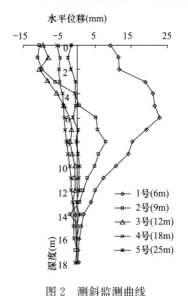

图 2　测斜监测曲线

Fig. 2　Profile of inclining monitoring

地面会出现向振源方向变形的现象。

（3）一种新型强夯复合隔振系统

减少强夯振动影响的关键是阻断振动波的传递途径，隔振沟可有效降低强夯振动的影响距离。基于这一原理提出了一种新型强夯复合隔振系统，该系统由隔振沟（常规）、网状消能区、应力释放孔组成，如图3所示。在施工区域范围内，采用柱锤强夯代替一定范围的平锤强夯（或采用低能级强夯），由于柱锤施工（或低能级强夯）振动影响较小，预先施工后的夯坑可作为消能区减小振动。设置常规隔振沟可进一步减小振动影响，在网状消能区和隔振沟外设置应力释放孔，应力释放孔是在施工区域范围外钻孔或冲孔形成，进一步释放振动能量。如此将槽带状隔振沟、网状消能区以及应力释放孔等减震手段与先进的监测技术相结合，可有效降低强夯作业产生的振动对施工区域周边的已有建筑的影响；使得强夯施工技术可以应用在距离建筑物较近的区域，大大扩展了强夯施工技术的应用范围。

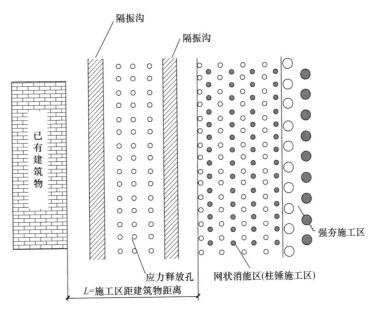

图3　新型强夯复合隔振系统

Fig. 3　A new vibration isolation system of dynamic compaction

4　大面积回填场地强夯应用重要进展——西部山区城镇空间拓展

随着西部大开发的深入，我国西部"老少边穷"地区可以凭借和发挥自身发展成本低、效益较高、矿产资源丰富等优势，在平等竞争中找准突破口，促使地区之间的产业转移和生产要素的流动，开拓纵深度。虽然西部地区面临前所未有大发展的机遇，但同样面临着许多共性的瓶颈。由于我国西部城市多分布在丘陵、高原和山区，可利用的大面积工业用地和城市开发用地非常有限，仅有的山间谷地、盆地也作为耕地资源。因此，西部山区城镇空间拓展势在必行。

4.1　处理规模

西部山区城镇空间拓展主要采用"造新城"的模式，按照统一规划、统一布局、分步实施的原则，开展削山造地、道路连通等工作，加强基础设施建设，改善出行交通条件、通信设施等，打开了山区与外界的天然闭塞，促进贫困山区与外界的经济交流，对扶贫开发、民生建设意义重大，表2为西部地区城镇空间拓展的造地规模。

工程项目	造地面积	土方量	填方高度

造地规模 表 2
Scale of land construction Tab. 2

工程项目	造地面积	土方量	填方高度
延安新区项目	一期约 1050 万 m²	挖填合计约 5.7 亿 m³	挖填高差超过 300m
甘肃项目	约 1000 万 m²	挖填合计 2.5 亿 m³	超过 100m
云南绿春项目	约 100 万 m²	挖填合计超过 3600 万 m³	超过 120m

结合以上项目，认为对于高填土采用强夯法施工的场地，往往具有以下四个特点：

（1）压实体量大：回填土石方量巨大，碾压工作量巨大，如延安新区北区一期的土方量已达到 5.7 亿 m³。

（2）填挖交错、场地复杂、技术难度高、施工难度大：有大面积平整场地夯实，也有局部靠近边坡处临边场地狭窄处夯实；具有挖填方交界面多、处理难度大、超高填方、大土石方量、顺坡填筑、填筑材料就地取材等特点。

（3）夯实工作制约着土方回填进度，进而制约整个工期：要保证整体工期要求，夯实效率必须要高，可通过增加设备数量，采用高效率设备（如不脱钩夯锤、自动监测技术等）来加快施工进度。

（4）工作面集中、施工相互干扰大：多个施工标段，多个施工面，施工场地拥挤，工作面集中，施工相互干扰大，环境恶劣，沉降要求严格。

4.2 西部山区城镇空间拓展强夯法应用的关键技术

（1）超高超深填方分层回填强夯处理

西部山区城镇空间拓展高填方地基填方高、荷载大，原地基和填筑体自身的沉降均较大，加上某些特殊土体的性质，比如湿陷性黄土的湿化变形等不利因素，沉降控制难度极大。对于填筑体一般采用分层碾压法，但是对于近几年一些新区建设，开山造地填土厚度已经超过 100m，这些项目一般工期紧、任务重，50cm 左右的分层碾压处理难以满足相应要求，因此 10～20m 的分层强夯的优势相当明显，本文以延安某项目为例，介绍分层中高能级强夯在超高超深填方中的应用。

延安某项目场地地层主要由第四系全新统松散堆积物、披盖于丘陵与黄土残塬上的黄土（Q_{2+3}）、第三系红黏土（N）和基岩组成。场地西区设计标高在 951.5～955.0m 之间，自然场地标高最低为 883.4m（冲沟出口处），原始地貌为典型的"V"形沟谷地形，综合考虑安全性、经济适用性、设备调度能力和工期，采取分层回填＋分层强夯的方案进行处理。回填区域土方回填和强夯分 8 层进行，见表 3。

回填区域强夯分层施工参数表 表 3
Dynamic compaction parameters in high fill foundation Tab. 3

回填层数	回填厚度（m）	强夯能级（kN·m）
第一层	冲沟回填碎石渗层	8000
第二层	12	12000
第三层	12	12000
第四层	12	12000
第五层	8	8000
第六层	8	8000
第七层	4.5～6.5	4000
第八层	4.5～6.5	4000

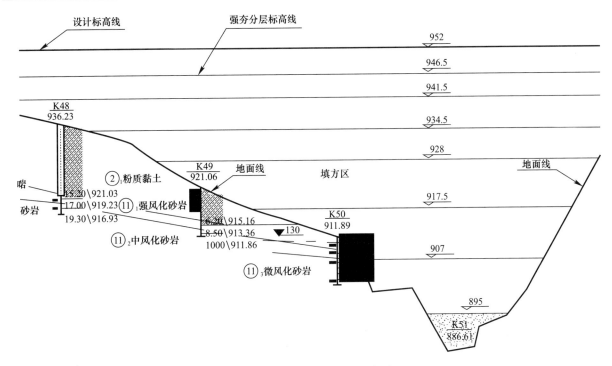

图 4　地基处理分层回填示意图

Fig. 4　Schematic graph of laminated backfill compaction

（2）工作搭接面的处理

分层强夯法施工过程中，由于处理面积巨大，往往分为若干施工单位或若干工程段段同时进行施工，必然存在工作搭接面，在搭接面附近可能由于能级不同，施工单位不同，工艺不同，填土性质差异等原因容易导致变形发生不均匀沉降，因此工作搭接面的处理对于施工质量的保证具有重要的作用，对相邻施工工作面搭接部位可采用单击夯击能 3000kN·m 进行强夯处理，处理宽度应为上界面大于一个锤径，下界面按 1∶1.5 向上放坡至层顶面保证一个锤径。工作面强夯处理分层厚度不大于 4.0m，如图 5 所示。

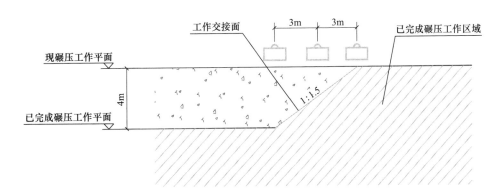

图 5　工作面搭接加强处理示意图

Fig. 5　Schematic graph of lap face with dynamic compaction

（3）填挖交界面的处理

填方区与挖方区交接面由于应力水平和应力历史不同，是高填方区经常出现问题的薄弱环节。为了保证填方区与挖方区能均匀过渡，在填挖方交接处，应结合台阶开挖，沿竖向每填筑 4m 厚，在台阶交接面附近采用加强碾压的方法进行处理，如图 6 所示。

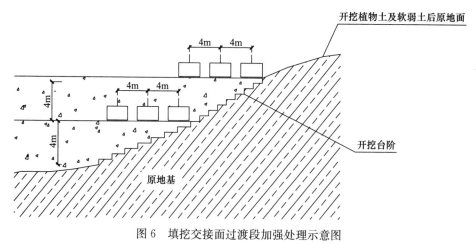

图 6　填挖交接面过渡段加强处理示意图

Fig. 6　Schematic graph of excavation and filling interface treatment with dynamic compaction

4.3　准挖方区的概念

西部山区城镇空间拓展主要采用"削山造地，削峁建塬"的"造新城"模式，场区地势起伏大，填方区填筑体为山地、梁峁挖方料，填筑厚度较大，最大填筑厚度已经超过百米。首先，场地形成后，挖方区可立即投入使用，但是高填方区虽经分层处理，在一定时期内仍具有很大的沉降不确定性，因此该区域不能立即投入使用，要求沉降大约 5 年时间，才能用于建设场地，因此容易造成场地闲置成本高。其次，由于沉降的不确定性，填方区规划受限，只能供绿化、道路等使用，无法最大限度发挥经济效益。

基于以上原因，本文提出了准挖方区的概念：在"削山造地，削峁建塬"的造地过程中，设计地坪线以下，凡是有填土的区域均被认为是填方区，但由于原山、峁具有一定坡度，在该坡度一定范围内填方厚度并不大（厚度一般在 20m 范围内），在该范围内采用高能级强夯再处理经分层碾压或分层夯后的填筑体，使回填土分阶段再压缩，形成准挖方区，如图 7 所示。准挖方区的做法可大幅减少场地的工后沉降，缩短填筑体压缩达到稳定时间，缩短填土地基交地使用时间，使这部分区域规划使用不受限制。

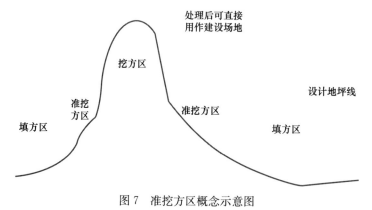

图 7　准挖方区概念示意图

Fig. 7　Schematic graph of analogous excavation area

5　大面积填土场地强夯技术的新进展——强夯复合工艺

单纯的一种地基处理方法已很难达到地基处理的设计和使用要求，地基处理向着复合型、综合性的处理方向发展。强夯施工技术也在向综合性应用的方向发展。

5.1　强夯与强夯置换兼容施工技术的应用

该强夯处理方法施工关键是：在施工工艺上，按强夯置换工艺进行，质量控制标准首先应满足现行

《建筑地基处理技术规范》强夯置换的规定；同时，由于超高能的影响深度大，使置换层以下的松散沉积层也得到了加固。

5.2 高能级强夯联合疏桩劲网复合地基

疏桩劲网复合地基基于沉降控制复合桩基原理，充分发挥地基及疏桩基础承载力，主要目的为控制基础的沉降变形。桩设置为带桩帽的减沉疏桩，网设置为加筋复合垫层，充分发挥基桩和桩帽底板下地基土的承载力，并协调地基的整体沉降和不均匀沉降。对含软弱下卧层、深度较大的松散回填碎石填土地基，高能级强夯处理的主要对象为浅层碎石填土地基，其下淤泥质软土层性质并没有太大改善，在上部荷载作用下会产生较大的不均匀沉降变形。疏桩劲网复合地基方案可充分利用浅层强夯地基和疏桩基础的承载力，协调两者变形，减小地基的不均匀沉降变形。

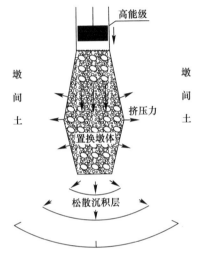

图 8　强夯与强夯置换兼容施工技术示意图

Fig. 8　compatibility technique of dynamic compaction and dynamic replacement

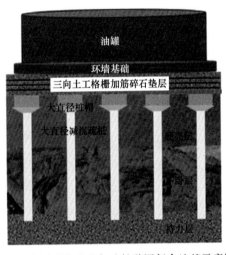

图 9　浅层强夯地基与疏桩劲网复合地基示意图

Fig. 9　geogrid-reinforced and rare pile-supported foundation with dynamic compaction

5.3 预成孔深层水下夯实法

预成孔深层水下夯实法主要适用于地下水位高、回填深度大且承载力要求高的地基处理工程。首先在地基土中预先成孔，直接穿透回填土层与下卧软土层，然后在孔内由下而上逐层回填并逐层夯击。对地基土产生挤密、冲击与振动夯实等多重效果。孔内采用粗颗粒材料形成良好的排水通道，软弱土层能够得到有效固结。孔内填料在夯击作用下形成散体桩，与加固后的桩间土共同分担上部结构荷载，形成散体桩复合地基。

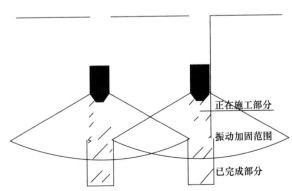

图 10　预成孔深层水下夯实法地基加固原理示意图

Fig. 10　Schematic graph of preformed hole deep underwater tamping method

5.4 预成孔填料置换强夯法

预成孔填料置换平锤强夯法首先在地基土中预先成孔，直接穿透软弱土层至下卧硬层顶面或进入下卧硬层；然后在孔内回填块石、碎石、粗砂等材料形成松散墩体，松散墩体与下卧硬层良好接触；最后对置换体根据深度大小，施加不同能级强夯，形成密实墩体，铺设垫层，形成复合地基。该方法解决了强夯法与强夯置换法存在的技术问题，实现置换墩体与下卧硬层良好接触，有效加固处理饱和黏性土、淤泥、淤泥质土、软弱夹层等类型的地基，可提高地基稳定性、地基承载力、减少（不均匀）沉降变形等。

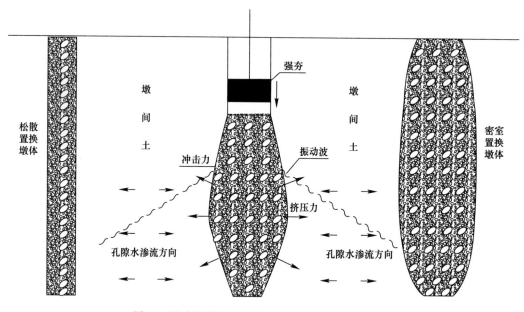

图 11 预成孔填料置换强夯法地基加固原理示意图

Fig. 11 Schematic graph of preformed hole dynamic replacement method

5.5 强夯与其他地基处理技术的联合应用

在强夯处理地基的工程实践中，工程技术人员已经认识到有些场地单纯采用强夯效果不明显，将强夯与其他地基处理方法的联合应用是地基处理技术发展与创新的方向，有着很大的发展空间，例如：降水强夯法、碎石桩与强夯结合、强夯与冲击碾结合、石灰桩与强夯结合等。

6 结论

（1）强夯法作为一种节能环保、经济高效的地基处理技术，其处理方法多样可靠，交叉作业少，受环境影响小，对土质要求低，对于大面积回填场地的地基处理具有不可比拟的优势。

（2）就作者参编的各规范中强夯内容的特点进行了评述。对强夯理论及关键技术进行了分析总结：强夯地基处理设计关键在于承载力和变形双控；强夯地基的变形控制计算方法：加固区变形（模量计算）＋下卧层变形（应力扩散）；强夯对环境影响主要是振动和土体侧向变形。

（3）新型强夯复合隔振系统将隔振沟、网状消能区以及应力释放孔等减震手段与先进的监测技术相结合，有效地降低了强夯施工作业产生的振动对强夯施工区域周边的已有建筑的影响。

（4）在西部山区城镇空间拓展中，高填方地基填方高、荷载大，10～20m 的分层强夯的优势非常明显，针对该类地基，形成了一整套处理工艺：地基分层处理、挖填交界面处理、工作搭接面处理等。

（5）强夯施工技术向着高能级和复合工艺等综合性应用的方向发展，比如：注水强夯法、预成孔深层水下夯实法、预成孔填料置换强夯法、注水强夯法、降水强夯法、高能级强夯联合疏桩劲网复合地基等。

　　强夯法在大面积回填场地的应用是可行有效的，其将是大面积回填场地地基处理的主要方式之一。随着回填场地的深度、面积不断加深加大，以及多变的地质条件，强夯法为适应各类回填场地条件将朝着高能级、复合工艺的方向发展。

参考文献

[1]　中化岩土集团股份有限公司. 深厚软弱土地基夯实加固成套施工工艺研发课题报告 [R]. 住房和城乡建设部科技计划项目，2017.

[2]　王铁宏，水伟厚，王亚凌. 高能级强夯技术发展研究与工程应用 [M]. 北京：中国建筑工业出版社，2015.

[3]　王铁宏，戴继，水伟厚. 残积土地基沉降变形计算方法的研究 [M]. 北京：中国建筑工业出版社，2011.

[4]　胡瑞庚，时伟，水伟厚，董炳寅. 深厚回填土地基高能级强夯有效加固深度计算方法及影响因素研究 [J]. 工程勘察，2018，46（03）：35-40.

[5]　王铁宏，水伟厚，王亚凌. 对高能级强夯技术发展的全面与辩证思考 [J]. 建筑结构，2009，39（11）：86-89.

[6]　王志伟，詹金林，水伟厚. 高能级强夯在填海造陆地基处理中的应用 [J]. 土工基础，2009，23（02）：25-28.

[7]　水伟厚，董炳寅，梁富华. 湿陷性黄土地区高填方压实场地 20000kN·m 超高能级强夯处理试验研究 [C]// 地基处理理论与实践新发展—第十四届全国地基处理学术讨论会论文集：247-253.

[8]　王铁宏，水伟厚，梁永辉，胡瑞庚. 西部山区城市场地形成与空间拓展的新实践 [C]// 地基处理理论与实践新发展—第十四届全国地基处理学术讨论会论文集 475-484.

作者简介

水伟厚，男，1976 年生，河南三门峡人，汉族，博士，教授级高级工程师，岩土工程师，现任中化岩土集团股份有限公司副总经理，主要从事岩土工程方面的科研工作。E-mail：swhcge@163.com，电话：010-60219156，地址：北京市大兴区科苑路 13 号中化岩土楼 B 座。

DEVELOPMENT REVIEW OF DYNAMIC COMPACTION FOR LARGE AREA BACKFILL SITES

SHUI Wei-hou，DONG Bing-yin

(China Zhonghua Geotechincal Engineering Group Co.，Ltd.，Beijing 102600，China)

Abstract： The shortage of available construction land is a problem in Chinese southeast coastal areas and central and western mountainous areas. To solve the problem, backfilling methods such as "reclaiming land from the sea by building dykes", "flatten the mountain to fill the valley", and "cutting loess hill to build tableland" were applicate in large scale. The backfill site formed by reclamation of the sea and the valley is not only very loose, but also extremely uneven. Without effective treatment, the bearing capacity and deformation of the backfill and the original soil are difficult to meet the requirements for use. Dynamic compaction and its composite process are widely used in various large-area backfill sites due to their advantages such as cost-effective, energy saving and environmentally friendly, large treatment depth, good treatment effect, and less cross-operation. This paper reviewed the application development of the dynamic compaction in large-area backfill sites, as well as the key technologies of deformation calculation, vibration monitoring and detection technology, and proposes a new type of dynamic compaction vibration isolation system. This paper also reviewed the related content of dynamic compaction in Chinese codes, and the application of dynamic compaction in the urban space expansion of the Western Development.

Key words: high fill, large area site, dynamic compaction, deformation, settlement, Western Development, space expansion, quasi excavation area

真空预压处理大面积场地与地基技术

郑刚[1,2]，雷华阳[1,2]

(1. 天津大学土木工程系，天津　300350；2. 天津大学滨海土木工程结构与
安全教育部重点实验室，天津　300350)

摘　要： 近年来大面积场地与地基真空预压处理技术在国内外尤其是我国正经历跨越式发展，高效、环保、交叉、综合性发展的新型真空预压理念及技术正在顺应时代发展逐渐形成。本文根据近年来真空预压处理技术理论研究与工程实践的最新发展动态，对真空预压的发展历程及其关键理论与技术进行介绍，并对国内外近年来的重要进展进行了回顾和总结。

关键词： 真空预压；地基处理；大面积场地；加固技术

1　真空预压技术起源

大面积软弱场地的改良与加固是工程界的永恒话题，采用适当的技术手段对其进行处理是满足软基工程建设要求的关键。真空预压法以其明显的优势被广泛应用于大面积软土地基处理中，其起源可以追溯到 20 世纪 40～50 年代，瑞典皇家地质学院 W. Kjellman 教授在进行了一系列现场试验后于 1952 年提出[1]。Kjellman 教授指出应用该方法造价易于控制，不会使土体发生破坏，适用于工期要求短、建筑自重大、深基坑开挖等地基加固工程，尤其适用于加固边坡。此后该方法逐渐被工程建设采用，并发展为真空预压法。其原理为在土体中设置竖向排水通道，上部铺设砂垫层和覆盖密封膜，使用真空负压源进行抽气使土体内部处于真空状态，进而排出土中的水分，使土体产生固结沉降，如图 1 所示。

该方法由三大系统构成：抽真空系统、密封系统和排水排气系统。利用密封系统对加固土体进行空气密闭，抽真空系统为土体提供持续稳定的负压，采用大气压力代替土石料堆载对土体进行挤压，并利用排水排气系统将土体中的气体液体排出，最终使孔隙比、含水量降低、承载力增大，达到加固处理的效果。

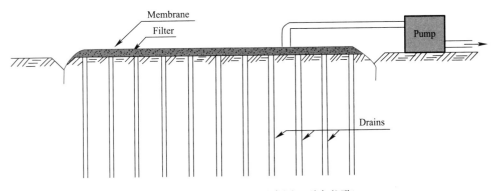

图 1　真空预压法原理示意图（引自谷歌）

2　真空预压发展历程

1958 年，美国的费城机场跑道地基加固工程首次采用真空预压法处理[2]，加固面积接近 140000m²，整个加固场区真空度最高可达 380mm 汞柱，相当于 50kPa。试验成功地解决了地基表层大面积密封的

问题，但仍然存在真空设备工作效率低和深井井口密封性不好等问题。1956 年国内学者朱维新、王正宏针对软土提出预压加固方法，但未用于工程实践[3]。此后哈尔滨军事工程学院、同济大学、天津港务局和天津大学先后进行了探索性室内试验，取得了一定的效果，但是都未能推广于实际工程[4]，直至 1972 年中国人民解放军某部将改良后的真空预压法用于吹填土地基加固[5]。

20 世纪 60 年代，真空预压法在国外的许多软基加固工程中得到推广和应用。如 1960 年法国阿尔福维尔气罐场区基础加固工程采用真空预压法加固，场地沉降量达 0.24m；1967 年日本内陆海水库基础加固工程采用真空预压法处理后地基沉降量为 0.3～0.5m[6]。日本横滨市武丰火力发电厂地基处理工程和日本新干线建设中的地基加固工程均采用真空预压法[7]，取得了良好的加固效果。

从 20 世纪 80 年代开始，国外开始针对真空预压技术进行改进。1982 年日本大阪南部空港优化了排水材料，采用袋装砂井和塑料排水板共同作为竖向排水体[8]，此次工程相比以前提高了抽真空的工作效率，加强了场地的密封性，加固一期的膜下真空度已达到 500～600mm 汞柱，二期真空度始终保持在 630mm 汞柱。苏联应用该方法解决了土坡的滑动问题，提高了滑动楔体液化土的稳定性，取得了较好的效果。Menard 从 1989 年开始进行了长达 12 年的真空预压试验及工程应用，对沿海地区的软弱土层进行加固处理，取得了较好的效果。国内外真空预压典型地基加固工程如表 1 所示。

国外真空预压典型地基加固工程统计　　表 1

年限	工程名称	工程概况	加固沉降量
1960	法国阿尔福维尔气罐场区基础加固工程	第一阶段 40～90kPa 真空压力处理 40 天；3 年后进行第二阶段处理，40kPa 真空压力处理 60 天	处理后厂区沉降量达到 0.24m
1965	美国费城机场跑道加固工程	无密封膜，井点联合砂井降水，最大真空压力 40kPa	处理 40 天后沉降量 0.18m
1967	日本内陆海水库基础处理	井点法（无密封膜，井点联合砂井降水）	处理 60 天沉降量 0.3～0.5m
1970	法国布雷斯特水力吹填场区加固工程	无密封膜，井点联合砂井降水，20～40kPa 真空压力处理 40 天	厂区沉降量达到 0.42m
1991	法属西印度群岛机场	冲积土，真空预压处理面积 17692m²	处理 90 天最大沉降量 1.45m
1992	马来西亚 Ipoh Gopeng，高速公路	采矿池塘，处理面积 2600m²	处理 90 天平均沉降量 0.7m
1995	韩国 Khimae STP 污水处理厂工程	海洋软黏土，处理面积 83580m²	处理 270 天平均沉降量 3.5m，最大沉降量达 5.48m
2001	德国汉堡飞机仓库地基加固	海湾淤泥＋砂土层（1m）＋超软黏土＋泥炭土，处理面积 238000m²	处理后平均沉降量 3.5m

自 20 世纪 80 年代开始，真空预压法在我国沿海城市的软基处理工程中开始应用和推广。如天津新港扩建软基处理工程、天津港东突堤陆域软基加固工程等。其中天津港东突堤陆域软基加固工程的加固面积达 48.9 万 m²，工程难度极大，由于实际经验不足，在实地考察了日本的相关项目，针对天津港东突堤软土加固工程的存在问题进行了探讨，取得了初步成果。

从 20 世纪 90 年代初期开始，随着真空预压技术的逐渐成熟，真空预压法的应用范围从华北沿海地区的软基加固工程推广到全国，如 1992 年的江苏连云港碱厂软土地基加固工程，加固面积达到了 7×10⁴m²，采用真空预压法处理后，含水量降低 20％，现场沉降量 660mm，地基容许承载力达 89kPa；90 年代中后期，逐渐出现了塑料排水板取代传统砂井的真空预压技术，如广东省顺德市路基处理工程、上海市罗径港区软基加固工程等。90 年代后期，真空联合堆载预压的加固新方法开始出现，但是并未实现大面积的应用。

进入 21 世纪以来，我国沿海城市发展迅猛，越来越多的大面积软基加固工程开始出现，真空预压法的应用也愈加广泛，许多东南沿海城市开始引进真空预压技术处理大面积软基。如浙江省某污水处理厂软基加固工程、广东南沙港区软基处理工程、广州市南岗软基加固工程、广州市南沙地区路基软基处理工程等。此外，随着真空联合堆载预压加固技术开始广泛应用和推广，真空、堆载联合作用能有效地缩短预压周期，抵消过大的侧向位移，因此在大量工程中取得了良好的加固效果，如浙江省宁波市保国寺旅游公路改建工程、广东省港口立交桥台软基工程、广东省沿海高速公路软基加固工程、广东新台高速公路软基处理工程等。

随着施工技术的不断进步，越来越多新型真空预压技术开始涌现和兴起。如直排式真空预压技术、分级真空预压技术、交替式真空预压技术、化学-真空预压联合加固技术[9,10]、气压劈裂技术、新型整体 PVD（NPVDs）等，为真空预压技术的发展提供了全新的思路和视野。这些新型技术在大量的工程实践得以应用，取得了良好的加固处理效果。如江苏连云港徐圩港区一期工程中采用直排式真空预压技术，处理后土体抗剪强度平均提高 $17.8\sim25.5$kPa；天津港国际邮轮码头 C4 区域的地基工程处理面积为 3.3km^2，采用直排式真空预压处理后，土体含水量由 71.3% 减至 47.8%，压缩系数由 1.17MPa^{-1} 减至 0.86MPa^{-1}。广东省珠海市广珠铁路珠海西站工程、浙江省温州市海相吹填土加固工程、江苏省连云港市软土地基处理工程等工程均采用了增压式真空预压技术进行软基处理，加固效果良好。

真空预压法作为一种技术可靠、经济合理、工期较短的处理方法，在众多地基处理技术中已突显出其优势。目前，真空预压技术已成功应用于港口、公路、铁路、水利工程等各类大面积软弱地基加固工程和河道疏浚工程中，取得了巨大的经济效益和社会效益。由于城市中产生的市政污泥往往经污水厂内灭菌、脱水，直接倾倒于填埋场中的低地或谷底，形成深度不等的污泥库。将真空预压技术拓展用于污泥库加固处理，成为我国许多垃圾填埋场作为污泥减量化的一种重要途径。通过真空预压处理可以显著降低污泥含水量及提高强度，以满足上方堆填垃圾的要求。随着真空预压所用材料、工艺、设备的改进，真空预压技术日趋完善，将为真空预压新技术的研究提供条件。国内典型真空预压工程如表 2 所示。

国内典型真空预压工程统计　　　　　　　　　　　　　　　　　　　　　　　表 2

年限	工程名称	工程概况	加固效果
20 世纪 80 年代	天津新港扩建工程	加固面积 1.2 万 m^2，采用袋装砂井-真空预压法	最大沉降量 74cm，十字板剪切强度 0.372kg/cm^2
	天津港东突堤陆域软基加固工程	软基加固面积达 48.9 万 m^2，属于"超软基"，采用真空预压技术	地面沉降 70cm，砂井区平均固结度可达 80%
	津港四港池集装箱码头工程	施工区域总面积 5.96 万 m^2，采用真空预压技术	膜下真空度可达 600mm 水银柱，加固效果良好
20 世纪 90 年代	天津市彩虹大桥南引路路基加固工程	路线全长 4.6km，采用真空预压技术	土体固结度达到 90%，沉降量为 80.4cm
	广东汕头港深水港软基加固工程	工程面积 57248m^2，采用真空联合堆载预压法	沉降量达 3.40m，地基承载力大于 60kPa
	江苏连云港碱厂建设地基处理工程	距海边 500m 左右，采用真空预压技术	沉降量达 0.635m，土体固结度 88%
2000～2010 年	广东省西部沿海高速公路软基工程	采用真空预压联合堆载法	沉降量 3.5m，固结度均超过 95%
	杭（州）—宁（南京）高速公路软基工程	淤泥及淤泥质黏土，采用真空预压联合堆载法	加固后地基达到 95% 的固结度时，沉降量为 204.5cm
	浙江某污水处理厂地基处理工程	处理面积 16000m^2，采用真空预压技术	固结度大于 90%，处理后的地基承载力大于 90kPa
	天津市津滨轻轨软基加固工程	工程路基部分长 5.486km，典型海相沉积和早期吹填形成的软土地基，采用塑料排水板真空预压技术	荷载板试验地基承载力可达 120～160kPa
	深圳港大铲海港区集装箱码头工程试验区地基处理工程	采用无砂直排真空预压施工工艺，表层为新近吹填软土，吹填高度 12m，含水量 109%，加固处理了面积 3.3×104 m^2	地基承载力大于等于 180kPa，工后沉降小于 25cm
	曹妃甸工业区装备制造基地土地整理科示范工程	采用无砂直排真空预压施工工艺，表层为新近吹填软土，吹填高度 18m，含水量 109%，加固处理了面积 1.13×104 m^2	地基承载力大于等于 80kPa
	连云港港庙岭三期排水沟地基加固工程	采用水下真空预压施工工艺，处理面积 4470 m^2，淤泥层处理深度为 8.0～13.0m，淤泥层含水量为 96%～101%，膜上覆水不小于 5m	固结度不小于 90%，且连续 5 天地表实测平均沉降速率不大于 3.5mm/d
	广东省港口立交桥台软基施工工程	珠江三角洲典型软土地基，以淤泥和淤泥质土为主，采用真空预压联合堆载法	最大沉降量 48.7cm

年限	工程名称	工程概况	加固效果
2010 年至今	天津临港造修船基地软基处理工程	含水量为 90%～170%，采用真空预压法	最大沉降量 60.4cm，含水量降低 100% 以上
	上海市崇明岛吹填软土地基处理工程	采用芦苇根茎作为水平垫层的真空预压法	平均沉降量为 54.2cm，地基承载力特征值为 65kPa
	江苏连云港金海一期软基处理工程	近海滩面的疏浚淤泥，处理面积 118.8 万 m^2，采用真空预压法	加固前平均十字板强度为 0.5～3kPa，加固后平均十字板强度为 20～30kPa
	天津港东疆港区地基加固工程	地基处理面积为 105.2 万 m^2，采用真空预压法	加固后十字板剪切强度提高明显，地基承载力 220kPa
	江苏连云港变电站地基处理工程	采用增压式真空预压技术，地基处理面积 2.016 万 m^2，抽真空时间 120 天	地基承载力大于 84kPa，节约工程成本 130 元/m^2
	天津临港围海造陆工程	增压式真空预压技术，淤泥层 14m 左右，处理面积为 9800 平方米，真空压力控制在 90kPa，注气压力控制 300kPa，处理时间 10 个月	地基承载力大于 120kPa，节约工期 1 个月
	淮河西堤崇湾段堤基加固工程	采用分级真空预压技术，淤泥处理深度 20m 左右，试验场地面积为 600m^2，真空压力控制在 85kPa，处理时间为 78 天	地基承载力大于 80kPa，节约工期 3 个月
	浙江温州瓯江口县围海造陆工程	采用电渗真空预压施工工艺，加固处理面积 1000m^2，电渗系统采用一种新型可压缩电极和全封闭导电线路	地基承载力大于 96kPa，降低耗电量，阳极腐蚀严重
	台州玉环县坎门中心渔港东港区清淤回填工程	采用电渗真空预压施工工艺，地基加固面积 140 亩，淤泥厚度可达 10m	地基承载力大于 110kPa
	浙江宁波北仑滨海工程	采用电渗真空预压施工工艺，淤泥处理深度 6m 左右，试验场地面积为 520m^2，真空压力控制在 80kPa，采用管式 EKG 电极	处理时间为 60 天。平均固结度可达 61.6%，节省 41.7% 工期
	神华福建罗源储煤一体化电厂工程	采用水下真空预压施工工艺，最高水位变化高达 7m，淤泥处理深度 8m 左右	地基承载力大于等于 80kPa
	南港工业区 B03 路西侧造陆 3 区	采用无砂直排真空预压施工工艺，表层 6～8m 是新近吹填的流泥，处理面积 13.8 万 m^2	固结度不小于 90%，且连续 5 天地表实测平均沉降速率不大于 2.5mm/d
	江苏省阜建高速公路软基处理工程	沼积平原，采用劈裂真空预压法	劈裂法实测沉降为 521mm，大于常规真空段；工后沉降为 98mm

3　近年来关键理论和技术的重要进展

真空预压法经过多年工程实践已经形成了系统、有效和实用的施工工艺。然而随着大面积软弱地基的加固处理需求，其方法本身所具有的缺陷和工艺不足逐渐凸显，主要表现在几个方面：①真空预压的能源利用率较低，真空度损失严重，影响真空预压的加固效果；②砂垫层用砂量大，针对砂源稀缺的加固工程来说，提升了工程造价，冒泥污染环境；③传统射流泵效率低下，电能消耗高，且用电不安全；④浅层加固效果较好，深层仍然为软塑或流塑状态需要二次加固。

大面积软弱地基加固对真空预压法提出了更高的要求，从设备工艺、方法改进、材料革新方面有待于进行突破创新。近年来，国内外学者和工程工作者在不断的实践经验中发展了许多不同类型的真空预压新工艺、新方法、新理论和新应用等。

3.1　固结理论

竖井排水固结法思想最初由 Moran 于 1925 年提出，在美国加利福尼亚公路局成功建造了国际上第一个砂井工程。我国竖向排水加固软土地基实践始于 20 世纪 50 年代。经过几十年的实践与发展，基于砂井、袋装砂井和塑料排水板等的竖井排水固结法在公路、铁路、港口码头、电厂堆场、水利堤坝、机场跑道、停机坪、大型油库、低层民用建筑、大型工业厂房、市政道路和广场、污水处理厂水池和建筑物、围垦造陆等工程中得到大量运用。

众多学者针对真空预压加固理论进行了深入的研究，基于不同假设及研究手段建立了解析法、数值分析、半解析法等多种真空预压法计算关键理论。国外学者提出一维固结理论、二维固结方程和三维固结方程，将真空预压归结为稳定渗流问题，主要研究了真空预压加固软土地基过程中固结演化规律，为合理评价软土地基加固效果，提供理论参考。国内学者建立了真空负压下土体的固结理论，基于砂井地基固结理论可以对真空预压的固结度进行计算，可将排水板等效为砂井。固结方程理论解析解也是众多学者研究的热点，研究手段一般基于竖向排水固结理论，改变多种边界条件和初始条件，考虑实际真空预压施工过程中的影响因素，建立了不同的理论解析解。将排水板等效为砂井，并将考虑井阻效应和涂抹效应的固结理论研究成果应用于竖向排水板，是真空预压法加固软土地基关键理论研究的基础。

固结理论的研究一般针对真空预压法施工过程及加固过程中出现的多方面因素，将其考虑到固结理论的方程及解答当中，以期获取更加准确完善的效果评价及加固理论体系。

3.2　关键技术的进展

自 21 世纪以来，国内外学者和工程工作者在不断的实践中发展了多种不同类型的真空预压加固新技术，包括直排式（无砂）真空预压法、水下真空预压法、电渗-真空预压联合加固法、分级式真空预压法、增压式真空预压法、交替式真空预压法、化学-真空预压联合加固法等。

（1）直排式（无砂）真空预压法

真空负压在由负压源传递至被处理土体内部的过程中会受到砂垫层、排水滤管、排水体周围滤膜等部分的阻尼作用，负压荷载损失较大，且砂源稀缺，工程造价昂贵，同时产生冒泥污染，不利于环保。直排式（无砂）真空预压法将真空负压源装置直接与土体内部排水主管和支管相连，取消了砂垫层，降低了真空度在砂垫层、排水滤管、排水体周围滤膜等部分阻尼作用引起的真空负压能量消耗，提升了真空度的利用率，消除了砂垫层的冒泥污染。

（2）水下真空预压加固法

我国在陆上真空预压加固软土地基技术的理论和实际应用方面，处于世界领先地位。陆上真空预压法加固软基广泛应用于港口、公路、水利工程等领域，取得了巨大的经济效益和社会效益，但对于水下真空预压加固软土地基的研究相对较少。国外少数国家曾针对该技术进行过小范围试验与构想，但局限于施工设备与工艺，效果并不明显。我国也进行了水下真空预压工程应用与实践，并验证了该方法的可行性，但随后十几年间针对该技术并未有深入进展。随着港口建设向深水发展和沿海滩涂的大规模开发建设，水下真空预压加固技术将有广阔的应用前景和适用性。

（3）电渗-真空预压联合加固法

一般的地基加固方法只能排出土体中的自由水，而无法排出对土体性质影响较大的弱结合水。由于吹填土中其淤泥黏粒及胶粒含量较高，吸附大量的结合水，采用真空预压加载有限，无法排出这部分水。随着加固时间的延长，加固效果无显著的提升。电渗法的优势在于通过对土体施加电压，使土体中的自由水和弱结合水在外加电场作用下向阴极移动，可以集中排出。因此，电渗-真空预压联合加固法是在真空预压法基础上，通过在土体内部布置电极，在力的势能场与电场、热力场的共同作用下进行加固的方法。

（4）分级式真空预压法

传统真空预压法实施过程中，真空压力值的正确施加与维持是影响处理效果的重要因素。分级加载真空预压法便是在真空压力值的施加问题上。顾名思义，区别于传统真空预压方法，分级真空预压法是将一次性真空荷载值施 80～85kPa，转为分级施加在待处理地基土中，目的是为了提高被处理吹填软土地基的加固效率，力求得到真空预压法最优真空加载方式。

（5）增压式真空预压法

导致真空预压过程中淤堵泥层形成的微观因素主要是真空预压土体颗粒运移过程中，排水路径被土体颗粒堵塞，造成排水板周围土体的渗透系数减小所致。为解决常规处理方法排水板容易淤堵的问题，提出了增压式真空预压法。通过增压来增大竖向排水板与周围土体的水平压差来增加排水效率，提高对土体处理效果，注气增压法原理如图2所示。

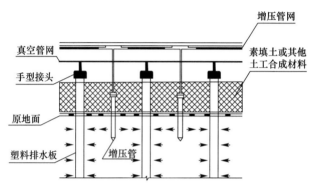

图2　注气增压法原理示意图

（6）交替式真空预压法

新近吹填的高含水率高浮泥含量超软土地基在进行常规真空预压处理时，往往加固效果有限。工程中常常需要在首次真空预压处理之后，再次进行二次插板预压。近年来，岩土工程工作者在泥面快速插板、快速促进吹填淤泥土排水固结的施工工艺和质量控制等方面进行了有益的尝试和探讨。排水板附近的淤堵泥层是由于细颗粒在运移过程中短时间内集聚而形成，基于此提出了交替式真空预压法。通过交替抽气使得排水量随时间发展稳定增长并逐渐增大，避免了常规方法中由于排水板淤堵而导致排水速率急剧下降的问题，显著提升超软土地基的加固处理效果。深浅层交替式真空预压法设计示意图如图3所示。

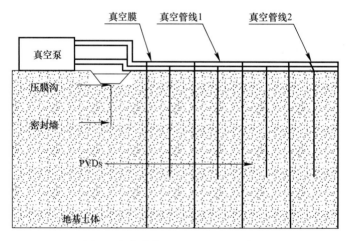

图3　交替式真空预压法原理示意图

（7）化学-真空预压联合加固法

化学固化剂法作为近些年新兴的超软土地基处理方法，已经广泛应用到了实际工程中。工程中利用真空预压法和化学固化剂法各自的优点，将两种加固方法进行有效地结合，不仅可以拓宽大面积超软土地基处理方法的研究领域，也可以为今后大面积超软土地基加固处理提供全新的思路。

4 趋势与展望

目前为止，关于真空预压的诸多研究成果已成功应用于天津、广东、江苏等沿海地区多项大面积超软土加固工程中，涉及围海造陆超软土加固、沿海滩涂区路基加固等工程，既保证了地基加固效果，又显著缩短了工期，降低了工程造价，同时提升了环保性能，社会及环境效益明显，在工程界和学术界取得一致好评。本文回顾了近年来真空预压处理大面积场地与地基技术，重点介绍了真空预压技术的发展及真空预压处理相关新技术、新方法和工程应用，提出了如下回顾总结和展望：

（1）我国发展了真空预压处理大面积场地与地基技术的应用，主要体现在：由传统真空预压加固技术向新型高效、节能、环保真空预压加固技术发展；由单一的物理地基加固处理技术向复杂物理化学联合加固技术发展。这些加固技术机理、设计方法、监测方法仍需进一步研究，以尽快实现设计、施工工艺规范化、监测与检测标准化。

（2）我国真空预压处理大面积场地与地基技术在成套设备的研发、新型真空预压施工关键技术以及高强度的地基加固效果等方面取得显著的进展，如真空预压联合堆载预压、无砂直排真空预压、水下低位真空预压、增压式真空预压、化学真空预压、交替式真空预压和电渗真空预压等，并取得较多的研究成果。体现了我国真空预压处理大面积场地与地基技术发展的特色。新型真空预压处理大面积场地与地基技术的工作机理主要体现在：①排水管路作为水平排水体系，代替砂垫层，节约用砂量；②增加排水板周围的压差，加速土体固结；③改变颗粒定向运移规律，防止排水板淤堵；④增大颗粒级配，增大土体排水量；⑤在电场作用下，带电黏土颗粒与水分离，发生定向运动。

（3）随着新材料的发展和国家对节能环保的要求，真空预压处理大面积场地与地基技术逐渐朝着"高效、节能、生态、环保"的可持续发展方面发展。研发成套的新型防淤、破淤高效节能真空预压新技术迫在眉睫。引领科学前沿的高效、节能、生态、环保的真空预压新技术有：激振波排水板防淤堵新技术、污泥固化真空预压技术、太阳能真空预压新技术、囊式注液增压联合复合地基新技术、绿色药剂真空预压等。

（4）真空预压处理大面积场地与地基技术工作机理研究仍存较大盲区，大部分的研究成果集中于室内外试验和有限单元数值模拟仿真，尚未从宏微观耦合的角度开展研究，并且缺乏宏微观耦合数值计算新方法。因此，亟需研发一种适宜真空预压处理大面积场地的宏微观耦合计算方法，为揭示颗粒定向迁移规律和排水板淤堵等机理提供科学参考。

（5）伴随着我国围海造陆工程的飞速发展，大量的基础设施及南海岛礁军工建设异军突起，部分既有建筑物基础、公路、铁路、机场跑道等地基的承载特性和工后沉降问题凸显。建议加强复杂施工环境下真空预压处理大面积场地与地基处理设备、监测和检测技术、地基承载特性、工后沉降计算方法以及加固后地基抗震性能的研究，为围海造陆工程的安全设计提供理论支撑。

（6）近年来，我国岩土工程界同行一直在持续不断地研究新型真空预压处理大面积场地与地基技术，一些方法已经积累了成熟的经验并纳入了相关规范，但也有一些方法尚未经过足够的工程实践检验。因此，在研究、发展新的地基处理方法的同时，开展对我国现有的真空预压处理大面积场地与地基技术系统的总结，及时总结真空预压地基处理技术的经验、引领地基处理技术发展方向，对我国真空预压处理大面积场地与地基技术的发展具有十分重要的意义。

参考文献

[1] Kjellman K. Consolidation of Clay Soil by Means of Atmospheric Pressure [J]. Proc. conf. on Soil Stabilization，1952.

[2] Holton G R. Vacuum Stabilization of Subsoil Beneath Runway Extension at Philadelphia International Airport. Proc. ICSMFE Ⅵ，1965，61-65.

[3] 朱维新，王正宏. 软土的预压加固 [J]. 1956 年水利部土工试验研究会论文集，1956；14-22.

［4］ 黄文熙. 十年来中国水利科学的成就 ［J］. 科学通报，1959，2：686-689.

［5］ 中国人民解放军某部. 大型油罐工程中采用试水预压加固软弱地基 ［J］. 建筑技术通讯（建筑工程），1972，12：4-10.

［6］ Masse F，Spaulding C A，Wong Pr. Lhm Chol，Vaarksin S. Vacuum Consolidation：A View of 12 Years of Successful Development ［C］// Prepaerd for Distribution at Attendessat Geo-Odyssey-ASCE/Vigrinia Tech-Blacksburg，2001，06：9-13.

［7］ Mikasa M. Soil Improvement by Dewatering Osaka South Proc ［C］// Geotechnical Aspects of Coastal Reclamation Projects in Japan，1981.

［8］ Arutiunian R N，Vacuum Accelerated Stabilization of Liquefied Soil in Landslide Body ［C］// Proc. of Ⅷ ECSMFE，1983.

［9］ Zheng G，Liu J，Lei H，et al. Improvement of Very Soft Ground by a High-efficiency Vacuum Preloading method：A Case Study ［J］. Marine Georesources and Geotecnology，2016，35（5）：631-642.

［10］ Lei H，Xu Y，Li X，et al. Effects of Polyacrylamide on the Consolidation Behavior of Dredged Clay ［J］. Journal of Materials in Civil Engineering，2018，30（3）.

作者简介

郑刚，男，1967 年生，教授，博士生导师，天津大学研究生院常务副院长，教育部长江学者特聘教授。主要从事岩土工程等方面的教学和科研工作。

E-mail：zhenggang1967@163.com，电话：022-27402341，地址：天津市津南区海河教育园区天津大学（北洋园）建筑工程学院土木工程系 43 教 C201。

VACUUM PRELOADING TREATMENT TECHNOLOGY FOR LARGE AREAS OF SITE AND FOUNDATION

ZHENG Gang[1,2]，LEI Huayang[1,2]

（1. Department of Civil Engineering，Tianjin University，Tianjin 300350，China；2. Key Laboratory of Coast Civil Structure Safety of the Ministry of Education，Tianjin University，Tianjin 300350，China）

Abstract：Vacuum preloading treatment technology for large areas of site and foundation has been experiencing leap-forward development especially in China for the past few years. Efficient，environment-friendly，inter-disciplinary and comprehensive new approach and technology of vacuum preloading conforming to the trend of the times is forming. This paper introduces the development history and key theories and techniques，and further reviews and summarizes the significant advances both home and abroad of vacuum preloading treatment technology，according to the development and trend of its theoretical research and engineering practice.

Key words：vacuum preloading，foundation treatment，large ground，reinforcement technology

强夯法与分层碾压法在黄土高填方地基处理中的应用

张继文[1,2]，于永堂[1,3]，郑建国[1,3]，张昌军[1]，曹杰[1]

（1. 机械工业勘察设计研究院有限公司 陕西省特殊岩土性质与处理重点实验室，

陕西 西安 710043；2. 西安交通大学 人居环境与建筑工程学院 陕西 西安 710049；

3. 西安建筑科技大学 土木工程学院，陕西 西安 710055）

摘 要：我国西部黄土丘陵沟壑区为增加建设用地，就地采用黄土作为填料填沟造地，对填筑体的处理要求达到稳定、密实、均匀，并消除黄土填料的湿陷性。结合工程实例，介绍了强夯法和分层碾压法的填料控制、施工技术参数控制、施工质量检验、填方地基工后沉降等，并从技术性能、施工工期和施工造价等角度，分析了强夯法和分层碾压法处理高填方地基的优缺点和适用范围，相关成果可为类似黄土高填方地基处理技术的选择和应用提供参考。

关键词：强夯法；分层碾压法；黄土；高填方；地基处理

1 引言

我国黄土丘陵沟壑区地形起伏、沟壑纵横、平地较少。近年来，为了开发工程建设用地，一些城镇利用周边的低丘缓坡，采取"削峁填沟"方式造地，形成了一些厚度达几十米甚至上百米的黄土高填方工程。黄土高填方地基具有填方工程量大、挖填边坡高、填土厚度差异大、地下水影响复杂等特点，易产生不均匀沉降和边坡失稳等问题。对于黄土高填方工程而言，填筑体的填料绝大部分为就地开挖的黄土，为了减少地基沉降与不均匀沉降，需要对黄土高填方地基土进行密实处理，并达到两个目标：一是使地基土稳定、密实、均匀；二是消除黄土填料的湿陷性。黄土高填方工程挖填方量巨大，既要面对大面积填土处理，又要解决局部临边坡、狭窄冲沟的填筑体处理，填筑体的处理效果对保障工程质量和安全至关重要。如何根据地形地貌、地质条件、填料特点、质量要求（造地要求）和周边环境等选取合适的地基处理方法，实现对黄土高填方地基的经济、高效、快速处理，最大程度上减少工后沉降、差异沉降，确保地基安全稳定，是建设方、设计方和施工方关注的焦点问题。目前国内对高填方地基处理主要采用强夯法和分层碾压法，并已取得了大量理论成果和工程经验[1-5]，然而对于强夯法和分层碾压法处理黄土高填方地基的技术总结和工程实例介绍较少。

本文基于两处大型黄土高填方工程实例，对强夯法和分层碾压法在填料控制要求、施工技术参数控制、施工质量检测、工后沉降等方面进行了总结，分析了强夯法和分层碾压法处理黄土高填方地基的优缺点和适用范围，相关成果可为类似黄土高填方地基处理技术的选择和应用方面提供参考。

2 强夯法与分层碾压法简介

2.1 强夯法

强夯法（Dynamic Consolidation）是利用起重机将重锤吊到一定高度并让其自由下落，重锤以较大

基金项目：国家重点研发计划项目（2017YFD0800501）；陕西省科技统筹创新工程项目（2016KTZDSF03-02）；CMEC 2016 年科技研发基金项目（GCCT-KJYF-2016-15）；CMEC 2017 年科技研发基金项目（CMEC-KJYF-2017-05）；陕西省"三秦学者"创新团队支持计划资助（2013KCT-13）

的冲击能作用在地基上，在地基土中产生极大的冲击波和动应力以克服土颗粒间的各种阻力，使地基土压密，从而提高土体强度、降低土的压缩性。强夯法施工的锤重一般8～30t，落距6～25m。经强夯法处理地基后，可以使土结构发生显著变化，地基土重新固结，降低土的压缩性，改善其抗液化能力，消除湿陷性等，从而提高土层的均匀程度，减少将来可能出现的差异沉降。

2.2 分层碾压法

目前，土方填筑处理中常用的分层碾压法主要有静力碾压、振动碾压、冲击碾压等。静力碾压是利用机械滚轮的压力压实土体，使之达到所需的密实度。振动碾压是利用碾压轮沿填土表面滚动，同时利用偏心质量旋转产生的激振力，使被压土石同时受到碾压轮的静压力和振动力的综合作用，给土石施加短时间的连续振动冲击，使颗粒重新排列，相互嵌挤密实，工作效率可比常规静力压路机提高1～2倍。冲击压实是靠正多边形冲击轮在高速运动中冲击地面，冲击轮凸点与冲压平面交替抬升与落下，轮子行驶滚动中产生集中的冲击能量并辅以滚压、揉压的综合作用，连续对地基或填料产生作用，使土体颗粒间的空隙减小，土基得以压实，其工作效率是常规压路机的3～5倍，影响深度一般在4m左右，有效压实深度1.5～2.0m，近年被广泛应用于填土压实和软弱地基处理[6-8]。

3 工程实例简介

3.1 工程实例 I：强夯法

（1）工程概况

本工程属于为工业项目用地开展的造地工程，分为东区、西区、南区、北区共四个区块。工程挖方量为$9.04 \times 10^6 m^3$，填方量为$1.39 \times 10^7 m^3$；挖方面积为$4.66 \times 10^5 m^2$，填方面积为$1.10 \times 10^6 m^2$，总造地面积为$1.57 \times 10^6 m^2$。西区最大填方厚度近70m，东区、南区、北区最大填方厚度不超过15m。填方区地下排水采用卵砾石盲沟，原地基采用强夯法处理，填筑体主要采用强夯法处理。

（2）地质条件概况

工程场地地貌单元属黄土梁、峁、沟壑地带。出露地层为第四系全新统耕植土层、坡积及洪积黄土状土层，第四系上更新统风积黄土、残积古土壤层，第四系中更新统风积黄土、残积古土壤层，三叠系下统瓦窑堡组砂岩及砂、页岩互层体。上部黄土和古土壤呈硬塑—坚硬状态，地基湿陷等级为Ⅰ级（轻微）～Ⅱ级（中等）。

（3）填料控制要求

填料要求如下：①不得使用淤泥、耕土、杂填土、冻土以及有机质含量大于5%的土作为填料，不得含有植物残体、垃圾等杂质。②天然含水率宜低于塑限含水率1%～3%，当天然含水率低于10%时，对其增湿至接近最优含水率；当天然含水率大于塑限含水率3%以上时，采用晾干或其他措施适当降低含水率。

（4）强夯施工技术参数

本工程对填筑体进行强夯处理时，采用的强夯能级为2000kN·m、4000kN·m、6000kN·m、8000kN·m、10000kN·m、12000kN·m，详细的强夯施工技术参数见表1（表中收锤标准为最后两击平均夯沉量）。设计要求强夯处理后压实系数不小于0.95（轻型击实），地基承载力特征值$f_{ak} \geq 200kPa$，压缩模量$E_s \geq 10MPa$，有效加固深度不小于回填土厚度，消除地基湿陷性。

（5）施工质量检验

夯后检测以静力触探、探井取样测试为主要检测手段，检测强夯后承载力和压实系数是否满足设计要求。检测密度为每500m²一点。检测深度超过强夯处理深度1.0m以下，探井竖向取样间距为1.0m，采取不扰动土样，保持天然湿度、密度和结构，符合Ⅰ级土样质量要求。夯后检测在施工结束后7～14d进行。

强夯施工技术参数　　　　表 1

强夯能级	强夯遍数	夯型	单击夯能 (kN·m)	分层厚度 (m)	夯点间距	夯点布置	单点击数	收锤标准
2000kN·m	第一遍	点夯	2000	<4.0	3.0m	正方形	≥12	≤5cm
	第二遍	满夯	1000		夯印3搭接	搭接型	3	/
4000kN·m	第一遍	点夯	4000	6.0	5.0m	正方形	≥12	≤10cm
	第二遍	点夯	4000		在第一遍之间插点	正方形	≥12	≤10cm
	第三遍	满夯	1500		夯印1/3搭接	搭接型	3	/
6000kN·m	第一遍	点夯	6000	4.0~7.0	5.0m	正方形	≥12	≤10cm
	第二遍	点夯	6000		在第一遍之间插点	正方形	≥12	≤10cm
	第三遍	点夯	3000		在第一、二遍之间插点	正方形	≥6	≤5cm
	第四遍	满夯	1500		夯印1/3搭接	搭接型	3	/
8000kN·m	第一遍	点夯	8000	7.0~10.0	8.0m	正方形	≥15	≤15cm
	第二遍	点夯	8000		8.0m，在第一遍之间插点	正方形	≥15	≤15cm
	第三遍	点夯	6000		在第一、二遍之间插点	正方形	≥12	≤10cm
	第四遍	点夯	2000		在第一、二、三遍夯点	正方形	≥8	≤5cm
	第五遍	满夯	1500		夯印1/3搭接	搭接型	3	/
10000kN·m	第一遍	点夯	10000	<12.0	10.0m	正方形	≥18	≤20cm
	第二遍	点夯	10000		10.0m，在第一遍之间插点	正方形	≥16	≤20cm
	第三遍	点夯	8000		在第一、二遍之间插点	正方形	≥14	≤15cm
	第四遍	点夯	4000		在第一、二、三遍夯点及之间插点	正方形	≥10	≤10cm
	第五遍	满夯	1500		夯印1/3搭接	搭接型	3	/
12000kN·m	第一遍	点夯	12000	9.0~13.0	10.0m	正方形	≥18	≤20cm
	第二遍	点夯	12000		10.0m，在第一遍之间插点	正方形	≥16	≤20cm
	第三遍	点夯	10000		在第一、二遍之间插点	正方形	≥14	≤15cm
	第四遍	点夯	4000		在第一、二、三遍夯点及之间插点	正方形	≥10	≤10cm
	第五遍	满夯	2000		夯印1/3搭接	搭接型	3	/

（6）工后沉降

本工程的工后变形监测按照 250m×250m 的监测网进行布置。工后第一年内每月监测 3~4 次，之后每月监测 1~2 次，直至达到监测稳定标准为止。表 2 为工程实例 I 西区不同填方厚度范围内的地表沉降速率平均值统计结果。由表 2 数据可知，黄土高填方地基由于原地基性质差异、填土厚度不同等原因，随着时间的推移其沉降速率逐渐减小，工后沉降逐渐趋于稳定。

工程实例 I 中不同填方厚度范围内工后地表沉降速率平均值统计结果（单位：mm/d）　　　表 2

填土厚度 区间（m）	2014 年			2015 年											
	10 月	11 月	12 月	1 月	2 月	3 月	4 月	5 月	6 月	7 月	8 月	9 月	10 月	11 月	12 月
	31d	61d	92d	123d	151d	182d	212d	243d	273d	304d	335d	365d	396d	426d	457d
0<h≤10	0.35	0.10	−0.06	0.07	0.05	0.11	0.09	0.00	0.04	0.01	0.07	−0.01	0.10	/	0.00
10<h≤20	0.33	0.07	0.02	0.08	0.04	0.03	0.07	0.02	0.02	0.01	0.09	−0.02	0.09	/	0.04
20<h≤30	0.59	0.08	0.05	0.15	0.08	0.07	0.09	0.04	0.04	0.04	0.10	−0.01	0.05	/	0.07
30<h≤40	0.45	0.18	0.16	0.20	0.10	0.10	0.11	0.04	0.05	0.09	0.11	0.02	0.06	/	0.05
40<h≤50	0.34	0.09	0.01	0.18	0.02	0.15	0.12	0.04	0.06	0.02	0.08	0.01	0.09	/	0.10
50<h≤60	0.39	0.29	0.33	−0.01	0.06	0.18	0.12	0.01	0.06	0.08	0.09	−0.01	0.01	/	0.02
60<h≤70	0.40	0.21	0.19	0.04	0.04	0.19	0.09	0.05	0.08	0.10	0.11	0.03	0.01	/	−0.03

3.2　工程实例 II：分层碾压法

（1）工程概况

本工程地处陕北黄土丘陵沟壑区，属于为增加城镇建设用地开展的造地工程，一期规划范围南北向长度约 5.5km，东西向宽度约 2.0km，挖方量约为 $2.0 \times 10^8 m^3$，填方量约为 $1.6 \times 10^8 m^3$，最大挖方厚度约为 118m，最大填方厚度约为 112m。填方区地下排水采取管式盲沟与碎石盲沟相结合，填方区沟谷原地基采取强夯法处理，填筑体采用分层碾压法处理。

（2）地质条件概况

工程场地地貌单元属黄土梁、峁、沟壑地带。出露地层主要为第四系、新近系和侏罗系。第四系包括全新统洪积层粉土、上更新统马兰黄土、中更新统离石黄土。新近系岩性为棕红色、暗紫色泥岩，含大量钙质结核，半胶结。侏罗系岩性为砂岩、泥岩互层。场区内湿陷性土层厚度一般为 10～20m，最大厚度约 30m，湿陷系数变化较大，一般为中等湿陷性，局部为强烈湿陷性。

（3）填料控制要求

①填筑体不得使用淤泥、耕土、杂填土、冻土以及有机质含量大于 5% 的土作为填料，不得含有植物残体、垃圾等杂质。②黄土料源按土层进行分类，回填土料应接近最佳含水率 ±2%，含水率偏低时，应洒水增湿，含水率偏高时，应采取晾晒措施。③填方与原地面接触部位优先填筑硬质骨料。

（4）分层碾压施工技术参数

开始阶段宽敞工作面没有形成前，采用振动压实的方法进行压实；宽敞工作面形成后，大范围作业采用冲击碾压和振动碾压进行压实。当填料含水量偏低时，采用冲击碾压。

分层碾压施工技术参数 表3

碾压方法	设备要求	行走速度/(km/h)	碾压遍数	虚铺厚度（m）	压实系数控制（重型击实）	含水率控制
冲击碾压	冲击压路机效能为 25kJ	10～15	22～25	0.6～0.8	≥0.93	$w_{op} \pm 3\%$ 以内
振动碾压	振动碾压激振力 50T	≤3	8～10	≤0.4	≥0.93	$w_{op} \pm 2\%$ 以内

（5）施工质量检验

本场地大面积填筑完成后的检测对象包括原地基、填筑体，检测手段以压实系数检测、地基承载力、动力触探试验及钻孔取样进行室内试验等方法为主，瑞雷波辅助检测。具体检测项目及方法如表 4 所示。

分层碾压法施工质量检测项目与方法 表4

检测项目	检测数量或频率	检测方法	检测指标	检测位置
压实系数	每 2000m² 一点	灌砂法（20%）、环刀法（80%）	填筑体 $\lambda_c \geq 0.93$；原地基 $\lambda_c \geq 0.90$	每压实层 2/3 深度处
室内试验	每 20000m³ 一组	常规物理指标、压缩试验、剪切试验	$\delta_s < 0.015$ $E_{s0.1-0.2} \geq 10MPa$	处理后的原地面、湿陷性黄土以及每 20m 厚的填筑体
地基承载力	每 40000m² 一点	平板载荷试验（承压板尺寸：1.0m×1.0m）	原地基 ≥200kPa；填筑体 ≥220kPa	处理后的原地面、湿陷性黄土以及场平顶面填筑体
重型圆锥动力触探	每 40000m² 一点	$N_{63.5}$	≥8 击	全填方高度，可按 20m 分段
波速测试	每 20000m² 一点	瑞雷波法	$V_R \geq 180m/s$	顶面，每 20m 填方高度

（6）工后沉降

本工程的地表沉降监测点结合地形地貌布置，首先沿主沟、支沟中心，顺沟方向设置纵剖测线，纵剖测线上的测点间距为 50～100m，然后垂直于纵剖测线设置横剖测线，横剖测线上的测点间距为 50～100m，最后在填挖交界过渡区域及地形变化较大区域加密，各监测点形成地表沉降监测网。工程实例 Ⅱ 不同填方厚度范围内的地表沉降速率平均值统计结果如表 5 所示。

工程实例Ⅱ中不同填方厚度范围内工后地表沉降速率平均值统计结果（单位：mm/d）　　表5

填土厚度区间(m)	2013年	2014年						2015年						2016年						2017年			
	11月	1月	3月	5月	7月	9月	11月	1月	3月	5月	7月	9月	11月	1月	3月	5月	7月	9月	11月	1月	3月	5月	7月
	30d	92d	151d	212d	273d	334d	395d	457d	516d	577d	638d	699d	760d	822d	882d	943d	1004d	1065d	1126d	1188d	1247d	1308d	1369d
0<h≤10	0.04	0.12	0.11	0.06	0.06	0.04	0.05	0.04	0.04	0.03	0.04	0.03	0.04	0.02	0.02	0.01	0.01	0.00	0.00	0.00	0.01	0.00	0.01
10<h≤20	0.13	0.18	0.15	0.11	0.11	0.08	0.08	0.05	0.04	0.05	0.06	0.06	0.05	0.03	0.04	0.02	0.01	0.01	0.02	0.00	0.00	0.00	0.02
20<h≤30	0.27	0.22	0.20	0.15	0.16	0.13	0.14	0.08	0.07	0.07	0.07	0.07	0.08	0.06	0.06	0.03	0.04	0.02	0.02	0.01	0.03	0.02	0.04
30<h≤40	0.37	0.32	0.25	0.2	0.19	0.17	0.14	0.09	0.10	0.10	0.10	0.09	0.09	0.08	0.07	0.06	0.05	0.04	0.04	0.02	0.02	0.03	0.05
40<h≤50	0.42	0.34	0.28	0.23	0.21	0.16	0.16	0.10	0.11	0.11	0.13	0.12	0.11	0.10	0.10	0.09	0.07	0.07	0.06	0.04	0.04	0.04	0.06
50<h≤60	0.51	0.42	0.32	0.26	0.24	0.19	0.19	0.12	0.14	0.13	0.14	0.13	0.12	0.11	0.11	0.11	0.08	0.08	0.07	0.06	0.06	0.07	0.08
60<h≤70	—	0.43	0.37	0.3	0.25	0.19	0.2	0.11	0.15	0.16	0.16	0.13	0.13	0.13	0.13	0.11	0.10	0.10	0.10	0.08	0.07	0.08	0.09
70<h≤80	—	0.52	0.48	0.31	0.31	0.30	0.25	0.23	0.20	0.20	0.17	0.17	0.17	0.16	0.15	0.14	0.13	0.12	0.12	0.10	0.09	0.10	0.10
80<h≤90	—	0.64	0.53	0.36	0.35	0.31	0.25	0.18	0.22	0.21	0.20	0.18	0.19	0.17	0.16	0.15	0.16	0.14	0.15	0.14	0.11	0.11	0.11
90<h≤100	—	0.72	0.58	0.54	0.40	0.35	0.31	0.26	0.24	0.24	0.21	0.20	0.20	0.21	0.19	0.18	0.17	0.18	0.17	0.17	0.14	0.13	0.13
100<h≤110	—	0.72	0.6	0.55	0.46	0.37	0.36	0.29	0.26	0.25	0.24	0.24	0.23	0.22	0.20	0.20	0.19	0.19	0.19	0.18	0.16	0.16	0.14

　　基于现有实测沉降观测数据，并结合预测结果综合判定，浅填方（0～30m）、中厚填方区（30～80m）和深厚填方区（80～110m）达到沉降速率小于0.16mm/d的时间分别约为1.0年、2.0年和3.5年，达到沉降速率小于0.10mm/d的时间分别约为1.5年、3.5年和4.5年，达到沉降速率小于0.04mm/d的时间分别约为2.5年、4.5年和6.5年。

4 强夯法与分层碾压法处理黄土高填方地基的比较与分析

4.1 压实系数控制方法比较

　　为对比重型与轻型击实试验结果的差别，本次对取自工程实例Ⅱ的黄土填料，按照规范[9]分别进行重型和轻型击实试验。重型击实试验分3层击实，每层94击，单位击实功为2684.9kJ/m³。轻型击实试验分3层击实，每层25击，单位击实功为592.2kJ/m³。表6为重型击实与轻型击实试验结果对比结果。由表6可知，土质相同、深度不同的黄土，采用相同击实标准，所测的最优含水率和最大干密度较接近。重型击实试验测定的最大干密度是轻型击实试验的1.08～1.14倍，最优含水率是轻型击实试验的77%～88%。工程实例Ⅰ采用强夯法处理，要求压实系数 $\lambda_c \geqslant 0.95$（轻型击实）；工程实例Ⅱ采用分层碾压法处理，要求压实系数 $\lambda_c \geqslant 0.93$（重型击实）。若按照前述重型击实试验与轻型击实试验所测最大干密度的关系进行估算，工程实例Ⅱ中填筑体所需达到干密度约是工程实例Ⅰ中填筑体所需达到干密度的1.05～1.11倍。

重型击实与轻型击实试验结果对比 表 6

土的类别	塑限 w_p（%）	取土深度（m）	试验编号	轻型击实试验		重型击实试验	
				最优含水率 w_{op}（%）	最大干密度 ρ_{dmax}（g/cm³）	最优含水率 w_{op}（%）	最大干密度 ρ_{dmax}（g/cm³）
Q₃黄土	16.3	2	T1-1	14.9	1.66	12.4	1.86
		6	T1-2	14.9	1.67	11.5	1.90
		8	T1-3	14.9	1.66	11.9	1.89
Q₃古土壤	17.5	16	T2-1	15.3	1.73	13.4	1.86
		18	T2-2	15.4	1.71	13.6	1.87
		20	T2-3	15.5	1.66	12.9	1.86
Q₂黄土	29.9	25	T3-1	16.0	1.77	12.1	1.94

4.2 技术性能比较

常用填土压（夯）实技术指标如表 7 所示。强夯法与分层碾压法的综合性能比较如表 8 所示。由表 7、表 8 可知，强夯相对于振动碾压与冲击碾压的最大优势在于：①分层填筑厚度较厚，可达 4～12m；②填筑料的粒径要求相对较低，最大粒径可达 0.6m，可最大程度的消纳场地范围内的土石料；③填筑料对含水率范围的要求相对较广。根据《强夯法处理湿陷性黄土地基技术规程》[10]，当强夯土层厚度内的天然含水率加权平均值满足 $\overline{w}_{op} \pm 6\%$，$8\% \leqslant w \leqslant 24\%$（$w$ 为土层处理厚度内的天然含水率，$\overline{w}_{op}$ 为土层处理厚度内的最优含水率加权平均值）时，均可采用强夯法处理。分层碾压法对填料的粒径、含水率要求高，由于黄土粒径相对较小，当黄土填料的含水率接近最优含水率时，分层碾压法的处理质量与效率优于强夯法。

常用填土压（夯）实技术指标 表 7

压（夯）实方法	每层铺土厚度（mm）	每层压实遍数（遍）	备注
平碾（8～12t）	200～300	6～8	适用于细颗粒填料场地
羊足碾（5～16t）	200～350	8～16	适用于粗颗粒回填场地
振动碾压（8～15t）	500～1200	6～8	适用范围广泛，工程面积相对较大区域
冲击碾压（冲击能 15～25kJ）	600～1500	20～40	效率高，适合大面积
强夯	4000～12000	2～4 遍点夯外加一遍满夯	效率高，适合大面积，需配碾压施工进行

强夯法与分层碾压法的综合性能比较 表 8

施工方法		优点	缺点
分层碾压法	振动碾压	①施工对周围环境影响小；②施工设备轻便灵活、施工简单；③形成后场地地基均匀性较好	①分层填筑厚度薄，分层数量多；②填料粒径、含水率要求高，$w_{op} \pm 2\%$；③土方工程施工效率低
	冲击碾压	①施工对周围环境影响小；②施工设备轻便灵活、施工简单；③大面积区域施工效率较高，地基均匀性较好	①对作业面的大小要求较高，狭窄沟道施工效率低；②填料粒径、含水率要求高，$w_{op} \pm 3\%$ 以内；③压实质量受含水率变化影响较大；④碾压平整度不如振动碾压，每层收面需配合振动碾压处理
强夯法		①分层填筑厚度厚，可达 4～12m；②填料粒径、含水率要求相对低；③施工受季季影响相对小；④沟道狭窄，作业面狭小时可首先采取一次性回填大厚度填土，快速打开作业面；⑤夯击能量大，单位土方击实功较大，处理效果较好	①振动与噪声大，对周围环境影响较大；②施工设备庞大笨重，影响土方填筑交叉施工；③回填土体均匀性较差，大面积施工质量控制有难度；④需配合压实机械进行初次碾压后方可进行强夯

4.3 施工工期比较

分层碾压法处理填筑时，冲击碾压机的压实效率约为 800～1200m³/h，考虑施工工序交叉影响，单台施工效率约为 6400m³/d。强夯法处理填筑体时，若按 3000kN·m 能级强夯，每 4m 处理一层，单台夯机施工效率约为 2000m³/d；若按 6000kN·m 能级强夯，每 7m 处理一层，单台夯机施工效率约为 3120m³/d。因此，冲击碾压相比低能级强夯工期短，从单台设备的作业效率相比，低能级强夯效果较低。然而从施工流水的角度分析，强夯允许一次性回填摊铺厚度较大，可满足大规模的回填作业施工。考虑交叉作业情况，采用强夯法，回填速率不受分层回填、摊铺及碾压工序的影响，可多投入挖机、土方车辆等，大幅提高填土挖填作业效率，尤其是沟底或狭窄沟道区域内，由于作业面狭窄，分层摊铺、碾压效率难以发挥，采用强夯处理，允许一次性回填 4～8m 厚填土，从而达到快速打开作业面，迅速形成大面积施工的效果。

4.4 施工造价比较

强夯法一般按面积计算造价，分层碾压法是按压实土方量计算造价。若按 3000kN·m 能级，每 4m 处理一层，目前市场施工价为 30 元/m²，则折算成单方填料处理费用为 7.5 元/m³；若按 6000kN·m 能级，每 7m 处理一层，目前市场施工价为 60 元/m²，则折算成单方填料处理费用为 8.57 元/m³；若按 12000kN·m 能级，每 12m 处理一层，目前市场施工价为 120 元/m²，则折算成单方填料处理费用为 10 元/m³。填土采用分层碾压法单方填料处理费用约为 9 元/m³。为保证施工质量，降低强夯后土体的不均匀性，强夯前必须进行初步的摊铺碾压，满足初步压实系数（0.8 左右）后方进行强夯处理，这时强夯费用（含初步碾压费用）比分层碾压费用略高。

5 结语

（1）根据工程实例 I 的经验，当采用高能级强夯法进行大面积土方填筑处理时，可参照表 1 施工工艺和施工参数，采取强夯能级由高到低，点夯、满夯相结合的方式。

（2）根据工程实例 II 的经验，当采用分层碾压法进行大面积土方填筑处理时，宜采用冲击碾压施工为主，振动碾压辅助压平收面，提高土体均匀性；小范围冲沟区域、挖填过渡地区应以强夯施工为主，碾压薄弱区域采用强夯补强处理，振动碾压配合摊平后的初碾与满夯后的压平收面。

（3）强夯法与分层碾压法的对比结果显示：强夯法处理填土厚度较大，对填料要求低，但夯点间土体处理效果一般，均匀性相对较差，施工中需结合分层碾压进行初步压实；振动碾压与冲击碾压法单层处理填土厚度较小，对填料粒径、含水率要求相对较高，但处理后土体均匀性较好。

（4）黄土丘陵沟壑区高填方工程中，黄土填料的含水率一般不高，以重型击实试验来控制压实质量可获得更高密实度，有助于提高地基土的强度和减少工后沉降。

参考文献

[1] 许一相，刘晖洺. 强夯法在山地高填方地基处理中的应用研究 [J]. 建筑结构，2016，46（增刊）：528-530.

[2] 韦峰，姚志华，苏立海，等. 湿陷性黄土高填方地基冲击碾压试验研究 [J]. 科学技术与工程，2015，15（16）：208-213.

[3] 赵帅军，陆新，孙发鑫，等. 冲击碾压联合强夯分层填筑压实试验研究 [J]. 工程勘察，2014，42（12）：19-23.

[4] 张继文，屈百经，王军，等. 超高能级强夯法加固湿陷性黄土地基的试验研究 [J]. 工程勘察，2010（1）：15-18.

[5] 轩向阳，陈海洋，沈超，等. 强夯法和冲击碾压法在地基处理中的试验性研究 [J]. 工程勘察，2016，（1）：17-22.

[6] 娄国充. 冲击压实技术处理高速公路湿陷性地基的应用研究 [J]. 岩石力学与工程学报，2005，24（7）：1207-1210.

[7] 徐超，吴芳. 冲击碾压法及其在处理虹桥机场浅层软粘土地基中的应用 [J]. 勘察科学技术，2009，（5）：25-28.

[8] 王吉利，刘怡林，沈兴付，等. 冲击碾压法处理黄土地基的试验研究 [J]. 岩土力学，2005，26（5）：755-758.

[9] 中华人民共和国国家标准. 土工试验方法标准 GB/T 50123—1999 [S]. 北京：中国计划出版社，1999.

[10] 陕西省工程建设标准. 强夯法处理湿陷性黄土地基技术规程 DBJ 61—9—2008 [S]. 西安：陕西省建筑标准设计办公室，2008.

作者简介

张继文，男，1973 年生，博士生，教授级高级工程师，主要从事岩土工程勘察、测试与监测技术，湿陷性黄土工程特性及高填方工程建设技术研究。E-mail：zhangjw@jk. com. cn。

于永堂，男，1983 年生，博士生，高级工程师，主要从事岩土工程测试技术、湿陷性土地基处理技术的开发与应用研究。E-mail：yuyongtang@126. com。

APPLICATION OF DYNAMIC COMPACTION METHOD AND LAYERED COMPACTION METHOD IN DEEP LOESS-FILLED GROUND TREATMENT

ZHANG Jiwen[1,2]；YU Yongtang[1,3]；ZHENG Jianguo[1]；ZHANG Changjun[1]，CAO Jie[1]

(1. China Jikan Research Institute of Engineering Investigation and Design Co. , Ltd. , Shaanxi Key Laboratory of Behavior and Treatment for Special Rocks and Soils, Xi'an, Shaanxi 710043, China；2. School of Human Settlements and Civil Engineering, Xi'an Jiaotong University, Xi'an, Shaanxi 710049, China；3. College of civil engineering, Xi'an University of Architecture and Technology, Xi'an, Shaanxi 710055, China)

Abstract： In the loess hilly-gully region of western China, local loess was used as filling material for earthwork, in order to increase the construction land. The treatment of the filling body is based on the purpose of stability, compactness, uniformity and elimination of collapsibility. In this paper, combined with engineering examples, the dynamic compaction method and the layered compaction method are introduced. Meanwhile, the controlling index of loess filling, construction technology parameter, construction quality inspection and post construction settlement of filled ground which treated by dynamic compaction method and layered compaction method were discussed. In addition, from the perspectives of technical performance, construction period and construction cost, the advantages and disadvantages and application scope of the dynamic compaction method and the layered compaction method were compared and analyzed. The relevant results of this paper will be a reference for similar projects.

Key words： dynamic compaction method, layered compaction method, loess；deep filled ground, foundation treatment

机场高填方的压实质量实时监控系统研究

姚仰平，阮杨志，张星，陈军，耿轶，刘冰阳，余贵珍

（北京航空航天大学交通科学与工程学院，北京　100191）

摘　要：填方压实质量控制对高填方机场的耐久性和稳定性具有重要意义。目前填方质量控制方法主要是在压实完成后，对有限数量的指定位置进行手工检查，在压实过程中不能实时提供信息反馈或保证整个工作面的压实质量。迫切需要为整个压实过程开发一种新的机场高填方压实质量控制方法。本文开发了一个机场高填方的压实质量实时监控系统。为了最低程度上减轻人为因素的影响，本文提出了一种用于指导冲击碾压机械的实时压实轨迹的最佳路径算法，并在冲击碾压机械上应用无人驾驶车辆控制技术。此外，一个虚拟现实工具被纳入到开发的管理平台，为压实过程提供了三维交互式展示。通过北京大兴国际机场试点案例试验研究验证了该系统的可行性和稳定性。在试验中采集的数据表明，所提出的最佳路径算法和无人驾驶车辆控制技术使建设工艺更快，更高效，提高了填方的压实质量。

关键词：机场建设；高填方压实；实时监控；最佳路径；无人驾驶车辆控制；信息技术

1　引言

填方的压实质量对于高填方机场的稳定性和耐久性至关重要。土方路基的压实不足会产生无法估量的后果，这对于群众来说往往是昂贵的，甚至是很危险的[1]。目前压实质量控制的方法非常有限，因为它主要依赖于对施工现场指定地点的人工检查。从有限数量的地点收集到的信息并不能准确地反映整个工作面的压实情况，而且耗时的人工检查还会导致现阶段发现的压实质量问题纠正不及时并延误下一阶段的施工作业。所以传统的监测方法效率不高，无法满足机场工程中严格计划好的高填方项目的需要，也不能为工程人员和承包商提供实时压实信息。迫切需要加强压实施工的过程管理，虽然在以前的公路建设和大坝工程项目中取得了一些经验[2-4]，但是机场建设应考虑几个独特的工程特点。首先，道路和大坝工程的工作面与机场的工作面相比较窄，高填方机场的开挖和充填量较大。因此，在机场建设中需要更多的压实机械，管理大量机械并实时提供反馈仍然是一个巨大的挑战。第二，在道路和大坝工程中，填筑材料可以来自于任何地方并且通常具有良好的级配。在机场项目中，大多数材料都是原地获取的，通常级配不好（例如填筑材料的最大尺寸可能大到0.5m），因此必须使用冲击碾压机械械来保证压实效果。但是由于冲击碾压机械械在行驶过程中的强烈震动，司机不能严格遵守压实规范而导致压实效果不能满足施工要求。由于上述这些问题，提高高填方压实的质量控制方法是机场建设工程实践中的一个重点。

这项研究的目的是开发一个用于机场建设管理平台，实现可实时监控压实过程，同时评估工作面的施工质量。新平台的主要优势是为配备无人控制技术的冲击碾压机械械提供压实路径的最佳算法。另外，在开发平台中还包含一个三维虚拟场景模块来显示真实的施工过程。经过北京大兴国际机场的试验研究，表明了所开发的监控平台的可行性和稳定性。

2　国内外研究现状

自20世纪初以来，公路和大坝工程中的高填方压实过程控制的重要性得到了认可。不同的压实监

基金项目：国家重点基础研究发展计划（973计划）（2014CB047006）

控系统已经开发出来并在工程实践中得到应用。虽然这些系统使用不同的传输技术，例如无线电和网络传输技术，但它们之间存在内在关系。根据不同信息传输技术，之前研究出来的监控系统可以分为三代。

第一代系统的特点是有线传输。振动压路机广泛应用后，制造商致力于开发有线监控系统，可以将道路施工中的压实特性与施工质量相关联。目前有四种适合单振动压路机系统：德国 Bomag 公司的 Bomag Vario Control（BVC）[5,6]；瑞典 Ammann 公司的 Ammann Compaction Expert（ACE）[7]；瑞士 Geodynamik 公司的紧凑型计量器[8]；美国 Caterpillar 公司的 Machine Drive Power（MDP）[9]。

第二代系统采用无线电传输单个振动压路机的全球定位系统（GPS）的位置数据。这些系统[10-13]考虑了激励频率、路面温度和材料类型，并提供了一种调整压实遍数和激励频率的施工方法。在土石坝领域，黄声享[14]等研发的 GPS 实时监控系统首次应用于中国水布垭大坝的建设。

第三代系统开始使用通用分组无线业务（GPRS）网络进行数据传输。无线电仍然是 GPS 站之间交换信息的通信链路。钟登华[15]等和刘东海[16]等研究了高心墙堆石坝的监测系统来监测机械速度、振动压路机的频率、激振力和路面厚度。该系统实现了坝料运输车和卡车浇水的自动控制和实时监控，并已经在糯扎渡大坝项目中证明了自身的作用和价值。

尽管这些研究改善了公路和大坝工程中的压实质量控制，但它并不完全适用于机场建设。机场工程的压实施工有其自身的特殊情况和具体问题。首先，大量的碾压机械在同一个工作面上工作。如果没有健全的管理体系，就会出现重复压实的现象。其次，司机的施工条件恶劣，包括由级配不良的填筑材料引起的强烈振动，来自施工期限的压力和强烈劳动强度。压实的质量和速度因此受到人为因素的影响。最后，一个大型机场项目中通常有很多的工作面很难做到同时监测。因此高填方机场的压实施工需要一个能使监控过程更智能、更快、更有效的系统。例如最佳压实路径来避免碾压，无人驾驶车辆控制技术消除人为因素的影响，以及虚拟现实技术提供实时压实过程。本文将系统介绍基于这些功能开发的监控系统。

3 监控系统

根据国内外研究，高填方机场使用冲击碾压机械进行压实，压实质量受工作面条件、填土特性、机械路径、力学性能以及行驶速度等多种因素影响，在整个压实过程中可以使用不同的机械安排，冲击碾压机械既可以单独使用也可以与其他机械一起工作。如果机械的特性被识别，则压实操作参数对于压实质量是可控制的。根据施工规范[17]，冲击碾压机械的速度一般为 10~12m/s。因此，冲击碾压机械的压实轨迹成为确定压实效率和有效性的可调节因素。压实过程中的冲击碾压机械的速度、压实轨迹和机械状态等参数可以采用 4G 传输和云辐射技术实时采集和分析；而压实遍数和计划压实轨迹等和压实结果相关的参数会在管理平台上显示来提示工程师和指导司机。

本文提出了一种基于云服务器、北斗卫星导航定位系统（BDS）和 4G 移动传输等新技术的移动管理监控系统。该系统被称为高填方监测系统（High-embankment Monitoring System，HEMS），并在下一节中介绍 HEMS。

4 HEMS 框架

HEMS 为高填方机场的压实施工提供实时监测和控制方案，它由 BDS 基准站、多个 BDS 流动站、4G 传输模块、便携式应用（PAD）、软件管理平台和云服务器组成。与前几代系统不同，HEMS 能够根据不同工程师的管理权力分配不同的权限，同时允许用户随时随地登录系统，无需设置中央监控站。随着云辐射的应用，HEMS 建立了新的信息共享和项目管理模式。施工现场信息采集与分析过程如图 1 所示，具体如下：

图 1　HEMS 的监测体示意图

Fig. 1　Monitoring approach of HEMS

（1）BDS 实时动态技术（RTK）用来定位冲击碾压机械。北斗 RTK 技术使定位精度达到厘米级，这是与 GPS 定位精度相同，但成本仅为其价格的五分之一。除此之外，杨元喜[18]等证明 BDS 站有更好的耐冲击性、抗干扰性和温度适应性。BDS 站主要包含内部具有用户识别模块（SIM）的 4G 传输模块、BDS 接收模块、BDS 天线和 4G 天线。BDS 的 RTK 定位需要基准站和流动站的交互才可实现，一个基准站可以同时服务于几个流动台。基准站固定在一个稳定、高空的商用电源可供电的位置动站安装在冲击碾压机的驾驶室内并使用车辆的电源，为了防潮和防尘流动站外壳被密封。

（2）BDS 模块每隔 10ms 从北斗卫星获取初始位置信息。RTK 的差异校正值通过 4G 网络从基准站发送到流动站，流动站计算得到准确的位置坐标信息并主动将其发送到云服务器以供进一步分析。

（3）工程分析软件收集云服务器中保存的所有位置信息，分析冲击碾压机械的压实轨迹，并计算每个工作面的压实遍数。这些压实参数被获取并保存在数据库中，并可以通过用户计算机上的管理平台或安装在冲击碾压机械驾驶室中的 PAD 来获取数据库中存储的数据。管理平台具有可视化界面，可生动显示压实参数。

（4）管理平台预先制定施工规、质量标准、施工进度等要求。如果压实操作参数不符合要求，负责人将收到管理平台发出的相应的警告信息。管理人员根据相应情况采取调整措施，这些措施将由管理平台记录，以评估施工质量。

HEMS 有如下几个优点：首先，它提供了一个在不同级别的用户之间交换信息更为便捷的渠道。每个用户都有一个拥有不同管理权限的账户，用户可以通过云服务器随时随地访问施工信息并管理施工进度。其次，可以根据压实情况实时调整机械的最佳路径，这有助于司机调整压实轨迹。第三，无人驾驶冲击碾压机械严格遵循规定的路径从而使压实更加高效。第四，施工场地的三维（3D）视图被重新生成，以帮助工程师熟悉实时工作环境。这些优点最终将导致松散填筑材料更好的压实和更好的施工效率。

5　信息的实时传输与分析

根据冲击碾压机械的位置数据和机械性能，动态分析其他压实参数，例如压实遍数和压实轨迹。考虑到参考 BDS 精度为厘米级，将工作面分为 8cm×8cm 的网格，如图 2 所示。此外，冲击压缩机的位置坐标在 HEMS 每 2 秒自动收集一次。冲击碾压机械包含两个宽度约为 0.9m 的滚筒。因此，在两个近邻点之间有两个四边形，用来覆盖工作面某些网格的地理位置。图 2 显示了一个辊子及其覆盖的栅格的轨迹，四边形区域由压路机宽度、压实方向以及两个最近数据点之间的距离决定。网格由质心点和四个顶点的位置标识，顶点的经度和纬度以逆时针方向形成四个矢量，例如 $\vec{v}_1(x_2-x_2,y_2-y_1)$。如果网格的质心点坐标 $C_i(x_i,y_i)$ 满足以下公式，则这些网格被判断为处于两个四边形

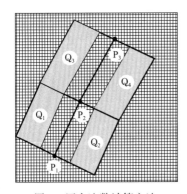

图 2　压实遍数计算方法

Fig. 2　Calculation method of the number of compaction passes

中，压实遍数将增加一遍。这种方法避免了在拐角处反复计算压实次数，并考虑了多冲击压实机同时工作的情况。

$$
\begin{aligned}
y_2 - y_1 x_i + (x_1 - x_2)y_i + x_2 y_1 - x_1 y_2 &< 0 \\
y_3 - y_2 x_i + (x_2 - x_3)y_i + x_3 y_2 - x_2 y_3 &< 0 \\
y_4 - y_3 x_i + (x_3 - x_4)y_i + x_4 y_3 - x_3 y_4 &< 0^{\circ} \\
y_1 - y_4 x_i + (x_4 - x_1)y_i + x_1 y_4 - x_4 y_1 &< 0
\end{aligned} \tag{1}
$$

压实操作参数由管理平台可视化，它是在 Visual Studio，DevExpress 控件和 GMap. Net 的 C♯ 开发环境的基础上开发的。DevExpress 为 WinForms 提供了一流的用户界面控件，同时 GMap. Net 是一个开源的控件，可以自由连接 Google、Yahoo、Bing 和 ArcGIS 的地图界面。该平台具有地球观测组（GEO）最常用的地图功能，包括在移动环境中运行、放大和缩小、搜索路径、标记位置、显示地图、定位、跟踪和地理编码。整个地图包含几个图层、标记、路线和多边形，标记用于显示冲击碾压机械的位置；路线代表压实轨迹；不同数量的压实遍数由不同颜色的多边形显示。

管理平台采用谷歌中国地图界面，但是 BDS 系统的位置坐标与使用的地图之间存在一定的偏差。本文简要介绍了从 BDS 位置到地图位置的近似转换方法，转换程序的详细代码可在线获取。以纬度偏移为例，公式如下

$$
GCLat = BDSLa + \frac{180 \mathrm{m} \sqrt{m} \Delta La}{\pi R_e (1 - e)}; \tag{2}
$$

式中，$GCLa$ 代表谷歌中国地图相应的纬度；$BDSLa$ 代表北斗系统的纬度；R_e 代表地球的半径；e 为地球的偏心率；ΔLa、m 详细表达公式如下：

$$
\begin{aligned}
\Delta La = {} & -100 + 2Ln + 3La + 0.2La^2 + 0.1LaLn + 0.2\sqrt{|Ln|} + \frac{2}{3}\left[20\sin(6\pi Ln) + 20\sin(2\pi Ln)\right] \\
& + \frac{2}{3}\left[20\sin(6\pi La) + 40\sin\left(\frac{\pi}{3}La\right)\right] + \frac{2}{3}\left[160\sin\left(\frac{\pi}{12}La\right) + 320\sin\left(\frac{\pi}{30}La\right)\right]
\end{aligned} \tag{3}
$$

$$
m = 1 - e\sin^2\left(\pi\frac{BDSLa}{180}\right) \tag{4}
$$

$$
La = BDSLa - 35; \quad `Ln = BDSLn - 105 \tag{5}
$$

式中，$BDLa$ 和 $BDSLn$ 分别是北斗系统点的纬度和经度。

在施工压实过程中，碾压机械速度和压实遍数这两个参数应该被严格控制。碾压机械速度影响冲击能量，如果速度太慢，冲击能量将不会被满足；如果车辆行驶速度过快，冲击能量不能完全散布在松散的土壤中，因此碾压机械的行驶速度应控制在一定范围内。在压实开始时，由于土壤层较软，冲击碾压机械会引起较大的填筑材料塑性变形和沉降。经过几轮压实后沉降增量减小，土层趋于稳定。如果压实遍数不够大，压实层的变形将保持不变而对堤防安全有害。相反，如果压实遍数超过阈值，压实作用变得可以忽略不计，甚至可能导致压实土层的剪胀。压实遍数受到填筑材料的性质、密度的要求以及碾压机械冲击能量的影响，它的阈值是变化的，但包括最大值和最小值在内的适用比例应在工程实践中确定。

6 主要技术

6.1 实时最佳路径

在目前的压实施工中，司机根据自己的经验来确定冲击碾压机械的行车路线。在这种情况下部分地区压实遍数多，变得比其他部位更密集，这使得场地填土在压实效果方面不均匀，未来可能出现场地不均匀沉降。为了解决这个问题，为碾压机械设计最佳路径来确保整个工作面的均匀压实非常重要。通过分析冲击碾压机械的结构，最大宽度 l_b 和两个辊之间的间隙 l_g 两个参数对于压实是至关重要的。对于振动辊，l_g 等于 0，l_b 等于单个鼓的宽度。对于冲击碾压机械，l_g 不等于零，l_b 等于两个相同车轮的宽

度。另外，最小转弯半径 r_m 与机械性能有关。以 YCT25（三一重工，中国北京）为例，机械性能的数值如下：

$$l_g = 0.9\text{m}; \quad l_b = 3\text{m}; \quad r_m = 5.8\text{m}$$

作为新型碾压机械，冲击碾压机械具有振动和冲压的特点。根据压实施工规范的要求，相邻的车轮压实范围应有 l_0 的搭接宽度，线性路径设计的示意图如图 3 所示。碾压机械的轨迹根据车轮尺寸和重叠宽度来设计，例如线 L_1-L_9。在冲击碾压机械沿着从 L_3 到 L_3 的路线行驶后，最左侧区域的第一次压实完成。

指定的压实路径基于最标准的压实情况。在施工现场，工作面不是规则的四边形而是不规则的中央凸起形状。作者建议计算应首先压实最大的内接四角形，在这个四边形中，所有的线性路径用上述方法设计。为了实现碾压机械自动转向，最佳路径应该是闭环的，这可以通过将线性路径与圆弧线连接来实现。如图 4 所示，四边形工作面上计算得到线性路径数量可能是偶数或奇数。在第一个情况下，机械应该经过 L_1 并转向工作面中见的线 L_8。沿着图 4 中标出的方向，一次碾压。但是在第二种情况下，机械会转回到 L_1 并在通过 L_{14} 之后通过额外的路径 L_{15}。无论是上述那种情况，机械都可以回来到它开始的地步，除了上述的四边形之外，其余的都在这个四边形之外并且在工作面之内。这部分的最佳路径应设计为与工作面的边界形状相同的不规则形状，里面的形状比外面的形状小，相邻的路径保持相同的时间间隔，所有的路径都被制成螺旋形路径。

在工作面压实期间，机械已经有了一个方向，如图 4 所示。以机械为中心，参考设计半径 r_s 和有限角度 α 的圆范围内搜索目标位置。为了引导机械到达尚未达到的位置，必须计算目标位置周围的压实数量以确定最适合的位置。压实四边形之后，冲击碾压机械从最外面的不规则形状的路径开始并沿着螺旋路径行驶。直到整个施工现场不同工作面的平均压实遍数达到质量标准要求，碾压工作才完成。在压实作业过程中，目标位置始终显示在安装在驾驶室中的 PAD 上，同时最佳路径将指导司机在更短的时间内完成工作，不仅提高效率，而且填筑材料更加均匀。

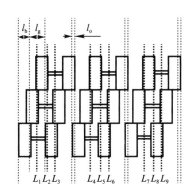

图 3　线性的最佳路径设计

Fig. 3　Design of linear optimal path

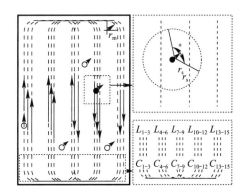

图 4　整体路径规划和目标位置确定

Fig. 4　Whole optimal path and searching method

6.2　冲击碾压机械的无人驾驶控制

虽然最佳路径提供了一种直接的方法来纠正司机驾驶碾压机械的轨迹，但是压实效果仍然严重依赖于司机的行为，他们往往不严格遵循指定的路径驾驶，因此无人驾驶的控制技术首先被用来实现最优路径。一旦机械的性能和工作面确定，最初的最佳路径可以采用上述方法来设计，同时最初的最佳路径上多点位置被保存在云服务器中，因此工作面上每辆碾压机械都可以按照自己的最佳路径来进行工作面的压实。

设计好的驾驶机器人代替司机驾驶碾压机械，如图 5 所示，它可以转动方向盘、控制发动机油门、操作换挡杆、并打破中断。通过电机驱动，所有这些功能都由工业计算机（IPC）自动实现。在操作过程中，IPC 将根据冲击碾压机械的实时位置在数据库中寻找下一个提示点，提示点提前一定距离不断出现在机械前面。在提示点和当前位置的基础上，IPC 计算压实方向和航向角，然后将命令发送到电机驱动器，电机驱动器会立即执行命令。几个复杂的路径测试被用来验证无人驾驶控制技术的鲁棒性，图 6 显示了规划路径、提示点和实际碾压路径，经分析两条线之间的最大差异小于 10 厘米，这表明无人控制技术是可靠稳定的。

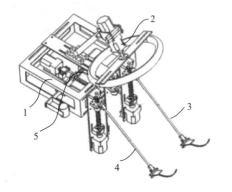

图 5　无人驾驶控制碾压机械机器人

（1—底座；2—转动方向盘的功能；3—刹车的功能；4—控制发动机节气门的功能；5—换档杆的功能）

Fig. 5　Robot of unmanned controlling impaction

（1—base；2—function of turning the steering wheel；3—function of hitting the brake；4—function of controlling the engine throttle；5—function of shifting the lever）

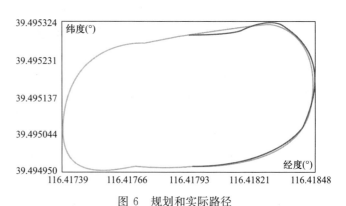

图 6　规划和实际路径

Fig. 6　Presupposed line and actual path

6.3　3D 虚拟现实平台

在机场建设中，工作面广泛分布在极大面积上。3D 虚拟现实技术为展示施工现场提供了一种有效的方法，3D 虚拟现实平台需要三个部分：施工现场场景和机械模型、实时数据和交互功能。三维建模是构建虚拟仿真场景的基础，施工场地模型可以通过使用商业软件包 Unity 来直接设计。但是机械模型应该由软件包 3D Studio Max 创建，然后导入到 Unity 的开发环境中。虚拟场景中一些物体如建筑物、树木和道路是静态的，而冲击碾压机械的模型是动态的，它们是基于实时位置数据在虚拟场景中建立的。在每个框架中，虚拟现实平台从云数据服务器获取指定的冲击碾压机械的位置信息，而且虚拟现实场景会根据实际冲击碾压机械的数量而改变。

Unity 软件提供了在不同的相机视角下显示场景的基本功能，用户可以通过键盘和鼠标变换场景，同时创建的虚拟现实平台具有选择施工现场和整个项目的交互功能。图 7 显示了北京大兴国际机场试点地区施工现场的实景和虚拟场景，冲击碾压机械下的黑暗区域是其轨迹。在用户依次选择项目、投标和工作面之后，相应机械模型建立在给定的位置上，同时虚拟现实平台获取冲击碾压机械的位置并不断更新模型的位置。随着设计的模型动画，虚拟场景中会显示冲击碾压机械与给定的位置信息一起移动，那么施工机械的实际情况可以生动形象实时显示在平台上。

(a)　　　　　　　　　　(b)

图 7　实际和虚拟的施工场景

Fig. 7　Real and virtual scene of construcuction site

7 北京大兴国际机场的试验研究

位于北京大兴区的北京大兴国际机场目前正在建设中，总的填土量为 $4.97 \times 10^6 m^3$，因此有必要和高填方机场一样使用冲击碾压机械。这个试验主集中要研究要在施工中的试验部分的工作面，同时整个过程由 HEMS 管理平台进行记录和指导。

试点部分使用两种填筑材料：土壤和砾石。有两个宽度为 10m，长度为 150m 的矩形工作面，同时三种类型的机械在工作面上进行压实。提前规定的压实过程如下：首先，带有五角轮的冲击碾压机械压实工作面五次；其次，带有三角形轮的冲击碾压机械压实工作面 10 次，然后带有五角轮的冲击碾压机械再次压实工作面 5 次；最后，振动碾压机械压平工作面表面。BDS 基准站安装在试点区的固定位置，移动台放置在机械中，BDS 和 4G 模块的天线固定在驾驶室的顶部。试验首先由司机驾驶冲击碾压机械，图 8 显示了管理平台的数据分析模块的界面，可以记录和分析机械的位置。在手动控制测试中发现三个主要问题：实际速度未能达到质量标准要求、工作面压实均匀性不符合施工规范、并且压实遍数少于规定的遍数。

通常情况下，规范要求的碾压机械速度限制是 10～12m/s。如图 9 所示，碾压机械已经连续工作超过 3 小时，但冲击碾压机械仅以一半的施工时间以规定的速度工作，这表明司机习惯忽略或不注意速度表盘上现显示的数值。因此，冲击碾压机械的速度必须由管理员监控，他们可以向司机发出准确的命令。在施工过程中，需要进行特定的压实过程以确保土壤层的均匀性。在第二次压实之前，整个区域的土壤层需要均匀压实。图 10 显示了压实遍数和实时最佳路径，从图中可以看出司机通常习惯于在工作面中间驾驶机械并省略边缘区域，因此每次压实后都要检查土层的均匀性。压实遍数是压实质量控制的重要指标，测试结果表明当司机说压实工作已经完全完成时，实际上只有 42.77% 的工作面满足压实质量要求，这表明司机不能准确地估算压实质量。

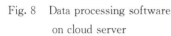

图 8 云服务器上的数据处理软件
Fig. 8 Data processing software on cloud server

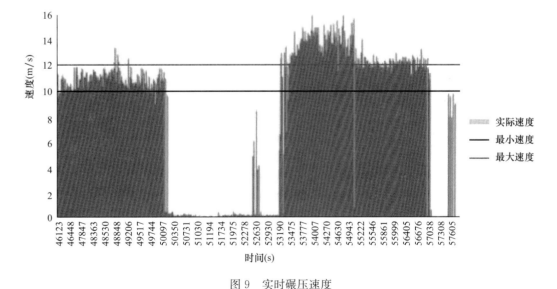

图 9 实时碾压速度
Fig. 9 Actual speed without any guidance

总之，手动控制测试过程中司机并没有严格遵循最佳路，压实质量无法保证。由于手动控制不能保证压实质量，因此在测试中采用无人驾驶碾压机械，并将控制系统安装在冲击碾压机械驾驶室中，如

图 11 所示。方向盘、加速器和制动器由机器人控制，如图 5 所示。为了测试无人驾驶控制技术的鲁棒性，无人驾驶系统执行几种形状的轨迹，例如八字形、螺旋形和环形的线。这些路径被设计并保存在云服务器的数据库中。无人驾驶系统的 IPC 分析、获取目标点并设置电机驱动冲击碾压机械。测试结果表明，无人驾驶车辆控制系统在 98％的工作时间内使冲击碾压机械保持在 10～12m/s 的速度下行驶，这明显比图 10 中的外，冲击碾压机械的实际轨迹与设计的最佳路径之间的位置差始终小于 10cm，这满足了控制精度的要求。

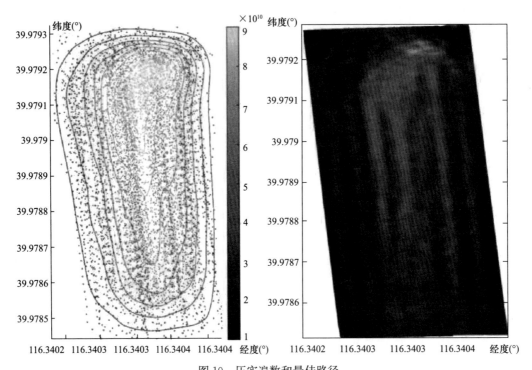

图 10　压实遍数和最佳路径

Fig. 10　Actual speed without any guidance

图 11　无人驾驶车辆控制系统

Fig. 11　Unmanned control system

8　结语

根据机场建设中高填方工程的特点和要求，结合北斗定位、云服务器、虚拟现实、最佳路径算法和无人驾驶车辆控制技术等多种新科学技术，开发了一种新的压实质量监控平台。厘米级精度使北斗能够在机场工程中得到应用和普及；云服务器的高效传输确保了工程信息的实时共享；所提出的最佳路径通过减少冗余压实轨迹来全面提高压实效率；3D 虚拟现实平台重现真实的施工现场；无人驾驶车辆控制系统首先应用于冲击碾压机械的压实施工，无人驾驶车辆控制技术避免了司机遭受的剧烈振动，与手动控制相比施工更精确和更智能。同时平台的硬件和软件系统在北京大兴国际机场的试验区进行了全面测试，结果表明具有无人驾驶车辆控制系统功能的 HEMS 平台可以有效地管理高填方施工，并在机场建设方面前景广阔。

参考文献

[1] WELLS J E R. Calibration of non-nuclear devices for construction quality control of compacted soils [D]. Lexington, KY：University of Kentucky，2014.

[2] LIU Dong-hai, SUN Jing. , ZHONG, Deng-hua. , et al. Compaction quality control of earth-rock dam construction using real-time field operation data [J]. Journal of Construction Engineering and Management-ASCE，2012，138（9）：1085-1094.

[3] ZHONG，Deng-hua, REN Bing-yu, LI Ming-chao, et al. Theory on real-time control of construction quality and progress and its application to high arc dam [J]. Science China Technological Sciences，2010，53（10）：2611-2618.

[4] ZHONG Deng-hua, ZHANG Jian-she. New method for calculating path float in program evaluation and review technique（PERT）[J]. Journal of Construction Engineering and Management-ASCE，2003，129（5）：501-506.

[5] BRIAUD J, SEO J. Intelligent compaction：Overview and research needs [R]. Washington DC：Federal Highway Administration，2003.

[6] HOSSAIN M. , MULANDI J，KEACH L，et al. Intelligent compaction control [C]//Airfield and Highway Pavements Specialty Conference，2006：304-316.

[7] KAUFMANN K，ANDEREGG R. 3D-construction applications. Ⅲ：GPS-based compaction technology [J]. Proc，2008.

[8] SANDSTRÖM A J, PETTERSSON C B. Intelligent systems for QA/QC in soil compaction [J]. Proc Annual Transportation Research Board Meeting，2004.

[9] THOMPSON M J, WHITE D J. Estimating compaction of cohesive soils from machine drive power [J]. Journal Geotechnical and Geoenvironmental Engineering，2008，134（12）：1771-1777.

[10] CHANG G K, Xu Qin-wu. , RUTLEDGE J, GARBER S. Astudy on intelligent compaction and in-place asphalt density [J]. Data Analysis，2014.

[11] DELL'ACQUA G, LUCA M D, RUSSO F, LAMBERTI R. Mix design with low bearing capacity materials [J]. Baltic Journal Road and Bridge Engineering，2012，7（3）：204-211.

[12] HORAN B. Intelligent compaction use is on the rise [J]. Asphalt，2014，29（3）：19-21.

[13] XU Qin-wu, CHANG G K, GALLIVAN V L. A sensing-information-statistics integrated model to predict asphalt material density with intelligent compaction system [J]. IEEE- ASME Transactions on Mechatronics，2015，20（6）：3204-3211.

[14] 黄声享，刘经南. GPS实时监控系统及其在堆石坝施工中的初步应用 [J]. 武汉大学学报，2005，30（9）：813-816.

[15] ZHONG Deng-hua, LIU Dong-hai, CUI Bo. Real-time compaction quality monitoring of high core rockfill dam [J]. Science China-Technological Sciences，2011，54（7）：1906-1913.

[16] LIU Dong-hai, LI Zi-long, LIAN Zhen-hong. Compaction quality assessment of earth-rock dam materials using roller-integrated compaction monitoring technology [J]. Automation in Construction，2014，44（8）：234-246.

[17] 中国民用航空局. MH/T 5035—2017 民用机场高填方工程技术规范 [S]. 北京：中国民用航空出版社，2017.

[18] YANG Yuan-xi, LI Jin-long, et al. Preliminary assessment of the navigation and positioning performance of BeiDou regional navigation satellite system [J]. Science. China-Earth Science，2014，57（1）：144-152.

作者简介

姚仰平，男，1960 年生，陕西西安人，博士，教授，博士生导师，主要从事土的基本特性和本构模型研究。E-mail：ypyao@buaa.edu.cn。

RESEARCH ON A REAL-TIME MONITORING PLATFORM FOR COMPACTION OF HIGH EMBANKMENT IN AIRPORT ENGINEERING

YAO Yang-ping, RUAN Yang-zhi, ZHANG Xing, CHEN Jun, GENG Yi, LIU Bing-yang, YU Gui-zhen

（School of Transportation Science and Engineering, Beihang University, Beijing 100191, China）

Abstract: Quality control of embankment compaction is of great significance to the durability and stability of high-embankment airports. The current method of embankment quality control mainly relies on manual inspection for a limited number of designated locations after the completion of compaction, which cannot provide the information feedback simultaneously during the compaction or guarantee the compaction quality of the entire working surface. There is an urgent need to develop a new quality- control method of high-embankment airports for the full course of the compaction process. In this paper, a management platform is developed to monitor the real-time compaction process of a high-embankment airport and evaluate the compaction quality of the working surface. To mitigate the effect of human factors to a minimal extent, an optimal path algorithm to guide the real-time compaction trajectory of the impact compactor is proposed, and the unmanned vehicle control technology is implemented on the impact compactor. Furthermore, a virtual-reality tool is incorporated in the developed management platform to provide a three- dimensional interactive display for the compaction process. The feasibility and robustness of the developed management platform is validated by a case study in a pilot section of Beijing Daxing International Airport. The data collected in the case study show that the proposed optimal path algorithm and unmanned vehicle control technique enable the construction process to be faster and more efficient and improve the compaction quality of embankment.

Key words: airport construction, high-embankment compaction, real-time monitoring, optimal path, unmanned vehicle control, information technologies

山区高填方机场场地与地基

李强[1]，韩文喜[2]

(1. 中国民航机场建设集团公司，北京　100101；2. 成都理工大学，地质灾害防治与
地质环境保护国家重点实验室，四川成都　610059)

摘　要： 随着我国西部地区机场建设高速发展，西南地区拟建与在建机场数量较多，而由于西部地区特有的地质构造特点，山区丘陵、高山峡谷等地形地貌现象较为普遍，因此西南地区建设的机场大部分都是通过高挖低填而建成的高填方机场，从而会造成高填方地基沉降较大和边坡稳定等问题，而为了减小高填方机场建成后的工后沉降，往往在机场建设的过程中通过对机场地基进行必要的处理，增强地基承载力，增加地基在施工期的固结沉降，从而达到减小工后沉降和不均匀沉降的目的，同时对形成的边坡进行加固措施保证其稳定，从而保证机场的运行安全。

关键词： 高填方机场；地基处理；工后沉降；不均匀沉降；边坡稳定

1　引言

随着我国西部地区经济建设的发展，西部拟建的山区机场日益增多，然而由于西部地区多山区丘陵、高山峡谷，因此山区的机场建设大多存在高填方现象，从而面临高填方地基沉降较大及边坡稳定性问题。本文主要通过针对山区高填方机场工程地质条件，介绍山区机场面临的工程技术问题，提出机场场地建设的"三面一体控制"理论和技术，为将来山区机场建设提供参考。

2　山区高填方机场场地

小型机场场地是长约3000m，宽约200-300m的矩形平面场地，同时为了飞机起降适宜需要场地周围视野开阔，这样在山区建设小型机场常常会选址在山顶及山腰视野开阔的地带。

为在山区修建一个大面积的平整场地，需要削平高出机场平面的山头，填平低于机场平面的山谷（如图1九寨沟机场挖填模型图）。这些山区高填方机场场地的特点是跨越复杂的地形地质单元，山谷中常存在深厚软弱土层（最大20m左右），高填方（20~200m）、顺坡填筑、挖填交替、挖填方量巨大，填方填料类型多、性质复杂，机场建设周期短，场地差异沉降、高填方边坡稳定性要求高。

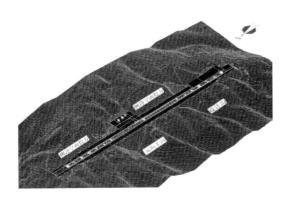

图1　九寨沟机场挖填模型图

Fig. 1　Excavation and filling model
of Jiuzhaigou Airport

3　山区高填方机场场地工程技术问题

山区高填方机场场地功能分区有跑道、土面区、场坪区、边坡区等，不同区域对场地地基变形和稳

定性要求不同（图2）。机场规范要求：跑道区30年沉降＜250mm，差异沉降＜1.5‰；土面区、场坪区30年沉降＜300mm，差异沉降＜1.8‰；高填方边坡永久稳定。

在高填方机场沉降和稳定性要求下，以及在存在沿山坡倾斜分布的深厚软弱土层、高填方、顺坡填筑等复杂工程地质条件下，建设山区高填方机场的场地关键技术问题是如何控制高填方地基的沉降和差异沉降；如何保证高填方边坡的稳定性（图3）。针对高填方机场场地的沉降和稳定性问题，高填方场地建设的主要工程技术包括：为控制高填方沉降和差异沉降的软弱土地基的处理技术、高填方填筑的填方填料选择及施工工艺等；为控制高填方稳定性的填筑体与原地基接触带的处理技术，高填方边坡的坡比控制技术，高填方地基的排水等技术问题等。

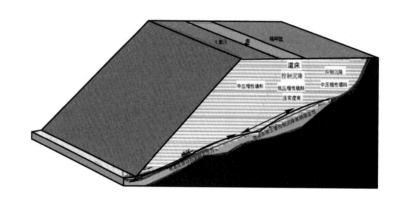

图 2　高填方机场变形及稳定性控制示意图

Fig. 2　A schematic diagram of deformation and stability control of high fill Airport

4　山区高填方机场场地建设的关键理论和关键技术

4.1　机场高填方工程"三面一体控制"理论

李强[4]等根据机场高填方工程的地质环境、地基和填筑体变形、高边坡稳定等关键技术问题与机场适航能力的系统性关系，提出了机场高填方工程"三面一体控制"理论。"三面一体控制"概念模型（图3），即基底面、临空面、平整面及三面围合的填筑体，控制好"三面一体"的变形和稳定性是机场高填方工程设计的核心。

图 3　"三面一体控制"概念模型

Fig. 3　Concept model of "three-sided integrated control"

"三面一体控制"设计模型的主要内容包括：基底面为填筑体与原地基的结合面，重点控制原地基承载力、沉降变形及地下水影响；临空面为填方边坡坡面，控制的要点是坡型、坡体排水以及边坡稳定问题；平整面是各类设施的建设场地，主要提供飞机活动场地并承担飞机荷载，对沉降控制和强度有严格的适航要求；填筑体分为道面影响区、土面区、边坡稳定影响区等，不同部位承载不同的功能，填料性质与压实性能决定了道基强度、填筑体沉降和边坡稳定性，是保障山区机场适航能力的关键。该模型建立了机场高填方工程地质环境、岩土性质、填料分类、场地分区与沉降和稳定性控制之间的系统性关系，揭示了机场高填方工程基底面、临空面、平整面、填筑体和机场适航能力的相互影响和规律，提出了机场高填方工程质量控制的要点和方向。

4.2 高填方机场场地的沉降预测和稳定性分析方法

山区高填方机场针对工程特点研究较多的是因高填方施工可能出现的工后沉降较大和边坡稳定性问题。国内外沉降计算方法可分为理论计算方法和基于实测数据的沉降预测方法；边坡稳定性分为定性和定量分析。

（1）沉降的理论计算方法

① 分层总和法。该方法的总体思想是将压缩层范围内的地基土层分为若干层，分层计算土体竖向压缩量，然后求和得到总竖向压缩量，即总沉降量[7]。

② 应力路径法。土体中一点的应力状态可以用应力空间中的一个应力点来描述；在荷载作用下，土体中一点的应力状态的改变过程可以用对应的应力点在应力空间的运动轨迹来描述。应力空间的运动轨迹即称为应力路径。

③ 有限单元法。有限元法是将研究对象当作一个整体来进行网格划分，进而形成一个离散单元体系，计算荷载作用下任意时刻个点的位移和应力。但是由于其采用的模型中所涉及的计算参数多且不易确定，一般只用于一些重要工程和重要地段的路基沉降计算。

④《工程地质手册》法。对于大型刚性基础下的黏性土、软土、饱和黄土和不能准确取得压缩模量的地基土，如碎石土，砂土，粉土等，可利用变形模量，按如下公式计算沉降量：

$$s = P \cdot b \cdot M \sum_{i=1}^{n} \frac{k_i - k_{i-1}}{E_{oi}} \tag{1}$$

⑤ 水电工程法。水电部门在长期工程实践中，研究出了一些坝体沉降的计算方法，如劳顿和列斯特公式、顾慰慈公式、戈戈别里德捷公式等。

劳顿和列斯特公式： $$s = 0.001 H^{3/2}; \tag{2}$$

式中　s——路堤工后沉降量（m）；

　　　　H——路堤高度（m）；

顾慰慈公式： $$s_{t顾} = k H^n e^{-m/t}; \tag{3}$$

式中，k、n、m 是经验系数，可按表 1 取值；

顾慰慈经验系数取值　　　　　　　　　　　　　　　　　　表 1
Guweici's empirical coefficient value　　　　　　　　Table. 1

经验系数	k	n	m
面板坝	0.004331	1.2045	1.746
斜墙坝	0.0098	1.0148	1.4755
心墙坝	0.016	0.876	1.0932

戈戈别里德捷公式： $s_{t戈} = -0.453(1 - e^{0.08H}) e^{0.693/t^{1.157}}$

（2）基于实测数据的沉降预测方法

高填方机场地基比较复杂，影响沉降因素较多，现常见基于实测数据的沉降计算方法有回归参数法、遗传算法、灰色系统法和神经网络法以及近年来出现的小波神经网络法等。

① 回归参数法。回归分析方法是一种经验方法，是在大量试验观测数据的基础上找出这些变量之间的内部规律性，从而定量地建立一个变量和另外多个变量之间的统计关系的数学表达式，得出模型参数，再对未来时刻的沉降进行预测。常用的回归参数模型有指数模型、幂函数模型、平方根模型、双曲线模型和对数模型如表所示，各式中 s 为工后沉降量；s_∞ 为最终沉降量；A、B 为回归参数；C 为某一时间点的沉降速率；t 为时间。

常用回归参数模型

Common regression parameter model

表 2

Table. 2

模型	数学表达示	沉降速率	最终沉降量	备注
指数模型	$s=Ae^{-B/t}$	$s'=\dfrac{AB}{t^2}e^{-B/t}$	$s_\infty=A$	收敛模型
幂函数模型	$s=At^B$	$s'=ABt^{B-1}$	$s_\infty=A\left(\dfrac{C}{AB}\right)^{B/B-1}$	发散模型
平方根模型	$s=A+B\sqrt{t}$	$s'=\dfrac{B}{2\sqrt{t}}$	$s_\infty=A+B^2/2C$	发散模型
双曲线模型	$s=t/(A+Bt)$	$s'=A/(A+Bt)$	$s_\infty=1/B$	收敛模型
对数模型	$s=A\ln(t)$	$s'=A/t$	$s_\infty=A\ln\left(\dfrac{A}{C}\right)+B$	发散模型

② 灰色系统理论。灰色系统理论最早由邓聚龙[8]提出。它是一种解决以"小样本据、贫信息"的不确定性问题的新方法，主要通过对"部分"已知信息的生成、开发，提取有价值信息，实现对系统运行行为、演化规律的正确描述和有效监控。

③ 人工神经网络法。人工神经无网络在高填方路基沉降中的应用是一个突破，该方法在处理非线性问题上具有独特的优越性[9]。

（3）边坡稳定性分析

① 定性分析。定性分析法主要是通过地质勘查，对影响边坡稳定的主要因素、边坡可能的破坏形式以及失稳的力学机制等因素的分析，能够给出边坡失稳破坏的发展趋势其优点是能够综合考虑多种因素的影响，从而对边坡的稳定状况和发展趋势做出分析评价。常用的定性分析方法有：自然历史分析法、工程地质类比法、图解法、边坡稳定专家系统。

② 定量分析。定量分析法是通过分析边坡的岩土力学性质来确定其可能的破坏模式，并考虑边坡所承受的各种荷载，选定适当的参数进行计算。定量分析法大体可分为极限平衡法和数值分析法两种。

极限平衡法，就是由边坡破坏的边界条件，通过力学的分析方法，在各类荷载的作用下，对边坡可能发生的滑动面进行理论计算和力学分析。将得到的结果进行对比，给出所有可能成为滑移面的稳定系数。极限平衡法主要有 Fellenius 法、Bishop 法、Janbu 法、Morgenstern-Price 法与 Sarma 法等[10]。

随着计算机技术水平的快速发展，人们能够得以借助计算机采用理论体系更加严密的分析方法来解决岩土体变形和稳定问题。借助计算机水平的发展通过建立离散化的数值模型来解决较为复杂的工程问题，常用几种方法是有限单元法、边界单元法、离散单元法、有限差分法等几种方法。

4.3 高填方机场场地的关键技术

机场高填方工程的基底面和填筑体变形机理、边坡稳定动力响应特征、填挖交界和多作业面顺坡填筑对差异沉降的影响，以及我国西南高填方机场滑坡特征，依据三面一体控制提出了机场高填方工程成套技术措施（表3）。

机场高填方场地控制技术

Common regression parameter model

表 3

Tab. 3

部位	主要控制要求	技术措施
基底面	(1) 承载力 $f_{ak}\geq180\sim250$kPa (2) 变形模量满足沉降指标要求 (3) 控制地下水位壅高进入填筑体	(1) 软弱地基的分区处理 (2) 强夯接坡处理 (3) 趾槽处理 (4) 盲沟排水
临空面	稳定安全系数$\geq$1.30$\sim$1.35（正常工况），1.10$\sim$1.20（降雨），1.02$\sim$1.05（地震）	(1) 坡形与变坡设计 (2) 边坡抗滑处理 (3) 坡体和坡面排水系统

部位	主要控制要求	技术措施
平整面	(1) 工后沉降和差异沉降 (2) 道基反应模量≥40～80MN/m³	(1) 道基冲压补强 (2) 填挖交界面超挖/台阶搭接/强夯 (3) 道面竖向调整和结构增强
填筑体	压实指标（道面影响区≥94%～96%，土面区≥88%～90%，边坡稳定影响区≥93%）	(1) 分区填筑工法组合设计 (2) 填筑作业面搭接过渡 (3) 填体内部水平排水措施 (4) 预留合理的沉降稳定期或间歇期超载预压

5 高填方机场国内外近年来的进展

四川九寨黄龙机场高填方工程具有高海拔（3440m）、高强地震（8.1度）、高填方（垂直最大填方104m、最大坡高138m）、大土石方量（挖填方总量5800万方）的特点，并且地基土层软弱、顺坡填筑、填筑材料选择余地小、有效施工时间短等不利条件[17]。其综合建设难度，面临一系列工程技术难题国内机场第一，世界罕见。针对上述工程难题，提出高填方体"三面一体控制"方法，成功地解决了这些技术难题，形成了高填方工程技术。

昆明新机场场区地处岩溶发育地区，地形条件、工程地质条件和水文地质条件复杂，场区内的红黏土具有特殊的岩土结构特征和工程特性，同时又具有高填方、超大土石方量、强地震、功能分区多、建设环境复杂、相互影响因素多等特点[18]。其填方高度最高达50多米，机场高填方地基的沉降与差异沉降、地震条件下地基及边坡的稳定性、岩溶稳定性等工程问题尤为突出。通过对昆明新机场复杂环境条件下高填方地基重大工程问题研究，最后分析、总结，成功解决了上述一系列问题。

攀枝花机场地形起伏较大，地质条件复杂[19]，场区南北为高山，南端山顶标高2064.3m，北段山顶标高2144.3m，中部为平滑斜面，最低点的标高为1962.5m，整体呈大U形沟谷形态，西侧斜坡地形陡，坡度一般为24°～30°，局部可达40°～46°。2004年，在特大暴雨的诱发下，位于攀枝花机场东北角约45×10⁴m³的堆积边坡发生滑坡；2009年9月，12号滑坡出现明显的张拉裂缝和下错现象，前缘挡墙被推挤变形开裂。同年10月，边坡开始剧烈滑动，产生整体失稳破坏并覆盖于喻家坪老滑坡之上，并使喻家坪老滑坡再次复活。因此也提醒我们不仅要对边坡进行加固，而且也必须重视降雨对边坡稳定的影响。

6 发展趋势及展望

针对山区高填方机场在复杂环境条件下高填方地基建设中存在的技术难题和特点，通过研究分析地基处理方法、填筑方法、检测和监测方法，总结高填方地基和填筑的设计方法、施工方法，提出了机场高填方地基主要的控制理论与方法；同时对因高填方工程形成的高边坡进行深入研究，分析影响其稳定性的主要因素指标，通过对这些方面归纳、总结，将形成的'山区机场高填方工程沉降和稳定性监测方案范例及评价预测技术数字化、理论化，既满足科学研究又能最大限度为工程服务。

参考文献

[1] 中华人民共和国行业标准. 民用机场高填方工程技术规范 MHT 5035—2017 [S]. 北京：中国民航出版社，2017.

[2] 中华人民共和国国家标准. 高填方地基技术规范 GB 51254—2017 [S]. 北京：中国建筑工业出版社，2017.

[3] 中华人民共和国行业标准. 民用机场岩土工程设计规范 MH/T 5027—2013 [S]. 北京：中国民航出版社，2013.

[4] 李强，孙施曼，张雯. 中国绿色机场建设现状与发展趋势 [J]. 建设科技，2017，(08)：38-41.

[5] 韩文喜等. 昆明新机场复杂环境条件下高填方地基重大工程问题研究 [R]. 成都理工大学，2012

［6］ 刘宏，李攀峰，张倬元. 九寨黄龙机场高填方地基工后沉降预测［J］. 岩土工程学报，2005（01）：90-93.

［7］ 张文斌. 昆明新机场高填方地基沉降变形监测及预测研究［D］. 成都理工大学，2013.

［8］ 郑刚，龚晓南，谢永利，李广信. 地基处理技术发展综述［J］. 土木工程学报，2012（02）：127-146

［9］ 李天斌，田晓丽，韩文喜，任洋，何勇，魏永幸. 预加固高填方边坡滑动破坏的离心模型试验研究［J］. 岩土力学，2013，3411：3061-3070.

［10］ 徐磊. 地基起伏面对山区机场差异沉降影响研究［D］. 成都理工大学，2017.

作者简介

李强，男，1962 年生，江西抚州人，汉族，博士研究生、研究员，主要从事机场工程、岩土工程建设与科研工作。E-mail：liqiang _ 1962 @ 126. com，电话 010-89227006，地址：北京市大兴区榆垡镇福顺街 1 号。

SUMMARY OF SITE AND FOUNDATION TREATMENT OF HIGH FILLING AIRPORT IN MOUNTAINS

LI Qiang[1]，HAN Wen-xi[2]

（1. China Airport Construction Group Corporation. 2. State Key Laboratory of Geohazard Prevention and Geoenvironment Protection，Chengdu University of Technology，Chengdu，Sichuan，China；）

Abstract：Airport construction rapid development along with our country in the western area，planned and built in southwest airport number is more，due to the geological structure of western region special features，mountainous topographical features such as hills，mountain valley phenomenon is more common，so most of the construction of the airport in southwest China are built by high and low fills-in high fill airport，which will cause the high fill subgrade settlement is larger and the slope stability problem，and in order to reduce the high fill post-construction settlement after completion of the airport，often in the process of the construction of the airport by airport foundation necessary for processing，strengthen the foundation bearing capacity，increase the foundation in the construction period of consolidation settlement，In this way，the settlement and non-uniform settlement can be reduced，and the formed slope can be strengthened to ensure its stability，so as to ensure the security of the airport.

Key words：high filling airport，foundation treatment，settlement after work，uneven settlement，slope stability

高真空击密法的发展与展望

楼晓明，徐士龙

（上海港湾基础建设（集团）股份有限公司，上海 200092）

摘　要：高真空击密法是近 15 年在中国形成发展起来的一种快速加固饱和松软地基的地基处理技术。它是通过数遍的高真空排水结合数遍合适的变能量击密，达到降低土层的含水率，提高密实度、承载力，减少地基工后和差异沉降量的目的。本文回顾了高真空击密法的起源、发展历程与关键技术，阐述了其他相关技术的重要进展及其相互关系，分析了技术理论发展瓶颈及后续发展的趋势。

关键词：强夯；高真空击密；饱和松软土；排水通道；真空排水

1　技术起源

"强夯法"是 1969 年法国工程师 L. Menard 首创的一种地基加固方法，该方法加固松散地基具有适用范围广、施工方便、设备简单、工期短、造价低和加固效果好等优点，因而被广泛应用于港口堆场、道路路基、机场跑道等大面积地基的加固工程中。具体来说，强夯法适用于处理碎石土、砂土、低饱和度的粉土与黏性土、湿陷性黄土、杂填土等地基。非饱和土在强夯冲击荷载作用下土体密实度能直接得到提高，强夯法可称为动力密实法；饱和砂性土在强夯冲击荷载作用下土体内的孔隙水压力瞬间升高、局部发生液化，由于砂土的渗透性好，随着孔隙水压力消散，土颗粒重新排列，密实度能间接得到提高，这时强夯法可称为动力固结法。

当饱和土的细颗粒成分占比增加到一定程度时，土体的渗透性、摩擦角显著下降，强夯产生的超孔隙水消散速度、消散程度也跟随明显下降，这就意味着施工期延长、加固效果下降。同时细颗粒成分增加，土的灵敏度也增加，这意味着存在强夯导致土体强度下降，最终加固效果失败的情况。含水率、细颗粒成分均较高的吹填土，还存在土体初始承载力很低，施工机械无法直接进场的困难，对于较重的强夯设备更是如此。

高真空击密法是由徐士龙在 2000 年代初期针对上海外高桥港区、江苏常熟兴华港等高含水率水力吹填地基加固过程中开始形成的[1,4]。上海地处长江口，吹填土主要为粉土、粉砂，含泥量大，传统地基处理方法，首先面临着施工机械甚至人员进场困难的问题，开挖明沟、集水井排水坡降小，加之土体透水性不理想，排水效果有限；其次上海地区砂石料单价高，大面积铺设较厚的砂石料施工垫层，会使地基处理成本显著上升。因此提出了用真空井点强化排水效果的方案，并逐步形成了多遍真空井点强排水联合强夯、冲击碾压或振动碾压的大面积地基处理施工工艺，在随后的上海浦东国际机场 2 号跑道、宁波港集装箱、煤堆场的吹填土处理中进一步得到了成功应用[2,3]。

高真空强排水排出的水是通过真空泵直接输送到场地外面，有利于在地表形成较为理想的工作面，只要有一定的排水效果，"高真空击密法"可就地加固场地地基，直接作为项目施工用地，使各种打桩或其他施工机具、车辆能进入现场，从而省去可观的施工垫层资金；如果有较为理想的排水效果，就能进一步改良吹填土为理想持力层，同时使原地基的上部土层得到适当加固，满足场地的正常使用功能，从而代替传统需要消耗大量砂石或水泥等建筑材料的地基处理方法，节约大量的造价和工期。因此，高真空击密法因具有造价低廉、施工速度快、对高含水量地基适应性强的特点，近 15 年在沿江、沿海松软地基的大面积处理工程中得到了迅速的推广应用，为许多国家、地方重点开发项目的实施做出了重要贡献，取得了良好的社会、经济效益。

2 高真空击密技术的关键理论与关键技术

2.1 关键理论

高真空击密法的加固原理是动力主动排水固结。强夯前排水、降水涉及渗流理论；真空排水后强夯，水位以上土层属于动力密实，水位以下土层属于动力固结；强夯后真空排水，属于排水固结。

真空排水与强夯的多遍循环过程中，强夯的能量逐遍加大，与堆载预压的分级加载相似，加大的能量要与土的强度增长大致匹配，要避免过大的夯击能把土夯成橡皮土。但是这方面没有像静载预压那样有成熟的计算方法，目前主要依靠过程监测和经验控制。

2.2 关键技术[3]

（1）形成有效的真空排水系统

高真空强排水参数的合理确定是高真空击密的关键因素之一。高真空强排水的井点间距设计应根据土体的渗透系数确定，渗透系数越小，井点越密；不同渗透系数的土层应分层设置独立的真空系统；合理确定真空排水时间，夯前排水时间以最大限度地降低地下水位和含水量来确定；夯后以超孔隙水压力消散程度来确定。

场地周边设置必要的截水系统，截水系统包括：排水沟，真空井点或防渗墙，施工期间要确保截水系统不间断运行。

（2）实施合理的夯击方式

夯击能量的确定除了要考虑加固深度外，还应考虑土体的含水量与排水效果。因此对于夯能与收锤标准不能一概而论，目前已经总结出的"先轻后重、逐级加能、少击多遍、逐层加固"的夯击方式，以不破坏、少破坏土体宏观结构为原则的收锤标准，形成了能够有效抑制孔压上升、加速孔压消散、增强强夯效果和降低能耗的一整套强夯施工工艺，适合于饱和软土地基；因此，对于饱和软土地基，选择与土体性质、排水效果相适应的夯击能，对严防"弹簧土"的形成也很重要。

对于表层粗颗粒土较多、较厚的地基，采用先重后轻，以贯入度作为收锤标准的施工工艺，可以使夯击能量传递更深，对于增加加固深度有利。

（3）信息化施工

由于强夯问题的复杂性，理论落后于实践的现象依然存在。好在整个施工过程中随时可以对真空度、地下水位、含水量、沉降量、土的力学性质等参数进行监测、检测，根据这些参数中间监测结果的变化判断加固效果是否符合预期，必要时要调整设计、施工参数。因为夯前主动排水和动力密实过程的存在，较理想的高真空击密地基处理，在施工过程中土性是不断改善的，而不需要等待休止期恢复。

（4）硬壳层

高真空击密法有效加固后的地基有一个显著特点就是在地基表面形成了一个硬壳层。这是由于地基表面夯击应力大，如果排水效果理想，产生的击密效应显著。而硬壳层的作用对于集装箱堆场、道路、机场、造船装焊平台这种局部应力集中的使用对象很重要，可以增加地基的回弹模量，减薄结构层厚度或增加结构层的使用寿命。因此，针对使用对象及设计要求，有意识地加固形成适当厚度的硬壳层，对于本工法的成功应用非常关键。

3 高真空击密技术的发展历程

高真空击密技术的发展是围绕如何在施工过程中提高效率、改善效果展开的。

3.1 真空设备的发展

传统轻型井点的真空设备，排气量小，稍有漏气真空度就会明显下降[5]，大面积地基处理时排水效果难以保证。高真空吸水装置大幅度提高了抽气量，使得强排水效果有了保证。但是这种设备在运行时水汽同时吸入而后混合喷出，能效低，每700~1000m²需要配置一台真空泵，地基处理面积越大，真空泵数量越多，大面积施工时，维护正常运行压力越大。

图1　高真空吸水装置

Fig. 1　High vacuum water suction device

图2　新型节能高真空吸水装置

Fig. 2　New type energy-saving high vacuum water suction device

新型节能吸水装置，在运行时水汽同时吸入而后分别排出，能效高，每3万~4万m²配置一台真空大泵，大面积真空排水的运行管理相对集中简单，与以往真空设备相比既节约电能、又节省人力物力。

3.2 真空井点管设置方法的发展

轻型井点降水的井点管设置方法有钻孔法和水冲法[5]。水冲法在成孔过程中，要在土体中喷射很多水，对软土地基很不利，一般不宜采用；钻孔法成孔速度慢，成孔安装井管后，还要在井点管与井壁之间填砂做滤料。这样施工速度慢、成本高，无法满足大规模施工的需要。

图3　第一代插管机

Fig. 3　First generation pipe installation machine

图4　高频振动插管机

Fig. 4　High-frequency vibration pipe installation machine

第一代插管机由插排水板的机械改装而来，采用套管法施工，具有机械化插管施工速度快、接地压力轻型化的特点，可以在初始承载力较低的软土场地行走。

第二代插管机由挖掘机头部安装的高频振动器和钢套管组成，移动更灵活、施工速度更快；利用母机（挖掘机）的动力源，功率大，可以穿透山皮石等回填土硬层。

机械插管对于大面积地基处理可节约可观的成本、工期。对于新近吹填的极软地基，机械无法行走时，则只要铺设工人行走的木板后直接用人工插设第一遍真空管。

3.3 真空排水与强夯结合工艺的发展

高真空击密法的早期工艺流程是：真空排水-拔管-强夯的多遍循环。夯前排水的目的是降低地下水位和土体饱和度，夯后排水的目的是加快超孔隙水压力消散。

高真空击密法的后期工艺流程是：强夯期间一直保持真空排水，特别是保持夯点两侧的真空排水。这样，抽真空在真空管周围产生的"负压"与在真空管之间施加夯能产生的"正压"之间形成了"高压力差"；压力差越大，排水速度越快、排水效果越好。

3.4 强夯技术的发展

地基中细颗粒土含量较高、初始强度较低时，总体上采用低能量强夯法。在加塑料排水板通道基础上，郑颖人、陆新等进一步提出了软土地基强夯加固的新工艺[6]，其基本原则是：先轻后重、轻重适度、少击多遍，以保证软黏土不会出现橡皮土现象。这个原则用高真空击密法施工也要基本遵循，对常规强夯法收锤标准等做法，则一般不予采纳。

饱和松软土地基厚度不大需要较高的承载力时，也可采用强夯置换工艺，对夯坑填粗骨料，持续夯击，直至形成较深、较粗的砂墩、石柱，起到复合地基的效果。为了提高复合地基效果，也要尽量提高墩间土的承载力，强夯置换时在墩间设塑料排水板或真空排水井点。

3.5 加固对象的拓展

适用土层对象：真空排水效果越好，加固效果越好；性价比优势最明显的是半透水性土。有成功应用案例的土层类别有：饱和粉细砂、粉土、粉煤灰，含泥量较大的吹填砂，有粉砂、粉土夹层的淤泥质粉质黏土，低塑性粉质黏土，被雨水浸泡的较松散回填土地基。

应用地理区域：从上海长江口三角洲起步，西到长江中下游，北到黄河及黄河故道三角洲，南到钱塘江、珠江下游，及其他中型河流下游区域；在国外有中东、孟加拉、越南等国家地区。

应用工程领域：吹填土的建设场地预处理，集装箱、散料、杂货堆场地基，道路、铁路、机场跑道地基，物流仓库、工厂地坪地基，油罐与多层民用建筑地基。

4 国内外动力排水固结技术的重要进展

从强夯应用效果来看，对于粗颗粒土、低含水量的非饱和土较为成功；沿江沿海地区，由于地下水位较高，应用效果较差，特别是细颗粒土含量较高时，容易出现失败。因为渗透系数较低时，强夯产生的超孔隙水压力短时间内难以消散，强夯后土的强度不但不易提高，反而可能下降，出现橡皮土。

因此，参照排水固结法原理，如果在渗透系数较小的土体中预先设置人工排水通道，可以及时有效地排出饱和土中的孔隙水，强夯产生的超孔隙水压力得到快速消散，那么就可以将强夯法的应用范围扩大到沿江、沿海地区地下水位较高的饱和松软土地基。围绕如何设置人工排水通道，形成了不同的强夯技术发展路径

4.1 强夯

美国联邦公路管理局在强夯技术应用指南中对强夯技术做了较为系统的总结，如图5所示将是否适合强夯法加固的土分为三类[7]：

对于2类土，由于是半透水性的，应用强夯法采用的强夯能必须分多遍实施，而且地下水位保持在地面以下2m，否则需要考虑以下措施：

通过挖排水沟、集水井降低地下水位；通过填料抬高地面标高；在地基中插设塑料排水板，形成人工排水通道。

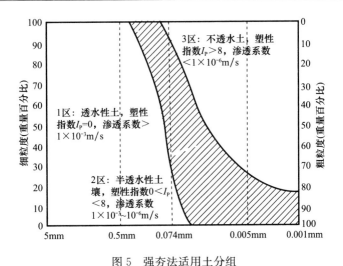

图 5 强夯法适用土分组

Fig. 5 Classification of suitable soil types for dynamic compaction

1989 马鞍山钢铁公司原料堆场软塑黏土和淤泥质粉质黏土地基加固试验，采用强夯置换法，置换材料为钢渣或矿渣，试验区有三类，每个试验区面积 28m×28m，共同的辅助措施有：挖排水盲沟，沟中回填钢渣或矿渣，铺设 0.8－1.5m 的钢渣和矿渣施工垫层。排水辅助措施有 2 种：在试验区四角排水沟内设置降水管井，深度 10m；插设塑料排水板，间距 1.75－2.0m，深度 7.5m。试验得到了插设塑料排水板的试验区夯后孔压消散最快，加固后软土的强度和压缩模量最高的结果，以后这种以塑料排水板做辅助排水手段的强夯法有了较多的应用。

4.2 塑料排水板＋强夯

通过在地基中加竖向排水通道，加快超孔隙水压力消散，可选择的竖向排水通道有：砂桩、碎石桩和塑料排水板。由于这三种排水通道以塑料排水板最为经济、便捷，所以应用相对最多。"塑料排水板＋强夯"法也可称为动力排水固结法。

20 世纪 90 年代中期开始，交通部第三航务设计研究院等单位，在上海、宁波等地利用塑料排水板＋开山石强夯置换加固饱和软黏土地基，用作集装箱、煤堆场地基。软土地基中插打塑料排水板对于加快软黏土排水固结，减小强夯置换的挤土效应，增加置换墩的复合地基效果发挥了较好的作用。

郑颖人等将塑料排水板与低能量强夯法相结合加固饱和粉土地基。强夯前先插打塑料排水板，使强夯产生的超孔隙水压力比较快地消散，达到了预期加固效果[6]。

通过在地基中加竖向排水通道使加固效果有所改善，但竖向排水通道在夯前不能排水，夯后有了超孔隙水压力才能排水，属于被动排水，强夯冲击荷载对土体持续作用时间短，相对静荷载的长期预压，排水固结效果要差很多；同时排出的水容易积聚在场地表面和夯坑底部，限制了地基表层的加固效果。

4.3 动静结合排水固结法

当软黏土地基上有较厚的松散填筑土，可以采用堆载预压结合强夯法处理，通常做法是：先铺设砂垫层，如果填筑土本身是透水性较好的砂石材料，则不需要另设砂垫层—设置竖向排水通道—利用填土荷载进行预压—当堆载预压引起的超孔隙水压力大部分消散之后进行强夯。强夯法主要处理填筑土，但同时引发软黏土产生新的超孔隙水压力，由于软黏土中还有竖向排水通道，夯后还会产生新一轮的"动渗透固结"。刘祖德把堆载预压与强夯法结合的联合处理方法叫作动静结合排水固结法[8]。

S. L. Lee，G. P. Karunaratne[9] 也报道了东南亚国家采用纤维排水板联合高能量强夯法处理高速公路软土地基的方法，纤维排水板由棕榈纤维编制而成，比塑料排水板有更好的柔韧性，不容易被夯击损坏，如果表层是泥炭土则采用强夯置换，如果对工后沉降有较高的要求则先进行超载预压。

4.4 真空动力排水固结法

高真空击密法是一种每遍夯前、夯后均实施真空排水的强夯方法。高真空击密法属于视真空排水与强夯为同等重要工序且相互作用的真空动力排水固结法，相对塑料排水板的被动排水，本工法也可以称为"动力主动排水固结法"[3]，其作用机理与排水方式有其独到之处：

（1）对饱和土夯前先进行高真空排水，属于主动排水。可有效减小土的饱和度或土中的初始孔隙水压力，增加夯击效率，同时减小产生的超孔隙水压力。相对地塑料排水板属于被动排水，由于没有外荷载作用，无法形成水头梯度达到夯前排水的目的。

（2）在适当夯能的作用下，土中产生的超孔隙水正压力在再一次真空"负压"的作用下可进一步增加压差，加大排水效果。为此，本工法需要实施第二、第三遍高真空排水，甚至夯击与排水同时进行。多遍高真空排水击密最终以达到降低饱和软土含水量为目标。

（3）由于第二次真空排水作用，使第一遍强夯产生的孔隙水压力快速消散，使两遍强夯间隙时间大大缩短，从而工期与普通强夯法相比，不但不增加，反而明显缩短了。

（4）地基加固施工后，上部较差的松软地基形成超固结"硬壳层"，可完全满足一般路基、堆场的承载力、刚度使用要求。

（5）高真空击密施工后，井点管拔除，在深层软土地基中不遗留人为的排水通道，对减小工后沉降及沉降速率有利。

5 发展趋势与展望

5.1 施工工艺的发展趋势

如上所述，高真空击密法有土性适用范围的局限性，真空排水和强夯还有深度的局限性。当地基条件只有部分适合，或设计要求只能部分满足时，就像强夯与堆载预压结合一样，高真空击密法进一步与其他方法结合应用是一种必然选择。

高真空击密过程中地下水位有明显的下降，在适当情况下，其降水预压作用可以与堆载预压结合。土层渗透性合适、厚度较大，需要加大降水深度时，可以结合深井降水预压。

当地基有较厚的软弱下卧层，同时对工后沉降有较高的控制要求时，一般先进行真空或真空联合堆载预压，再进行高真空击密，在地基浅部形成处理效果更好的硬壳层。

当设计要求承载力很高，单纯高真空击密法处理后的地基承载力难以直接达标时，可以与优化后的复合地基或复合桩基结合，最终达到设计要求。

上述高真空击密法与其他方法的结合，看似增加了不少成本、工期，但是与常规复合地基、桩基进行技术经济比较，有时仍有不少综合优势。

5.2 设计计算理论的发展趋势

限制强夯和高真空击密应用的一个重要因素是没有合适的设计计算理论，目前比较公认的只有估算加固深度的 Menard 公式。国内外在强夯方面已有的理论研究进展主要停留在夯锤在弹性地基表面的冲击应力方面[10]。由于冲击应力在地基中的传递规律还没有成熟、简便的计算方法，加之冲击应力作用时间很短、应力水平却很高，直接用于分析地基加固效果还有很大困难，因此克服这一困难具有重要理论意义。

参考文献

[1] 徐士龙，楼晓明，刘敦敏，等. 高真空击密法加固堆场地基的试验研究 [C] //第九届土力学及岩土工程学术会议论文集，北京：清华大学出版社，2003：736-739.

［2］ Chang Ta-tec，Lou Xiao-ming，Xu Si-long，etc. Innovative soft soil stabilization using simultaneous high vacuum dewatering and dynamic compaction ［J］. Journal of Transportation research Board，No. 2186，Transportation research Board of the National Academies，Washington，DC，2010：138-146.

［3］ 徐士龙，楼晓明. 高真空击密法. 岩土工程治理新技术 ［M］. 北京：中国建筑工业出版社，2010：180-198.

［4］ 周健，曹宇，贾敏才，等. 强夯－降水联合加固饱和软黏土地基试验研究 ［J］. 岩土力学，2003，24（3）：376-380.

［5］ 陈忠汉，黄书秩，程丽萍. 深基坑工程 ［M］. 北京：机械工业出版社，2002.

［6］ 郑颖人，陆新，等. 强夯加固软黏土地基的理论与工艺研究 ［J］. 岩土工程学报，22（1），2000：18-22.

［7］ Department of transportation，Federal highway administration，US. Dynamic compaction. Office of technology applications 400 seventh street，SW Washington，DC20590，October，1995.

［8］ 刘祖德，杜斌，等. 静动联合排水固结法及其在填海工程中的应用 ［C］// 全国吹填土地基处理学术研讨会论文集. 华中科技大学，河海大学，武汉，2012：1-6.

［9］ S. L. Lee，G. P. Karunaratne. Treatment of soft ground by fibredrain and high energy impact in highway embankment construction. 6th international conference on ground improvement techniques，Colmbra，Portugal. 18-19，2005：1-18.

［10］ 孔令伟，袁建新. 强夯的边界接触应力与沉降特性研究. 岩土工程学报 ［J］. 20（2），1998：86-92.

作者简介

楼晓明，男，1965 年生，浙江义乌人，汉族，博士，副教授，主要从事地基基础的科研设计施工工作。电话：13801641320，E-mail：louhanliang45502@vip. sina. com，地址：上海市静安区江场路 1228 弄 6A 栋。

THE DEVELOPMENT AND PROSPECT OF HIGH VACUUM DENSIFICATION METHOD

Lou Xiao-ming　Xu Shi-long

（Shanghai Geoharbour Group Co.，Ltd.）

Abstract：The high vacuum densification method（HVDM）is a ground improvement technology that has been developed in China for the recent 15 years to quickly improving saturated loose soft soil. Through several times of high-vacuum dewatering combined with suitable variable energy dynamic compaction，this method can reduce the water content of soil layer，improve the degree of compaction and bearing capacity，and reduce the residual and differential settlement. This paper reviews the origin，development and key technologies of the HVDM，explains the important progresses of other related technologies and their relations with HVDM，and analyzes the development bottlenecks of HVDM and its trend of further development.

Key words：dynamic compaction，high vacuum densification method，saturated loose and soft soil，drainage path，vacuum dewatering

场地形成工程基本理论体系及标准体系研究

康景文[1,2]，唐海峰[1,2]，叶观宝[3]，胡志刚[1,2]，王晓[1,2]，宋宝强[1,2]

（1. 中国建筑西南勘察设计研究院有限公司，四川 成都 610052；

2. 中建地下空间有限公司，四川 成都 610073；3. 同济大学土木工程学院，上海 200092）

摘　要： 随着城市建设用地供给需求的增大，大规模的围填海造地等工程的日益增多，地基处理技术使用范围有由小范围处理逐步向大面积、超大面积深厚软基处理的发展趋势，而国内外相关研究成果不多，尤其缺乏指导实际工程的理论体系。本文基于工程实践和理论研究成果，提出了场地形成的概念，形成了包括地基处理方法选择、控制指标以及处理效果评价方法等内容的场地形成理论体系，制定的场地形成工程技术规范，为类似工程的实施提供了依据。

关键词： 场地形成；超大面积地基处理；真空预压；堆载预压

1　引言

目前，我国建设工程项目通常做法是在场地平整后，只要场地的地基强度满足正常施工需求即可开工，之后才针对场地上布置的不同建筑的不同荷载水平，对地基进行其基础面积之内区域的处理加固；而场地形成却是对整个场地进行一次性的地基处理及场地平整施工并使处理后场地在标高、地基沉降、地基强度等方面满足建造一般浅基础建（构）物或者道路等对地基的要求，并为提高重大或高层建（构）物的深基础承载力或基坑开挖的稳定性提供基本条件。

由于工程建设有着不同的建造标准，对大面积、高压缩性、土层深厚的典型软弱地基，在荷载作用下，其地基承载力低、地基沉降变形大且沉降稳定历时比较长以及容易产生较大的不均匀沉降，若一次性采用过高的建设标准，会造成工期和成本的浪费，因此如何做到不同建设"标准"与场地处理"最佳效果"紧密融合显得至关重要。国内外目前相关研究成果不多，且尚无完善的设计方法与评价体系和相应的标准体系，需进行深入地探讨。

本文基于大面积软土地区场地开发利用的工程实践，在提出场地形成概念的基础上，构建了场地形成工程基本理论体系和标准体系，为大面积软弱场地一级开发与二级开发紧密结合的土地开发方式的实现、大型建（构）筑物群的整体及可持续建设提供理论和实施依据。

2　场地形成概念的形成

2.1　"场地形成"背景

目前，为各类建设工程的建造需要提供大面积场地条件是岩土工程技术人员共同面临的难题。以往国内外地基处理的工程经验多集中于一般建（构）筑地基、条带形工程地基、油罐地基等；而大面积地基处理由于荷载作用面积广、影响深度大、施工难度高等特点增加了处理过程的复杂性和不确定性，国内在这方面的工程经验相对不足。此外，由于中西方在工程建设各个领域的建造技术、规范标准、对场地地基不同阶段的需求标准甚至是一级或二级开发的运作模式等方面都存在明显差异，给中外合作的工

基金项目：中国建筑科技研发课题（CSCEC-2009-2-14）

程项目建设带来了不便，增加了双方沟通成本。"场地形成（Site Formation）"正是在这样的背景下，与国外建设机构合作时提出的新概念。

2.2 "场地形成"确定

综合各方意见和项目实施过程的体会及认识，"场地形成"确定为：根据现有的地质条件、环境条件以及拟建土地计划用途，采用不同方法对场地进行处理，使其在标高、地基强度、沉降控制目标等方面达到一定标准，并满足拟建建（构）筑物及其余部分在后续建造及使用期间有足够的安全度[1]。

场地形成概念的提出适应了既有地基处理技术由小范围处理逐步向大面积、超大面积深厚处理扩展的趋势。然而，"场地形成"并不等价于简单地地基处理加场地平整，场地形成与现有地基处理技术在设计理念、技术标准和设计计算方法等方面均存在明显的差异；另外，常规地基处理是对某一建筑下的地基进行处理，而场地形成的地基处理荷载作用面积更广、影响深度更大、施工难度更高。

2.3 场地形成工程特点[2]

（1）场地形成工程在大面积荷载（如预压荷载、施工荷载）作用下，地基有效加固深度增加，预压期内产生的地基沉降量更大，地基承载力提高的效果更为显著；

（2）场地形成工程的大范围地基处理施工集中进行，施工质量容易得到控制和保证，处理后场地较为均匀；

（3）场地形成工程地基处理的规模大、效率高，便于进行集约化管理，其处理效果使地基土质整体得到改良，对后期的地基基础工程产生较为明显的经济效益并为其建造和正常使用提供一定程度的安全保障；

（4）场地形成工程避免或减少了传统做法中地基处理施工对相邻地基、在建或既有建（构）筑物造成的不良影响；

（5）场地形成工程与国际工程建设标准接轨，更利于中外合作的大型建（构）筑物工程项目实施，并节省了沟通成本及建设成本。

3 场地形成工程的基本理论体系研究

3.1 场地形成类型

（1）围海造地。围海造地是指把原有的海域、湖区或河岸通关不同的处理方式使其转变为陆地。也是山多平地少的沿海城市发展制造建设用地的很有效方法和途径。

（2）场地二次开发。场地多次开发是指原场地采用不同的处理方式填筑一定厚度的填料，已形成了规划建设用地；在确定开发利用且明确使用功能后，对整个场地再进行一次性的地基处理，以满足建（构）筑物、场地道路、管线等对地基的需求。

（3）场地整体改造。场地整体改良是指对整个场地进行一次性的地基处理及场地平整施工，使处理后场地在标高、地基沉降、地基强度等方面都达到一定水平，满足建造常规浅基础建（构）物或者道路等对地基的要求。

3.2 地基处理工法选择原则与标准

传统的地基处理方法有时会因设备进场困难、处理效果不明显、造价高等各方面因素而受到限制，因此，需要在选择地基处理工法时必须因地制宜，从质量、工期和造价、环境保护等方面综合进行考虑，以寻求一种适用于场地形成工程的最佳处理方法。

综合各种影响因素，处理工法的比选原则应注重考虑以下几个方面：①场地各区域使用功能不同，如构筑物、建筑物、停车场等；②场地地质条件的变化，如处理地层的起伏、明暗浜、污染土等；③有利于施工组织、达到预期效果；④对于沉降控制较为严格的工程区域采用复合处理方法，对于地基承载力要求较为严格的工程区域采用联合处理方法，对于浅层采用组合处理方法。

以堆载预压法和真空预压法比较为例[3-6]，针对场地形成地基处理的特性，选择的地基处理方法应具有如下特征：

（1）影响深度大。对于场地形成工程来说，加固深度是一个重要的控制指标。在总荷载与施工时间相近的情况下，试验和实践均表明，塑料排水板的插打深度范围内的土体中，堆载预压区与真空预压的总附加应力相近，而在塑料排水板深度以下的土体中，真空预压区的附加应力相对于堆载预压区显著下降，即堆载预压的影响深度大于真空预压，且堆载预压在影响深度范围内的加固效果比真空预压要均匀。

（2）不均匀沉降小。对于大面积场地形成工程来说，不均匀沉降也是一个重要的控制指标。堆载预压由于受堆载位置以及土体中应力扩散效果的影响，堆载区的中心点与靠近其边界附近区域之间存在较大的不均匀沉降；而真空预压由于在预压过程中土体等向固结，其不均匀沉降现象并不十分明显，因此，就控制平面上不均匀沉降角度，真空预压法显然优于堆载预压法。

（3）周边影响小。试验和实践均表明，总体上真空预压的水平位移影响范围较堆载预压大，可以解释为被动土压力系数较静止土压力系数大，导致土体向内收缩的水平土压力相较导致土体向外移动的水平土压力要小；真空预压区的竖向位移明显较堆载预压区大，在保证土体不失稳的情况下，堆载预压能更好地控制处理区块周边的位移，对周边环境的影响区域显著小于真空预压。

（4）工期短。从加固机理方面考虑，堆载预压通过增加地基中的总应力，使地基产生超静孔隙水压力，因此，堆载预压对地基的天然抗剪强度有一定的要求，必须严格控制加荷速率且需分级施加；而真空预压是在总应力保持不变的条件下，通过降低孔隙水压力，增加有效应力从而使地基强度增长，因此，真空预压作用下的地基土体由于是等向固结，施工过程中对其天然抗剪强度没有限制要求且可连续抽真空至最大真空度；另外，在真空预压施工过程中，土骨架孔隙间的封闭气泡较堆载预压更容易排出，从而处理进度较快。

（5）成本低。除塑料排水板、砂垫层等两种工法都需要设置的部分外，真空预压无需大量的预压材料，也不必单独设置弃渣场地，显然，真空预压法的经济成本要小于总荷载相近情况下的堆载预压。

3.3 设计与施工控制指标及处理效果评价[7]

软土地区场地形成实践表明，场地形成地基处理以"目标沉降值"作为地基处理施工的控制指标，保证了场地在地基处理后的标高、沉降、地基强度等均达到一定水平，全面反映了场地标高、沉降、地基强度等参数，符合场地形成工程的基本要求。地基处理的最主要目的是消除大面积地基的大部分工后沉降，因此，地表沉降及地表沉降速率（满载情况下）作为最主要的施工过程控制指标。通过对试验性施工过程监测，判断出各个土层的压缩情况，以确定精细化调整地基处理设计参数，因此，分层沉降可以作为精细化管理的参考指标。通过孔压的监测较早的发现大面积真空预压过程中真空度的传递效果，是否有停泵及漏气的现象，从而较早的进行处理，以免影响工程进度与最终处理效果，因此，地基处理中土体中孔隙水压力的监测也是必不可少的监测内容。

场地形成地基处理效果评价方法的建立应同时与设计指标和各种监测、检测手段相结合，并且考虑场地大、测点种类多、数量大的特殊性，尽可能采用一个能对场地整体处理效果评判的综合指标，且能为后续的地基基础设计提供相关参数的建议值，并可作为场地验收的依据。通过系统分析试验性施工处理期间现场监测数据（如地表沉降、超静孔隙水压力、分层沉降）、原位测试数据（如十字板剪切试验、静力触探试验、载荷试验）以及室内常规试验数据（如含水量、孔隙比、压缩系数、黏聚力），提出大面积场地形成地基处理施工效果和处理效果的评价方法，主要包括五个方面：

（1）土体物理性质改良的评价。孔隙比和压缩系数宜作为大面积场地形成地基处理土体物理性质改良效果的评价指标；

（2）土体强度改良的评价。从原位测试试验出发，将抗剪强度作为评价大面积地基处理土体抗剪性能的评价指标，也可通过灵敏度的变化判断施工对土体的扰动情况以及地基处理对土体强度的恢复情况，并可为后续工程的建设施工提供较为合理的参考；

（3）天然地基承载力改良效果的评价。以载荷试验法得到的承载力特征值为基准；由静力触探法、临界荷载法、Skepton公式法得到的结果修正后作为评价指标；

（4）基桩承载力改良效果的评价。静力触探法不适宜作为评价方法，宜以修正的经验参数法作为场地形成地基处理基桩承载力的评价方法；

（5）大面积地基处理整体效果的评价。地表沉降应作为最主要的评价标准；在工程验收时应严格按照工后沉降是否能达到"目标沉降值"的设计要求进行评判。

3.4 场地形成工程实施流程

基于地形成工程的实践与部分科研成果，总结整理出包括场地形成工程的勘察、设计、施工及验收等内容的总流程图[7]（图1）。

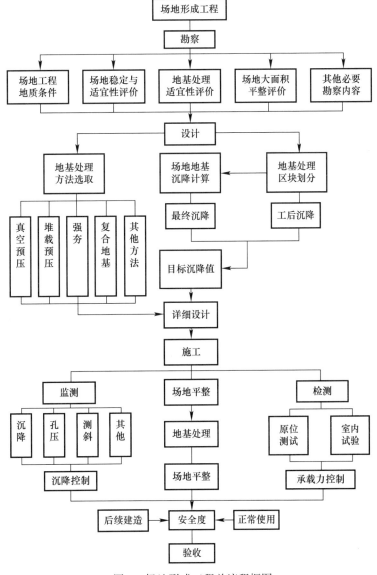

图 1 场地形成工程总流程框图

Fig. 1 General flow diagram of site formation project

4 场地形成标准体系研究

基于上海国际旅游度假区场地形成工程的部分科研与实践成果，形成场地形成工程标准体系，以避免设计、施工和验收时因标准不同产生的歧义，更有利于中外工程技术交流和满足与国际接轨的需求，并为同类工程有据可依。体系包括以下主要内容[1]：

4.1 基本要求

场地形成工程应综合考虑工程地质、水文地质、环境条件、目标控制标准和施工条件，因地制宜，就地取材，强化实施组织和过程控制。

4.2 特定术语定义

场地形成即为"在场地初始平整的基础上，根据拟建场地现状地质条件和环境条件及其规划用途，通过对场地进行处理，使场地在场地地面标高、地基强度、目标沉降值等方面达到场地设计标准的工程行为"；预处理即为"对原始场地的清表、明浜和暗浜及塘的换填、地下障碍物清除及填筑等影响后续场地填筑及处理效果所采取的工程行为"；大面积平整即为"对场地分层压实填筑，达到场地竖向设计地面标高的工程行为"；目标沉降值即为"在各种附加荷载作用或处理方式处理，使地表产生的竖向预期沉降量"。

4.3 工程主要工作内容及目标

场地形成工程包括清表、地下障碍物清除、明浜或暗浜处理、场地填筑、地基处理和大面积平整及排水工程等内容。场地形成工程，设计和施工应兼顾与其同步或后续施工的围场河、湖泊、市政设施、种植土铺填等附属和辅助设施的有序实施。

4.4 工程勘测内容及要求

工程测量应包括原始场地测量、过程控制测量和验收测量；工程测量和岩土工程勘察范围应依据批准的工程建设项目规划总平面确定，周围环境复杂时宜适当扩大；勘测工作阶段和深度宜根据工程需要确定，宜划分为方案设计阶段、初步设计阶段、试验设计阶段和施工图设计阶段；当场地水文地质和工程地质条件复杂、设计有特定要求时，应进行专项勘察或施工勘察。

4.5 工程设计内容与要求

（1）设计应包括土方调配、清表、地下障碍物清除、明浜或暗浜处理、地基处理、场地填筑、大面积平整和环境保护处理等内容；

（2）场地形成工程设计宜根据工程建设需要划分为方案设计、初步设计、试验区试验方案设计和施工图设计；

（3）地基处理目标沉降值应根据地形测量的原始场地标高或场地初始整平标高、场地的土层分布及土体参数、规划使用需求的地基承载力特征值、拟采用的地基处理方法和估算的最终沉降量等条件综合确定；

（4）土方调配设计内容应包括填料选择、填筑范围、场地挖填平整标高、纵横坡度、土石比及填筑密实度标准等；

（5）土方调配工程量应包括换填污染土及不合适土、回填及地基处理所造成的短期沉降、地基处理采用的排水层材料、经改良后用于结构性填埋的表层土和场地绿化的种植土等；

（6）清表厚度应根据场地地表土性质和分布确定，各类影响后期施工和地基处理效果的地下障碍物应清除；

（7）场地填筑的厚度应根据场地竖向设计高程、清表后高程、填料虚实土方比例和预计填筑后处理沉降量等计算确定；

（8）场地形成工程以工后沉降、不均匀沉降和地基承载力为主要控制目标时，软土场地宜采用真空预压法、堆载预压法或真空联合堆载预压法进行地基处理，必要时采用复合地基配合进行处理；

（9）大面积平整包括地基处理后不满足竖向设计标高、地面坡形区域的填筑和修整等；

（10）场地形成排水工程包括场内排水工程和场外排水工程，设计应根据场地地形地貌、地区气候条件、场地工程地质和水文地质条件、地下水的类型和补给来源、地下水的活动规律、工程排水范围、汇水面积、汇水流量等有关水文气象资料确定参数，并应与边坡排水和坡面防护工程综合考虑。

4.6 施工内容和质量控制

包括土方调配、清表及障碍物清除、明浜与暗浜处理、场地填筑、地基处理、辅助工程、大面积平整等施工控制方法及检验标准。

4.7 监测内容和要求

监测内容应根据填筑材料、地下水、地基处理和环境影响等特点确定；在地基处理影响范围内有需保护的道路、湖泊、地铁等建（构）筑物时，应根据需要布置深层土体水平位移和地表水平位移观测点；填筑过程中的环境保护监测；地基处理施工过程应地表沉降、分层沉降、侧向位移与竖向变形、地下水位、沉降速率等进行监测；填筑体应进行表层沉降、分层沉降、原场地地基沉降、填筑地基水平位移、边坡坡面位移、地下水水位变化等监测。

4.8 质量检测与工程验收内容及要求

场地形成工程质量检验可分为施工前检验、过程检验和验收检验；填土压实的施工质量应分层进行检验，地基处理前、处理后应进行现场原位强度检测和现场取土及室内试验，并根据设计要求进行地基承载力检测；填土压实地基验收检验应采用平板载荷试验检验填土地基承载力，当采用标准贯入法或动力触探法检验填料质量时，每层检验点的间距应小于 4m；场地形成工程移交场地时，其场地标高不得低于大面积平整的标高要求。

5 结论

本文基于工程实践，取得以下结论性成果：

（1）基于中外合作项目交流，形成了场地形成新概念，有利于中外工程技术交流和满足与国际接轨的需求。

（2）基于实际工程研究，建立了场地形成基本理论体系，提出了场地形成地基处理方法的比选原则，形成了场地形成地基处理的控制指标以及场地形成地基处理效果的评价方法，以及场地形成工程总流程，为标准体系的编制提供了理论依据。

（3）基于实践与科研成果，形成标准体系，为避免设计、施工和验收时因标准不同产生的歧义以及同类工程实施提供了依据。

参考文献

［1］ 上海市工程建设规范. 迪士尼度假区场地形成工程技术规范. DG/TJ 08—2197-2016［S］.

［2］ 中国建筑西南勘察设计研究院有限公司，同济大学，河海大学. 大面积场地形成地基处理关键技术研究与示范［R］. 2015，12.

［3］ 康景文，叶观宝，唐海峰，等. 真空预压法真空度对预压处理效果影响研究［J］. 工程勘察，2014 年（增刊），第

1 期：380-387.

[4] 唐海峰，彭建华，康景文，等. 软土地区真空预压＋覆水与堆载预压地基处理方法综合比较的试验研究 [J]. 工程勘察，2010（S1）：316-325.

[5] 叶观宝，李沐，许言. 真空预压处理大面积软土地基现场试验研究 [C]. 第十三届全国地基处理学术会议论文集，2014.

[6] 丁天锐，叶观宝，许言，等. 场地形成工程处理效果及真空度传递研究 [J]. 公路交通科技（应用技术版），2016，05：156-158.

[7] 许言. 大面积深厚软基场地形成地基处理变形机理与设计方法研究 [D]. 同济大学博士论文，2016. 11.

作者简介

康景文，男，1960 年生，河南新乡人，汉族，博士，教授级高级工程师，注册岩土工程师，现任中国建筑西南勘察设计研究院有限公司总工程师，主要从事岩土工程方面科研工作。E-mail：kangjingwen007@163.com，地址：四川省成都市东三环路二段龙潭总部经济城航天路 33 号。

康景文

STUDY ON THE BASIC THEORETICAL SYSTEM AND STANDARD SYSTEM OF SITE FORMATION ENGINEERING

KANG Jing-wen[1,2]，TANG Hai-feng[1,2]，YE Guan-bao[3]，

HU Zhigang[1,2]，WANG Xiao[1,2]，SONG Bao-qiang[1,2]

(1. China Southwest Geotechnical Investigation & Design Institute Co.，Ltd，Chengdu，Sichuan 610052，China；2. China Construction Underground Space Co.，Ltd，Chengdu，Sichuan 611756，China；3. Tongji University College Civil Engineering，Shanghai 200092，China)

Abstract：Nowadays，there is a development trend that more and more deep soft subsoil needs to be treated with foundation. With the increase of the supply demand for urban construction land，more and more large-scale reclamation and land reclamation projects are being carried out. However，there are few relevant research achievements in particular the theoretical system to guide practical engineering at home and abroad. Based on engineering practice and research result，the concept of site formation is proposed. Especially，this paper has established the theoretical system of site formation including the selection of treatment method，control index and evaluation method of treatment effect. Farthmore，the corresponding standard system formed，named as Technical specification for Disney Resort site formation，provides a basis for the implementation of similar projects.

Key words：site formation，large area foundation treatment，vacuum preloading，stack preloading

大面积场地形成与地基处理

叶观宝[1,2]，许言[3]，张振[1,2]

(1. 同济大学 岩土及地下工程教育部重点实验室，上海 200092；2. 同济大学 地下建筑与工程系，上海 200092；3. 上海地质调查研究院，上海 200072)

摘　要：场地形成概念的提出为大面积土地开发和大型建（构）筑物的整体开发及可持续建设提供了理论依据。本文简要介绍了大面积场地形成的技术起源与发展历程，阐述了大面积场地形成的基本定义、大面积场地形成地基处理工法的选择标准、设计计算理论、设计施工控制指标以及处理效果评价方法，并总结了国内外近年来的重要研究进展，最后分析了大面积场地形成与地基处理在未来需着力解决的几方面问题。

关键词：场地形成；地基处理；大面积；深厚软基

1　技术起源

自"十二五"以来，我国面临建设用地需求集中释放的压力，特别是在人多地狭的东部沿海地区，建设用地供需矛盾十分突出。为了增加城市建设用地的供给，沿海地区加快了整理和开发滩涂、河口三角洲等大面积未利用土地的步伐，以及开展了大规模的围填海造地工程，以期在深厚软土地基上获得新增的城市建设用地。与此同时，东部沿海地区中外合作建造的大型建（构）筑物日益增多，如世博会展览馆、大型工业园区、机场、大型游乐场、大型商业中心等。这些大型合作项目通常占地面积广、工程规模大、对场地条件要求高，在软土地区为各类建设工程的开展提供大面积的场地条件是岩土工程技术人员共同面临的难题。

以往国内外软基处理的工程经验多集中于一般建筑物地基、条形路基、油罐地基等，而大面积场地形成的软基处理由于荷载作用面积广、影响深度大、施工难度高等特点增加了处理过程的复杂性和不确定性，国内外在这方面的工程经验相对不足。此外，由于中西方在工程建设各个领域的建设技术、规范标准等方面都存在明显差异，给中外合作的工程项目建设带来了不便，增加了双方沟通成本。如何为工程建设提供超大面积、符合后续建设使用要求条件的场地是必须解决的难题。

场地形成（Site Formation）正是在这样的背景下，与国外建筑单位合作时提出的新技术概念。场地形成的提出将有助于地基处理技术由小范围处理逐步向大面积、超大面积深厚软基处理发展的趋势。

2　发展历程

2.1　实践过程

目前，我国工程项目建设的通常做法是在场地平整后，只要求地基强度满足正常施工条件即可，然后再针对场地上不同建筑物的荷载水平，对建筑物地基进行局部加固。上海迪士尼乐园度假区项目位于原浦东新区和南汇区的交界处，距离浦东国际机场约 13km，距离虹桥交通枢纽约 30km；建设场地东临唐黄路，南临规划航城路，西临 A2 沪芦高速公路，北临川展路。一期工程实施区域约 3.9km²，场地形

基金项目：国家自然科学基金青年基金项目（41272294）；

成工程范围 1.74km²。依据项目的中外双方协议，中方负责提供包括场地填筑、地基预处理、地势建造和存蓄河道等附属设施在内的满足后续工程建设需要条件的场地，而仅就其中的地基预处理工程，外方分区分级提出了明确的地基预沉降量、地基承载力和地势标高等场地移交的验收标准，其中，预处理后地基承载力不小于 80～120kPa，处理后场地 50 年内工后沉降不超过 300mm，差异沉降不超过 1/300。如此场地移交验收标准，对上海地区软土地基，技术难度之高显而易见。如何为工程建设提供超大面积、符合后续建设使用要求条件的场地是必须解决的难题。

在上海国际旅游度假区场地形成工程的实践过程中，由于该度假区有着很高的建设标准，但拟建场地内的软土地基不仅承载力低，其在荷载作用下亦容易产生较大的不均匀沉降，并且固结沉降稳定历时较长，若采用过高的建设标准，会造成工期和成本的浪费，因而怎样做到外资方的"国际标准"与中国的"上海最佳实践"紧密融合就至关重要。因此，基于我国东部沿海土地资源开发现状，就需要建立将一级开发和二级开发紧密结合的土地开发制度，为大面积土地开发和大型建（构）筑物的整体开发及可持续建设提供理论依据。

2.2 概念形成

"场地形成"的概念正是在如此的工程背景和工作环境下，由中方技术人员与外方岩土工程人员在上海迪士尼度假村提供符合外方条件要求的工程场地建设过程中多次交流与探讨后提出的新概念。"场地形成"是根据场地既有地质条件、环境条件以及拟建工程对场地用途的要求，采用合理的方法对场地及地基进行预处理，使处理后的场地在标高、地基沉降、地基强度等方面都达到一定水平，以满足拟建建（构）筑物及场地其余部分在后续建造期间和之后有足够的安全度。满足建造常规浅基础建（构）物或者道路等对地基的要求，以及提高重型或高层建（构）物的深基础承载力或基坑开挖的稳定性。其中将大面积场地地基预处理定义为"场地形成地基处理"。

"场地形成地基处理"不同于以往的"场地平整"，其内涵远大于满足建造施工场地需要的"地坪平整"和通常意义上的"土地整理"。我国工程建设对场地要求通常仅限于在场地平整后的地基强度满足正常施工需求，并仅针对场地上不同拟建建（构）筑物的荷载水平和分布特征等的需要对地基进行基础影响范围内的局部场地加固处理；而"场地形成地基处理"却是对整个场地进行一次性的地基预处理及场地平整施工，使处理后场地在标高、地基沉降、地基强度等方面都达到一定标准水平。大面积场地形成的开发理念既包含有场地平整的工作内容，也需要进行适当的地基处理以满足工程使用的普遍要求。由于国内尚无先例可循，现有的技术标准也与大面积深厚软基在设计理念、技术标准和设计计算等方面存在明显的差异。

依据"场地形成"概念，"场地形成地基处理"总体上可划分为两类：一是大面积天然软弱地基的整体处治或改良；二是围填海造地工程及后续大范围的人工处理目前，"场地形成地基处理"主要针对大面积天然软弱地基的整体改造或改良工程。

3 关键理论和技术

3.1 大面积场地形成及地基处理特点

大面积场地形成的基本类型有围海造地、场地多次开发和场地整体改良等。相对常规的地基处理，大面积场地形成地基处理具有如下几个优势：

（1）大面积荷载作用下地基有效加固深度增加，预压期内产生的地基沉降量更大，地基承载力提高的效果更为显著；

（2）大面积场地形成避免了传统做法中地基处理施工对相邻地基、在建或既有建（构）筑物造成不良影响；

（3）大面积场地形成地基处理的规模大、效率高，便于进行集约化管理，其处理效果是土质整体得到改良，在后期建筑地基处理设计时产生较为明显的经济效益，为建（构）筑物的正常使用提供足够的安全保障；

（4）与国际工程建设标准接轨，便于中外合作的大型建（构）筑物工程项目，节省沟通成本。

3.2 大面积场地形成地基处理工法的选择

（1）已有地基处理方法的应用

传统的软土地基处理方法往往是针对建筑工程、市政工程、交通工程等局部场地的加固，处理深度往往有限。对大面积场地形成地基处理必须因地制宜，从质量、工期和造价等方面综合考虑，寻求适用于场地形成工程的软基处理方法，以适应于大面积场地形成工程的发展要求。

针对大面积深厚软土地基的特性，目前常用的场地形成地基处理方法主要有以下几种：①排水固结法，如堆载预压、真空预压、真空联合堆载预压法；②复合地基法，形成一定厚度复合层；③强夯动力排水固结法，即综合了动力固结法和排水固结法，包括了组合锤强夯法、高能级强夯、强夯置换法等。其中以排水固结法最为经济。传统的复合地基法处理深厚软基时造价高，为满足场地形成工程对地基稳定性控制与沉降控制双重标准的要求，可以选用组合型复合地基方法进行处理，如长板-短桩复合地基或长-短桩复合地基等，采用组合型复合地基的优势在于通过合理配置各种桩型可以同时实现多项地基处理的目的。

对于滨海相沉积以及新近吹填的深厚软弱地基，具有天然含水率高、天然孔隙比大、压缩系数高、抗剪强度低、渗透系数小的显著特征。同时，由于软土地基在附加荷载作用下变形过程复杂，变形量大且历时长，具有欠固结特性。为加快土层的固结，将工后沉降量减少到允许范围，以保证建（构）筑物建成后的正常使用，真空预压联合堆载预压法是处理这类地基的首选方案。

（2）大面积场地形成地基处理工法比选原则

根据已有的研究表明，大面积场地形成处理方法的比选需参考以下几个方面因素：

① 依据场地各区域的不同使用功能，合理划分处理区块和选择处理方法；

② 依据场地地质条件的变化，合理划分处理区块和选择处理方法；

③ 以有利于施工组织、集约化管理及提高处理效果和处理效率为原则；

④ 根据不同区块合理确定处理目标，根据处理目标不同合理选用堆载预压、真空预压、真空联合堆载预压、强夯、降水联合强夯、降水联合冲击碾压、组合锤强夯、组合型复合地基等方法进行处理。

3.3 大面积场地形成地基处理设计计算理论

（1）压缩层厚度确定

压缩层厚度的计算一直是沉降计算的难点和关键点之一，传统的压缩层厚度计算方法均以荷载范围较小的建筑地基为考虑对象，并不能完全适用于大面积荷载作用下的场地形成地基处理。大面积荷载作用下地基沉降计算时的压缩层厚度可根据式（1）得到转换深度 z_0 后，建立 z_0 与 E_s 的关系，再根据式（2）进行拟合，即可得到拟合参数 a、b 的取值，再通过式（3）即可求出大面积荷载作用下的地基压缩层厚度[1]。

$$z_0 = z_i + \frac{p_i - \sum_0^i \gamma_i \cdot (z_i - z_{i-1})}{\gamma_{i+1}} \tag{1}$$

$$E_s = a(z+b)^m (\delta)^{-n} \tag{2}$$

$$z = (\varphi^{\frac{1}{1-a}} - 1)b \tag{3}$$

（2）"大面积"荷载界限值的确定

地基沉降量与荷载宽度 b 有显著关系，存在一个界限值，当荷载宽度大于该值时，增加荷载宽度引起的地基沉降的增量有限。现场试验、三维数值模拟与解析解的研究结果表明：随着荷载作用宽度 b 的增大，地基总沉降 s 迅速增加；当荷载宽度 $b > 50m$ 后，地基总沉降逐渐趋于稳定，因此 $50m \times 50m$ 即可作为该深厚软土地基"大面积"荷载的界限值[1]。

（3）固结度的计算

以大面积真空预压法处理深厚软土地基为例，其浅层与深层土体的固结机制是不同的，反映在土体固结度的发展规律不同于普通荷载下的地基固结。通过一定的推导[1]，可得到考虑地下水位变化的大面积真空预压处理下地基中的超静孔隙水压力解析解，根据有效应力原理即可求出任一 t 时刻 PVD 处理区地基的平均固结度为：

$$\bar{U}_\mathrm{r} = 1 - \sum_{k=0}^{\infty} \frac{2He^{-B_r t}}{M^2(H-h)} \cdot \cos\left(\frac{Mh}{H}\right) +$$
$$\sum_{k=0}^{\infty} \frac{2He^{-\lambda t}}{M^2 h} \cdot \left[\cos\left(\frac{Mh}{H}\right) - 1\right] \tag{4}$$

Hart 等[2]提出了软土层底面不排水条件下的未打穿砂井地基平均固结度的近似计算公式：

$$\bar{U} = \rho_\mathrm{w}\bar{U}_1 + (1-\rho_\mathrm{w})\bar{U}_2 \tag{5}$$

在工程实践中，Hart 法应用广泛，众多学者提出的简化公式多基于 Hart 法得出。简化起见，大面积地基处理下的地基平均固结度计算采用近似计算式（2），对于 PVD 处理深度范围内的土层平均固结度，采用式（1）进行计算，对于 PVD 未打穿部分的土体平均固结度，采用只考虑竖向渗流的一维固结理论，可参考谢康和[3]的研究成果对排水路径以及下卧层的渗透系数进行修正。

（4）最终沉降的计算

目前对沉降计算的主要影响因素是土性参数测定误差和应力状态的相似性，这也是地基沉降计算方法需改进的方向。对于大面积荷载下的竖向位移分量，由于附加应力的传递非决定性因素，可基于广义 Gibson 地基模型，考虑地基土体模量随深度变化的非均质性，求解在大面积均布荷载作用下地基中心点的竖向位移解[4]：

$$\mu(0,0) = \frac{1}{2\pi}\int_0^{\infty} \frac{\sin(b\xi)}{\xi^2} \cdot \frac{1}{\xi\beta e^{2\xi\beta}Ei(-2\xi\beta) + \frac{1}{2\xi\beta} + 1}\,\mathrm{d}\xi \tag{6}$$

根据丁洲祥[5]提出的方法得到各分层的 Gibson 地基参数后，再根据公式（6）计算得出分层沉降 s_i，各层 s_i 之和，即为大面积荷载下地基的总沉降。

3.4 大面积场地形成设计施工控制指标及地基处理效果评价方法

上海国际旅游度假区场地形成工程的设计方法在国内尚属首创，既无合适的规范可遵循，也无同类工程可循，又是中美合作的特殊工程，在实践过程中提出了压实系数、目标沉降值、浅层平板静载荷试验、大面积平整标高四个主要控制指标，作为场地形成各阶段的验收指标，使其既能指导和监督施工，又有一定的可操作性，便于场地的验收和移交。场地形成地基处理工法以"目标沉降值"作为地基处理施工过程的控制指标，该控制指标保证了场地在地基处理后的标高、沉降、地基强度等均达到一定水平，全面反映了场地标高、沉降、地基强度等参数，符合场地形成工程的基本要求。

场地形成地基处理效果评价方法的建立应该同时与设计指标和各种监测、检测手段相结合，并且考虑场地大，测点种类多、数量大的特殊性，需尽可能采用一个对场地整体处理效果进行评判的综合指标，并作为场地验收的依据。此外，场地形成质量评价的结果应尽可能为后续的地基基础设计提供相关参数的建议值。

通过系统分析上海某大面积场地形成试验场地现场监测数据（地表沉降、超静孔隙水压力、分层沉降）、原位测试数据（十字板剪切试验、静力触探试验、载荷试验）以及室内常规试验数据（含水量、孔隙比、压缩系数、黏聚力），提出了大面积场地形成地基处理效果的评价方法[6]，用以评判大面积场地形成地基处理的施工效果，主要包括五个方面：

（1）对于土体物理性质改良效果的评价，孔隙比和压缩系数宜作为大面积场地形成地基处理的评价指标；

（2）对于土体强度改良的评价，宜从原位测试的十字板剪切试验出发，将抗剪强度作为评价大面积场地形成地基处理土体抗剪性能的评价指标，也可通过灵敏度的变化判断施工对土体的扰动情况以及地基处理对土体强度的恢复情况，从而为后续工程的建设施工提供较为合理的参考；

（3）对于天然地基承载力改良效果的评价，宜以载荷试验法得到的承载力特征值为基准；由静力触探法、临界荷载法、Skepton 公式法得到的结果需进行修正；

（4）对于基桩承载力改良效果的评价，静力触探法不适宜作为评价方法，宜以修正的经验参数法作为场地形成地基处理基桩承载力的评价方法；

（5）对于大面积场地形成地基处理整体效果的评价，地表沉降应作为最主要的评价标准，在工程验收时应严格按照工后沉降是否能达到"目标沉降值"的设计要求进行评判。

4 国内外研究进展

4.1 大面积场地形成地基处理工法的应用研究

目前国外常用的大面积场地形成地基处理方法主要以堆载预压为主。我国针对不同的场地形成类型常用堆载预压法、真空预压法、真空联合堆载预压法、复合地基法、组合锤强夯法、高能级强夯、强夯置换法等。其中，真空联合堆载预压法最为适合用于大面积场地形成深厚软基的加固处理。针对各单一地基处理技术的局限性，开发了组合型复合地基法（长板-短桩复合地基或长-短桩复合地基），可通过合理配置各种桩型从而实现多项地基处理的目的。在长板-短桩法复合地基中，短的水泥土搅拌桩可以提高浅部地基的承载力和稳定性，在大面积荷载作用下可利用长的塑料排水板来加快深部地基土的排水固结效率，取得了良好的处理效果[7][8]。

4.2 场地形成技术规范的编制

上海市工程建设规范《迪士尼度假区场地形成工程技术规范》DG/TJ 08—2197—2016[9] 于 2016 年 7 月 1 日起正式实施。该规范的制定，总结了上海地区类似的场地形成工程，特别是上海国际旅游度假区一期谈判、勘察、设计、施工和科研的成果，填补国内和上海相关规范的空白，解决了常规地基处理在勘察设计、施工工艺、质量控制等方面不能满足超大面积深厚软基场地形成的技术要求的难题，在目前国内建设领域尚无相应的设计标准和可供参考的规范的情况下，为超大面积深厚软基场地形成中地基处理的理论设计和施工方案提供了科学的指导依据，避免设计、施工和验收时因标准不同产生的歧义，也有利于中外工程技术交流和满足与国际接轨的需求。

5 发展趋势和展望

综合国内外的研究与实践进展来看，大面积场地形成与地基处理在未来仍需着力解决以下几方面问题：

（1）设计荷载的确定

场地形成地基处理设计时需确定荷载大小以及设计标准和参数。设计荷载包括场地形成时新填土和新近填土对原地基土产生的附加荷载，新填土对新近填土所产生的附加荷载，场地在运营期有关绿化、辅助设施等引起的地表附加荷载等，应兼顾到场地不同使用功能、地质成因以及有可能产生附加荷载的其他因素。

（2）场地形成地基处理工程处理区域的划分

场地形成工程往往处理范围很大，同时要求场地在形成后的标高、沉降、地基强度等均达到一定水平。必须按照一定原则对处理区域进行划分，划分原则应兼顾到场地不同使用功能、地质条件、所选用的地基处理方法的适用性等。

（3）场地形成地基处理设计的控制指标与标准

场地形成要求场地在形成后的标高、沉降、地基强度等均达到一定水平。因此，场地形成设计控制指标的确定，应根据需要能够使场地标高、沉降、地基强度都能得到反映。

（4）处理后场地质量评价方法与验收标准

目前尚无场地形成后，人工改良场地的场地质量评价方法和验收标准。场地评价方法的建立应该同时与设计控制指标和各种地基处理监测、检测手段相结合，并且考虑场地大，测点种类多、数量大的特殊性，尽可能最终形成一个对场地整体处理效果进行评判的综合指标，并作为场地验收的依据。

（5）处理后场地的基础设计

处理后场地地基土的工程特性得到了改善，如仍采用原勘察资料提供的设计参数则无法反应地基土性的变化。场地质量评价的结果应该尽可能为后续的地基基础设计提供相关参数的建议值。

参考文献

［1］ Xu Y., Ye GB., Zhang Z. Consolidation Analysis of Soft Soil by Vacuum Preloading Considering Groundwater Table Change. In: Li L., Cetin B., Yang X. (eds) Proceedings of GeoShanghai 2018 International Conference: Ground Improvement and Geosynthetics. GSIC 2018. Springer, Singapore.

［2］ Hart, E. G., Kondner, R. L., and Boyer, W. C. Analysis of partially penetrating sand drains. Joural of Soil Mechanics Foundation Division, ASCE, 1958, 84 (SM4): 1-15.

［3］ 谢康和，周开茂. 未打穿竖向排水井地基固结理论. 岩土工程学报，2006，28（6）：679-684.

［4］ 叶观宝，许言，张振，孙海龙. 基于广义 Gibson 模型的大面积荷载下地基沉降计算方法［J］. 施工技术，2016，19：61-65.

［5］ 丁洲祥. Gibson 地基模型参数的一种实用确定方法［J］. 岩土工程学报，2013，（9）：1730-1736.

［6］ 许言. 大面积深厚软基场地形成地基处理变形机理与设计方法研究［D］. 同济大学，2016.

［7］ Guan-Bao Ye, Zhen Zhang, Hao-Feng Xing, et al. Consolidation of a composite foundation with soil-cement columns and prefabricated vertical drains. Bulletin of Engineering Geology and the Environment，2012，71（1）：87-98.

［8］ Guan-Bao Ye, Zhen Zhang, Jie Han, et al. Performance evaluation of an embankment on soft soil improved by deep mixed columns and prefabricated vertical drains. Journal of Performance of Constructed Facilities，2013，27：614-623.

［9］ 上海市工程建设规范. 迪士尼度假区场地形成工程技术规范 DGTJ 08—2197—2016［S］. 上海：同济大学出版社，2016.

作者简介

叶观宝，男，1964 年生，博士，教授，主要从事地基处理、软土工程、测试技术等方面的教学和科研。E-mail：ygb1030@126.com。

LARGE-AREA SITE FORMATION AND GROUND TREATMENT

YE Guan-bao[1,2]，XU Yan[3]，ZHANG Zhen[1,2]

（1. Key Laboratory of Geotechnical and Underground Engineering of Ministry of Education, Shanghai 200092, China; 2. Department of Geotechnical Engineering, Tongji University, Shanghai 200092, China; 3. Shanghai Institute of Geological Survey, Shanghai 200072, China）

Abstract: The concept of site formation provides a theoretical basis for large-area land development, overalldevelopment of large buildings and sustainable construction. This paper briefly introduces the technical origin and development process of large-area site formation, expounds the basic theory of large-area site formation, selection criteria of ground treatment methods for large-area site formation, design calculation theory, design and construction control index, and the effects evaluation methods. The summaries of the important research advances at home and abroad in recent years are presented. Finally, several problems that need to be solved in the future for large-area site formation and ground treatment are discussed.

Key words: site formation, ground treatment, large areas, deep and soft ground

沙漠风沙土路基加固及边坡风蚀防治的研究进展

李驰，苏跃宏，刘俊芳，高瑜

（内蒙古工业大学 土木工程学院，内蒙古 呼和浩特 010051）

摘 要：我国是世界上沙漠分布最多的国家之一，沙漠地区广泛分布的风沙土，是风成沙性母质上发育起来的土壤，颗粒均匀细小、粒间无黏聚力、易蚀、易流动、具有特殊的颗粒特征和物理力学性能。文中主要介绍沙漠公路建设中风沙土路基的稳定与填筑技术、风沙土的加固改良与工程应用，以及路基边坡风蚀防治的研究进展，为加大沙区公路建设的规模，促进沙漠地区经济建设起着至关重要的作用。

关键词：沙漠；风沙土；加固；风蚀防治

1 引言

我国是世界上沙漠分布最多的国家之一。沙漠广袤千里，南北宽600km，东西长达4000km，面积约为80万km²，呈一条弧形沙漠带绵亘于我国的西北、华北北部和东北西部。在沙漠的面积中，干旱地区的沙质荒漠约占84.5%，主要分布在新疆、甘肃、青海、宁夏和内蒙古西部；半干旱地区的沙地约占15.5%，主要分布在内蒙古东部、陕西北部，以及辽宁、吉林和黑龙江三省的西部等地。随着国家西部大开发和"一带一路"战略的实施，将大力推进沙漠地区公路建设，解决沙漠地区公路建设中的沙埋、沙害、路基边坡风蚀等问题已迫在眉睫，同时，对沙漠地区风沙土地基进行加固改良从而更好地服务地区工程建设，也是现阶段围绕沙漠土质改良与地基加固的重要科学问题。

沙漠地区广泛分布的风沙土，是风成沙性母质上发育起来的土壤，粒间无黏聚力、颗粒均匀细小、磨圆度好、易蚀、易流动、孔隙率低。作为地基土，整体性差，易发生剪切破坏，地基承载力较低。以分布于内蒙古自治区几个典型沙漠（沙地）的风沙土为例，其基本物理性能指标见表1。表中显示沙漠风沙土颗粒粒径范围主要集中在0.25~0.1mm，中值粒径范围为0.16~0.18mm，属于最易蚀性颗粒。当受到风力作用时，细小的沙粒很容易被风吹起造成风沙土路基的吹蚀；同时，风沙流中的沙粒不断冲击路基路面而产生磨蚀；或气流因遇障碍物或地面形状突变和不平整而产生涡流，卷走细小颗粒，使风沙土路基局部被掏蚀。

因此，大规模的沙区公路建设首先要解决风沙土路基的稳定与填筑技术、风沙土的加固改良与工程应用，以及公路沙埋沙害、路基边坡风蚀等的问题，这对于加大沙区公路建设的规模，加强沙漠地区与外界的联系，促进地区经济建设起着至关重要的作用。

内蒙古地区不同沙漠风沙土的基本物理性能指标 表1

The basic physical properties of different desert Aeolian soils in Inner Mongolia Table. 1

物理性能指标		库布齐沙漠风沙土	乌兰布和沙漠风沙土	毛乌素沙地风沙土
天然含水率 w（%）		4.15	4.30	3.30
天然重度 ρ（g·cm⁻³）		1.61	1.67	1.41
中值粒径 D_{50}（mm）		0.16	0.18	0.18
不均匀系数 C_u		1.78	1.41	2.00
曲率系数 Cc		1.05	0.94	1.28
粒径范围及含量（%）	>0.25mm	3.4	4.6	1.8
	0.25~0.1mm	85.1	87.5	78.7
	<0.1mm	11.6	7.9	23.1

2 国内外研究现状

  沙漠地区交通工程的开端始于 1880 年中亚卡拉库姆沙漠铁路的修建，1995 年 10 月 4 日，中国第一条沙漠公路全线正式通车，这条全长 522km 的沙漠公路南北贯穿塔克拉玛干大沙漠。

  2004 年由陕西省交通厅、新疆交通厅和内蒙古交通厅共同公关的交通部西部交通建设科技项目《沙漠地区公路建设成套技术研究》《沙漠地区公路路基压实度标准及方法研究》《沙漠地区公路路基施工及质量控制技术研究》《沙漠地区公路路基边坡设计及其稳定性研究》等共 13 个课题，对沙漠路基的合理断面形式及设计参数、路线和风向夹角、路堤高度和边坡坡率对沙漠公路输沙效应的影响等进行了系统化的研究，对于风沙地区的道路损害以及基于内蒙古沙漠地区路基高度与沙害的关系，等适用于风沙流路基填土高度都做了相应的研究。路基横断面阻沙性能指数及技术方法，且路线和风向夹角在不同范围时，阻沙能力各有差异；李驰等[1]等对路基横断面不同高度、坡度和路基宽度等设计参数进行了风洞试验，给出了合理的设计断面参数。

  中国科学院新疆生态与地理研究所和中国石油天然气股份有限公司塔里木油田分公司共同承担的国家攻关西部开发科技行动课题"塔里木沙漠公路防沙与绿色走廊建设关键技术开发"，提出了公路路基沙埋沙害的防治措施和风沙危害评估指标体系。中国科学院寒区旱区环境与工程研究所对风沙的危害和防治进行了综合的阐述。

  路基的沙埋问题，与路线的走向、风向的夹角有着密切的关系，沙丘距离公路大于 30m 和路线走向与风向的夹角小于 30°时，可减少沙埋。路基迎风坡中部受风沙危害最严重，同时指出应设置深路堑[2]。王雪琴等[3]通过沙漠公路的研究，分析了风沙危害的影响因素，以及公路沙害水平分异和垂直分异的原因以及沙漠生物结皮对地表的风蚀问题。

  如何利用沙漠广泛分布的风沙土，实现就地取材满足沙漠工程建设的需要，也是众多科技工作者关注的问题。目前该方面的研究主要集中在风沙土在路基、路面工程中的应用。风沙土在路基工程中的应用研究包括风沙土的现场压实特性、风沙土路基的承载力、回弹模量等现场检测，以及适合沙漠环境特点的风沙土路基的填筑施工工艺；同时，针对沙漠地区风沙土特殊的物理力学性质，对风沙土进行物理加筋以及化学加固，研究了不同土工合成材料、不同布筋方式对提高风沙土地基承载力、减缓沉降的效果，如加筋风沙土路堤。风沙土在路面结构工程中应用研究则多集中于其固化后的路用性能研究以及固化剂的研制工作，国内学者利用化学工程方法在流沙表面形成固结层，达到控制流沙和改善沙害环境的目的以及对风沙土添加固化剂，并对固化后风沙土的力学性能以及固化机制进行试验研究。

  风沙动力学的研究起源于 20 世纪 50 年代期间，英国工程师拜格诺（R. A. Bagnold）创造性地利用流体力学，通过一系列的风洞实验，出版了风沙流运动研究中最重要的著作《风沙物理及荒漠沙丘物理学》。同时，受美国和加拿大等国家频繁发生沙尘暴的影响，美国土壤学家切皮尔（W. S. Chepil）领导的研究小组对土壤风沙做了系统的研究并提出了风蚀预报方程。Woodruff 于 1965 年正式提出了著名的土壤风蚀方程（WEQ），这一重要的研究成果标志着土壤风蚀从现状和理论研究向预测和应用研究的转变，系统的土壤风蚀理论体系已经初步形成。国内众多学者针对风蚀防治进行了大量有针对性的研究工作，探索减少风沙流输沙量、削弱近地表风速、延缓或阻止沙丘前移，防治风沙危害的有效措施。但多数学者的研究方向大多集中在植被对路基周围风场的影响和植被固沙的效果方面。利用挡沙墙对防风固沙进行实验研究，分析挡沙墙拦截风向风沙流中的沙粒，使其在挡沙墙前后沉降，从而阻止或减少气流所携沙粒浸入固沙区，起到净化风沙流的作用。采取的植被恢复与建设技术，极大地减弱了近地表风速，减少了输沙量，水土保持，耐干旱、酸、碱，改善了取土场下垫面的状况，改良土壤理化环境。李驰等[4,5]建议将土壤抗剪强度作为其抗风蚀能力的表征，围绕着沙漠路基风蚀破坏规律，路基边坡风蚀破坏机理及其量化分析，以及风蚀后路基稳定性的评价进行了研究。

3 关键理论与关键技术

3.1 风沙土路基填筑与加固技术

风沙土的现场压实特性一直是学者们的研究对象。研究发现，风沙土的室内击实试验具有"双峰"特性[6]，如图1所示，与典型的无黏性土和黏性土的击实曲线明显不同。风沙土在干燥状态时，颗粒间的粘结力几乎为零，此时击实需要克服的主要是内摩阻力，受到荷载作用后，颗粒重新排列，逐渐趋于密实；随着含水率的增加，毛细作用以及颗粒间的水胶结作用使得其内聚力加大，不易压实，含水率继续加大，直到出现重力水，沙样中的空气消失，毛细作用急剧减小，颗粒间的粘结力迅速下降，干密度很快提高，且在最佳含水量时达到最大值。峰值过后，若含水量继续加大，风沙土的内摩阻力和粘结力还在减小，但单位体积内空气的体积已减到最小限度，而水的体积却在不断增加，由于水是不可压缩的，因此在同样的压实功作用下，风沙土的干密度值反而减小。

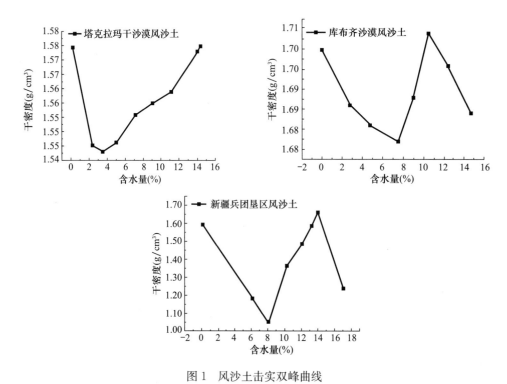

图1 风沙土击实双峰曲线

Fig. 1 The bimodal curve of tamping for Aeolian soils

风沙土路基的施工有干法施工、饱水法施工、水坠法等施工工艺，施工时可采用振动碾压或静压。由于影响压实效果的因素较多，苏跃宏等[7]曾在2005年201国道施工期间，对风沙土路基的施工做了关键技术的研究，包括松铺厚度、碾压遍数、静压与振动碾压对压实度的影响，每一层的压实厚度建议为25～30cm，碾压以2～4遍为最佳。

风沙土路基压实后虽然回弹模量较高，但在交通荷载作用下易发生不均匀沉降，水稳性差，在季节性冻土地区极易发生冻胀、翻浆事故。沙区公路的大规模建设需要对风沙土进行加固改良以便有更加广泛的应用。固化风沙土主要采用物理加固和化学加固。物理加固常常用于台背或涵背，目的是为了减小路与桥衔接处路基的不均匀沉降。常见的方法为采用土工网或土工格栅形成加筋风沙土路堤，据不完全统计，加筋后风积砂强度增加25%～46%，路基沉降明显减小。化学加固土体早在19世纪50年代水泥土处理地基时已经提出。固化剂也渐渐在传统的水泥、石灰、粉煤灰等常见的无机结合料的应用上发展了针对特殊土或特殊应用的多种土壤专用固化剂。目前化学加固风沙土的固化剂多以水泥为主剂及其他外掺剂，近年来结合固废资源化，粉煤灰逐渐由固化剂中的掺剂变为主剂。苏跃宏等以工业废渣粉煤灰为主剂研发了 FS 固化剂，粉煤灰含量占 60%，外加石灰、石膏等外加剂，现场制备固化风沙土底基层，具有良好的路用性能。

3.2 沙漠路基边坡风蚀破坏机理及其量化分析

（1）沙漠路基边坡风蚀破坏机理

沙漠路基风蚀表现出较强的空间侵蚀特性，较平面的单一侵蚀更加复杂、影响因素更多，科学评价侵蚀的危害性也更加困难，目前还没有成熟的理论和技术可借鉴。

1967 年中国科学院兰州沙漠所自建成我国第一座专门从事风沙实验研究的大型风洞机后，后又逐渐出现中型的野外土壤风蚀风洞，比较系统地进行了多种风沙工程措施的野外风洞模拟实验研究，为风沙工程提供了理论基础，但主要为平面的单一风沙运动，研究对土壤结构、土壤水分、植被条件、耕作与放牧等因子对土壤风蚀的影响，以及沙粒起动机制、风沙流结构、地表植被覆盖率与风蚀输沙率之间的关系等方面[8]。李驰等将沙漠公路风沙土路基模型化[9]，考察了空间风蚀特性。通过室内风蚀风洞试验、现场实验和 FLUENT 数值仿真模拟考察了路基断面设计参数对路基周围环境风场的影响，并研究了路基风蚀破坏形态。分析不同路基高度、不同边坡坡率路基周围风速流场的变化规律，以及路基迎风坡坡顶和背风坡坡底风速变化特征，见图 2 和图 3，较平面单一空间侵蚀更为复杂。并在室内风洞试验中加入自行研发扰动风场中追踪粒子与静置的路基间相互作用的试验测试系统，见图 4，对扰动风场中沙粒子的运动或迁移规律，以及风携带粒子与静置于扰动风场中路基间的相互作用进行试验研究，科学的揭示了路基风蚀破坏的特征，研究不同路基模型参数对风场中沙粒子的撞击路基模型坡面前后运动轨迹的影响。

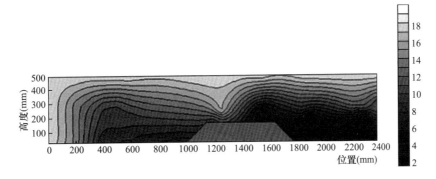

图 2　路基周围风速流场图

Fig. 2　Wind flow field for around the subgrade

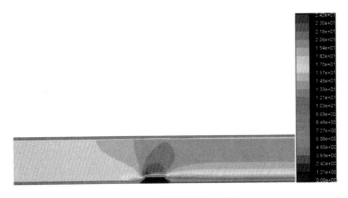

图 3　路基周围风速云图

Fig. 3　Windnephogram around the subgrade

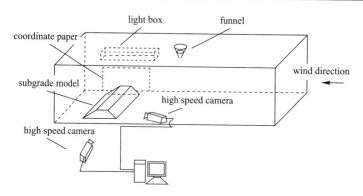

图4　自行研发扰动风场中追踪粒子与静置的路基间相互作用的试验测试系统

Fig. 4　The designed test system for the interaction between wind carrying
particles and the static subgrade in the disturbed wind field

（2）沙漠路基边坡风蚀破坏的量化分析

对风携沙粒子与路基间的相互作用进行风洞试验研究，对路基风蚀进行量化分析，进而对路基风蚀过程进行数值仿真与稳定性评价，建立路基岩土体风蚀预测模型。以风蚀和冻融风蚀为例，将路基坡脚作为坐标原点，纵坐标为路基高度 H，横坐标为侵蚀的深度 D，根据路基断面尺寸，建立路基边坡风蚀深度的半经验预测模型如下：

$$D = \left(\frac{H}{k}\right)^{\frac{1}{a}} - iH \tag{1}$$

式中：H 为路基高度；i 为边坡坡率；D 为侵蚀边界的影响深度；k、a 为幂函数系数，对单一风蚀和冻融风蚀的复合侵蚀情况，分别进行取值。并通过鄂尔多斯市沿黄一级公路且穿越库布齐沙漠边缘的试验路段进行验证，实测该路段风蚀影响深度位于 $0.37\sim0.67\mathrm{m}$ 之间，与模型预测结果吻合度较高[10]。沙漠路基边坡风蚀破坏机理对岩土工程侵蚀灾害的科学防控具有深远的学术价值，为建立风雪灾害环境下侵蚀路基稳定性的科学评价体系提供重要理论指导。

4　发展趋势及展望

沙区公路建设由于施工环境恶劣、运距长、运输困难，风蚀、沙埋沙害严重等问题，亟待对沙漠现场风沙土路基的稳定与填筑技术、风沙土的加固改良与工程应用，以及公路沙埋沙害、路基边坡风蚀等的问题进行专项研究和科学指导：

（1）利用新型的绿色生物岩土技术形成沙漠公路边坡防护覆膜，代替传统的喷浆砌片，在沙漠治理的"以沙治沙"的新理念的指导下实现沙漠资源的有效再利用。

（2）随着沙区公路建设规模的加大，高路堤风沙土路基的稳定性，风沙土路基高边坡的风蚀破坏、路面沙斑防治等方面的研究将是今后研究工作的重点。

参考文献

［1］李驰，高瑜. 沙漠公路风沙土路基风蚀破坏试验研究［J］. 岩土力学，2011，32（1）：33-38.

［2］马培建，王选仓，聂少锋. 沙漠公路沙害原因分析及对策措施研究［J］. 路基工程，2009（4）：98-99.

［3］王雪芹，雷加强. 塔里木沙漠公路风沙危害分异规律的研究［J］. 中国沙漠，2000，20（4）：438-442.

［4］李驰，黄浩，孙兵兵，等. 沙漠路基边坡抗风蚀能力现场试验研究［J］. 土木工程学报，2011（S2）：220-225.

［5］李驰，葛晓东，高利平，等. 寒旱区路基冻融风蚀复合侵蚀机理试验研究［J］. 工程力学，2015，32（10）：177-182，238.

［6］纪林章. 风积沙压实机理研究［D］. 西安：长安大学，2007.

［7］宋幸芳，苏跃宏，李圣君. 固化风沙土做底基层施工与现场检测［J］. 工程技术，2011，10.

［8］ 郑晓静. 风沙运动的力学机理研究 ［R］. 科技导报：环境力学研究专题，2007，25（14）：22-27.

［9］ Chi. LI，Yu GAO. Experimental Studies on Wind Erosion Mechanism of Aeolian SoilsSubgrade Slope for Desert Highway ［J］. Advanced Materials Research Vols. 243-249（2011）. pp 2401-2408.

［10］ Chi Li，Hao Huang，Lin Li，Yu Gao，Yunfeng Ma，Farshad Amini. Geotechnical hazards assessment on wind-eroded desert embankment in Inner Mongolia Autonomous Region, North China ［J］. Natural Hazards，Vol. 76，No. 1，2015，Page 235-257.

作者简介

李驰，1973 年生，女，教授，博导，主要从事沙漠风沙土改良及环境岩土工程灾害方面的研究工作。E-mail：tjdxlch2003@126. com；nmglichi@gmail. com。

RESEARCH pROGRESS ON REINFORCEMENT OF AEOLIAN SANDY SOIL AND WIND EROSION PREVENTION ON SUBGRADE SLOPE IN DESERT HIGHWAY

LI Chi，SU Yue-hong，LIU Jun-fang，GAO Yu

(College of Civil Engineering, Inner Mongolia University of Technology,
Inner Mongolia Huhhot 010051，China)

Abstract：China is one of the countries with the most deserts in the world. Aeolian sandy soil was developed on the Aeolian sand parent material，which has the special particle characteristics and physical and mechanical properties with uniform fine particles，non-cohensive，erodible and mobile，widely distributed in desert areas. In this paper，the research progresses of the stabilization and filling technology of Aeolian sandy soil subgrade，reinforcement and improvement of Aeolian sandy soil and its engineering application，and control of wind erosion prevention of roadbed slope were introduced. It is crucial role on increasing the scale of highway construction and promoting economic development in desert areas.

Key words：Desert；Aeolian sandy soil；reinforcement；wind erosion prevention.

四、深基础工程施工新技术研究与实践

超深等厚度水泥土搅拌墙技术与实践

王卫东[1,2]，常林越[1,2]

（1. 华东建筑设计研究院有限公司上海地下空间与工程设计研究院，上海 200011；

2. 上海基坑工程环境安全控制工程技术研究中心，上海 200011）

摘 要： 超深等厚度水泥土搅拌墙技术为深大地下空间开发深层地下水控制及型钢水泥土搅拌墙技术的发展提供了新对策，目前已在百余项工程中得到应用。该技术根据不同成墙工艺可分为渠式切割水泥土搅拌墙技术（TRD 工法）和铣削深搅水泥土搅拌墙技术（SMC 工法），TRD 工法和 SMC 工法各具特点，可应对不同工程需求。本文分别对 TRD 工法和 SMC 工法的技术特点、设计与构造、施工工艺以及工程应用情况进行了综述，TRD 工法通过水平掘削、整体搅拌成墙，适用软土、硬土和软岩等多种地层，可满足城市狭小低空环境的施工需求，成墙深度可达 65m；SMC 工法通过竖向掘削、分层搅拌成墙，可满足高标贯击数的密实砂土、大粒径卵砾石、岩石等复杂地层以及多转角墙幅的施工需求，成墙深度可达 80m。而后介绍了该技术在上海国际金融中心、武汉同济医院扩建工程中的应用情况，并可进一步推广应用于垃圾填埋场污染液隔离、软基处理等领域。

关键词： 基坑工程；等厚度水泥土搅拌墙；TRD 工法；SMC 工法；地下水控制

1 引言

随着城市土地资源日益紧缺，城市地下空间开发利用进入快速增长阶段，现阶段浅层地下空间开发日趋饱和，深大地下空间开发成为土地资源利用的必然趋势，例如正在建设的南京江北新区起步区一期工程地下空间占地面积达 30 万 m^2，地下空间总建筑面积超过 100 万 m^2；正在建设的上海深层排水调蓄管道系统工程工作井开挖深度达到 60m。与此同时城市建筑物密集、地铁隧道纵横交错，环境条件日趋复杂敏感，深大地下空间开发难度大、风险高。以上海、天津、武汉、南京为代表的沿江沿海地区地质条件复杂，含水层深厚、水量丰富、水头压力高、渗透性强，对地下工程安全影响显著。长时间大面积开敞抽降地下水将引起周边大范围地面沉降，危及周边建（构）筑物的安全，深大地下空间开发面临严峻的深层地下水控制问题。

超深等厚度水泥土搅拌墙技术为深大地下空间开发深层地下水控制提供了新对策，该技术根据不同成墙工艺可分为渠式切割水泥土搅拌墙技术（TRD 工法）和铣削深搅水泥土搅拌墙技术（SMC 工法），这两项工法各具特点，可应对不同工程需求，相比传统的水泥土搅拌桩和混凝土地下连续墙隔渗技术，其适应地层广、隔渗性能好、成墙工效高、工程造价低，是一项节能降耗的新技术。此外，该技术进一步拓宽了型钢水泥土搅拌墙技术在基坑工程中的应用范围，相比 SMW 工法桩技术，水泥土墙体连续等厚，内插型钢可灵活调整，适用地层条件更广，可应用到更深的基坑工程中。本文分别对 TRD 工法和 SMC 工法的技术特点、设计与构造、施工工艺以及工程应用情况进行了综述，而后介绍了该技术在上海国际金融中心、武汉同济医院扩建工程中的应用情况。

基金项目：上海市科委科研计划项目（18DZ1205300），上海市科技人才计划项目（16QB1400100）

2 渠式切割水泥土搅拌墙技术

2.1 技术特点

渠式切割水泥土搅拌墙技术（TRD工法）通过链锯型刀具插入地基至设计深度后，全深度范围对成层地基土整体上下回转切割喷浆搅拌，并持续横向推进，构筑成连续无缝的等厚度水泥土搅拌墙，如图1所示。根据TRD工法在国内多个地区的应用表明[1-3]，该工法可适用于软黏土、标贯击数100以内的密实砂土、粒径10cm以内的卵砾石及单轴抗压强度不超过10MPa的软岩等地层。TRD工法成墙厚度介于550～900mm，深度可达65m，垂直度可达1/300。成层土体经链锯型刀具全断面搅拌形成的墙体连续无缝，均匀性好，强度高（1～3MPa），抗渗性能好（可以达到10^{-7}cm/s量级），图2为上海地区6项工程中水泥土搅拌墙强度检测统计结果[4]，不同土层中搅拌墙的强度基本一致。

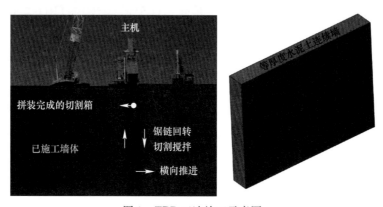

图1 TRD工法施工示意图

Fig. 1 Construction schematic of TRD method

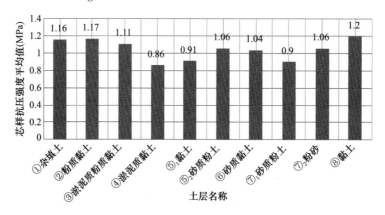

图2 上海地区不同项目搅拌墙强度统计值

Fig. 2 Statistic value of mixing wall strength of different projects in Shanghai area

2.2 设计与构造

TRD工法构筑的等厚度水泥土搅拌墙在工程中主要有三类应用形式：作为超深隔水帷幕（天津中钢响螺湾、武汉长江航运中心大厦、上海国际金融中心、南京河西生态公园等项目）、内插型钢作为基坑挡土隔水复合围护结构（南昌绿地中央广场、上海奉贤中小企业总部大厦等项目）、作为地下连续墙槽壁地基加固兼隔水帷幕（上海缤谷文化休闲广场二期工程、上海前滩中心25号地块、上海海伦路地块综合开发项目等），如图3所示。

基金项目：上海市科委科研计划项目（18DZ1205300），上海市科技人才计划项目（16QB1400100）

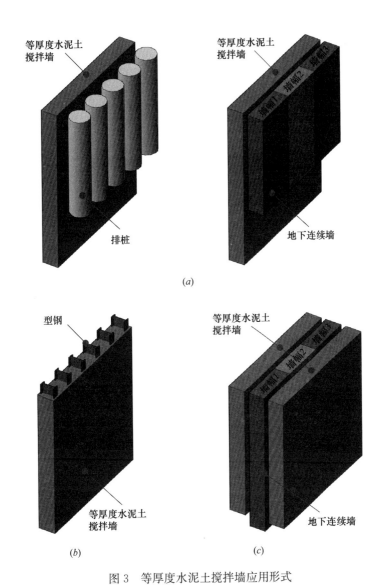

图 3　等厚度水泥土搅拌墙应用形式

Fig. 3　Different application forms of uniformly thick cement soil mixing wall

(a) 隔水帷幕；(b) 围护结构；(c) 地下连续墙槽壁加固

　　TRD 工法搅拌墙厚度范围为 $550 \sim 900$mm，在墙厚范围内以 50mm 为模数进行增减。搅拌墙的深度应根据隔水设计要求和设备施工能力确定，最深不宜大于 65m，且须根据现场成墙试验确定施工可行性。TRD 工法成墙过程采用垂直方向整体搅拌，整个墙体范围内水泥掺量均一，因此在确定搅拌墙水泥掺量时应综合考虑所有土层的特性，通常采用 P.O 42.5 级普通硅酸盐水泥，水泥掺量一般取 $20\% \sim 30\%$，水灰比一般取 $1.0 \sim 1.8$。墙体 28 天无侧限抗压强度标准值一般要求不小于 0.8MPa，渗透系数不大于 10^{-6}cm/s 量级，以确保隔水效果。TRD 工法在先行挖掘过程中采用挖掘液护壁，挖掘液采用钠基膨润土拌制，每立方被搅拌土体掺入约 $30 \sim 100$kg 的膨润土（对黏性土一般不少于 30kg/m³，对砂性土一般不少于 50kg/m³）。

　　TRD 工法搅拌墙作为隔水帷幕时，需根据渗流稳定性计算确定墙体的深度，且进入相对隔水层不宜小于 1.0m。当帷幕深度大于 40m 时，墙体厚度不宜小于 700mm。作为排桩和地下连续墙外侧隔水帷幕时，搅拌墙与排桩或地下连续墙的净距一般不小于 200mm。搅拌墙兼作地下连续墙槽壁加固时，与地下连续墙的净距应根据搅拌墙深度和垂直度偏差综合确定，一般取 $100 \sim 150$mm。

　　TRD 工法搅拌墙内插型钢等劲性芯材作为围护结构时，相关的计算要求可参见文献 [5]，搅拌墙的厚度和深度应满足芯材的插入要求，墙体厚度宜大于芯材垂直于基坑边线的截面高度 $100mm$，墙体深度宜比芯材的插入深度深 $0.5\sim1.0m$；芯材宜等间距布置，相邻芯材净距不宜小于 $200mm$，以便于芯材的拔除回收。目前国内主要采用 H 型钢作为芯材，文献 [6，7] 对型钢搅拌墙开展了室内加载试验和数值分析，研究了型钢搅拌墙组合结构的承载变形特性。在日本工程中应用了 NS-BOX 组合型钢和混凝土预制构件作为芯材形成永久的挡土结构[8]，这种结构形式具有更大的抗弯刚度，可以应用到更深的基坑工程中，搅拌墙内插大刚度预制构件或钢构件将是国内劲性水泥土搅拌墙的发展方向。

2.3 施工工艺

目前国内应用的 TRD 工法施工设备主要有 TRD-Ⅲ型、TRD-CMD850 型、TRD-E 型和 TRD-D 型，其中 TRD-D 型机为我国自主研发的机型，各机型的主要技术参数如表 1 所示。TRD 工法施工设备的最大高度均不超过 12m，施工机架重心低、安全稳定性好，可满足城市狭小低空环境的施工需求。

国内 TRD 工法施工设备 表 1

TRD construction equipments Tab. 1

型号	TRD-Ⅲ	TRD-CMD850	TRD-E	TRD-D
驱动方式	柴油动力	柴油动力	电动力	油电混合
移位方式	履带式	履带式	步履式	步履式
切割箱升降方式	油缸驱动	油缸驱动	卷扬驱动	油缸驱动
最大横向推力（kN）	540	530	539	627
装备重量（t）	132	140	145	155
平均接地比压（MPa）	0.200	0.150	0.037	0.066

注：表中装备重量和平均接地比压均按 36m 长度的切割箱进行计算。

TRD 工法引进国内后，诸多工程人员针对国内复杂多样地层条件、复杂敏感的环境条件和搅拌墙不同的应用形式，对适用于不同地质和环境条件的施工技术开展了多方面研究[8]。TRD 工法等厚度水泥土搅拌墙施工流程主要包括施工准备、主机就位、切割箱打入、推进成墙、退避挖掘养生等环节。当用作劲性水泥土搅拌墙围护结构时，施工流程还包括型钢等劲性构件的插入与拔出工序。

推进成墙工序是搅拌墙施工的关键，有一工序成墙和三工序成墙两种工艺。三工序成墙包括先行挖掘、回撤挖掘、成墙搅拌三个工序，先行挖掘工序注入挖掘液，成墙搅拌工序注入固化液，如图 4 所示。一工序成墙省去了三工序中的回撤挖掘，将先行挖掘与喷浆搅拌成墙合二为一，即链锯式切割箱向前掘进过程中直接注入固化液搅拌成墙。三工序成墙对地层进行预先松动切削，成墙推进速度稳定，利于水泥土均匀搅拌，相比一工序对深度和地层的适用性更广泛。目前国内实施的等厚度水泥土搅拌墙多用于超深隔水帷幕和复杂地层条件，成墙施工难度较大，为确保成墙质量都采用了三工序成墙工艺。根据工程实践，三工序成墙先行挖掘工序推进速度一般控制在 $0.2\sim2.0m/h$，回撤挖掘速度一般控制在 $5\sim10m/h$，成墙搅拌推进速度一般控制在 $1\sim3m/h$。一工序成墙一般应用于墙体深度不大于 25m，且横向切割推进速度不小于 $2.0m/h$ 的工况。

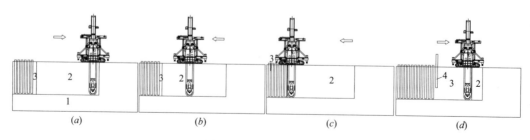

图 4 三工序施工示意图

Fig. 4 Construction schematic of three-step method

（a）先行挖掘；（b）回撤挖掘；（c）切入已成型墙体 50cm 以上；（d）成墙搅拌、插入芯材

2.4 工程应用情况

目前 TRD 工法已在上海、武汉、天津、南京、苏州、南昌等十余个地区逾五十项地下工程中应用，部分应用项目如表 2 所示，在上海万科中心三期项目中最大成墙深度达到 65m。该技术为复杂地质和城市敏感环境中深大地下空间开发面临的深层地下水控制难题提供了有效的手段，并可进一步推广于垃圾填埋场污染液隔离、水利工程隔渗等领域。

国内 **TRD 工法部分工程应用列表**   表 2
List of partial engineering using TRD method   Tab. 2

工程名称	成墙地层	基坑面积 （m²）	基坑挖深 （m）	墙厚 （mm）	墙深 （m）	应用形式
上海万科南站商务城三期项目	上海典型地层，穿过密实砂层	8000	21	700	65	隔水帷幕
上海白玉兰广场	上海典型地层，穿过密实砂层	43950	9.3～24.3	800	61	
上海轨道交通 14 号线云山路站	上海典型地层，穿过密实砂层	4300	26.9	700	60	
上海国际金融中心	上海典型地层，穿过密实砂层	48860	26.5～28.1	700	53	
南京国际博览中心一期扩建项目	穿过深厚砂层，嵌入泥砂岩层	54000	20	700	60	
南京华新丽华 AB 地块二期工程	南京河西块，穿过深厚粉细砂层	45000	14.5～18.3	700	58	
南京安省金融中心	南京河西块，穿过深厚粉细砂层	25300	17.2～19.0	700	57.5	
南京河西生态公园	南京河西块，穿过深厚砂层进入中风化泥岩	28300	10.25	800	50	
苏州国际财富广场	穿过深厚密实砂层，嵌入黏土隔水层	10500	22.7	700	46	
江苏淮安雨润中央新天地	穿过深厚密实粉土层和砂层，嵌入黏土层	43657	23.3～27.6	850	46	
天津中钢响螺湾	穿过软黏土进入深厚密实砂层	23000	20.6～24.1	700	45	
武汉长江航运中心大厦	穿过深厚砂层，嵌入中风化泥岩层	38000	10.1～28.9	850	58.6	
武汉沿江大道新华尚水湾工程	穿过深厚砂层，嵌入中风化泥岩层	29500	15	700	57	
河南郑州创新大厦	穿过深厚粉土、细砂层	8900	16.9～18.7	650	32	
上海奉贤中小企业总部大厦	上海典型地层，穿过密实砂层，进入隔水层	8000	11.85	850	26.6	型钢搅拌墙
江西南昌绿地中央广场	穿过深厚砂层，嵌入强、中风化岩层	47000	5.9～17.5	850	22.5	
天津民园体育场改造	淤泥质土层为主	30000	12.4	850	35	
天津永利大厦	黏土层为主	13500	12.8～13.3	850	25.4	
上海万象城国际都市综合体	上海典型地层，穿过密实砂层	5900	15.5	700	49	槽壁加固
上海轨道 10 号线海伦路综合开发项目	上海典型地层，穿过密实砂层	9100	4.2～21.5	850	48	
苏河洲际中心 120 地块项目	上海典型地层，穿过密实砂层	49300	14	800	45	
上海缤谷文化休闲广场二期	上海典型地层	7400	14.5	800	30	

3 铣削深搅水泥土搅拌墙技术

3.1 技术特点

铣削深搅水泥土搅拌墙技术（SMC 工法）通过钻具底端的两组铣轮轴向旋转竖向掘削地基土至设计深度后，提升喷浆搅拌形成一定宽度水泥土墙幅，并通过对相邻已施工墙幅的铣削作业连接构筑成等厚度水泥土搅拌墙，如图 5 所示。根据 SMC 工法在国内多个地区的实践[9]，该工法可适用软黏土、密实砂土、粒径 20cm 内的卵砾石和单轴抗压强度达 20MPa 的岩层等多种地层。SMC 工法成墙厚度介于

640～1200mm，成墙深度视设备而异，导杆式设备最大施工深度可达55m，悬吊式设备可达80m，垂直度可达1/500。铣削搅拌形成的墙幅质量高，强度可达1～5MPa，渗透系数可达10^{-7}cm/s量级，图6为施工的墙体实景。相比TRD工法，SMC工法对于高标贯击数的密实砂土、大粒径卵砾石、岩石等复杂地层以及多转角墙幅的施工具有更好的适用性。

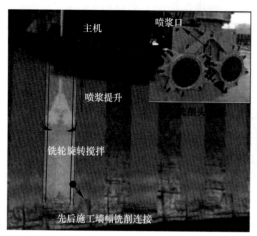

图5　SMC工法施工示意图

Fig. 5　Construction schematic of SMC method

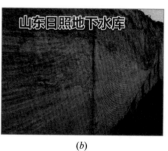

(a)　　　　　　　　　　　(b)

图6　SMC工法施工墙体实景

Fig. 6　Photo of mixing wall constructed by SMC method

3.2　设计与构造

SMC工法构筑的等厚度水泥土搅拌墙在工程中同样主要有三类应用形式：作为超深隔水帷幕（上海徐家汇中心、武汉同济医院扩建工程等项目）、内插型钢作为基坑挡土隔水复合围护结构（南昌象山南路地块、江西上饶万达广场等项目）、作为地下连续墙槽壁地基加固兼隔水帷幕（上海大悦城二期项目、上海浦东源深金融中心等项目），如图3所示，此外还作为水利工程防渗墙在武汉潜江兴隆水利枢纽、山东阳谷陈集水库、山东单县月亮湾水库、山东博兴水库等工程中应用。

SMC工法搅拌墙厚度范围为640～1200mm，墙厚可根据施工设备模数进行增减；单幅墙长度为2.8m。搅拌墙的深度应根据隔水设计要求和设备施工能力确定，最深不宜大于80m，且须根据现场成墙试验确定施工可行性。SMC工法成墙施工通常采用P.O 42.5级普通硅酸盐水泥，水泥掺量一般取20%～30%，水灰比一般取0.8～2.0。墙体28天无侧限抗压强度标准值一般要求不小于0.8MPa，渗透系数要求不大于10^{-6}cm/s量级。超深墙体施工铣削下沉时需采用膨润土泥浆护壁，每立方被搅拌土体掺入约30～100kg的膨润土（对黏性土一般不少于30kg/m³，对砂性土一般不少于50kg/m³）。

SMC工法通过墙幅之间的咬合连接构筑成连续的墙体，墙幅之间咬合搭接尺寸应结合成墙深度和施工垂直度偏差综合确定，一般不小于300mm。SMC工法搅拌墙作为隔水帷幕、内插芯材作为围护结构以及作为地下连续墙槽壁加固时的相关计算和构造要求与上文 2.2 节 TRD 工法基本一致，SMC 工法搅拌墙厚度最大可达 1200mm，相比 TRD 工法可以内插尺寸更大的芯材形成抗弯刚度更大的围护结构，为深基坑工程新型围护结构形式的研发提供了方向。

3.3 施工工艺

目前国内应用的 SMC 工法施工设备主要有我国自主研发的 SMC-SC 系列机型以及进口机型，SMC-SC 系列机型均为导杆式，是国内应用的主要机型，最大施工深度可达 55m。进口机型包括导杆式和悬吊式，其中导杆式最大施工深度 45m，悬吊式最大施工深度可达 80m。各机型的主要技术参数如表 3 所示，导杆式设备虽机架高度较高，但钻具主要重量均位于铣削钻头，整机重心低，安全稳定性较好。

国内 SMC 工法施工设备　　　　表 3
SMC construction equipments　　　　Tab. 3

型号	国产 SC35	国产 SC40	国产 SC45	国产 SC55	进口导杆式 BCM10	进口悬吊式 BCM10
驱动方式	柴油动力	电动力	电动力	电动力	柴油动力	柴油动力
移位方式	履带式	履带式	步履式	步履式	履带式	履带式
成墙厚度（mm）	700~1000	700~1000	700~1000	700~1200	640~1200	640~1200
成墙宽度（mm）	2800	2800	2800	2800	2800	2800
成墙深度（m）	35	40	45	55	45	80

SMC 工法等厚度水泥土搅拌墙施工流程主要包括施工准备、主机就位、喷浆成墙、铣削咬合成墙、劲性构件插入与拔出等环节。SMC 工法单幅墙体施工有两种方式：单浆液方式、双浆液方式，如图 7 所示。单浆液方式铣削头在掘削下沉和搅拌提升过程中均注入水泥浆液，该方式适用于墙体深度不大于 30m，且无深厚砂层等复杂地层的墙体施工，下沉注入水泥浆液的量为设计掺量的 70%~85%，提升注入水泥浆液的量为设计掺量的 15%~30%。双浆液方式铣削头在掘削下沉过程中注入膨润土浆液，搅拌提升时注入水泥浆液，该方式适用于墙体深度大于 30m 或密实砂层等复杂地层的墙体施工，双浆液方式可避免因槽段施工时间超过水泥浆初凝时间而导致提钻困难，提高了深槽施工或施工因故中断情况下的安全性。

SMC 工法墙幅之间铣削咬合连接施工可采用两种方式：顺槽式、跳槽式，如图 8 所示。当墙体深度不大于 20m，且无深厚砂层等复杂地层时，可采用顺槽式施工顺序，二期墙体的施工应在一期墙体终凝之前完成，在武汉会展中心项目中（墙体施工深度约 20m，场地土层以软黏土为主）采用了该施工方式。当穿越深厚砂层、卵砾石层等复杂地层，或深度 20m 以上的墙体，应采用跳槽式施工顺序，跳槽方式可根据成墙深度、地质条件、周边环境复杂程度进行调整，工程中大多采用跳槽式施工顺序。

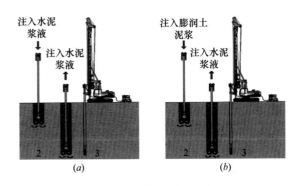

图 7　单幅墙体不同施工方式

Fig. 7　Different construction methods of single wall

（a）单浆液方式；（b）双浆液方式

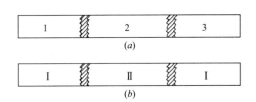

图 8　墙幅铣削咬合连接不同施工方式

Fig. 8　Different construction methods for connecting walls

（a）顺槽式施工示意图；（b）跳槽式施工示意图

3.4 工程应用情况

目前 SMC 工法已在上海、武汉、广州、苏州、南昌等十余个地区逾五十项地下工程中应用，并在武汉、山东多个水利工程中应用，典型应用如表 4 所示，SMC 工法导杆式设备在武汉同济医院扩建项目中最大成墙深度 55m，悬吊式设备在上海徐家汇中心项目中最大成墙深度 75m（试成墙深度 80m），该技术同样为复杂地质和城市敏感环境中深大地下空间开发面临的深层地下水控制难题提供了有效的手段，并可进一步推广应用于垃圾填埋场污染液隔离、软基处理等领域。

国内 SMC 工法部分工程应用列表   表 4
List of partial engineering using SMC method   Tab. 4

工程名称	成墙地层	基坑挖深（m）	墙深（m）	墙厚（mm）	应用形式
上海前滩 33-01 地块项目	上海典型地层	13.5～14.8	51.5	800	隔水帷幕
武汉同济医院内科综合楼	深厚砂层、卵石层、中风化岩层	12.5	55	800	
武汉协和医院综合住院楼	黏土层、砂层、卵石层、中风化岩层	12	53.2	700	
福建台江广场基坑支护	黏土层、砂层、卵石层、强风化岩层	17	34	800	
苏州工业园区建屋恒业天箸湖韵工程	淤泥层、黏土层、砂层	5.9	21	850	
昆山高新工业园区	淤泥层、黏土层、砂层	11.5	30	800	
扬州东方国际大酒店	黏土层、砂层、强风化岩层	14.8	30.3	850	
杭州武警疗养院扩建工程	黏土层、砂层	5	17	600	
广西桂林高新万达广场	黏土层、砂层、卵石层	12	20.5	800	
上海杨浦图书馆基坑支护	淤泥层、砂层	9	19	850	型钢搅拌墙
江西上饶万达广场大商业项目	黏土层、砂层、卵石层、中风化岩层	12.53	17	800	
南昌明园九龙湾项目	黏土层、砂层	11	22.6	850	
广州第十六中学地下停车场工程	砂层、强风化岩层、中风化岩层	6	16	600	
三亚解放路新风街地下空间开发项目	砂层、黏土层	13.5	35	750	
上海大悦城二期项目	上海典型地层	23.1	48	800	槽壁加固
上海源深金融大厦项目	上海典型地层	15	20	700	
武汉潜江兴隆水利枢纽	中砂层、细砂层	—	12	600	水利防渗墙
山东阳谷陈集水库工程	黏土层、砂层	6	35	650	
山东单县月亮湾水库工程	黏土层、砂层	6	20	650	
山东博兴水库工程	黏土层、砂层	6	40	750	

4 TRD 工法与 SMC 工法对比

TRD 工法和 SMC 工法通过不同工艺构筑成等厚度水泥土搅拌墙，各具特点，可应对不同工程应用需求，如表 5 所示，可根据具体的工程特点和应用需求选择合适的工法。TRD 工法施工设备高度不超过 12m，可满足城市狭小低空环境的施工需求，如在上海缤谷文化休闲广场二期工程中，地下连续墙槽壁加固体设计深度 30m，由于场地存在净空约 20m 的架空高压线，无法采用常规的三轴搅拌桩施工设备，TRD 工法施工设备满足了工程需求。SMC 工法可高效应对高标贯击数的密实砂土、大粒径卵砾石、岩石等复杂地层以及多转角墙幅的施工需求，如对于南昌地区典型地层，场地 30m 范围内即分布有较厚的卵砾石层，SMC 工法施工工效更高。

TRD 工法与 SMC 工法对比   表 5
Comparison between TRD method and SMC method   Tab. 5

施工工法	TRD 工法	SMC 工法
成墙方式	水平掘削，整体搅拌	竖向掘削，分层搅拌
适用性	适用软土、硬土和软岩等多种地层，应对城市狭小低空环境的施工需求	应对高标贯击数的密实砂土、大粒径卵砾石、岩石等复杂地层以及多转角墙幅的施工需求
成墙效果	连续无缝，抗渗性能优异，深度达 65m	高效成墙，抗渗性能好，导杆式设备深度达 55m，悬吊式设备深度达 80m

5 工程案例

5.1 上海国际金融中心项目——TRD 工法超深隔水帷幕

上海国际金融中心项目位于上海浦东新区，该项目整体设置 5 层地下室，基坑面积约 4.9 万 m²，挖深 26～33m。场地地质条件可参见文献 [10]，基底以下为深厚的承压含水层，基坑开挖至基底时承压水头降深达 25m。为避免大面积抽降承压水对周边市政管线、下立交、雨水泵房等建（构）筑物的影响，该项目采用 700mm 厚、53m 深 TRD 工法搅拌墙作为悬挂式隔水帷幕，墙体水泥掺量为 25%，水灰比约 1.5。基坑总体采用"前阶段整体逆作，后阶段塔楼先顺作、纯地下室后逆作"的顺逆作交叉实施方案，周边采用地下连续墙作为围护结构，基坑支护剖面如图 9。TRD 工法搅拌墙采用三工序成墙工艺，施工工效约 7～8 延米/天，墙体水泥土强度不低于 0.8MPa，砂土层中搅拌墙渗透系数由原状土层的 10^{-3}～10^{-4}cm/s 降低至 10^{-6}～10^{-7}cm/s。基坑开挖到基础底板的时候，坑内水位降深约 25m，坑外水位最大降深约 10m，悬挂帷幕对坑内外承压水水位的阻隔达到 2.5：1，见图 10，搅拌墙帷幕隔水效果显著。

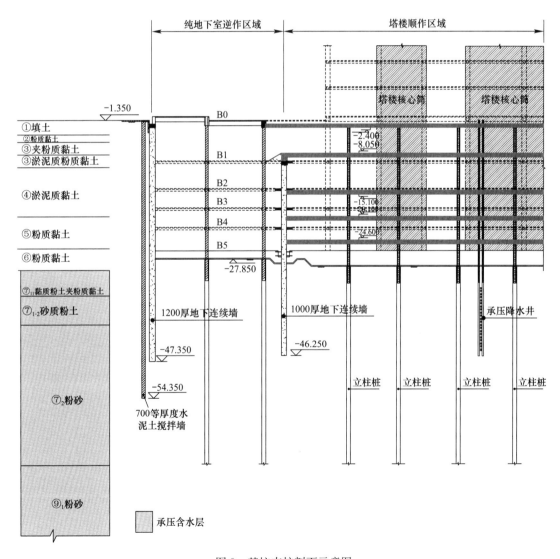

图 9　基坑支护剖面示意图

Fig. 9　Profile of pit support system

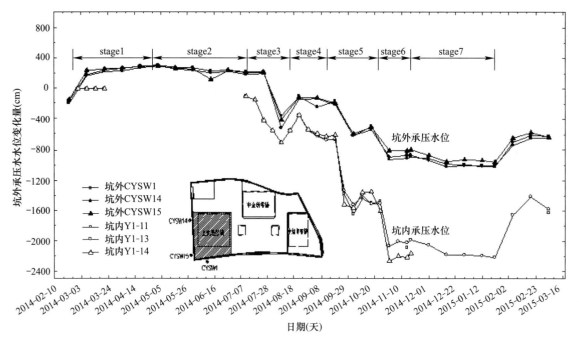

图 10　基坑实施期间坑内外承压水位变化

Fig. 10　Change of confined water level inside and outside the pit

5.2　武汉同济医院扩建工程——SMC 工法超深隔水帷幕

武汉同济医院扩建工程位于武汉市江汉区，该项目设置 2 层地下室，基坑面积约 6600m²，挖深约 10.7～12.5m。基坑形状不规则，周边转角多，且邻近多幢建筑物，如图 11 所示。场地地质条件可参见文献 [9]，基底以下为深厚的承压含水层，如图 12 所示。为避免大面积抽降承压水对周边建筑物的影响，该项目采用灌注桩结合 SMC 工法搅拌墙隔水帷幕作为围护结构，基坑总体采用顺作法方案，设置两道临时钢筋混凝土内支撑。SMC 工法搅拌墙深度 55m，厚度 700mm，墙底嵌入单轴抗压强度约 7.4MPa 的中风化泥岩，隔断坑内外水力联系。墙体水泥掺量约 20%，水灰比 1.2～1.5。施工设备采用 SC55 机型，墙幅施工采用双浆液方式，铣削成墙施工采用跳槽式，平均施工工效约 2 幅/天。墙体水泥土强度不低于 1.0MPa，开挖期间围护体侧壁干燥，坑外水位基本无变化，SMC 工法搅拌墙隔水效果很好。

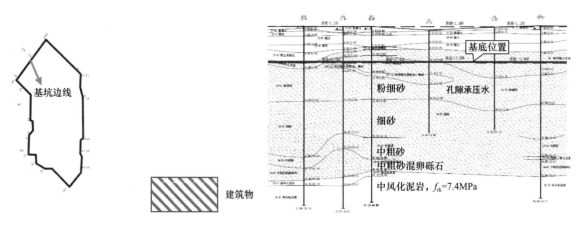

图 11　基坑平面轮廓示意图　　　　　　　　　　图 12　场地典型地层分布

Fig. 11　Pit plane outline　　　　　　　　Fig. 12　Typical stratum distribution of the site

6 结语

超深等厚度水泥土搅拌墙技术是近些年研发的一项节能降耗的新技术，根据不同成墙工艺可分为TRD工法和SMC工法，这两项工法各具特点，可应对不同工程需求。TRD工法通过水平掘削、整体搅拌成墙，墙体连续无缝，抗渗性能优异，适用软土、硬土和软岩等多种地层，可满足城市狭小低空环境的施工需求，成墙深度可达65m；SMC工法通过竖向掘削、分层搅拌成墙，施工工效高，抗渗性能好，可满足高标贯击数的密实砂土、大粒径卵砾石、岩石等复杂地层以及多转角墙幅的施工需求，成墙深度可达80m。目前该技术已在国内百余项地下工程中应用，为深大地下空间开发深层地下水控制提供了一种有效手段，并在多个水利防渗工程中应用。该技术可进一步推广应用于垃圾填埋场污染液隔离、软基处理等领域，也为型钢水泥土搅拌墙技术的发展提供了新对策，水泥土搅拌墙内插大刚度预制构件或组合钢构件将成为发展装配式围护结构的方向。

参考文献

[1] 王卫东，邸国恩，王向军. TRD工法构建的等厚度型钢水泥土搅拌墙支护工程实践 [J]. 建筑结构，2012，42 (5)：168-171.

[2] 王卫东，邸国恩. TRD工法等厚度水泥土搅拌墙技术与工程实践 [J]. 岩土工程学报，2012，34 (S)：628-634.

[3] 王卫东，常林越，谭轲. 超深TRD工法控制承压水的邻近地铁深基坑工程设计与实践 [J]. 建筑结构，2014，44 (17)：56-62.

[4] 黄炳德，王卫东，邸国恩. 上海软土地层中TRD水泥土搅拌墙强度检测与分析 [J]. 土木工程学报，2015，48 (S2)：1-5.

[5] 中华人民共和国行业标准 JGJ/T 303—2013. 渠式切割水泥土连续墙技术规程 [S]. 北京：中国建筑工业出版社，2013.

[6] 郑刚，李志伟，刘畅. 型钢水泥土组合梁抗弯性能试验研究 [J]. 岩土工程学报，2011，33 (3)：332-440.

[7] 谭轲，王卫东，邸国恩. TRD工法型钢水泥土搅拌墙的承载变形性状分析. 岩土工程学报，2015，37 (S2)：191-196.

[8] 王卫东. 超深等厚度水泥土搅拌墙技术与工程应用实例 [M]. 北京：中国建筑工业出版社，2017.

[9] 华东建筑设计研究院有限公司. 沿江基坑工程深厚含水层隔水新技术研究 [R]. 上海，2015.

[10] 王卫东，翁其平，陈永才. 56m深TRD工法搅拌墙在深厚承压含水层中的成墙试验研究 [J]. 岩土力学，2014，35 (11)：3247-3252.

作者简介

王卫东，男，1969年生，辽宁辽阳人，汉族，博士，教授级高级工程师，博士生导师，主要从事基坑工程、地下工程和高层建筑深基础工程的设计与研究工作。电话：18616898676，E-mail：weidong_wang@arcplus.com.cn。

TECHNIQUE AND PRACTICE OF ULTRA-DEEP SOIL-CEMENT MIXED WALL WITH UNIFORM THICKNESS

WANG Weidong[1,2]，CHANG Linyue[1,2]

(1. Underground Space & Engineering Design Institute, East China Architecture Design & Research Institute Co., Ltd., Shanghai 200002, China)

(2. Shanghai Engineering Research Center of Safety Control for Facilities Adjacent to Deep Excavations, Shanghai 200002, China)

Abstract： The technique of ultra-deep soil-cement mixed wall with uniform thickness has provided new countermeasures for the development of deep ground-water control technology and soil mixed wall technology when developed deep underground space. It has been applied in more than 100 projects. According to different wall construction technique, the technology consists of trench cutting and soil-cement mixed wall technology (TRD method) and milling and deep mixing soil-cement mixed wall technology (SMC method). TRD and SMW methods have their own characteristics and can cope with different engineering needs. The technical characteristics, design and construction, construction technique and engineering application of TRD and SMC methods are reviewed in this paper. TRD method is a technique of horizontally excavated and overall mixed wall. It is suitable for various layers such as soft soil, hard soil and soft rock. It can meet the construction needs of narrow and low-altitude environments in cities. The depth of the wall is up to 65m. SMC method can meet the construction requirements of dense sand, large-grained gravel, rock and other complex soil layers and multi-corner walls by vertical excavation and layered mixing into a wall. The depth of the wall is up to 80m. Finally, this paper introduces the application of this technique in the expansion project of Shanghai International Finance Center and Wuhan Tongji Hospital, and can be further promoted in the fields of Landfill contaminated isolation and soft soil foundation treatment.

Key words： excavation engineering, uniformly thick soil-cement mixing wall, TRD method, SMC method, ground-water control

劲性复合管桩技术工程应用研究

张雁，李志高，毛由田

（建华建材（中国）有限公司）

摘　要： 本文开展了不同地质条件下劲性复合管桩技术工程试验研究，对劲性复合管桩承载特性进行了试验分析，试验表明，劲性复合管桩的竖向承载力一般由桩身强度控制。通过在连镇铁路五峰山特大桥和跨宁启特大桥工程中的应用，为该技术进一步推广应用提供了技术依据。

关键词： 劲性复合管桩；水泥土；承载力；超高强

1　引言

劲性复合管桩由水泥土桩、芯桩两部分组成（图1），芯桩可为普通管桩、超高强管桩、SC桩（预制钢管混凝土管桩）等预制桩，其特点是充分发挥水泥土桩与预制桩两种桩型的优势，既解决了水泥土桩荷载传递深度有限的问题，同时也解决了管桩在深厚饱和软土等特殊工程地质条件应用受限问题。

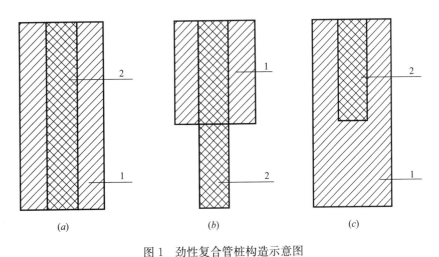

图1　劲性复合管桩构造示意图

Fig. 1　Model of the strength composite pipe pile

（*a*）等芯桩；（*b*）长芯桩；（*c*）短芯桩

1—柔性桩（水泥土桩）；2—刚性桩（PHC、PRC、SC、劲性体等）

劲性复合管桩技术主要利用水泥土的固化作用，提高了桩间土承载能力，相对芯桩而言就是提高了桩的侧摩阻力，从而提高了单桩承载能力。该技术不仅质量可靠、施工简便，大幅度改善桩间土的状态，使其具有更高的单桩承载力，同时也大大拓宽了预制桩的工程应用范围，带来了较好的经济效益和社会效益。

2　劲性复合管桩试验研究

为了进一步研究劲性复合管桩技术的承载特性，拓展管桩的工程应用范围，我们开展了不同工程地质条件下的劲性复合管桩试验研究。

2.1 南京某住宅项目

（1）工程概述

江苏南京某住宅项目，主体建筑包含 8 栋 27～33F 高层（G1～G8）及 3 栋 1～7F 商业及社区服务中心。拟建场地属于长江漫滩与一级阶地，由填土、软塑—可塑状粉质黏土、粉细砂和含砾中粗砂层及砂质泥岩组成。

本工程②层软塑粉质黏土厚度达到 25m 以上，开展本项目的劲性复合管桩技术研究主要为了解决深厚软土单独使用管桩存在疑义的问题。

劲性复合管桩设计参数：外芯［水泥土搅拌桩（$D=900$）］，桩长 40m；内芯 PHC 桩（PHC-600AB130），桩长 40m，持力层选用③₁ 层粉细砂层，主要土层物理力学参数见表 1，试桩剖面示意见图 2。

土层物理力学参数　　　　　　　　表 1
Mechanical parameters of the formation　　Tab. 1

层号	名称	钻孔灌注桩		混凝土预制桩	
		极限侧阻力标准值 q_{sik}（kPa）	极限端阻力标准值 q_{pk}（kPa）	极限侧阻力标准值 q_{sik}（kPa）	极限端阻力标准值 q_{pk}（kPa）
②₁	粉质黏土	45		48	
②₂	淤泥质粉质黏土	20		22	
②₃	粉质黏土	25		28	
③₁	粉细砂	70	1200（$L\geq30$）	75	4000（$L>30$）
③₂	含砾石中粗砂	80		85	
④₁	强风化砂质泥岩	120	1400	140	7500

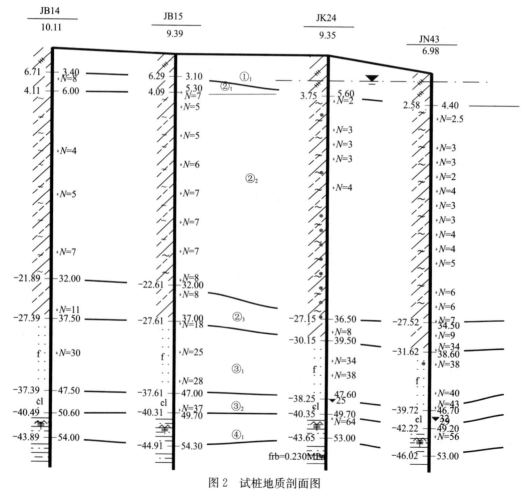

图 2　试桩地质剖面图
Fig. 2　Test pile geological profile

（2）试桩结果

静载试验结果见图 3，试验最大加载时发生桩头混凝土破坏，劲性复合桩竖向承载力极限标准值为 6200～6820kN。对于内芯 PHC600 管桩，桩身强度控制的极限承载力标准值为 7100kN，由土抗力估算的承载力 7253kN（其中以搅拌桩外径计，按照灌注桩桩侧阻力估算的桩侧阻力标准值为 4710kN，桩端阻力标准值按照内芯桩全截面面积与预制桩对应的极限端阻力乘积估算取值为 2543kN）。从 Q-s 曲线可以看出，当 $P_0=3100$kN 时，沉降仅为 5～6mm。

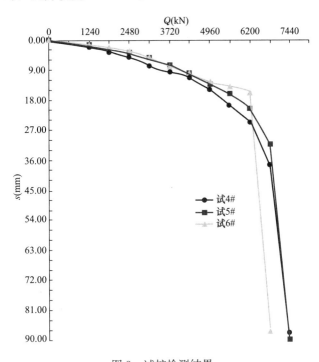

图 3　试桩检测结果

Fig. 3　Test pile test results

2.2　安徽阜阳某住宅项目

（1）工程概述

安徽阜阳某住宅项目，主体建筑包含 14 幢 25～34F 层高层住宅及部分 3～7F 配套商业及公共中心。拟建场地属于第四系更新统冲积层：由黏土-粉质黏土-中砂-黏土-粉质黏土-中粗砂组成，开展本项目劲性复合管桩技术研究主要为了解决老黏土区域管桩施工质量难以控制的问题。

劲性复合管桩设计参数：外芯［水泥土搅拌桩（$D=800$）］，桩长 22m；内芯 PHC 管桩（PHC-500AB125），桩长 22m，持力层选用⑥层中砂层，主要土层物理力学参数见表 2，试桩剖面示意见图 4。

<table>
<tr><td colspan="6" align="center">土层物理力学参数　　　　　　　　　　　　　　　表 2</td></tr>
<tr><td colspan="6" align="center">Mechanical parameters of the formation　　　　　　Tab. 2</td></tr>
<tr><td rowspan="2">层号</td><td rowspan="2">名称</td><td colspan="2">钻孔灌注桩</td><td colspan="2">混凝土预制桩</td></tr>
<tr><td>极限侧阻力标准值
q_{sik}（kPa）</td><td>极限端阻力标准值
q_{pk}（kPa）</td><td>极限侧阻力标准值
q_{sik}（kPa）</td><td>极限端阻力标准值
q_{pk}（kPa）</td></tr>
<tr><td>②</td><td>粉质黏土</td><td>55</td><td></td><td>57</td><td></td></tr>
<tr><td>③₁</td><td>粉质黏土</td><td>65</td><td></td><td>67</td><td></td></tr>
<tr><td>③</td><td>粉质黏土</td><td>70</td><td></td><td>72</td><td></td></tr>
<tr><td>④</td><td>细砂</td><td>65</td><td></td><td>67</td><td></td></tr>
<tr><td>⑤</td><td>粉质黏土</td><td>70</td><td></td><td>72</td><td></td></tr>
<tr><td>⑥</td><td>中砂</td><td>90</td><td>1500</td><td>92</td><td>6500</td></tr>
</table>

（2）试桩结果

静载试验结果如图5，试验最大加载时发生桩头混凝土破坏，劲性复合桩竖向承载力极限标准值为5400kN。对于内芯PHC500管桩，桩身强度控制的极限承载力标准值为5480kN，由土抗力提供的承载力6030kN。从 Q-s 曲线可以看出，当 $P_0 = 2700$kN 时，沉降仅为 8～9mm。

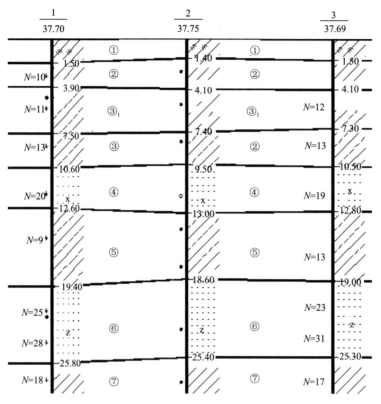

图4　试桩地质剖面图

Fig. 4　Test pile geological profile

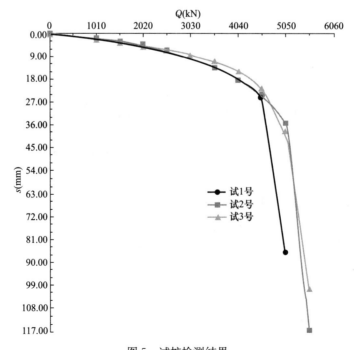

图5　试桩检测结果

Fig. 5　Test pile test results

2.3 青岛某公建项目

（1）工程概述

青岛某公建项目，主要包括一层室内展厅、二层室内展厅、中厅、酒店、酒店裙房、办公楼、办公楼裙房及能源中心等，拟建场地属于第四系：主要由全新统人工填土（Q_4^{ml}）、全新统海相沼泽化层（Q_4^{mh}）、上更新统洪冲积层（Q_3^{al+pl}）以及白垩系青山群安山岩（K_1Q）组成，开展本项目劲性复合管桩技术研究主要为了解决基岩起伏大，管桩施工桩长不易控制的问题。

劲性复合管桩设计参数：桩型Ⅰ为外芯［水泥土搅拌桩（$D=850$）］，桩长 16m；内芯 PHC 管桩（PHC-500AB125），桩长 16m；桩型Ⅱ为外芯［水泥土搅拌桩（$D=900$）］，桩长 15m；内芯 PHC 管桩（PHC-600AB130），桩长 15m，持力层均选用全风化安山岩层；主要土层物理力学参数见表 3，试桩剖面示意见图 6。

土层物理力学参数　　　　　表 3

Mechanical parameters of the formation　　Tab. 3

层号	名称	钻孔灌注桩		混凝土预制桩	
		极限侧阻力标准值 q_{sik} （kPa）	极限端阻力标准值 q_{pk} （kPa）	极限侧阻力标准值 q_{sik} （kPa）	极限端阻力标准值 q_{pk} （kPa）
⑥₁	淤泥	12		14	
⑥₂	淤泥质黏土	16		18	
⑪₁	黏土	50		65	
⑪	黏土	65		75	
⑮	安山岩全风化	90		100	
⑯上	安山岩强风化	120		140	7500
⑯下	安山岩强风化	160		200	8500

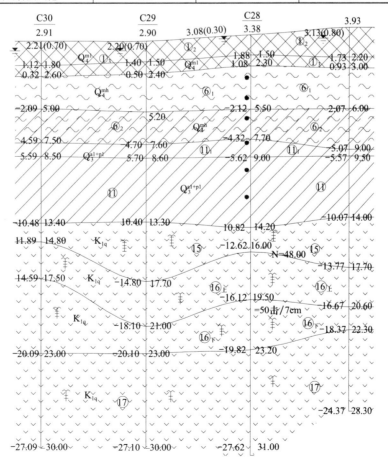

图 6　试桩地质剖面图

Fig. 6　Test pile geological profile

（2）试桩结果

静载试验结果见图7、图8。桩型Ⅰ最大加载至5600kN时，因已超过桩身强度控制的极限承载力，故未继续加载，劲性复合桩竖向承载力极限标准值取5600kN（对于内芯PHC500管桩，桩身强度控制的极限承载力标准值为5480kN）；桩型Ⅱ试验加载至7200kN时，发生桩头混凝土破坏，劲性复合桩竖向承载力极限标准值为7200kN（对于内芯PHC600管桩，桩身强度控制的极限承载力标准值为7100kN）。从Q-s曲线可以看出，对于桩型Ⅰ，当$P_0＝2800$kN时，沉降仅为6～7mm；对于桩型Ⅱ，当$P_0＝3600$kN时，沉降11mm左右。

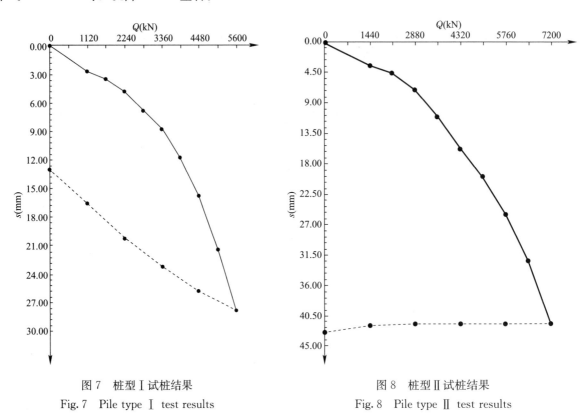

图7　桩型Ⅰ试桩结果

Fig. 7　Pile type Ⅰ test results

图8　桩型Ⅱ试桩结果

Fig. 8　Pile type Ⅱ test results

2.4　从化某住宅项目

2.4.1　工程概述

从化某住宅项目，主要包括3栋23层的商住楼及1～4层的商业裙楼等，拟建场地主要由素填土层（Q^{ml}）、冲积层（Q^{al}）、残积层（Q^{el}）、风化花岗岩（γ）组成，开展本项目的劲性复合管桩技术研究主要为了解决外芯水泥土桩在岩层施工可能性的问题。

劲性复合管桩设计参数：外芯［水泥土搅拌桩（$D＝850$）］，桩长30m；内芯PHC管桩（PHC-600AB130），桩长30m，持力层选用全风化花岗岩层；主要土层物理力学参数见表4，试桩剖面示意见图9。

土层物理力学参数　　　　　　　　　　　　　　　　　　　　　　表4

Machianical parameters of the formation　　　　　　　　　　　　Tab. 4

层号	名称	钻孔灌注桩		混凝土预制桩	
		极限侧阻力标准值 q_{sik}（kPa）	极限端阻力标准值 q_{pk}（kPa）	极限侧阻力标准值 q_{sik}（kPa）	极限端阻力标准值 q_{pk}（kPa）
①	素填土				
②₁	粉质黏土	25		30	
②₂	砾砂	50		60	

层号	名称	钻孔灌注桩		混凝土预制桩	
		极限侧阻力标准值 q_{sik} （kPa）	极限端阻力标准值 q_{pk} （kPa）	极限侧阻力标准值 q_{sik} （kPa）	极限端阻力标准值 q_{pk} （kPa）
②₃	粉质黏土	30		35	
②₄	砾砂	55	1300	65	4200
③	砂质黏性土	35		40	
④₁	全风化花岗岩	60	900	70	3000
④₂	强风化花岗岩	80	1400	100	4000

2.4.2 试桩结果

静载试验结果见图10。劲性复合桩竖向承载力极限标准值为9800kN，对于内芯PHC600管桩，桩身强度控制的极限承载力标准值为7100kN，由土抗力估算的承载力8966kN。从 $Q\text{-}s$ 曲线可以看出，当 $P_0 = 3500$kN 时，沉降仅为5～6mm。

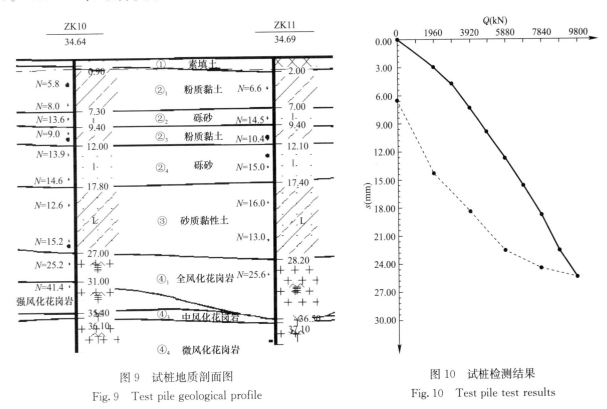

图9　试桩地质剖面图
Fig. 9　Test pile geological profile

图10　试桩检测结果
Fig. 10　Test pile test results

通过以上工程静载试验结果分析，劲性复合管桩技术存在以下特性：

（1）开口管桩作为芯桩使用时，破坏模式一般不会发生在水泥土与管桩界面。

（2）劲性复合管桩的竖向承载力一般由芯桩桩身强度控制。

（3）劲性复合管桩技术解决了复杂地质条件下管桩施工等工程应用问题，大大拓宽了管桩应用范围。

3　超高强混凝土基本性能指标研究

由劲性复合管桩大量静载试验研究发现，其单桩承载力一般由桩身混凝土强度控制，因此开展超高强混凝土管桩技术研发成为必然，但我国《混凝土结构设计规范》GB 50010 中关于混凝土设计强度的取值最高只有C80，不能满足超高强混凝土工程应用的需要。

本文在总结德国、美国、日本、挪威[1-7]等国家及国内对超高强混凝土相关研究及标准的基础上，开展了标号为 C80、C105 和 C125 的管桩基本试验以及相同标号的混凝土试块试件基本试验，具体结果见表 5、表 6，对比分析了超高强度混凝土的轴心抗压强度、轴心抗拉强度以及弹性模量等力学性能，如图 11～图 13 所示。

PHC 桩试验反算结果（MPa） 表 5
Results of back calculation of PHC pile test（MPa） Tab. 5

标号	C80	C105	C125
立方体抗压强度	82.6	113.6	129.8
轴心抗压强度	60.15	67.70	75.88
轴心抗拉强度	2.75	3.26	3.70

混凝土试块试验结果（MPa） 表 6
Results of Concrete test（MPa） Tab. 6

混凝土标号	C80	C105	C125
立方体抗压强度	92.5	111.6	132.8
劈裂抗拉强度	3.27	4.5	5.52
轴心抗压强度	52.8	70.5	77.8
弹性模量（$\times 10^4$）	4.16	4.36	4.49

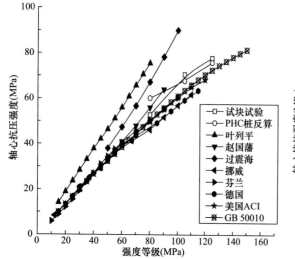

图 11 轴心抗压强度结果对比图

Fig. 11 Comp. of axial compressive strength results

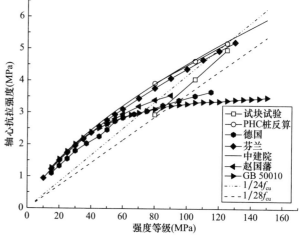

图 12 轴心抗拉强度结果对比图

Fig. 12 Comp. of axial tensile strength results

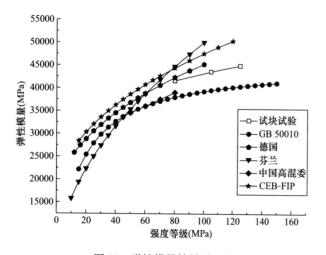

图 13 弹性模量结果对比图

Fig. 13 Comp. of elastic modulus results

通过图 11～图 13 可以看出：

（1）超高强混凝土的轴心抗压强度、轴心抗拉强度以及弹性模量都随强度等级的提高而增长，但增长幅度各有不同。抗拉强度以及弹性模量增长幅度与比例远低于抗压强度的提高。

（2）根据试验研究分析发现，对于超高强混凝土（C80 以后）轴心抗压强度，建议可采用 GB 50010 推荐曲线外延结果进行估算，以此得出超高强混凝土管桩抗压承载力推荐值如表 7 所示；对于轴心抗拉强度，建议保守选取 1/26 倍立方体抗压强度；对于弹性模量，建议采用德国规范的评价指标。

超高强混凝土管桩抗压承载力推荐值 表7

Recommended Value compressive bearing capacity of Ultra PHC　Tab. 7

规格		C80	C105	C110	C115	C120	C125
外径（mm）	壁厚（mm）	受压承载力设计值（kN）	受压承载力设计值（kN）	受压承载力设计值（kN）	受压承载力设计值（kN）	受压承载力设计值（kN）	受压承载力设计值（kN）
400	95	2288	2886	2995	3103	3199	3294
500	100	3158	3985	4134	4284	4416	4548
	125	3701	4670	4845	5020	5175	5329
600	110	4255	5370	5571	5773	5950	6128
	130	4824	6087	6315	6544	6745	6947
700	110	5124	6465	6708	6951	7165	7379
	130	5850	7382	7659	7936	8180	8425
800	110	5992	7561	7845	8129	8379	8629
	130	6876	8677	9003	9328	9615	9903

4 工程应用

4.1 工程概况

（1）五峰山长江大桥北岸引桥试验工点概况

试验工点布置在五峰山长江特大桥北岸引桥的 X315 号墩至 X316 号墩的左侧 15m 范围内，里程范围为 DK271+511.090～DK271+576.490。试验场地上层为淤泥质粉质黏土，下层为砂性土，持力层选用③$_{57-4}$ 粉砂层。原设计采用 ϕ1.0m 钻孔灌注桩，设计桩长 53.5m，$[P]=3253$kN，$P_{max}=3092$kN。

劲性复合管桩设计参数：外芯桩［水泥土搅拌桩（$D=1000$）］，桩长 45m；采用 C105 超高强 PHC 管桩（PHC-800AB130），桩长 45m。场地地基土（岩）的桩基设计参数的建议值见表8。

五峰山长江特大桥北引桥桩基设计参数建议值 表8

Suggested value of design parameters for pile foundation of north approach
bridge of Wufengshan Changjiang River Bridge　Tab. 8

地层编号	地层名称	钻孔灌注桩桩周极限摩阻力 f_i（kPa）	预制桩桩尖极限承载力 f_i（kPa）			预制桩桩周极限摩阻力 f_i（kPa）
			$h'/d<1$	$1\leqslant h'/d<4$	$4\leqslant h'/d$	
③$_{31}$	淤泥质土	15				15
③$_{32}$	淤泥质土	15				15
③$_{43-2}$	粉土	30				33
③$_{53-2}$	粉砂	30				35
③$_{56-3}$	粉砂	40	2500	3000	3500	45
③$_{57-4}$	粉砂	63	5000	6000	7000	70

（2）跨宁启铁路特大桥试验工点概况

试验工点布置在连镇铁路跨宁启铁路特大桥的 819 号墩至 820 号墩之间，里程范围为 DK232+500～DK232+541.54。试验场地上层为黏土，下层为黏土，桩端持力层选为④$_{13}$ 黏土层。原设计采用 ϕ1.0m 钻孔灌注桩，设计桩长 38m，$[P]=3722$kN，$P_{max}=3495$kN。

劲性复合管桩设计参数：外芯桩［水泥土搅拌桩（$D=1000$）］，桩长 38m；采用 C105 超高强 PHC 管桩（PHC-800AB130），桩长 38m。场地地基土（岩）的桩基设计参数建议见表9。

跨宁启特大桥桩基设计参数建议值

表 9

Suggested value of design parameters for pile foundation of Trans-Ningqi Bridge

Tab. 9

地层编号	地层名称	钻孔灌注桩桩周极限摩阻力 f_i（kPa）	打入桩桩周极限摩擦阻力 f_i（kPa）	打入桩桩尖土的极限承载力 R（kPa）
②$_{21}$	粉质黏土	45	50	
②$_{11}$	黏土	55	60	
②$_{22}$	粉质黏土	50	55	
④$_{11}$	黏土	65	70	3000
④$_{12}$	黏土	65	75	3000
④$_{13}$	黏土	70	80	3000

4.2　竖向抗压承载力试验结果与分析

（1）竖向抗压承载力试验结果

1）五峰山长江特大桥北岸引桥的 X315 号墩至 X316 号墩试验

试验桩 S1 号，S2 号，S3 号均加载至 12000kN，单桩竖向极限承载力结果汇总见表 10，S1 号、S2 号、S3 号桩 Q-s 汇总曲线见图 14。

五峰山长江特大桥北岸引桥静载试验结果汇总

表 10

Summary of static load test results for north approach bridge of Wufengshan Changjiang River Bridge

Tab. 10

试验序号	试验桩号	桩径（mm）		桩长（m）	按 Q-s 曲线类型极限承载力标准值	按 s-$\lg t$ 曲线极限承载力标准值	按 s＝30mm 对应荷载
		外芯	内芯				
1	S1#	1000	800	45	12000kN	12000kN	12000kN
2	S2#	1000	800	45	12000kN	12000kN	12000kN
3	S3#	1000	800	45	12000kN	12000kN	12000kN

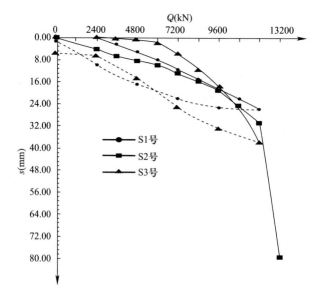

图 14　S1 号、S2 号、S3 号桩 Q-s 汇总曲线

Fig. 14　Summary Q-s curve of S1#，S2#，S3# pile

2）跨宁启特大桥 819 号墩至 820 号墩试验

试验桩 1 号，2 号，3 号均加载至 12000kN，单桩竖向极限承载力结果汇总见表 11，1 号、2 号、3 号桩 Q-s 汇总曲线见图 15。

跨宁启铁路特大桥静载试验结果汇总　　　　　　　　　　　　　　表 11

Summary of static load test results of Trans-Ningqi Railway Bridge　　Tab. 11

试验序号	试验桩号	桩径（mm）		桩长（m）	按 Q-s 曲线类型极限承载力标准值	按 s-$\lg t$ 曲线极限承载力标准值	按 $s=30$mm 对应荷载
		外芯	内芯				
1	1♯	1000	800	38/38	12000kN	12000kN	12000kN
2	2♯	1000	800	38/38	12000kN	12000kN	12000kN
3	3♯	1000	800	38/38	12000kN	12000kN	12000kN

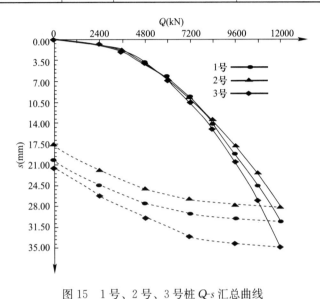

图 15　1 号、2 号、3 号桩 Q-s 汇总曲线

Fig. 15　Summary Q-s curves of 1♯，2♯ and 3♯ pile

（2）竖向抗压承载力试验结果分析

试验结果与理论估算结果以及灌注桩试验结果对比见表 12，其中 S2 桩最大荷载加至 13200kN 时发生桩头混凝土破坏。

劲性复合管桩与钻孔灌注桩理论计算与试验结果对比　　　　　　　表 12

Comparison between theoretical calculations and test results of strength composite pipe piles and bored cast-in-place piles　　Tab. 12

试验工点	桩型	试验桩号	桩径（mm）		桩长（m）	极限承载力估算标准值 R(kN)	桩身强度控制承载力极限值（kN）	极限承载力标准值（kN）	沉降（mm）
			外芯	内芯					
五峰山X315～X316号墩	劲性复合管桩	S1	1000	800	45/45				37.72
		S2	1000	800	45/45	12063.6	12854	12000	31.04
		S3	1000	800	45/45				25.88
	钻孔灌注桩	试桩1	1000		58	—	—	9000	18.95
		试桩2	1000		58	—	—	12000	20.66
跨宁启819～820号墩	劲性复合管桩	1	1000	800	38/38				30.67
		2	1000	800	38/38	12204	12854	12000	28.30
		3	1000	800	38/38				34.87
	钻孔灌注桩	试桩1	1000		38	—	—	9800	40.99
		试桩2	1000		38	—	—	8400	41.02

通过理论估算和试验结果比较发现：

1）单桩竖向承载力理论估算值与试桩结果基本一致，单桩极限承载力均达到 12000kN。

2）从试验桩 Q-s 曲线可知，卸载后变形回弹量大于 90%，说明基桩加载至极限荷载时，仍处于弹性变形或少量弹塑性变形阶段，变形较小，有较大的富余量。

5 结论

通过不同地质条件下的工程桩试验，并结合实际工程进行验证，得到以下结论：

（1）开口管桩作为芯桩使用时，破坏模式一般不会发生在水泥土与管桩界面。

（2）劲性复合管桩的竖向承载力一般由芯桩桩身强度控制，大大提高了桩身强度发挥程度，进而提升工程性价比。

（3）劲性复合管桩技术解决了复杂地质条件管桩施工等工程应用问题，大大拓宽了管桩的应用范围。

参考文献

[1] 中华人民共和国国家标准. 混凝土结构设计规范 GB 50010—2010 [S]. 北京：中国建筑工业出版社，2010.

[2] 叶列平. 混凝土结构 [M]. 北京：中国建筑工业出版社，2012.

[3] 过镇海. 钢筋混凝土原理和分析 [M]. 北京：清华大学出版社，2003.

[4] 陈肇元，朱金铨，吴佩刚. 高强混凝土及其应用 [M]. 北京：清华大学出版社，1992.

[5] 蒲心诚，王志军，王冲，严吴南，王勇威. 超高强高性能混凝土的力学性能研究 [J]. 建筑结构，2002，23（6）：49-55.

[6] Betonirakenteet OHJEET 2001 [S]. Suomi：Ympäristöministeriön asetus，2001.

[7] Norwegian Ready Mixed Concrete Association. Ny Europeisk Betongstandard [EB/OL]. http://www. fabeko. no，2000.

作者简介

张雁，研究员，建华建材（中国）有限公司执行总裁，北京建华建材技术研究院院长，住房和城乡建设部建筑工程技术专家委员会地铁（隧道）及地下空间专家组组长，同济大学兼职教授，博士研究生导师。长期从事桩基工程、地基处理、深基坑工程及地下空间等领域的工程与科学研究工作。E-mail：zywm@vip. sina. com。

ENGINEERING APPLICATION OF THE STRENGTH COMPOSITE PIPE PILE TECHNOLOGY

ZHANG Yan，LI Zhi-gao，MAO You-tian

(Jianhua Construction Materials (China) Co.，Ltd.)

Abstract：In this paper，the bearing characteristics of the strength composite pipe piles are tested and analyzed by studying the static loading test of the strength composite pipe piles under different geological conditions. The test shows that the vertical bearing capacity of the stiffened composite pipe piles is generally controlled by the strength of the pile. Through the application on the pile foundation of Wufengshan Bridge and Trans-Ningqi Bridge in the Lianyungang-Zhenjiang Railway，it provides a technical basis for the further promotion and application of this technology.

Key words：strength composite pipe pile；cement soil；bearing capacity；ultra high strength

全套管全回转钻机施工技术与应用

高文生[1,3,4]，陈建海[2]，郭传新[1,3]

(1. 中国建筑科学研究院，北京 100013；2. 徐州盾安重工机械制造有限公司 徐州 221000；3. 建筑安全与环境国家重点实验室，北京 100013；4. 北京市地基基础与地下空间开发利用工程技术研究中心，北京 100013)

摘　要： 全套管全回转钻机是集全液压动力和传动，机电液联合控制于一体的新型钻机。由于其具有适应复杂地层、多工况的机械性能，以及安全、环保的施工工艺，近年来在深基坑围护、建筑与桥梁的桩基础、地下障碍（废桩）清理等工程中得到了推广应用。本文对全套管全回转钻机的机械构造及其灌注桩、咬合桩的施工工艺、技术特点与工程应用情况进行了综述。全套管全回转钻机由主机、液压动力站、钢套管、取土装置（锤式抓斗、十字冲锤等）、起重机等组成，是集取土、成孔、护壁、安放钢筋笼、灌注混凝土等连续作业为一体的施工工法。该工法因其采用全套管护壁成孔，解决了钻（冲）孔桩的入岩难、塌孔、清除孔底沉渣等难题；消除了灌注桩成孔施工过程中流砂、渗水过量等引起的不利影响；无泥浆污染及施工时噪音低，适合于复杂地层和城区内施工。

关键词： 桩工机械；全套管；全回转；灌注桩；咬合桩、废桩清除

1　引言

桩基础现已成为高层建筑、高速铁路、城市轨道交通、桥梁和港口码头、海洋石油钻井平台等工程中最常用的基础形式。混凝土灌注桩是桩基础中的主要桩型，按其成桩过程中是否排土又可分为挤土灌注桩和非挤土灌注桩。非挤土灌注桩按成孔护壁的方式可分为泥浆护壁成孔灌注桩、干作业人工（护壁）挖孔灌注桩和全套管护壁成孔灌注桩。

全套管全回转钻机一般由主机、液压动力站、钢套管、取土装置、起重机或旋挖钻机等组成。全套管钻机按结构可分为摇动式和回转式两大类。按取土方式可分为履带起重机冲抓斗取土式和旋挖钻机取土式。按底盘的形式可分为固定式和履带自行式。1954 年由法国贝诺特公司首先用于桩基础施工。60 年代，德国莱法公司开发了与履带起重机配套的钻机，70 年代意大利的卡萨格兰地公司开发了新型的摇管装置。80 年代中期，日本和欧洲的几家公司相继开发了回转式全套管钻机。我国大陆地区于 20 世纪 70 年代开始引进摇动式全套管钻机，2000 年以后，国内企业相继开发了与旋挖钻机配套使用的摇动式全套管钻机和回转式全套管钻机。全套管全回转钻机机械性能好、成孔深、施工桩径大，集取土、成孔、护壁、安放钢筋笼、灌注混凝土等连续作业为一体，施工效率高，工序较少，辅助费用低，可在各种地层中施工，很好地解决了钻（冲）孔桩而出现的入岩难、塌孔、孔底沉渣等难题；消除了人工挖孔桩等而出现的流砂、渗水过量等引起的不利影响；无泥浆污染及施工时噪声低，尤其适合于城区内施工；对于以各类复杂地基而言，可提供较高的单桩承载力。全套管全回转钻机能够广泛应用于工业与民用建筑、交通、铁路等土木行业。

2　施工工艺与原理

2.1　钻机结构与工作原理

回转式全套管钻机一般由套管驱动装置、主副夹紧装置、压入拔出装置、液压站等组成（图1）。

图1 回转式全套管钻机

Fig. 1 Rotary full casing drill

1—套管；2—主夹紧机构；3—夹紧油缸；
4—压拔油缸；5—配重；6—调平油缸；
7—辅助夹紧机构；8—反力支架；
9—地锚；10—手动调平；
11—自动调平；12—回转机构

（1）楔形夹紧装置

由楔形夹爪、夹紧油缸等组成。与传统夹紧机构相比，可在任意位置夹紧套管，并使套管保持高的垂直精度；而且套管的拉拔阻力越大，夹紧力也就越大。

（2）套管回转驱动装置

由液压马达、减速机、小齿轮、大齿轮、回转支承等组成，可以提供足够的扭矩，传递给套管强大的回转力，可适应复杂的地层及切削障碍物。

（3）套管压拔装置

由压拔油缸、垂直导向套等组成，保证施工中钻孔的垂直度，随时纠正施工中套管角度。

（4）直径变更装置

由不同尺寸的变径块组成，使设备适用于多种套管直径的要求。

（5）辅助夹紧装置

由辅助夹紧油缸等组成，便于在大深度挖掘时接续或拆卸套管。

（6）工作行走装置

钻机可配置履带式行走装置，可使设备在场地上方便自行移动及桩心定位

（7）液压动力站包括发动机、液压系统、电气系统等，它为钻机提供动力。发动机巨大的功率能够给设备提供足够的扭矩，使得机器获得强大的扭矩去工作，能够适应各种复杂困难的地层。

回转式全套管钻机是由套管驱动装置、夹紧装置、压入拔出装置等组成。楔形块通过上部回转支承安装在夹紧装置平台上，并均布在套管的周围。当安装在套管夹紧装置上的夹紧油缸收缩时，楔形块被挤进套管与大齿圈之间，夹紧套管。驱动装置中带行星减速机的液压马达回转工作时，回转扭矩通过大齿圈和楔形块传递给套管，进行钻孔掘削作业。当夹紧油缸伸长时，楔形块被抬起，松开套管。通过压拔装置中液压油缸的伸缩将套管压入或拔出土中。套管中的岩土可用冲抓斗或旋挖钻机取出。遇到大的漂石或孤石可先用十字冲锤砸碎再取出。

2.2 工艺要点

全套管钻机施工时要根据地质条件、套管直径、掘削深度等来选定机型，此外还要考虑到套管能否安全拔出。钻机可通过平板运输车运送进入工作场地，钻机进入工地后，选择平整坚实的地面，用适当吨位吊车把机器依次从平板车上吊卸。起吊时，吊车注意轻起轻落，以免设备触碰损坏机件。

（1）定位

先将基板中心圆放置在桩口位置对中。再将全套管全回转钻机放置于基板上，使全套管全回转钻机的支腿油缸与基板定位圆吻合。然后安装配重设施，先把过渡架安装到工作装置底座上，用螺栓锁紧；然后装配反力叉、反力架，用销轴连接固定后，再将配重放置在反力架上面，整机重力要大于套管钻进时的反力，以此保证整机的稳定性。将履带起重机放置于合适的位置方便冲抓斗取土。

（2）下套管

套管是全回转钻机成孔的主要工具。下套管的主要步骤有：

1）安装套管帽。把套管帽装在走台中心部分，与顶层支架对接。

2）夹紧油缸完全伸出，套管完全进入全回转钻机里。

（3）钻孔

1）全回转钻机启动后，夹紧油缸夹紧套管外壁，带动套管转动。

2）套管下压与提升需要控制节奏，在每节套管顶端与走台相距50cm时，增加套管长度。套管连接用锁紧螺栓连接。同时在套管下压过程中，要时刻注意套管的垂直度，及时调整，避免桩孔出现偏

差情况。

3）在套管钻进的过程中，要控制好加压和套管转速的比例，随着套管深度不断增加，套管摩擦力越来越大，导致钻孔压力越来越小。这时就需要逐渐增加加压的力度，当深度还在第一节套管的范围内时，因为套管自重充分，基本不需要加压就可以轻松钻入，随着深度的增加，需要的压力也相应逐渐增加，这也与深度增加后，地压升高，土质变得更为致密有关。

4）套管提升时，只要适当反转即可（套管衔接处和护筒的范围内，需要减速）。

（4）各种地层的钻进方法

1）黏土层

黏土层钻进阻力大，吸附性强，不易脱落，因此套管转矩不宜过大，控制套管钻进，压力在 7MPa 左右为宜，钻进时连续加压，然后由抓斗抓出，一次进尺量由套管高度和桩孔直径决定。

2）砂层

砂层特别是中粗砂层，地层没有胶结性，比较粗散，在钻进时阻力较大。全回转钻机 80％ 的埋钻事故发生在砂层，在操作中应格外注意，特别是施工大直径孔时更不能野蛮操作，因为钻进过深加上溶在泥浆中的砂回落极易造成埋钻。

为了提高钻进效率，钻进砂层时，全套管全回转钻机提供最大扭矩，钻进时加压，当套管扭矩达到额定值卡钻时，应该用抓斗抓出砂然后开始再一次钻进。

3）卵石层

卵石属岩石地层，进尺靠钻齿旋转切入卵石间缝隙切起卵石颗粒装进钻斗。钻进该层时，要持续保持加压，提供最大扭矩，加压钻进到不能进尺为止，抓斗抓出碎石后，开始第二次钻进。卵石地层比较复杂，在此层位内经常发生不可意料的情况，在施工中应格外小心。

4）泥岩层

泥岩单轴抗压强度一般小于 0.17～10MPa，属于极软岩和软岩的范畴，泥岩钻进中容易出现打滑和粘钻。如果遇到进尺困难情况，可以尝试用较快的加压力匹配较慢的转速，反复尝试。若此方法无效，则尝试将套管正转后少许反转，如此反复切削，使其进尺。

（5）钻进施工换位及离位

当钻机钻完一个孔更换或离开桩位时，将全套管全回转钻机工作装置移开，然后移动基板至下一个桩位。

（6）工法介绍

摇动式全套管钻机工作时通过套管在一定的角度范围内以顺时针和逆时针方向边往复摆动边压入地层。全套管全回转钻机成孔时，利用回转装置的回转使钢套管与土层间的摩阻力大大减少，边回转边压入，同时利用冲抓斗、冲击锤挖掘取土或旋挖钻取土，直至套管下到桩端设计标高，成孔后将钢筋笼放入，然后灌注混凝土成桩。

1）全套管掘进，冲抓斗加重锤法。配套设备：履带起重机、抓斗、重锤。施工时，在岩层或遇有混凝土桩体冲抓斗不能冲挖时，用重锤反复冲击，破碎后用冲抓斗挖掘。

2）旋挖钻机与全套管钻机联合工法。此工法是以全套管钻机作主要的钻进工具，旋挖钻机配合取土的工法，能很好地发挥全套管钻机回转入岩土和旋挖钻机快速取土的各自优点，极大地提高工作效率。

3 全套管全回转钻机适用范围

全套管全回转钻机是集全液压动力和传动，机电液联合控制于一体的新型钻机。这是一种新型、环保、高效的钻进技术、近年来在城市地铁、深基坑围护咬合桩、废桩（地下障碍）的清理、高铁、道桥、城建灌注桩的施工、水库水坝的加固等项目得到了广泛的应用。

全套管全回转钻机主要针对高回填地层、岩溶地层、地下水丰富的砂层、卵砾石地层以及沿海地区软基或硬岩地区钻进成孔、复杂破碎的填石填海地层、沿海滩涂等特殊地层和复杂环境下的灌注桩施工。由于钻机具有强大的扭矩、压入力，可有效对岩层进行切削，且套管本身具有护壁作用，无需回填块石或另下保护护筒，即可完成成桩作业。目前国内已完成深度 120m 以上的桩基施工。

3.1 咬合桩、连续墙施工

地下围护结构的施工方法，施工顺序为先施工 B 桩两侧的两根桩体 A 桩，然后利用全套管钻机的切割能力切割掉相邻 A、B 桩相交部分的混凝土，浇筑混凝土后形成咬合桩。该方法主要应用领域有地铁站台、地下建筑结构和水库加固挡水墙等。

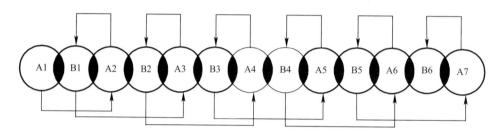

图 2 全套管全回转钻孔咬合桩施工工艺流程图

Fig. 2 Construction process flow chart of secant plie with rotary full casing drill

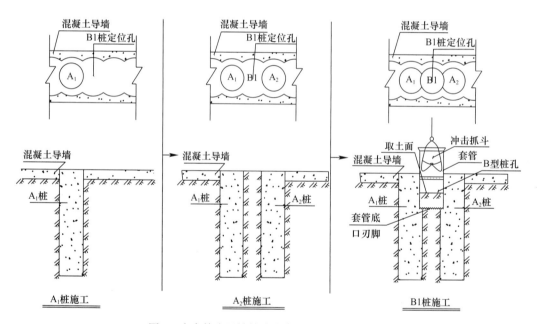

图 3 全套管全回转钻孔咬合桩施工工艺原理图

Fig. 3 Principle of construction technology of secant plie with rotary full casing drill

3.2 漂石、孤石地层，喀斯特地层灌注桩施工

由于钻机具有强大的扭矩、压入力，可有效对岩层进行切削，且套管本身具有护壁作用，无需回填块石或另下保护护筒，即可在高填方、岩溶区域完成成桩作业。

3.3 无损拔桩、地下障碍物清除

利用全套管全回转钻机强大的下压力和回转扭矩，将旧桩周围的土体及障碍物切削分离，用吊车及

冲抓斗将分离后的旧桩体拔除。该方法主要应用领域有城市建设和桥梁改建等。

3.4 高精度无偏差钢立柱插入

用于逆作法施工，在盖挖逆作法施工中全套管全回转钻机成孔与植入钢立柱一体化作业，通过全套管全回转钻机自身的两套液压夹紧装置和垂直控制系统，将钢立柱垂直插入到初凝前的混凝土中。该方法主要应用领域有深层开挖、软弱地层开挖和靠近既有建筑物施工等。

4 工程案例

4.1 合肥第一人民医院门急诊、医技及住院综合楼钻孔咬合桩工程

（1）工程与地层概况

合肥市第一人民医院综合楼位于合肥市寿春路第一人民医院内。拟建建筑包括一栋综合楼 A 栋（19F），一栋综合楼 B 栋（25F），三层地下室。工程重要性等级为一级基坑支护结构安全等级为一级。标准段基坑深 17.5m，桩长 22m，其中土深度 15～16m，围护结构满足强度、稳定和变形要求。地层概况为①层杂填土（Q_4^{ml}），①$_2$ 层淤泥质粉质黏土，②层粉土夹粉质黏土（Q_4^{al+pl}），③层粉土夹粉砂（Q_3^{al+pl}），④层粉土夹粉砂（Q_3^{al+pl}），⑤层强风化砂岩（J）。地下水埋藏类型主要为：上层滞水和潜水。地下水稳定水位埋深约 1.2～1.8m，相对应标高 12.06～13.42m。场地内地下水较丰富，主要含水量为③、④、⑤三层，单井出水量约为 100～150t/d。

（2）钻孔咬合桩

1）钻孔咬合桩设计：本项目施工地点地质条件良好，咬合桩施工工艺采用"硬咬合"方式进行。该项目中钻孔咬合桩的排列方式为两个素混凝土桩（A 桩）之间依靠一个钢筋混凝土桩（B 桩）相咬合，施工时先将两个 A 桩施工完成，待 A 桩混凝土凝固且具备一定强度后，实现 B 桩对 A 桩进行相嵌部分硬切割，最终灌注 B 桩，实现 A 桩与 B 桩相互咬合。A、B 型桩混凝土等级为 C35，咬合厚度 250mm，围护结构兼做止水。

2）钻孔灌注桩工程数量

桩径 1200mm、桩长 22m、桩数 457 根、工程量 11500m³。

3）机械设备配置：①DTR2005H 型全套管全回转钻机 1 台；②抚挖 90t 履带吊车 1 台；③挖掘机及装载车各 1 辆；④配套冲抓斗＋重锤；⑤BX-400 电焊机 1 台。

图 4　续接套管工序　　　　　图 5　抓斗取土工序
Fig. 4　Continuation casing process　　Fig. 5　Grabbing process

（3）施工流程

全套管全回转钻机咬合桩的单桩施工工艺流程如下，当 A 序列桩为素混凝土桩时，则无吊放钢筋笼

工序。平整场地→测设桩位→施工咬合桩导墙→全套管全回转钻机就位对中→吊装第一节套管→控测垂直度→压入第一节套管→控测垂直度→抓斗取土（旋挖钻机取土），套管跟进→测量孔深→清除虚土，检查孔底→吊放钢筋笼→吊放混凝土灌注导管→灌注混凝土同时逐次拔管→测定桩顶混凝土面→成桩钻机移位。

（4）应用效果

合肥市第一人民医院门急诊、医技及住院综合楼基坑咬合桩工程 2016 年 7 月开工至 2017 年 12 月竣工，整个开挖过程中咬合较好，无渗漏现象。

4.2 宜春百荣百尚工程房建喀斯特地层灌注桩施工

（1）工程与地层概况

宜春百尚城位于中心城区宜春市第一小学对面，占地面积 50 亩，建筑面积 20 万 m^2，为集购物、餐饮、娱乐、文化性消费等多种功能服务于一体的现代化商业中心，属于现代化城市综合体。工程地质概况为喀斯特（溶洞）、高回填地貌：孤石及溶洞多呈串珠状发育，平均厚度为 3～5 层，溶洞平均高度超过 6m，最大溶洞高度为 35m。溶洞多呈半充填及全充填状，部分无充填。充填物为松散角砾、软塑状含砾粉质黏土等物质，力学性质差。

（2）钻孔灌注桩

1）钻孔灌注桩设计：本项目桩基为高层房建桩基灌注桩。根据地质报告勘察显示，为确保桩基承载力满足房建使用要求，最终设计为桩径 1500mm、桩长 70m 的钢筋混凝土灌注桩。2）机械设备配置：①DTR2005H/DTR1505H 型全套管全回转钻机各 1 台；②80/90t 履带吊车各 1 台（含快放功能）；③徐工及三一 360 旋挖钻机各 1 台；④挖掘机及装载车；⑤配套冲抓斗＋重锤。

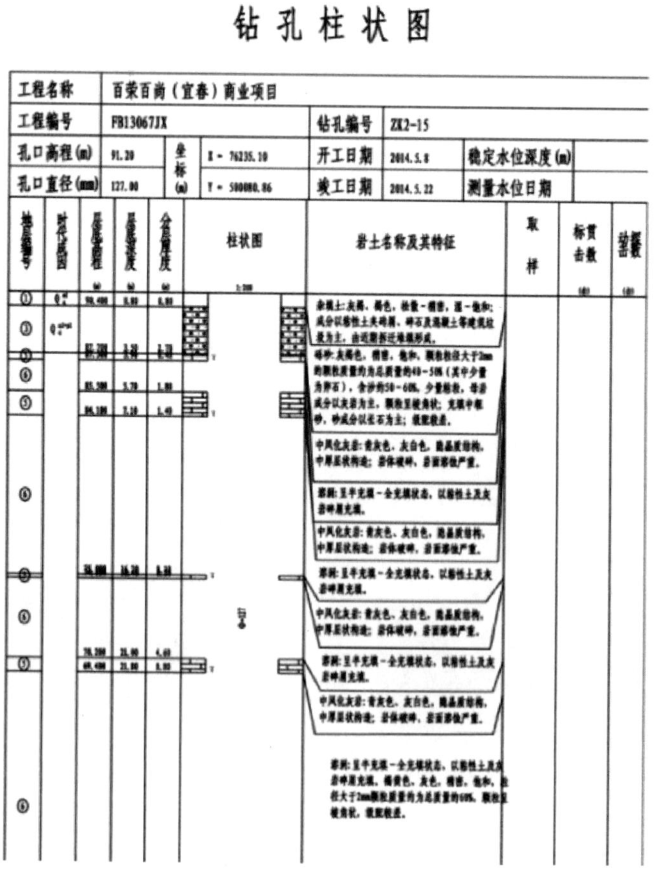

图 6　钻孔柱状图

Fig. 6　Borehole histogram

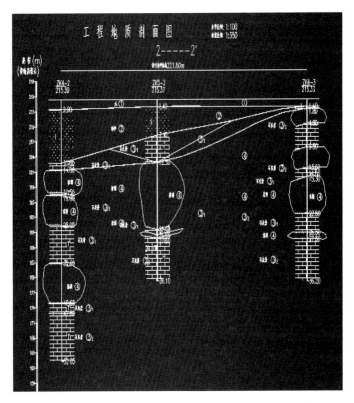

图 7　工程地质剖面图

Fig. 7　Engineering geological profile

（3）施工工艺

该项目施工前期，采用传统桩基施工工艺如旋挖钻成孔在施工过程中（岩溶地区）均会出现卡钻、掉钻、桩身倾斜、孔内坍塌等事故，导致桩基成孔困难，经多次现场勘察后，最终选用全套管全回转钻机灌注桩施工工法，利用全套管全回转钻机良好的垂直度控制功能，强大的扭矩输出及入岩能力很好地解决了溶岩地层桩身倾斜的问题，同时套管全程跟进，避免了孔内坍塌事故发生，旋挖钻机在取土作业时也避免了卡钻、掉钻等事故的发生。

（4）穿越溶洞

全套管全回转钻机穿越溶洞处施工要点如下：1）套管刀头安装方式：①采用 1 外刀 1 中刀 1 内刀方式排列；②观察扭矩，保证全回转钻机回转扭矩平稳；③初入溶洞及出溶洞时，下压套管作业要慢。2）溶洞回填处理：根据施工时溶洞大小，可选择性进行溶洞内部回填，回填物可分为混合砂浆（溶洞较小），套管内部取出的碎石、砂土（溶洞较大），或者回填碎石搅拌水泥混合物，回填完成后，重新进行套管下压施工。3）混凝土灌注控制：采用料斗灌注法进行混凝土灌注，初始灌注为确保混凝土能封堵孔底，应一次性灌注 2～3m³ 混凝土，混凝土灌注过程中要经常根据灌注高度起拔套管及导管，既防止套管及导管凝固在混凝土中，也要严格控制防止套管及导管起拔过快露出混凝土面，造成断桩风险，套管及导管底口要始终低于混凝土面 2.5m 左右。

（5）应用效果

传统工艺需要 40 多天才能完成 1 根桩的灌注施工，采用全套管全回转钻机施工后，成桩效率显著提升至 8 天/根，成桩速度和成桩质量受到了业主与其他施工单位的高度赞誉。

4.3　上海市塘桥渡口泵站清障工程

（1）工程概况

工程位于城区，上海市塘桥渡口轮渡站旁，工程主要内容：泵站主体工程、设备安装工程、排水道路工程、水电安装工程及管理用房土建工程。拟建工程场地地下存有过往工程留置的灌注桩，其基本参数为：桩径600mm，桩深23m。为保障拟建工程的顺利进行，需对相应场地进行拔桩清障施工。

（2）施工原理及设备

全套管全回转钻机在工作时会产生下压力和回转扭矩，带动钢套管回转下压，同时依靠钢套管头部安装的高强度刀头对旧桩周围的土体、岩层、钢筋砼等障碍物进行切削分离，采用冲抓斗及履带吊将分离后的旧桩体拔出，此时钢套管可充当护壁防止塌孔等事故导致地层变化影响周围设施环境。旧桩体拔出后，进行钢套管内部砂土回填。施工设备：①DTR2005H型全套管全回转钻机1台；②85t履带吊车1台；③挖掘机及装载车各1台；④钻机配套冲抓斗、重锤、楔形锤。

图8　抓取障碍物 　　　　　图9　拔除旧桩

Fig. 8　Grab obstacle 　　　Fig. 9　Pull out old pile

（3）施工流程

单点桩位旧桩拔除施工工艺流程：施工准备（选取合理的套管）→桩位放样→钻机就位→钢套管下压→冲抓斗抓取障碍物→拔除旧桩→冲抓确保清障彻底→回填拔管完成旧桩拔除施工。清除旧桩的施工中，钢套管型号的判断选择是施工顺利与否的关键。钢套管口径选择过小会导致清障不彻底，甚至会产生卡管现象，影响施工进度，钢套管口径选择过大会导致旧桩难以与土体分离，影响施工效率。因过往工程施工的旧桩质量无法把控，经常会出现扩经或者垂直度不好的情况，因此钢套管口径选择不能一成不变，一定要结合实际来选取。

（4）应用效果

该项目最大的特点是可将钢套管钻入有岩层或高强度回填障碍物的土体，利用套管护壁作用，在套管内部进行清障处理。显示出了全套管全回转工艺的以下效果：①施工过程简单可靠，无振动低噪声；②安全性能高，减少对周围土体扰动；③快速便捷，减少施工成本；④适用范围广，经济环保。

5　结语

全套管钻机是一种机械性能好、成孔深、桩径大的新型桩工机械，它由主机、液压动力站、钢套管、取土装置（锤式抓斗、十字冲锤等）、起重机或旋挖钻机等组成，集取土、成孔、护壁、安放钢筋笼、灌注砼等连续作业为一体，施工效率高，工序较少，辅助费用低。它所采用的全套管工法可在各种地层中施工，很好地解决了钻（冲）孔桩而出现的入岩难、塌孔、孔底沉渣等难题；消除了人工挖孔桩等而出现的流砂、渗水过量等引起的不利影响；无泥浆污染及施工时噪声低，特别适合于城区内施工；对于以各类复杂地基而言，可提供较高的单桩承载力。是一种能够广泛应用于工业与民用建筑、交通、铁路等土木行业的高效桩基础施工机械。

参考文献

[1]　《桩基工程手册》编写委员会. 桩基工程手册（第二版）[M]. 北京：人民交通出版社，2015.

［2］ 郭传新. 全套管冲抓斗钻孔机的全回转套管装置［J］. 工程机械，1999（11）.

［3］ 郭传新等. 国内基础工程施工技术与设备的新进展［J］. 建筑机械，2006（05）.

［4］ 郭传新等. 中国桩工机械现状及发展趋势［J］. 建筑机械化，2011（08）.

［5］ 郭传新等. 从 2013 德国宝马展看桩工机械的发展趋势［J］. 建筑机械化，2013（12）.

［6］ 宋志彬等. 全回转套管钻机和全套管施工工艺的研究［J］. 探矿工程，2013（09）.

［7］ 行业标准. 全套管钻机 JB/T 12634—2016［S］. 北京：机械工业出版社，2016.

［8］ 陈建海，刘可可，全回转钻机在国内的发展与应用. //2016 海峡两岸岩土工程/地工技术交流研讨会论文集. 新华书局.

［9］ 沈保汉. 盾安 DTR 全套管全回转钻机喀斯特地层大直径灌注桩施工工法［J］. 工程机械与维修，2014（01）.

［10］ 沈保汉等. MZ 系列摇动式全套管钻机［J］. 施工技术，2006（07）.

第一作者信息

高文生，男，1967 年生，吉林长春人，工学博士，研究员，博士生导师，国家注册土木工程师（岩土），主要从事地下空间、桩基工程研究。E-mail：gwscabr@163.com。
电话：13701266757。

CONSTRUCTION TECHNOLOGY AND APPLICATION OF FULL CASING FULL ROTARY DRILLING RIG

GAO Wen-sheng[1,3,4] CHENG jian-hai[2] GUO chuan-xin[1,3]

(1. China academy of building research foundation institute，Beijing，100013；2. DUNAN heavy machinery manufacturing Co.，Ltd. 3. State Key Laboratory of Building Safety and Built Environment，Beijing，100013；4. Beijing Engineering Technology Research Center of Foundation and City Underground Space Development and Utilization，Beijing，100013)

Abstract：Full casing full rotary drilling rig is a new type of pile working machinery consisting of hydraulic power station，transmission system，joint control of mechatronic fluid. It was popularized and applied in engineering about deep foundation pit enclosure，architecture and bridge pile，scavenging discarded pile for its good mechanical behavior adaptation to complex strata，multiple load cases in recent years. This paper gives a summary of its mechanical construction，construction technology of drilling of cast piles and secant piles，technical feature and engineering application.，Full casing full rotary drilling rig consists of main engine，steel casing，soil device（hammer grab，cross punching hammer，etc.），crane or rotary drill rig，etc.，collecting soil，forming holes，retaining wall，placing reinforcement cage and pouring concrete and so on. The full casing method used in it can be used in any formation to avoid the maladies of rock entry，hole collapse and bottom sediment，such as drilling（punching）hole pile and so on. It eliminates the adverse effects caused by the flow sand and excessive seepage，such as artificial digging pile and so on. No mud pollution and low noise in construction are especially suitable for the complex foundation consisting of various soil layers and the application in the urban area.

Key words：Full casing；full rotary，drilling rig；cast pile，secant pile，scavenging discarded pile

超深地下连续墙施工关键技术

李耀良[1,2]，张哲彬[1,2]，张顺[1,2]

(1. 上海市基础工程集团有限公司，上海　200433；2. 上海基坑工程环境安全控制工程
技术研究中心，上海　200433)

摘　要：地下连续墙是目前广泛应用于深基坑支护的围护结构，然而随着城市深层地下空间的深入开发，地下工程的开挖深度日趋加深，对施工建造技术的要求更加严苛，如何确保超深基坑支护的安全也是亟待解决的一大难题。超深地下连续墙工艺相较于常规地下连续墙，对于成槽设备、槽壁稳定性、接头工艺、泥浆指标、垂直度要求、钢筋笼制作精度、混凝土浇筑等各方面技术均提出了更高的要求。本文结合苏州河段深层排水隧道系统工程（试验段）云岭西项目150m超深地下连续墙试验研究情况，通过分析试验实施过程中的数据成果，提炼总结了超深地下连续墙关键施工技术，为今后的超深地下空间开发积累了宝贵经验，提供技术借鉴。

关键词：超深地下连续墙；深层地下空间；施工关键技术

1　引言

随着城市地下空间的开发越来越深，常规地下连续墙的施工工艺其垂直度精度及地墙接缝止水可靠性等方面均无法满足超深地下工程的建造要求。而超深地下连续墙施工依靠双轮铣槽机，采用套铣接头工艺，具备了土层适应性高、成槽深度大、垂直精度高、接缝抗渗性能强的优点，被认为是目前最适合于超深基坑支护的施工技术。

2　工艺概况

2.1　铣槽机原理

铣槽机是目前国内外最先进的地下连续墙成槽机械，成槽施工工作原理为反向循环原理。成槽时通过安装在铣轮上不同形状和硬度的铣齿来切削地层，将泥土和岩石破碎成小块，与槽段中的泥浆混合后，通过排泥回浆泵和泥砂分离系统处理回收泥浆，处理后干净的泥浆重新抽回槽中循环使用，直至终孔成槽。铣槽机地层适应性强，淤泥、砂、砾石、卵石、中等硬度岩石均可铣削。

2.2　套铣接头工艺

套铣接头工艺是指利用铣槽机可切削硬岩的能力，直接切削铣掉相邻已完成槽段搭接部分的混凝土，形成锯齿型新鲜混凝土面，再浇筑混凝土使相邻槽段相结合的接头形式，具备止水良好、致密性强的优点。

3　现场试验研究

3.1　试验概况

超深地下连续墙试验应用场地位于苏州河段深层排水调蓄管道系统工程（试验段）云岭西项目场地

基金项目：上海市科学技术委员会科研项目（16DZ1202206）

内，在综合设施中隔墙位置选取了三幅试验地墙位置（一期槽段 ZQ2、ZQ3，二期槽段 ZQ2-3）（图 1），试验成槽深度 150m，墙厚 1.2m，每幅宽度 2800mm，均采用一铣成槽的工艺，一、二期槽段套铣搭接长度 300mm。

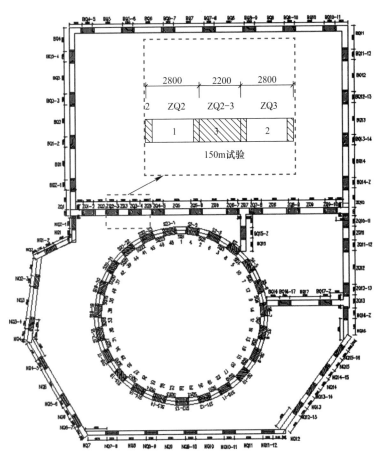

图 1　150m 超深地下连续墙试验位置示意图

Fig. 1　Testing position of the 150m ultra deep diaphragm wall

3.2　工程地质条件

根据勘察报告所揭示的地质情况，超深地下连续墙自上而下穿过土层依次为：①层杂填土，②₃ 层灰黄色黏质粉土，④层灰色淤泥质黏土，⑤₁ 层灰色黏土，⑤₃ 层灰色粉质黏土夹粉砂，⑤₄ 层灰绿色粉质黏土，⑦层灰黄—灰色粉砂夹粉质黏土，⑧₁ 层灰色粉质黏土，⑧₂ 层粉质黏土、粉砂互层，⑨夹层粉质黏土，⑨₂₋₁ 层粉细砂夹中粗砂，⑨₂₋₂ 层中粗砂，⑩夹层粉质黏土夹粉砂，⑩ₐ 层粉砂夹粉质黏土，⑪层粉细砂夹中粗砂。

本试验工程超深地下连续墙穿越地层复杂，浅层淤泥质黏土流塑性较高，易发生缩径和塌方；粉砂层粉砂颗粒难以被泥水系统处理，此外，工程涉及上海地区的第二、第三承压水层问题，施工难度较大。

4　试验关键技术

4.1　槽壁稳定

（1）导墙

导墙的刚度影响槽壁稳定，导墙的结构形式应根据地质条件和施工荷载等情况确定。超深地下连续墙成槽机械及钢筋笼吊装重量较重，试验采用"]「"形导墙，导墙上翼缘与场内现有重型道路双层水平筋搭接焊连接形成整体，导墙整体厚度增加至300mm，上翼缘宽度1500mm，下翼缘宽度1200mm。为便于成槽，两侧导墙制作时，分别向外侧扩大25mm，两侧导墙间距1250mm。

（2）槽壁加固

为了提高超深地下连续墙的槽壁稳定性，施工前分别在试验地墙槽段两侧采用三轴搅拌桩和在槽段两端采用高压旋喷桩进行槽壁加固，加固深度根据地层、环境等要求确定，并穿越浅层砂土、粉土。

（3）泥浆

超深地下连续墙深度涉及淤泥质黏土、粉质黏土、粉砂、中粗砂等不同土层，应根据地质条件，通过泥浆试配与现场检验确定适用于本工程的泥浆配比，检验内容主要包括泥浆比重、黏度、含砂率、pH值、泥皮厚度及失水量等指标，要求在地墙施工过程中每台班（8h）检测一次，确保泥浆性能达到规定要求，不影响成槽质量。

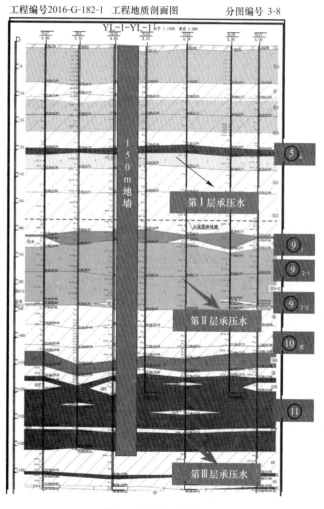

图2　土层地质剖面图

Fig. 2　The engineering geological profile

图3　宝峨MC128双轮铣槽机

Fig. 3　Bauer MC128 trench cutters

4.2　成槽施工

（1）设备选型

超深地下连续墙机械设备的选型主要考虑以下几个因素的影响：①设备性能；②开挖深度；③垂直度精度；④地层特性；⑤施工条件。

通过对国内外成槽机械设备的调研考察，采用宝峨MC128双轮铣槽机，最大成槽深度150m，垂直度精度达到1/1000，该型设备自带纠偏、测斜功能，信息化设备完善，是较为理想的超深地下连续墙成槽设备。

（2）垂直度控制

超深地下连续墙成槽过程中垂直度控制首先利用铣槽机自带的 B-Tronic 控制系统，自动测斜进行纠偏（见图 4），做到随挖随纠。

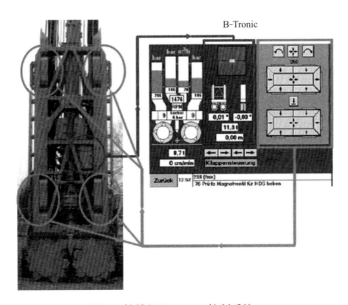

图 4　铣槽机 B-Tronic 控制系统

Fig. 4　B-Tronic control system

同时，利用第三方超声波垂直度检测确保成槽垂直度，在成槽过程中根据成槽深度分别在 40m、90m、120m 和 150m 处进行提斗测槽工作（见图 5），掌握槽段垂直度情况，可及时进行纠偏调整。

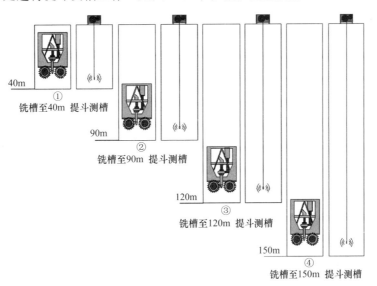

图 5　提斗测槽深度划分示意图

Fig. 5　The inspection depths of the ultrasonic drilling monitor

（3）沉渣控制

铣槽机成槽工艺是将土打碎后经过泥浆分离系统循环的过程，由于泥浆处理设备能力有限，无法将泥浆中的土、砂颗粒全部分离，因此铣槽机铣槽过程中泥浆中的固相含量相当大，反映在泥浆比重大、黏度高，会造成清孔后还会有泥沙沉淀形成槽底沉渣，将直接影响钢筋笼是否能顺利吊放入槽底，从而影响超深地下连续墙的施工质量。要求铣槽机成槽至设计标高后，进行反循环清基，必须 100％置换槽内泥浆。

4.3 接头工艺

（1）套铣切削

套铣接头工艺是利用铣槽机在二期槽段成槽过程中直接切削一期槽段的混凝土，每侧切削长度一般为 200～300mm，露出新鲜、粗糙的混凝土面，从而形成止水良好、致密的地下连续墙接头（见图 6）。

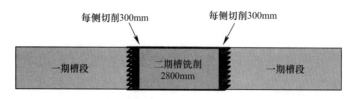

图 6　套铣接头示意图

Fig. 6　Over cutter joint

二期槽段铣槽时，两侧一期槽段完成混凝土浇灌时间不应少于 5 天，且强度不应低于 C15。考虑到各项目混凝土配比及性能不同，在超深地下连续墙施工前，应进行现场混凝土试验，取得混凝土强度与浇灌时间的关系，以指导二期槽段套铣施工时间。

（2）端头限位

为避免铣槽机铣槽过程中切割到钢筋，保证切割面和钢筋笼之间有足够距离，一期槽段钢筋笼两端应设置 PVC 管限位块。同时还应据下列公式确定一期槽段混凝土浇筑面至一期槽段钢筋笼的距离：

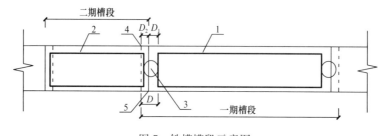

图 7　铣槽槽段示意图

Fig. 7　Panel divisions

1——一期槽段钢筋笼；2——二期槽段钢筋笼；3——限位块；4——一期槽段混凝土浇筑面；5——二期槽段铣削面

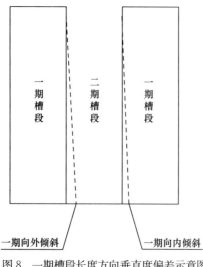

图 8　一期槽段长度方向垂直度偏差示意图

Fig. 8　Verticality of the primarily panel

$$D = D_1 + D_2 \quad D_1 = L \times 1/800 + 15 \qquad (1)$$

D——一期槽段混凝土浇筑面至一期槽钢筋笼的距离（mm）；

D_1——铣削面距离一期槽钢筋笼的距离（mm）

D_2——铣槽搭接长度（mm）；

L——超深地下连续墙的深度（mm）。

（3）有效搭接长度控制

超深地下连续墙深度达 150m，墙体若向两端偏移，会导致墙体底部开叉，无法保证墙体的整体连续性，不能有效隔断底部承压含水层，对超深基坑造成安全隐患。超深地下连续墙相较于常规地下连续墙垂直度精度要求更加严格，必须确保套铣有效搭接长度不应小于 100mm。由于采用套铣接头工艺，一期槽段长度方向成槽垂直度偏差应避免向槽段内倾斜，向槽段内倾斜偏差不应大于 100mm，否则无法满足一、二期槽段有效搭接长度的要求（见图 8）。

4.4 钢筋笼制作与吊装

（1）钢筋笼平台制作

钢筋笼制作平台采用型钢制作，在平台上根据设计的钢筋间距、插筋、预埋件及钢筋接驳器的位置画出控制标记，平台的平整度应控制在 10mm 以内。

由于超深地下连续墙钢筋笼尺寸较长，除常规地墙钢筋笼制作质量控制要求外，还应控制钢筋笼对角线长度允许偏差在 20mm 以内；另外，一期槽段下部若为构造钢筋笼，钢筋笼宽度可适当内收，确保钢筋笼能顺利放入槽段中。

（2）钢筋笼吊装

钢筋笼吊点布置应根据吊装工艺和计算确定，并对钢筋笼整体起吊的刚度进行验算，超深地下连续墙钢筋笼吊装计算安全系数为 2。由于钢筋笼整体重量较大，主吊点吊环应采用钢板。

（3）钢筋笼对接

超深地下连续墙钢筋笼需分多节吊装，对接接头采用 I 级接头机械连接，接头连接应牢固、可靠，机械接头对接存活率应大于 90%。钢筋笼机械接头存活率若小于 90%，可能与钢筋笼制作精度未达到要求和钢筋笼整体刚度偏小，在吊装过程中发生变形有关。现场应及时找出原因，对钢筋笼制作平台进行调整，重新复核钢筋笼制作允许偏差，以及对钢筋笼整体刚度进行加强。

4.5 混凝土浇筑

（1）浇筑机架

由于超深地下连续墙深度较深，使得浇筑混凝土的导管较长，高压力下导管提升难度较大，常规导管架已无法满足需要。试验施工中重新设计加工了导管架，使用更大功率卷扬机，导管架卷扬机提升能力达到 5T。

（2）混凝土导管

超深地下连续墙水下混凝土浇筑，对导管管壁压力及导管连接强度都提出了更高的要求。导管直径为 300mm，钢管壁厚不小于 4mm。管节连接应密封、牢固，施工前应试拼装并进行水密性试验，水压力设计值应通过计算槽段底部泥浆的压强值而确定。

（3）混凝土配比和强度

水下浇筑的混凝土应具备良好的和易性，初凝时间应满足浇筑要求，为保证混凝土的流动性，坍落度宜控制在 220±20mm。

5 试验效果总结

5.1 进齿速度

铣槽机具有对地层适应性较好的特点，但其成槽速度仍与地层及深度有较大关系，选取三幅试验幅超深地下连续墙在成槽过程中铣槽机的进齿速度汇总见图 9。由图可知：（1）一期槽段在铣槽进入⑨层后进齿速度明显减慢，铣槽速度约为 6～8cm/min；进入⑩层后，进齿速度下降更加明显，约为 3～5cm/min；在铣槽进入⑪层后，铣槽速度有略微下降，稳定在 4cm/min 左右。（2）二期槽段铣槽过程中，因铣轮两侧混凝土强度不同，铣斗两侧受力不一致，在深度达到 15m 之前，液压推板尚未完全进入槽内，无土体抵靠，进齿速度较慢，约为 1cm/min 左右；铣槽深度超过 15m 后，进齿速度基本能达到 2～4cm/min。

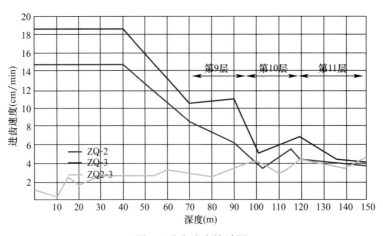

图 9　进齿速度统计图

Fig. 9　Cutting speeds in different soil layers

5.2　成槽垂直度

选取三幅试验超深地下连续墙在施工过程中均进行了第三方超声波垂直度检测，最终的成槽垂直度汇总见表 1。可以得到三幅超深地下连续墙垂直度均≤1/1000，满足设计垂直度要求，确保了套铣有效搭接长度。

超声波成孔（槽）检测记录表　　　　　　　　　　　　　　　　　　　　　　　　　　　表 1

Inspection records of the trench verticality　　　　　　　　　　　　　　　　　　　Tab. 1

槽段号	深度	X 向偏差	Y 向偏差	垂直度
ZQ2（一期槽）	150m	15cm	4cm	1/3750
ZQ3（一期槽）	150m	15cm	9cm	1/1600
ZQ2-3（二期槽）	150m	10cm	15cm	1/1000

5.3　泥浆性能

在三幅试验幅超深地下连续墙成槽过程中，对清基后的槽段内泥浆按上中下三种深度进行取样检测，以验证泥浆性能是否符合预期，重点检测泥浆比重、黏度、含砂率这三项主要控制指标，所得试验结果汇总见表 2。

可以得出泥浆性能在清基完成后直至钢筋笼吊装结束经过约 9 小时，依旧具有较好的护壁性能。

泥浆性能检测结果记录表　　　　　　　　　　　　　　　　　　　　　　　　　　　　表 2

Inspection records of the circulating mud　　　　　　　　　　　　　　　　　　　Tab. 2

	取浆深度	清基完成后泥浆指标			钢筋笼下放完成后泥浆指标		
		黏度	比重	含砂率	黏度	比重	含砂率
ZQ2（一期槽）	上	22	1.04	0.5	22	1.04	0.5
	中	22	1.04	0.5	22	1.21	1.0
	下	22	1.04	0.5	22	1.22	1.0
ZQ3（一期槽）	上	20	1.04	0.5	22	1.04	0.5
	中	20	1.04	0.5	22	1.04	0.5
	下	20	1.04	0.5	22	1.12	1.0
ZQ2-3（二期槽）	上	21	1.06	0.5	22	1.05	0.5
	中	21	1.06	0.5	22	1.10	0.5
	下	21	1.06	0.5	23	1.23	2.0

5.4 混凝土浇筑

超深地下连续墙水下混凝土浇筑，除了保证混凝土浇筑的时间连续性和混凝土流动性需满足水下施工要求外，对导管在混凝土中的埋深以及拔管控制提出了更高的要求。

混凝土浇筑记录表   表3
Concrete pouring records   Tab. 3

槽段号	实际/理论方量	充盈系数	混凝土浇筑时间	28d 抗压强度
ZQ2（一期槽）	$570m^3/50m^3$	1.13	67h31min	142%
ZQ3（一期槽）	$537m^3/50m^3$	1.06	61h41min	136%
ZQ2-3（二期槽）	$546m^3/503m^3$	1.08	11h23min	132%

可见，试验幅整体浇筑速度在 $40m^3/h$ 左右，基本满足混凝土初凝时间要求。同时试验证明，混凝土浇筑用导管及机架可以满足深度达150m的超深地墙的施工要求。

5.5 环境监测总结

在超深地下连续墙施工过程中，地表监测点竖向位移变化不大，波动幅度不大于10mm。地表沉降监测表明，成槽过程中周边环境变化稳定，无突变情况。

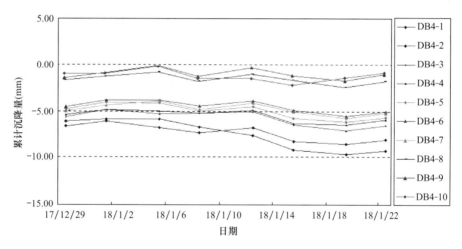

图10 云岭西竖井北侧地表沉降历时曲线图
Fig. 10 The distributions of the surface settlements in the north of the shaft in the Yunlingxi Project

6 结语

本文对150m超深地下连续墙试验施工过程中的槽壁稳定、成槽施工、接头工艺、钢筋笼制作及吊装、混凝土浇筑等施工关键技术进行了总结和分析。

该试验成果说明了双轮铣槽机采用套铣接头工艺能较好适应软土地区复杂地层。超深地下连续墙各项试验参数均符合预期，成槽工效、垂直度精度、混凝土强度等指标均满足设计要求，达到较高水平，且超深地下连续墙施工过程中对周边环境扰动影响微小，具备良好应用效果。

150m超深地下连续墙的成功实施为苏州河段深层排水调蓄管道系统工程的推进提供了工程验证，也为今后的超深地下空间开发积累了宝贵经验，提供技术借鉴。

参考文献

[1] 王刚，周质炎. 城市超深排（蓄）水隧道应用及关键技术综述 [J]. 特种结构，2016（2）：74-79

[2] 杨宝珠，张淑朝. 天津地区超深地下连续墙成槽施工技术 [J]. 施工技术. 2013（2）：89-91

[3] 祝强. 宁波 110m 地下连续墙成槽关键技术研究 [J]. 中国市政工程，2016（12）：82-85

[4] 刘国彬，王卫东. 基坑工程手册（第二版）[M]. 北京：中国建筑工业出版社，2009

作者简介

李耀良，男，1962 年生，上海人，汉族，本科，教授级高级工程师，主要从事地基基础、深基坑、非开挖、轨道交通等地下工程施工技术研究与实践方面的工作。E-mail：liyaoliang2@qq.com，电话：13701735445，地址：上海市民星路 231 号。

KEY TECHNOLOGIES OF ULTRA DEEP DIAPHRAGM WALL CONSTRUCTION

LI Yao-Liang[1,2] ZHANG Zhe-bin[1,2] ZHANG Shun[1,2]

（[1] Shanghai Foundation Engineering Group Co. ，Ltd，Shanghai 200433，China）

（[2] Shanghai Engineering Research Center of Environmental Safety Control of Excavation Engineering，Shanghai 200433，China）

Abstract：The diaphragm wall is widely used in the deep excavation support structure. With the further development of deep underground space in the city，the deepening excavation depth，the more stringent requirements for construction，how to ensure the safety of ultra deep excavation engineering has become a major problem to be solved. The ultra deep diaphragm wall has higher requirements in terms of trench equipment，trench stability，Verticality，reinforcement cage precision，and concrete pouring. Based on the experimental study of the 150m ultra deep diaphragm wall in the Yunlingxi Project of the deep drainage tunnel system project of the Suzhou River（test section），this paper has summarized the key construction techniques of the ultra deep diaphragm wall by analyzing the data results of the test，aimed at accumulating valuable experience and providing technical reference

Key words：ultra deep diaphragm wall，deep underground space，key construction techniques

静钻根植桩技术及应用

张日红[1]，陈洪雨[1]，龚晓南[2]，周佳锦[2]

(1. 中淳高科桩业股份有限公司 建材行业混凝土预制桩工程技术中心，浙江 宁波　315000；

2. 浙江大学 滨海和城市岩土工程研究中心，浙江 杭州　310058)

摘　要： 静钻根植桩技术是在分析我国沿海地区广泛使用的高强混凝土预制桩和钻孔灌注桩的优缺点基础上开发的非挤土预应力高强混凝土预制桩基础技术。本文对静钻根植桩技术的开发背景、国外相关技术发展状况、静钻根植桩基础用复合配筋预应力高强混凝土管桩和预应力混凝土竹节桩产品性能、静钻根植施工工艺进行了介绍。静钻根植桩承载力性能试验及工程应用结果表明，该技术具有承载力高、质量稳定可靠、省材料和无泥浆污染等优点。

关键词： 静钻根植桩；PRHC桩；PHDC桩；扩底；承载力

1　前言

离心成型先张法高强预应力混凝土管桩等产品（以下简称：PHC预制桩）自20世纪80年代中期开始在广东、上海、浙江等地开始推广。由于施工方便、工期短、工效高、工程质量可靠、桩身耐打性好，单位承载力条件下造价较钻孔灌注桩等其他常用桩型低等优点，比较适合沿海地区的地质条件，目前已成为我国桩基工程中最广泛使用的桩型。根据我国预应力管桩的生产量来估算，我国的管桩使用长度已经超过20亿m。该产品在我国的高速经济发展中发挥了重要的支撑作用。

但在近年来，由于城市化的快速进展，现有PHC桩产品及其施工方法存在的一些问题使得预制桩的应用受到了一定限制。主要有以下几方面：

（1）在软土地基中作为摩擦桩使用时，由于PHC桩与土体的侧摩阻力较低，加上桩端阻力也不够高，竖向荷载下桩身的高强混凝土强度特性得不到充分利用；

（2）现行锤击及静压施工方法存在的挤土效应及振动对周围设施产生不良影响，使得都市区PHC桩难以得到利用。预制桩在软土地基中施工时因挤土效应破坏了预制桩周边被动土压力，施工不当时还会导致桩身倾斜甚至断裂现象；另外现行施工方法在穿透各种夹层时有难度。

另一方面，目前在工程建设中广泛使用的非挤土施工方法为钻孔灌注桩，但该技术施工过程中存在质量控制比预制桩难，排出泥浆对环境影响大等问题。

日本在1968年、1976年分别颁布噪声规制法和振动规制法，使得在都市区无法使用锤击沉桩，通过不断开发新桩基工法，植入施工预制桩以及钻孔灌注桩等非挤土桩成为桩基施工的主流，2014年日本99%PHC桩采用埋入式工法施工。特别是近年来开发的预钻孔扩底植入法施工600mm以上的大直径预制桩的高承载力工法在高层建筑等得到了广泛应用[1]。植入法施工预制桩在韩国及台湾等亦有应用，但主要以普通无扩底埋入法为主。台湾地区将此种施工方法与钻孔灌注桩同分为钻掘式基桩，目前已在台湾得到了广泛应用。台湾地区在20世纪90年代初引进日本的预钻孔植入桩技术，因该技术具有承载力较高、施工效率快、施工质量易于控制、无二次公害等优点，近年来已经比常用的反循环钻孔灌注桩更为台湾工程界所接受。

针对上述问题，中淳高科桩业股份有限公司通过分析钻孔灌注桩的优缺点，并对日本等国外的一些预制桩产品及施工方法进行研究，结合我国国情，开发了桩身抗拉、抗弯性能高及可增加桩与土体侧摩阻力的新型预制桩产品：复合配筋预应力高强混凝土桩和高强预应力混凝土竹节桩，并通过开发非挤土沉桩的静钻根植施工技术工法，扩大了作为工业化产品的预制桩在工程建设中的应用领域，大幅度降低桩基工程对环境的影响。

2 静钻根植桩用预制桩型

针对现有 PHC 桩产品存在的问题，通过试验研究开发了桩身抗拉、抗弯性能高的复合配筋预应力高强混凝土桩及可增加桩与土体侧摩阻力的预应力高强混凝土竹节桩。

2.1 复合配筋预应力高强混凝土桩

复合配筋预应力高强混凝土桩（简称：复合配筋桩，代号：PRHC 桩）是在现有有效预压应力 AB 型的 PHC 管桩中沿桩身全长增配非预应力热轧带肋钢筋，结构示意图如图 1 所示，并根据需要在桩端部配置一定长度要求的锚固钢筋，并与端板相接。按非预应力钢筋最小配筋率，PRHC 桩分为 Ⅰ 型、Ⅱ 型、Ⅲ 型、Ⅳ 型，其相应的最小配筋率分别不得低于 0.6％、1.1％、1.6％ 和 2.0％。该产品除用于承受竖向抗压荷载的情况之外，还特别适用于承受抗拔荷载、水平荷载的作用。根据日本的使用经验，对于较高地震设防烈度地区考虑地震作用水平承载的桩基础，通过对 PRHC 桩身受弯承载力和受剪承载力进行验算，可以进行选用。

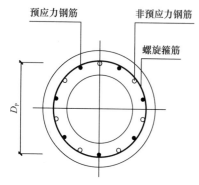

图 1 PRHC 桩结构

Fig. 1 Schematic diagram of PRHC

在开发过程中，PRHC 桩的桩身力学性能参照混凝土结构设计规范进行计算，并对计算结果进行了试验验证[3,4]。图 2（a）为直径 600mm PRHC 桩与 PHC 600AB（110）管桩的桩身受拉承载力设计值的对比。Ⅰ 型、Ⅱ 型、Ⅲ 型、Ⅳ 型 PRHC 桩的受拉承载力设计值比同直径 PHC 管桩分别提高 37％、72％、95％、120％，能满足抗拔桩的设计要求。图 2（b）为 P（R）HC 桩 Ⅱ 型与同尺寸 PHC 管桩及直径大 200mm 的钻孔灌注桩（配筋率 1.0％，C35 混凝土）的桩身抗弯承载力设计值的对比。由于该产品的桩身抗弯性能比现有 PHC 桩有了大幅度的提高，可以应用于各种构筑物对抗水平荷载作用有较高要求的桩基础。对地震设防区建构物桩基础可在上节桩选用合适型号的 PRHC 桩，能够避免地震荷载作用下对桩身产生的损害现象。

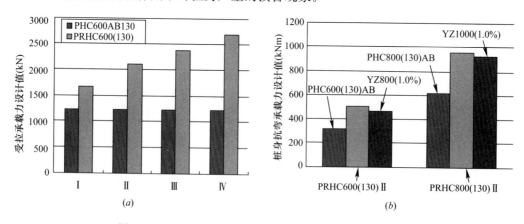

图 2 PRHC 桩、PHC 管桩及钻孔灌注桩的力学性能对比

Fig. 2 Comparison of tensile bearing capacity PRHC、PHC and cast-in-site piles

（a）PRHC、PHC 桩身抗拉承载力；（b）PRHC、PHC 及钻孔灌注桩桩身抗弯承载力

2.2 预应力高强混凝土竹节桩

预应力高强混凝土竹节桩（简称：竹节桩，代号：PHDC 桩）是桩身等间隔处带有竹节状凸起的预制桩产品。为了增加桩与周围土体的摩擦阻力，在满足生产、运输、施工的前提下应尽可能加大节外径

与桩身直径之差，目前所开发的PHDC桩的节外径比桩身直径大150～200mm。PHDC桩的桩身混凝土有效预压应力值与现有预应力管桩相同，分为A型、AB型、B型和C型。桩身力学性能计算方法与现有PHC管桩相同。通常PHDC桩可使用在桩基的下节与中节，上节可以使用桩身直径相同的PHC管桩或PRHC桩，也可以根据设计要求，通过在PHDC桩上端直径的变换，在上节使用比PHDC桩直径大100mm或200mm的PHC管桩或PRHC桩来满足上节桩桩身承受的竖向抗压、抗拔荷载，同时也增加了桩基抗水平荷载的性能。

3 静钻根植桩施工技术

3.1 静钻根植施工工法

静钻根植施工工法结合了钻孔灌注桩、深层搅拌桩、扩底桩、预制桩等技术的优点，是新型预制桩植入式沉桩施工技术。图3为该工法的主要施工流程。①钻机定位，钻头钻进；②钻头钻进，对孔体进行修整及护壁；③、④钻孔至持力层后，打开扩大翼进行扩孔；⑤注入桩端水泥浆并进行搅拌；⑥收拢扩大翼提升钻杆，同时注入桩身水泥浆搅拌；⑦、⑧利用自重将桩植入钻孔内、将桩植入桩端扩底部。

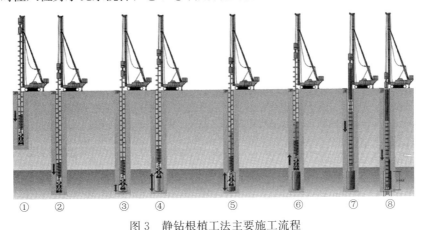

图3 静钻根植工法主要施工流程

Fig. 3 Main construction process of JZGZ method

静钻根植工法施工中桩基扩底部性能是发挥承载力的重要因素，在施工过程中如何实现并确认设计所要求的扩大尺寸是确保承载力的关键。静钻根植工法在施工过程中使用液压扩大系统，在钻杆中埋入液压回路进行扩底作业，这样可通过地上操作打开扩大机构，确认扩大部位的直径。进行扩底作业时，根据所在土层的强度分数次逐步加大扩底直径至设计要求尺寸。图4所示为KON等[5-7]通过将扩底固化端部从地下挖出确认得到的扩底固化部形成状况。

图4 扩底固化部形成
状况确认[5-7]

Fig. 4 Confirmation of
the formation of the
expanded base[5-7]

静钻根植工法的钻孔直径大于使用预制桩桩身直径100mm，扩底直径最大为钻孔直径的1.6倍，扩底高度不小于钻孔直径3倍。为确保桩的端阻力能够充分得到发挥，需根据持力层土体的特性选择注入水灰比为0.6～0.9的水泥浆，注入量是整个扩底部分体积，从而在桩端扩底部形成具有一定强度的固化体构造。根据桩端土层的材料特性，所形成的扩底部固化体的单轴抗压强度在7～30MPa之间。相关研究结果表明：桩基础中下节桩使用竹节桩，可通过其凸起部位的承压效果增强桩身与桩端水泥土的粘结强度，确保桩身与桩端水泥土形成一体，共同作用。同时为确保侧阻力的发挥，在钻孔内需注入桩周水泥浆，以保证预制桩桩身与桩周水泥土之间以及桩周水泥土体内部的抗剪强度要大于土体的抗剪强度。通常按钻孔内土体有效体积30%注入水灰比为1.0～1.5的桩周水泥浆，即可满足工程需要。

3.2 静钻根植桩承载力性能

静钻根植桩的竖向抗压承载力按土的物理指标与承载力参数之间的经验关系确定单桩竖向抗压极限承载力标准值时，可采用下式计算：

$$Q_{uk} = Q_{sk} + Q_{pk} = \sum u_i q_{sik} l_i + q_{pk} A_p \tag{1}$$

式中 Q_{uk} 为单桩竖向抗压极限承载力标准值；Q_{sk}、Q_{pk} 为单桩总极限侧阻力、总极限端阻力标准值；q_{sik} 为桩侧第 i 层土的极限侧阻力标准值，可按预制桩极限侧阻力标准值取值；q_{pk} 为极限端阻力标准值，可按照预制桩极限端阻力标准值的二分之一取值；u_i 为周长（竹节桩按节外径取值，其他类型桩按桩身外径取值）；l_i 为第 i 层桩身长度；A_p 为桩端扩底部投影面积。

根据大量试验资料，采用 PHC 管桩或 PRHC 桩时，侧阻力破坏可能会发生在桩身与水泥土之间，而 PHDC 桩的侧阻力破坏发生在竹节外侧的水泥土或水泥土和钻孔孔壁土之间，因此在上述承载力计算公式中，PHDC 桩身周长取值桩按节外径计算，其他类型桩按桩身外径计算。

根据对桩端部的分析和试验研究，在下节桩使用竹节桩的条件下，计算桩端端阻力可按扩底部投影面积考虑。式（1）给出的注浆植入法的容许端部应力值取值为锤击工法的三分之二（见表1），但综合考虑地质条件及施工管理的影响，式（1）中极限端阻力标准值按照预制桩极限端阻力标准值的二分之一取值。从静钻根植桩的静载试验结果来看[8]，以砂层或砾（卵）石层作为持力层时，极限端阻力标准值按预制桩极限端阻力标准值的二分之一取值过于保守。

从目前所进行的静载试验结果来看，浙江沿海软土地区使用静载根植工法施工的直径 600mm（t110）、800mm（t130）桩的承载力极限值分别达到 9500kN、16400kN，据此结果推算按桩身混凝土材料强度确定承载力时的沉桩工作条件系数均大于 1.0。由于静钻根植工法施工对预制桩桩身无任何损伤，桩身的完整性良好，加上沉桩过程依靠自重，桩身垂直度可靠，在按桩身混凝土强度计算桩的承载力时，工作条件系数最大可按 1.0 考虑。由于静载根植工法在软土地区也能使得桩身材料强度得到充分利用[9]，为满足静载根植工法对桩身性能的要求，需要进一步提高桩身混凝土强度，目前已经开发了桩身混凝土强度等级为 C100 的 PHDC 桩和 PRHC 桩。

采用静钻根植工法施工桩基扩底及桩身内外周水泥土能够有效地提高桩土间的抗拔能力，施工方法对桩身无损伤能够确保预制桩桩身材料的抗拉能力得到充分发挥。静钻根植桩的竖向抗拔承载力静载试验结果，采用静钻根植工法施工的 PHC600AB（130）管桩及 PHC800AB（110）管桩的桩基竖向抗拔承载力分别可以达到 1900kN、2400kN，均超过按桩身配置的预应力钢筋抗拉强度标准值来决定的抗拉能力。在某轨道交通工程试验项目中采用 PRHC800Ⅲ型（130）桩的竖向抗拔极限承载力大于 4000kN，超过桩身材料的抗拉承载力。

图 5 为宁波某项目静钻根植桩水平承载力试验的 $\Delta x / \Delta H$ 曲线。上部使用桩型分别是 PHC800AB（110）

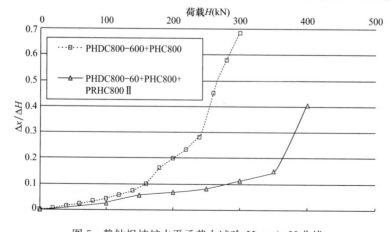

图 5 静钻根植桩水平承载力试验 $H\text{-}\Delta x / \Delta H$ 曲线

Fig.5 $H\text{-}\Delta x / \Delta H$ curve of horizontal bearing capacity test of PHDC

管桩、PRHC800（110）Ⅱ型桩。由于 PRHC 桩的桩身抗弯性能比 PHC 管桩有大幅度提高，其临界荷载与极限荷载比同直径 PHC 管桩分别提高了 94％、39％。静钻根植工法形成的桩周水泥土有助于提高桩基的抗水平承载力，加上该工法为非挤土工法，施工过程不会引起土体孔隙水压的变化，桩侧被动土压力能够得到充分发挥。软土地区采用静钻根植桩技术项目没有发生一起桩身移位、倾伏、破坏等现象。

4 工程应用

某工业改造项目位于温州瓯江口附近，设计桩长为 61m，桩型组合由上而下为 PRHC800（110）Ⅱ型 31m，PHC800（110）AB15m，PHDC800-600（110）AB15m，钻孔直径为 900mm，扩底直径为 1350mm，扩底高度为 3000mm。作为对比试验，在同场地相邻位置施工钻孔灌注桩，桩径为 1000mm，桩长同样为 61m。二种桩型进入持力层深度均为 1.3m。对静钻根植桩与钻孔灌注桩各 2 根进行了竖向抗压静载试验，Q-s 曲线如图 6 所示。由图可知，二种桩型的 Q-s 曲线均为缓变型，试验加载最大荷载为 11500kN，未至极限状态，静钻根植桩的竖向位移略小于灌注桩，该地质条件下，二种桩型的竖向抗压承载力相近。

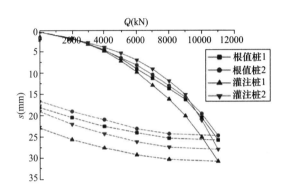

图 6 某工业改造项目静钻根植桩与
钻孔灌注桩 Q-s 曲线

Fig. 6 Q-s curves of PHDC Piles and DCast-in-site piles in an industrial transformation project

该项目分别按照钻孔灌注桩及静钻根植桩进行了桩基础的设计。表 2 为二种桩基的施工材料用量等的对比。从静钻根植桩的施工结果来看，由于静钻根植桩采用 C80 高强混凝土预制桩，相比钻孔灌注桩能够大幅度减少资源消耗。该技术消除了钻孔灌注桩的泥浆排放对周边环境的影响，具有较好的社会效益。根据业主单位测算，该项目静钻根植桩桩基工程造价低于钻孔灌注桩方案。目前该工程已施工完毕，根据观测结果，采用静钻根植桩的本期构筑物的累计沉降和差异沉降量小于采用钻孔灌注桩的同结构前期项目。

某工业项目桩基材料用量等对比 表 1

Comparison of the amount of piles materials in an industrial project Tab. 1

项目	钻孔灌注桩	静钻根植桩	比对
工程量（m）	104309	104309	100%
混凝土材料（m³）	62030	18851	30.4%
施工用水（m³）	266490	72090	27.1%
泥浆排放（m³）	189688	67694（排土）	35.7%

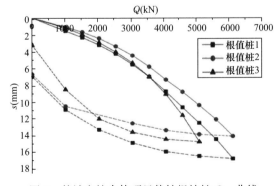

图 7 某城市综合体项目静钻根植桩 Q-s 曲线

Fig. 7 Q-s curves of PHDC Piles in aurban complex construction project

某城市综合体项目位于浙江省象山，设计桩长为 33m，桩型组合由上而下为 PHC600（110）AB18m，PHDC650-500（100）15m，桩端持力层为含黏性土砾砂。施工钻孔直径为 750mm，扩底直径为 1125mm，扩底高度为 2400mm。根据土体参数计算得到的静钻根植桩的单桩竖向承载力特征值为 1939kN。对该场地的 3 根试桩进行了单桩竖向抗压静载试验，Q-s 曲线如图 7 所示。由图可知，静钻根植桩基础的竖向变形特征为缓变型，分别加载至 6120kN、6120kN、5100kN 时，竖向位移为 16.91mm、14.22mm、14.88mm，未继续加载。3 根试桩的单桩竖向承载力特征值可分别取为 3060kN、

3060kN、2550kN，均远远大于计算所得结果。说明在该地质条件下，桩端水泥浆与持力层土体固化效果好，形成的桩扩底固化体具有较高强度。

静钻根植桩自 2011 年底开始浙江省内进行试验应用，目前已经在数十个项目中得到应用，积累了较好的工程应用经验。与锤击或静压桩相比，该桩型的桩顶标高可控，桩身完整性良好，桩身高强混凝土的材料性能能够得到充分发挥。与钻孔灌注桩相比，工程整体造价不高于钻孔灌注桩，采用工业化生产的预制产品能够有效保障桩身质量。同样作为非挤土桩，该技术消除了钻孔灌注桩施工泥浆排放对环境的影响。静钻根植桩目前已经编制了相关的产品标准，地方图集及技术规程，为该技术的产品生产、工程设计、施工及验收提供了依据。

5 结语

（1）复合配筋桩可以大幅度提高 PHC 桩桩身抗弯、抗拉性能得到。采用竹节桩可以确保桩身与桩端扩底部共同承受竖向荷载作用。

（2）所建议的竖向抗压承载力计算公式能够适用于静钻根植桩的承载力估算。静载根植工法施工对预制桩桩身无损伤，桩身的完整性良好，桩身材料强度可得到充分利用，按桩身混凝土强度计算桩的承载力时，工作条件系数最大可取 1.0。

（3）静钻根植桩扩底就桩身内外周水泥土能够确保预制桩的抗拔承载能力得到充分发挥。而 PRHC 桩能够进一步增加桩基的竖向抗拔承载能力。静钻根植桩桩身内外水泥土增加了桩体刚度，PRHC 桩抗水平临界荷载可比同直径 PHC 管桩高出近 100%。

（4）同样作为非挤土桩，与钻孔灌注桩相比，静钻根植桩无泥浆排放，桩身材料用量大幅度减少，具有较好的社会效益。

参考文献

[1] KUWABARA. F，Development of High Bearing Capacity Pile and Its Properties [J]. 基础工（日本），2008（日文），36（12）：2-6.

[2] 苏百家，陈哲人，庄家宏等. 植入桩施工法之比较 [J]. 隧道建设，2010. 30（Sup. 1）：341-345.

[3] 张忠苗，刘俊伟，谢志专，张日红. 新型混凝土管桩抗弯抗剪性能试验研究 [J]. 岩土工程学报，2011，Vol. 33（ZK2），271-277.

[4] 王树峰，张日红. 复合配筋预应力混凝土桩桩身性能的研究 [J]. 混凝土与水泥制品，2013，Vol. 2013-8，第308期，35-40.

[5] OGURA. H，Enlarged boring diametr and vertical bearing capacity by root enlarged and solidified perbored piling method of precast pile [J]. GBRC 2007，1 (in Japanese).

[6] 日本建筑中心，建筑物的地基改良设计与质量管理指针 [M]. 2002（日文）.

[7] KON. H. Confirmation of quality by excavation investigation of root solidify bored precast piles [J]. 第45回地盤工学研究发表会，2010，(In Japanese).

[8] 周佳锦，王奎华，龚晓南等. 静钻根植竹节桩承载力及荷载传递机制研究 [J]. 岩土力学，2014，35（5）：1367-1376.

[9] 张日红，吴磊磊，孔清华. 静钻根植桩基础研究与实践 [J]. 岩土工程学报，2013，35（zk2）：1200-1203.

作者简介

张日红，男，1963年生，江苏泰州人，汉族，博士，教授级高工，从事岩土工程用混凝土制品及应用技术研究工作。电话：0574-88355888，E-mail：zhangrh@zcone.com.cn，地址：宁波市和济街 15 号。

INTRODUCTION OFPRE-BORED GROUTED PLANTED PILE TECHNOLOGY

ZHANG Ri-hong[1]，CHEN Hong-yu[1]，Gong Xiao-nan[2]，ZHOU Jia-jin[2]

(1. Zcone High-tec. Pile Co.，Ltd，Technical Center of Precast Pile of CBMA，Zhejiang Ningbo 315000，China)

(2. Research Center of Coastal and Urban Geotechnical Engineering，Zhejiang University，Hangzhou 310058，China)

Abstract：Pre-bored grouted planted pile (JZGZ pile) is a new non-squeezing out soil Pile foundation technology，which developed on the basis of analyzing the advantages and disadvantages of high-strength concrete precast piles and bored piles widely used in coastal areas of China. So the paper introduces the related technical background，developments at home and abroad，properties of JZGZ piles，and construction technology. The bearing capacity tests and engineering application results of JZGZ pile show that it has the advantages of high bearing capacity，stable and reliable quality，material saving and no mud pollution.

Key words：JZGZ pile，PRHC pile，PHDC pile，enlarged base，bearing capacity

海上软基 DCM 处理系统研发与应用

龚秀刚

（上海工程机械厂有限公司，上海　201901）

摘　要：为打破我国海上深层水泥搅拌工法（DCM 工法：Deep Cement Mixing Method）施工设备主要靠引进、改造国外设备的局面，中交第四航务工程局与上海工程机械厂有限公司联合自主研发了海上软土地基 DCM 处理系统。本文首先对自主研发的 DCM 处理系统的组成、主要技术参数、关键技术进行了阐述，该系统由 DCM 船、DCM 处理机、水泥制供浆系统及施工管理系统四大部分组成，其中 DCM 船含 3 部桩架，最大施工深度可达水面以下 37 m，具备全自动压载水调平衡系统；DCM 处理机机动力头由 4 台 132 kW 变频电机驱动，最大输出扭矩为 65 kN·m，并具备前后钻杆联动功能；制供浆系统单套系统最大制浆能力达 120 m³/h；施工管理系统实现了施工和制供浆的全自动化、可视化监控、参数存储打印及故障报警。最后介绍了 DCM 处理系统在香港机场第三跑道项目中的应用。

关键词：DCM 处理系统；DCM 船；DCM 处理机；制供浆系统；施工管理系统；海上软基处理

1　引言

海洋软土地基承载力低，软基处理成为港口建设、新港址开发工程中的难题，传统的软土地基加固通常采用置换法、抛填碎石土或桩基础的方法，这些方法受软土层厚度、环境保护等因素的制约，造成施工效果不佳和工程造价倍增[1]。近年来，深层水泥搅拌工法（Deep Cement Mixing Method，简称 DCM 工法）在日本成功运用，并成为日本软土地基处理加固的主要方法，该工法具有施工高效可靠、质量高、环境影响小等特点。我国最早于 1974 年将该工法从日本引入，并应用于天津新港东突堤南侧码头接岸结构的软基加固。DCM 处理系统是 DCM 工法的施工设备，截至目前拥有 DCM 处理系统的国家有日本、韩国和中国。日本拥有 DCM 处理系统数量最多，实现了设备的系列化、专业化，主要制造商有竹中土木、东洋建设、五洋建设、东亚建设工业。韩国 DCM 处理系统由挤密砂桩船改造而成，施工能力及质量较日本有较大差距。我国 DCM 处理系统早期通过关键设备由日本引进，对已有船舶、设备进行改造制成，核心技术依赖日本，且设备处理能力和施工效率已无法满足目前大型工程建设的施工要求[2]。2016 年 8 月，香港机场管理局启动香港国际机场第三跑道系统建造工程，明确采用 DCM 工法进行软基处理，深层水泥搅拌桩工程量达 170 万 m³，基于该工程的建设需求，中交第四航务工程局和上海工程机械厂有限公司联合开启了我国 DCM 处理系统的自主研发进程。本文对我国自主研发的 DCM 处理系统的组成、主要技术参数、关键技术进行了阐述，并介绍 DCM 处理系统在香港机场第三跑道项目中的应用情况，可供装备制造和施工企业参考。

2　DCM 工法概述

DCM 工法是将特制的深层搅拌机（DCM 处理机）深入到软土中，沿土层竖向将水泥浆与地基土就地强制拌合，形成水泥土块体或水泥砂土桩，实现地基加固，可应用于防波堤、护岸、码头、人工岛、海底管涵、隧道等工程的地基基础加固[3]，适用于砂性土、黏性土、有机质土等地层。海上软基加固 DCM 工法的施工流程为：使用 GPS 确定 DCM 船的位置，以海水面为参考零位，使用测深仪测水深，确定 DCM 处理机的高程（图 1a）；开启 DCM 处理系统相关设备，使 DCM 处理机搅拌翼旋转下沉至设计桩底高（图 1b、c）；提升搅拌翼至离桩底 3m，再将搅拌翼下降到设计的深度并浇注水泥浆，用于桩端的固化（图 1d、e）；继续提升搅拌翼并浇注水泥浆，直到到达设计桩顶高，关闭供浆，提升停止，完成一组搅拌桩施工（图 1f）。

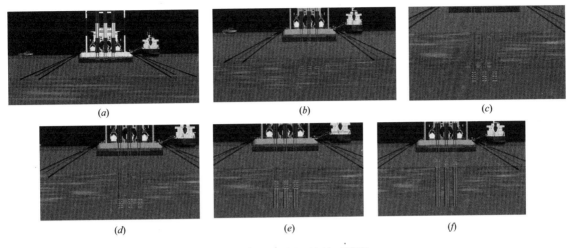

图 1　海上 DCM 工法施工流程

3　DCM 处理系统研发及主要技术参数

DCM 处理系统由 DCM 船、DCM 处理机、水泥制供浆系统及施工管理系统四大部分组成，见图 2，每条 DCM 船上安装 3 套 DCM 处理机、3 套水泥制供浆系统和 1 套施工管理系统。

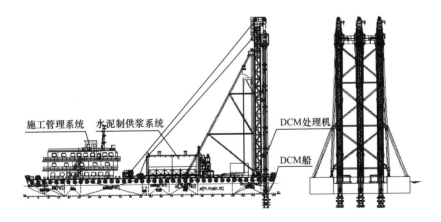

图 2　DCM 处理系统组成示意图

3.1　DCM 船

由中交第四航务工程局建造的"四航固基"号 DCM 船是我国第一艘自主设计、自主建造、设备全部国产化的船型。该船为非自航工程船，船长 72m，型宽 30m，型深 4.8m，设计吃水 2.9m，入级中国船级社（CCS）。该船船艏三部桩架在钻探施工过程中可以自动调整垂直度，装载三组钻孔直径为 1.3m，钻杆轴数为 4 轴的 DCM 处理机。该船适用于沿海港口码头、防波堤、护岸、人工岛围海造地的基础处理施工，在香港机场第三跑道扩建围海造地的软基处理工程施工中首次投入使用。"四航固基"号 DCM 船主要技术参数见表 1。

"四航固基"号DCM船主要技术参数 表1

船长	72m	型宽	30m
型深	4.80m	最大吃水（工作满载状态）	2.90m
排水量（最大）	约6000t	最小吃水	2.4m
移船绞车	250kN×6	主发电机组	1500kW×3
停泊发电机组	180kW×2	相邻桩架中心距	3.6～6m可调
桩架高（水面上）	46.8 m	桩架高（甲板上）	35.5m
作业性能	3桩，最大施工深度：水面以下32m，加长钻杆后最大可达到水面以下37m		

3.2 DCM处理机

DCM处理机由动力头、钻杆、钻头、保持架和中心杆等部件组成，见图3。动力头使用4台132kW变频电机驱动，四根钻杆均各由一个电动机带动，相邻两钻杆转向相反并同步旋转以保持扭矩的平衡，前后钻杆相互啮合，能在其中一根钻杆遇到硬物或硬层时，啮合钻杆对其扭矩自动补偿。钻杆是由内、外接头和芯管组成，强度高，垂直度好。钻头分为平底式通用钻头和定心尖式硬质土钻头。根据不同地质情况，可选择不同钻头进行钻进，它的功能是定心、切削、输送钻屑与钻进成孔。中心杆即中心固定杆，通过十字保持架保证四根钻杆的中心距，不因入泥而发生偏移，从而保证成孔面积。保持架包括中心杆保持架和钻头保持架，中心杆保持架将四根钻杆与中心固定杆联接，钻头保持架将四根钻头固定，保持架也增加了钻杆的刚性，使钻杆承受较大压力而不发生大挠度变形，保持架衬套采用球墨铸铁，实践表明，耐磨性能远远高于尼龙衬套。

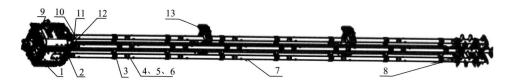

图3 DCM处理机结构示意图

1—动力关总成；2—连接盘；3—中心杆保持架；4、5、6—锁定螺栓、垫圈、销轴；7—钻具总成；
8—钻头保持架；9—供浆转换阀；10—线夹；11—管夹；12—动力头；13—活动抱桩器

DCM处理机主要技术参数见表2，处理机成桩截面积如图4所示，处理机下钻时，可切土形成4个直径为1300mm的圆柱孔，相邻圆孔的中心距为1000mm，做桩端处理时，处理机下行过程中，钻头处喷浆口喷水泥浆，处理机上拔时，中心杆处喷浆孔喷水泥浆，形成一根DCM桩。

处理机主要技术参数 表2

项目	单位	参数
单根钻杆成孔直径	mm	φ1300
单套处理机单次处理面积	m²/次	4.64
处理深度	m	水面下32～37m
钻杆轴数	轴	4
钻杆中心距	mm	1000
钻杆长度配置	m	6、3、2（6m为标准配置、2m、3m规格用于调节钻杆总长），总长42m
钻头长度配置	m	约3.85

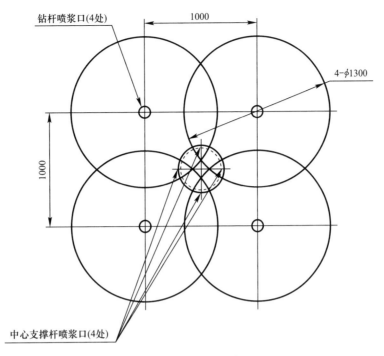

钻杆喷浆口(4处)

1000

1000

4-φ1300

中心支撑杆喷浆口(4处)

图 4　处理机成桩示意图

3.3　水泥制供浆系统

水泥制供浆系统由制备水泥浆的水泥自动配料系统和向处理机供应水泥浆的泵浆系统组成。水泥自动配料搅拌系统由主机、水泥储罐、注浆泵、各物料称、拌浆桶、储浆桶、水泵、空压机及除尘器和电子配料系统等部件组成，具有全自动 LED 显示管理界面，见图 5，可对进水量、进水泥量、附加剂量和水泥配比等一系列工作进行自动化显示及控制等，也可手动单独调试每个动作。

泵浆系统所用泥浆泵为"watson-marlow"公司的 Bredel 80 型号的软管泵，见图 6，在甲板布置 12 台软管泵，另外备用 3 台。该软管泵的最大流量为 800L/min，最大压力 1.6MPa。

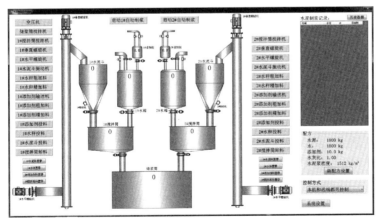

图 5　水泥自动配料搅拌系统全自动 LED 显示管理界面

图 6　Bredel 80 软管泵示意图

3.4　施工管理系统

施工管理系统是 DCM 施工的核心，可以实现 DCM 打桩施工和制浆系统的全自动化，施工参数可视化监控、施工参数存储打印以及发生参数异常或故障时的报警等功能，有效地提高了施工效率，并确保施工过程中的各项指标的精度控制，施工管理系统总监控界面和打桩界面如图 7 所示，施工管理系统检测内容及相应检测元器件检测精度范围见表3。

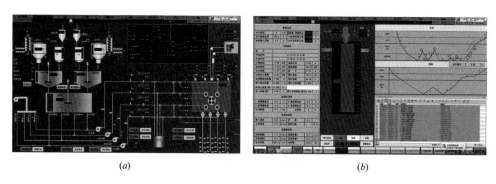

(a)   (b)

图 7   施工管理系统界面

（a）总监控界面；（b）打桩操作界面

施工管理系统检测内容及相应检测元器件检测精度范围   表 3

检测内容	检测仪器		精度	
DCM 桩位偏差	GPS 定位系统		水平±0.2cm	
桩竖向倾斜度	测斜仪		0.015°	
桩底低于设计标高值	GPS 层高扫描	编码器（处理机高程测量装置内）	垂直±3cm	1cm/min
		海水深度测量仪		1cm
		潮位计		±3cm
搅拌叶片旋转速度精度	测速接近开关（变速器内）		0.1rpm	
搅拌头贯入/提升速度精度	电动绞车编码器		0.01m/min	
切土次数（上拔时搅拌数）	程序计算		—	
喷浆压力	泥浆压力传感器		1‰量程	
水、灰计量	水秤、水泥秤（拉杆平衡式）		±3%	
水泥浆密度	后台计量及密度计检测		±3%	

4   DCM 处理系统关键技术研发

4.1   船舶定位及测量系统

DCM 船上布置四台徕卡 GS25 GPS 接收机（包含备用 GPS），接收卫星信号和差分信号；在每部 DCM 桩架上各安装一个倾斜仪；GPS 提供实时定位信息，倾斜仪提供实时角度信息，设置好船型参数和坐标系统参数，软件通过计算，可得出桩架实时位置与桩设计位置的差值，操作人员可以根据软件的提示移动船体，使桩架的实际位置与设计位置重合，达到定位目标，软件显示界面见图 8。

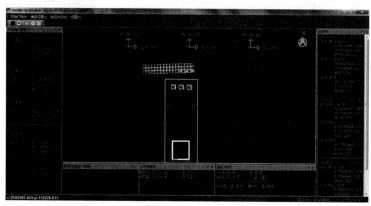

图 8   船舶定位及测量系统软件显示界面

4.2 全自动压载水调平衡系统

"四航固基"号具备全自动压载水调平衡系统，系统界面见图9，系统自动跟踪调整船的姿态，采用四角压载水水平调整，可将船舶四角（44m×22m）水平偏差控制在±5cm内。自动调平衡系统也可手动调载，另外可实现船舶施工桩架垂直度的调整，还能改变船舶姿态，便于船舶的维修、拖航调遣等。

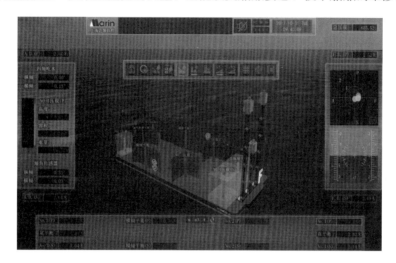

图9　全自动压载水调平衡系统界面

4.3 DCM处理机钻杆联动技术

DCM处理机的四根钻杆均由一个电动机带动，相邻的两钻杆转向相反并同步旋转以保持扭矩的平衡。在动力头的减速器设计时，使前后减速齿轮相互啮合，见图10，这样能在其中一根钻杆遇到硬物或硬层时，联动钻杆对其扭矩自动补偿。前后两根钻杆联动时，处理机钻杆过载系数设计为不小于1.5。

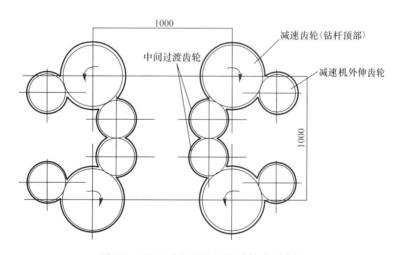

图10　DCM处理机钻杆联动技术示意图

5　香港国际机场第三跑道项目应用

香港国际机场第三跑道项目中采用DCM桩的标段主要为3201标段、3202标段、3203标段、3204标段四个标段，各标段的位置见图11，各标段DCM桩的面积和桩长见表4。单根DCM桩的横截面见图12（a），由四个中心距为1000mm，直径为1300mm的圆相互交叉组成。工程DCM桩基础的主要布置为相邻 DCM 桩中心距为 4.8m×4.8m 的队列形式，见图 12（c），部分为相邻 DCM 桩中心距为 2.0m 壁式，见图 12（b）。

各标段 DCM 桩的面积和桩的长度　　　　　　　　　　　　　　　　表 4

标段/分区		DCM 桩面积（m²）	桩长范围（m）
标段 3201	A1	1,208,876	17.5～23
	A2		20.3～31
	A4		20.5～21.8
	A5		20.5～34.2
	A6		28.0～30.3
	A7		20.2～20.8
	A8		20.5～22.5
标段 3202		1,022,758	20.5～23
标段 3203		574,562	20.2～22.3
标段 3204		394,421	17.2～26

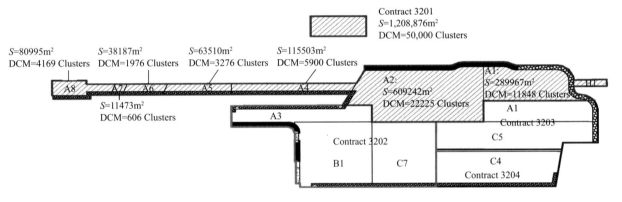

图 11　DCM 桩标段位置示意图

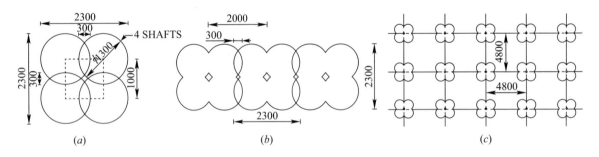

图 12　DCM 桩的截面和桩位布置示意图

该 DCM 处理系统自 2017 年 2 月 15 日在香港机场开始 DCM 施工，至 2017 年 12 月底参与完成 DCM 处理方量约 24 万 m³。平均每月施工量约为 3 万 m³，日最高处理量 2400m³，日处理 DCM 桩（有效桩长大于 14m）数量最高可达 10 组 30 根。

6　结语

本文主要介绍了由中交第四航务工程局与上海工程机械厂有限公司联合自主研发的海上软土地基 DCM 处理系统的组成、主要技术参数和关键技术，该系统由 DCM 船、DCM 处理机、水泥制供浆系统及施工管理系统四大部分组成。DCM 船含 3 部桩架，最大施工深度可达水面以下 37 m，通过 GSP 进行定位，具备全自动压载水调平衡系统；DCM 处理机机动力头由 4 台 132 kW 变频电机驱动，最大输出扭矩为 65 kN·m，并具备前后钻杆联动功能；制供浆系统单套系统最大制浆能力达 120 m³/h；施工管理系统实现了施工和制供浆的全自动化、可视化监控、参数存储打印及故障报警。在香港国际机场第三跑道项目应用过程中，DCM 船、处理机及各项配套设备的性能、施工质量、可靠性、操作性及适用性均表现良好，实现了施工过程的智能化和自动化控制，得到了香港机场管理局及日本 DCM 协会的高度认可，为我国海上软土地基处理 DCM 施工揭开了崭新的一页。

参考文献

[1] 秦网根，王伟霞，李晓径等. 水泥搅拌桩复合地基＋密排灌注桩组合式板桩结构 [J]. 水运工程，2018，3：149-153.

[2] 董艳刚. 我国第一代深层水泥拌和（CDM）船 [J]. 港口工程，1993，1：1-5.

[3] 刘亚平. 海上 CDM 施工中的几个技术问题 [J]. 中国港湾建设，2009，4：42-45.

作者简介

龚秀刚，男，1970 年生，上海人，汉族，高级工程师，主要从事施工装备的研发与制造。E-mail：GXG1113@vip. sina. com，电话：13801608680。

DEVELOPMENT AND APPLICATION OF DEEP CEMENT MIXING（DCM）PROCESSING SYSTEM FOR OFFSHORE SOFT FOUNDATION

GONG Xiu-gang

(Shanghai engineering machinery co. ，LTD. Shanghai，201901)

Abstract：In order to break the domestic situation that Deep Cement Mixing（DCM）construction equipment mainly depends on the introduction，improvement and installation of foreign equipment，shanghai engineering machinery co. ，LTD and CCCC fourth harbor engineering co. ，LTD jointly self-developed a DCM treatment system for offshore soft soil. This paper first expounds the composition，main technical parameters and key technique of the self-developed DCM processing system. The system consists four major parts which are DCM vessel，DCM processor，cement pulping and pumping system，construction management system. The DCM vessel has 3 pile frames，the maximum construction depth is up to 37 m below the water surface，and it has a fully automatic ballast water balance system. DCM processor's power-overhead drives by 4 units of 132 kW variable frequency motor，its maximum output torque is 65kN·m，and it has a linkage function of front and rear drill pipe. The maximum pulping capacity of a single set of cement making system is 120m³/h. The construction management system realizes fully automation of construction，cement pulping and pumping system，visual construction parameters，construction parameters automatic storage and prints and fault alarm. Finally，the application in the third runway construction of Hong Kong international airport is introduced，providing the reference for the manufacturing and construction enterprises.

Key words：DCM processing system，DCM vessel，DCM processor，Cement pulping and pumping system，Construction management system，Offshore soft foundation reinforcement

免共振微扰动钢管桩沉桩技术与工程应用

周铮

（上海市机械施工集团有限公司，上海 200072）

摘　要： 随着我国城市的不断更新发展，越多的工程需要在城市中心等复杂环境下进行施工，因此如何在施工过程中减少对周边环境、居民等的影响就显得尤为重要。本文通过对现有不同桩基础的比较与介绍，提出了一种绿色、高效的免共振钢管桩微扰动沉桩施工技术，为城市的绿色施工提供了进一步的研究资料。
关键词： 复杂环境；免共振；钢管桩；微扰动

1　引言

随着城市现代化建设的发展，城市中心城区基础设施等的更新换代作为我国民生工程的重要组成部分，面临着越来越严格的技术和行业要求。绿色施工作为适应城市发展的重要理念，在城市更新建设方面如何采用绿色施工工艺减少对资源的浪费，减少对周边居民、环境的影响就显得更加重要了。

由于传统基础施工工艺的不足，如钻孔桩易产生大量废浆，现浇混凝土污染；预制 PHC 管桩易产生挤土、噪声等问题，传统工艺在中心城区绿色环保要求日益提高的今天已经越来越不能满足施工的需要了。本论文立足于中心城区城市建设环境保护，秉承绿色施工理念[5,6]，采用新型绿色钢管桩免共振的微扰动沉桩技术替代传统的钻孔灌注桩或预制 PHC 管桩施工工艺，以减少工程现场噪声、泥浆排放，减少对周边管线、建筑的影响。

2　施工原理与关键技术

2.1　施工设备概述

振动锤主要施工机械为振动锤主机以及动力站系统，目前国内主要的振动锤施工机械主要为荷兰进口的液压免共振振动锤、国产液压免共振振动锤以及国产电动免共振振动锤。

国内常用设备及参数　　　　表 1
Common equipment and parameters in China　　Tab. 1

型号	70RF	YZ-300	DZP-500
动力源	柴油	柴油	电力
偏心力矩（kN·m）	70	130	580
激振力（kN）	3070	3000	3000
最大振幅（mm）	21	37	20.5
最大拔桩力（kN）	800	2000	1200
工作重量（t）	10.2	16	35.9

2.2　施工工艺原理

（1）免共振技术原理

高频免共振钢管桩与普通的钢管桩最大的区别就是施工时采用的免共振振动锤[1]，该型振动锤与普通振动锤的显著区别在于：自由共振液压振动锤的设计可以实现在设备启动和关闭时降低振动，在启动时振动锤的偏心力矩被关闭，一旦当振动锤达到了其操作频率时就会立刻重新开启偏心力矩。因此任何由土壤自身频率造成的共振都可避免。其振幅可以在 0 到 100% 之间自由调整，这样可以保证最大振动值和峰值振速永远不会超标。除此之外，低振幅可保证低噪声。

（2）主要施工工艺流程

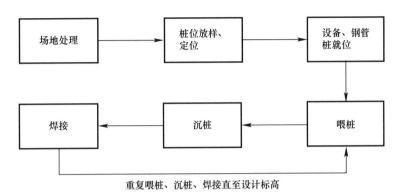

图 1　钢管桩工艺流程图

Fig. 1　Process flow chart of steel pipe pile

2.3　施工关键技术

（1）垂直度控制

常规钢管桩施工一般采用履带吊配合振动锤进行，垂直度控制采用经纬仪配合地面固定装置进行控制，由于无刚性支撑，成桩垂直度难以保证。

在垂直度要求比较高的桩基施工中，可采用配套桩架（160PR、DH508、SPR558），通过桩架的导向杆进行垂直度矫正，导向杆可确保钢管桩施工垂直度达到 1/200。在场地条件允许的情况下也可采用配套导向架进行钢管桩垂直度的调整。

(a)　　　　　　　　(b)　　　　　　　　(c)

图 2　垂直度矫正设备

Fig. 2　Perpendicularity correction equipment

(a) 160PR；(b) SPR558；(c) 导向架

（2）喂桩

免共振振动锤喂桩通过振动锤上设置的自动提桩设备进行喂桩，该自动提桩设备是一种安装在振动锤上模块化的液压起吊设备，装有滑轮的液压油缸通过链条可将桩由水平提升到垂直施工位置，然后将桩提升插入到夹具系统中的设定位置。该装置减少了提桩对桩的时间，并提高了施工现场安全。

（3）振动沉桩

沉桩时需通过逐步增加激振力，首节沉桩需严格控制垂直度，确保垂直度不超过 1/100，沉桩至设计标高时也需严格控制振动锤激振力，减慢沉桩速度，控制沉桩标高。

3 环境影响分析

3.1 试验概况

S3 公路先期实施的路段范围为 S20 公路—周邓公路，长约 3.1km，S3 高架主线与地面道路一并实施。

先期实施段（S20～周邓公路），规划红线为 60m，在该范围内轨道交通 16 号线均紧贴规划红线伴行 S3 公路。标准段桥梁桩基距离地铁线不小于 24m。轨道交通桥梁基础为 9 根 0.8m 钻孔灌注桩。

为分析主线桥墩钢管桩施工对轨道交通的影响，拟在主线承台进行原位沉桩试验，并进行相关的振动、位移等方面的监测。

3.2 数值模拟分析

采用有限元分析法，通过建立三维有限元模型，建立了 S3 公路桩基、轨交 16 号桩基承台模型以及土层模型，对土体的位移以及轨交 16 号桩基、承台的水平位移、沉降变形进行了分析。

根据模拟计算结果，免共振锤施工对轨交的变形影响十分小，皆在 2mm 以内。

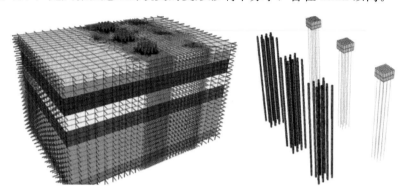

图 3　模拟空间位置关系

Fig. 3　Simulated spatial position relation

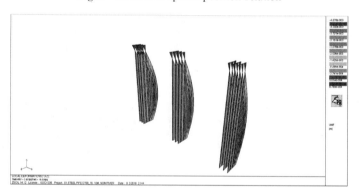

图 4　位移计算结果

Fig. 4　Displacement calculation results

计算结果汇总表　　　　　　　　　　　　　　　　　表 2

Summary of calculation results　　　　　　　Tab. 2

桩型	地层	16 号线桩基最大附加侧向外移（mm）	16 号线桩基最大附加弯矩（kN·m）	16 号线桩基承台最大沉降变形（mm）（一为沉降，＋为隆起）	16 号线桩基承台附加水平位移（mm）（远离新施工桩基方向）
D600×16 钢管桩，群桩，仅考虑壁厚	非古河道区域	1.49	6.8	0.20	1.32

桩型	地层	16号线桩基最大附加侧向外移（mm）	16号线桩基最大附加弯矩（kN·m）	16号线桩基承台最大沉降变形（mm）（一为沉降，+为隆起）	16号线桩基承台附加水平位移（mm）（远离新施工桩基方向）
D700×16钢管桩，群桩，底部10m完全挤土	非古河道区域	4.88	2.15	−0.97	1.24
D700×16钢管桩，群桩，底部10m完全挤土	古河道区域	6.04	24.98	−1.17	1.30

3.3 试桩实测分析

在S3现场实际试验中，选择了距离轨道交通24.25m的承台进行原位试桩试验，具体承台与轨道交通监测点布置如图5所示。

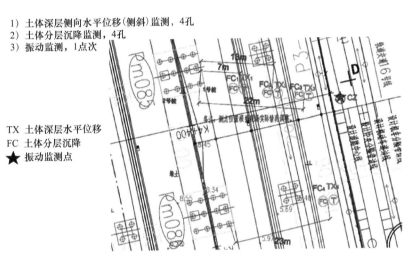

1）土体深层侧向水平位移（侧斜）监测，4孔
2）土体分层沉降监测，4孔
3）振动监测，1点次

TX 土体深层水平位移
FC 土体分层沉降
★ 振动监测点

图5 现场试验平面图

Fig. 5 Field test plan

（1）周边土体位移测试

通过周边土体位移测试可以看出土体的水平位移（表3）及沉降变化（表4）皆在3mm以内，和理论计算模型基本吻合，由此可见，免共振振动锤对周边土体及地铁桩基基本无影响。

土体水平位移 表3

Horizontal displacement of soil Tab. 3

测点编号	埋设深度（m）	累计变化最大值（mm）	对应深度（m）	备注
TX01	48	2.37	1	
TX02	48.5	0.93	12	
TX03	48	2.87	3	
TX04	48	1.28	0	

土体分层沉降 表4

Stratidied settlement of soil Tab. 4

测点编号	埋设深度（m）	累计变化（mm）	测点编号	埋设深度（m）	累计变化（mm）
FC1-1	4	0.38	FC1-3	20	1.37
FC1-2	10	1.37	FC1-4	26	−0.62

测点编号	埋设深度（m）	累计变化（mm）	测点编号	埋设深度（m）	累计变化（mm）
FC1-5	29	0.38	FC2-3	20	0.38
FC1-6	38	1.25	FC2-4	26	0.63
FC1-7	43	4.13	FC2-5	29	2.12
FC2-1	4	−1.37	FC2-6	38	2.13
FC2-2	10	−0.38	FC2-7	43	−0.88

（2）振动影响

通过 S3 现场试验，在无振动锤施工时振动数值无地铁经过时为 0.402mm/s，有地铁经过时为 1.670mm/s；沉桩过程中无地铁经过时振动为 0.458mm/s、0.823mm/s，有地铁时 1.90mm/s、1.73mm/s、1.38mm/s、1.65mm/s。由此可见，免共振锤施工期间对土体的振动影响非常小，在地铁运行期间进行桩基施工也无明显的叠加影响。

振动数据分析　　　　　　　　　　　　　表 5
Vibration data analysis　　　　　　　　Tab. 5

桩号	沉桩深度（m）	测试深度（m）	深度节点（m）	三维矢量峰值（mm/s）	有无地铁经过时的参振叠加影响
1 号桩	沉桩 22～30	22～28	22	1.90	有
	沉桩 30～35	30～35	32	1.73	有
	沉桩 35～43	40～43	42	1.38	有
2 号桩	沉桩 22～30.5	22～30.5	22	0.458	无
	沉桩 30.5～35	30.5～35	32	0.823	无
	沉桩 35～43.5	40～43	42	1.65	有

4　工程实例

4.1　北横通道项目

北横通道西起北虹路，东至内江路，贯穿上海中心城区北部区域，全线经长宁路—长寿路—天目西路—天目中路—海宁路—周家嘴路，向西接北翟快速路，向东接周家嘴路越江隧道，长约 19.1km。其中，北虹立交以及天目路立交工程桩基皆采用 $\phi700$ 钢管桩，桩长 55m，共约 1000 根，现场采用桩架法进行施工。目前北虹立交钢管桩已基本完成，天目路立交钢管桩也已完成 20%，经过检测，单桩承载力皆满足设计要求，且周边环境监测数据显示土体沉降、位移皆在 2mm 以内。

4.2　济阳路高架工程

济阳路高架工程北起卢浦大桥引桥，南至浦东闵行区界，线路沿现状济阳路走向，设计中心线以济阳路原设计中心线定位，全长约 7.1km。本工程部分桩基位于现有南北高架旁，采用 $\phi700$ 钢管桩，桩长 48～64m，采用吊打法进行施工。目前济阳路高架钢管桩已完成 10%，通过前期试桩检测，桩基承载力皆满足设计要求，且监测数据反映卢浦大桥引桥桥墩变形皆控制在 0.3mm 以内，倾斜度小于 1/10000。

5　结束语

本文所介绍的免共振微扰动钢管桩沉桩技术作为一种新型的微扰动施工手段，具有施工速度快，绿色无污染，对周边环境影响小等特点，目前已在多条市政桥梁工程中运用，皆取得了良好的效果。在城市建设中大力发展和推广绿色施工技术是符合我国可持续发展战略的，是符合我国国情以及世界工程建设发展潮流的。随着绿色施工理念的进一步实施，在城市梁建设中，更多类似的绿色施工思想和技术也将得到进一步的推广和发展。

参考文献

[1] 冯海峰. 无共振电动振动桩锤的研究. 武汉科技大学，2012-04-10.
[2] 黄满开. 浅谈钢管桩的沉桩施工技术及质量控制 [J]. 中国水运（下半月），2012，(06)
[3] 刘红生，袁成忠. 钢管桩沉桩施工工艺及应用 [J]. 国外建材科技，2008，(03).
[4] 王忠民. 钢管桩的沉桩施工技术探讨 [J]. 中国新技术新产品，2009，(16).
[5] 张永新. 论绿色施工背景下的公路桥梁施工技术 [J]. 价值工程，2013，(12)：64-65.
[6] 杨永强. 绿色施工背景下的公路桥梁施工技术 [J]. 建筑工程技术与设计，2015，(27).

作者简介

周铮，男，1971 年生，上海人，汉族，教授级高级工程师，主要从事地下工程的施工与研究。E-mail：zhouzheng1971@126.com，电话：13818183317，地址：上海市洛川中路 701 号。

TECHNOLOGY AND ENGINEERING APPLICATION OF STEEL PIPE PILE DRIVING WITHOUT RESONANCE AND MICRO DISTURBANCE

ZHOU Zheng

(Shanghai Machinery Construction Group Co.，Ltd.，Shanghai 200072，China)

Abstract：With the continuous renewal and development of China's cities，More projects need to be built in complex environments such as city centers，Therefore，how to reduce the impact on the surrounding environment and residents in the construction process is particularly important.. This paper compares and introduces different existing pile foundations，a green and efficient construction technology for weak perturbation pile sinking driving without resonance is put forward，it provides further research data for green construction in cities.

Key words：complex environment，non resonance，steel pipe pile，weak perturbation

预应力矩形桩复合支护及斜桩支护技术在基坑中的应用

刘永超[1,4]，刘畅[2]，赵修明[3]，李刚[1,4]

（1. 天津建城基业集团有限公司，天津　300301；2. 天津大学建筑工程学院，天津　300354；
3. 天津城建大学，天津　300384；4. 天津市桩基技术工程中心，天津　300301）

摘　要：当前国内大力推进住宅产业化，地下工程的预制化是住宅产业化的一部分。本文研究了预应力矩形桩用于基坑支护中的抗弯、抗剪性能，并开发矩形桩和斜向静力压桩机，对倾斜支护桩在基坑中的应用做了针对性试验，总结了斜桩技术在基坑支护中的应用，发现倾斜支护桩倾斜角度越大，桩顶水平位移越小，相同角度的倾斜支护桩，斜直交替支护桩桩顶水平位移小于单斜桩。通过试验和工程应用，研制了新型静压斜桩设备，并成功用于基坑工程，开发了一套无支撑地下工程的预制化技术。

关键词：预制桩，预应力矩形桩；基坑工程；倾斜支护桩

1　引言

中国大力推进住宅产业化，地下工程的预制化是住宅产业化的一部分。预制桩也是基坑支护的一种常见桩型，也是今年来研究的重点。国内有很多有关预制桩用于基坑支护的工程和研究成果[1-3]，本文重点开发了先张法预应力离心成型高强混凝土预制空心矩形支护桩（简称预应力矩形支护桩），该工艺是一种新型基坑支护结构，是预制支护桩的一种类型[4-6]，拓展了预应力管桩、预应力矩形桩、连锁桩、预制斜桩支护等技术。本文主要研究矩形支护桩的多种组合形式，可根据具体工程的情况选用。可采用搅拌桩内插型钢混凝土组合矩形支护桩代替 SMW 工法中的型钢等，通过采用斜桩支护技术[6-7]，可实现无支撑支护技术。岩土工程具有很强的地域性特点，本文结合软土区域的预制桩支护技术的开发和应用，总结了该技术的设计、施工、监测的技术要点，供同类工程参考。

2　预应力矩形桩的承载特性和研究

常规用于基坑支护桩型四边承受荷载的能力相同，而实际基坑工程中，桩的承受荷载是有方向性的，主受力方向抗力小而在另一个方向有较大余量，存在结构特性与承受有方向性荷载不匹配的现象。

2.1　预应力矩形桩承载特性

基坑支护桩的纵向与横向方向的水平力有很大差异，两个方向差异致使原桩型的结构性能与所受的荷载不匹配。传统桩型在平行于基坑支护方向上不能充分发挥其自身的抗弯承载力。挡土构件是插入弹性地基中的竖向悬臂梁或竖向多跨连续梁，是典型的弯、剪构件。工字型截面是弯、剪构件的首选截面形式，翼缘抗弯、腹板抗剪，有明显的强弱轴。空心矩形桩具有工字型截面的力学特性，如图 1 所示，矩形支护桩在基坑支护中，从理论上分析是优于管桩的。

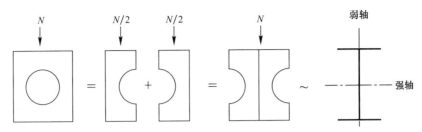

图 1　矩形桩受力机理的简化模型

Fig. 1 Simplified model of the force mechanism of rectangular piles

2.2　预应力矩形桩承载力试验和常用桩型

对矩形支护桩的研究，主要以原型试验与数值模拟相结合的方式。首先进行了室内矩形桩构件试验，得出了较优的长宽比为 4：3 以及其抗弯承载力和抗剪承载力等技术参数。进而通过对实际工程的跟踪监测，结合实际工程得出其承载和变形形状，获得更多的有效数据，对矩形支护桩进行研究分析。矩形支护桩用于基坑支护的研究首先应进行理论分析，确保其作用机理在理论结构上成立且有经济技术优势，然后进行工艺试验和工艺优化，在矩形支护桩的长宽比、桩外形尺寸、内径、配筋等方面优选，比选出有经济技术优势的常用桩型，并进而进行室内试验和工程试验，总结提升技术水平，通过室内试验和理论分析优选，通过试验验证提出了矩形桩的常用桩型，见表 1 和表 2。

先张法预应力高强混凝土矩形支护桩桩身配筋参数表　表 1

Reinforcement parameters table of Pre-tensioned high-strength concrete-reinforced rectangular supporting piles　Tab. 1

规格			型号	预应力主筋数量与直径（mm）	箍筋直径（mm）
宽度（mm）	高度（mm）	内径（mm）			
375	500	210	I	12φ9.0	φb5
375	500	210	II	12φ10.7	φb5
375	500	210	III	12φ12.6	φb5
450	600	260	I	14φ9.0	φb5
450	600	260	II	14φ10.7	φb5
450	600	260	III	14φ12.6	φb5
525	700	300	I	18φ9.0	φb6
525	700	300	II	18φ10.7	φb6
525	700	300	III	18φ12.6	φb6

复式配筋预应力高强混凝土矩形支护桩桩身配筋参数表　表 2

Reinforcement parameters of prestressed high-strength concrete rectangular supporting piles in compound reinforcement　Tab. 2

规格			型号	预应力主筋数量与直径（mm）	预应力主筋数量与直径（mm）	箍筋直径（mm）
宽度（mm）	高度（mm）	内径（mm）				
375	500	210	I	12φ12.6	6φ12	φb5
375	500	210	II	12φ12.6	6φ14	φb5
450	600	260	I	14φ12.6	8φ14	φb5
450	600	260	II	14φ12.6	8φ16	φb5
525	700	300	I	18φ12.6	8φ16	φb6
525	700	300	II	18φ12.6	8φ18	φb6

2.3　预应力矩形桩的研究及设计

矩形桩设计和选型需综合考虑多方面要素，根据抗倾覆安全系数估算桩嵌入深度，暂定桩长，再根据桩与冠梁的连接方式，确定有效桩长；计算内力，根据位移包络图、弯矩包络图、剪力包络图确定矩形桩的桩型及桩间距。根据弯矩包络图，剪力包络图，选取矩形桩相应桩型，同时要确保矩形桩的设计弯矩及设计剪力有一定的安全系数，然后依据位移包络图调整桩间距，矩形桩的选型参数详见表1和表2，可以根据配筋情况计算桩的承载力，并验算整体稳定计算、抗渗流稳定计算、坑底抗隆起计算、墙底抗隆起计算等。

3　水泥搅拌桩内插预应力矩形桩复合支护墙与止水支护墙

矩形桩沉入可采用静力压桩、锤击沉入、水泥搅拌体植入，矩形支护结构施工不能影响附近建（构）筑物的正常使用和安全，必要时应采取有效的隔震、防侧向挤土等措施。沉桩机械应结合场地周围环境、土质条件、施工工艺和桩型要求等综合选取，本文结合实际工程需要开发了 PRMW 工法。

3.1　PRMW 工法概述

水泥搅拌桩内插预应力矩形桩复合支护墙施工工法（Prestressed rectangular pile in cement mixing pile composite retaining wall，简称 PRMW 工法），是一种新型深基坑支护方法，是通过三轴深层搅拌机钻头将土体切散至设计深度，同时自钻头前端将水泥浆注入土体并与土体反复搅拌混合，为了使水泥土拌合更加均匀液化还在钻头处加以高压气流扫射土层。在制成的水泥土尚未硬化前插入预应力矩形桩如此就形成了连排桩式地下桩墙，这充分发挥了水泥土搅拌墙的止水优点，预应力矩形桩挡土的作用，最终构成深基坑侧向支护体新结构。

3.2　PRMW 工法复合支护结构设计与构造

通过 20 多项矩形桩工程及 PRMW 工法复合支护桩技术的应用总结，PRMW 工法复合支护结构设计需综合考虑基坑特性、构件承载力、搅拌桩抗剪承载力、与冠梁的连接节点和支撑形式等。预应力矩形桩冠梁连接有三种节点形式：刚性节点，预制桩与冠梁连接作法，预制桩嵌入冠梁内 500mm，形成刚节点；半刚性节点：预制桩采用插入钢筋的形式与冠梁连接，预制桩嵌入冠梁内 200mm；铰接节点：采用腰梁与矩形桩连接的方式。PRMW 工法的支护支撑形式：悬臂无支撑结构，预制桩可用于抗滑桩或悬臂支护桩，为无支撑体系；双排桩无支撑结构，可将预制桩用作双排支护桩形成无支撑体系；单支撑结构，对于基坑深度不太深，一般在 10m 以内的可采用单道支撑体系；多道支撑结构，当基坑深度较深，单道支撑无法满足设计要求时，可采用 2 道以上多道支撑体系。

3.3　PRMW 工法施工技术

水泥搅拌桩内插预应力矩形桩复合支护墙与止水支护墙工法在单排三轴深搅桩中插入预应力矩形桩，形成预应力矩形桩挡土承力、水泥土止水的复合支护结构。该工法是挡土承力与止水相结合、工厂化预制与机械化施工相结合的新型基坑支护技术，主要施工流程如图2所示。

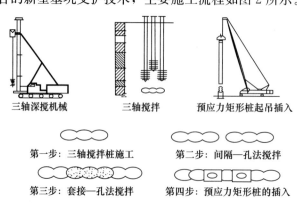

图 2　PRMW 工法施工流程

Fig. 2　Process of PRMW construction method

4 预应力矩形桩斜桩支护技术和新设备研发

4.1 斜桩支护技术概述

悬臂式支护桩作为基坑工程中一种常见的支护结构，具有设计计算简单、节约用地空间和施工费用、施工方便快捷等优点。然而，悬臂式排桩支护结构仅适用于基坑开挖深度不大且土质较好的基坑，依靠足够的入土深度和结构的抗弯能力来保证基坑的稳定。为改善悬臂式支护桩受力性状，本文尝试采用支护桩倾斜技术改善支护结构的受力特性。

4.2 斜桩支护结构承载性状

通过理论分析和试验，倾斜桩相对于直立桩，在承担基坑开挖过程中产生的水平荷载、减小桩顶水平位移和桩身变形更好，且受力变形特性也有很大的改善，对支护桩的支护能力有很大的提高，因此这种支护形式也越来越多地被应用于现实的工程实例。本文通过现场试验，并在现场试验的基础上利用有限元软件进行模拟，分析了不同开挖深度，不同倾斜角度和不同布桩方式下倾斜支护桩的支护效果，得出的初步结论是：

（1）支护桩的倾斜角度在一定范围内，单斜支护桩的倾斜角度越大，支护效果越好；倾斜角度相同的单斜桩和斜直交替支护桩，斜直交替支护桩的支护效果比单斜桩好。

（2）随着倾斜支护桩倾斜角度增大，单斜桩桩身的最大弯矩值逐渐减小，且桩身弯矩分布在同一侧；斜直交替支护桩桩身弯矩分布在桩身两侧，桩身上会出现反弯点，反弯点的位置也随着角度的增大沿着桩身下移，且桩身上端正弯矩随着倾斜角度的增大逐渐增大，桩身下端的负弯矩随着倾斜角度的增大逐渐减小，也即桩未开挖一侧应变从大部分受拉逐渐变为受压；

（3）通过改变倾斜支护桩的倾斜角度的方式来增强支护桩的支护能力相对于通过减小支护桩的桩间距的方式的效果明显；

（4）基坑倾斜支护桩随着倾斜角度的增大，基坑的整体稳定性安全系数越大，基坑的安全性越好；相同倾斜角度的单斜桩支护和斜直交替桩支护，斜直交替支护形式的整体稳定性安全系数大，即斜直交替支护形式的安全性更好；

（5）倾斜支护桩中的单斜桩随着倾斜角度的不断增大，主动土压力系数 K_a 和被动土压力系数 K_p 不断减小，桩身最大弯矩发生的位置会随着倾斜角度的增大沿着桩身不断下移，桩身最大弯矩随着倾斜角度的增大而减小。

4.3 斜桩支护结构设计与构造

斜桩支护的设计需结合工程特性和环境条件综合考虑斜桩的布置和选型等基本要素，当矩形支护桩在打设时与竖直面程一定角度时，形成矩形斜桩，矩形斜桩宜采用悬臂式结构，桩顶应向基坑外侧倾斜。矩形支护桩与竖直面的夹角称为倾斜角度，目前国内关于基坑倾斜支护桩主要集中在桩身侧移和桩身弯矩的研究，且仅对倾斜角度为 0°、10°、20° 三种情况进行了的分析；综合考虑多种不同倾斜角度下桩顶水平位移、桩身侧移、弯矩、轴力和土压力对倾斜桩作用机理的研究尚较少。本文以倾斜支护桩在基坑中的作用机理为研究对象，开展现场原位试验，对桩顶水平位移和桩身侧移进行测量。矩形组合斜桩的计算宜采用数值分析进行，当采用简化弹性抗力法计算时，宜根据倾斜角度对土压力和被动土弹簧系数根据经验进行调整。图 4 为矩形斜桩支护布置的方式。

4.4 静压斜桩施工设备研发及施工技术

（1）静压斜桩施工设备开发和适用范围

结合工程需要开发了专用静压斜桩设备，见图 5，该设备的三大特点为：采用静压施工技术，不同

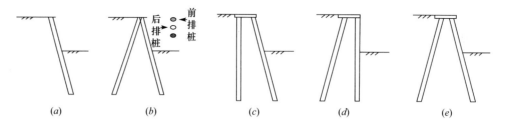

图 3　基坑矩形倾斜支护桩剖面示意图

Fig. 3　Sectional view of rectangular inclined supporting piles in foundation pit

（a）单排矩形倾斜桩；（b）交叉双向矩形倾斜桩；（c）前排倾斜；（d）后排倾斜；（e）前、后排倾斜

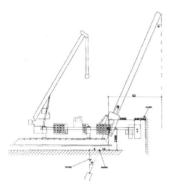

图 4　静压斜桩机及矩形倾斜施工开挖效果图

Fig. 4　Effect diagram of static pressure inclined pile machine

于港口、码头的常用锤击斜桩技术，该机型为静压施工设备，噪声小，可适用于城市岩土工程；采用边桩器构造，即预制桩的夹持系统在设备的一侧，比夹持器在中间的设备可节省约3m作业空间，且采用了特殊设备，最大施工力为3000kN，远高于常规边桩器静压设备的施工能力；斜桩的倾斜度采用了自动调节仪，可在倾斜度20°范围自动调节。

（2）静压斜桩施工技术要点

斜桩施工时，桩机下必须铺垫厚钢板，桩机履带应完全处在承垫钢板上，以补充地耐力不足及保持桩机稳定；履带桩机前后液压支撑应支于承垫钢板上，防止桩机前后俯仰，减少沉桩时斜率变化。放桩位前，先按斜桩桩顶到地面的距离及斜桩方向，计算样桩提前量，然后再放桩位。斜桩的斜率控制，桩架上设置导向架，并确保桩身与导向架始终处于平行的状态。斜桩施工中，下节桩最为关键，在桩尖入土3～4m之内，应加强斜率监控，若发生垂直度和斜率变化，应及时修正；斜桩接桩时，上、下节桩应在同一轴心线上。桩起吊和插桩时，桩机导杆恢复垂直状态，方能施工。

5　工程案例

5.1　PRMW工法的案例

结合工程实践，针对矩形支护桩在水泥土中的内置而研究的新桩型，考虑到高宽比较大的矩形支护桩的稳定性，进一步开展了组合式矩形支护桩，对组合矩形支护桩的作用机理进行试验研究，开展型钢混凝土矩形支护桩的作用机理的试验和研究，用组合矩形桩替代型钢，比型钢有一定的经济技术优势，避免型钢拔除对环境的影响并克服施工周期长型钢租赁费不可控的弊端，组合矩形桩充分发挥型钢和钢筋混凝土的特性，提供较高的承载力同时提高了组合结构的刚度，可减小基坑变形，提高安全性，对超深基坑有一定的实用价值。

（1）工程概况和开挖效果

诚悦嘉园基坑支护工程项目位于天津市河北区南口路与喜峰道交口东南侧，南侧为规划镇宁道，东侧为汇恒园住宅小区北侧为喜峰道。基坑近一半部位深度达到9.8m，基坑面积约为4.5万 m²，坑周长约为1150m，属大型深基坑。本工程原设计采用三轴搅拌桩插型钢，因基坑需对临近砖拱式文物厂房进行保护，型钢不具备回收条件，经过深化设计采用经过深化设计采用本工法，水泥搅拌桩内插预应力矩形桩复合支护墙与止水支护墙，开挖后获得良好效果，施工和开挖过程资料见图5。

（2）PRMW 工法技术经济优势

本工法能将预制的高强度支护预应力矩形桩的高强度和大刚度与水泥土搅拌桩的抗渗性能有机结合起来。因其适用范围广、环保高效经济等优点，可同时作挡土止水体系。

1）本工法与常规的灌注桩结合水泥土搅拌桩相比，整个支护体系占用土地少（一般 PCMW 工法占用 0.85～1.2m 宽，而钻孔桩结合止水帷幕支护需要占用的宽度至少 2.0～2.4m），在施工进度和施工环境上有着较为明显的优势。预应力矩形桩的置换土仅为灌注桩的 25%～35%，而且渣土硬结运输，没有撒漏滴冒现象。

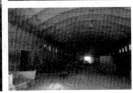

图 5　PRMW 工法施工和开挖效果图

Fig. 5　Pictures of PRMW construction method and excavation effect

2）以实际工程价格比较，本工法比 SMW 工法每延米造价多 5%～10%，如果地下结构施工周期较长，SMW 工法型钢的租赁费用会增加，两者费用将会接近。本工法较三轴深层搅拌桩内插预应力管桩的复合挡土与止水支护方式（简称 PCMW 工法），由于 PCMW 工法为三轴深层搅拌桩内插预应力管桩，而本工法为水泥搅拌桩内插预应力矩形桩。预应力矩形桩在截面积相同的条件下，矩形的侧面积比圆形的侧面积增加了 32.48%，矩形桩比同截面积的管桩的刚度大、抗弯能力高、能承受较大的竖向荷载和水平向荷载。

3）本工法中，采用预应力高强度支护矩形桩，其具有轻质高强质量较有保证的特点。在节约和经济造价方面，提供相同抗弯强度的前提下，预应力矩形桩桩只消耗钻孔桩 30%～50% 的钢材和 25%～30% 的混凝土，节约造价约 25% 以上。

5.2　斜桩支护的案例

（1）工程概况

工程位于天津市红桥区光荣道、咸阳北路、本溪路所夹地块。该工程分为住宅基坑、邻里中心基坑和商业基坑三个基坑。住宅基坑开挖深度范围为 4.77～4.97m，东西向约 320m，南北向约 280m；邻里中心基坑开挖深度范围为 6.77～9.02m，东西向约 60m，南北向约 32m；商业基坑开挖深度为 10.5m，长向约 210m，短向约 75m。通过实际工程试验测试结果表明：斜桩支护有效的发挥斜桩的约束变形，最大变形基本在 20～40mm，变形量比悬臂桩小，其变形形态基本等同于有支撑的工况。

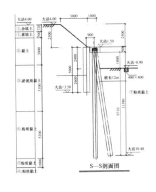

图 6　静压斜桩机及矩形倾斜施工开挖效果图

Fig. 6　Effect diagram of rectangular inclined excavation

（2）静压斜桩施工经济优势

预应力矩形桩较钻孔桩、SMW 工法和地连墙等工艺已局部部分经济技术优势，通过采用斜桩支护技术，在基坑开挖深度小于 8m 的区域基本可以取消支撑，通过实际工程应用和方案优选分析，采用矩形桩斜桩支护技术总体节省投资 15%～50%，具有较大的推广前景。

6　结论

本文研究了预应力矩形桩受力性能，并开发矩形桩、PRMW 工法和斜向静力压桩机，通过试验和工程应用，开发了地下工程的预制化技术。主要结论如下：

（1）矩形支护桩采用工厂工业化制造，具有承载力高、工程造价低、现场文明、速度快、便于运输和堆放等优点，符合住宅产业化的政策。

（2）经工程实践验证表明，在沉桩过程中有挤土效应，应根据施工信息监测情况选择必要的质量保证措施，采取必要的技术措施后质量可控。

（3）基坑开挖过程中采用信息化施工，对围护结构的及时进行监测，有利于有效控制基坑的变形，确保基坑和周边环境安全。

（4）水泥搅拌桩内插预应力矩形桩复合支护墙与止水支护墙工法（简称 PRMW 工法）是一种新型深基坑支护方法，该支护形式适用于淤泥、淤泥不能质黏土、黏土、粉质黏土、粉土、砂土等软土地区，多用于城市市区基坑支护场地有限的工程，具有良好的工程应用前景。

（5）通过对矩形倾斜支护桩在实际工程中的应用进行观察发现，倾斜桩能够很好地控制基坑变形，对其在基坑工程中的应用和推广有很大的参考价值。

参考文献

[1] 黄广龙，李勇．预应力管桩在深基坑支护工程中的应用研究 [J]．建筑施工，2005，27（4）：12-14.

[2] 黄广龙，李勇，夏佳．预应力管桩在基坑围护中的应用 [J]．建筑技术，2006，37（12）：926-927.

[3] 徐洪球，姚燕明．小型预制桩用于 SMW 工法基坑围护结构的计算分析 [J]．工程建设与设计，2003（6）：18-20.

[4] 赵志缙，应惠清．简明深基坑工程设计施工手册 [M]．北京：中国建筑工业出版社，1999.

[5] 杨波，黄广龙，赵升峰．预应力高强混凝土矩形支护桩在基坑支护工程中的应用 [J]．岩土工程学报，2012，11 增刊：371-375.

[6] 郑刚，白若虚．倾斜单排桩在水平荷载作用下的性状研究 [J]．岩土工程学报，2010，32（增1）：39-45.

[7] 徐源，郑刚，路平．前排桩倾斜的双排桩在水平荷载下的性状研究 [J]．岩土工程学报，2010，32（增1）：93-98.

作者简介

刘永超，男，1970 年生，安徽砀山人，汉族，博士，教授级高工，硕士生导师，主要从事岩土工程设计与施工技术研究与管理。E-mail：chao96521@vip. sina. com，电话：13502122418，地址：天津市东丽区津北公路 14501 号。

APPLICATION RESEARCH ON PRESTRESSED RECTANGULAR PILE AND INCLINED PILE TECHNOLOGY IN DEEP FOUNDATION PIT SUPPORT

LIU Yong-chao[1,4]，LIU Chang[2]，ZHAO Xiu-ming[3]，LI Gang[1,4]

(1. Tianjin construction inheritance group Limited Company，Tianjin 300301，China；

2. School of Civil Engineering，Tianjin University，Tianjin 300354，China；

3. Tianjin Chengjian University，Tianjin 300384，China；4. Tianjin Pile Foundation Technology Engineering Center，Tianjin 300301，China)

Abstract: The housing industrialization is propelled in China，which is based on the industrialized construction system and component system. And the prefabrication of underground projects is part of the housing industrialization. This paper presents the flexural and shear properties of prestressed piles which are used as retaining structures in excavation，and develops rectangle pile and inclined static pile-driver. A series of tests are performed using inclined supporting pile in excavations，and the application of inclined piles to support excavation is summed up. The displacement of the top of the piles is decreasing with increasing of the inclined angle of piles. The displacement of the top of vertical-inclined piles is smaller than single row inclined piles when the inclined angle is same. Based on test and engineering application，a new type of inclined static pile-driver and a set of prefabrication technology of unsupported underground engineering are developed.

Key words: precast pile，prestressed rectangular pile，foundation pit engineering，inclined supporting pile

大跨桥梁基础新技术

龚维明，曹耿，王正振，戴国亮

（东南大学 土木工程学院，江苏 南京　211189）

摘　要： 大跨桥梁的建造日益增多，复杂的地质情况和恶劣的环境条件给基础设计带来了巨大的挑战。本文介绍大跨桥梁基础的常用形式，介绍相关新技术。分析了大跨桥梁基础建设面临的两个问题：岩土体时变效应和波流冲刷的影响。

关键词： 大跨桥梁；基础；时变效应；波流冲刷

1　前言

为适应我国经济的全球化发展的趋势，促进本土与岛屿、沿海城市的交流，以及满足我国西南高山峡谷地带交通建设的强劲需求，大跨径桥梁工程成为一种趋势。

在水深、流急的大江河上、环境恶劣的海上或是我国西南峡谷中，建设大跨桥梁对基础的设计与施工提出了巨大挑战。本文介绍了大跨桥基础的常用形式和技术，并简介一些新型的基础形式，以期为我国大跨桥梁基础设计提供参考。

2　沉井基础

2.1　沉井基础

沉井基础一般由井壁、刃脚、内隔墙、封底和顶板组成。在地面上用钢或钢筋混凝土制成井筒结构，利用井壁作为基坑的支撑，在井壁的保护下，用机械和人工在井内挖土，利用自重或其他办法克服井壁与土体之间的摩阻力及刃脚反力，不断下沉不断接高，直至设计标高，然后封底形成的地下结构。当作为桥梁基础时，常常在其井筒内填充素混凝土、砂石或水以增大自重。沉井基础具有如下特点：整体稳定性好、刚度大，能承受较大的垂直荷载和水平荷载；沉井施工时（尤其在软土中）对邻近建筑物的影响相对较小；沉井施工时作为支挡结构，省去了基坑支护的工序，施工工艺较简单。

目前我国运用沉井基础作为悬索桥锚碇基础的有：江阴长江大桥北锚碇、泰州长江大桥南锚碇和北锚碇、南京长江四桥北锚碇、马鞍山长江大桥南锚碇、鹦鹉洲长江大桥北锚碇等。值得一提的是我国首座公铁两用悬索桥——五峰山长江大桥北锚碇即采用沉井锚碇。图1为某大桥北沉井锚碇。

对于特大型桥梁锚碇基础而言，需要承受更大的水平力和上拔力，单个沉井尺寸规模庞大，沉井下沉困难，需减小井壁与土之间的摩阻力，甚至还需要采用其他手段来进行助沉，从而不可避免地造成承载力的损失。

针对上述不足，将一个巨型沉井拆分为两个（或几个）小沉井（图2），并通过刚性盖板进行连接。这样既可以解决大型沉井下沉困难的问题，两个小沉井之间的土体也会被利用，提高基础在水平方向的整体抗拉刚度，相应减少建筑材料的使用，起到节

图1　某大桥北沉井锚碇

能的作用。目前锚碇分体式沉井在我国尚无应用实例。

大型锚碇沉井在顶盖处承受着巨大的弯矩、竖向力和水平力，目前沉井承载力的计算方法是将三者分开考虑，用基底承载力及侧壁摩阻力承担竖向力和弯矩，通过库仑摩擦定律（沉井及上覆结构自重×基底摩擦系数）抵抗水平力。但实际三者之间相互影响，三维破坏包络面理论更适合沉井承载力计算。

图 3 为三维破坏包络面简图，包络面表达式为公式（1），根据实际的受力状态与该破坏包络面之间的相对位置关系，即可直观评价基础的整体稳定状态。

$$f(V,H,M) = 0 \qquad\qquad (1)$$

式中，V、H、M 分别为锚碇沉井在顶盖处承受的竖向力、水平力和弯矩。

图 2　分体式沉井

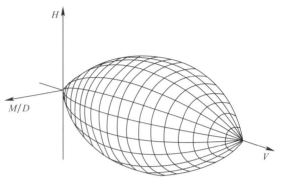

图 3　三维破坏包络面

2.2　中塔沉井基础

在宽广的水域上建设大跨桥梁基础需要承受更高、更复杂的荷载。沉井基础凭借其独特优势，广泛应用于大跨桥梁主塔基础。如图 4 所示为某大桥主墩沉井基础。目前我国运用沉井基础作为主塔（墩）基础的有：海口世纪大桥南、北主墩；泰州长江大桥中塔；合福铁路铜陵长江大桥 3 号墩等。其施工流程：陆地预制沉井—浮运—沉井下沉中纠偏—沉井基底处理与检验—沉井封底—填充和灌注盖板。

图 4　某大桥主塔墩钢沉井

3　隧道锚基础

隧道锚是一种充分利用锚址区地质条件、工程量相对较小（体量仅为重力锚的 20%～25%）、性价比高、对周边环境扰动小的锚碇结构形式，对有效保护自然环境、避免大规模开挖、节约投资方面具有重要意义，多用于山区高速公路上的悬索桥。

由于隧道锚把岩体作为锚碇的一部分，故对于锚址区地质条件要求较高，要求锚址区地质条件稳定且岩体具有较强的整体性及较高的强度。图 5 为某大桥隧道锚施工现场，该锚碇隧洞总轴线长度达 78.35m，开挖土石方量达 44230m³。

隧道锚＋预应力锚索系统是在锚体后加设预应力锚索，通过锚索抗拔提供锚固力，相当于将主缆拉力分散到各个锚索中，由于该锚固系统的锚孔较小且混凝土和钢筋的用量相对于传统锚碇系统较少，同时有较强的适应性，

图 5　某大桥隧道锚

固该锚碇系统在国内大受欢迎。我国国道 214 线（滇藏公路）角笼坝大桥即采用该隧道锚形式[1]。

为了获得更大的水平抗力，在锚体底部设置抗滑桩也是非常有效的方法。大直径抗滑桩不仅能增大隧道锚的水平抗力，同时可增强其抗滑稳定性。该种新型隧道锚的缺陷在于抗滑桩施工空间的不足，大型机械无法充分发挥其特点。我国重庆鹅公岩长江大桥采用的就是隧道锚＋抗滑桩的锚碇形式。

为更好地利用周围岩体对锚体提供锚固力，可在锚洞末端设置防滑台阶。防滑台阶可充分利用岩体与锚体之间的咬合力，其形状同普通楼梯台阶相似，只是尺寸巨大，如我国四渡河大桥所采用的隧道锚＋防滑台阶锚碇形式，防滑台阶宽度达到 4.0m。

4 重力式扩大基础

重力式扩大基础与沉井基础的受力机理类似，但二者的施工工艺具有较大区别。重力式扩大基础施工与传统扩大基础相近，主要采用大开挖施工，且由于埋深较大，一般需采用基坑支护。根据锚体埋置深度的不同，重力式扩大基础可分为深埋式扩大基础及浅埋式扩大基础两种形式：

4.1 深埋式扩大基础

深埋式扩大基础，顾名思义就是基础埋置深度较深，是目前重力式扩大基础的主流形式。因锚体与基底深层较好土体接触，且锚体侧壁可提供可观的水平抗力，故该类扩大锚碇基础受力及稳定性有保障。

但由于锚体埋置较深导致基坑开挖深度较大，这无形中增大了施工的风险及施工成本，且由于开挖土方量大，存在土料外运及堆放的问题。图 6 所示的某大桥深埋式扩大锚碇采用筒状地下连续墙支护，直径 70m，基坑开挖深度达到 40m。

4.2 浅埋式扩大基础

为降低深埋式扩大基础施工风险及施工成本，浅埋式扩大锚碇应运而生。浅埋式扩大锚碇从材料用量及施工周期等方面均有大幅度减小，但该费用及周期的减小是以降低安全系数为前提，故浅埋式扩大锚碇必须在经过精细计算并确保安全的前提下使用。图 7 为某大桥浅埋式扩大基础。

图 6 某大桥深埋式扩大基础　　　　图 7 某大桥浅埋式扩大基础

某山区特大桥锚碇根据现场地质条件，采用浅埋式基础，基础最大埋深 11m，最小埋深仅 7.5m，基础前端采用刚性桩进行地基处理，保证沉降及水平位移符合要求，如图 8 所示。

5 桩基础

一般来说，桥梁桩基础（图 9）是桥梁基础中较为经济的基础形式。当沉井、沉箱与桩的深度相等时，桩基的用料约比沉井、沉箱基础的用料少 40%～60%，因此，桩基础的造价一般比沉井、沉箱基础低一些。缺点则是：刚度比沉井、沉箱基础小，尤其是在水流、冲刷深的情况下，桩径随着冲刷深度的增大而增大，从而使其优点随之减少。

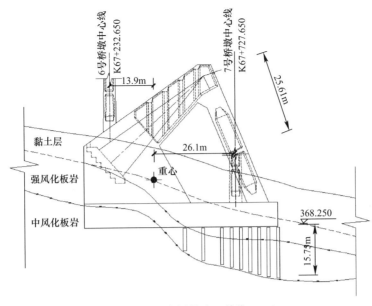

图 8　某特大桥锚碇（单位：cm）

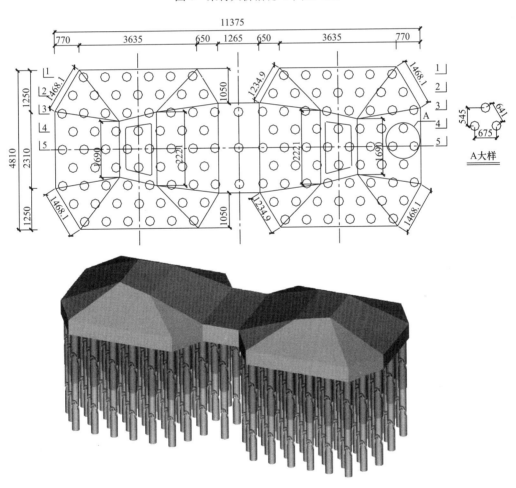

图 9　某大跨桥梁超大群桩基础

随着桩基础的发展，组合桩得到了应用。组合桩利用钢护筒与灌注桩共同承担荷载，因此，刚度较普通灌注桩有大幅提高。同时采用压浆技术进行桩端和桩侧压浆可显著提高桩承载力。其提高机理为：加固桩周土层，在高压注浆作用下，水泥浆液渗透到桩侧壁的土体中，并与桩侧土体固化胶结；提高侧摩阻力，桩侧后压浆的水泥浆液，可以改善和消除桩孔护壁泥皮，充填挤密桩身混凝土与桩侧周围土体间的间隙和桩身混凝土固化缩径形成的间隙。

6 新型基础

6.1 沉箱加桩复合基础

图10 沉箱加桩
复合基础效果图

桩基础与沉箱结构相结合形成的复合基础，具有刚度大、沉降小、承载力高、地层适应性强等显著特性，也是特大型桥梁深水基础应重点关注的基础形式。沉箱基础刚度大、桩基础技术成熟且能有效控制工后沉降，以共同发挥这两类基础形式各自的优点，如国外某大桥就是采用沉箱-桩复合式设置基础（图10）。

该种类型基础一方面可以充分发挥桩对基础控制沉降的能力，减少工后沉降；另一方面沉箱水平及竖向刚度大，能抵抗较大船舶撞击力和承受上部结构荷载，同时可以利用箱底地基承载力，减少用桩数量，降低基础工程的造价，减少沉桩过多对周围环境的不利影响；具有适应软弱层较厚的地质条件，地基加固效果好以及可实现预制件拼装施工等优点。其施工流程：清除淤泥质土，海床平整—浮运沉箱基础至墩位—安装系缆装置—调整承缆索—基础下沉到位—插打钢管桩—抽水并灌注封底混凝土。

6.2 钢管桩-垫层-沉箱基础

沉箱-垫层-桩复合地基深水基础是一种全新的大跨深水桥梁基础形式，应用于地质条件复杂、地基土强度低、水平荷载作用较大、地震多发环境时有其明显的优越性。目前该种基础形式在全世界只有两例，即位于希腊的里翁-安蒂里翁大桥以及位于土耳其的Izmit海湾大桥。土耳其Izmit大桥横跨马尔马拉海，基础处水深40m，基础下部为沉箱。沉箱下设置碎石填充的垫层作为隔震层，地基采用钢管桩加固的复合地基。图11为该桥的效果图。其施工流程：陆地预制—开挖—打钢管桩—抛石垫层—基础浮运—充水下沉—浇筑承台—抽水上部施工。

图11 Izmit钢管桩-垫层-
沉箱基础效果图

此类基础的优点十分显著：垫层和桩的存在加固或替换了不良土体，能提高承载力、减小沉降；合理的垫层设计能控制地基的破坏模式；垫层同时作为隔震层，起到"延性构件"的作用。

6.3 吸力式沉箱基础

图12 吸力式沉箱作为桥梁
基础效果图

吸力式沉箱是一种底端敞开、上端封闭的大直径圆桶结构，如图12所示，并且在桶顶有连接泵系统的出水孔。吸力式沉箱的直径一般在3~12m，长径比一般在1~10变化。吸力式沉箱基础在安装时，首先靠沉箱的自重沉入到海底一定深度，形成有效密封后，再通过泵系统抽出沉箱内的空气和水形成负压，利用桶内外的压力差把沉箱沉入到设计深度。

与传统的桩基础、沉井相比，吸力式沉箱基础具有运输与施工方便、节省工期及造价低等优点，特别适用于表层为软弱土的地基，并且由于无需改良和置换地基土，大大减低了环境的负担，适用性较好。

吸力式沉箱基础由于具有适用于深水和更广土质范围、运输与安装方便、工期短、造价低、可重复使用等优点。为我们解决特大跨桥梁跨海桥梁基础提供了一个新选择。

6.4 根式基础

大跨度桥梁往往需要很高的基础承载能力和严格控制沉降要求，特别是在我国江河中下游和沿海地区，覆盖层深厚，传统的桩基础存在材料利用率不高、承载能力偏小等不足。运用仿生学原理，采用配套研发的多头顶进装置将预制根键挤扩到基础周边土体中，在基础上"嫁接"水平向的钢筋混凝土根键，根键可将荷载有效传递到土体，由此提高基础的稳定性和承载力，形成了一种原创的基础形式——根式基础，如图 13 所示。

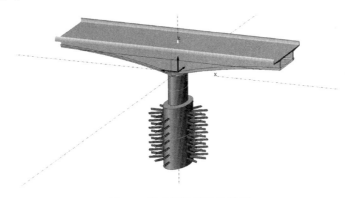

图 13　根式桥梁基础效果图

根式基础在传统的基础侧面增加了集群钢筋混凝土根键，能够充分发挥桩土共同作用，有效提高材料利用率，大幅增加了基础承载力。在马鞍山长江公路大桥、池州长江公路大桥等多项工程中应用。根式基础目前已形成包括根式钻孔桩基础、根式沉井基础、现浇根式管柱基础及根式锚碇基础等不同直径、不同类型的系列化根式基础，可适用于不同承载要求的桥梁墩台基础以及锚碇基础，并可推广应用到铁路、市政、水利、港口、海洋风电以及建筑等行业。

6.5 地下连续墙基础

井筒式地连墙基础如图 14、图 15 所示，是一种新型的桥梁基础形式，采用机械化快速施工，特别适合大跨桥梁基础。当采用桩基抵抗结构的巨大推力，基础规模较大。而采用井筒式地下连续墙基础不

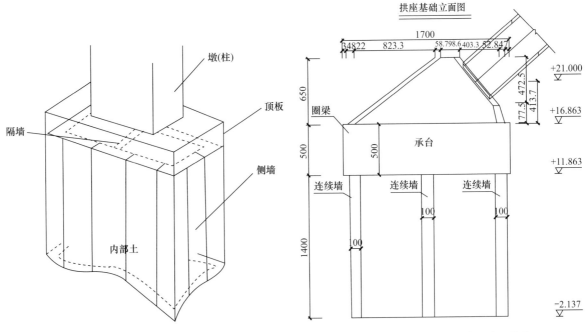

图 14　井筒式地下连续墙基础图　　　　图 15　某特大桥田字形地连墙基础（单位：cm）

仅能承受竖向荷载，更重要的是能承受巨大的水平推力，具有优越的受力性能和经济效益。井筒式地下连续墙基础诞生在日本，1979 年日本在东北新干线高架桥工程中采用了井筒式（闭合式）地下连续墙刚性基础，开创了该技术应用于桥梁基础工程先河，之后在日本得到了迅速的发展。在我国在陕西延安和山西运城等地采用过井筒式地下连续墙基础，如图 16 所示。

6.6 钟形基础

钟形基础如图 17 所示，采用整体制造、整体安装施工方法，适用深水软弱土地基桥梁基础，这种基础用在了俄勒冈大桥和诺森伯兰海湾大桥基础。其施工流程与沉箱加桩复合基础类似。

图 16　某大桥 7m×7m 地下井筒式连续墙基础

　　　(a)　　　　　　　　　(b)

图 17　钟形基础

7　大跨桥梁基础面临问题

7.1　岩土介质时变效应

流变特性是软土的重要工程特性之一。土的流变性质与土的结构有关，其中，蠕变特性最为常见。土体的蠕变是指在常值应力持续作用下，土体的变形随时间而持续增长的过程。土体蠕变性质的研究在土力学中占有重要地位，并且已对我国很多不同土木工程产生巨大影响。

大量研究和工程实践经验表明，软土地区桥梁变形一般经历的时间都相当长，软土层蠕变特性是导致桥梁较大的后期变形使桥梁损坏的一个主要原因。

此外，在桥台台后路基填土、车辆等不平衡竖向荷载下，软土产生水平向的塑性变形，使得台后路基大规模整体下沉、路基两侧及台前土隆起，桥台桩基受到水平向软土蠕变作用而向河的方向倾斜（图 18）。引起各种桥梁病害现象，严重影响着桥梁的正常使用[2]，甚至坍塌如图 19 所示。

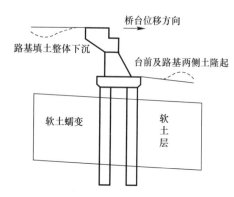

图 18　桥台后软土蠕变作用示意图

图 19　软土蠕变引起桥梁坍塌

软土变形特征与时间因素密切相关。室内试验和现场反演的结果表明，研究软土的应力应变特征和变形与时间关系十分重要。在工程实际中考虑土体的流变性质，需要对蠕变变形过程进行合理描述。经过数十年的研究，岩土工程界已经积累了大量的流变模型资料，可将这些模型分为元件模型、屈服面模型、内时模型和经验模型四类[3]。

7.2 波流冲刷

冲刷是水流冲蚀作用引起河床或海岸剥蚀的一种自然现象，如图 20 所示。

美国、加拿大等国的统计资料表明，超过半数的桥梁破坏与洪水冲刷有关[4,5]。表 2 给出了 Smith DW 对重大事故的 143 座桥梁的分析和总结。通常情况下，海底泥沙在均匀流作用下将保持平衡状态，跨江、跨海大桥的修建必然会对桥墩基础周围水流产生影响，改变其流速和流态并破坏该地区的泥沙的平衡，从而对桥墩结构破坏的产生潜在威胁[6]。

影响桥墩冲刷的因素繁多，难以准确预估，且随着水文变化，桥梁的破坏表现出一定的偶然性，这是桥梁设计中最难解决的关键问题，而桥墩基础的局部冲刷又是其中的难点。这是因为冲刷通常主要由普遍冲刷、收缩冲刷和局部冲刷三部分组成，其中局部冲刷深度通常远大于普遍冲刷和收缩冲刷。桩基冲刷如图 21 所示。

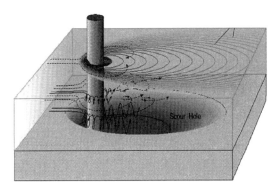

图 20　冲刷示意图　　　　　　　　　图 21　桩基冲刷

由于桥墩基础的冲刷是不可避免的，因此，采取一定的桥墩基础防冲刷保护措施，对于减小桥墩基础旁冲刷坑的深度、提高结构的安全性和桥梁的稳定性是有显著效果的。我国学者及施工人员先后提出了多种冲刷防护措施，一类是实体抗冲防护措施，指在桥墩周围的床面上放一些实体材料，以提高其抗冲能力，使桥墩免于掏底失稳；另一类是减速不冲防护措施，通过在桥墩周围或前方设置非完全固定的结构或改变桥墩结构，去改变水流，使水流经过防护工程后速度及动能降低，以削弱或抑制水流冲刷能力的措施[7]。近年来我国学者又对抛石防护、混凝土铰链排防护、填充混凝土模袋防护等防护措施进行了研究[8]，并提出了包括护圈防护、桥墩开缝防护、淹没翼墙防等多种防护措施[9]。

8　结论

大跨桥梁的基础是一个理论性和实践性都很强的复杂课题，必须在理论和实践过程中不断加以完善和发展。大跨桥梁基础涉及问题众多，本文介绍其了常用的形式，对其常见面临问题—岩土体时变效应和冲刷进行了评述。对今后研究提出了几点建议：

（1）复杂环境条件下，传统基础形式有一定的缺陷。针对不同荷载作用、水文地质条件，改进的新型基础形式是一个不错的选择。

（2）土体蠕变模型本构方程的复杂性给工程应用带来不便，而施工的扰动和施工期季节气候改变会导致岩土材料流变参数的变化。因此，上述两者还未完全有机结合起来。软土时变效应对水平力作用下的深水基础的影响日益明显，在这方面的研究也有待进行。

（3）国内外学者针对水流冲刷作用下的基础与水流相互作用以及施工完成后的防冲刷技术进行了大量研究，但水流冲刷问题往往是在工程建造时未考虑或者不能准确判断冲刷程度，工程上最关心的问题仍是基础的承载能力问题。因此，关于冲刷前后大跨桥梁基础的承载性状及其变化仍有待进一步研究。

参考文献

[1] 吴相超. 软岩隧道式锚碇原位缩尺模型试验及稳定性研究 [D]. 重庆大学，2016.

[2] 邵旭东，易笃韬，李立峰等. 软土地基桥台受力分析 [J]. 中南公路工程，2004，29（2）：37-40.

[3] 袁静，龚晓南，益德清. 岩土流变模型的比较研究 [J]. 岩石力学与工程学报，2001，20（6）：772-779.

[4] Melville B W，Coleman S E. Bridge scour [M]. Water Resources Publication，2000.

[5] Wardhana K，Hadipriono F C. Analysis of recent bridge failures in the United States [J]. Journal of Performance of Constructed Facilities，2003，17（3）：144-150.

[6] Shirlaw J N. Observed and calculated pore pressures and deformations induced by an earth balance shield：Discussion [J]. Canadian Geotechnical Journal，1995，32（1）：181-189.

[7] 梁锴，方理刚，段靓靓. 冲刷对桥墩稳定性影响的有限元分析 [J]. 岩土力学，2006，27（9）：1643-1645.

[8] 康家涛. 冲刷对桥墩安全性的影响研究 [D]. 长沙：中南大学，2008.

[9] 李成才. 桥墩局部冲刷试验及计算理论研究 [D]. 南京：河海大学，2007.

作者简介

龚维明，男，1963 年生，江苏连云港人，汉族，博士，教授，博士生导师，主要从事桩基础和深基础等方面的教学和科研工作。E-mail：wmgong@seu.edu.cn，电话：13801598300。地址：江苏省南京市江宁区秣陵街道东南大学路 2 号东南大学九龙湖校区土木新大楼，211189。

SOME RESEARCH ON PRESENT SITUATION AND PROSPECTS OF LONG-SPAN BRIDGE FOUNDATION DESIGN

GONG Wei-ming，CAO Geng，WANG Zheng-zhen，DAI Guo-liang

(School of Civil Engineering，Southeast University，Nanjing，Jiangsu 211189，China)

Abstract：In recent years，the construction of long-span bridge was growing. The complex geological conditions and harsh environmental conditions pose tremendous challenge for the design of long-span bridge foundation. The common foundation patterns of large-span bridges are discussed and then related technology was introduced in this article. The two problems concerning design of large-span bridge foundations were also analyzed briefly，such as：time-varying effect of rock and soil and scouring effects.

Key words：long-span bridge，foundations，time-varying effect，wave scouring

BFRP 筋土钉支护基坑原型试验研究

康景文[1]，荆伟[1,2]，胡熠[1]，郑立宁[1,2]，纪智超[1]，陈继彬[1]

（1. 中国建筑西南勘察设计研究院有限公司，四川 成都 610052；

2. 中建地下空间有限公司，四川 成都 610073）

摘 要： 玄武岩纤维复合筋材（Basalt Fiber Reinforced Plastics，简称 BFRP）是采用玄武岩纤维为主体材料，以掺入适量固化剂的合成树脂为粘结固型材料，经过特殊工艺处理和特殊的表面处理所形成的一种非金属、节能环保型复合材料，对其有效利用符合国家近年倡导的绿色建造的发展方向。本文利用 BFRP 筋替代常用钢筋进行土钉支护基坑原型试验，经过开挖稳定阶段直至失稳阶段的全过程监测，研究 BFRP 筋作为土钉杆材支护基坑边坡的土体位移及筋材受力特征及其破坏模式，探讨 BFRP 筋材在基坑支护中的应用效果。

关键词： BFRP 筋；基坑；土钉支护

1 引言

高强度纤维材料在岩土工程领域的应用一直受到人们的关注，包括玻璃纤维、碳纤维、芳纶、玄武岩纤维等。但碳纤维和芳纶的生产对环境污染较大，且材料碱性腐蚀快、与混凝土粘结性差，自 20 世纪 60 年代以来，很少用于混凝土构件中，使其他类型复合筋材在岩土工程中的使用受到了极大的影响。

BFRP 筋材是使用玄武岩纤维为主体材料，以合成树脂为粘结固型材料，并掺入适量固化剂，经过特殊工艺处理和特殊的表面处理所形成的一种新型非金属复合材料。1922 年 Pau[1] 发明了"玄武岩纤维制造技术"之后，以美国、苏联、德国为主的国家大力推广玄武岩纤维材料，使玄武岩纤维产量获得了极大地增加。BFRP 和钢筋相比[2-9]，具有抗拉强度高、重量小、耐酸碱腐蚀等优点，同时按照等强度条件代换，筋材用量和造价约可节省 20% 左右。现阶段，BFRP 纤维和筋材主要应用于混凝土路面或桥面的铺装工程且效果较理想。而对其理论研究的成果主要体现在专利方面，如雷茂锦[17] 发明了"玄武岩纤维复合筋网与锚间加固条联合的边坡稳定装置"、霍超[10] 申请了"玄武岩纤维增强树脂锚杆"等。目前，BFRP 纤维和筋筋应用于岩土工程的研究较少，其锚固技术和运用效果仍需深入研究。

本文基于采用 BFRP 筋材替代常用钢筋土钉支护进行现场原型基坑试验，通过开挖稳定阶段直至失稳阶段的全过程监测，分析了 BFRP 筋材作为土钉杆材支护基坑边坡的位移及筋材受力特征，以及基坑边坡的破坏模式，探讨 BFRP 筋材在基坑支护中的应用效果。

2 原型试验设计

2.1 试验场地岩土构成与特征

根据钻探结果，试验场地场地岩土层主要由第四系全新统人工填土、其下的第四系中、下更新统冰水沉积层和裂隙发育的弱膨胀性构成。依据勘察报告建议的场地土层强度参数，结合黏土膨胀性和工程经验，选用土层参数的计算值（表 1）并设计基坑坡型（图 1）。

土层设计参数值　　　　　　　　　　　　　表1
Properties of soils　　　　　　　　　　　Tab. 1

参数 区域	重度 γ (kN/m³)	饱和重度 γ_{sat} (kN/m³)	黏聚力 c (kPa)	饱和状态黏聚力 c' (kPa)	内摩擦角 φ (°)	饱和状态内摩擦角 φ' (°)
① 新近填土	17	19	4	2	10	7
② 老填土	19	19	10	9	10	8
③ 黏土	20.0	20	40	25	12	9

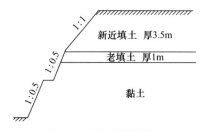

图1　基坑边坡计算模型

Fig. 1　The model of foundation pit slope

2.2　基坑边坡稳定性

利用理正基坑边坡稳定性分析软件计算基坑边坡开挖在天然和暴雨工况下的稳定性和变形模式，计算结果见表2和图2。

开挖边坡稳定性系数　　　　　　　　　　表2
Stability coefficient of excavation slope　　　Tab. 2

工况	天然（局部稳定性）	天然（整体稳定性）	暴雨（局部稳定性）	暴雨（整体稳定性）
稳定性系数	0.71	1.35	0.39	0.89

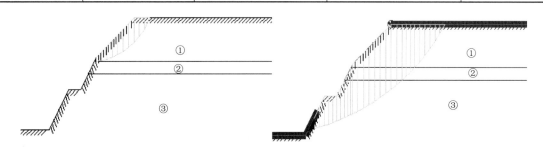

图2　基坑边坡的潜在滑面示意图

Fig. 2　The potential sliding surface of the foundation pit slope

（a）局部潜在滑面；（b）整体潜在滑面

2.3　土钉支护设计

边坡分三级支护，依据国家现行行业基坑技术规程设计，坡率及支护方案如图3所示。

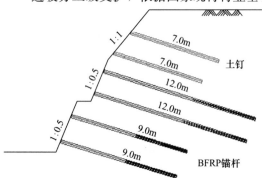

图3　BFRP筋材支护结构设计剖面示意图

Fig. 3　The design section

（1）第一级边坡，新近填土，厚度3.2m，坡率1：1，考虑成孔难度，采用 $\phi48$ 的钢管注浆土钉支护，土钉水平间距1.0m、垂直间距1.5m，安设角与水平方向呈15°；

（2）第二级边坡，老填土，厚度3.2～5.8m，坡率1：0.5，采用两排长12m土钉支护，锚固体直径100mm，粘结体为M30砂浆，按基坑技术规程设计计算钢筋土钉并以等强度替换原则，换算为 $\phi14mm$ BFRP筋，安设角与水平方向呈15°；

（3）第二级边坡，弱膨胀黏土，厚度3.2～5.8m，坡率1：0.5，采用两排长9m土钉支护，锚固体直径

100mm，粘结体为 M30 砂浆，按基坑技术规程设计计算土钉钢筋筋材，换算为 $\phi14mm$ BFRP 筋，安设角与水平方向呈 15°。

2.4 监测设计

为确保在基坑边坡施工过程以及后期的失稳坏过程中获取到基坑边坡顶地表及坡体深部的位移和 BFRP 筋土钉的受力情况，采用全站仪监测坡面及坡顶面位移，采用测斜技术监测坡体深部位移，采用钢筋计监测 BFRP 筋土钉受力大小及分布。

（1）地表位移监测。全方位监测 BFRP 土钉支护区试验全过程中坡顶地表位移，共设置了 8 个监测剖面。坡顶位移监测点在基坑边坡开挖前布设，每开挖一级边坡布设该坡面的位移监测点（图 4）。

（2）深部位移监测。测斜管安装及布设位置见图 5，在基坑开挖前和过程中逐步完成。共布置 5 根，每根长 14m。

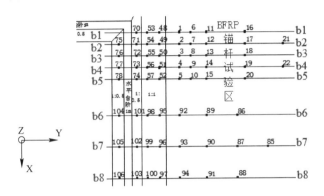

图 4 地表位移监测系统布置平面图

Fig. 4 Schematic drawing for the surface displacement monitoring system

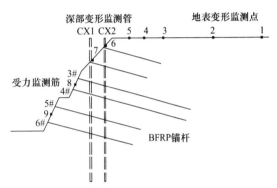

图 5 测斜管监测布置剖面示意图

Fig. 5 Schematic drawing for inclinometer

（3）BFRP 筋土钉受力监测。为得到 BFRP 筋土钉拉力以及其沿长度内的分布，在监测的土钉中安装 3 个钢筋计，钢筋计间距 3m。

3 BFRP 筋土钉制安与基坑失稳实现

3.1 BFRP 筋土钉杆制安

BFRP 筋土钉制作锚头部分与钢筋锚杆有所差别，在锚头采用了钢管、钢筋及粘结剂等特殊处理（图 6）。土钉安装、固定及锚固体注浆等施工工艺与钢筋土钉基本相同。钢筋计安装如图 7 所示。

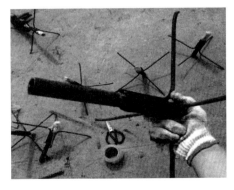

图 6 BFRP 筋锚头

Fig. 6 Special anchor head

图 7 BFRP 筋钢筋计的安装

Fig. 7 Installation of steel bar gauge

3.2 基坑失稳实现

基坑边坡失稳试验采取不同的人为措施，并逐步实施（图8～图11）。

（1）坡底开挖沟槽。在BFRP筋土钉支护的坡脚设置深1.5m、宽1m沟槽，顺坡脚全段开挖。为保证机具及施工人员安全，采用长臂挖掘机由里向外依次施工。

（2）坡脚、坡顶沟槽灌水浸泡。坡脚沟槽开挖后灌水浸泡，监测1～2周；坡体位移无明显增大趋势后，再在坡顶开挖沟槽浸水。

图8　坡底沟槽开挖位置

Fig. 8　Excavation position of slope bottom groove

图9　坡脚浸水

Fig. 9　Water damage at slope toe

图10　坡顶开沟浸水和坡顶堆载

Fig. 10　Ditching and soaking and loading system

图11　基坑边坡失稳破坏

Fig. 11　Instability failure of the foundation pit slope

（3）坡顶堆载。坡脚、坡顶沟槽饱水后，继续监测1周；当坡体状态仍无明显变化趋势时，再在进行坡顶堆载直至坡体失稳。

4　监试成果及分析

4.1　正常使用阶段

由于现场监测数据较多，限于篇幅，本文仅选取部分典型位置的监测成果进行分析。

（1）地表位移

BFRP筋支护区 b_5-b_5 剖面监测点的位移随时间变化见图12。从图可以看出，边坡开挖至土钉施工完成后，基坑边坡坡顶地表竖向位移量总体不大，约3～4mm，且略有起伏；随着受连续降雨影响，各个监测点的位移速率略有加大，且坡顶地面出现部分微弱张拉裂缝，最大竖向位移约18mm。总体上看，坡顶位移速度变化平稳，且未发现明显的张拉裂缝，表明BFRP筋土钉对基坑边坡稳定性和位移起到有效的控制作用。

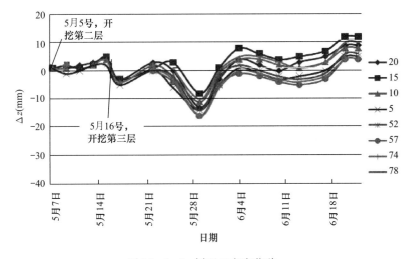

图 12　b₅-b₅ 剖面 Z 方向位移

Fig. 12　Direction displacement of b₅-b₅ area

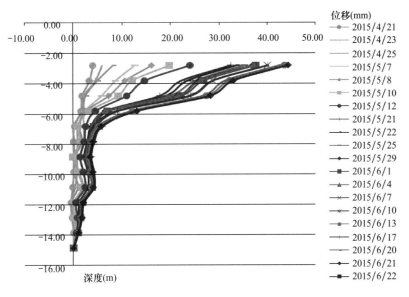

图 13　3 号测斜管位移变化曲线

Fig. 13　Horizontal displacement curve of No. 3 Steel bar

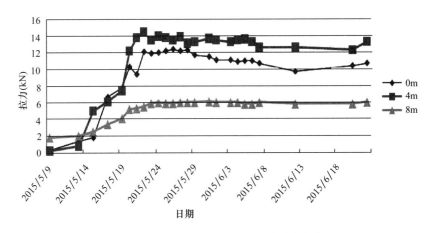

图 14　BFRP 筋材锚杆 4 号监测筋受力变化图

Fig. 14　No. 4 anchor rod acting force curve

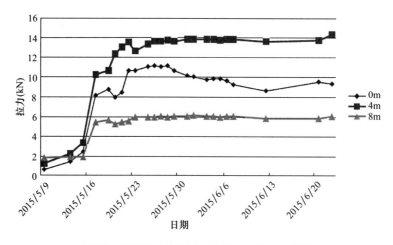

图 15　BFRP 筋材锚杆 5 号监测筋受力变化图

Fig. 15　No. 5 anchor rod acting force curve

（2）深层位移

测斜管（3 号）位移曲线见图 13。结合图 12 可以看出，开挖第一层基坑边坡后，边坡侧向位移缓慢增加；开挖第二层基坑边坡之后，6m 以上坡体位移增大，6m 以下变形不大且相对稳定；坡体位移在两次开挖过程中均有明显增大，但支护完成后，位移以很小且稳定的速率变化；此阶段，坡体的顶部侧向位移达 47mm，地表 6m 以上坡体位移增大明显，地表 6m 以下位移变化相对不明显。

（3）BFRP 筋材受力

图 14 和图 15 为监测筋（4 号、5 号）受力变化曲线。从图可以看出，土钉施工完成后，杆筋内部拉力随时间逐渐缓慢增加，并且在基坑边坡开挖后以及几次降雨影响后，杆筋受力的大小稍有波动，拉力大小有增有减，其中锚头处受到的拉力变化幅度较大。所监测的土钉中，受到的最大拉力达 20kN，远小于杆材的抗拉强度。

4.2　失稳阶段

BFRP 筋支护在开挖坡脚并浸水后，边坡总体位移稍增大，但未破坏。在坡顶开挖并灌水之后，边坡的位移和土钉受力有明显的增加，且变化速率大，边坡最终失稳。

（1）地表位移

从图 16 可看出，坡脚灌水到坡顶灌水短时间内，边坡位移较慢，边坡朝基坑内部方向的位移不明显，然而边坡竖直方向上有向上的位移，可能缘于坡脚浸水弱膨胀性的黏土发生吸水膨胀所致。坡顶灌

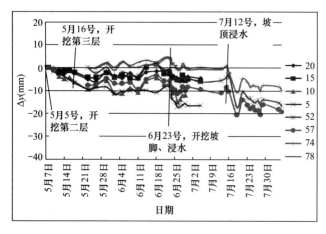
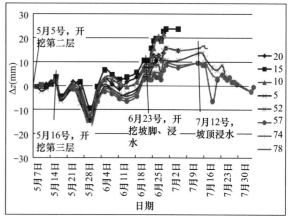

图 16　BFRP 锚杆试验区 b_5-b_5 剖面 Y、Z 方向位移

Fig. 16　Direction displacement of Y and Z for b_5-b_5 area of anchor rod

水几日后边坡的位移速率突然加快，Y、Z方向的位移均有明显变化且位移持续增加；虽然位移量不大，但位移速率很高，可判断边坡已经失稳，此阶段，地表最大位移为24mm。

（2）深部位移

图17中3号测斜管相对位移曲线可以看出，开挖坡脚并浸水之后，边坡深部位移稳步增加，6m以上坡体位移大，6m以下坡体位移小，可判断3号测斜管地面以下6m处存在潜在滑面，顶部位移量最大为50mm。

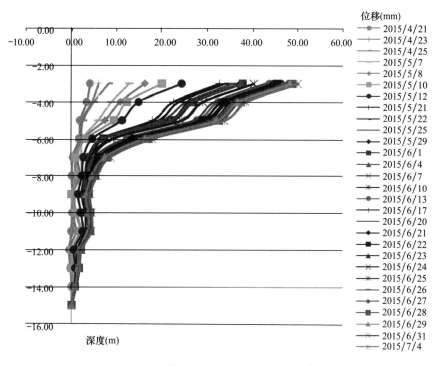

图 17　BFRP 筋材锚杆 3 号测斜管位移变化曲线

Fig. 17　Horizontal displacement curve of No. 3 Steel bar

另外，由深部位移监测结果可知，BFRP 筋土钉支护开始进行失稳试验之后，坡体深部位移稳步增加。对比地表位移监测结果可以知，从位移不明显至出现加速位移并失稳，测斜管监测无法获取至坡体位移加速及失稳的成果，因此，深层监测结果未反映出坡体的失稳真实过程。

（3）BFRP 筋受力

以 4 号、5 号监测筋结果为例（图18、图19），开挖第三层后土钉受力突然增加，之后土钉受力因

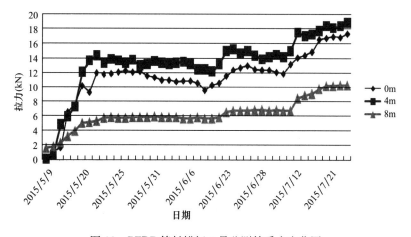

图 18　BFRP 筋材锚杆 4 号监测筋受力变化图

Fig. 18　No. 4 anchor rod acting force curve

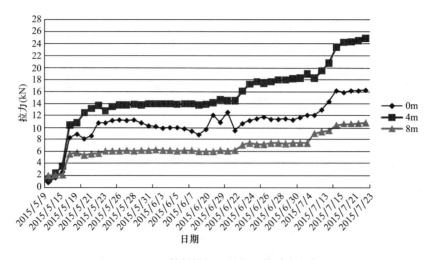

图19　BFRP筋材锚杆5号监测筋受力变化图

Fig. 19　No. 5 anchor rod acting force curve

受降雨影响稍有变化，但总体上比较稳定；开挖坡脚并浸水后土钉受力突增，在坡顶浸水之后土钉受力增加明显快速并达19～25kN，且中间位置筋材受到的拉力较大，其次是端头，底部受力较小。

由BFRP筋土钉受力监测结果可知，坡体开始破坏试验之后，BFRP锚杆的受力有明显增加，并在开挖坡顶并浸水后锚杆受力增加的速率大，可判断边坡基本失稳。BFRP筋材锚杆支护基坑边坡在人工诱发条件下产生破坏，坡体破坏模式与钢筋锚杆支护破坏模式基本一致。

5　结论

通过BFRP筋土钉支护基坑原型试验，可以得到以下结论：

（1）依据场地岩土工程勘察报告和工程经验确定的基坑边坡支护设计参数，在开挖坡率1∶1～1∶0.5情况下，采用BFRP筋土钉支护与按现行基坑技术规程方法设计的钢筋土钉支护效果相当。

（2）BFRP筋土钉支护基坑边坡地表位移监测和深层位移监测结果表明，BFRP筋土钉支护坡体未发生加速位移，并在正常使用阶段处于稳定状态。

（3）土钉受力监测结果表明，BFRP筋土钉受到的拉力未达到其设计强度，表明经等强度换算，完全可以采用BFRP筋替代普通钢筋进行基坑支护设计。

（4）与钢筋土钉相比，BFRP筋土钉的制作除在锚头部分有所差别外，可以采用与普通钢筋土钉完全相同的工艺进行施工，并不减低工效和支护效果。

（5）失稳试验现场状态表明，BFRP筋土钉支护基坑边坡失稳模式与钢筋土钉支护失稳模式基本一致，均为整体圆弧形滑动。

参考文献

[1]　Paul W. Folding paper box：US，US 1411678 A [P]．1922.

[2]　沈刘军，许金余，李为民，等．玄武岩纤维增强混凝土静、动力性能试验研究 [J]．混凝土，2008（4）：66-69.

[3]　吴钊贤，袁海庆，卢哲安，范小春．玄武岩纤维混凝土力学性能试验研究 [J]．混凝土，2009，9：67-68.

[4]　顾兴宇，沈新，李海涛．高模量玄武岩纤维—钢丝复合筋的力学性能 [J]．长沙理工大学学报：自然科学版，2010，7（3）：19-24.

[5]　顾兴宇，沈新，陆家颖．玄武岩纤维筋拉伸力学性能实验研究 [J]．西南交通大学学报，2010，45（6）：914-919.

[6]　高丹盈，张钢琴．纤维增强塑料锚杆锚固性能的数值模拟分析 [J]．岩石力学与工程学报，2005，24（20）：3724-3729.

[7]　黄生文，邱贤辉，何唯平，等．FRP土钉主要性能的试验研究 [J]．土木工程学报，2007，40（8）：74-78.

［8］ 朱海堂，谢晶晶，高丹盈. 纤维增强塑料筋锚杆锚固性能的数值分析［J］. 郑州大学学报：工学版，2004（1）：6-10.

［9］ Benmokrane B，Elsalakawy E，Elragaby A，et al. Designing and Testing of Concrete Bridge Decks Reinforced with Glass FRP Bars［J］. Journal of Bridge Engineering，2015，11（2）：217-229.

［10］ 霍超，汤惠工，何唯平. 一种玄武岩纤维增强树脂锚杆：中国，200520064811［P］. 2005-09-22.

作者简介

康景文，男，1960 年生，河南新乡人，汉族，博士，教授级高级工程师，注册岩土工程师。现任中国建筑西南勘察设计研究院有限公司总工程师，主要从事岩土工程方面科研工作。E-mail：kangjingwen007@163.com，地址：四川省成都市东三环路二段龙潭总部经济城航天路 33 号。

康景文

EXPERIMENTAL TEST OF SOIL-NAILING SUPPORTING FOUNDATION PIT WITH BFRP REINFORCED

KANG Jing-wen[1]，JIN Wei[1,2]，HU Yi[1]，ZHENG Li-ning[1,2]，JI Zhi-chao[1]，CHEN Ji-bin[1]

(1. China Southwest Geotechnical Investigation & Design Institute Co. , Ltd，Sichuan Chengdu 610052；2. China Construction Underground Space Co. , Ltd，Sichuan Chengdu 610073)

Abstract：Basalt Fiber Reinforced Plastics (BFRP for short) is a new metalloid, energy-saving and environment-friendly materials by adding proper amount of curing agent of synthetic resin into Basalt Fiber. Basalt Fiber is the main materials of BFRP，which is worked by a special technology of fabrication processing. It is matching the development direction of green construction in China. In this paper，in-situ test of soil-nailing supporting foundation pit with BFRP reinforced was studied，stress-strain of foundation and reinforcements were monitored in stable development stage and instability development stage. Via the monitoring data，deformation and failure mode of BFRP reinforced foundation pit has been analysised. The findings of these analyses showed that the technology had good application effect.

Key words：BFRP；foundation pit；soil-nailing

基坑狭窄区域回填密实技术

周保生[1]，江建[2]

(1. 深圳市市政工程总公司，广东 深圳 518034；2. 深圳市天健集团（股份）有限公司，广东 深圳，518034)

摘 要： 针对基坑肥槽狭窄区域回填面临的材料选择和难以密实的问题，利用石粉渣、建筑废弃物再生材料作为回填材料，采用振动水密法工艺技术，开展了室内模型试验和现场模拟试验，取得较好的压实效果，且分层厚度较传统方法得到大幅提高，回填的效率和效果都有明显改进，可为类似工程提供参考。

关键词： 基坑回填；狭窄区域；室内实验；现场试验；石粉渣；建筑废弃物再生材料

1 前言

对于深度较大、作业面狭窄的基坑回填，由于施工场地的限制，大型机械设备无法使用，给基坑回填工作带来了严重的困难，往往会出现回填后沉降明显以及室外地坪开裂、空鼓、下陷等大量基坑回填质量问题，甚至造成回填区域所埋地下管线变形甚至被破坏的问题。

目前，基坑回填材料多为黏性土、粗砂，偶然也有采用石粉渣等人工材料的案例，回填方法通常采用压实或夯实的施工工艺。规范要求分层回填、分层压实（或夯实）、分层检测，每层的厚度为 0.2～0.3 m[1]；如果分层厚度过大时，则无法达到所要求的压实度，因此，回填效率很低。当基坑深度较大、作业空间狭窄时，很难做到现行规范所要求的分层回填、分层夯实，回填材料无法达到通常设计要求的94％压实度[1]。因此，基坑狭窄区域的回填施工是目前普遍存在的技术难题。

针对基坑狭窄区域回填的技术难题，笔者从回填材料、回填工艺、分层厚度等方面进行了研究，采用石粉渣、建筑废弃物再生材料作为回填材料，采用振动水密法回填密实工艺，分层厚度达到了 1.5m 以上，突破现行规范的限制。在室内模拟实验成功的基础上，进行了现场试验，取得了良好的效果。

2 室内模拟实验

2.1 试验目的

为解决基坑狭窄区域回填密实问题，针对基坑回填施工现场实际情况，笔者在实验室做了模拟试验。

本次试验主要研究不同回填材料在不同分层厚度、不同回填工艺条件下的回填效果，以确定满足压实度要求的分层厚度和回填密实技术。

2.2 试验设备

为了模拟基坑狭窄回填区域现场条件，在实验室砌筑了一个砖混结构试验池，其平面外部尺寸为 3.6m×2.4m，高 1.65m，中间有一道隔墙，墙厚 20mm，分成 2 个回填池，每个回填池平面净空为 1.5m×2.0m，底部安设排水管。试验池用来模拟回填基坑，排水管模拟基坑排水系统。模拟试验池尺寸见图 1、图 2。对两边试验池进行编号，东侧为 1 号试验池，西侧为 2 号试验池。

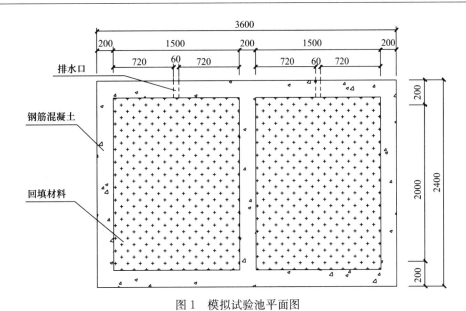

图 1 模拟试验池平面图

Fig. 1 Plan view of simulate test pool

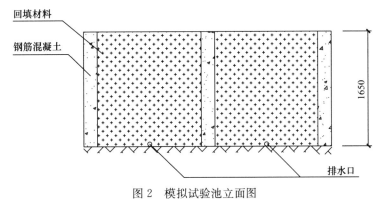

图 2 模拟试验池立面图

Fig. 2 Vertical view of simulated test pool

模拟试验所使用的工具设备有铁锹、水管、水桶、插入式振动棒、平板振动器等。填料压实度采用灌砂法检验。

2.3 回填材料的选择

本试验选用了 2 种回填材料，即石粉渣和建筑废弃物再生材料。石粉渣是用花岗岩、石灰岩等石料生产碎石过程中产生的弃料，由石粉、石屑组成，是地基换填、基坑回填的良好材料。建筑废弃物再生材料（简称再生材料）是指由拆除旧建筑（建筑构件）所产生的混凝土块、砖块等建筑废弃物经过粉碎处理后形成的粒径不大于 5mm 的材料。

经过土颗粒分析，确认两者都属于砂性土，建筑废弃物再生材料属于含细粒土砂，石粉渣属于级配不良砂。采用击实试验确定填料的最大干密度和最佳含水量，试验结果表明：石粉渣最大干密度 2.10g/cm³，最佳含水量 9.1%；建筑再生材料最大干密度 1.55g/cm³，最佳含水量 15.5%。

2.4 回填密实方法

为了研究回填工艺的可操作、可行性，试验中分别使用了插入式振动棒和平板振动器，采用振捣、压实的方法对回填材料进行密实。

为了对比回填工艺的密实效果，试验采用了 2 种密实方案：方案 1 是先采用振动棒插入填料中振捣密实后，再用平板振动器在填料表面振平；方案 2 只用振动棒振捣。

2.5 分层厚度的研究

为了确定合理的回填材料分层厚度，分别对分层厚度 0.50 m 和 1.0 m 的回填材料进行了回填密实模拟试验。采用密实方案 1 时，分层厚度约为 0.5m；采用密实方案 2 时，分层厚度约为 1.0m。

2.6 回填工艺流程

基坑回填密实方案 1 工艺流程：设置灌排水系统→清理基底→分层填料→灌水渗透→插入式振动棒振捣→平板振动机振捣→检测密实度。

基坑回填密实方案 2 工艺流程：设置灌排水系统→清理基底→分层填料→灌水渗透→插入式振动棒振捣→检测密实度。

将石粉渣、建筑再生材料按照一定的松铺厚度摊铺，加水饱和，用插入式振动棒振捣后，待表面水渗透，再用平板振动器振平（密实方案 2 省略），检测每层的压实度。

模拟试验操作过程见图 3～图 5。

 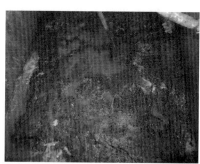 

图 3　填料摊铺　　　　　　　　图 4　灌水渗透　　　　　　　　图 5　振动棒振捣

Fig. 3　Packing spread　　　　Fig. 4　Irrigation penetration　　　Fig. 5　Vibrator tamping

2.7 试验结果及结论

在试验过程中记录了填料厚度、压实遍数、填料沉降等参数。待填料表面达到了一定的干燥度后，分别做了压实度检测。在采用密实方案一试验过程中，由于试验池 1（石粉渣）排水不畅，石粉渣表面没法做压实度试验，没有得到石粉渣回填的压实度数据。试验结果见表 1～表 5。

方案 1 模拟试验记录表　　　　表 1

Simulation test record of scheme 1　　Tab. 1

填料名称	填料摊铺厚度（cm）	振动棒振捣遍数	平板压实遍数	振动棒振后沉降（cm）	平板振后沉降（cm）	沉降百分率（%）
石粉渣	57	2	2	9	0	15.8
再生材料	56	2	0	10	0	17.8

方案 2 模拟试验记录表　　　　表 2

Simulation test record of scheme 2　　Tab. 2

填料名称	填料摊铺厚度（cm）	振动棒振捣遍数	振动棒振后沉降（cm）	沉降百分率（%）
石粉渣	100	2	19.5	19.5
再生材料	102	1	20	19.6

方案 1 建筑废弃物再生材料压实度　　　　表 3

Compaction degree of recycled materials from construction waste of scheme 1　　Tab. 3

序号	含水量（%）	湿密度（g/cm³）	干密度（g/cm³）	压实度（%）	平均压实度（%）	检测日期
1	22.2	1.81	1.48	95.5		
2	22.3	1.81	1.48	95.5	95.3	2012.07.13
3	21.1	1.78	1.47	94.8		

方案 2 石粉渣压实度 表 4

Compaction degree of slag power of scheme 2 Tab. 4

序号	含水量（%）	湿密度（g/cm³）	干密度（g/cm³）	压实度（%）	平均压实度（%）	检测日期
1	13.7	2.28	2.01	95.7	96.7	2012.09.03
2	13.7	2.33	2.05	97.6		

方案 2 建筑废弃物再生材料压实度 表 5

Compaction degree of recycled materials from construction waste of scheme 1 Tab. 5

序号	含水量（%）	湿密度（g/cm³）	干密度（g/cm³）	压实度（%）	平均压实度（%）	检测日期
1	18.9	1.65	1.39	89.7	90.3	2012.08.30
2	18.4	1.67	1.41	91.0		
3	15.8	1.62	1.40	90.3		

根据试验过程和表 1～表 5 可得出以下结论：

（1）采用插入式振动棒对填料进行振捣，密实效果显著，每层填料振捣后沉降百分率为 15.8%～19.6%。

（2）平板振动器振捣对填料密实没有影响。从表 1 可以看出，在密实方案 1 中，对石粉渣填料采用平板振动器进行了二次振捣，没有观测到明显沉降。因此，在其余回填试验中，取消平板振动器振动压实环节。

（3）插入式振动棒振捣遍数对密实度有显著影响，振捣遍数宜为 2～3 遍。从表中可以看出，当振动棒振捣 1 遍时，再生材料平均压实度为 90.3%。当振动棒振捣 2 遍时，再生材料最大密实度可达到 95.3% 以上，石粉渣最大密实度可达到 96.7%，满足有关规范规定的压实度不小于 94% 要求。

（4）采用振动水密法密实方案，在满足压实度要求的同时，可大大提高填料的分层厚度。试验中最大回填厚度为 1020mm。

（5）砂性土（石粉渣和建筑废弃物再生材料）适合采用振动水密法基坑回填工艺。

3 现场试验

3.1 试验现场简介

在室内模拟试验成功的基础上，选择在深圳市专用通信局生产综合楼项目（ZTL 项目）进行了现场试验。该工程位于深圳市福田区，用地面积 4290m²，地上 5 层，地下 2 层。基坑周长 240m，开挖深度 9.6～10.6m，基坑侧壁南侧安全等级为一～二级，围护结构与地下室侧墙的距离约为 1.0～1.5m，该基坑回填土方为 3000m³。

由于基坑开挖深度较大、回填作业面较窄，如果基坑回填材料选用黏性土，采用传统的回填工艺，无法使用大型机械，回填土的压实度将无法达到设计要求的 94% 压实度。如果回填材料选用中粗砂，又将大大增加成本。为此，我公司成立了"基坑回填技术研究课题小组"，进行联合攻关，选用石粉渣、建筑废弃物再生材料作为回填材料，采用振动水密法基坑回填工艺技术，成功地解决了狭窄作业空间深基础回填的技术难题，达到节约成本。提高施工效率、缩短工期的目的。

3.2 试验方案

本工程基坑回填区域狭窄，填料选用建筑废弃物再生材料、石粉渣，回填密实工艺采用振动水密法。

根据现场条件及各参与单位意见，将基坑划分成 3 个回填区域，见图 6。区域 1 为基坑南侧 DE 段，填料为石粉渣，拟定分层厚度约 1m；区域 2 为基坑北侧 AB 段，填料为建筑废弃物再生材料，拟定分层厚度约 1m；区域 3 位基坑东侧 BC 段，填料选用石粉渣。3 个区域均采用振动水密法基坑回填密实技术。

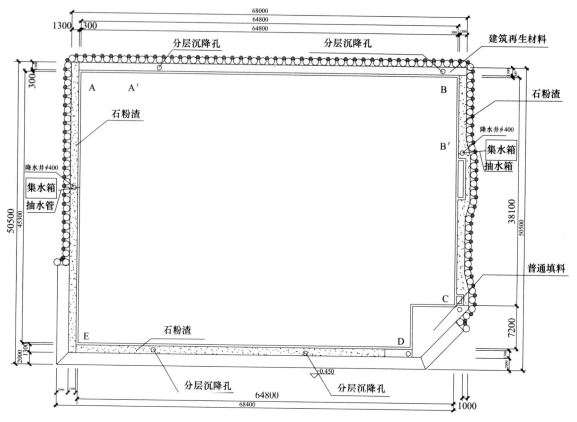

图 6　基坑回填区域和灌排水系统平面布置图

Fig. 6　Plan layout of backfill area and irrigation and drainage system of foundation pit

基坑西侧作为现场运输通道，不作为试验区域。各部分衔接区域砌 24cm 砖墙分隔，墙两侧对称回填，保持墙体两侧稳定。

3.3　回填材料

本次试验采用的石粉渣、建筑废弃物再生材料两种回填材料。在基坑回填施工之前，首先对现场使用的石粉渣、建筑再生材料做了土颗粒分析和击实试验，以确定填料的类别、最大干密度、最优含水量。

颗粒分析试验结果表明，该建筑废弃物再生材料和石粉渣均属于级配不良砂，两者都属于人造砂性土。采用击实试验确定填料的最大干密度和最佳含水量，试验结果表明：石粉渣最大干密度 $1.89g/cm^3$，最佳含水量 6.6%；建筑废弃物再生材料最大干密度 $1.73g/cm^3$，最佳含水量约为 15.2%。

3.4　试验仪器设备

现场使用的机械设备主要有插入式混凝土振动棒、水准仪、手推车、钢卷尺、铁锹、现场压实度检测仪等。

机械设备的用途如下：插入式混凝土振动棒用于填料的水下振捣密实，水准仪用于确定分层厚度，手推车用于运输填料，水泵将基坑底部可循环水通过降水井抽到集水箱，钢卷尺用于回填层高的参考，铁锹用于工人在施工面对回填材料的摊铺工具。

3.5　灌排水系统

振动水密法回填工艺需要在饱和状态下的填料中进行，因此，必须设置灌排水系统。灌排水系统由基坑底集水井、排水盲沟、降水井、地面存水罐、地面灌水储水罐、水管等组成。灌排水系统平面图见图6。

为节约水资源，利用基坑内的积水作为回填施工用水。回填前将基坑排水明沟改造为排水盲沟，同时设置降水井直达地面，地面设置储水箱，暗沟中所汇积水通过集水井用水泵抽到储水箱，以备施工灌水使用。当基坑积水不能满足需要时，可使用自来水作为施工用水。

本基坑本身有2个集水井，分别位于东、西侧。在此基础上做成2个升高至地面的降水井。降水井由2层建筑防护网包裹直径400mm的钢筋笼构成，沿基坑边每2m做扶墙（通过植筋方式），防止钢筋笼倾倒。

排水盲沟用碎石填铺在原排水明沟中，铺设高度高于排水明沟边缘100mm，盲沟表面要加铺2层建筑防护网，以阻挡回填材料堵塞盲沟。地面储水罐储存由集水井抽出的地下水，用于回填用水。在基坑回填过程中，用水管人工浇灌。

3.6 基坑回填施工工艺及操作要点

本次现场试验回填密实工艺流程为：设置灌排水系统→清理基底→设排水盲沟→分层填料摊铺→灌水渗透→振动棒振捣→检测密实度→回填结束。

回填施工各步骤的操作要点如下：

（1）设置灌排水系统

设置2个集水井，东西各设1个。排水盲沟的积水汇集到集水井，通过水泵抽至地面的储水罐，以备回填施工使用。

（2）清理基底

施工前基底一定要清理干净，排干淤泥和积水，清除基底杂物和不适宜材料，做到无垃圾、无浮土，保证处于平整、密实状态。

（3）分层摊铺

将运来的填料分层摊铺，由于施工现场机动车不能到达基坑边缘，采用手推车进行2次搬运。隔墙两侧要求摊铺高度基本一致，确保隔墙稳定。

预先在待回填区域画出分层高度线，将填料按照一定的松铺厚度分层摊铺，填料厚度严格按照画线控制，并用人工整平，每完成一层重新划定下层的回填高度。填料最大粒径不大于200mm。

再生材料及石粉渣分层厚度1.0~1.5 m，通过水准仪将每层摊铺高度在基坑护壁上用红漆标注，每2m标记1个高程控制线，利于控制每层高度。并用人工或机械整平，石粉渣最大粒径不大于50mm。

（4）灌水渗透

分段或分块将储水箱里的水喷洒或喷灌于填料表面，待填料全没入水下，可以认为填料灌水充分。该时间停止对集水井的降水，让水充分渗透填料。

（5）振捣密实

振动棒振捣是本工艺的关键环节，见图7。施工人员站在本层回填料表面，将插入式振动棒插入填料中，从填料表面每30cm停留30s，充分振捣，再往下振动。最后振动棒插入到下层填料表面，停留30~60s，使2层填料能很好衔接。控制拔棒速度不大于1m/min。

振动棒每次移动的距离应不大于振动器作用半径，振动棒的作用半径一般为300~400mm。充分振捣密实，做到不漏振，保证填料饱和密实。振捣遍数以2~3遍为宜，且不少于2遍。

振捣完成，抽取集水井中汇水到地面存水罐，晾干填料表面，待下一层回填前重新放出该层标高线，重复上述工作，每回填2层，预留1天时间对其进行质量检验。

（6）密实度检测

每层填料振捣完成后，待填料表面没有积水，即对该层填料进行压实度检验，压实度检验采用灌砂法。

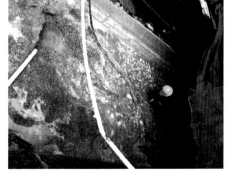

图7 振动棒振捣

Fig.7 Vibrator tamping

3.7 回填试验数据分析

基坑回填施工过程中，对施工情况做了记录。基坑南侧每层石粉渣只振捣1遍，北侧建筑废弃物再生材料除了最上层振捣2遍之外，其余每层只振捣1遍。由于施工控制不到位，振捣的遍数和质量没有达到回填方案设定的要求，影响了回填质量和填料的压实度。

现场工人在技术人员不在现场的情况下，在北侧一次回填建筑再生材料3.5m厚，不过在振捣过程中技术人员严格监督，振捣中振动棒穿透该层填料，振动遍数和振动棒停留时间也得到了保证，因此保证了回填质量。

每层回填之后的第二天采用灌砂法进行压实度检测。在回填完最后1层后，每隔几天再次进行压实度检测。压实度检测结果见表6、表7。

根据现场回填施工情况和表6、表7可以得出以下结论：

（1）南侧石粉渣回填区域的压实度偏低，不到90%，主要原因是仅仅振捣1遍。

（2）北侧区域压实度最大达到98.6%，到达了基坑回填的设计要求。

（3）由试验可知，插入式振动棒的振捣遍数对密实度有显著影响，振捣遍数宜为2～3遍。只振捣1遍很难达到设计所要求的94%压实度。

南侧石粉渣压实度检测数据（振捣1遍） 表6

Test data of compaction degree of stone powder slag on the south side (1 time of vibrating) Tab. 6

填料层数	分层厚度（cm）	检测日期	含水量（%）	湿密度（g/cm²）	干密度（g/cm²）	压实度（%）	
						单次	平均
2	100	2012.11.21	8.70	1.91	1.76	88.9	88.3
			10.10	1.96	1.78	88.9	
			9.80	1.89	1.72	86.9	
			9.53	1.92	1.75	88.6	
4	90	2012.11.29	7.00	1.76	1.64	82.8	82.8
7	150	2012.12.07	8.30	1.86	1.72	87.3	88.5
			8.30	1.92	1.77	89.8	
			8.30	1.88	1.74	88.3	
			8.30	1.89	1.74	88.5	

北侧建筑废弃物再生材料压实度检测数据（振捣2遍） 表7

Compaction test data of building waste regenerated materials in the north (vibrated twice) Tab. 7

填料层数	分层厚度（cm）	检测日期	含水量（%）	湿密度（g/cm²）	干密度（g/cm²）	压实度（%）	
						单次	平均
2	130	2012.11.24	23.80	2.20	1.63	94.20	94.20
4	350	2012.12.7	19.60	1.91	1.60	92.50	92.7
			18.20	1.93	1.63	94.20	
			18.60	1.87	1.58	91.30	
			18.60	1.90	1.60	92.67	
4	350	2013.01.16	8.20	1.86	1.72	99.40	98.6
			9.00	1.84	1.69	97.70	

（4）试验大大突破了现行规范对回填材料分层厚度的限制（不大于0.3m），最大分层厚度约为3.5m，在振捣遍数2遍情况下，填料压实度大于94%，满足规范或设计要求。

（5）密实效果还与留振时间、振点间距有关。由现场试验证明，振捣遍数宜为2～3遍，每个振点的留振时间不少于30秒，振点间距宜为300～400mm。

（6）回填材料采用石粉渣、建筑废弃物再生材料等（人造）砂性土时，采用振动水密法回填工艺技术，密实效果显著，适合基坑狭窄区域回填施工。

4 回填工艺原理

基坑狭窄区域回填密实技术的关键技术是振动水密法回填技术，该技术目前主要用于地基加固、桥涵台背回填等方面[3]，在基坑回填施工中还很少应用。

其工艺原理是：将砂土、石粉渣、建筑废弃物再生材料等材料，按照一定的松铺厚度摊铺，加水饱和，用插入式振动棒振捣密实，利用水在各材料中起到润滑、减小颗粒内摩擦角作用，将颗粒间的缝隙填充，振捣期间，在水的流动、排出带动下，小颗粒填充到大颗粒间的缝隙间，起到提高密实度的作用。

该技术具有操作方便、工期短、效率高、容易保证质量的优点。与传统的回填工艺相比，该技术具有以下突出优点：首先，插入式振动棒能够深入到回填材料中部和底部振捣，回填材料松铺分层厚度可大大增加（松铺分层厚度可达到1.0～1.5m，远大于现有技术的0.2～0.3m），施工效率大大提高；其次，可以通过增加振捣遍数、减小振点中心距，有效控制深基坑回填质量。当回填面宽度不大于2m时，采用振动水密法回填工艺，不仅可达到设计和规范要求的回填材料压实度，还可以提高基坑回填效率。

5 结语

针对基坑狭窄区域回填的施工难题，从回填材料、回填工艺等方面进行了研究，在室内模拟实验成功的基础上，进行了现场试验，取得了圆满成功。得出以下成果：

（1）将建筑废弃物再生材料应用于基坑回填中，平均压实度达到了98.6%。

（2）当石粉渣、建筑废弃物再生材料作为回填材料时，采用振动水密法回填密实技术可以得到较好的压实效果，可以满足规范要求的压实度，适合基坑狭窄区域的回填施工。

（3）密实效果与振动棒的振捣遍数、留振时间、振点间距有直接关系。由现场试验证明，振捣遍数宜为2～3遍，每个振点的留振时间不少于30秒钟，振点间距宜为300～400mm。

（4）采用本文所述基坑回填密实技术可以大大提高填料的分层厚度，突破了现行规范的规定，提高了基坑回填的效率。

参考文献

[1] 王钰，殷文琴，周华莲. 浅析土方回填与压实施工工艺 [J]. 科学与财富，2012，（9）

[2] 中华人民共和国国家标准. 建筑地基基础设计规范 GB 50007—2011 [S]. 北京：中国建筑工业出版社，2011

[3] 张耐华. 两次振动饱和水密法填砂地基处理工法 [J]. 建筑施工，2010，（8）：782

[4] 林荣. 浅谈建筑垃圾作回填土的处理 [J]. 施工技术，2008，（6）：357-358

作者简介

周保生，男，1970年生，河南省遂平县人，汉族，博士，高级工程师，主要从事基坑、地基、基础、隧道等方面的设计、施工和研究工作。电话：13632546096，E-mail：1648084823@qq.com，地址：深圳市福田区红荔西路市政大院天健建筑公司。

BACKFILLING AND COMPACTING TECHNOLOGY FOR NARROW AREA OF FOUNDATIN PIT

ZHOU Bao-sheng[1], JIANG Jian[2]

(1. Shenzhen municipal engineering corporation，Guangdong Shenzhen 518034)

(2. Shenzhen Tianjian（group）co. LTD，Guangdong Shenzhen 518034)

Abstract： In order to the problem of backfill material selection and the difficulty of compacting for narrow area of the foundation pit，slag powder and construction waste recycled materials are used as backfill material，watertight vibration method is adopted. By indoor model test and field simulation，good compaction effect was obtained. Compared with the traditional methods，layer thickness is increased sharply. The efficiency and effect of backfill have been improved obviously. It can provide a reference for similar projects.

Key words： backfill for foundation pit，narrow area，simulation experiment，field test，slag powder，recycled materials from construction waste

U 型盾构技术及施工过程受力分析与应用

王全胜[1]，罗长明[1]，杨聚辉[1]，杨祖兵[2]

（1. 中铁工程装备集团有限公司，河南郑州　450000）；2. 中铁四局集团有限公司，安徽合肥，230000）

摘　要： 为解决结构长度尺寸远大于断面尺寸的地下工程基坑施工时，需放坡或采用围护结构体系中存在的施工临时支护多、圬工量大、对周边环境影响大等缺点，在基坑开挖需进行支护的基础上，利用盾构法在盾尾内拼装预制管片的机械化施工特点，在国内率先开发了基坑移动支护结构施工技术——即明挖 U 型盾构工法。在介绍了 U 型盾构施工技术及工艺的基础上，分析了 U 型盾构的受力模式及其施工过程各阶段纵向受力特点，研究了 U 型盾构施工中的力学特性，提出了 U 型盾构主要结构设计参数，并通过现场试验应用，验证了分析的合理性，取得了良好的效果。

关键词： 基坑工程；施工过程；受力分析；U 型盾构；结构设计

1　引言

对于结构长度尺寸远大于断面尺寸（最大跨度或高度）的地下结构，如铁路隧道、综合管廊、地铁区间隧道等，目前国内外常用的施工方法主要有明挖法、矿山法、顶管法、盾构法等[1]。明挖法具有造价相对较低、施工工艺简单、技术成熟、适用地质条件广泛等优点，在具备明挖条件的隧道与地下工程中得到了广泛应用，但其受结构埋深制约较大[2]。由于明挖法需要放坡开挖（无支护体系）或在重力式支护体系、板式支护体系等保护下开挖，也造成了施工临时支护多、圬工量大、对周边环境和交通影响大等缺点。盾构法因其采用装配式结构和机械化开挖，具有施工效率高、安全性好、作业环境好等优点，在长距离隧道施工中应用广泛，但相比明挖施工，其施工成本较高，且通常需要 1.0～1.5 倍洞径埋深，难以满足浅覆土长距离施工要求[3]。日本大成建设于 2004 年融合盾构和明挖工法开发了"Trombone 施工法"[4]，并开发了相应的"Trombone 盾构机"，该工法施作明挖段时采用盾体护盾支护土体，解决了地下工程因打设围护桩而造成的交通堵塞问题，缩短了工期，降低了施工成本。

为了解决明挖隧道和管廊施工中围护结构施工周期长、成本高等问题，通过分析明挖隧道施工的断面相对单一，一般需要施做支护体系以及埋深相对较浅等特点，发挥装配式结构在地下工程施工[5-7]中的质量易控制、效率高等优势，利用盾构法在盾尾内拼装预制管片的机械化施工技术特点，参考国外融合盾构法和明挖法的思路，开发了明挖 U 型盾构工法（以下简称："USS 工法"）并在工程中进行了应用[8,9]。

USS 工法采用 U 型盾构设备作为机械移动支护结构，因其顶部敞开而三面承受水土压力，其施工过程和受力模式与传统支护结构体系必然有较大差别，同时与非开挖施工模式的盾构施工过程[10,11]以及盾体受力[12-14]模式也必然不同。目前国内明挖 U 型盾构施工工法的相关研究还相对较少，本文拟通过对 U 型盾构施工过程受力分析，研究 U 型盾构力学特性，并进行 U 型盾构结构优化设计，为今后类似工程采用 U 型盾构施工提供借鉴和参考。

2　U 型盾构技术简介

U 型盾构主体包括前盾可伸缩插板、中部盾体和尾部盾体，整个盾体由底板、两侧板形成上部敞口的 U 型结构，并在盾体内设置多个板构件支撑盾壳。

　　USS工法即为采用这种特制的U型盾构设备进行基坑开挖，并利用U型盾构的盾壳作为明挖基坑的支护体系：开挖时，当前盾两侧插板切入土体后，采用通用机械如挖掘机等纵向放坡分层开挖前盾范围内土体，边开挖边推进两侧插板抵抗两侧土压力，开挖一个循环后，盾尾油缸推动盾体前移，在盾尾部形成预制管节拼装空间，完成管节安装后，油缸顶紧管节，开始下一循环作业，并及时将已施做完成后的管节上部回填，如此循环，完成整个工程作业，见图1和图2。

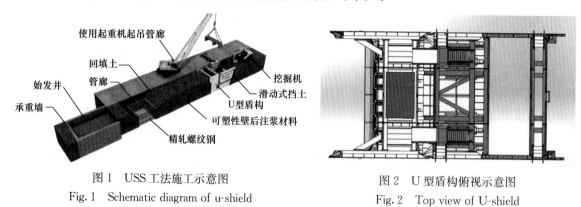

图1　USS工法施工示意图

Fig. 1　Schematic diagram of u-shield

图2　U型盾构俯视示意图

Fig. 2　Top view of U-shield

　　U型盾构设备的这种移动支护结构体系，在施工过程中利用设备两侧和底部盾壳抵挡开挖面的土压力，每一循环作业内的土体开挖、结构拼装和回填均在该移动支护结构体系内完成，保证了施工的高效性和安全性。其施工工艺流程如图3所示。

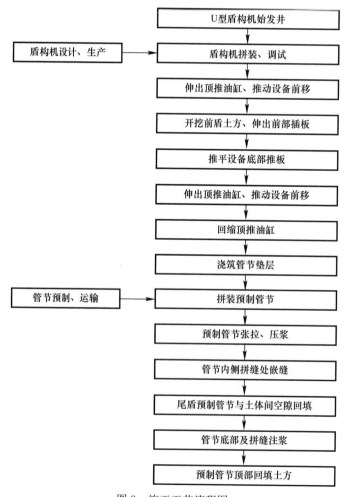

图3　施工工艺流程图

Fig. 3　Construction process

3　U型盾构施工受力分析

对U型盾构移动式支护结构受力分析时，尝试从"荷载-结构"[15]的角度，分析其受力特性。

3.1　支护体系受力模式

假定基坑开挖深度为H，基坑宽度为B；U型盾构长度为L（前、中、尾盾长度分别为L_1、L_2、L_3），总重为G；土层为黏性土，土的天然重度为γ，黏聚力为c，内摩擦角为φ；结构覆土厚度为h。

（1）两侧土压力计算

U型盾构的盾体为机器加工的钢构件，且盾壳外部经过打磨和上漆处理，两侧抵抗土体的钢结构可视为垂直光滑；整个盾体由刚性较大的钢材桁架组成，盾壳在支挡侧向土体压力时自身的变形较小。可认为U型盾构施工时的受力状态符合朗肯土压力理论的基本假设[16]。

前盾范围内土体在分层开挖时，前盾两侧插板采用分层伸出的方式对两侧土体进行及时支护，开挖和支护过程中土体有向坑内移动的趋势，中盾和尾盾在前盾所有插板均伸出完成后再向前移动，盾体与土体为密贴接触，故可认为盾体两侧主要承受土体的主动土压力。结构应力计算时，假定盾体外侧土压力达到极限应力状态。

对于黏性土，土压力分布方式如图4所示，因土体的黏聚力造成负侧向压力，形成高度为h_0的自稳层，$h_0 = 2c/\gamma\sqrt{K_a}$，$K_a$为主动土压力系数。则某深度$z$处的土压力$P_a$为：

$$P_a = \gamma z K_a - 2c\sqrt{K_a} \tag{1}$$

（2）底部地基反力

U型盾构中，盾体落于开挖完成的坑底平面上，地基承受的荷载即为盾体自重，不考虑其他偏心荷载，则基底接触压力$P_z = G/BL$，以均布荷载的形式作用于底板。

根据地基承载力验算公式$P_z < F_{az}$，其中P_z为基底的附加压力值（kPa），F_{az}为基底处经深度修正后的地基承载力特征值（kPa），可根据规范方法确定。由此可得，

$$G/BL < F_{az} \tag{2}$$

设备设计时可根据此公式调整设备的重量和设备长度。

（3）受力模式

根据以上分析，对于设备横剖面，其受力模式如图5所示：两侧受水土压力作用；底部受均布的地基反力作用，大小等于基底的接触压力；底部两端角点刚性连接，可视为不动点。以无地下水的砂性土为例，给出刚架在该种受力模式下的弯矩、剪力，如图6、图7所示。由图可知，刚架弯矩最大值发生

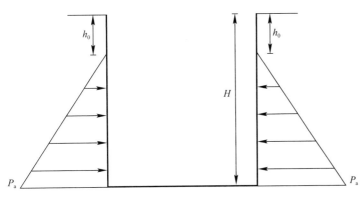

图4　土压力分布方式

Fig. 4　Earth pressure distribution patterns

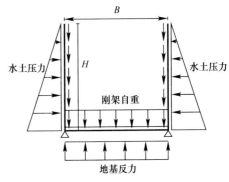

图5　U型盾构受力模式

Fig. 5　The force model of U-shield

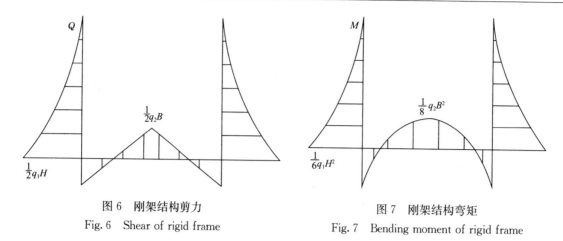

图 6　刚架结构剪力

Fig. 6　Shear of rigid frame

图 7　刚架结构弯矩

Fig. 7　Bending moment of rigid frame

在两端角点处，$M_{max}=\dfrac{1}{6}q_1H^2$，其中，$q_1$ 为图 4 中土压力 P_a 的最大值，H 为设备两侧板的高度；剪力最大值发生在底部中点位置，$Q_{max}=q_2B$，其中，q_2 为均布的地基反力，大小为 $P_z=G/BL$，B 为设备底板的宽度。

3.2　施工过程纵向受力分析

U 型盾构从始发、推进到接收，其设备结构构造简化如图 8 所示。根据设备结构特点和施工过程中盾体进入基坑土体的范围，大致可以分为四个阶段：前盾插板受力阶段、前中盾共同受力阶段、整个盾体受力阶段、盾尾受力阶段。

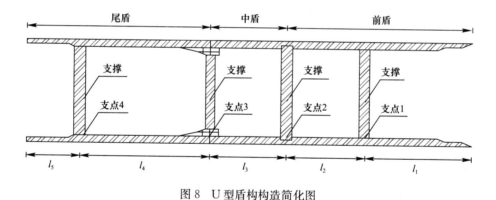

图 8　U 型盾构构造简化图

Fig. 8　U-shaped shield structure simplified diagram

施工过程中，根据施工阶段的不同，及相应阶段盾体内部支撑和支点的数量，将纵向盾体简化为具有不同支点的梁结构，其荷载为某一深度 z 处的土压力 P_a，均匀分布，分析梁结构的受力特点。

（1）前盾插板受力阶段

U 型盾构从始发井始发时，两侧插板首先插入土体，在前盾范围完成土体的分层开挖，此时仅前盾插板承受两侧土压力，其单侧纵向受力可以简化为悬臂结构受力模型，某一深度 z 处的土压力 P_a 即为该结构上的均布荷载 q_z。如图 9 所示，最大剪力发生在插板中部支点 1 处，为 $Q_{max}=q_zl_1$，最大弯矩 $M_{max}=\dfrac{1}{2}q_zl_1^2$。

（2）前盾和中盾共同受力阶段

前盾和中盾进入基坑后，可看作一连续梁，具有支点 1、2，且中盾靠近洞门的一端看作固定支点 3。如图 10 所示，最大剪力发生在前盾插板中部支点 1 处，为 $Q_{max}=q_zl_1$，最大弯矩 $M_{max}=\dfrac{1}{2}q_zl_1^2$。

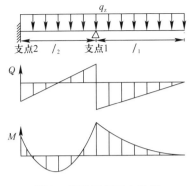

图 9　前盾插板受力阶段

Fig. 9　The force stage of the front shield

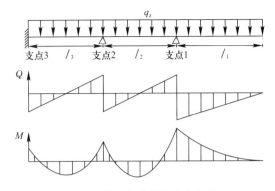

图 10　前、中盾共同受力阶段

Fig. 10　The force stage of the front shield and middle shield

（3）整个盾体受力阶段

整个盾体进入基坑后，相当于具有 4 个支点、两端悬臂的梁结构。由图 11 可知，前盾和尾盾的悬臂部分为受力最不利位置，支点 1 及支点 4 处承受较大的剪力和弯矩。

（4）尾盾受力阶段

盾尾进入接收基坑前，如图 12 所示，其受力特性与阶段 1 相似，均为盾体中部支点处受力最大，根据构件长度不同，剪力及弯矩值不同。

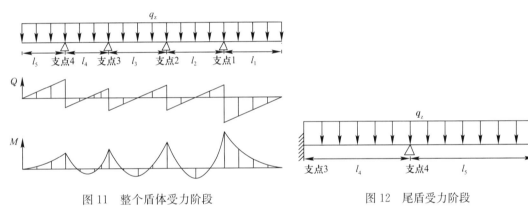

图 11　整个盾体受力阶段

Fig. 11　The force stage of the entire shield

图 12　尾盾受力阶段

Fig. 12　The force stage of the tail shield

由以上分析可以看出，U 型盾构施工过程中，前盾始终承受较大的剪力和弯矩，尤其是前盾中部的支点部位；随着盾体逐渐深入土层中，盾壳受到多个支点支撑，支点处承受较大剪力，支点间的中部位置承受较大弯矩；盾体完全进入土层中后，尾盾段同样承受较大内力。由此，U 型盾构支护体系最大结构受力部位为前盾部位，其次是尾盾部位，故在结构设计时应加强此部位的强度和刚度。

4　工程应用

4.1　工程概况

海口市地下综合管廊椰海大道西延段管廊东起海榆中线西至长天路段，总长度 2744.1m，其中 K9＋398～K9＋898 段标准段采用 U 型盾构施工，长约 500m。椰海大道道路为现状道路，综合管廊位于道路中央 8 m 绿化带下，顶部埋深 3.5m，廊体为双舱断面、干支混合型，标准断面尺寸为 8.55 m×4.95 m，见图 13。U 型盾构施工段管廊分 2 个单舱在预制厂内预制运至现场拼装，在 K9＋395～K9＋426 段施作盾构机始发工作井，在盾构段尾部施作接收井拆除盾构机。

根据地质勘察报告，场区地质剖面如图 14 所示，场区内土层从上至下依次为①层杂填土、③层粉质黏土、④层黏土、⑤层粉质黏土、⑦层中砂，各层土相关力学参数见表1。综合管廊基坑底位于③层粉质黏土中。基坑开挖过程中无地下水影响。

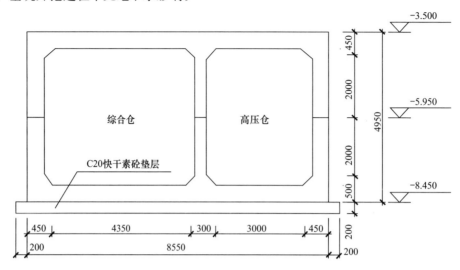

图 13　管廊预制管节设计图

Fig. 13　Pipe gallery prefabricated pipe section

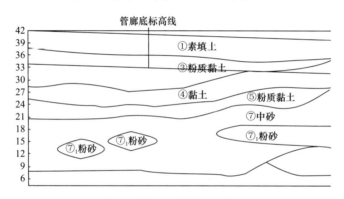

图 14　场区地质剖面示意图

Fig. 14　Geological section of the site

场地各土层力学参数　　　　　　　　表 1

Soil mechanics parameters　　　　　　　Tab. 1

指标\土层	平均层厚 (m)	天然重度 (kN/m³)	抗剪强度标准值				承载力特征值 (kPa)	压缩模量 (MPa)
			直剪快剪		固结快剪			
			C_k (kPa)	φ_k (°)	C_k (kPa)	φ_k (°)		
①素填土	3.5	19*	—	—	—	—	—	—
③粉质黏土	6.1	19.5	—	—	46.6	19.5	140	6.44
④黏土	6.3	19.2	36.0	12.6	46.6	18.3	160	6.06
⑤粉质黏土	4.7	18.7	—	—	29.1	14.0	150	4.36
⑦中砂	7.6	21*	10*	30*	—	—	200	12*
⑦₁粉砂	4.3	20*	20*	15*	—	—	180	9*

4.2　结构受力验算及设计

根据管廊埋深、断面尺寸、地质状况以及施工过程各阶段受力特点等条件，对 U 型盾构的主要不利点进行分析，主要针对刚架结构受力模式下底部角点、底板中部，及施工过程中前盾插板、尾盾处的支点位置进行截面验算及设计。对截面受剪切及受弯验算时，采用式（3）、式（4）：

$$\sigma_{\max} = \frac{M_{\max}}{W_z} \leqslant [\sigma] \tag{3}$$

$$\tau_{\max} = \frac{F_s}{A} \leqslant [\tau] \tag{4}$$

式中，$\sigma_{\max}$、$M_{\max}$、$\tau_{\max}$ 为受弯构件截面最大正应力、弯矩、切应力；W_z 为构件抗弯截面系数，矩形截面 $W_z = \frac{1}{6}bh^2$；F_s 为构件截面最大剪力；$[\sigma]$、$[\tau]$ 为构件的许用正应力、切应力。

计算采用的参数如下：基坑开挖深度 $H = 8.65\mathrm{m}$，开挖宽度 $B = 9.2\mathrm{m}$，开挖深度范围内土的加权平均重度 $\gamma = 19\mathrm{kN/m^2}$，粉质黏土黏聚力 $C = 46.6\mathrm{kPa}$，内摩擦角 $\varphi = 19.5°$，标准贯入度 $N = 10$。U 型盾构的高、宽根据基坑开挖规模，暂定为宽 $9.2\mathrm{m}$，高 $9.4\mathrm{m}$。主结构采用 Q345 钢材加工，Q345 钢材的抗压屈服强度为 345MPa，抗拉屈服强度为 345MPa，剪切屈服强度为 205MPa，局部承压强度为 530MPa。U 型盾构侧板厚度 d_1、底板厚度 d_2 取 $10\sim16\mathrm{mm}$，主要加强构件厚度 d_3 取 $16\sim22\mathrm{mm}$。钢材的许用应力根据其屈服强度取安全系数为 1.2 求出。

本工程埋深范围内土层主要以黏性土为主，且无地下水，由此进行土压力计算，$K_a = 0.50$，土层自稳高度 $h_0 = 6.9$，某深度 z 处 $P_{az} = 9.5z - 65.9$。

对于 U 型盾构的刚架结构底部角点位置（$z = 8.65$）：最大弯矩 $M_{\max} = \frac{1}{6}q_1H^2 = 8.3\mathrm{kN \cdot m}$，角点处矩形截面 $W_z = \frac{1}{6}bh^2 = \frac{1}{6}d_1^2$，由式（3）、式（4）得到满足强度条件的侧板厚度 $d_1 \geqslant 13.2\mathrm{mm}$。

对于前盾插板处支点，由上节分析得知支点处最大剪力 $F_{\max} = q_z l_1$，最大弯矩 $M_{\max} = \frac{1}{2}q_z l_1^2$，取侧板厚度为 15mm，通过式（3）、式（4）得到满足强度条件的插板长度为 $l_1 \leqslant 1.15\mathrm{m}$。对支点处截面强度进行验算，许用应力安全系数取 1.5，插板长度取 1.15m，得到支点处侧板厚度应大于 16.8mm。

根据初步计算，拟定 U 型盾构侧板、底板厚度 16mm，局部加强部位厚度 20mm，前盾插板和尾盾悬臂长度取 1m，并根据管节长度、U 型盾构组成等对 U 型盾构框架进行了针对性设计，最终完成整个设备的设计，见图 15，设备全长

图 15　U 型盾构设备
Fig. 15　The u-shield equipment

12.9m、宽 9.2m、高 9.4m，设备整体采用桁架结构，设 5 道支撑梁，设备总重约 330t。

4.3　现场实施效果

设备结构设计和加工制造完成后，将定制的 U 型盾构吊运至始发工作井安装调试，经试验段各工序实施验证，设备应用情况良好，达到了预期的目的，其实施效果如下：

（1）前盾土方开挖与 U 型盾构支护

盾构机前盾土方采用挖掘机分层放坡开挖、装载机运至已拼装管节顶部进行回填，基底预留约 20cm 厚土体，利用前盾底部推板推平，见图 16。

（2）管节拼装及效果

管廊管节在预制场采用上下两分块预制，运至现场后，采用履带吊吊运和拼装，管节间采用预应力筋张拉连接，预制管节拼缝采用橡胶密封垫内嵌遇水膨胀橡胶条等材料止水。预制管节各节段通过预应力钢筋拉紧，并采用填缝胶泥处理内侧拼缝，每拼装完成一环，盾构向前推进一环，直至完成整个试验段管廊主体结构。预制管节拼装和完成后的效果见图 17。

图 16　现场开挖和支护
Fig. 16　Effect of the equipment excavation

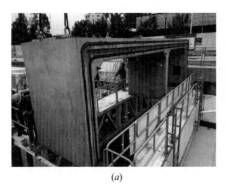 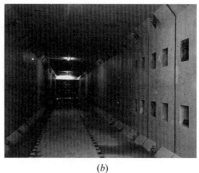

(a)　　　　　　　　　　　　　　(b)

图 17　预制管节及拼装效果

Fig. 17　Prefabrication and assembly effect

5　结论

通过对该工法在施工过程中的 U 型盾构受力模式和施工过程力学分析，研究了 U 型盾构施工中的力学特性，提出了 U 型盾构主要结构参数设计值，并通过现场试验应用，取得了好的实施效果。研究表明：

（1）采用朗肯土压力理论计算分析 U 型盾构盾体外侧水土压力分布方式是合适的，两侧盾体主要承受主动土压力作用；

（2）U 型盾构移动支护结构的受力模式与传统围护结构相比有较大的不同，作为移动围护结构其受力更合理且对周边的影响更小；

（3）U 型盾构支护体系最大受力部位为前盾部位，其次是尾盾部位，故在结构设计时应加强此部位刚度和强度；

（4）在满足一定安全系数的情况下，根据具体地质条件，根据受力特点，可对结构不同部位采用不同的安全系数（1.2～2），并通过桁架、加劲肋板等措施，优化 U 型盾构设计，以减轻结构重量。

参考文献

［1］　雷升祥. 综合管廊与管道盾构［M］. 北京：中国铁道出版社，2015.

［2］　闫富有. 地下工程施工［M］. 郑州：黄河水利出版社，2012.

［3］　日本土木学会. 隧道标准规范（盾构篇）及解说（2006 年制定）［M］. 朱伟（译）. 北京：中国建筑工业出版社，2011.

［4］　河海岩土网. 日本 Trombone 施工法：融合盾构施工与明挖工法［J］. 岩土力学. 2004（10）：1602.

［5］　王明年，李志业等. 地下铁道明挖区间隧道结构预制技术的研究［J］. 铁道学报. 2004（03）：88-92.

［6］　石帅，王海涛，王晓琪. 预制装配式结构在建筑领域的应用［J］. 施工技术. 2014（15）：16-19.

［7］　戴磊，滕岩，王艳艳等. 预制城市综合管廊的关键技术研究［J］. 建筑技术. 2017. 48（10）：1082-1085.

［8］　国内首创 U 型盾构成功下线，我国自主研发高端装备再添利器［J］. 隧道建设. 2017（6）：675-675.

［9］　王全胜，李洋等. 综合管廊 U 型盾构机械化施工工法研究与应用［J］. 隧道建设（中英文），2018，38（05）：839-845.

［10］　张茜，曲传咏，黄田等. 盾构在掘进过程中的力学分析与载荷预估［J］. 工程力学. 2012. 29（07）：291-297.

［11］　陈禹臻，曹丽娟，李守巨等. 盾构机掘进过程中受力平衡分析［J］. 工程建设. 2010. 42（05）：1-5.

［12］　薛广记，董艳萍，范磊等. 超大断面马蹄形盾构盾体系统研究设计及应用［J］. 隧道建设. 2017. 37（09）：1179-1186.

［13］　茅承觉. 盾构机受力分析探讨［J］. 建设机械技术与管理. 2013. 26（10）：113-116.

［14］　黄志影，戎青青. 土压平衡盾构机盾壳荷载的计算分析［J］. 一重技术. 2016（03）：34-38.

［15］　徐干成. 地下工程支护结构与设计［M］. 北京：中国水利水电出版社，2013.

［16］ 张克恭，刘松玉. 土力学 ［M］. 北京：中国建筑工业出版社，2001（6）：174-181.

作者简介

王全胜，男，1977 年生，河南洛阳人，汉族，本科，高级工程师，现任中铁工程装备集团有限公司地下空间设计研究院总工，主要从事隧道与地下工程施工技术研究和新技术、新工法开发工作。电话：18037929700，E-mail：wqsky2s@126.com，地址：河南省郑州市经济开发区第六大街 99 号。

MECHANICAL ANALYSIS AND APPLICATION OF U-SHAPED SHIELD TECHNOLOGY AND CONSTRUCTION PROCESS

WANG Quan-sheng[1]，LUO Chang-Ming[1]，Yang Ju-hui[1]，YANG Zu-bing[2]

（1. China Railway Engineering Equipment Group Co. LTD. Zhengzhou 450000，Henan，China；

2. China Tiesiju Civil Engineering group Co. LTD. Hefei 230000，Anhui，China）

Abstract：In order to solve the construction of underground engineering foundation pits which structural length is much larger than the section size，it is necessary to sloping or adopting. But there are lots of shortcoming such as construction temporary support，large amount of work，and great impact on the surrounding environment. To this end，we have pioneered the development of a construction technology in the country-U-shaped shield construction method. This paper briefly introduces the technology，analyzes the force characteristics of the U-shield and the structural characteristics of the construction process，studies the mechanical characteristics of the U-shid in the construction，and proposes the design of the main structural parameters. Finally，through the field test application，the rationality of the analysis was verified and good results were obtained.

Key words：foundation pit engineering，construction process，mechanical analysis，U-shaped shield，structural design

五、岩土工程测试新技术研究与实践

岩土工程测试新技术新方法

刘小敏[1]，侯伟生[2]

（1. 深圳市勘察研究院有限公司，广东 深圳 518026；2. 福建省建筑科学研究院，福建 福州，350108）

摘 要： 对近年来岩土工程试验测试新技术与新方法不断涌现进行了综述与分析，主要有 DMT、CP-TU、SBPMT、数字式十字板剪切、工程物探、离心机、全自动室内土工试验系统等。在实际工程应用中，上述多项新技术与新方法取得了良好的效果，值得推广应用。

关键词： 岩土工程试验测试；新技术；新方法

1 前言

岩土工程测试与监测是岩土工程经典且热门的领域，对岩土参数的准确性与真实性一直以来都是前沿与热门的研究课题。近年来随着信息技术、先进制造技术、卫星定位技术、互联网＋、新材料、新仪器、新设备、新方法等的创新发展和应用，岩土工程试验测新技术与新方法不断涌现与应用，一些经典的测试方法也得到不断的改进和提升。基于各类工程需要的岩土参数种类与表征岩土物理力学与工程特性的参数指标日益丰富，对岩土工程试验测试不断提出挑战，推动试验测试技术和方法的创新发展。常用岩土工程测试方法、精度及适用范围参见图 1。

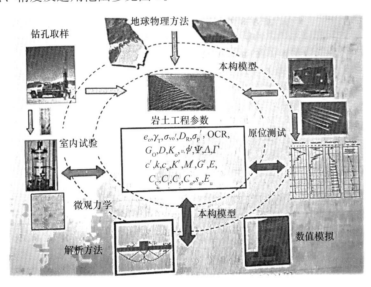

图 1 常用岩土工程参数测试方法[1]

当前直接获取原位真实的岩土参数及探测岩土层分层界面的试验测试方法，如 CPTU（数字式孔压静力触探）、iDMT（数字式扁铲侧胀）、SBPMT（数字式自钻式旁压）、CBR（土承载比）、钻孔摄像、单、跨孔 CT、声波散射成像与相控阵成像、TST 预报、超声导 CU 波、瞬变电磁法等在高程与超限高程建筑、大型公用建筑、桥梁、港口码头、大型地下建构筑、地铁、隧道、大型边坡等工程得到重视与应用。原位试验测试的岩土参数比之采取岩土试样在室内进行土工实验的结果，大大减少了试样的失真与人工操作误差。通过原位试验测试获得的岩土参数精度高、真实性好，对提升岩土工程设计或地基基础设计质量，正确指导施工的意义是显而易见的。本文是以选择反映当前岩土试验测试技术水平，并在工程中大力推广应用的几种代表性新技术与新方法综述成文。

2 土的力学性能试验测试新技术与新方法

2.1 DMT 方法

DMT 方法即是扁铲侧胀原位试验方法。主要设备由扁铲测头、测控箱、率定附件、气电管路、压力源和贯入设备组成。其工作原理是试验时将接在探杆上的扁铲测头压入土中一定深度，然后施压，使位于扁铲测头某一侧面的圆形钢膜向土内膨胀，量测钢膜膨胀三个特殊位置（A、B、C）的压力，从而获得多种岩土参数，适用于软土、黏性土、粉土、黄土、松散-中密砂土。扁铲侧胀试验成果可应用于土类划分的材料指数（I_D）、静止侧压力系数（K_0）、判断饱和黏性土的塑性状态（m）、超固结比（OCR）、不排水抗剪强度（c_u）、压缩模量（E_s）、弹性模量（E）、水平应力指数（又称应力历史指数 K_D）、水平固结系数（C_h）、水平基床反力系数（K_h）、地基土承载力（f）及土层液化判别等。

依据 I_D 和 m 判别饱和黏性土塑性状态[2]

表 1

土类及状态	I_D	m
流塑黏性土	<0.40	0.55
软—可塑黏性土	0.40～0.60	0.47
硬—可塑黏性土	0.60～0.90	0.25
粉砂土、粉砂	>0.90	0.22

静止侧压力系数 k_0 可由下列经验公式求得[2]：

$$k_0 = \left(\frac{K_D}{1.5}\right)^{0.47} - 0.6 \quad (I_D < 1.2) \tag{1}$$

式中　K_D——水平应力指数。

不排水抗剪强度 c_u 利用 DMT 试验计算得到的结果与十字板剪切试验、室内直剪与三轴固结试验得到的结果很接近，因此 DMT 试验结果具有很好的实用价值。上海地区的经验公式为[2]：

$$c_u = (-0.06I_D^2 + 0.42I_D + 0.19) \times \sigma_w \times (0.47K_D)^{1.47} \tag{2}$$

土的压缩模量 E_s 经验公式如下[2]：

$$E_s = R_m E_D \tag{3}$$

式中　R_m——与水平应力指数 K_D 有关的函数，与 I_D 有关；

　　　E_D——侧胀模量。

与 I_D 有关的 R_m 系数

表 2

I_D	R_m
$\leqslant 0.6$	$R_m = 0.14 + 2.36\log K_D$
$0.6 < I_D < 0.3$	$R_m = R_{m0} + (2.5 - R_{m0})\log K_D$ 其中 $R_{m0} = 0.14 + 0.15(I_D - 0.6)$
$3.0 \leqslant I_D < 10.0$	$R_m = 0.5 + 2\log K_D$
$I_D > 10.0$	$R_m = 0.32 + 2.18\log K_D$

哈工大申昊博士[3]与意大利 Marchetti 等学者认为[4]，基于 DMT 试验得到三个中间指数：应力历史指数（水平应力指数）K_D，DMT 模量 E_D 和土类划分指数 I_D，并可利用这三个中间指数来推导出常用的岩土工程参数，如土体的强度、压缩模量、应力历史和固结系数等。DMT 试验最大的特点之一就是能够提供土体的应力历史信息，基于此对于处于超固结或欠固结状态土体的压缩模量的估算都能够很好地将应力历史的影响考虑进去。

2.2 CPTU 方法[1]

CPTU 又称为孔压静力触探，是基于静力触探研发的新型原位试验测试方法，在压入探头的同时，可进行孔压测试。相较传统的单桥及双桥静力触探，具有如下优点：

（1）修正了锥尖阻力，使锥尖阻力真正反映土的性质。

（2）能够评价土体渗流、固结特性。

（3）可以区分排水、部分排水、不排水贯入方式，满足不同需求。

（4）提高了土的分层与土质分类的可靠性。

CPTU 由加压系统、数据采集和孔底探头等部分组成，其中孔底探头包括贯入仪、压力传感器、不锈钢系统多孔锥尖、孔压过滤器等。近年来欧美国家的 CPTU 探头已实现了数字化。目前使用的 CPTU 系统一般都实现了车载化，分为敞开式与封闭式两种，图 2 为东南大学刘松玉教授等学者引进的敞开式 CPTU 系统。图 3 为车载封闭式 CPTU。

图 2　东南大学岩土工程研究所的　　　　图 3　车载封闭式 CPTU 系统
系统 CPTU（敞开式）　　　　　　　　　　（封闭式）

基于 CPTU 可对黏性土的物理力学性能进行评价，包括土的天然重度 γ、前期固结压力 p_c、超固结比（OCR）、静止侧压力系数（K_0）、不排水抗剪强度（S_u）、土的灵敏度（S_t）、压缩模量（E_s）、不排水杨氏模量（E_u）、小应变剪切模量（G_0）、水平固结系数（c_h）、渗透系数（k）、土动力参数等。

采用 CPTU 资料计算土的不排水抗剪强度 S_u 有理论方法和经验公式两种，理论方法包括承载力理论、孔穴扩张及与之结合的能量守恒理论、线性和非线性应力-应变关系数值方法及应力路径理论等，经验公式法有以下几种：

（1）据实测孔压锥尖阻力估算 S_u：

$$S_u = \frac{q_t - \sigma_{v0}}{N_{kt}} \tag{4}$$

式中　　q_t——孔压锥尖阻力；

　　　　σ_{v0}——上覆土层应力；

　　　　N_{kt}——孔压圆锥系数。

（2）据有效圆锥阻力估算 S_u

$$S_u = \frac{q_t - u_2}{N_{ke}} \tag{5}$$

式中　　q_t——修正的孔压锥尖阻力；

　　　　u_2——量测的孔压参数，$u_2 = q_t - q_e$，q_e 为有效锥尖阻力；

　　　　N_{ke}——孔压圆锥系数。

Karlsrud 等[5]统计结果为固结不排水三轴试验得到的不排水抗剪强度 S_u 与孔压参数比 B_q 具有较好的相关性，见图 4。

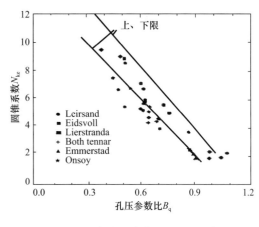

图 4 N_{ke} 与孔压参数比 B_q 的相关性

（3）据超静孔压估算 S_u

$$S_u = \frac{\Delta u}{N_{\Delta u}} \quad (\Delta u = u_2 - u_0) \tag{6}$$

式中 Δu——超孔隙水压力。

利用 CPTU 数据资料求取土的其他参数可参阅相关文献。

2.3 SBPMT 方法

旁压试验分为预钻式旁压试验（PMT）和自钻式旁压试验（SBPMT）两类。与 PMT 相比，SBPMT 消除了预钻式旁压试验中由于钻进使孔壁土层所受的各种扰动和天然应力的改变，试验成果也更符合土的实际状况。近年来在 SBPMT 的基础上，研发了数字化的自钻式旁压试验系统，使之操作更趋于灵活简便，试验测试数据精度得到进一步提高，为地基基础设计与分析的可靠性提供了值得信赖的依据。旁压设备主要由旁压器、加压稳压装置、变形量测系统和控制装置等组成。预钻式是在钻孔完成后，放入旁压设备进行试验测试，自钻式则是将钻孔、旁压器放置、定位、试验一次性完成。通过旁压试验可获得地基承载力 f、土的变形模量 E_0、原位水平应力 p、土的不排水抗剪强度 S_u、静止侧压力系数 K_0、孔隙水压力 u 等。

旁压试验的理论框架包括孔穴扩张的弹性应力应变特性，孔穴扩张应力状态满足摩尔-库仑方程时，孔周土层进入塑性应力状态，由此得到孔周土进入塑性阶段后旁压试验的应力应变关系：

$$p = (p_{cr} + c\cot\varphi)\left[\frac{\varepsilon_i(2-\varepsilon_i)+\varepsilon_v}{\varepsilon_{cr}(2-\varepsilon_{cr})+\varepsilon_v}\right]^{\frac{\sin\varphi}{1+\sin\varphi}} - c\cot\varphi \tag{7}$$

式中 p_{cr}——旁压试验临界压力；

ε_{cr}——孔壁土体弹塑性区临界面环向应变；

ε_i——孔壁环向应变；

ε_v——孔壁土体塑性区平均体积应变；

φ——土的内摩擦角。

旁压试验得到的旁压模量 E_M 为：

$$E_M = 2(1+\nu)(V_C + V_m)\frac{\Delta p}{\Delta V} \tag{8}$$

式中 ν——土的泊松比；

V_C——旁压器中腔体积；

V_m——平均体积；

Δp——旁压试验曲线上直线段的压力增量；

ΔV——相应于 Δp 体积的增量。

旁压试验得到的变形模量 E_0 为：

$$E_0 = KE_M \tag{9}$$

式中 K——变形模量与旁压模量的比值。

旁压试验对地基承载力的估算：

$$q_u = (p_L - p_0) + q_0 \tag{10}$$

式中 q_u——地基极限承载力。

p_L——旁压试验极限压力；

p_0——旁压试验初始压力；

q_0——上覆土层压力。

北京市建筑设计总院孙宏伟教授在长沙北辰超限高层工程中，针对泥质砂岩、泥质砂砾岩等软岩地基，采用旁压试验与浅层平板载荷试验相结合，验证软岩的压缩性指标，包括变形模量和旁压模量。在此基础上考虑基础与地基协同作用，并通过数值分析软件进行了筏板基础天然地基方案的地基变形计算分析，为最终判断天然地基方案可靠性提供了可信的设计依据，实践证明是科学合理、安全可靠的。中兵北方勘察设计院王长科总工等专家从理论和工程两方面，对旁压试验进行了较为系统的试验研究与实际工程应用[6]，为推广应用旁压试验测试提供了成功经验。

2.4 现场剪切试验测试

现场原位剪切试验测试土体的十字板剪切试验、岩体剪切试验、钻孔剪切试验等。十字板剪切试验适用的土类主要是黏性土、粉土、粉质黏土、淤泥质土、淤泥土及有机质土等，试验设备由十字板头、扭力柱、传感器、探杆、贯入主机、侧力装置等组成。通过十字板剪切试验获得的土参数包括抗剪强度 c_u、重塑土抗剪强度 c_u'、土的灵敏度 S_t、地基极限承载力 q_u、单桩极限承载力 Q_{umax}、软土路基临界高度 H_c 等。

中交天津港航勘察设计研究院程瑾[7]、广州市市政工程设计研究院李承海等[8]、华南理工大学土木与交通学院李志云等[9]在软土中采用原位十字板剪切试验，获得的软土参数较为准确。其中李承海等在广州南沙软土十字板剪切强度与静力触探比贯入阻力的对比试验分析，得出了适合该地区软土的十字板剪切强度与比贯入阻力的经验关系，据此推算软土的不排水抗剪强度并提供施工填筑建议，应用效果良好。

李志云等考虑到十字板剪切试验无法直接得到土体的 c、φ 值，研究了十字板试验数据进行转换的方法，并结合工程实例，探讨了目前常用的几种根据十字板剪切试验推算软土抗剪强度指标的方法，发现几种方法对于软土内摩擦角 φ 的推算，虽能达到较好的效果，但是黏聚力 c 偏大。由此提出一种基于地基承载力公式修正 c 值的方法，对现行有关规范的方法进行了修正，结果较为合理。

程瑾通过三种十字板剪切试验求算地基承载力、围堤稳定、软黏土的灵敏度及固结历史等地基参数，结合临港工业区三期海域岩土工程中对微型十字板、电测式十字板和机械式十字板的综合应用，提出了三种十字板剪试验的适用条件、优缺点和在该地区十字板剪切试验指标综合应用的相应关系式。

目前在软土及黏性土原位试验测试中，十字板依然是广泛使用的技术方法。已知的信息是有学者专家对十字板试验测试的设备进行数字化、智能化创新，以期实现十字板剪切试验测试的信息化。

岩土体的现场直接剪切试验一般在试洞、天然洞穴、开采场、试坑、自然岩坡面、探槽或大直径钻孔内进行。直剪方法有当剪切面水平或近于水平时，可采用平推法或斜推法，当剪切面较陡时可采用楔形体法。剪切设备的安装应根据直剪要求与现场环境条件、空间大小确定，施加的剪切荷载应作为法向荷载，垂直于剪切面中心并保持不变。剪切荷载的施加一般根据剪切目标分级进行，并控制剪力加载速率。试验设备主要有千斤顶、剪切（力）仪（盒）、承压板、反力装置等。

钻孔剪切试验采用可张开的探头在孔壁进行原位剪切试验，提供岩土体的强度及变形指标。这种原位试验测试方法目前在美国、日本、法国等国家得到广泛应用。该方法目前在我国只有少量软岩体有过使用，在黄土地区进行过一些现场测试。

3 岩土的分类、分层与界面试验测试新技术与新方法

3.1 原位试验测试方法

CPTU 法可以用超孔压的灵敏性准确划分土层及界面，进行土质分类，求取土的原位固结系数、渗透系数、动力参数、结构参数、土的承载力、污染土评价等。CPTU 法土质分类依据孔压参数比 B_q、归一化锥尖阻力 Q_t 与归一化侧壁阻力 F_t、土行为指数 I_c、基于概率和模糊理论的概率分类、基于数学统计分析的聚类法等。其中聚类法在我国连盐高速、宁常高速、怀盐高速等工程中应用效果较好，通过

绘制定义类的 CPTU 资料进行土的分类和评价，可充分地由取样经室内实验验证。

DMT 法对图进行分类的依据是土类划分的材料指数 I_D、静止侧压力系数 K_0、判断饱和黏性土的塑性状态 m、超固结比 OCR 等（参见表 1 和表 2）。用材料指数 I_D 划分土类可参见表 3。

用 I_D 划分土类　　　　　表 3

I_D	0.1	0.35	0.6	0.9	1.2	1.8	3.3
土层名称	泥炭及灵敏性黏土	黏土	粉质黏土	黏质粉土	粉土	砂质粉土	粉砂土	砂土

3.2　瞬变电磁法

瞬变电磁方法原是金属矿勘查的手段，现在也用于工程与环境勘查。瞬变电磁方法是一种电磁感应方法，其工作原理是通过供电线圈在地下产生磁场，中断供电电流时磁场消失，在介质中诱发感生电流和磁场，从感生场的强度与到达地面的时间可获知介质的电导率特征和埋藏深度。瞬变电磁法目前用在对岩土体的分层级界面探测，探测深度从几十米到几百米，探测精度可达到厘米级；还可探测坝体、高边坡等的渗漏位置与渗漏带的空间分布、边坡含水区探测、隧道地质超前预报等，上述方面目前有很多较好的应用实例。瞬变电磁法探测的深度如果较浅则探测比较困难，盲区较大，探测的纵向和横向方的空间分辨率也相应降低。

3.3　跨孔 CT 法

跨孔 CT 法是基于数字综合测井技术而发展成为一项专门的孔内测试技术。采用跨孔 CT 测试，可通过弹性波纵波在钻孔之间的发射和接收，依据波速变化来划分岩体风化带、地下洞穴、断层破碎带、软弱夹层等，评价岩体完整性、地下洞穴的空间分布、断层破碎带及软弱夹层的分布等，利用弹性波横波速度判别砂土液化，参与计算岩土抗剪强度和相关动力学参数，评价岩土相关的力学性能和结构。

3.4　地质雷达 GPR

地质雷达是一种利用高频电磁波的反射探测目的体及地质结构的物探方法，其发射电磁波频段常为 10MHz 以上数量级，在地层介质中雷达波波长一般为 0.1～2m，所以探地雷达在探测浅部地层介质时，具有比地震法更高的分辨率，比电阻率法更深的探测深度，能从线和面上充分认识坡积物与基岩结构特征，具有经济、快速、非破坏性、操作简便等优点。

地质雷达探测原理是利用主频为数兆赫至上千兆赫的高频电磁波，以宽频带短脉冲形式，由地面通过发射天线发送出去，经地下地层或目标反射后返回地面，为接收天线接收；并对反射波形进行处理和分析，用以研究地下介质特征、地下结构。探地雷达的传播速度、反射系数和探测深度均与地层界面两边介质的介电常数有关。介质介电常数差别大者，反射系数也大，因而反射波的能量也大，这就是地质雷达探测的前提条件。

地质雷达对地层的探测深度可达 100m，对土岩的分界面、基岩剖面、断层破碎带、地下洞穴等进行探测。探测的深度和精度与天线的功率密切相关，对探测结果的解译需要有相关经验的积累，并需要对探测及解译误差进行修正。地质雷达还可用于砂岩地下水评估，孤石、基岩等图像、坝体安全检查，污染物成图。湖泊河流水深以及沉积物深度探测等。

3.5　微动面波探测法

面波法可分为稳态面波探测、瞬态面波探测和多道瞬态面波探测三种方法。稳态面波探测无需钻孔，即获得几十米深度范围内的地层波速；瞬态面波探测需要大锤激振、两点接受获得十几米深度地层波速；多道瞬态面波探测，大锤激振，多道接收，数据成百倍增加，勘察深度达到几十米，薄层分辨能力达分米级。

北京水电物探研究所研发的天然源面波探测，利用自然界中存在的微弱振动，获得面波频散数据。

智能微动探测新技术只需安置传感器接收天然信号，即可实现探测目的，对岩土层中的软弱夹层、采空区、边坡滑移带、地铁超前预报等的应用，取得良好效果。

4 先进的土工试验仪器设备

4.1 离心机

近年来离心机在室内岩土试验中得到广泛应用，很多地基基础、基坑与边坡问题，通过离心机试验，解决了以往岩土理论研究与工程难以模拟的问题，获得的结果对理论研究、认识并解决工程重大问题提供了非常有意义的指导和帮助。离心机从设备、材料到方法、理论业已逐步发展成为一门专门学科。

4.2 土工试验全自动试验采集系统

土工试验全自动采集系统[10]包括全自动固结试验系统和全自动三轴仪两大类。全自动固结系统是在侧限及轴向排水条件下进行固结试验，可以自动测定土的压缩系数 a_v、压缩模量 E_s、固结系数 C_v、先期固结力 P_c、压缩指数 C_c、回弹指数 C_s 及黄土湿陷性陷性等土的特性指标。在无人值守条件下昼夜连续运行，自动完成加、卸荷载和试验数据的采集；且试样在施加每级荷载后的稳定标准可根据土的埋深、工期及规范要求选择每级判稳、末级判稳或不判稳设定 24h；能用常规试验和次固结增量法处理各级荷载下土的初始孔隙比、各级孔隙比等；绘制孔隙比与压力 e-p，沉降与压力 s-p，孔隙比与压力对数 e-$\lg p$，沉降与时间对数等关系曲线。测试精度高，同时也避免了人工加载的冲击力所引起的瞬间出力振荡和过载。

全自动三轴仪试验主机无反力架，步进电机驱动，无级调速，剪切速率均匀平稳准确。可进行三轴不固结不排水 UU、固结不排水 CU 或固结排水 CD 中的任何一种试验方法，三轴控制器依据选择的试验方法和三轴试验规程要求，自动开启控制加、卸围压（反压）、开（关）各种阀门，自动判定和控制饱和、固结、剪切过程的结束及下一过程的开始，自动检测过程中试样的孔隙水压力值、排水量及主应力差等数据。主机启动自动控制，设置上、下限位安全装置，压力室顶部设置负荷传感器，剪切时直接测量试样所受轴向应力（主应力差），大大提高了准确度。周围压力和反压力采用闭环控制，试验过程中周围压力波动小于±1kPa，在无人值守条件下，自动完成加、卸荷载和试验数据采集全过程，克服了以往三轴仪试验的操作烦琐，各级过程都需人工判别的重体力、低精度、低效率状态。根据要求，绘制主应力差与轴向应变曲线、应力差强度包线、应力比强度包线、应力路径曲线、孔隙压力与轴向应变曲线、有效应力比和轴向应力曲线等。能够测试土的变形模量、基床系数，并进行等应变三轴压缩试验等。

土工试验全自动采集系统解决了传统的力学试验仪器人工加、卸荷载，人工记录数据，人工计算最后汇总所带来的仪器设备精度不高，人工记录误差大，漏记、错记多、计算数据速度慢、效率低，难以满足规范规程要求等质量问题。

参考文献

[1] 刘松玉，蔡国军，童立元. 现代多功能 CPTU 技术理论与工程应用 [M]. 北京：科学出版社，2013.

[2] 《工程地质手册》编委会. 工程地质手册（第五版）[M]. 北京：中国建筑工业出版社，2018.

[3] Shen, H., Haegeman, W. and Peiffer, H., "3D Printing of an Instrumented DMT: Design, Development, and Initial Testing," Geotechnical Testing Journal, Vol. 39, No. 3, 2016, pp. 492-499.（SCI 期刊）

[4] S. Marchetti, "Some 2015 Updates to the TC16 DMT Report 2001," inThe 3rd International Conference on the Flat Dilatometer, 2015, pp. 43-65.

[5] Karlsrud K, Lunne T, Brattieu K. Improved CPTU correlations Based on Block Samples [M]. Reykjavik: Nordisk

Geoteknikermote，1996

[6] 王长科. 工程建设中的土力学及岩土工程问题——王长科论文选集［M］. 北京：中国建筑工业出版社，2018.

[7] 程瑾. 十字板剪切试验的综合应用［J］. 工程勘察，2008，增刊第 1 期.

[8] 李承海，张德波. 广州南沙软土十字板剪切强度与比贯入阻力的对比试验分析. ［J］人民珠江，2004，25（2）：24-25.

[9] 李志云，杨光华，陈富强，官大庶，朱思军. 利用十字板强度推算软土抗剪强度指标方法的探讨［J］. 广东水利水电，2017，（12）：38-41.

[10] 冯蓓蕾. KTG 全自动系统在土工试验中的应用［J］. 水运工程. 2008（10）：207-210.

作者简介

刘小敏，教授级高级工程师，多年从事岩土工程与地基基础的勘察、设计、施工与监测；主编和参编国家、行业和地方规范标准 20 余部，合著专著 6 本，获得国家、行业和地方科技奖 6 项、勘察设计奖 10 余项，为行业内资深专家。电话：13923439076，邮箱：wxylxm@126.com，地址：深圳市福田区福中路 15 号，518026。

A SUMMARY OF THE NEW TECHNIQUE AND METHODS OF GEOTECHNICAL ENGINEERING TEST

LIU Xiao-min[1]，HOU Wei-sheng[2]

(1. Shenzhen Investigation & Research Institute Co.，Ltd Guang deng shenzhen 518026；2. Fujian Academy of Building Research，Fujian Fuzhon 350108)

Abstract：This paper summarized the new technique and methods of geotechnical engineering test recent years，which contains DMT，CPTU，SBPMT，Digital vane shear test，Engineering geophysical，Centrifuge，and Auto geo-system. In engineering practice，the above new technique and methods have gain a good effect，and they are worth to be promoted.

Key words：Geotechnical engineering test，new technique，new methods

复杂应力路径下花岗岩残积土强度与
变形特性试验研究

赵燕茹[1]，刘小敏[2]

(1. 深圳大学土木工程学院，广东 深圳 518000；2. 深圳市勘察研究院有限公司，广东 深圳 518026)

摘 要：花岗岩残积土在我国华南地区广泛分布，在地铁隧道施工遇到较多此类地层。本次研究基于应力路径控制三轴仪，测试了土体在两种不同应力路径下的强度变化特征。其中常规固结排水试验结果表明，试样应力应变曲线呈应变软化特性，而经历一次加卸荷循环的应力应变曲线呈应变硬化特征；对试样在初始加载段施加较小的应力，有助于土体刚度的增加，测试得到的抗剪强度参数值较常规试验结果大；围压与土体割线模量、回弹模量呈正相关性；土体抗剪强度和变形特征主要受本身结构特征控制。

关键词：花岗岩残积土；抗剪强度；割线模量；回弹模量

1 引言

　　花岗岩残积土是一种特殊土类，具有高孔隙比、高强度、低密度、水敏性强等特点。预防城市地下空间开发过程中花岗岩残积土类地层的失稳问题，成为众多学者关注的对象。以深圳市地下空间开发为例，施工过程中会普遍碰到花岗岩残积土层。由于残积土中岩石已风化成土，除石英外原生矿物绝大部分形成次生矿物，残积土中含有大量的游离氧化物（如 SiO_2、Fe_2O_3、Al_2O_3）在土中形成絮凝状或凝块状胶结结构，并附着在土颗粒表面致使残积土具有整体性而有较高的抗剪强度及较小变形特性。随着含水量的增加，土中起胶结作用的游离氧化物逐渐溶于水而逐渐减少，宏观表现为随含水量的增加，土体强度和承载力显著降低，压缩性显著增大。随着深度的增加，残积土的风化程度有较大差异，引起土体组成成分变化较大最终反映在土体结构和力学参数上。例如残积土通常呈现为低含水率（$w = 8.8\% \sim 43.1\%$），低压缩性（$a_{1-2} = 0.24 \sim 0.8 MPa^{-1}$），低可塑性（$I_p = 11.8\% \sim 22.6\%$）和剪缩特性。因此在土体开挖过程中经常出现土体失稳，导致在隧道工程、基坑工程、边坡工程中严重的工程灾害。

　　目前对花岗岩残积土的研究，主要集中在土体的抗剪强度、变形及非饱和特性方面。包括在不同应力状态和降雨因素下的抗剪强度衰减机理；因其特有的铁质胶结作用，以及遇水后强度急剧降低的特性，表现出一定的脆弹塑性损伤破坏特点（残积土因含水率的不同导致部分矿物颗粒溶解于水中，将引起内部矿物成分以及颗粒间网状胶结结构面发生破坏，引起残积土的力学性质由砂质黏性土向粉质黏性土方面过渡），土粒间应力状态的变化正是其结构型和脆弹塑性损伤破坏的核心问题；随着含水率的增大残积土的基质吸力和孔隙压力对崩解速度的影响减弱；土中未风化完全的矿物颗粒浸水发生的迅速崩解对土的基质吸力、含水率和密实度造成一定的影响；方祥位等[1]亦研究得出残积土在特定路径三轴试验中表现出的剪缩特性。

　　Lee & Krisdani 等[2]针对残积土的非饱和特性建立了土水特征曲线，分析了不同风干速率、应力状态、基质吸力状态下抗剪强度变化特性；Taha 等[3]研究指出浸润使残积土内部基质吸力逐渐消散，外部荷载导致土颗粒发生错动和滑移而引起抗剪强度值均有弱化现象，而剪切试验中剪切速率（$0.6 \sim 0.0072 mm/min$）对抗剪强度的影响较小，同时给出了残积土黏聚力 c 在 99.9-120.7kPa，内摩擦角在 $34.6° \sim 37.9°$。

　　本文以原状风化花岗岩残积土作为测试对象，采用应力路径控制的三轴仪器，测试了土体在不同加卸荷应力状态下的剪切破坏特征、同时分析了抗剪强度参数、压缩模量和回弹模量等与应力状态影响关系，测试结果用以分析计算花岗岩残积土地层稳定性，为预测变形提供相关数据支持及理论依据。

2 试验方案与设备

2.1 测试试样

考虑到花岗岩残积土的结构易扰动性，降低机械钻进取样过程对土样浸水以及表面的剪切扰动，本次试样均采用人工切割取样、制样并封存于保湿仪器中，然后运至实验室，试样尺寸为 61.5mm × 125mm，取样深度为 19.8～23.4m（隧道埋深位置），共取 7 组样（每组三个平行试样）。

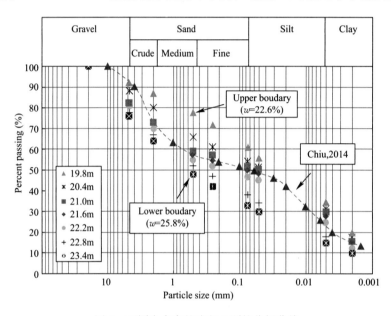

图 1 不同含水率的残积土颗粒分析曲线

Fig. 1 Grain size distribution curve of weathered granite residual soil with different moisture content

图 1 是本次测试试样的颗粒粒径变化范围，两个边界含水率分别为 22.6%、25.8%，对应试样的粒径分布中：下边界含水率为 22.6% 的试样，粒径大于 0.075mm 的颗粒含量为 67%，上边界试样含水率为 25.8%，粒径大于 0.075mm 颗粒含量为 44%；可以得出残积土中细颗粒含量与含水率有直接关联性；通过 X 射线衍射分析，花岗岩残积土中矿物成分分比为：Al_2O_3：36.12～44.56、SiO_2：45.42～53.01、Fe_2O_3：4.61～8.54、K_2O：1.126～1.45，残积土中 Al_2O_3 含量较高；本次测试选取的试样共 4 组，平均含水率 $w=28.9\%$，$\rho_0=1.84\text{g/cm}^3$，$e_0=0.91$。

花岗岩残积土主要物性指标 表1

物性指标	范围值
含水率 $w(\%)$	19.30～32.00
孔隙比 e	0.73～1.06
重度 G_s	1.70～2.56
塑限 w_p	23.40～33.50
液限 w_L	34.10～48.00

2.2 先期固结压力

图 2 所示为根据 $e\text{-}\lg p$ 曲线，采用图解法得到的残积土先期固结压力图，试样含水率 $w=28.5\%$，

取样深度 $d=11.1$m；图示 $\lg p=2.28$ 为先期固结压力点，换算得到：$p_{cr}=199.27$kPa，$e=0.63$；根据 20m 深度残积土的平均密度值 $\rho_0=1.84$g/cm³，则土的自重应力 $\sigma_s=1.84\times9.8\times11.1=200.0$kPa；先期固结压力 $p_{cr}<\sigma_s$，判别残积土为欠固结土。

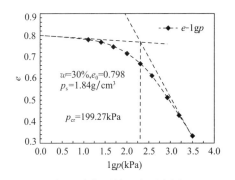

图 2　先期固结压力示意图

Fig. 2　Pre-consolidated pressure curves

2.3　测试设备与试验步骤

测试采用改装的全自动三轴剪切仪器（图 3），压力及体积测试仪采用 GDS 压力体积控制器，进行设定加卸荷应力路径下的三轴固结排水剪切试验。

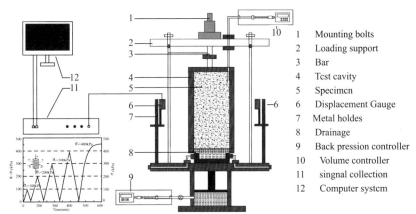

	1	Mounting bolts
	2	Loading support
	3	Bar
	4	Test cavity
	5	Specimen
	6	Displacement Gauge
	7	Metal holdes
	8	Drainage
	9	Back pressure controller
	10	Volume controller
	11	singnal collection
	12	Computer system

图 3　改装三轴试验设备

Fig. 3　Modified instrument of three axial test and GEN 750 CT Scanning Apparatuses

2.4　加载方式

三轴剪切试验在标准结排水下进行，同时实现了以下四种加卸载应力路径（见表 2）：初次加载偏差应力从 0kPa 增加至预设偏差应力值（100、200、300、400kPa），然后偏差应力匀速卸载至 0kPa；二次加载中，偏差应力从 0kPa 直接加载至试样屈服状态，整个测试过程中，测试围压为分别为 100、200、300、400kPa 四种预设定恒定围压，并根据摩尔库仑破坏理论获取土体抗剪强度参数。实验过程中，为了能够让孔隙水充分流出，控制剪切速率为 0.0001%/s（Rahardjo，2004），以土样出现峰值强度后破坏或轴向应变累积达到 14% 作为试验结束。所有测试实验，符合土工测试规范[4]要求。

循环加卸荷路径表　　　　　　　　　　　　　　　　　　　　　表 2

Test condition	Type	$\sigma_1-\sigma_3$（kPa）	σ_3
Consolidated drained（CD）	One loading	$0\rightarrow(\sigma_1-\sigma_3)_f$	100/200/300/400/
	Loading-unloading-reloading	$0\rightarrow100\rightarrow0\rightarrow(\sigma_1-\sigma_3)_f$	100/200/300/400/
		$0\rightarrow200\rightarrow0\rightarrow(\sigma_1-\sigma_3)_f$	100/200/300/400/
		$0\rightarrow300\rightarrow0\rightarrow(\sigma_1-\sigma_3)_f$	100/200/300/400/
		$0\rightarrow400\rightarrow0\rightarrow(\sigma_1-\sigma_3)_f$	100/200/300/400/

3　试验结果分析

3.1　常规固结排水工况下应力应变曲线

图 5 所示，为采用三轴固结排水试验，得出的试样应力应变曲线关系（试样含水率 $w=24.2\%$，初

始湿实度 $\rho_s = 1.84\text{g/cm}^3$）。同时利用参考文献中 Chiu[5] 的研究结果与本次测试结果进行了对比（q 为偏差应力，p' 为平均有效应力，$\eta = q/p'$ 为应力比）。

如图 5（a）所示，当测试围压为 100～400kPa，试样的应力应变曲线在初始加载段呈现递增趋势；随着偏差应力的继续增加，试样在低围压下（100～200kPa），应力应变出现软化特征。相反在较高的围压状态下（300～400kPa），应力应变曲线呈硬化特征，当土体结构进入屈服阶段后，应力应变曲线呈"塌落"式下降，分析认为这与土体内部粗颗粒之间胶结力的减小有关。图 5（b）所示，随着测试围压从 100 增加至 400kPa，试样体变与轴向变形的初始段，均显示出明显的剪缩特征（见图 4 所示应力路径 Path I）。当应围压为 100～200kPa 时，测试试样的轴向变形量超过 5.4% 时，试样由剪缩逐渐变化为剪胀特征；并且在测试过程中无明显测试应力峰值；分析认为初始阶段的剪缩主要与外部荷载挤压引起的土体内部孔隙减关系小有关，同时围压较低时试样的侧向变形量较明显；当测试压为 300～400kPa 时，应力应变曲线，呈现出持续剪缩特征，这说明在高围压状态下，土体侧向变形被约束，同时外部荷载导致土体在初期被压密；随着外部应力的继续增大，土体内部发生剪切破坏，粗颗粒形成的骨架结构以及粗颗粒间游离态氧化铁等矿物质胶结形成的胶结力、细颗粒黏土矿间的范德华力等，均有一定程度的降低，并且随着剪切破坏的不断发展，继续降低，宏观表现为试样的不断剪缩特性。基于摩尔库仑破坏准则，得到的抗剪强度参数中有效黏聚力为 36.77kPa，有效内摩擦角为 12°。

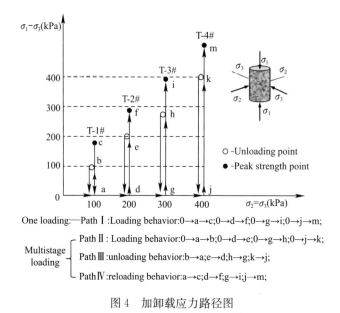

One loading—Path I :Loading behavior:0→a→c;0→d→f;0→g→i;0→j→m;

Multistage loading
{
Path II : Loading behavior:0→a→b;0→d→e;0→g→h;0→j→k;
Path III :unloading behavior:b→a;e→d;h→g;k→j;
Path IV :reloading behavior:a→c;d→f;g→i;j→m;
}

图 4　加卸载应力路径图

Fig. 4　Schematic diagram of the stress paths imposed in this study.

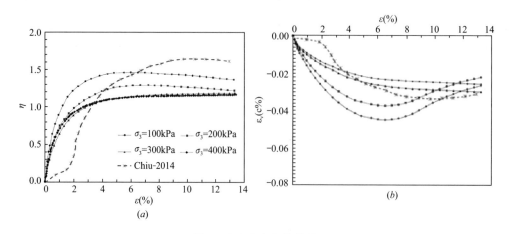

图 5　应力应变曲线关系

（a）应力比与轴向应变关系；（b）体变与轴向变形

3.2 一次加卸荷循环应力应变曲线关系

如图6所示，为采用循环加卸荷路径下，围压分别为100～400kPa下对应的应力应变关系曲线（σ_1-σ_3-ε）。（一组试验3个平行试样，测试结果取3个平行样的平均值，试样平均含水率$w=28.9\%$，初始湿密度$\rho_0=1.84\mathrm{g/cm^3}$，初始孔隙比$e_0=0.91$）。

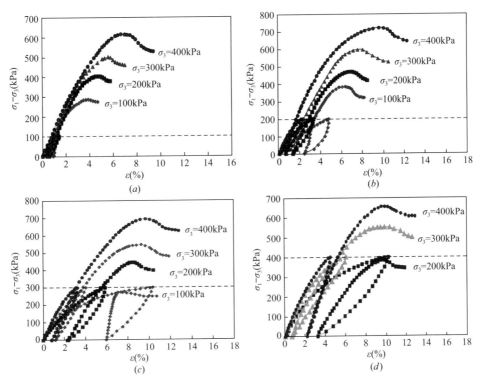

图6 不同围压下土体应力应变曲线关系

Fig. 6 Typical curves of stress-strain curves under different confining pressures

(a) $\sigma_1-\sigma_3=100\mathrm{kPa}$；(b) $\sigma_1-\sigma_3=200\mathrm{kPa}$；(c) $\sigma_1-\sigma_3=300\mathrm{kPa}$；(d) $\sigma_1-\sigma_3=400\mathrm{kPa}$

如图6所示，在加载过程中，土体的应力应变曲线呈非线性硬化特征，且硬化效应随围压的增大在二次加载阶段趋于明显（见加载路径 path-Ⅳ，图4）。同时在加载路径 path-Ⅱ—path-Ⅳ，当加载应力达到试样的屈服强度后，土体的应力应变曲线呈脆性破坏特征（应变持续增大，而应力出现塌落现象），同时，随着初次加载阶段围压的增加，二次加载中，试样脆性破坏特征更加明显。

如图7所示，为四种加卸载方式下，对应的二次加载过程中峰值强度与轴向变形关系曲线。随着围压的增加（$\sigma_3=100～400\mathrm{kPa}$），试样在二次加载中得到的峰值强度与轴向变形呈线性递增关系，围压对土体强度的增长影响明显；当测试围压及初次加载较高时，应力应变曲线出现明显的应力塌落，表明脆性破坏特征明显。测试结果表明，当初始加载量低于200kPa时，对土体起到压密固结作用，有益于土体强度的增高；而当初次加载量超过200kPa时，土体结构发生损伤破坏，且随着初始加载偏差应力的增加，峰值强度呈降低趋势；但高围压下得到的峰值强度远高于低围压下的强度值；考虑到本次测试土体的先期固结压力为199.27kPa，分析认为通过循环加卸

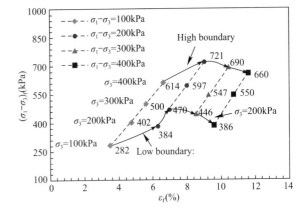

图7 循环加卸载典型应力应变曲线

Fig. 7 Typical curves of stress-strain curves under three cyclic loading-path

荷方式，也是一种能够获取土体结构本身强度的方法。虽然土体的强度受本身结构特征影响，但是围压、初始加载对土体强度的影响明显。

3.3 土体剪切破坏形态及抗剪强度分析

根据摩尔库仑定律，本文将常规固结排水与一次加卸载应力路径下的抗剪强度进行了对比分析（图7），并将试样最终加载至破坏状态进行分析（选取一次加载应力为100kPa，围压在100~400kPa之间变化，如图8所示）；本次试验测试围压分别为100、200、300、400kPa，具体描述如下：

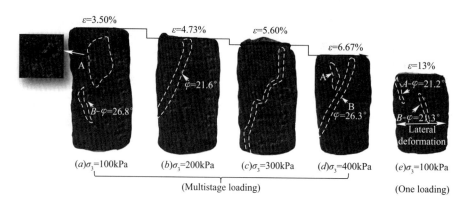

图 8　试样最终破坏形态示意图（初始加载 $\sigma_1 - \sigma_3 = 100$kPa）

Fig. 8　Final state of the tested specimens under CD condition（pre-set loading σ_1-σ_3=100kPa）

如图8所示，为分别在围压为100~400kPa下，初始加载偏差应力为100kPa下，对应的二次加载试样最终破坏形态，并与传统破坏试样进行了对比。如图8（a）所示，试样发生局部剪切破坏，并没有形成联通的剪切带，其中一个不连续裂缝的角度为26.8°（标记为B）；相比同一测试围压100kPa下的传统固结排水试验破坏试样（图8e），土体发生明显的压缩变形（轴向变形量为13%），同时试样侧向变形较大，试样发生两个不连通的独立剪切裂缝，倾角分别为21.2°、21.3°。当测试围压分别为200kPa、300kPa、400kPa时，对应的二次加卸载试样破坏形态，都出现了贯通的剪切破坏带，倾角在21.6°~26.3°之间，对应的轴向变形从3.5%增加至6.67%；其中图8（c）所示，出现一条台阶式剪切破坏带，考虑到试样颗粒成分的差异性，分析认为这与试样内部颗粒排列以及内部弱结构面有直接关系。本次结果发现随着围压的增大，土体破坏时发生较大的轴向变形，同时随着围压的升高，土体脆性破坏特征明显；测试结果验证了初始加载有助于土体密实度的增加，同时增加了土体刚度，体现在土体剪切破坏时脆性破坏特征的明显程度，相比没有经过预压的试样（图8e），剪切在沿着主应力破坏时，有一定的随机性。

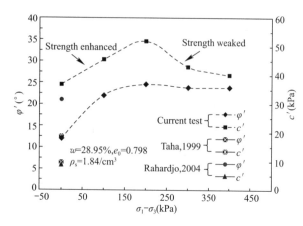

图 9　加卸荷循环试验抗剪强度参数变化曲线

Fig. 9　Shear strength vs deviator stress in the two kinds of tri-axial tests

如图9所示，为一次加卸荷循环试验得到的抗剪强度参数变化曲线。当初次加载的偏差应力从100kPa增加至200kPa，土体抗剪强度呈递增趋势，有效黏聚力 c' 从36.83kPa增加到51.80kPa，有效内摩擦角 φ' 从12.0°增加到24.52°。本次测试结果要比文献［3］中Taha等的参数值大，分析认为抗剪强度值得增加，与较低的外部荷载下土体孔隙被挤密引起的土体刚度增加有关。当初偏差应力超过200kPa后，有效黏聚力呈下降趋势，且 c' 从51.80kPa减小为40.0kPa，而有效内摩擦角在较小的范围内波动，φ' 在24.52°~23.82°之间变化。测试结果表明，当初始加载应力超过200kPa，土体结构发生剪切损伤，导致土体抗剪强度参数变化明显，随着剪切过程中内部裂纹的增加直至逐渐贯通形成剪切带，试样发生剪切破坏。测试结果表明，较小的外部荷载有助于土体强度的提高，同时土体强度主要受本身结构特征控制，同时高围压对土体的侧约束有助于进一步提高土体强度，表现为土体脆性破坏特征的增强。

3.4 割线模量变化特征

图 10 为基于加卸荷应力应变曲线得到的割线模量 E_{sec-1} 和 E_{sec-2} 与围压关系曲线（$\sigma_3 = 100$，200，300 和 400kPa）。从图 10a 可以得出，首次加载段得到的割线模量 E_{sec-1} 与围压 σ_3 呈线性递增关系。例如，当施加的偏差应力为 100kPa 时，当测试围压从 100kPa 增加至 400kPa 时，对应的割线模量从 5.41kPa 增加到 10.05MPa，同时当测试围压为 100kPa 时，初次加载应力未达到 400kPa，试样发生剪切破坏，因此无对应的割线模量值。本次测试结果表明，高围压通过约束土体的侧向变形而提高土体强度，但是随着围压的增大，割线模量值差异性变小。

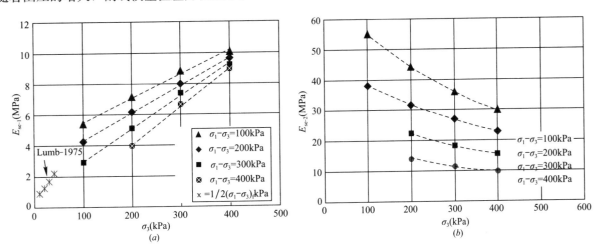

图 10 割线模量与围压关系曲线

Fig. 10 Correlation between secant modulus and confining pressure of CDG

(a) $E_{se-1} - \sigma_3$；(b) $E_{se-2} - \sigma_3$

图 10（b），所示为二次加载阶段，偏差应力增加至于初次加载应力同等水平时，对应的割线模量 E_{se-2} 与围压关系曲线（$\sigma_3 = 100 \sim 400$kPa）；随着围压的增大，割线模量 E_{se-2} 呈幂函数减小趋势且从 55.1kPa 减小为 9.70MPa（对应应力路径 path-Ⅳ），说明二次加载过程中，土体割线模量主要受土体结构强度控制，而围压对土体结构强度的影响减弱，同时初次加载段对土体结构损伤越大，二次加载过程中得到的割线模量值值越小。

3.5 回弹模量变化特征

花岗岩残积土底层，在土体开挖卸载后会发生一定量的回弹变形，如何预测回弹变形量有助于控制工程风险，回弹模量 E_{ur} 作为回弹变形量估算的关键计算参数，在本次试验中进行了测试，分析影响该参数变化的影响因素。

图 11 为加卸载应力应变曲线得到的回弹模量 E_{ur} 与围压关系曲线。当围压从 100kPa 增加至 400kPa，回弹模量 E_{ur} 从 62.1kPa 增加至 158MPa，两者之间关系符合线性递增关系（斜率 K_n：0.190，0.175，0.153，0.123，对应 $100 \sim 400$kPa 测试围压）；测试结果发现，回弹模量的斜率增长随着初次加载量的增加而逐渐降低（i.e. k 从 0.190 减小至

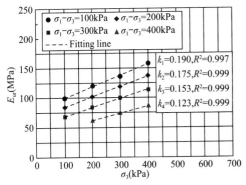

图 11 偏差应力与回弹模量关系曲线

Fig. 11 Correlation between deviator stress and unloading modulus

0.123）。以上结果表明，土体回弹模量主要受本身结构强度控制，在初始加载段（Path-Ⅱ）加载应力越小，对土体结构的损伤就越小，卸载段（path-Ⅲ）获取的土体回弹模量值就较大；同时较高的测试围压下获取的回弹模量值较大。

4 结论

（1）对常规固结排水剪切试验，当测试围压超过200kPa后，应力应变曲线由应变软化向应变硬化阶段过渡；割线模量与围压呈正相关性，且当围压从100增加至400kPa时，割线模量从3.96增加至8.97MPa。

（2）对一次加卸荷循环试验，当初始加载应力较低时，有助于土体刚度的增加，获取的抗剪强度呈递增趋势，而当初次加载应力超过土体结构强度后，黏聚力呈递减趋势，而内摩擦角在一定范围内波动。

（3）对二次加卸荷循环试验，相比常规加载，经过初次加载的试样，二次加载应力应变呈应变硬化状态；初次加载段割线模量与围压呈线性递增关系，而二次加载段割线模量与围压成幂函数递减关系，这与土体结构损伤有关。

（4）回弹模量与围压呈正相关性，当围压从100增加至400kPa，回弹模量 Eur 从62.1增加至158MPa。

参考文献

［1］ 方祥位，陈正汉，申春妮等．残积土特殊应力路径的三轴试验研究［J］．岩土力学，2005，26（06）：932-936．

［2］ I. Lee, S. Sung, G. Cho, Effect of stress state on the unsaturated shear strength of a weathered granite. Can. Geotech. J. 42 (2005) 624-631.

［3］ M. R. Taha, M. K. Hossain, Z. Chik, et al., Geotechnical Behaviour of a Malaysian Residual Granite Soil. Pertanika J. Sci. & Technol. 7 (1998) 151-169.

［4］ 岩土工程勘察技术规范，GB 50021—2011［M］．北京：中国建筑工业出版社，2011．

［5］ C. F. Chiu, C. W. W. Ng, Relationships between chemical weathering indices and physical and mechanicproperties of decomposed granite. Eng. Geol. 179 (2014) 76-89.

作者简介

赵燕茹，男，1983年生，博士，深圳大学特聘副研究员。2014年毕业于重庆大学土木工程专业，获工学博士学位。一直从事岩土工程相关的试验与理论研究，目前发表学术论文12篇，SCI/EI检索10篇；先后主持博士后基金、深圳市基金等项目，作为项目成员参与了多项国家自然科学基金的测试研究工作。

ESTIMATION OF SHEAR STRENGTH AND DEFORMATION PROPERTIES OF DECOMPOSED GRANITE SOIL UNDER COMPLEX STRESS PATHS

ZHAO Yan-ru[1], LIU Xiao-min[2]

（1. Civil Engineering Department, Shenzhen University, Guangdong Shenzhen, 518060, China
2. Shenzhen Investigation & Research Institute Co., Ltd. Guangdong Shenzhen, 518026, China）

Abstract: Completely decomposed granite (CDG) is widely distributed in Shenzhen, China, and extensively involved in many shield tunneling projects. In this study, a series of stress-path controlled tri-axial tests was conducted on intact CDG specimens to investigate the mechanical behavior of the CDG soil following two stress paths (i. e., one-stage loading and multi-stage loading paths) under consolidated-drained (CD) condition. Stress-strain curve obtained from the one-stage loading test indicated a strain-hardening behavior. In contrast, a strain-softening behavior was observed from multi-stage loading test. Furthermore, lower external pressure (0 to 200 kPa) in the initial loading stage was in favor of enhancing stiffness of specimen, and the obtained parameters of shear strength from multi-stage loading test are larger than those obtained from one-stage loading test. Although the mechanical properties of the soil were mainly self-structure dependent, the influence of confining pressure becomes remarkable as the soil structure was continually damaged.

Key words: completely decomposed granite, shear strength, secant modulus, unloading modulus

基于 CPTU 的实用土分类图及其工程应用

蔡国军[1]，邹海峰[1]，刘松玉[1]，祝刘文[2]，杜宇[2]

（1. 东南大学岩土工程研究所，江苏 南京 210096；

2. 中交第四航务工程勘察设计院有限公司，广东 广州 510275）

摘 要： 孔压静力触探测试（CPTU）能够连续地提供的锥尖阻力、侧壁摩阻力和孔隙水压力等参数，可直观地反映地下土类的变化。目前，国内外已经提出了多种基于 CPTU 的土类划分方法，其中符合我国土类划分标准的只有中国实用土分类方法。本研究探讨了该实用土分类方法在工程实践中的有效性和适用性，将该方法应用于地质条件复杂的两项典型工程中，包括崇启大桥和港珠澳大桥工程。将 CP-TU 实用土分类与室内实验的土分类结果进行了对比分析，发现两种土分类结果具有很好的一致性，整体准确率可达 90％ 以上。粉土可能是较难准确判别的土类之一，其准确识别仍然有待于更进一步的改进。相比之下，CPTU 土分类方法比钻孔给出的土类识别结果更加精细，值得推广使用。

关键词： 孔压静力触探；土分类；孔隙水压力；土类指数；归一化锥尖阻力

1 引言

孔压静力触探（CPTU）能实测锥尖阻力 q_t、侧壁摩阻力 f_s 和孔隙水压力 u_2 等参数，从原位强度、重塑强度和固结渗流特征等多个方面对土体的工程性质进行原位、综合评价，同时能够给出可靠的土类判别结果[1-4]。国内外对提出了大量基于 CPTU/CPT 的土类划分方法[2-4]，例如 Robertson 等（1986）提出的 q_t-R_f 和 q_t-B_q 分类图[2]、Robertson（1990）提出的 Q_t-F_r 和 Q_t-B_q 分类图[3]、Robertson（2009）提出的 I_c 分类图[1]和刘松玉等提出的 I_c 分类图[4]等。

国外方法所采用的土类名称和分类方法主要是根据美国试验与材料学会 ASTM D2487 的统一土质分类方法（USCS）[5]，与中国现行的标准和规范[6,7]存在差异。近年来，已有国内学者将这些国际 CPTU 土分类方法进行了对比研究，并提出了符合国内实践经验的中国实用土分类方法[4]。

本研究将中国实用土分类方法应用在两项地质条件较为复杂的典型工程案例中，并将钻孔资料确定的土类与 CPTU 给出的土类进行了对比，评估了中国实用土分类方法的准确性和适用性。

2 中国 CPTU 实用土分类图

针对国内外土类划分标准不一致、国外 CPTU 土分类图无法给出符合我国土分类标准的土类判别结果问题，刘松玉等收集了江苏地区典型土体的 CPTU 测试资料，提出了基于 CPTU 的我国实用土分类方法[4]，如图 1 所示。根据图 1，土类被划分为：①淤泥与淤泥质土、②黏土、③粉质黏土、④粉土、⑤粉—细砂和⑥中—粗砂等六类。由于目前粉砂、细砂、中砂和粗砂的数据较少，因此不建议对此四类土做出更进一步的细分，仅仅给出了粉—细砂与中—粗砂之间的分界线。

所有的分界线都建立在 CPTU 归一化锥尖阻力 Q_{tn} 和归一化摩阻比 F_r 的基础上，分别定义如下：

$$Q_{tn} = \frac{q_t - \sigma_{v0}}{p_a} \cdot \left(\frac{p_a}{\sigma'_{v0}}\right)^n \tag{1}$$

基金项目：国家重点研发计划课题（2016YFC0800201），国家自然科学基金项目（41672294）

$$F_r = \frac{f_s}{q_t - \sigma_{v0}} \times 100\% \qquad (2)$$

$$n = 0.381 \times I_c + 0.05 \times (\sigma_{v0}'/p_a) - 0.15 \qquad (3)$$

$$I_c = \sqrt{[3.47 - \lg(Q_{tn})]^2 + [\lg(F_r) + 1.22]^2} \qquad (4)$$

式中，q_t 为锥尖阻力，f_s 为侧壁摩阻力，$n \leqslant 1$ 为应力指数，q_t、σ_{v0}、p_a 及 σ_{v0}' 的单位均相同，p_a 为参考压力，$p_a = 100\text{kPa} = 0.1\text{MPa}$，$I_c$ 为土类指数。

特别地，土类指数 I_c 直观地给出了中国实用土分类图中不同土类的分界线，这是由于土类指数与土中的细粒含量密切关联。随着细粒含量的增加，土类指数逐渐增大，土类逐渐从粗粒土如中—粗砂过渡至细粒土如粉质黏土和黏土等。一般而言，粗粒土与细粒土之间的分界线大致位于 $I_c = 2.60$ 附近。

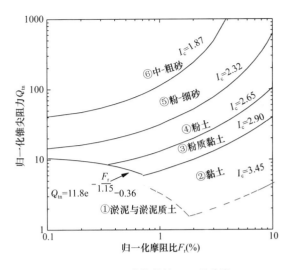

图 1　基于土类指数的土工程分类

Fig. 1　Practical soil classification chart in China

3　典型工程案例

本节将中国实用土分类图应用在两项典型工程中，并对土分类结果的准确性进行了探讨分析。所涉及的两项工程案例包括崇启大桥接线工程和港珠澳大桥。此两项工程土类变化复杂，以室内钻孔资料评估土类时，存在采样成本过高且采样不连续等问题；相比之下，CPTU 测试结果具有更好的适用性。

3.1　崇启大桥工程

崇启大桥工程全长 51.76km，南与已通车的上海崇明越江通道相连，穿越崇明岛后跨长江口北支，与江苏省境内的宁启高速公路相接。崇启大桥江苏段全长 21.03km，崇明至启东长江公路大桥（江苏境）接线工程起点位于大兴镇白港村十七组附近，顺接崇启大桥北引桥终点，路线全长 18.1km，见图 2。沿线勘探深度范围内（自然地面下 41.0m 以内）揭露的地层岩性为第四纪松散沉积物，均为全新世冲积相沉积物。场区新构造运动表现为大范围持续缓慢沉降并不断接受沉积，第四纪地层分布稳定，厚度变化较小。

钻孔资料表明，崇启大桥接线工程沿线勘探深度范围内揭露的地层岩性均为第四纪松散沉积物，根据地层岩性、时代成因及其物理力学性质，将其分为 3 个工程地质层，又细分为若干亚层，自上而下分别为：

①₁ 层人工填土（Q^{me}）：灰褐色、灰黄色，成分以黏性土为主，含碎砖块、石子、石灰块、煤渣，局部含植物根系；分布于沿线村庄、老路基。

①₂ 层粉质黏土（Q^{al}）：灰黄色—灰色，软塑—可塑，含铁锰质斑点，下部夹粉砂薄层，表层局部为耕植土；沿线均有分布。

②₁ 层淤泥质粉质黏土夹粉砂（Q^{al}）：灰色，流塑，夹粉砂薄层，局部呈互层状；全线 K42+000～k43+480，K48+550～K49+000 段缺失。

②₂ 层粉土粉砂（Q^{al}）：灰色，饱和，松散—稍密，含云母碎片，夹粉质黏土薄层，局部互层状；沿线均有分布。

③₁ 层淤泥质（粉质）黏土（Q^{al}）：灰色，流塑，夹粉砂薄层，局部互层状；沿线均有分布。

③₂ 层粉质黏土夹粉砂（Q^{al}）：灰色，流塑，夹粉砂薄层；沿线呈透镜体状分布。

将崇启大桥工程的钻孔资料与 CPTU 数据点置于刘松玉等[4]所提出的中国实用土分类图中，如图 3 所示。表 1 给出了对应的土类判别准确率。从该图 3 和表 1 中可以看出，中国实用土分类图给出了与钻孔资料非常符合的判别结果，尤其是软土（淤泥质土）、黏土、粉质黏土和粉—细砂，判别准确率达到 90% 左右。崇启大桥工程场地的中—粗砂数据较少，不宜做出评估。在该图中，可能存在一定误差的是粉土的分布，覆盖了③粉质黏土、④粉土和⑤粉—细砂三个区域。这可能是由于粉土属于过渡类土层，

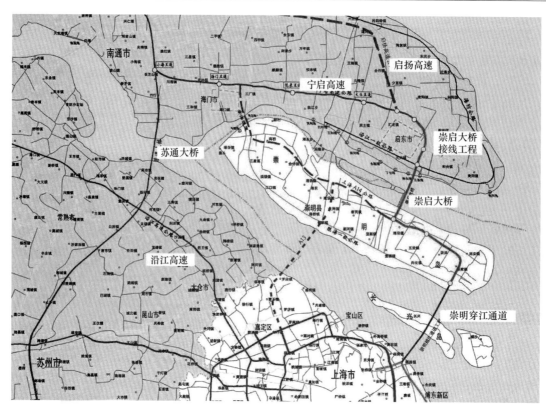

图 2　崇启大桥工程线路地理位置

Fig. 2　Location of Chongqi Bridge site

在低黏粒含量时表现出排水特征，力学性质接近于粉—细砂；而黏粒含量较高时，表现出不排水特征，性质接近于粉质黏土等。尽管如此，该图表明粉土的正确识别率仍然达到 70% 左右。

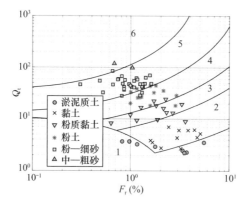

图 3　崇启大桥工程钻孔土类与 CPTU 土类对比

Fig. 3　Evaluation of soil types from borehole and CPTU at theChoge site

中国实用土分类法在崇启大桥工程准确率　　　　　　　　　表 1

Accuracy of practical soil classification methods in Chongqi Bridge　　　Tab. 1

中国土类名称	对应土类分区	准确率（%）
淤泥和淤泥质土	1 区	88.9
黏土	2 区	90.9
粉质黏土	3 区	78.5
粉土	4 区	69.2
粉细砂	5 区	95.2
中粗砂	6 区	—
整体（加权平均）	1～6 区	90.1

　　将中国实用土分类图应用在崇启大桥的某个 CPTU 测试孔中，可以得到每个 CPTU 测试位置处的土类判别结果，如图 4 所示。同时，图 4 还给出了根据钻孔资料确定的土类。对比可以发现，根据 CP-TU 实用土分类图所给出的土类与钻孔给出的土类具有很好的一致性。尤其是在深度为 20～27m 范围内分布有强度很低的黏土夹粉土层，这一软弱土层均被钻孔与 CPTU 测试数据正确地反映出来。相比之下，CPTU 测试数据应当更加精细一些，能够反映局部极细薄夹层的分布；而钻孔所给出的土类则较为粗略，难以反映局部土类的变化。

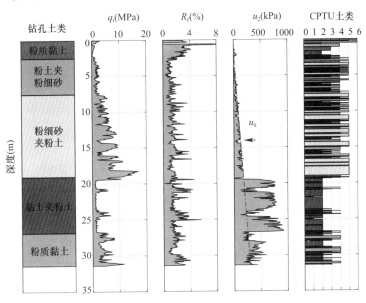

图 4　崇启大桥工程典型 CPTU 剖面与土类

Fig. 4　A CPTU profile and soil type at Chongqi Bridge site

3.2　港珠澳大桥

　　港珠澳大桥是连接香港特别行政区、广东省珠海市、澳门特别行政区的大型跨海通道，是中国继三峡工程、青藏铁路、南水北调、西气东输、京沪高铁之后又一重大基础设施项目。为评价土体的原位特征，在本工程场地进行了大量的海上 CPTU 测试，并在 CPTU 测试孔附近进行了符合国际标准的钻探与室内土工试验。钻探采用分离式波浪补偿钻机，取样采用固定活塞薄壁取土器和敞口薄壁取土器采取 I 级原状土样，孔压静力触探采用海床式贯入设备。图 5 给出了港珠澳大桥工程的地理位置图和测试位置示意图。

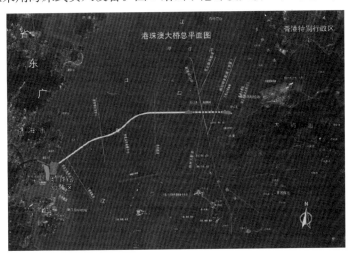

图 5　港珠澳大桥工程位置图

Fig. 5　Location of the Hongkong-Zhuhai-Macao Bridge site

图6给出了港珠澳大桥工程的钻孔资料与CPTU数据点在刘松玉等[4]所提出的中国实用土分类图中的分布。表2给出了该土分类图判别土类时的准确率。从该图6和表2中可以再次看出，整体上该实用土分类图的准确率可以达到97％以上。仅在粉砂和粉土的判别上存在一定的误差，准确率为91％。再次验证了中国实用土分类图的可靠性。

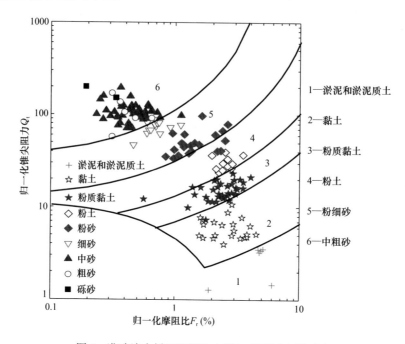

图6　港珠澳大桥工程钻孔土类与CPTU土类对比

Fig. 6　Evaluation of soil types from borehole and CPTU at the Hongkong-Zhuhai-Macao Bridge site

中国实用土分类法准确率　　　　　　　　　　　　　表2

Accuracy of practical soil classification methods in China　　　　Tab. 2

中国土类名称	对应土类分区	准确率（％）
淤泥和淤泥质土	1区	100
黏土	2区	100
粉质黏土	3区	97
粉土	4区	100
粉细砂	5区	91
中粗砂	6区	100
整体（加权平均）	1～6区	97

　　将中国实用土分类图应用在港珠澳大桥的单个CPTU测试孔中，可以得到每个CPTU测试位置处的土类判别结果，同时可与钻孔土类对比，如图7所示。对比发现，根据CPTU实用土分类图所给出的土类与钻孔给出的土类具有很好的一致性。尤其是在深度为19.5～22.2m范围内分布的薄粉质黏土夹层和30～50m范围内较大厚度连续的粉-细砂层，这些软、硬土层均被钻孔与CPTU测试数据正确地反映出来。同样，CPTU测试曲线更加精细一些，能够更为准确地反映局部极细薄夹层的分布。

　　需要指出的是，在该剖面中，基于CPTU的中国实用土分类方法给出了与钻孔土类存在一定差别的，主要表现在0～10m范围内的土类判别结果。钻孔资料表明该深度范围内土体为淤泥质土，然而根据CPTU数据划分的土类以黏土为主，表层土甚至被判别为粉质黏土和粉土。这一定程度上与CPTU锥尖阻力的应力归一化Q_{tn}计算方法有关。根据定义式（1），浅层土体的有效应力σ_{vo}'非常小时，Q_{tn}将会非常大。例如，当σ_{vo}'趋近于零时，Q_{tn}将接近于无穷大。这将使得土体的强度被过高估计，从而将软土识别为黏土。因此，浅表层软土的CPTU判别应当格外注意。

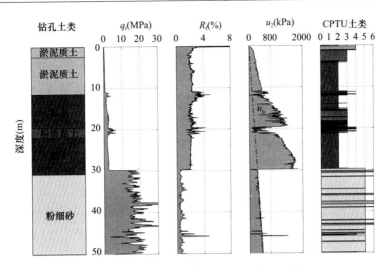

图 7　崇启大桥工程典型 CPTU 剖面与土类

Fig. 7　A CPTU profile and soil type at Chongqi Bridge site

4　结论

本研究将基于 CPTU 的中国实用土分类方法应用在崇启大桥和港珠澳大桥两项地质条件复杂的工程中，研究了该土分类方法的有效性和适用性。主要结论如下：

（1）中国实用分类图能够给出与我国国标规范各类土一一对应的分区，整体上土类定名准确率可达90％以上，能可靠地用于指导工程实践。

（2）粉土可能是较难准确判别的土类之一，其准确识别仍然有待于更进一步的改进。

（3）CPTU 土分类方法比钻孔给出的土类识别结果更加精细，值得推广使用。

参考文献

［1］ ROBERTSON P K.　Interpretation of cone penetration tests-a unified approach ［J］. Canadian Geotechnical Journal，2009，46（11）：1337-1355.

［2］ ROBERTSON P K，CAMPANELLA R G，GILLESPIE D，et al.　Use of piezometer cone data ［C］//Proceedings of the ASCE Specialty Conference In Situ' 86：Use of In Situ Tests in Geotechnical Engineering，Blacksburg，1986：1263-1280.

［3］ ROBERTSON P K.　Soil classification using the cone penetration test ［J］. Canadian Geotechnical Journal，1990，27（1）：151-158.

［4］ 刘松玉，蔡国军，邹海峰. 基于 CPTU 的中国实用土分类方法研究 ［J］. 岩土工程学报，2013，35（10）：1765-1776.

［5］ ASTM.　Standard practice for classification of soils for engineering purpose（USCS）［S］. ASTM standard D2487. ASTM International，WestConshohocken，Pa.

［6］ 中华人民共和国国家标准. 土的工程分类标准 GB/T 50145—2007 ［S］. 北京：中国计划出版社，2008.

［7］ 中华人民共和国国家标准. 岩土工程勘察规范 GB 50021—2001（2009 年版）［S］. 北京：中国建筑工业出版社，2009.

作者简介

蔡国军，男，山东兖州人，博士，教授，博士生导师，2008.8～2009.8 受国家留学基金委全额资助在美国德州大学访问交流，师从 Anand J. Puppala 教授。电话：13913911288，E-mail：focuscai@163.com，地址：东南大学交通学院岩土工程研究所，211189。

CHINESE CPTU-BASED PRACTICAL SOIL CLASSIFICATION CHART AND ITS APPLICATION

CAI Guo-jun[1], ZOU Hai-feng[1], LIU Song-yu[1], ZHU Liu-wen[2], DU Yu[2]

(1. Institute of Geotechnical Engineering, Southeast University, Jiangsu Nanjing 210096, China;

2. CCCC-FHDI Engineering Co. LTD., Guangdong Guangzhou, 510275)

Abstract: The piezocone penetration test (CPTU) has been widely used for determining the soil behavior type in geotechnical site characterization. More than seven CPTU-based soil classification charts have been proposed based on a large amount of compiled database. However, only the CPTU-based practical soil classification chart developed by Liu et al. (2013) is in accordance with the Chinese soil identification criteria and codes. This study evaluated the feasibility of the practical soil classification chart in capturing the soil types at two engineering sites of complicated geology conditions, including the Chongqi Bridge site and Hongkong-Zhuhai-Macao Bridge site. The soil behavior types determined from the CPTU soil classification chart were compared with those observed according to the borehole data. The results indicated that the CPTU-based soil types were consistent with the borehole-based soil types with an accuracy of more than 90%. The silt may be the most difficult soil to be characterized using the CPTU data, and therefore more work are still necessary to achieve a more accurate prediction. Moreover, the CPTU-based soil classification chart is more advisable than the borehole method due to its high resolution.

Key words: CPTU, soil classification, pore pressure, soil behavior type index, normalized cone tip resistance

DMT 土体应力状态与压缩模量试验研究

申昊[1,2]，刘小敏[3]

(1. 深圳市建筑科学研究院股份有限公司，广东 深圳　518049；2. 哈尔滨工业大学（深圳），
广东 深圳　518055；3. 深圳市勘察研究院有限公司，广东 深圳　518026)

摘　要：近四十年来，扁铲侧胀原位测试（DMT）被越来越多地应用于世界许多地方特别是欧美地区的岩土工程问题当中，这主要得益于 DMT 试验能够准确地确定地基的压缩模量，并且对土体中应力状态的变化较其他常用原位测试手段更为敏感。本文以一个试验堤坝的建造前后和堤坝移除后的 DMT 试验结果对比以及一个超固结黏土滑坡前后 DMT 试验结果对比为例子，展示和分析了 DMT 试验在实际工程中对监测土体应力状态变化过程、应力历史对压缩模量变化的影响、预测天然地基沉降、预测和确定边坡滑动面位置的应用。

关键词：扁铲侧胀原位测试；应力历史指数 K_D；压缩模量；应力状态。

1　引言

扁铲侧胀原位测试（DMT）最早由意大利学者 Marchetti 于 1975 年提出[1]，并在 1980 年的文章里给出了详细的试验步骤和基于 40 余个场地试验建立的半经验公式以推导常用的岩土工程参数[2]。随着原位测试的普及 DMT 也在世界很多地方普及开来，于 2001 年发表的国际土力学与岩土工程协会（ISSMGE）特别报告和 2015 年对此报告的更新很好的总结了 DMT 试验的设备、测试原理、试验步骤和理论基础[3][4]。

在工程应用中，美国 ASTM 标准和欧洲 EuroCode7 最早给出了 DMT 的测试准则，ASTM 标准也于 2015 更新到了最新的版本。同时 DMT 试验的 ISO 国际标准也于 2017 年发布，并对测试中的位移控制等步骤有了更明确的要求。我国也在最新的行业标准中有关于 DMT 测试的仪器、测试方法和数据分析的介绍[5]。

近十年来，针对 DMT 的研究可谓在各个方面都有成果，主要突破的点包括液化判别方法的建立和应用，基于模型对比试验的砂土中应力历史和相对密实度等参数的估计，大型对比验证型原位测试的开展，近海全自动 DMT 设备的研发[6]，以及仪器化、可测更大应力-应变范围和孔隙水压力的新型扁铲侧胀测试等[7]。

相比于其他原位测试，特别是对比使用同样贯入设备的静力触探试验（CPT），DMT 试验最大的特点在于能够更加准确地估算出地基压缩模量和地基的应力历史即应力状态的变化过程。因此本文将首先从基于 DMT 的地基压缩模量与应力状态确定的方法出发，采用两个典型的工程实例来阐述使用 DMT 来测试和监控在实际工程中地基应力状态发生改变的过程（应力历史改变的过程）和相应的地基压缩模量变化的过程。两个典型的工程实例分别是一个堤坝建造前、建造后和完全移除后的 DMT 试验结果对比研究和一个超固结黏土滑坡前、滑坡一个月后和稳定后的 DMT 试验结果对比研究。

2　扁铲侧胀原位试验设备与原理简介

扁铲侧胀原位试验的设备主要由扁铲测头、测控箱、率定附件、气电管路、压力源和贯入设备组

成。其工作原理是试验时将接在探杆上的扁铲测头压入土中一定深度，然后施压，使位于扁铲测头某一侧面的圆形钢膜向土内膨胀，量测钢膜膨胀三个特殊位置（A、B、C）的压力，从而获得多种岩土参数，适用于软土、黏性土、粉土、黄土、松散-中密砂土。扁铲侧胀试验成果可应用于土类划分（I_D）、静止侧压力系数 k_0、判断饱和黏性土的塑性状态 m、超固结比 OCR、不排水抗剪强度 c_u、压缩模量 E_s、弹性模量 E、水平应力指数 K_D、水平固结系数 C_h、水平基床反力系数 K_h、地基土承载力 f 及土层液化判别等。

近年来随着数字化与智能化技术的发展，又研发出了智能型扁铲侧胀设备，图 1 所示为完成 iDMT 试验所涉及的主要设备，值得注意的是 iDMT 探头全身采用了金属 3D 打印技术制作完成，且探头与探杆连接处使用了自主研发的焊接技术以连接 3D 打印金属材料与常规 420 不锈钢材料，正是因为这些先进制造技术的使用，iDMT 才可以在探头外形尺寸不变的条件下，装载更多的传感器并显著提高了加载和测量能力。

图 1　智能型扁铲侧胀原位测试（iDMT）

（a）iDMT 使用的原位测试车；（b）车载式静压机；

（c）iDMT 探头贯入土体前

从图 2（a），（b）可以看出 iDMT 探头主要有三个腔体，最靠近探头尖端的为加载单元腔体，中间的为孔压传感器腔体，另一个为供电路设备连接和维护用的腔体。典型的 iDMT 测试结果如图 2（c）所示，该试验位于超固结黏土中深度为 6.0m 处，可以看见在试验过程中孔压为负，这显示了试验过程中土体的剪胀效应，压力-位移曲线则显示此处土体的应力-应变关系接近于弹性理想塑性材料的特征。相比于 DMT 试验仅能提供基于线性假设的压力-位移关系，iDMT 提供的如图 2（c）所示的试验结果提供的非线性压力-位移关系和孔压测量曲线为工程师基于有效应力原理和使用弹塑性土体本构关系来分析岩土工程问题提供了可能和基础。下文重点研究讨论基于扁铲侧胀原位试验地基土的压缩模量与应力状态。

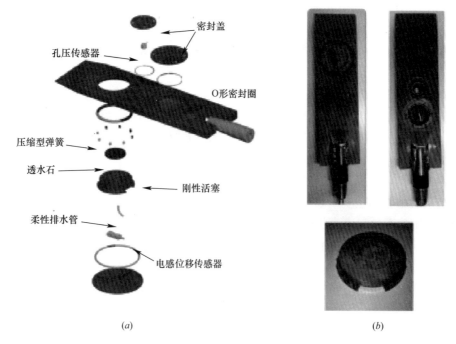

图 2　智能型扁铲侧胀测试（iDMT）（一）

（a）设备分解图；（b）智能扁铲

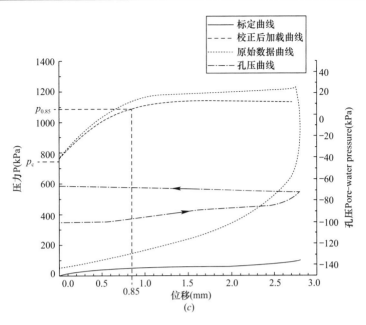

图 2　智能型扁铲侧胀测试（iDMT）（二）

（c）超固结黏土深度 6m 处的典型 iDMT 测试曲线

3　地基土压缩模量与应力状态的确定

3.1　基于 DMT 试验确定地基压缩模量和应力历史指数的方法

基于 DMT 试验的原始数据可以建立三个中间指数：应力历史指数（又称水平应力指数）K_D，DMT 模量 E_D 和材料指数 I_D，然后可利用这三个中间指数来推导出常用的岩土工程参数，如土体的强度、压缩模量、应力历史和固结系数等。尽管 DMT 指数 $I_D = (p_1 - p_0)/(p_0 - u_0)$ 能够有效地基于在原位测试中土体的力学表现将土体划分为砂土、黏土和粉土等，本文主要讨论更能代表 DMT 特色的 K_D 和 E_D，以及通过 K_D 和 E_D 推导计算地基压缩模量与地基应力状态。

在每一测试深度，DMT 试验都会进行水平方向的位移控制加载，测得膜片中心位置位移为 0.05mm 和 1.1mm 时的压力大小 $p_{0.05}$ 和 p_1，并用线性关系推断出膜片中心位置位移为 0 时的压力大小 p_0。基于线弹性理论，假设扁铲设备的对称面是两块半无限空间的接触面，荷载为均布的圆形应力，可以推导出扁铲侧胀模量 E_D 如式（1）所示。但注意 E_D 并没有包含任何土体应力历史的信息，因此 Marchetti 提出了一个修正系数 R_M 将土体基于力学性质分类的信息 I_D 和包含土体应力历史的应力历史指数 K_D 考虑到地基压缩模量 M_{DMT} 的推导中如式（2）和式（3）所示。

$$E_D = 34.7(p_1 - p_0) \tag{1}$$

$$M_{DMT} = R_M E_D \tag{2}$$

$$R_M = \begin{cases} 0.14 + 2.35\log K_D, & \text{当 } I_D \leqslant 0.6 \\ 0.5 + 2\log K_D, & \text{当 } I_D \geqslant 3 \\ R_{M,0} + (2.5 - R_{M,0})\log K_D, & \text{当 } 0.6 \leqslant I_D \leqslant 3 \\ \text{若 } R_{M,0} = 0.32 + 2.18\log K_D \\ 0.32 + 2.18\log K_D, & \text{当 } K_D \geqslant 10 \\ \text{若 } R_{M,0} = 0.85, & \text{当 } R_M \leqslant 0.85 \end{cases} \tag{3}$$

DMT 试验应力历史指数 K_D 的定义如式（4）所示：

$$K_D = \frac{p_0 - u_0}{\sigma'_{v0}} \tag{4}$$

式中 σ'_{v0} 为试验前上覆土层竖向应力，u_0 为试验前静孔隙水压力。

直观地说，K_D 可以被看作是被扁铲设备贯入土体过程放大后的静止侧压力系数 K_0。在正常固结的土体中，K_D 的值大约等于 2，且 K_D 沿深度范围内的变化形态与超固结比 OCR 的变化形态是十分接近的，因此可以说 K_D 对于岩土工程师理解土体的应力历史是很有帮助的。

3.2 DMT 能够准确估计地基压缩模量的机理和逻辑

在 DMT 试验 40 多年来的应用中，很多学者和工程师在不同地方确认了 DMT 在估计地基压缩模量和相应地基竖向变形的良好准确度。Marchetti 总结了 DMT 在这方面优势主要的三个原因：（1）相对于静力触探测试 CPT 的轴对称圆锥体，扁铲形状的探头产生的土体扰动要小很多；（2）扁铲侧胀模量 E_D 源自位移加载试验，而非如 CPT 中源自贯入阻力大小；（3）DMT 试验中有 K_D 能够提供土体应力历史信息，且这是在静力触探和标准贯入等其他常用原位测试无法有效提供的信息[3]。实际上，在估算地基压缩模量时，地基的应力状态和应力历史是必要的输入参数而非提供估算准确度的"改良型"参数。Jamiolkowski 和 Forrest 曾指出只依靠没有提供应力历史信息的静力触探试验结果是不可能获得可靠的地基压缩模量的，比如说通常使用静力触探来估算地基压缩模量时 $M_{CPT}=\alpha Q_c$，其中使用经验系数 α 来代表地基的应力历史信息，但 α 的常用经验取值范围可以从 2 到 20[8]。

因此可以看出 DMT 试验最大的特点之一就是能够提供土体的应力历史信息，基于此对于处于超固结或欠固结状态土体的压缩模量的估算都能够很好地将应力历史的影响考虑进去。在工程实践中，快速、准确地掌握应力历史和压缩模量对工程设计和施工都有着重要的指导意义。

4 工程实例：应力状态变化和地基压缩模量

4.1 一个圆柱形堤坝从建造前到完整移除过程的 DMT 试验研究

位于意大利威尼斯 Treporti 的圆柱形试验堤坝修建于 2002 年 9 月至 2003 年 3 月之间，该堤坝直径为 40m，堤坝分 13 层每层 0.5m 厚进行建造，建造完成后对地表的均布压力为 106kPa。从堤坝的建造施工结束开始直至堤坝于 2007 年 6 月至 2008 年 3 月间逐渐移除的全过程，堤坝地基的表面沉降、孔隙水压力、沿深度范围内的水平和竖向沉降值都得到了持续监测，采用滑动位移计，地基附加应力影响深度范围内每隔 1m 间隔的竖向应变得到了准确的测量。试验工程进行了三个阶段的 DMT 原位测试：（1）堤坝建造考试前的 DMT 测试（2002 年）；（2）堤坝建造结束后的 DMT 测试（2003 年）；（3）堤坝完全移除后的 DMT 测试（2008 年）。三个阶段的 DMT 试验的深度范围皆为堤坝下 0~20m，其中在 0~8m 深度范围内地基以中细粉砂为主，但在 2m 深度处存在小于 1m 厚的软弱粉质黏土薄层，在 8~20m 深度范围则是黏性和砂性混合的粉土层。三个阶段的 DMT 测试都在相邻位置处开展，全面的试验结果于 2014 年发表。

图 3 给出了基于三个阶段 DMT 测试得出的应力历史指数 K_D 的对比，可以看出从堤坝建造前到建造完成后，该场地的 K_D 在 0~20m 深度范围内都显著地减小，意味着堤坝地基中应力状态的显著改变。考虑到正常固结土 $K_D \approx 2$ 和 K_D 的变化趋势一般与超固结比 OCR 变化趋势基本相同，可以看出在堤坝产生 106kPa 均布压力作用下，施工前的超固结土体因附加应力使得施工后土体的应力水平增大，可以预期地基 OCR 明显下降。结合相邻位置 CPT 的试验结果可以定量地估计此场地的 OCR 值。同时也观察到在堤坝完全移除后的第三阶段的 K_D 值恢复到了与堤坝建造前 K_D 值相近甚至局部更高的水平，这意味堤坝下地基经历了卸载，附加应力随着堤坝的逐步移除逐渐减小的过程。尽管这时地基中应力水平恢复到了堤坝建造前的相同水平，但从堤坝移除后地基的 K_D 值略大于堤坝建造前 K_D 值可以看出这部分的土体因堤坝产生的附加应力大于土体历史经历过的最大应力水平。

图 4 则给出了相应的由式（2）得到的地基压缩模量的估算值对比，可以看出在堤坝建设完成后和

建设前，地基压缩模量在 0～3m 和 7～20m 范围内基本一致，在 3～7m 范围内，堤坝建设后的地基压缩模量略高。这说明了使用堤坝建设前测得的地基压缩模量来预测地基压缩变形是基本合理的或略偏安全的。在堤坝移除后测得的地基压缩模量则基本上略高于建造堤坝前测得的地基压缩模量，考虑此时地基应力水平相同和对应的 K_D 水平的增长可以看出地基压缩模量的增长是因为应力历史的改变，较大的 K_D 和 OCR 值导致了地基压缩模量的变大。

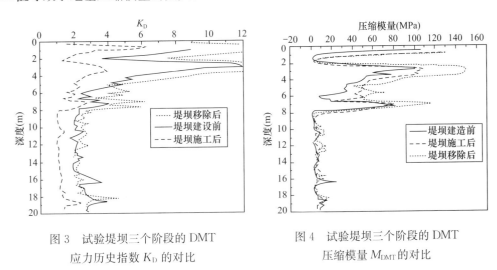

图 3　试验堤坝三个阶段的 DMT　　　图 4　试验堤坝三个阶段的 DMT
应力历史指数 K_D 的对比　　　　　　　压缩模量 M_{DMT} 的对比

图 5 和图 6 则分别给出了与建造前 DMT 测试位置相邻的滑动变形计实测的深度间隔为 1m 的地基压缩变形值和由变形值反算而来的地基压缩模量大小。对于地基竖向变形，可以看出由 DMT 预测的沿深度方向的变形趋势与实测值基本相同，但绝对值小于实测值。考虑到 DMT 预测的竖向变形仅为主固结变形而实测值还包含了次固结变形等，以及砂土场地的非均质性，这样的预测精度是可以接受的。对于图 6 中地基压缩模量大小的对比，由 DMT 估算的地基压缩模量仅在模量大小快速变化的位置与由实测值反算的地基压缩模量有所不同，这样的误差足以满足通常岩土工程设计的精度要求。

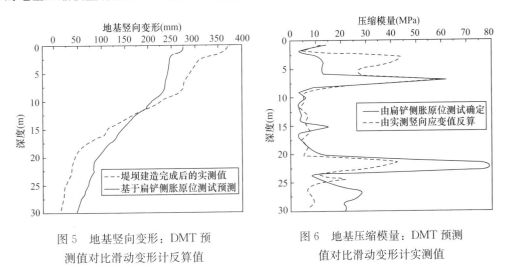

图 5　地基竖向变形：DMT 预　　　图 6　地基压缩模量：DMT 预测
测值对比滑动变形计反算值　　　　　值对比滑动变形计实测值

4.2　黏土尾矿坑滑坡前、滑坡一个月后和稳定后的 DMT 试验研究

位于比利时佛拉芒地区的 Kruibeke，在 1963 年至 2010 年间因开采黏土矿产生了一个深度最大达 30m 的矿坑。在 2011 年至 2014 年间该黏土矿坑连续发生了较小规模的滑坡现象且有着变形变大的趋势，因此从 2014 开始实施了针对该黏土坑的监测计划，其中一种监测手段就使用了 DMT 原位测试。该场地土体表层为厚度小于 2m 的砂质粉土，此层下方则以层厚超过 10m 的超固结 BOOM 黏土为主，超固结 BOOM 黏土与伦敦黏土地理上接近，地质产生于同一年代且物理性质相似。在超固结

黏土中使用DMT能够很好表征土体中的应力历史和应力状态，特别对于滑坡问题，因滑动面通常处于正常固结或欠固结状态而明显不同于土体其他位置处的应力状态，因此可以快速地确定滑动面所在位置。

这里针对该黏土尾矿坑存在潜在滑坡风险的一角于2014年1月使用DMT进行了测试，恰好此位置所处的区域于2014年6月发生了较大规模的滑坡，因此在滑坡后的一个月（2014年7月）立即进行了第二次DMT测试，然后在滑坡后的两年（2016年6月）滑坡体已较为稳定时进行了第三次DMT测试。图7和图8分别给出了这三次DMT测试的应力历史指数K_D和地基压缩模量M_{DMT}的对比图。

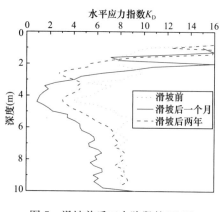

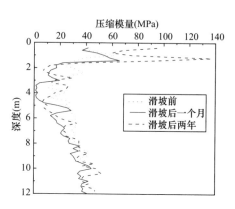

图7 滑坡前后三个阶段的DMT
应力历史指数K_D的对比

图8 滑坡前后三个阶段的DMT
压缩模量M_{DMT}的对比

在滑坡前的K_D沿深度方向的变化可以看出在深度约为3.4m和4.4m处有两点K_D值明显相对较小，即OCR相对较小，是潜在出现滑移的面层。在滑坡发生后一个月的DMT测试结果中可以看出土体的滑动的确发生了在3.4～4.4m这一土层，因为在这一土层$K_D<2$可被视作不稳定的重塑、欠固结土体。在其他深度处除了个别的突变值，K_D值在滑坡后一般皆有一定程度的下降，这也代表土体在滑坡后出现了一定应力释放的过程。为了检测滑坡体的稳定性，滑坡发生后的两年后的第三次DMT测试，结果显示相较于滑坡刚发生后一个月的测试结果，K_D值出现了明显的恢复土体处于较为稳定的状态，在原滑动面的深度位置处K_D上升到了约2.8～4.4的范围，属于轻微超固结的状态。但第三次DMT测试在2.6m和4.4m的位置依然可以确定两个潜在的再次引起滑坡的滑动面位置。对于图8中土体压缩模量的对比，尽管因滑坡引起的压缩模量幅值变化不如应力状态改变的明显，但依然可以清晰地看出由滑坡引起的压缩模量下降和滑坡发生两年后压缩模量的恢复性上升。特别地，在滑坡发生后一个月的DMT试验结果在3.4～4.4m这一土层的压缩模量显著地低于土层的其他深度处，仅约0.4～1.8MPa，由此可以推断这一土层相对软弱且可能处于不稳定的状态。

5 结语

DMT试验的应力历史指数K_D对于土体的应力历史和土体应力状态变化十分敏感，因此对于土体应力状态可能发生变化或存在超固结土的工程问题，DMT试验能够有效地为工程勘察、设计和施工提供指导意义。同时基于K_D可进一步合理地估算地基压缩模量，K_D中所包含的应力历史信息对于地基压缩模量的计算是一种必要而非一种改良，因此相比于同类型的其他原位测试技术如静力触探，DMT试验将位移控制（应变控制）加载试验的结果和应力历史信息结合起来计算地基压缩模量是更为合理和准确的。

意大利威尼斯地区的堤坝试验研究显示了DMT试验不仅能够准确地估算地基各深度处的压缩模量大小以预测地基的竖向变形大小，而且能够准确、合理地反映出堤坝建造前—堤坝建造完成—堤坝完全移除这个过程中地基应力状态变化的过程，以及应力状态变化对压缩模量大小的影响。

比利时佛拉芒地区的滑坡监测试验研究则表明了对于超固结黏土，DMT 试验能够在滑坡发生前准确地预测潜在的滑动面位置（K_D 相对较小的点位），并在滑坡发生后测试中确认滑动面真实发生的位置（$K_D \leqslant 2$ 的深度范围），同时在土体压缩模量的估算中也可以通过确定明显相对软弱的土层位置来确定滑动面的位置。

参考文献

[1] S. Marchetti. A new in situ test for the measurement of horizontal soil deformability. Conference on In Situ Measurement of Soil Properties，1975，pp. 255-259.

[2] S. Marchetti. In situ tests by flat dilatometer. J. Geotech. Eng. Div.，vol. 106，no. 3，pp. 299-321，1980.

[3] S. Marchetti. Some 2015 Updates to the TC16 DMT Report 2001. The 3rd International Conference on the Flat Dilatometer，2015，pp. 43-65.

[4] S. Marchetti，P. Monaco，G. Totani，and M. Calabrese，"The flat dilatometer test（DMT）in soil investigations.，" in International Conference on In Situ Measurement of Soil Properties，2001，pp. 95-131.

[5] 中华人民共和国行业标准. 建筑地基检测技术规范 JGJ 340—2015. 北京：中国建筑工业出版社，2015.

[6] D. Marchetti. Device comprsing an automated cableless dilatometer. 2013.

[7] H. Shen，W. Haegeman，and H. Peiffer. Design，Use，and Interpretation of an Instrumented Flat Dilatometer Test BT. Design，Use，and Interpretation of an Instrumented Flat Dilatometer Test. pp. 247-262，2018.

[8] M. Jamiolkowski and J. Forrest. Research applied to geotechnical enginengineering. james forrest lecture.. Proc. Inst. Civ. Eng.，vol. 84，no. 3，pp. 571-604，Jun. 1988.

作者简介

申昊，男，1988 出生，浙江杭州人，2010 年本科毕业于北京科技大学土木工程，2013 年硕士毕业于浙江大学岩土工程系，2017 年于比利时根特大学（Ghent University）获土木工程博士学位。攻读博士学位期间主要研发方向为扁铲侧胀测试的试验和理论研究，并采用金属 3D 打印技术研发了一款新型智能型扁铲侧胀仪器，基于此课题获得一项欧洲专利，发表学术论文 6 篇，且成功在荷兰、比利时多个实际民用建筑工程中应用。电话：15919414420，E-mail：shenhao. geotech@outlook. com。地址：广东省深圳市福田区上梅林梅坳三路 29 号（深圳市建筑科学研究院股份有限公司），518049。

ESTIMATION OF STRESS STATE AND CONSTRAINED MODULUS BASED ON THE FLAT DILATOMETER TEST

SHEN Hao[1,2] LIU Xiao-min[3]

(1. Shenzhen Institute of Building Research Co.，Ltd.，2. Harbin Institute of Technology，Shenzhen，3. Shenzhen Investigation & Research Institute Co.，Ltd)

Abstract：In the last four decades，the flat dilatometer test（DMT）has been increasingly used in geotechnical engineering projects in many parts of the world，especially in the U. S. and in Europe. This is mainly due to the advantages of accurate estimation of constrained modulus，stress history and changes in stress state by means of the DMT test. In this paper，two cases are presented：the use of the DMT before and after the construction of a cylindrical trial embankment as well as following the complete removal of this embankment in Italy；the use of the DMT for monitoring an overconsolidated clay landslide in Belgium. The demonstration and the analysis of the two cases show the promising use of the DMT to determine changes in stress state, stress history and its influence on constrained modulus; and also to predict settlements of soil deposit sand location of sliding surface of slopes.

Key words: the flat dilatometer test, stress history parameter K_D, constrained modulus, stress state

长沙北辰 A1 项目软岩地基压缩性指标测试与分析

孙宏伟，方云飞，卢萍珍

（北京市建筑设计研究院有限公司，北京 100045）

摘 要： 软岩分布广泛且工程性质特殊，特别是对于高层建筑的软岩地基的压缩性指标的测试与评价，日益得到工程界的关注。长沙北辰 A1 为目前湖南长沙软岩天然地基已建成的首座超高大楼（建筑高度 245m），为今后软岩场地岩土工程评价与地基基础设计积累了重要的经验。长沙北辰 A1 地块的写字楼（钢筋混凝土结构高度 206m），筏板基础平均基底压力达到了 800kPa，地基持力层为泥质砂岩，其属于极软岩，压缩性指标直接关乎地基变形计算与地基基础变形控制设计的可靠性。对于软岩的工程特性，认识不统一，类似项目的实际工程经验尚不充分。面对软岩地基的工程难题，勘察与设计紧密配合，通过浅层平板载荷试验和旁压试验补充验证压缩性指标，包括变形模量和旁压模量。在验证软岩地基工程特性指标的基础上，考虑基础与地基协同作用通过数值分析软件进行了筏板基础天然地基方案的地基变形计算分析，为最终判断天然地基方案可靠性提供了可信的设计依据，实践证明是科学合理、安全可靠的。本项目软岩地基工程特性评价与地基基础设计过程体现了岩土工程勘察与地基基础设计密切合作以及岩土工程师执业的重要性，以期进一步推动软岩地基工程特性研究。

关键词： 软岩地基；高层建筑；变形模量；旁压模量

1 前言

岩石地基是岩体地基的习惯称谓。由于岩石地基的承载力和变形模量比土质（土体）地基往往高得多，作为一般建（构）筑物的天然地基，通常有相当大的裕度，因而对于深入研究岩石地基的问题，重视不够，甚至容易忽视。软岩，其性质介于岩石和土之间，属于劣质岩（问题岩），"'似岩非岩，似土非土'状"[1]，不仅需要在岩土工程勘察时予以重点评价，更重要的是在地基基础设计时正确认识和把握工程特性。软岩在世界上分布非常广泛，泥岩与页岩占地球表面所有岩石的 50％左右。就我国而言，也有着广泛的分布，尤其在西南、华东、华南和西北等地区。而相对而言，软岩的工程特性研究相对滞后。传统的地基评价和地基计算的方法并不完全适用于软岩，使得软岩地基评价偏离实际情况，一方面使得地基承载力和压缩性指标的评价过于保守，而容易造成投资加大；另一方面，因软岩的特殊工程性质，而导致安全隐患。目前对于软岩的工程特性评价仍属于基础工程难点问题。

长沙北辰 A1 项目工程采用筏板基础天然地基方案，目前湖南长沙软岩天然地基已建成的首座超高大楼（建筑高度 245m），为今后软岩场地岩土工程评价与地基基础设计积累了重要的经验，为今后推动高层建筑的软岩地基工程实践具有积极意义，本文旨在叙述通过专项试验验证软岩地基相关压缩性指标的测试与分析过程，供同行参考借鉴。

2 工程概况

2.1 主体建筑概况

长沙北辰 A1 项目的写字楼、酒店、商业建筑以及地下车库连为一体，形成大底盘多塔建筑形式，荷载集度差异显著，差异沉降控制是设计难点，加之纯地下车库区域的抗浮措施采用抗浮锚杆方案，在一定程度上更加剧了差异沉降的控制难度，需要更为严格地控制高层建筑的沉降量。

工程建设场地位于长沙市开福区新河三角洲，北临长沙市标志性建筑"两馆一厅"，西临湘江大堤，东连浏阳河隧道，由北京北辰实业集团投资。本工程为由一栋写字楼、一栋酒店和商业组成，均设3层地下室，±0.00均为绝对标高33.00m。其中写字楼地上45层，建筑高度245m，型钢混凝土框架-钢筋混凝土筒体结构，基底标高−16.30～−21.80m，基底平均压力为800kPa；酒店地上24层，框架剪力墙结构，基底标高-14.20～−16.20m，基底平均压力为600kPa；商业地上6层，框架剪力墙结构，基底标高−14.00m，基底平均压力 p_k 为250kPa，均采用筏板基础。图1为建成后的实景，图2为PKPM结构整体图。

图1 建筑实景图

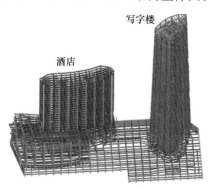

图2 PKPM结构整体模型示意

2.2 地基岩土条件

根据岩土工程勘察报告，场地原始地貌单元属湘江冲积阶地，场地范围内埋藏的地层主要为人工填土层、第四系冲积层和第四系残积层，下伏基岩为第三系泥质砂岩、泥质砾岩。基底以下各地层自上而下依次描述如下：残积粉质黏土（Q^{el}）⑤层：紫红色，系由下伏泥质砂岩、泥质砾岩风化残积而成，稍湿、硬塑；第三系泥质砂岩（E）：强风化层⑥层：岩石组织结构已基本破坏，大部分矿物已显著风化，岩芯呈硬土状、块状，冲击钻进困难，岩块用手易折断或捏碎，属极软岩，基本质量等级为V级；中风化层⑦层：部分矿物风化变质，节理裂隙稍发育，岩芯较完整，多呈中长柱状，岩体完整，岩块锤击易碎，失水易崩解，属极软岩，基本质量等级为V级；第三系泥质砾岩（E）：强风化层⑧层：岩石组织结构大部分已破坏，胶结物已部分风化变质，岩体较为破碎，属极软岩，基本质量等级为V级；中风化层⑨层：岩石节理裂隙稍发育，岩体较完整，其基本质量等级为V级，岩芯多呈中长柱状，岩块锤击易碎。各土层分布可见图3。

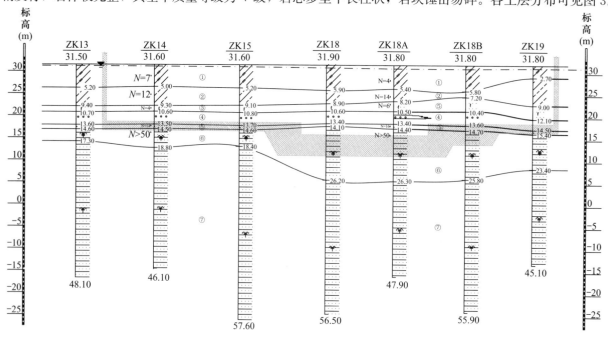

图3 基础埋置深度与地层剖面图

2.3 地基基础工程问题

长沙北辰 A1 地块所处区域的西侧为湘江，其北为浏阳河，深基坑工程安全至关重要，而地基基础方案的抉择直接影响到施工工期，成为重中之重的关键性问题。勘察报告给出了软岩地基承载力特征值及其变形模量建议值，同时给出了桩基方案及相关的设计参数经验值，包括 q_{sa} 为桩的侧阻力特征值，q_{pa} 为桩的端阻力特征值，具体数值见表 1。为确保安全，因为需要针对软岩地基工程特性进行分析研究，并深入考量天然地基方案的可靠性。

地基基础设计参数建议值　　　　　　　　　　　　　　　　表 1

岩性与层号	变形模量 E_0（MPa）	承载力特征值 f_{ak}（kPa）	预应力混凝土管桩		人工挖孔桩	
			q_{sia}（kPa）	q_{pa}（kPa）	q_{sia}（kPa）	q_{pa}（kPa）
强风化泥质砂岩⑥层	80.0	500	80	4000	70	2200
中风化泥质砂岩⑦层	300.0	1000	—	—	120	3000
强风化泥质砂砾岩⑧层	150.0	600	100	4500	90	2500
中风化泥质砂砾岩⑨层	500.0	1200				3500

2.4 解决思路

鉴于本工程地基基础设计的需要，为进一步确定软岩力学性状，首先对软岩硬土的地基承载力及压缩性指标的评价方法与研究成果[2-10]进行梳理，在此基础上制定专项试验进一步验证软岩承载能力以及压缩性指标。基于目前的软岩地基评价及地基设计计算的方法，针对本工程的地质特点，选取浅层平板载荷试验和旁压试验作为软岩地基工程评价的方法和依据，以此解决软岩地基承载能力和变形参数的问题，为确定天然地基方案的可行性提供了有力的支撑。

3 压缩性指标评价方法分析

压缩性指标是岩土体重要的地基工程特性指标，直接关乎地基变形计算与地基基础变形控制设计的可靠性，工程中常用到的压缩性指标包括压缩模量 E_s、弹性模量 E、变形模量 E_0 和旁压模量 E_m。其中通过室内试验得到的压缩模量 E_s，这是勘察人员和设计人员最为熟悉的压缩性指标，但是软岩在钻探取样和试样制备的过程中极易受到扰动而使得指标失真，因此通过原位测试方法得到压缩性指标，受到越来越多的重视。

由剪切波速值换算得到压缩模量值，由平板载荷试验得到变形模量值，由旁压试验得到旁压模量，下面简要介绍测试与分析过程。

3.1 剪切波速值换算压缩模量的分析

通过现场剪切波速试验得到岩土层的剪切波速值，即可由式（1）～式（3）得到剪切模量 G、弹性模量 E、压缩模量，计算结果见表 2。计算时，强风化岩层的泊松比取为 0.30，中等风化岩层泊松比取为 0.25。由表 2 可见，所得到的压缩模量值似乎明显偏大而沉降量计算值会偏小，加之考虑到泊松比取值对于计算结果影响较为明显，故此方法用于工程评价应当审慎。

$$G = \rho v_s^2 \tag{1}$$

$$E = 2(1+\nu)G \tag{2}$$

$$E_s = [(1-\nu)/(1+\nu)(1-2\nu)]E \tag{3}$$

剪切波速试验与岩土参数指标　　　　　　　　　　　　　　　　表 2

岩性与层号	剪切波速 v_s（m/s）	剪切模量 G（MPa）	弹性模量 E（MPa）	压缩模量 E_s（MPa）
（强风化）泥质砂岩⑥层	421	358	931	1253
（中风化）泥质砂岩⑦层	>500	515	1288	1545
（强风化）泥质砂砾岩⑧层	431	375	976	1313
（中风化）泥质砂砾岩⑨层	>500	515	1288	1545

3.2 现场静载荷试验法

现场静载荷试验法是确定岩土层地基承载力的最直接的方法，根据国家标准《建筑地基基础设计规范》GB 50007—2011，包括 3 种方法：浅层平板载荷试验、深层平板载荷试验和岩石地基载荷试验，试验方法可参见各类规范和文献，在此不再赘述。通过浅层平板载荷试验还可以测定变形摸量 E_0（MPa），即可根据国家标准《建筑地基基础设计规范》GB 50007—2011 的第 10.2.5 条，按式（4）计算。

$$E_0 = I_0 (1 - \mu^2) \frac{pd}{s} \tag{4}$$

式中，I_0 为刚性承压板的性状系数，圆形承压板取 0.785，方形承压板取 0.886；μ 为泊松比；d 为承压板直径或边长（m）；s 为与 p 对应的沉降（mm）。

3.3 旁压试验法

旁压试验分为预钻式和自钻式两种，其中预钻式旁压试验适用于孔壁能保持稳定的黏性土、粉土、砂土、碎石土、残积土、风化岩和软岩。在野外测试的基础上，采用作图法、计算法及公式法等进行相关力学参数的计算，具体计算和分析过程可参考相关文献，此处不再累述。

旁压试验评价压缩性指标积累了一定的经验，根据《工程地质手册》，可由旁压模量换算得到变形模量和压缩模量，但是仍然缺乏软岩相关的评价资料。针对长沙地区泥质粉砂岩，文献［10］通过室内单轴抗压试验、岩基载荷试验和旁压试验及应力应变测试，对不同基础形式下的红层地基承载力进行了研究，提出了以二轴抗压强度或旁压试验结果作为设计依据的建议。

本工程为了验证直接持力层软岩层承载能力，与土方开挖施工进度相协调，在基槽底部进行了浅层平板载荷试验，为进一步确定在地基主要受力范围内软岩层的承载能力和变形参数，进行了旁压试验，下面简要说明实测成果。

4 试验成果指标分析

4.1 变形模量实测成果

本试验采用圆形承压板，直径 0.56m，面积 0.25m²，在加荷量达到 1600kPa 后，开始卸荷。试验 p-s 曲线详见图 4，载荷试验成果详见表 3。根据以上分析可见，A1 区强风化泥质砂岩天然地基承载力特征值均满足 800kPa 的工程要求，且均未达到极限荷载 p_u，判断其承载能力仍有潜力。通过现场平板载荷试验所测得的变形模量 E_0 值详见表 3。

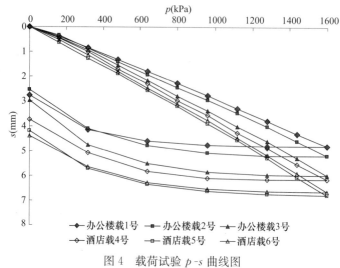

图 4 载荷试验 p-s 曲线图

载荷试验成果汇总表　表3

试验编号		试验点标高 (m)	总加荷量 p (kPa)	原始总沉降量 s' (mm)	修正后总沉降量 s' (mm)	变形模量 E_0 (MPa)
写字楼	载1号	16.50	1600	4.80	4.97	118
	载2号	16.50	1600	5.20	5.34	107
	载3号	16.50	1600	5.98	6.26	89
酒店	载4号	16.80	1600	6.14	6.27	95
	载5号	16.80	1600	6.77	6.75	96
	载6号	16.80	1600	6.64	6.78	94

4.2 旁压模量实测成果

旁压试验是在2011年2月28日至3月3日期间进行的。根据测试单位提供的测试报告，采用的设备为 Menard（梅纳）G-Am 型旁压仪，测头型号为 Nx 型（直径70mm），操作步骤：先钻至所需试验位置以上1m左右，再用75mm的钻具钻入试验地层，然后置入旁压器进行试验。

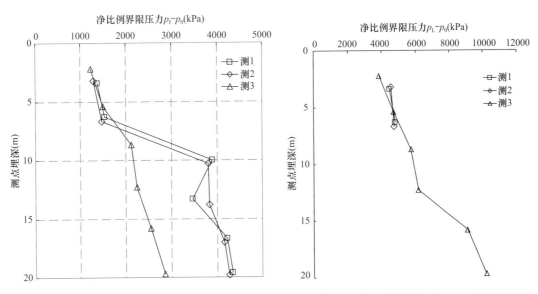

图5　旁压试验净比例界限压力（p_f-p_0）沿埋深变化　图6　旁压试验净极限压力（p_L-p_0）沿埋深变化

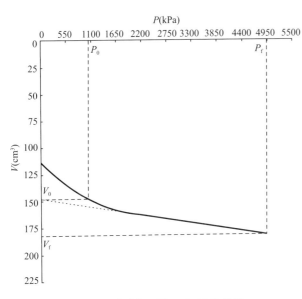

图7　泥质砾岩（测1-3）试验曲线

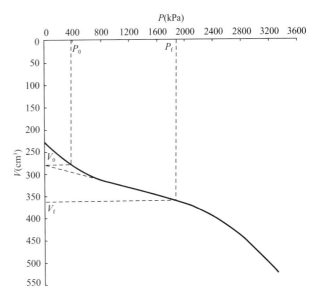

图8　泥质砂岩（测3-2）试验曲线

依据规范[13]采用旁压试验评价地基土承载力有两种方法：（1）第一种方法：p_f 或（p_f-p_0）作为地基承载力取值；（2）第二种方法：（p_L-p_0）除以安全系数得到地基承载力。

旁压试验成果汇总表   表 4

孔号	试验编号	试验深度 (m)	净比例界限压力 p_f-p_0（kPa）	净极限压力 p_L-p_0（kPa）	似弹性模量 E（MPa）	旁压模量 E_m（MPa）
测1	测1-1	3.10-3.70	1378	4469	70.99	73.24
	测1-2	6.00-6.60	1532	4809	65.92	68.44
	测1-3	9.70-10.30	≥3888	—	≥356.02	≥362.58
	测1-4	13.00-13.60	≥3462	—	≥284.63	≥291.09
	测1-5	16.40-17.00	≥4218	—	≥446.14	≥452.63
	测1-6	19.30-19.90	≥4339	—	≥542.07	≥548.56
测2	测2-1	2.90-3.50	1298	4563	65.37	67.62
	测2-2	6.40-7.00	1479	4742	73.22	75.87
	测2-3	10.00-10.60	≥3809	—	≥361.31	≥367.77
	测2-4	13.50-14.10	≥3830	—	≥453.02	≥459.48
	测2-5	16.70-17.30	≥4162	—	≥506.43	≥512.90
	测2-6	19.50-20.10	≥4238	—	≥519.32	≥525.80
测3	测3-1	1.90-2.50	1226	3841	62.67	64.64
	测3-2	5.10-5.70	1501	4716	64.37	66.88
	测3-3	8.40-9.00	2120	5724	79.21	82.53
	测3-4	12.00-12.60	2245	6159	84.17	87.77
	测3-5	15.50-16.10	2553	9101	127.16	131.01
	测3-6	19.40-20.00	2855	10226	144.95	149.49

由表 4 可知，以第一种方法计算，（p_f-p_0）平均值为 1301kPa，即地基承载力为 1301kPa＞800kPa；以第二种方法计算，（p_L-p_0）平均值为 4291kPa，根据《工程地质手册》安全系数取为 3，地基承载力为 1430kPa＞800kPa。因此判断 A1 区强风化泥质砂岩天然地基承载力特征值满足 800kPa。旁压试验成果详见表 4。

原位测试可以在岩土体基本保持的天然结构及应力常态工况下，测定岩土体的压缩性指标，尽可能减少取样过程中应力释放的影响而获得的试验结果更符合实际情况。针对专项试验所实测取得的变形模量和压缩模量，经过分析和综合判断，最终确定了软岩地基的承载力取值和变形参数的计算取值，在此基础上，进行筏板基础天然地基沉降数值计算分析，经过沉降实测验证，沉降趋势相吻合，均表现为碟形沉降特征，主塔楼沉降计算值略大于实测值，表明软岩地基设计是科学合理、安全可靠，而且通过原位测试获得的软岩压缩性指标是更为符合实际工况的，详见"长沙北辰项目高层建筑软岩地基工程特性分析"一文所述，限于篇幅不再赘述。

5 结语

（1）本工程地基基础设计计算分析过程中，首先研判岩土指标参数，针对当地特定的软岩地基条件分析评价开展了调研分析。在此基础上，策划并实施了专项试验，包括天然地基浅层平板载荷试验和旁压试验，全面验证了软岩地基承载力和压缩性指标。

（2）软岩地基压缩性指标的再评价，为后续的沉降计算分析和天然地基方案工程判断提供了有力的技术支撑，为最终判断天然地基方案可靠性提供了可信的设计依据

（3）原位测试可以在岩土体基本保持的天然结构及应力常态工况下，测定岩土体的压缩性指标，尽可能减少取样过程中应力释放的影响而获得的试验结果更符合实际情况。曾国熙先生的学术思想"坚持

理论分析、土工试验和工程经验相结合"需要更多地贯彻到实际工程中。对老前辈们最好的纪念是传承。

经过各方精诚合作，针对超高层建筑，在综合前人已有软岩研究成果的基础上，采用浅层平板载荷试验和旁压试验，验证了地基参数，通过采取科学合理的结构措施与地基措施，确保了工程的安全质量，节约了工期，提高了投资效益，推动了软岩地基工程应用研究。

致谢：本项目设计过程中得到了雷晓东副总工和姚莉主任工程师大力支持，程懋堃顾问总工和齐五辉总工给予了特别指导，在此一并表示衷心感谢！

参考文献

[1] 顾宝和，曲永新，彭涛. 劣质岩（问题岩）的类型及其工程特性 [J]. 工程勘察，2006，34（1）：1-7.

[2] 向志群. 对软质岩石地基承载力的一点新认识 [J]. 岩石力学与工程学报，2001. 5，20（3）：412-414.

[3] 梁笃堂，黄志宏等. 某高层建筑软质岩石地基承载力的确定 [J]. 贵州工业大学学报（自然科学版），2006. 12，35（6）：70-73.

[4] 吕军. 广州地区软岩承载力的讨论 [J]. 岩土工程技术，2002（1）：4-7.

[5] 郑剑雄. 软质岩石桩桩端岩石变形破坏机理的研究 [J]. 福建建筑，2000，66（1）：40-42.

[6] 高文华，朱建群等. 软质岩石地基承载力试验研究 [J]. 岩石力学与工程学报，2008. 5，27（5）：953-959.

[7] 程晔，龚维明等. 南京长江第三大桥软岩桩基承载性能试验研究 [J]. 土木工程学报，2005. 12，38（12）：94-98.

[8] 张志敏，高文华等. 深层平板载荷确定人工挖孔桩软岩桩承载力的研究 [J]. 建筑科学，2007. 7，23（7）：75-77.

[9] 彭柏兴，刘颖炯，王星华. 红层软岩地基承载力研究 [J]. 工程勘察，2008，增刊（1）：65-69.

[10] 康巨人，刘明辉. 旁压试验在强风化花岗岩中的应用 [J]. 工程勘察，2010年，增刊（1）：932-937.

作者简介

孙宏伟，男，教授级高级工程师，北京市建筑设计研究院有限公司副总工程师，注册土木工程师（岩土），中国建筑学会工程勘察分会理事、中国建筑学会地基基础分会理事、中国土木工程学会土力学及岩土工程分会理事、北京土木建筑学会岩土工程委员会主任委员，专注于地基基础工程研究与设计分析，执业专长：地基基础变形控制设计、地基与结构协同设计实践，代表性业绩有北京中国尊大厦（528m 高）桩筏协力基础、长沙北辰超高大楼（高 240m）软岩地基与基础协同、西安国际金融中心大厦（350m）桩基础、北京丽泽商务区首创大厦（高 200m）天然地基等设计与顾问咨询工作，E-mail：13901297140@163.com，电话：010-88043812。

TESTING AND JUDGEMENT OF COMPRESSIVE PARAMETERS OF WEAK ROCK IN BEICHEN PROJECT A1，CHANGSHA

SUN Hong-wei，FANG Yun-fei，LU Ping-zhen

（Beijing Institute of Architectural Design，Beijing 100045，China）

Abstract：Weak rocks are widely distributed with special engineering properties. Compressive parameters of weak rock subgrade are increasingly being called into question especially for high-rise buildings. Beichen project A1 (245m high) is the first high-rise building which have been built supported by direct footing with weak rock subgroup，related experience for geotechnical estimate and design have been accumulated for the future，The structural height of office building in Beichen project A1 is 206m，and its mean foundation pressure is 800kPa，and the direct bearing layer is weak rock. Compressive parameters of weak rock subgrade concerning reliability of foundation design based on settlement control，consequently various in-situ tests have been carried out to check and estimate parameters of compressibility，including plate load tests and pressuremeter tests. Engineering judgement of foundation design scheme have been accomplished on the basis of raft foundation settlement calculated using numerical analysis based on parameters which been re-checked. Team working of geotechnical engineers and structural designers during investigation and design process is guarantee that raft foundation scheme is safety and reasonable that have stood the test of time. Geotechnical engineer is now in a position to play an important role in geotechnical design that discussed in this paper in the hope of attracting universal attention and more engineering study on weak rocks shall be performed in the future.

Key words：weak rock subgrade，high-rise building，deformation modulus，pressuremeter modulus

TRT 测试成果解译新方法研究

原先凡

（中国电建集团成都勘测设计研究院有限公司，四川 成都 610072）

摘　要： TRT 测试成果解译是超前地质预报工作的重点和难点，目前常用的解译方法相对单一。针对目前 TRT 成果解译过程中存在的预测依据与测试区实际地质条件结合程度相对较低、灾害体的发育程度及部位预测准确性相对较低等问题提出了相应的改进办法，通过 GOCAD 软件的应用实现了 TRT 测试对灾害体类型、发育部位和规模的精确预报。实例应用表明，改进后的成果解译方法能够大大提高 TRT 超前地质预报的准确性和精度，具有较好的应用前景。

关键词： 隧洞；TRT；GOCAD；解译方法；超前地质预报

1　引言

随着我国基础设施建设的高速发展和西部大开发的不断推进，水利水电、公路、铁路交通等领域的长大隧洞得到了前所未有的发展[1]。而复杂多变的地质条件极大影响着隧洞的施工建设，如若不能对地层中存在的断层、构造带、软弱地层、岩溶及地下水等地质灾害体做出预判并提前制定相应的对策，一旦出现塌方、冒顶、涌水、突泥等事故，轻则影响工程工期和投资，重则将造成人员伤亡，引发安全事故。因此，做好隧洞开挖过程中的超前地质预报工作具有重要的现实意义。

常见的超前地质预报方法有直接预报法、地质分析法、物探法和地质物探综合分析法，而目前最为常用的预报方法则是物探法中的地震波法，该方法以介质的弹性差异为基础，对断层、破碎岩体、溶洞等与围岩具有明显弹性差异的地质体有较敏感的响应[2]。地震波法包括 TSP、HSP、TGP、TST、TRT 和负视速度等多种技术方法[3]，其中，TRT（Tunnel Reflection Tomography）技术以操作简单、测试成本低及预报距离长等突出优点得到了迅速的推广应用。自 2006 年引入我国以来，TRT 超前地质预报系统已广泛应用于公路、铁路、水利水电及矿山工程等工程的隧洞超前地质预报工作中[4-7]。

虽然 TRT 超前地质预报系统在隧洞工程超前地质预报中取得了一些较为满意的预报效果，然而，同其他超前预报技术一样，TRT 技术在使用过程中也暴露出一些亟待解决的问题：①目前 TRT 成果图像的解译主要根据黄蓝组合的色谱图结合以往总结的经验展开，而不同地区地质条件的差异容易使得对灾害类型的判断出现偏差或错误，同时，单一的颜色也难以反映灾害的发育程度；②TRT 成果图像由许多空间三维点组成的，其分布范围往往远大于隧洞区域，根据图像虽然可以粗略估计某一段可能存在地质灾害体，但较难对灾害体与隧洞的相交部位及其在该部位的发育规模做出准确判断。而目前还鲜有针对该方面问题的研究报道，为了进一步提高 TRT 超前地质预报的准确性和精度，基于 GOCAD 软件对相关问题进行了探索研究，以期能够丰富相关领域的研究成果。

2　TRT 技术特点

2.1　基本原理与传感器布置

TRT 技术的基本原理在于当地震波遇到声学阻抗差异（密度和波速的乘积）界面时，一部分信号被反射回来，一部分信号透射进入前方介质。声学阻抗的变化通常发生在地质岩层分界面或岩土体内的不连续界面。反射的地震信号被高灵敏地震信号传感器接收，通过分析，被用来了解隧洞工作面前方地质体的性质（软弱带、破碎带、断层、含水等），位置及规模[8]。反射系数计算公式如下：

$$R = \frac{\rho_2 v_2 - \rho_1 v_1}{\rho_2 v_2 + \rho_1 v_1} \tag{1}$$

式中，R 为反射系数，ρ_1、ρ_2 分别为分界面前后两种介质的密度，v_1、v_2 为地震波在分界面前后两种介质中的传播速度。

从式（1）中可以看出，当地震波从一种低阻抗物质传播到一个高阻抗物质时，反射系数是正的；反之，反射系数是负的。因此，当地震波从软弱围岩传播到硬质围岩时，回波的偏转极性和波源是一致的；当岩体内部有破裂带时，回波的极性会反转。反射体的尺寸越大，声学阻抗差别越大，回波就越明显，越容易被探测到。与其他测试技术相比，该技术可以生成隧道前方地层结构的全息三维图，显示隧洞水平及垂直方向的所有异常。

本次研究依托 TRT6000 超前地质预报系统进行，该系统主要包括 10 个检波器，11 个无线模块，1 个无线通信基站，1 个触发器，1 个主机。其震源和检波器采用分布式的立体布置方式，具体形式如图 1 所示。

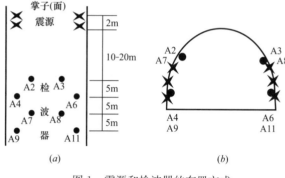

图 1　震源和检波器的布置方式

（a）平面图；（b）横载面图

2.2　成果形式及特征

目前 TRT 测试所提供的成果主要为色谱组合为黄蓝两种颜色图像，如图 2 所示。其中，黄色区域表示该区域的岩体相对于背景场更坚硬，声学阻抗较背景值高；蓝色区域表示该区域岩体相对于背景场软弱（破碎、含水、裂隙、岩溶、采空等），声学阻抗较背景值低。

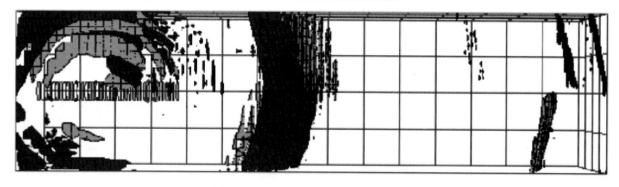

图 2　TRT 测试黄蓝色谱组合成果图像

3　TRT 成果解译方法改进

3.1　存在问题

虽然目前针对 TRT 成果图像的解译已经形成了较为统一的认识，并有了可供解译人员参考的经验，但由于不同地区的地质条件差异显著，遵循以往经验进行地质预报仍常出现漏判和错判的情况。分析认为，目前的 TRT 成果解译仍存在以下问题：

（1）目前 TRT 成果图像的解译主要根据色谱组合为黄蓝两种颜色的成果图像结合以往总结的经验进行，缺乏与测试区域真实地质条件的对比分析，容易引起错报；同时，TRT 测试所得数据原为丰富的三维数据，而目前解译过程中所采用的黄蓝色谱组合成果图像是经过对原三维数据处理后得到的，数据有所缺失，这可能造成地质灾害体的漏报。另外，成果图像中仅有黄蓝两种颜色，分别反映了岩体相对于背景场的好坏，难以反映出灾害体的发育程度。

（2）TRT 测试的范围往往远大于隧洞区域，根据成果图像往往只能估计某一段可能存在地质灾害体，至于其是否会在隧洞开挖过程中出露、将出现在隧洞的哪个部位、出露的规模等情况却无从可知，即以往单纯通过解译色谱图像得到预报结果仍较为粗略，预报精度存在较大提高空间。

3.2 改进方法

（1）对问题（1）的改进方法

针对问题中提出的成果解译过程中缺乏与测试区域真实地质条件对比分析的问题，拟通过将 TRT 成果图像与真实地质条件（岩性、地层界线、构造、地下水及岩溶等）放入同一系统对比的方式进行解决。经过对比筛选，最终选定 GOCAD（Geological Object Computer Aided Design）软件作为信息导入及对比分析平台。

为了降低灾害体漏判和误判的可能性，应尽可能减少处理过程中数据的缺失，考虑到 TRT 成果图像中的颜色反映的是三维数据值的真实正负和大小，因此将成果图像中的色谱组合由黄蓝组合改为彩虹组合，这样成果图像中的色谱颜色种类大大增加，新的成果图像将能够反映更加丰富的数据信息，不同的反射系数以不同的颜色展示在色谱图像中，由此其便可在反映数值正负的同时反映出数值的大小，从而反映灾害体的发育程度。

（2）对问题（2）的改进方法

根据隧洞坐标及 TRT 测试所得三维数据在 GOCAD 中创建包含隧洞及 TRT 测试成果的三维模型，如此，成果图像所反映的地质灾害体与隧洞之间的位置关系便一目了然，灾害体在隧洞中的出露部位和规模均可被预测，将大大提高 TRT 超前地质预报的精度。

由前述可知，通过借助 GOCAD 软件这一平台，前述两个问题均可得到较好地解决，图 3 所示即为将隧洞坐标、地质信息及 TRT 测试三维数据导入 GOCAD 后得到的模型。通过剖面图切割即可获得图 4 所示的任意位置、特定方向的剖面图（其中，侧视图为过隧洞中心线的纵切剖面图，俯视图为隧洞底板高程处的平切剖面图，下同）。

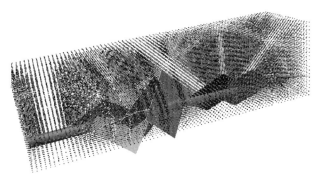
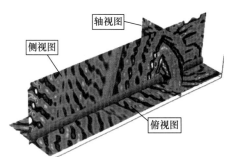

图 3 包含隧洞、地质信息及 TRT 测试数据的三维模型　　图 4 根据 TRT 三维数据生成的剖面图

4 应用实例

4.1 方法可行性分析

为了检验基于 GOCAD 的 TRT 测试成果解译方法的可行性和适用性，特选取某水电站引水隧洞的两个典型洞段（引）1+030m～（引）1+180m 段和（引）3+008m～（引）3+158m 段作为试验洞段进

行研究。需要说明的是，该水电站引水隧洞区岩溶不发育，岩体中几乎不存在较大的空腔，而隧洞开挖过程中（引）3+040m～（引）3+045m 段隧洞顶拱曾发生过垮塌，塌高超过 10m，后采取回填混凝土再次开挖的方式进行处理，鉴于塌高较高，推测其顶部可能未完全填满，因此，对（引）3+008m～（引）3+158m 段隧洞进行 TRT 测试的主要目的为检验新的解译方法对地下空腔的反映情况。

图 5 为根据（引）1+072m～（引）1+180m 段开挖揭示的地质条件和隧洞参数在 GOCAD 创建模型，并将 TRT 测试所得三维数据导入 GOCAD 生成三维体后切得过隧洞中心线的侧视图。图中顶部带有"TRT"标注的彩色条带为比色条，剖面图中各种颜色所代表的数值均可根据比色条快速比对得到。可以看到，图 5 中包含了隧洞、地质构造、地下水及 TRT 测试成果等所有信息，直观地展示了实际地质条件与 TRT 成果图像之间的关系，由此，解译人员便可通过对比分析二者之间的关系得到能够体现该地区地质特征的超前地质预报判据，此举实现了 TRT 成果图像与区域实际地质条件的有机结合，有助于显著提高超前地质预报的准确性，就这一点而言，以往的解译方法是无法实现的。同时，图像中隧洞的存在和色谱颜色种类的多样性也使得对灾害体在隧洞中的发育部位及规模的预报成为可能。

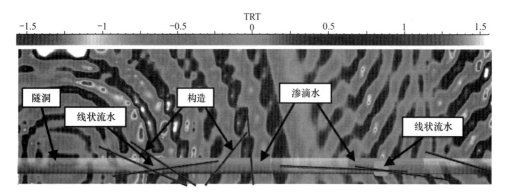

图 5 （引）1+030m～（引）1+180m 段模型侧视图

从图 5 中可以看出：①正反射强烈区域颜色条带（紫～白色条带）的错段与构造之间存在明显的对应关系，相邻条带错段部位的连线反映了构造的走向；②负反射强烈区域（黄～红色区域）与地下水发育情况关系密切，黄～红色区域可近似连通部位的地下水活动往往较强烈，且不同颜色所对应区域的地下水发育程度不同，表明数值大小与地质灾害发育程度之间存在良好的对应关系。

采用同样方法对（引）3+008m～（引）3+158m 段隧洞的地质信息和 TRT 测试数据进行处理，因对该段隧洞测试的目的主要为检验新的解译方法对空腔的反映情况，故只取（引）3+008m～（引）3+088m 段隧洞进行分析，图 6 中（a）即为该段模型过隧洞中心线的侧视图，（b）为空腔高程的俯视图。

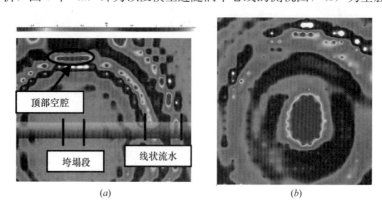

图 6 （引）3+008m～（引）3+088m 段模型侧视图及空腔高程俯视图
（a）（引）3+800m～（引）3+088m 段模型侧视图；（b）空腔高程俯视图

从图 6 中可以看出：①图 6（a）中（引）3+040m～（引）3+045m 段隧洞顶部存在一个相对独立、尺寸较大的负反射强烈区域，推测该部位即为垮塌处理过程中顶部未填满的空腔，表明新的解译方法能够很好地反映地层中存在的空腔，同时，根据图 6 (b) 中所示的空腔高程的俯视图还可以快速知晓空腔的规模，以分析其对隧洞稳定性的影响；②图 6 (a) 中可近似连通的负反射强烈区域（黄～红色区域）地下水活动强烈，这一点与图 5 的分析结论一致。

由上述两段隧洞的分析结果可知，基于 GOCAD 的 TRT 成果解译方法能够较好地实现灾害体的预报，相比于以往的解译方法能够提供更加详细的灾害体信息，操作简单且未产生额外的成本费用，在技术和经济层面都是切实可行的。

4.2 工程应用

该水电站引水隧洞开挖至（引）9+216m 以后，围岩条件突然恶化，顺层小构造及破碎带发育，地下水活动强烈，围岩类别迅速从Ⅲ类变为Ⅴ类，围岩掉块及局部垮塌时有发生，严重影响了隧洞的开挖进度和施工安全（图 7）。为了查明掌子面前方的地质条件，地质专业对已开挖揭示洞段的地质资料进行了收集分析，同时开展了相应洞段的地表地质调查工作，对掌子面前方的地质条件有了较为宏观的认识，分析认为：掌子面前方岩体以薄层状结构为主，岩层走向与洞轴线呈小角度相交，岩体内构造以小规模的层间错动带和揉皱为主，不存在较大的断裂和褶皱，地下水以渗滴水为主，局部呈线状水，较大规模构造发育部位可能出现股状出水或涌水。

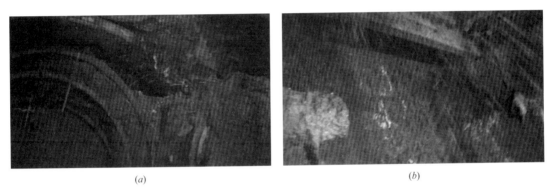

(a)   (b)

图 7 （引）9+216m 下游洞段围岩地质条件

(a) 围岩掉块及垮塌；(b) 地下水活动

为了进一步查明构造及地下水在隧洞中的发育部位及发育程度，在（引）9+282m 掌子面进行了 TRT 测试。将隧洞及 TRT 数据导入 GOCAD 中创建模型，其在隧洞底板高程处的俯视图如图 8 所示，其中，掌子面位于模型 47m 处。

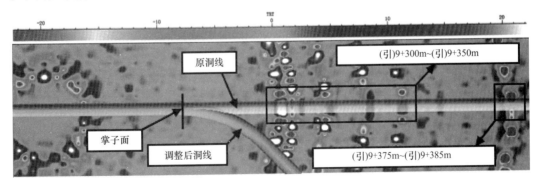

图 8 （引）9+235m～（引）9+385m 段模型俯视图

由图 8 和 5.1 节的分析结论推测可得：①（引）9+300m～（引）9+350m 段岩体较破碎，地下水活动强烈，以渗滴水～线装流水为主，局部可能出现涌水；②（引）9+375m～（引）9+385m 段地下水活动强烈，以线状流水～股状出水为主。

综合上述对开挖揭示地质资料及地表地质调查的分析结果和 TRT 超前地质预报成果可知，由于岩层走向与洞轴线呈小角度相交，若沿原洞线继续向前开挖，隧洞还将遇到较长距离的构造发育、地下水活动强烈、岩体破碎段，为了保证隧洞能够在投资可控的基础上按时安全贯通，最好的办法即为减少隧洞在不良地质段中的穿越长度，经慎重考虑，地质专业本着动态设计的原则提出了洞轴线调整的建议，最终，洞轴线在（引）9+287m 处向山内侧偏转 45°，转弯半径 $R=40\text{m}$，洞线调整后，岩层走向与洞轴线之间的夹角由 5°~15°增大至 50°~65°，调整后的洞轴线如图 8 所示。在后续的隧洞开挖过程中遇到了两段不良地质现象发育洞段，根据岩层产状推测可知，此两段即为 TRT 超前地质预报所预报的两段，其桩号及灾害体的发育类型、程度均与预报结果较为吻合。由于洞轴线的及时调整，隧洞快速穿越了不良地质段，大大加快了施工进度，缩减了工期和投资，据初步估算，此举缩短工期将近 5 个月，节约投资 180 余万元，取得了良好的效果。

5 结语

通过将 GOCAD 软件应用于 TRT 超前地质预报系统测试成果解译中，主要得到以下结论：

（1）通过把测试段实际地质条件与 TRT 测试成果同时导入 GOCAD 软件中创建模型，实现了二者之间的信息互联互通，经对比分析得到融合了该地区地质特点的 TRT 成果解译判据，使得 TRT 超前地质预报的准确性得到了较大提高。

（2）通过增加 TRT 成果图像中色谱组合颜色的种类，使 TRT 成果图像在反映灾害体存在同时，实现了对灾害体发育程度的反映，进一步丰富了 TRT 超前地质预报的内容。

（3）隧洞及 TRT 测试数据的联合建模使得灾害体与隧洞之间的位置关系一目了然，灾害体在隧洞中的发育部位及规模均能够得到明确的预报，大大提高了 TRT 超前地质预报的精度。

（4）虽然 TRT 技术在隧洞超前地质预报领域取得了一定的成果，但其成果解译一直是超前地质预报的一大难点，制约着 TRT 超前地质预报的准确性和精度，建议在今后的研究中引入更多的技术手段和方法来不断提高 TRT 成果解译水平。

参考文献

[1] 原先凡. 砂质泥岩卸荷流变力学特性研究 [D]. 宜昌：三峡大学，2014.

[2] 李东方，周建芳，丁小平，等. TRT6000 预报系统在某公路隧道中的应用 [J]. 公路交通科技，2016（5）：59-61.

[3] 魏国华. 隧道地质地震波法超前探测技术 [D]. 吉林：吉林大学，2010.

[4] 相兴华，邓小鹏，王鹏. TRT 在隧道地质超前预报中的应用 [J]. 地下空间与工程学报，2012，8（6）：1282-1286+1327.

[5] 张曙光. TRT-6000 在山西中南部铁路通道隧道工程中的应用研究 [D]. 天津：河北工业大学，2014.

[6] 陶忠平，王建林，米健，等. TRT6000 隧道超前地质预报系统在牛栏江-滇池补水工程中的应用 [J]. 资源环境与工程，2010，24（5）：522-526.

[7] 孙天学，陈遵义，郝进喜，等. TRT 地质超前预报技术在矿山中的应用探讨 [J]. 地质与资源，2013，22（3）：238-242.

[8] 刘兆勇. 阿坝州白水江流域玉瓦水电站引水隧洞地质超前预报成果报告 [R]. 成都：四川中水成勘院工程勘察有限责任公司，2016.

作者简介

原先凡，男，硕士，工程师，主要从事水利水电工程地质及岩土工程方面的研究工作。
E-mail：xianfanyuan@163.com。电话：15928652698，地址：成都市温江区政和街 8 号。

RESEARCH ON NEW INTERPRETATION METHOD OF TRT TEST RESULTS

YUAN Xian-fan

(PowerChina Chengdu Engineering Corporation Limited，Sichuan Chengdu 610072)

Abstract： The interpretation of TRT test result is the key and difficult point in advance geological forecasting，and the interpretation method commonly used now is relatively singular. Targeted at the problems existing in the result interpretation of TRT，such as the degree of prediction criteria combined with the actual geological conditions of the test area is relatively low，and the prediction accuracy of the disaster's development degree and position are relatively low etc.，through the application of GOCAD software，the precise prediction of disaster type，development position and scale are realized by TRT test. As is proved in the application example，the improved result interpretation method can improve the accuracy and precision of TRT geological forecast greatly and has a good application prospect.

Key words： tunnel，TRT，GOCAD，interpretation method，advance geological forecasting

重载铁路路基动力湿化试验研究

杨志浩[1,2]，岳祖润[1,2]*，冯怀平[1,2]

（1. 石家庄铁道大学 土木工程学院，河北 石家庄　050043；2. 石家庄铁道大学
道路与铁道工程安全保障省部共建教育部重点实验室，河北 石家庄　050043）

摘　要：重载列车循环荷载导致路基本体应力-应变状态及水分迁移规律更加复杂，为深入分析重载路基病害发生机理，优化基床结构，通过自主研制基于范德堡法的土样含水量测试装置及 GDS 动三轴仪，开展了不同动应力幅值及压实度条件下的路基动力湿化试验，进行了动荷载和浸水耦合作用下路基内部的累积变形规律及水分迁移规律研究。结果表明：当动应力幅值小于 60kPa、压实度大于 93％时，浸水作用对路基变形的影响很小，其他条件下影响显著且均超过非浸水作用下路基变形的 2 倍。随动应力的增加或压实度的减小，浸水前后累积变形差值呈线性增大；试验过程中试样高度范围内土样含水量均呈线性增大，但增长速率不同，在 10～20mm 高度内最大，导致该区域土层含水量最大进而形成水囊，强度急剧降低，最终产生翻浆冒泥。

关键词：重载铁路；路基；动力湿化；水分迁移；翻浆冒泥

1　引言

重载铁路大运量、高密度的行车任务对路基提出了严峻的挑战，既有线病害也愈加严重，众多学者也对动荷载作用下的路基累积变形及湿化变形进行了大量研究。叶阳升[1]结合高铁路基基床现场实测数据及有限元计算，分析了路基基床内部的动应力、动应变及振动加速度的变化规律；刘升传[2]等通过研究列车动荷载下的路基弹性变形与塑性变形特性，得到路基动应力衰减曲线；常利武[3]等针对高温冻土路基进行了动荷载作用下的模拟试验研究，研究了不同动荷载频率作用下路基周围地表变形以及内部土压力的变化规律；贾晋中[4]通过朔黄铁路 30t 轴重列车试验，分析重载铁路路基基床动荷载幅值和分布特征，研究重载列车与普通列车作用下路基动荷载的区别；王立军[5]在室内进行了土体湿化试验，探究了土性及压实度对土体变形规律的影响；王强等[6]针对路基砂土进行了干湿条件下的三轴试验，探究了土体湿化前后力学参数的差别。

Grundmann 等[7]针对重载列车荷载作用下的层状路基动应力变化规律进行了研究；Madshus[8]针对挪威至瑞典的高速铁路进行了现场测试试验，探索了不同轴重下的路基变形规律；Madshus 等[9]进行了现场动态测试试验及室内湿化试验，对湿化前后的变形行为进行了研究。对软弱场地上高速列车引起的动力响应测试结果进行分析，分析指出当车速达到一定值时，钢轨路基-地面系统动力响应将会出现动力放大现象。

之前学者针对路基在动荷载作用下的变形规律及湿化变形规律进行了不少研究，但针对路基在动荷载和浸水耦合作用下的变形及水分迁移规律的研究还较少，且路基病害实质上由降水及列车循环动荷载共同作用下而发生，本文结合自行研发的适用于狭小三轴压力室内三轴试验过程中土样的连续动态无损测试装置及 GDS 非饱和动三轴仪，对土样在动荷载和浸水耦合作用下的变形及水分迁移规律进行了研究，对于从根本上揭示路基病害机理、既有线路基病害的整治及新建线路的路基结构设计具有指导

基金项目：国家自然科学基金项目（51178281、51478279），河北省自然科学基金（E2017210186），中国铁路总公司科技研究开发计划重点课题（2017G008-G），河北省博士研究生创新资助项目（CXZZBS2017134）

意义。

2 试验设备

主要包括 GDS 非饱和动三轴仪及土样含水量实时测试装置，如图 1 所示。动三轴仪位移测试精度为 0.07%，轴向应力测试精度为量程的 0.1%；含水量测试装置为一整套利用土壤电学特性对其进行含水量动态测试的装置，能够与 GDS 三轴仪连接，可对不同高度区域内的土样进行含水量的实时测试，精度较高，且可进行多通道实时测定，并不互相干扰。

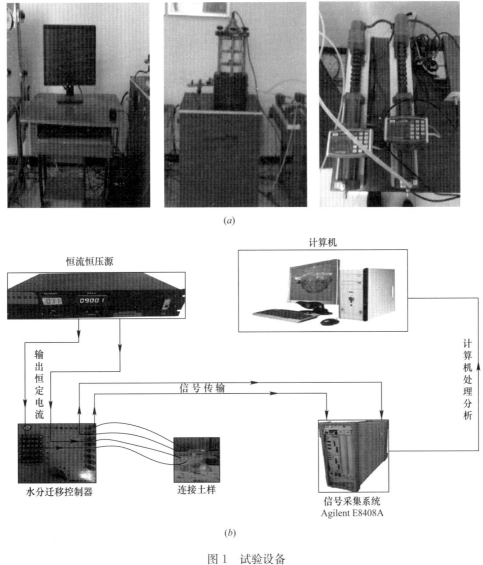

图 1 试验设备

Fig. 1 Test equipment

(a) GDS 非饱和三轴仪；(b) 含水量测试系统

3 试验实施

三轴试验的主要设置参数包括围压、加载频率及次数、荷载幅值及加载的波形，参考现场动态测试路基内的动应力数值，选用荷载幅值为 90~120kPa，每隔 10kPa 为一级，围压统一设定为 30kPa，按现场动态测试的 C80 车辆的参数计算通过频率，试验采用同一频率 2.5Hz，加载波形形式为单向循环脉冲荷载。

（1）试样安装

制备标准的高度 80mm，直径 39.1mm 的三轴试样，并将 8 个传感器分别布置在试样的不同高度上，分为 8 个通道，每层土样高度 10mm，将橡皮膜布置在钢模上且用吸水球将空气吸出，并放入安装完传感器的三轴试样，试样顶端及底端均放入透水石和滤纸，然后撤下吸水球使橡皮膜紧包试样，防止漏水，最后将布置完传感器的试样安装在三轴仪上的金属柱上。

（2）压力室加水及试样接触

试样安装完毕后安装三轴试验的压力罩且将螺栓紧固，然后向压力室注水，待上部阀门有水冒出时将阀门关闭；在计算机上利用自带的轴向应力控制系统，设置接触压力为 0.02kN，完成试样与三轴仪上部轴向传感器的接触，然后将轴向位移参数设为零。

（3）试验步骤设置

主要包括试验模块设置，分为高级加载和动三轴试验模块，前一模块主要设置试验的围压（30kPa）、反压（保持原值）、轴向应力；后一模块主要设置试验的起振值（0.256kN）、频率（2.5Hz）、动应力幅值（30kPa、60kPa、90kPa、120kPa），对应动荷载大小为（0.108kN、0.12kN、0.132kN、0.144kN）、振次（3200）、采集点数（20点/周）及破坏标准（轴向应变 10%）。

（4）试验开始

首先进行 1200 振次不浸水试验，然后进行补水，模拟实际降水，试验达到轴向应变 10% 或者达到设定的试验振次试验自动停止，试验过程中 GDS 非饱和动三轴仪对轴、径向应变、孔压、围压等参数进行自动采集；利用自行研制的含水量测试系统每隔 1min 对试样高度上的含水量进行实时自动测试。

（5）试验结束后，泄压排水并拆除试样。

4 结果分析

试验通过改变压实度、动应力幅值、加载次数等参数，进行了动荷载及浸水耦合作用下的动力湿化变形试验，探究了土样的变形规律及水分迁移规律，揭示了路基病害的产生机理。

4.1 浸水过程累积变形规律

为更加明显地得到浸水作用对路基变形的影响，首先进行不浸水条件下 1200 次的振动试验，然后开始浸水，探究土样的变形规律。

（1）压实度及动应力幅值分别固定，土样随振动次数增加表现出的轴向累积变形规律曲线见图 2 和图 3，土样的浸水前后变形差值变化情况见图 4 和图 5。

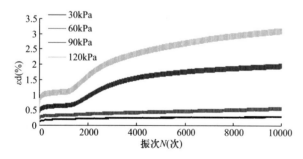

图 2 不同动应力下累积变形

Fig. 2 Accumulative deformation curve under different dynamic stress

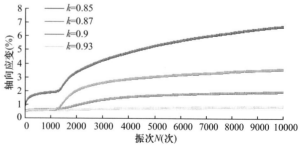

图 3 不同压实度下累积变形

Fig. 3 Accumulation deformation curve under different compaction degree

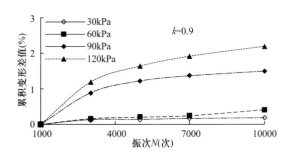

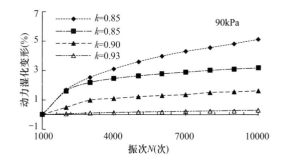

图4 不同动应力下浸水前后累积变形

Fig. 4 Accumulative deformation curve before and after water immersion under different dynamic stress

图5 不同压实度下浸水前后累积变形

Fig. 5 Accumulative deformation curve before and fter water immersion under different compaction degree

由图2和图3可得，随振次的增大，土样轴向累积变形变化规律大致相似，均在初始振动1200次变形已趋于稳定，随后由于补水导致变形突然增加，且在2000振次之前变化速率较快，基本呈线性变化，3000振次之后，增长趋势变缓，并最终趋于稳定。

由图2~图5可得，当动应力幅值小于60kPa或压实度大于0.93时，浸水作用对路基的变形几乎无影响，除此之外浸水作用对路基变形的影响显著，均在非浸水作用下路基变形的2倍以上，且压实度越小，动应力幅值越大，浸水前后的变形差越来越大。

（2）动应力幅值及压实度对浸水前后累计变形差值的影响情况如图6和图7所示。

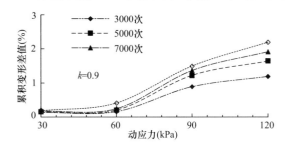

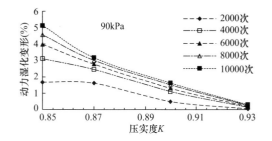

图6 浸水前后累积变形差值随动应力变化

Fig. 6 The relationship of Accumulative deformation diffidence and dynamic stress

图7 浸水前后累积变形差值随压实度变化

Fig. 7 The relationship of Accumulative deformation diffidence and compaction degree

由图6可得，压实度和振次一定，动应力幅值从30kPa到60kPa，浸水前后累积变形差值变化不明显，当大于60kPa以后，差值基本上呈线性增长；由图7可得，动应力幅值和振次一定，随着压实度的增大，浸水前后的累积变形差值基本上呈线性减小。

4.2 试样含水量分布规律

（1）动荷载和浸水耦合作用下土样内部水分迁移规律

试验分析选取了压实度为0.85土样，试样初始含水量为10％，动应力幅值为30kPa的动力湿化试验，测定了试验过程中不同深度处土样的含水量随时间的变化情况，如图10和图11所示。土样分为8层，每隔10mm为一层，由下向上计数依次增加。

由图8可得，每层土样内部的含水量都随试验时间延续呈线性增加，增加最为显著的为第2、3层，第5~8层增长最为缓慢；由图9可得，试样20mm高度处土样含水量最大，在此区域形成水囊，从而造成路基病害的产生。

（2）压实度及动应力幅值对水分迁移的影响

选取了初始含水量为10％，振动次数为10000次的试验进行分析，变化曲线如图10所示。

由图10可得，随着压实度的增大或动应力幅值的增加，土样内部各层含水量的值都相应降低，原因为压实度的增加及动荷载增大造成振动密实，导致土样的渗透系数降低，从而削弱了水分的迁移；动

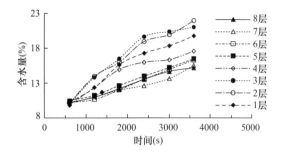

图 8　每层土样含水量随时间的变化曲线

Fig. 8　The curve of the water content of each layer soil sample over time

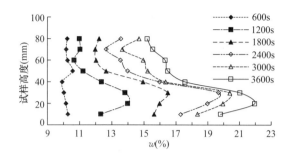

图 9　不同时刻沿高度方向含水量的变化曲线

Fig. 9　Water content in the height at different times

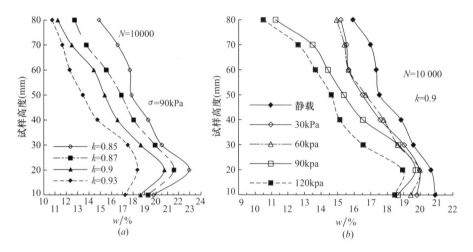

图 10　压实度和动应力幅值对水分迁移的影响

Fig. 10　Effect of compaction degree and dynamic stress amplitude on moisture migration

(a) 不同压实度；(b) 不同动应力幅值

应力幅值增大，列车循环荷载作用下的泵吸作用也会更加显著，该作用与补水的水头势能促使土样水分迁移的方向相反，二者耦合作用下最终造成了 10～20mm 高度范围内的土体含水量最大，产生水囊，此部位也为试验结束后外鼓变形最大的部位，由于此处水囊的产生，导致了该部位的强度急剧下降，在动荷载作用下，导致了翻浆冒泥等病害的发生。

5　结论与展望

（1）动应力幅值小于 60kPa、压实度大于 0.93 时，浸水作用对路基的变形几乎不会产生影响，除此浸水作用对路基变形影响显著，均在非浸水作用下路基变形的 2 倍以上，且压实度越小，动应力幅值越大，浸水前后的变形差越大。

（2）在动荷载和水分的耦合作用下，各土层含水量均呈线性增加，但增长速率不同，在土样 10～20mm 范围内增长速率最大，形成了水囊，最终表现为翻浆冒泥的产生。

（3）后续研究应增加试验相似比的计算，找到现场路基在动荷载和水分的耦合作用下的水囊出现的实际位置，从而针对该部位的土层采取相应的排水措施对路基结构进行更加合理地设计。

参考文献

[1]　叶阳升. 高速铁路路基动力响应特性 [J]. 铁道建筑，2015（10）：7-12.

[2]　刘升传，曹渊，杨志文. 动荷载下软土路基变形规律研究 [J]. 铁道工程学报，2011，28（05）：22-26.

［3］ 常利武，徐艳杰，乐金朝. 动荷载作用下高温冻土路基动力响应的模拟试验研究 ［J］. 铁道学报，2011，33 （11）：80-84.

［4］ 贾晋中. 重载铁路路基动荷载特征 ［J］. 铁道建筑，2014 （07）：89-91.

［5］ 王立军，程远水，吕宾林. 铁路路基土体湿化性能的试验研究 ［J］. 铁道建筑，2012 （07）：100-102.

［6］ 王强，刘仰韶，傅旭东. 路基砂土湿化变形的试验研究 ［J］. 铁道科学与工程学报，2005 （04）：21-25.

［7］ Grundmann H，Lieb M，Trommer E. The response of a layered half-space to traffic loads moving along its surface ［J］. Archive of Applied Mechanics，1999，69 （1）：55-67.

［8］ Madshus C，Bessason B，Harvik L. Prediction model for low frequency vibration from high speed railways on soft ground ［J］. Journal of Sound and Vibration，1996，193 （1）：195-203.

［9］ Madshus C，Kaynia A M. High-speed railway lines on soft ground dynamic behaviour at critical 70 train speed ［J］. Journal of Sound and Vibration，2000，231 （3）：689-701.

作者简介

杨志浩，男，博士研究生，主要从事重载铁路路基病害整治及新型路基结构优化方面的研究。E-mail：731191861@qq.com，电话：18633847883，地址：河北省石家庄市北二环东路 17 号石家庄铁道大学，050043。

RESEARCH ON WETTING DYNAMIC EXPERIMENT OF HEAVY HAUL-RAILWAYS SUBGRADE

YANG Zhi-hao[1,2]，YUE Zu-run[1,2]，Feng Huai-ping[1,2]

（1. College of Civil Engineering，Shijiazhuang Tiedao University，Shijiazhuang 050043，China；

2. Key Laboratory of Roads and Railway Engineering Safety Control of Ministry of Education，Shijiazhuang Tiedao University，Shijiazhuang 050043，China）

Abstract：The cyclic load of heavy-haul trains leads to more complicated stress-strain state and moisture migration law of subgrade. In order to further analyze the mechanism of heavy-haulrailway subgrade diseases and optimize the subgrade bed structure，The wetting dynamic experiment of heavy haul railways subgrade was conducted under the different dynamic stress amplitudes and compaction degree and the deformation and water migration law in subgrade with coupling of dynamic load and water dip was studied with self-developed testing system based on the Vander Pauw method and GDS cyclic triaxial device. It shows that when the dynamic stress amplitude is less than 60kPa，degree of compaction is greater than 93％，the effect of water immersion on deformation of subgrade almost no effect. Under other conditions the effect is significant and the deformation of the subgrade exceeds twice than non-immersion. With the increase of dynamic stress and the decrease of the degree of compaction，the cumulative deformation before and after immersion linearly increases；The water content of the soil samples in the height range of the sample increased linearly during the test，but the growth rate was different. and were greater than the initial moisture content，but the growth rate is different. The water content of 10～20mm height has the biggest which form the water sac and the strength sharply reduced and the mud pumping was produced in the end.

Key words：heavy-haul railways，subgrade，wetting，dynamic，moisture migration

基础工程检测新技术的分析与应用

施峰，黄阳，陈旻

（福建省建筑科学研究院，福建 福州 350002）

摘　要： 基础工程检测遇到的工程问题越来越多，越来越复杂，不断地创新、发展新的检测技术是时代的需要。本文针对当前亟待解决的既有基础检测、成孔（成槽）质量检测及最新的几种检测方法进行较深入的分析，并进行了应用上的探讨。本文也对物联网、大数据、人工智能在基础工程检测中的应用前景进行了探讨。

关键词： 基础工程；检测；既有基础；物理探测；成孔质量；物联网；大数据；人工智能

1　引言

随着经济的快速成长，我国工程建设也随之迅速发展。但在基础工程检测方面，检测的方法和设备相对滞后，发展也不平衡：对传统检测方法研究比较深入也比较成熟；而对新的基础形式、特殊条件下基础形式的检测就研究得不够。因此，要拓展新的检测方法和开发新设备去解决这种矛盾，满足社会发展的需求。

当前，许多建筑物在设计使用年限内多次改变使用功能的情况普遍存在，为保证既有建筑的安全和正常使用，需要进行可靠性鉴定；因周边环境的改变，如地铁施工对邻近建筑物将造成的影响，为分清责任，也需要对既有建筑的可靠性进行鉴定。对既有建筑的基础进行检测中，因为场地条件的限制，很多传统设备，比如：静载、钻芯法、高应变等设备无法进场，而低应变、声波透射法也因为条件限制无法使用，所以，采用物理探测的方法才能较好地解决既有基础的检测问题。

物联网中全球定位和无线传感器的应用，使得连续观测、自动采集、数据管理等功能成为可能，物联网结合大数据和人工智能，将使基础工程检测、监测进入一个新时代。

下面着重介绍近期国内外的几种基桩检测新技术，特别是既有基桩的检测技术，以及物联网、大数据、人工智能在检（监）测中的应用前景。

2　基桩检测新技术

2.1　磁测井法

磁测井法原理：通过研究磁性体周围磁场变化的空间分布特征和分布规律，对磁性物体空间分布做出解释。钢筋笼属铁磁性物质，磁化率很大且磁性很强，而混凝土、桩周岩土则属于无磁性或弱磁性物质。利用仪器发现和研究这些磁异常，进而可以探测磁性钢筋笼存在的空间位置和几何形状，从而达到探测基桩钢筋笼长度或管桩长度的目的（图1）。

工程实例：某工程设计桩长52m，钻孔至桩底5m以下，曲线中，9m、17.5m、27m、34.5m、43.2m、51.5m处均有非常明显的磁场突，和每截钢筋笼接头位置吻合，而在深度超过52m后，磁场强度均匀，属于固有背景磁场强度（图2）。

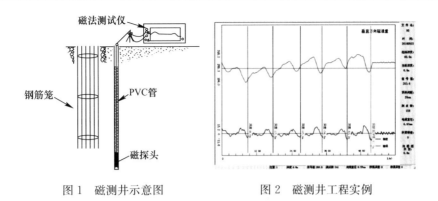

图 1　磁测井示意图　　　　　图 2　磁测井工程实例

2.2　旁孔透射波

旁孔透射法（Parallel Seismic Method）的原理：在基桩顶部或与基桩相连的刚性结构上激振产生地震波，利用在被测体旁平行被测体的钻孔内放置的检波器，从钻孔底向上以一定距离接收经由桩身或桩底以下土层传播的地震波，通过分析地震波在激发点和接收点间传播时间的变化，判定桩长的检测方法。

国外称本方法为：平行地震波法。平行地震波法是将钻孔套管放在待检测的桩基附近，套管与周围土体紧密结合，同时套管内注满清水，水听检波器在套管内检测由桩基顶部敲击所产生的 P 波，绘制 P 波首先达到不同点的深度与时间曲线，由图形曲线可分析桩身长度和完整性。检测原理示意图见图 3，某工程实测数据见图 4（17m 附近有明显转折，为桩长位置）。

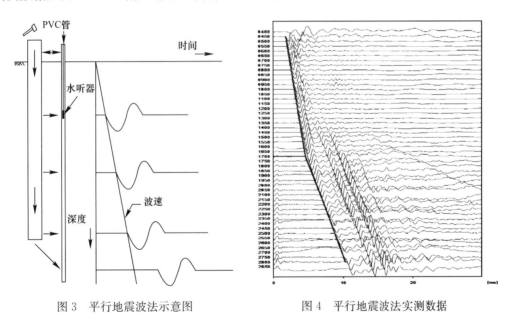

图 3　平行地震波法示意图　　　　　图 4　平行地震波法实测数据

2.3　管波法

管波法（Tube Wave Detection）探测法原来用于地质勘察，是在钻孔中利用"管波"这种特殊的弹性波，探测孔旁一定范围内不良地质体的孔中物探方法。后经拓展，也可用于灌注桩、预应力管桩的桩身完整性检测和灌注桩的持力层质量检测。

管波是一种在钻孔及其附近沿钻孔轴向传播的特殊弹性波。其绝大部分能量集中在以钻孔或桩孔的中心半径为半波长的圆柱形范围内，传播过程能量衰减慢、频率变化小，管波的能量与钻孔周围固体介质的横波波速呈正相关，即横波波速高则管波的能量强。基桩检测中，在管波传播范围内的波阻抗差异界面处，管波产生反射。采用收发换能器距离恒定、测点间距恒定的自激自收观测系统进行测试，垂直时间剖面中所有反射管波以倾斜波组形式呈现。管波法测试原理示意图（图5），测试模拟图（图6）。

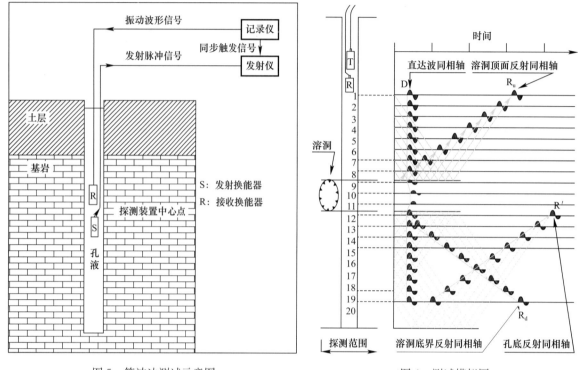

图5 管波法测试示意图　　　　　　图6 测试模拟图

对基桩的完整性检测，目前各种方法都有一定的局限性：（1）低应变法，对于长径比过大的桩、桩周土摩阻力大的桩、存在多处缺陷的桩、桩身截面阻抗连续变化的桩等，难以检测到桩底反射波，因而对整桩的完整性无法做出全面的评判；（2）高应变法，对完整性检测来说费用偏高，不适合做普查使用；（3）钻芯法以偏概全，容易造成误判、漏判；长径比过大的桩，钻芯孔容易偏出桩外；（4）声波透射法，需预先埋管，难以检测桩底沉渣厚度，声测线无法覆盖整个桩身截面，导致检测存在盲区。

广东省地质物探工程勘察院李学文等，利用管波法对基桩进行完整性检测，能比较好地解决以上方法的局限性。

2.4 孔内摄像法

对管桩，常用的完整性检测法有管波法及低应变反射波法。

管波法作为一种新的完整性检测方法，正在推广应用，但其毕竟是物探方法的拓展，在多缺陷或复杂缺陷时，其有效性就有限制，因为经验不同，也很可能出现多解性。

低应变反射波法的理论基础是应力波在一维弹性杆件的传播，针对管桩的管状构造则有出入，所以该方法除了本身的局限性，针对管桩检测还有一些特别的局限：（1）当桩身有多个缺陷时，反射波法往往只能检测到第一个较严重的缺陷，以下的缺陷情况被掩盖；（2）管桩实际截面很小，长/径比超过一定的数值反射波能量就损失严重，难对较深的缺陷进行检测；（3）反射波法对竖向裂缝不敏感；（4）在焊接位置附近的缺陷，反射波法往往无法分辨；（5）反射波法检测到的缺陷精度有限，且无法定量缺陷的大小，给补强工作带来了困难。

孔内摄像法对以上局限性有所突破，并先后列入福建省地方标准《基桩孔内摄像检测技术规程》和行业标准《建筑基桩检测技术规范》JGJ 106—2014中。孔内摄像法目前的不足之处：清孔较为困难，目前仪器设备的清晰度也不够理想。其主要原因是，目前的摄像技术多是采用的是顶置摄像头，一次360°拍摄，显然此方式不符合人眼的观察习惯。另外，管壁内有浮浆不够平整，很难完全对中，所以，用软件产生的柱状图效果不好。因此，开发清孔设备，采用多个侧装式感光元件，提高清晰度并合成桩内侧全检测范围的剖面图是将来的设备发展的方向。

2.5　热分析法

（1）热分析法简介

热分析法基桩完整性测试（Thermal Integrity Profiling of Concrete Deep Foundation，简称 TIP）是指在桩身混凝土浇筑之初，利用混凝土水化反应发热的原理，测量桩身不同深度处的温度，温度高低与混凝土的用量和质量（是否存在缺陷）呈相关关系，根据温度的绝对值与温度沿桩身的相对差异来分析桩身混凝土浇筑是否均匀，桩身是否完整，钢筋笼放置是否偏心，计算钢筋笼水泥保护层厚度等。

TIP 在国内暂时还没有标准，其名称也翻译不同，主要有"热异常法"和"水化热法"等。美国标准 ASTM D7949—14 Standard Test Methods for Thermal Integrity Profiling of Concrete Deep Foundations 对检测的具体操作要求、仪器要求等做了详细的说明。TIP 设备目前主要是 PDI 公司的"热分析基桩完整性测试仪"

（2）热分析法基桩完整性测试的优点

（1）检测时间早：TIP 检测有两种形式，热探头和预埋热电缆的形式。热探头方式需预埋测管，在混凝土浇筑后 12 小时后即可检测，定时采集数据，直至测到最高温度为止；热电缆形式则需要在钢筋笼上预埋热敏传感器电缆，混凝土浇筑后即可测试。检测时间早的好处就是早发现问题早处理，有效降低损失，保障工期。

（2）可测钢筋笼保护层厚度：钢筋笼位置及温度测量的位置，其温度的高低与混凝土保护层的厚度存在相关性。

（3）数据采集和软件分析

数据采集、软件分析，尤其是热电缆的方式，只要早期预埋热电缆的时候保证传感器不被损坏，后期只要设置好采集时间间隔，传感器就会定时读数，工程师只要最后将数据传输到主机里，回去分析即可。热探头方式则与超声检测相似，下放探头并记录数据。

将数据导入电脑后，软件能绘制温度曲线（图 7），热剖面图以及桩身混凝土分布、钢筋笼位置示意图（图 8），直观明了。

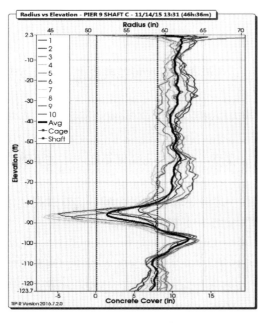

图 7　某工程实测曲线

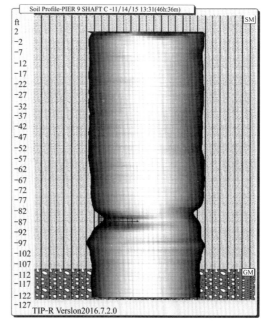

图 8　3D 模拟桩身剖面

综上，热分析法有其优点，特别是对钢筋笼位置的测试，对一些防腐蚀要求很高的工程是很有必要的。随着设备及耗材成本的降低，在国内会逐步推广。

3 成孔（成槽）质量检测新技术

随着我国地铁、市政建设（综合管廊、海绵城市等）的加速，成孔（成槽）质量检测无论从数量和复杂程度上都在与日俱增，检测技术也随之发展。

3.1 灌注桩成孔检测新技术

灌注桩成孔质量直接影响成桩质量，成孔检测主要内容为：孔径、孔垂直度、孔深及沉渣厚度。检测设备一般分为接触式仪器及非接触式仪器。

（1）国内成孔检测技术

接触式成孔检测法所用设备中比较可靠和广泛的是伞形孔径仪系统，它由孔径仪、孔斜仪、沉渣厚度测定仪三部分组成，这种方法比较传统。

非接触式成孔检测法所用设备中目前多是超声波法的设备，因此，此分类也可直接写为超声波法。但鉴于未来不可预知，将来也可能出现更理想的非接触式成孔检测设备，所以，作为分类还是以非接触式成孔检测法为好。超声波检测原理示意见图9。

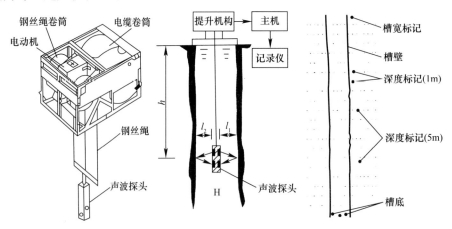

图9 超声波检测仪工作原理

接触和非接触这两种方法各有优缺点：

1）非接触（超声波法）设备相对整洁，抗污能力强，伞形孔径仪机械结构复杂，容易被泥浆中杂质卡住，造成精度下降。

2）非接触（超声波法）所检测的桩径范围更大，最大探测距离为7200mm（某设备），而伞形孔径仪最大探测距离为2500mm（某设备）。

3）非接触（超声波法）可检测不规则或长条形的孔或槽，而伞形孔径仪不能用于地下连续墙和挤扩支盘桩成孔成槽检测。

4）但超声波法对泥浆比重、含砂率、密度及气泡有一定的要求，泥浆太稠、比重过高、含砂率过高或有过多气泡时，可能影响记录信号，而伞形孔径仪对此比较宽容。

（2）国内沉渣检测技术

沉渣的测量，一般有三种方法：1）电阻率法：通过绘出孔深-泥浆视电阻率曲线，判断泥浆和沉渣界面拐点判断沉渣厚度2）探针压力法：通过绘出深度-沉渣压力曲线，判断沉渣和孔底拐点判断沉渣厚度3）比较法：钻机实际钻进深度减去实测孔深得到沉渣深度，此方法精度有限。

（3）国外最新成孔检测设备：SHAPE

SHAPE主机一般是连接至旋挖钻机的钻杆上（图10），这样就摆脱了笨重的绞盘提升装置，可进行快捷的试验；另外，本机采用8个声波探头，能更精确地描述孔径的变化情况；内置罗盘，可对设备下放过程中的旋转进行监控。

（4）国外最新沉渣检测设备：SQUID

SQUID 可快速连接至钻机钻——可测试：沉渣厚度、孔底土层承载力

孔底土层承载力是用静探探头（图 11a）测得的，其原理类似静力触探，输出结果是锥尖阻力——贯入深度曲线（图 11b）。

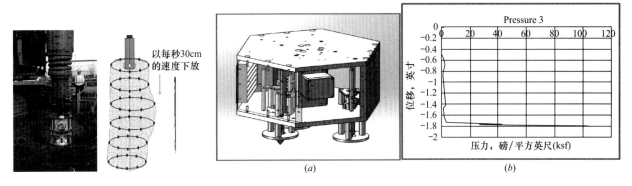

图 10 SHAE 安装在旋挖
钻机的钻杆上

图 11 SQUID 静探探头及压力-位移曲线

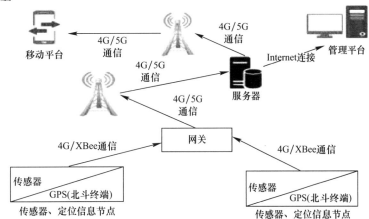

图 12 地基检测、监测物联网体系

3.2 地下连续墙的检测技术

地下连续墙的检测分成槽质量检测、墙体质量检测和接头质量检测。

地下连续墙的检测分成槽质量检测内容为槽壁垂直度、槽宽、槽深及沉渣厚度，其检测方法和灌注桩成孔质量类似，但因接触式的伞形孔径仪不适合长条形槽的检测，因此，主要采用非接触式的超声波法。

墙体质量检测内容为墙体完整性、墙体深度、墙体混凝土强度、墙底沉渣厚度和持力层验证。其检测方法主要采用声波透射法和钻芯法。方法和判别与基桩检测相似，但声测管的布置上有其特点。分为直线型地下连续墙声测管布置和 L 型地下连续墙声测管布置。

中国工程建设标准化协会标准《地下连续墙检测技术规程》正在编制中，引入了墙体质量的孔内成像法。

4 人工智能在检测、监测中的应用

人工智能（Artificial Intelligence），英文缩写为 AI。它是研究用于模拟和扩展人的智能的理论、技术及应用系统的一门新的技术科学。AI 的基础是大数据，对于地基基础工程，实测数据在户外产生，因此，还需要物联网技术的支持。

4.1 物联网在地基基础检（监）测上的应用

传统的地基基础检测及监测，通常依靠工程人员对现场定期读取数据及维护，人力成本高，且对突发性破坏缺乏预知能力。后期发展的铺设线缆连接每个传感器，但长线缆的抗干扰能力差、稳定性低、铺设困难，难以广泛使用。

现今，无线技术的快速发展，采用 XBee 技术解决了传感器和网关之间的传输，这种传输方式传输距离虽短，但它具有低功耗的特点可保证足够的不间断运行能力。同时，随着"北斗云"应用飞速发展，地基基础工程领域利用它提供的三大参数：静态定位、静态位移、动态定位服务为抓手，结合物联网和无线传感器技术，实现对施工过程的自动化控制及监测。

通过上述技术，可组建地基检（监）测物联网体系（图12），从而实现连续观测、自动采集、数据管理等功能，由于自动化程度高，且可提供全天候连续观测，是今后地基基础监测发展的方向之一。

但科学不是科幻，利用现代科技要抓重点。物联网和大数据主要给我们带来的便利是：连续的数据采集及大量数据整理、寻找工程规律。近期幻想直接派遣机器人去现场完成定位、埋设，无论在技术、成本或稳定性方面都不现实。

4.2 人工智能在地基基础检（监）测上的应用

原有地基基础设计工作程序的基础数据不确定和不确知、信息量不完整、不齐备，没有周边可以参考的资料，各单位自己的资料、数据、经验等本身就没有充分利用，更谈不上信息资源的共享了，应该说目前的设计施工有一定的盲目性。以上种种，使沿用传统的设计计算手段已不能很好地解决各类工程实际问题。

而在此同时，国内的地基基础工程发展迅猛，工程数量巨大，各类地质、地基基础数据繁多，这些数据信息基本反映了各城市地基基础发展的状况，不仅对本行业，而且对城市管网建设、地下空间利用都有很高的利用价值，非常珍贵。但这些数据由各单位主要以零星的文件形式存储在计算机或者甚至只是纸质材料中，随着数据的增多和时间的推移，面临丢失的危险。因此，要很好地管理这些珍贵的数据，急需建立一个大数据库，并在此基础上建立专家系统（是人工智能的一种）。

4.3 检测单位是人工智能应用的首选依托单位

大数据、人工智能的依托单位一般认为是设计单位，但检测单位其实是更好的选择。勘察单位把地质勘察数据提供给设计单位，设计单位据此进行设计，此后一般是进行少量的试桩，就进入施工图设计阶段，后期大量的检测数据一般很少会关注。所以，收集了勘察和设计单位的数据，又加上检测数据的检测单位，应该是大数据、人工智能的最佳依托单位（图13）。

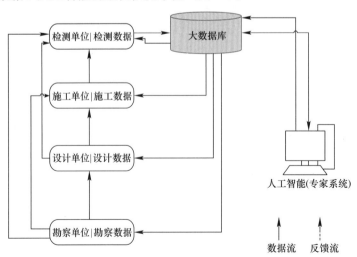

图 13　人工智能的协作关系

5 结语

基础工程检测新技术不断创新，为解决实际工程问题探索新的检测方法，这些方法或与先进的地球物理探测有关，或与先进的光学、声学、电学相关。每种检测方法有各自的优、缺点和应用范围，因此，要在检测人员中掀起学习先进技术的热潮，特别是要较深入理解其原理，这样才能在众多方法中选择合适的检测方法，服务于社会需求，也能在实践中不断提出需求。

现有创新的技术应当结合工程实践不断改进，比如：热分析法的成本控制、孔内摄像法的清孔和清晰度的改进、成孔质量超声波法的灵敏度和发射功率、管波法的识别率等等，通过改进必然有更好的应用前景。综合检测，多方法验证成为检测趋势，制订检测方案将不再是以前各种检测方法独立的形式，而是要对可用的方法进行择优组合，达到更经济、准确的目的。

物联网中全球定位和无线传感器的应用，使得连续观测、自动采集、数据管理等功能成为可能；大数据和人工智能在地基基础检测中有其应用的优势，主要是结合地理信息系统的海量数据的分析、整理、寻找规律；但科学不是科幻，因为成本及技术的限制性，不要过早期待在复杂条件的现场采用机器人完成检测。检测单位集中了设计、勘察、施工单位的数据，是人工智能应用的首选依托单位。

参考文献

[1] 中华人民共和国行业标准. 建筑基桩检测技术规范 JGJ 106—2014 [S]. 北京：中国建筑工业出版社，2014：35-39.

[2] 中华人民共和国行业标准. 城市工程地球物理探测标准 CJJ/T 7—2017 [S] 北京：中国建筑工业出版社，2014：100-124.

[3] 福建省工程建设地方标准. 地下连续墙检测技术规程 DBJ/T 13—224—2015 [S] 福建省住房和城乡建设厅发布. 29-30

[4] 龚晓南，杨仲轩主编. 岩土工程测试技术. 北京：中国建筑工业出版社，2017：112-141.

[5] 陈建荣，高飞. 现代桩基工程试验与检测. 北京：上海科学技术出版社 2011：38-48，66-177.

[6] 吴宝杰. 灌注桩钢筋笼长度及长桩桩长无损检测技术研究 [J]. 工程地球物理学报，2012（05）：372-374.

[7] 丁华，蔡香平. 地球物理测井技术在基桩检测中的应用 [J]. 工程地球物理学报，2007（10）：400-404.

[8] 丁华. 磁测钢筋笼长度方法分析和应用 [J]. 工程勘察，2011（04）：90-93.

[9] 郑建民，李学文. 一种新型基桩完整性检测方法管波法的应用介绍 [J]. 建筑监督检测与造价，2017，（07）：53-58.

[10] 黄阳. 孔内摄像技术在 PHC 桩完整性检测中的应用 [J]. 工程质量，2005（09）：17-21.

作者简介

施峰，男，1964 年生，福建福州人，汉族，硕士，教授级高级工程师，国家注册土木工程师（岩土），福州大学土木工程学院兼职教授。2004 年入选福建省第六批百千万人才工程人选，2012 年赴美国普渡大学访问学者。主要从事地基基础、岩土工程测试、基坑及边坡工程设计和监测、既有地基基础检测、鉴定和加固等研究、开发与应用工作。电话：13705083313，E-mail：13705083313@qq.com，地址：福州市仓山区金塘路 52 号。

ANALYSIS AND APPLICATION OF NEW DETECTING TECHNOLOGY FOR FOUNDATION WORKS

SHI Feng　HUANG Yang　CHEN Min

(Fujian Academy of Building Research，Fuzhou Fujian 350002，China)

Abstract: The problems encountered in foundation engineering detection are more and more complex, and constantly innovating and developing new detection technologies are the needs of the times. The existing foundation detection, hole forming (slot) quality detection and the latest detection methods are analyzed in depth, and the applications are discussed in this paper. The application prospect of Internet of things, big data and artificial intelligence for detection of foundation are also discussed.

Key words: Foundation works; detection; existing foundation; quality of hole formation; physical detection; internet of things; big data; artificial intelligence

基于云平台的建筑基坑自动化监测系统研究与应用

郑伟锋[1]，刘琦[2]，侯刘锁[2]

(1. 上海远方基础工程有限公司，广东 广州　510000;

2. 深圳市勘察研究院有限公司，广东 深圳　518026)

摘　要： 随着物联网、大数据、服务器云、信息化等新技术的冲击，我国建筑基坑监测行业正处于转型升级时期，激烈的市场竞争使行业存在不规范的行为，严重阻碍了监测行业的良性健康发展。本文提出采用基于云平台应用于新型建筑基坑自动化监测系统的研究与应用，首先介绍了云平台技术的概念和特点，接着对如何运用这种新技术解决监测行业的各种痛点和难题进行了详细分析，最后对云平台技术在监测行业改革中进行了总结和展望。

关键词： 云平台；基坑自动化；数据溯源；系统容灾

1　引言

基坑坍塌事故时有发生，造成不小的社会影响，以安全为核心的工程监测得到了各级工程管理者越来越广泛的关注与投入。云计算[1-3]以网络为基础，通过虚拟化技术构建资源池，对用户提供动态可伸缩的计算、存储资源和网络资源。云计算是网格计算和分布式计算的发展及商业化实现，分布式文件系统对分布式计算的支持使云计算体现了其强大的计算优势，尤其是面对海量数据的计算分析时[4]。本文简要分析云平台技术和监测技术的特点，并分析利用云平台技术优化工程安全监测云平台的方法研制一种新型建筑工程安全信息化监测系统。

2　结构监测现状

传统监测工作主要由人工监测完成，但人工监测存在工作不规范、数据不及时、人员投入多、实施成本高等缺陷。传统建筑监测行业，正面临着巨大的挑战。大多数监测企业属于劳动密集型企业，生产效率低，技术含量低，急需转型升级。自动化监测以其数据真实性、准确性、及时性等诸多优点很好的解决了传统人工监测的不足，在关乎国计民生的重大项目中可以屡屡看到其为结构安全保驾护航带来的作用。

现今大部分的结构监测缺乏公共统一的数据融合平台，只是针对某些特定的工程，很难与其他系统共享监测信息，同时也缺乏与其他管理系统的有机连接，成为一座"信息孤岛"。监测往往依据现场实际情况，选用不同类型的传感器，同时针对不同类型的结构其监测内容与方法也会有所差异。监测系统由于未形成挖掘数据演变的一个长效机制，且不能有效利用时间尺度上所包含的信息，监测时效较短，很难对结构进行有效的管理和维护[5]。目前大多数应用于实际工程中的结构监测系统均偏重于监测内容与技术，对数据处理、引导规划不够重视，不具备系统升级的能力。

3　自动化监测

自动化监测技术是集监测数据的自动采集、分析、查询于一体的信息管理技术[6]。自动化监测技术与传统人工监测相比具有以下优势：不受天气影响实时监测，在恶劣环境下，仍保证数据稳定；24 小时监测，数据连续性相性高，能够反映细微的变化趋势；提供海量的数据、便于数据的提取进行量化分析检查方便、随时查看，后台操作，省时省力；当监测数据超过预警值时，系统可自动通过多种方式实现报警。

4 云平台技术介绍

4.1 云平台概念

云计算平台也称为云平台。云计算平台可以划分为 3 类：以数据存储为主的存储型云平台，以数据处理为主的计算型云平台以及计算和数据存储处理兼顾的综合云计算平台[7]。目前市场上常见的云平台服务主要有微软的 Azure 平台、Google 的 Google AppEngine、IBM 的虚拟资源池提供、Oracle 的 EC2 上的 Oracle 数据库，OracleVM，Sun xVM 等。

4.2 云平台特点

云平台技术具有四个方面的特点：（1）高性能：整合资源搭建的云端硬件资源拥有强大的图形处理和计算性能，大大地节约了数据计算、分析所耗费的时间，这种资源的整合保证了每一个用户都能得到高效的图形及计算处理服务；（2）低成本：软硬件资源共享使用，将整合后的资源通过网络以服务的方式提供给企业用户，实现了资源的高效合理利用；不仅给底端电脑瘦身，降低了软硬件的购置成本，同时降低了管理及维护成本；（3）可靠信任机制：由于所有数据采用即时计算、即时共享的方式，在网络中的所有有相应权限的各方都可以扮演"监督者"的身份，因此不用担心欺诈的问题；（4）开放性：用户只需要一台具备基本计算能力的计算设备以及一个有效的互联网连接，就可以随时随地使用该服务；（5）可扩展性好。由于云端服务器不是由单一的服务器构成的，而是将多个服务器通过并行的方式整合起来，易于后续的扩展以满足应用和用户量规模的增长需要。

5 云平台技术在建筑基坑监测中的应用

5.1 系统架构

云平台系统由多家监测单位、监理、设计单位、业主、监管单位的服务器共同组成，将各单位的服务器视为云平台的一个节点。监测数据传输到云平台系统，在云平台系统中的网络节点完成对信息的加密记录和存储，保障监测数据的真实性和完整性。

开发监测云平台首先需要对基坑结构有系统化的认知，利用物联网技术在复杂的基坑结构上布设不同类型传感器，实时采集大量的结构信息、监测数据等。然后利用多种通信技术将监测数据存储在云平台系统中，并配备具有专业水准的技术队伍进行海量数据分析提供给用户开发更加专业化、智能化、多样化的应用平台。平台大致规划了感知控制层、网络传输层、数据汇聚层、应用层、信息输出层 5 个层面。

5.2 系统的优势

（1）建立监测数据的可信任机制

传统人工监测中，一些现场从业人员为了减少工作量，不能严格执行相关监测标准进行作业，经常出现少测、不测、在室内编虚假报告的现象，监测数据真实性大打折扣。甚至有些监测单位根本不具备建立标准执行机制的能力，以偷工减料减少监测次数的方式以降低成本，完全无视工程安全状态，监测

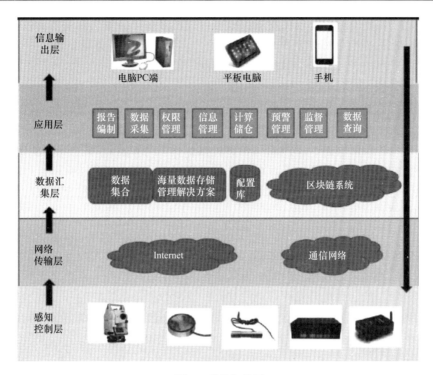

图 1　系统架构图

数据质量无法保证。建筑基坑安全监测云平台通过全自动化采集传输的模式，保证了数据不落地上传，并锁定监测时间、上传时间、上传地点、数据即时共享的方式，使每个监测数据都有"时间戳"。监督员根据项目状态要求现场作业人员以拍照、录视频等方式对监测人员的安装过程、巡检记录等操作过程进行监管，防止作业人员作假。平台中通过对关键时间、地点、人员、设备、环境、原始数据等多要素的全面存储确保变形量值有效溯源，保证监测公信力（图 2）。

图 2　可信任机制下的自动化监测系统工作流程图

（2）保证数据的防篡改性

随着监测市场竞争的日益激烈，监测单位和监测人员对标准认识的技术水平良莠不齐，一旦监管不到位很容易在监测数据采集和编写报告过程中存在弄虚作假现象。由此使得参建单位监测数据的认可和信誉程度降低，不利于监测行业的长远化发展。云平台技术采用全自动化方式采集数据传至云端、云端将所有数据发送至各地存储数据库中，这些数据信息一旦被记录将不会被更改，避免了人为干涉的行为，通过先进技术形式解决了各种因素对基坑安全监测的影响。

（3）系统的可监管性

传统人工监测中，监测数据集中在少数人手中，监测数据先由作业人员到现场进行采集、然后回到室内进行数据整理分析，最后编辑成报告后集中统一分发至各参建单位手中。由于采用集中式管理，整个过程存在着透明度低、及时性差、反馈周期长、可维护性差等缺点。采用全自动化不落地上传方式，所有数据直接传至云端进行分析处理，不存在人工编造假数据、编假报告的行为。监测数据即时上传、即使计算、即时共享，整个过程真实性、及时性、规范性、准确性等方面都有良好的保障。

（4）开放性的系统

在现行监测行业中，各单位对于本单位的监测数据是属于保密性质的，仅限于单位内部流通一般不对外开放，导致浪费了大量宝贵的数据资源二次开发利用。在云计算技术与大数据结合的系统中，所有使用监测原始数据、监测结果的数据交换的双方仅需在验证通过时隐去个人信息即可获取相应的监测数据进行二次开发和利用。如房地产开发商可调用片区的监测数据优化地块的开发和整体规划、基坑设计人员可以利用临近地块的监测数据优化支护形式设计、监测单位可以查看新型结构物的监测数据用于优化监测方案等。

（5）系统的安全性

在互联网的快速发展下，监测行业也出现了各种监测系统和云平台，但基本采用集中式管理系统方式，极易受到黑客攻击或者病毒感染导致数据丢失、系统崩溃，在数据信息规模化发展下如何保证各种监测数据信息的安全性、有效性成为监测行业发展需要思考的问题。建筑基坑自动化监测系统，数据采用分布式存储的方式，具有良好的容灾能力，并不因为某个节点的被攻击而导致监测数据的丢失。

5.3 系统的功能介绍

（1）良好的兼容性

基于云平台的建筑基坑自动化监测系统良好兼容性主要体现在以下几个方面：1）能兼容人工采集＋文件上传、人工采集＋即时上传、自动化采集上传等多种上传方式；2）系统兼容监测行业绝大多数监测传感器、采集仪设备；3）系统保证预留二次开发接口，可进行定制修改，功能的扩展，如智慧工地、智慧城市的快速对接利用。

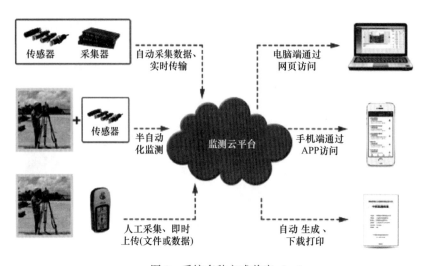

图3　系统多种方式兼容（一）

图3 系统多种方式兼容（二）

（2）即时上传、即时计算和共享

集成各监测项计算方法和原理，传感器（现场作业人员）采集数据，系统及时发送上传至平台进行数据解算和平差处理，具有相关权限的各参建单位直接接收到监测结果信息，其他有需要的相关人员则需根据登录密匙直接获取监测数据，保持了系统的开发性、共享性，让数据传递和共享更加及时、便捷。

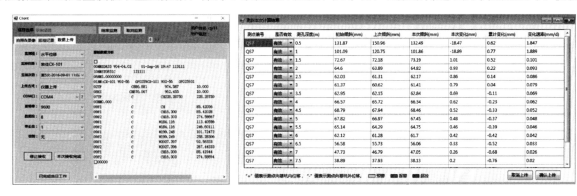

图4 即时上传、即使计算客户端

（3）曲线自动生成

对采集的原始数据进行自动解算，并自动生成成果表和曲线图，并进行具体项目的监测子项实时数据统计，可随时调用和查看相应监测项的变化数值和安全状态，便捷管理人员对项目安全监测数据趋势的判断。尤其在基坑监测紧急事故处理或专家论证处理会上，专家和相关单位人员可随时调用任意时间段内的曲线、原始数据和记录用于事故处理分析。

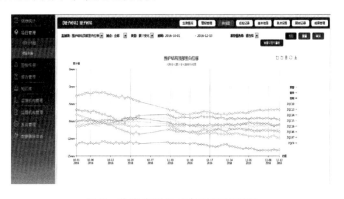

图5 曲线自动生成各监测项图形

（4）报告自动生成技术

系统根据国标、行标、地标规范报告编制要求，结合全国各省市各单位的报告版本，分行业、分类型可自动生成如监测日报表、周报、月报、阶段性报告、总结报告等，杜绝人为恶意编写虚假报告的行为、降低人工出错率、同步提升工作效率、降低人工成本。通过报告管理功能管理者可以在线审核和直接下载已形成的报告的电子版，管理者可以随时下载自己关注的项目的监测报告，省去以往监管过程中紧急情况时候报告提供不出来的麻烦。

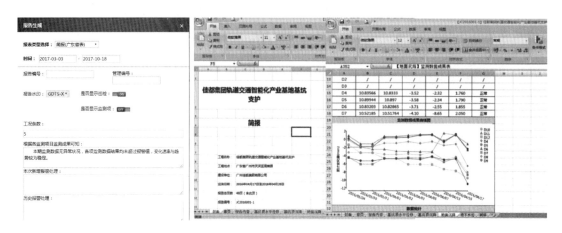

图 6　报告自动生成

（5）巡检记录

通过锁定巡检人监测时间、上传时间、上传地点保证巡检信息的真实可溯源性，人工观察了解项目的进度情况及周边环境的变化情况，查看参与巡检的人员信息。

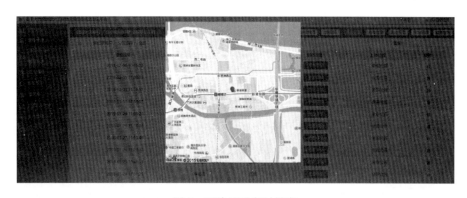

图 7　巡检记录实时锁定

（6）监督管理

实现数据采集过程跟踪记录、现场作业跟踪记录、工程进度跟踪记录、报警处理跟踪记录功能，按照监管单位对各单位的诚信评价标准进行评价，并在监管系统上呈现。

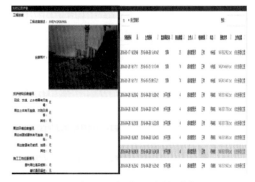

图 8　监督管理有效到位

（7）预警管理

不同权限的工作人员直观准确的查看被监管的所有项目的报警信息，分为三个级别，分别为预警、报警、超控制值报警三种情况，同时显示报警之后的处理情况，处理报警情况时的人员信息。对超出预警值的数据即时报警并通过微信公众号、手机 APP、信息、电子邮件、声光、广播多种方式实时通知相关人员采取相应措施进行处理。

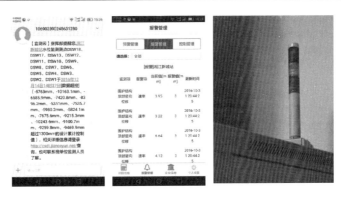

图 9　多种方式及时预警

（8）大数据分析处理

通过所有基坑安全数据的收集整理分析，形成在区域范围内质量、安全大数据区域化管理，将所有基坑监测数据联成一张网，在分析大数据技术与项目资源数据基础上，搭建大数据开放平台，用于房地产开发规划决策、安全造价预算、设计施工辅助，优化设计施工方案、为管理决策提供支持。

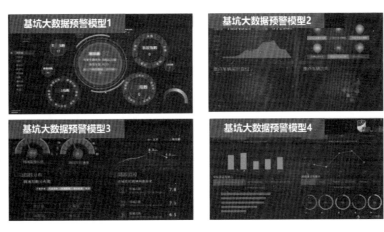

图 10　大数据分析优化管理

6　工程应用

松岗地铁站监测项目位于深圳市宝安区沙江路维也纳酒店旁，基坑为方形布局，周长约 150m，开挖深度约 25m，采用地下连续墙＋混凝土支撑进行支护。基坑处于闹市区，周边环境复杂，离最近民用建筑等保护结构不到 2m，为深圳市松岗派出所办公楼及宿舍楼，地质条件复杂，对变形控制要求较高，因此采用建筑基坑自动化监测系统进行监测，部分监测项的监测数据累计变化如图 11 所示。建筑基坑

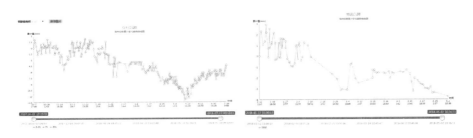

图 11　立柱沉降、地面沉降累计变化

自动化监测系统实现了监测单位对监测作业的信息化监管，监测预警信息的实时发送有助于对项目危险源的了解，报告的自动生成极大地提升监测生产效率。

基于云平台技术的自动化监测解决了如下问题：

（1）实现 24 小时全天候监测，打破传统监测极端天气时无法监测的情况；监测频率可按需调节，而其监测成本几乎不增加；监测数据超过预警值通过多种方式实时预警，解决传统监测需要无法即时报警的难题；监测系统自动生成报告，提高了监测人员的生产效率，避免了监测报告的出现错误。

（2）锁定监测时间、上传时间、上传地点、数据即时共享的方式，使每个监测数据具有"时间戳"，保证数据的真实性，杜绝数据作假；采用来源于行业规范和实际需求的多种关键算法对测量过程有效管控，确保数据准确有效，保证监测公信力。

（3）通过系统账户定制化配置满足建设主管部门、业主、监理、施工方、监测单位等相关各方需求，并且通过跟踪进场计划和分析人员设备有效把控生产效能，相比传统人工监测大幅提高生产效率和对人员设备的有效利用率。

7　小结

（1）分析了目前建筑基坑监测行业传统人工监测中存在的数据真实性差、及时性不足、效率低等痛点，并针对部分自动化监测系统和平台的存在的信息孤岛缺乏共享性，缺乏公共统一的数据融合平台进行了剖析；

（2）分析了云平台技术的基本概念和典型特征，为云平台技术在监测行业的应用奠定了理论基石；

（3）基于云平台的建筑基坑自动化监测与现有的基坑监测系统相比，在成本、部署效率和系统运行稳定性等方面具有明显优势，十分适合在基坑施工监控、基坑中推广应用。

（4）综合云平台技术的可监管性、防篡改性、信任机制、开放性、安全性等特点在建筑基坑自动化监测中进行应用，实现了数据真实性、可溯源、数据开放共享、系统容灾能力强等多重功能。

（5）建筑基坑自动化监测系统在松岗地铁站监测项目中得到成功的运用，有效解决了监测工作中监测数据不连续、预警不及时、数据不真实、监测作业效率低下等多种问题。

参考文献

[1] 任宗伟. 物联网基础技术 [M]. 北京：中国物资出版社，2011：390.
[2] 张为民，赵立君，刘玮. 物联网与云计算 [M]. 北京：电子工业出版社，2012：228.
[3] 杨文志. 云计算技术指南应用、平台与架构 [M]. 北京：化学工业出版社，2010：289.
[4] 刘伟. 对分布式计算、网格运算和云计算分析 [J]. 科技信息，2013 年 09 期：87-88
[5] 沈万玉. 重大建筑结构健康监测系统设计与实现 [J]. 大连理工大学，2015.
[6] 杨育文，殷建华，涂望新. 岩土工程自动化监测系统及其应用 [J]. 城市勘测，2003（01）7-10.
[7] 武前乐. 基于用户体验的云计算服务平台界面设计与研究 [J]. 天津大学，2016.

作者简介

郑伟锋，男，高级工程师，上海远方基础工程有限公司副总工程师、总经理助理，广东分公司总经理，主要从事岩土工程勘察设计和施工，累计发表专业学术论文 50 余篇，获国家发明专利 3 项、实用新型专利 7 项；出版专著一部；参编行业规范 8 部。

SEARCH AND APPLICATION OF AUTOMATIC MONITORING SYSTEMFOR BUILDING FOUNDATION PIT BASED ON CLOUD PLATFORM

ZHENG Wei-feng[1] , LIU Qi[2] , HOU Liu-suo[2]

(1. Shanghai far Foundation Engineering Co. , Ltd. Guangdong Guangzhou 510000;

2. Shenzhen Investigation & Research Institute Co. , Ltd. Guangdong Shenzhen 518026)

Abstract: With the impact of new technologies such as the Internet of things, big data, server cloud and information technology, China's construction foundation pit monitoring industry is in the period of transformation and upgrading. The fierce market competition makes the industry not standard and bad behavior, which seriously hinders the healthy and healthy development of the monitoring industry. This paper puts forward the research and application of the application of cloud platform based on the automatic monitoring system of new building foundation pit. Firstly, it introduces the concept and characteristics of cloud platform technology. Then it analyzes how to use this new technology to solve all kinds of pain points and problems in the monitoring industry in detail. Finally, the cloud platform technology is changed in the monitoring industry. Summary and prospect in leather.

Key words: cloud platform; foundation pit automation; data traceability; system disaster tolerance

全深度阵列式深部位移测量仪研发与应用

李慧生[1]，蒋书龙[1]，郑之凯[1]，赵其华[2]

(1. 深圳市北斗云信息技术有限公司，广东 深圳　518000；2. 成都理工大学，四川 成都　610059)

摘　要：本文介绍了研发"阵列式深部位移测量仪"的设计及研发全过程，深入分析了当前市场上深部位移测斜的现状，提出了新的设计及计算模型，深入介绍深部位移三维姿态算法及数据处理方法、应用模型，同时介绍了产品在茂县黑虎四村滑坡及中缅线天然气管道深部挤压变形的应用成果，成功测量滑动面位置并计算滑动速率。该产品是一款具有国际先进水平的岩土工程深部位移测量仪器。

关键词：测斜仪；深部位移；阵列式；测斜绳

1　前言

深部位移监测是岩土工程监测常用方法，用于判断深部滑动面和深部位移大小。长期以来，深部位移监测以手动的测斜仪为主，分段定时测量，然后内业整理数据。由于岩土工程各种复杂条件的约束，手工监测的精度和时效远远不能满足要求，而且测量孔的错位经常造成测量过早中断，因此迫切需要有效且实时的深部位移自动化监测仪器。

2　问题的提出

为实现深部位移自动化位移监测，市场上出现了"固定测斜仪"，在测斜孔深度范围布置若干个测斜仪，每个测斜仪都有电源和数据线牵出孔口与数据采集仪相连。这个方法虽然实现了测斜仪的自动化采集，但存在重大缺陷，其实际上测量的只是深度方向几个点的倾角，并没有解决整个深度范围的位移模型，不能准确判定深部滑动面（图1）。

经过深入分析深部位移模型，结合物联网技术，深圳市北斗云信息技术有限公司与成都理工大学地质灾害国家重点实验室合作，研发了"全深度阵列式深部位移测量仪"（图2）。

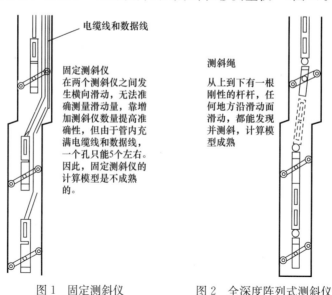

图1　固定测斜仪　　　　图2　全深度阵列式测斜仪

3 全深度阵列式测斜仪设计

3.1 模型分析

深部位移测量仪,将测斜孔深入稳定底层,以底部的测斜仪为基准,计算上部的位移变形。将土体沿垂直方向分段,每段视作不变,计算段与段之间的变形,分段越小,精度越高,一般每段50cm。以测斜孔底部端点为中心,形成一个三维立体坐标系,获得整个深度范围每个分段的三维姿态后计算每段尾点的坐标,并计算每个尾点的位移量。

为获取每个分段的三维姿态,在每个分段安装高精度双轴倾角传感器,以该段的下端点为原点,获取该段的横滚角和俯仰角。每分段又作为一个独立的三维坐标系,通过其下端点坐标和横滚角、俯仰角计算上端点坐标。以此类推,计算所有端点以最下部端点为原点的三维空间坐标。整个系统的核心一个是测量每分段横滚角和俯仰角的双轴倾角传感器,另一个是控制分段变形的阵列式测斜架。

3.2 总线结构多传感器测斜绳

根据孔深和每节长度不同,每孔的传感器数量一般从几个到近百个不等。由于不可能每个传感器都有电缆线和数据线,需要设计一种统一供电,分时采集数据的总线结构多传感器测斜绳,包括传感器、电缆线和数据线三部分,传感器之间通过一根四芯总线连接,间距根据需要确定。总线的顶部安装数据采集仪,负责供电和采集数据。

3.3 阵列式测斜架

测斜架决定整个装置的测量模型,分为杆体和万向接头。杆体的设计能够方便的固定安装测斜绳的传感器,杆体的长度加上万向接头的长度就是该分段的长度。万向接头需要保证分段弯曲时,围绕一个平面弯曲,不能产生附加变形。加工必须精密紧凑,不能自我产生扭曲位移。

4 三维姿态计算

建立以 O 位原点的 NEU 三维空间直角坐标系,而且 O 对应于测斜仪的固定底部,P (n, e, u) 为测斜仪活动顶部,现已知 O 坐标是 (0,0,0),OP 之间的固定长度为 R,测斜仪俯仰角 Pitch 值为 p,横滚角 Roll 的值为 r,方位角 Heading 的值为 h;求出点 P 坐标或者空间矢量 $\overrightarrow{OP}$ 的值。

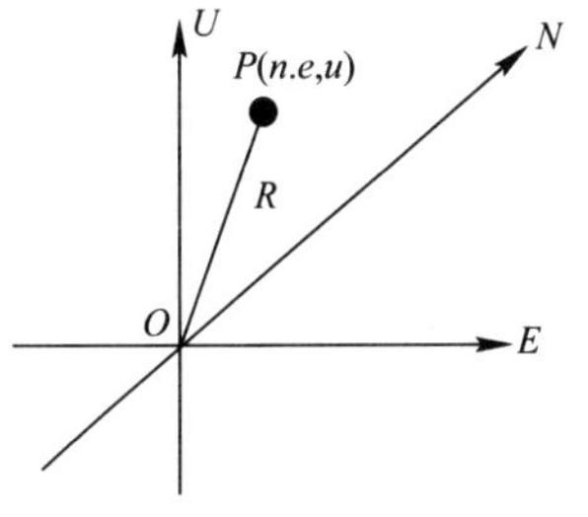

图 3 固定测斜仪 NEU 坐标系

P 点的坐标变化可以看成,测斜仪经过横滚变化、俯仰变化、方位变化三个旋转组合变化的结果。首先建立几个角的空间概念:

俯仰角 Pitch 是点 P 绕着 E 轴旋转的角度;

横滚角 Roll 是点 P 绕着 N 轴旋转的角度;

方位角 Heading 是点 P 绕着 U 轴旋转的角度;

若拇指指向轴的方向,小指指向角度增大的方向;结合使用的倾角传感器实际情况,可确定三个旋转角的用手定则如下:

俯仰角 Pitch、横滚角 Roll 都是右手定则;方位角是左手定则;当俯仰角、横滚角、方位角都为0时,P 点正好在 U 轴上;以此时 P 点的位置为初始位置逐个研究俯仰变化、横滚变化、方位变化带来的 P 点坐标变化;

（1）俯仰变化

从 E 轴正方向往原点 O 看，P 在 NU 二维平面投影点 P_0 的变化是由 P_0 经 Pitch 旋转 p 得到 P_1，由于是右手定则，变化如图 4 所示。

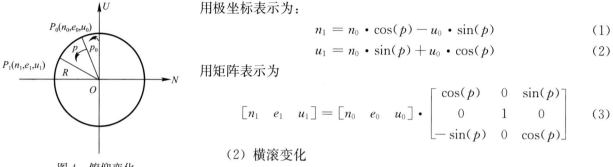

用极坐标表示为：

$$n_1 = n_0 \cdot \cos(p) - u_0 \cdot \sin(p) \tag{1}$$

$$u_1 = n_0 \cdot \sin(p) + u_0 \cdot \cos(p) \tag{2}$$

用矩阵表示为

$$\begin{bmatrix} n_1 & e_1 & u_1 \end{bmatrix} = \begin{bmatrix} n_0 & e_0 & u_0 \end{bmatrix} \cdot \begin{bmatrix} \cos(p) & 0 & \sin(p) \\ 0 & 1 & 0 \\ -\sin(p) & 0 & \cos(p) \end{bmatrix} \tag{3}$$

图 4　俯仰变化

（2）横滚变化

从原点 O 往 N 轴正方向看，P_0 在 EU 二维平面投影点的变化是由 P_0 经 Roll 旋转 r 得到的，由于是右手定则，变化如下图所示：

与俯仰变化使用相同的分析方法得到如下结论：

$$\begin{bmatrix} n_1 & e_1 & u_1 \end{bmatrix} = \begin{bmatrix} n_0 & e_0 & u_0 \end{bmatrix} \cdot \begin{bmatrix} 1 & 0 & 0 \\ 0 & \cos(r) & -\sin(r) \\ 0 & \sin(r) & \cos(r) \end{bmatrix} \tag{4}$$

（3）方位变化

从 U 轴正方向往原点 O 看，P_0 在 NE 二维平面投影点的变化是由 P_0 经 Heading 旋转 h 得到 P_1，由于是左手定则，变化如图 6 所示。

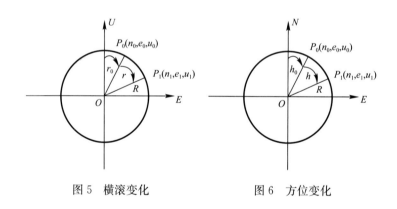

图 5　横滚变化　　　　图 6　方位变化

$$\begin{bmatrix} n_1 & e_1 & u_1 \end{bmatrix} = \begin{bmatrix} n_0 & e_0 & u_0 \end{bmatrix} \cdot \begin{bmatrix} \cos(h) & \sin(h) & 0 \\ -\sin(h) & \cos(h) & 0 \\ 0 & 0 & 1 \end{bmatrix} \tag{5}$$

可以认定三维空间中的 P_0 到 P_1 变化是由俯仰变化、横滚变化、方位变化按照一定的变化顺序来实现的，经过多次试验，发现是 P_0 先进行横滚变化，然后进行俯仰变化，最后进行方位变化得到 P_1，使用矩阵表示如下：

$$\begin{bmatrix} n_1 & e_1 & u_1 \end{bmatrix} = \begin{bmatrix} n_0 & e_0 & u_0 \end{bmatrix} \cdot \begin{bmatrix} 1 & 0 & 0 \\ 0 & \cos(r) & -\sin(r) \\ 0 & \sin(r) & \cos(r) \end{bmatrix} \cdot$$

$$\begin{bmatrix} \cos(p) & 0 & \sin(p) \\ 0 & 1 & 0 \\ -\sin(p) & 0 & \cos(p) \end{bmatrix} \cdot \begin{bmatrix} \cos(h) & \sin(h) & 0 \\ -\sin(h) & \cos(h) & 0 \\ 0 & 0 & 1 \end{bmatrix} \tag{6}$$

对于装在测斜孔中的测斜仪第 i 段，长度 L_i，其顶部坐标为 $\begin{bmatrix} N_{i+1} & E_{i+1} & U_{i+1} \end{bmatrix}$，底部坐标为 $\begin{bmatrix} N_i & E_i & U_i \end{bmatrix}$，俯仰、横滚、方位分别是 P_i、R_i、H_i；它们之间的关系可以表示如下：

$$
\begin{bmatrix} N_{i+1} & E_{i+1} & U_{i+1} \end{bmatrix} =
$$

$$
\begin{bmatrix} N_i & E_i & U_i \end{bmatrix} + \begin{bmatrix} 0 & 0 & L_i \end{bmatrix} \cdot \begin{bmatrix} 1 & 0 & 0 \\ 0 & \cos(R_i) & -\sin(R_i) \\ 0 & \sin(R_i) & \cos(R_i) \end{bmatrix} \cdot
$$

$$
\begin{bmatrix} \cos(P_i) & 0 & \sin(P_i) \\ 0 & 1 & 0 \\ -\sin(P_i) & 0 & \cos(P_i) \end{bmatrix} \cdot \begin{bmatrix} \cos(H_i) & \sin(H_i) & 0 \\ -\sin(H_i) & \cos(H_i) & 0 \\ 0 & 0 & 1 \end{bmatrix} \tag{7}
$$

整个孔的测斜绳就是使用以上关系由下往上迭代计算出来每隔节点端点的坐标；可根据每个端点坐标的变化量来作为深部位移变化的结果；如果是由上往下计算，只需要将 L_i 加上负号变成 $-L_i$ 即可。

5 应用及服务模型

5.1 数据分析方法

（1）坐标结果分析

坐标结果使用自定义局部空间坐标系，坐标系 X 指向正北、Y 指向正东、Z 指向正上方，计算方式分底部固定与顶部固定两种，当为底部固定时假设底部节点下方顶点坐标为（0，0，0）即原点，迭代计算出每个节点上方顶点的坐标，节点位置编号由小到大自上而下，坐标结果为其他分析提供基础计算数据。

（2）位移数据表

位移数据表计算选取第一组计算坐标结果或某一时该计算坐标结果为初始坐标，以当前坐标与初始坐标相互计算得到每个节点的位移与方向，水平位移 $= \sqrt{(X-X_0)^2 + (Y-Y_0)^2}$，竖向位移 $= Z - Z_0$，编制位移数据表，从表中可分析累计位移、位移方向、滑动面深度、节点深度等，其中位移方向的角度为与正北顺时针夹角。

（3）位移监测报表

位移监测报表展示了本次增量位移、累计变化量、变化速率等，日增量 = 测量值-上一天测量值，依据报表可以分析滑动面深度、累计位移、增量位移、变化速率等。

5.2 空间分析方法

（1）位移与深度关系分析

位移与深度曲线是深度与累计水平位移曲线，每一个时间点一条曲线，时间点间隔可以是日或小时，如图 7 所示为位移与深度曲线，从图中可以分析滑动面深度、累计位移、增量位移、变化速度等。

（2）三维空间姿态分析

三维空间姿态是空间向量连接成一条绳状，直观的体现了全深度阵列式测斜仪的空间姿态。图 8 为三维空间姿态，从图中可以分析空间变化、位移方向等。

5.3 时间分析法

位移时间曲线是累计位移随时间变化的曲线，每个节点一条曲线，图 9 为位移时间曲线，从图中可以分析累计位移、变化速度等。

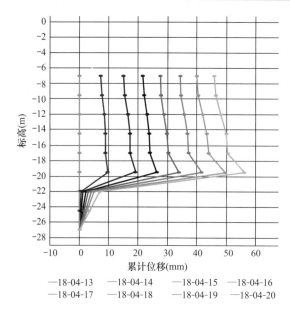

图 7　位移与深度曲线

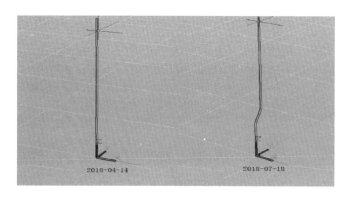

图 8　三维空间姿态

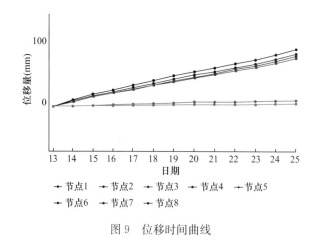

图 9　位移时间曲线

6　工程应用

6.1　四川茂县黑虎乡四村滑坡深部位移监测

四川省茂县黑虎乡四村滑坡，2016 年发现变形，施工 15m 抗滑桩，结果原来的浅层滑动面发展为深层第二滑动面，引发更大的滑坡迹象，为了了解滑动面和深部变形速率，2018年初安装北斗云阵列式深部位移测量仪，清晰查明 7～8m 滑动面和 20～22m 滑动面，确定了滑坡总规模，监测共安装 5 个深部位移监测点，1 号到 4 号的孔深为 15m，5 号孔的深为 20m，每节长度为 2.5m，如图 10 为四川省茂县黑虎乡四村滑坡应急监测监测点分布图与深部位移 5 号监测点位移深度曲线与位移时间曲线，判断滑动面深度为 21m。

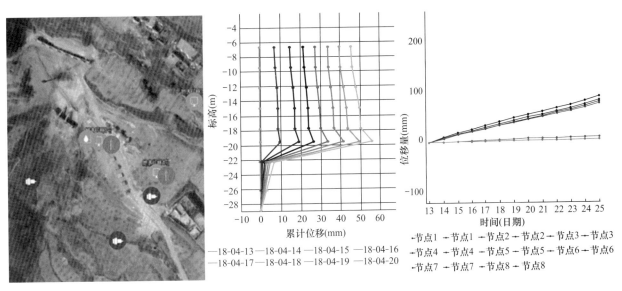

图 10　监测点分布图与深部位移 5 监测点曲线

6.2　贵州省晴隆县沙子镇中缅线天然气管道深部位移监测

贵州省晴隆县沙子镇中缅线天然气管道，2017 年曾经发生泄露爆炸，2018 年同一区域再次发生泄露爆炸，为查明深部地层变形原因，安装北斗云阵列式深部位移测量仪，查明和验证了沿剖面线深层变形的位置和原因，该片区深部土体的不稳定变形是最大原因，监测共安 8 个深部位移监测点，每个监测点孔深为 6m，每节长度为 1m，如图 11 所示，监测点分布图与 SX8 监测点位移深度曲线与位移时间曲线，判断滑动面深度为 1.5m。

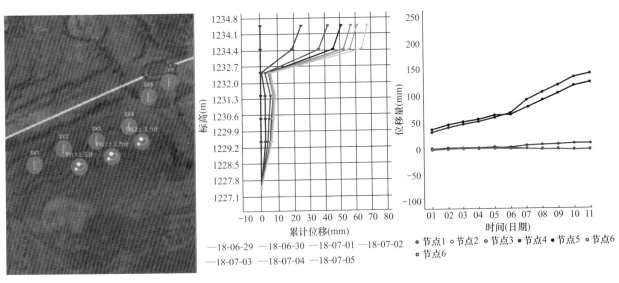

图 11　监测点分布图与 SX8 监测点曲线

7 结语

通过工程项目应用，全深度阵列式深部位移测量仪是一款难得的深部位移测量仪器，总线结构，节长可以自由组合，设计巧妙、安装方便、应用简单、精度高、价格相对低廉，可以重复使用，应用范围宽广，是一款具有国际先进水平的岩土深部位移监测仪器。

参考文献

［1］ 成都理工大学等. 强震区地质灾害链预测评价与综合监测预警论文集. 科技部重大自然灾害监测预警与防范研究成果.

［2］ 中华人民共和国国家标准. 建筑基坑工程监测技术规范 GB 50497—2009［S］. 北京：中国计划出版社，2009.

［3］ 彭立威. 钻孔测斜仪数据处理系统的开发与监测成果分析方法研究［D］. 成都理工大学硕士学位论文，2011.

作者简介

李慧生，高级工程师，1988 毕业于成都理工大学工程地质专业；2001 年在职攻读清华大学通讯与信息系统工程硕士；现任广州市地平线岩土工程有限公司、深圳市北斗云信息技术有限公司董事长，北京有生博大软件技术有限公司副董事长，成都理工大学环境与土木工程学院客座教授；2015 年获得河南省科学技术进步奖三等奖；中国城市科学研究会建设互联网与 BIM 专业委员会委员；申请授权专利 15 项；首创将高精度北斗应用于大型工程机械自动定位，达到国际领先水平；首创分布式亚毫米级北斗静态位移大数据处理算法；主持建设"北斗云打桩及桩基施工管理平台""基于物联网技术的岩土监测云平台""基于物联网技术的地质灾害监测云平台"。

FULL DEPTH DEEP DISPLACEMENT SHAPE ARRAY RESEARCH AND PRACTICE

LI Hui-sheng[1]，JIANG Shu-long[1]，ZHENG Zhi-kai[1]，ZHAO Qi-hua[2]
(1. Shenzhen Northdoo Information Technology Co. Ltd
2. Chengdu University of Technology)

Abstract：This article introduced the design and development of the "Shape Array"，it had analyzed the current market situation and problem of the traditional inclinometer and proposed new designing and calculation models. At the same time，it had introduced the "Shape Array" three dimension algorithm and provided the introduction of the data processing and the application model. The article introduced two successful projects，the first one was applied at Maoxian，Sichuan for a landslip situation and the second one was applied on the natural gas pipeline between China and Burma，the "Shape Array" had successfully demonstrated the position of the deep displacement and the acceleration of the displacement as well. This product is advanced for both domestic and international in the geotechnical measuring instrument field.

六、环境岩土工程研究与实践

杭州天子岭第二填埋场稳定安全控制及增容

詹良通，兰吉武，李伟，陈云敏

（浙江大学岩土工程研究所，浙江 杭州 310058）

摘　要： 杭州天子岭填埋场以厨余垃圾为主，渗滤液产生速率高，基于堆体勘察，进行了堆体现状及后续堆高过程边坡稳定性分析。堆体现状以浅层滑移为主，滞水层厚度较大，随着后续堆体高度增加，堆体中主水位逐渐升高，边坡主要失稳模式由浅层滑移向沿底部衬垫整体滑移变化。分析确定了填埋场现状和后续堆高过程中堆体的滞水位和主水位的警戒水位；提出了稳定安全控制及增容措施。建议对未施工区域场底衬垫系统结构进行改进，提高衬垫界面抗剪强度；构建渗滤液立体导排系统，将浅层滞水位和深层主水位高度控制在警戒水位之下；加高垃圾坝并对下游阻滑堆体实施反压，提高堆体整体稳定性；建设填埋堆体稳定安全监测系统，实施长期稳定安全监测和预警预报。最后评估了填埋场稳定安全控制及增容组合措施的效果，满足规范要求。

关键词： 填埋场稳定性，失稳模式，警戒水位，工程措施

1　工程概况

天子岭填埋场位于中国浙江省杭州市北部，由已经封场和生态复绿的第一垃圾填埋场（简称"一埋场"）和正在同步建设运行的第二垃圾填埋场（简称"二埋场"）组成。二埋场位于一埋场下游，向西扩展 440m，采用垂直防渗和水平防渗相结合的防渗技术，占地面积 96 公顷，最大设计堆体标高 165m，总库容为 2202 万 m³。按初期 1949t/d、终期为 4000t/d、日均填埋量 2671t/d 的填埋规模，设计服务年限为 24.5 年。

二埋场库区后缘边坡中部大面积区域置于"一埋场"已填埋垃圾堆体之上，场底铺设的复合防渗系统主要为土工织物/土工膜/GCL，是填埋场的薄弱环节。图 1 为天子岭填埋场工程地质剖面图。二埋场进场以厨余垃圾为主，含水率高达 60%、工程特性复杂，造成填埋场服役环境极端。据统计，目前二埋场平均填埋规模已达 4556.83t/d，日最大填埋量达 6302t/d，大大突破了原设计日均填埋量 2671t/d。由于填埋垃圾量远超设计值，二埋场处于超承载容量运行状态。现场气井打设揭示，堆体内滞水位埋深仅位于填埋面以下 2～6m；现场测试表明，堆体渗沥液导排层水头已达 10m，远远超过国家污控标准规定的 0.3m。垃圾量和堆填速度的增加，会增大渗沥液导排难度，抬高堆体水位，降低填埋体稳定性。

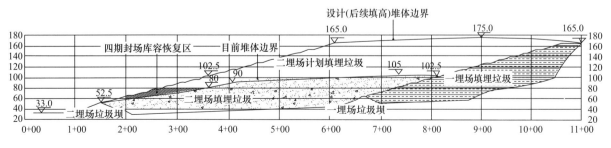

图 1　杭州天子岭填埋场工程地质剖面图

浙江大学岩土工程研究所受杭州市环境集团有限公司委托，开展二埋场堆体稳定性评估及安全控制措施研究。根据评估结果，如果不采取工程措施按照现状工艺继续填埋，当堆体高度达到 96.25m 平台，

堆体整体安全系数从现状的 1.6 降低至 1.35（刚好等于规范要求），此时对应的填埋容量为 878 万 m^3，与预先设计的 2202 万 m^3 相差甚远。当堆体高度达到 133.75m 平台，堆体整体安全系数降低到 1.0，失稳风险非常大，该平台对应的容量为 1655 万 m^3。针对现状堆体稳定安全储备不足及后续堆高失稳风险大的问题，提出稳定安全控制及增容措施：改进未施工区域衬垫结构；控制渗滤液主水位和滞水位；垃圾坝加高及下游堆体反压；建立长期稳定安全监测系统。

2 工程地质与水文地质

2.1 工程地质特征

图 2 为填埋场防渗衬垫，防渗衬垫主要由土工织物、土工膜、GCL 组成。在底部水平区域其结构主要为：$120g/m^2$ 的无纺土工布/砾石导排层/二层 $600g/m^2$ 的土工织物/2mmHDPE 双光面土工膜/GCL/1mmHDPE 双光面土工膜/黏土地基；斜坡区域其结构主要为：袋装土保护层/$600g/m^2$ 长丝无纺土工布/2.0mmHDPE 双毛面土工膜/GCL/基底。土工织物与土工膜的界面、土工膜与 GCL 的界面是较薄弱的界面；因此需要对其进行强度测试。剪切试验均采用大尺寸界面直剪仪进行。根据填埋场实际情况及实验结果，对于底部缓坡区域土工织物和光滑土工膜的界面、光滑土工膜与 GCL 的界面，摩擦角取 13°，对于斜坡区域土工织物与粗糙土工膜的界面，粗糙土工膜与 GCL 的界面，摩擦角取 17°。

图 2 场底衬垫系统现场铺设情况

根据勘察结果，填埋堆体按降解程度和工程特性可以分为三个工程地质层：①浅层垃圾：颜色鲜艳呈灰白色，成分以塑料、尼龙袋、纤维、布等生活垃圾为主，层厚 0～10m；②中间降解垃圾土：颜色发暗，灰褐色，主要成分为塑料、纤维、灰渣等物质，厚度 8～20m；③底层降解垃圾土：以灰黑为主，和浅层和中层垃圾相比，纸张等物质降解程度较高，腐殖质含量明显增多，层厚 12～20m 左右。各层垃圾土强度特性如表 1 所示。

二埋场堆体土工参数设置　　　　　　　　　　　　　　　　　表 1

材料	参数			
	饱和重度（kN/m³）	天然重度（kN/m³）	黏聚力（kPa）	内摩擦角（°）
浅层垃圾	11.3	10	20	25
中层垃圾	12.5	10.3	5	28
深层垃圾	13.9	12.2	0	36

2.2 水文地质特征

二埋场生活垃圾以厨余垃圾为主，含水率高达 60％～70％，填埋后降解产生大量的渗滤液。餐厨一期项目投运后（2016 年），在不采取堆体水位强制抽排的工况下，日均填埋规模 3500t/d、4000t/d、5000t/d 和 6500t/d 时，二期堆体渗沥液导排量分别为 1715m³/d、1930m³/d、2360m³/d 和 2752m³/d，采取堆体水位强制抽排措施后，二期堆体渗沥液导排量分别为 1969m³/d、2213m³/d、2702m³/d 和 3146m³/d。

堆体内的渗滤液，初始一般以滞水形式存在，并逐步向堆体侧面和底部运移，并通过渗沥液抽排竖井、中间导排盲沟和底部导排层盲沟导排出库区。随着填埋场运行时间增长，同时随着填埋堆体的不断堆高，底部导排层逐渐被淤堵，导排能力下降，同时堆体底部垃圾渗透能力降低，以至于在堆体底部逐步形成主水位并不断发展；并导致上部滞水层向下运移量不断将少，从而滞水层厚度得以增大。根据测试结果，表明填埋场现状堆体存在两层水位，即浅部滞水位和场底导排层以上的主水位。滞水位埋深 5~8m，在平台缓坡位置埋深仅为 1~4m。孔压计实测导排层以上主水位高度达 9~10m。

3 堆体稳定性计算及警戒水位确定

3.1 稳定性计算方法

根据《生活垃圾卫生填埋场岩土工程技术规范》CJJ 176—2012[1]，垃圾堆体边坡稳定分析采用 Morgenstern & Price 法，采用 GEOSLOPE 软件包中 Slope/W。根据规范，考虑到垃圾填埋场这一基础设施的重要性，本工程安全等级为一级，垃圾堆体边坡稳定安全系数控制标准为：正常气象条件对应的渗滤液水位时，边坡稳定安全系数大于 1.35。

3.2 现状堆体稳定性分析

根据填埋场水位计算及监测结果，主水位高度为 10m，滞水位厚度为 20m，滞水位平均埋深为 4m 时，滞水层底面距堆体表面深度为 24m。对现状堆体的边坡浅层滑移、边坡深层滑移及沿衬垫整体滑移的稳定性进行了计算，各剖面稳定计算结果见表 2。以 3-3 剖面为例，现状堆体的失稳模式如图 3 所示。

堆体现状稳定性初步评估结果 表 2

失稳类型	1-1 剖面	2-2 剖面	3-3 剖面	4-4 剖面
边坡浅层滑移	1.196	1.055	0.966	0.997
边坡深层滑移	2.349	2.196	2.53	2.312
底部沿衬垫整体滑移	1.574	1.957	1.633	2.269

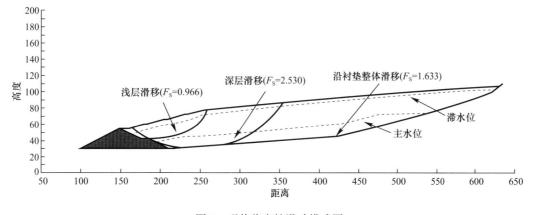

图 3 现状稳定性滑动模式图

从计算结果看，现状堆体边坡浅层稳定安全储备不足，主要潜在的失稳模式为浅层滑移。双层水位条件下，现状堆体边坡深层滑移和沿衬垫整体滑移稳定性均能满足规范要求，堆体发生深层滑移或沿场底复合衬垫薄弱界面整体滑移的可能性不大。

3.3 后续堆高过程中堆体稳定性分析

根据规划方案，后续堆体需要逐步堆填至 96.25m 平台、115m 平台、133.75m 平台及 165 平台（封顶情况）。渗沥液总产量可以利用 ZJU-model 进行计算，该计算方法已被《生活垃圾卫生填埋场岩土工程技术规范》CJJ 176—2012 所采纳。

根据 ZJU-model 和水量平衡，到 2020 年，3500t/d、5000t/d 和 6500t/d 三种填埋规模下液固比分别为 0.69、0.82、0.91，主水位高度分别为 20.1m、30.7m、40.2m，滞水层厚度分别为 36.4m、

56.1m、68.5m。为了探究堆体随堆填高度增加其稳定性变化情况和失稳模式变化规律，选取 5000t/d 的填埋规模，采用 3-3 剖面作为分析剖面，因 3-3 剖面对滞水位和主水位的控制要求最高，相同水位条件下最易发生失稳。

图 4 为填埋场堆填至不同高度时堆体稳定性情况，当堆填至 96.25m 平台时，沿底部衬垫整体滑移安全系数从现状的 1.633 降低到 1.354；当堆填至 115m 平台时，稳定性降低为 1.161，低于规范要求；当堆填至 133.75m 平台时，稳定性进一步降低为 0.990，低于临界状态。随着堆填高度的不断增加，堆体中主水位高度不断发展，同时底部衬垫是堆体最薄弱的界面，随着荷载的不断增加，GCL 易发生水化，易造成土工膜/GCL 界面的峰值摩擦角降低，堆体沿底部衬垫滑移失稳概率增加，堆体总体稳定性逐渐降低。表明堆体从浅层失稳向沿底部衬垫整体滑移转变。

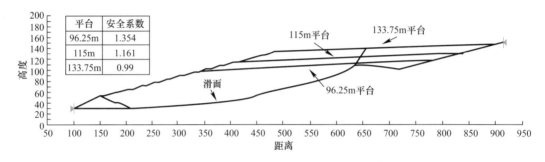

图 4　堆填至不同平台时堆体稳定性情况

3.4　警戒水位的确定

堆体边坡浅层稳定性主要由滞水位控制，堆体整体稳定性主要由主水位控制。警戒水位的确定，可通过控制不同水位深度时的堆体边坡滑移稳定性来实现。堆体安全系数控制标准为 1.35。

后续堆高过程中警戒水位　　　　表 3

堆填阶段	1-1 剖面警戒水位		2-2 剖面警戒水位		3-3 剖面警戒水位		4-4 剖面警戒水位	
	滞水位（m）	主水位（m）	滞水位（m）	主水位（m）	滞水位（m）	主水位（m）	滞水位（m）	主水位（m）
现状	7	满水位	8	满水位	8.6	满水位	8.9	满水位
96.25m 平台	8.4	13.6	10.8	满水位	12.3	21.4	12.1	满水位
115m 平台	8.7	0.2	12.8	22.6	12.6	10.2	12.5	满水位
133.75m 平台	10.4	0	11	7	12.6	0	12.6	满水位
封场	10.4	0	11.4	0	15	0	14.2	13.8

计算得到 96.25m 平台、115m 平台、133.75m 平台、封场时的主水位及滞水位的警戒水位，如表 3 所示。由表 3 可知，除了堆填至 133.75m 平台时，剖面 1-1、剖面 3-3 主水位为 0m 时，无法满足规范要求；封场时，剖面 1-1、剖面 2-2、剖面 3-3 主水位为 0m 时，无法满足规范要求，其他情况均可以通过控制水位满足规范要求。表 3 中满水位代表即使是主水位高度达到滞水层底部，堆体安全系数仍然满足规范要求。对于无法通过控制水位满足规范要求的情况，需要采取增强堆体稳定性的工程措施。

4　填埋场稳定安全控制及增容措施

上述二期堆体稳定性评估结果表明，由于堆体底部复合衬垫为薄弱界面，堆体中渗滤液产量高，现状堆体稳定安全系数低于规范要求，如不尽快采取措施，随着填埋高度增加及渗滤液水位持续壅高，后续堆高堆体稳定性明显不足，失稳风险大，难以按原设计填埋至封场高度。为保障二期库区现状堆体和后续堆高堆体的稳定性，建议实施以下 4 个方面的稳定安全控制措施。

4.1 复合防渗衬垫结构改进

GCL 在施工阶段及后期填埋过程易发生水化，易造成土工膜/GCL 界面的峰值摩擦角降低，一旦沿该界面发生滑移，堆体存在较大的失稳风险。因此，建议将未铺设衬垫区域的衬垫结构进行改进，增加其抗剪强度。

4.2 堆体水位控制

二期库区堆体的浅层滞水位控制，主要通过在堆体不同区域设置水平导排盲沟、水平导排层和液气联合抽排竖井实现。图 5 为水平导排井现场施工图，图 6 为液气联合抽排竖井。每填高一层（12.5m），近边坡 50m 范围设置渗沥液导排层，随堆体高度发展继续建设；每填高一层（12.5m），近边坡 150m 范围设置水平导排盲沟；非作业区域设置液气联合抽排竖井，实现浅层渗沥液和填埋气抽排。对于主水位控制，建议在已达到设计标高的堆体边坡区域性，建设 29 口大口径深层抽排竖井，井深 30～40m，强制抽排堆体渗沥液，降低衬垫上水头，提高现状堆体稳定性。

图 5 水平导排井现场施工　　　　　图 6 液气联合抽排竖井

4.3 垃圾坝加高及下游阻滑堆体反压

对于控制水位后堆体稳定性仍然不能满足规范要求，需加高垃圾坝，并在下游堆体上实施反压工程措施。图 7 为垃圾坝加高和堆体反压剖面图。综合各方面因素，采用 10m 厚反压层，并在垃圾坝上加筑 10m 高的挡坝，反压至 102.5m 平台，针对各剖面情况，分别计算了采用新鲜垃圾（重度 10kN）、塘渣（重度 20kN）、砌石（重度 22kN）进行反压时堆体的整体稳定性，滞水位取封场时的警戒水位，而主水位考虑工程可实施性取 10m，计算结果见表 4。由表 4 可知，对于 1-1 剖面和 4-4 剖面用新鲜垃圾堆填即可满足规范要求，而对于 2-2 剖面则需要用塘渣进行反压堆填，3-3 剖面则需要重度更大的砌石。

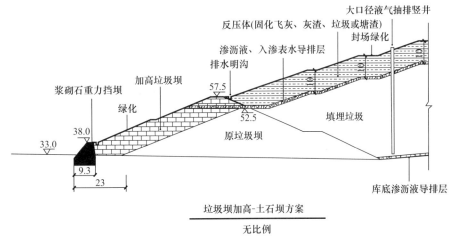

图 7 垃圾坝加高及堆体反压剖面图

采用不同材料反压堆体整体稳定安全系数　　　　　　　　　　　表 4

反压材料	计算剖面			
	1-1 剖面	2-2 剖面	3-3 剖面	4-4 剖面
新鲜垃圾（10kN）	1.502	1.286		1.532
塘渣（20kN）		1.435	1.321	
砌石（22kN）			1.354	

综合上述计算分析，提出反压堆填的建议：加高垃圾坝，采用 5～10m 厚反压层，反压至 102.5m 平台，同时控制滞水位在封场警戒水位以下、主水位不高于导排层以上 10m。候选反压材料可包括塘渣、焚烧灰渣或重度大的生活垃圾等。

4.4　长期稳定安全监测

第二填埋场垃圾坝体标高为 50m，最终标高 165m，安全等级定为一级。作为一级填埋场，必须监测垃圾堆体主水位和表面水平位移。根据现场水位监测及稳定计算结果，该填埋场存在较大的失稳风险，应将滞水位和深层水平位移也作为常规的监测项目。这些监测项目及监测点数量根据填埋区域和高度增加分期布设和实施。

5　结论和建议

基于二埋场堆体勘察，针对现状及后续堆高过程阶段性边坡稳定性分析，提出了稳定安全控制及增容措施。具体结论和建议如下：

（1）现场勘察结果表明，从钻孔获取垃圾样品成分分析表明填埋垃圾已发生明显降解，水位监测结果表明现状堆体存在两层水位，即浅部滞水位和底部导排层以上的主水位。

（2）现状堆体安全储备明显不足，边坡主要潜在的失稳模式为浅层滑移，应尽快采取措施降低滞水位。现状堆体发生深层滑移或沿衬垫整体滑移的可能性不大。

（3）随着填埋高度增加，渗滤液产生量越大，滞水层厚度越大，堆体浅层滑移面逐步加深。同时，荷载不断增加，GCL 易发生水化，主水位高度也会不断发展，底部衬垫是堆体最薄弱的界面，导致堆体沿底部衬垫滑移失稳概率增加，堆体失稳模式从浅层失稳逐渐向沿底部衬垫整体滑移转变。

（4）计算得到二埋场现状和后续堆高过程中堆体的滞水位和主水位的警戒水位。

（5）为保障二埋场现状和后续堆高过程中堆体的稳定性，建议对未施工区域场底衬垫系统进行改进，提高衬垫界面抗剪强度；构建渗滤液立体导排系统，将浅层滞水位和深层主水位高度控制在警戒水位之下；加高垃圾坝并对下游阻滑堆体实施反压，提高堆体整体稳定性；建设填埋堆体稳定安全监测系统，实施长期稳定安全监测和预警预报。

参考文献

[1]　中华人民共和国行业标准. 生活垃圾卫生填埋场岩土工程技术规范 CJJ 176—2012 [S]. 北京：中国建筑工业出版社，2012.

作者简介

詹良通，男，1975 年生，浙江人，博士，教授、博士生导师，浙江大学建筑工程学院土木工程学系教授，主要从事环境岩土工程研究。电话：0571-88208638，E-mail：zhanlt@zju.edu.cn，地址：杭州市西湖区余杭塘路 866 号浙江大学紫金港校区建筑工程学院，310008。

STABLE SAFETY CONTROL AND COMPATIBILIZATION OF SECOND TIANZILING LANDFILL

ZHAN Liang-tong, LAN Ji-wu, LI Wei, CHEN Yun-min

(MOE Key Laboratory of Soft Soils and Geoenvironmental Engineering, Zhejiang University, Hangzhou 310058)

Abstract: Kitchen garbage accounts for the main part of mnicipal solid wastes in Tianziling landfill, leading to rapid production rate of leachate. Analysis of landfill current state and slope stability during landfill heaping is conducted based on resulting landfill investigation. Landfill slope failure gives priority to shallow sliding; and stagnant water layer thickness is relatively high. Main water table gradually rises with increasing height of the landfill; and slope failure converts to integrity sliding along bottom liner system under such circumstance. Secondly, landfill current state, stagnant water leave, and warning water level during landfill heaping are analyzed and determined; and stable safety control and compatibilization measures are proposed. It is suggested that: (1) structure of bottom liner system waiting for construction and shear strength of liner interface should be improved; (2) compositeleachate drainage system should be built to control the shallow stagnant water level and main water level under the warning water level; (3) height increasement of gravity waste dam and back pressure subjecting to downstream anti-slide pile should be conducted to enhance the landfill stability; and (4) landfill stable safety monitoring system should be created to provide long-term stable safety monitoring and early warning. Finally, the effects of stable safety control and compatibilization measures are evaluated, indicating that they meet the requirements of technical code.

Key words: landfill stability, instability mode, warning water level, engineering measures

微纳米气泡增效地下水原位修复技术

胡黎明，夏志然

（清华大学水利水电工程系，水沙科学与水利水电工程国家重点实验室，北京　100084）

摘　要： 我国地下水污染形势日益严峻，地下水原位修复是环境岩土工程领域的重要研究课题。本文简要介绍了微纳米气泡增效污染地下水原位修复技术的发展过程和研究现状。采用现代化的微观测试分析手段，对微纳米气泡基本性质，包括的粒径分布、表面电位、传质及运移传质等开展研究工作，建立了理论模型来描述微纳米气泡的气体传质过程以及在多孔介质内的运移特性；有机污染水体修复试验表明，微纳米气泡作为气体载体具有高效的修复能力；在试验研究的基础上建立数值模型模拟微纳米气泡对污染场地的地下水原位修复过程，并进一步开展场地试验，结果表明微纳米气泡增效地下水修复技术具有环境友好、节能高效的技术优势，在污染场地修复工程中具有广泛的应用前景。

关键词： 环境岩土工程；有机污染；微纳米气泡；气体传质；污染场地修复

1　引言

作为重要的供水水源，我国地下水目前面临日益严峻的污染问题，原国土资源部对全国 5100 个监测点开展的地下水水质中，有超过 65% 的水质为较差或极差[1]。有机污染物是我国地下水中重要的污染成分，通常在土壤和地下水系统中以自由相、溶解相、挥发相以及吸附相等形态存在，处理难度大且易随地下水运移，对人类环境造成广泛和长期的污染。

污染地下水原位修复技术以其成本低、环境扰动小的特点受到广泛关注，目前针对有机污染地下水的传统修复技术包括监测条件下的自然降解、地下水曝气与土壤气抽提、强化微生物修复等。监测条件下的自然降解法修复效率较低且依赖环境条件，地下水曝气法只能处理挥发性气体且单井影响范围受限，强化微生物修复法也受到环境条件的制约，对于我国目前污染范围广泛、程度严重的问题，其应用具有明显的局限性[2]。环境友好、节能高效的新型地下水原位修复技术亟待研发和推广应用。

微纳米气泡技术近年来取得突破性进展，在医药、食品、农业等领域都受到广泛关注，在环境领域同样具有广阔的应用前景。微纳米气泡在水体内长时间停留，且具有较高的内部压强和较大的比表面积，从而能够大幅度提高气体的传质效率，在环境修复领域得到越来越广泛的关注和一定的应用[3]。微纳米气泡能够在地下水中稳定存在并随地下水运移，在地下水系统内持续溶解提供气体，在地下水修复领域具有巨大的应用潜力。在场地污染修复中，微纳米气泡技术可与微生物修复相结合，通过氧气微纳米气泡来向地下水系统持续提供溶解氧，从而促进微生物对污染物的降解去除[4-7]；采用臭氧微纳米气泡降解去除地下水中有机污染物，相对于常用修复方法体现出节能高效和无二次污染的优点[8-10]。

本文旨在研究微纳米气泡技术在地下水修复中的应用。首先开展实验分析测试微纳米气泡的物理性质、气体传质效率以及微纳米气泡在多孔介质内的运移特性，进而研究微纳米气泡对污染水体的修复效率，建立数值模型来模拟微纳米气泡在地下水原位修复中的应用，并最后开展场地试验检验微纳米气泡技术对有机污染地下水的修复效果。

基金项目：国家自然科学基金（41372352）；国家重点研发计划课题（2017YFC0403501）；教育部自主科研计划（THZ-20161080101）

2 微纳米气泡性质测试

掌握微纳米气泡的基本物理性质、传质特性以及在多孔介质内的运移特性是分析微纳米气泡技术在地下水修复中应用的基础。

2.1 粒径分布及界面电位

微纳米气泡的粒径及浓度是其传质效率的重要影响因素，粒径较小的气泡表现出更大的比表面积和更高的内压，能够有效增强气体的传质效率，气泡浓度则影响着气泡总的表面积，决定着水体内能达到的溶解气体浓度以及与污染物的反应效率。

通过 Nanosight 纳米粒径追踪仪测得实验室条件下生成的臭氧微纳米气泡直径主要分布在 30～440nm，峰值粒径为 230nm，在 1mL 水体中臭氧微纳米气泡的数量达到 4.38×10^7 个。

微纳米气泡的表面电位对其稳定性有较大影响，较高的表面电位值能够抑制气泡之间的相互聚并，从而使得微纳米气泡能够以小气泡的形式稳定存在于水体内。微纳米气泡的表面电位值常受到水体内盐度条件影响。表面电位常通过 Zeta 电位值来描述，在本研究中通过 Delsa-nano C 界面电位测定仪测得臭氧微纳米气泡在不同盐度条件下的表面电位值如图 1 所示。

在广泛的盐度范围内，臭氧微纳米气泡均具有出较高的表面电位值，也即臭氧微纳米气泡在不同盐度条件下均能表现出较高的稳定性，表明臭氧微纳米气泡在不同盐度条件的地下水修复中均适用。

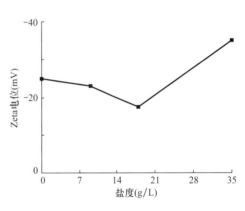

图 1　不同盐度条件下气泡表面电位

2.2 传质及运移特性

微纳米气泡的气体传质效率影响着水体内能够达到的溶解气体浓度值，从而决定着对污染物的处理效率。

在去离子水内持续生成臭氧微纳米气泡，并对溶液内溶解臭氧浓度值进行持续监测，当溶解臭氧浓度值达到峰值后，停止臭氧微纳米气泡生成并对溶液内溶解臭氧浓度值的下降过程进行持续监测。同时开展毫米级气泡的对比试验，向水体内通入直径 7mm 的臭氧气泡，并持续监测通入过程中及停止通入之后溶液内溶解臭氧浓度值的变化。对于臭氧微纳米气泡的传质效率试验结果如图 2 所示。

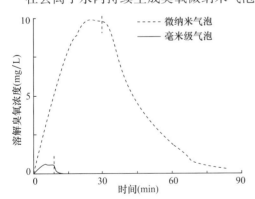

图 2　微纳米气泡与毫米级气泡传质效率对比

微纳米气泡试验组中，在生成臭氧微纳米气泡的过程中，溶液内溶解臭氧浓度值迅速升高，持续生成臭氧微纳米气泡 22 分钟后，溶解臭氧浓度达到峰值 10.09mg/L；而在毫米级气泡试验组中，在通入毫米级臭氧气泡的过程中，溶液内溶解臭氧浓度值上升缓慢，

持续通入毫米级气泡 6 分钟后，溶解臭氧浓度达到峰值 0.64mg/L。试验表明，微纳米气泡大幅度提高了臭氧的传质效率，使得溶液内溶解臭氧浓度值得以迅速升高，同时大幅度增加了平衡时溶液内能达到的溶解臭氧浓度峰值。

当停止臭氧通入后，两组试验中溶解臭氧浓度值均迅速下降，下降过程符合一级动力学方程，其中微纳米气泡试验组，溶解臭氧的半衰期为 10.5min，而毫米级气泡试验组中，溶解臭氧的半衰期则为

0.7min。试验结果表明微纳米气泡能够向水体内持续溶解提供臭氧，从而有效延长溶解臭氧的存在时间，使其能够更充分的与污染物发生反应。

在试验研究的基础上，进一步基于 Epstein-Plesset's 模型建立了理论模型来描述微纳米气泡的溶解传质效率。当在水体内持续生成臭氧微纳米气泡时，水体内的溶解臭氧浓度值 C 可通过公式（1）来描述。

$$C = \frac{144k_H(P_{out} \cdot R + 2\sigma)}{\frac{3 \times 10^{-6}}{4\pi Q} - R^3} \cdot \left(\sqrt{\frac{D}{k}} \cdot R + \frac{D}{k} - \sqrt{\frac{D}{k}} \cdot \left(\frac{3 \times 10^{-6}}{4\pi Q}\right)^{\frac{1}{3}} \cdot e^{\sqrt{\frac{k}{D}} \cdot \left(R - \left(\frac{3 \times 10^{-6}}{4\pi Q}\right)^{\frac{1}{3}}\right)} - \frac{D}{k} \cdot e^{\sqrt{\frac{k}{D}} \cdot \left(R - \left(\frac{3 \times 10^{-6}}{4\pi Q}\right)^{\frac{1}{3}}\right)} \right)$$

$$\tag{1}$$

其中 k_H 为臭氧的亨利系数；P_{out} 为环境压强；σ 为表面张力系数；Q 为 1mL 溶液中微纳米气泡数量；R 为微纳米气泡半径；D 为臭氧的分子扩散系数；k 为溶解臭氧的半衰期。

在臭氧总量一定的情况下，可得到不同微纳米气泡粒径情况下溶液内的溶解臭氧浓度值如图 3 所示。

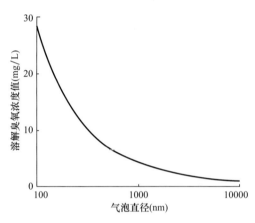

图3　溶解臭氧浓度值与气泡粒径关系

在臭氧总量不变的情况下，溶液内溶解臭氧浓度值随气泡粒径增大而减小。当减小气泡粒径时，气泡的内压升高、比表面积增大，从而大幅度提高气体的传质效率。结果表明微纳米气泡相对于大气泡具有明显的优势，而且在微纳米气泡技术的应用中，减小微纳米气泡的粒径具有重要意义。

微纳米气泡在多孔介质中的运移特性对于其在地下水修复中的应用具有重要影响。试验测试表明孔隙尺寸较大的砂土内，含微纳米气泡水与无气水的渗透系数基本相同，不会对地下水运动造成显著影响。

由于微纳米气泡在水体内存在时间较长，类似于胶体的性质，因此常采用胶体运动的控制方程来描述微纳米气泡在多孔介质内的运移过程，综合考虑地下水运动、微纳米气泡运移、气泡溶解传质，以及与污染物反应消耗，得到地下水原位修复过程中微纳米气泡的运移方程如公式（2）所示。

$$\frac{\partial}{\partial t}(\theta C_b) + \nabla \cdot [-\theta D \nabla C_b] + \nabla \cdot (q_w C_b) = -\rho_b k_p \frac{\partial C_b}{\partial t} - R_v \tag{2}$$

其中 θ 为多孔介质孔隙率；t 为时间；C_b 为微纳米气泡的浓度；D 为机械弥散系数；q_w 为水流通量；ρ_b 为多孔介质干密度；k_p 为微纳米气泡吸附的分布系数；R_v 为微纳米气泡由于气体溶解造成的单位时间浓度减小。

3　污染修复

3.1　污染水体修复试验

在微纳米气泡基本性质研究的基础上，进一步研究微纳米气泡对于有机污染物的降解去除效率。

选取甲基橙作为代表性污染物，分别采用臭氧微纳米气泡及臭氧毫米级气泡对水体进行修复，定期抽取水样对甲基橙浓度进行监测，结果如图 4 所示。

在微纳米气泡试验组中，经过 10min 的处理甲基橙的降解率即超过 92%；而在毫米级气泡试验组中，经过

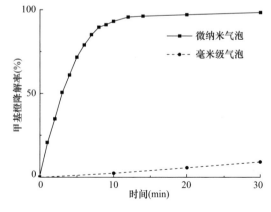

图4　臭氧微纳米气泡及毫米级气泡
对甲基橙降解效果

30min 降解率也仅达到 9.2%。结果表明臭氧对于甲基橙具有显著地降解能力，而微纳米气泡能够大幅度提高臭氧对污染物的降解效率。相比于毫米级气泡中，大量臭氧直接溢出水面，微纳米气泡中臭氧得

以更充分的溶解进入水体并与污染物反应，而且水体内溶解臭氧浓度能达到较高水平，从而有效提高对污染物的降解速率。臭氧微纳米气泡能够高效地降解去除有机污染物。

3.2 现场地下水修复试验

基于实验室内的研究，进一步选取某三氯乙烯（TCE）污染场地开展了现场的原位修复试验，研究微纳米气泡技术对地下水的修复效果。

污染区域主要为地下 12~16m 的砂层，渗透系数为 2×10^{-6} m/s，上下均为渗透系数为 10^{-8} m/s 的黏土层，场地内地下水中污染物浓度最高超过 10mg/L，当地环保部门的限值为 0.03mg/L。现场选取 7m×2m 的区域开展修复试验，共设置一口注水井、一口抽水井以及五口监测井，井位布置如图 5 所示。抽水井的直径为 15cm，试验过程中抽取地下水速度约为 35L/min；注水井的直径为

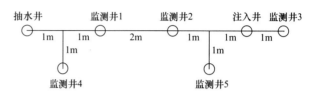

图 5 现场井位布置

5cm，试验过程中注入含臭氧微纳米气泡水的速度为 15L/min；监测井的直径为 5cm，试验过程中使用取样管于地下 15m 处取水样进行测定。

原位修复过程中，通过抽水井将污染水体抽入沉淀过滤装置，并通过曝气进一步去除水体内的

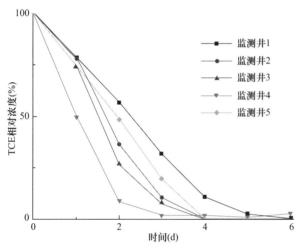

图 6 各监测井内 TCE 浓度随时间变化

TCE，然后在水体内生成臭氧微纳米气泡，并添加过氧化氢溶液作为催化剂促进臭氧对污染物的降解。臭氧与过氧化氢的质量比为 1:1，原位修复试验共开展 6 天，每天持续 9 小时，持续从监测井取水样测定 TCE 浓度变化，结果如图 6 所示。

原位修复过程中，各监测井内 TCE 浓度均明显下降，6 天后污染物总去除率均超过 90%，各井中 TCE 浓度均降至当地环保部门限值 0.03mg/L 以下，表明臭氧微纳米气泡对地下水及土壤中的 TCE 均能有效的去除，该技术在地下水的原位修复领域有广阔的应用前景。且各监测井 TCE 浓度开始下降时间与井位置相关联，基本符合臭氧微纳米气泡在地下水流场内的运移扩散规律。

3.3 污染场地原位修复数值模拟

为研究微纳米气泡技术在实际应用中对地下水中污染物的去除效果，建立数值模型来模拟分析微纳米气泡增效的地下水原位修复过程，计算模型如图 7 所示。

抽水井直径均为 20cm。通过注水井注入空气微纳米气泡水，溶氧值为 12mg/L，注入流量为 6L/h/m。抽水井的抽水流量同样为 6L/h/m。场地的土性为砂土，渗透系数为 2.5×10^{-5} m/s. 初始地下水溶氧浓度及微纳米气泡浓度均为 0mg/L。地下水中的污染物浓度为 10mg/L，污染物的去除通过微生物降解实现。

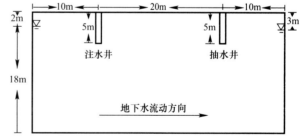

图 7 微纳米气泡增效地下水原位修复计算模型

随着微纳米气泡的注入，在注入井附近较大范围内，地下水系统内溶解氧浓度逐渐提高，溶解氧浓度随时间变化如图 8 所示，注入井附近浓度较高，可达 11.5mg/L，1 年后，注入井与抽水井之间的很大区域内基本达到饱和溶氧值，影响深度约为地下水位下 5m。

微纳米气泡大幅度提高地下水系统内溶解氧浓度，从而显著增强好氧微生物的活性，以降解消除地下水中的污染物，区域内污染物浓度随时间变化如图9所示，污染物从注入井附近到抽水井附近依次被去除，1年后总去除范围达到25m×12m。数值模拟结果表明微纳米气泡增效地下水原位修复技术能够在较大范围内明显去除地下水中的污染物。

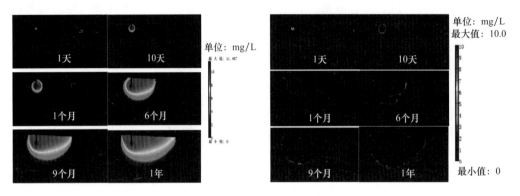

图 8　溶解氧浓度随时间变化　　　　　图 9　污染物浓度随时间变化

4　结论

本文围绕微纳米气泡增效地下水原位修复技术，首先开展试验研究微纳米气泡的粒径分布、表面电位等基本性质；进一步测定微纳米气泡的传质过程，建立理论模型描述微纳米气泡的溶解传质过程并使用该模型解释微纳米气泡在传质效率上相对于常规曝气技术的显著优势；在实验室内研究臭氧微纳米气泡对有机污染水体的修复效率，进一步开展现场试验来检验微纳米气泡技术在地下水原位修复中的应用前景，并建立数值模型模拟微纳米气泡技术在地下水原位修复中的应用效果。

研究表明微纳米气泡技术体现出极强的修复能力和极高的修复效率，在污染地下水的原位修复领域具有广泛的应用前景。

参考文献

[1]　生态环境部. 2017 中国生态环境状况公报. 2018.

[2]　胡黎明，刘毅. 地下水曝气修复技术的模型试验研究 [J]. 岩土工程学报，2008，30（6）：835-839.

[3]　Takahashi M. Base and technological application of micro-bubble and nano-bubble [J]. Materials Integration，2009，22（5）：2-19.

[4]　胡黎明，宋德君，李恒震. 用微纳米气泡对污染地下水强化原位修复的方法及系统 [P]. 北京：CN102583712A，2012-07-18.

[5]　胡黎明，宋德君，李恒震. 用微纳米气泡对地下水原位修复的方法及系统 [P]. 北京：CN103145232A，2013-06-12.

[6]　Bowley W W，Hammond G L. Controlling factors for oxygen transfer through bubbles [J]. Industrial & Engineering Chemistry Process Design and Development，1978，17（1）：2-8.

[7]　Li H，Hu L，Song D，et al. Subsurface transport behavior of micro-nano bubbles and potential applications for groundwater remediation [J]. International Journal of Environmental Research and Public Health，2013，11（1）：473-486.

[8]　Chu L B，Xing X H，Yu A F，et al. Enhanced ozonation of simulated dyestuff wastewater bymicrobubbles [J]. Chemosphere，2007，68（10）：1854-1860.

[9]　Hu L，Xia Z. Application of ozone micro-nano-bubbles to groundwater remediation [J]. Journal of Hazardous Materials. 2018，342：446-453.

[10]　Tasaki T，Wada T，Baba Y，et al. Degradation of surfactants by an integratednanobubbles/VUV irradiation technique [J]. Industrial & Engineering Chemistry Research，2009，48（9）：4237-4244.

作者简介

胡黎明，男，1974 年 1 月生，山西文水人，博士，教授。长期从事土力学和环境岩土工程的教学与科研工作，发表学术论文 200 余篇。电子邮箱：gehu@tsinghua.edu.cn，电话：010-62797416。地址：北京市海淀区清华大学水利系，水沙科学与水利水电工程国家重点实验室，邮编：100084。

IN-SITU REMEDIATION OF GROUNDWATER BASED ON MICRO-NANO-BUBBLES TECHNOLOGY

HU Liming，XIA Zhiran

(State Key Laboratory of Hydro-Science and Engineering，

Department of Hydraulic Engineering，Tsinghua University，Beijing 100084)

Abstract：Nowadays groundwater contamination draw more and more attention，and in-situ remediation of groundwater is an important research topic in geo-environment engineering. This research focus on the application of micro-nano-bubbles (MNBs) technology in is-situ groundwater remediation. The characteristics of MNBs，including the size distribution，surface charge，mass transfer efficiency and migration in porous medium were studied，and theoretical models were built to describe the mass transfer process of MNBs and their migration in porous medium. MNBs showed high efficiency in wastewater treatment，and a numerical model was built to describe the remediation of contaminated groundwater by MNBs. Furthermore，field monitoring was conducted，and the results show that MNBs greatly improved the remediation efficiency and represented an innovative method for in-situ groundwater remediation.

Key words：Geo-environmental engineering，Organics-contamination，Micro-nano-bubbles （MNBs），Gas mass transfer，Site remediation

高风险工业重金属污染土原地固化稳定化技术及应用

杜延军[1,2]，冯亚松[1,2]，夏威夷[1,2]，周实际[1,2]

（1. 东南大学岩土工程研究所；2. 江苏省城市地下工程与环境安全重点实验室，江苏南京　210096）

摘　要： 本研究结合我国工业污染场地的污染物分布特征，分别选取某铅锌冶炼厂铅（Pb）、锌（Zn）、镉（Cd）污染场地、某汽配厂镍（Ni）、锌（Zn）、铬（Cr（IV））污染场地为研究对象，开展了采用自主研发的新型羟基磷灰石基SPC固化剂处理复合重金属污染土的原地原位、原地异位固化稳定化现场试验，建立了施工工艺和关键参数；通过现场动力锥贯入试验研究了固化稳定化重金属污染土的力学性能；并通过浸出毒性、固化土pH、重金属形态分布等试验，初步阐明了新型固化剂封闭重金属的控制机理。研究结果可为指导我国高浓度复合重金属污染土的固化稳定化实施工艺、现场测试和效果评价提供科学依据。

关键词： 重金属污染土；固化稳定化；新型固化剂；施工工艺；力学特性；毒性浸出

1　引言

快速工业化进程中，长期的工业生产活动向土壤中排放了大量的污染物，使得我国大面积土壤正在遭受着严重的污染问题[1]。另外，随着我国城市建设的扩张以及产业布局的调整，该类棕色场地面临着土地功能的转换，必须采取合理有效的措施，降低污染物带来的环境风险[2]。然而我国工业重金属污染土修复技术的研究水平和经验积累远滞后于发达国家[3]。因此开展典型工业重金属污染场地修复的研究迫在眉睫。

固化稳定化技术被广泛应用于重金属污染场地修复中[4]。与其他修复技术相比，固化稳定化技术具有施工成本低、工期短，固化土体化学稳定性、工程特性优良等诸多优点，能够更好满足场地再利用时的工程要求[4]。目前固化稳定化技术中常用固化剂主要为无机材料（94%），其中高碱性的水泥（39%）和石灰（8%）最为常用[5]。然而众多研究已表明水泥及石灰等传统固化剂存在诸多弊端[6]，如：（1）固化土碱性强；（2）环境友性差；（3）高浓度重金属污染土适用性差；（4）复杂环境下固化土长期稳定性差。另外，磷酸盐在污染土修复中也受到青睐[6]，但磷酸盐仍然存在修复成本高、修复土工程特性差等缺点。因此开发高效且环境友好型的固化剂是重金属污染场地修复领域的研究热点之一。

本研究结合我国工业污染场地的污染物分布特征，分别选取某铅锌冶炼厂污染场地和某汽配厂污染场地为研究对象，开展采用自主研发的新型羟基磷灰石基SPC固化剂处理复合重金属污染土的原地原位、原地异位固化稳定化现场试验，建立施工工艺和关键参数；结合场地二次开发规划，通过现场动力锥贯入试验和室内的浸出毒性、固化土pH、重金属形态分布等试验，研究固化稳定化重金属污染土的力学性能及新型固化剂封闭重金属的控制机理。

2　SPC固化剂研发

试验采用课题组研发的新型羟基磷灰石基固化剂SPC，其中固化剂SPC包含过磷酸钙和生石灰，质量比为3∶1。SPC固化剂对重金属的固化稳定化机制为[17]：（1）固化剂SPC主要成分为Ca

（H₂PO₄）₂·H₂O，在水溶液中溶解释放出大量的磷酸根；（2）固化剂中的生石灰和 Ca(H₂PO₄)₂·H₂O 在水溶液发生酸碱反应，生成羟基磷灰石（Ca₁₀(PO₄)₆(OH)₂，HAP）。HAP 对多种重金属离子具有良好的固定作用[8]，而且 HAP 结晶体通过缠结形成固化体，显著改善固化土体的工程特性。与传统水泥基材料和磷酸盐材料相比，新型固化剂具有以下优点[7]：（1）固化体早期强度发展迅速。固化剂 SPC 的反应过程受重金属离子的影响较小，与水泥水化反应机制存在本质区别；（2）原材料成本低、经济性好。

3 污染场地概况

3.1 原地原位试验场地

原地原位固化稳定化修复场地位于某铅锌冶炼厂排污沟。数十年生产过程中粗排的废水废渣造成重金属的大量累积。修复深度内（3m）污染土的理化特征参数见图 1。污染场地的再利用途径规划为景观河道再利用，根据风险评估，重金属 Pb、Zn 和 Cd 作为修复目标污染物，并将修复目标定为《危险废物鉴别标准浸出毒性鉴别》GB 5085.3—2007 中的限值。

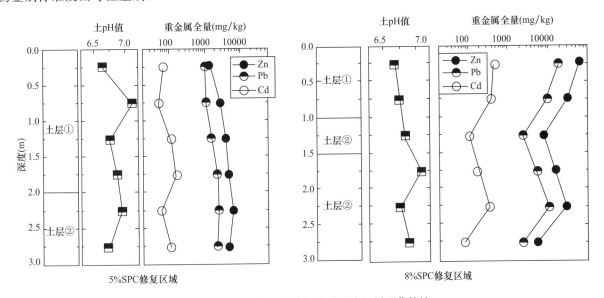

图 1　原地原位场地污染深度范围内地层理化特性

3.2 原地异位试验场地

原地异位固化稳定化修复场地位于某汽配厂电镀车间搬迁遗留场地。近 60 年来的生产过程中部分电镀液、清洗液及电镀废水等含重金属废液渗入车间地基土中。现场试验前对污染土的物理化学特性进行测试，原地异位修复场地内污染土主要理化参数见表 1。污染土中污染物 Ni 和 Zn 的平均浓度为 6056mg/kg 和 5352mg/kg，平均浸出浓度为 8.50mg/L 和 9.27mg/L。污染场地的再利用途径规划为绿化及道路用地，根据风险评估，重金属镍（Ni）、锌（Zn）为修复目标污染物，并将修复目标定为《地下水质量标准》GB/T 14848—2017 中 IV 类标准值。

原地异位污染土物理化学参数

表 1

天然含水率，w（%）	比重，G_s	塑限，w_P（%）	液限，w_L（%）	pH	粒径分布（%）		
					黏粒	粉粒	砂粒
22.3	2.68	18.1	37.2	5.82	22.1	70.3	7.6

3.3 固化剂 SPC 特性

为了对比 SPC 固化剂和水泥（PC）对重金属污染土的固化稳定化效果，原地异位试验中将 PC 作为对照组，其中 PC 为海螺牌 325 复合硅酸盐水泥。依据前期筛选试验结果，原地原位试验采用 5%和 8%的固化剂掺量（固化剂占污染土干重百分比），所处理场地尺寸为：5%SPC 区域长 8.0m、宽 5.6m，8%SPC 区域长 8.0m、宽 2.4m。原地异位固化剂掺量为 5%，回填区域长 20m、宽 12m、深 0.6m。

4 现场试验

4.1 原地原位固化稳定化

原地原位固化稳定化的施工流程见图 2。施工中采用 CFG25 型粉喷搅拌桩机进行原位固化稳定化施工。粉喷搅拌钻进喷搅作业采用四搅两喷工艺。粉喷搅拌法修复区域的桩位布置如图 3 所示，采用错位咬合的梅花型布桩方式。

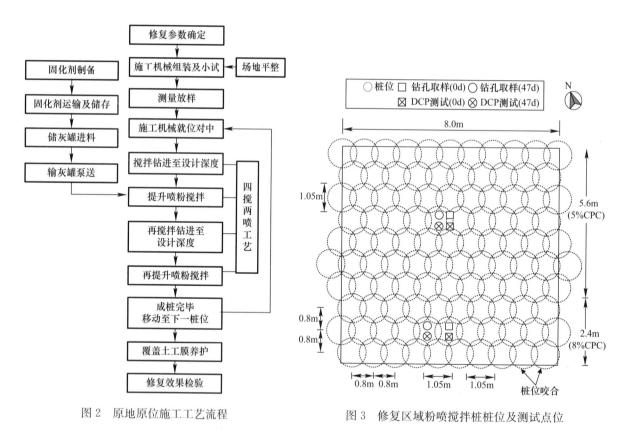

图 2　原地原位施工工艺流程　　　　图 3　修复区域粉喷搅拌桩桩位及测试点位

4.2 原地异位固化稳定化

原地异位固化稳定化施工主要流程见图 4。固化剂掺量 5%的 SPC 固化土和 PC 固化土的最优含水率为 19.4%和 20.5%。药剂拌合前将污染土进行含水率调整为 20.8%。固化土回填前进行碾压小试试验确定最佳碾压参数为静压 2 次、振压 4 次。回填区布置见图 5。为了防止固化剂间的干扰，2 种固化土回填区间设置 2m 隔离区。

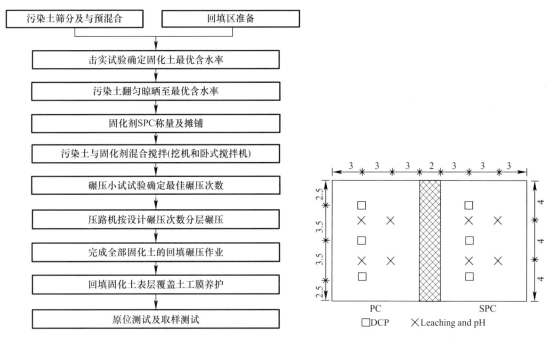

图 4 原地异位施工施工工艺流程 　　图 5 原地异位固化稳定化测试和取样点位

4.3 现场测试及评价

参照《岩土工程勘察规范》GB 50021—2001 及《污染场地土壤修复技术导则》HJ 25.4—2014 对固化土进行原位测试及取样，评价固化土的工程及环境特性。动力锥贯入测试参照《公路路基路面现场测试规程》JTG E60—2008 利用动力锥贯入仪（DCP）测定固化土的动力触探贯入指数（DCPI）及土体贯入阻力（R_s）。参考 ASTM D4972-13 测试固化土 pH 值。固化土重金属毒性浸出浓度参照《固体废物浸出毒性浸出方法硫酸硝酸法》HJ/T 299—2007 进行。重金属的赋存化学形态参考欧共体标准局的改进 BCR 三步提取法进行。

原地原位固化土修复区域及其现场测试、取样点位平面布置如图 3 所示；原地异位固化土回填区域及其现场测试、取样点位平面布置如图 5 所示。BCR 和 DCP 测试仅进行一组试验，而其余试验均设置三组平行样。

5 结果分析与讨论

5.1 试验期间天气条件

原地原位固化稳定化修复耗时 6d，修复后养护龄期 33d。试验场地养护期间的日平均气温则在 4～14℃之间。养护期间日平均相对湿度范围在 31％～81％之间。原地异位固化稳定化修复耗时 7d，修复后养护龄期 28d。养护期间的最高和最低温度分别为 24℃、6℃，而日平均最高气温和日平均最低气温分别为 19.8℃、13.7℃。养护期间最高湿度和最低湿度分别为 97％和 50％。

5.2 重金属毒性浸出浓度

（1）原地原位固化稳定化

SPC 固化土中重金属浸出浓度测试结果如图 6 所示。可见修复前后污染土 Pb、Zn 浸出浓度均低于相应限值要求，Cd 浸出浓度则显著高于其浓度限值，而 SPC 粉喷搅拌法原位 S/S 技术修复能够大幅度降低污染土 Pb、Zn、Cd 的浸出浓度，使其浸出毒性满足《危险废物鉴别标准浸出毒性鉴别》

GB 5085.3—2007限值，且 SPC 掺量越高效果越显著。

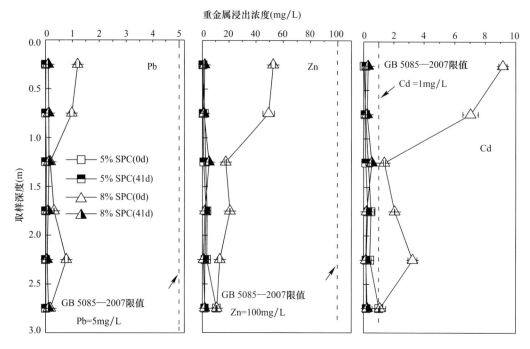

图 6 原位固化土重金属浸出浓度

（2）原地异位固化稳定化

图 7 为 SPC 和 PC 异位固化污染土不同养护龄期的浸出液重金属浓度测量值。可知，固化剂加入

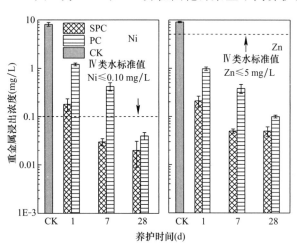

图 7 异位固化土重金属浸出浓度

后，重金属 Ni、Zn 的浸出浓度显著降低。养护 7d 后，SPC 固化土 Ni 浸出浓度为 0.03mg/L，低于《地下水质量标准》GB/T 14848—2017 中 IV 类标准值；而养护 28d 后，PC 固化土 Ni 浸出浓度为 0.04mg/L，低于《地下水质量标准》GB/T 14848—2017 中 IV 类标准值；由于重金属 Zn 的超标程度相对较低，SPC 和 PC 固化土 Zn 浸出浓度在养护 1d 后低于《地下水质量标准》中 IV 类标准值。

固化剂 SPC 的加入使重金属的迁移性显著降低，污染土中重金属的稳定机理主要为：①固化剂中的碱性组分提高了污染土的 pH，而固化土 pH 的增长使土颗粒表面负电荷量增加，导致黏土矿物表面对重金属的吸附量明显增加[10]；②污染土孔隙水 pH 提高后，重金属生成氢氧化物沉淀。另外，固化剂中含有的磷酸盐与重金属离子反应生成比水泥固化土中产生的氢氧化物更难溶的磷酸盐沉淀；③固化剂水化后产生凝胶物质能够对重金属进行包裹和吸附。上述反应过程降低了重金属的潜在环境风险。

5.3 固化土 pH 测试

（1）原地原位固化稳定化

原地原位试验场地内污染土修复前后 pH 变化情况如图 8 所示。由图 8 可知，修复前污染土呈现弱酸性。修复并养护 41d 后，污染土 pH 值显著增长，其中 5％SPC 修复区域 pH 值增长至 7.48～7.76，平均值为 7.67，而 8％SPC 修复区域 pH 值更是增长至 8.55～8.66，均值可达 8.62。表明 SPC 粉喷搅拌法原位 S/S 技术能够显著提高污染土 pH 值，使其呈现弱-中度碱性。

（2）原地异位固化稳定化

原地异位试验场地内污染土修复前后 pH 变化情况如图 9 所示。可知，固化剂加入后（1d）污染土 pH 显著增加，其中 SPC 和 PC 固化土的 pH 分别为 8.51 和 7.22。随着养护龄期的增长，SPC 固化土的 pH 稍有降低。养护 7d 时固化土 pH 为 8.06，之后变化缓慢，基本处于稳定，至 28d 时 pH 为 7.99；PC 固化土的 pH 继续增长，养护 7d 和 28d 时固化土 pH 分别为 9.15 和 9.76。

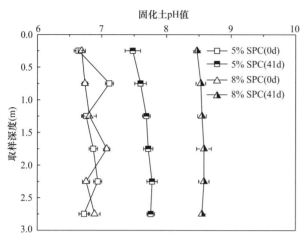

图 8　污染土原位固化前后 pH 值

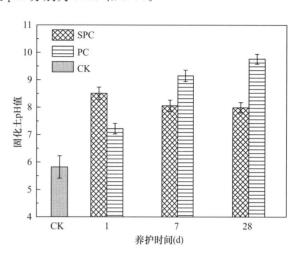

图 9　污染土异位修复前后 pH 值

5.4　DCP 测试

（1）原地原位固化稳定化

原地原位场地内 DCP 试验结果如图 10 所示。根据贯入深度 0～3m 的锤击数，计算得到该深度内的 DCPI 和 R_s。可知，5％SPC 修复前 DCPI 值平均值达 17.24mm/击，而 8％SPC 区域修复前 DCPI 值为 18.93mm/击，略高于 5％SPC 修复区域；修复并养护 41d 后各深度污染土 DCPI 值显著降低，其中 5％SPC 区域 DCPI 降至 6.79mm/击，而 8％SPC 区域 DCPI 值也降至 6.55mm/击，且 8％SPC 区域不同深度处 DCPI 平均降幅达 61.35％，显著高于 5％SPC 区域（48.79％）。固化土 R_s 随着固化剂掺量和养护龄期的增大逐渐增大。上述结果表明，SPC 粉喷法原位 S/S 技术能明显提高污染土强度，且能改善土层强度特性的均匀程度，且 SPC 的掺量越高，对不同深度土层的强度及其均匀性的改善程度也就越明显。

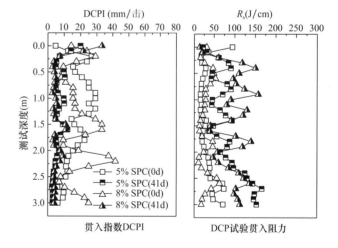

图 10　原位修复前后 DCPI 和 R_s

（2）原地异位固化稳定化

原地异位修复场地内固化土回填深度为 60cm，故根据贯入深度 0～60cm 的锤击数，计算得到该深度内的 DCPI 和 R_s。表 2 为不同养护龄期的 DCPI，可知，（1）DCPI 随着养护龄期的增加而逐渐增加。（2）SPC 固化土在养护初期（1～7d）内 DCPI 变化显著，而 PC 固化土在养护后期（7～28d）内变化更为显著。（3）养护龄期为 1d 和 28d 时，SPC 固化土 DCPI 大于 PC 固化土；养护龄期为 7d 时，SPC 固化土 DCPI 和 PC 固化土接近。

SPC 固化土和 PC 固化土不同龄期时 R_s 随贯入深度的变化关系分析表明，2 种固化土的 R_s 随着养护龄期的增长逐渐增大。SPC 固化土养护初期（1～7d）变化显著，PC 固化土在养护后期（7～28d）变化显著。

原地异位 DCPI 随时间的变化关系　　表 2

固化剂	龄期	DCPI（mm/击）			均值	标准差
		1	2	3		
SPC	1	12.1	13.7	11.7	12.5	0.86
	7	7.2	7.6	6.8	7.2	0.33
	28	6.5	6.1	5.7	6.1	0.33
PC	1	7.9	8.7	9.2	8.6	0.54
	7	8.1	7.5	6.6	7.5	0.62
	28	5.0	4.2	4.9	4.7	0.36

（1）原地原位固化稳定化

原地修复前后重金属形态分布结果如表 3 所示。可见 SPC 原位 S/S 技术修复能够明显改变土中 Pb，Zn 和 Cd 的形态分布，5％和 8％SPC 区域修复后 Pb，Zn 和 Cd 的弱酸提取态含量显著低于修复前，且残渣态含量则较修复前明显提高，而可氧化态和可还原态变化较小。可见 SPC 原位 S/S 技术能够将土中弱酸提取态重金属转化为活性较低的残渣态，提高了污染土的环境安全性，且提高 SPC 掺量能够进一步增强该转化作用。

原地原位固化稳定化前后 BCR 测试结果　　表 3

重金属	掺量（天数）	F1	F2	F3	F4
Pb	5％（0d）	20.6	55.2	3.3	20.9
	5％（41d）	4.8	49.5	7.9	37.7
	8％（0d）	40.4	48.0	0.1	11.5
	8％（41d）	9.8	42.4	0.4	47.4
Zn	5％（0d）	59.3	11.8	17.2	11.8
	5％（41d）	22.7	7.4	23.5	46.5
	8％（0d）	61.2	8.9	25.1	4.9
	8％（41d）	16.7	10.7	16.8	55.8
Cd	5％（0d）	74.6	9.0	10.8	5.7
	5％（41d）	25.1	9.2	18.8	46.9
	8％（0d）	78.6	11.5	7.3	2.6
	8％（41d）	17.7	1.1	18.6	62.7

注：F1—弱酸提取态；F2—可还原态；F3—可氧化态；F4—残渣态。

（2）原地异位固化稳定化

表 4 为养护 28d 时不同固化剂掺量固化稳定化土的重金属 Ni 和 Zn 的形态分布。可知，（1）污染土 Ni 和 Zn 弱酸提取态含量较高，而添加固化剂 SPC 和 PC 后重金属的弱酸可提取态含量均显著减小，同时低迁移性的残渣态含量相应增加。（2）通过 2 种固化剂的固化土中重金属形态的对比可知，与传统的固化剂 PC 相比，固化剂 SPC 的加入可以使更多数量的较易迁移态的重金属向较稳定态迁移。

原地原位固化稳定化前后 BCR 测试结果　　表 4

重金属	固化剂	F1	F2	F3	F4
Ni	污染土	41.3	27.1	15.8	15.8
	SPC	28.7	21.3	23.6	26.4
	PC	32.4	23	20.7	23.1

重金属	固化剂	F1	F2	F3	F4
	污染土	26.2	25.5	20.3	28
Zn	SPC	21.8	20.6	27.5	30.1
	PC	24.1	22.3	27.7	25.9

注：F1—弱酸提取态，F2—可还原态，F3—可氧化态，F4—残渣态。

5.5 固化土长期安全性监测

为了监测原地修复后固化土的长期安全性，对原地原位和原地异位固化稳定化场地中的污染土进行跟踪监测。原地原位修复场地中的固化土在修复 326d 后进行取样，原地异位修复场地中的固化土在修复 600d 后进行取样，并测试固化土的重金属浸出浓度。原地原位固化场地中的重金属浸出测试结果见图 11。

继续养护至 326d 龄期可以使得 3 种重金属的浸出浓度有进一步的小幅度降低：其中 5% SPC 固化土的平均 Pb、Zn 和 Cd 浓度分别降至 0.00mg/L、0.89mg/L 和 0.12mg/L，而同一养护龄期下 8% SPC 固化土的平均 Pb、Zn 和 Cd 浓度则分别降至 0.025mg/L、0.51mg/L 和 0.11mg/L。

原地异位固化场地中在 15cm、30cm 和 45cm 深度处的固化土中重金属浸出浓度见图 12。可知，600d 后固化土中的重金属 Zn 和 Ni 的浸出浓度依然低于修复目标。与养护 28d 时的固化土中重金属浸出浓度相比，固化土中重金属浸出浓度进一步降低。可见，外界自然环境的影响作用下（干湿循环、冻融循环、大气侵蚀等），固化土仍然具有良好的环境安全性。室外监测 600d 后，SPC 固化土中重金属 Ni 和 Zn 的浸出浓度低于 PC 固化土，可知 SPC 固化土具有更加优越的长期环境安全性。

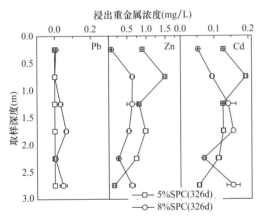

图 11　326d 后原地原位固化土重金属浸出浓度

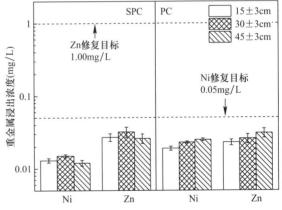

图 12　2600d 后原地异位固化土重金属浸出浓度

6　结论

（1）原地原位和原地异位固化稳定化施工工艺能够有效实现固化剂 SPC 和污染土的充分混合，实现重金属污染土的固化稳定。

（2）固化剂 SPC 的添加显著降低了污染土中重金属的浸出浓度，降低了污染土的环境风险。原地原位固化土在 5% 和 8% 的 SPC 掺量下并养护 41d 后，重金属浸出浓度均满足相关限值要求。原地异位固化土在 5% 的 SPC 掺量下并养护 28d 后，重金属浸出浓度均满足相关限值要求。另外，相同养护龄期条件下，SPC 固化土的重金属浸出浓度低于 PC 固化土。

（3）SPC 的添加能够显著降低污染土 DCPI 值，增加污染土的 R_s。SPC 原位固化稳定化和异位固化稳定化技术能够有效增加污染土的强度。SPC 固化土的强度发展速度高于 PC 固化土，但相同龄期条件下，强度及承载力值低于 PC 固化土。

（4）SPC 原地固化稳定化技术能够显著提高污染土的 pH 值，固化土为中-低碱性土。SPC 固化土的 pH 值低于 PC 固化土，具有更加优越的环境友好性。

（5）SPC 能够有效降低污染土中重金属 Pb、Zn、Cd、Ni 的弱酸提取态含量，将其转化为稳定的残渣态，显著降低重金属的迁移性。

（6）长期监测结果表明，SPC 固化土具有良好的长期环境安全性。原地异位固化土和原地异位固化土分别在室外监测 326d 和 600d 后，重金属浸出浓度仍然低于修复目标。

参考文献

[1] DU Y J, JIANG N J, LIU S Y, et al. Engineering properties and microstructural characteristics of cement solidified zinc-contaminated kao linclay [J]. Canadian Geotechnical Journal, 2014, 51: 289-302.

[2] 刘松玉. 污染场地测试评价与处理技术 [J]. 岩土工程学报, 2018, 40 (1): 1-37.

[3] 陈云敏. 环境土工基本理论及工程应用 [J]. 岩土工程学报, 2014, 36 (1): 1-46.

[4] SHARMA H D, REDDY K R. Geoenvironmental engineering: site remediation, waste containment, and emerging waste management technologies. Wiley, Hoboken, NJ, 2004.

[5] USEPA. Innovative treatment technologies for site cleanup [R]. [S. l.]: Annual Status Report, EPA 542-R-07-012. The 12th Edition, 2007.

[6] DU Y J, WEI M L, REDDY K R, et al. New phosphate-based binder for stabilization of soils contaminated with heavy metals: Leaching, strength and microstructure characterization [J]. Journal of Environmental Management, 2014, 146: 179-188.

[7] XIA W Y, FENG Y S, JIN F, et al. Stabilization and solidification of a heavy metal contaminated site soil using a hydroxyapatite basedbinder [J]. Construction and Building Materials, 2017, 156: 199-207.

[8] JING N, ZHOUA N, XU Q H. The synthesis of super-small nano hydroxyapatite and its high adsorptions to mixed heavy metallic ions [J]. Journal of hazardous materials, 2018, 353: 89-98.

[9] DU Y J, JIANG N J, SHEN S L, et al. Experimental investigation of influence of acid rain on leaching and hydraulic characteristics of cement-based solidified/stabilized lead contaminated clay [J]. Journal of Hazardous Materials, 2012, 225: 195-201.

[10] LOMBI E, HAMON R E, MCGRATH S P, et al. Lability of Cd, Cu, and Zn in polluted soils treated with lime, beringite, and red mud and identification of a non-labile colloidal fraction of metals using isotopic techniques [J]. Environmental Science & Technology, 2003, 37 (5): 979-984.

作者简介

杜延军，男，1972 年生，宁夏人，博士，教授，博士生导师，主要从事环境岩土工程研究工作。E-mail: duyanjun@seu.edu.cn，地址：南京市江宁区东南大学路东南大学岩土工程研究所，211189。

THE SITU APPLICATION OF SOLIDIFICATION/ATABILIZATION AT HIGH-RISK INDUSTRIAL HEAVY-METAL CONTAMINATED SITE

Du Yan-jun[1,2], Feng Ya-song[1,2], Xia Wei-yi[1,2], Zhou Shi-ji[1,2]

(1. Institute of Geotechnical Engineering, Southeast University; 2. Jiangsu Key Laboratory of Urban Underground Engineering & Environmental Safety, Nanjing Jiangsu 210096, China)

Abstract: In this study，field-scale in-situ and ex-situ S/S application were respectively conducted at a smelters industry contaminated site and an electroplating industry contaminated site to explore the construction technology and key parameters. A novel hydroxyapatite-based binder was used as a substitute to the traditional PC in the field scale test. Landscape river and non-motorized vehicle lane were further developed in the in-situ and ex-situ S/S site. Therefore，based on the redevelopment planning of the remediated site，the field dynamic cone penetration test was conducted to evaluate the mechanical properties of the stabilized soil. Furthermore，the toxic characteristics leaching test，soil pH test，and modified European Communities Bureau of Reference three-step sequential extraction procedure were conducted to evaluate the heavy metal immobilization mechanism in the stabilized soil. The results can provide important guidance for the in-situ and ex-situ S/S construction technology，field test，and effectiveness evaluation of smelters，electroplating and other industry sites remediation.

Key words: heavy metal，contaminated sites，novel hydroxyapatite-based binder，construction technology，mechanical properties，leachability

国内污染地块勘察技术标准化进展

周宏磊，王慧玲，刘晓娜

（北京市勘察设计研究院有限公司，北京　100038）

摘　要： 国内污染地块环境管理问题日益突出，勘察是污染地块环境管理的基础性工作，相应的勘察标准正在不断的制定与完善中。已发布的北京和上海地方标准规定了污染地块勘察的程序、方法和基本技术要求，正在编制的《污染地块勘探技术指南》明确针对污染地块分类进行勘探技术选择，并对勘探工作程序和技术要求、勘探记录及成果等做出规定。我国的场地环境管理技术标准体系还不完善，亟待建立覆盖场地环境管理各个阶段、统一协调的勘察标准体系，并通过标准化来提升污染地块环境管理的技术水平。

关键词： 污染地块；勘察；勘探；标准

1　引言

随着国家"退二进三"政策的实施，污染场地环境管理问题凸显，保守估计我国的污染场地数量可达 100 万块以上[1]。自 2004 年起，国家陆续发布污染场地管理的相关法规、标准、通知等，污染场地修复产业迅速发展，勘察作为污染场地环境管理的重要方法和基础工作，勘察技术方法不断改进和创新，勘察技术标准化正逐步推进。我国的污染场地环境管理处于起步阶段，勘察技术标准体系亟待健全。

1.1　国际勘察标准简介

20 世纪 80 年代以来，欧美发达国家逐步将土壤和地下水污染问题纳入到国家环境管理体系中，并对污染场地的土壤和地下水修复开展了大量的研究与实践[2,3]。在过去的 30 多年，仅美国超级基金组织统计的土壤和地下水修复案例就有上千例，相应的土壤与地下水修复治理标准和指南已涉及污染地块环境管理的各个环节，系统地指导土壤和地下水污染管理工作。

美国所建立的场地环境调查与评价的技术标准要求分阶段开展场地勘察或调查工作，已成为世界各国开展场地环境调查与评价的重要依据，英国、加拿大等发达国家在美国标准的基础上制定了各自的标准体系。以美国为例，其场地环境调查与评价工作主要以行业或协会的标准方法或规范为依据，包括美国环保署（EPA）方法和美国测试与材料学会（ASTM）标准、美国陆军工程兵团（USACE）标准等，影响最广的标准为《ASTM E1527 第一阶段场地环境评价程序》《ASTM E1903 第二阶段场地环境评价程序》，美国 EPA 的第一阶段评价程序和技术要求等，上述标准为程序性标准，构建了完整的场地环境调查评价工作程序。在此程序框架下为相应的操作性标准/方法，ASTM 有几十个标准用以规范勘察、监测等操作过程，包括《ASTM D6286 污染地块钻进方法选择标准指南》《ASTM D5092 地下水监测井的设计和安装实践》等。

国外的污染地块勘察工作标准是建立在具体的环境保护管理法律之下，其根本目的是识别环境污染责任，标准的体系性和针对性强。标准中对每一步及相应的术语或概念都有详细的说明，对可能碰到的问题也都提供了相应的处理方法，具有很强的操作性和指导性。

1.2　国内勘察标准简介

国内对土壤与地下水污染问题处置的起步较晚，2004 年北京市地铁五号线施工导致的"宋家庄事件"是我国污染场地修复产业的开端，也开启了国家土壤与地下水污染研究与立法工作。

生态环境部于 2014 年发布场地环境管理系列导则，包括《场地环境调查技术导则》、《场地环境监测技术导则》、《污染场地土壤修复技术导则》等 5 项，涵盖了场地的调查、监测、评估和修复过程，提出了污染地块的勘察程序要求。住建部、国土资源部等早已出台有各类项目的勘察规范，如住建部的《岩土工程勘察规范》、国土资源部发布的《地下水污染地质调查评价规范》等，也涉及污染地块勘察的内容和要求。总体上，我国污染地块勘察的标准化工作处于起步阶段，《场地环境调查技术导则》、《场地环境监测技术导则》主要为程序性标准，缺乏对勘察技术内容、关键步序操作的细化规定与要求。现有国家及地方勘察规范中，对于污染地块勘察的规定均较为简单笼统，围绕污染物的种类、分布、浓度等方面的勘探、采样、评价的针对性和操作性不强，对污染土勘察的规定仍侧重于污染土的物理力学性质分析、对工程特性指标影响等。目前，仅北京、上海等地发布了专门的污染场地勘察规范，行业及国家层面还缺乏针对污染地块的勘察技术标准体系。

2 污染地块勘察技术标准特点

2.1 勘察标准进展

随着国家层面污染地块管理技术标准体系的建立，行业社团、部分地方开始探索编制污染地块勘察的专项标准。2015 年，北京市结合污染地块调查工作流程，梳理了国家、地方场地环境调查工作与勘察工作的对应关系（图 1），在国内率先发布《污染场地勘察规范》，针对北京地区地质、地下水条件及

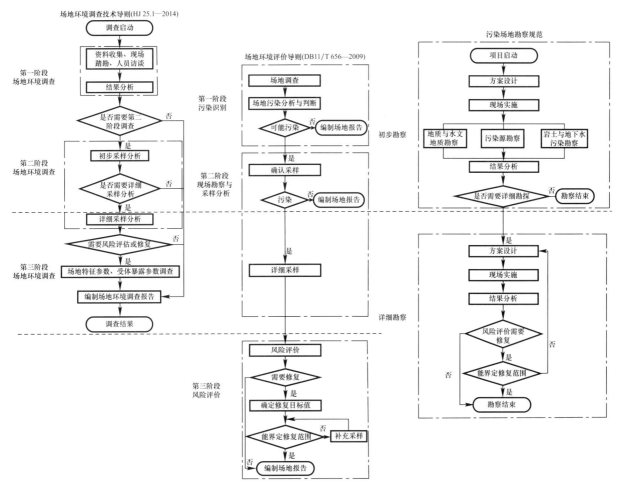

图 1 污染地块勘察与场地环境调查工作对应关系图

Fig. 1 Diagram of the relationship between the contaminated land and the survey site environment

场地污染特征，系统性规范了污染场地的勘察要求。2017 年，上海市发布《建设场地污染土勘察规范》。2016 年，中国环境保护产业协会在国家和地方污染地块技术规范基础上，针对关键工序，制定了系列标准编制计划，包括《污染地块勘探技术指南》《污染地块采样技术指南》，以及污染修复标准等环境修复领域 7 项技术标准，通过系列标准实现勘察标准化和质量提升。

2.2 勘察标准的内容特点

2015 年发布的北京地区《污染场地勘察规范》[4]，针对北京市工业污染场地和垃圾简易堆填场两类主要污染场地，对勘察工作量、工作程序及技术要求做出细化规定。具有以下特点：工作流程清晰，规范按照勘察工作先后顺序，对各种勘察技术应用做出规定，形成搜集资料、现场踏勘或测绘、勘探、建井、测试、分析计算的规范流程；环境岩土一体化，不仅明确要查清土壤和地下水的污染特征，还要考虑岩土工程需求，查清场地的岩土、地下水特征；地下水环境勘察要求明确，统筹考虑土壤和地下水污染，明确勘察工作监测井的数量、位置及设计、安装要求，提出开展环境水文地质试验，并针对污染地块特征，对于监测井井管、填充料等进行调研和比选（见表1）。

监测井材质与不同地下水水质的相容性评估表   表 1
Compatibility assessment table of monitoring well material and different groundwater quality   Tab. 1

地下水中典型反应性物质	监测井材质						
	PVC	镀锌钢	碳钢	低碳钢	304 不锈钢	316 不锈钢	聚四氟乙烯
微酸	100	56	51	59	97	100	100
弱酸	98	59	43	47	96	100	100
高溶解性总固体	100	48	57	60	80	82	100
有机物	64	69	73	73	98	100	100

备注：评分值愈高表示愈适用，例如 100 代表非常适用，低于 50 以下的则代表不太适用。

除此之外，"规范"首次明确垃圾勘察要求，规定了查明垃圾堆填特征的工作程序及操作要求，包括垃圾四分法采样要求等（图 2）。

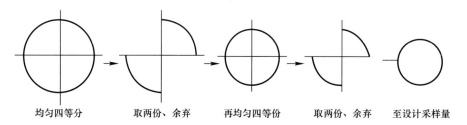

均匀四等分   取两份、余弃   再均匀四等份   取两份、余弃   至设计采样量

图 2 四分法采样示意图
Fig. 2 Schematic diagram of quartering method

2017 年，上海市工程建设规范《建设场地污染土勘察规范》[5]发布实施，规范从环境保护及场地再开发建设安全的双维度出发，对污染场地的勘察工作量、分析评价及成果报告等做出细化规定。

北京和上海的勘察标准具有以下特点：勘察内容全面，不仅要求查明场地的地层结构、水文地质条件、场地污染特征，还要根据需要分析场地环境岩土相关问题；勘察方法综合，包括测绘、勘探与建井、测试、现场试验与室内试验等技术；勘察阶段划分清晰，借鉴环保领域场地环境调查与工程建设领域勘察的经验，划分为初步勘察、详细勘察两个勘察阶段，根据不同阶段的需求开展相应的勘察工作。

3 《污染地块勘探技术指南》主要内容及特点

3.1 技术指南的定位与主要内容

现行的国家、地方和行业标准中，对于建设场地的勘探方法、技术要求有了比较明确的规定，但对于污染地块勘探，还缺乏针对污染特征和相关采样要求的具体规定。2017 年中国环境保护产业协会将勘察工作中的勘探与采样工作进行细分，组织编制《污染地块勘探技术指南》、《污染地块采样技术指南》。两本"技术指南"定位于对于污染地块勘察工作中的关键工序——勘探、采样工作进行更明确、细致的要求，是对现行国家程序性标准的细化和支撑。《污染地块勘探技术指南》规定了污染地块勘探工作的策划、程序、方法、实施、资料整理及环境保护和健康防护等内容，为环境初步调查、详细调查、风险评估、风险管控、治理与修复及其效果评估提供基础资料。《污染地块采样技术指南》涉及土壤、地下水、底泥采样等内容，规定了采样设备、采样流程与方法。

3.2 勘探技术指南的特点

"指南"编制借鉴国外标准编制思路，对污染地块勘探工作任务、工作程序、勘探过程中基本工作要求、勘探记录及成果整理做出了规定；结合污染地块特点和采样要求选择勘探技术方法；以保障采样质量、不产生二次污染为原则，引导采用原位、无损、快速的测试技术进行污染地块勘探工作；为新技术、新装备引入留有开放性接口。"指南"内容的具体特点有：

（1）结合地块污染物分类，匹配适用勘探技术

基于污染地块分类，针对不同地块的特征污染物类型，匹配适用的钻探、地球物理勘探、静力触探等勘探技术。针对应用最为广泛的钻探技术，通过对钻进方式、护壁方式及其实施对污染物影响的分析，提出不同类型污染地块适用的钻探技术筛选方案（表 2），如针对挥发性有机物污染地块，回转钻进方式不适用，套管护壁冲击钻探方式主要适用于化学性质稳定的污染地块等。在勘探技术要求中，明确不同钻探方式的现场技术控制要点。

不同污染物类型地块的钻进方法 表 2

Drilling methods for different types of contaminated sites Tab. 2

钻进方法	特征污染物类型				
	重金属污染物	有机污染物		重金属和有机复合污染物	
		挥发性有机物	半挥发性有机物	化学性质不稳定的污染物	化学性质稳定的污染物
套管护壁冲击钻探	++	+	++	+	++
声波振动钻探	++	++	++	++	++
直接推进钻探	++	++	++	++	++
回转钻探	+	—	+	—	+

注：++：适用；+：部分适用；—：不适用。

（2）统一地块岩土分类，明确岩土污染现场描述和检测要求

借鉴国家标准《岩土工程勘察规范》，引入勘察行业广泛采纳的岩土分类体系，统一了污染地块岩土分类和定名。针对垃圾填埋场污染地块特征，根据填土成分和含有物差异，在现有岩土分类基础上细化分类为：建筑垃圾杂填土、工业废料杂填土、生活垃圾杂填土、混合垃圾杂填土四类，并明确划分依据。针对地块污染物特征，规定现场勘探过程中结合特征污染物，对岩土特殊颜色与结构、刺激性气味等污染表观特征进行描述，并要求在勘探过程中辅以 X 射线荧光光谱仪（XRF）、光离子化检测仪（PID）等检测设备进行污染物的快速检测，"查、验、测"一体化、现场初步快速识别污染物分布特征，充分体现"系统策划、快速检测、动态调整"污染地块勘察技术要求。

（3）引进推广钻进与取样一体化的先进勘探技术

根据当前钻探技术国内应用实际，提出传统的冲击钻探和回转钻探在污染地块应用的专项技术要求，引入直接推进钻探、声波振动钻探等国内逐步推广的国际先进钻探方法，对钻进设备与材料、实施技术等做出规定。

引进推广能够实现钻探、取样和测试一体化的直接推进钻探技术，利用采样器在钻进过程中开展土壤样品、土壤气样品和地下水样品的采集（图3和图4），应用检测仪器在钻探过程中进行原位测试与检测，实现现场快速检测、采样。

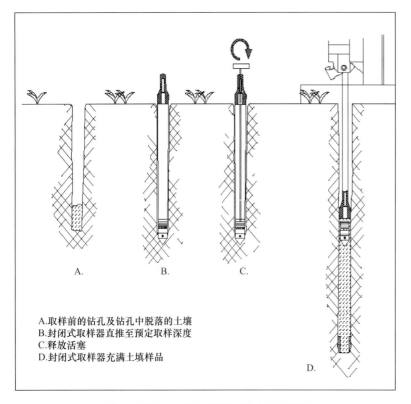

图3　封闭式土壤取样器取样过程示意图

Fig. 3　Schematic diagram of sampling process of enclosed soil sampler

A.取样前的钻孔及钻孔中脱落的土壤
B.封闭式取样器直推至预定取样深度
C.释放活塞
D.封闭式取样器充满土壤样品

探杆控制柄
驱动杆
探杆
驱动头
过滤器室
外套管
缠丝不锈钢或
PVC过滤器
PVC止浆垫
一次性钻头
A.封闭式取样器　　B.过滤器部分打开

图4　过滤器封闭式地下水取样器

Fig. 4　Filter sealed groundwater sampler

（4）建立规范性与先进性结合的地下水、土壤气监测井的成井技术

参考国外先进技术与国内的应用经验，分别建立规范、先进的地下水和土壤气监测井的成井技术，用以保障污染地块采样的代表性和样品质量。针对污染物类型进行地下水和土壤气监测井管材、填充材料等选择。针对监测污染物、监测层位进行监测井井身结构设计（图5和图6），包括分层设置监测井、过滤管/探头长度要求、过滤管位置要求等，如监测轻非水相液体（LNAPL）过滤管靠近含水层上缘、监测重非水相液体（LNAPL）过滤管靠近含水层下缘等关键步骤、技术控制点做出明确的规定。

4　问题探讨

4.1　勘察标准体系亟待完善

我国污染地块勘察工作尚处于探索阶段，现阶段主要还是借鉴、学习国外先进经验[6,7]，环境部已经颁布的系列技术标准，对于场地调查、勘察、采样等关键环节的技术规定大多为原则性和程序性的要求，而国内相关政府部门颁布的标准主要服务于工程建设、资源探查等不同行业，尚不能满足场地污染特征勘察的实际需求。因此亟待开展污染场地勘察标准顶层设计，统筹国家标准、行业标准、地方标准、团体标准，建立系统的、全覆盖、有特色的污染地块勘察标准体系。

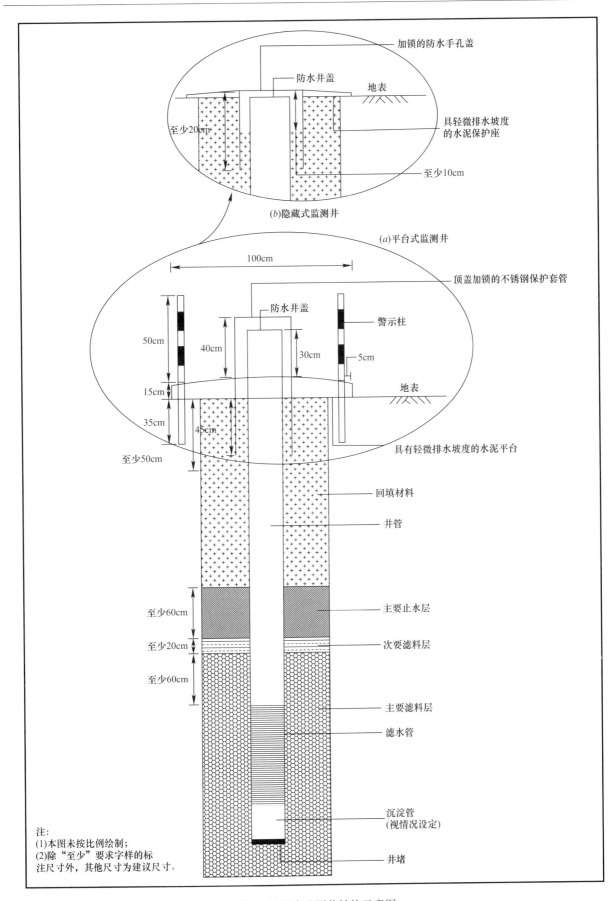

图 5　地下水监测井结构示意图

Fig. 5　Schematic diagram of groundwater monitoring well

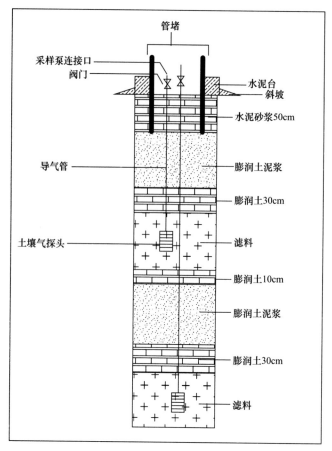

图 6　土壤气监测井结构示意图

Fig. 5　Schematic diagram of soil gas monitoring well

4.2　一体化勘测技术亟待发展

污染场地勘察过程中，由于地层和地下水分布条件的差异，污染物赋存介质的非均质、各向异性，导致污染物可能在很小的空间尺度上有巨大的变异，污染物浓度变化甚至可以达到数量级的差异。传统侵入式的钻探采样技术和实验室分析方法，由于调查成本过高、周期过长，难以支撑高密度采样技术要求，需要引入一体化的勘测技术，实现在线快速检测和非侵入式采样，如直接推进的原位测试应用与改进，原位无损、快速、高分辨率物化探技术应用与推广等，实现勘察工作动态化、高精度开展。

4.3　加强相关标准的协调和执行

我国各地的水文地质条件和污染地块特征差异较大，并且污染地块勘察涵盖多个领域，涉及多个学科，包括地质与水文地质、岩土工程、环境工程、化学等。污染地块的勘察技术标准需要与相关标准保持协调、配套，这是标准有效执行的前提保障。因此，应当加强在标准体系框架内，各层级标准和同级相关标准的相互协调和统一，促进勘察系列标准的执行落地，高效、高质量开展污染地块勘察工作，进而提升污染场地环境管理能力。

5　结语

（1）国内污染地块勘察工作快速推进，相应的勘察标准也在不断的制定与完善中，勘察内容和方法需要随着新理论、新技术、新方法应用，不断更新和发展，技术方法标准也应予以体现。

（2）应尽快制定应用于污染地块勘察的各种钻探过程质量控制的技术标准，规范勘察过程中钻探方法的选择和操作要求。

（3）建立现场快速、原位的测试检测技术、物探辅助的场地调查方法及技术规范，提高场地调查的准确性。

（4）应当引入和研究一体化调查、测试、勘探、采样的技术装备与技术体系，实现快速精准构建污染场地模型，提高场地评价、修复治理、污染监控、风险管理的整体技术水平。

参考文献

[1] 姜林，樊艳玲，钟茂生等. 我国污染场地管理技术标准体系探讨 [J]. 环境保护，2017（9）：38-43.

[2] 姜林，钟茂生，张丽娜等. 基于风险的中国污染场地管理体系研究 [J]. 环境污染与防治，2014（8）：38-43.

[3] 谷庆宝，郭关林，周友亚，颜增光，李发生. 污染场地修复技术的分类、应用与筛选方法探讨. 环境科学研究，2008，21（2）：199-202.

[4] 中华人民共和国国家标准. 污染场地勘察规范 DB11/T 1311—2015 [S]. 北京：北京市城乡规划标准化，2016.

[5] 中华人民共和国国家标准. 建设场地污染土勘察规范 DG/TJ 08—2233—2017 [S]. 上海：同济大学出版社，2017.

[6] 刘乙敏，李义纯，肖荣波. 西方国家工业污染场地管理经验及其对中国的借鉴. 生态环境学报，2013，22（8）：1438-1443.

[7] 张红根，於方，曹东等. 发达国家污染场地修复技术评估实践及其对中国的启示. 环境污染与防治，2012，34（2）：105-111.

作者简介

周宏磊，男，1970 年生，河南舞阳人，汉族，博士，教授级高工，主要从事环境岩土、水文地质与工程地质方向的研发和应用工作。E-mail：hlnetmail@163.com，电话：13601308320，地址：北京市海淀区羊坊店路 15 号。

PROGESS IN STANDARDIZATION OF DOMESTIC CONTAMINATED SITE INVESTIGATION TECHNOLOGY——Introduction To Technical Guidelines For The Exploration Of Contaminated Site

ZHOU Honglei   WANG Huiling   LIU Xiaona

(BGI ENGINEERING CONSULTANTS LTD.，Beijing，100038，China)

Abstract：The problem of environmental management of domestic contaminated site is becoming more and more prominent. Site investigation is the basic work of environmental management and the corresponding standards are being continuously formulated and improved. The published local standards of Beijing and Shanghai stipulate the procedures，methods and basic technical requirements of the investigation of contaminated site. The "Technical guideline for exploration of contaminated site" being prepared clearly defines the exploration technology for the classification of contaminated site. Provisions are made with technical requirements，exploration records and results. However，the environmental management of the site in China is still in its infancy. It is urgent to establish a full-coverage and distinctive survey standard system，coordinating the standards of different departments and different levels，promote the implementation of standards，and effectively improve the investigation capability of contaminated site.

Key words：contaminated site，investigation，exploration，standard

温度升高对垃圾土变形和强度特性影响的
温控三轴试验研究

李玉萍[1,2]，施建勇[1,2]，姜兆起[1,2]

(1. 河海大学岩土力学与堤坝工程教育部重点实验室，南京，210098；2. 河海大学岩土工程研究所，南京，210098)

摘　要： 本文通过改装现有的 GDS 应力路径三轴仪，开展变温下人工配比垃圾土三轴固结排水剪切实验，研究温度对垃圾土变形和强度特性的影响。实验结果表明，温度升高，垃圾土固结体积应变增加。随着轴向应变的增加，偏应力不断增加，当轴向应变达到本实验操作所能达到的最大轴向应变 25％左右时，应力-应变曲线仍然没有出现峰值，表现出加工硬化特性。随着温度的升高，在相同应变水平时，对应的垃圾土的偏应力降低，抗剪强度有所下降。但是垃圾土没有观察到某些常规土体中发现的高温软化现象，在最大轴向应变为 25％时仍然表现出加工硬化性。

关键词： 垃圾土；温度；变形；强度

1　引言

为了提高填埋场土地的利用率，降低填埋成本，现代卫生填埋场不断扩容，越堆越高。美国在建的填埋场设计填埋高度高达 170m，国内填埋场的填埋高度也超过了 100m[1]。由此带来的填埋场的边坡稳定问题也成为填埋场设计和运行中需要考虑的重要因素。近年来，国内外填埋场边坡失稳破坏的现象时有发生，影响填埋场甚至整个城市卫生运行。现有观察到的破坏形式主要有两种[1,2]，圆弧滑动破坏和平移破坏。圆弧滑动破坏通常发生在垃圾体内部，由垃圾土的强度控制；而平移破坏主要发生在衬垫内部，由衬垫的剪切强度来控制。本文研究的侧重点将放在垃圾土的强度特性方面。有关垃圾土强度特性的研究目前在国内外已经广泛开展，实验结果表明，与常规土体不同，垃圾土的应力-应变关系常呈现持续硬化特性，当剪切应变超过 15％时，其抗剪强度仍在增长[3-5]。

以上有关垃圾土强度特性的研究工作基本都是在常温下开展，鲜有涉及温度升高对垃圾土变形和强度特性的影响。现有关于温度对常规饱和土和非饱和土的研究证明土体的变形和强度特性受温度影响显著[6-8]。Abuel-Nag[7] 的三轴固结排水剪切实验发现曼谷软黏土在温度升高的情况下发生了不可恢复的固结体积应变，应力-应变关系由常温的硬化特性变成软化特性，峰值偏应力增加，但是残余偏应力不受温度影响；同时剪切过程中体变减小。

不同于常规地下覆盖土层，填埋场内部温度不但受外界环境的影响，更受内部因素的影响。填埋场内部固体废弃物在生物降解的过程中会释放大量的热能，使得内部温度高于外界的环境温度，目前现场已经监测到的内部温度最高可达 60～70℃[8]。研究表明，填埋场内部温度的升高会加速衬垫系统材料如土工膜的老化同时也给其长期防渗性能带来影响[9,10]。但是，有关温度升高对衬垫系统以及垃圾堆体的强度特性研究比较少，本文研究的侧重点在于温度对垃圾体变形和强度特性的影响。通过改装现有的 GDS 应力路径三轴仪，开展变温下垃圾土三轴固结排水剪切实验，研究温度对垃圾土变形和强度特性的影响。

2　试验准备

2.1　温控三轴仪器改装

有关三轴仪器的温控改造技术目前已经比较成熟，为了调节试样内部的温度，目前已经采用的方法主要有三种，包括将热电偶或者加热丝等加热器直接置入压力室内部来加热压力室中的水，第二种方式是在压力室外侧布置加热片，也有将设备整体或者局部放置在恒温环境中的做法。这三种温控方式各有利弊，本文采用的是第二种温控方式[21]。如图1所示，在压力室外包裹一层加热带，考虑实验过程整个压力室处于高温高压状态，将现有的有机玻璃压力室替换成了金属压力室。

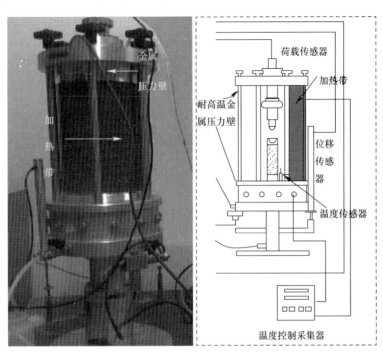

图1 改装的温控三轴仪器照片和示意图

该套温控设备的原理为通过温度控制采集器来设定目标温度，随后温度控制器将升温信号传递给加热带，加热带开始工作，同时通过压力室内部的温度传感器开始监测水体温度，两个温度均会显示在温度控制器屏幕上。当水体温度超过目标温度时，加热停止；当温度降到目标温度以下时，加热带再次工作，直至温度稳定在目标温度。该套设备温度控制精度为±0.1℃。

在实验之前对试样内部温度进行了标定，在试样内部安装温度采集器，监测加温过程中试样内部温度的变化，并与压力室内部温度传感器量测的水的温度进行比较。如图2所示，在不同设定温度下，试样内外温度变化趋势始终同步，并且大小一致，通过温度控制采集器的调节，经过一个升温降温反复的过程，在加热时间达到180mins左右时试样温度达到目标设定温度并保持恒定。图2中目标设定温度为20℃时的起点温度低于其他目标设定温度的起点温度，原因在于该实验是在冬天开展，室内温度较低。

本文改装的温控三轴仪器的优点是压力壁耐高温高压，试样受热均匀，试样温度能在有限的时间内达到目标设定温度，并且长时间保持稳定，温度控制精度高。缺点在于金属压力室非透明，提高了装样的难度以及无法观察试验过程中土样的变化。

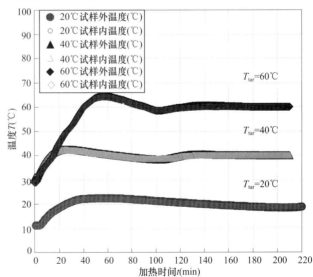

图2 加热过程中试样内外温度比较

2.2 试样制备

本文试验采用人工配比垃圾土，参考我国各大城市生活垃圾填埋场内固体废弃物的组成和含量，具体配比如表1所示[21]。所配试样添加了浓度为1%的SOPP溶液抑制垃圾土在实验阶段的降解。试样的初始直径和高度分别为39.1mm和80mm。为了保证试验结果的可比性，试样的初始孔隙比统一控制为2.0，这一孔隙比间于国内大型生活填埋场内垃圾土孔隙比范围1.7～4.5之内[1]。试样固结完成之后，孔隙比减小到1.1～1.6不等，取决于固结压力的大小400～100kPa.

人工配置垃圾土组成及干重含量[21]　表1

成分	麦麸	纸屑	木屑	纺纤	塑料	橡胶	玻璃	灰土
含量	24%	12%	5%	4%	12%	3%	4%	36%

3 实验结果分析讨论

3.1 温度对垃圾土固结体变的影响

如图3所示，以固结压力 $P_c'=100kPa$ 为例，垃圾土固结体积变形在固结初期增长很快，固结时间达到100min左右，体积变形增长趋缓并逐渐接近常数，表明固结完成。这一变化趋势与固结压力的施加一致，固结压力从零施加到100kPa大概需要100min完成，之后保持不变。图4展示了固结完成时刻（$t=420mins$）不同固结压力下体积应变随温度的变化关系，实验结果表明温度越高，垃圾土的体积应变越大。温度对垃圾土体积应变的影响在高围压作用下变得更显著。与常温 $T=20℃$ 相比，当垃圾土的温度升高到60℃时，垃圾土在固结压力为400kPa作用下的体积应变增加了0.5%左右。Abuel-Naga[13]的温控固结实验发现，正常固结曼谷软黏土在不同的固结压力作用下固结完成之后开始升温从20℃升高到60℃的时候，温度引起的体积应变大概在3.5%左右，同时不受固结压力的影响。对于正常固结的Boom黏土和MC黏土，这一体积变形降低到1.25%和0.8%。需要注意的是，图3所示的试样固结体积变形是温度和固结压力同时作用下量测的，不同于以上研究中温度导致的试样体积变形是在固结完成之后才开展的。垃圾土固结完成之后温度导致的热固结体变工作正在开展。

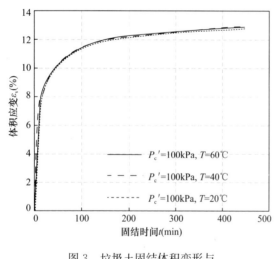 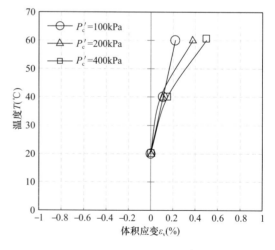

图3　垃圾土固结体积变形与　　　　　图4　不同固结压力下温度升高对垃圾土最终
　　　固结时间的关系　　　　　　　　　　　固结体变的影响（$t=420mins$）

同时，需要补充说明的是，本文的三轴固结排水剪切试验的具体试验步骤是加热-饱和-固结-剪切，整个试验过程中排水阀都是打开的，温度升高引起的排水系统如透水石，排水橡皮管等的体积热膨胀，以及试样内部水和垃圾固体颗粒的热膨胀引起的体积变化没有计入固结过程。因此固结过程中测到的排水量的变化代表试样的真实体积变化，不再进行体积校正。

3.2 温度对垃圾土变形和强度特性的影响

图 5 展示了垃圾土在固结压力为 200kPa 时的应力-应变关系，常温下 $T=20℃$ 所得到的垃圾土应力-应变关系和现有有关垃圾土三轴剪切实验结果类似。随着轴向应变的增加，偏应力不断增加，当轴向应变达到本实验操作所能达到的最大轴向应变 25％ 左右时，应力-应变曲线仍然没有出现峰值表现出加工硬化特性。随着温度的升高，在相同应变水平时，对应的垃圾土的偏应力降低，抗剪强度有所下降。但是垃圾土没有观察到某些常规土体中发现的高温软化现象，偏应力依然随着轴向应变的增加而增加。Abuel-Naga[12] 的三轴固结排水剪切实验结果表明曼谷软黏土在温度升高到 70℃ 时，轴向应变为 30％ 左右时发生了高温软化，当温度升高到 90℃ 时，软土提前发生，对应的轴向应变为 25％ 左右。对于升温-降温循环的土样，软化甚至提前到轴向应变 5％ 以内。图 5（b）展示了温度对垃圾土剪切体变-轴向应变的关系，温度越高，垃圾土剪切所发生的体积应变越小。这一点与曼谷软黏土一致。

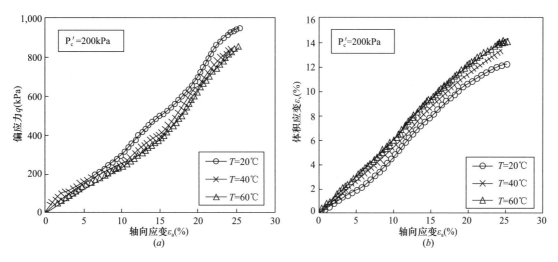

图 5　温度对垃圾土剪切变形和强度的影响

（a）q-ε_a；（b）ε_v-ε_a

本文观察到的温度对垃圾土强度的影响与常规土体如曼谷软黏土的实验结果正好相反。正常固结曼谷软黏土的对比实验表明，升温导致土体强度增加的原因不仅来源于土体热固结体积应变的增加，还来源于温度升高导致土体内部微观结构发生变化，土颗粒在升温作用下有可能发生了更为紧密的重新排列，从而导致土体强度发生变化。Abuel-Naga 的对比实验结果发现在升温作用下土体微观结构的变化对土体强度的增加贡献占比 40％ 左右。

类比常规土体的实验结果分析，升温虽然导致垃圾土热固结体积应变的增加（图 4），但是该体积应变与常规土体相比较小。另外，在升温作用下试样内部部分材料如塑料等的抗拉强度降低，从而影响了试样的抗剪强度。

4 结论

本文通过对现有 GDS 应力路径三轴仪器进行温控改装，人工配比垃圾土开展了温控作用下的垃圾土固结排水剪切试验。实验结果发现，温度升高，垃圾土固结体积应变增加。在相同轴向应变水平时，温度升高，对应的垃圾土的偏应力降低，抗剪强度有所下降。对垃圾土没有观察到某些土体中发现的升温软化现象，在最大轴向应变为 25％ 时仍然表现出加工硬化性。

参考文献

[1] 钱学德，施建勇，刘晓东. 现代卫生填埋场的设计与施工 [M]. 北京：中国建筑工业出版社，2011：412-414.

[2] Qian，X. D.，and Koerner，R. M. （2009）Stability analysis for using engineered berm to increase landfill space [J]. Journal of Geotechnical and Geoenvironmental Engineering. 135 （8）：1082-1091.

[3] 陈云敏，林伟岸，詹良通，朱水元，孙雨清. 城市生活垃圾抗剪强度与填埋龄期关系的试验研究 [J]. 土木工程学报，2009，42 （3）：111-117.

[4] 施建勇，朱俊高，刘荣，李玉萍. 垃圾土强度特性试验与双线强度包线研究 [J]. 岩土工程学报，2010，32 （10）：1499-1500.

[5] Li，X. L. and Shi，J. Y. Stress-strain responses and yielding characteristics of a municipal solid waste（MSW）considering the effect of the stress path [J]. Environmental Earth Science，2015，73 （7）：3901-3912.

[6] Bruyn，D. D. and Thimus，J. F. The influence of temperature on mechanical characteristics of Boom clay：The results of an initial laboratory program [J]. Engineering Geology，1996，41 （1-4）：117-126.

[7] 谢云，陈正汉，李刚. 温度对非饱和膨胀土抗剪强度和变形特性的影响 [J]. 岩土工程学报，2005，27 （9）：1082-1085.

[8] Abuel-Naga，H. M.，Bergado，D. T.，and Lim，B. F. （2007）. Effect of temperature on shear strength and yielding behaviour of soft Bangkok clay [J]. Soils and foundations. 47 （3）：423-436.

[9] Rowe，R. K.，and Rimal，S. （2008）. Depletion of antioxidants from an HDPE geomembrane in a composite liner [J]. Journal of Geotechnical and Geoenvironmental Engineering，134 （1）：68-78.

[10] SultanN，Delage P，Cui Y J. Temperature effects on the volume change behaviour of Boom clay [J]. Engineering Geology. 2002，64：135-145

作者简介

李玉萍，女，1985 年 3 月生，南京高淳人，博士。目前在河海大学岩土工程研究所从事博士后研究工作。主要研究方向包括环境岩土和海洋岩土，相关研究成果以第一作者身份相继发表在《Geotechnique》《Journal of Geotechnical and Geoenvironmental Engineering》等著名国际岩土期刊上。

邮箱：juliya-li@hotmail.com，电话：15905167951，地址：南京西康路 1 号河海大学土木与交通学院科学馆 810，210098。

TRIAXIAL TEST STUDY ON THE EFFECT OF ELEVATED TEMPERATURE ON THE DEFORMATION AND STRENGTH BEHAVIOUR OF MUNICIPAL SOLID WASTE

LI Yu-ping[1,2]，SHI Jian-yong[1,2]，JIANG Zhao-qi[1,2]

(1. Key Laboratory of Ministry of Education for Geomechanics and Embankment Engineering，Hohai University，Nanjing，210098，China；2. Geotechnical Engineering Research Institute，Hohai University，Nanjing，210098，China)

Abstract：This paper is aimed to explore elevated temperature effect on the deformation and strength behaviour of municipal solid waste，by conducting temperature-controlled consolidated-drained Triaxial compression tests. To address this problem，existing Triaxial apparatus was modified by adding heating belt outside the pressure chamber. Triaxial test results show that thermal induced volume change increases with elevated temperatures. During the shearing stage, soil deviator stress appears to increase with axial strain. No peak deviator stress was observed when the maximum axial strain of 25% was reached. Deviator stress was shown to decrease with elevated temperatures, which however increases with axial strain showing no strength softening. The latter is usually observed for soft Bangkok clay and Illitic clay.

Key words: municipal solid waste, temperature, deformation, strength

防渗工程屏障中的改性膨润土应用研究与发展

范日东，杜延军，刘松玉，杨玉玲

（东南大学，江苏省城市地下工程与环境安全重点实验室，江苏 南京 210096）

摘　要： 防渗工程屏障广泛用于对工业污染场地、固废堆场和生活垃圾填埋场中地下水、土的阻隔。膨润土是这类工程屏障的主体功能材料，但其在高风险重金属和有机污染物胁迫下将出现显著的阻隔性能衰退（例如，防渗性能失效、吸附性能不足等）。膨润土改性是提升阻隔性能，确保屏障安全服役的有效方法。总结了环境岩土工程领域国内外学者和东南大学课题组对膨润土改性的研究成果。膨润土的改性方式主要包括无机钠化、亲水性聚合物和疏水亲油性有机阳离子改性三类。无机钠化改性膨润土的微观结构和工程性质在化学溶液作用下的变化规律服从双电层理论。因此，改性作用对重金属污染作用下膨润土膨胀和防渗性能的提升效果有限；高浓度条件下，防渗性能的失效不可避免。亲水性聚合物改性膨润土的改性材料包括有机（例如，羧甲基纤维素钠）和无机（例如，聚磷酸盐）聚合物改性两类。由于聚合物对膨润土颗粒片层的包裹作用、聚合物水化对微观结构的改变，以及对颗粒分散性的极大促进效果，它们在金属浓度大于 1mol/L 的高浓度钙、钠、钾盐溶液、强酸、强碱和填埋场渗沥液作用下均表现出优于钠基膨润土的防渗性能和稳定化学相容性。疏水亲油性有机阳离子改性膨润土，以季铵盐阳离子表面活性剂改性膨润土为代表，对有机污染物具有极强的吸附作用和防渗效果。

关键词： 工程屏障；膨润土；改性作用；防渗截污

1　引言

土质防渗工程屏障广泛应用于填埋场、废弃物堆场和工业污染场地中对污染源、污染羽的阻隔，确保场地风险管控[1]。膨润土是土质防渗工程屏障（例如膨润土防水毯、击实土-膨润土衬垫、土-膨润土竖向隔离屏障）的主体功能材料。然而，重金属、有机物等各类污染液作用下未改性天然膨润土均存在严重的阻隔性能恶化问题，主要表现为防渗性能失效和吸附性能不足。例如，刘松玉[2]总结指出，无机盐溶液作用下膨润土膨胀性能随污染程度显著减小；溶液离子强度大于 20mmol/L 时，自由膨胀指数降低幅度可达 20%～80%，如图 1 所示。

另一方面，我国是膨润土生产大国；但天然优质钠基膨润土矿藏严重匮乏，主要矿产为钙基膨润土，占 90%以上；已探明的钠基高庙子膨润土则专门用于高放废物处置库回填材料[3]。与欧、美防渗工程屏障普遍采用的天然钠基膨润土（例如怀俄明膨润土）相比，我国商用膨润土的膨胀、防渗和化学相容性等工程性质相对更弱[4]。

膨润土的改性是提升高浓度污染作用下土质防渗工程屏障阻隔性能的重要方法。近年来，国内外专家学者提出了多种改性膨润土以提高膨润土防水毯（GCL）和土-膨润土竖向隔离屏障等防渗工程屏障材料的化学相容性。在环境岩土工程领域，改性膨润土按改性剂类型，可将其分为无机盐改性、亲水性聚合物改性以及疏水性有机阳离子改性膨润土三大类。本文较系统地介绍三类膨润土改性的改性机理研究、改性原理和方法及其化学相容性增强效果。

基金项目：国家自然科学基金重点项目（41330641）。国家自然科学基金项目（41472258）、江苏省重点研发计划（BE2017715）

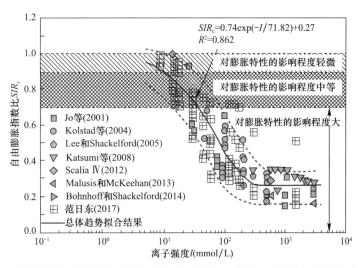

图 1　无机盐溶液作用下未改性膨润土自由膨胀指数比与离子强度关系总体趋势

2　无机钠化改性膨润土

无机钠化改性膨润土以采用碳酸钠（Na_2CO_3）、氟化钠（NaF）等钠盐作为改性材料的钠化改性钙基膨润土为代表。这类膨润土的改性机理是通过改性材料中钠离子置换膨润土中钙基蒙脱石黏土矿物的可交换钙离子，从而生成钠基蒙脱石黏土矿物和碳酸钙沉淀。根据我国《膨润土》GB/T 20973—2007规定，交换性钠和钾离子总量大于交换性钙和镁离子总量大于等于1时，即认为达到钠化改性要求。与钙基膨润土相比，经钠化改性后膨润土的 d（001）峰值可由约 1.55nm 减小至 1.20～1.25nm，并在宏观上表现为颗粒分散性能、水化膨胀性能和防渗性能显著提升。

我国目前防渗工程屏障工程中主要使用钠化改性钙基膨润土。但近期的研究结果显示，钠化改性钙基膨润土用于 GCL 时，依然无法避免盐溶液和填埋场渗滤液作用下渗透系数增大的不利影响，因而无法满足中高浓度重金属污染隔离要求。东南大学的研究结果显示，无机盐溶液作用下钠化改性钙基膨润土渗透系数随离子强度增大趋势总体与已有文献所报道天然钠基膨润土试验研究结果一致；离子强度达30mmol/L 时，渗透系数增幅可达 1 个数量级（如图 2 所示）[4]。此外，重金属铅-锌浓度达 100～500mmol/L 时，采用钠化改性钙基膨润土所制备土-膨润土竖向隔离屏障材料的渗透系数无法满足防渗要求（$k < 10^{-9}$ m/s）。上述化学溶液作用下钠化改性钙基膨润土防渗性能衰退的关键原因在于，膨润土微观结构变化规律依然服从双电层理论，即由于溶液中钙、铅、锌、镉等二价阳离子与膨润土可交换钠离子发生阳离子交换，使得膨润土颗粒表面双电层厚度减小，导致膨润土颗粒形成更紧致、膨胀能力弱的团聚体；团聚体间的大孔隙（宏观孔隙）逐渐增多，孔隙连通性增强。

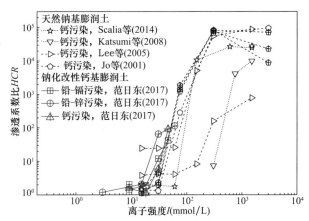

图 2　无机盐溶液作用天然钠基膨润土与钠化改性钙基膨润土渗透系数比与离子强度关系

3　亲水性聚合物改性膨润土

3.1　亲水性有机聚合物改性膨润土

针对高浓度无机盐溶液和干湿循环作用下 GCL 防渗性能失效的问题（$k \gg 10^{-9} \mathrm{m/s}$），亲水性有机聚合物改性膨润土在 GCL 中的应用研究是近年来环境岩土领域重要方向之一。国际同行所研究亲水性有机聚合物改性膨润土包括高密预水化 GCL（DPH-GCL）、多膨胀膨润土（MSB）、膨润土-聚合物复合成物（BPC）、超级黏土（HYPER 黏土）等；其中，DPH-GCL、MSB 和 BPC 均以商品化，HYPER黏土可由实验室制备。表 1 给出了这四种改性膨润土的命名及其基本改性工艺。

亲水性有机聚合物改性膨润土的命名及其基本改性工艺　　　　表 1

中文名	英文名（缩写）	聚合物种类	基本改性工艺
多膨胀膨润土	multiswellable bentonite（MSB）	碳酸丙烯酯（PC）	钠基膨润土与 25％PC 混合；已商品化（例如日本产 MultiGel S-225）
膨润土-聚合物复合材料	bentonite-polymer composite（BPC）	聚丙烯酸钠（PAAS）	通过氢氧化钠将丙烯酸溶液 pH 调节至中性，生成 PAAS 溶液；加入钠基膨润土；经热引发剂（过硫化钠），进行聚合反应；已商品化（例如美国 CETCO® 产品）
高密预水化 GCL	denseprehydrated geosynthetic clay liner（DPH-GCL）	羧甲基纤维素（CMC）	通过稀释 CMC-聚丙烯酸钠-甲醇混合液对干密度为 $6.0 \mathrm{kg/m^3}$ 的 GCL 进行预水化处理；美国专利号 US9328216B2
超级黏土	HYPER clay	羧甲基纤维素（CMC）	膨润土与稀释 CMC 溶液混合，基于离子交换法实现插层改性

（1）多膨胀膨润土（MSB）

多膨胀膨润土概念由日本 Hojun Kogyo 公司 Onikata 等提出，其改性原理为碳酸丙烯酯（PC）与水分子键合促进蒙脱石黏土矿物渗透膨胀。基于此，他们对比了不同 PC 掺量和制备工艺条件下，改性锂基、钠基、钾基、氨基、钙基、钡基和镍基膨润土的层间间距（d（001））、羰基（C＝O）振动特征峰位移量及其自由膨胀指数的变化规律，从而确定 PC 改性膨润土最优方案。此后，文献中 MSB 专指该最优方案下改性膨润土。

日本京都大学 Katsumi 教授团队研究了 MSB 在 NaCl、$CaCl_2$ 和 NaCl-$CaCl_2$ 溶液作用下的膨胀特性和长期（1～7 年）防渗性能；试验结果显示，MSB 在高浓度溶液（离子强度＞0.5mol/L）作用下的膨胀特性和防渗性能并未显著优于未改性钠基膨润土试验结果，至离子强度达到 2.0mol/L 时渗透系数超出防渗要求（$k < 10^{-9} \mathrm{m/s}$）。近期，意大利马尔凯理工大学与比利时根特大学联合研究了 MSB 在海水和干湿循环共同作用下的渗透特性，发现渗透系数均出现 100～1000 倍增大，且 MSB 的渗透系数超出防渗要求限值，但其防渗性能失效的机理尚不明确。

（2）膨润土-聚合物复合材料（BPC）

美国威斯康星大学麦迪逊分校和科罗拉多州立大学 Benson 教授、Shackelford 教授团队联合开展了 BPC 在 GCL 和土-膨润土竖向隔离屏障材料中的工程应用研究，明确了无机盐溶液（$CaCl_2$）添加 BPC 的 GCL 和土膨润土竖向隔离屏障材料渗透特性的作用规律，并探讨了工作机理。他们的试验研究结果显示，中高浓度氯化钙（＞50mmol/L）、强酸（HCl，pH＝0.3）和强碱（NaOH，pH＝13.1）溶液长期作用下 BPC 的渗透系数始终保持 $10^{-11} \mathrm{m/s}$ 数量级，较未改性钠基膨润土试验结果低 3 万至 70 万倍；其长期稳定化学相容性归因于可溶性 PAAS 水化所形成水凝胶对粒间过水通道的阻塞，而非源于蒙脱石黏土矿物的渗透膨胀或是吸附于膨润土的 PAAS 与阳离子（Ca^{2+}）之间的交换反应。在此基础上，他们对蒸馏水渗透作用下 BPC 的扫描电子显微镜观测初步验证了这一机理解释，发现聚合物在膨润土颗粒间所形成孔隙内形成三维网状结构（即水凝胶），并认为这是由于静电力作用下蒙脱石颗粒棱边所带正电荷与阴离子聚合物之间的桥接。

Shackelford 教授团队专门对比了传统砂-钠基膨润土（膨润土掺量 7.1%）与砂-BPC（BPC 掺量 5.5%）竖向隔离屏障材料的压缩和渗透特性。他们的系列试验结果显示，采用 BPC 代替传统钠基膨润土时，屏障材料的压缩指数和固结系数均不发生显著改变；自来水和 $CaCl_2$ 溶液（50mmol/L）作用下渗透系数较传统砂-钠基膨润土竖向隔离屏障材料分别减小 1~5 倍和 78 倍。

（3）高密预水化 GCL（DPH-GCL）

美国威斯康星大学麦迪逊分校 Benson 教授、比利时根特大学 Di Emidio 课题组系统性地对比了 DPH-GCL 和传统 GCL 在无机盐（1mol/L 的 NaCl 和 $CaCl_2$）、酸（pH=1.2）和碱（pH=13.1）溶液作用下的防渗性能，发现 DPH-GCL 和传统 GCL 在无机盐和酸溶液作用下自由膨胀指数接近，但后者渗透系数高出前者达 7 万~20 万倍；碱溶液作用下，传统 GCL 渗透系数为 DPH-GCL 试验结果达 4 倍。此外，他们历时 5 年的柔性壁渗透试验结果显示，DPH-GCL 在海水（$EC=5.5S/m$）和 $CaCl_2$ 溶液（12.5mmol/L）始终保持良好的防渗性能（$k=10^{-12}~10^{-11}$ m/s）和化学相容性（k 增幅小于 3 倍）。

Katsumi 教授认为 DPH-GCL 高密度、预水化制备工艺是其在高浓度无机盐溶液作用下具有优异防渗性能的主要原因，DPH-GCL 中膨润土有效孔隙大幅减少，不可迁移液相比例增大；DPH-GCL 与传统 GCL 密度分别为 8.0kg/m³ 和 4.73kg/m³。意大利马尔凯理工大学 Mazzieri 等则对比了 DPH-GCL 和传统 GCL 在人工合成含重金属铅、锌、铜的强酸填埋场渗沥液（pH=2）作用下的防渗截污性能。他们的试验结果显示：（1）长期强酸填埋场渗沥液作用下 DPH-GCL 的渗透系数为 $3.3×10^{-11}$ m/s，较传统 GCL 渗透系数低 48.5 倍；（2）DPH-GCL 较传统 GCL 具有更长的服役寿命，重金属锌、铅、铜击穿厚度为 4.3mm 的 DPH-GCL 试样的时间达 339~400 天，远长于传统 GCL 试验结果（约 65~80 天）。

（4）超级黏土（HYPER 黏土）

超级黏土由比利时根特大学 Di Emidio 课题组首先研制。他们研究了无机盐溶液（KCl 和 $CaCl_2$）以及海水（$EC=4.5S/m$）和干湿循环共同作用下 HYPER 黏土渗透系数的化学相容性。系列试验结果显示，KCl 和 $CaCl_2$ 溶液浓度小于 10mmol/L 时，HYPER 黏土的自由膨胀指数明显高于未改性钠基膨润土，增幅可达 1 倍；但随着浓度继续增大，两者自由膨胀指数趋于一致。此外，5mmol/L 的 $CaCl_2$ 溶液作用下，HYPER 黏土渗透系数为 $1.4×10^{-11}$ m/s；较未改性钠基膨润土渗透系数降低约 60%。

范日东[4]制备了 CMC 掺量为 2%~14% 的 CMC 改性钠化改性钙基膨润土，通过傅氏转换红外线光谱分析和 X 射线衍射分析，探讨了改性机理，并研究了改性膨润土基本物理性质指标和重金属与填埋场渗沥液作用下渗透系数随 CMC 掺量的变化规律。改性作用下实现了 CMC 分子链插层膨润土中蒙脱石黏土片层，改性膨润土黏土颗粒具有部分插层和部分剥离型共存的微观结构。改性作用提高了钠化改性钙基膨润土有机化程度和亲水性，使得改性膨润土的有机质含量、液限、塑限和自由膨胀指数均随膨润土中 CMC 掺量增加呈近似线性增大趋势。此外，改性作用有效地提升了氯化钙、重金属铅-锌复合污染和填埋场渗沥液作用下膨润土的防渗性能。相同孔隙比范围条件下，硝酸铅-硝酸锌、氯化钙溶液作用下改性膨润土的渗透系数较未污染状态下试验结果的增幅仅为 30%~50%，远低于未改性膨润土试验结果。

综合上述研究结果，钾、钙、重金属铅-锌作用下 CMC 改性膨润土自由膨胀指数与其未污染状态下试验结果的比值（SIR）均随金属浓度增大呈明显降低趋势，至浓度大于 100mmol/L 时，$SIR=0.18~0.65$，并略低于未改性时的结果。这表明 CMC 改性膨润土的化学相容性取决于金属浓度，并随之衰退。初步分析原因在于：CMC 分子链中羧酸根通过离子交换和配位络合的方式消耗了膨润土-化学溶液体系中的金属离子，由此减少了直接参与与膨润土中可交换阳离子发生离子交换的金属离子量，起到了抑制了膨润土双电层压缩的作用；但随着金属浓度增大，CMC 逐渐被消耗，宏观上表现为 CMC 改性膨润土膨胀性能与未改性试验结果趋于一致。

（5）聚阴离子纤维素（PAC）改良膨润土

聚阴离子纤维素（polyanionic cellulose，PAC）属于高分子聚合物，广泛应用于石油钻井施工中的降滤失剂。针对现有改性膨润土制备工艺相对复杂的难点，东南大学课题组[5]通过将2%PAC与钠化改性钙基膨润土直接拌合，制备PAC改良膨润土，并通过改进滤失试验，研究了氯化钙浓度、有效应力对渗透系数化学相容性的作用规律。试验研究结果显示，氯化钙浓度≤60mmol/L范围内，PAC改性膨润土渗透系数增幅小于10倍，且提升有效应力可有效抵消化学溶液对渗透系数的不利影响。这也表明采用PAC等亲水性有机聚合物与膨润土直接拌和的改良方式，同样具有提升防渗工程屏障阻隔性能的潜力。

表2总结了DPH-GCL、MSB、BPC和HYPER黏土4种亲水性有机聚合物改性膨润土和PAC改良膨润土在各类工况条件下的防渗性能。图3则汇总了已有研究中氯化钙、氯化钠-氯化钙复合溶液等无机盐溶液作用下亲水性有机聚合物改性膨润土渗透系数与离子强度关系总体规律；总体上，这类改性膨润土对高浓度无机盐溶液的防渗性能尤为突出。但另一方面，其防渗性能增强机理及其它们在高浓度重金属污染、填埋场渗沥液作用下的防渗性能亟待深入分析。需要指出的是，渗透过程中聚合物的洗脱将是改性膨润土渗透系数增大的重要原因；渗透系数总体上与其在渗透过程中的聚合物洗脱量呈反比。

已有研究所报道亲水性有机聚合物改性/改良膨润土的防渗性能评价　　　　表2

膨润土类型	作用类型						
	CaCl$_2$	海水	填埋场渗沥液	强酸	强碱	干湿循环	重金属
DPH-GCL	√	√	√	√	√	○	?
MSB	○	?	?	?	?	×	?
BPC	√	?	?	√	√	?	?
HYPER 黏土	√	√	?	?	?	○	√
PAC 改良	√	?	?	?	?	?	?

注：√表示防渗性能优异（渗透系数基本保持不变，≪10^{-9}m/s）；○表示防渗性能一般（渗透系数增幅可观，但满足防渗要求）；×表示防渗性能失效（k>10^{-9}m/s）；? 表示尚未见报道。

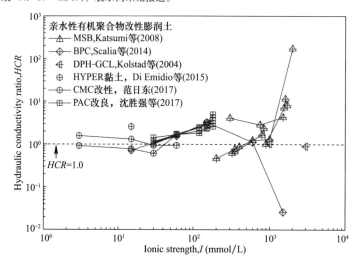

图3　无机盐溶液作用下亲水性有机聚合物改性/改良膨润土渗透系数比与离子强度关系

3.2　无机聚磷酸盐改性膨润土

无机聚磷基分散剂由于其长链结构，对用于钻井膨润土浆液具有良好的分散和抗盐稳定作用。同时，磷基材料对重金属铅、镉和六价铬具有强吸附性能，在固化封闭污染土和污水处理研究领域备受关注[6]。东南大学杜延军、杨玉玲等[7,8]针对天然钙基膨润土用于土-膨润土竖向隔离屏障时施工和易性和防渗性能不足的缺陷，提出聚磷基分散剂改性方法。

研究结果表明，直接添加2%聚磷基分散剂后，钙基膨润土所制备浆液不发生固液分离（见图4），浆液滤失量、黏度均达到施工和易性设计要求，且滤失试验中所形成膨润土滤饼试样的厚度明显增大。这表明聚磷基分散剂可有效提升膨润土的持水能力和分散稳定性能。此外，试验显示水头梯度为27～

200 的清洁自来水渗透下，膨润土试样中未出现聚磷基分散剂溶脱现象。进一步的研究将聚焦于高浓度重金属暴露和干湿交替敏感环境下聚磷基分散剂改性土-膨润土竖向隔离屏障材料的阻隔性能研究。

图 4　膨润土浆液分散性
（a）钙基膨润土；（b）2%聚磷基分散剂改性钙基膨润土

4　疏水亲油性有机阳离子改性膨润土

疏水亲油性有机阳离子改性膨润土主要指通过铵盐阳离子（quaternary amine cations）表面活性剂所改性膨润土。环境岩土工程领域中传统意义上的有机黏土（organoclay）主要即指这类改性膨润土，并广泛应用于填埋场和储油场地水平衬垫。改性通过疏水亲油性有机阳离子与膨润土中可交换阳离子之间的阳离子交换反应，以提升挥发性卤代烃、挥发性有机物、多环芳烃等各类疏水性有机污染物作用下膨润土的防渗和吸附性能。

目前有机黏土改性方法已相对完善，已有研究报道了常见改性剂和改性制备流程；其中，改性剂有机阳离子与未改性膨润土可交换阳离子质量比 f（见公式 1）是改性过程的关键控制参数。试验研究中，改性剂有机阳离子主要包括有苄基三乙基氯化铵（BTEA）、十六烷基三甲基溴化铵（HDTMA）、短碳链的四甲基氯化铵（TMA）等；f 值通常控制为 50%～100%。

$$f = \frac{M_{\text{cation}}}{CEC \cdot M_{\text{clay}} \cdot GMW_{\text{cation}}} \tag{1}$$

式中，f 为改性剂有机阳离子与未改性膨润土可交换阳离子质量比；M_{cation} 为所需添加有机阳离子的质量（g）；CEC 为未改性膨润土的可交换阳离子容量（mmol/g）；M_{clay} 为未改性膨润土的质量（g）；GMW 为有机阳离子的摩尔质量（g/mmol）。

已有研究针对有机黏土吸附有机污染物的控制机理和专属效果开展了大量报道；对此，Muhammad 和 Amir[9] 进行了系统的总结。在此基础上，国际学者对有机黏土和添加有机黏土的防渗工程屏障材料的渗透、压缩等工程性质进行了详细研究。总体上，有机污染物作用下有机黏土能够表现出良好的膨胀和防渗性能；例如，加拿大国家水文研究中心研究显示，击实砂-膨润土对柴油的防渗性能随商用有机黏土掺量增加得到显著提升，且极大地避免了柴油渗透过程中所造成的土样开裂；相同条件下，未添加有机黏土的试样则出现了宽约 1～2mm、深 10cm 的斜向干裂。香港科技大学 Lo 团队通过刚性壁渗透试验，分别对比了对水和汽油作用下香港地区天然粉砂、钠基膨润土及商用有机黏土击实试样的渗透系数，发现汽油作用下击实粉砂及膨润土渗透系数增幅达 2～5 个数量级；相反，汽油作用下击实有机黏土渗透系数则减小约 2 数量级，且能够在冻融循环和干湿循环作用下保持良好的抗渗性能。

需要指出的是，由于改性作用削弱了黏土矿物表面的极性，使得有机黏土与水和无机盐溶液相互作用下反而丧失膨胀性和压缩性，渗透系数则高达 10^{-8}～10^{-4} m/s 数量级；因此，对于重金属-有机物复合污染场地，防渗工程屏障中单纯使用有机黏土无法满足防渗要求。此外，HDTMA 等铵盐阳离子表面活性剂及其所改性有机黏土本身存在浸出毒性风险。若有机黏土在地下水和污染液作用下检出毒性超标，则将可能严重制约其应用；但针对有机黏土中铵盐阳离子的解吸附特性及淋滤特性试验研究尚不完善。美国密歇根生物技术研究所从土壤微生物的异养活性角度评价了 HDTMA 改性膨润土的毒性，指出当 HDTMA 与土体可交换阳离子吸附位键合时，HDTMA 毒性将极大地减弱。威斯康星大学帕克塞德分校则通过批处理解吸附试验及土柱淋滤试验分析了 HDTMA 改性高岭石、伊利石及沸石种 HDT-MA 的解吸附特性，发现 HDTMA 的解吸附量随 f 值和土的粒径增大而升高，且 HDTMA 的一阶解吸附速率常数与土的渗透性呈反比。

5 结论

膨润土改性是提升化学溶液作用下土质防渗工程屏障阻隔性能的有效方法，是我国环境岩土工程重要研究方向之一。本文针对膨润土改性原理和防渗性能等改性效果，系统总结介绍了国内外学者所开展的研究工作与成果。表 3 汇总了无机钠化、亲水性有机聚合物、疏水亲油性有机阳离子改性膨润土的主要改性材料、基本改性原理和主要研究结论。后续研究需要进一步聚焦于高浓度强毒理性重金属、有机污染物、干湿交替等作用的敏感环境下改性膨润土的化学相容性、阻隔性能，并揭示改性效果增强机理。

环境岩土工程领域改性膨润土改性原理和防渗性能扼要 表 3

改性类型	主要改性材料	基本改性原理	主要研究结论
无钠化改性	Na_2CO_3、NaF 等	阳离子交换	不适用于阻隔高浓度无机盐溶液；吸附性能有限
亲水性有机聚合物改性	PC、PAAS、CMC、PAC 等	聚合物插层/剥离、水凝胶充填作用、聚合物包裹作用	高浓度无机盐溶液、填埋场渗沥液作用下防渗性能优异
亲水性无机聚合物改性	聚磷基分散剂	聚合物包裹作用、吸附作用、阳离子交换	提升钙基膨润土分散性和施工和易性，制备工艺简便
疏水亲油性有机阳离子改性	季铵盐阳离子	阳离子交换	适用于阻隔各类有机污染物

参考文献

［1］ 陈云敏. 环境土工基本理论及工程应用［J］. 岩土工程学报，2014，36（1）：1-46.

［2］ 刘松玉. 污染场地测试评价与处理技术［J］. 岩土工程学报，2018，40（1）：1-37.

［3］ 刘月妙，陈璋如. 内蒙古高庙子膨润土作为高放废物处置库回填材料的可行性［J］. 矿物学报，2001，21（3）：541-543.

［4］ 范日东. 重金属作用下土-膨润土竖向隔离屏障化学相容性和防渗截污性能研究［D］. 南京：东南大学，2017.

［5］ 沈胜强，杜延军，魏明俐，薛强，杨玉玲. $CaCl_2$ 作用下 PAC 改良膨润土滤饼的渗透特性研究［J］. 岩石力学与工程学报，2017，36（11）：2810-2817.

［6］ Du Y J，Wei M L，Reddy K R，Jin F，Wu H L，Liu Z B. New phosphate-based binder for stabilization of soils contaminated with heavy metals：leaching，strength and microstructure characterization［J］. Journal of Environmental Management，2014，146：179-188.

［7］ Du Y J，Yang Y L，Fan R D，Wang F. Effects of phosphate dispersants on the liquid limit，sediment volume and apparent viscosity of clayey soil/calcium-bentonite slurry wall backfills［J］. KSCE Journal of Civil Engineering，2016，20（2）：670-678.

［8］ Yang Y L，Du Y J，Reddy K R，Fan R D. Hydraulic conductivity of phosphate-amended soil-bentonite backfills［C］//De A，Reddy K R，Yesiller N，Zekkos D，Farid A. Geo-Chicago 2016：Sustainable Geoenvironmental Systems. Chicago：ASCE，2016：537-547.

［9］ Muhammad N，Amir W. Organoclays as sorbent material for phenolic compounds：A review［J］. CLEAN-Soil，Air，Water，2014，42（11）：1500-1508.

作者简介

范日东，男，1988 年生，博士，现工作于东南大学博士后流动站，主要从事环境岩土工程领域阻隔技术及污染黏土工程性质研究。E-mail：fanrd19880612@163.com，联系

电话：18761689695，地址：南京市江宁区东南大学九龙湖校区岩土工程研究所，211189。

A REVIEW OF TREATED BENTONITES FOR ENGINEERED BARRIER

FAN Ri-dong，DU Yan-jun，LIU Song-yu，YANG Yu-ling

(Southeast University；Jiangsu Key Laboratory of Urban Underground
Engineering & Environmental Safety，Nanjing 210096，Jiangsu，China)

Abstract：Engineered barrier is extensively used for containment in industrial contaminated sites，solid waste site，and landfills. Bentonite is the main functional material in the engineered barrier. However，containment performance would show significant deterioration（e. g. ，failure in anti-seepage performance and insufficient sorption capability）when the bentonite were exposed to high-risk heavy metal and organic contaminants. Under such circumstances，bentonite treatment is an effective way to enhance the performance for the purpose of service safety. This study presents an overview of studies on treated bentonites for geoenvironmental applications. The treatment methods fall into three categories：inorganic sodium treatment，hydrophilic polymer treatment，and oleophilic organic cation treatment. Changes in microstructure and engineering properties of the sodium-treated bentonites obey double layer theory. As expected，the treatment effect of heavy metal contaminated sodium-treated bentonite is limited，in terms of swelling potential and anti-seepage performance. The hydrophilic polymer treatment includes organic polymer treatment（e. g. ，cellulose sodium treatment）and inorganic polymer treatment（e. g. ，polyphosphate）. Hydrophilic polymer-treated bentonite possesses more satisfactory anti-seepage performance and stable chemical compatibility compared with natural sodium bentonite under inorganic salt solutions with metal concentration higher than 1 mol/L，strong acid and alkali solution，and landfill leachate. This can be attributed to polymer encapsulation，change in microstructure due to polymer hydrogel，and enhancement of particle dispersity. Quaternary ammonium cations（QACs）are most commonly used for the oleophilic organic cation treatment. Bentonites treated using QACs show extremely strong sorption capability and anti-seepage performance when exposed to organic contaminants.

Key words：engineered barrier，bentonite，treatment，containment

考虑优势渗透效应下氧气在垃圾填埋场内运移模型及模拟

刘磊[1]，惠心敏喃[1]，薛强[1]，张楚豪[2]，姚远[2]，谢文刚[3]

（1. 中国科学院武汉岩土力学研究所，湖北 武汉　430071；2. 武汉环投环境科技有限公司，
湖北 武汉　430000；3. 中国市政工程中南设计研究总院有限公司，湖北 武汉　430014）

摘　要：评价通风系统运行过程中氧气在垃圾填埋场内的分布特征是非常重要的，对于注气井的设计参数的确定。构建了描述气体优势运移过程的耦合数学模型，模型集成了对流-弥散、氧化反应和孔隙-裂隙之间的质量交换作用。结合典型气井运行工况，开展了垂直井短期通风过程中气体浓度随时间和空间变化的定量模拟研究，并对模型中参数的灵敏性进行了分析。模拟结果表明：DAD 模型可较好的再现填埋场内氧气和甲烷浓度在通风过程中的变化规律。弥散系数、甲烷氧化速率和交换项系数对甲烷分布影响显著。以上成果为垃圾填埋场注气井的优化设计提供了理论依据。

关键词：优势流；垃圾填埋场；双渗透；甲烷；氧气

1　前言

好氧通风技术是陈旧型垃圾填埋场原位修复工程中被广泛使用的有效方法之一。氧气最大幅度充满库区是注气井设计过程中的重要目标，达到这一目的的前提是掌握氧气在垃圾堆体孔隙中的运移特征[1,2]。

氧气在垃圾堆体内的运移模型是评价好氧通风过程中气体分布的基础和前提。Cossu, et al (2005，2007) 采用气体压力为变量的连续性方程，模拟通风井的影响半径[3,4]。氧气在压力梯度作用下的移动过程中，质量会被消耗——表现为浓度逐渐降低。在这种工况条件下，选择气体压力作为有效覆盖范围进行预测的方法，造成预测结果偏高[5]。Fytanidis (2014) 基于流体动力学理论构建了考虑甲烷氧化的CFD 耦合模型，模型考虑了有机质的好氧降解过程[6]。这些模型对于进一步认识氧气在垃圾介质中的迁移行为提供了参考。

然而，氧气在填埋场内运移过程的模拟预测，特别是考虑优势路径条件下的运移过程，尚未见报道。这项工作对于好氧修复工程中气井分布和运行方案的制定是非常必要的。

部分学者通过室内和现场试验发现：垃圾堆体本身的非均质性造成气体迁移具有明显的优势渗透效应[7,8]。Liu, et al (2016b) 通过室内气体穿越曲线试验认为：气体的优势渗透效应贯穿于垃圾降解的整个过程[9]。Yazdani, et al (2015) 在美国 Yolo County 填埋场选取 20m³ 堆体开展了 PGTT 气体示踪试验发现：垃圾堆体内存在大量的非流动区域（immobile gas zones），对气体浓度分布影响显著。Liu, et al (2016c) 发现优势渗透效应对抽气井运行过程中填埋场内气体压力分布影响显著，影响的机理通过双区渗透模型（DPM）与单区渗透模型（SPM）对比进行了说明。由于浓度的扩散受压力梯度影响显著，通风过程中氧气浓度分布也将受优势渗透效应影响。

为此，本文基于双区渗透运移理论，构建了考虑优势渗透效应条件下氧气运移耦合数学模型。开展了注气井运行过程中氧气和甲烷分布规律的预测。基于现场监测得到的氧气浓度数据，分析了优势渗透效应在预测氧气分布方面的作用，为垃圾填埋场注气井运行设计提供了理论依据。

2 氧气的运移数学模型

氧气在垃圾填埋场内的运移行为受对流-弥散、生物化学反应和温度效应的影响。对流-弥散效应表现为气体压力和浓度的变化。生物化学反应决定了氧气和甲烷的消耗速率。垃圾有机物在好氧状态下产生大量的热，垃圾堆体内的温度随时空变化显著。由于本文只模拟氧气注入的短期效应，假设温度和水分不变化，且不影响生化反应和气体流动。

采用双对流-弥散模型（dual advective-diffusive model，简写为 DAD model）可描述考虑优势渗透效应下气体运移过程。气体中多组分在双孔隙介质中的运移过程，可通过两个耦合的对流-弥散方程进行描述，如下：

$$\frac{\partial}{\partial t}(n_{\mathrm{f}}C_{i\mathrm{f}}) = \nabla (n_{\mathrm{f}}D_{i\mathrm{f}} \nabla C_{i\mathrm{f}}) - \bullet \nabla (V_{i\mathrm{f}}C_{i\mathrm{f}}) - n_{\mathrm{f}}R_{i\mathrm{f}} - \frac{\Gamma_{is}}{w_{\mathrm{f}}} \tag{1}$$

$$\frac{\partial}{\partial t}(n_{\mathrm{m}}C_{im}) = \nabla (n_{\mathrm{m}}D_{im} \nabla C_{im}) - \bullet \nabla (V_{im}C_{im}) - n_{\mathrm{m}}R_{im} + \frac{\Gamma_{is}}{w_{\mathrm{m}}} \tag{2}$$

$$n \bullet C_i = n_{\mathrm{f}} \bullet w_{\mathrm{f}} \bullet C_{i\mathrm{f}} + n_{\mathrm{m}} \bullet (1-w_{\mathrm{f}}) \bullet C_{im} \tag{3}$$

$$V_i = -\frac{k}{\mu} \nabla P_i \tag{4}$$

其中，P_i 为气体 i 的压力，R_i 为气体组分 i 的反应速率（mol/m^3/s）；n 为总孔隙度；V 为气体平均流速（m/s）；f，m 分别代表裂隙域和孔隙域；C_i 为气体组分 i 的总浓度（mol/m^3）；i 代表气体组分（i. e.，CH_4，O_2）；Γ_{is} 气体组分 i 在双区之间的质量交换量（$ML^{-3}T^{-1}$），可写为：

$$\Gamma_{is} = \pm \Gamma_{ig}C_{i\mathrm{f}} + \alpha_{is}(1-w_{\mathrm{f}})n_{\mathrm{m}}(C_{i\mathrm{f}} - C_{im}) \tag{5}$$

其中，α_{is} 为一阶传导系数（T^{-1}），

$$\alpha_{is} = \frac{\beta}{a^2}D_{ie} \tag{6}$$

其中 D_{ie} 为气体 i 在孔隙域和裂隙域界面上的有效弥散系数（m^2/s）. a 为孔隙结构的特征半径，文献 [10] 取值 1cm，β 为常数，文献 [11] 取值 10～15。总弥散系数可以写为：

$$D' = w_{\mathrm{f}} \bullet D_{\mathrm{f}} + (1-w_{\mathrm{f}}) \bullet D_{\mathrm{m}} \tag{7}$$

当氧气被注入垃圾堆体时，会和甲烷发生化学反应被消耗掉，二者的浓度均随着反应的进行而降低。这一消耗过程在方程（1）和（2）中的源汇项反映，采用氧化速率进行描述。甲烷的氧化速率（oxidation rate of methane）符合 Monod 理论，形式如下：

$$R_{\mathrm{CH}_4} = -V_{\max} \bullet \frac{1}{\left(1+\frac{k_{\mathrm{m,m}}}{C_{\mathrm{CH}_4}}\right) \bullet \left(1+\frac{k_{\mathrm{m,o}}}{C_{\mathrm{O}_2}}\right)} \tag{8}$$

$$R_{\mathrm{O}_2} = 1.73R_{\mathrm{CH}_4} \tag{9}$$

其中 $V_{\max}$ 为甲烷的最大氧化速率（mol/m^3/s）；C_{CH_4} 和 C_{O_2} 分别是甲烷和氧气浓度（m^{3}m^{-3}）；$k_{\mathrm{m,m}}$ 和 $k_{\mathrm{m,o}}$ 分别是甲烷和氧气的半饱和常数（m^{3}m^{-3}）。

由于垃圾组成的非均匀性，垃圾堆体中的多孔介质由流动区域和非流动区域组成。部分科学家通过定量的手段分析了非流动区域对溶质运移的影响[12,13]。为了实现气体在两个区域运移的定量表征，需做如下假设：（1）非流动区域不发生渗流和扩散；（2）流动区域和非流动区域（mobile-immobile）之间存在质量交换。

气体在流动区域和非流动区域的质量平衡可以通过如下方程进行描述：

$$\frac{\partial}{\partial t}(n_{\mathrm{im}}C_{i,\mathrm{im}}) = n_{\mathrm{m}}\alpha_{\mathrm{m,im}}(C_i - C_{i,\mathrm{im}}) - n_{\mathrm{im}}R_i + Q_{\mathrm{im}} \tag{10}$$

其中 $C_{i,\mathrm{im}}$ 为气体组分 i 在流动区域的浓度，$\alpha_{\mathrm{m,im}}$ 为流动区域与非流动区域之间的质量交换系数，n_{m} 和 n_{im} 为流动区域和非流动区域的孔隙度，Q_{im} 为非流动区域内的甲烷产气速率，文献 [12] 通过现场试验测试得到非流动区域占垃圾堆体总体积的 20%～30%。

3 算例设置及参数

由于氧气在垃圾堆体中运移试验报道较少，可得到相对完整数据的仅有位于意大利的 Landfill A 的注气试验记录及相关数据。现场共设置了 2 个监测井（M1 和 M2）和 1 个注气井（P1），注气体井的钻孔直径为 800mm，深度为 8m，打孔段长度为 6.5m。监测井钻孔直径为 600mm，深度为 5.5m，打孔段长度为 1m。覆盖层厚度为 1.5m。填埋层厚度为 8.5m。M1 和 M2 与 P1 的水平距离分别为 6m 和 12m，详细参数见文献 [1]。Cossu（2005）开展了现场注气及渗透试验，相关参数见表 1。注气井 P1 以 85m³/h 的强度持续运行，M1 点的甲烷和氧气浓度被记录。

模型参数 表 1

Parameters	Value
Gas permeability in cover（cossu，2005）[1]	3.0×10^{-15}
Gas permeability in waste（cossu，2005）[1]	2.0×10^{-10}
a，cm[2]	1
β[2]	15
n'[2]	0.5
V_{max} m³/(m³s)（Han，2010）[1]	10×10^{-3}
$k_{m,m}$，m³m⁻³（Han，2010）[1]	1%
$k_{m,o}$，m³m⁻³（Han，2010）[1]	2%
Initial oxygen concentration[2]	0%
Initial methane concentration[2]	50%

4 模拟结果

4.1 现场注气试验的预测

对文献 Cossu and Cestaro（2005）中的短期注气试验进行了模拟预测。图 1 给出了氧气和甲烷随注气时间的变化规律。在考虑和不考虑非流动区条件下，单区（SAD）模型的模拟结果都大幅度滞后于监测结果，而双区模型（DAD）模拟得到的气体分布曲线与现场监测结果较吻合——没有出现滞后现象。这说明 DAD 模型可较好的模拟垃圾堆体中气体的优势渗透过程。当不考虑非流动区条件下，在注气稳定后甲烷浓度接近 0，而氧气浓度接近 21%（见图 1c 和 d），这是理想条件下的气体浓度分布。而真实的垃圾填埋场存在着明显的非流动区域，这些非流动区域的比例可能高达 20%～30%（Yazdani et al，2015）。由于非流动区域和流动区域之间存在着质量交换，甲烷和氧气仍然存在相互渗透和反应。因此，考虑非流动区条件是，注气达到稳定后，堆体中仍然存在着部分甲烷（见图 1a）。

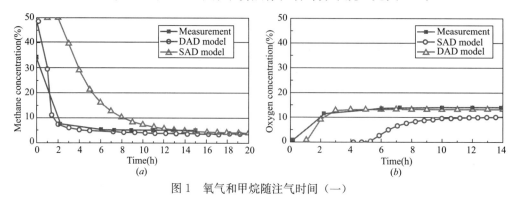

图 1 氧气和甲烷随注气时间（一）

（a）甲烷（考虑非流动区）；（b）氧气（考虑非流动区）

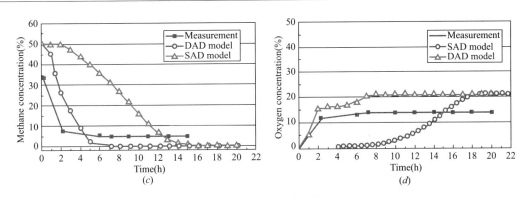

图 1　氧气和甲烷随注气时间（二）

（c）甲烷（没有考虑非流动区）；（d）氧气（没有考虑非流动区）

4.2　甲烷氧化速率对甲烷气体分布的影响

随着甲烷氧化速率的升高，在注气流量不变时，注气达到稳定后堆体中剩余的甲烷浓度逐渐降低（见图 2）。

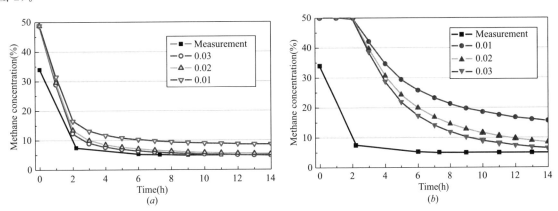

图 2　甲烷浓度在不同氧气速率条件下的分布

（a）DAD 模型；（b）SAD 模型

4.3　扩散系数对甲烷气体浓度分布的影响

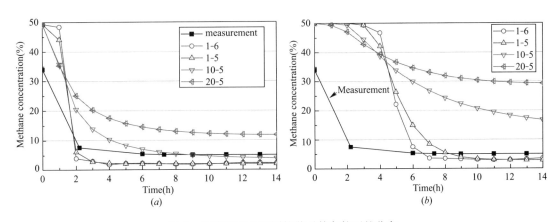

图 3　甲烷浓度在不同扩散系数条件下的分布

（a）DAD 模型；（b）SAD 模型

随着扩散系数的增加，堆体内遗留甲烷浓度增大，主要是由于甲烷的释放能量增强，导致参与反应的量减少导致的。当扩散系数 $1.0e-5m^2$ 和 $1.0e-6m^2$ 时，甲烷浓度基本上一致。扩散系数在 $1.0e-4m^2$ 和 $1.0e-5m^2$ 时之间时，甲烷浓度模拟结果更接近监测结果。

4.4 死区与流动区交换系数对甲烷浓度分布的影响

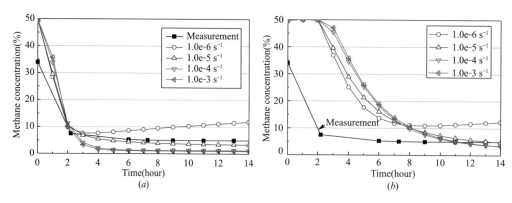

图4 甲烷浓度在不同扩散系数条件下的分布

（a）DAD模型；（b）SAD模型

随着交换系数的增加，流动区域与非流动区域之间交换的甲烷量增加，参与反应的总甲烷量增加，导致剩余的总甲烷浓度降低。这一规律与Hantush and Govindaraju（2003）关于气体抽提试验得到的规律一致[14]。

5 结论

构建了描述垃圾填埋场内氧气运移的DAD模型，该模型考虑了气体优势渗透效应和组分之间的化学反应。对Cossu and Cestaro（2005）开展的现场注气试验进行了模拟预测，结果表明：气井通风过程中，氧气的运移存在明显的优势渗透效应，这一行为可通过DAD模型很好的预测。而SAD模型在预测氧气浓度达到稳定状态出现明显的滞后。注气过程中甲烷和氧气你的分布对于注气井运行及分布的优化设计提供了理论依据。DAD模型在预测短期通风过程中氧气分布的可靠性得到了初步验证。氧气分布的长期效果受环境因素影响显著，且现场持续监测数据缺乏，今后将进一步开展这部分工作。

参考文献

[1] Cossu R，Cestaro S. Modeling in situ aeration process [M] //In：Sardinia 2005，Tenth International Waste Management and Landfill Symposium，S. Margheritadi Pula，Cagliari，Italy，3-5 October，2005.

[2] Liu L，Xue Q，Zeng G，Ma J，Liang B. Field-scale monitoring test of aeration for enhancing biodegradation in an old landfill in China [J]. Environ Prog Sustain，2016，35（2）：380-384.

[3] Cossu R，Sterzi G，Rossetti D. Full-scale application of aerobic in situ stabilization of an old landfill in north Italy [M] //In：Proceedings Sardinia 2005，Tenth International Waste Management and Landfill Symposium，Cagliari，Italy，3-7 October，2005.

[4] Cossu R，Raga R，Rossetti D，Cestaro S，Zane M. Preliminary tests and full scale applications of in situ aeration [M] //In：Sardinia 2007，Eleventh International Waste Management and Landfill Symposium，S. Margherita di Pula，Cagliari，Italy，1-5 October，2007.

[5] Lee JY，Lee CH，Lee KK. Evaluation of air injection and extraction tests in a landfill site in Korea：implications for landfill management [J]. Environ Geol，2002，42（8）：945-954.

[6] Fytanidis DK，Voudrias EA. Numerical simulation of landfill aeration using computational fluid dynamics [J]. Waste Manage，2014，34（4）：804-816.

[7] Yazdani R，Imhoff P，Han B，Mei C，Augenstein D. Quantifying capture efficiency of gas collection wells with gas tracers [J]. Waste Manage，2015，43：319-327.

[8] Liu L，Ma J，Xue Q，Zeng G，Zhao Y. Evaluation of dual permeability of gas flow in municipal solid waste：Extraction well operation [J]. Environ Prog Sustain，2016a，35（5）：1381-1386.

[9] Liu L, Xue Q, Wan Y, Tian Y. Evaluation of dual permeability of gas flow in municipal solid waste: Experiment and modeling [J]. Environ Prog Sustain, 2016b, 35 (1): 41-47.

[10] Gerke HH, Kohne JM. Dual-permeability modeling of preferential bromide leaching from a tile-drained glacial till agricultural field [J]. J Hydrol, 2004, 289 (1): 239-257.

[11] Gerke HH, Van Genuchten MTV. Macroscopic representation of structural geometry for simulating water and solute movement in dual-porosity media [J]. Adv Water Resour, 1996, 19 (6): 343-357.

[12] Yazdani R, Mostafid ME, Han B, Imhoff PT, Chiu P, Augenstein D, Kayhanian M, Tchobanoglous G. Quantifying factors limiting aerobic degradation during bioreactor landfilling [J]. Environ Sci Technol, 2010, 44 (16): 6215-6220.

[13] Woodman N. D. , Rees-White T. C. , Beaven R. P. , Stringfellow A. M. , Barker J. A.. Doublet tracer tests to determine the contaminant flushing properties of a municipal solid waste landfill [J]. Journal of Contaminant Hydrology, 2017, 203: 38-50.

[14] Hantush M. M. , Govindaraju R. S.. Theoretical development and analytical solutions for transport of volatile organic compounds in dual-porosity soils [J]. Journal of Hydrology, 2003, 279: 18-42.

作者简介

刘磊，男，1982 年 7 月生，辽宁辽阳人，工学博士，副研究员，湖北省固体废弃物安全处置与生态高值化利用工程技术研究中心副主任。目前，主要从事环境岩土工程及多场多相流耦合理论研究。E-mail：lliu@whrsm.ac.cn，电话：15871497846，地址：湖北武昌小洪山 2 号岩土所能源楼，430071。

MODEL AND SIMULATION OF THE OXYGEN TRANSPORT PROCESS UNDER PREFERENTIAL FLOW EFFECT IN LANDFILL

LIU Lei[1], HUI XIN Min-nan[1], XUE Qiang[1], ZHANG Chu-hao[2], YAO Yuan[2], XIE Wen-gang[3]

(1. State Key Laboratory of Geomechanics and Geotechnical Engineering, Institute of Rock and Soil Mechanics, Chinese Academy of Sciences, Hubei Wuhan, 430071, China; 2. Wuhan HuanTou Environmental Science and Technology Co. , Ltd, Hubei Wuhan, 430000; 3. Central and Southern China Municipal Engineering Design & Research Institute Co. Ltd, Hubei Wuhan, 430014)

Abstract: Evaluation of oxygen distribution during aeration in landfill was very important to determine the design parameters of injection well. The coupling model described gas preferential transport in landfill was developed, which linked the effect of advection-diffusion and oxidation reaction and mass exchange between the fracture and matrix system. Combined with the typical cases in field site, the quantitative simulation of the variation of gases distribution during vertical well aeration in short term was presented. The sensitivity of the parameters in the coupling model to gas transport was addressed. The simulation result shown that the oxygen and methane concentration during aeration was represented by using the dual advective-diffusive model (DAD model). There have a significant effect of the diffusion coefficient and oxidation rate and mass transfer coefficient on the methane distribution. It will provided evidence for optimum design of gas injection well in aerobic landfill.

Key words: preferential flow, landfill, dual permeability, methane, oxygen

干湿循环-根系-土相互作用下填埋场黏土盖层稳定特性研究

万勇，惠心敏喃，薛强，刘磊

（中国科学院岩土力学研究所，湖北 武汉 430000）

摘 要： 为评价干湿循环作用对填埋场黏土盖层稳定影响与盖层生态防护的效果，本文采用试验研究与理论分析相结合的方法对干湿循环下无植被和有植被黏土盖层强度特性和稳定性能进行了对比研究，得出如下结论：干湿循环作用下无植被盖层黏聚力降低，而有植被盖层黏聚力增加，变化幅度均随深度指数递减，干湿循环和根系对盖层内摩擦角的影响较小，影响范围均在 0 到 20cm 内土层。盖层安全系数随坡长和坡度的增加逐渐降低，降低幅度随坡长增加逐渐减小，最终趋于稳定。界面强度对盖层稳定性影响大，当盖层边坡较长或边坡坡度较大时，通过使用三维网增加盖层强度能显著提高盖层稳定特性。相同初始工况条件下，干湿循环后无植被盖层稳定安全系数降低，而有植被盖层的稳定安全系数增加，变化幅度均随边坡长度和坡度增加而降低。当盖层长度较小和坡度较低时，采用合适的植被对盖层进行生态防护，稳定性增强效果明显。

关键词： 填埋场；黏土盖层；干湿循环；植被根系；相互作用；稳定分析

1 引言

为了防止雨水下渗和有害气体挥发造成垃圾填埋场自身灾变以及周围环境污染，垃圾填埋场填满以后均需设置封场覆盖层进行环境隔离。我国《生活垃圾卫生填埋场封场技术规程》（CJJ 112—2007）推荐采用黏土覆盖结构作为封场覆盖层。但因为填埋场黏土盖层直接与大气接触，受大气干湿循环影响，黏土层强度不断降低[1]，造成填埋场失稳等灾变难题[2]。植被根系加筋作用对边坡表层的稳定贡献已被工程界广泛认可，采用植被对填埋场黏土盖层进行防护应是今后填埋场黏土盖层安全防护的大力推崇方式。

为评价干湿循环作用对填埋场黏土盖层稳定特性与盖层生态防护的效果，首先需要探讨干湿循环前后无植被防护和有植被防护两种填埋场黏土盖层在失稳破坏时滑移面上的强度参数的变化特征。研究表明，大气干湿循环作用对岩土体的损伤并非均匀，而是沿深度方向逐渐减弱，对大于某一深度的岩土介质几乎没有影响[3]。植被根系加筋作用对岩土体强度增强作用随深度逐渐递减的变化相似特征[4]。虽然，环境岩土工程领域众多学者对植被根系对岩土体强度影响随土壤深度方向的变化特征开展了大量研究工作[5-7]，但研究工作未对比分析干湿循环作用下无植被岩土体强度参数变化特征。建立考虑干湿循环与植被加筋作用对填埋场黏土盖层强度影响特征的稳定分析方法是评价干湿循环作用对填埋场黏土盖层稳定影响与盖层生态防护的效果的关键。岩土工程学者们运用静力平衡和塑性极限平衡两种理论建立了填埋场盖层失稳定破坏分析模型[4,8-10]，但模型推导过程中多假设盖层土壤性质均匀，因此，不能直接应用于强度参数空间变化的黏土盖层稳定分析。

为此，本文首先通过自然干湿循环作用下无植被填埋场黏土盖层（仅有干湿循环作用）和有植被黏土盖层（干湿循环和植被根系共同作用）的直剪试验研究，获得了干湿循环作用和干湿循环与植被根系共同作用下填埋场盖层强度剪切强度空间分布特征，在此基础上结合填埋场黏土盖层失稳破坏模式，通过塑性极限分析理论建立了考虑干湿循环-根系-土壤相互作用下填埋场黏土盖层强度空间分布特征的稳定分析方法，并对干湿循环作用对填埋场黏土盖层稳定影响与盖层生态防护的效果进行分析评价。本文试验结果与理论分析方法亦可应用于其他受干湿循环作用影响的边坡工程体（黏土路基边坡，膨胀土开挖边坡等）稳定分析和生态防护评价。

2 材料与方法

2.1 试验材料

本次试验土壤取于武汉市某填埋场，天然干密度 1.55g/cm³，天然含水率 20.3%，液限含水率 41%，塑限含水率 21.8%。该类土壤在武汉地区分布广泛，且常用于该地区填埋场封场覆盖层。将土壤风干过 2mm 筛，进行轻型击实试验，得到该土壤最优含水率与最大干密度分别为：19.5% 和 1.74g/cm³。本次试验草种采用狗牙根，该类草耐热和耐旱性极强，且根系发达，根量极大，该植物常用于亚热带地区开挖裸露边坡和填埋场封场覆盖层生态防护。

2.2 试验方法

（1）填埋场黏土盖层模拟方法

黏土经干燥，碾压，过筛后，配成含水率为 19.5% 的土壤。黏土被分层压入 PVC 管采用自制的压样器，PVC 管的尺寸为内径为 7cm，高为 30cm。黏土的压实度为 90%。一个 PVC 试管相当于一个独立的填埋场黏土盖层。这样做的目的是为确保黏土盖层的土壤的均匀性，以及后续剪切试样原位取样和制样的方便。

这些 PVC 管别放入两个矩形铁箱内（图 1a），铁槽的底部铺有一层 5cm 厚的细沙。然后，用土壤将 PVC 试管掩埋，掩埋土壤超出 PVC 试管约 5cm。最后，在箱 A 内均匀播下狗牙根草种（播种量为 20g/m²），箱 B 内不播种。

在播种后的 2 月内，在两个铁槽内定期浇水，确保植被前期生长良好，图 1（b）为植被生长后照片。2 个月后，不再进行人工灌溉，填埋场黏土盖层内水分完全由外界自然干湿循环条件控制。箱 A 内的独立黏土盖层将受自然干湿循环作用和自然根系生长的共同影响，而箱 B 内的独立黏土盖层仅仅受自然干湿循环的影响。

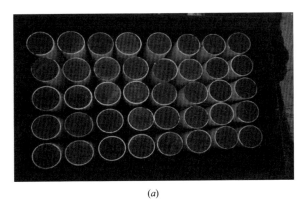
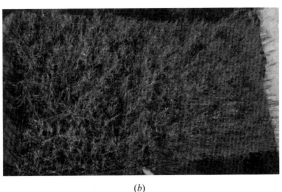

（a） （b）

图 1 模拟填埋场盖层的植被种植过程

（a）PVC 放置过程；（b）植被生长后

（2）无扰动根土复合体试样制作过程

植被生长半年后，分别在两个试验区域（有草和无草）取出 4 组试样，用特制推样器将土柱体从 PVC 试管中推出（图 2），并通过切土器将直径为 7cm 的土柱子切割成直径为 6.18cm 的柱体。然后将 4 组 6.18cm 土柱在离顶部位置 3、6、9、12、18、21、24、27cm 处切割成高 2cm 的环刀样用于直剪试验。

(a) (b) (c)

图 2 直剪试验制样过程

2.3 直剪切试验过程

将切割好的环刀试样放入真空饱和器中饱和 24 时，然后采用四联直剪仪对 4 组相同深度处的无植被和有植被环刀试样进行固结不排水剪切试验，垂直压力分别为 50kPa、100kPa、150kPa、200kPa，具体操作过程参考土工试验规范。

3 试验结果

3.1 直剪试验结果

图 3 为干湿循环作用后无植被盖层和有植被盖层不同深度土壤剪切强度试验结果。干湿循环后，无植被和有植被盖层不同深度处摩尔-库伦强度拟合直线大致平行，因此，干湿循环和植被根系对盖层土壤的影响主要表现在土壤黏聚力的变化，而对内摩擦角的影响较小（无植被盖层和有植被盖层土壤内摩擦角的最大变化幅度分别为 6.4% 和 3.7%）。

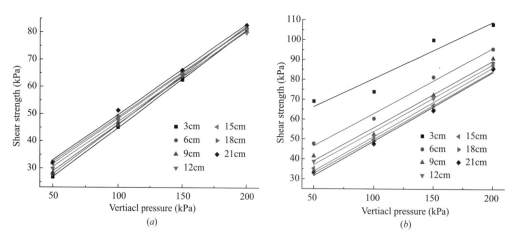

(a) (b)

图 3 不同深度覆盖的剪切试验结果
（a）无植被盖层；（b）有植被盖层

3.2 剪切强度随深度的变化

图 4 为无植被和有植被盖层土壤附加黏聚力变化幅度随深度的变化。干湿循环作用对无植被盖层表层土壤黏聚力的影响较大，经多次干湿循环后，最表层黏聚力相对干湿循环前减少了 7.4kPa（衰减幅

度为 45.4%）；随着深度的增加，强度衰减逐渐降低，当深度达 18cm 时，黏聚力衰减幅度降至 0.2%，干湿循环作用对该深度以下土壤的强度影响几乎可以忽略。植被加筋作用对裸露盖层黏聚力的影响较大，最表层黏聚力相对植被种植前的原始黏聚力提高了 26.9kPa（增加幅度为 166.1%），相对干湿循环后无植被防护盖层表层强度增加了 33.6kPa。随着深度的增加，植被根系的加筋作用效果逐渐降低，当深度达 18cm 时，黏聚力增加幅度降至 6.2%，植被加筋作用对该深度以下土壤的黏聚力影响几乎可以忽略。

采用指数函数（式 1）对其拟合，得到无植被和有植被盖层土壤黏聚力变化幅度随深度的变化函数，拟合参数如表 1 所示。

$$\Delta C = \lambda \times e^{\omega z} \tag{1}$$

式中，λ（单位：kPa）和 ω 为拟合参数；z（单位：m）为土壤距盖层表面的竖直距离。

土壤附加物粘附力减少与覆盖层深度的拟合参数 表 1

盖层类型	λ	ω	相关系数
无植被盖层	−12.25	−13.43	0.936
有植被盖层	55.72	−25.4	0.996

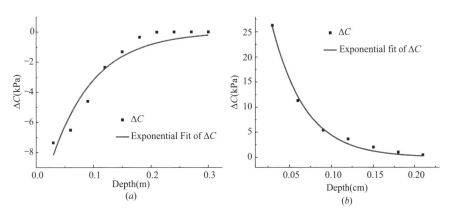

图 4 覆盖中不同深度处土壤附加黏聚力的减少值

4 干湿循环-根系-土壤相互作用下填埋场盖层稳定分析方法

4.1 基本假设

根据前期填埋场盖层失稳定破坏模型试验[2]与干湿循环-根系-土壤相互作用下填埋场盖层剪切强度试验结果，作如下假设：

（1）填埋场黏土盖层失稳时，滑移面分为上下两段，上端为平行于坡面的直线，下端为位于盖层内部近似为与坡面成一定夹角的直线。

（2）干湿循环与植被根系只对填埋场盖层土壤黏聚力产生影响，对土壤内摩擦角影响忽略不计。

4.2 填埋场盖层许可破坏模式及其速度场

设填埋场盖层边坡长度为 L，盖层厚度为 H，边坡坡度为 β（图 5）。根据试验研究结果，滑移面上端为一平行于坡面的直线（如图 5 中虚线 ED），下端近似为一条与水平面夹角为 α 的直线（如图 5 中虚线 AE）。根据几何关系可求得直线 BE、AE、ED 的长度 L_{BE}、L_{AE}、L_{ED} 以及主动滑移体 BCDE 被动滑移体 ABE 的面积 S_A、S_P 分别为：

$$\begin{cases} L_{BE} = \dfrac{H}{\cos\beta} \\ L_{AE} = \dfrac{H}{\sin(\beta-\alpha)} \\ L_{ED} = L - H\tan\dfrac{\beta}{2} - \dfrac{H}{\tan(\beta-\alpha)} \end{cases} \tag{2}$$

$$\begin{cases} S_P = \dfrac{H^2\cos\alpha}{2\sin(\beta-\alpha)\cos\beta} \\ S_A = \left[L - H\tan\dfrac{\beta}{2} - \dfrac{H}{\tan(\beta-\alpha)} - \dfrac{H\tan\beta}{2} \right]H \end{cases} \tag{3}$$

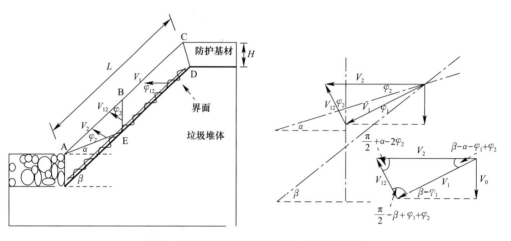

图5　填埋场盖层失稳定模式与容许速度场

设界面 ED 抗剪强度参数为 c_1、φ_1，盖层基材抗剪强度参数为 c_2、φ_2。盖层容许的破坏机构与速度场如图5所示。根据几何关系可得到个各滑移界面速度之间的关系：

$$\begin{cases} V_1 = \dfrac{V_0}{\sin(\beta-\varphi_1)} \\ V_2 = V_1\dfrac{\cos(\beta-\varphi_1-\varphi_2)}{\cos(2\varphi_2-\alpha)} \\ V_{12} = V_1\dfrac{\sin(\beta-\alpha-\varphi_1+\varphi_2)}{\cos(2\varphi_2-\alpha)} \end{cases}, \tag{4}$$

式中：V_0，V_1，V_2，V_{12} 分别为主动滑体在竖直方向的速度分量，以及速度间断面 CD、AE、BE 的速度。

4.3　内功率求解

（1）总外力做功

$$\dot{W}_G = S_A\gamma V_1\sin(\beta-\varphi_1) + S_P\gamma V_2\sin(\alpha-\varphi_2). \tag{5}$$

（2）剪切面总能耗

根据传统塑性理论[11]，结合本文强度参数空间分布函数式（1）和式（2），得到纯剪情况下剪切面总能耗为：

$$\dot{E} = L_{DE}c_1V_1\cos\varphi_1 + \dfrac{V_2\cos\varphi_2}{\cos\beta}c_3 + \dfrac{V_2\cos\varphi_2}{\sin(\beta-\alpha)}c_3 \tag{6}$$

式中　$c_3 = c_2H + \dfrac{\lambda}{\omega}(e^{\omega H} - 1)$.

4.4　填埋场盖层稳定分析模型求解

当填埋场盖层处于极限状态时，总外力功等于剪切面总能耗。联立式（1）～式（6），得到安全系数为 F_S 时，填埋场边坡长度的极限值：

$$L = \frac{M}{N} \tag{7}$$

其中

$$N = H\gamma V_{e1}\sin(\beta - \varphi_{e1}) - c_{e1}V_{e1}\cos\varphi_{e1}$$

$$M = L_2 H\gamma V_{e1}\sin(\beta - \varphi_{e1}) - S_P\gamma V_{e2}\sin(\alpha - \varphi_{e2})$$

$$- L_1 c_{e1}V_{e1}\cos\varphi_{e1} + \frac{V_{e2}\cos\varphi_{e2}}{\cos\beta}c_{e3} + \frac{V_{e2}\cos\varphi_{e2}}{\sin(\beta - \alpha)}c_{e3}$$

$$L_1 = H\tan\frac{\beta}{2} + \frac{H}{\tan(\beta - \alpha)}.$$

$$L_2 = H\tan\frac{\beta}{2} - \frac{H}{\tan(\beta - \alpha)} - \frac{H\tan\beta}{2}.$$

$$\varphi_{ei} = \arctan\left[\frac{\tan\varphi_i}{F_S}\right], c_{ei} = \frac{c_i}{F_S}, i = 1, 2.$$

对式（7）中待定参数 α 求导，可得：

$$\frac{\partial L}{\partial \alpha} = 0 \tag{8}$$

解方程（8），求得 α，代入式（7），即可求得安全系数为 F_S 时，边坡的长度的上限。根据极限长度与安全系数的一一对应关系，当边坡长度确定时，采用试算法亦可求得边坡长度为 L 时，填埋场盖层稳定安全系数 F_S。

5　干湿循环-根土-土壤相互作用下填埋场盖层稳定性分析

为分析干湿循环-根系-土壤相互作用对填埋场盖层稳定性的影响，以未经历干湿循环的无植被盖层稳定性计算为盖层建设完成时的参照组，采用 4 节中的方法计算了干湿循环后无植被盖层（C）和有植被盖层（CR）的稳定特性，计算结果如图 6 所示。

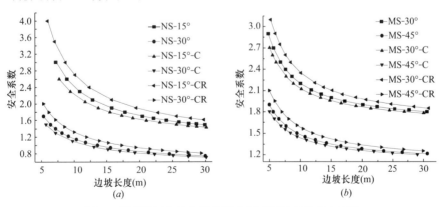

图 6　干湿循环和植物根系影响下不同坡长的安全系数

相同初始工况条件下，干湿循环后无植被盖层稳定安全系降低，而有植被盖层的稳定安全系数增加，这主要是无植被盖层土壤经干湿循环后强度降低所致，而有植被盖层由于植被根系的加筋作用，强度依然成增长趋势。同时，无植被盖层的安全系数的降幅和有植被盖层安全系数的增幅随着边坡长度和坡度增加而降低。其原因为：随着边坡长度和坡度的增加，上端滑移面（界面）长度增加，下端滑移面（穿透盖层）长度减小，盖层材料强度对盖层稳定性影响减弱所致。因此，盖层长度较小和坡度较低时，采用合适的植被对盖层进行生态防护，效果明显。

6 主要结论

本文以填埋场为工程背景，通过直剪试验获得了干湿循环作用下无植被盖层和有植被盖层的剪切强度空间分布特征，在此基础上建立了干湿循环-根系-土壤相互作用下填埋场盖层的稳定分析模型，并对影响盖层稳定的因数进行了系统分析，得出如下结论：

（1）干湿循环作用下无植被盖层土壤抗剪强度减弱，而有植被盖层抗剪强度增加。盖层抗剪强度的减弱或增加幅度均随深度增加成指数函数衰减趋势，影响范围主要为0～20cm内土层。干湿循环和根系对压实黏土盖层抗剪强度的影响主要表现在黏聚力的减小或增加，对内摩擦角的影响较小。

（2）基于干湿循环-根系-土壤相互作用下填埋场黏土盖层强度变化规律和盖层失稳滑移面特征，通过塑性极限理论建立了填埋场盖层稳定性分析模型，该模型考虑了干湿循环和根系作用导致的盖层强度随深度方向非线性变化特性。

（3）填埋场盖层稳定安全系数随坡长和坡度的增加逐渐降低，降低幅度随坡长增加逐渐减小，最终趋于稳定。界面强度对盖层稳定性影响大，当盖层边坡较长或边坡坡度较大时，通过使用加筋土工膜来增加盖层强度能显著提高盖层稳定特性。

（4）相同初始工况条件下，干湿循环后无植被盖层稳定安全系降低，而有植被盖层的稳定安全系数增加，降幅和增幅随着边坡长度和坡度增加而降低。当盖层长度较小和坡度较低时，采用合适的植被对盖层进行生态防护，稳定性增强效果明显。

参考文献

［1］ 薛强，赵颖，刘磊，等. 垃圾填埋场灾变过程的温度-渗流-应力-化学耦合效应研究［J］. 岩石力学与工程学报，2011，30（10）：1970-1988.

［2］ 万勇，薛强，陈亿军，等. 填埋场封场覆盖系统稳定性统一分析模型构建及应用研究［J］. 岩土力学，2013，34（6）：1636-1644.

［3］ Yang Q，Li PY，Luan MT. Study on the depth of crack propagation of unsaturated expansive soils［C］. Soft Soil Engineering-Chan & Law（eds），2006，8：775-778.

［4］ Chia F，Chih FS. Role of roots in the shear strength of root-reinforced soils with high moisture content［J］. Ecological engineering，2008，33：157-166.

［5］ Zhun Mao，LaurentSaint-Andr，MarieGenet，et al. Engineering ecological protection against landslides in diverse mountain forests：Choosing cohesion models［J］. Ecological Engineering，2012，45（10）：55-69.

［6］ Wu TH. In-situ sear test of soil-root systems［J］. Geotechnical Engineering，1988，114（12）：1376-1395.

［7］ Mokhammad Farid Ma'ruf. Shear strength of Apus bamboo root reinforced soil［J］. Ecological Engineering，41（2012）84-86.

［8］ Slobodan BM，Alexia S，Rens VB，et al. Simulation of direct shear tests on rooted and non-rooted soil using finite element analysis［J］. Ecological Engineering，2011，37：1523-1532.

［9］ Der GL，Bor SH，Shin HN. 3-D numerical investigations into the shear strength of the soil-root system of Makino bamboo and its effect on slope stability［J］. Ecological Engineering，2010，36：992-1006.

［10］ Koerner M，Hwu B L. Stability and Tension Considerations Regarding Cover Soils on Geomembrane lined Slopes［J］. Geotextiles and Geomembranes（S0266-1144），1991，10（4）：335-355.

［11］ Chen W F. Limit Analysis and Soil Plasticity［M］. New York：Elsevier Scientific Publishing Co.，1975.

作者简介

万勇，男，1985年12月，湖南岳阳人，工学博士，助理研究员，主要从事填埋场防渗系统失效机理与控制技术等方面研究工作。邮箱：ywan@whrsm.ac.cn，电话：15072406235，地址：湖北武昌小洪山2号岩土所能源楼，430071。

THE ROLE OF ROOTS IN THE STABILITY OF LANDFILL CLAY COVERS UNDER THE EFFECT OF DRY-WET CYCLES

WAN Yong，HUI XIN Min-Nan，XUE Qiang，LIU Lei

(State Key Laboratory of Geomechanics and Geotechnical Engineering，Institute of
Rock and Soil Mechanics，Chinese Academy of Sciences，Hubei Wuhan 430071，China)

Abstract：This study investigates the role of vegetation roots in the stability of landfill clay covers subject to dry-wet cycles. Soil shear strength is tested at different depths of bare and vegetation covers before and after one year of seasonal dry-wet cycles. Results show that the effect of these cycles and of vegetation roots on the soil shear strength of covers mainly alters soil cohesion. By contrast，the effect on the internal friction angle of soil is inconspicuous. After one year of seasonal dry-wet cycles and grass root growth，the soil cohesion of the vegetation cover increases，whereas that of the bare cover decreases. The increment in the soil cohesions of two covers tends to decline exponentially with increasing cover depth. Thus，the cover stability model is established according to upper-bound solution theory based on the change rule of cover shear strength under the effect of dry-wet cycles and vegetation roots. The theoretical analysis results indicate that the increase in cover slope safety factor that was caused by vegetation roots is significant，compare that of bare cover under dry-wet cycles. Nonetheless，the effect of roots on cover slope safety factor decreases with increasing slope length and cover slope angle.

Key words：landfill，clay cover，stability，dry-wet cycles，vegetation roots

七、岛礁建设的岩土工程研究与实践

钙质岩土的工程特性研究进展

汪稔[1]，吴文娟[1,2]，王新志[1]

（1. 中国科学院武汉岩土力学研究所，湖北 武汉　430071；2. 中国科学院大学，北京　100049）

摘　要： 本文总结了钙质岩土国内外研究现状与进展，对珊瑚礁岩土的成因、分类、物理力学性质以及钙质砂中桩基工程性质进行了详细地阐述。研究表明：钙质土因多孔隙、强度低等特点与一般陆源砂有明显的区别；颗粒破碎是钙质砂的重要特征，也是影响其静、动力学特性及桩基承载特性的直接原因。以工程应用为目标，进一步加强钙质土颗粒破碎的微细观机理研究、钙质土在动荷载下的力学特性研究，以及钙质砂中各类桩基力学特性的研究，是珊瑚礁岩土工程今后一段时间内的重要研究方向。

关键词： 钙质岩土；力学性质；微细观机理；动荷载；桩基类型

1　引言

自 20 世纪 60 年代以来，世界各国掀起了对珊瑚礁岩土力学和工程性质研究的热潮。20 世纪 70 年代世界石油危机爆发，世界各国纷纷在海域修建钻井石油平台，开发石油资源，但由于对钙质土的物理力学性质缺乏认识，在工程建设和使用过程中相继出现了一系列的工程问题，由此引起了专家学者对钙质岩土这一特殊岩土介质的关注；到 80 年代末 90 年代初，众多学者开始重视对钙质岩土工程性质的研究，并取得了丰硕的成果。1988 年在澳大利亚 Perth 举行的钙质沉积工程会议系统地总结了钙质岩土近二十年的研究成果，钙质土的研究达到高峰。我国 70 年代末在南海的国防建设中遇到了珊瑚礁岩土问题，为此对其工程力学性质进行了一些研究，包括钙质砂浅基础设计参数的选定、钢板桩的设计与施工等工程应用问题，直到 80 年代 "七·五" "八·五" 期间开始的中国科学院南沙群岛综合科学考察才将钙质岩土作为一种特殊岩土介质来进行系统详细的研究，发现其物理力学性质和石英砂有显著区别，使其工程性质与一般的陆相及海相沉积物相比有较大差异[1]。

2　钙质岩土的成因与分类

2.1　钙质岩土的成因

广义上的钙质岩土包括珊瑚礁岩（礁灰岩）、钙质砂（礁砂）和钙质土等，以下将钙质砂和钙质土统称为钙质土。钙质岩土是由造礁石珊瑚、珊瑚藻以及贝壳等海洋生物的残骸经波浪破碎而成，其中钙质土以松散沉积物的形式分布在珊瑚礁体的上部，这是一种主要由生物作用形成的沉积物，如鹦鹉嘴的啃食等[2]；珊瑚礁体的下部是不同结构类型的礁灰岩，不同类型珊瑚礁灰岩主要是由成岩作用（胶结作用、溶解溶蚀作用、碎解作用和粘结作用等）的交替演化造成的，随着成岩沉积环境的旋回变化，沉积物中会同时或先后发生多种成岩作用，都在不同程度地改造珊瑚礁灰岩的结构[3]。

2.2　钙质土的分类

钙质土的分类方式较多。从地质角度进行分类，分类指标分别为：成因、矿物成分和沉积环境；从工程应用的角度进行分类，分类指标分别为：碳酸盐含量、强度、粒径大小和碳酸盐物质的成分[4]，后研究人员[5]对此类分类方法进行修改，形成以粒径、碳酸盐含量和强度为主要指标的分类方法，并得到广泛应用。表1为钙质土的分类。

钙质土的分类[5]

The classification of calcareous soils

表1

Tab. 1

总碳酸盐含量（颗粒+基质）	90% 50% 10%	碳酸盐泥	碳酸盐粉砂	碳酸盐砂	碳酸盐砾石
		黏土质碳酸盐泥	硅质碳酸盐粉砂	硅质碳酸盐砂	碳酸盐及非碳酸盐砾石混合
		钙质黏土	钙质粉砂	钙质石英砂	
		黏土	粉砂	石英砂	砾石
粒径（mm）		<0.02	0.02~0.06	0.06~2	2~60

3 钙质土的物理性质

3.1 比重

钙质土的比重一般在 $2.70\sim2.85g/cm^3$ 之间，大于石英类土的比重 $2.65\sim2.70g/cm^3$，主要通过浮称法（粒径大于5mm，且大于20mm的含量小于10%）、虹吸筒法（粒径大于5mm，且大于20mm的含量大于10%）和比重瓶法（粒径小于5mm）进行测量，由于钙质土颗粒表面有易溶盐残存，在不同介质（纯水和煤油）中测量时比重值会有所不同[6]，且因浮称法和虹吸法测量得土粒体积偏大，比重值偏小（其中浮称法结果为 $2.53\sim2.71g/cm^3$，虹吸法结果为 $2.25\sim2.33g/cm^3$），而以煤油为介质的比重瓶法测得的比重结果较为准确，其比重值为 $2.73g/cm^3$[7]。

3.2 孔隙比

孔隙比是评价钙质土工程性质的重要指标。钙质土孔隙比在 $0.54\sim2.97$ 之间，远高于一般石英砂的孔隙比 $0.4\sim0.9$，这与钙质土的特殊成因使其磨圆度差、颗粒棱角度高、形状复杂等特征有很大关系[6]。

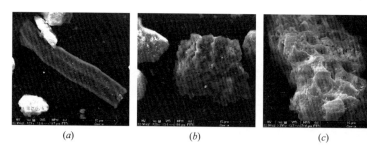

(a)　　　　　　(b)　　　　　　(c)

图1　钙质土的微观形态

3.3 组成成分

钙质岩土主要的化学成分为 $CaCO_3$，含量常大于50%，其主要的矿物成分为文石、白云石、高镁方解石和低镁方解石，随着时间的推移，文石与高镁方解石逐渐向低镁方解石转化，低镁方解石含量增多。

3.4 孔隙特征

钙质土除了颗粒表面有许多外孔隙外，还因珊瑚、贝壳等生物骨架残骸中微孔隙得到保留而具有丰富的内孔隙，由于内孔隙的存在，钙质土在宏观

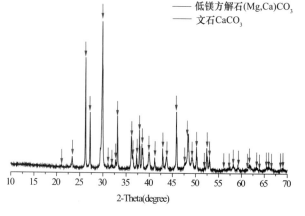

—— 低镁方解石(Mg,Ca)CO₃
—— 文石CaCO₃

2-Theta(degree)

图2　钙质土的X衍射图谱

上表现出易破碎、难饱和、高压缩性等不同于石英砂的特性。研究人员[8]通过激光对钙质砂颗粒进行切割，利用光学显微镜获取其断面的内孔隙图像，并利用分形理论对内孔隙进行定量分析，发现内孔隙断面密度较小，其大小与粒径有关，大颗粒钙质砂的内孔隙断面孔隙度相对较大，小孔隙数量较多，而大孔隙所占空间较大。此外，蒋明镜等[9]通过 SEM 图片对钙质砂土的连通孔隙进行了分析，系统研究了不同粒径和粒形钙质砂颗粒的表观孔隙率的分布规律。对于如何全面地分析研究钙质砂内孔隙的结构信息，建立微观孔隙结构与宏观力学特性之间的关系，还需要进一步的研究。

4 钙质土的力学性质

4.1 钙质土的静力学性质

（1）压缩性

高压缩性是钙质土重要的工程特性之一，这与钙质土多孔、颗粒强度低、多棱角且常压下易发生颗粒破碎等性质有关。已有研究[10]发现钙质砂土的压缩分为弹性变形阶段、颗粒相对位置改变阶段、颗粒破碎阶段与内部胶结体的分离阶段，这与普通陆源砂压缩时只存在第一、二个阶段不同。Coop[11]认为钙质砂土的压缩性与正常固结黏性土类似，主要发生塑性变形，但钙质砂土 λ（指标名称）均较高，其固结特征与 $CaCO_3$ 含量、胶结状况和沉积年代等有关，而且钙质土有显著的蠕变性。我国学者张家铭[12]在对南海钙质土进行一维、等向固结压缩时也发现了以上现象，钙质土的压缩系数更大；并指出由于钙质土颗粒形状不规则，在外力作用下颗粒之间的相对位置调整比石英砂缓慢，其压缩固结的时间要比石英砂长。孙宗勋[6]的研究也发现钙质砂颗粒破碎是造成其高压缩性的主要原因，其压缩系数是石英砂的 100 倍。王新志等[13]对南海渚碧礁潟湖的钙质砂土进行室内载荷试验，发现钙质砂的变形模量和地基承载力随相对密实度的增大而显著提高；与石英砂相比，钙质砂具有较高的变形模量和较大的地基的承载力，比石英砂地基的承载力大得多，沉降量更小、沉降稳定快，地基中荷载的有效影响深度为基础宽度的 2～3 倍。秦月[14]采用高压固结仪进行常压下钙质砂压缩试验，研究钙质沉积碎屑物在不同加载方式和含水条件下的固结、回弹过程中的变形特性，发现加载方式、含水条件等对颗粒破碎和变形结果影响显著，试样对加-卸载的响应与颗粒大小有关，并指出颗粒破碎时相对最稳定的粒径为 0.25 mm，该结论具有重要的工程参考意义。王帅等[15]利用微机万能试验机对钙质砂进行高压侧限压缩试验，指出高压加载导致级配和粒组百分含量变化十分显著，工程中应充分考虑其对钙质砂工程性质的影响。

（2）剪切特性

钙质土的剪切特性是其另一个重要的工程性质。Coop[11]的排水剪切试验研究发现钙质砂土表现出与黏性土类似的剪切性质：剪切均向着一个定体积、定差应力的方向发展。Fahey[16]认为，钙质砂土在不同围压下的排水剪有明显的不同，在低围压下，试验初期发生刚性响应，屈服点明显，出现应变硬化；而在高围压下，钙质砂的初期响应比较弱，没有明显屈服点甚至无屈服点。Fahey 在进行不排水剪切试验时，发现钙质砂在初期会产生很高的正孔压，平均有效应力减小，达到最大值后孔压略有降低，平均有效应力增加，应力路径趋于临界状态，这与石英砂有明显的不同。Valdes 等[17]利用钙质砂和石英砂的混合砂进行单剪试验，研究发现在低围压下主要是颗粒形状影响其力学性能，而在高围压下主要是颗粒破碎影响其力学性能。我国学者刘崇权等[18]通过三轴试验证实了 Fahey 的结果，发现钙质砂土的应力-应变关系受应力路径影响，低应力水平时钙质砂总体上类似于普通陆源砂，随着初始孔隙比的变化有可能发生剪胀也有可能发生剪缩；而在中、高压力时，由于钙质砂颗粒破碎引起明显的压缩性，其表现类似于松砂。此外，钙质砂土的强度机理与普通石英砂相似，但其强度指标较石英砂要大，Mohr 包线呈曲线。王新志等[19,20]利用大型直剪试验发现钙质砾质土比石英砂具有更大的表观内聚力，更大的摩擦角和更低的软化值，他在文献［21］中指出形状不规则的钙质土在剪切应力作用下土颗粒之间存在咬合作用，咬合作用是造成钙质土内聚力和内摩擦角较高的部分原因，它的大小与颗粒形状、粒径及应力水平等有关。除碳酸钙含量、密度、应力路径、颗粒重组等因素，评价钙质砂的抗剪强度时还应考虑颗粒破碎和剪胀的影响，研究学者[12,22]通过三轴试验分析了颗粒破碎与剪胀对钙质砂强度的影响：低围压下剪胀对其强度的影响远大于颗粒破碎，随着围压的增加，颗粒破碎的影响程度逐渐增大，当破碎达到一定程度后颗粒破碎渐趋减弱，其影响也渐趋于稳定。

（3）颗粒破碎特性

经典土力学认为一般土体颗粒是不发生破碎的，只有在较高围压下土体颗粒才会发生破碎，土体的强度理论是建立在颗粒摩擦和滑移基础上的。但钙质砂土因棱角度高、多孔隙（具有内孔隙）、形状不规则、硬度低等特点颗粒强度远低于石英砂，在常压下会发生颗粒破碎想象而引起其物理力学性质发生改变。国外学者Coop[11]在单轴和三轴压缩试验中发现颗粒破碎对钙质砂土的压缩性起控制作用。Coop等[23]还采用环剪仪对钙质砂土进行不同剪切位移条件下的环剪试验，发现大位移剪切作用下钙质砂会大量破碎，破碎情况与垂直应力和初始级配密切相关。Donohue等[24]研究了钙质砂土在不同围压下的三轴排水循环试验，结果显示随着循环次数的增加颗粒破碎增加。Shahnazari等[25]通过三轴压缩试验发现围压是影响钙质砂颗粒破碎程度的最主要因素。国内学者吴京平等[26]指出三轴剪切试验中钙质砂较大的体积应变主要是由其颗粒形状不规则和颗粒破碎引起的。张家铭等[12]对南海钙质砂进行压缩试验，指出钙质砂在侧限条件下的压缩特性与黏土类似但回弹比黏土小，其原因是颗粒发生了破碎；他在对剪切作用下钙质砂的颗粒破碎研究中提出在三轴剪切试验时颗粒破碎不会无限的发展，颗粒级配曲线会趋于稳定；在分析钙质砂的颗粒破碎与剪胀对其抗剪强度的影响时指出低围压作用下剪胀起控制作用，随着围压的增加剪胀的影响变小而颗粒破碎的影响逐渐变大，颗粒破碎最终起主导作用。胡波[27]采用新的塑性流动准则，建立了钙质砂土在三轴条件下考虑颗粒破碎影响的本构模型，该模型可以较好地预测钙质砂在高围压下的应变-应变行为。此外，研究人员在进行桩基试验时发现钙质砂中钢管桩承载能力和桩侧摩阻力均较石英砂较小，其中钙质砂摩阻力远远小于石英砂（仅为石英砂的22%～27%）原因是钙质砂颗粒发生了破碎[28,29]。魏厚振等[30]、何建乔等[31]通过环剪试验得到大位移剪切下钙质砂的破碎和形状演化特性，发现在不同的竖向压力下颗粒会达到不同的稳定级配，但达到稳定所需的剪切位移相同；经历大位移剪切后，出现粒径为0.01～0.075mm钙质砂破碎严重的现象；剪切后的钙质砂颗粒更为规则，整体轮廓趋于圆形、表面更光滑。王新志等[32]对钙质砂进行最大干密度测试时发行钙质砂颗粒发生了明显的破碎，因此测试结果偏大。

虽然近年来关于钙质砂颗粒破碎的研究越来越多，但主要集中在发生颗粒破碎的影响因素方面，对钙质砂颗粒破碎机理探讨及其对其宏细观力学性质甚至工程性质的影响关系尚需进行更加深入的研究。

（4）渗透性

渗透性也是钙质土重要的工程性质之一，钙质土的渗透性对吹填人工岛地基的固结时间和沉降变形以及岛体地下水体淡化进程都有很大影响。国内外关于钙质土渗透特性的研究尚处于初步阶段，主要限于渗透系数和渗透规律方面的研究。束龙仓等[33]通过测定西沙群岛钙质砂的渗透系数、给水度和弥散系数等指标，发现钙质砂含水介质渗透性良好，其渗透系数属于粗粒土的范围。然而有的学者发现，在相同密实度或者同一粒径范围内的钙质砂和石英砂相比，由于颗粒形状的不规则性，钙质砂堆积体的孔隙结构不规则、分布不均匀，过水通道变得狭窄，进而使其表现出相较标准石英砂与玻璃珠较差的渗透性[34,35]。胡明鉴等[36]通过现场双环渗透试验研究密实度和颗粒级配对钙质砂土渗透性的影响时发现钙质砂的渗透系数与不均匀系数呈负相关关系，钙质砂中的渗流速度先缓慢增大再趋于稳定，最后稳定在小幅度波动范围内。王新志等[37,38]通过变水头试验对南海吹填钙质土地基中粒径小于0.075mm的钙质粉土的渗透性与孔径变化特征进行研究，试验发现钙质粉土饱和时渗透系数最大；其为大孔材料，在渗流作用下微孔和介孔会向大孔转变，孔隙类型以一端开口的均匀圆筒形孔为主；同时试验论证了Samarasinghe与Mesri公式在计算钙质粉土渗透系数上的可靠性，研究成果为南海的人工吹填岛地下水渗流场的计算分析提供了重要的科学依据。

4.2 钙质土的动力学特性

钙质土处于复杂的海洋动力环境中，不仅自身常常遭受风、浪、流等周期荷载的作用，还要承受各类动荷载的作用，因此，全面开展关于钙质土动力特性的研究尤为重要。

国外最早由 Datta[39] 对钙质砂土进行了不排水循环压缩试验，模拟了打桩过程中钙质砂的应力状态，通过试验发现颗粒破碎使钙质砂孔隙度增加，从而使得其在循环压缩作用积累更多的孔隙水压力，因此作者认为，钙质砂的易破碎性和高孔隙比特征是导致打桩时产生正孔隙水压力的主要原因。许多研究人员[40,41] 分别通过三轴循环剪切、循环单剪和扭剪、动三轴等手段对不同地区的钙质砂进行了循环荷载下的试验研究，经研究发现，钙质砂的动力学性质主要受其高孔隙率和颗粒破碎的影响，并且与碳酸钙含量、胶结程度、循环荷载的大小、加载循序等有关。部分学者[42,43] 通过各向同性固结不排水循环三轴试验研究，指出在相似条件下钙质砂一般比石英砂具有更高的抗液化性能。虞海珍等[44] 研究了相对密度、颗粒级配、振动频率、围压与固结应力对钙质砂动力特性的影响，发现钙质砂具有独特的液化特性，在特殊条件下（低围压、高固结应力比）可发生液化，其液化机理为循环活动性，不会出现流滑。李建国[45] 利用土工静力-动力液压三轴-扭转多功能剪切仪对南海钙质砂开展了扭剪循环剪切试验，模拟波浪荷载对钙质砂液化性能的影响，研究指出初始主应力方向角对钙质砂的动强度影响较大，主应力系数对其有影响但影响不大，建立了考虑初始主应力方向角的动强度模式。孙吉主等[46] 探究了循环荷载作用下各向异性与内孔隙对钙质砂液化特性的影响，结果显示围压增大时，内孔隙释放率增加，次生各向异性变小，二者均使钙质砂抗液化能力增强；但当固结应力比增加，初始各向异性愈明显，钙质砂抗液化能力会减弱。Brandes[47] 通过单调和循环剪切试验得出钙质砂的移动摩擦阻力和循环强度通常较高，而石英砂在 0.05% 和 1% 之间的应变水平下的剪切模量和阻尼较大，钙质砂土和石英砂之间行为的差异可能是由于介质颗粒形状、硬度、级配以及颗粒内孔隙造成的。刘汉龙等[48] 研究发现在循环加载过程中，钙质砂剪缩与剪胀会交替出现，剪胀会弱化每一循环中钙质砂的液化趋势，抑制变形的发展。

出于国防和军事安全等方面的需要，研究人员开展了爆破荷载作用下钙质砂的动力响应特性研究。徐学勇[49] 通过室内小型爆炸试验和数值分析研究了饱和钙质砂在爆炸荷载作用下的动力响应特性，获取了爆炸应力波在钙质砂中传播和衰减规律等数据，为钙质砂地层中进行工程建设提供了宝贵的科学依据。

以上研究虽然取得了一定的成果，但仍存在局限性，有关动荷载作用下钙质砂的动本构模型、颗粒破碎特性与动力特性的关系等方面还需进行进一步研究。

5 钙质岩土中的桩基工程特性

由于钙质岩土特殊的力学和工程性质，在钙质岩土地层上进行工程建设时选取合适的基础类型、确定设计参数已成为国内外专家学者关注的重点。桩基因其具有承载力高、沉降小等特点在各类工程建设中广泛应用，因此，桩基作为首选基础类型被应用在钙质岩土地层中。然而，大量工程实例证实基于常规基础材料的桩基设计参数在钙质岩土地层中不再适用[50-52]。Murff 等[53] 研究发现钙质砂土地层中的打入桩承载力低且变化大，而钻孔桩和灌注桩的承载力与石英砂地基中的打入桩相当。单华刚等[54] 总结分析了国内外桩基原位测试和室内试验结果，指出成桩方法对钙质砂地基的桩侧摩阻力影响较大，打入桩的桩侧摩阻力较低，而钻孔灌注桩或沉管灌注桩的桩侧摩阻力较高，这主要是由围压、钙质土的压缩性与胶结程度等因素影响的。刘崇权等[55] 认为变化的法向压力是导致钙质砂土地基中桩侧摩阻力较低的最直接原因。Lee 等[56] 对钙质砂土地基中灌注桩进行了静力试验和控制位移、荷载的动力试验，发现桩侧摩阻力随着桩直径的增大而减小；循环试验中桩侧摩阻力随着滑动位移增大而减小。江浩等[28] 通过室内模型桩基试验得到钙质砂中钢管桩承载能力约为石英砂的 66%～70%，钙质砂桩侧摩阻力约为石英砂的 22%～27%，且具有深度效应，表现出明显的端承桩性状；同时还进行了群桩模型试验[57]，发现钙质砂地基中闭口群桩承载力比开口群桩高 17%～20%，但仍远较石英砂地基找中闭口群桩的承载力小；就群桩效应而言，钙质砂与石英砂存在显著差别，钙质砂中的桩侧摩阻力群桩效应系数比石英砂的大，接近于 1，而承载力群桩效应系数小于 1。秦月[29,58]通过室内单桩模型试验研究钙质砂地基中单桩在不同受力方向下的承载力，发现桩身变形与桩体变位受埋深与受力方向的影响较大，相同条件下增大桩的埋深对竖向抗拔桩的意义大过抗压桩。Spagnoli 等[59]提出了一种新型桩基类型——复合型钻孔海上钢桩，建立了全尺寸桩的有限元模型（FEM），以测试其在石油和天然气平台上的潜在承载能力，验证了该桩基类型在钙质土地层中的适用性。

6 礁灰岩的工程特性

生物成因的珊瑚礁灰岩在工程性质上与一般的陆源性岩石有着较大的区别。Deshmukh[60]通过对礁灰岩波速试验，分析了礁灰岩波速在不同环境下的差异，并认为礁灰岩的波速与其孔隙率成反相关性。孙宗勋[61]对南沙群岛永暑礁的珊瑚礁灰岩进行了弹性波速测试，探讨了弹性波速在珊瑚礁地质勘探中的作用。王新志等[62]对取自永暑礁的珊瑚礁灰岩进行了常规的物理力学性质测试，发现珊瑚礁灰岩的孔隙率较高，抗压强度较低而峰后的残余强度较大，岩样的破坏主要是沿着其内部的珊瑚生长线发生的。唐国艺和刘志伟等[63,64]分别对取自印度尼西亚东爪哇岛和沙特阿拉伯红海海岸的礁灰岩进行了一系列的测试，得出两个地区的礁灰岩的标贯锤击数、弹性波速、荷载试验 p-s 曲线等物理力学参数。梁文成[65]对取自苏丹港和萨瓦金港的珊瑚礁灰岩进行了强度测试，并对在珊瑚礁灰岩上的钻探工艺进行了分析探讨。杨永康[66]等对西沙群岛的礁灰岩进行了大量室内试验，建立了礁灰岩密度与波速、孔隙率与波速以及强度与波速的回归方程。刘海峰等[67,68]开展了礁灰岩中嵌岩桩模型试验，发现桩岩界面先后经历弹性剪切、剪应力跌落和摩擦剪切 3 个阶段，在弹性剪切阶段，界面剪切变形以弹性变形为主，极限弹性位移呈现出随弹性模量 E 增大而递减的趋势；在剪应力跌落阶段，应力软化急剧，并很快过渡到界面的摩擦剪切。

国内外学者对珊瑚礁灰岩工程特性的研究较少，主要研究了弹性波速与静力学性能的关系，珊瑚礁体长期受到风浪等海洋动力作用，且随着国防工程建设的需要，珊瑚礁体地下空间的开发利用将是必然的趋势，因此，珊瑚礁灰岩动力学特性、三轴加卸载以及复杂应力路径下的力学特性试验需进一步开展。

7 结论与展望

综上所述，国内外学者关于钙质岩土的研究已经取得了丰硕的成果，为珊瑚岛礁工程建设提供了有力的技术支撑。但钙质岩土作为工程地质学一个新的分支，目前关于钙质岩土的研究尚不全面，仍需不断探索，在以下方面亟需进一步开展深入研究：

（1）颗粒破碎是钙质砂土区别于陆源砂土的一个重要性质，也是影响其力学特性和工程性质的最主要因素。对颗粒破碎的微观机理需进一步加强研究，建立钙质砂的微观力学模型和强度准则。

（2）进一步确定钙质砂的力学性能与颗粒破碎的相关关系，建立能够准确描述在不同荷载条件下钙质砂的力学性质的本构模型。完善波浪荷载、爆炸荷载下钙质砂动力特性的研究，开展振动荷载下钙质砂力学特性的研究。

（3）由于沉积环境变化的原因，珊瑚礁地层内部常出现胶结强度的巨大差异，产生较明显的岩、土互层交替现象，在全面了解珊瑚礁地质条件的基础上，进一步深入探究软硬互层岩土体的各项力学和工程性质，为岛礁工程建设提供技术支撑。

（4）总结颗粒破碎、胶结特性以及高压缩性等钙质土特殊的性质，选取适合珊瑚礁地层的桩基类型，研究桩土共同作用，并对桩基的沉降和承载力计算方法进行深入研究。

（5）对礁灰岩开展分类研究，深入全面地研究不同类型礁灰岩的力学性能和工程特性，开展动荷载作用下礁灰岩力学特性的研究，尤其是动本构模型的研究。

随着南海海洋资源开发和国防工程建设的全面深入，珊瑚礁工程地质与岩土力学特性研究方面的内容也越来越多，本领域的发展有赖于国内外学者的共同参与，希望有更多的有志之士加入这个阵营，共同为我国的珊瑚礁工程建设添砖加瓦。

参考文献

[1] 刘崇权，杨志强，汪稔. 钙质土力学研究现状与进展 [J]. 岩土力学，1995，16（4）：74-84.

[2] Perry C T，Kench P S，O'Leary M J，et al. Linking reef ecology to island building：Parrotfish identified as major producers of island-building sediment in the Maldives [J]. Geology，2015，43（6）：503-506.

[3] 王国忠. 南海珊瑚礁区沉积学 [M]. 北京：海洋出版社，2001.

[4] Fookes P G，Higginbottom I E. The classification and description of near shore carbonate sediments for engineering purposes [J]. Geotechnique，1975，25（2）：406-411.

[5] Clark A R，Wallker B F. A proposed scheme for the classification and nomenclature for use in the engineering description of Middle Eastern sedimentary rocks [J]. Geotechnique，1977，27（1）：93-99.

[6] 孙宗勋. 南沙群岛珊瑚砂工程性质研究 [J]. 热带海洋，2000，19（2）：1-8.

[7] 刘崇权，汪稔，吴新生. 钙质砂物理力学性质试验中的几个问题 [J]. 岩石力学与工程学报，1999，18（2）：209-212.

[8] Zhu Changqi，Wang Xinzhi，Wang Ren，et al. Experimental microscopic study of inner pores of calcareous sand [J]. Material Research Innovations，2014，18（S2）：207-214.

[9] 蒋明镜，吴迪，曹培，等. 基于 SEM 图片的钙质砂连通孔隙分析 [J]. 岩土工程学报，2017，39（S1）：1-5.

[10] Nauroy J F，LeTirant P. Model tests of piles in calcareous sands [C]. Conference on Geotechnical Practice in Offshore Engineering. Australia，Texas，April，1983：356-369.

[11] Coop M R. The mechancies of uncemented carbonate sands [J]. Geotechnique，1990，40（4）：607-626.

[12] 张家铭. 钙质砂基本力学性质及颗粒破碎影响研究 [D]. 武汉：中国科学院研究生院（武汉岩土力学研究所），2004.

[13] 王新志，汪稔，孟庆山，等. 钙质砂室内载荷试验研究 [J]. 岩土力学，2009（1）：147-151.

[14] 秦月，姚婷，汪稔，朱长歧，等. 基于颗粒破碎的钙质沉积物高压固结变形分析 [J]. 岩土力学，2014，35（11）：3123-3128.

[15] 王帅，雷学文，孟庆山，孙超，胡思前，徐亚飞. 侧限条件下高压对钙质砂颗粒破碎影响研究 [J]. 建筑科学，2017，33（05）：80-87.

[16] Fahey M. The response of calcareous soil in static and cyclic triaxial test. Engineering for calcareous sediments，Jewell&Khorshided，P：61-68.

[17] Aldes J R，Koprulu E. Internal stability of crushed sands：Experimental study [J]. Geotechnique，2008，58（8）：615-622.

[18] 刘崇权，汪稔. 钙质砂物理力学性质初探 [J]. 岩土力学，1998，19（3）：32-37.

[19] Wang Xin-zhi，Wang Xing，Jin Zong-chuan，et al. Shear characteristics of calcareous gravelly soil [J]. Bulletin of Engineering Geology and the Environment，2017，76（2）：561-573.

[20] Wang Xin-zhi，Wang Xing，Jin Zong-chuan，et al. Investigation of engineering characteristics of calcareous soils from fringing reef [J]. Ocean Engineering，2017，134：77-86.

[21] 王新志，翁贻令，王星，等. 钙质土颗粒咬合作用机制 [J]. 岩土力学，2018，39（9）：1001-1009.

[22] 翁贻令. 钙质土的抗剪强度及其影响机制研究 [D]. 广西大学，2017.

[23] Coop M. R.，Sorensen，K. K.，Freitas，T. B.，Georgoutsos，G. Particle breakage during shearing of a carbonate sand [J]. Géotechnique. 2004，54（3）：157-164.

[24] Donohue S.，Sullivan，C. O.，Long，M. Particle breakage during cyclic triaxial loading of a carbonate sand [J]. Geotechnique. 2009，59（5）：643-643.

[25] Shahnazari H，Rezvani R. Effective parameters for the particle breakage of calcareous sands：An experimental study

［J］. Engineering Geology，2013，159：98-105.

［26］ 吴京平，褚瑶，楼志刚. 颗粒破碎对钙质砂变形及强度特性的影响［J］，岩土工程学报，1997（5）：51-57.

［27］ 胡波. 三轴条件下钙质砂颗粒破碎力学性质与本构模型研究［D］. 武汉：中国科学院研究生院（武汉岩土力学研究所），2008.

［28］ 江浩，汪稔，吕颖慧，等. 钙质砂中模型桩的试验研究［J］. 岩土力学. 2010，31（03）：780-784.

［29］ 秦月，孟庆山，汪稔，等. 钙质砂地基单桩承载特性模型试验研究［J］. 岩土力学，2015，36（06）：1714-1720＋1736.

［30］ Wei Hou-zhen，Zhao Tao，He Jian-qiao，et al. Evolution of Particle Breakage for Calcareous Sands during Ring Shear Tests［J］. International Journal of Geomechanics，2018，18（2）：04017153.

［31］ 何建乔，魏厚振，孟庆山，等. 大位移剪切下钙质砂破碎演化特性［J］. 岩土力学，2018，39（1）：165-172.

［32］ 王新志，王星，翁贻令，等. 钙质砂的干密度特征及其试验方法研究［J］. 岩土力学. 2016，37（Supp2）：316-322.

［33］ 束龙仓，周从直，甄黎等. 珊瑚砂含水介质水理性质的实验室测定［J］. 河海大学学报，2008，36（3）：330-332.

［34］ 任玉宾，王胤，杨庆. 颗粒级配与形状对钙质砂渗透性的影响［J］. 岩土力学，2018，39（02）：491-497.

［35］ 钱琨，王新志，陈剑文，等. 南海岛礁吹填钙质砂渗透特性试验研究［J］. 岩土力学，2017（06）：1-8

［36］ 胡明鉴，蒋航海，朱长歧，等. 钙质砂的渗透特性及其影响因素探讨［J］. 岩土力学，2017，38（10）：2895-2900.

［37］ 王新志，王星，胡明鉴，等. 吹填人工岛地基钙质粉土夹层的渗透特性研究［J］. 岩土力学，2017，38（11）：3127-3135.

［38］ Wang Xin-zhi，Wang Xing，Chen Jian-wen，et al. Experimental Study on Permeability Characteristics of Calcareous Soil［J］. Bulletin of Engineering Geology and the Environment，2017（9）：1-10.

［39］ Datta M，Rao G V，Gulhati S K. Development of pore water in a dense calcareous sand under repeated compressive stress cycles［C］. Proceeding，International symposium on Soils under cyclic and Transient Loading. Swansea，1980，1：33-47.

［40］ Airey D W，Fahey M. Cyclic response of calcareous soil form the North-West Shelf of Australia［J］. Geotechnique，1991，41（1）：101-121.

［41］ Al-Douri R H，Poulos H G. Static and cyclic direct shear tests on carbonate sands［J］. Geotech Test，1992，15（2）：138-157.

［42］ Pando M A，Sandoval E A，Catano J. Liquefaction susceptibility and dynamic properties of calcareous sands from Cabo Rojo，Puerto Rico［C］. Proceedings of the 15th World Conference on Earthquake Engineering. 2012.

［43］ Sandoval E A，Pando M A. Experimental assessment of the liquefaction resistance of calcareous biogenous sands［J］. Earth Sciences Research Journal，2012，16（1）：55-63.

［44］ 虞海珍，汪稔. 钙质砂动强度试验研究［J］. 岩土力学，1999，20（4）：6-11.

［45］ 李建国. 波浪荷载作用下饱和钙质砂动力特性的试验研究［D］. 武汉：中国科学院武汉岩土力学研究所，2005.

［46］ 孙吉主，黄明利，汪稔. 内孔隙与各向异性对钙质砂液化特性的影响［J］. 岩土力学，2002，23（2）：166-169.

［47］ Brandes H G. Simple Shear Behavior of Calcareous and Quartz Sands［J］. Geotechnical & Geological Engineering，2011，29（1）：113-126.

［48］ 刘汉龙，胡鼎，肖杨，陈育民. 钙质砂动力液化特性的试验研究［J］. 防灾减灾工程学报，2015，35（06）：707-711＋725.

［49］ 徐学勇. 饱和钙质砂爆炸响应动力特性研究［D］. 中国科学院研究生院（武汉岩土力学研究所），2009.

［50］ Dutt R N，Moore J E，Mudd R W，et al. Behavior of piles in granular carbonate sediments from offshore Philippines［C］. Houston，America：Offshore Technology Conference，1985.

［51］ Gilchrist J M. Load tests on tubular piles in coralline strata［J］. Journal of Geotechnical Engineering，1985，111（5）：641-655.

［52］ Dolwin J，Khorshid M S，Goudoever P V. Evaluation of driven pile capacity-Methods and results［J］. Engineering for Calcareous Sediments，1988，2：333-342.

［53］ Murff J D. Pile Capacity in Calcareous Sands：State if the Art［J］. Journal of Geotechnical Engineering，1987，113

(5)：490-507.

[54] 单华刚，汪稔. 钙质砂中的桩基工程研究进展述评 [J]. 岩土力学，2000（3）：299-304.

[55] 刘崇权，单华刚，汪稔. 钙质土工程特性及其桩基工程 [J]. 岩石力学与工程学报，1999（3）：331-335.

[56] Lee C Y，Poulos H G. Tests on model instrumented grouted piles in offshore calcareous soil [J]. Journal of Geotechnical Engineering，1991，117（11）：1738-1753.

[57] 江浩，汪稔，吕颖慧，等. 钙质砂中群桩模型试验研究 [J]. 岩石力学与工程学报，2010（S1）：3023-3028.

[58] Qin Yue，Meng Qingshan，Wang Ren，et al. Model experimental research on uplift single pile in calcareous sand of South China Sea [J]. Marine Georesources & Geotechnology，2017，35（5）：653-660.

[59] Spagnoli Giovanni，Doherty Paul，Murphy Gerry，et al. Estimation of the compression and tension loads for a novel mixed-in-place offshore pile for oil & gas platforms in silica and calcareous sands [J]. Journal of Petroleum Science and Engineering，2015（136）：1-11.

[60] Deshmukh A M. Elastic properties of coral reef rock [A][J]. 1988.

[61] 孙宗勋，卢博. 南沙群岛珊瑚礁灰岩弹性波性质的研究 [J]. 工程地质学报. 1999（02）：79-84.

[62] 王新志，汪稔，孟庆山，等. 南沙群岛珊瑚礁礁灰岩力学特性研究 [J]. 岩石力学与工程学报. 2008（11）：2221-2226.

[63] 唐国艺，郑建国. 东南亚礁灰岩的工程特性 [J]. 工程勘察. 2015（06）：6-10.

[64] 刘志伟，李灿，胡昕. 珊瑚礁礁灰岩工程特性测试研究 [J]. 工程勘察. 2012（09）：17-21.

[65] 梁文成. 苏丹珊瑚礁灰岩地区地质勘察总结 [J]. 水运工程. 2009（07）：151-153.

[66] 杨永康，丁学武，冯春燕，等. 西沙群岛珊瑚礁灰岩物理力学特性试验研究 [J]. 广州大学学报（自然科学版）. 2016，15（5）：78-83.

[67] Zhu Chang-qi，Liu Hai-feng，Wang Xing，et al. Engineering geotechnical investigation for coral reef site of the cross-sea bridge between Male and Airport Island [J]. Ocean Engineering，2017，146：298-310.

[68] 刘海峰，朱长歧，孟庆山，等. 礁灰岩嵌岩桩的模型试验 [J]. 岩土力学，2018，39（05）：1581-1588.

作者简介

汪稔，男，1955 年 11 月生，研究员，博士生导师，主要从事钙质土、泥石流、冻土等的工程特性与灾害防治以及地基加固等领域的研究工作。E-mail：rwang@whrsm. ac. cn。电话：027-87199516。

RESEARCH PROGRESS ON THE ENGINEERING PROPERTIES OF CALCAREOUS MATERIAL

WANG Ren[1]，WU Wen-juan[1,2]，WANG Xin-zhi[1]

(1. State Key Laboratory of Geomechanics and Geotechnical Engineering，Institute of Rock and Soil Mechanics，Chinese Academy of Sciences，Hubei Wuhan 430071，China；

2. University of Chinese Academy of Sciences，Beijing 100049)

Abstract：This paper summarizes the research status and progress of calcareous rock and soil at home and abroad，which elaborates on the genesis and classification of calcareous rock and soil，the physical and mechanical properties of calcareous rock and soil and the engineering properties of pile foundation in calcareous sand. The results show that Calcareous soil is characterized by its multi-porosity and low strength. It is obviously different from general land-source sand. Particle breakage is an important engineering property of calcareous soil，and it is also a direct influence on its static and dynamic characteristics and even the bearing capacity of pile foundation. And it is pointed out that the mechanism of strengthening the micro-microscopic mechanism of calcareous soil particles is broken，the mechanical properties of calcareous rock under dynamic load and the mechanical properties of various pile foundations in the calcareous sand layer are strengthened to determine the applicable pile foundation type. It is a further research direction of calcareous geotechnical engineering.

Key words：Calcareous rock and soil，mechanical properties，microscopic mechanism，dynamic load，pile foundation type

深圳围海造地的海堤建造主要问题与对策

丘建金[1]，文建鹏[2]，李拔通[2]

（1. 深圳市市政设计研究院有限公司，广东 深圳　518029；

2. 深圳市勘察测绘院有限公司，广东 深圳　518028）

摘　要：本文结合深圳软土地基中围海造地工程实践，详细介绍了深圳海堤建造所面临的主要问题，包括海堤的填筑方法、堤身的结构设计和防冲刷与防浪技术等。深圳的海堤填筑方法以抛石挤淤为主，当淤泥层较厚时，为保证堤身的"着底"，也可采用爆破挤淤、超高填挤淤、先挖淤再抛填等填筑方式。本文还以宝安中心区海堤工程为例，详细介绍了抛石挤淤斜坡堤的填筑方法，同时介绍了干法明挖的沉箱直立堤、整式强夯成堤等施工方法，该段海堤的建造技术是深圳海堤建造的典型成功案例，对沿海软基中的海堤建造工程有一定的参考价值。

关键词：海堤建造；堤身着底；抛石挤淤；爆破挤淤；直立沉箱；防冲刷与防浪技术

1　引言

深圳特区处于珠江入海口东岸，自特区创建以来，深圳的海岸线整治和围海造地工程就一直在进行中，早期的围海造地工程主要是因为港口码头的建设，如最早的蛇口港、妈湾港与赤湾港，后面的盐田港、福永港等，另外深圳机场和福田保税区项目也是围海造地工程[1]。近期的围海造地工程主要是为了解决建设用地紧缺的矛盾，通过开山填海来增加建设用地，改善城市功能布局。深圳的围海造地工程主要集中在南山区和宝安区，如深圳湾、后海湾和前海湾的填海区，宝安中心区和西乡—沙井填海区等。最近也开始在大鹏半岛进行填海，如下沙片区、坝光片区等。

我国沿海地区近年来有许多围海造陆工程，海堤的建造方式也有很多，码头的岸堤常用排桩或叉桩，形成高桩码头，也有采用大直径薄壁灌注筒桩的做法[2]（王哲、龚晓南），港珠澳跨海大桥的人工岛采用了大直径圆筒、筒内填砂的作法。陈晓平[3]、李斌[4]和谭昌明[5]等对软基海堤的结构稳定性进行了研究，李涛[6]等人对爆炸排淤填石坝的稳定性作了分析，刘红军[7]对水下抛石体重力式码头加固技术及检测做了许多工作。

本文结合深圳前海至宝安中心区的围海造地工程，详细介绍深圳围海造地海堤建造的主要问题与对策。由于深圳西部填海区都处于淤泥滩涂地区，海堤的建造一般都采用了抛石挤淤的成堤方式，当淤泥层较厚时，也会辅以爆破挤淤、超高填筑挤淤、先挖淤后抛填等方法。本文对这些方法将作详细的介绍，同时对海堤的堤身结构设计、防冲刷与防浪技术等进行说明。文中还以宝安中心区海堤的建造作为工程实例[8]，给出了海堤建造的具体设计参数和设计方法。本文对读者了解深圳海堤建造技术提供了详细的资料，也对类似的软基中海堤建造工程有一定参考价值。

2　深圳海堤建造的主要问题

深圳的海堤建造面临的首要问题就是深厚淤泥层中海堤的稳定性和海堤的填筑方式，海堤的稳定性与堤身宽度和堤身是否着底有关，海堤的建造主要面临以下问题：

（1）堤身的着底问题：要解决海堤的整体稳定性，首先就要解决堤身的着底问题。深圳的海堤一般采用开山石整体抛填成堤，抛石体需要将海床表层的淤泥层挤开，使抛石体能够下沉，并与淤泥层下卧的砂层或粉质黏土层直接接触，俗称抛石体的着床或着底。但要使淤泥层完全挤干净是非常困难的事，实际工程中，只要抛石体将绝大部分淤泥挤出，残留的淤泥或者泥石混合层厚度小于2.0m，我们就认为堤身已经基本着底了。如果残留的淤泥层太厚，就意味着海堤底部存在一个软弱夹层，对填海区陆域侧的整体稳定性非常不利。在珠海某填海工程中，就因为海堤没有着底，发生过填海区整体滑移破坏的事故，有数百米长的海堤连同场坪填土向海域滑动了数百米远，损失很大。因此，在软土地基中，海堤的着底是首要问题。

（2）海堤的宽度如何确定：海堤相当于重力式挡土墙，只有足够的宽度和重量，才能保证填海区的整体稳定性。深圳填海区建成后的场地标高，一般为黄海高程4.0～5.0m，填海区原始地面高程，在滩涂地带一般为0.0m左右，后来的填海区逐渐向浅海地区发展，海水深从数米至十几米左右，因此填海区场地建成后海堤内外侧高差大约为4.0～20.0m，相应的堤身宽度一般为10.0～30.0m，海堤内外侧高差越大，要求海堤的宽度也越大。如果海堤的宽度越小，海堤的挤淤效果越好，海堤越容易着底，但如果海堤宽度小，海堤的抗滑力对填海区的整体稳定性不利；如果海堤的宽度越大，挤淤量将大大增加，海堤着底也就越困难，而且海堤的成本也会增大。因此选择合理的堤身宽度，是软基中海堤设计的重要问题，深圳海堤的宽度，一般顶宽采用12.0～20.0m，由稳定性验算确定，如图1所示。

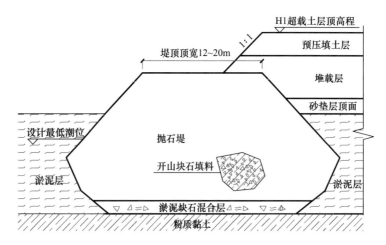

图1　抛石挤淤堤典型剖面图

Fig. 1　Typical sectional view of squeezing soft clay seawall

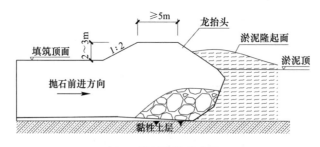

图2　抛石挤淤进占图

Fig. 2　Diagram of squeezing soft clay occupied progressively

（3）海堤的结构设计问题：深圳的海堤，一般都采用抛石堆积体，石材选用开山石，主要是花岗岩块石，块石粒径宜大于10cm，一般用30～50cm块石较好，堤头也有用巨石作为压底用，海堤的中间偏上部位，也可采用粒径较小的块石或少量土夹石，但海堤主要材料还是花岗岩大块石。堤身一般都采用高能量强夯进行密实加固，强夯加固对海堤的自身稳定性、减少堤身的沉降量有利。

海堤迎水面防冲刷一般采用修理坡面后，干砌大块石护面，特殊地段再在干砌块石表面铺设栅栏板保护，景观需要时，还要设置亲水平台和护栏等设施，如图 3 所示。海堤迎水面的坡脚部位一般都抛填大块石进行压脚防冲刷保护。

（4）海堤的设计计算问题：在海堤设计中，主要需进行整体稳定性验算和潮水位计算。海堤的整体稳定性验算是将海堤当成重力式挡墙，海堤的陆域侧按填土面高程计算，同时考虑场地超载预压时的超载土高程面；海堤的水域侧按低潮水位验算[9,10]。

潮水位计算时，根据珠江口及蛇口半岛的潮位监测站实测数据，按广东省标准《广东省海堤工程设计导则（试行）》DB 44/T 182—2004 的相关规定进行了计算，最高潮位我们一般按不低于百年一遇的高潮位进行设防，将防浪栅栏板置于最高潮位和最低潮位之间，起消能和景观美化作用。亲水平台高程一般比最高潮水位高出 50cm，防浪墙高度一般取 1.0m 左右。

当台风来临之时，深圳沿海岸的波浪爬高可达 7.0～8.0m，特别大的台风正面吹袭时，波浪爬高更高，但海堤的防浪墙不能设置太高，以免影响景观，因此，深圳的海堤基本都是允许越浪设计，将海堤顶宽度和陆域侧的绿化带或道路作为消浪的平台，如图 3 和图 4 所示。因此深圳的滨海大道和珠海的情侣路在台风来临之际是关闭的，车辆和行人需远离这些区域。

图 3　海堤的亲水平台现场图片（源自网络）
Fig. 3　Photo of seawall waterside pavilion

图 4　台风来临时海堤允许越浪图片（源自网络）
Fig. 4　Photo of seawall allowing wave overtopping with typhoon

3　深圳海堤填筑的主要方式

深圳的大部分海堤都是采用抛石挤淤法进行填筑，这是因为深圳依山面海，围海造地工程通常都同时进行开山平地的工程，采用开山的花岗岩块作为海堤的填料，有利于堤身的防海水冲刷、堤身的挤淤和堤身的稳定。后期为了堤身着底更可靠，又增加了爆破挤淤、超高填筑挤淤和先挖於再抛填等方式，特殊地段，如宝安中心区一段半圆形海堤，根据功能和景观要求设计成迎水面直立堤，我们这段海堤采用了沉箱结构，在大铲岛填海区，由于块石运输困难，运输成本高，采用了袋装砂堆积成堤的方式。

3.1　抛石挤淤的填筑方式

这是深圳海堤最先使用、也是最普遍采用的填筑方式，该法简单、实用，挤淤效果好。该法是从海堤的陆域一端开始，沿海堤轴线方向，向海域抛填块石，利用块石自重将淤泥挤出，抛石体下沉形成堤身。以下是深圳抛石挤淤成堤常用的主要施工方法：

（1）全断面抛填进占，堤头呈外凸型：如果堤身较宽，我们也曾试过先沿轴线抛填 10.0m 宽的先导堤，然后再向两侧抛填，加宽至设计断面，但检测后发现后填的部分着底困难，堤身易形成淤泥包，因此，深圳的海堤现在基本采用全断面同时抛填进占的方式。堤头呈外凸型是为了堤头挤淤效果更佳，如果采用平头或凹型堤头，则挤淤效果欠佳甚至可能在堤身形成淤泥包；如果堤身较宽，也可以采用人字形堤头，这样可以在堤头形成突出部，像刀一样劈入淤泥层，增加挤淤效果。

（2）"龙抬头"：即在堤头一定范围内，通常是沿轴线 5～10m 范围内，将填石堆填高度加高 3～5m，这样可以增加堤头挤淤压力，有利于堤身的着底，超填的石块可以作为后续堤身的抛填料，习惯上将堤头超填的方式称为"龙抬头"。如图2所示。

（3）连续抛填、及时清淤：海堤的填筑，一定要持续不断地连续抛填，让淤泥流动起来，有利于堤身挤淤效果，保证堤身着底。如果由于某些因素中断了填筑施工，则在重新抛填前，应该在堤头进行挖淤，让淤泥流动起来后再抛填。及时清淤是指在海堤填筑过程中，将堤身两侧和堤头明显隆起的淤泥包，用长臂挖机及时清理，这是确保海堤着底的重要手段。

（4）加强施工管控和监测：海堤是否着底、堤身是否稳定，对围海造地工程至关重要，因此在海堤填筑过程中应加强管控。首先要检查填料，以花岗岩大块石为宜，不宜掺太多碎石，更不能夹太多土，一般应控制含泥量小于5%，碎石或块径较小的石料，只能用于堤身中部、浅层的位置；其次是控制堆填的方量，一般每10～20m长的一段海堤作为一个计量段，要求抛填方量大于理论抛填量，如果抛填量少于理论填方量，那海堤可能没有着底，会影响海堤的稳定性。此时应加大堤身两侧清淤工作，或采取其他补救措施。

在海堤填筑直到场坪填筑过程中，都应该对海堤的沉降和水平位移进行监测，发现变形突然加大时，应停止施工，查明原因，妥善处理后才能恢复施工。

海堤填筑完成后，应及时进行检测，主要是检测堤身是否着底。一般采用钻探和地质雷达等手段，先用地质雷达扫描，然后用钻孔进行确认，检验合格后才能进行场坪的填筑。检测时，要求堤底部残留的淤泥（包括泥—石混合层）的厚度小于2.0m才算合格。

3.2 爆破挤淤的填筑方式

爆破挤淤是在抛石挤淤的基础上，增加对淤泥的爆破扰动，使堤身两侧和堤头的淤泥结构强度在爆破时受到破坏，抗剪强度迅速下降，流动性增加，迫使堤身迅速着底的方法，如图5和图6所示。

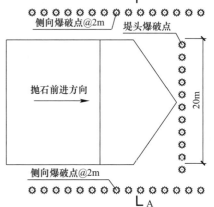

图5　爆破挤淤施工平面示意图

Fig. 5　Planar graph of explosive replacement construction

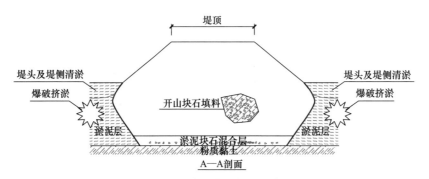

图6　爆破挤淤施工剖面示意图

Fig. 6　Sectional view of explosive replacement construction

爆破挤淤的设计，主要是些经验方法，一般要通过现场试验进行验证。初步设计时，可按以下方法进行估算：

（1）分段抛填，分段爆破：一般先沿海堤轴线向前抛填一段海堤后，再进行爆破作业。爆破作业分堤头爆破和堤身的侧向爆破，堤头爆破一般向前填筑5.0m左右就爆一次，最长10.0m就要爆破一次，堤身的侧爆一般向前填筑30～50m后爆破一次，堤身的侧爆应该先清淤再侧爆，以提高爆破效果。

（2）爆破药包的设计[11]：爆破药包的水平间距一般取2.0～3.0m，药包埋深为2/3h，h为淤泥层厚度，如果淤泥层厚度h>10m，可以增加一个药包，埋深可取1/3h和2/3h；堤头的爆破药量Q可按下式估算：

$$Q = (0.2 \sim 0.6) \times b \times L \tag{1}$$

式中，b 为堤身宽度，L 为堤头单循环进尺量。

堤身侧爆的药包用量可参照堤头的药包量，并根据经验适当加大药量，经验的判别标准是：爆破后能够使淤泥充分扰动发生定向滑移，使堤身顺利着底。装药量与淤泥层厚度、淤泥含水量、抗剪强度指标、淤泥上覆水深等因素有关，应通过实际施工效果进行修正，重要工程应进行现场试验爆破确定药包的用量。

3.3 其他的海堤填筑方式

软基中的海堤填筑最重要的是要使堤身着底，因此我们还成功地尝试过超高填挤淤方法，该法是"龙抬头"的基础上，将堤头超高填筑再加高 6.0～8.0m，形成局部超载，增加堤身重量，迫使淤泥挤出。如果在海堤轴线方向，淤泥面太高，甚至接近海堤的顶面高程，我们就采用先挖淤泥槽，再抛填块石的方案，即先沿海堤轴线方向用机械进行清淤，形成淤泥槽，然后在槽里抛填块石挤淤，这个方法也很有效。

除了抛石挤淤成堤外，我们在宝安中心有一段景观堤中，也成功地采用了直立沉箱堤，其设计和施工方法将在第 4 节中详细说明。

4 宝安中心区海堤工程

4.1 工程概况

宝安中心区海堤工程位于深圳市宝安区新安城区的南部，东侧与前海合作区相接，西南侧为前海湾，海堤形成后将是宝安、前海湾的永久岸线，将建成深圳西部的绿化休闲观光带。海堤总长 3270m，东侧及南侧为永久性海堤，总长 2889m，西侧为临时海堤，长度 381m。海堤设计潮水位按重现期 200年一遇高潮位，建筑物级别为Ⅰ级，按允许越浪设计[12]。

海堤范围内原始地貌主要是滨海潮间带、鱼塘，海水水深约 2.0m，后随着大铲湾、中心区等工程建设，导致区域内淤泥隆起、地形抬高，部分海域已经被填筑为陆域和隆起的淤泥滩涂，淤泥厚度2.4～9.0m，平均厚度约 6.0m，如图 7 所示。

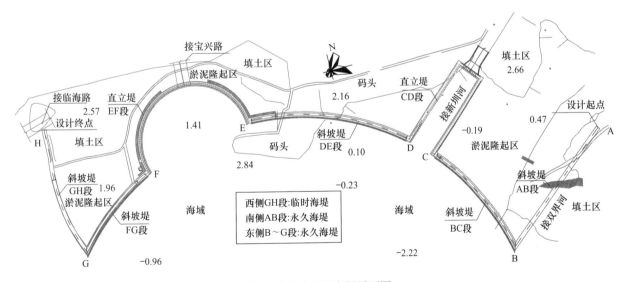

图 7　宝安中心区海堤平面图

Fig. 7　Planar graph of seawall in Baoan Central District

4.2 堤型设计

海堤型式的选择是本次海堤的一大亮点，深圳西部岸线基本都是以斜坡堤型式为主，设置亲水步道，堤型比较单一，本工程结合地质情况以及整个西部岸线的景观规划，采用了斜坡海堤和直立海堤的结合，海堤既满足防潮挡浪的功能，又符合中心区整体景观一致性。直立堤底在－2.5m，在平均水位能够满足游艇码头的直接停靠，斜坡堤设置亲水步道满足游人亲水戏水功能。

（1）斜坡海堤

斜坡堤采用抛石挤淤形成堤身，设计抛石填筑面标高＋2.0m，堤身经大能量强夯加固处理。堤身两侧按1∶1.5修坡整理，临海面在多年平均低潮位附近设置大块石护脚，坡面干砌0.3m厚块石上铺0.35m厚钢筋混凝土栅栏板，防止波浪冲刷。堤顶临海面做亲水平台，堤身背面做混合倒滤层，主要由碎石、土工材料、砂等混合组成，亲水平台上做浆砌块石防浪胸墙，胸墙顶标高4.0m，为考虑景观，将防浪功能隐藏在堤后填土绿化带中，整个海堤成梯形状结构，如图8所示。

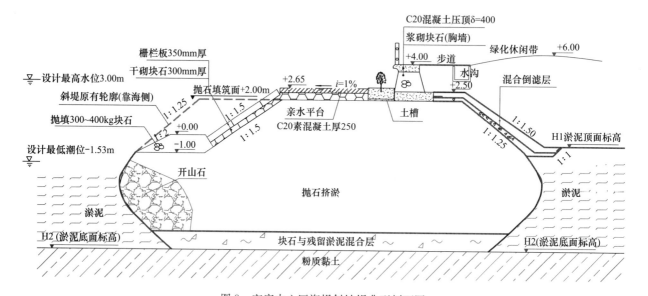

图8　宝安中心区海堤斜坡堤典型剖面图

Fig. 8　Sectional view of slope seawall in Baoan Central District

（2）直立堤

直立海堤的设计是宝安海堤的重点区域，景观要求高，主要是满足游艇能直接停靠要求。设计采用了沉箱直立海堤，海堤长约1280m，总共设计沉箱194个，沉箱标准尺寸为8.5m×6.5m×5.4m，在海堤转弯处采用异形沉箱设计。沉箱施工采用了围堰封闭，干法开挖基槽，将基底淤泥清除，设置抛石基床，基床顶面标高－2.40，在基床上放置沉箱，沉箱内回填中粗海砂，箱顶设置顶板并砌筑防浪胸墙，胸墙顶标高4.0m，堤后设置碎石混合倒滤层，防浪功能同样隐藏在堤后绿化带中，如图9所示。

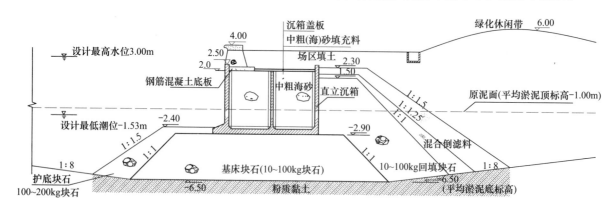

图9　宝安中心区海堤直立堤典型剖面图

Fig. 9　Sectional view of vertical seawall in Baoan Central District

4.3 海堤建造的设计与施工方法

（1）堤身（基床）地基处理

本海堤长约 3.27km，沿线地质条件复杂，包括了海域、隆起淤泥区以及已填筑区域，淤泥厚度差异性很大，海堤形式的不同对沉降要求也不同。根据不同的地质情况、不同的堤型采用合理的地基处理方法以解决深厚淤泥中的堤身着底问题是海堤稳定性的关键。本工程直立沉箱海堤由于对沉降变形要求比较敏感，采用了水下挖淤抛石夯实处理方案，海堤抛石基床直接落在稳定土层上；斜坡海堤针对淤泥的厚薄分别采用抛石挤淤、超高填抛石挤淤等方案，堤身强夯加固处理；特别是在已填土区和硬质的塘埂堤段，采用了整式强夯置换成堤的方案。

1）挖淤抛石基床

直立堤主要采用水下挖淤抛石方案，先采用挖泥船进行基槽开挖，基槽底宽不小于 20m，即不小于基床抛石的落地宽度，水下淤泥层放坡坡比为 1:8，隆起淤泥区域在陆域侧采用搅拌桩重力式挡墙支护开挖，基槽底为粉质黏土层，基槽分层分段开挖，抛填基床前还应进行回淤量检测。基槽开挖后抛填 10～100kg 的块石基床，要求块石级配良好，强度要求在水中饱和状态下不小于 50MPa。基床顶标高 -2.9m，顶宽 13.5m，厚度不小于 3.5m，坡比为 1:1.0。基床采用水下小能量夯实，夯锤底面压强 40～60kPa，落距 3.0m，每锤的夯击能不小于 120kJ/m²（不计浮力和阻力），采用纵横向均搭接压半夯，初夯、复夯各一遍，每遍夯 4 次、两遍共 8 夯次的强夯方法。

2）抛石挤淤成堤

斜坡海堤根据淤泥的厚度采用抛石挤淤成堤和超高填抛石挤淤成堤，一般淤泥厚度小于 6.0m，且主要为原状海相淤泥段直接抛石挤淤，采用全断面矢形进占"龙抬头"抛石挤淤方法，抛石顶面宽 15.0m，顶高 2.0～3.0m；材料采用新鲜开山石料，最大粒径不大于 70cm，细粒土夹石含量不大于 10%，抛石过程中对堤头和两侧进行及时清淤，确保堤身着底。淤泥厚度大于 6.0m 的堤段采用超高填抛石挤淤方案，抛石顶标高 6.0～8.0m，加大堤身荷载将淤泥挤出，分段抛填，每段长度 10.0～20.0m，超填量可作为下一堤段的抛填料。抛填完成后堤身采用大能量强夯挤密处理，强夯能量不小于 4000kN·m，两遍点夯一遍满夯。

3）整式强夯置换成堤

在已填土区和硬质的塘埂堤段，采用整式强夯置换法，即强夯置换挤淤成堤。强夯置换前首先挖除阻碍沉堤的塘埂、路堤及淤泥表面的硬壳至 -0.5m 标高，再进行抛石压载挤淤，抛石体厚 2.5 米，即上部为抛石体下部为块石墩。抛填时应防止形成抛填体中间厚两边薄的现象，以减少淤泥的侧压力，增大抛填体底部的宽度，堤顶宽 20.0m。强夯置换采用异形锤，直径 1.2m，高 2.5m，夯点间距 2.5m，夯击能为 4000kN·m，4～6 阵击夯击，每阵击 3～5 击，累计夯击数为 20～25 击，如图 10 所示。

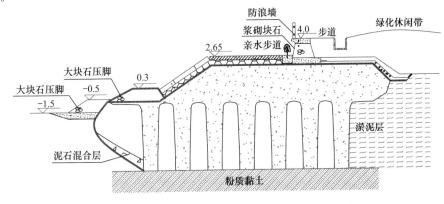

图 10　宝安中心区海堤整式强夯成堤典型剖面图

Fig. 10　Typical sectional view of integral dynamic compaction seawall in Baoan Central District

（2）干法施工沉箱

港口码头工程采用沉箱海堤时都是采用预制沉箱然后浮运定点沉下成堤，但本案例充分利用潮水位情况，采用了干法施工沉箱方案：先利用潮水进行基槽挖淤、水下抛填基床，然后再填筑围堰，抽排海水，再干法施工沉箱。围堰是沉箱干法施工的关键，本案例根据两段海堤的平面布置，分别设置了两条429米和380米的土石围堰，围堰施工结合海堤基槽挖淤方案一起实施，基槽挖淤完成围堰合拢。围堰的顶宽为7.0m，底宽28.4m，堤顶标高＋3.0m，坡比内侧为1∶1、外侧为1∶1.25，围堰临水面铺设防渗土工膜，再采用防老化土工布袋压膜。

（3）过渡段处理

本工程采用斜坡堤和直立堤混合型式，整个海堤有多处斜坡与直立的过渡段，两种堤型的沉降要求不同，基床地基处理方法也不同，过渡段处理不合适将会造成堤身的不均匀沉降，特别是直立堤对变形非常敏感，沉降不均匀会造成沉箱倾斜会影响海堤的安全，也影响岸线景观。过渡段施工时先进行直立堤基床挖淤抛石施工，并向斜坡堤基床延伸10m，再进行斜坡堤抛石挤淤堤身施工，衔接处采用强夯法加固堤身，然后再进行二次开挖，施工直立堤沉箱，沉箱施工完成后，进行沉箱周围及堤身上层结构填筑施工，如图11所示。

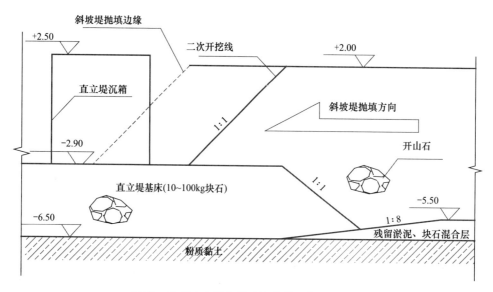

图11　宝安中心区海堤过渡段处理典型剖面图

Fig. 11　Typical sectional view of the seawall transition section in Baoan Central District

4.4　施工质量的监测与检测

1）施工监测

在海堤施工期间进行了变形监测，从2008年1月到2011年11月施工期间监测了三年多，直立堤最大沉降量为38.62mm，最大平均沉降速率为0.07mm/d，最大位移量为22.0mm，最大平均位移速率为0.04mm/d；斜坡海堤施工期间最大沉降量为65.13mm，沉降速率为0.08mm/d，最大位移量为56.60mm，变形速率为0.07mm/d。各堤段位移速率、沉降速率均远小于设计的沉降稳定标准。

2）施工检测

除了常规材料的检验，采用了物探法和钻探两种方式，来检验堤身是否着底。物探法检验中，使用地质雷达沿着堤身纵断面进行扫描，同时沿海堤轴线每隔50m进行一次横断面扫描。地质钻探检验时，沿堤身轴线每隔50m进行一次钻探验证。经检测，抛石挤淤堤段堤身填石厚度7.0～9.4m之间，平均约8.4m，下伏泥石混合层0.0～0.9m之间分布，平均厚度约0.4m，所测大部分残留泥石混合层厚度0.0～0.4m。在超高填成堤堤段，填石厚度10.6～14.7m，下伏混合层0.2～1.4m，其中厚度大于

1.0m 的点仅有 7 个。整个海堤堤身基本着底，满足设计要求。

  3）工后沉降

  在项目竣工后，即堤后场平堆载过程中对堤身的稳定性也进行了观测，从 2011 年 7 月至 2012 年 5 月，共观测了 10 个月时间，本阶段最大沉降量仅为 5.24mm，最大位移量为 0.9mm，沉降和变形均非常小，说明海堤在使用过程中安全稳定，达到了预期效果，海堤现状如图 12 所示。

图 12　宝安中心区海堤现状图（源自网络）
Fig. 12　Current situation of the seawall in Baoan Central District

5　结语

  基于深圳西海岸软土地基中围海造地的海堤建造的工程实践，结合宝安中心区海堤工程实例，详细介绍了深圳软基中海堤建造技术，可以总结出以下几点体会：

  （1）在软土地基中采用抛石挤淤方式建造海堤是安全可靠的，如果淤泥层较厚，辅以爆破挤淤、超高填挤淤、先挖於后抛填等方式可以更好地保证堤身的着底，保证海堤的稳定与安全。

  （2）采用强夯法加固堤身，迎水面采用抛填大块石压脚、潮水位波动范围采用栅栏板防冲刷等都是有效的措施；为了沿海岸观景需要，海堤采用越浪设计是较好的方式。

  （3）加强海堤填筑时的监控，包括填筑方量的控制和堤身变形的监测，以及针对海堤是否着底的控制与检测等措施，可以确保海堤的填筑质量与海堤的稳定安全性。

  本文结合深圳宝安中心区海堤工程，详细介绍了深圳海堤的设计和施工方法，包括海堤的各种设计参数，可以供类似软基中的海堤工程参考。

参考文献

[1] 丘建金，张旷成，文建鹏．深圳海积软土地基加固技术与工程实践［M］．北京：中国建筑工业出版社，2017．

[2] 王哲，龚晓南，郭平，胡明华，郑尔康．大直径薄壁灌注筒桩在堤防工程中的应用［J］．岩土工程学报，2005（01）：121-124．

[3] 陈晓平，黄井武，张黎明，陈小文．软基海堤结构稳定性研究［J］．岩土力学，2007（12）：2495-2500．

[4] 朱斌，冯凌云，柴能斌，郭小青．软土地基上海堤变形与失稳的离心模型试验与数值分析［J］．岩土力学，2016，37（11）：3317-3323．

[5] 谭昌明，姜朴．挤淤法修筑防波堤稳定性的试验研究［J］．岩土工程学报，1998（04）：112-115．

[6] 李涛，宋月光，江礼茂．爆炸排淤填石坝的稳定性分析［J］．岩土力学，2008（04）：1127-1132．

[7] 刘红军，单红仙，郑建国，薛新华．重力式码头水下抛石体加固技术及检测研究［J］．岩土工程学报，2004（03）：344-348．

[8] 文建鹏，汤佳茗，丘建金．深圳市宝安中心区海堤工程（南侧）设计与地基处理技术［J］．工程建设与设计，2015（S1）：75-78．

[9] 中华人民共和国国家标准．堤防工程设计规范 GB 50286—2013［S］，2013．

[10] 广东省标准．广东省海堤设计导则（试行）DB 44/T 182—2004［S］，2004．

[11] 林宗元主编．岩土工程治理手册（第一版）［M］．北京：中国建筑工业出版社，2005．

[12] 深圳市勘察测绘院有限公司．宝安中心区海堤工程（南侧）施工图设计，2011．

作者简介

丘建金，男，1964年生，江西赣州人，汉族，博士，教授级高工，主要从事基坑开挖、
地基处理和边坡治理等方面岩土工程工作。E-mail：jjnqiu@263.net。

MAIN PROBLEMS AND COUNTERMEASURES OF SEAWALL CONSTRUCTION FOR TECLAMATION IN SHENZHEN

QIU Jian-jin[1]，WEN Jian-peng[2]，LI Ba-tong[2]

(1. Shenzhen Municipal Design & Research Institute Co. Ltd.，Guangdong Shenzhen
518029，China；2. Shenzhen Geotechnical Investigation & Surveying Institute
Co. Ltd.，Guangdong Shenzhen 518028，China)

Abstract：Combining with the project exam of reclamation in soft soil foundation of Shenzhen，this paper introduces the main problems encountered in the construction of seawall in Shenzhen detailly，including the filling method of seawall，the structure design of seawall，and the scour prevention and wave prevention technology of seawall. The method of building the seawall in Shenzhen is mainly squeezing soft clay. But when the silt layer is thicker，other building method can be used to ensure the seawall reach the bottom of silt，such as explosive replacement，high filling riprap silt，dredging and rippling etc. Taking the seawall project in Baoan central area as an example，this paper not only introduces the squeezing soft clay method for slope seawall in detail，but also introduces the building method of open-cut and vertical-caisson seawall and integral dynamic compaction seawall. The construction technology of the seawall in the central area of Baoan is a typical and successful case of the construction of the seawall in Shenzhen. It has reference value for the construction work of the seawall in the coastal soft foundation.

Key words：Seawall construction，silt bottom，squeezing soft clay，explosive replacement，vertical caisson，scour prevention and wave prevention technology.

珊瑚砂微观结构特征的认识

王清，王加奇，程树凯，陈亚婷，申结结，韩岩

（吉林大学建设工程学院，吉林 长春 130026）

摘　要：随着国家"一带一路"战略的实施，南海工程不断进展。珊瑚砂作为主要的工程建设物源，其工程特性和建筑经验在不断地积累，对珊瑚砂岩土力学特性的认识仍然有待进一步提高。通常认为珊瑚砂颗粒大小混杂、孔隙多、排列松散、强度低、变形大、在工程上表现为力学性质较差，然而通过最近几年的建筑经验，说明了珊瑚砂的工程性质差异较大，甚至有大量的珊瑚砂表现出变形小、强度高的工程特性。为了从机制学角度来讨论珊瑚砂的工程特性，本文选择了南海5号岛、南海永兴岛、马尔代夫三个地点的珊瑚砂样品，对其物质组成和结构特征进行了进一步分析与评价，并通过扫描电子显微镜试验（SEM）和压汞试验（MIP）分析了珊瑚砂的微观结构特征。

关键词：珊瑚砂；微观结构；粒度成分；SEM，MIP

1　引言

随着国家"一带一路"战略的实施，南海工程不断进展。珊瑚砂作为主要的工程建设物源，其工程特性和建筑经验在不断地积累，然而对珊瑚砂岩土力学特性的认识仍然有待进一步提高。近年来，国内外学者对珊瑚砂进行了大量的研究，主要包括其颗粒破碎特性[1]，基本力学性质[2-3]，颗粒形状和孔隙特征分析[4-6]，动力学特性[7]，桩基承载性能[8-9]以及渗透性质[10,11]等方面的研究。通常认为珊瑚砂颗粒大小混杂、孔隙多、排列松散、强度低、变形大、在工程上表现出力学性质较差的特点。然而通过最近几年的建筑经验，说明了珊瑚砂的工程性质差异较大，甚至有大量的珊瑚砂表现出变形小、强度高的工程特性。

土的工程性质取决于土的物质组成和结构特征，因此，为了从机制学角度来讨论珊瑚砂的工程特性，本文选择了南海5号岛、南海永兴岛、马尔代夫三个地点的珊瑚砂样品，通过颗粒分析试验、化学元素分析对各地珊瑚砂的成分特征进行了分析，并通过扫描电子显微镜试验（SEM）和压汞试验（MIP）对珊瑚砂的微观结构特征进行了分析。

2　珊瑚砂成分特征

2.1　粒度成分

本文选择了南海5号岛、南海永兴岛、马尔代夫三个地点的珊瑚砂样品进行试验（见图1）。从图中可以看出，各地的珊瑚砂样在宏观上表现出形状不规则，圆度差，大颗粒多呈棱角状，颗粒表面孔隙多的特征，与石英砂有着明显的不同。

按照《土工试验方法标准》GB/T 50123—1999[12]的步骤对各地的珊瑚砂样品进行筛分试验，将三地砂样分别过60mm、40mm、20mm、10mm、5mm、2mm、1mm、0.5mm、0.25mm、0.1mm、0.075mm试验筛，筛分结果如图2所示，可以看出各地珊瑚砂的颗粒形状存在相似特征，即大粒径的颗粒圆形度较小，形状各异；小粒径的颗粒圆形度较大，形状差异较小。

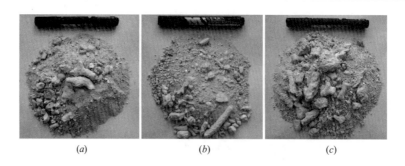

图 1　各地珊瑚砂样品
(a) 南海 5 号岛珊瑚砂；(b) 南海永兴岛珊瑚砂；(c) 马尔代夫珊瑚砂

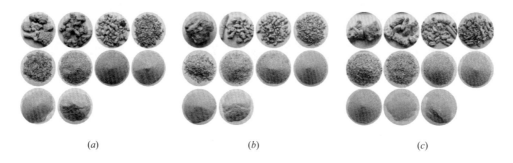

图 2　各地珊瑚砂样品筛分结果
(a) 南海 5 号岛珊瑚砂；(b) 南海永兴岛珊瑚砂；(c) 马尔代夫珊瑚砂

根据筛分结果分别计算出三地砂样各粒组的百分含量，并绘制出相应的颗粒累计百分含量曲线（见图 3），计算出各砂样的不均匀系数 C_u 和曲率系数 C_c，对其均匀性进行评价，根据《岩土工程勘察规范》GB 50021—2001[13] 对各地珊瑚砂进行定名，结果如表 1 所示。

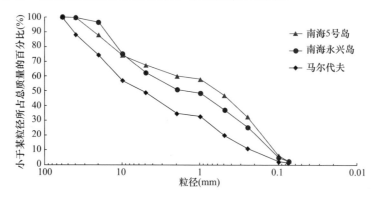

图 3　各地珊瑚砂颗粒累计百分含量曲线

各地珊瑚砂均匀性评价及定名　表 1

样品名称	d_{10}（mm）	d_{30}（mm）	d_{60}（mm）	C_u	C_c	均匀性	＞2mm（％）	定名
南海 5 号岛珊瑚砂	0.11	0.21	2.00	18.18	0.20	不均粒土	39.72	砾砂
南海永兴岛珊瑚砂	0.12	0.31	4.00	33.33	0.20	不均粒土	48.84	砾砂
马尔代夫珊瑚砂	0.21	0.84	11.00	52.38	0.31	不均粒土	64.99	角砾碎石土

由筛分试验结果可知，三个地点的珊瑚砂均为不均粒土，颗粒大小混杂。其中，南海 5 号岛和南海永兴岛珊瑚砂为砾砂，马尔代夫珊瑚砂为角砾碎石土。与南海地区珊瑚砂样品相比，马尔代夫珊瑚砂大颗粒含量更高，颗粒大小更为不均匀。

2.2　化学成分

本文选用吉林大学建设工程学院 Phenom 飞纳电镜能谱一体机和中科院长春应用化学研究所 Oxford

Instrument X-MAX 两种仪器（见图 4、图 5）对三地珊瑚砂的化学元素成分进行了分析对比，得到三地砂样所含元素的原子百分比（见表 2）。

图 4　吉林大学建设工程学院 Phenom 飞纳电镜
能谱一体

图 5　中科院长春应用化学研究所 Oxford Instrument
X-MAX

各地珊瑚砂样原子百分比　　　　　　　　　　　表 2

试验仪器	样品名称	百分含量（%）				
		O	Ca	C	Mg	Si
Phenom 飞纳电镜能谱一体机	南海 5 号岛珊瑚砂	61.74	15.39	18.41	4.46	—
	南海永兴岛珊瑚砂	60.97	19.93	17.97	1.13	—
	马尔代夫珊瑚砂	61.13	19.88	17.81	1.18	—
Oxford Instrument X-MAX	南海 5 号岛珊瑚砂	50.81	17.60	29.53	1.16	0.89
	南海永兴岛珊瑚砂	54.83	16.84	27.12	1.21	
	马尔代夫珊瑚砂	52.02	22.92	23.95	1.10	

对比两种仪器得到的元素分析结果可以看出，三地珊瑚砂的元素组成具有一定的规律性，即 C、O、Ca 三种元素的含量较高，此外含有少量 Mg 元素。

3　珊瑚砂微观结构特征

3.1　试验设备及方法

土的微观结构是决定其工程性质的重要因素，因此对土的微观结构特征进行分析具有重要的意义。本文通过扫描电子显微镜试验（SEM）对三地的珊瑚砂样品进行了表面结构特征的观察，并通过压汞试验（MIP）分析了各地样品的孔隙分布特征。

（1）扫描电子显微镜试验（SEM）

本次扫描电镜试验（SEM）选用的是吉林大学建设工程学院 Phenom 飞纳电镜能谱一体机（见图 3）。试验前，将各地珊瑚砂样品进行充分干燥备用，为了使选取的样品具有代表性，用粘有导电胶的 SEM 专用金属盘随机粘取各个粒径的颗粒，对样品表面镀金使其充分导电，以避免试验过程中出现放电现象，将样品放入样品室中，观察不同放大倍数下各地珊瑚砂样颗粒的表面特征及孔隙特征。最后利用 IPP（Image Pro Plus 6.0）软件从 SEM 图像中提取结构单元体和孔隙的特征参数，求出结构单元体与孔隙的平均丰度、平均圆度、平均形状系数及平均分形维数等参数，对各地珊瑚砂样品的微观结构进行定量分析[14]。

（2）压汞试验（MIP）

压汞试验（MIP）可以获取土体的孔隙特征参数，是研究土体内部孔隙分布特征的一种有效方法，具有比较高的精度。本文选用仪器为吉林大学 Auto Pore 9500 型全自动压汞仪（见图 6），其孔径测量

范围为 $0.003 \sim 360.000 \mu m$[15]。称取充分干燥的珊瑚砂样品 1g
左右，装入膨胀计中密封，随后先放入低压仓进行低压分析，
低压分析结束后放入高压仓进行高压分析，试验过程中系统自
动记录各级压力下进汞量，通过数据处理得到各地珊瑚砂样品
的孔隙分布特征。

图 6　吉林大学 Auto Pore 9500 型
全自动压汞仪

3.2　试验结果

（1）扫描电子显微镜试验（SEM）

图 7 为各地珊瑚砂样放大 200 倍后的颗粒形态，在镜下可
见珊瑚断肢、礁灰岩碎块、碎贝壳。对三地珊瑚砂进行对比，
可以看出它们在颗粒形态上存在共性，即颗粒形状不规则，多
呈棱角状。颗粒表面形态分为两种，一种是表面密实的颗粒，另一种是表面多孔的颗粒。其中南海永兴
岛珊瑚砂表面密实颗粒较多，马尔代夫珊瑚砂表面多孔颗粒较多。

图 7　各地珊瑚砂 200 倍下颗粒形态
（a）南海 5 号岛珊瑚砂；（b）南海永兴岛珊瑚砂；（c）马尔代夫珊瑚砂

在镜下选择表面密实颗粒和表面多孔颗粒进行更高倍数的放大，分别得到各地珊瑚砂样在 200 倍、
400 倍、800 倍、2000 倍、5000 倍、10000 倍下的表面微观结构特征。（见图 8、图 9）。

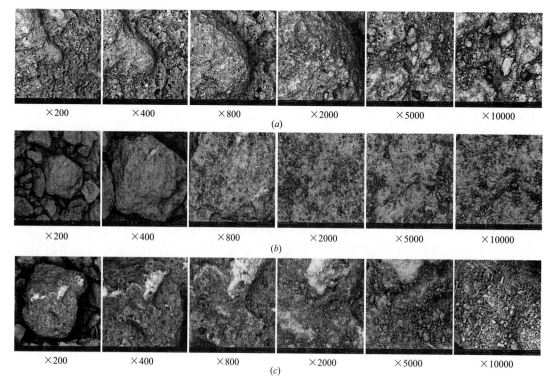

图 8　各地珊瑚砂表面密实颗粒不同倍数下微观结构特征
（a）南海 5 号岛珊瑚砂；（b）南海永兴岛珊瑚砂；（c）马尔代夫珊瑚砂

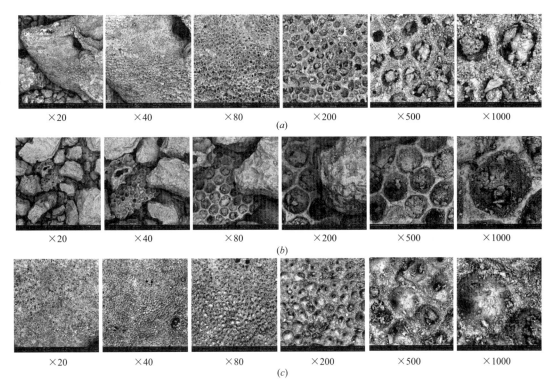

图 9　各地珊瑚砂表面多孔颗粒不同倍数下微观结构特征
(a) 南海 5 号岛珊瑚砂；(b) 南海永兴岛珊瑚砂；(c) 马尔代夫珊瑚砂

　　由图 8 和图 9 可以看出三个地区的珊瑚砂在微观结构上存在着一定的相似性，同时也存在一定程度的差异，相似特征是表面密实的大颗粒都是由许多小团粒组成的，且大颗粒表面存在一些细小的颗粒。同时，表面多孔颗粒在镜下多呈蜂窝状结构，存在一些较大孔隙，且大孔隙中有许多细小颗粒充填，这些细小颗粒会起到一定的胶结作用。由图 9 可以看出，南海地区的砂样孔隙中充填物较多，而马尔代夫砂样孔隙充填物比较少。

　　表 3 为 IPP6.0 软件处理得到的三地珊瑚砂的颗粒及孔隙平均形态参数的对比，可以看出三地珊瑚砂的平均形态参数规律性比较差，由此可以看出各地珊瑚砂的颗粒形态以及孔隙形态是很不规则的。

三地珊瑚砂颗粒及孔隙平均形态参数　　　　　　　　　　　　　　　　表 3

样品名称	颗粒形态	分析对象	平均丰度	平均圆度	平均形状系数	平均分形维数
南海 5 号岛珊瑚砂	表面密实颗粒	颗粒	0.55	0.47	0.68	1.24
		孔隙	0.53	0.41	0.58	1.20
	表面多孔颗粒	颗粒	0.57	0.48	0.65	1.22
		孔隙	0.51	0.39	0.55	1.25
南海永兴岛珊瑚砂	表面密实颗粒	颗粒	0.53	0.44	0.66	1.22
		孔隙	0.53	0.40	0.55	1.26
	表面多孔颗粒	颗粒	0.54	0.46	0.64	1.23
		孔隙	0.48	0.37	0.57	1.22
马尔代夫珊瑚砂	表面密实颗粒	颗粒	0.54	0.46	0.68	1.19
		孔隙	0.51	0.41	0.63	1.21
	表面多孔颗粒	颗粒	0.52	0.43	0.62	1.23
		孔隙	0.51	0.40	0.57	1.25

（2）压汞试验（MIP）

　　通过压汞试验得到了三地珊瑚砂的孔隙累计分布曲线（见图 10）及各孔径的孔隙分布曲线（见

图 11），由图 10 可以看出三地的珊瑚砂在孔隙分布上具有一定的规律性，即在 $4\mu m$ 和 $40\mu m$ 附近处存在转折点，曲线斜率的变化较大。图 11 可以更清晰地看出各个孔径孔隙的百分含量，即三地珊瑚砂小于 $4\mu m$ 孔径的孔隙含量很小，在 $90\mu m$ 左右处孔隙百分含量最高，其中马尔代夫珊瑚砂在该点处百分含量最高，为 41.3%，南海 5 号岛珊瑚砂和南海永兴岛珊瑚砂分别为 35.6% 和 33.9%。

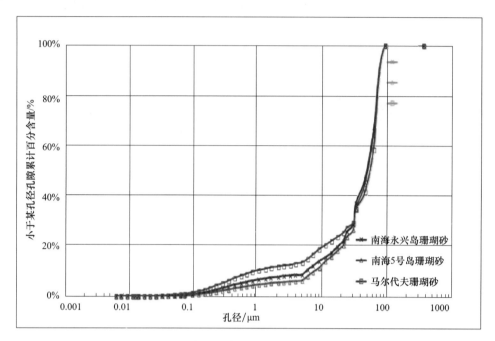

图 10　各地珊瑚砂孔隙累计分布曲线

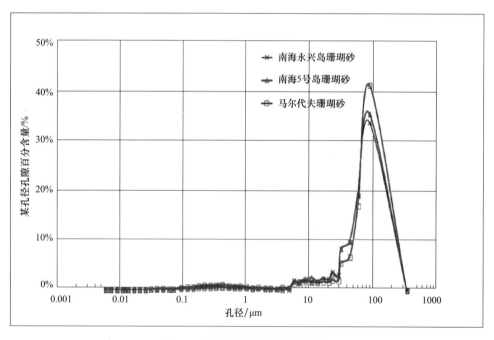

图 11　各地珊瑚砂孔隙分布曲线

根据压汞曲线的特征及前人的研究成果，依据孔隙的自相似性，王清团队将孔隙按照孔径划分为五类，即微孔隙（$<0.04\mu m$）、小孔隙（$0.04\sim0.4\mu m$）、中孔隙（$0.4\sim4\mu m$）、大孔隙（$4\sim40\mu m$）以及超大孔隙（$>40\mu m$）[16,17]。按照上述标准对各地珊瑚砂各个孔径区间内的孔隙百分含量进行统计（见表 4、图 12），可以看出三个地区珊瑚砂孔隙分布均表现为：大于 $40\mu m$ 区间的孔隙百分含量最高，其

次为 $4\sim40\mu m$ 区间，其他三个区间的百分含量较少，仅占 10% 左右，即三个地区珊瑚砂的主要孔隙分布区间为 $>4\mu m$，大孔隙和超大孔隙比较发育，而微孔隙、小孔隙以及中孔隙的含量很少。

各地珊瑚砂不同孔径所占百分含量（%）　　　　　　　　表 4

样品名称	$<0.04\mu m$	$0.04\sim0.4\mu m$	$0.4\sim4\mu m$	$4\sim40\mu m$	$>40\mu m$
南海 5 号岛珊瑚砂	0.05	4.56	2.94	35.12	58.88
南海永兴岛珊瑚砂	0.07	4.57	3.95	34.57	56.84
马尔代夫珊瑚砂	0.29	6.99	5.77	26.01	60.94

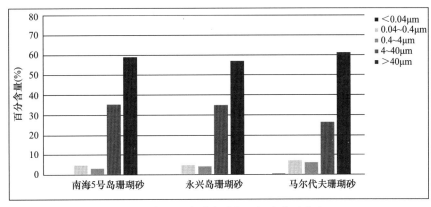

图 12　各地珊瑚砂各孔径区间内孔隙分布

4　分析与讨论

通过对三地珊瑚砂的物质组成和微观结构特征进行试验分析，认识到珊瑚砂是一种结构性砂土，它的结构性是由环境、形状、压力、化学、人类等多个因素相互作用决定的。珊瑚砂粉碎后是由氧化钙组成的，与黏土矿物不同，其细小颗粒所带电荷的种类取决于环境，颗粒带电荷后形成一定的胶结，产生一定的结构连结，从 SEM 试验中也可以观察到，即使表面看起来密实的颗粒，也是由许多细小颗粒组成的团粒，这些小颗粒具有一定的胶结作用。同时，由于珊瑚砂颗粒形状不规则，因此颗粒相互之间存在一定的咬合力，使得其结构性较强；此外，在压力的作用下，随着时间的变化，会使其具有一定的压硬性。由此可以看出，在多场相互作用下，珊瑚砂的性质具有时间效应，随着时间的变化，具有结构增强性，性能强化的趋势。

通过以上分析，对结构性珊瑚砂的力学特点提出几点认识和思考：（1）结构性珊瑚砂对应力历史具有记忆性，这种记忆性是由其结构性引起的，随着时间变化，具有时效性。（2）结构性珊瑚砂对应力路径反应的敏感性，应与应力水平和应力路径均有关系。（3）结构性珊瑚砂的力学性质在结构屈服应力前后应存在很大的差异。（4）由于结构性珊瑚砂内部发育着许多大孔隙，因此，对于其是否液化以及其液化特性有待进一步的探索和研究。

5　结论

通过分析南海 5 号岛、南海永兴岛、马尔代夫三地珊瑚砂的物质组成和微观结构特征，得到以下几点结论：

（1）三地珊瑚砂颗粒在宏观上具有共同特点：即颗粒形状不规则，圆度差，大颗粒多呈棱角状，颗粒表面孔隙多，其中大粒径的颗粒圆形度较小，形状各异；小粒径的颗粒圆形度较大，形状差异较小。南海 5 号岛和南海永兴岛珊瑚砂为砾砂，马尔代夫珊瑚砂为角砾碎石土。

（2）对三地珊瑚砂的表面化学元素成分进行了分析对比，得到三地珊瑚砂的元素组成具有一定的规律性，即 C、O、Ca 三种元素的含量较高，此外含有少量 Mg 元素。

（3）通过 SEM 试验观察到三地珊瑚砂均由表面密实颗粒和表面多孔颗粒两种形态的颗粒组成，其中表面密实的大颗粒是由许多小团粒组成的，表面多孔颗粒的孔隙中有细小颗粒充填，起到一定的胶结作用。通过压汞试验测得三地珊瑚砂的孔隙分布具有一定规律性，即大孔隙和超大孔隙比较发育，而微孔隙、小孔隙以及中孔隙的含量很少。因此，对于其是否液化以及其液化特性有待进一步的探索和研究。

（4）珊瑚砂是一种结构性砂土，它的结构性是由环境、形状、压力、化学、人类等多个因素相互作用决定的。其性质具有时间效应，随着时间的变化，具有结构增强性，性能强化的趋势。这种结构性是影响珊瑚砂力学性质的重要因素。

参考文献

[1] 张家铭，汪稔，石祥锋，等. 侧限条件下钙质砂压缩和破碎特性试验研究 [J]. 岩石力学与工程学报，2005，24（18）：3327-3331.

[2] HABIB Shahnazaria, MOHAMMAD A. Tutunchian, REZA Rezvani, et, al. Evolutionary-based approaches for determining the deviatoric stress of calcareous sands [J]. Computers & Geosciences，2013，50：84-94.

[3] 王新志，汪稔，孟庆山，等. 钙质砂室内载荷试验研究 [J]. 岩土力学，2009，30（1）：147-156.

[4] 朱长歧，周斌，刘海峰. 天然胶结钙质土强度及微观结构研究 [J]. 岩土力学，2014，35（6）：1655-1663.

[5] 姜璐，范建华，汪正金. 不同含水量下钙质砂孔隙微结构的研究 [J]. 中国水运（下半月），2015，（4）：315-316.

[6] 朱长歧，陈海洋，孟庆山，等. 钙质砂颗粒内孔隙的结构特征分析 [J]. 岩土力学，2014，35（7）：1831-1836.

[7] 徐学勇，汪稔，王新志，等. 饱和钙质砂爆炸响应动力特性试验研究 [J]. 岩土力学，2012，33（10）：2953-2959.

[8] JRC Mello, C Amaral, AM Costa, et al. Closed-Ended pile piles：Testing and piling in calcareous sand [C] //The 21st Annual Offshore Technology Conference. Houston：Offshore Technology Conference 1989：341-352.

[9] 秦月，孟庆山，汪稔，等. 钙质砂地基单桩承载特性模型试验研究 [J]. 岩土力学，2015，36（6）：1714-1720.

[10] 钱琨，王新志，陈剑文，刘鹏君. 南海岛礁吹填钙质砂渗透特性试验研究 [J]. 岩土力学，2017，38（06）：1557-1564＋1572.

[11] 胡明鉴，蒋航海，朱长歧，等. 钙质砂的渗透特性及其影响因素探讨 [J]. 岩土力学，2017，38（10）：2895-2900.

[12] 中华人民共和国国家标准. GB/T 50123—1999 土工试验方法标准 [S]. 北京：中国建筑工业出版社，1999.

[13] 中华人民共和国国家标准. GB 50021—2001 岩土工程勘察规范 [S]. 北京：中国建筑工业出版社，2009.

[14] 王清，孙明乾，孙铁，孙涛. 不同处理方法下吹填土微观结构特征 [J]. 同济大学学报（自然科学版），2013，41（09）：1286-1292.

[15] 苑晓青，王清，孙铁，等. 分级真空预压法加固吹填土过程中孔隙分布特征 [J]. 吉林大学学报（地球科学版），2012，42（1）：169-176.

[16] 王清，王剑平. 土孔隙的分形几何研究 [J]. 岩土工程学报，2000，22（4）：496-498.

[17] 牛岑岑，王清，苑晓青，等. 渗流作用下吹填土微观结构特征定量化研究 [J]. 吉林大学学报（地球科学版），2011，41（4）：1104-1109.

作者简介

王清，女，1959 年生，博士，教授，博士生导师，主要从事土体的工程地质、岩土力学研究。E-mail：wangqing@jlu.edu.cn。

UNDERSTANDING OF THE MICROSTRUCTURE CHARACTERISTICS OF CORAL SANG

WANG Qing, WANG Jia-qi, CHENG Shu-kai, CHEN Ya-ting, SHEN Jie-jie, HAN yan

(Jilin University, College of Construction Engineering, Jilin, Changchun, 130026)

Abstract：With the implementation of the national "One Belt，One Road" strategy，the South China Sea project has continued to progress. Coral sand is the main source of engineering construction，its engineering characteristics and building experience are constantly accumulating，and the understanding of the mechanical properties of coral sandstone soil still needs further improvement. It is generally believed that the coral sand particles are mixed in size，have many pores，are loosely arranged，have low strength，have large deformation，and are mechanically poor in engineering. However，the construction experience in recent years shows that the engineering properties of coral sand are quite different. There are even a large number of coral sands that exhibit small deformation and high strength engineering properties. In order to discuss the engineering characteristics of coral sand from the perspective of mechanism，this paper selects coral sand samples from Nanhai 5，Yongxing Island and Maldives in the South China Sea，and further analyzes and evaluates its material composition and structural characteristics. The micro-structure characteristics of coral sand were analyzed by scanning electron microscopy （SEM）and mercury intrusion test（MIP）.

Key words：Coral sand，microstructure，particle size composition，SEM，MIP

未胶结钙质砂的静动力强度

裴会敏，王晓丽，王栋

（中国海洋大学 山东省海洋环境地质工程重点实验室，青岛 266100）

摘 要：通过直剪试验、三轴试验研究南海未胶结钙质砂的静强度，得到了钙质砂临界内摩擦角、峰值内摩擦角及剪胀角之间的关系，并提出相应的预测公式。通过单调单剪试验研究了应力水平及相对密实度对钙质砂内摩擦角的影响，发现内摩擦角随相对密实度的增大而增大，随初始固结应力的增大而减小，且钙质砂的内摩擦角较石英砂更高。在循环单剪试验中，钙质砂的动强度与相对密实度和初始竖向应力相关，且不论石英砂还是钙质砂，二者在循环单剪中循环应力比同循环次数的关系均符合幂函数关系。由此提出了未胶结钙质砂动强度的归一化表达式，建立了不排水静强度、不排水动强度和循环次数之间的关系。

关键词：钙质砂；内摩擦角；剪胀角；动强度；循环荷载

1 引言

钙质砂通常是指富含碳酸钙的、来源于生物及碎屑沉积或化学沉淀的粒状材料，多发现于北纬30°到南纬30°之间的大陆架和海岸线一带[1]，在我国主要分布于南海诸岛。与其他陆相沉积物相比，钙质砂具有多孔隙、形状不规则、易破碎、内摩擦角高等特点，钙质砂场地上的桥梁、港口和海洋平台建设必须充分考虑钙质砂特殊的物理和力学性质。

石英砂的内摩擦角由临界内摩擦角和剪胀角两部分组成，剪胀性与相对密实度和应力水平有关。Bolton[2]通过总结大量数据提出了相对剪胀度的概念，考虑土的相对密实度、应力水平及土颗粒的矿物成分与形状，提出了定量估算石英砂峰值内摩擦角 φ'_{peak}、临界内摩擦角 φ'_{cv} 和峰值剪胀角 ψ_{p} 的经验公式：

$$I_{\text{R}} = I_{\text{D}}(Q - \ln p'_{\text{p}}) - R \tag{1a}$$

$$\varphi'_{\text{peak}} - \varphi'_{\text{cv}} = m I_{\text{R}} \tag{1b}$$

$$\varphi'_{\text{peak}} - \varphi'_{\text{cv}} = 0.8\psi_{\text{p}} \tag{1c}$$

其中，Q 是与颗粒形状和矿物有关的参数，p'_{p} 为强度峰值处的平均有效正应力，I_{D} 为相对密实度，R，m 为拟合参数。Bolton建议轴对称条件下 $Q=10$，$R=1$，$m=3$。目前并不清楚这一公式是否适用于钙质砂。石英砂的临界内摩擦角大都介于 $29°\sim33°$ 之间。Coop 等[3]在三轴排水试验中发现，Dogs Bay 钙质砂临界内摩擦角为 40° 左右，远高于普通石英砂的内摩擦角，但钙质砂达到临界内摩擦角需要较大的轴向应变。Quiou 钙质砂的三轴排水试验得到临界内摩擦角也是 40° 左右[4]，接近不排水单剪试验获得的内摩擦角 41.4°[5]。

虽然钙质砂具有较高的内摩擦角，但海洋油气导管架平台打桩施工过程中多次出现桩侧摩阻力远低于设计值的现象，如伊朗 Lavan 平台的直径约 1m 的打入桩穿过 8m 厚的钙质砂层后，溜桩下沉近15m[6]。这意味着钙质砂的动强度特性可能与石英砂有较大差别。另外，钙质砂场地上的离岸基础还要承受上部结构传递过来的波浪荷载，因此需要研究钙质砂在循环荷载作用下的行为[7]，如通过动三轴、循环扭剪或循环单剪试验[8,9]。相比直剪仪，单剪仪具有应力分布均匀、不人为固定剪切面的优势，且单剪仪固结阶段的试样处于 K_0 状态，与土体实际所处的应力状态较吻合。单剪试验常采用等体积加载模式，即打开排水阀施加水平剪切荷载，剪切过程中保持试样高度不变，此时竖向应力的改变等效于不排水剪切中孔隙水压力的改变[10]。

本文对南海未胶结钙质砂进行一系列的直剪、三轴、单调和循环单剪试验，分析钙质砂的静、动力反应。讨论钙质砂的临界内摩擦角、峰值摩擦角与剪胀角之间的关系，提出了利用钙质砂静态不排水强度预测动强度的归一化公式，并与典型石英砂（厦门标准砂）进行比较。

2　试验材料

试验所用到的钙质砂取自南海某岛礁附近海域，颗粒无胶结。试验前先取适量砂样用清水冲洗然后烘干备用。钙质砂颗粒大部分呈粒状，表面粗糙，少量为长条状，大于 2mm 的颗粒占 23% 左右。为避免大颗粒的尺寸效应，以下研究仅针对粒径不超过 2mm 的颗粒，试样基本物理参数见表 1。为研究此钙质砂样的破碎特性，将小于 2mm 的试样在 1.2MPa 压力下进行一维压缩试验，并测定试样压缩后的级配曲线。如图 1 所示，颗粒破碎不显著，故在试验过程中不考虑颗粒破碎的影响。

钙质砂基本物理参数　　表 1

e_{min}	e_{max}	D_{60} （mm）	D_{30} （mm）	D_{10} （mm）	C_u	C_c	G_s
0.560	1.275	0.73	0.235	0.072	10.10	1.05	2.73

3　直剪试验结果

首先对钙质砂进行直剪试验，试样初始相对密实度控制在 30% 左右，剪切速率为 0.8mm/min。每组试验取 4 个试样，分别施加 100、200、300 和 400kPa 的竖向压力，记录测力计示数达到峰值或剪切变形达到 4mm 时剪应力值。如图 2 所示，松散钙质砂的内摩擦角在 37°~42° 之间。

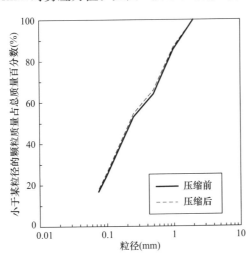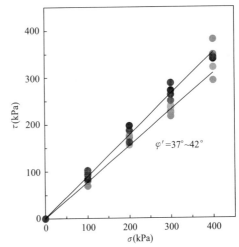

图 1　2mm 以下钙质砂一维压缩前后级配曲线　　图 2　松散钙质砂直剪试验结果

4　三轴试验结果

对不同密实度的钙质砂进行排水三轴压缩试验，试样相对密实度介于 31%~83% 之间，等向固结。试验结果表明，中密砂和密砂都表现出剪胀的趋势，达到临界状态前都出现应变软化，临界内摩擦角在 36°~40° 之间。图 3 为临界内摩擦角随相对密实度 I_D 的变化，当相对密实度小于 50% 时，钙质砂的 φ'_{cv} 随相对密实度的增大而增大，当相对密实度大于等于 50% 时，φ'_{cv} 基本为一定值：

$$\varphi'_{cv} = 15(I_D - 0.3) + 36\text{deg} \qquad (30\% < I_D < 50\%) \qquad (2a)$$

$$\varphi'_{cv} = 39\,\mathrm{deg} \qquad\qquad (I_D \geqslant 50\%) \tag{2b}$$

如图 4 所示，钙质砂的峰值内摩擦角在 42°～51°之间，且随相对密实度的增大而增大，随应力水平的增大而减小。对于未胶结钙质砂，按照石英砂的强度剪胀理论分析钙质砂内摩擦角及剪胀角的变化规律，但修正经验公式（1）中的参数，拟合试验数据得到：

$$I_R = I_D(8 - \ln p'_p) + 0.8 \tag{3a}$$

$$\varphi'_p - \varphi'_{cv} = 4I_R \tag{3b}$$

由于不同密实度砂样的峰值剪胀角都为正值，φ'_p 大于 φ'_{cv} 恒成立。通过拟合数据得到：

$$\varphi'_p - \varphi'_{cv} = 0.6\psi_p + 3 \tag{3c}$$

为了更直观地评价拟合效果，图 4 和 5 给出了峰值内摩擦角、峰值剪胀角的实测值与预测值的比较。可以看出，式（3b）对峰值内摩擦角的预测精度较高，所有数据都落在 5%的误差范围内。而式（3c）对剪胀角的预测精度相对较差，但数据基本上也落在 25%的误差范围内，超出 25%误差范围的三个试样或者相对密实度小于 40%，或者平均有效应力大于 1400kPa，此时试样的剪胀性较弱，使得式（3c）预测的剪胀角偏高。总体来说，式（3）能够较合理地预测钙质砂峰值内摩擦角和剪胀角，但我们强调式（3）的数据仅来自固结后相对密实度在 31%～83%、强度峰值处的平均有效应力在 100～1600kPa 的试样。

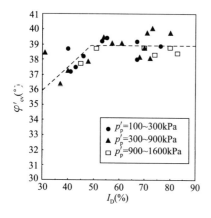

图 3　临界内摩擦角随相对密实度和应力水平的变化

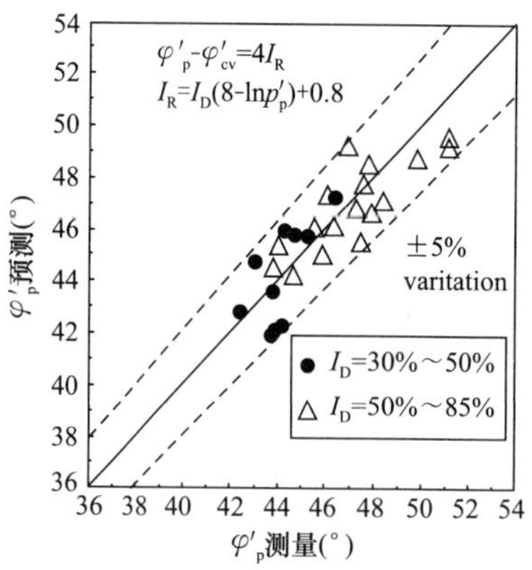

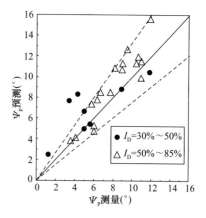

图 4　φ'_p 预测值与实测值的比较

图 5　ψ_p 预测值与实测值的比较

另进行 10 个不排水、等向固结的三轴压缩试验。不排水条件下的钙质砂均表现为应变硬化，在轴向应变 5%～20%时达到内摩擦角在 42°～48°之间，继续加载时内摩擦角几乎不变，即 $\varphi'_p = \varphi'_{cv}$，这与 Sharma[11] 观察到的现象类似。图 6 比较了排水和不排水试验测得的峰值内摩擦角，对于中密或者密实钙质砂，排水条件的影响似乎不大。作为对比，石英砂三轴排水试验测得的 φ'_p 显著高于不排水试验[12]。

5　单调单剪试验

单调单剪试验中设置初始竖向压力 $\sigma'_{v0} = 100\mathrm{kPa}$、200kPa 和 400kPa，为方便描述，按照相对密实度和初始固结应力水平对试验编号，例如 D54S100 表示试样固结后 $I_D = 54\%$、$\sigma'_{v0} = 100\mathrm{kPa}$。得到的"剪应力-竖向有效压力"和"剪应力-剪应变"曲线见图 7。可以看出，不同相对密实度和不同初始竖向压力的应力路径形状相似，均表现为应变硬化。单剪试验的内摩擦角通过下式求得：

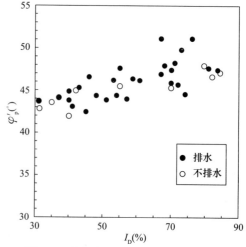

图 6　三轴排水与三轴不排水试验下的峰值内摩擦角比较

$$\varphi' = \sin^{-1}(\tau/\sigma_v') \tag{4}$$

相对密实度相近时，内摩擦角随初始竖向压力的增大而减小；初始竖向压力相同时，内摩擦角随相对密实度的增大而增大。

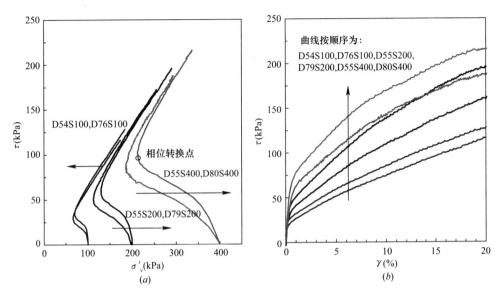

图 7　钙质砂单调剪切试验结果

(a) 有效应力路径；(b) 剪应力-剪应变曲线

相位转换点处、剪应变 $\gamma=5\%$ 和 20% 时的内摩擦角如表 2 所示，$\gamma=20\%$ 时的内摩擦角与以往单剪和三轴试验得到的临界内摩擦角接近[3,14]。

钙质砂在打桩过程或循环荷载作用下，孔隙水来不及排出，场地为不排水或部分排水条件，此时应采用不排水强度进行设计[15]。Porcino 等[5]和 Carter 等[16]建议在单调剪切中取相位转换点处的剪应力 τ_{PT} 为设计不排水强度。本文也采用这一规定，定义 τ_{PT}/σ_v' 为静强度比，结果如表 2 所示。

单调剪切试验中试样不同状态下的内摩擦角及相位转换点处的应力比　　表 2

I_D（%）	σ_{v0}'（kPa）	φ_{PT}'（°）	$\varphi_{\gamma=5\%}'$（°）	$\varphi_{\gamma=20\%}'$（°）	τ_{PT}/σ_{v0}'
54	100	26.1	36.9	42.8	0.29
55	200	26.1	34.7	41.3	0.25
55	400	26.7	32.0	39.8	0.21
76	100	28.7	40.5	43.6	0.34
79	200	26.7	36.9	42.1	0.29
80	400	28.7	35.4	40.5	0.26

6　循环单剪试验结果

图 8 和图 9 分别为中密砂和密砂的典型循环单剪试验结果，N 代表循环次数，τ_{cyc} 代表循环剪应力幅值。其中 (a) 剪应力-剪应变曲线 (b) 等效孔隙水压力随循环次数的变化 (c) 剪应变随循环次数的变化。可以看出，$I_D=55\%$ 的中密砂在开始的几个循环中孔压迅速累积，在第 7 个循环后应变发生突增，试样达到破坏，即破坏时的循环次数 $N_f=7$。对 $I_D=79\%$ 的密砂，循环应力作用下应变基本呈现对称，当剪应变超过 2.5% 后，应变增加迅速并达到破坏。孔压随循环次数增加而增加，到达破坏状态附近时孔隙水压力上升到初始竖向力的 85% 以上，循环 17 次达到破坏。

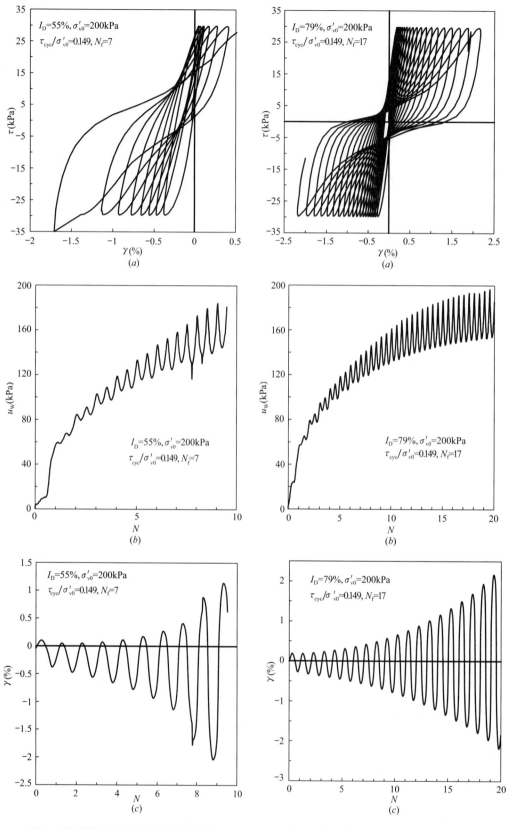

图 8　循环剪切试验中密钙质砂的反应

（a）中密砂循环剪切试验应力-应变；

（b）中密砂等效孔压随循环次数变化；

（c）中密砂剪应变随循环次数变化

图 9　循环剪切试验密实钙质砂的反应

（a）密砂循环剪切试验应力-应变；

（b）密砂等效孔压随循环次数变化；

（c）密砂剪应变随循环次数变化

单调剪切试验中表现出应变硬化的土可以用对应的静不排水强度推测动不排水强度。图 10 展示了钙质砂和厦门标准砂归一化的动不排水强度，单剪试验得到的静强度比（τ_{PT}/σ'_{v0}）和循环强度比（τ_{cyc}/σ'_{v0}）的比值随循环次数的变化满足幂函数关系：

$$(\tau_{cyc}/\sigma'_{v0})/(\tau_{PT}/\sigma'_{v0}) = aN^{-b} \tag{5}$$

其中 a、b 为常数。对于南海无胶结钙质砂，$a=0.79$，$b=0.15$，对于厦门标准砂，$a=0.63$，$b=0.18$。式（5）表示已知砂土的静态强度后，可以预测在不同循环剪切幅值下试样破坏时的循环次数。相同循环次数下，钙质砂的（τ_{cyc}/σ'_{v0}）/（τ_{PT}/σ'_{v0}）明显高于石英砂，$N=10$ 时前者比后者高约 35%，$N=100$ 时高约 45%。

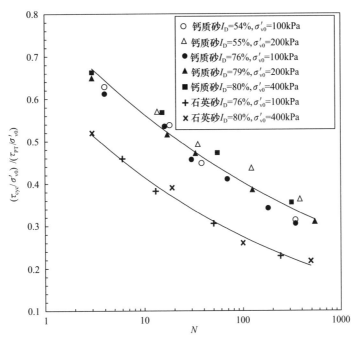

图 10　钙质砂与标准砂静强度比、循环强度比与循环次数之间的关系

7　结语

本文以南海某岛礁未胶结的钙质砂为研究对象，对其静力和动力特性进行了较为系统的试验研究。通过直剪试验初步确定了钙质砂内摩擦角的范围，利用三轴试验得到了钙质砂临界内摩擦角、峰值内摩擦角及剪胀角之间的关系，并提出了相应的预测公式。在单调和循环单剪试验中，钙质砂的强度均与相对密实度和初始固结应力水平有关。且钙质砂循环应力比同循环次数的关系符合幂函数关系，由此提出了南海钙质砂动强度的归一化表达式，从而实现了已知某一条件下钙质砂的静强度可预测其动强度。

参考文献

[1]　吴京平，楼志刚. 钙质土的基本特性［C］//中国土木工程学会土力学及基础工程学术会议. 1994.

[2]　Bolton, M. D. (1986). The strength and dilatancy of sands［J］. Geotechnique，37 (2)，219-226.

[3]　Coop M R. The mechanics of uncemented carbonate sands［J］. Geotechnique，1990，40 (40)：607-626.

[4]　Porcino D，Caridi G，G V N. Behaviour of a carbonate sand in undrained monotonic simple shear tests［C］. Int. Conference on Problematic Soils，Geoprob. 2005.

[5]　Porcino D，Ghionna V N，Caridi G. Undrained monotonic and cyclic simple shear behaviour of carbonate sand［J］. Geotechnique，2008，58 (8)：635-644.

[6]　McClelland B. Calcareous sediments：an engineering enigma［C］. Proc. of the international conference on calcareous sediments，Perth，1988：777-784.

[7] 虞海珍. 循环荷载作用下钙质砂动力特性的试验研究 [D]. 中国科学院武汉岩土力学研究所，1999.

[8] 詹云霞. 静、动荷载作用下饱和粘土变形和强度的单剪试验研究. 天津大学，2016.

[9] 刘汉龙，胡鼎，肖杨，等. 钙质砂动力液化特性的试验研究 [J]. 防灾减灾工程学报，2015（6）：707-711.

[10] Dyvik R，Berre T，Lacasse S，et al. Comparison of truly undrained and constant volume direct simple shear tests [J]. Geotechnique，1987，37（1）：3-10.

[11] Sharma，S. S.，Ismail，M. A. Monotonic and Cyclic Behavior of Two Calcareous Soils of Different Origins. Journal of Geotechnical and Geoenvironmental Engineering，2006，132（12），1581-1591.

[12] Andersen，K. H. and Schjetne，K. Database of Friction Angles of Sand and Consolidation Characteristics of Sand，Silt，and Clay. Journal of Geotechnical and Geoenvironmental Engineering，2013，139（7），1140-1155.

[13] Hubler J F，Athanasopoulos-Zekkos A，Zekkos D. Monotonic，cyclic，and postcyclic simple shear response of three uniform gravels in constant volume conditions [J]. Journal of Geotechnical and Geoenvironmental Engineering，2017，143（9）：04017043.

[14] MAO X，FAHEY M. Behaviour of calcareous soils in undrained cyclic simple shear [J]. Geotechnique，2003，53（8）：715-727.

[15] DOLWIN J，KHORSHID MS，VAN GP. Evaluation of driven pile capacity- methods and results [A]. Proceedings of International Conference on Calcareous Sediments [C]. Australia：Perth，1988，（2）：409-428

[16] CARTER J P，AIREY D W，FAHEY M. A review of laboratory testing of calcareous soils [C] // International Conference on Engineering for Calcareous Sediments. 2000：401-431.

作者简介

王栋，男，博士，教授，博士生导师，主要从事海洋岩土工程、海洋地质灾害以及岩土力学数值模拟。E-mail：dongwang@ouc. edu. cn。

STATIC AND DYNAMIC STRENGTHS OF UNCEMENTED CALCAREOUS SAND

PEI Huimin，WANG Xiaoli，WANG Dong

（Shandong Provincial Key Laboratory of Marine Environment and Geological Engineering，Ocean University of China，Qingdao 266100，Shandong）

Abstract：A series of direct shear tests and triaxial tests are carried out and the static shear mechanical behavior of uncemented calcareous sand in South China Sea are presented. Empirical corrections based on the framework and the relationships of the shear strength basic principles proposed by Bolton have been given to assess the peak friction angle and dilation angle of calcareous sand. The internal friction angles are dependent on relative density and stress level in monotonic simple shear tests. The internal friction angle will be increase if the effective confining pressure decrease and it will increase if the relative density increase. Also，internal friction angles of calcareous sand are higher than silica sand. Results of cyclic simple shear tests on calcareous sand show that dynamic strengths are related to the relative density and initial effective confining pressure. Whether calcareous sand or silica sand，the relationship between cyclic stress ratio and cyclic numbers can be described by power functions in cyclic simple shear tests. Therefore，a normalized expression of dynamic strength was proposed which access the relationship between undrained static strengths，undrained dynamic strengths and cyclic numbers.

Key words：Calcareous sand，internal friction angles，dilation angle，dynamic strength，cyclic loading

珊瑚砂大尺度压缩试验与吹填地基沉降估算研究

王笃礼，李建光，邹桂高，陈文博，彭湘桂，陆亚兵

（中航勘察设计研究院有限公司，北京，100098）

摘　要： 通过室内大尺度样品的压力机试验，获得石英细砂、石英粗砂、珊瑚砂、珊瑚枝及珊瑚砂与珊瑚枝混合料压缩变形曲线。依据干密度与压缩率具有线性相关的特征，可以根据珊瑚砂吹填地基施工前、施工后的实测干密度估算施工过程中和工程竣工后的沉降量，为珊瑚砂吹填地基的沉降变形估算提供了一种新方法。

关键词： 珊瑚砂；压缩试验；沉降变形

1　研究背景

随着"一带一路"战略的实施，国内勘察设计单位在"一带一路"沿线部分国家遇到了一些和珊瑚砂相关的岩土工程问题。国内对我国南海的珊瑚砂工程力学性质进行了长期深入的研究，取得了一系列重要成果，有力指导了南海岛礁工程建设[1]。但国内工程技术人员对国外珊瑚砂的岩土工程问题了解较少，工程经验较缺乏。

通过马尔代夫国际机场改扩建工程，我公司对珊瑚砂吹填地基进行了研究，解决了遇到的一系列岩土工程问题，其中珊瑚砂吹填地基的沉降分析是一系列试验研究中的一部分。珊瑚砂吹填地基主要由耙吸或绞吸吹填的细颗粒的珊瑚砂、珊瑚断枝及两者的混合物构成，颗粒大小不均、分布无规律，颗粒存在内孔隙，无确定的最优含水率和最大干密度[2-4]，工程设计时一般采用分层总和法计算珊瑚砂吹填地基的沉降，但准确确定压缩模量较困难；有采用次固结系数方法计算沉降的案例，但不同方法确定的次固结系数差异较大。如何较准确估算珊瑚砂吹填地基的沉降，目前仍是工程设计中的一个难点。

2　研究思路

珊瑚砂吹填地基中，只有小颗粒的珊瑚砂可进行室内压缩试验，小颗粒珊瑚砂压缩试验成果很难应用到工程实践中。本项研究采用压力机对大尺寸试样进行压缩试验，试验样品包括细颗粒的珊瑚砂、枝丫状的珊瑚枝及两者的混合物，为了和石英砂进行对比，也对石英细砂、石英粗砂进行了压缩试验，通过分析对比试验结果，获取压缩变形规律，以用于珊瑚砂吹填地基的沉降估算。

由于珊瑚砂颗粒和珊瑚枝几乎全部由碳酸钙组成，不存在遇水崩解、失水膨胀、排水固结等特征，短时间内的压缩试验数据可以用于分析在工程使用年限范围内（小于等于100年）的地基变形问题。

3　试验过程

本次试验采用 TENSON 压力机（图1），试样筒采用直径151mm、高117mm的圆柱型钢桶（图2）。样品名称、编号、含水率详见表1，样品颗分级配曲线和颗粒组成详见图1～图10和表2～表5，珊瑚枝未能提供颗分级配曲线和颗粒组成。

样品描述 表1

序号	样品名称	样品编号	含水率（%）	取样地点
1	石英细砂	SYXS-1	15%	北京地区冲洪积地层
2		SYXS-2	15%	
3		SYXS-3	15%	
4	石英粗砂	SYCS-1	15%	
5		SYCS-2	15%	
6		SYCS-3	15%	
7	珊瑚砂	SHS-1	15%	马尔代夫机场岛
8		SHS-2	15%	
9		SHS-3	15%	
10	珊瑚枝	SHZ-1	0.5%	
11		SHZ-2	0.5%	
12		SHZ-3	0.5%	
13	珊瑚砂与珊瑚枝混合料	SHSZ-1	15%	
14		SHSZ-2	15%	
15		SHSZ-3	15%	

图1 试验仪器　　图2 试样筒图　　图3 石英砂　　图4 珊瑚砂　　图5 珊瑚枝

图6 珊瑚砂与珊瑚枝混合料

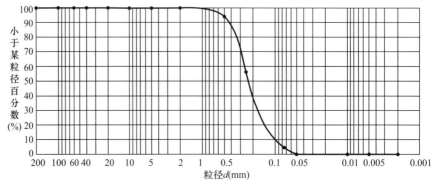

图7 石英细砂颗粒级配曲线

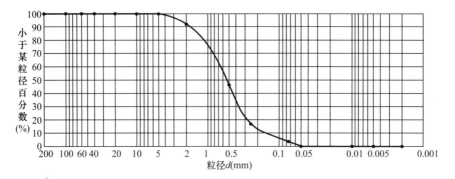

图8 石英粗砂颗粒级配曲线

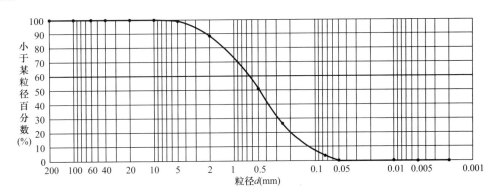

图 9　珊瑚砂颗粒级配曲线

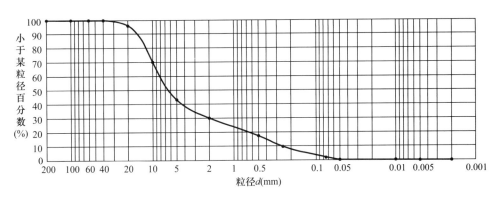

图 10　珊瑚砂和珊瑚枝混合料颗粒级配曲线

石英细砂颗粒组成　　　　　　　　　　　　　　　　　　　　　　　表 2

粒径 (mm)	40 ~ 20	20 ~ 10	10 ~ 5	5 ~ 2	2 ~ 0.5	0.5 ~ 0.25	0.25 ~ 0.075	0.075 ~ 0.05	0.05 ~ 0.01	0.01 ~ 0.005	0.005 ~ 0.002	<0.002	$D_{10}=0.085$ $D_{30}=0.136$ $D_{60}=0.269$
含量 (%)						6.00	37.90	51.60	4.50				$C_u=3.15$ $C_c=0.81$

石英粗砂颗粒组成　　　　　　　　　　　　　　　　　　　　　　　表 3

粒径 (mm)	40 ~ 20	20 ~ 10	10 ~ 5	5 ~ 2	2 ~ 0.5	0.5 ~ 0.25	0.25 ~ 0.075	0.075 ~ 0.05	0.05 ~ 0.01	0.01 ~ 0.005	0.005 ~ 0.002	<0.002	$D_{10}=0.136$ $D_{30}=0.341$ $D_{60}=0.756$
含量 (%)				7.80	45.90	29.60	13.20	3.50					$C_u=5.56$ $C_c=1.13$

珊瑚砂颗粒组成　　　　　　　　　　　　　　　　　　　　　　　表 4

粒径 (mm)	40 ~ 20	20 ~ 10	10 ~ 5	5 ~ 2	2 ~ 0.5	0.5 ~ 0.25	0.25 ~0.075	0.075 ~ 0.05	0.05 ~0.01	0.01 ~ 0.005	0.005 ~ 0.002	<0.002	$D_{10}=0.105$ $D_{30}=0.278$ $D_{60}=0.696$
含量 (%)			1.00	10.40	37.50	24.90	22.50	3.70					$C_u=6.61$ $C_c=1.06$

珊瑚砂和珊瑚枝混合料颗粒组成 表5

粒径 （mm）	40 ～ 20	20 ～ 10	10 ～ 5	5 ～ 2	2 ～ 0.5	0.5 ～ 0.25	0.25 ～ 0.075	0.075 ～ 0.05	0.05 ～ 0.01	0.01 ～ 0.005	0.005 ～ 0.002	<0.002	$D_{10}=0.257$ $D_{30}=2.003$ $D_{60}=7.716$
含量 （%）	3.90	26.00	27.10	13.10	12.70	7.50	7.60	2.10					$C_u=30.02$ $C_c=2.02$

4 试验成果

将15个样品分别分层装入样筒中，小能量压平后，放在压力机上进行压缩试验。试验结果详见图11～图13，其中竖向应变为竖向压缩变形 s 与试验原始高度 h_0 的比值。

依据密度及含水率换算成干密度后，绘制压力-干密度曲线，详见图14和图15。

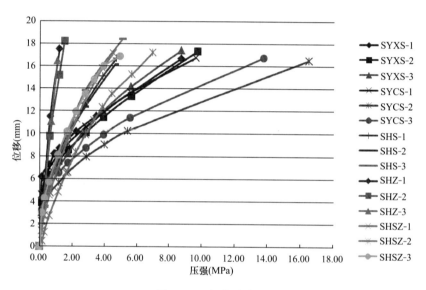

图11 压力-位移曲线

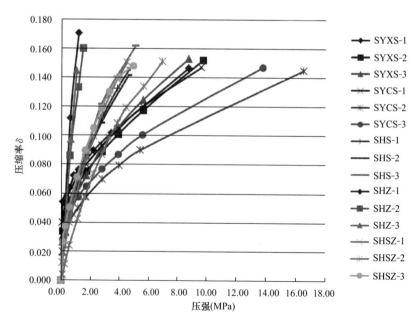

图12 压力-压缩率曲线

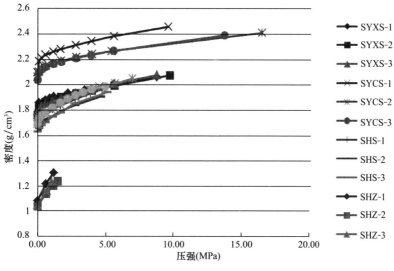

图 13　压力-密度曲线

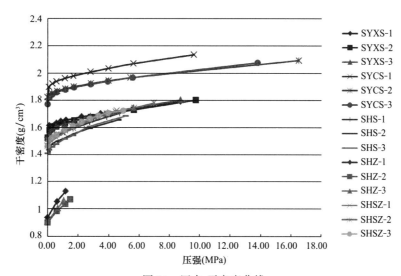

图 14　压力-干密度曲线

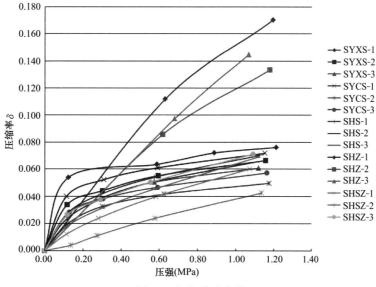

图 15　应力-应变曲线

珊瑚砂 4MPa 下，最大干密度 1.657g/cm³；珊瑚砂与珊瑚枝混合料 4MPa 下，最大干密度 1.706g/cm³。珊瑚砂 2MPa 下，最大干密度 1.580g/cm³；珊瑚砂与珊瑚枝混合料 2MPa 下，最大干密度 1.623g/cm³。珊瑚枝 1MPa 下，最大干密度 1.033g/cm³。石英细砂、石英粗砂达到一定压力后，压缩明显变小，而珊瑚砂、珊瑚枝及珊瑚砂与珊瑚枝混合料的压缩持续增长。

石英细砂、石英粗砂、珊瑚砂、珊瑚枝及珊瑚砂与珊瑚枝混合料的干密度与压缩率具有线性相关性，详见图 16。珊瑚砂、珊瑚枝及珊瑚砂与珊瑚枝混合料的干密度-压缩率曲线（含拟合公式）详见图 17。

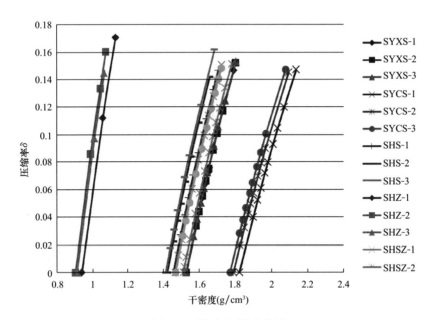

图 16 干密度-压缩率曲线

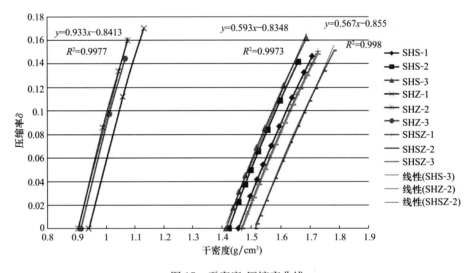

图 17 干密度-压缩率曲线

5 机理分析及工程应用

根据珊瑚砂吹填地基施工前、施工后的地层及实测干密度，依据图 21 中的拟合曲线，可估算施工过程中、工程竣工后的沉降变形量。

某海域吹填珊瑚砂和珊瑚枝混合料厚 10m，经地基处理后，0～4m 深度范围内干密度 1.6g/cm³，

$4\sim10\mathrm{m}$ 深度范围内干密度 $1.55\mathrm{g/cm^3}$。依据图 14 珊瑚砂与珊瑚枝混合料 2MPa 下最大干密度 $1.623\mathrm{g/cm^3}$。

依据图 17 中珊瑚砂与珊瑚枝混合料的干密度-压缩率拟合公式（1）：

$$\delta = 0.567\rho_{\mathrm{d}} - 0.855 \tag{1}$$

依据上式，$0\sim4\mathrm{m}$ 压缩率 $\delta = 0.567\times(1.623-1.6) = 0.013$，沉降量 $s_1 = 4\times0.013 = 0.052\mathrm{m}$。

依据式（1），$4\sim10\mathrm{m}$ 压缩率 $\delta = 0.567\times(1.623-1.55) = 0.041$，沉降量 $s_2 = 6\times0.041 = 0.248\mathrm{m}$。

该吹填地基剩余沉降量 $s = s_1 + s_2 = 0.052 + 0.248 = 0.30\mathrm{m}$。

6 结论及建议

（1）石英细砂、石英粗砂、珊瑚砂、珊瑚枝及珊瑚砂与珊瑚枝混合料具有不同的压缩变形特征。

（2）珊瑚砂、珊瑚枝及珊瑚砂与珊瑚枝混合料和石英细砂、石英粗砂相比，随着压强增大，具有较大的持续变形特征。

（3）珊瑚砂、珊瑚枝及珊瑚砂与珊瑚枝混合料的干密度与压缩率具有线性相关性，依据该性质可以推算施工过程中、工程竣工后的沉降变形量。

（4）由于压力机量程等原因，本次试验压力还不够大。由于珊瑚砂样品较少，没有进行多种珊瑚砂与珊瑚枝混合料的配比试验。

参考文献

［1］ Xin-Zhi Wang，Yu-Yong Jiao，Ren Wang，Ming-Jian Hu，Qing-Shan Meng，Feng-Yi Tan. Engineering characteristics of the calcareous sand in Nansha Islands，South China Sea. Engineering Geology 120，（2011）. 40-47.

［2］ 王新志，王星，翁贻令等. 钙质砂的干密度特征及其试验方法研究［J］. 岩土力学，2016，37（增2）：316-322.

［3］ 姚婷. 珊瑚礁砾石土压实特性试验研究［D］. 中国科学院武汉岩土力学研究所，2013.

［4］ 莫洪韵. 岛礁钙质砂、岩混合料工程力学性能研究［D］. 东南大学，2015.

作者简介

王笃礼，男，1965 年生，研究员级高级工程师。主要从事岩土工程的研究与技术管理工作。E-mail：Wangduli@163.com。

SETTLEMENT ESTIMATION OF CORAL SAND-FILLED FOUNDATION BASED ON LARGE SCALE COMPRESSION TEST

WANG Du-li，LI Jian-guang，ZOU Gui-gao，CHEN Wenbo，PENG Xiang-gui，LU Ya-bing

（AVIC Institute of Geotechnical Engineering CO.，LTD，Beijing 100098，China）

Abstract：Based on the indoor large-scale compression test，these compression deformation curves for quartz fine sand，quartz coarse sand，coral sand，coral branch and coral Sand and Coral branch mixture are obtained. Because the dry dense and the compression rate have linear correlation characteristic，these settlement deformation quantities for the construction process or after the project completes are estimated according to the type of soil and the measured dry density. A new method is provided for the Settlement estimation of coral sand-filled foundation.

Key words：Coral Sand，confined compression test，settlement

珊瑚礁灰岩场地钻孔灌注桩工程特性试验研究

唐国艺[1,2]，张继文[1,2,3]，郑建国[1,2]，王云南[1,2]，钱春宇[1,2]，刘智[1,2]

(1. 机械工业勘察设计研究院有限公司，陕西 西安 710043；

2. 陕西省特殊岩土性质与处理重点实验室，陕西 西安 710043；

3. 西安交通大学人居环境与建筑工程学院，陕西 西安 710049)

摘　要： 礁灰岩属于海相生物成因的一种碳酸盐岩土，具有高孔隙率、疏松易破碎的特点，随着我国"一带一路"战略中海上丝绸之路沿途国家的基础设施建设以及我国对南海的开发建设的深入实施，在礁灰岩场地中桩基础将广泛采用。然而，目前对珊瑚礁灰岩场地桩基础的设计和施工工艺的研究和积累还不足，设计存在一定的难度。本文针对礁灰岩场地，开展了冲击冲孔和旋挖成孔两种工艺下的桩基试验对比研究，分别从竖向、抗拔和水平承载力等方面对礁灰岩场地桩基础的承载特性进行了试验研究，给出了两种施工工艺下的礁灰岩地层的桩基参数，以期对礁灰岩地区同类工程设计和研究提供参考。

关键词： 礁灰岩；桩基试验；钻孔灌注桩；施工工艺；工程特性

1　引言

珊瑚礁灰岩的生长发育是以珊瑚虫等造礁生物为基础的，在南北回归线之间广泛发育，尤其集中在印度洋—太平洋地区（包括红海、印度洋、东南亚、中国南海和太平洋）。随着全球在珊瑚礁海域的建设开发，尤其是我国"一带一路"战略中海上丝绸之路的沿途国家的基础设施建设以及我国对南海的开发建设，都离不开与礁灰岩打交道，在礁灰岩地区开展的工程规模将会越来越大，类型也越来越多，桩基础将是礁灰岩地区工程项目广泛采用的基础形式之一。

珊瑚礁岩土属于海相生物成因的碳酸盐岩土，保留了原生生物骨架中的孔隙，具有高孔隙率、疏松易破碎的特点[1-5]，使得其工程力学性质与一般的陆相、海相沉积物有很大差异，是一种特殊的碳酸盐岩土类型，有关礁灰岩中桩基础的应用，公开的报道还不是很多，一般认为礁灰岩颗粒易破碎，钻孔过程会造成桩周土的扰动并向周围孔隙移动，降低桩的侧阻力和端阻力[6]，因此，采用合适的施工工艺对礁灰岩中桩基的承载力发挥会产生重要影响。

本文基于位于印度尼西亚某燃煤电站工程，通过桩基试验，就珊瑚礁灰岩中桩基的施工工艺和桩承载力进行了一些对比和探讨，以期为礁灰岩分布地区的工程项目地基基础设计和施工提供借鉴。

2　试验场地基本条件

试验场地内的礁灰岩为第三系上新统岩层，含有非成层的白云质灰岩块体，多由贝壳、珊瑚及类似的破碎物质构成碳酸钙骨架后胶结硬化而成，具多孔性和蜂窝状风化特征。场地内 50m 勘探深度范围内岩土按其形成时代、成因和工程性质可分为 2 个单元共 3 层，其中第 2 层根据岩性特点和工程性质进一步分为 3 个亚层。各分层的定名和基本特征见表1。

基金项目：国机集团科技发展基金项目（SINOMACH 09 科 230 号），陕西省"三秦学者"创新团队支持计划资助（2013KCT-13）

场地地层特征　　　　　　　　　　　　　　　　　　　　　　表1

层号	名称	成因时代	基本特征
①	黏土	Q_1^d	黑褐色或棕红色，残积黏土
②	礁灰岩	N_2	黄色或黄褐色，半成岩，岩芯由大量黏土状物和灰岩碎块组成
③	礁灰岩	N_2	灰白色或灰黄色，软岩—极软岩，岩芯很破碎，含贝壳等生物化石，风干岩样单轴抗压强度7.5MPa
④	礁灰岩	N_2	白色或灰白色，软岩—极软岩，岩芯较破碎，短柱状和碎块状，含贝壳等生物化石，风干岩样单轴抗压强度10.5MPa

从对本场地的岩土分层来看，礁灰岩的成岩作用从上至下是渐变的。各分层的界限深度实际上也是渐变的，不能确定出精确的界线，因此参考各类试验和岩芯，对各层进行了人为分界后确定的桩周土进行工程特性分析，是对礁灰岩场地地层分析的一个基本特点。

本次桩基试验均为钻孔灌注桩，进行了2组试验，一组为冲击成孔工艺，试桩桩长31.5m，桩径800mm，桩身混凝土强度等级为C35，采用自造泥浆护壁正循环工艺，桩端土位于岩芯较破碎的③层礁灰岩中；另一组为旋挖成孔工艺，桩长37.0m，桩径800mm。桩身混凝土强度等级为C35，不采用泥浆护壁，桩端土位于岩芯较完整的④层礁灰岩中。桩基试验过程均按照《建筑基桩检测技术规范》JGJ 106相关规定和方法执行[7]。

3 单桩竖向抗压静载荷试验

3.1 单桩竖向抗压承载力

单桩竖向抗压静载试验过程中，冲孔灌注桩抗压静载试验的3根试桩均因锚桩上拔量过大，不宜继续加压而终止试验，各试桩的总沉降量均超过40mm。旋挖钻孔灌注桩则按规范要求完成了试验。试验结果见表2。

竖向抗压静载试验结果　　　　　　　　　　　　　　　　　　表2

桩型	桩号	单桩竖向抗压极限承载力 Q_u（kN）	对应桩顶沉降 s（mm）
冲击成孔灌注桩	A1	5000	34.0
	A2	4958	40.0
	A3	4524	40.0
旋挖成孔灌注桩	B1	14000	17.65
	B2	13300	12.37
	B3	12600	11.65

试验结果表明，礁灰岩地层中，施工工艺对桩基的承载力具有明显影响，冲孔灌注桩在相同荷载的作用下，沉降量过大。无论是竖向承载力还是沉降量，旋挖钻孔灌注桩均优于冲孔灌注桩。

3.2 冲孔灌注桩桩侧阻力

通过对试桩埋设钢筋计进行应力测试得出桩身侧阻力，试桩的钢筋计根据地层结构按一定间距布置，每个位置对称布置两个钢筋计，钢筋计的测试与静载试验同步进行。

根据测试结果，绘制出典型试桩在不同桩顶荷载作用时桩身轴力沿桩长的分布曲线见图1，其余试桩结果类似。分析冲孔灌注桩的轴力曲线，各试桩桩端阻力随桩顶荷载逐渐增大，在极限荷载下桩端阻力占较大比例，表现出摩擦端承桩的承载特性。

由于各个地层统计样本较少，且数据离散性较大，甚至出现了桩身负摩阻力的反常结果。这可能与桩径的变化和桩端处于较

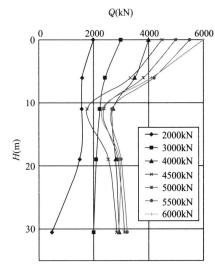

图1　A1桩身轴力图

破碎礁灰岩层中桩周土易扰动有关。但是，本次试验没有进行孔径测试，桩身应力分析时无法进行孔径修正。另外由于桩的抗拔承载力较低（桩侧摩阻力异常），因此进行桩侧阻力和桩端阻力分析时以桩极限端阻力作为主要依据，并依此计算出平均桩侧摩阻力值见表3。

冲孔灌注桩侧阻力及端阻力值　　　　　　　　　　　　　　　　　　　　表3

桩号	单桩极限承载力		所占比例		极限侧阻力平均值 q_{sk}（kPa）	极限端阻力值 q_{pk}（kPa）
	桩侧阻力（kN）	桩端阻力（kN）	桩侧	桩端		
A1	2535	2465	50.7%	49.3%	32	4906
A2	1866	3092	37.6%	62.4%	24	6154
A3	2213	2311	48.9%	51.1%	28	4600

3.3　旋挖钻孔灌注桩桩侧阻力

旋挖钻孔灌注桩在不同桩顶荷载作用时桩身轴力沿桩长的分布曲线见图2，其余试桩结果类似。

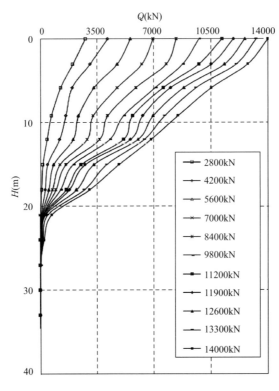

图 2　B1 桩身轴力图

通过轴力分布曲线可以认为：（1）旋挖钻孔灌注桩在桩顶荷载作用下，各桩桩身轴力均随桩的深度的增加而递减，当桩顶荷载较小时，桩身上部土侧阻力被激发，随着荷载增加，桩身轴力逐渐向下传递，桩身中下部侧阻力逐渐被激发，礁灰岩中桩基承载力的发挥符合一般规律；（2）由于旋挖钻孔灌注桩承载力太大，超过了试验设备的极限能力，未测得桩端阻力，桩身轴力曲线在较大荷载下变得相对密集，上部土层桩侧阻力已基本全部发挥，下部礁灰岩的侧摩阻力尚未完全发挥，因此③层礁灰岩的极限侧阻力值要远大于测试得到的数值。试验场地礁灰岩地层旋挖钻孔灌注桩的桩侧阻力计算结果见表4。

旋挖成孔灌注桩侧阻力值　　　　　　　　　　　　　　　　　　　　表4

试桩编号	侧阻力发挥范围（m）	桩周土层极限侧阻力值 q_{sik}（kPa）		
		①	②	③
S1	0～24	72	235	>59
S2	0～24	83	225	>64
S3	0～24	76	201	>97

4 单桩竖向抗拔静载荷试验

单桩竖向抗拔静载荷试验过程中，冲孔灌注桩的抗拔试验已达极限抗拔承载力，试验结果见表5。旋挖钻孔灌注桩达到了锚拉系统的最大加载能力，在保证试桩主筋不拉断的前提下，测得的上拔量较小，试桩的竖向抗拔承载力主要由试桩主筋抗拉强度控制。

冲孔灌注桩单桩竖向抗拔试验成果表　　　　　表5

桩号	单桩竖向抗拔极限承载力 U_u（kN）		综合判定 U_u（kN）	对应上拔量（mm）
	U-δ 曲线法	δ-$\lg t$ 曲线法		
A1	1000	1000	1000	6.42
A2	900	900	900	5.79
A3	1000	1000	1000	5.09

单桩的抗拔承载力一般受桩侧土层提供的摩阻力和主筋抗拉强度两个因素控制，试验结果表明，施工工艺对桩侧阻力的发挥影响较大，当采用旋挖钻孔灌注桩时，礁灰岩地层可提供较大的侧阻力，桩基的竖向抗拔承载力则主要受主筋的抗拉强度所控制。冲孔灌注桩的抗拔承载力则受桩侧摩阻力控制。

5 单桩水平静载荷试验

单桩水平静载荷试验采用桩顶无约束力单向多循环加卸载法，试验结果见图3、图4。

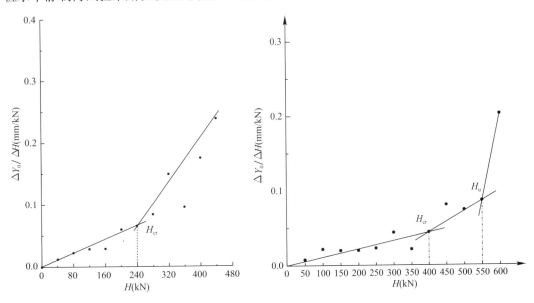

图3　A1冲孔灌注桩水平静载试验结果曲线　　图4　B1旋挖成孔灌注桩水平静载试验结果曲线

从图3和图4单桩水平静载试验的曲线，根据《建筑基桩检测技术规范》JGJ 106第6.4.3条有关标准，冲孔灌注桩各试桩水平静载试验有明显的临界荷载点，极限荷载点则不明显，旋挖钻孔灌注桩的水平静载试验则有明显的临界荷载和极限荷载。试验场地礁灰岩地层中各试桩的单桩水平静载试验确定的水平临界荷载值见表6。

单桩水平临界荷载值　　　　　表6

桩型	桩号	水平临界荷载 H_{cr}（kN）	临界荷载对应的位移（mm）
冲孔灌注桩	A1	240	7.80
	A2	280	6.70
	A3	280	6.73

续表

桩型	桩号	水平临界荷载 H_{cr}（kN）	临界荷载对应的位移（mm）
旋挖成孔灌注桩	B1	400	10.36
	B2	350	4.63
	B3	400	4.46

影响单桩水平承载力和位移的因素包括桩身截面抗弯刚度、桩侧土质条件、桩入土深度等，在相同条件下，单桩水平静载试验主要反映的是桩周上部地层所能提供的水平抗力，由于桩基水平承载力的主要影响深度约为 $[2(d+1)]$（d 为桩径）[8]，从表 6 中对不同成孔工艺得到的桩基水平临界荷载值来看，在基本相同的条件下，施工工艺对桩基水平承载力的影响也较大，旋挖成孔工艺下的水平承载力约为冲击成孔工艺下水平承载力的 1.4 倍。

6　桩基承载力的差异分析

比较冲孔灌注桩和旋挖钻孔灌注桩的现场试验结果发现，旋挖钻孔灌注桩各项数值均优于冲孔灌注桩，特别是单桩竖向抗压承载力和单桩竖向抗拔承载力旋挖钻孔灌注桩是冲孔灌注桩的数倍，且旋挖钻孔灌注桩的承载力还未发挥至极限。

从桩身应力测试的结果来看，旋挖钻孔灌注桩礁灰岩地层的平均侧阻力在 200kPa 以上。因此，施工工艺对礁灰岩地层中桩基承载力的影响较大，特别是影响到桩基侧阻力的发挥。

由于上部未固结成岩的礁灰岩含有大量灰泥，采用冲击成孔自造浆的施工工艺时，灌注充盈系数约 1.4（旋挖钻孔灌注桩充盈系数约 1.2），说明冲击成孔过程容易引起上部含有大量灰泥的未固结成岩礁灰岩层塌孔，不能很好控制成孔质量，而且往往形成黏稠的泥浆，使得泥浆比重不能够很好的控制，而孔底沉渣厚度也往往会超过规范要求，最终导致桩周岩土能提供的摩阻力和端阻力大打折扣。因此，采用冲击成孔施工工艺时，不容易控制施工质量，容易形成过厚泥皮，使得桩的承载力大大降低。

场地试桩结果表明，由于地层强度较低，礁灰岩地层中采用合适功率的旋挖钻机完全可以钻至设计深度，而且成孔时间一般在 4 小时/孔。旋挖采用旋挖钻孔工艺时，其成孔质量较高，孔径较均匀，沉渣厚度小，孔壁基本不存在泥皮，成桩质量较稳定，且桩周地层结构简单（桩长深度范围内均为礁灰岩），物理力学性质较好，能提供较高的侧摩阻力，因此承载力高。

7　结论

试验结果表明，礁灰岩场地中桩基可按端承摩擦桩进行设计，地层中灰泥的存在，使得施工工艺对桩基承载力的影响很大，旋挖钻孔灌注桩具有比冲击成孔灌注桩更高的工效和更大的承载力，且旋挖钻孔灌注桩成桩质量稳定，更适用于礁灰岩地区。

由于本试验场地地层发育相对简单，对于礁灰岩上部覆盖有海相沉积的石英砂或钙质砂的情况，采用什么样的桩基施工工艺以及上部松散地层的桩侧阻力如何确定，还需要进一步的开展研究，积累资料，便于指导工程设计。

参考文献

[1] 孙宗勋，赵焕庭. 珊瑚礁工程地质学—新学科的提出 [J]. 水文地质工程地质，1998（1）：1-4.

[2] 许宁. 浅谈珊瑚礁岩土的工程地质特性 [J]. 岩土工程学报，1989，11（4）：81-88.

[3] 赵焕庭，宋朝景，卢博，等. 珊瑚礁工程地质研究的内容和方法 [J]. 工程地质学报，1997，5（1）：21-27.

[4] 孙宗勋，黄鼎成. 珊瑚礁工程地质研究进展 [J]. 地球科学进展，1999，14（6）：577-581.

[5] 刘崇权，汪稔. 钙质砂物理力学性质初探 [J]. 岩石力学，1998，19（3）：32-37.

[6] GHAZALI F M, SOTIROPOULOS E, MANSOUR O A. Large-diameter bored and grouted piles in marine sedi-

ments of Red Sea [J]. Canadian Geotechnical Journal，1988，25（4）：826-831.

[7]　JGJ 106—2003. 建筑基桩检测技术规范 [S]. 北京：中国建筑工业出版社. 2003.

[8]　JGJ 94—2008. 建筑桩基技术规范 [S]. 北京：中国建筑工业出版社. 2008.

作者简介

唐国艺，男，1982 年生，广西桂林人，硕士，高级工程师，主要从事地基处理、特殊土工程性质等方面的岩土工程实践与研究工作。E-mail：t971@163.com。

EXPERIMENTAL STUDY ON ENGINEERING CHARACTERISTICS OF BORED PILE IN CORAL REEF LIMESTONE FIELDS

TANG Guo-yi[1,2]，ZHANG Ji-wen[1,2,3]，ZHENG Jian-guo[1,2]，WANG Yun-nan[1,2]，
QIAN Chun-yu[1,2]，LIU Zhi[1,2]

（1. China JIKAN Research Institute of Engineering Investigations and Design，Co，Ltd，Xi'an，
Shannxi，710043，China；2. Shanxi Key Laboratory Shaanxi Key Laboratory of Special Rocks
&. Soils，Xi'an，Shannxi，710043，China；3. School of Human Settlements and Civil
Engineering，Xi'an Jiaotong University，Xi'an，Shaanxi，710049，China.）

Abstract： Reef limestone is a kind of carbonate rock soil of Marine biogenesis，which has the characteristics of high porosity，loose and fragile. Under the background of "the Belt and Road"，engineering construction of countries and the South China Sea region will be further implemented. In the area of reef limestone，the pile foundation will be widely used. At present，the research on the design and construction technology of pile foundation in reef limestone area is insufficient，so the pile foundation cannot reach the ideal effect. In this paper，two construction techniques of impacting bores and rotary drilling are compared from vertical bearing capacity，uplift capacity and horizontal bearing capacity，and corresponding pile foundation parameters are given. The above research results can provide reference for similar engineering design and research in reef limestone area.

Key words： coral reef，pile foundation test，bored pile，construction technology，engineering characteristics

钙质砂与钢界面的大位移剪切特性

芮圣洁，国振，周文杰，王立忠，李雨杰

（浙江省海洋岩土工程与材料重点实验室，浙江大学建筑工程学院，浙江 杭州，310058）

摘　要：钙质砂与钢界面的剪切特性对于珊瑚礁环境中陆上/近海基础设计具有重要意义。本文基于自行研发的界面环剪仪，试验观测了界面剪切过程中局部剪切带的形成和演化规律，探究了大位移剪切下砂的类型、颗粒粒径和法向应力对钙质砂-钢界面剪切特性的影响。试验表明：钙质砂-钢界面的摩擦角表现出一定的应力相关性，法向应力越大界面摩擦角越大；界面摩擦角随着剪切位移先增后减，在大位移剪切后趋于稳定，钢界面附近剪切带内的颗粒破碎现象显著；在达到一定位移剪切后，钙质砂颗粒的级配曲线逐渐稳定，且出现明显的级配不连续段。

关键词：钙质砂；钢界面；大位移剪切；颗粒破碎；界面摩擦角

1　研究背景

钙质砂是一种海洋生物成因的特殊砂土。区别于陆源石英砂，钙质砂的颗粒在受荷时更容易破碎，这主要是由于：钙质砂颗粒的强度显著低于石英砂[1]，颗粒内部保留着原生生物骨架的细小孔隙[2,3]，颗粒形状比一般石英砂不规则，这导致颗粒棱角处易发生破断[4]。

地基土体与基础结构的界面作用对构筑物基础的承载性能有着重要的影响。目前，针对砂土与结构界面强度的研究已有诸多成果，包括砂与钢、混凝土、格栅木材等界面等[5-9]，但仍以钢界面的研究居多，大致可分为两类：第一类为小位移时的界面剪切特性研究，主要针对界面强度与钢界面粗糙度、颗粒粒径的关系，建议采用界面粗糙度与中值粒径的比值估算界面强度[10,11]；另一类是大位移界面剪切研究，探究大位移剪切位移（≥2m）下界面强度与颗粒级配、剪切带厚度、界面粗糙度的关系，多用于评估打入桩的贯入阻力和桩基竖向承载力[12,13]。而对于特殊的颗粒易破碎的钙质砂与钢界面的剪切作用，目前仍缺少相关研究。

为了揭示钙质砂与钢界面剪切过程中的力学特性，为钙质岛礁环境中的基础设计提供参数建议，本文基于自行研发的大型界面环剪仪开展了恒定法向应力下的大位移界面剪切试验。在试验过程中，观测了在界面大位移剪切过程中局部剪切带的形成和发展过程，测试探究了砂的类型、颗粒粒径、法向应力和剪切位移对钙质砂-钢界面剪切特性的影响，并与陆源石英砂进行了对比分析。

2　界面剪切试验设计

2.1　试验砂样与钢界面

（1）试验砂样

作为对比分析，试验采用了两种典型砂：南海钙质砂和福建石英砂。钙质砂取自我国南海某岛礁海岸带，其比重为2.81，颗粒间没有胶结。试验中所用石英砂取自福建平潭，其比重为2.65。

试验前用水浸泡清洗砂颗粒，除去表面盐分，放入烘箱中烘干。在试验前，筛分选取两种特征粒径：0.1～0.25mm和0.5～1mm，分别定名为细砂和粗砂。采用砂漏法进行装样，装样高度20mm，控制砂样相对密实度约为 72%。

（2）试验钢界面

如图 2（a）所示，试验所用钢环为 45 号钢（美标 1045），其弹性模量 210GPa，抗拉强度不小于 600MPa。在每次试验之前，采用空气喷砂控制钢界面的表面粗糙度，并在钢界面环向六个位置依次测量，其方向平行于剪切方向，其平均粗糙度 R_a 在 3.25±0.05μm 以内。

2.2 界面环剪仪

本文开展试验研究所用的环剪仪如图 1（a）所示，主要包括：界面剪切环、传力杆、电机、气缸等，以及轴力传感器、扭矩传感器、角度传感器等测试元件。该环剪仪可施加的法向应力为 20～600kPa，剪切速度为 0.01～7.2mm/min，其外环和内环的直径分别为 300 和 200mm，环宽为 50mm。界面剪切试验采用下界面配置，即上环装砂，下环装钢界面。剪切环的结构示意图如图 1（b）所示。

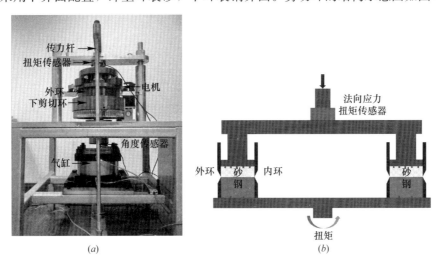

图 1　试验仪器

（a）界面环剪仪；（b）剪切环示意图

2.3 试验流程与组别

（1）试验前，进行钢界面喷砂处理，控制界面粗糙度达到试验要求。进行砂样筛分并进行装样，对试验砂样顶面进行抚平。

（2）开始环向剪切，在 50mm 剪切位移内可连续测定界面摩擦角；当超过剪切位移超过 50mm 后，为了减少大位移剪切时漏砂现象，将上下环贴紧后进行环向剪切。在特定的 0.5m、1m、2m 剪切位移时开缝测量界面摩擦角。

（3）试验完成后，进行界面附近颗粒粒径、界面粗糙度测定。

表 1 为本文开展的所有试验组别，共计 34 组，均为单调环向剪切试验。

界面剪切试验组别　　　　　　　　　　　　　表 1

编号	砂类	法向力（kPa）	剪位移（m）	编号	砂类	法向力（kPa）	剪位移（m）
M1	钙质粗砂	50	2	M9	石英粗砂	50	2
M2	钙质粗砂	100	2	M10	石英粗砂	100	2
M3	钙质粗砂	200	2	M11	石英粗砂	200	2
M4	钙质粗砂	300	2	M12	石英粗砂	300	2
M5	钙质细砂	50	2	M13	石英细砂	50	2
M6	钙质细砂	100	2	M14	石英细砂	100	2
M7	钙质细砂	200	2	M15	石英细砂	200	2
M8	钙质细砂	300	2	M16	石英细砂	300	2

续表

编号	砂类	法向力（kPa）	剪位移（m）	编号	砂类	法向力（kPa）	剪位移（m）
M17	钙质粗砂	100	0.5	M26	石英粗砂	100	4
M18	钙质粗砂	100	1	M27	石英粗砂	100	8
M19	钙质粗砂	100	4	M28	石英细砂	100	1
M20	钙质粗砂	100	8	M29	石英细砂	100	4
M21	钙质细砂	100	0.5	M30	石英细砂	100	8
M22	钙质细砂	100	1	M31	钙质粗砂（透明环）	100	0.5
M23	钙质细砂	100	4	M32	钙质细砂（透明环）	100	0.5
M24	钙质细砂	100	8	M33	石英粗砂（透明环）	100	0.5
M25	石英粗砂	100	1	M34	石英细砂（透明环）	100	0.5

3 试验结果与分析

3.1 界面摩擦角

图 2（a）和（b）所示为在不同法向应力作用下钙质细砂、粗砂随着剪切位移增加其界面摩擦角的变化。结果表明：在 5mm 剪切位移内，钙质砂与钢的界面摩擦角快速达到峰值，然后逐渐减小，但是在 0.5m 剪切位移后，界面摩擦角又逐渐增大。由图中还可以看出，钙质砂界面摩擦角表现出一定的法向应力相关性，尤其是钙质粗砂。究其原因，作者认为是在较大的法向应力下，钙质砂更容易发生颗粒破碎，颗粒大量破碎带来界面摩擦角的变化。

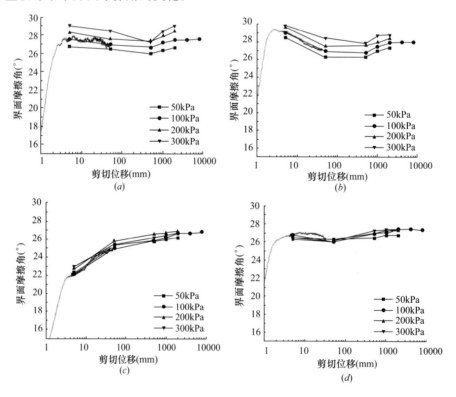

图 2　砂-钢界面的摩擦角
（a）钙质粗砂；（b）钙质细砂；（c）石英粗砂；（d）石英细砂

图 2（c）和（d）所示为石英砂的界面摩擦角随着剪切位移的变化。石英粗砂与钢的界面摩擦角随剪切位移的增加而增大，在 2m 剪切位移后趋于稳定。随剪切位移的增加，石英细砂的界面摩擦角先减后增，最终也趋于稳定，这与钙质砂较为相似。100kPa 法向应力下石英细砂的界面摩擦角大于石英粗

砂，这是因为在相同表面粗糙度下，细砂颗粒更容易嵌入钢界面，从而发挥更大的摩擦抗力。与钙质砂的另一显著区别是，在 50kPa 至 100kPa 的法向应力范围内，石英砂的界面摩擦角没有表现出应力相关性。

3.2 界面剪切带

本文将界面剪切带定义为剪切过程中在界面附近发生的非均匀变形区域[14,15]，为了在试验中观测界面剪切带的发展过程，试验组 M31-M34 采用了有机玻璃透明环。在试验前，将局部砂样用红墨水着色，然后在烘箱中干燥，将原状砂样和染色后的砂样分别装入环状剪切盒内。如图 3 所示，界面剪切带的形成和演化可以通过染色砂样的变形来判定，大致可分为初始状态、均匀剪切变形、剪切局部化、破碎带发展四个状态。

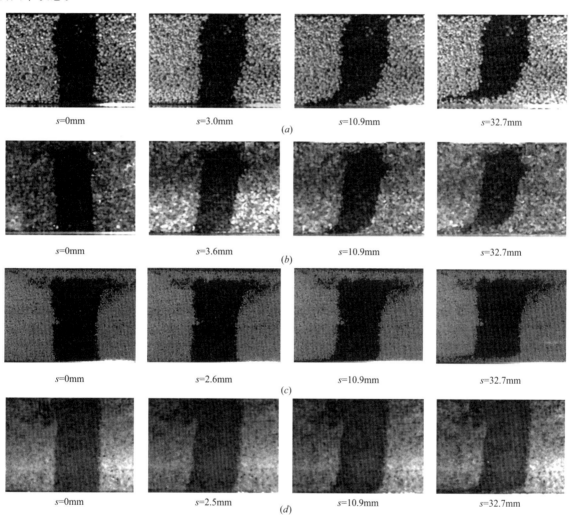

$s=0\text{mm}$　　　$s=3.0\text{mm}$　　　$s=10.9\text{mm}$　　　$s=32.7\text{mm}$

(a)

$s=0\text{mm}$　　　$s=3.6\text{mm}$　　　$s=10.9\text{mm}$　　　$s=32.7\text{mm}$

(b)

$s=0\text{mm}$　　　$s=2.6\text{mm}$　　　$s=10.9\text{mm}$　　　$s=32.7\text{mm}$

(c)

$s=0\text{mm}$　　　$s=2.5\text{mm}$　　　$s=10.9\text{mm}$　　　$s=32.7\text{mm}$

(d)

图 3　界面剪切带的形成和演化观测

(a) 钙质粗砂；(b) 石英粗砂；(c) 钙质细砂；(d) 石英细砂

对于钙质和石英粗砂颗粒，在剪切开始时，钢界面上方的所有颗粒发生均匀剪切变形，此时界面摩擦角接近或达到峰值（图 2）。随着剪切位移的进一步增大，在界面附近出现了剪切变形的局部化，只有紧贴界面的颗粒随界面运动，并带动其上部一定范围内的颗粒协同运动，局部剪切带形成，其厚度逐渐趋于稳定。

钙质和石英细砂的剪切带发展规律与粗砂基本一致，区别在于：①剪切起始仅有界面附近的砂粒发生了均匀变形；②仅需较小的剪切位移就达到界面摩擦角峰值，这表明达到界面强度粉质所需剪切位移与颗粒粒径相关；③剪切变形局部化后，细砂的剪切带厚度小于粗砂。

3.3 剪切带内颗粒级配演化

图 4 给出了 2m 剪切位移后，在界面附近破碎颗粒的粒径分布与法向应力的关系。在发生界面剪切后，颗粒级配曲线中出现"平台"段，这意味着颗粒级配出现了不连续，缺少中间粒径，即：颗粒破碎所形成的细颗粒不在粒径范围内。在相同的剪切位移下，法向应力越大，细颗粒含量越多。界面剪切作用后钙质砂颗粒的最小粒径约 $0.4\mu m$，而石英砂约 $2\mu m$。破碎颗粒级配曲线中细粒部分的分布呈现为三角形，表明破碎所形成的细颗粒的比例基本相似。

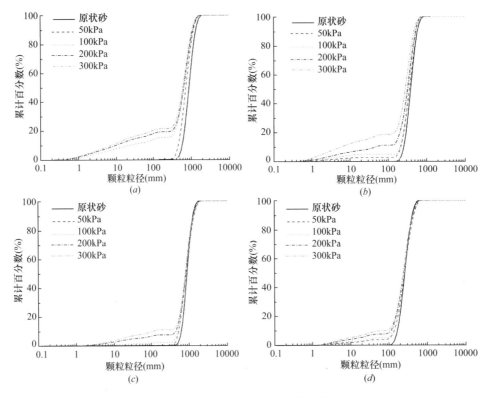

图 4 不同法向应力下的级配曲线演化

(a) 钙质粗砂；(b) 钙质细砂；(c) 石英粗砂；(d) 石英细砂

图 5 所示为砂样的颗粒级配曲线随剪切位移的变化。在 100kPa 法向应力作用下，砂样细粒含量随着剪切位移的增加逐渐增多。细砂在 4～8m 剪切位移下的级配曲线几乎一致，这表明在 4～8m 剪切位移过程中发生了很少的颗粒破碎。钙质粗砂随着剪切位移的增加颗粒的级配变化显著，并逐渐趋于稳定。对于石英粗砂，颗粒破碎随着剪切位移增加不断增大，即使在 8m 位移下也没有稳定的趋势。

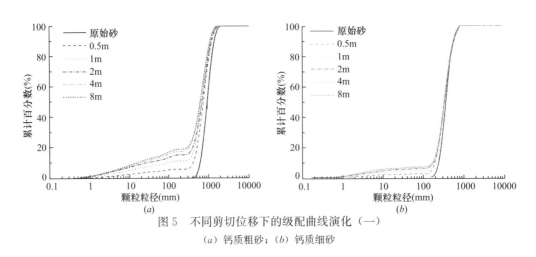

图 5 不同剪切位移下的级配曲线演化（一）

(a) 钙质粗砂；(b) 钙质细砂

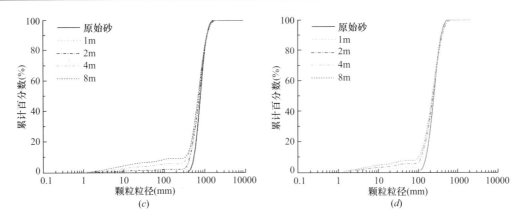

图 5　不同剪切位移下的级配曲线演化（二）
（c）石英粗砂；（d）石英细砂

4　总结

本文基于大型界面环剪仪，试验观测了在大位移剪切过程中局部剪切带的形成和演化过程，探究了砂的类型、颗粒粒径、法向应力和剪切位移对钙质砂-钢界面剪切特性的影响。研究发现：

（1）在恒定法向应力下，钙质砂与钢的界面摩擦角随着剪切位移的增加先降低后增大，最终达到一定的稳定值。钙质砂的界面摩擦角存在应力相关性，即界面摩擦角随着法向应力增加而增大。而对于石英砂，则没有明显的应力相关性。

（2）在小位移剪切时，颗粒体现出明显的整体剪切变形模式，此时界面摩擦角最大；随着剪切位移增大，在钢界面附近迅速出现剪切变形的局部化，并伴随着颗粒的大量破碎。

（3）在界面大位移剪切作用下，破碎细粒含量增多，颗粒的稳定粒径级配曲线出现明显的平台段，即缺失某一中间粒径。与粗砂相比，细砂在较小位移下就可以达到稳定级配。在相同条件下，钙质砂的颗粒破碎明显大于石英砂的颗粒破碎，这与其颗粒强度低和多孔隙特性有关。

参考文献

[1]　Kwag J. M. Yielding stress characteristics of carbonate sand in relation to individual particle fragmentation strength [C]. Proceeding of International Conference on Engineering for Calcareous Sediments，1999.

[2]　Hyodo M.，Hyde A. F. L.，Aramaki N. Liquefaction of crushable soils [J]. Geotechnique，1998，48（4）：527-543.

[3]　Sharma S. S.，Ismail M. A. Monotonic and cyclic behavior of two calcareous soils of different origins [J]. Journal of Geotechnical and Geoenvironmental Engineering，ASCE，2006，132（12）：1581-91.

[4]　Salem M.，Elmamlouk H.，Agaiby S. Static and cyclic behavior of North Coast calcareous sand in Egypt [J]. Soil Dynamics and Earthquake Engineering，2013，55：83-91.

[5]　张嘎，张建民. 土与土工织物接触面力学特性的试验研究 [J]. 岩土力学，2006，27（1）：51-55.

[6]　冯大阔，张建民. 粗粒土与结构接触面静动力学特性的大型单剪试验研究 [J]. 岩土工程学报，2012，34（7）：1201-1208.

[7]　冯大阔，张建民. 循环直剪条件下粗粒土与结构接触面颗粒破碎研究 [J]. 岩土工程学报，2012，34（4）：767-773.

[8]　刘飞禹，王攀，王军，等. 筋-土界面循环剪切刚度和阻尼比的试验研究 [J]. 岩土力学，2016（s1）：159-165.

[9]　王军，王攀，刘飞禹，等. 密实度不同时格栅-砂土界面循环剪切及其后直剪特性 [J]. 岩土工程学报，2016，38（2）：342-349.

[10]　Dove，J. E. & Frost，J. D. Peak friction behaviour of smooth geomembrane-particle interfaces [J]. Journal of Geotechnical and Geoenvironmental Engineering，ASCE，1999，125（7）：544-555.

[11] Dietz, M. S. & Lings, M. L. Post peak strength of interfaces in a stress-dilatancy framework [J]. Journal of Geotechnical and Geoenvironmental Engineering, ASCE, 2006, 132 (11): 1474-1484.

[12] Ho T. Y. K., Jardine R. J. & Anh-Minh N. Large-displacement interface shear between steel and granular media [J]. Geotechnique, 2011, 61 (3): 221-234.

[13] Yang, Z. X., Jardine, R. J., Zhu, B. T., Foray, P. & Tsuha, C. H. C. Sand grain crushing and interface shearing during displacement pile installation in sand [J]. Geotechnique, 2010, 60 (6): 469-482.

[14] Roscoe, K. H. Tenth Rankine lecture: The influence of strains on soil mechanics [R]. Geotechnique, 1970, 20 (2): 129-170.

[15] Torabi, A., Braathen, A., Cuisiat, F., & Fossen, H. Shear zones in porous sand: Insights from ring-shear experiments and naturally deformed sandstones [J]. Tectonophysics, 2007, 437 (1-4): 37-50.

作者简介

国振，男，1982 年生，山东淄博人，研究生，博士，副教授，主要从事海洋岩土工程中的基础理论和创新技术研究。E-mail：nehzoug@163.com，电话：13735479107，地址：浙江杭州浙江大学紫金港校区建筑工程学院，310058。

LARGE-DISPLACEMENT INTERFACE SHEAR CHARACTERISTICS BETWEEN CALCAREOUS SAND AND STEEL

RUI Sheng-jie, GUO Zhen, ZHOU Wen-jie, WANG Li-zhong, LI Yujie

(Key Laboratory of Offshore Geotechnics and Material of Zhejiang Province, College of Civil Engineering and Architecture, Zhejiang University, Hangzhou, Zhejiang 310058, China)

Abstract: The interface shear characteristics between calcareous sand and steel are of great significance for the design of onshore and offshore foundations in coral reef environments. In this paper, based on a self-developed interface ring shear apparatus, the formation and evolution of the local shear zone in the process of interface shear are observed. The effects of the sand type, particle size and normal stress on the large-displacement shear characteristics between calcareous sand and steel are investigated. The test results show that the interface friction angle has a certain stress dependence, i. e. the greater the normal stress, the greater the interface friction angle. The interface friction angle first increases and then decreases with the increasing shear displacement, and tends to be stable after a large displacement. The calcareous particle breakage in the shear zone near the steel interface is obvious. Reaching a certain displacement, the gradation curve of calcareous sand becomes gradually stabilized, but with obvious gradation discontinuity.

Key words: calcareous sand, steel interface, large-displacement shear, particle breakage, interface friction angle

吹填珊瑚砂地基建设机场道面技术研究

周虎鑫，刘航宇

（北京泰斯特工程检测有限公司，北京　102600）

摘　要： 结合珊瑚岛礁机场实际建设工程情况，本文研究了吹填珊瑚礁砂用作工程填料的可行性及地基处理方法。首先对该地基分层沉降观测数据进行分析，计算地基及填筑体最终沉降量，其结果满足机场地基沉降及不均匀沉降标准，然后针对珊瑚砂物理力学特性，建立三层道面结构体系模型，计算飞机荷载作用下土基中应力水平，其结果表明机场珊瑚砂地基承载力满足设计要求。最后通过对珊瑚礁的矿物成分及级配曲线密实度研究，采用冲击压实法对珊瑚礁砂地基进行加固处理具有较大的优势。

关键词： 珊瑚砂；沉降；承载力；地基处理；冲击压实

1　前言

陆源吹填土因含水量高、排水固结时间长、压缩性高、工后沉降时间长、沉降量较大而不能直接用作机场地基，必须进行加固处理；而吹填珊瑚砂地基在水力吹填时因水流冲击、水力分选和渗流作用使土颗粒紧密排列，同时因透水性好、排水快而具有承载力高、压缩性低等优点。事实上，远海珊瑚砂的快速固结效应与陆源吹填土有显著差别。

本文结合珊瑚岛礁机场建设工程和珊瑚礁吹填施工、地基处理工程的实践，从机场的荷载大小、地基工程力学特性及道面结构特征来分析机场的沉降和不均匀沉降标准；通过现场调查、取样、原位测试、室内实验、现场大量测试数据的统计分析和理论研究相结合的方法，分析吹填珊瑚砂的颗粒级配、密实度对沉降的影响，研究吹填珊瑚砂地基建设机场道面，其结果将为珊瑚礁地基处理和机场工程设计提供科学指导。

2　机场地基沉降及不均匀沉降标准分析

机场道面通常用水泥混凝土浇筑而成，道面下有水泥稳定基层及垫层所组成，道面结构分层如图1所示。根据机场道面设计规范和使用机型，对道面厚度进行设计计算，通常机场道面结构层的总厚度能够达到60～90cm。

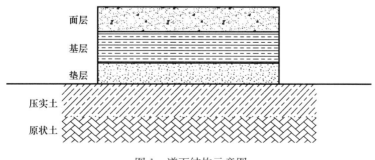

图1　道面结构示意图

由图 1 可知，飞行区道面影响区主要岩土工程问题是地基的沉降或不均匀沉降。地基发生沉降和不均匀沉降，容易造成道面结构层的破坏和功能性不能满足使用要求，为此机场设计者提出了地基的沉降与不均匀沉降的要求[1]。土基的沉降包括三个部分：一是动荷载作用下的累积变形；二是静荷载作用下的压缩固结沉降；三是环境因素（如温差、水等）等引起的变形。分析如下：

（1）动荷载作用下的累积变形。飞机在跑道上反复起降，地基将承受多次的冲击荷载，由于地基为弹塑性体，弹性变形会完全恢复，但是塑性变形是不能恢复的，尽管地基在一次动荷载作用下变形较小，但是随着重复作用荷载次数的增加，累积变形就会增加，从而影响机场道面使用。这就要求地基最上层的刚度和密实度要满足一定要求。

（2）静荷载作用下的压缩固结变形。一是机场填方造成的附加荷载，在土基中的增加附加应力，导致原土基的沉降；二是填筑体的自重应力引起的填筑体自身的压缩沉降。因此本文提出的沉降与不均匀沉降指标实际上就是指静荷载作用下的原地基的压缩变形和填筑体的蠕变沉降。

（3）环境因素（如温度差和水）等引起的变形。珊瑚礁吹填陆域修筑的机场地基由于地下水位在潮汐影响下的波动，使土基强度发生周期性变化，地下水渗流也会造成土基的沉降及不均匀沉降，影响机场道面使用。由于外界环境温度不断变化，地基与环境之间不断进行热的交换，致使地基内部的温度呈现非线性不均匀的变化，产生很大的温度应力。

本文根据周虎鑫等人在"软土地基上修筑水泥混凝土机场道面的研究""机场高填方技术经济研究"中的结论和近年来机场建设经验，提出土基经地基处理后的技术指标——总工后沉降与不均匀沉降坡差[2]。总工后沉降是指在道面设计使用年限内土基发生的总的沉降量。由于土基厚度和填土密实度、级配的不均匀性，道面上各点沉降不同。不均匀沉降坡差是指道面上两点之间的沉降差与两点之间距离之比。只有当总工后沉降量和不均匀沉降坡差控制在一定范围内，才能保证机场道面在设计使用年限内正常使用，否则就会引起机场道面的功能性和结构性破坏，不能满足使用要求。

飞行区道面影响区地基处理的目的是为了消除或减少原土基的沉降与不均匀沉降，使原土基和填筑体达到稳定、密实和均匀性的要求，以满足机场道面的功能性和结构性要求。具体要求如下：

① 总工后沉降量应小于 80mm；
② 总工后不均匀沉降坡差应小于 0.15%。

3 珊瑚岛礁机场建设沉降分析

在珊瑚岛礁建设机场，首先（采用绞吸或耙吸）在礁坪上吹填珊瑚砂形成陆域。根据现场动探试验检测统计结果，吹填珊瑚砂的厚度平均为 5m，最厚达到 10m，最浅处接近海平面。

为方便计算，现将计算模型简化，从上到下分为 5 个结构层，依次为道面、压实钙质砂层、自密实钙质砂层、天然钙质砂地基和礁灰岩，具体计算参数见表 1（注：计算中采用变形模量代替压缩模量，以更好的模拟现场情况）。

计算参数表　　表 1

结构层	道面	压实层	自密实	天然地基	礁灰岩
重度（kN/m³）	24.00	16.60	15.40	14.10	19.60
厚度（m）	0.70	0.80	3.50	5.00	—
压缩模量（MPa）	—	28.20	16.40	12.80	—

3.1 原地基压缩沉降分析

根据《民用机场岩土工程设计规范》，采用分层总和法计算原地基总沉降，即原地基由附加应力引起的变形计算，其基本公式为：

$$s = \phi_s s' \tag{1}$$

$$s' = \sum_{i=1}^{n} \frac{e_{1i} - e_{2i}}{1 + e_{1i}} h_i = \sum_{i=1}^{n} \frac{\alpha_i (p_{2i} - p_{1i})}{1 + e_{1i}} h_i = \sum_{i=1}^{n} \frac{\Delta p_i}{E_{si}} h_i \tag{2}$$

式中　e_{1i}——根据第 i 层土的自重应力平均值（即 p_{1i}）从土的压缩曲线上得到相应的孔隙比；

$\quad\quad e_{2i}$——第 i 层土的自重应力平均值与附加应力平均值之和（$p_{2i} = p_{1i} + \Delta p_i$）相应的孔隙比。

$\quad\quad \alpha_i$、E_{si}——第 i 分层的压缩系数和压缩模量。

沉降计算经验系数 ψ_s					表 2
E_{si} (MPa) 地基附加应力	2.5	4.0	7.0	15.0	20.0
$p_0 \geqslant f_k$	1.4	1.3	1.0	0.4	0.2
$p_0 \leqslant 0.75 f_k$	1.1	1.0	0.7	0.4	0.2

经计算，原地基最终沉降量为 15.8mm。

3.2　自密实钙质砂填筑体自身压缩沉降分析

填筑体本身沉降主要分两部分：瞬时沉降和蠕变沉降。

其中，施工期瞬时沉降采用数值积分法计算，即暂不考虑时间对高填方体沉降的影响，假设变形在施工中完成，则路堤顶面下 z 深度处 A 点的沉降为（图 2）：

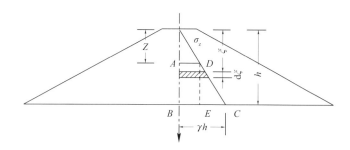

图 2　填方加荷计算简图

$$s = \int_z^h m_v \gamma \xi \mathrm{d}\xi = m_v \gamma z (h - z) \tag{3}$$

式中，m_v 为体积压缩系数，$m_v = 1/E_s$，E_s 为填料压缩模量，γ 为填料重度。

经计算，填筑体瞬时沉降为 6.4mm。

工后蠕变沉降，根据铁路行业经验公式，一般认为填土的下沉量约为的 $0.1\% \sim 0.4\%$；且填方体本身的沉降在运行后约一年后即渐趋于稳定。

在这里，填筑体蠕变下沉量取填方高度的 0.2% 计算，约为 7.0mm。

3.3　计算结果分析

通过上述分析可知：自密实钙质砂填筑层 13.4mm，天然钙质砂地基 15.8mm，总沉降量为 29.2mm。根据现场珊瑚砂级配曲线，珊瑚砂颗粒小于 0.1mm，不到 5%，因此可以认为固结沉降瞬时完成，次固结或蠕变沉降需经历一段时间。

根据经验资料，次固结或蠕变沉降约为总沉降量的 10%，因此次固结或蠕变沉降最大为 2.92mm。这和现场工后沉降监测数据相吻合（现场实测工后沉降最大为 3mm）。

对比机场建筑的工后沉降标准，无论是均匀沉降（80mm）、还是不均匀沉降（0.15%）均可以满足设计要求，不会对机场道面功能性、结构性造成危害。

4 飞机荷载在珊瑚砂中应力水平分析

珊瑚砂强度较低，孔隙较多，在动荷载作用下，颗粒破碎，易造成沉降，为此计算飞机荷载作用下土基中应力水平。

计算模型：三层体系，面层为水泥混凝土道面；基层为水泥稳定珊瑚砂（或水泥稳定碎石）；垫层为珊瑚砂（80cm）冲击压实而成；土基为珊瑚砂（压实度达不到要求）。本文主要分析 C 类和 E 类飞机，C 类以 B-737 为主，E 类以 B-747 为主。具体技术参数见表 3 和表 4。

B-747-400 计算参数 表 3

	板厚（cm）	弹性模量（MPa）	泊松比
水泥混凝土面层	42	37000	0.15
水泥稳定基层	45	3000、5000	0.25
珊瑚砂垫层	80	80、100	0.30
珊瑚砂地基		50	0.30

B-737-800 计算参数 表 4

	板厚（cm）	弹性模量（MPa）	泊松比
水泥混凝土面层	32	37000	0.15
水泥稳定基层	35	3000、5000	0.25
珊瑚砂垫层	80	80、100	0.30
珊瑚砂地基		50	0.30

注：珊瑚砂地基的泊松比建议取 0.3 计算。

运用三层体系计算，可以得出珊瑚砂垫层顶面和底面应力水平，并给出相应的位移值，计算结果列于表 5、表 6 中。

B-747-400 应力水平 表 5

基层模量（MPa）	垫层模量（MPa）	垫层顶面位移（cm）	垫层顶面应力（MPa）	垫层底面位移（cm）	垫层底面应力（MPa）
3000	80	0.207889	0.0231	0.186379	0.0167
	100	0.204699	0.0241	0.185822	0.0168
5000	80	0.193580	0.0199	0.175094	0.0147
	100	0.191037	0.0208	0.174812	0.0148

B-737-800 应力水平 表 6

基层模量（MPa）	垫基模量（MPa）	垫层顶面位移（cm）	垫层顶面应力（MPa）	垫层底面位移（cm）	垫层底面应力（MPa）
3000	80	0.111889	0.0212	0.095215	0.0114
	100	0.109707	0.0232	0.094667	0.0114
5000	80	0.103675	0.0181	0.089463	0.0101
	100	0.101948	0.0198	0.089093	0.0101

从表中可知：对于 B-737 来讲，垫层顶面应力水平为 23.2kPa，垫层底面应力水平 11.4kPa。即使对于软土地基承载大于 80kPa。因此，机场地基承载力满足要求。

从表中可知：对于 B-747 来讲，垫层顶面应力水平为 24.1kPa，垫层底面应力水平 16.8kPa。根据现场实测地基承载力试验，珊瑚砂地基承载力 200～300kPa，说明珊瑚砂地基承载力远大于垫层中应力水平。

珊瑚砂尽管属于软岩，但是抗压强度 6MPa，残余强度 3MPa，至少差别达到两个数量级。因此飞机荷载不会对礁灰岩造成破碎等不利情况。

通过以上的计算分析，机场珊瑚砂的地基承载力远高于垫层中的应力水平，因此不会对机场道面长期性能构成危害。

5 冲击压实技术及珊瑚砂地基处理

冲击压实（简称冲压）技术起源于中国古代的人工打夯法，后来由于其效率低、劳动强度大，逐步被基于静压原理的光轮压路机和基于振动压实原理的振动压路机所取代。然而冲击压实原理却由于它所具有的巨大冲击能和所能获得的深层压实效果促使人们去不断探求能够连续地进行冲击压实的先进设备。土基压实的目的是通过压实机械持续的压实使土体的密实度不断增大，提高土基强度和承载力。一般情况下，压路机的最佳碾压速度为 1.5～3km/h，最佳压实厚度为 0.3～0.5m。要提高压实效果和压实生产率，通常是增大压轮重量。要提高承载力，只能加大压实机械的质量，从而增加影响深度。

20 世纪 50 年代初，南非的 Aubrey Berrange 首创了连续冲击压实设备，又经过了 40 多年的研究、改进和完善发展成高能量连续式冲击压路机。该设备具有：压实轮形状为三边、四边、五边和六边形的实体、空体及可填充式的冲击压实系列产品。蓝派公司 1995 年完成中国香港新机场的场道建设后，至今已较为广泛地应用在部分行业的土基压实施工中。

冲击式压路机的压实作用则较为复杂，多边形凸轮在滚动过程中，距离轮轴中心最远点着地时使得冲压轮整体重心举升产生势能，加之牵引机械轮按一定速度转动具有了瞬时动能，转化为距轮心最近处着地时的动能冲击地面，其冲压过程中兼有拉、压、揉搓的作用。其运动方式为间歇性冲击，可产生瞬时的冲击动荷载。有研究表明冲击压实的冲力可相当于轻型强夯（350kN·m）的作用，故其对集料也可产生一定的粒径改良作用[3]。

冲击式压路机较传统压路机具有：生产效率高、影响深度大、对填料含水率和最大粒径要求范围宽等优点，特别是石方施工时，对于最大粒径控制要求高，减少了二次爆破增加的费用，综合经济效益十分明显[4]。就目前状况，冲击压实在机场的填方工程、大坝堆石体填筑、公路和铁路的土基面层补强中应用较多。

冲击压实机将传统的圆轮改为非圆形，即三边形、四边形或五边形，这种"轮子"有一系列交替排列的凸点和平整的冲压面。在使用过程中，由配套的大功率牵引车带动"轮子"滚动前进，行进时，压实轮滚动与填料接触，冲压轮凸点与冲压平面交替抬升与落下（图3），"轮子"行驶滚动中产生集中的冲击能量并辅以滚压、揉压的综合作用，连续对填料产生作用，使土基得以碾压与压实。

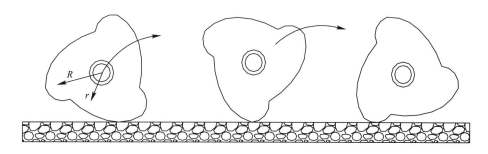

图 3　压实轮冲击示意图

珊瑚岛礁机场建设，首先是在礁坪上大面积吹填形成陆域；其次对吹填陆域进行平整；第三对平整场地进行冲击压实处理，使其上层形成稳定密实垫层。冲击压实压实技术具有如下优点：

（1）冲击压实一般适用于细粒土、土石混合料及爆破碎石填料等巨粗粒土，最大粒径不超过层厚的2/3，通常可以达到 60cm。

（2）根据机具能量（25kJ、32kJ），25kJ 能量机具对于细粒土虚铺厚度宜在 80～100cm；对于巨粗粒土虚铺厚度宜在 90～100cm；32kJ 能量机具按照上述虚铺厚度可增加 10～20cm。

（3）冲压对巨粗颗粒土具有一定的破碎作用，在一定程度上能够改良填料的级配特性，相对于碾压，对填料的级配可在一定程度上放宽。

（4）冲压遍数应根据机具能量、虚铺厚度、土料性状、密实度设计确定，一般不宜超过 30 遍，行驶速度控制在 10～15km/h。

珊瑚砂主要由造礁珊瑚碎屑组成，含有其他海洋生物碎屑。其矿物成分主要为文石和高镁方解石，化学成分主要为碳酸钙，是名副其实的碳酸岩类砂土或钙质砂土。珊瑚砂颗粒大小混杂，含有部分粒径大于 5mm 的礁砾块。因含有角枝状珊瑚碎屑，棱角度高、磨圆度差，孔隙比较大。

粒度成分上，砾砂（大于 2mm）含量 30%～50%，部分大于 50%～80%，个别小于 10%；

粗砂（2～0.5mm）含量 40%～60%；中砂（0.5～0.25mm）含量 20%～40%；细砂（0.25～0.063mm）含量 5%～15%；

粉粒（0.063～0.004mm）含量小于 5%；黏粒（小于 0.004mm）基本上没有。

冲击压实自身具有优势，而珊瑚砂本身具有的级配良好特点，并且机场要求土基顶面 80cm（相当于垫层）压实度要求达到 96%，因此冲击压实具有不可比拟的优越性，加之冲击压实适合大面积施工，效率高、速度快等优势，所以在南海机场建设中大面积推广使用，取得了良好的经济效益。

6 结论

通过理论分析计算和工程实践，可以得出如下结论：

（1）根据南海岛礁机场建设工程实践，建立计算分析模型，所得总沉降量最大为 29.2mm，工后沉降量小于 2.92mm，与现场实测工后沉降相吻合。远小于机场道面要求的工后沉降和工后不均匀沉降的设计要求。

（2）对 C 类和 E 类代表性机型，运用多层体系理论，计算分析了珊瑚砂中地基应力水平，垫层顶面应力为 24.1kPa。根据现场实测地基承载力试验，珊瑚砂地基承载力 200～300kPa，说明珊瑚砂地基承载力远大于垫层中应力水平，因此飞机荷载不会对珊瑚砂造成破碎等不利情况。

（3）通过分析冲击压实技术及珊瑚砂物理性质，认为冲击压实技术具有速度快、效率高、有效影响深度深特点，适合珊瑚砂填料。因此在南沙机场建设中广泛应用。

总之，在南海机场建设中，采用吹填珊瑚砂形成陆域，无需振冲地基处理，直接采用分层冲击压实，地基沉降和不均匀沉降均能满足设计要求；此外，垫层中的应力水平较低，飞机起降不会对地基稳定构成危害。

参考文献

[1] 莫曼，鄢翠，方志杰等. 基于 BP 神经网络的软地基沉降分析 [J]. 广西大学学报（自然科学版），2015（1）：202-207.

[2] 何光武，周虎鑫. 机场工程特殊土地基处理技术 [M]. 北京：人民交通出版社，2003.

[3] 方均坪. 浅析"高真空降水联合冲击碾压"工艺在软土地基的工程应用 [J]. 福建建设科技，2013（2）：38-43.

[4] 黄晓波，周立新等. 爆破碎石填料冲击压实处理试验研究 [J]. 公路交通科技，2006，23（11）：23-27.

作者简介

周虎鑫，男，1963 年生，高级工程师，长期从事机场、岩土工程设计研究。

RESEARCH ON THE TECHNOLOGY OF AIRPORT PAVEMENT CONSTRUCTION FOR RECLAIMING CORAL SAND FOUNDATION

ZHOU Hu-xin, LIU Hang-yu

(Beijing Taisite Engineering Testing Co., Ltd., Beijing, 102600)

Abstract: Combined with the actual construction project of Coral Island Reef Airport, this paper studies the feasibility of using coral reef sand as engineering packing and ground treatment method. Firstly, the observation data of the ground settlement of the foundation is analyzed, and the final settlement of the foundation and the filling body is calculated. The result satisfies the settlement and uneven settlement standard of the airport foundation. Then, the three-layer pavement structure model is established for the physical and mechanical properties of the coral sand. Calculate the stress level in the soil foundation under the action of aircraft load. The results show that the bearing capacity of the airport coral sand foundation meets the design requirements. Finally, through the study of the mineral composition and gradation curve and density of coral reefs, it is concluded that the impact compaction method has great advantages for the reinforcement of coral reef sand foundation.

Key words: Coral sand, settlement, bearing capacity, ground treatment, impact compaction

DJP 复合管桩在填海抛石地层中的工程应用

陈伟，刘宏运，樊继良，郇盼，左祥闯，王浩浩，王飞，戴斌

（北京荣创岩土工程股份有限公司，北京，100085）

摘　要：填海抛石地层往往上部是大块径的抛石，结构松散，空隙较大；受潮汐涨落影响，下部是软弱的地层，地层结构复杂。本文结合浙石化 4000 万吨/年炼化一体项目一期煤焦储运 1 号原煤料场工程，介绍了一种填海抛填地层地基处理新技术—潜孔冲击高压旋喷复合管桩技术。本文阐述了该工艺技术原理，并通过现场复合地基静载荷试验，证明该技术对填海抛石地层有很强的适用性。

关键词：复合桩；承载力；填海抛石；复合地基

1　概述

随着沿海城市的开发，在近海海岸产生了大量的填海区域，填料成分多以开山碎石为主，碎石粒径变化大，级配差，形成了巨厚的上部为碎石下部为深厚淤泥、最下面是基岩的复杂地层。填海区域地层结构松散，空隙大，地下水与海水的联通性好，在潮汐作用下，地下水对加固结构中的钢筋及混凝土腐蚀性强。对该类地层进行地基处理加固已成为岩土工程界共同关注的难题。常规的冲孔灌桩工艺在此复杂地层下极易出现缩颈、塌孔、断桩、混凝土离析以及桩身局部夹泥等桩身质量，而且对于深厚的抛石层，灌注桩工艺成孔施工难度极大。而管桩在该地层条件存在施工困难且海水对管桩具有腐蚀性的问题。

水泥土复合管桩技术是近年来兴起的一种新型桩基技术，水泥土复合管桩具有预应力高强混凝土管桩桩身材料强度高与水泥土桩侧阻力大的优势，它既能够有效地提高地基土的承载力，减小沉降，又能够充分发挥材料本身的强度。而潜孔冲击旋喷复合桩（Down the hole jet grouting pile，DJP）独特的潜孔钻进技术，解决了填石抛海地层成孔成桩的难题。

本文结合浙石化 4000 万吨/年炼化一体项目一期煤焦储运 1 号 A 原煤料场工程，阐述了 DJP 复合管桩技术原理，并通过对现场成桩进行单桩静载荷试验和复合地基静载荷试验，证明该技术对填海抛石地层有很强的适用性，解决了在该类地层中成孔及成桩的问题。

2　工程概况

浙石化 4000 万吨/年炼化一体项目一期煤焦储运 1 号 A 原煤料场工程位于舟山市岱山县鱼山岛，该岛位于岱山岛西北的灰鳖洋海域，东距高亭镇 24km，南距舟山市定海区 34km。煤焦储运 1 号 A 原煤料场工程基础直径约 121.6m，主要功能分区为：环形基础、廊道及仓内地坪（堆煤区）。

该场区上覆 6m 左右的抛石层，其下为深度为 30m 左右的淤泥层，最下面为凝灰岩，地层情况见图 1 和表 1：①₁ 冲填土，层厚不均匀，0.1～7.0m；①₄ 人工填土，主要为开山碎石、块石，一般粒径 200～600mm，最大粒径约 2000mm，层厚 1.40～14.50m；②₂ 淤泥质粉质黏土，流塑，欠固结，层厚 0.60～34.00m；③₂ 粉质黏土，可塑，层厚 0.50～23.60m；③₃ 含砾粉质黏土硬可塑—硬塑，中等压缩性，一般粒径 2～30mm，局部粒径大于 110mm，层厚 0.50～14.00m；④₁ 粉质黏土：局部含灰白色团块，硬塑，局部含铁锰质结核，层厚 1.00～38.80m；④₂ 含砾粉质黏土：硬塑，局部含铁锰质氧化物，

中等压缩性，含约 25％砾石，砾石一般粒径 2～30mm，最大粒径大于 110mm，层厚 1.20～18.70m。
⑤₂ 强风化凝灰岩：主要矿物成分为石英、长石等，节理裂隙发育，岩芯呈碎块状及少量短柱状，层厚
0.30～7.40m。⑤₃ 中等风化熔结凝灰岩：主要矿物成分长石、石英等，节理裂隙较发育，岩芯呈柱状
及少量碎块状，锤击声脆，不易碎，属较硬岩。

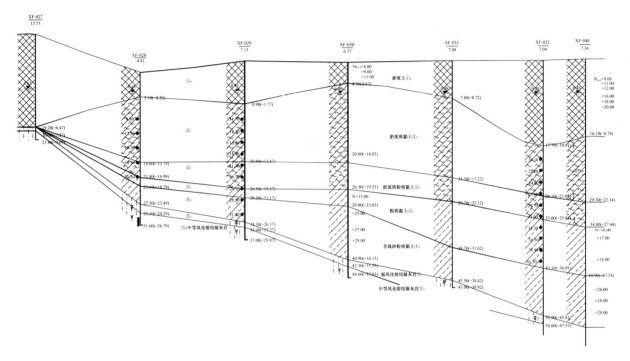

图 1　工程地质剖面图

Fig. 1　Engineering geological profile

各层地基土的物理力学性质指标建议值及承载力特征　　　　　　　　表 1

Suggested value of physical-mechanical properties of foundation soil and characteristic value of bearing capacity Tab. 1

层号	地层名称	f_{ak}（kPa）	E_s（MPa）
②₂	淤泥质粉质黏土	55	2.69
②₃	粉砂	120	8.0（E_0）
②₇	碎石	280	20.0（E_0）
③₁	粉质黏土	120	4.31
③₂	粉质黏土	200	5.63
③₃	含砾粉质黏土	240	5.93
③₇	碎石	350	28.0（E_0）
④₁	粉质黏土	260	6.73
④₂	含砾粉质黏土	280	8.17
⑤₁	全风化凝灰岩	300	25.0（E_0）
⑤₂	强风化凝灰岩	600	40.0（E_0）
⑤₃	中等风化凝灰岩	3600	不可压缩

3　DJP 复合管桩技术原理及特点

潜孔冲击高压旋喷桩的原理为：利用钻杆下方的潜孔锤冲击器进行钻进，同时冲击器上部高压水射
流切割土体；在高压水、高压气、潜孔锤高频振动的联动作用下，钻杆周围土体迅速崩解，处于流塑或
悬浮状态；此时喷嘴喷射高压水泥浆对钻杆四周的土体进行二次切割和搅拌，加上垂直高压气流的微气

爆所产生的翻搅和挤压作用，使已成悬浮状态的土体颗粒与高压水泥浆充分混合，形成直径较大、混合均匀、强度较高的水泥土桩，然后通过振动、锤击或静压等多种方法均可将预制管桩植入已形成的水泥土桩，形成 DJP 复合管桩，因外围水泥土对预制管桩的阻力小，植入管桩所需外力较小，施工效率高，且不会破坏桩身完整性。具体过程如图 2 所示。

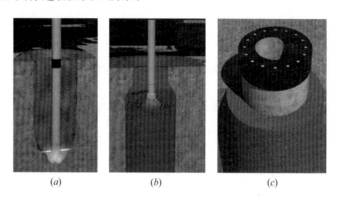

图 2　DJP 复合管桩工艺流程图

Fig. 2　Set-up procedure of DJP composite pipe pile

(*a*) 钻进切削土体；(*b*) 提钻喷浆成桩；(*c*) 植入管桩

DJP 复合管桩的技术特点为：（1）DJP 工法特有的微气爆及双高压旋喷作用使得 DJP 旋喷桩土交界面的粗糙度较其他工艺施工的水泥土复合桩大，提高了外桩侧摩阻力增强系数。（2）潜孔锤高频振动及芯桩挤密的联合作用可提高桩间土密实度和强度，确保了桩基的抗震性能满足设计要求。（3）由于水泥土与芯桩共同作用，水泥土外桩提供更大的侧向刚度，抵抗水平力的能力显著提升。（4）具有预应力高强混凝土管桩桩身材料强度高与水泥土桩侧阻力大的优势，它既能够有效地提高地基土的承载力和减小沉降，又能够充分发挥材料本身的强度。

4　DJP 复合管桩设计方案及优势

4.1　该工程重难点分析

对该场地的地质条件进行分析，存在如下难点：（1）场地大面积进行回填，回填土主要为开山区碎石、块石，一般粒径 200～600mm，最大粒径约 2000mm，最大厚度 7.8m，成孔困难；（2）填土层下分布着深厚淤泥质土土层，最大深度达 33m，且没有固结完成，存在负摩阻力以及固结沉降问题；（3）该地区基岩起伏较大，建筑物位于基岩埋深较浅区域时，桩基需满足一定嵌岩深度（≥0.4d），以满足抗滑移要求。

该工程最初采用的钻孔灌注桩方案，但是钻孔灌注桩的问题包括：（1）成孔存在塌孔、缩颈，桩身夹泥问题；（2）工程造价高；（3）由于工程地质条件复杂，采用钻孔灌注桩工期比较长。

4.2　DJP 复合管桩技术方案

根据对该地区工程重难点的分析以及采用灌注桩存在的问题，最终决定采用 DJP 复合管桩地基处理方案（图 3）：对于廊道一区还有廊道二区：采用桩基础，水泥土桩径为 1000mm，管桩型号为 PHC 500 AB 125，管桩桩端持力层为⑤₃中风化凝灰岩；对于廊道三区，堆煤区以及挡墙区采用复合地基：水泥土桩径为 1000mm，管桩型号为 PHC 500 AB 125 管桩桩端持力层为⑤₃层中风化凝灰岩，刚性复合桩承载力特征值为 2700kN，廊道三区地基承载力要求≥200kPa；环墙基础区域地基承载力要求≥580kPa；1 号 A 圆煤料场堆煤区地基承载力要求≥330kPa。

该工程垫层厚度最终设置为 100mm 的素混凝土垫层和 500mm 的碎石垫层，如图 4 所示；由于 DJP

复合管桩嵌岩，按照最不利工况分析，最后荷载可能完全由 DJP 复合管桩承担，考虑到 DJP 复合管桩对上部筏板基础的冲切作用，因此在进行复合地基设计时，在 DJP 复合管桩于筏板基础之间设置了盖板。

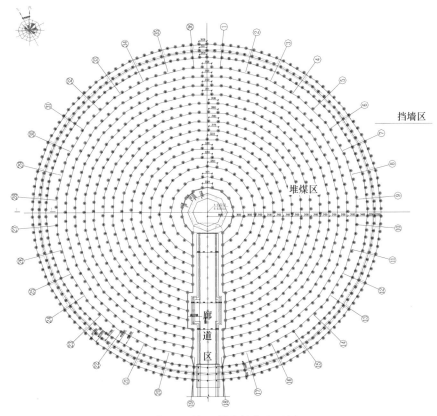

图 3　1 号 A 煤仓桩位布置图

Fig. 3　Pile location map of coal bunker A

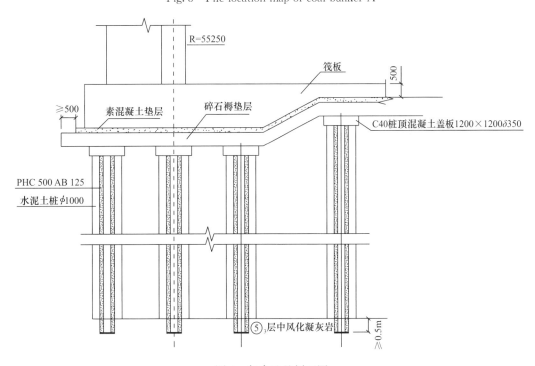

图 4　复合地基剖面图

Fig. 4　Profile of composite foundation

4.3 DJP复合管桩在该工程的优势

（1）潜孔冲击钻进解决了本场区局部较厚抛填层成孔难的问题；

（2）潜孔冲击钻进解决了本场区局部基岩起伏较大区域管桩嵌岩的问题；

（3）水泥土外桩对管桩的包裹增加了基桩抗水平承载力，同时解决了管桩腐蚀问题；

（4）初凝前植入管桩，施工过程对桩身不会造成破坏；

（5）复合桩较普通桩基础（灌注桩、管桩）单桩承载力大，可大幅缩短有效桩长，节约造价；

（6）比传统灌注桩具有较佳的经济优势，可节约造价10%～15%；

（7）流水作业，成桩效率高，工期短，相比较于钻孔灌注桩，工期缩短一半。

5 DJP复合管桩检测结果与分析

该工程完工后，开挖后的DJP复合管桩桩径可达到1.2m，大于桩径设计值1m，满足设计要求，如图5所示；对桩基进行载荷试验，载荷试验曲线检测结果如图6所示，由于该工程桩属于嵌岩桩，单桩静载荷试验过程中加载到5400kN时单桩的位移量只有5.4mm，并且其Q-s曲线未出现明显转折点（见图7），因此推断单桩竖向抗压承载力极限值大于5400kN，特征值达到设计要求的2700kN。

图5 开挖后水泥土桩径

Fig. 5 DJP pile diameter after excavation

图6 现场载荷试验

Fig. 6 Field load test

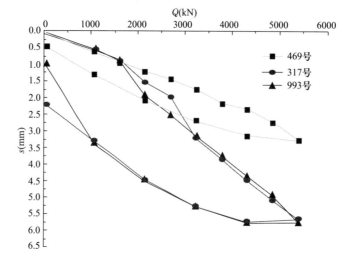

图7 单桩竖向抗压静载试验曲线

Fig. 7 Test curve of vertical compressive static load of single pile

6 复合地基静载荷试验与分析

由于本工程场地岩层起伏较大，单桩静载荷试验至少做两组且每组不少于三根，桩长以实际情况为准且两组桩的实际桩长要具有代表性。复合地基静载荷试验的数量堆煤区和环墙区应分别不少于三根，具体桩号情况如表 2 所示。

复合地基静载荷试验设计表 表 2

Static load test design table for composite foundation Tab. 2

序号	桩号	桩型	桩长（m）	桩径（mm）	设计承载力特征值（kPa）	要求最大试验荷载（kPa）
1	452 号	水泥土复合管桩	13	1000	330	660
2	405 号	水泥土复合管桩	38	1000	330	660
3	657 号	水泥土复合管桩	27	1000	330	660
4	986 号	水泥土复合管桩	16	1000	580	1160
5	936 号	水泥土复合管桩	22	1000	580	1160
6	1027 号	水泥土复合管桩	42	1000	580	1160

1 号 A 圆煤料场堆煤区复合地基承载力检测，选用面积为 9.61m^2 正方形承压板（见图 8），挡土墙下复合地基检测试验选用载荷板面积为 4.84m^2，堆煤区复合地基静载荷试验检测结果如图 9 所示，挡土墙区复合地基静载荷试验结果如图 10 所示。

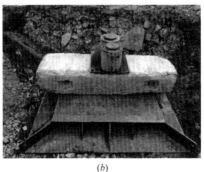

(a) (b)

图 8 复合地基现场静载荷试验照片

Fig. 8 Field static load test photos of composite foundation

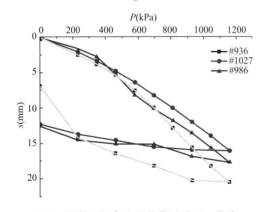

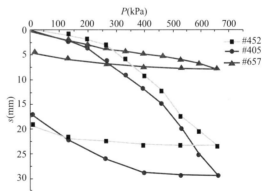

图 9 堆煤区复合地基载荷试验 P-s 曲线

Fig. 9 P-s curve of composite foundation load in coal pile area

图 10 挡墙区复合地基载荷试验 P-s 曲线

Fig. 10 P-s curve of composite foundation load test in retaining wall area

该场地的 P-s 曲线为缓变形，无明显的陡降段，根据《建筑地基处理技术规范》B. 0. 10 条规定，对于旋喷桩复合地基，可取 s/b 或 s/d 等于所对应的 0. 006 或者 0. 008 所对应的压力，桩身强度大于 1MP 且桩身质量均匀可靠时可取高值，当采用边长或者直径大于 2m 的承压板进行试验时，b 或 d 按

2m 计，现场对水泥土芯样抗压强度值进行检测，芯样抗压强度值≥1.2MPa（如表 3 所示），因此确定该复合地基承载力特征值对应的沉降值可取 0.007×2m＝14mm，堆煤区其对应的复合地基的承载力大于 400kPa，挡土墙去对应的复合地基承载力大于 800kPa，符合设计要求。

水泥土芯样抗压强度值 表 3

Comprehensive strength of core sample of soil-cement Tab. 3

试块编号	芯样抗压强度值（MPa）
1	1.7
2	1.8
3	1.2

7 结论

（1）潜孔冲击钻进解决了填海抛石地层抛填层成孔难的问题以及局部基岩起伏较大区域管桩嵌岩的问题。水泥土外桩对管桩的包裹作用增加了基桩抗水平承载力，同时解决了管桩腐蚀问题。

（2）DJP 复合管桩较普通桩基础单桩承载力大，可大幅缩短有效桩长，节约造价，大幅度提高单位面积承载力及地基抵抗变形能力。

（3）根据现场单桩静载荷试验以及复合地基静载荷试验结果可知，实际工程单桩静载荷试验以及复合地基静载荷试验检测结果符合设计要求，DJP 复合管桩对于填海抛填地层具有很强的适用性。

参考文献

［1］ 朱允伟，张亮，张微，戴斌，刘宏运. 潜孔冲击旋喷复合管桩及其在超厚砂层中的试验［J］. 工业建筑，2018，48（04）：89-92＋88.

［2］ 张亮，朱允伟，李楷兵，郭大庆，刘宏运. 潜孔冲击高压旋喷桩工法原理及特性研究［J］. 施工技术，2017，46（19）：59-62.

［3］ 李俊才，张永刚，邓亚光，华小龙. 管桩水泥土复合桩荷载传递规律研究［J］. 岩石力学与工程学报，2014，33（S1）：3068-3076.

［4］ 张永刚，李俊才，邓亚光. 管桩水泥土复合桩荷载传递机制试验研究［J］. 南京工业大学学报（自然科学版），2013，35（06）：79-85.

作者简介

陈伟，女，1990 年生，河北唐山人，汉族，硕士，主要从事岩土工程地基处理、基坑工程等方面的设计和科研工作。E-mail：1225235549@qq.com，电话：13716061421，地址：北京市海淀区西三旗甲一号。

THE ENGINEERING APPLICATION OF DJP COMPOSITE PIPE PILE IN RIPRAP MOUND REGION OF SEA RECLAMATION

CHEN Wei，LIU Hong-yun，FAN Jiliang，HUAN Pan，ZUO Xiang-chuang，WANG Haohao，WANG Fei，DAI Bin

（Beijing Rongchuang Geotechnical Engineering Co.，Ltd. Beijing，100085 ）

Abstract：There is usually large diameter parabolic stone in the up of riprap mound region of sea reclamation and the structure is loose and the space is large，affected by tidal fluctuation，the lower part is the weak stratum and the strati graphic structure is complex. In this paper，a new technique for the riprap mound region of sea reclamation is introduced，that is down the hole impingement high pressure rotary jet composite pipe pile which is called DJP composite pipe pile for short. In this paper，the principle of the technology is expounded，and it is proved that the technology is suitable for riprap mound region of sea reclamation through static load test of composite foundation on site.

Key words：composite pile，bearing capacity，riprap mound region of sea reclamation，composite foundation

钙质砂非线性渗流拖曳力的确定

王胤，周令新，杨庆

（大连理工大学海岸和近海工程国家重点实验室，辽宁 大连 116024）

摘　要：钙质砂作为岛礁工程主要填筑材料，其渗流特性将很大程度上影响岛礁填筑体的稳定性。拖曳力是流体对岩土材料表面作用力，其直接反映岩土颗粒与流体之间的相互作用，影响着岩土颗粒堆积体的渗流特性。当流体流速较高时，传统的达西定律已不再适用，超出达西定律适用范围的渗流区通常被称为非达西渗流区；此时，水力梯度与水流流速关系呈非线性。本文在前期对钙质砂渗流研究的基础上，采用自制水流控制压差渗流装置开展非达西渗流试验，获得渗流速度与水力梯度指标，通过采用人工神经网络方法，建立孔隙率、粒径和颗粒形状系数等多参数影响的非线性渗流关系表达式；进而确定较高渗流条件下，流体对钙质砂颗粒堆积体的拖曳力。该研究成果可以进一步应用于岛礁工程建设及钙质砂土体渗流、冲刷及沉降等实际问题分析研究中。

关键词：钙质砂；孔隙率；拖曳力；非达西渗流；水力梯度

1　引言

钙质砂是一种具有海洋生物成因的颗粒状岩土工程材料，具有形状不规则、粒径区间广泛及易破碎等物理力学特性，在我国南海海域分布广泛。作为常用的岛礁工程填筑材料，钙质砂的渗透性将很大程度上影响岛礁填筑体的稳定性。拖曳力为流体对固体颗粒表面作用力，其直接反映颗粒与流体之间的相互作用，影响着颗粒堆积体的渗流特性。早期对钙质砂的研究多集中在物理力学性质的分析。其中，刘崇权，汪稔等[1]对钙质砂进行三轴压缩、剪切等试验，认为要综合考虑颗粒破碎、剪胀及颗粒重排列对钙质砂力学及工程性能的影响；秦月等[2]开展室内模型试验研究了不同受力方向下钙质砂地基中单桩的承载性能；孟庆山等[3]通过现场原位扁铲侧胀试验和室内动静三轴扭剪试验，对不同条件下钙质砂土的液化特性进行了分析。近几年对钙质砂渗流特性的研究也逐步取得进展，其中，任玉宾等[4]通过钙质砂渗流试验研究了钙质砂颗粒级配和颗粒形状对其渗流特性的影响；钱琨等[5]研究了孔隙比等因素对钙质砂渗透性的影响并建立相关渗透系数计算模型；王胤等[6-8]通过单颗粒沉降试验建立了能反映钙质砂颗粒形状不规则性的单颗粒拖曳力系数公式，并将其嵌入到流固耦合数值程序 CFD-DEM 中，进行了相应的数值模拟研究。通过分析发现，目前学界尚未建立起针对钙质砂颗粒堆积体的拖曳力计算方法。其难点主要在于无法通过有限物理试验数据建立反映多参数影响的拖曳力计算模型。借鉴人工神经网络方法的特性试图解决该难题也是一个有效的方案。

人工神经网络方法最早于 1990 年由国外学者[9]开始使用建立材料的本构模型，在国内的岩土工程领域，张清等[10]较早地应用神经网络模型预测了岩土体的力学性质。另外，唐晓松、郑颖人等[11]利用不同级配粗粒土的渗流试验数据建立了可预估粗粒土渗透系数的神经网络；周喻等[12]利用神经网络对离散元软件中岩土体的细观力学参数进行了研究；Kumar[13]等利用神经网络建立的安全系数来预测边坡的稳定性。在工程应用方面，神经网络也应用在基坑周围土体沉降监测模型分析[14]和地铁建设土体参数反演及支护变形预测[15]。由此可见，人工神经网络方法在岩土工程领域具有强大的功能和广泛的应用价值。

本文开展钙质砂颗粒堆积体较高流速的渗流试验，考虑不同的颗粒粒径区间及堆积体孔隙率，获得钙质砂颗粒堆积体渗流流速和水力梯度关系，建立标准化水压降与渗流流速关系曲线；以钙质砂等效粒径和堆积体孔隙率作为输入变量，以渗流关系曲线中的特征值作为输出变量，通过建立 BP 神经网络模型，采用随机数据样本对网络模型进行训练，实现钙质砂渗流输入变量与关系曲线特征值输出变量的非线性映射，并最终建立特定颗粒形态的钙质砂非线性渗流拖曳力计算公式。

2 BP 神经网络算法方法

人工神经网络是一种可以进行信息处理的数学模型，其本质类似于大脑神经突触结构，神经网络是由各个层之间许多神经元构成的。神经元之间通过权重进行相互联系。其基本结构如图 1 所示。本文所采用的 BP 神经网络算法（Back Propagation）是一种按误差逆向传播的多层前馈网络，也是目前应用最广泛的神经网络模型之一[12]。同样 BP 神经网络包含了输入层（$X_1, X_2, \cdots, X_n$）、隐含层和输出层（$Y_1, Y_2, \cdots, Y_n$）。这种算法的基本原理是分为两个部分构建神经网络，即信号的正向传播和误差的反向传播。在信号的正向传播的过程中，首先向输入层输入数据信号，在经过隐含层的计算后，信号到达了输出层并开始计算期望与实际的输出结果之间的误差，然后进入误差的反向传播阶段。在这个阶段，误差回传分配给各个节点，进行权重的修

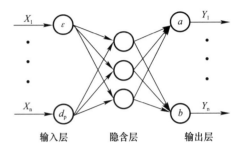

图 1 BP 神经网络结构图

正。通过不断的正反向传播，连续调整权值，直到误差足够小或是达到指定的训练次数。

BP 神经网络的搭建可以通过 MATLAB 软件中的神经网络工具箱来实现。其搭建步骤包含：数据的采集；数据的标准化处理；对用来进行神经网络训练和检测的数据进行比例分配；神经网络中神经节点数和层数的确定；以及数据在神经元之间传递所选取的激励函数；以上步骤均会影响最终神经网络的有效性。这里将简要介绍下数据的标准化处理过程，数据的标准化处理有利于消除数据之间的数量级差距同时加快神经网络的收敛。标准化过程满足公式（1），此时数据值大小满足 $[-1, 1]$ 之间。

$$x_{\mathrm{norm}} = 2\left(\frac{x - x_{\min}}{x_{\max} - x_{\min}}\right) - 1 \tag{1}$$

式中 x、$x_{\min}$、$x_{\max}$、x_{norm} 分别表示数据中实际的、最小的、最大的以及标准化处理后的数据值。本文研究在构建钙质砂堆积体拖曳力 BP 神经网络模型时采用 MATLAB（R2014a）版本中的神经网络工具箱；在神经网络的训练过程中采用 trainlm 函数即 Lecenberg-Marquardt 函数；隐含层的传递函数 Sigmoid 选取了 tansig 函数，输出层函数为 purelin 函数，详细介绍参见文献 [12]。

3 试验材料和试验方法

试验所采用的钙质砂材料取自中国南海某岛礁附近海域。在本文作者前期研究中[4,6-7]，已采用颗粒形状系数对钙质砂的不规则形状进行了定量描述，选取 100 个不同钙质砂颗粒进行形状系数分布统计，统计结果如图 2 所示，确定该批钙质砂颗粒的平均形状系数 $\psi = 0.528$。

为获得特定粒径区间钙质砂颗粒材料，将洗净烘干的钙质砂颗粒过筛分别得到五组粒径区间：$d = 0.5\sim1$，$1\sim2$，$2\sim3$，$3\sim4$，$4\sim5\mathrm{mm}$。特定粒径区间下，某一颗粒堆积体的孔隙率可通过控制不同干密度的钙质砂并采用下面式子来确定：

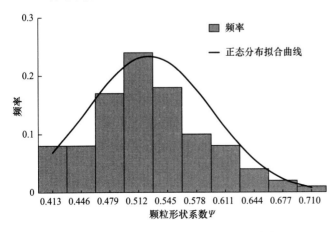

图 2 钙质砂颗粒形状系数 ψ 值分布曲线

$$e = \frac{\rho_{\mathrm{w}} G_{\mathrm{s}}}{\rho_{\mathrm{d}}} - 1 \tag{2}$$

$$\varepsilon = \frac{e}{1+e} \tag{3}$$

式中，e 为钙质砂颗粒堆积体的孔隙比；ρ_d 为堆积体干密度；G_s 为钙质砂颗粒比重近似为 $2.78^{[4,5]}$。

本研究采用自行设计的水流控制压差渗流装置开展非达西渗流试验，装置布置如图3所示。其中差压变送器用于测定钙质砂堆积体测试段两端的水压力差值 ΔP，采用电磁流量计测量获得通过钙质砂颗粒堆积体测试段的渗流流速 u，试验过程中流速的可通过特制球阀旋转加以控制。渗流试验关键参数见表1。

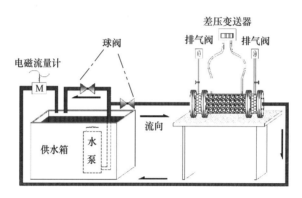

图3 渗流试验装置示意图

渗流试验关键参数表 表 1

堆积体测试段长度 L（mm）	渗流管直径 D（mm）	水的密度 ρ_w（g/cm³）	水的动力黏度 μ（Pa·s）	钙质砂颗粒比重 G_s
190	100	0.9982	1.005×10^{-3}	2.78

4 试验结果与神经网路分析

流体通过多孔介质流动时将受到颗粒介质的阻碍作用，水流的动水压力将下降。在水流流速相对较高条件下，可通过多相流研究普遍采用的 Ergun 公式的演变形式来确定动水压力降 ΔP 与水流流速 u 之间关系，如下：

$$\frac{\Delta P}{Lu} = M \frac{(1-\varepsilon)^2 \mu}{\varepsilon^3 d_p^2} + N \frac{(1-\varepsilon)\rho_w}{\varepsilon^3 d_p} u \tag{4}$$

式中，μ 为液体的动力黏滞系数；d_p 为钙质砂颗粒等效粒径，分别取五组粒径区间的中间值，分别为 d_p=0.75，1.5，2.5，3.5，4.5mm。式子左侧为采用流速 u 对单位长度水压力降 $\Delta P/L$ 进行标准化处理，式子右侧表示与渗流速度 u 呈线性关系；当渗流流速较低（认为是达西渗流）时，只保留式子右侧第一个常数项，第二个流速一次项消失，该情形认为是线性渗流。该式较好地反映较高流速渗流下水压力降与流速的非线性关系。M 和 N 分别为控制线性渗流与非线性渗流的常数，本文正是通过确定 M 和 N 两个常数来获得不同钙质砂颗粒堆积体的渗流特性。

对于5组钙质砂粒径区间，分别考虑4种不同堆积体孔隙率，共进行20组渗流试验，标准化的水压力降与渗流流速关系如图4所示。从图4可以看出，特定粒径及孔隙率渗透数据点由两部分组成，对于流速较低区间为达西渗流段（呈水平线段）；对于流速较高的非达西渗流段，数据点可拟合为具有一定斜率的直线。根据图中非达西渗流段直线的斜率 $a\left(=N \frac{(1-\varepsilon)\rho_w}{\varepsilon^3 d_p}\right)$ 和截距 $b\left(=M \frac{(1-\varepsilon)^2 \mu}{\varepsilon^3 d_p^2}\right)$，可以进一步确定式（4）中的常数 M 和 N 值。进一步分析可知，在同一粒径区间上，拟合直线段的斜率和截距均随着孔隙率的减小而增大；说明在同样粒径区间，孔隙率的减少使得流体通过钙质砂堆积体时需要更大的水压力。另一方面，在基本相近的孔隙率条件下，随着钙质砂等效粒径的减小，拟合直线段的斜率和截距也随之增大；这说明在较小粒径的钙质砂堆积体中，流体通过堆积体孔隙时同样需要较大的水压力。

在获得不同粒径区间不同孔隙率下渗流曲线的斜率 a 和截距 b 后，结合试样的等效粒径、孔隙率共 20 组数据样本，为了描述钙质砂这种形状不规则颗粒堆积体的渗流特性，建立起其堆积体的拖曳力系数模型，本文将通过 matlabR2014a 中的工具箱构建含有 3 个神经元节点的 3 层 BP 神经网络；利用其中的 15 组试验拟合数据进行网络训练，利用剩下 5 组试验拟合数据来检测所建立神经网络的有效性。神经网络的训练和模拟结果见图 4。

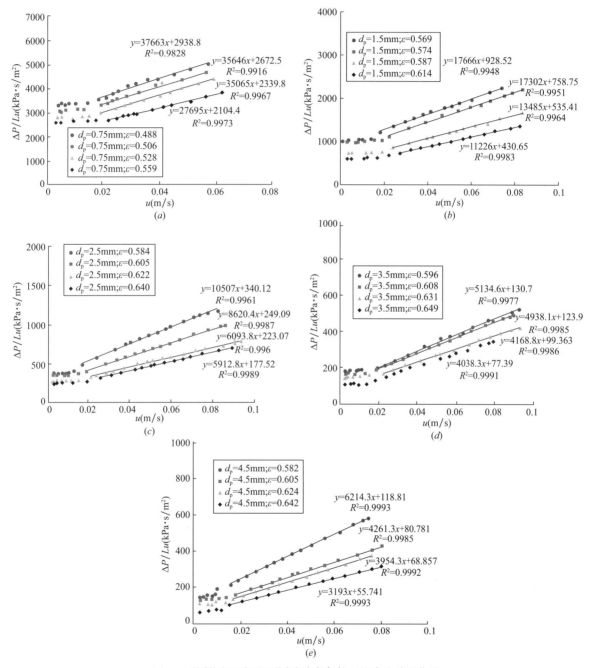

图 4　不同粒径区间和不同孔隙率条件下的渗流关系曲线

图 5 中（a）、（b）为试验数据拟合斜率和截距与神经网络训练得到的斜率和截距的对比图。拟合相关系数 R^2 均大于 0.998，说明训练得到的神经网络可以很好地反映出试验拟合得到的斜率和截距。为了证明所得神经网络的有效性，图 5（c）、（d）给出了试验数据拟合的斜率和截距与神经网络模拟预测的斜率和截距之间的对比情况，拟合相关系数 R^2 均大于 0.99。说明所建立的 BP 神经网络可以较好地预测钙质砂渗流关系曲线的斜率和截距。进而反算出公式（4）中的常数 M 和 N。其中 M 和 N 可通过

渗流拟合曲线的斜率和截距获得，见式（5）和式（6）；并根据堆积体的流体拖曳力通用计算公式（7）

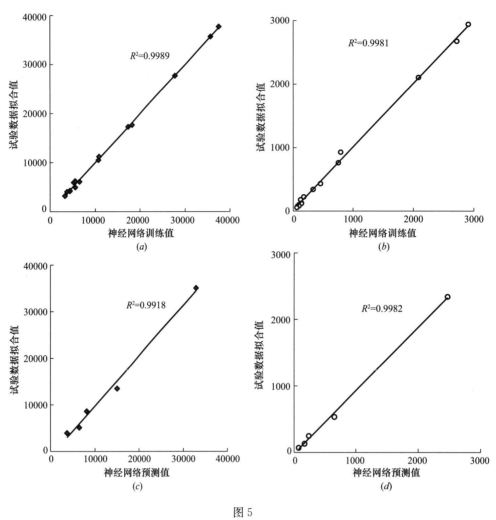

图 5

（a）（b）为试验数据拟合斜率截距和神经网络训练得到斜率截距对比图；

（c）（d）为试验数据拟合斜率截距和神经网络模拟预测得到斜率截距对比图

$$M = \frac{b\varepsilon^3 d_p^2}{(1-\varepsilon)^2 \mu} \tag{5}$$

$$N = \frac{a\varepsilon^3 d_p}{(1-\varepsilon)\rho_w u} \tag{6}$$

$$F_D = \frac{\pi d_p^3}{6}\left(\frac{\varepsilon}{1-\varepsilon}\right)\frac{\Delta P}{L} \tag{7}$$

将公式（4）中等号左侧 u 乘到右侧后代入公式（5）中，进一步得到钙质砂堆积体的拖曳力为：

$$F_D = \frac{\pi d_p u}{6\varepsilon^2}\left[M(1-\varepsilon)\mu + Nd_p\rho_w u\right] \tag{8}$$

其中 M 和 N 可通过所建立神经网络模型获得。研究中构建的神经网络模型结构参数详见表 2。

BP 神经网络模型结构参数　　　　　　　　　　　　　表 2

隐含层神经元	隐含层			输出层			
	权值 w_1		阈值 b_1	权值 w_2			阈值 b_2
3	−0.56721	−0.91443	−0.34872	0.859211	−0.63619	0.974699	−0.52431
	2.347876	0.284906	2.880798	0.356956	−1.78209	2.667057	−1.54515
	1.758899	−1.9962	4.911075				

5　结论

本研究针对南海钙质砂岩土材料，采用自制水流控制压差渗流装置开展非达西渗流试验，获得渗流速度与水力梯度指标，通过采用人工神经网络方法，建立孔隙率、粒径和颗粒形状系数等多参数影响的非线性渗流关系表达式；进而确定较高渗流条件下，流体对钙质砂颗粒堆积体的拖曳力，获得结论如下：

（1）在相同钙质砂粒径区间的非线性渗流试验中，渗流关系曲线的斜率和截距随着孔隙率的减小而增大，反映出了孔隙率对堆积体中流体流通的影响作用。

（2）在相同钙质砂堆积体孔隙率条件下的渗流试验中，渗流关系曲线的斜率和截距随着等效粒径的降低而增大，同样地反映了更大钙质砂堆积体粒径对流体流通的影响效应。

（3）通过较少量的试验数据能够搭建 BP 神经网络模型，其可以很好地预测钙质砂堆积体渗流关系曲线特性，确定相关重要参数指标，并进一步推导获得钙质砂堆积体渗流流体拖曳力计算公式。

参考文献

[1] 刘崇权，汪稔. 钙质砂物理力学性质初探 [J]. 岩土力学，1998，19（1）：32-37.

[2] 秦月，孟庆山，汪稔，朱长歧. 钙质砂地基单桩承载特性模型试验研究 [J]. 岩土力学，2015，36（6）：1714-1720.

[3] 孟庆山，秦月，汪稔. 珊瑚礁钙质沉积物液化特性及其机理研究 [J]. 土工基础，2012，26（1）：21-24.

[4] 任玉宾，王胤，杨庆. 颗粒级配与形状对钙质砂渗透性的影响 [J]. 岩土力学，2018，39（02）：491-497.

[5] 钱琨，王新志，陈剑文，刘鹏君. 南海岛礁吹填钙质砂渗透特性试验研究 [J]. 岩土力学，2017，38（06）：1557-1564.

[6] WANG Y，ZHOU L，WU Y，et al. New simple correlation formula for the drag coefficient of calcareous sand particles of highly irregularshape [J]. Powder Technology，2018，326：379-392.

[7] 吴野，王胤，杨庆. 考虑钙质砂细观颗粒形状影响的液体拖曳力系数试验研究 [J]. 岩土力学，2018，39（9）：1001-1011.

[8] 王胤，周令新，杨庆. 基于不规则钙质砂颗粒发展的拖曳力系数模型及 CFD-DEM 流固耦合数值方法 [J]. 岩土力学（录用待刊）.

[9] Ghaboussi J，Joghataie A. Active control of structures using neural network [J]. Engineering. Mechanies，1995，4：555-567.

[10] 张清，宋家蓉. 利用神经元网络预测岩石或岩石工程的力学性态 [J]. 岩石力学与工程学报，1992（01）：35-43.

[11] 唐晓松，郑颖人，董诚. 应用神经网络预估粗颗粒土的渗透系数 [J]. 岩土力学，2007，28（S1）：133-136＋143.

[12] 周喻，吴顺川，焦建津，张晓平. 基于 BP 神经网络的岩土体细观力学参数研究 [J]. 岩土力学，2011，32（12）：3821-3826.

[13] Kumar S，Basudhar P K. A Neural Network Model for Slope Stability Computations [J]. Géotechnique Letters，2018：1-20.

[14] 赵富章. 上海某基坑工程周边地面沉降监测及预测模型研究 [D]. 吉林大学，2017.

[15] 吴楠. 基于 BP 神经网络的地铁场地土体参数反分析与支护变形预测 [D]. 中国地质大学（北京），2017.

作者简介

王胤，男，1982 年生，中国辽宁，博士，副教授。主要从事海洋土力学、海洋锚固基础及微细观流固耦合数值模拟方法研究。E-mail：y. wang@dlut. edu. cn，电话：0411-84708511-810。地址：辽宁省大连市凌工路 2 号，大连理工大学综合实验 1 号楼 213 室，116024。

DETERMINATION OF DRAG FORCE FOR NON-LINEAR SEEPAGE FLOW WITHIN CALCAREOUS SAND

WANG Yin，ZHOU Ling-xin，YANG Qing

(State Key laboratory of Coastal and Offshore Engineering，
Dalian University of Technology，Dalian，Liaoning，116014)

Abstract：Calcareous sand which is often used as the sea-filling material for artificial islands. The permeability of calcareous sand can significantly affect the stability of the filling soil mass. The drag force which represents the fluid force acting on the particle surface，plays an important role on the permeability of the sand particle assemblies. When the fluid flow velocity is relatively high，it is considered as the non-Darcy flow in which the classical Darcy's seepage theory is not available any more. The relationship between hydraulic gradient and fluid flow velocity exhibits non-linear form. In this paper，based on the authors' previous research，the non-Darcy flow has been investigated by the self-developed testing apparatus. By using the Artificial Neutral Network method，the relationship between hydraulic gradient and flow velocity can be proposed with respect to multiple parameters，such as，porosity，particle diameter and shape. Furthermore，the collective drag force within the calcareous sand assemblies can be determined by the analytical solution. The determination of drag force can be further applied to the study on the seepage flow，scouring and settlement for calcareous sand in the construction of artificial islands.

Key words：Calcareous sand，porosity，drag force，non-Darcy flow，hydraulic gradient

八、地质灾害风险与防控

强震区高位滑坡综合治理工程设计研究
——以茂县梯子槽滑坡为例

王文沛[1]，殷跃平[1]，闫金凯[1]，杨龙伟[2]

(1. 自然资源部地质灾害防治技术指导中心，北京　100081；

2. 长安大学地质工程与测绘学院，陕西 西安　710061)

摘　要： 2017 年 6 月 24 日发生的茂县新磨滑坡是一起典型的突发性高速远程滑坡灾害，它的堆积体体积达 1637×10⁴m³，摧毁了新磨村村庄，导致 83 人死亡。因此，本文以该地区另一起典型高位滑坡——茂县梯子槽滑坡为例，提出一种针对强震区高位滑坡的综合治理工程设计方案，以期供类似工程参考。该滑坡纵长 540m，宽度约 560m，体积 1388×10⁴m³，为特大型滑坡。经前期勘查发现，滑坡在横向上分为 A、B、C 三区，特别是 A 区前缘已完全解体，现阶段持续不断发生滑塌，处于不稳定状态，并可能进一步诱发 A 区滑坡，甚至梯子槽滑坡整体滑落入江，掩埋前部石大关乡，并在岷江形成堵溃放大效应。本文结合现场调、勘查结果，针对滑坡前缘与江面高差近 200m，滑坡厚度超过 60m、坡度近 40°等技术难题进行攻关，创造性地提出了埋入式小口径组合桩群抗滑体设计方案，依靠抗滑体形成的拱圈抗滑力和拱圈侧壁阻滑力共同提升滑坡的稳定性，并利用安全系数分区方法进行了方案比选，评价了其与预应力长锚索方案组合使用的防治效果，证明了该方案在技术上有效可靠。此外，该设计方案也将在今后的试验性工程和实际施工过程中进一步优化。

关键词： 高位滑坡；强震区；治理工程；小口径组合桩群

1　引言

近年来，在汶川地震等强震区常发生一种破坏性极大的突发性高速远程滑坡灾害，它都有相同的运动规律——高位启动、惯性加速、动力侵蚀、流通堆积，最终在下游河沟形成堵溃放大效应，造成重大人员财产损失[1,2]。虽然这类地质灾害表面看似规模不大，但隐蔽性强，遇雨出现失稳的风险较大，冲击力极大，是当前调查排查和防范应对的重中之重。2017 年 6 月 24 日发生的茂县新磨滑坡就是这种典型，它的堆积体体积达 1637×10⁴m³，摧毁了新磨村村庄，导致 83 人死亡[3-5]。在茂县这样的高位滑坡隐患不在少数，较具有代表性的有茂县梯子槽滑坡，距离新磨滑坡仅 20km（图 1）。该滑坡为一古滑坡，目前正处于复活状态，滑坡方量约 1388×10⁴m³，为巨型滑坡，直接威胁下部岷江对岸石大关乡政府、小学及加油站等共计 113 人安全。因此，本文以茂县梯子槽滑坡为例，提出一种针对强震区高位滑坡的综合治理工程设计方案，以期供类似工程参考。

茂县石大关乡拴马村梯子槽滑坡位于岷江右岸，与石大关乡集镇隔江相望，地理坐标北纬 31°53′14.89″，东经 103°40′51.12″。河谷左岸坡脚有 G213 国道通过，距离茂县县城约 35km，有通村公路可达滑坡体，交通条件较好（图 1）。岷江河段河谷深切，两岸谷坡陡峻，坡度约 40°~50°，分水岭高程一般 3700~3900m，谷底宽度 100~200m，高程约 1730m（岷江水位标高），相对高差 2000m 左右。

2　环境地质条件及滑坡特征

梯子槽滑坡地处大关弧形构造带西翼，其构造带中的石大关断层沿附近岷江两岸东西向支沟分布，长 5.5km，沿着石大关弧形构造向南突出，使泥盆系危关群上组推掩于二叠系之上，断层面产状为倾向

NE139°∠78°（图1）。区内发育大店倒转向斜，为一向南突出的弧形褶曲，轴面倾向弧形外侧，即西段倾向南西约210°，东段倾向南东约120°，倾角50°～60°，由三叠系上统新都桥组组成核部，石炭至二叠系及西康群各组组成翼部。岷江河谷两岸斜坡区主要出露泥盆系危关群上组（Dwg²）灰黑色、灰黄色炭质千枚岩，岩层产状NE195～209°∠71°～78°，与斜坡走向呈大角度相交。

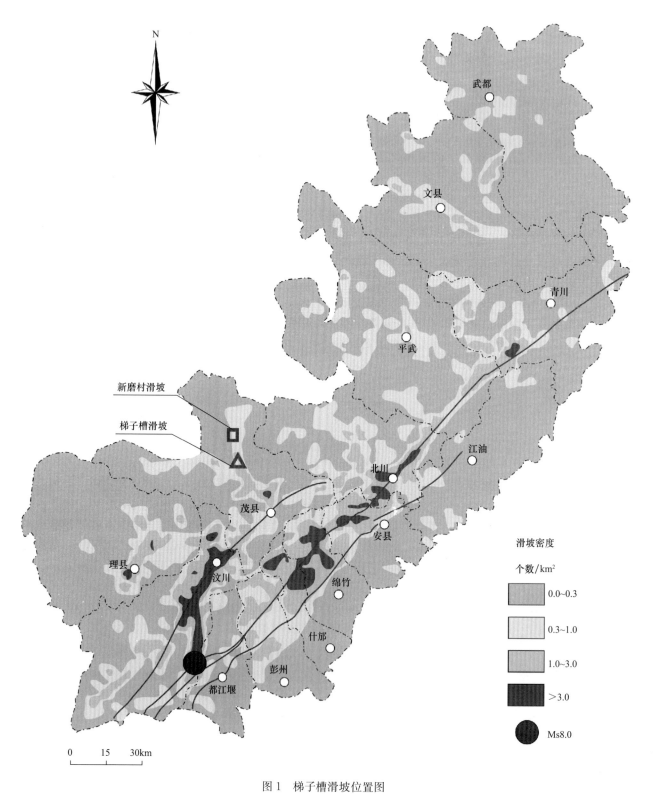

图1　梯子槽滑坡位置图

Fig. 1　The location of the Tizicao landslide in Maoxian County，Sichuan

滑坡区总体上呈圈椅状地形，地势西高东低，斜坡坡向 44°～78°。岷江江边至 2000m 高程段为直线型陡坡，坡度约 70°，多为基岩出露；2000m 以上至滑坡后缘裂缝分布区域地形略为平缓，平均坡度 25°左右，为滑坡主要分布区域，由于滑动滑动影响以及人为耕种的改造，坡体陡缓相间；滑坡后缘裂缝以上至 2450m 左右高程区为滑坡后壁陡坡，坡度 45°左右，多为林地分布（图 2）。

图 2 梯子槽滑坡平面分区图

Fig. 2 Characteristic zoning of the Tizicao landslide

（a）梯子槽滑坡无人机影像；（b）梯子槽滑坡全貌；（c）梯子槽滑坡前缘崩落区

滑坡平面形态呈不规则的四边形。其后缘至本次复活滑动形成的后缘深大拉张裂缝后侧陡壁，陡壁高约 5～10m；前缘剪出口位于海拔 2000m 左右，高于岷江水位约 260m，坡度由陡变缓的地形转折部位，下部可见大面积出露的完整基岩；北侧至大槽沟附近，南侧至老熊洞沟。这些冲沟均为坡面冲沟，纵坡降大，平时干涸，暴雨条件下易集水汇流，形成短时洪水（图 2）。滑坡平面地质如图 3 所示。

根据滑坡变形强弱、滑体厚度、滑动方向、地表形态等，划为 A、B、C 三个大区（图 2）。北侧为A 区：面积 11.15 万 m²，滑体厚度 33.9m，方量 378.0 万 m³。中部为 B 区：面积 6.42 万 m²，滑体厚度 48.9m，方量 313.9 万 m³。南侧为 C 区：面积 13.21 万 m²，滑体厚度 52.7m，方量为 696.3 万 m³。由于 A 区变形较为剧烈，尤其前缘已完全解体，现阶段持续不断发生滑塌，处于不稳定状态，将其进一步分为前缘塌落变形区（A1 分区）、后缘拉裂沉陷变形区（A2 分区）、北侧剪切变形影响区（A3 分区）3 个亚区。由于 A1 区已滑动约 6 万 m³ 进入岷江，现阶段还在不断发生规模不等的滑塌，若不及时进行治理加固，势必会引起 A 区乃至整个梯子槽滑坡整体滑移入江。

图 4（a）为 A 区主剖面 I-I′，含 ZK01～ZK05 钻孔，其中最前缘 ZK05 布设于 A1、A2 交界处（裂缝 A）后方。根据钻孔揭示的滑体结构特征为：滑体由表层松散堆积体和下部碎裂岩体等 2 层组成，即表层松散土体厚度一般 3～10m，主要为灰黄色粉土夹碎块石或碎块石土；下部为碎裂岩体，原岩成分均为灰黑色、黑色炭质千枚岩，分布于整个滑坡区，厚度 10～50m。综合判定为早期倾倒变形体。而下

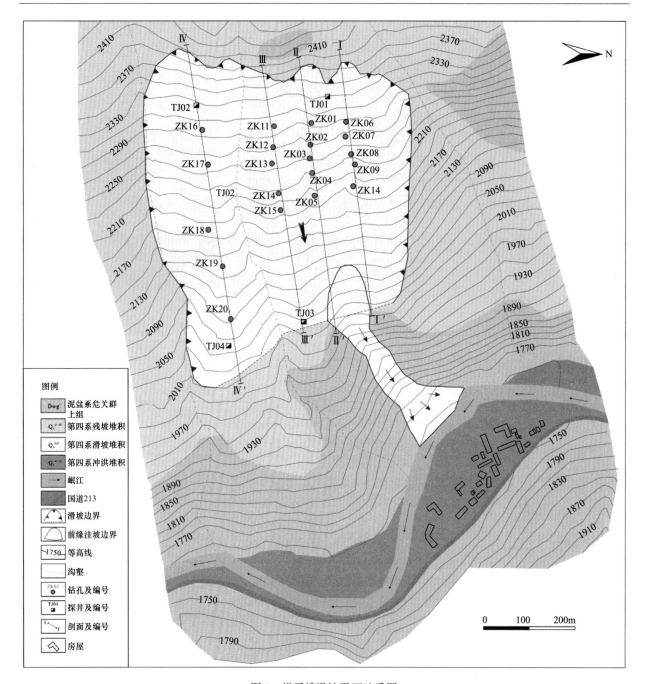

图 3 梯子槽滑坡平面地质图

Fig. 3 Geological map of the Tizicao landslide

部滑带土主要为灰色或黄褐色的粉质黏土夹角砾、碎块石，呈硬塑状，密实，与上、下母岩一致，可见明显擦痕，滑带土一般厚度 1.2～3.0m。

3 加固方案比选

本文以 A 区主剖面Ⅰ-Ⅰ′（图 4a）为例，评价滑坡在加固前、加固方案一（场镇搬迁：局部小口径组合桩群）、方案二（场镇搬迁：锚索＋小口径组合桩群）时的稳定性（图 5）。其中，考虑到一般桩长设计达到 60m 以上，有效长度仅有 30m 左右，故创造性提出埋入式小口径组合桩群，其中桩径 300mm，C30 工字钢砼结构，桩顶至地表采用砂浆回填，桩群布设形式为拱形，桩间距为 2m。锚索采用预应力锚索，预应力 2000kN。对比的工况仅考虑天然工况。在场镇搬迁的情况下，本滑坡防治等级标准可按Ⅲ级设防，依据国标《滑坡防治设计规范》（报批稿），其天然工况下对应的安全系数为 1.20。

加固方案对比的依据是利用安全系数分区云图，如图 4 所示，选用的计算软件为 FLAC[6]，选用的方法是强度折减法。其中，计算云图中红色安全系数为 0.90～0.95，橙色为 0.95～1.00，黄色为 1.00～1.05，浅绿色为 1.05～1.10，绿色为 1.10～1.15，浅蓝色为 1.15～1.20，蓝色为 1.20 以上。图 4（b）为天然状态下滑坡安全系数分区图。天然状态下 A 以下滑坡体发生局部滑动（A1 区滑坡），并形成滑槽，这与图 4（b）的红色区域基本吻合，即在 A 附近。图 4（b）中，通过云图发现橙色区域上部在 C，黄色区域上部在 D 附近，浅绿色区域上部几乎延伸到整个滑坡的后缘，即将接近 E。滑坡整体安全系数约 1.05～1.10。

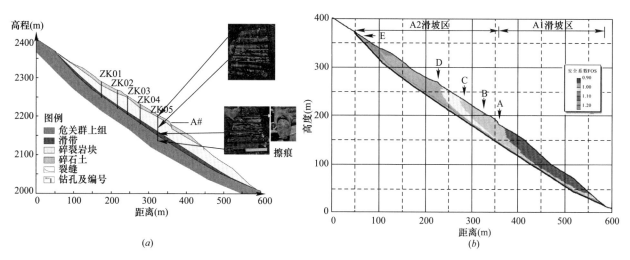

图 4　梯子槽滑坡 1-1′地质剖面图及安全系数云图

Fig. 4　Geological profile and FOS contou of Section 1-1′ in the Tizicao landslide

（a）梯子槽滑坡 1-1′地质剖面图；（b）梯子槽滑坡加固的安全系数云图

加固方案一完全采用埋入式小口径组合桩群，属于单一方案；而方案二采用后部施加长预应力锚索，A2 区前部设置埋入式小口径组合桩群，属于组合方案（见图 5）。

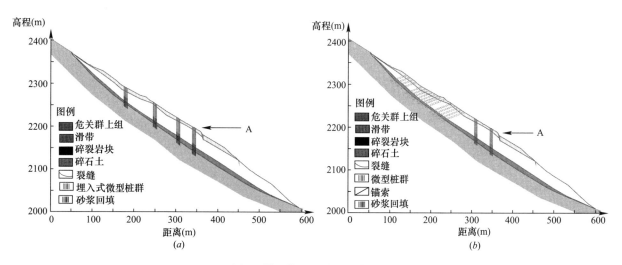

图 5　梯子槽滑坡治理方案比选

Fig. 5　Comparison and selection of treatment schemes for Tizicao landslide

（a）方案一：埋入式小口径组合桩群；（b）方案二：锚索＋埋入式小口径组合桩群

模拟中采用的材料（含结构）参数通过室内物理力学实验及工程类比获得，详见表1。

材料模型及参数　　　表1

Material model and the parameters　　　Tab. 1

材料	基岩	滑带	碎裂岩块	碎石土	小口径桩	锚索
模型	Elastic	M-C	M-C	M-C	Elastic	Elastic
密度（kN/m³）	27	19	20	16	—	—
弹性模量（MPa）	11000	10	15	40	20000	200000
泊松比	0.29	0.25	0.25	0.25	0.2	0.2
黏聚力（kPa）	—	21.3	28.7	16.3	—	—
内摩擦角°	—	25.3	20.9	24.4	—	—

图6（a）为方案一滑坡安全系数分区图，红色区域上部在A附近，橙色区域上部在A和B中间，黄色区域上部在B，浅绿色及绿色区域上部较为接近，都刚超过C，浅蓝色区域上部刚到达D，蓝色区域上部到达E。须注意的是各颜色区域上部未到达E，底部也未到整体滑动时的滑面，小口径组合桩群抗滑效果明显，认为滑坡整体稳定性得到提高，安全系数基本在1.20左右。

图6（b）为方案二滑坡安全系数分区图，红色区域上部在A附近，橙色区域在A和B中间，黄色区域上部刚超过B，浅绿色区域上部到达D，绿色区域上部已经到达E。须注意的是虽然各颜色区域底部也未到整体滑动时的滑面（小口径组合桩群抗滑效果明显），但基本接近该滑面。故认为滑坡整体安全系数为1.10~1.15。

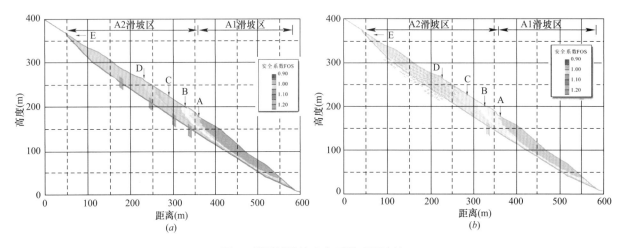

图6　梯子槽滑坡安全系数云图比较

Fig. 6　Comparison of FOS contours of two kinds of treatment

（a）方案一：埋入式小口径组合桩群；（b）方案二：锚索＋埋入式小口径组合桩群

4　结论

本文通过现场调勘查对梯子槽滑坡特征及分区进行了系统分析，并利用有限差分强度折减计算模型[7,8]研究了单一埋入式小口径组合桩群及其与锚索组合抗滑方案的效果，得出以下主要结论：

（1）该滑坡为复活型的高位巨型滑坡，滑坡厚度超过60m。其中A区变形最为剧烈，尤其前缘A1分区已完全解体，现阶段持续不断发生滑塌，处于不稳定状态，急需治理。A1分区前部为一近70°基岩陡坡，距离岷江江面约260m，滑坡治理难度很大。

（2）埋入式小口径组合桩群设计方案能有效提高此类厚层高位滑坡的稳定性，其施工方便，机理明晰，可为类似的高位滑坡的治理提供良好的工程借鉴。单一埋入式小口径组合桩群设计方案甚至优于其与锚索组合抗滑方案的效果，并满足Ⅲ级设防标准。

（3）今后的研究中还应加强三维计算分析，进一步揭示其拱圈效应对滑坡稳定性提高的作用。

参考文献

[1] Yin YP，Cheng YL，Liang JT，Wang WP． Heavy-rainfall-induced catastrophic rockslide debris flow at Sanxicun，Dujiangyan，after the Wenchuan Ms 8.0 earthquake [J]． Landslides，2016，13（1）：9-23

[2] Gao Y，Yin YP，Li B，Feng Z，Wang WP，Zhang N，Xing AG． Characteristics and numerical runout modeling of the heavy rainfall-induced catastrophic landslide-debris flow at Sanxicun，Dujiangyan，China，following the Wenchuan Ms 8.0 earthquake [J]． Landslides，2017，14（4）：1361-1374

[3] 殷跃平，王文沛，张楠，闫金凯，魏云杰，杨龙伟． 强震区高位滑坡远程灾害特征研究：以四川茂县新磨滑坡为例 [J]． 中国地质，2017，44（5）：827-841．

[4] Fan XM，Xu Q，Scaringi G，Dai LX，Li，Dong XJ，Zhu X，Pei XJ，Dai KR，Havenith HB． Failure mechanism and kinematics of the deadly June 24th 2017 Xinmo landslide，Maoxian，Sichuan，China [J]． Landslides，2018，14（9）：2129-2146．

[5] Su，LJ，Hu KH，Zhang，WF，Wang J，Lei Y，Zhang CL，Cui P，Alessandro P，Zheng QH． Characteristics and triggering mechanism of Xinmo landslide on 24 June 2017 in Sichuan，China [J]． Journal of Mountain Science，2017，14（9）：1689-1700．

[6] Itasca Consulting Group． FLAC/Slope Ver． 7.0 User's Manual [M]． Minneapolis，Minnesota：Itasca． 2011．

[7] Dawson，E．，K． You and Y． Park． Strength-reduction stability analysis of rock slopes using theHoek-Brown failure criterion [J]． Geotechnical Special Publication 2000，290（102），65-77．

[8] Cheng，YM，T． Lansivaara and W． B． Wei． Two-dimensional slope stability analysis by limit equilibrium and strength reduction methods [J]． Computers and Geotechnics，2007，34，137-150．

作者简介

王文沛，男，1985 年生，汉族，博士，中国地质环境监测院高级工程师，主要从事地质灾害研究与防治。E-mail：wangwp@mail. cigem. gov. cn．

A DESIGN METHOD STUDY ON THE STABILIZATION OF THE RIDGE-TOP ROCKSLIDE IN A STRONG EARTHQUAKE AREA：A CASE STUDY OF THE TIZICAO LANDSLIDE IN MAOXIAN COUNTY，SICHUAN PROVINCE

WANG Wen-pei[1]　YIN Yue-ping[1]　YAN Jin-kai[1]　YANG Long-wei[2]

（1. China Institute of Geological Environment Monitoring，Beijing 100081，China

2. School of Geological and Surveying & Mapping Engineering，Shaanxi Chang'an University，Xi'an 710061，China）

Abstract：The Xinmo landslide is a typical type of catastrophic ridge-top（or high-position）rockslide，and it occurred at Maoxian County，Sichuan Province on June 24，2017，with the volume of up to 16. 37

million m^3, and buried the Xinmo Village, leading to the death of 83 people. Therefore, this paper take another ridge-top rockslide in this area——the Tizicao landslide at Maoxian County as an example, and put forward a comprehensive design method for the control project of the ridge-top landslide in the strong earthquake area, in order to provide reference for similar projects. The landslide has a longitudinal length of 540m, a width of 560 m and a volume of 13.88 million m^3, that is a large-scale landslide. After early exploration, it was found that the landslide was transversely divided into three areas, namely, area A, area B and area C. The front edge of area A had been completely disintegrated, and now it was collapsing continuously and was in an unstable state, which may further make the area A landslide and even the whole landslide fall into the river and bury the Shidaguan Village, forming a landslide dam in the Minjiang River. In this paper, based on the field investigation and the survey results, the technical problems were being solved, that the difference between the height of the front edge of area A and the river surface is nearly 200m, the thickness of the landslide is more than 60m, and the slope is nearly 40°. Therefore, a creative design method was proposed, that is the anti-sliding body by using embedded micro-pile group. It will improve the stability of landslide through adding the anti-sliding force of arch formed by anti-slide body and the side-wall resistance force of the arch. By using the method of factor-of-safety contours for scheme comparison, its control effect was evaluated with the schemes of combined embedded micro-pile group and long prestressed anchor cables, and it was proved that the scheme of anti-sliding body is effective and reliable in technology. In addition, the design scheme will be further optimized in the future experimental engineering and actual construction process.

Key words: ridge-top landslide, strong earthquake area, control project, micro-pile group

滑坡防治小口径组合桩群大型物理模拟试验研究

闫金凯，殷跃平

（中国地质环境监测院，北京　100081）

摘　要：通过开展小口径组合桩群与滑坡相互作用的大型物理模拟试验，研究小口径组合桩群加固滑坡的承载机理、受力情况及破坏模式。试验结果表明：小口径桩所受的滑坡推力基本呈梯形分布，滑面附近的土压力较大。桩后滑体抗力呈抛物线形分布；滑床抗力沿高度方向不均匀分布，滑面附近的桩后滑床抗力较大。滑坡滑动时，小口径桩各桩排间基本同时受力、同时发生变位且同时发生破坏，各排小口径桩的受力分布情况基本相同。小口径桩受荷段承受负弯矩，滑面上 1/2 受荷段桩长范围内弯矩较大，最大负弯矩位于滑面以上 7 倍桩径处。各排小口径桩的破坏情况基本相同，破坏区域位于滑面上下各 3 倍桩径的范围内，其破坏模式为发生于滑面附近的弯曲与剪切相结合的破坏。

关键词：小口径组合桩群；滑坡；模型试验；受力分布；破坏模式

1　引言

小口径桩（micropiles）是指直径一般小于 300mm，钻机成孔、强配筋后采用压力注浆成桩的钻孔灌注桩。由于其具有施工方便迅速、桩位布置灵活、对滑坡体扰动小等优点，越来越多的应用于滑坡治理工程，特别是滑坡应急抢险工程中[1-3]，取得了良好的治理效果。由于小口径桩应用于滑坡治理中的历史较短，人们对小口径桩的承载机理还没有充分的认识，工程设计中多采用普通抗滑桩的设计方法或依靠经验确定。

国内外一些学者和工作人员针对小口径桩的水平受荷性能进行了试验研究，如 Awad[4] 通过现场试验初步研究了作用在单根小口径桩上的横向荷载与所需桩长的关系；Richards 等[5] 研究了小口径桩的横向受载工作性状；Konagai 等[6] 通过模型试验对具有坚硬承台的横向受载小口径桩桩群的工作性状进行了详细的分析。以上试验是把小口径桩作为桩基来研究的，其结果能否应用于滑坡治理中的小口径桩尚有待商榷。在小口径桩的设计计算方面，也有一些学者进行了研究[7-9]，但缺乏有效的试验验证。

为明确滑坡治理中小口径组合桩群的工作特性，笔者进行了滑坡与小口径组合桩群相互作用的大型物理模拟试验，主要研究小口径桩的受力变形特性，为滑坡治理中的小口径桩设计提供科学依据。

2　试验模型设计

2.1　试验原理

试验以黄土为介质制作滑坡模型，人工设置滑面，采用于坡顶分级施加荷载的方式使滑坡体滑动，对小口径桩群桩进行从加载到破坏的全过程试验研究，分析小口径桩群桩在滑坡治理中的作用机制、受力情况、桩排间推力的分配比率及破坏模式等。通过安装在小口径桩前后及滑体中的压力盒，监测小口径桩的受力及滑体中土压力的变化情况；通过粘贴于小口径桩主筋上的应变片，测试桩身应变，并进一步换算成桩身弯矩；通过安装在桩顶和滑坡剪出口处的位移计，测试小口径桩和滑坡体的变形情况。试验模型示意图如图 1 所示。

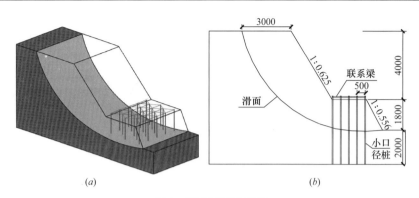

图 1 试验模型示意图

Fig. 1 Schematic diagram of landslide model

（a）试验模型示意图；（b）模型剖面图（单位：mm）

2.2 相似比例设计

根据试验条件，本次试验以几何相似比 $C_L=3$、弹性模量相似比 $C_E=1$ 为基础相似比，根据相似理论原理[10]列出 π 项式，可计算各物理量的相似比如下：$C_q=3$，$C_P=9$，$C_\sigma=1$，$C_\varepsilon=1$，$C_{Ac}=9$，$C_{As}=9$。其中，q 为桩身所受线荷载，P 为桩身所受集中力，σ 为桩身应力，ε 为桩身应变，A_c 为桩身截面积，A_s 为配筋截面积。

2.3 模型材料

（1）滑床及滑体

本次试验主要针对小口径组合桩群在土质滑坡中的性状开展研究，考虑到试验材料获取的方便性，

图 2 滑面示意图

Fig. 2 Schematic diagram of slide face

（3）模型桩与联系梁

为方便测试仪器的埋设，本次试验采用的模型桩为钢筋混凝土预制桩，小口径桩采用细石混凝土浇筑，混凝土强度等级为 C25，水泥强度等级为 42.5R。桩长 4m，桩径为 60mm，配筋方式采用 4φ6.5。桩顶部位通过角钢将各桩的桩顶联结为一体，模拟联系梁。

2.4 小口径桩的布设

试验布设五排小口径桩，排间距 0.5m，各排中桩间距为 0.8m，品字形布设，如图 3 所示。

2.5 量测内容

选取位于模型中部的两个剖面为测试剖面，于桩前、

试验中滑床及滑体均采用黄土分层填筑，黄土取自西安市南郊，分层填筑后按之前进行的夯实试验所得的夯击次数进行夯实。填土过程中现场取土样进行重度及含水率的测试，实际夯实后的土体重度为 18.3kN/m³，含水率为 15%。

（2）滑带

滑带形状为圆弧状。滑床土填筑完成后，依据设计的滑面形状进行滑面的制作，制作完成后在其上铺设双层塑料薄膜模拟滑带，滑带参数经无桩试验时滑坡体处于极限平衡状态时的加载量及滑坡推力反算确定为：$c=3.5kPa$，$\varphi=16°$。滑面如图 2 所示。

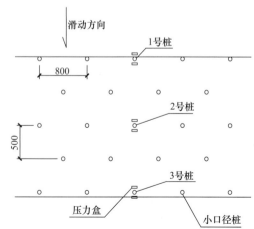

图 3 小口径桩及压力盒布设平面图

Fig. 3 Layout of mircopiles and load cells

后沿桩身高度埋设压力盒，测试小口径桩所受的滑坡推力、桩后滑体抗力、及滑床抗力的分布及变化情况。于小口径桩桩顶及滑坡剪出口处布置位移计，测试桩顶及剪出处的水平向位移。

2.6 加载设计

滑坡模型制作完成后，采用堆加沙袋的方法于滑坡体的坡顶分级施加竖向荷载，单次的加载量设计为8kPa。每施加一级荷载后实时量测数据，待数据基本稳定后再施加下一级荷载。本次试验共施加了48kPa的荷载。

3 试验结果与分析

3.1 小口径桩破坏模式

试验结束后，对试验模型进行了剖面开挖，以观察小口径桩的破坏特征，如图4所示。从开挖剖面来看，滑坡体完全沿预设的滑面滑动，未产生新的破裂面。各排小口径桩的破坏情况基本相同，均于滑面附近发生破坏。桩身的基本破坏特征为：滑面下锚固段桩前受拉、桩后受压；滑面上受荷段桩前受压、桩后受拉。桩的破坏区域为滑面下12cm～滑面上15cm，破坏范围内的桩身弯曲，产生多条斜向裂纹，破坏范围外的桩身完好，嵌固段基本竖直，受荷段略微向滑坡前缘倾斜。由于桩土的变形，滑面附近的桩身与周围土体产生一定范围的脱空区域，脱空区在滑面以下位于桩身与桩前滑床土之间的界面上，在滑面以上位于桩身与桩后滑体土之间的界面上。分析小口径桩的破坏情况，可判断其破坏模式为：发生于滑面附近的弯曲与剪切相结合的破坏模式。

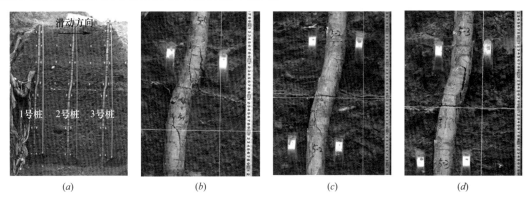

图4 小口径桩破坏情况

Fig. 4 Damage of micropiles

(a) 整体破坏情况；(b) 1号桩滑面附近；(c) 2号桩滑面附近；(d) 3号桩滑面附近

3.2 小口径桩受力规律

图5为小口径桩各测点的土压力变化曲线及受力分布图。

1号桩所受滑坡推力分布规律：模型填筑完成后，滑坡推力基本呈折线形分布，设计时可按梯形分布计算；开挖坡脚后，滑面上0.2m处测点的土压力增大，其余三处测点的土压力减小，说明此时小口径桩发生变位，滑坡推力分布形式发生变化，合力作用点向滑面靠近；加载后，滑面上0.2m处测点的土压力持续增大，滑面上0.7m处测点的土压力略有增长，其余两处测点的土压力变化较小；加载40kPa后，滑面上0.2m处测点的土压力在经过一段时间的迅速增长后开始减小，减小至0.36MPa后开始缓慢增大，滑面上0.7m处测点的增长速率加快，滑面上1.3m处测点的土压力也开始增大，说明此时小口径桩发生破坏，滑面附近的桩身产生较大变位；加载48kPa后，滑面上0.2m处测点的土压力持续增大，其余三处测点的土压力基本平稳，最后滑坡推力近似呈梯形分布，滑面附近土压力较大。

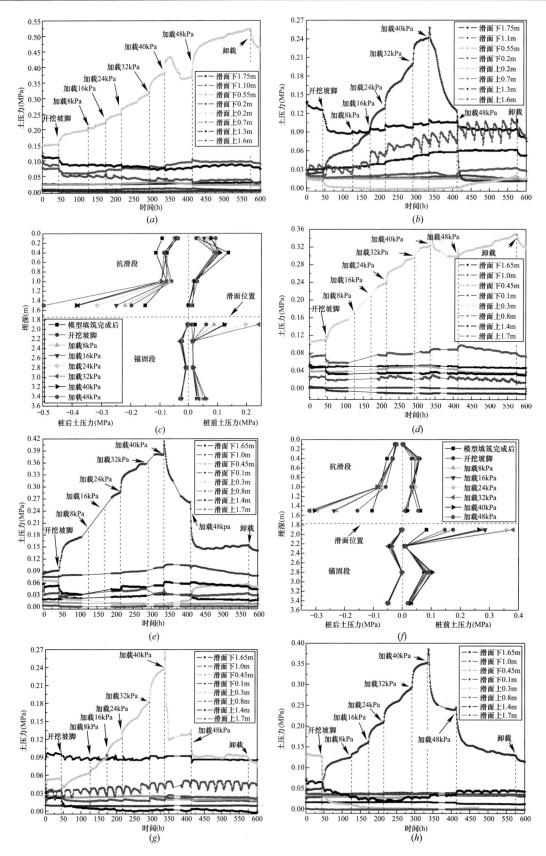

图 5　小口径桩群受力情况（一）

Fig. 5　Earth pressure of micropiles（一）

（a）1 号桩桩后测点土压力变化曲线；（b）1 号桩桩前测点土压力变化曲线；（c）1 号桩受力分布图；（d）2 号桩桩后测点土压力变化曲线；

（e）2 号桩桩前测点土压力变化曲线；（f）2 号桩受力分布图；（g）3 号桩桩后测点土压力变化曲线；（h）3 号桩桩前测点土压力变化曲线

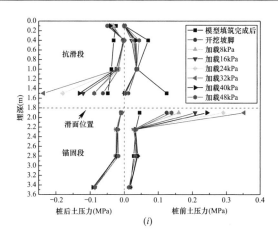

图5　小口径桩群受力情况（二）

Fig. 5　Earth pressure of micropiles（二）

（i）3号桩受力分布图

1号桩所受桩前滑体抗力规律：开挖坡脚后，四处测点的土压力均有减小。滑面上0.2m处测点的土压力在加载后变为零，说明此处桩身与桩前土体产生脱空；而在加载40kPa后此处测点的土压力又开始缓慢增大，说明小口径桩破坏后此处桩身产生较大变位，桩身与桩前土体又开始重新接触。滑面上1.6m处测点的土压力在加载过程中一直缓慢增大，并有明显的波动现象，由于此处测点接近地表，波动现象可能与温度变化有关。其余两处测点的土压力在加载过程中变化较小。桩前滑体抗力基本呈倒三角形分布。

1号桩所受桩后滑床抗力规律：与抗滑段各测点的土压力比较，锚固段各测点的桩后土压力相对较小，且在整个加载过程中基本不变。桩后滑床抗力呈折线形分布，在设计中可按矩形分布计算。

1号桩所受桩前滑床抗力规律：模型填筑完成、开挖坡脚前，滑面下桩前各测点的土压力基本相等，桩前滑床抗力呈矩形分布。开挖坡脚后滑面下0.2m处测点的土压力变大，滑面下其余三处测点的土压力基本不变，说明滑面下一定范围的桩身发生变位，挤压桩前滑床土体。加载后滑面下0.2m处测点的土压力持续增大，直至加载40kPa后开始迅速减小，可判断此时小口径桩发生破坏，滑面下0.2m处的桩身发生回弹。滑面下1.75m处（桩底）测点的土压力随加载量的增大略有增长，在加载40kPa后趋于稳定，说明小口径桩锚固段发生挠曲变形，桩底附近的桩身向前挤压桩前土体。桩前滑床抗力主要集中于滑面附近。

从图中可知，2号桩、3号桩的受力分布及各测点的土压力变化情况与1号桩基本类似，将其规律总结如下：

（1）小口径桩所受的滑坡推力近似呈梯形分布，滑面附近的土压力较大；

（2）沿滑动方向的第一排桩所受的滑坡推力较大，其余各排桩所受滑坡推力依次减小。

（3）2号桩、3号桩所受的桩前滑体抗力的分布形式与1号桩略有不同，呈现滑面与桩顶附近土压力较小、滑体中部土压力较大的规律，基本呈抛物线形分布；

（4）小口径桩所受的桩后滑床抗力较小，且在加载过程中变化较小，呈折线形分布，设计时可按矩形分布计算；

（5）小口径桩所受的桩前滑床抗力在前期呈折线形或矩形分布；加载后滑面附近的土压力变化较大，其余各测点土压力变化较小，桩前滑床抗力主要集中分布于滑面附近；

（6）小口径桩的受力变化具有较好的时效性，三排小口径桩同时开始受力，同时发生变位且同时发生破坏。

3.3　测点位移变化规律

图6为测点位移曲线。由各测点的位移曲线可知，加载前期桩顶及滑坡剪出口处的位移增长缓慢，加载32kPa后各测点位移增长速度加快，每次加载后位移先迅速增长而后逐渐趋于稳定。由前面的分析可知小口径桩在加载40kPa后发生破坏，加载32kPa时处于临界状态，此时小口径桩的桩顶位移为15mm左右。

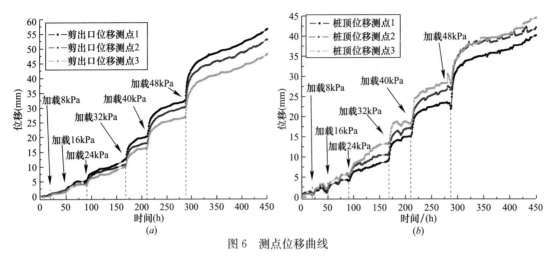

图 6　测点位移曲线

Fig. 6　Displacement variation curves of monitoring points

（a）剪出口处位移曲线；（b）桩顶位移曲线

3.4　桩身弯矩分析

通过对应变片数据的整理，得出了各排桩桩身弯矩分布情况。图 7 为各排桩的桩身弯矩分布图。

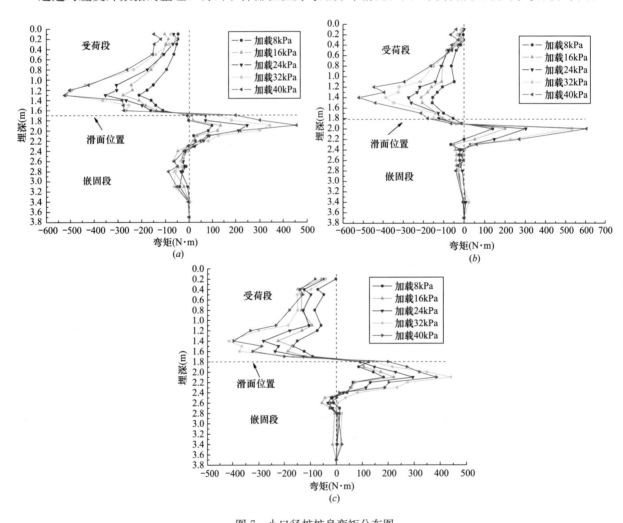

图 7　小口径桩桩身弯矩分布图

Fig. 7　Bending moment of micropiles

（a）1 号桩；（b）2 号桩；（c）3 号桩

从图中曲线可知，虽然各排桩的弯矩略有不同，但基本规律大致相同。桩身受荷段全部承受负弯矩（以小口径桩迎滑侧受拉为正，背滑侧受拉为负），且主要集中分布于滑面上 1/2 受荷段桩长范围内，最大负弯矩位于滑面上 0.4m（约 7 倍桩径）。嵌固段位于滑面下 0.6m 范围内的桩身承受正弯矩，最大正弯矩出现在滑面下 0.3m（5 倍桩径）；滑面下 0.6m 至桩底范围的桩身承受负弯矩，且数值较小。加载后，受荷段与嵌固段所受的弯矩同时变大，说明小口径桩受荷段与嵌固段同时发生变形。

4 结论

通过小口径组合桩群与滑坡相互作用的模拟试验，对滑坡作用下小口径组合桩群的受力变形特性进行了研究，研究成果可对小口径组合桩群在土质滑坡中的设计提供参考依据。主要有以下几点认识：

（1）滑坡滑动时，小口径桩各桩排间基本同时受力、同时发生变位且同时发生破坏，各排小口径桩的受力分布情况基本相同。

（2）小口径桩所受的滑坡推力基本呈梯形分布，滑面附近的土压力较大。桩后滑体抗力呈抛物线形分布；滑床抗力沿高度方向不均匀分布，滑面附近的桩后滑床抗力较大。

（3）各排桩的实测弯矩基本相同，受荷段承受负弯矩，滑面上 1/2 受荷段桩长范围内弯矩较大，最大负弯矩位于滑面以上 7 倍桩径处；嵌固段位于滑面下 0.6m（10 倍桩径）范围内的桩身承受正弯矩，最大正弯矩位于滑面下 5 倍桩径处；嵌固段滑面下 0.6m 至桩底范围内的桩身承受负弯矩，且数值较小。

（4）各排小口径桩的破坏情况基本相同，破坏区域位于滑面上下各 3 倍桩径的范围内，其破坏模式为发生于滑面附近的弯曲与剪切相结合的破坏。

参考文献

[1] 吴顺川，高永涛，金爱兵. 失稳高陡路堑边坡桩锚加固方案分析 [J]. 岩石力学与工程学报，2005，24（21）：3954-3958.

[2] 陈双庆. 古田隧道山体滑坡病害处理设计 [J]. 石家庄铁道学院学报，2004，17（z1）：25-27.

[3] 姜春林，吴顺川，吴承霞，等. 复活古滑坡治理及小口径抗滑桩承载机理 [J]. 北京科技大学学报，2007，29（10）：975-979.

[4] DR. Mohammed Awad. Lateral Load Tests on Mini-piles [J]. Islamic University Journal，1999，7（1）：15-33.

[5] Richards J R，Thomas D，Rothbauer Mark J. Lateral Loads on Pin Piles (micropiles) [C]. Proceedings of Sessions of the Geosupport Conference：Innovation and Cooperation in Geo. Reston：Geotechnical Special Publication，ASCE，2004.

[6] Kazuo Konagai，Yuanbiao Yin，Yoshitaka Murono. Single beam analogy for describing soil-pile group interaction [J]. Soil Dynamics and Earthquake Engineering，2003，23（3）：31-39.

[7] 冯君，周德培，江南，等. 小口径桩体系加固顺层岩质边坡的内力计算模式 [J]. 岩石力学与工程学报，2006，25（2）：284-288.

[8] 孙书伟. 顺层高边坡开挖松动区研究及小口径桩加固边坡的内力计算 [D]. 北京：铁道科学研究院，2006.

[9] 丁光文. 小口径桩处理滑坡的设计方法 [J]. 西部探矿工程，2001，13（4）：15-17.

[10] 杨俊杰. 相似理论与结构模型试验 [M]. 武汉：武汉理工大学出版社，2005.

作者简介

闫金凯，男，1981 年生，山东青州人，汉族，博士，高级工程师，主要从事地质灾害防治等方面的科研工作。电话：13691146209，E-mail：yanjinkaisw@163.com，地址：北京市海淀区大慧寺路 20 号。

MODEL TEST STUDY ON IANDSLIDE REINFORCEMENT WITH MICROPILE FROUPS

YAN Jin-kai　　YIN Yue-ping

(China Institute of Geo-Environment Monitoring，Beijing 100081，China)

Abstract：Through the large model test about micropile groups and landslide，the control mechanism，sliding force and the damage form of micropiles for landslide reinforcement are studied. The test results show that the landslide-thrust distributes as trapezoid and that near the sliding face is large. The resistance of sliding mass of the micropiles is distributed as parabola. The resistance of sliding bed behind the pile is different along the height and that near the sliding face is larger. The micropiles suffer the force at the same time when landslide slides. Every micropile damages at the same time. The force distribution rule of every micropile is similar. The bending moment of micropiles is negative above the sliding face. The bending moment of micropiles is larger in the scale of half length of micropile above the sliding face and the largest bending moment lies in the point of seven times of the pile diameter. The damage form of micropiles is similar and the damage area is in the scale of three times of the pile diameter above and below the sliding face. The damage form of micropiles can be defined as cutting and bending failure.

Key words：micropiles，landslide，model test，force distribution，damage form

堆积体滑坡降雨复活与启动水头条件研究

王环玲[1]，张海龙[2]，石崇[2]

(1. 河海大学 港航学院，江苏 南京 210098；2. 河海大学 岩土工程研究所，江苏 南京 210098)

摘 要： 降雨是诱发滑坡灾害的主要因素。基于颗粒离散元法建立了三维堆积体滑坡数值模型，探讨了降雨作用下堆积体滑坡的变形发展趋势，研究了堆积体滑坡在降雨作用下的启动水头。研究表明，随着水头增加，堆积体表面的裂隙数量增加并拓展，堆积体变形破坏加剧，累计位移逐渐增大，由局部区域颗粒滑塌到大范围破坏，堆积体的启滑与降雨作用形成的地下水头直接相关。

关键词： 堆积体滑坡；降雨复活条件；启动水头；颗粒离散元

1 引言

滑坡灾害是地质灾害中发生频率和危害最大的一种，占地质灾害发生总数的 $50\%\sim60\%$，滑坡灾害成灾机理研究既是提高滑坡灾害预警与防控技术水平的重要保障，又是开展国家滑坡灾害防治工作的重大需求。在各种自然因素引发的各类滑坡中，以降雨引发的滑坡发生频率最高，分布的地域最广，造成的灾害最严重[1]，大量的滑坡实例表明，降雨特别是暴雨和久雨是触发滑坡地质灾害的主要诱因[2]，在丘陵和山区大型水库区，降雨、库水位变化引起的地下水变化也是造成库岸滑坡产生和复活的重要因素[2]。

Sassa 等（2009）[3]对日本 2004～2009 年内发生的滑坡进行了分析总结，表明降雨和地下水诱发的滑坡占到总滑坡数的 65%；Bruno 等（2008）[4]、Schulz 等（2009）[5]通过多个滑坡的研究，认为滑坡体内的孔隙水压力和地下水作用对滑坡的产生起重要作用。香港是世界上最早研究降雨与滑坡之间关系的地区之一，Lumb（1975）[6]、Dai 等（2001）[7]、李焯芬等（2000）[8]等就香港地区降雨与滑坡的关系从不同的角度进行了全面研究，其成果为香港的滑坡防治提供了坚实的理论基础。

澜沧江流域古水水电站争岗滑坡堆积体总方量达 $4750\times10^4\,m^3$，是多期次大规模的滑坡堆积体。近年来，在强降雨作用下，滑坡堆积体中部出现了变形破坏现象，2009 年 2 月的降雨降雪使得变形再次加剧，不稳定性增强，争岗滑坡堆积体降雨条件下的变形破坏问题，是工程十分关注的焦点问题。本文基于争岗滑坡堆积体工程实例，研究降雨条件下堆积体滑坡的变形发展趋势和降雨复活启动水头条件。研究对分析滑坡复活时的变形破坏机理、滑坡致灾过程等具有重要的意义。

2 争岗滑坡堆积体概况

争岗滑坡堆积体位于澜沧江古水水电站上坝址右岸争岗村，属于古滑坡体，规模巨大。滑坡堆积体后缘圈椅状地貌特征明显，滑坡堆积体偏上游受到争岗沟的切割，分为两个区域：Ⅰ区和Ⅱ区（见图 1），其中Ⅰ区总方量 $940\times10^4\,m^3$，Ⅱ区总方量 $3810\times10^4\,m^3$。历史上曾经分区分期发生多次局部滑动，至今地表仍存有至少三次的滑动痕迹。争岗滑坡堆积体剪出口的黏土夹碎石、砾石，有胶结及挤压变形特征，砾石呈次圆状—圆状。滑坡体主要为冰水堆积物（Q^{gl}），是由冰川融水搬运、堆积而形成的一类第四纪沉积物，主要是由不同粒径的碎块石和土体构成，是典型土石二元混合介质。争岗滑坡堆积体规模巨大，且位于古水水电站枢纽工程区，一旦失稳破坏，将在河道内形成滑坡堆积，威胁水电工程安全。

基金项目：国家重点研发计划（No. 2017YFC1501100）

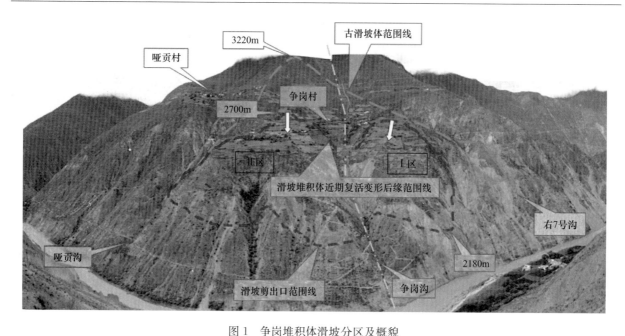

图1　争岗堆积体滑坡分区及概貌

Fig. 1　General view of Zhenggang deposit landslide

3　基于颗粒离散元法的滑坡堆积体模型构建

颗粒离散元方法，在模拟大位移大变形滑坡方面具有一定的优势，特别在模拟散体物质的破坏过程方面具有很强实用性。基于颗粒离散元理论，构建争岗滑坡堆积体Ⅱ区三维地质和数值模型，研究争岗滑坡堆积体Ⅱ区的降雨复活条件、变形趋势与启动水头。

3.1　数值模型建立

争岗滑坡堆积体Ⅱ区为争岗沟与哑贡沟之间下游部位的堆积体，方量约为$3810 \times 10^4 \mathrm{m}^3$。几何模型范围为：$X$方向2950m，$Y$方向2360m，$Z$方向1475m，模型底高程取1865m。Ⅱ区滑坡堆积体模型颗粒单元半径为5.10m，颗粒数目为38142颗（见图2，图3）。

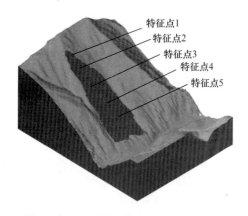

图2　争岗滑坡堆积体Ⅱ区整体东南视图

Fig. 2　view of Ⅱ area in Zhenggang
landslide deposit

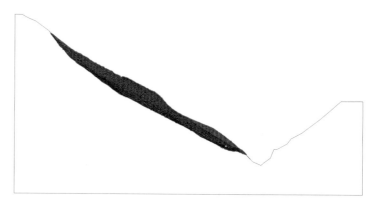

图3　争岗滑坡堆积体Ⅱ区整体侧视图

Fig. 3　side view of Ⅱ area in Zhenggang
landslide deposit

3.2　颗粒细观参数标定

堆积体混合介质主要为散体颗粒，开展直剪试验得到试验参数，采用重塑样剪应力-变形特征曲线进行细观参数标定。数值试验采用改变颗粒弹性模量进行，介质刚度由下式估算：

$$E_c = \begin{cases} k_n/2t & \text{PFC2D} \cdot \text{disk} \cdot \text{mode} \\ k_n/4R & \text{PFC2D} \cdot \text{PFC3D} \cdot \text{Sphere} \cdot \text{mode} \end{cases} \tag{1}$$

$$\overline{E_c} = \{ \overline{k^n} (R^{(A)} + R^{(B)}) \}$$

式中，k_n 是颗粒法向刚度；t 是圆盘厚度；R 是颗粒半径。

颗粒间细观接触本构模型采用平行粘结接触模型。试验采用准静态伺服加载，试件的高径比统一，孔隙率一定。圆柱形试样进行标定（图 4），得到对应的宏细观参数如表 1 所示。

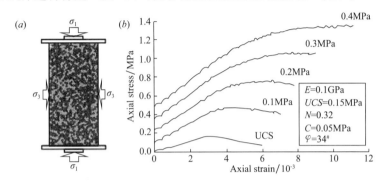

图 4　堆积体滑坡细观参数三维标定过程

Fig. 4　Triaxial numerical experiment of deposit landslide

Ⅱ区滑坡堆积体宏细观岩土力学参数　　　　　　　　　　　　　表 1

Material micro-macro parameters in Ⅱ area　　　　　　　　　　Tab. 1

细观参数		宏观参数	
法向刚度	0.25GN/m	弹性模量	0.1GPa
切向刚度	0.25GN/m	泊松比	0.32
摩擦系数	0.7	黏聚力	0.05MPa
法向接触力	7.2E+06	单轴抗压强度	0.15MPa
切向接触力	6.1E+06	内摩擦角	34°
颗粒半径	5.1m	—	—

3.3　降雨作用

争岗滑坡堆积体受降雨作用影响，在滑带附近形成暂态饱和区，即滞水层。暂态饱和区的出现一方面劣化了滑带强度参数，另一方面在滑面上产生了水压力，可采用等效水头荷载施加作用于底滑面进而模拟降雨荷载。通过研究堆积体暂态饱和区的演化发现，计算时长达到一定的阶段，堆积体埋深较厚的地方，暂态饱和区范围较大。故假定水压力与堆积体的厚度呈线性递减关系，在滑动边界上的颗粒，施加的水压力合值为：

$$P_i = p_i \cdot \pi R_i^2 \cdot \rho_w g = (h_i/H) p_{max} \cdot \pi R_i^2 \cdot \rho_w g \tag{2}$$

式中，P_i 为第 i 颗粒位置的水压；p_i 为第 i 颗粒应施加的外力；R_i 为第 i 颗粒的半径；H 为模型区域内滑坡体最大厚度；h_i 为第 i 颗粒处滑坡体厚度；$\rho_w g$ 为水的密度与重力加速度值。

将水压施加于滑面（带）接触的颗粒上，为了显示水头启动阀值，施加的水压力以滑面平均水头表示，计算中以堆积体滑坡位移（或应变）产生突变且发展作为堆积体滑坡启动复活判断标准。

4　数值计算结果分析

4.1　滑坡堆积体变形趋势

为模拟降雨作用下滑坡堆积体的力学响应，将水头压力施加于堆积体底部，分别设置水头至 1m、

3m、5m 对堆积体进行水动力加载。经过荷载作用的计算，20 万时步后堆积体整体趋于稳定，因此每种工况均计算 20 万时步，以分析堆积体在不同水头作用下的变形趋势。

由图 5 可知，当计算时步达到 20 万时步时，在 1m 水头作用下，堆积体后缘区域出现了少量裂隙，以拉裂隙为主；中部地区出现零星裂隙，以剪切裂隙为主；前缘出现小片裂隙区，以剪切裂隙为主。

当水头增加到 3m 时，后缘裂隙增加，剪切裂隙开始大量出现；中部区域裂隙增加，以剪切裂隙为主，沿争岗沟的边缘地带出现裂翼缘裂隙带，以剪切裂隙为主；前缘出现小幅度鼓胀变形，裂隙区扩展，有新裂隙区出现。

当水头增加到 5m 时，在堆积体表面出现一系列长大裂隙带，裂隙极为发育；裂隙带的分布受地势影响较明显，其中后缘地区受到左侧山脊较高地势的影响裂隙带偏向右下角，中部地区的裂隙带走向基本横穿堆积体，前缘地区受争岗沟地势较低的影响略向右下倾斜；沿争岗沟翼缘裂隙带拓展、增长，与前缘右上角裂隙区贯通；前缘剪出口裂隙区贯通，前缘局部颗粒开始滑塌。

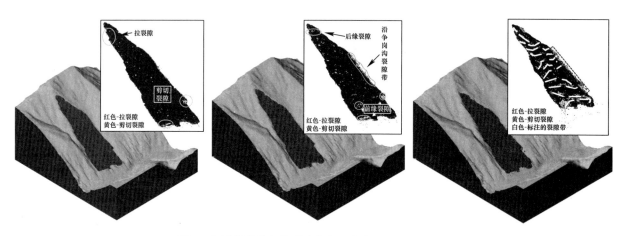

图 5　争岗滑坡堆积体裂隙分布（水头 1m、3m、5m）

Fig. 5　Cracks distributions on surface of landslide deposit（1m、3m and 5m water head）

由降雨作用形成的不同地下水头荷载作用可知，根据形成的滑坡堆积体裂隙分布、数量、规模等可对堆积体滑坡的安全性进行预测预报预警。当滑坡堆积体在水动力作用下的裂隙数量明显增多、较大区域裂隙分布广泛、裂隙发展趋势呈现加速增长时，可以判定滑坡堆积体开始进入不稳定状态，有可能产生滑动破坏。

4.2　堆积体滑坡复活启动条件

在进行水动力滑坡数值模拟分析过程中，设置了滑坡堆积体中的 5 个特征点的位移进行数据分析，以研究堆积体滑坡的启动水头阀值，各特征点的坐标分别为（132，65，3126）、（96，22，2927）、（407，69，2723）、（752，29，2535）、（1056，89，2376），特征点在堆积体滑坡中的位置如图 2 所示，数值分析位移结果如图 6～图 11 所示。

由图 6-图 7 可知，当水头为 1m 时，特征点沿 X 和 Z 方向的累计位移都是先增大后趋于稳定；其中特征点 1、2 沿 X 方向的最终累计位移比较接近，分别为 0.21m 和 0.20m；特征点 3 沿 X 方向的最终累计位移为 0.11m；特征点 4、5 沿 X 方向的最终累计位移最小，分别为 0.02m、0.018m。沿 Z 方向的累计位移显示了和 X 方向相似的规律。

当水头增加到 3m 时（图 8-图 9），特征点沿 X 和 Z 方向的累计位移先增大后趋于稳定，最终累计位移随着特征点高程的降低而降低。特征点 1、2、3、4、5 沿 X 方向的最终累计位移分别为 0.43m、0.34m、0.23m、0.13m、0.08m，沿 Z 方向的最终累计位移分别为 0.39m、0.31m、0.22m、0.11m、0.05m。由于水头为 1m 和 3m 时累计位移都趋于稳定，所以推断堆积体在水头为 1m 和 3m 时没有复活条件。

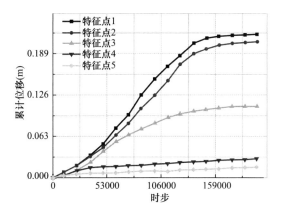

图 6　特征点 X 方向累计位移随时步变化图（1m 水头）

Fig. 6　X-directional accumulative displacement of observed point on deposit（1m water head）

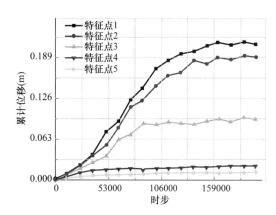

图 7　特征点 Z 方向累计位移随时步变化图（1m 水头）

Fig. 7　Z-directional accumulative displacement of observed point on deposit（1m waterhead）

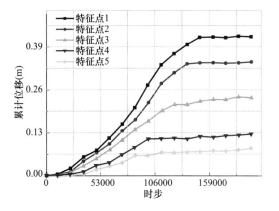

图 8　特征点 X 方向累计位移随时步变化图（3m 水头）

Fig. 8　X-directional accumulative displacement of observed point on deposit（3m waterhead）

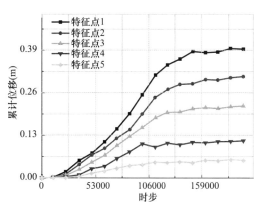

图 9　特征点 Z 方向累计位移随时步变化图（3m 水头）

Fig. 9　Z-directional accumulative displacement of observed point on deposit（3m waterhead）

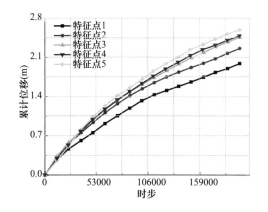

图 10　特征点 X 方向累计位移随时步变化图（5m 水头）

Fig. 10　X-directional accumulative displacement of observed point on deposit（5m water head）

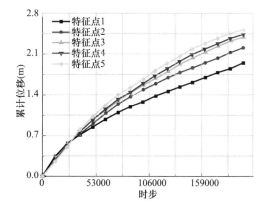

图 11　特征点 Z 方向累计位移随时步变化图（5m 水头）

Fig. 11　Z-directional accumulative displacement of observed point on deposit（5m water head）

当水头增加到 5m 时（图 10、图 11），特征点沿 X 和 Z 方向的累计位移随着计算时步的增加而增加；累计位移随高程的增加而增加，累计位移相差不大；累计位移值较大，最终的平均累计位移超过 2m。由于 5m 水头时，堆积体滑坡累计位移在计算时长内仍然保持增加趋势，累计位移幅值较 3m 水头时大量急剧增加，结合坡表裂隙状态，推断此水头下滑坡堆积体临近启动状态。

5　结论

以争岗滑坡堆积体Ⅱ区堆积体为例，基于颗粒离散元法分析了降雨作用下滑坡堆积体的变形趋势，研究了滑坡堆积体启滑的水头阀值，分析表明：

（1）开展了颗粒离散元法对滑坡堆积体的变形趋势分析，随着水头增加，堆积体表面的裂隙数量逐渐增加，裂隙扩展加速明显，裂隙逐渐拓展、贯通。当水头为5m时堆积体前缘出现了由局部区域颗粒滑塌到大范围扩展破坏，判断堆积体滑坡进入破坏状态，此水头作用下会产生大规模滑动破坏；

（2）应用位移分析法对滑坡堆积体Ⅱ区滑坡的启动水头阀值进行了分析，当水头较小时，累计位移呈先增加后保持稳定的趋势，累计位移较小，不同高程处的累计位移相差较大；当水头增加到5m时，争岗堆积体滑坡累计位移较大且随时步的增加而持续急剧增加，判断此时堆积体滑坡处于启滑阶段。

参考文献

［1］李长江，麻土华，等. 降雨型滑坡预报的理论、方法及应用［M］. 北京：地质出版社，2008
［2］黄润秋. 20世纪以来中国的大型滑坡及其发生机制［J］. 岩石力学与工程学报，2007，26（3）：433-455.
［3］Kyoji Sassa，Satoshi Tsuchuiya，KeizoUgai，etc.. Landslides：a review of achievements in the first 5years（2004-2009）［J］. Landslides，2009，6：275-286.
［4］Martins-Campina Bruno；Huneau Frederic；Fabre Richard. The Eaux-Bonnes landslide（Western Pyrenees，France）：overview of possible triggering factors with emphasis on the role of groundwater［J］. Environmental geology，2008，55（2）：397-404.
［5］Schulz William H.，McKenna Jonathan P.，Kibler John D. Relations between hydrology and velocity of a continuously moving landslide-evidence of pore-pressure feedback regulating landslide motion？［J］. Landslides，2009，6（3）：181-190.
［6］Lumb P. Slope failure in Hong Kong［J］. Quarterly Journal of Engineering Geology，1975，8：31-65.
［7］DAI F C，LEE C F. Frequency-volume relation and prediction of rainfall-induced landslides. Engineering Geology，2001，59：253-266.
［8］李焯芬，汪敏. 港渝两地滑坡灾害的对比研究. 岩石力学与工程学报，2000，19（4）：493-497

作者简介

王环玲，女，1976年生，汉族，博士，教授，博士生导师，主要从事岩石力学与水工结构工程等方面的研究。电话：025-83787738，E-mail：wanghuanling@hhu.edu.cn，地址：江苏省南京市西康路1号。

RAINFALL REVIVAL AND STARTUP WATERHEAD CONDITION OF LANDSLIDE DEPOSIT

WANG Huan-ling[1]　ZHANG Hai-long[2]　SHI Chong[2]

（1. College of Harbour，Coastal and Offshore Engineering，Hohai University，Nanjing，210098，China；

2. Institute of Geotechnical Engineering，Hohai University，Nanjing 210098，China）

Abstract： Rainfall is the main factor to induce the landslide disaster. Based on the granular discrete element establishing the 3-D landslide deposit numerical model and researching the deformation trend and threshold value of the startup water head under rainfall condition. The results shown that with the water head increase, the cracks on the surface of deposit are increasing and extending, the develop trend of cracks is more obvious, the accumulation displacement increasing and the granular shows collapse in the small area, the startup of deposit is relate to the water head.

Key words: deposit landslide, revival condition, startup water head, granular discrete element

降雨作用下红层软弱夹层边坡的失稳的尖点突变模型

杜子纯[1,2,3]，刘镇[1,2,3]，周翠英[1,2,3]，明伟华[1,2,3]，杨旭[1,2,3]，周逸红[2,3]

(1. 中山大学土木工程学院，广东广州 510275；2. 广东省重大基础设施安全工程技术研究中心，
广东广州 510275；3. 中山大学岩土工程与信息技术研究中心，广东广州 510275)

摘　要：红层软岩边坡失稳问题是南方地区工程建设中备受关注的问题之一，其破坏主要是由于软弱泥岩遇水软化，因此，含软弱泥岩的红层边坡在水作用下的稳定性问题值得重视。针对这一问题，在模型试验基础上，分析了含软弱夹层的红层边坡的灾变过程，得到该类边坡的破坏模式为牵引式多级次圆弧滑动的规律；据此，建立其软弱夹层失稳的力学模型。同时，基于前人软岩饱水软化试验数据和模型试验中孔隙水压力监测结果，通过拟合得到软化系数随饱水时间变化的函数以及饱和区范围和饱水时间等。将岩块饱水软化特征赋予边坡饱和区的岩体（软化区域），即可根据边坡饱和区范围和饱水时间，定量计算软弱夹层的软化程度。据此，考虑软弱夹层的降雨软化作用，建立了边坡软弱夹层破坏的尖点突变模型，探讨该类边坡失稳的力学机制，得到降雨作用和软岩软化特性对其稳定性影响规律。

关键词：降雨作用；红层边坡；软弱夹层；遇水软化；失稳突变模型

1　引言

边坡稳定性分析常用的非线性突变理论是研究系统状态随外界控制参数的连续改变而发生不连续突变的一种数学分析方法[1]。边坡稳定性突变理论研究，主要集中在边坡力学模型的构建和地下水作用机制两大方面。对边坡失稳力学模型，主要依据边坡的不同失稳模式建立相应的结构力学模型，如平面滑动力学模型、弯曲失稳力学模型及弧面破坏力学模型等[2]。对地下水作用机制，重点研究水对边坡力学强度弱化和受力环境的改变。引入水致弱化函数来表示水对边坡强度的影响[3]；通过在模型构建中考虑水力作用，探讨了水压力对边坡失稳的影响。上述研究尚存在两个问题：（1）整体失稳力学模型对软弱夹层作用考虑不足。（2）侧重于考虑水的力学作用，对软弱夹层遇水软化考虑不足。

针对上述问题，结合边坡模型试验结果，重点讨论含软弱夹层的红层边坡灾变过程，得到该类边坡的破坏模式为牵引式多级次圆弧滑动的规律。重点研究了软弱夹层的遇水软化问题，研究可为该类边坡的加固与监测点的布置等提供一定的指导意义。

2　软岩边坡模型破坏过程分析

2.1　模型试验概述

如图1，建立高度为100cm的厚层红砂岩夹软弱泥岩边坡模型[4]：几何相似比 $C_l=1:50$，重度相似比 $C_\gamma=1:1$，采用钡粉、铁粉、石英砂、石膏、生石灰和水等为软岩模拟材料，根据广东地区气象

基金项目：国家重点研发计划项目（2017YFC0804605，2017YFC1501201），国家自然科学基金（41530638，41472257），广东省省级科技计划项目（2015B090925016）

局日降雨量数据，由相似原理确定模型试验的降雨强度和时间与现实情况中的比值均为1：7.07，概化出三种典型降雨模式：持续中小雨降雨量为4.3mm，持续时间为2.1天（降雨85min停17min+降雨85min停17min）、持续大雨降雨量为11.3mm，持续时间为1天（降雨51min停51min+降雨51min停51min）、短断暴雨降雨量为18.4mm，持续时间为1天（每天降雨9min），通过自制的人工降雨器模拟降雨，降雨范围覆盖整个边坡模型。试验共发生三次较大滑坡：首先，降雨作用下，软弱夹层后缘产生张拉裂缝，随着降雨持续作用发生浅层滑移，在第三级边坡底下形成临空面，同时，中部纵向裂缝和第四级边坡横向裂缝发育；其次，第三级边坡由于失去支撑，在重力和弯矩作用下发生张拉破坏，形成较大的临空面；之后，中部纵向裂缝向上延伸，四级边坡滑塌；最后，中部横向裂缝、顶部后缘张拉裂缝及陡倾节理面贯通，于边坡右侧发生了破坏。

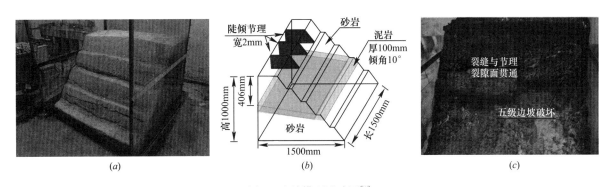

图1　边坡模型试验图[4]

Fig. 1　Slope model diagram[4]

（a）模型整体效果图；（b）岩体结构示意图；（c）边坡模型破坏图

2.2　边坡模型失稳演化过程讨论

在强降雨作用下，软弱夹层附近岩体首先达到饱和，逐渐崩解软化发生浅层滑动，形成临空面；上部岩体失去支撑，相继失稳破坏，最终整个边坡产生牵引式多级次弧形滑动（图2）。

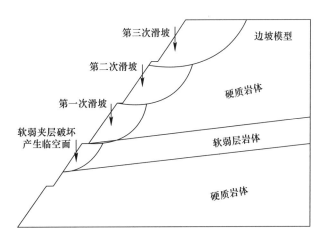

图2　边坡模型的破坏过程示意图

Fig. 2　Failure process of the slope model

软弱夹层对于边坡破坏的影响显著，降雨条件下，软弱夹层的强度快速降低容易引发浅层滑动形成临空面。因此，取第二级边坡软弱夹层的浅层滑动岩体分析，建立其失稳破坏的力学模型。并运用尖点突变理论，分析该类边坡在降雨诱发条件下失稳破坏的力学机制。

3 软岩边坡的水-力作用模型

3.1 力学模型

对研究的第二级边坡软弱夹层建立其浅层圆弧滑动力学计算模型（图3）的建模过程中，假定如下：

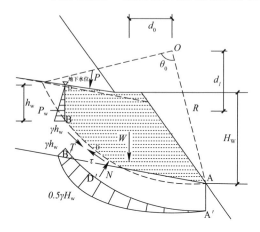

图 3 软岩边坡浅层滑动失稳的力学模型

Fig. 3 Mechanical model of sliding instability in shallow layer of soft rock slope

（1）计算时，边坡无限长；

（2）滑面上部岩体为刚体，忽略其变形；

（3）降雨作用下，忽略降雨对软弱夹层表面的冲刷，滑坡演化过程中滑面上部岩体质量保持不变。

（4）滑体后缘产生张拉裂缝，经坡面汇流，在张裂隙中形成承压水头 h_w。

滑坡体为图3中阴影部分，滑弧圆心为 O，圆心角为 θ_0，半径为 R，滑面带介质垂直厚度为 h；滑面上部软岩重量为 W，距圆心 O 的水平距离为 d_0；上层边坡对软岩滑体的法向作用力为 P；下层岩体的支持力为 N；滑面剪应力为 τ；在滑坡后缘形成深 h_w 的张拉裂隙，在降雨条件下，由于张裂隙汇流在裂隙壁面产生静水压力 P_w，合力作用点距圆心 O 的垂直距离为 d_1；在模型试验中观察到，由于雨水冲刷，滑坡破坏从软弱夹层与硬质岩体接触处开始，在第二级

边坡表面剪出，出口处未堵塞，自由出流，在滑动面产生静水压力 U 和动水压力，由于渗流产生的拖拽力设为 T。

3.2 软岩的本构关系

泥岩、粉砂质泥岩、泥质粉砂岩等红层软岩的应变软化特性试验表明，红层软岩表现出典型的应变软化特性[5]。对于应变软化材料，岩土工程界多用负指数分布或 Weibull 分布来描述应变软化材料的本构关系[2]。本文采用运用普遍的 Weibull 分布模式来描述岩土体的应变软化特性。

滑面带岩土体本构为式（1），即用滑面剪应力 τ 和层面错动位移 u 之间的一个函数关系表示[2]

$$\tau = G(u/h)\exp[-(u/u_0)^m] \tag{1}$$

式中，G 是初始剪切模量，对应 $u=0$ 时的剪切模量；u_0 为峰值强度对应的剪切位移；m 是曲线形状参数，用以表征软岩局部强度变化的均匀性，表现为 m 越大，应变软化特性越明显。

3.3 水的作用

（1）软岩遇水软化效应

基于前人开展的软岩饱水试验研究表明[6]，软岩软化是软岩中孔隙充水和扩张，含水率增加，颗粒之间的连接变松散，局部连接方式发生改变所致。如图4所示，宏观上软岩饱水软化过程中，其力学特性随时间的变化具有一定的规律性，强度随饱水时间的延长而下降。饱水前3个月内，强度降低幅度很大，第一个月内下降幅度最大，速率最快；三个月后，强

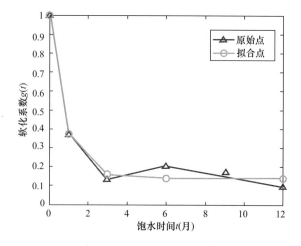

图 4 浅黄色粉砂质泥岩软化特性曲线[6]

Fig. 4 Softening characteristic curve of sandy mudstone with light yellow powder[6]

度曲线变化平缓，变化速率较小；饱水 6 个月后，强度趋于一个稳定值。

如图 4 所示，岩块的力学强度随时间的变化呈负指数或倒指数衰减规律。结合软岩饱水软化试验研究结论和图 4 所示的软岩饱水软化特性曲线形状，引入负指数函数定量表示软岩岩块遇水软化效应：

$$g(t) = \eta_0 + (1-\eta_0)\exp(-kt) \tag{2}$$

式中，t 为饱水时间；$g(t)$ 为不同饱水时间的软化系数；η_0 为残余软化系数，表示软岩饱水趋于稳定时残余强度与天然状态强度的比值；k 为形状参数，k 越大，曲线越陡反映软岩遇水软化能力越强。

提取软弱夹层上、下界面监测点的孔隙水压力数据，分析孔隙水压力特征曲线可得滑带岩土体的本构关系修正为式（3）：

$$\tau = g(t)G(u/h)\exp[-(u/u_0)^m] \tag{3}$$

（2）水力作用

滑面水力作用包括静水压力作用以及渗流产生对滑坡岩土体的拖拽作用。

① 静水压力作用

对于出流缝未被堵塞的情况，其水压分布假设目前存在着不同的假设[7]。对于圆弧滑动面，本文借鉴舒继森等[7]提出的滑面静水压力假设，得到圆弧滑动面的静水压力分布（图 3）。后缘张拉裂隙高度 $h_w < 0.5H_w$，壁面静水压力线性分布，合力作用点在 $2/3h_w$ 处；滑面上水对上部滑体的作用力垂直滑面，在 $1/2H_w$ 水位高度处压强达到最大，为 $0.5\gamma_w H_w$，剪出口处静水压力为 0。

② 动水压力作用

边坡模型在降雨条件下，由于降雨入渗和软弱夹层处浅层滑动面的形成，产生渗流。对于岩层结构而言，地下水产生渗透压力最终转化为作用在岩层上下壁面上的拖曳力，单位宽度岩土体渗流力计算为式（4）

$$T = l\gamma_w bH_w/2R\theta_0 \tag{4}$$

式中，b 为岩层面的开度；l 为滑带弧长。

4 滑坡演化的尖点突变分析

4.1 突变模型建立

滑坡的产生为从一平衡态变到另一平衡态，考虑其准静态运动过程，建立该系统总势能函数。设滑体产生 u 的剪切位移，对应圆心角为 θ，取单位宽度滑体，则系统总能量 V 为：

$$V = R\theta_0 Gg(t)(1/h)\int_0^u u\exp[-(u/u_0)^m]\mathrm{d}u - Mgd_0(u/R) - P_w d_1(u/R) - Tu \tag{5}$$

可得到尖点突变理论标准形式的平衡方程为式（6）

$$x^3 + ax + b = 0 \tag{6}$$

式中，$a = -6/(m+1)^2$，$b = 6/u_1 Bm(m+1)^2[Bu_1 - A\exp((m+1)/m)]$

对式（6）求导，得 Hessen 方程为

$$3x^2 + a = 0 \tag{7}$$

由平衡方程（6）和 Hessen 方程（7）确定的点集叫非孤立的奇点集，或叫奇点集 S[8]，其为 M 上满足有竖直切线的点的全体构成的一个子集。

$$\begin{cases} x^3 + ax + b = 0 \\ 3x^2 + a = 0 \end{cases} \tag{8}$$

式（8）消去状态变量 x 就会得到表述控制参量关系的方程（9），由其确定的点的全体称为分支点集 B，它是 S 在参数空间 C 上的投影，有两个分支 B1、B2，其上每个点都是分叉点，突变就发生在这些参数

值处。

$$D = 4a^3 + 27b^2 = 0 \tag{9}$$

式（9）即为软弱夹层突发失稳的充要力学条件判据。

4.2　滑坡演化机制分析

该系统有 1 维状态空间即 x，二维控制平面（a，b）平面，构成三维乘积空间 a-b-x，如图 5 所示。可用以（u，a，b）为坐标的三维相空间中的状态点表示其灾变破坏过程中的状态量随控制参量的变化情况。

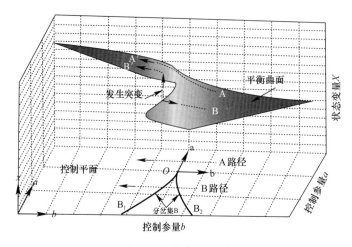

图 5　尖点突变模型

Fig. 5　Cusp catastrophe model

（1）突变分析

图 5 中，M 为系统所有定点形成乘积空间的一张三叶折叠曲面，由上叶、下叶和中叶三部分组成。根据突变理论[8]，$a<0$ 时，在 M 的中叶有 $D<0$，是势函数的所有极大点（不稳定不动点）的集合；在 M 的上、下叶有 $D>0$，是势函数所有极小点（稳定不动点）的集合。相应地，软岩边坡系统平衡曲面的中叶对应边坡系统的不稳定平衡态，上、下叶对应边坡系统的稳定平衡状态。

对于平衡曲面 M 上任意一点（x，a，b）来说，随着控制参量（a，b）的不断变化，系统状态也随之变化。当控制参量 a、b 未达到分叉曲线时，系统发生定量性质的改变；当控制参量 a、b 到达分叉曲线时，引起系统定性性质的突变。两条典型的孕育发展路径：从 A 点出发，随着控制参数的连续变化，系统状态沿路径 A 演化到 A′，状态变量连续变化，不发生突变；从 B 点出发沿路径 B′演化，当接近折叠翼边缘，只要控制参数有微小的变化，系统状态就会发生突变，从折叠翼的下叶跃迁到折叠翼的上叶。

软岩边坡系统在前期降雨过程中，系统状态发生定量变化，表现为不显著的变形积累；随着降雨的持续，软弱夹层变形达到临界阀值，与突变模型对应的系统演化接近分岔集 B，这时只要发生微小的扰动，都可能引起状态变量 x 突然增大，引起系统状态和势函数的跃迁，系统定性性质改变。因此，路径 B-B′对应于原型是软岩边坡系统在降雨触发条件下发生快速滑坡。

（2）边坡突发失稳的力学条件

软岩边坡系统突发失稳的充要力学条件是式（10），只有当 $a \leqslant 0$ 系统才可能跨越分岔集发生突变，因此，软岩边坡系统失稳的必要条件是

$$a = -6/(m+1)^2 \leqslant 0 \tag{10}$$

软岩作为一种典型的应变软化材料，$m>0$，式（10）自然满足。故，失稳取决于系统内部因素，滑面介质材料软化性越强，对应 m 越大，在持续降雨触发条件下，边坡越容易突发失稳。

令 $\lambda = \{6h\exp[(m+1)/m]\}/[u_1 m(m+1)^2 R\theta_0 Gg(t)]$，将式（7）适当变形，可以发现

$$b = \lambda [R\theta_0 Gg(t)(u_1/h)\exp(-(m+1)/m) - (Mgd_0/R + 0.5\gamma_w h_w^2 d_1/R + T)] \tag{11}$$

根据边坡系统突发失稳的充要力学条件式（10），当内部因素 a 确定了，b 越小越容易满足，可以将影响 b 大小的因素看成外部触发条件。从式（11）来看，边坡突发失稳的触发条件主要是降雨作用，具体表现为两方面：入渗雨水对滑面岩土体产生软化作用，软岩软化特性越强（k 值越大），降雨历时越久，软弱夹层饱水时间越久，其软化作用越显著，相应的 $g(t)$ 越小，式（13）右边第一项减小，b 减小；坡面汇流在滑坡后缘张拉裂缝壁面形成承压水头 h_w 随着降雨历时和雨强的增加而增大，式（11）右边第二项增大，b 减小，边坡越容易突发失稳。

由式（11）可以发现，b 的符号取决于等式右边位移为 u_1 时，下滑力与抗滑力的相对大小。$b > 0$、$b = 0$ 和 $b < 0$ 分别对应于下滑加速度大于 0（加速下滑）、下滑加速度等于 0（匀速下滑）和下滑加速度小于 0（减速下滑）的情况。

对于一般边坡而言，如图 5 所示控制平面，控制参量 b 连续变化，从左往右对应 $b > 0$、$b = 0$ 和 $b < 0$。边坡系统演化路径 A-A' 对应于下滑加速度变化依次为大于 0（加速下滑）、下滑加速度等于 0（匀速下滑）和下滑加速度小于 0（减速下滑）的情况。因此，对于一般的边坡系统，路径 A-A' 代表一个典型滑坡的全过程：稳定、减速滑动、匀速滑动、加速滑动。

5　结论

（1）通过讨论厚层红砂岩夹软弱泥岩的模型试验中软岩边坡的灾变过程，得到该类边坡的破坏模式为牵引式多级次圆弧滑动的结果。

（2）根据试验数据拟合提出了软化系数关于饱水时间的函数，实现了对岩块饱水软化程度的定量表达；同时，根据模型试验软弱夹层附近孔隙水压力监测结果，分析得到了夹层附近饱和区的范围与饱水时间；最后，结合二者分析，将岩块饱水软化特征赋予边坡饱和区岩体，把饱和区看成软化区，可根据孔压监测结果确定的边坡软化范围和软化时间，定量计算边坡软岩的软化程度。

（3）采用尖点突变理论建立软弱夹层破坏的突变模型，探讨了该类边坡在降雨诱发条件下失稳的起点问题，得到降雨作用和夹层软岩的软化特性对边坡稳定性影响显著的结论。

（4）结合数学模型和原型分析了 2 种滑坡的孕育路径，边坡系统作为一个真实的地质体，其演化路径可归纳为本文阐述的 A-A' 和 B-B' 两类。

参考文献

[1] 张我华等. 灾害系统与灾变动力学 [M]. 北京：科学出版社，2011.

[2] S. Q. Qin, J. J. Jiao, Z. G. Li. Nonlinear evolutionary mechanisms of instability of plane-shear slope: catastrophe, bifurcation, chaos and physical prediction [J]. Rock mechanics and rock engineering, 2006, 39 (1): 59-76.

[3] 孙强，胡秀宏，王媛媛，李曼. 两种应变软化介质组成的边坡失稳研究 [J]. 岩土力学，2009，04：976-980.

[4] 杨旭. 红层软岩边坡灾变演化的模型试验及其混沌分叉模型 [D]. 广州：中山大学，2015.

[5] 周峥，张家铭，刘宇航，刘江. 巴东组紫红色泥质粉砂岩损伤特性三轴试验研究 [J]. 水文地质工程地质，2012，02：56-60.

[6] 周翠英，朱凤贤，张磊. 软岩饱水试验与软化临界现象研究 [J]. 岩土力学，2010，06：1709-1715.

[7] 舒继森，王兴中，周义勇. 岩石边坡中滑动面水压分布假设的改进 [J]. 中国矿业大学学报，2004，33 (5)：509-512.

[8] 仪垂翔. 非线性科学及其在地学中的应用 [M]. 北京：气象出版社，1995.

作者简介

杜子纯，男，1993 年生，河南信阳人，汉族，在读博士生，主要从事三维地质模型建模方面的科研工作。电话：15626057678，E-mail：duzichun@qq.com，地址：广州市海珠区新港西路 135 号中山大学东南区 235 栋。

CUSP CATASTROPHE MODEL FOR SLOPE FAILURE OF RED BED WEAK INTERCALATED LAYER UNDER RAINFALL

Du Zichun[1,2,3] Liu Zhen[1,2,3] Zhou Cuiying[1,2,3] Ming Weihua[1,2,3] Yang Xu[1,2,3] Zhou Yihong[2,3]

（1. School of Civil Engineering，Sun Yat-sen University，Guangdong Guangzhou 510275，China）

（2. Guangdong Engineering Research Centre for Major Infrastructure Safety，Guangdong Guangzhou 510275，China）

（3. Research Center for Geotechnical Engineering and Information Technology，Sun Yat-sen University，Guangdong Guangzhou 510275，China）

Abstract： The problem of the instability of the red rock slope is one of the most important problems in the construction of the south area. The failure of the slope is mainly due to the softening of the weak mudstone. Therefore，the stability of the red bed slope with Weak Mudstone should be paid attention to. In order to solve this problem，on the basis of the model test of thin layer mudstone in the huge thick red sandstone slope under the action of rainfall，the catastrophic process of the red layer slope with weak intercalation is analyzed，and the failure mode of this kind of slope is the rule of the traction multi-stage circular arc sliding. Accordingly，a mechanical model for the instability of weak interlayer is established. At the same time，based on the results of pore water pressure monitoring in soft rock softening test data and model test，the function of softening coefficient with saturation time and saturation area and full water time are obtained by fitting the results of pore water pressure monitoring. Therefore，the softening characteristics of the rock mass can be given to the rock mass（softening area）in the saturated zone of the slope，and the softening degree of the weak intercalation can be calculated quantitatively according to the scope of the saturated zone and the time of the saturated water. On this basis，considering the softening effect of the soft intercalation，the cusp catastrophe model of the failure of the weak interlayer of the slope is established，and the mechanical mechanism of the slope instability is discussed，and the regularity of the influence of the rainfall and soft rock softening characteristics on the stability of the slope is obtained.

Key words： Rainfall，red bed slope，weak intercalation，water softening，0instability catastrophe model

孔隙水压力对黄土坡滑坡滑带土应力松弛影响试验

崔德山[1]，陈琼[1]，项伟[1,2]，严绍军[1]，王璐[1]，杨林筱[1]，陶现雨[1]

（1. 中国地质大学（武汉）工程学院，湖北 武汉 430074；

2. 中国地质大学（武汉）教育部长江三峡库区地质灾害研究中心，湖北 武汉 430074）

摘　要：滑带土的应力松弛特征研究对滑坡变形预测和滑坡防治具有重要意义。为了研究孔隙水压力对黄土坡滑坡稳定性的影响，基于室内三轴试验，对饱和滑带土在不同孔隙水压力条件的应力松弛特性进行了分析。首先对滑带土进行 X 射线衍射试验，获得滑带土的黏土矿物成分及其含量。然后采用 GDS 三轴仪，开展饱和滑带土在稳定孔隙水压力和变孔隙水压力条件下的应力松弛试验。研究结果表明：滑带土含有膨胀性黏土矿物，表现出一定的黏弹塑性特征；在稳定孔隙水压力条件下，滑带土的应力-应变曲线表现出应变软化特征。主应力差降幅、应力松弛量随着轴向应变的增加而增大。应力松弛阶段的体积应变大于应变加载阶段的体积应变。当孔隙水压力减小时，应力松弛量增大，滑带土压密，强度提高。当孔隙水压力增大时，应力松弛量先增大后减小，滑带土强度降低。应力松弛过程中，滑带土在周围应力作用下排水固结、结构恢复，导致再压缩强度增加。滑带土的应力松弛试验研究可为滑坡地质灾害的防控提供基础数据。

关键词：孔隙水压力；饱和滑带土；三轴压缩试验；应力松弛

1　引言

滑坡是三峡库区主要的地质灾害之一。黄土坡滑坡位于湖北省恩施土家族苗族自治州巴东县，根据现场调查，该滑坡由临江 1 号崩滑堆积体、临江 2 号崩滑堆积体、园艺场滑坡和变电站滑坡组成，面积达 $135 \times 10^4 m^2$，体积达 $6934 \times 10^4 m^3$。为了研究滑坡的演化机理，2010 年 2 月，中国地质大学（武汉）在黄土坡滑坡临江 1 号崩滑体上修建巴东野外大型综合试验场（图1），其中主要包括 1 条穿过滑体、滑带和滑床的试验主隧洞和 5 条试验支洞。试验主洞全长 908m，1 号、4 号支洞洞深 5m，2 号支洞洞深 10m，3 号支洞洞深 145m，5 号支洞洞深 40m。临江 1 号崩滑堆积体代表性纵剖面如图 2 所示，在 3 号支洞揭露滑带，滑带埋深在 20～50m 之间。为了研究原位滑带土的流变特性，沿滑带走向开挖试验平洞，在进行原位试验时，发现滑带土存在应力松弛现象。

土的流变特性主要包括蠕变特性、松弛特性、流动特性和长期强度等。Borja[1] 认为土的蠕变和松弛是同一个过程，并建立了统一的应力-应变-时间函数，用来描述土的体变过程和偏应力变化。李佳川[2] 认为，在应力松弛试验过程中，随着时间而减小的量不仅包括应力，还可以包括能量，建议对三个主应力、三个主应变和孔隙水压力、温度和微结构等进行监测，来全面把握应力松弛规律。Zolotarevskaya[3] 采用数学建模的方式研究了土的松弛过程，认为土的初始密度、含水率和加载速率影响松弛参数。田管凤和汤连生[4] 开展了侧限压缩条件下土体的侧应力松弛试验，得出侧应力松弛曲线的不稳定、稳定、急剧变化 3 阶段特征是由于土体结构连接的压密恢复与剪切破坏相互作用所致；而侧应力松弛稳定的极限状态是由土的抗剪强度控制。肖宏彬等[5] 开展了南宁膨胀土非线性剪切应力松弛特性试验，得出膨胀土的松弛曲线都可以明显地分成 3 个阶段：瞬间松弛阶段、衰减松弛阶段、稳定松弛阶段。

基金项目：国家自然科学基金项目（41772304），国家自然科学基金青年基金项目（41602313）

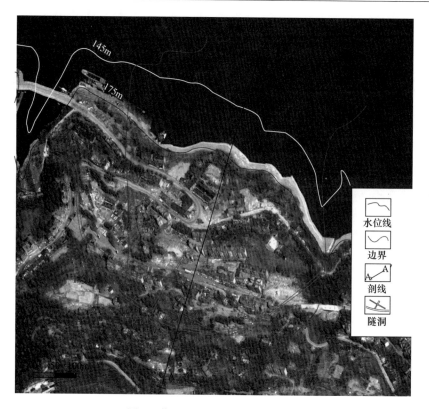

图1　黄土坡滑坡1号滑体平面图

Fig. 1　Plan view of No. 1 sliding mass of Huangtupo Landslide

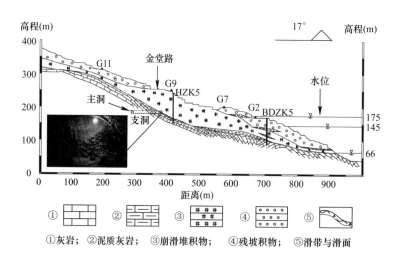

图2　黄土坡滑坡典型剖面图

Fig. 2　Representative cross-section of Huangtupo Landslide

　　开展黄土坡滑坡滑带土的蠕变特性和长期强度研究的人较多，研究成果非常丰富[6]。而关于滑带土应力松弛特性的研究十分少见，并且关于滑带土应力松弛特性结论差别较大。与滑带土的蠕变过程相比，在应力松弛过程中，并不存在外界力源的能量消耗。应力的松弛只是由于滑带土结构弱化而引起内部应力降低，弱化过程伴随着凝聚力和内摩擦对初始累积能量的消耗。殷跃平[7]对三峡库区滑坡防治工程设计中的渗透压力问题进行了较为系统的研究，强调了"有效应力法"的合理性。为了更全面了解不同有效应力条件下滑带土的流变特性，急需开展滑带土的应力松弛试验。但是目前对滑带土的三轴压缩应力松弛试验和理论研究还不够深入。基于此，本文采用GDS三轴仪，研究饱和滑带土在孔隙水压力恒定和变化条件下的三轴应力松弛特性，揭示滑体通过主隧洞和试验平洞排水过程中，滑带土的应力-

应变-时间关系，为滑坡地质灾害的预测预警提供基础数据。

2 试验材料与试验方案

本次试验所用土样取自黄土坡滑坡 3 号支洞东侧试验平洞揭露的滑带土，接近饱和状态，天然密度为 2.25g/cm³，塑性指数为 18.76。通过提取黏土颗粒（<0.075mm）开展矿物成分定量分析，可知主要黏土矿物为伊利石和高岭石，高达 93.47%。由于滑带土含有大量的黏土矿物，当其处于饱和状态时，在外力作用下会表现出较强的黏弹塑性，流变特性显著。将用环刀取回的滑带土用保鲜膜封好，带回实验室后，人工剔除颗粒直径大于 5mm 的碎石，然后按照原位密度制做圆柱形试样，直径为 50mm，高为 100mm，分 5 层压实，进行真空饱和，然后在三轴仪上开展应力松弛试验。

本次室内试验所采用的仪器为英国 GDS 公司生产的三轴仪，围压、孔隙水压力均由压力体积控制器（VPC）来控制与测量，轴向应力由安装在压力室内部的传感器测量，轴向位移由安装在底座上的 LVDT 传感器测量。

将圆柱样装好后，首先对试样进行排水固结，根据滑带土的分布、埋深和地下水埋藏条件，综合确定围压为 1000kPa，稳定孔隙水压力为 300kPa，有效应力为 700kPa。根据王菁莪[14]等人以滑坡变形的监测结果，变形曲线表现出阶梯状。为了研究大应变时滑带土的应力松弛特性，本次试验设计 3% 的轴向应变增量进行分级加载应力松弛试验，应力松弛时间为 24h。由于隧道内设置了垂直向上的钻孔，可以将地下水导入主隧洞并沿两侧排水沟排出。所以试验时，孔隙水压力从 300kPa 降低到 0，维持一定时间后，再从 0 增加到 300kPa，时间均设为 24h。

3 三轴压缩应力松弛特征

综合考虑滑带土受力状态、变形速率和主隧洞排水条件，设计围压 $\sigma_3 = 1000$kPa，孔隙水压力 $u = 300$kPa，轴向应变速率 $\dot{\varepsilon} = 0.02$mm/min，轴向应变增量 $\Delta\varepsilon = 3\%$，开展应力松弛试验，分级应力松弛时间为 24h，得到稳定孔隙水压力条件下滑带土的应力-应变曲线如图 3（a）所示。由图可知，应力松弛曲线与常规三轴试验曲线相比，具有如下不同：（1）与常规应变硬化试验曲线相比，滑带土的应力松弛曲线最终表现出应变软化的特性；（2）在应力松弛过程中，轴向应变保持不变，所以主应力差随着时间 t 而逐渐减小（图 3b），可分为 3 个阶段，瞬时松弛阶段（Ⅰ）、衰减松弛阶段（Ⅱ）和稳定阶段（Ⅲ）；（3）待重新加载时，应力曲线不是沿原路径发展，而是较应力松弛前有明显的提高，表现出阶梯状增长；（4）连接每级应力的外切线，可以得出一个应变硬化的包线，k_f 线。连接每级残余应力点，可以得出另一个应变硬化的包线，k_r 线，分别对应应力松弛峰值强度指标和残余强度指标。2 条包线中间形成区域面积（Sk_f-Sk_r）的大小可以反映滑带土的应力松弛能力，松弛效应越明显，2 条包线之间形成区域的面积越大。

从图 3（a）中可以看出，虽然 k_f 包线和 k_r 包线呈应变硬化趋势，但是局部加载阶段却可以分出应变硬化阶段（$\varepsilon_1 \leqslant 9\%$）和应变软化阶段（$9\% < \varepsilon_1 \leqslant 21\%$）。图 4（a）中，在局部应变硬化阶段（$3\% < \varepsilon_1 \leqslant 6\%$），应力松弛稳定后再加载，松弛应力-应变曲线与常规三轴应力-应变曲线有平行增长的趋势，且有一个明显的主应力差增量，$\Delta\sigma_{3-6}$。而在图 4（b）中，局部应变软化阶段（$15\% < \varepsilon_1 \leqslant 18\%$），松弛应力-应变曲线与常规三轴应力-应变曲线有相交的趋势，最大主应力差为松弛应力-应变曲线上的峰值应力与常规三轴应力之差，$\Delta\sigma_{15-18}$。

从图 5 可以看出，主应力差与时间对数曲线在松弛阶段比较符合线性拟合曲线，这对于在一定的时间范围内进行松弛应力的预测具有指导意义。显然，由于滑带土具有黏弹塑性，随着时间的增加，不会使应力松弛到零。由于松弛应力与时间有关，定义时间 t 内，主应力差降幅为 $\Delta q_t = q_{(0)} - q_{(t)}$，其中 $q_{(0)}$ 为应变固定时初始主应力差，$q_{(t)}$ 为应变固定时 t 时刻的主应力差。从图 6 可以得出，随着轴向应变的增加，主应力差降幅呈现出上升的趋势，说明滑带土的损伤程度在增加。

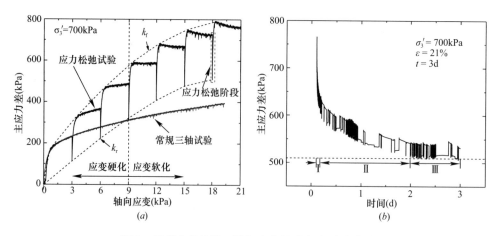

图 3　滑带土的常规三轴与应力松弛应力-应变曲线

Fig. 3　The stress-strain curves of triaxial compression test and stress relaxation test

（a）常规三轴试验与应力松弛试验曲线；（b）滑带土松弛应力阶段划分

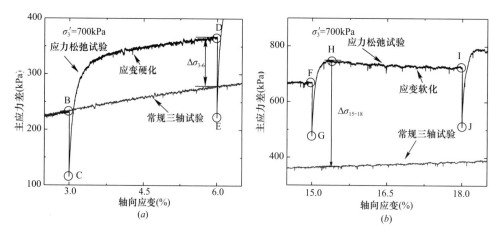

图 4　滑带土应力松弛试验过程中的局部应变硬化与局部应变软化

Fig. 4　Local strain hardening and local strain softening of sliding zone soil during the stress relaxation

（a）局部应变硬化阶段；（b）局部应变软化阶段

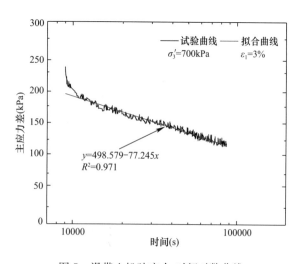

图 5　滑带土松弛应力-时间对数曲线

Fig. 5　The relaxation stress versus log time curves

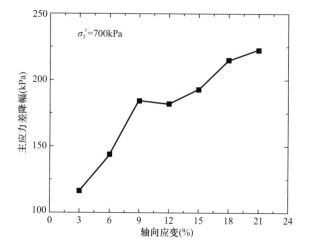

图 6　滑带土主应力差降幅与轴向应变关系

Fig. 6　The drop of deviatoric stress versus axial strain

为了研究应力松弛试验过程中滑带土的体积应变，采用压力体积控制器测量从试样中排出水的体积，包括应力松弛阶段和应变加载阶段，结果如图7所示。可以得出，无论是在应变加载阶段还是应变恒定阶段，滑带土的体积应变始终在增加，且应力松弛阶段的体积应变 $\Delta\varepsilon_{v2}$ 明显高于应变加载阶段的体积应变 $\Delta\varepsilon_{v1}$。作者认为，在应变加载阶段，时间比较短（150min），且试样主要产生轴向压缩，再加上滑带土的塑性指数较高，试样中的孔隙水不易充分排出。在应力松弛阶段，随着应力在土体内部的传递，再加上黏土颗粒结合水膜润滑作用，使得黏土颗粒持续移动，孔隙体积逐渐减小，最终排出水的体积便不断增加。

滑带土在不同松弛阶段的应力-应变等时曲线如图8所示。可见，随着应变的增加，主应力差逐渐增加，最后有趋于稳定的趋势。在 $\varepsilon\leqslant9\%$ 的应变水平下，应力-应变等时曲线近似为直线，表明滑带土在这一应变水平范围内可视为线性黏弹性体。当 $9\%<\varepsilon\leqslant21\%$ 时，曲线逐渐变得向横坐标偏移，表明滑带土在这一应变水平范围内以弹塑性变形为主。

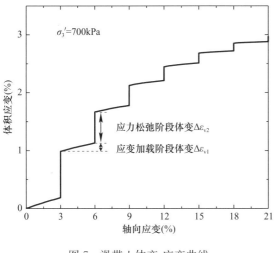

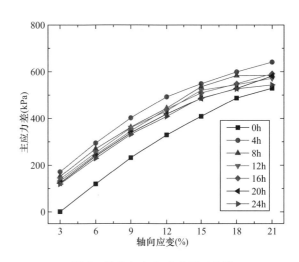

图7　滑带土体变-应变曲线

Fig. 7　The volumetric strain versus axial strain curve

图8　滑带土应力-应变等时曲线

Fig. 8　The tautochrone of stress-strain of sliding zone soil

在三峡库区，对于体积较大的滑坡，如黄土坡滑坡（体积约 $6934\times10^4\mathrm{m}^3$）、藕塘滑坡（体积约 $9000\times10^4\mathrm{m}^3$），采用抗滑桩、锚固或挡墙等进行治理成本高且效果不一定好。对此，这两个特大型滑坡均采用了地表排水和地下打隧洞排水的治理方法。本文为了模拟黄土坡滑坡滑带土中孔隙水压力下降和恢复后对滑带土应力松弛的影响，在室内开展了变孔隙水压力条件下的三轴应力松弛试验。孔隙水压力周期性升降条件下的松弛应力-时间关系和松弛应力-轴向应变关系分别如图9（a）和9（b）所示。首先在围压为1000kPa、孔隙水压力为300kPa条件下，开展应力松弛试验，待24h后，开始缓慢降低孔隙水压力（300kPa→0），相当于黄土坡滑坡主洞内排滑带上部的地下水，排水时间设置为24h。此时可监测到随着孔隙水压力的降低，主应力差的变化趋势。同样，一场暴雨后，由于地下水来不及排出，孔隙水压力会上升。此时，开展缓慢升高孔隙水压力（0→300kPa）的应力松弛试验，孔隙水压力上升时间和稳定时间也控制在24h。

图10（a）给出了应力松弛24h后，孔隙水压力开始从300kPa缓慢下降到0。通过对稳定孔隙水压力条件下松弛曲线进行拟合、预测，可以得出，如果孔隙水压力不下降，主应力差将沿着红色的拟合曲线发展，此时，主应力差仍保持在一个较高的水平，这对于滑坡的稳定性来讲非常不利。如果此时，开展主隧洞内排水工程，则主应力差随着孔隙水压力的下降而下降，残余松弛应力减小，有利于滑坡的稳定。同理，从图10（b）可以得出，如果孔隙水压力不上升，则松弛应力曲线将沿着红色的拟合曲线发展。一旦孔隙水压力缓慢上升，主应力差也将增加，残余松弛应力增加，不利于滑坡的稳定。而且可以看出，由于滑带土具有一定的黏弹塑性，在增加孔隙水压力的初始阶段（72～78h），松弛应力还沿着原来的路径发展，但达到一定时间（78h）以后，主应力差会随着孔隙水压力的上升而上涨，松弛应力的增加较孔隙水压力的增加有一个明显的滞后过程。

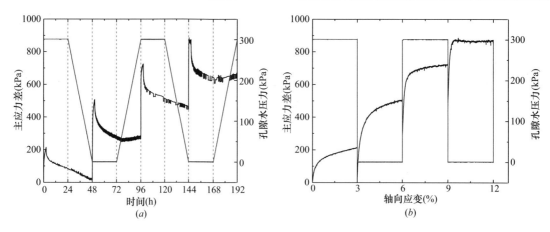

图 9　孔隙水压力升降条件下的应力松弛特征

Fig. 9　The relaxation stress characteristics under pore water pressure fluctuation

（a）松弛应力-时间关系曲线；（b）松弛应力-轴向应变关系曲线

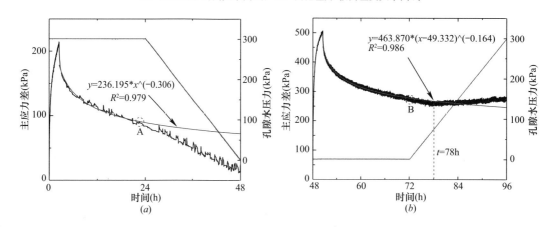

图 10　孔隙水压力下降和上升时松弛应力特征

Fig. 10　The relaxation stress characteristics when pore water pressure drops and rises

（a）孔隙水压力下降时的松弛应力-时间关系；（b）孔隙水压力上升时的松弛应力-时间关系

4　结论

对于三峡库区体积较大的特大型涉水滑坡，采用地表排水和内部排水的治理措施可以有效缓解滑坡的变形。本文通过开展在不同孔隙水压力动态变化过程中饱和滑带土松弛特性研究，得出如下结论：

（1）滑带土的应力松弛曲线 k_f 和 k_r 包线呈应变硬化特征。但在应变分级加载阶段，当 $\varepsilon_1 \leqslant 9\%$ 时，应力-应变曲线表现出局部应变硬化特征；当 $9\% < \varepsilon_1 \leqslant 21\%$ 时，应力-应变曲线表现出局部应变软化特征。说明滑带土在达到破坏状态时，抗剪强度指标数值降低。

（2）在稳定孔隙水压力条件下，滑带土主应力差降幅、应力松弛量随着应变的增加而增加，说明滑带土的损伤程度在增加。

（3）应力松弛阶段的体变大于应变加载阶段的体变。说明在应力松弛阶段，随着应力在土体内部的传递，再加上黏土颗粒结合水膜润滑作用，使得黏土颗粒缓慢移动，导致孔隙体积逐渐减小，最终排出水的体积不断增加。

（4）在孔隙水压力缓慢下降过程中，松弛应力也在缓慢减小，应力松弛量在增加，有利于滑坡的稳定。在孔隙水压力上升过程中，松弛应力先减小后增加，有一个明显的滞后现象，最终不利于滑坡的稳定。

参考文献

［1］　Borja R I. Generalized creep and stress relaxation model for clays［J］. Journal of Geotechnical Engineering 1992，118

（11）：770-772.

［2］ 李佳川. 土的流变模型及应力松弛 ［J］. 岩土工程师 1990，2（4）：27-32.

［3］ Zolotarevskaya D I. Mathematical modeling of relaxation processes in soils ［J］. Eurasian Soil Science 2003，36（4）：388-397.

［4］ 田管凤，汤连生. 侧限压缩条件下土体的侧应力松弛试验研究 ［J］. 岩土力学 2012，33（3）：783-787.

［5］ 肖宏彬，贺聪，周伟等. 南宁膨胀土非线性剪切应力松弛特性试验 ［J］. 岩土力学 2013，34（z1）：22-27.

［6］ Wang J，Su A，Xiang W，et al. New data and interpretations of the shallow and deep deformation of Huangtupo No. 1

［7］ 殷跃平. 三峡库区地下水渗透压力对滑坡稳定性影响研究 ［J］. 中国地质灾害与防治学报 2003 14（3）：1-8.

作者简介

崔德山，男，1981 年生，内蒙古呼伦贝尔人，汉族，博士，副教授，主要从事地质灾害防控的教学和科研工作。电话：18627024667，E-mail：cuideshan @ cug. edu. cn，地址：湖北武汉洪山区鲁磨路 388 号。

EFFECT OF PORE WATER PRESSURE ON STRESS RELAXATION CHARACTERISTICS OF SLIDING ZONE SOIL OF HUANGTUPO LANDSLIDE

CUI de-shan[1]，CHEN Qiong[1]，XIANG Wei[1,2]，YAN Shao-jun[1]，WANG Lu[1]，
YANG Lin-xiao[1]，TAO Xian-yu[1]

（1. Faculty of Engineering，China University of Geosciences，Wuhan，Hubei 430074，China；
2. Three Gorges Research Center for Geo-hazard，Ministry of Education，China University of Geosciences，Wuhan，Hubei 430074 China）

Abstract：The study on stress relaxation of sliding zone soil is of great significance to the deformation prediction，prevention and control of landslide. In order to study the effect of pore water pressure on the stress relaxation characteristics of sliding zone soil of Huangtupo landslide，based on the indoor triaxial test，the stress relaxation characteristics are analyzed of saturated sliding zone soil under different pore water pressure. Firstly，the X-ray diffraction experiment was carried out to obtain the mineral composition of sliding zone soil. Then，the GDS triaxial compression apparatus was used to carry out stress relaxation test of saturated sliding zone soil under stable pore water pressure and variable pore water pressure. The results show that because of containing expensive clay minerals，the sliding zone soil exhibits viscoelastic-plastic characteristics. Under the condition of stable pore water pressure，the stress-strain curve of sliding zone soil shows strain softening characteristic. As the increasing axial strain，the drop of deviatoric stress increases. The volumetric strain at the stress relaxation stage is greater than that at the straining loading stage. When the pore water pressure decreases，the stress relaxation capacity and strength of sliding zone soil increase. When the pore water pressure increases，the relaxation stress first increases and then decreases. In the process of stress relaxation，the sliding zone soil is consolidated and its structure is restored，which results in increasing recompression strength. The data of stress relaxation of sliding zone soil can provide basic data for prevention and control of landslide hazards.

Key words：pore water pressure，saturated sliding zone soil，triaxial compression test，stress relaxation

地质灾害光纤传感远程组网实时监测技术应用研究

张青[1]，李滨[2]，张晓飞[1]，史彦新[1]，孟宪玮[1]

（1. 中国地质调查局水文地质环境地质调查中心，河北 保定 071051；
2. 中国地质调查局地质力学研究所，北京 100081）

摘 要： 滑坡崩塌等地质灾害因其隐蔽性和突发性的特点成为地质灾害监测预警工作的难点之一，给人民生命财产造成巨大损失。目前，分布式光纤传感技术在桥梁、隧道、大坝等监测领域推广应用并取得了较好的效果，但是，基于物联网的分布式光纤监测系统在地质灾害监测的应用相对较少。本文在介绍光纤传感的基本原理基础上，综合考虑地质灾害监测的地质条件、变形特征和环境效应等重要信息，结合分布式光纤传感、点式位移监测、数据传输、数据库、物联网等技术，构建基于物联网的分布式光纤传感实时监测系统和软硬件设计，实现地质灾害体的点、线、面的实时监测，并在中加合作滑坡地质灾害监测项目中应用示范。

关键词： 地质灾害；光纤传感；物联网；实时监测

1 引言

20 世纪 80 年代末，有关研究人员提出了把光纤传感器用于混凝土结构的检测，从此以后，日本、美国、德国等许多发达国家的研究人员先后对光纤传感监测技术在土木工程中的应用进行了大量的实验研究。近年来，在日本、美国、瑞士等国家，光纤传感技术在土木工程中的应用领域相对较为广泛，已经从混凝土的浇筑过程扩展到地基、桥梁、大坝、隧道、大楼、地震和山体滑坡等复杂结构体的监测[1,2]。

分布式光纤传感技术是工程测量领域的一项新技术，光纤传感器采用光作为信息的载体，用光纤作为传递信息的介质，具有抗电磁干扰、耐腐蚀、灵敏度高、响应快、重量轻、体积小、外形可变、传输带宽大以及可复用实现分布式测量等突出优点，在高层建筑、智能大厦、桥梁、高速公路等在线动态检测方面有着广泛的应用[2,3]，我国 2004 年以后将分布式光纤传感技术应用于滑坡监测，并取得了不错的效果。

在前期工作中，我们已经研发出具有自主知识产权的分布式光纤传感监测仪和光纤光栅解调仪及配套传感器，并将光纤光栅和分布式光纤联合应用于巫山县滑坡监测中，取得了很好的效果[4,5]。本文综合考虑地质灾害监测的地质条件、变形特征和环境效应等重要信息，开展线性光纤铺设试验，并结合点状光纤光栅位移传感器和分布式光纤对滑坡体裂缝变化情况进行监测，成功地将光纤传感技术应用于滑坡监测中，探索了光纤传感技术用于滑坡监测中的方法与工艺，为继续开展相关研究奠定了基础。

2 光纤传感监测原理

光纤传感技术是通过对光纤内传输光某些参数（如强度、相位、频率、偏振态等）变化的测量，实现对环境参数的测量。分布式光纤传感技术具有可复用、分布式、长距离传输等优点，成为光纤传感技术研究热点。其中，光纤布拉格光栅传感器（Fiber Bragg Grating）和布里渊光时域反射传感技术（Brillouin Optic Time Domain Reflectometry）是最具代表性的光纤传感技术[6,7]。

2.1 光纤布拉格光栅传感技术

光纤布拉格光栅传感器（FBG）是准分布式光纤传感器的一种，其所获取的被测量信息在空间上并不是连续分布的。布拉格（Bragg）光栅是一种在光纤中制成的折射率周期变化的光栅，周期不同其反射的光波长也不同。当这种带有布拉格光栅的光纤受到拉伸或压缩以及所处温度发生变化时，其周期发生变化，从而反射光的波长也改变，通过测量反射光波长的变化即可得知光纤所受的应变或所处的温度值。

在一根光纤上布置若干个布拉格光栅，通过波分或时分复用技术构建准分布式传感网络，可以在大范围内对多点同时进行监测，而且还可以大幅度的减少监测系统的设备数目以及传输段光纤长度，降低监测工程成本。准分布式 FBG 监测系统如图 1 所示。

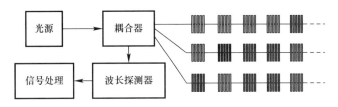

图 1　准分布式 FBG 监测系统示意图

Fig. 1　Quasi distributed FBG monitoring system diagram

2.2 布里渊光时域反射传感技术

布里渊光时域反射传感技术（BOTDR）主要利用光波在光纤中传播时产生的后向布里渊散射光的频谱与功率特征与外界环境（温度、应变等）相关的特性[8]，实现监测目的。

由图 2 可以看出，在布里渊散射中，散射光的频率相对于泵浦光有一个布里渊频移。当光纤材料特性受温度或应变影响时，布里渊频移大小将发生变化，因此，通过测定脉冲光的后向布里渊散射光的频移就可以实现分布式温度、应变测量。

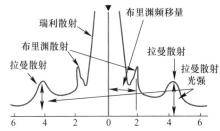

图 2　光纤中的背向散射光频谱分布图

Fig. 2　backscattering spectrum optical fiber

大量的理论和实验研究证明，当环境温度变化量小于或等于 5℃时，光纤的轴向应变与布里渊散射光频率的漂移量之间的关系可表示为：

$$V_B(\varepsilon) = V_B(0) + C\varepsilon \tag{1}$$

式中，$V_B(\varepsilon)$ 为光纤发生应变时布里渊散射光频率的漂移量；$V_B(0)$ 为光纤无应变时布里渊散射光频率的漂移量；C 为光纤应变系数，一般为 $50MHz/\mu\varepsilon$；ε 为光纤的轴向实际应变。

分布式光纤传感技术所采用的光纤体积小、柔软可弯曲，能以任意形式复合于基体结构中而不影响基体的性能。对整个测试光纤，只要测得光纤各位置的布里渊散射光功率和频率，就可得到光纤上各处的应变分布和温度分布。该传感技术系统最具优势的地方还在于光纤既是传感元件又是传输媒介，属于分布式监测，可以满足长距离、不间断监测的要求，便于与光纤传输系统联网，以实现系统的遥测和控制。用于滑坡监测时，将光纤以神经网络的形式植入滑坡体，便可对滑坡实施从线到面的实时监测。

3 实时监测系统设计

3.1 光纤光栅监测解调仪

光纤光栅解调系统主要分为 3 部分：光源、布拉格光栅传感网络、光栅波长漂移检测电路。在解调系统中，可调光源的光信号经耦合器分为两路，第一路作为入射光进入光纤光栅，扫描传感 FBG 阵列，经光栅反射，反射光携带光纤光栅的传感信息进入光解调电路。第二路作为参考光通过光波长标准具，进入光解调电路。当窄带光中心波长与 FBG 的反射中心波长相同时，光信号探测器探测的光信号最强，否则探测信号非常弱。光电转换得到的信号电压经过放大、滤波和整形后，再通过数据采集和信号处理，就可以解调出每个光栅的波长。通过传感信号与波长标准具信号的对应关系，解调得到传感信号的变化情况。图 3 为光纤光栅波长解调系统组成框图。

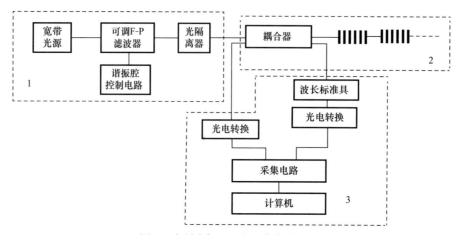

图 3　光纤光栅监测解调仪构成框图

Fig. 3　schematic diagram of the FBG demodulator

　　LabVIEW 是目前应用最广、发展最快、功能最强的图形化软件开发集成环境，具有丰富的扩展函数库，这些扩展函数库主要用于数据采集、GPIB 和串行仪器控制，以及数据分析、数据显示和数据存储，为用户提供了极大方便。因此，选用 LabVIEW 作为 FBG 光纤光栅波长解调软件的设计平台，对 FBG 波长解调软件进行设计。软件功能包括采集参数的设置、信号通道和参考通道的峰值检测、FBG 传感器中心波长的计算、最终结果的显示、输出和保存。图 4 为 FBG 光纤光栅波长解调数据采集系统软件设计流程图。

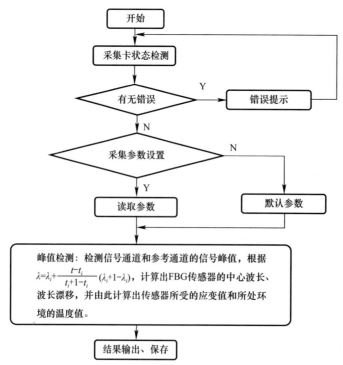

图 4　FBG 光纤光栅波长解调数据采集系统软件设计流程图

Fig. 4　wavelength demodulation data acquisition programming flow chart

3.2 分布式光纤应变监测系统

如图 5 所示，采用光相干方法来检测布里渊散射分布式光纤应变监测系统中的散射光信号，应用微波电光调制技术产生具有可调频差的本地参考光，再和后向布里渊散射光进行光相干检测。

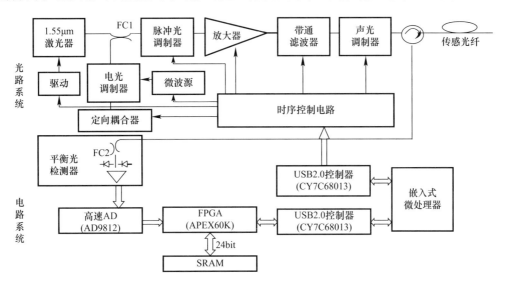

图 5 分布式光纤应变监测系统构成框图

Fig. 5 structure diagram of distributed fiber optic strain monitoring system

采用窄带激光器作为光源；通过光纤耦合器进行光功率分配，一路光作为激励光，经调制后生成光脉冲，再经掺铒光纤放大器、环行器输入到普通单模传感光纤；另一路作为参考光，经微波电光调制后产生可周期变化的频移光。把脉冲调制的激励光从传感光纤返回的后向布里渊散射光和本地参考光进行光相干检测，得到原始光电检测信号。原始光电检测信号经电路和计算机信号处理后可得到传感信息。

分布式光纤应变数据采集程序是分布式光纤应变传感系统的重要组成部分，它的作用就是从 USB 接口读取数据，然后进行分析处理，提取出有用的应变信号，再实现应变信息的显示、存储、发送功能。设计的应用程序流程图如图 6 所示，首先完成 USB 设备的注册、枚举，再通过调用 USB 设备驱动程序实现对各光学器件的初始化及各光学器件的按时加载等功能，接着根据状态标志分别进入采集线程和控制线程；在采集线程中完成对各频率数据的采集、处理和分析，以提取有用的应变信息；为了进一步消除温度对应变的影响，再依据输入的参考段光纤（不产生应变的光纤）信息进行应变数据的校正，最后将应变数据保存在本地硬盘和通过无线传输模块发送到监测中心；在控制线程中不断扫描各状态标志，根据状态标志控制各光学器件的状态等功能；最后在程序退出时完成 USB 设备的卸载、关闭功能[9,10]。

4 远程监测组网方案

随着计算机监控领域、无线传感领域和通信领域内前沿技术的不断发展，目前国内在地质灾害远程监测方面也取得了一些进步。为了适应无线传感网络及地质灾害实时监测预警模式的需求，基于物联网的光纤监测系统结构框图如图 7 所示。监测系统结合分布式光纤传感技术、点式位移监测技术、数据传输技术、数据库技术、网站技术等构成，采用分布式光纤进行线到面上的大范围监测，利用点式位移监测获取光纤走向上重点部位的位移变化量，重点部位的位移量同时是对分布式光纤沿线变形的补充和标定；所有的监测数据通过 4G 或光纤网络发送到监测中心，监测中心采集到监测数据入库并通过网站显示发布等，实现对目标体进行全天候实时监测，在无需人员到场的情况下能获取当前应变及位移变化值。

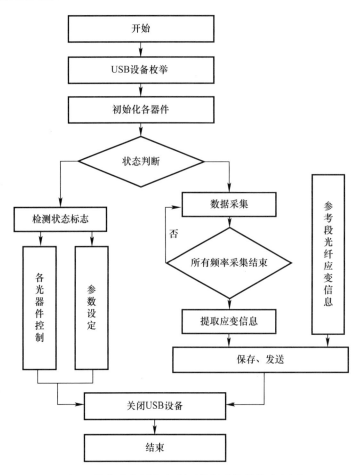

图 6 分布式光纤应变监测数据采集软件流程图

Fig. 6 data acquisition software flow chart of distributed fiber optic strain monitoring system

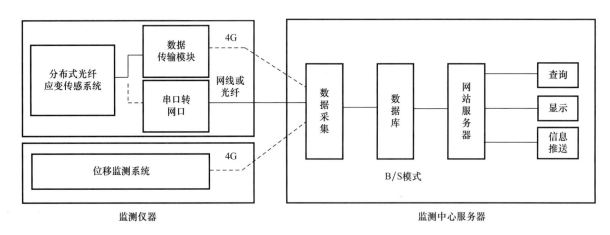

图 7 物联网模式的分布式光纤监测系统框图

Fig. 7 distributed optical fiber monitoring system diagram based on IoT mode

5 应用实例

汤普森河流域是加拿大国家运输走廊的一个至关重要的战略部分，它贯穿不列颠哥伦比亚南部。1885 年完成的加拿大太平洋铁路和 30 年后完成的加拿大国家铁路就位于汤普森河谷，每天有 25 到 30 趟火车通过汤普森河谷，汤普森河也称为"加拿大的巴拿马运河。"许多大型山体滑坡在 1880 年到 1982

年之间发生于汤普森河谷的 Ashcroft，一些山体滑坡阻塞汤普森河，造成堰塞湖，切断了加拿大太平洋铁路和加拿大国家铁路线。

光纤滑坡实时监测现场为 Ripley 滑坡前缘的混凝土墙，直接威胁两条铁路的安全。Ripley 滑坡沿汤普森河的上坡延伸 120m，向汤普森河延伸 30m，有大约 220m 的铁路穿过滑坡。滑坡调查数据表明滑带在加拿大太平洋铁路之下的 20m 处，滑坡方量估计为 40 万 m³。加拿大太平洋铁路和加拿大国家铁路线在汤普森河的东岸并行穿过 Ripley 滑坡，因此 Ripley 滑坡将会对铁路干线造成一定的影响。加拿大地质调查局技术人员曾在监测现场布设了 GPS 自动监测装置，监测其位移变化情况。监测结果表明，Ripley 滑坡的速度与汤普森河水位的变化有着明显的联系。2013 年 4 月，加拿大地质调查局技术人员又在 Ripley 滑坡安装了 INSAR 监测装置，可以实现对 Ripley 滑坡的多种监测方法的对比研究。

在 2012 年 11 月现场踏勘的基础上，结合滑坡监测现场的实际情况及施工过程中所采用的工艺，同加方技术人员一起仔细讨论后，确定了光纤滑坡实时监测最终监测方案。

光纤滑坡实时监测现场为 Ripley 滑坡附近加拿大国家铁路附近的混凝土墙，监测对象为混凝土墙体的变形情况，故在监测时，采用 BOTDR 和 FBG 联合的方式监测其变形情况。拟在监测现场布设 FBG 位移传感器 2 只、FBG 温度传感器 1 只；沿着墙体块的结合处布设监测光纤，最后将监测光纤及 FBG 传感器均接入小房的监测仪器中，其中监控区域和监控中心小房如图 8 所示。

由于监测现场冬夏温差变化较大，为了施工的方便及监测数据的准确性，光纤铺设时采用一种光纤双线铺设的方式，其监测部分的光纤走向如图 9 所示，其中蓝线表示传输光纤，用于连接监测光纤与分布式光纤应变监测系统。

 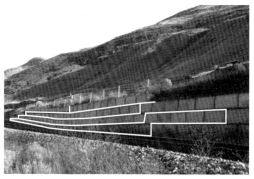

图 8　监控区域图
Fig. 8　monitoring area

图 9　分布式光纤布设方案
Fig. 9　distributed optical fiber layout scheme

结合光纤滑坡监测现场的混凝土墙体的变形情况，在监测现场布设光纤光栅位移传感器 2 只，位置如图 10 中方框，用于监控墙体块水平和垂直方向上的位移，并布设温度传感器 1 只，用于监测测量点的环境温度，如图 10 所示，蓝线走向表示连接光纤光栅传感器的光纤，最终与监测小房内的光纤光栅监测解调仪相连。

现场安装完成后，开始实时监测。图 11 显示了 BOT-DR 2013 年 5 月监测曲线，将光纤安装后 5 月 4 日测试曲线作为初始曲线。从图中看出，测试曲线相对于初始曲线有一个相对移动，这是因为胶固化过程使光纤产生了应变，同时在光纤 1060m、1230m、1320m 和 1610m 有 4 处明显应变。

图 10　FBG 传感器布设方案
Fig. 10　FBG sensor layout scheme

图 12 显示了 BOTDR 6 月和 7 月的监测曲线，2013 年 5 月 4 日的曲线作为初始曲线。从图中，我们发现 4 处应变继续增加，表明已有应变发生。

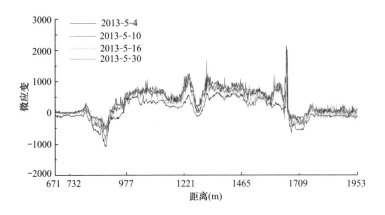

图 11　BOTDR 5 月测试曲线

Fig. 11　BOTDR Monitoring Curve in May

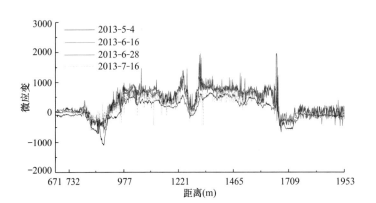

图 12　BOTDR 6 月和 7 月测试曲线

Fig. 12　BOTDR Monitoring Curve in June and July

6　结论

我国地域辽阔，在近年来地质灾害频发，威胁人民群众的生命财产安全问题，目前国内外学者针对地质灾害监测做了大量的工作，本文在前期研究基础上，针对光纤传感远程组网实时监测问题，开展相关试验研究，应用实例显示光纤监测技术经过适当的工艺改进，可以用于地质灾害监测。FBG 和 BOT-DR 分布式光纤传感技术在滑坡监测领域应用起步阶段，虽然在滑坡监测应用中取得了一定的效果，但其光纤埋设工艺、布网原则、FBG 传感器选型、安装等，仍需地质灾害工作者不断实践、总结、完善。

FBG 与 BOTDR 联合监测滑坡，可实现点、线、面的全面监测，获得滑坡体较完整的应变信息，是一种比较完善的滑坡监测方案。本文应用实例的成功监测，有助于将来光纤实时监测技术在地质灾害监测中的应用推广。

参考文献

［1］　熊孝波，桂国庆，马淑芝，张冬梅等. 光纤传感器在岩土工程中的应用现状与展望［C］//全国工程勘察信息化学术研讨会论文集. 武汉，2007：142-148

［2］　柴敬，张丁丁，李毅. 光纤传感技术在岩土与地质工程中的应用研究进展［J］. 建筑科学与工程学报，2015 年 03 期：28-37

［3］　史彦新，张青，孟宪玮. 分布式光纤传感技术在滑坡监测中的应用［J］. 吉林大学学报（地球科学版），2008 年 05 期：820-824

［4］　史彦新，张青，孟宪玮. FBG 与 BOTDR 联合监测滑坡［C］//第三届环境与工程地球物理国际会议论文集. 北京：

科学出版社，2008：208-212.

[5] ZHANG X F，HAO W J，ZHANG Q，et al. Development of Optical Fiber Strain Monitoring System Based on BOT-DR [C]. Proceedings of 10th International Conference on Electronic Measurement & Instruments. IEEE PRESS. 2011：38-41.

[6] 陈莹. 分布式光纤光栅传感器在建筑物中的应变测量研究 [D]. 天津：南开大学，2003.

[7] 施斌，徐洪钟，张丹，等. BOTDR 应变监测技术应用在大型基础工程健康诊断中的可行性研究 [J]. 岩石力学与工程学报，2004，23（3）：493-499.

[8] 丁勇，施斌，崔何亮，等. 光纤传感网络在边坡稳定监测中的应用研究 [J]. 岩土工程学报，2005，27（3）：338-342.

[9] Zhang Xiaofei，Lv Zhonghu，Meng Xianwei，Jiang Fan，Zhang Qing. Application of Optical Fiber Sensing Real-time Monitoring Technology Using in Ripley Landslide [C]. Applied Mechanics & Materials，2014

[10] Zhang Xiaofei，Hao Wenjie，Zhang Qing，et al. 2011. Development of Optical Fiber Strain Monitoring System Based on BOTDR [C]. Proceedings of IEEE 2011 10th International Conference on Electronic Measurement & Instruments (ICEMI' 2011) VOL. 04

作者简介

张青，男，1965 年生，汉族，博士，中国地质调查局水文地质环境地质调查中心研究员，博士生导师，主要从事地质灾害监测预警工作。E-mail：272424221@qq.com。

APPLICATION OF REMOTE NETWORK MONITORING TECHNOLOGY BASED ON FIBER SENSING FOR GEOLOGICAL DISASTERS

ZHANG Qing[1]，LI Bin[2]，ZHANG Xiao-fei[1]，SHI Yan-xin[1]，MENG Xian-wei[1]

(1. Center for Hydrogeology and Environmental Geology Survey of Chinese Geological Survey，Baoding 071051，Hebei，China；

2. Geomechanics Institute of Chinese Geological Survey，Beijing 100086)

Abstract： Due to their characteristics of concealment and suddenness，geological disasters such as landslide collapse have become one of the most difficulties in geological disaster monitoring and early warning which causing great loss of people's life and property. At present，distributed optical fiber sensing technology has been popularized used and applied in bridge，tunnel，dam and other monitoring fields，which had achieved many good results. However，distributed optical fiber monitoring system based on the Internet of things has relatively few applications in geological disaster monitoring. This paper construct a distributed optical fiber sensing real-time monitoring system based on the basic principle of optical fiber sensing，overall considering the geological conditions of the geological disaster monitoring，deformation characteristics and environmental effects，and other important information，combined with the technology of distributed optical fiber sensing，point displacement monitoring，data transmission，database，Internet of things，etc. And achieved the comprehensive monitor from point to line further to the surface，and above achievements had applied in China-Canada cooperation landslide geological disaster monitoring project.

Key words： Geological disaster，Optical fiber sensing，Internet of things，Real-time monitoring，steep slope

大型堆积体滑坡局部化破坏离散元模拟研究

徐卫亚[1]，张强[2]，王环玲[1]，王如宾[1]，孟庆祥[1]，王盛年[3]

(1. 河海大学岩土工程研究所，江苏 南京 210098；2. 中国水利水电科学研究院，北京 100048；
3. 南京工业大学交通运输工程学院，江苏 南京 211816)

摘 要：滑坡堆积体是一种非连续、非均匀的土石混合体，受内部块石结构影响，在外荷载作用下其局部化破坏过程较一般岩土体更为复杂。运用数值模拟技术建立了滑坡堆积体随机细观结构模型，采用基于柔性加载的离散元双轴试验，研究了双轴压缩下的局部化破坏过程及其剪切带的形成演化，探究了围压大小和块石含量及空间分布对堆积体滑坡局部破坏过程的影响。分析表明，堆积体滑坡变形破坏是由局部到整体贯通的局部化破坏过程，在破坏过程中剪切带是在轴向偏应力达到峰值时逐渐发育、形成、贯通和扩展，堆积体的局部化破坏过程不仅受内部块石含量和空间分布影响，而且围压作用凸显，破坏后剪切带分布形态大致呈非对称的 X 形。

关键词：堆积体滑坡；局部化破坏；柔性加载；离散元

1 引言

堆积体是由第四纪堆积作用形成的一类特殊的松散堆积物，其特征是以土石混合为特点，是一种介于均质土体和碎裂岩体之间的特殊地质体[1]。随着我国西南地区大型水电工程的兴建，在高坝大库枢纽区及库区，常会遇到这种不良地质体滑坡，通常规模巨大。如，澜沧江古水水电站坝址由于下游存在约 5000m³ 方巨型滑坡堆积体，梨园水电站上游右岸念生垦沟堆积体，方量约为 2700 万 m³。由于这些大型滑坡堆积体的形成机理复杂，且治理难度大及失稳危害性强，一旦失稳破坏将给库坝区工程安全和环境安全带来巨大威胁，如何科学治理这类堆积体滑坡已是水电工程界一个重点研究课题[2]。

工程实践表明，堆积体滑坡的失稳破坏是一个由局部破坏到整体失稳的渐进过程，且破坏主要发生在某一局部狭小条带内，而非全部破坏，这种破坏也称为局部化破坏[3]。围绕大型堆积体滑坡的局部化破坏问题，徐湘涛等[4]采用数值模拟对紫坪铺水利枢纽工程左岸坝前堆积体变形破坏机制进行了研究；王乐华等[5]基于模型试验对涉水堆积体岸坡变形-破坏模式进行了研究。由于堆积体内部具有显著块石结构效应，在荷载作用下的局部化破坏过程尤为复杂，且受内部块石结构影响极为显著。因此，研究细观结构特征对堆积体的局部化破坏的影响可为库区大型堆积体滑坡治理提供理论依据。

本文从堆积体滑坡细观结构出发，利用数值模拟技术建立不同含石量和空间位置分布的堆积体随机细观结构模型，应用颗粒流程序（PFC）开展基于柔性加载条件的双轴试验模拟，分析堆积体滑坡局部化破坏及局部化剪切带的形成，探究围压大小和块石含量及空间分布对堆积体局部破坏过程的影响，为高坝大库工程大型堆积体滑坡的科学防治提供理论支撑。

2 滑坡堆积体离散元模型建立

2.1 随机细观模型建立

考虑堆积体滑坡块石轮廓不规则凸凹特征，本文采用文献［6］建立的基于不规则凸凹多边形的随

基金项目：国家重点研发计划（No.2017YFC1501100）

机构建方法，构建堆积体随机细观结构模型。假定随机块石的大小服从正态分布，其概率密度函数可用下式表示：

$$f(\lambda) = \frac{1}{\lambda \sqrt{2\pi\sigma^2}} \exp\left[-\frac{(\ln\lambda - \mu)}{2\sigma^2}\right], 0 < \lambda < \infty \tag{1}$$

式中，λ 表示块石大小，文中取为块石长轴的大小；μ 和 σ 是块石大小的均值和方差，根据现场块石统计分析结果，μ 和 σ 分别取为 1.28cm 和 0.23。根据块石扁平率统计结果，将随机块石的扁平率假定为一个随机变量，取值范围介于 [1.0，3.0]。

根据现场块石的大小和扁平率统计结果，分别建立了不同块石空间分布的堆积体随机细观结构模型，模型尺寸大小均为 5cm×10cm。文中含石量（C）定义为质量含石量，不同含石量分别取为 30%、45%、60%，见图 1；在相同含石量 45% 下，又建立了三个不同块石空间分布的随机细观结构模型，模型中所有块石均相同，但其空间位置和方位分布不同，见图 2。

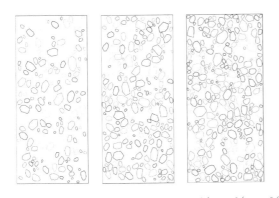

图 1　不同含石量随机细观模型（C=30%，45%，60%）

Fig. 1　Random meso-structure with different rock contents（C=30%，45%，60%）

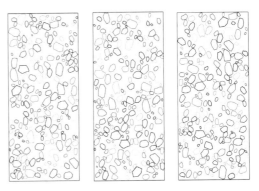

图 2　相同含石量不同空间分布随机细观模型（C=30%）

Fig. 2　Random meso-structure of with different spatial distributions（C=30%）

2.2　离散元模型建立

在离散元模拟中，堆积体中的土体颗粒采用单一的圆盘模拟，不规则的块石采用多个圆盘组成的颗粒簇（clump）模拟。基于随机细观结构模型，文中采用覆盖法来生成堆积体的离散元模型，见图 3。该方法包括如下步骤：（1）根据构建的细观结构模型尺寸，建立相同尺寸的圆盘颗粒模型，颗粒半径大小均匀分布于与 [2.0mm，4.0mm]；（2）将纯土体圆盘颗粒模型和细观结构模型相叠加；（3）遍历细观结构模型中所有块石，判断每个块石所包括的圆盘颗粒，将每个石块包含的所有圆盘颗粒组成一个颗粒簇；（4）将剩余的圆盘作为土体颗粒，将颗粒簇作为块石，建立堆积体离散元模型。

图 3　堆积体离散元模型建立步骤

Fig. 3　The establishment processes of DEM model for deposit samples

3 基于柔性加载的离散元双轴试验模拟

3.1 柔性加载试验模型

在离散元中，常规双轴试验通过对侧向刚性墙体进行伺服来施加恒定的围压，其会限制试样侧向的不均匀自由变形。为了实现围压柔性加载，试验中允许试样侧向不均匀变形，采用文献［7］提出的离散元柔性加载模拟方法，利用 FISH 语言在 PFC5.0[8] 中实现基于柔性加载的双轴试验模拟。

图 4 所示为基于柔性加载的双轴试验模型。试验模型由上下部两个刚性墙体和侧向两列柔性颗粒链组成，其中上下刚性墙体作为加载板进行轴向加载，试验中墙体的加载速度固定为 0.5mm/s，侧向柔性颗粒链作为柔性橡胶膜，且链颗粒间的粘结采用接触粘结模型（contact bond model）进行模拟，以保证颗粒间只传递力而不传递力矩，实现围压的柔性加载，同时为了防止加载过程中柔性膜的破坏，试验中将膜颗粒间的粘结强度设置为一个较大的值。

试验围压以等效集中力的方式施加于膜颗粒上进行模拟，在每一步循环计算中，通过伺服调整膜颗粒上施加的等效集中力维持试验围压的恒定。图 5 为膜颗粒上施加的等效集中力的计算示意图，对于任意一个膜颗粒，施加于其上的等效集中力 F 可以按下式进行计算：

$$F_x = 0.5 \times (l_{12}\cos\theta + l_{23}\cos\beta) \times \sigma_c$$
$$F_y = 0.5 \times (l_{12}\sin\theta + l_{23}\sin\beta) \times \sigma_c \tag{2}$$

式中，F_x，F_y 为等效集中力 F 沿 x 和 y 分量，l 为相邻两颗粒中心距离的长度，σ_c 为试验围压。

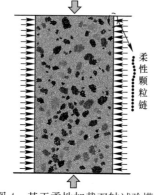

图 4 基于柔性加载双轴试验模型

Fig. 4 Model of biaxial test based on flexible loading

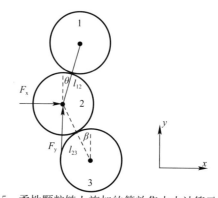

图 5 柔性颗粒链上施加的等效集中力计算示意图

Fig. 5 Calculation of equivalent concentration force

3.2 接触模型及参数

颗粒离散元中将模拟介质离散为相互独立运动的圆形或球形颗粒单元，通过颗粒间的相互作用模拟介质的宏观力学行为，颗粒间的相互作用是通过颗粒接触模型来定义。

根据堆积体中土石颗粒间的接触力学特性，文中选用线性接触粘结模型模拟堆积体内部颗粒的接触力学行为，其中土体颗粒间的接触考虑摩擦和粘结强度，土石颗粒间及块石颗粒间只考虑摩擦，无粘结强度。文中通过对室内三轴试验进行标定，获得了堆积体接触模型参数，见表 1。

材料接触模型参数　　　　　　　　　　　　　　　　　表 1

The parameters of contact model of deposits　　Tab. 1

颗粒	密度（kg/m³）	接触刚度（N/m）		粘结强度（N）		摩擦系数
		法向	切向	法向	切向	
土体	2000	5.0e6	2.0e6	5.0e2	5.0e2	0.65
块石	2700	1.0e8	1.0e8	—	—	1.0
膜颗粒	1000	5.0e5	5.0e5	1e300	1e300	0.0

4 数值模拟结果分析

4.1 应力应变关系

不同堆积体试样离散元双轴试验围压选取为 300kPa、500kPa 和 800kPa。图 6 和图 7 给出了不同堆积体试样在 500kPa 围压下的轴向应变与轴向偏应力曲线，图 6 表明，不同含石量的堆积体试样，在双轴加载下表现出了不同应力应变关系，即使在相同围压下，曲线呈现出了明显的差异性。图 7 表明，相同含石量的堆积体试样，由于试样内部块石空间分布不同，应力应变关系也表现出了差异性。块石含量和空间分布对堆积体力学特性有影响。

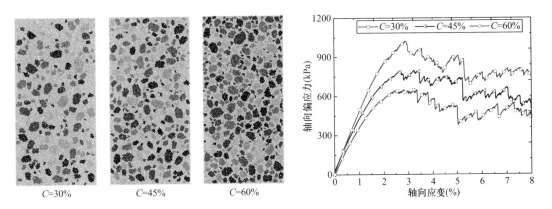

图 6　不同含石量堆积体试样的模拟曲线（围压为 500kPa）

Fig. 6　Simulation curves of deposits samples with different stone contents（σ_c＝500kPa）

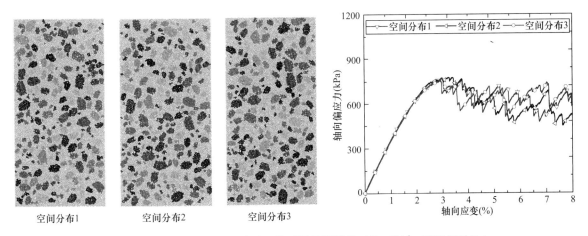

图 7　相同含石量下不同分布堆积体试样的模拟曲（C＝45％，围压 500kPa）

Fig. 7　Simulation curves of deposits with the same stone content but different

spatial distributions（C＝45％，σ_c＝500kPa）

4.2 局部化破坏过程分析

以含石量为 30％的堆积体试样为例，对比不同轴向应变下颗粒的运动特征，分析局部化破坏过程及其剪切带的形成。图 8 为试样在不同轴向应变下的颗粒位移云图和转动云图，在轴向加载过程中，堆积体不仅产生非均匀的变形，而且发生颗粒转动，颗粒转动云图清晰地再现了堆积体破坏全过程。随着轴向不断加载，堆积体内部颗粒逐渐呈现出差异性转动，表明试样在逐渐发生变形破坏，并伴随着剪切带的逐步形成，且破坏后剪切带总体上呈非对称的 X 形分布，形态也较为曲折，表现出显著的"绕石"

现象，从破坏部位来看，试样破坏表现为局部化破坏；对比不同轴向应变下堆积体试样的颗粒转动云图可以看出，在轴向加载过程中，试样剪切带从轴向偏应力到达峰值时（应变3%）开始逐渐发育、形成并贯通和扩展，堆积体变形破坏是经历了一个渐渐的局部化破坏过程。

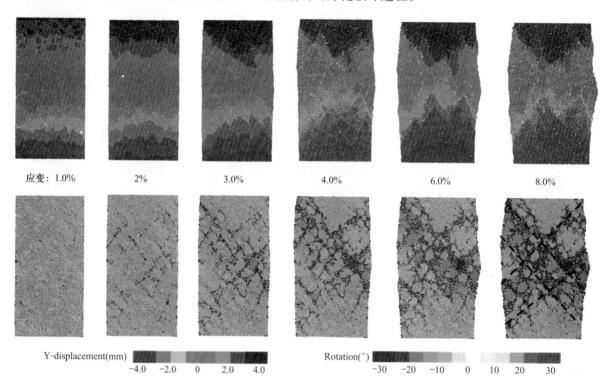

图8　不同轴向应变下堆积体试样的颗粒位移云图和转动云图（围压500kPa）

Fig. 8　Displacement and rotation diagram of deposits sample under different axial strains（$\sigma_c = 500$kPa）

4.3　局部化破坏过程影响因素分析

图9、图10和图11分别给出了不同堆积体试样在不同围压下的模拟结果。图9表明，同一堆积体试样，在不同围压下其破坏后的颗粒位移和转动的分布情况也不相同，破坏后剪切带的大小和分布形态均不相同，堆积体在不同围压下经历了不同的局部化变形破坏过程，体现了堆积体材料的非均匀特性。图10表明，不同含石量堆积体试样，在相同围压下破坏后的颗粒位移和转动的分布情况也不相同，且破坏后剪切带的大小和分布形态也各不相同，表明不同含石量的堆积体试样经历了不同的局部化变形破坏过程。图11表明，在相同围压下和含石量下，不同块石空间分布的堆积体试样破坏后的颗粒位移和转动的分布情况也不相同，破坏后剪切带的大小和分布形态也存在较大的差异，说明了即使围压和含石量相同，由于块石空间位置分布不同，堆积体也会呈现出不同的局部化破坏过程。

综合上述，堆积体的局部化破坏过程不仅受其内部块石含量和空间分布影响，而且也取决于围压大小，在双轴加载条件下，堆积体试样破坏后剪切带大致均呈现为非对称的X形分布。

5　结论

大型堆积体滑坡变形破坏演化机理的研究具有重要意义。本文通过基于柔性加载的离散元双轴试验，研究了堆积体滑坡在双轴压缩条件下的局部化破坏过程及剪切带的形成演化，分析了围压大小和细观结构特征对堆积体局部化破坏的影响，研究表明：

（1）在双轴压缩条件下，堆积体滑坡的变形破坏是由局部发展到整体贯通过程，破坏过程中局部化剪切带是在轴向偏应力达到峰值时逐渐发育、形成、贯通和扩展破坏。

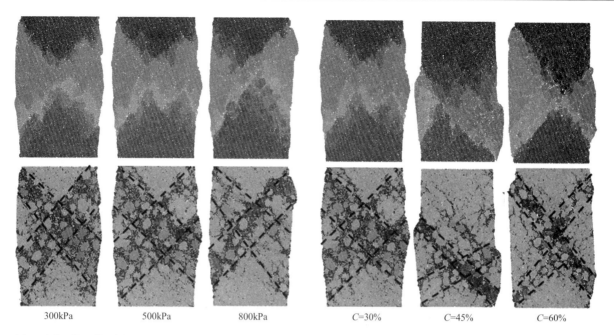

图 9　同一堆积体试样不同围压下的模拟结果（$C＝30\%$）

Fig. 9　Simulation results of the same deposits sample under the different confining pressures（$C＝30\%$）

图 10　不同含石量的堆积体试样的模拟结果（围压 500kPa）

Fig. 10　Simulation results of deposits samples with different stone contents（$C＝30\%$，45%，60%，$\sigma_c＝500$kPa）

图 11　同一含石量下不同空间分布堆积体试样的模拟结果（$C＝45\%$，围压 500kPa）

Fig. 11　Simulation results of deposits samples with the same stone content and different spatial distributions（$C＝45\%$，$\sigma_c＝500$kPa）

（2）堆积体的局部化破坏过程不仅受内部块石含量和空间分布影响，而且在围压作用显著，在双轴加载条件下，堆积体破坏后剪切带分布形态为非对称的 X 形。

参考文献

［1］　张强. 大型冰水滑坡堆积体工程力学特性及应用研究［D］. 河海大学学位论文，2016

［2］　Weiya Xu，Qiang Zhang，Jiuchang Zhang，Rubin Wang，Renkun Wang. Deformation and control engineering related to huge landslide on left bank of Xiluodu reservoir，south-west China，European Journal of Environmental and Civil Engineering，2013，17（S1）：249-268

［3］　赵冰. 岩土介质应变局部化问题的广义塑性梯度理论研究［D］. 西安理工大学学位论文，2006

［4］　徐文杰，胡瑞林，岳中崎. 紫坪铺水利枢纽工程左岸坝前堆积体变形破坏机制研究［J］. 岩石力学与工程学报，2008，27（s1）：2642－2650

［5］　王乐华，徐义根，许晓亮，等. 基于模型试验的涉水堆积体岸坡变形-破坏模式研究［J］. 长江科学院院报，2017，34（5）：81-85

［6］　ZHANG Qiang，XU Wei-ya，LIU Qin-ya，SHEN Jun-liang，YAN Long. Numerical investigations on the mechanical characteristics and failure mechanism of outwash deposits based on random meso-structures using the discrete element method [J]. Journal of Central South University, 2017, 24 (12): 2894-2905.

[7] Y. H. WANG, S. C. LEUNG. A particulate-scale investigation of cemented sand behavior [J]. Canadian Geotechnical Journal, 2008, 45 (1): 29-44

[8] Itasca Consulting Group Inc. PFC 5. 0 Documentation [M]. Minneapolis: Itasca Consulting Group Inc., 2014

作者简介

徐卫亚，男，1962 年生，江苏张家港人，汉族，博士，博士生导师，主要从事岩石力学与工程及水工结构工程研究。电话：025-83787379，E-mail：wyxu@ hhu. edu. cn，地址：南京市西康路 1 号。

DISCRETE ELEMENT ANALYSIS ON LOCALIZED FAILURE PROCESS OF DEPOSITS IN LARGE LANDSLIDE

XU Wei-ya[1], ZHANG Qiang[2], WANG Huan-lin[1], WANG Ru-bin[1],

MENG qing-xiang[1], WANG Sheng-nian[3]

(1. Research Institute of Geotechnical Engineering, Hohai University, Nanjing, Jiangsu 210098, China)

(2. China Institute of Water Resources and Hydropower Research, Beijing 100038, China)

(3. College of Transportation Science & Engineering Nanjing Tech University,

Nanjing, Jiangsu 211816, China)

Abstract: Deposit landslide is mainly composed of discontinuous and heterogeneous soils and rock mixture. Due to the effect of the mesostructure, its localized failure process under external load is more complicated than the homogeneous soil. Random meso-structure model of deposits as well as the flexible loading of confining pressure are established to analyze the localized failure process and the shear band evolution. The influences of different stone content, spatial distribution and confinement stress on the local failure process are taken into consideration. The numerical simulation shows that the deformation and failure of deposit is a localized failure process. The shear band begins to develop at the peak of axial deviatoric stress, and then gradually expand during the localized failure process. It indicates that the localized failure process of deposits is not only affected by the internal stone content and spatial distribution, but also depends on the confining pressure, and the shear bad is generally represented by an asymmetric X-shaped distribution.

Key words: landslide deposits, localized failure, flexible loading, discrete element model (DEM)

金沙江乌东德水电站坝区高陡斜坡地质灾害监测预警研究

李滨[1]，殷跃平[2]，张青[3]，王文沛[2]，赵其苏[3]

(1. 中国地质科学院地质力学研究所，北京　100081；2. 中国地质环境监测院，北京　100081；
3. 中国地质调查局水文地质环境地质调查中心，河北 保定　071051)

摘　要： 我国西南地区山高陡峻，河谷深切，水力资源丰富，大型水电工程密集分布。由于地形地质条件复杂，高陡边坡稳定问题十分突出，成为水电工程建设与运营过程中防灾减灾的难点问题之一。本文以乌东德水电站坝区右岸水垫塘高边坡为例，探索了高度超过500m的高边坡地质灾害调查识别与监测预警技术。(1) 针对水垫塘右岸高边坡坡度大于70°，危岩体经常崩塌且无法识别的难题，采用"登山攀岩速降技术与地质调查、工程地质测绘相结合"的方法，完成了危岩体高精度的调查与分析；(2) 在危岩体调查基础上，通过构建分布式光纤应变实时监测系统和具有明显裂缝的危岩体布设拉绳位移传感器，实现了高陡边坡危岩体形变的实时监测；(3) 为了研究水垫塘右岸高边坡地震稳定性，在高程580～1600m的高边坡上布设6个地震动监测台站，进行地震加速度实时观测，并引入强震地震波分析边坡稳定性和动力响应特征。上述研究思路和方法对西南水电站高边坡稳定性监测预警和风险评估具有借鉴意义。

关键词： 西南山区；乌东德水电站；高陡斜坡；失稳破坏；监测预警

1　引言

　　岩石高边坡稳定性是水电工程建设和运行期间防灾减灾的关键问题之一。随着我国经济快速发展和能源需求，西南山区大型水电工程的快速建设，复杂地质环境条件下岩质边坡稳定性问题越来越突出。这些大型工程建设区地处青藏高原周缘，地质条件复杂，生态环境脆弱，地震烈度高，受青藏高原隆升影响，河谷深切陡峻，地层结构复杂，高地应力，岩体卸荷强烈，边坡高陡通常可达数百米至千余米，工程高边坡稳定问题十分突出[1-3]。这对传统边坡稳定性调查与分析方法带了巨大挑战。

　　西南山区水电工程规模巨大，各类工程建筑设计需要，人工开挖形成大量边坡工程，这些边坡工程规模越来越大，高度超过300～500m以上，坡度在60°以上的特高边坡普遍存在，开挖边坡上部还经常有数百米至上千米的自然边坡，边坡节理、裂隙及断层等结构面发育，时常导致岩体崩滑，造成施工人员伤亡。如金沙江乌东德水电站枢纽区两岸高陡边坡危岩多次发生崩塌落实，造成施工作业人员伤亡等事故[2-4]。针对这类复杂地质环境下大型水电工程高边坡地质灾害的监测预警问题，国内外水电工程地质灾害监测技术仍处于较低水平，其他地区先进、系统、全面的监测技术设备无法满足高海拔、无电无通讯地质环境下地质灾害的监测预警，从地质灾害调查识别、监测预警到应急处置都未形成有效的防灾减灾技术体系[5-8]。因此，高边坡稳定性的辨识与监测预警问题成为水电工程建设成败的关键技术问题之一，影响和制约着水力资源开发和水电工程建设。

2　乌东德坝区高边坡地质环境

　　乌东德水电站坝区位于金沙江下游，是地处我国地势第一阶梯与第二阶梯的过渡位置，坝址所处区域属中山峡谷地貌，两岸山岭高程大多为2000～3000m，山顶高程一般在3000m。坝后水垫塘区位移金沙江右岸，地形陡峻，河谷狭窄，北侧上方为鸡冠山不稳定边坡及观音岩缓坡，南侧临空面下方的宽缓平地为施工驻地（图 1）。水垫塘高边坡河床地面高程 800m，坡顶高程约 1630m，自然边坡高差大约 830m，平均坡度 71°，局部悬坡地形。

图 1　金沙江下游乌东德坝区右岸水垫塘高边坡影像图

Fig. 1　Image of the high slope of theWudongde hydraulic dam in the Jinsha River

研究区地层主要由 Pt_2l^6 中厚层灰岩，Pt_2l^7 薄层灰岩，Pt_2l^8 中厚层灰岩夹大理岩组成，地层走向 80°～100°，倾向 S，倾角 75°～85°，即近横河向展布，倾陡下游偏右岸（图 1）。坝址区裂隙横河向和铅直向线密度为 0.5 条/m 左右，裂隙多短小，一般在 5m 以内，少数较长大裂隙延伸可达 30m 左右。由于节理裂隙发育，水垫塘上部区域崩塌危岩普遍存在，虽然坡面覆盖主动柔性防护网，坡角设置了被动柔性防护网，但是区域内仍多次发生小规模危岩崩塌，造成现场工作人员伤亡，威胁施工区域安全产生，因此，开展高陡边坡危岩体调查和识别工作是十分必要的。

3　高陡边坡危岩体调查识别

针对高陡边坡工程地质调查方法很多，如无人机摄像、三维成像、遥感解译等，虽然这些手段已经完成，但对于危险性程度较大、要求能够准确反映危岩体工程地质特征的需求，这些手段均受到限制，其精度无法满足对危岩体准确分析和防护的要求，依然需要依靠专业技术人员到达现场进行细致的工程地质素描，因此，本次工作采用"登山攀岩速降技术与地质调查、工程地质测绘相结合"的方法进行危岩体调查和识别，具体方法如下：

（1）对调查区域进行路线划分，确定起始断面原点的 GPS 坐标、高程，垂直下降纵剖面控制由上至下每米逐点可辐射的上下左右范围的岩体状况进行测绘，逐条纵剖面线联线形成水平控制面，达到进行全面地质调查。

（2）掌握登山攀岩专业技术的地质工作人员从危岩体上方用绳索下落到具体需要测量的点上，一绳横向左右控制距离为 3.5m，完成一点后继续下顺进行调查，逐步完成一条线上的所有危岩体情况；再横向移动 7m 的绳子，按照上述方法完成一绳的工作，每绳的控制范围连成一整个调查区域，如图 2 所示。

（3）在到达调查点时，采用罗盘、卷尺以及微距摄像仪等工具进行危岩体裂缝、节理、层理的具体调查测量记录，携带棱镜对圈定的危岩块体进行全站仪测绘，具体视危岩块体的大小进行操作，对单个危岩体的范围进行圈定。

（4）调查控制崩塌的岩体结构面特征，包括结构面的类型、成因、性质、产状、规模、充填物和充水情况，并素描危岩体形态，裂缝产状、可见深度、长度及填充物等特征。

（5）在外业调查的基础上，对识别出的危岩块体的形态特征、结构特征和变形状况，逐个分析其控制条件和影响因素，初步分析和评判危岩块体的稳定性，提出防治建议。

通过"登山攀岩速降技术与地质调查、工程地质测绘相结合"的方法，共确定 178 个危岩体，其中体积大于 100m³ 危岩体共 17 个，危岩体积 20～100m³ 的 73 个，危岩体积 5～20m³ 的 62 个，危岩体

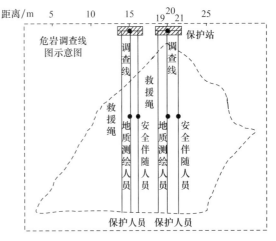

图 2　乌东德水电站坝区水垫塘高边坡危岩体调查识别方法

Fig. 2　Investigation and identification of rockfall in the Wudongde hydropower dam area

积小于 5m³ 的 26 个；结合危岩体形态、发育模式、基底和底界层特征和空间分布特征分析，178 个危岩体主要存在坠落式、倾倒式和滑移式三种破坏模式，其中，滑移式危岩体 97 个，倾倒式危岩体 51 个，坠落式危岩体 30 个（图 3）。

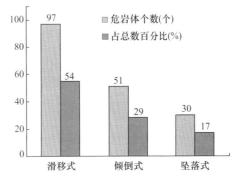

图 3　乌东德水电站坝区水垫塘高边坡危岩体分布立面图及破坏类型分类

Fig. 3　Distribution and classification of rock masses in high slope of Wudongde hydropower dam area

4　高陡边坡危岩体分布式光纤监测

根据水垫塘高边坡危岩体点多的特点，常规点式监测仪器布设难度大，且耐久性和稳定性差，因此选择分布式、自动化、高精度、远程监测的光纤传感器监测，具有防水、抗腐蚀、耐久性长等特点，实现对监测对象的远程分布式监测。高边坡分布式光纤的监测优点在于利用光监测的敏感性，通过监测光纤应变的变化及变化位置可以早期发现结构面的位错点及裂缝点，并进一步对位错形变的应变大小、对应位置、变形速率、变化趋势等做出判断。

本项工作采用微波电光调制技术和光相干检测方法，研发了适用于水电工程高陡自然边坡分布式光纤应变监测的系统样机，其应变测量精度为 $100\mu\varepsilon$，空间分辨率为 5m，且通过模拟温度、应变试验，开发出特定的光纤监测数据处理算法机制，具备定时采集、自动传输等功能。为了施工和监测方便，研发了具有定点功能、分段标识的特种光纤，可以实现监测区段的有效测量，为应变点定位和数据分析，尤其是变形量换算等提供方便。同时，此种光纤具有良好的机械性能和抗拉抗压性能，便于特殊条件施工，能抵御各种恶劣工况环境。

依据监测区域高陡边坡的实际情况，采取的分布式光纤监测系统布设示意图如图 4 所示。主要由固定在监测区域岩壁的监测光缆、连接监测光缆至采集单元的引纤、1180 平台的应变采集单元和位于监控中心的服务器四部分组成。

图 4　乌东德水电站坝区水垫塘高边坡危岩体物联网模式分布式光纤监测系统布设示意图

Fig. 4　Distributed optical fiber monitoring system of rock masses in the high slope of the Wudongde hydropower dam area

　　监测光纤布设于水垫塘右岸高边坡高程 1380m～倒悬体部分条带区，覆盖危岩块体 31 个。通过整个监测光纤上应变的变化情况不但可以发现已知危岩和已知裂缝的位错变化，还可以通过发生应变变化的位置发现光纤走线覆盖区域其他岩体的位错情况。由于光纤监测的物理量是微应变，灵敏度较高，因此光纤监测的一个重要作用就是通过布设于监测体上光纤应变的变化及发生应变的位置及早地发现发生位错及位错位置，并通过应变的持续变化等情况告知监测体位错的变化，起到提前预警的作用（图 5）。

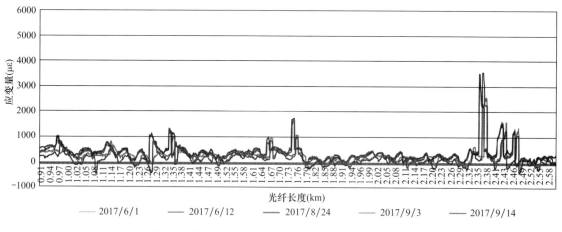

图 5　乌东德水电站坝区水垫塘高边坡危岩体分布式光纤应变监测曲线图

Fig. 5　Deformation monitoring curve of rock masses in the high slope of the Wudongde hydropower dam area

　　在水垫塘右岸高边坡布设的应变光缆通过金属夹具固定在岩体或主动防护网上，当岩体发生有位错，会发生有位移的变化，或直接通过固定在岩体上的夹具带动光纤产生应变，或带动防护网变化再通过固定于防护网上的金属夹具带动光纤产生应变。所以，将光纤布设于岩体表面后，岩体的位错、位移等变化均会带动岩体表面光纤的拉伸变化，从而产生拉伸应变。水垫塘右岸高边坡光纤监测选择光纤为定点功能的特殊光纤，两节点间距离 10m，当光纤发生应变时，主要为两节点之间的平均应变，理想情况下每产生 $1\mu\varepsilon$，光纤拉伸的长度关系如下：$\Delta L = 10\mathrm{m} \times 10^{-6} = 0.01\mathrm{mm}$。由光纤的室内实验可以得出，从光纤处于拉直状态到拉伸产生 $15000\mu\varepsilon$ 期间，仪器测得的应变和实际应变误差较小；对应于节点 10m

的定点光纤，也即两节点之间的光纤在拉伸 15cm 之间的测量误差是比较小的。同时从室内实验可以得出，这种型号的定点光纤在微应变达到 6000 以上时，光纤处于拉紧状态，换算到野外监测时，当某段光纤的应变变化量累计达到 6000$\mu\varepsilon$ 以下时，当引起重视；当某段光纤的应变变化量累计达到 6000～12000$\mu\varepsilon$，时，也即 10m 节点之间已经拉绳了有 6～12cm，当引起警示；当某段光纤的应变量累计达到 12000～15000$\mu\varepsilon$ 以上，再接着到光纤被拉伸断裂，当引起严重警示。

5 高陡边坡地震动监测

乌东德水电站坝址区地质条件复杂，构造运动强烈，高陡斜坡的地震稳定性问题也是防灾减灾的关键问题。由于边坡自身形态的地形场地效应的影响，使得此类高陡地区的边坡地震破坏尤为强烈。本文以乌东德坝区水垫塘右岸鸡冠山梁子高边坡为例，将地震动响应监测与速报仪、加速度计引入到鸡冠山高边坡地震动监测台站中，进行地震加速度实时观测。在鸡冠梁子边坡山脊处选择 6 个不同高程的较缓平台，监测点所处高程由低到高分别为 850m、980m、1150m、1380m、1450m 以及 1580m，监测剖面见图 6。

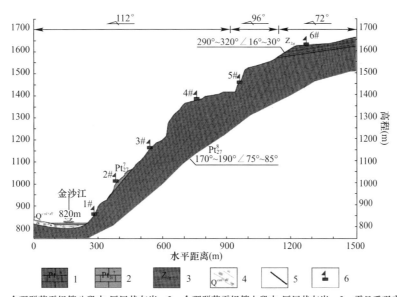

1—会理群落雪组第八段中-厚层状灰岩；2—会理群落雪组第七段中-厚层状灰岩；3—震旦系观音崖组薄层白云岩夹薄层砂纸泥岩、页岩；4—第四系崩坡积物；5—地层界线；6—地震动监测点

图 6　乌东德坝址区鸡冠山梁子高边坡工程地质剖面及地震台站布设剖面

Fig. 6　Geological section and seismic station of Jiguanshanliangzi high slope in Wudongde dam

5.1　高边坡地震监测数据分析

强震监测仪器以来，设备捕捉到大量振动数据，包括 2016 年 12 月 8 日乌东德地震和 2017 年 3 月 12 日的鲁甸地震，以及施工和泄洪引起震动的监测数据。2016 年 12 月 8 日乌东德坝址区附近发生地震，地震震源为乌东德水电站附近 5 公里内，震级约为 3 级。此次地震在现场所布置监测台站 4、5、6 号监测台站成功触发，并记录到了此次地震事件。此次地震发生时在各监测点记录到的地震动响应烈度最大值是：6.994 度，出现在第 4 号监测点，同时 4 号点地震动响应烈 5 度最大、地震动持续时间也最长，EW、NS、UD 三向加速度记录波形如图 7 所示。

5.2　高边坡地震稳定性分析

通过震级较低的乌东德监测波和强震记录的什邡地震波对鸡冠山梁子边坡的模拟对比显示：边坡在自然条件下处于稳定状态，安全系数达到 1.89，而动力条件下顶部出现滑动，边坡水平、竖向加速度

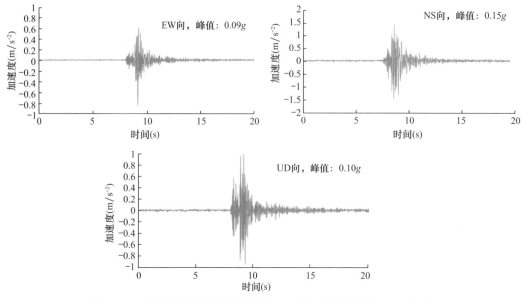

图 7　乌东德坝址区鸡冠山梁子监测点 4 号台站实测地震加速度记录

Fig. 7　Seismic acceleration record inWudongde dam area

在顶部出现明显的放大，强震时水平向和竖直向地震放大是弱震时的 5 倍和 7.5 倍，场地效应明显且计算完成时残余位移未完全收敛，出现明显的拉-剪破坏失稳。此外，整体上坡面峰值加速度均大于坡体内部，放大效应分布规律相近，放大的程度与地震波能量幅值成正相关。

由输入两种波形计算得到的塑性区分布图可知，输入乌东德波形时，剪切塑性区主要出现在鸡冠山梁子顶部和坡面转折区附近，其中坡面两处的剪切区域较小，坡顶区域较大，但未完全贯通，处于相对稳定状态。而输入什邡波形时剪切塑性区范围显著扩大，并且基本由边坡顶部至坡脚贯通，特别是边坡顶部位置出现明显的拉-剪破坏区，并且基本已经失稳。

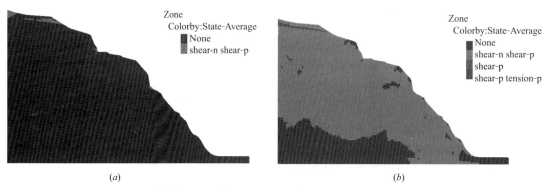

图 8　乌东德坝址区鸡冠山梁子不同地震情况下边坡塑性变形

Fig. 8　Plastic deformation of the Jiguanshanliangzi slopes in different earthquakes

（a）输入乌东德弱震地震波鸡冠梁子边坡塑形区；（b）输入什邡强震地震波鸡冠梁子边坡塑形区

（a）Plastic deformation zone of Jiguanliangzi slope in Wudongde earthquake seismic wave；

（b）Plastic deformation zone of Jiguanliangzi slope in Wenchuan earthquake seismic wave

根据监测点结果，将其加速度峰值按照高程连线可以直观得观察加速度响应的分布特征，从而分析动力响应的放大效应。由加速度峰值曲线可以看出，输入两种波形加速度都存在明显的随高程放大效应，响应最为强烈的区域都是边坡顶部的坡面监测点，该区域同时也是岩性强度较弱区域，放大效果最强。以坡脚处为基点，输入什邡八角波时顶部竖直放大系数达到 3.6，水平放大系数为 3.1，而输入乌东德监测波时顶部竖直放大系数为 2.7，水平放大系数则为 3.1。其中输入什邡八角波时顶部加速度峰值在水平向和竖直向最大可以达到 $25m/s^2$ 左右，而输入乌东德监测波时顶部加速度峰值则只能在水平方向达到 $15m/s^2$，竖直向加速度峰值只有 $11m/s^2$。

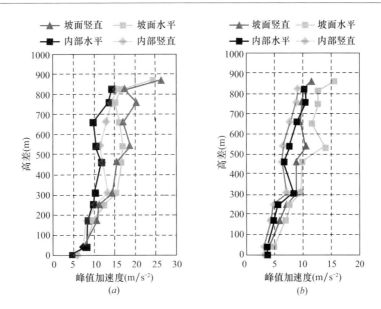

图 9　乌东德坝址区鸡冠山梁子监测点加速度动力响应分布曲线

Fig. 9　Acceleration dynamic response distribution of Jiguanshanliangzi slope in Wudongde dam

（a）输入什邡八角强震波；（b）输入乌东德监测波

（a）Input Wenchuan earthquake wave；（b）Input Wudongde earthquake wave

6　结论

本文结合金沙江乌东德大型水电工程建设场地地质灾害特大，开展了高陡边坡地质灾害监测预警工作，取得如下结论：

（1）通过登山攀岩速降技术与地质调查、工程地质测绘相结合方法，实现对高陡边坡危岩体快速精细调查与监测安装施工，有效解决了高陡边坡危岩体调查危险性大、数据采集难、施工困难等技术难题。

（2）针对复杂地形高陡边坡危岩体监测，研发了高陡危岩多块体的分布式光纤监测方法，实现了高边坡危岩体实时监测预警。

（3）分析了高陡边坡在强震作用下的动力响应特征及不同高程的变化规律，为峡谷区水电工程高陡边坡强震稳定性评价提供了技术支撑。

参考文献

［1］钱七虎. 中国岩石工程技术的新进展［J］. 中国工程科学，2010，12（8）：37-48.

［2］黄润秋. 中国西南岩石高边坡的主要特征及其演化［J］. 地球科学进展，2005，20（3）：292-297.

［3］宋胜武，冯学敏，向柏宇，等. 西南水电高陡岩石边坡工程关键技术研究［J］. 岩石力学与工程学报，2011，30（1）：1-22.

［4］李会中，刘冲平，黄孝泉，等. 金沙江乌东德水电站枢纽区高位自然边坡块体安全性评价与处理措施研究［J］. 资源环境与工程，2011，25（5）：468-473.

［5］史彦新，张青，孟宪玮. 分布式光纤传感技术在滑坡监测中的应用［J］. 吉林大学学报（地球科学版），2008，（5）：820-824

［6］殷跃平. 汶川八级地震滑坡触发特征分析［J］. 工程地质学报，2009，17（1）：29-38.

［7］YinYueping，Wang Hongde，Gao Youlong，Li Xiaochun. 2010. Realtime monitoring and early warning of landslides at relocated Wushan Town，the Three Gorges Reservoir，China. Landslides，7：339-349.

［8］YinYueping，Zheng Wamo，Liu Yuping，Zhang Jialong，Li Xiaochun. 2010. Integration of GPS with InSAR to monitoring of the Jiaju landslide in Sichuan，China. Landslides，7：359-365.

作者简介

李滨，男，1980 年生，汉族，博士，中国地质科学院地质力学研究所研究员，博士生导师，主要从事地质灾害研究与防治。E-mail：52572706@qq.com。

GEOHAZARD MONTORING AND RISK MANAGEMENT OF HIGH-STEEP SLOPE IN TNE WUDONGDE DAM AREA

LI Bin[1]，YIN Yue-ping[2]，ZHANG Qing[3]，WANG Wen-pei[2]，ZHAO Qi-suai[1]

（1. Institute ofGeomechanics，Chinese Academy of Geological Sciences，Beijing 100081，China；

2. China Institute of Geological Environment Monitoring，Beijing 100081，China；

3. China Center For Hydrogeology and Environmental Geology，China Geological Survey，Baoding 071051，China）

Abstract：The Southwest China is rich in water resources for its high mountain and deep valley. Large hydropower projects are densely distributed in the area. Due to the complex geological conditions，the stability of high-steep slopes becomes one of difficulties of disaster prevention and mitigation in the construction and operation of hydropower projects. Taking the Shuidiantang slope of the Wudongde dam area in the Jinsha River as an example，this paper explores the early warning technology and risk management of the high slope monitoring with a height of over 500m. （1）Rock mass collapse often occurs at slopes with the gradient greater than 70°，and it is difficult to identify. With the method of rock climbing technique，geological survey and geological mapping，the high precision identification and analysis of the dangerous rock mass is achieved. （2）On the basis of the stability analysis of the dangerous rock，the distributed optical fiber strain monitoring and the pull-line displacement sensor of the fractured rock are distributed，and the real-time monitoring of the deformation of the rock mass is realized. （3）In order to study the seismic stability of the Shuidiantang slope，six seismic monitoring stations were set up between the slope of the elevation of 580～1600m，and the seismic acceleration was observed in real time. On the basis of monitoring，the stability and dynamic response characteristics of the slope are analyzed. The ideas and methods of high slope warning and risk assessment of southwest hydropower station are of reference significance.

Key words：Southwest China，Wudongde hydropower dam，high-steep slope，failure mode，monitoring and early warning

考虑空间参数变异性的争岗滑坡可靠度分析

王盛年[1]，张强[2]

（1. 南京工业大学 交通运输工程学院，江苏 南京　211816；

2. 中国水利水电科学研究院，北京　100038）

摘　要：争岗滑坡稳定性研究是澜沧江古水水电站的重大工程技术问题。本文集有限元数值计算和极限平衡分析两者优势于一体，分析了争岗堆积体不同期次滑坡的稳定性及破坏机理，考虑到堆积体结构构成具有随机性，应用空间变异性理论对争岗滑坡的破坏概率进行了分析。结果表明：争岗Ⅰ区三期滑坡体的安全系数最低，Ⅰ区滑坡破坏模式为牵引式；Ⅱ区一期滑坡体稳定性较差，Ⅱ区滑坡破坏模式为推移式滑坡。基于空间变异性理论的滑坡破坏概率分析则显示：Ⅰ区三期破坏概率为 99.4%，Ⅱ区一期破坏概率为 98.6%。

关键词：争岗滑坡；极限平衡；破坏概率；空间参数变异性

1　引言

　　滑坡稳定性分析包括潜在失效机理分析和工程安全性评价，研究方法包括定性评价和定量分析两个方面[1]。定性评价主要是基于现场调查和地质勘察资料对滑坡的地质成因、演化历史、诱发机理及变形破坏模式等进行分析，但主观经验性较强。定量分析方法则更注重于用数据来量化说明滑坡的稳定状态，如用统计学、数学解析或者计算机技术对滑坡状态进行系统分析，从而给出滑坡体当前的稳定状态以及未来可能的演化趋势。刚体极限平衡法和有限元数值模拟分析是当前最为常用的确定性定量分析方法[2,3]。然而，刚体极限平衡法计算模型在力学上过于简化、临界滑动面位置确定困难以及其因将滑坡体视为刚体而无法反映滑坡体内部的应力应变分布；有限元数值模拟虽然可处理非线性非均质复杂边界的滑坡稳定性分析，且满足应力变形协调条件，弥补刚体极限平衡法的不足，但该类方法在安全系数计算方面的不足却是其最大的缺陷[4,5]。因此，若能集有限元数值计算和极限平衡分析两者优势于一体，则将会使滑坡安全性评价结果更全面。

　　对于冰水堆积体滑坡这类特殊滑坡体，由于其受成因环境、物质组成、结构构成及历次地质构造运动作用，宏观物理力学特性及变形破坏特征表现有巨大的空间变异性，即冰水堆积体内部块石含量和分布导致其在不同空间位置处的岩土参数既具有随机性又具相关性而也正是因为这种在岩土参数上的随机性和相关性（即空间变异性），造成冰水堆积体在实际工程设计和处理上难度较大。当前，针对由于冰水堆积体内部土石性质差异造成其参数空间变异性的研究则较少[6,7]，因此，本文将从冰水堆积体结构构成随机性出发，应用空间变异性理论对冰水堆积体工程稳定性分析方法进行探讨。

2　争岗滑坡工程地质概况

　　如图 1 所示，争岗滑坡堆积体在地貌上分为Ⅰ区和Ⅱ区，Ⅰ区为争岗沟上游至右 7 号沟之间滑坡堆积体，方量约为 $9.4 \times 10^6 \text{m}^3$；Ⅱ区为争岗沟下游与哑贡沟之间滑坡堆积体，方量约为 $38.1 \times 10^6 \text{m}^3$。根据争岗历史滑坡编录，争岗滑坡堆积体已经历多次失稳变形。特别是，2008 年暴雨和 2009 年降雪影

基金项目：国家重点研发计划（No. 2017YFC1501100）

响，滑坡体重现变形迹象，分别形成了近平行坡面的后缘拉张裂缝，张陷带宽均达到3～10m，下沉一般1～3m，最大可达5m，滑坡体上、下游两侧出现斜向剪切裂缝，坡体前缘部位有明显放射状扇形鼓胀裂缝，并伴有隆起现象。

地质平硐和钻孔勘察结果则表明：因多次滑动，滑坡堆积体底部与下伏基岩（或倾倒变形岩体）之间形成了一层颗粒相对较细、厚度不等的滑带土（图2），其上部产状较陡，一般为N30°～50°W，NE∠40°～60°；中部产状较缓一般为N30°～40°W，NE∠20°～40°。

根据滑坡堆积体、冰水堆积体以及阶地产物形成的先后关系以及相互间的接触关系，滑坡历史演化形成过程可分为三期，一期滑坡实质上为陡倾层状板岩在弯曲倾倒压剪作用下形成的大规模基岩滑坡，二期和三期滑坡则为一期滑坡的延续，是基岩滑坡体在后期改造中的局部失稳。

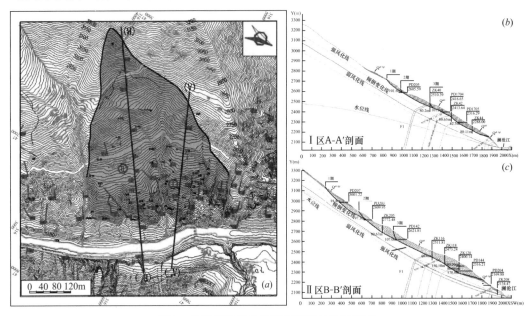

图1　争岗滑坡堆积体平面形态与地层剖面

Fig. 1　Top view and formation profile of the Zhenggang landslide

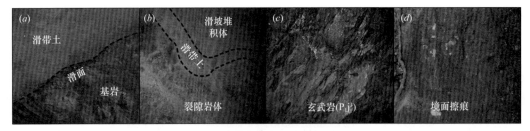

图2　争岗滑坡堆积体滑带特征

Fig. 2　Stratum and lithology

3　极限平衡有限元数值分析

滑坡发生失稳是引起滑动的力（力矩）超过了其抵抗下滑的力（力矩）的必然，所以应从分析滑坡体上的力（力矩）平衡来判别是否会发生失稳。安全系数是评价滑坡稳定性状态的一个有效指标，其常被定义为抗滑力（力矩）与滑动力（力矩）之比。因此，在采用有限元方法分析时，若用有限微小直线代替滑动面时，则滑坡稳定安全系数可表示为

$$F_s = \int_L \tau_f \mathrm{d}l \Big/ \int_L \tau_\alpha \mathrm{d}l = \sum_{k=1}^n \tau_f^k \Delta L_k \Big/ \sum_{k=1}^n \tau_\alpha^k \Delta L_k \qquad (1)$$

由于滑坡体本身并不是规则的，且滑面上的抗剪强度因材料性质的差异亦是随之变化的，因此，对于引起滑动的力（力矩）和滑面上抵抗滑动的力（力矩）的计算，应根据滑面路径累加获取，即

$$F_s = \frac{\sum\limits_{k=1}^{n} \tau_i^k \Delta L_k}{\sum\limits_{k=1}^{n} \tau_\alpha^k \Delta L_k} = \frac{\sum\limits_{k=1}^{n} (\sigma_\alpha^k \tan\varphi + c) \Delta L_k}{\sum\limits_{k=1}^{n} \left[(\sigma_x^k - \sigma_y^k)\cos2\alpha_k/2 - \tau_{xy}^k \sin2\alpha_k \right] \Delta L_k} \tag{2}$$

式中，σ_x、σ_y 和 τ_{xy} 为滑面单元的 3 个应力分量；σ_α 为滑面法向应力，c 为黏聚力，φ 为内摩擦角。

图 3 所示为争岗滑坡典型剖面的 4 节点四边形有限元网格模型。由于主要考虑滑坡体与滑带土的变形与破坏情况，因此，模型地层从上至下分为 3 层，即滑坡堆积体、滑带土和基岩，其相应的材料参数见表 1 所示。边界约束采用位移约束，即固定模型左右及下边界，然后应用经典 Mohr-Coulomb 屈服准则，采用自编极限平衡有限元程序进行自重应力场数值模拟，所得主应力及塑形区如图 4 所示。

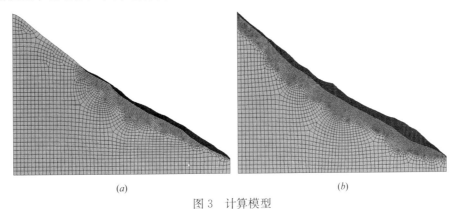

(a)　　　　　　　　　　　　(b)

图 3　计算模型

Fig. 3　Computational model

(a) Ⅰ 区 A-A′ 剖面；(b) Ⅱ 区 B-B′ 剖面

计算参数			表 1
Computational parameters			**Tab. 1**
地层材料	滑坡体	滑带土	基岩
天然重度（kN/m³）	21.5	20.5	24.0
变形模量（GPa）	0.10	0.05	6.30
泊松比	0.32	0.35	0.29
黏聚力（MPa）	0.05	0.048	0.25
内摩擦角（°）	34.0	26.54	40.0

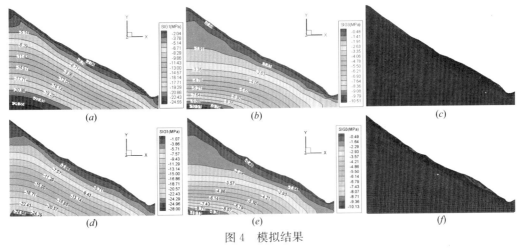

(a)　　　　　　　　　(b)　　　　　　　　　(c)

(d)　　　　　　　　　(e)　　　　　　　　　(f)

图 4　模拟结果

Fig. 4　Simulation results

(a) A-A′ 大主应力；(b) A-A′ 小主应力；(c) A-A′ 塑性区；(d) B-B′ 大主应力；(e) B-B′ 小主应力；(f) B-B′ 塑性区

表2所示为应用极限平衡有限元程序计算所得的安全系数。从该表可知，Ⅰ区三期滑坡体较为危险，可能最先发生破坏，然后其他期次则因失去支撑而逐步解体，破坏模式为牵引式滑坡；Ⅱ区一期滑坡体稳定性较差，将最先发生破坏并挤压其他期次逐步坍塌，破坏模式为推移式滑坡。

		安全系数 Factor of safety					表2 Tab. 2
计算剖面	1期	2期	3期	计算剖面	1期	2期	3期
A-A'	1.174	1.147	1.130	B-B'	1.098	1.190	1.248

4 争岗滑坡稳定性可靠度分析

4.1 堆积体参数空间变异方法

考虑到冰水堆积体内部块石含量与分布影响其内部结构空间形态特征，更在很大程度上控制着堆积体的宏观变形行为，所以内部块石特征是造成冰水堆积体性质在空间上具有变异性的关键。地质统计学方法是一种采用变异函数研究区域化变量在空间分布上的变异性的理论[8]。当随机变量的均值与具体的空间位置无关，而只依赖于在某方向上分割他们的向量时，在二阶平稳假设或者内蕴假设下，变异函数可表示为

$$\gamma(h) = \begin{cases} \dfrac{1}{2V} \displaystyle\int_V \left[z(x) - z(x+h) \right]^2 \mathrm{d}x & \text{连续} \\ \dfrac{1}{2N(h)} \displaystyle\sum_{i=1}^{N(h)} \left[z(x_i) - z(x_i+h) \right]^2 & \text{离散} \end{cases} \tag{3}$$

式中，V 为空间区域；$z(x)$ 为区域化变量；h 为某一方向分离点对间向量；$N(h)$ 为距离等于 h 的点对数。

若不考虑区域化变量结构性变化对变异性的影响，即变异函数连续性随分离点对间向量变化表现为间断型。若以 S_0 表示堆积体实际块石含量，以 S 表示堆积体内当前块石含量，则即可用式（4）所示变异函数对堆积体内部块石特征造成的空间上的性质变异性进行描述。

$$\gamma(S) = \begin{cases} 0, & S > S_0 \\ 1, & S \leqslant S_0 \end{cases} \tag{4}$$

式中，$\gamma(S)$ 取值为 0 时不需要对空间点性质进行变异，为 1 时则表示需要变异。

4.2 堆积体随机结构模型构建

堆积体内部滑带土参数空间变异性直接影响着滑坡稳定性。建立考虑岩土体参数在空间上具有变异性的随机模型，进行稳定性分析与评价，将更符合实际[16]。考虑到滑带土参数受块石特征影响显著，因此本文在构建争岗滑坡极限平衡有限元可靠度分析模型时，将从块石含量和分布两个方面着手，模拟岩土体参数在空间上具有的变异性。具体操作时，先对滑坡剖面进行有限元网格剖分，以该块石含量作为岩土属性变异条件，遍历所有网格单元，从而实现滑坡体内部岩土参数在空间上的变异性。图5所示是以块石含量为30%作为滑带结构的控制条件构建的随机结构模型样本。

4.3 堆积体滑坡稳定可靠度分析

滑坡极限平衡有限元可靠度分析是指对影响可靠度的变量进行抽样，然后通过极限状态函数获得累计极限状态小于零的个数，进而确定滑面破坏概率的数值方法。计算中，通过对极限状态函数的均值、方差及破坏概率进行分析，获得针对极限状态函数取安全余量时的可靠指标，进而可得到滑面破坏概率

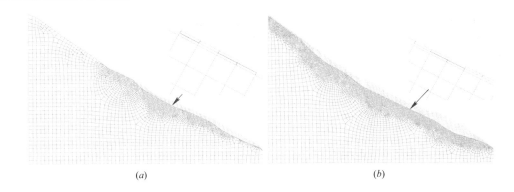

图 5 随机结构模型样本

Fig. 5 Samples of model with random structure

(a) Ⅰ区 A-A′剖面；(b) Ⅱ区 B-B′剖面

的置信度。拉丁超立方抽样（LHS）方法是一种多维分层抽样算法，其基本思想是：先确定抽样次数N，然后将变量概率分布函数分成N个互不重叠的子区间，在每个子区间进行独立的等概率抽样。本文中，通过对不同期次进行 1000 次以上模拟发现，Ⅰ区 A-A 剖面三期破坏可能最大，Ⅱ区 B-B 剖面一期破坏可能最大，总体上，Ⅰ区 A-A 剖面三期破坏可能最大，如表 3 所示。

安全系数及破坏概率　　　　　　　　　　表 3

Safety factor and failure probability　　　　Tab. 3

剖面	一期			二期			三期		
	FS 均值	FS 方差	P_f（%）	FS 均值	FS 方差	P_f（%）	FS 均值	FS 方差	P_f（%）
A-A	1.145	0.21	86.1	1.125	0.19	91.8	1.116	0.12	99.4
B-B	1.056	0.22	98.6	1.174	0.19	74.2	1.236	0.16	0

5　结论

本文集有限元数值计算和极限平衡分析两者优势于一体，研究了争岗滑坡不同期次的稳定性及破坏机理，就堆积体结构构成随机性，应用空间变异性理论对该滑坡的破坏概率进行了探讨。得到以下主要结论：争岗Ⅰ区三期滑坡体稳定性较差，可能最先发生破坏，其破坏模式为牵引式滑坡；Ⅱ区一期滑坡体稳定性较差，将最先发生破坏并挤压其他期次逐步坍塌，其破坏模式为推移式滑坡。基于空间变异性理论的极限平衡有限元分析表明，争岗Ⅰ区三期和Ⅱ区一期滑坡体破坏可能最大。堆积体滑带内部块石分布对坡体稳定性有重要影响。

参考文献

［1］ Cheng，Y. M.，Lau，C.，2014. Slope stability analysis and stabilization：new methods and insight. CRC Press.

［2］ Griffiths D V. Slope stability analysis by finite elements ［J］. Géotechnique，1999，49（3）：387-403.

［3］ Zou J Z，Williams D J，Xiong W L. Search for critical slip surfaces based on finite element method ［J］. Revue Canadienne De Géotechnique，1995，32（2）：233-246.

［4］ Duncan，J. M. State of the art：limit equilibrium and finite-element analysis of slopes. J. Geotech. Eng.，1996，122，577-596.

［5］ Wright S G. Accuracy of equilibrium slope stability analysis ［J］. J. of SoilMech. & Found Engng. asce，1973，99：783-791.

［6］ 张鹏. 岩土边坡刚体极限平衡法的误差根源与范围研究 ［M］. 西安理工大学，2003.

［7］ Shengnian Wang，Chong Shi，Yu long Zhang，et al. Numerical limit equilibrium analysis method of slope stability based on Particle Swarm Optimization ［J］. Applied Mechanics and Materials，2013，v 353-356，p 247-251.

［8］ 吴振君. 土体参数空间变异性模拟和土坡可靠度分析方法应用研究 ［D］. 中国科学院研究生院（武汉岩土力学研究所），2009.

作者简介

王盛年，男，1987 年生，甘肃武威人，汉族，博士，讲师，主要从事岩土力学计算与数值模拟方面的研究。E-mail：myresort@126.com，地址：江苏省浦口区浦珠南路 30 号。

FAILURE PROBABILITY OF THE ZHANGGANG LANDSLIDE CONSIDERING SPATIAL PARAMETER VARIABILITY

Wang Shengnian[1]，Zhang Qiang[2]

(1. College of Transportation Science & Engineering，Nanjing Tech University，Nanjing 211816，China；
2. China Institute of Water Resources and Hydropower Research，Beijing 100038，China)

Abstract：The stability of the Zhenggang landslide is an important technique issue for the construction and operation of the Gushui Hydropower Station in Langcang River. In this study，a method combined the finite element method and the limit equilibrium analysis together is proposed and applied to carry out the stability and failure analysis of the different stages of the Zhenggang landslide. The failure probability of the Zhengang landslide considering the structural randomness is also discussed based on the theory of spatial variability. Results indicate that the third stage of the landslide in Zone-I has the lowest safety factor and the failure mode of the Zone-I is a retrogressive landslide；the first stage of the landslide in Zone-II has the lowest safety factor and the failure mode of the Zone-II is an advancing landslide. Failure probability analysis based on the spatial variability theory indicates that the failure probabilities of the third stage in Zone-I and the first stage in Zone-II are 99.4% and 98.6%，respectively.

Key words：Zhengang landslide，limit equilibriu，failure probability，spatial parameter variability

易贡滑坡-碎屑流-堰塞坝溃坝三维数值模拟研究

戴兴建，邢爱国

（上海交通大学船舶海洋与建筑工程学院，上海　200240）

摘　要： 2000 年 4 月 9 日发生于西藏自治区波密县易贡乡扎木弄沟的巨型滑坡-碎屑流-堰塞坝灾害链造成了重大人员伤亡和经济损失。本文结合遥感影像资料形成数字高程模型，运用 DAN[3D] 软件对滑坡-碎屑流过程进行反演分析，得到滑坡-碎屑流阶段速度分布及堆积特征。根据 DAN[3D] 堆积形态模拟结果，构建堰塞坝模型，运用 FLOW[3D] 软件对堰塞坝溃坝过程进行模拟分析，得到溃坝-洪水演进过程水流特征变化规律。通过对易贡完整灾害链过程的模拟研究，为该类灾害链全面系统的研究及防治提供依据。

关键词： 易贡滑坡-碎屑流；堰塞坝；溃坝；数值模拟；DAN[3D]；FLOW[3D]

1　引言

高山峡谷地区地质灾害频发，其中高速远程滑坡占比突出，高速远程滑坡通常具有高位、高速、远程的特点，易造成次生灾害引发灾害链[1,2]。当高速远程滑坡运动方向有水体分布时，滑体高速入水易诱发冲击气浪、涌浪等次生灾害，当堆积物堵塞河流易形成堰塞湖，一旦坝体溃决，下游区域将遭受巨大冲击[2]。2000 年 4 月 9 日西藏波密县易贡乡扎木弄沟发生巨型滑坡，滑体沿途碰撞铲刮形成约 $3\times10^8 m^3$ 堆积体，堵塞易贡湖形成堰塞坝，堰塞坝最终溃决，造成直接经济损失高达 1.4×10^8 元[2]。

国内外专家学者对易贡滑坡做了大量研究，殷跃平[2]对滑坡特征进行了分析，认为这是一次由冰雪融化引起的高速巨型滑坡，将滑坡运动过程细分为高位滑动-碎屑流-冲击气浪-泥石流-堰塞湖；Xu[3]结合现场调查建立滑坡模型对滑坡形成机理进行了研究分析，认为孔隙水压力增加和滑动面液化是引起高速远程滑坡的主要原因；Zhou[4]认为长期冰雪冻融产生的循环荷载和气温上升加速冰川融雪是引发易贡滑坡的主要原因；胡明鉴等[5]结合环剪试验，认为孔隙水压力因滑动面的快速剪切而迅速增加大，从而导致剪切面液化，土体高速滑动形成高速远程滑坡；邢爱国等[6]运用流体计算软件 Fluent 模拟了溃坝后洪水演进过程。目前对于易贡滑坡的研究工作大多停留在滑坡的形成机理研究和单一运动过程的数值模拟分析，对于整个灾害链的系统性模拟研究几乎还是空白，仅 Keith[7]对整个灾害链做了模拟分析，他分别运用 DAN[3D] 和 FLOW[2D] 对滑坡-碎屑流阶段和溃坝阶段做了数值模拟分析。但没有根据实际情况区别扎木弄沟沟谷内（主要铲刮区）与沟口外（主要堆积区）的铲刮深度。并且模拟得到的最终堆积量约 $1\times10^8 m^3$，与现场调查[3]得到的 $3\times108 m^3$ 差别较大。在 FLOW[2D] 模拟部分，只对通麦大桥处洪水流量做了简要说明，文章着重对比其他学者对易贡滑坡的研究成果，没有对灾害链做连续性分析。

本文结合遥感影像资料形成数字高程模型，并根据实验结果[11]设定模型参数，运用三维连续介质动力分析软件 DAN[3D] 对滑坡-碎屑流过程进行了反演分析，得到了滑坡堆积形态、铲刮及速度分布特征；根据 DAN[3D] 的堆积形态模拟结果，在三维流体分析软件 FLOW[3D] 中建立 1∶1 的坝体模型，对堰塞坝溃坝过程进行模拟研究，得到堰塞坝至通麦大桥约 17km 水域洪水演进的流量变化及流速特征。

2 滑坡简介

2.1 研究区地质环境条件

滑坡发生于西藏自治区波密县易贡乡扎木弄沟（东经 $94°55'\sim95°$，北纬 $30°10'\sim30°15'$）[5]，易贡地区位于西藏东南部，属高山峡谷地貌，冰川发育，沟谷纵横，雨水丰沛。滑坡区出露的地层，由老至新为前震旦系冈底斯岩群（AnZgd）、喜山期江古拉花岗岩体、第四系松散堆积物（图3）。

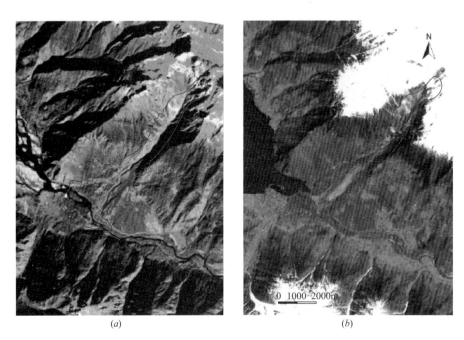

图 1 （*a*）1998 年 11 月 15 日研究区 TM 图像 （*b*）2000 年 5 月 4 日研究区 SPOT 卫星图像

Fig. 1 （*a*）TM（thematic mapper）image of study area taken on 15 November 1998 （*b*）SPOT satellite image of study area taken on 4 May 2000

2.2 滑坡-碎屑流分区特征

根据研究区滑坡前后的地形特征，将其分为滑源区Ⅰ、铲刮区Ⅱ和碎屑流堆积区Ⅲ（图2，图3）。

滑源区Ⅰ：滑源区位于扎木弄沟沟谷源区，高程范围约 4100m～5520m（图2），顶部尖峭，岩体主要为江古拉花岗岩；铲刮区Ⅱ：铲刮区高程 2600～4100m（图2），位于扎木弄沟沟谷及两侧谷壁，沟口狭窄，沟内相对宽阔；碎屑流堆积区Ⅲ：堆积区高程 2200～2600m（图2），位于沟口外侧。

3 灾害链全程动力特征模拟

3.1 滑坡-碎屑流阶段 DAN³ᴰ 模拟

DAN（Dynamic Analysis）是加拿大学者 Hungr[8] 开发的等效流体动力分析软件。根据土体环剪试验结果[5]，滑源区摩擦角设为 $19.8°$，实验所测流变参数有限，且滑坡距今时间较长，流变参数获取困难，本文通过试错法，将模拟结果与实际情况比对，得到最佳流变模型及参数见表1。

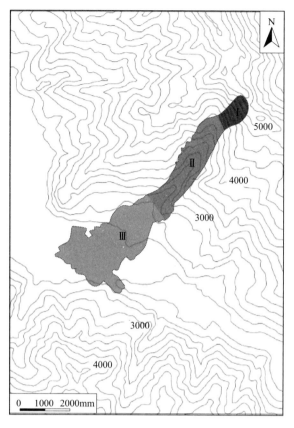

图2 易贡滑坡空间分布图

Fig. 2 Spatial partition of the Yigong landslide

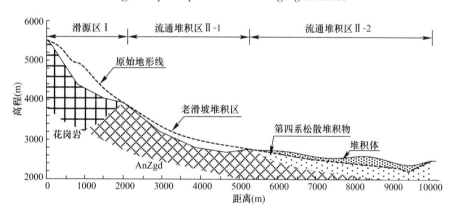

图3 易贡滑坡纵断面图

Fig. 3 Longitudinal profile of the Yigong landslide

流变模型计算参数 表1

Simulation parameters of rheological model Tab. 1

材料编号	1（滑源区Ⅰ）	2（铲刮区Ⅱ）	3（碎屑流堆积区Ⅲ）
模型	Frictional	Voellmy	Voellmy
重度（kN/m³）	24	20	20
摩擦角（°）	19.8	—	—
摩擦系数	—	0.03	0.08
湍流系数（m/s²）	—	1000	700
内摩擦角（°）	35	25	25
最大铲刮深度（m）	0	60	15

通过 DAN³D 模拟得到易贡滑坡-碎屑流运动过程不同时刻滑坡堆积形态（图4）。

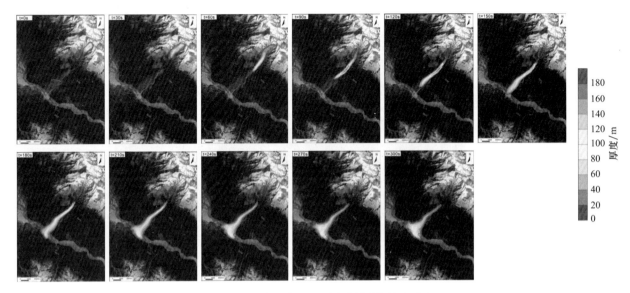

图4　滑坡-碎屑流过程不同时刻滑坡堆积形态

Fig. 4　Time-lapse image of deposit distribution during the Yigong rockslide-debris avalanche

根据模拟结果将滑坡-碎屑流运动过程分为三个阶段：0～90s 为启动碰撞阶段，危岩体自 4000m 高程剪出后沿 NE-SW 方向运动，30s 时，滑体撞击西侧山体，滑体破碎解体进入沟谷铲刮早期碎屑堆积物；90～210s 为高速铲刮阶段，90s 时，滑坡前缘到达沟口（高程 2800m），受沟口约束，滑移物质沿沟口方向冲出并铲刮两侧山体，呈扇形扩散。至 150s，滑坡前缘到达易贡藏布河开始堵塞河流；210～300s 为堆积扩散阶段，210s 时，滑体受河流西南侧陡坎阻碍，大部分滑体在陡坎北侧堆积并向两侧扩散，至 300s，运动基本结束，堆积成型为喇叭状扇形区域，平均厚度 60m。

易贡滑坡-碎屑流的堆积形态如图5所示，滑坡堆积物呈喇叭状堆积，堆积范围与实际堆积区域高度重合，最大堆积厚度 100m，平均厚度 60m，前沿宽约 3.2km，堆积方量近 $2.6 \times 10^8 m^3$。现场调查显示堰塞坝长宽约 2.5km，高 60～110m，堆积方量约 $3.0 \times 10^8 m^3$[3]，模拟结果实际情况较好吻合。铲刮分布及速度分布模拟结果如图6、图7所示，沟谷内铲刮深度最高达 100m，铲刮方向呈 NE-SW。速度分布模拟结果显示，滑体解体后进入沟谷时，速度达到最大值约 90m/s。

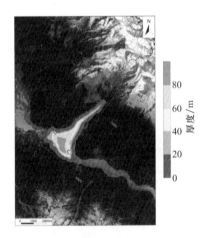

图5　易贡滑坡-碎屑流最终堆积分布

Fig. 5　Final deposit distribution of the Yigong rockslide- debris avalanche

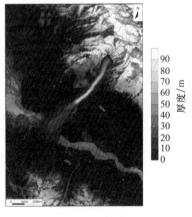

图6　易贡滑坡-碎屑流铲刮分布图

Fig. 6　Scraping distribution of the Yigong rockslide- debris avalanche

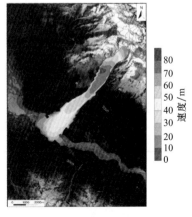

图7　易贡滑坡-碎屑流最大速度分布图

Fig. 7　Maximum velocity contour of the Yigong rockslide- debris avalanche

3.2 堰塞坝-溃坝阶段 FLOW³ᴰ模拟

FLOW³ᴰ软件是基于CFD（Computational Fluid Dynamics）解算技术的仿真模拟软件。因溃坝过程常有紊流现象，本文选用RNG k-ε 模型进行模拟计算：

坝体模型计算参数 表 2

Material parameters of barrier dam model Tab. 2

名称	中值粒径（mm）	密度（kg/m³）	拖曳系数	负载系数	休止角（°）
Sediment	7.03	2400	0.018	8	32

根据DAN³ᴰ最终堆积形态模拟结果（图5），建立等比例堰塞坝模型如图8，堰塞坝模型长取DAN³ᴰ模拟结果3.2km，宽沿NE-SW方向取堆积前缘2.5km，坝体厚度根据DAN³ᴰ模拟结果中堆积厚度分布等值设置，将堰塞坝模型嵌入山体模型中得到溃坝模拟研究区三维模型见图9，湖口位置设置监测点1，堰塞坝溃口设置监测点2，河谷拐点设置监测点3、4，通麦大桥处设置监测点5。

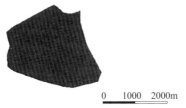

图 8　堰塞坝模型　　　　图 9　研究区 Flow³ᴰ三维模型

Fig. 8　Barrier dam model　　　Fig. 9　Three-dimensional model of study area

运用FLOW³ᴰ模拟易贡堰塞坝-溃坝演进过程得到不同时刻水流深度变化图（图10）。堰塞坝堵塞易贡河后，堰塞湖水深达60m，在引流渠引流作用下，历时300s，坝口贯通，湖水下泄。至1500s，洪水到达下游监测点3处。至2600s，洪水传播到通麦大桥。8000s时，水深趋于稳定，泄洪基本完成。

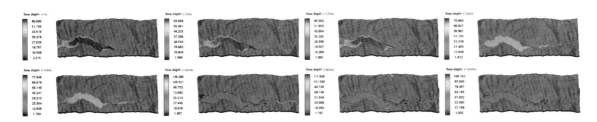

图 10　堰塞坝-溃坝过程水流深度变化图（单位：m）

Fig. 10　Time-lapse image of variation of water depth during the barrier dam breaking

各监测点数据如图11所示，300s时洪水贯通堰塞坝流速达10m/s，现场调查[11]显示当时流速9.5m/s，相对误差5%，模拟结果与实际情况较为吻合。2000s时溃口处（监测点2）流量达到峰值 2×10^5 m³/s，流速急剧上升达到最大值约25 m/s且居高不下，说明此时坝体完全溃决。在通麦大桥位置（监测点5），4800s时流量达到峰值 1.3×10^5 m³/s，约为易贡河灾前平均流量的280倍，水深90m，高于桥面80m，且水流速度急剧上升达到最大值22m/s后急剧下降，此时通麦大桥处受到巨大冲击。最大流量产生于河流下游河谷拐点处（监测点4），出现在6100s，洪峰流量 2.2×10^5 m³/s。以上模拟结果表明溃坝过程中上游泄洪慢，泄洪压力大，下游区域洪水演进速度快，流量大，洪水对下游区域造成了巨大冲击，特别在河道转向处受洪水冲击剧烈。

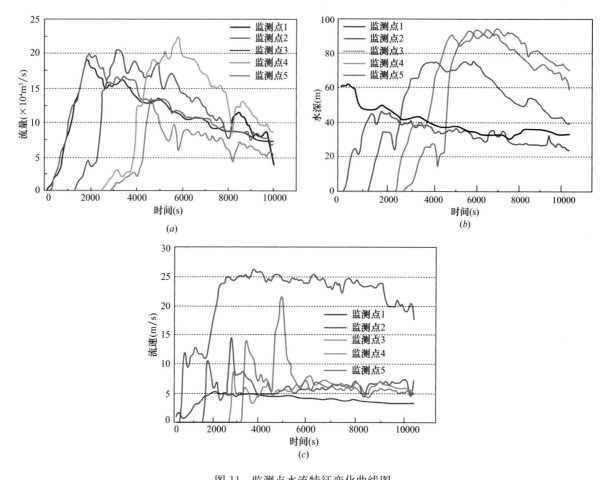

图 11 监测点水流特征变化曲线图

Fig. 11 Flow characteristics curve of monitoring points

4 结论

（1）本文结合实验数据设定模型参数运用 DAN[3D]软件对滑坡-碎屑流过程进行了反演分析，模拟结果显示滑坡-碎屑流过程持续约 300s，滑体最大运动速度约 90m/s，最大铲刮深度 100m，最终堆积方量约 $2.6×10^8 m^3$，堆积平均厚度 60m，堆积形态与实际情况拟合较好。

（2）基于 DAN[3D]的堆积形态模拟结果，建立等比例堰塞坝模型，运用 FLOW[3D]对堰塞坝溃坝过程进行模拟分析。模拟结果显示 300s 时洪水贯通坝体，历时 2000s，坝体完全溃决，2600s 时洪水到达通麦大桥，至 4800s 时通麦大桥达到洪峰流量 $1.3×10^5 m^3$，最大流速 22m/s，洪水演进过程中河道急转处出现洪峰流量 $2.2×10^5 m^3$。洪水在下游演进速度快，水深和流速上升剧烈，洪水对下游区域产生巨大冲击。

参考文献

[1] 殷跃平. 汶川八级地震地质灾害研究 [J]. 工程地质学报，2008，16（4）：433-444.

[2] 殷跃平. 西藏波密易贡高速巨型滑坡特征及减灾研究 [J]. 水文地质工程地质，2000，27（4）：8-11.

[3] XU Q，SHANG Y J，Asch T V，et al. Observations from the large，rapid Yigong rock slide-debris avalanche，southeast Tibet [J]. Canadian Geotechnical Journal，2012，49（5）：589-606.

[4] ZHOU J W，CUI P，HAO M H. Comprehensive analyses of the initiation and entrainment processes of the 2000 Yigong catastrophic landslide in Tibet，China [J]. Landslides，2016，13（1）：39-54.

[5] 胡明鉴，程谦恭，汪发武. 易贡远程高速滑坡形成原因试验探索 [J]. 岩石力学与工程学报，2009，28（1）：138-143.

［6］　邢爱国，徐娜娜，宋新远. 易贡滑坡堰塞湖溃坝洪水分析［J］. 工程地质学报，2010，18（1）：78-83.

［7］　Keith B. The 2000 Yigong landslide（Tibetan Plateau），rockslide-dammed lake and outburst flood：Review，remote sensing analysis，and process modelling［J］. Geomorphology，2015，246（1）：377-393.

［8］　Hungr O. A model for the runout analysis of rapid flow slides，debris flows and avalanches［J］. Canadian Geotechnical Journal，1995，32（4）：610-623.

作者简介

戴兴建，男，1994 年生，安徽宣城人，汉族，硕士，学生，主要从事高速远程滑坡方面的科研工作。电话：18721618930，E-mail：daixingjian@sjtu.edu.cn，地址：上海市闵行区上海交通大学木兰楼 A404。

STUDY ON THREE DIMENSIONAL NUMERICAL SIMULATION OF YIGONG ROCKSLIDE-DEBRIS AVALANCHE-BARRIER DAM BREAKING

Dai Xing-jian，Xing Ai-guo

(School of Naval Architecture，Ocean and Civil Engineering，Shanghai Jiao Tong University，Shanghai 200240，China)

Abstract：A disaster chain of giant rockslide-debris avalanche-barrier dam breaking occurred in the Yigong Bomi district in Tibet province of China on 9 April，2000. The disaster resulted in heavy casualties and economic losses. In this paper，the process of landslide-debris flow is simulated by the software DAN[3D] base on the digital elevation model which built by remote sensing image date. The software DAN[3D] can retrieve the movement parameters during the rockslide-debris avalanche process and deposit characteristic. We use the software FLOW[3D] to simulate the process of barrier dam breaking by the barrier dam model based on the simulation result of deposition area from the software DAN[3D] to get the law of flow variation in the process of barrier dam breaking-flood routing. The simulation results provide a basis for systematic research of disaster chain.

Key words：Yigong landslide-debris flow，barrier dam，dam breaking，numerical simulation，DAN[3D]，FLOW[3D]

基于强度折减系数法的膨胀土边坡稳定性分析

周同和[1]，赵迷军[2]，郜新军[3]，马一凡[1]，段鹏辉[3]

（1. 郑州大学综合设计研究院有限公司，郑州　450002；2. 中化地质郑州岩土工程
有限公司，郑州　450002；3. 郑州大学土木工程学院，郑州　450000）

摘　要： 本文通过对河南某工程开挖边坡滑坡形成原因的分析，研究了膨胀土边坡滑坡的作用机理，提出了一种考虑基于膨胀土含水量和土体强度系数折减的膨胀土边坡的稳定性计算方法。研究表明，膨胀土边坡开挖时因边坡表面膨胀土平衡被打破，在风吹、光照等作用下形成裂隙；雨水入渗后引起土体抗剪强度的下降，同时，含水量的增加加大了滑坡体的重度和下滑力，在膨胀力的作用下形成开挖边坡处的坍塌或滑坡，进而向坡顶处发展，形成更大范围的滑坡，滑坡体与稳定坡体界面呈圆弧形状。据此，提出了考虑膨胀土滑坡体含水量增加、膨胀土土体抗剪强度系数按 0.2～0.35 折减的验算滑坡稳定性理论方法，并采用数值方法对滑坡稳定状态进行分析判定和验证，可供类似工程参考。

关键词： 膨胀土；滑坡；稳定性；含水量；抗剪强度折减

1　引言

我国 20 多个省发现有膨胀土，是膨胀土分布最广的国家之一，目前，针对膨胀土滑坡机理的研究成果较多。沈珠江[1]等认为非饱和膨胀土滑坡在降雨过程中会导致膨胀土吸水膨胀软化，从而丧失吸力引起土体变形和强度参数的降低，这是诱发滑坡的关键因素；夏蒙[2]通过室内模型试验，利用非饱和土直剪仪进行不同基质吸力控制下的直剪试验，模拟了不同降雨条件下的膨胀土的抗剪强度参数，揭示了雨水的入渗降低土体的强度；袁俊平[3]等对膨胀土裂隙性做了较为深入的定量研究，并提出了考虑裂隙的边坡稳定性计算方法；刘华强[4]等在 Bishop 法的基础上，通过完善其计算条件，考虑了裂缝开展导致的土体强度降低、裂缝开展的深度、降雨时裂缝群中形成的渗流以及可能的裂缝侧壁静水压力的作用等影响因素，提出了一种对膨胀土边坡稳定改进的分析方法；徐彬[5]等通过对膨胀土样进行不同次数的无约束干湿循环，得到了不同裂隙开展程度的膨胀土样，对不同裂隙开展程度的膨胀土饱和试样进行了直剪试验，研究了膨胀土饱和强度随裂隙开展而变化的规律；殷宗泽[6]等认为裂隙因素是膨胀土边坡失稳破坏的主要因素，提出了一种以条分法为基础的近似反映裂隙影响的膨胀土边坡稳定性分析方法；周健[7]等通过膨胀土边坡干湿循环模型试验，直接在坡面切取各次干湿循环后的边坡土样进行直剪试验，得到其抗剪强度随边坡干湿循环进行而变化的规律，采用有限元强度折减法评价干湿循环状态下边坡的稳定性问题。郑长安[8]通过试验手段得到了非饱和膨胀土的强度参数和膨胀力与膨胀土含水率的关系，以此为基础，耦合了多重因素对膨胀土边坡进行了稳定性分析。

综上所述，以上针对滑坡稳定性分析方法不同，但引起膨胀土边坡滑坡的主要因素是膨胀土的裂隙，而裂隙遇水后坡体含水量的变化除增加了滑坡土体的自重外，还将引起膨胀土土体抗剪强度的降低，目前针对该方面的研究还不深入。基于此，本文提出了考虑滑坡体自重增加、膨胀土土体抗剪强度系数折减的膨胀土滑坡稳定性验算方法。

2 边坡工程概况

2.1 边坡工程概况

某边坡场地位于鹤壁市山城区，边坡坡高约 38.0m，整体坡度约 25°~30°，局部坡度较大，约 40°。边坡北侧设计的火车卸煤槽需在坡脚处开挖，开挖基坑距边坡坡脚距离约 18.0m，开挖深度约 6m，土方开挖期间，因坡脚处切破卸荷，于 2009 年 10 月份，边坡局部发生滑坡，滑坡位移最大约 2m。边坡发生滑坡后，采用了边坡削坡修整的方法进行滑坡治理，因治理方法不当，边坡修整破坏了坡面原有植被，加速了地表水入渗，进而导致 2010 年 2 月滑坡体进一步发生滑动。具体滑坡范围见图 1。

 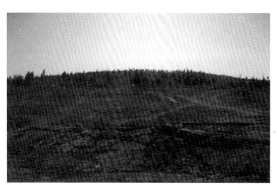

图 1 原始坡面地貌 图 2 修整区场地地貌
Fig. 1 Original slope topography Fig. 2 Reinforced site geomorphology

2.2 场地地质情况及膨胀性评价

根据现场钻探揭示、原位测试成果，勘探深度范围内，除表层堆积填土外，勘察深度范围内地层主要特征如表 1 所示[8]。

土层物理参数 表 1

Physical and mechanical parameters of the soil Tab. 1

层号	土层	厚度（m）	膨胀率平均值	重度（kN/m³）	黏聚力 c（kPa）	摩擦角 φ（°）
②	粉质黏土	3.0	—	17.44	22.0	9.5
③	全风化泥岩1	2.7	72.5%	21.70	40.6	10.4
④	全风化泥岩2	13.5	50.6%	20.87	72.0	19.4

场地边坡坡脚处钻孔揭露有上层滞水，赋存于地势低洼坡脚处，水位埋深 0.2~3.0m。

2.3 滑坡形态特征

本场地滑坡体近似为半圆形。滑坡体上覆第四系冲洪积粉质黏土，局部夹卵、砾石，轴向长约 60m；前缘宽 90m，后缘宽约 85m。属中型堆积层顺层滑坡，滑坡周界线较清晰，其中滑坡后缘部位滑坡裂隙宽度达 2~5m，滑坡体内滑坡裂缝纵横交错，宽度约 0.1~0.5m。因滑坡体滑动造成上部土体卸荷，滑坡后缘上部土体已出现数条张拉裂缝，宽度约 0.1~0.5m。滑坡后缘与滑坡壁的高差 2.0m 左右，滑坡舌部位已形成 2~3m 高的滑坡鼓丘。根据现场出露滑动面（见图 3~图 6）显示，滑坡滑动面为上覆第四系堆积层与下部第三系上新统全风化泥岩的接触面，滑动面走向 310°，滑动面光滑，具油质光泽，有顺坡擦痕，倾角约 15°~20°。

图 3　滑坡后缘

Fig. 3　Landslide trailing edge

图 4　滑坡舌

Fig. 4　Landslide tongue

图 5　滑坡面裂缝

Fig. 5　Landslide crack

图 6　滑动面

Fig. 6　Landslide plane

3　基于强度折减系数的滑坡机理及稳定性数值分析

3.1　滑坡作用机理分析

根据滑坡的灾害特征，滑坡形成的原因为：地表水沿上覆第四系堆积层孔隙入渗直至下部第三系上新统全风化泥岩相对隔水层，受雨水入渗浸泡，泥岩发生膨胀，黏土矿物重排列，形成软弱层，上覆第四系堆积层在重力作用下产下滑力，从而沿软弱层面产生蠕动；直接诱因为工程施工削坡（见图 7），前缘临空，形成滑坡，滑动面为折线型。此外，在治理前的边坡工程勘察施工期间，设置观测点进行了边坡变形观测，观测自 2010 年 5 月 6 日开始，根据截至 2010 年 5 月 21 日前的观测结果，滑坡体最大位移量达到 83mm。说明滑坡体处于不稳定状态。

3.2　方法与模型参数

（1）方法

采用强度系数折减法，模型参数如下：

$$\tau = c' + \sigma\tan\varphi' F_i \tag{1}$$

式中，F_i 为折减因数；c' 和 φ' 为考虑雨水入渗后的黏聚力和内摩擦角。

（2）计算模型

利用 MidasGTS 软件分析边坡稳定性。根据郑颖人等的研究，当坡角到左端边界的距离为坡高的 1.5 倍、坡顶到右端边界的距离为坡高的 2.5 倍且上下边界总高不低于 2 倍坡高时，计算精度最为理想[13]，建立如图 8 模型。模型包括 46880 个节点，42615 个单元。模型的底边界、侧边界采用位移约束，上表面为自由面。

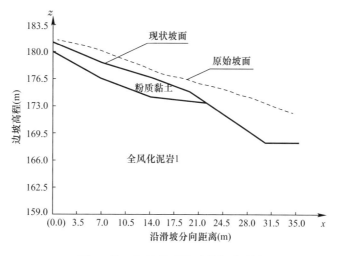

图 7　施工切坡前后坡面形态对照图

Fig. 7　Slope morphology chart before and after construction

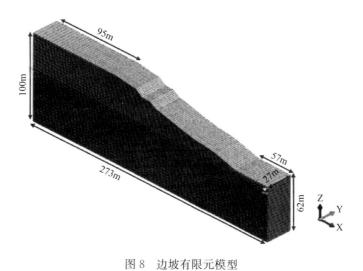

图 8　边坡有限元模型

Fig. 8　Finite element model of slope

（3）计算参数

土体本构模型采用摩尔-库伦模型，计算参数主要有 Mohr-Coulomb 模型的基本参数：杨氏模量 E、泊松比 μ、内摩擦角 φ、黏聚力 c。模型参数根据抗剪强度系数折减量、土体重度不同取值见表 2～表 4，其中土体重度为勘察报告提供值。抗剪强度试验（快剪）结果见表 5；其中本文中强度折减系数的选取依据相关的文献及当地的地质试验资料[5]。

边坡模型物理力学参数（一）　　　　　　　　　　　　　表 2

Physical and mechanical parameters of the slope model（一）　　Tab. 2

土层类型	弹形模量（MPa）	泊松比	重度（kN/m³）	c 折减 30% c'(kPa)	φ 折减 20% φ'(°)
粉质黏土	80	0.3	17.44	15.4	7.6
全风化泥岩 1	700	0.26	20.87	28.42	8.32
全风化泥岩 2	700	0.26	20.87	72.0	19.4

边坡模型物理力学参数（二）　　表 3

Physical and mechanical parameters of the slope model（二）　　Tab. 3

土层类型	弹形模量（MPa）	泊松比	饱和重度（kN/m³）	c 折减 30% c'（kPa）	φ 折减 20% φ'（°）
粉质黏土	80	0.3	19.4	15.4	7.6
全风化泥岩 1	700	0.26	21.7	28.42	8.32
全风化泥岩 2	700	0.26	20.87	72.0	19.4

边坡模型物理力学参数（三）　　表 4

Physical and mechanical parameters of the slope model（三）　　Tab. 4

土层类型	弹形模量（MPa）	泊松比	饱和重度（kN/m³）	c 折减 35% c'（kPa）	φ 折减 20% φ'（°）
粉质黏土	80	0.3	19.4	14.30	7.6
全风化泥岩 1	700	0.26	21.7	26.39	8.32
全风化泥岩 2	700	0.26	20.87	72.0	19.4

边坡模型物理力学参数（四）　　表 5

Physical and mechanical parameters of the slope model（四）　　Tab. 5

土层类型	弹形模量（MPa）	泊松比	重度（kN/m³）	抗剪强度指标	
				c（kPa）	φ（°）
粉质黏土	80	0.3	17.44	22	9.5
全风化泥岩 1	700	0.26	20.87	40.6	10.4
全风化泥岩 2	700	0.26	20.87	72.0	19.4

3.3　计算结果及分析

　　按照上节四种不同边坡模型物理力学参数下四种工况下有限元计算结果云图见图 9，四种计算工况下滑坡安全系数见表 6。

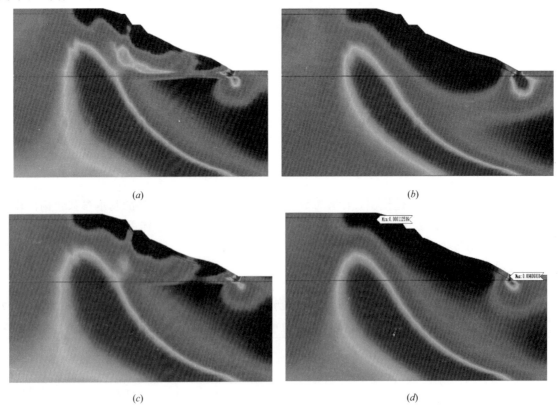

(a)　　　　　　　　　　　　　　　(b)

(c)　　　　　　　　　　　　　　　(d)

图 9　四种条件下剪力云图

Fig. 9　Shear stress cloud field under four conditions

(a) 工况 1；(b) 工况 2；(c) 工况 3；(d) 工况 4

四种计算条件下滑坡安全系数 表 6
Safety factor of the slope under four calculation conditions Tab. 6

计算工况	1	2	3	4
安全系数	1.10	1.07	1.04	1.20

计算结果表明：土体的强度参数黏聚力和内摩擦角、土体的重度均对该滑坡体稳定性有一定的影响。抗剪强度 c 折减 30%、φ 折减 20%时，采用饱和重度的边坡稳定性安全系数由 1.10 下降至 1.07；采用饱和重度，内摩擦角 φ 折减 20%，黏聚力 c 折减 30%调整为 35%时，边坡稳定性安全系数由 1.07 下降至 1.04。该边坡在勘察阶段的变形观察结果（自 2010 年 5 月 6 日至 2010 年 5 月 21 日滑坡体最大位移量达到 83mm）说明计算的滑坡体稳定安全系数与实际情况相符合，验证了本文计算方法的可行性。

4 结论与建议

通过以上分析，本文结论与建议如下：

（1）膨胀土边坡滑动稳定性的计算关键是土体抗剪强度指标的选取。土体容重的变化对滑坡稳定性有一定的影响，但影响有限。

（2）在进行因裂隙雨水入渗作用条件下的膨胀土边坡稳定性分析时，建议对膨胀土抗剪强度指标进行折减，若无实测条件，土体抗剪强度按 0.2～0.35 折减；或采用可靠方法通过试验测定的饱和状态下不排水抗剪强度指标。

参考文献

[1] 沈珠江，米占宽. 膨胀土渠道边坡降雨入渗和变形耦合分析 [J]. 水利水运工程学报，2004 (03)：7-11.

[2] 夏蒙. 膨胀土非饱和特性试验研究及其在边坡稳定性分析中的应用 [D]. 西北大学硕士论文，2013.

[3] 袁俊平，殷宗泽. 考虑裂隙非饱和膨胀土边坡入渗模型与数值模拟 [J]. 岩土力学，2004 (10)：1581-1586.

[4] 刘华强，殷宗泽. 膨胀土地稳定分析方法研究 [J]. 岩土力学，2010，31 (05)：1545-1549.

[5] 徐彬，殷宗泽，刘述丽. 裂隙对膨胀土强度影响的试验研究 [J]. 水利水电技术，2010，41 (09)：100-104.

[6] 殷宗泽，徐彬. 反映裂隙影响的膨胀土边坡稳定性分析 [J]. 岩土工程学报，2011，33 (03)：454-459.

[7] 周健，徐洪钟，胡文杰. 干湿循环效应对膨胀土边坡稳定性影响研究 [J]. 岩土工程学报，2013，35 (S2)：152-156.

[8] 郑长安. 多因素耦合的膨胀土边坡稳定性分析 [J]. 铁道科学与工程学报，2014，11 (01)：82-86.

[9] 化工部郑州工程地质勘察院. 鹤壁煤电股份有限公司年产 60 万吨甲醇项目火车卸煤槽南侧滑坡场地岩土工程勘察报告. 2010. 6.

[10] 张鲁渝，郑颖人，赵尚毅，时卫民. 有限元强度折减系数法计算土坡稳定安全系数的精度研究 [J]. 水利学，2003 (01)：21-27.

作者简介

周同和，男，1964 年生，江苏泰州人，教授级高工，郑州大学综合设计研究院岩土工程研究所所长，国家注册土木（岩土）工程师，东南大学兼职教授；建设部建筑工程技术专家委员会委员，中国建筑学会地基基础分会副理事长，河南省土木建筑学会土力学与岩土工程分会理事长。主要从事岩土工程科学研究、设计与治理、技术与产品研发等。

CASE ANALYSIS OF EXPANSIVE SOIL EXCAVATION SLOPE LANDSLIDE AND TREATMENT PROJECT

ZHOU Tong-he[1], ZHAO Mi-jun[2], GAO Xin-jun[3], MA Yi-fan[1], DUAN Peng-hui[3]

（1. Integrated design and Research Institute, Zhengzhou University, Zhengzhou 450002, China）

（2. Sinochem Zhengzhou Geotechnical Engineering Co., Ltd., Zhengzhou 450002, China）

（3. School of Civil Engineering, Zhengzhou University, Zhengzhou 450000, China）

Abstract: Based on the analysis of the causes of the slope landslide during a excavation project in Henan, the mechanism of the landslide of expansive soil slope is studied, and a calculation method considering the stability of expansive soil slope based on the water content of expansive soil and the reduction of soil strength coefficient is proposed. The research shows, the balance of the expansive soil on the slope is broken, and cracks are formed under the action of wind blowing and light when the expansive soil slope is excavated, as a result, the shear strength of the soil is decreased for the infiltration of rainwater, and the increased water content caused the severity and sliding force of the landslide body increased, a collapse or landslide at the excavation slope under the action of expansion force is formed, then that develops to the top of the slope to form a larger landslide, the slope interface of landslide body and stability is an arc shape. Based on the above analysis, a theoretical method of considering the stability of landslides involved the increased water content and the shear strength of the expansive soil landslide body is reduced by 0.2~0.35 is proposed, which is verified based on numerical analysis method. The method can be used for similar engineering reference.

Key words: expansive soil, landslide, Stability, water content, shear strength reduction

基于混沌时间序列和能量耗散的高边坡安全预警标准研究

苏定立[1,2,3]，刘镇[1,2,3]，周翠英[1,2,3]，杨旭[1,2,3]
（1. 中山大学土木工程学院，广东 广州 510275；
2. 广东省重大基础设施安全工程技术研究中心，广东 广州 510275；
3. 中山大学 岩土工程与信息技术研究中心，广东 广州 510275）

摘 要： 高边坡安全预警是世界性难题之一，其重要的一环就是制定合理可行的预警标准。本文通过稳定性与安全性、预测与预警对比分析，定义了边坡安全预警的概念。针对高边坡的特殊性，结合描述过程的混沌时间序列和描述状态的能量，对边坡进行安全预警分析，引入边坡安全预警时段的概念，作为预警标准，并初步拟定了预警等级。在此过程中，对基于塑性功率概念的临滑预报理论进行改进。通过对黄茨滑坡的研究结果表明，把边坡安全预警时段作为预警标准是合理可行的，可为滑坡安全预警的相关研究提供参考。

关键词： 边坡；安全预警；混沌；能量耗散；标准；时间

1 引言

高边坡的安全性是岩土工程研究的热点问题之一。从安全预警的角度，找到合理易于操作的预警标准，预控灾害的发生非常必要和重要[1,2]。高边坡安全预警主要包括：监测、安全预警分析、发出预警和采取预控措施。其中，安全预警分析是中心环节。

在近几十年中，国内外专家学者提出和引进了多种边坡安全预警的理论模型和方法取得了一定的效果，例如：灰色理论、极限分析法、多元非线性相关分析法、BP神经网络模型、非线性动力学模型等。主要分为三类：确定性预测模型、统计预测模型、非线性预测模型。现有的各种边坡安全预警研究大多是从边坡稳定性出发，并通过对工程实践的总结，对边坡的稳定性做出预测，这并不是真正意义上的边坡安全预警，而且从中给出的预警标准也大多是稳定性的判据。稳定性不同于安全性，预测不是预警。稳定性预测只是整个安全预警中的一环。边坡安全预警就是通过监测和数据分析，对边坡安全性进行全面、及时、合理的评估，找到其发生破坏的规律，制定可靠、合理和可行的预警标准，从而发出预警，最后预控灾害的发生。

边坡是一个受岩土体工程地质性质控制，受多种因素影响而发展演化的开放、耗散和复杂的非线性动力学系统。既受内部非线性因素的作用，又受外部随机因素的影响；既有确定性，又有不确定性。因此，边坡系统演化过程可视为一种具有混沌特征的动力系统[3]。同时，能量作为状态描述又可以和作为过程描述的混沌相互补充。本文以边坡位移为研究对象，采用混沌时间序列的边坡预警模型，结合能量耗散的有关理论来分析模型计算结果，以高边坡安全性的临界时间为依据制定预警标准。

基金项目：国家自然科学基金（41530638，41472257），国家重点研发计划项目（2017YFC0804605，2017YFC1501201），广东省应用型科技研发专项（2016B010124007）

2 混沌时间序列分析法模型[3]

2.1 时间序列的重构相空间与最大 Lyapunov 指数计算

本文仅仅从边坡位移的时间序列来重构边坡动力系统，并从中提取所需要的信息。

设单变量位移实测时间序列为 $\{x(t_i), i=1,2,\cdots,N\}$，其采样时间间隔为 Δt。重构相空间为

$$Y(t_i) = (x(t_i), x(t_i+\tau), \cdots, x(t_i+(m-1)\tau)) \qquad i = 1,2,\cdots,M \tag{1}$$

式中，嵌入维数为 m，延迟时间为 τ。$Y(t_i)$ 为 m 维相空间的相点，M 为相点个数，且 $M=N-(m-1)\tau$。集合 $\{Y(t_i)|i=1,2,\cdots,M\}$ 描述了系统在相空间中的演化轨迹。

2.2 边坡位移时间序列的混沌判别

混沌的一个主要特征就是对初值敏感性，使得系统长时间行为变得不可预测，如何识别系统是否进入了混沌状态，即吸引子是否为混沌吸引子，这是判定混沌发生的依据，即对边坡位移的时间序列进行判别，判断该时间序列是随机序列还是混沌序列。

Lyapunov 指数作为沿轨道长期的结果，是一种整体特征，其值总是实数，可正可负，也可等于零。根据混沌时间序列理论，最大 Lyapunov 指数是否大于零可作为该序列是否为混沌的一个判据。在 Lyapunov 指数 $\lambda<0$ 的方向，相体积收缩，运动稳定，且对初始条件不敏感；在 $\lambda>0$ 的方向轨道迅速分离，长时间行为对初始条件敏感，运动呈混沌状态；$\lambda=0$ 对应于稳定边界，属于一种临界情况。若系统最大 Lyapunov 指数 $\lambda>0$，则该系统一定是混沌的。

因此，最大 Lyapunov 指数 λ 是否大于 0，就可判断边坡是否进入混沌状态。

2.3 基于最大 Lyapunov 指数的预报模式

根据混沌理论，Lyapunov 指数作为量化对初始轨道的指数发散和估计系统的混沌量，是系统一个很好的预报参数。其预报模式如下

$$2^{k\lambda_1} = \frac{\|Y(t_M+T) - Y_{nbt}(t+T)\|}{\|Y(t_M) - Y_{nbt}(t)\|} \tag{2}$$

其中 $M=N-(m-1)\tau$，k 为步长，T 为系统提前预报的时间，$Y(t_M+T)$ 是中心点 $Y(t_M)$ 经时间 T 后的演化值，是 $Y(t_M)$ 的最邻近点，即有下式成立

$$Y_{nbt}(t) = \{Y(t_i) \mid \min\|Y(t_M)-Y(t_i)\|\} \qquad i = 1,2,\cdots,M-1 \tag{3}$$

显然只要 $T\leqslant\tau$，则 $Y(t_M+T)$ 中只有最后一个分量 $x(t_N+T)$ 是未知的，而其余 $(m-1)$ 个分量都已知。由式（2）即可解出预测值 $x(t_N+T)$。

Lyapunov 指数表征了系统邻近轨道的发散程度。邻近轨道的发散与否，意味着对初始信息的遗忘或保留，即与可预测问题相关。可用 Lyapunov 指数来解决可预测性期限定量度量的问题。在混沌时间序列中，定义最大可预测时间尺度为系统最大 Lyapunov 指数的倒数，即 $T_{mf}=1/\lambda_1$。它表示系统状态误差增加一倍所需要的最长时间，并以此作为预测可靠度的指标之一。

3 能量分析

边坡安全预警常遇到的问题是：（1）边坡是否安全；（2）是否来得及预控灾害的发生；（3）如何预控灾害的发生。其中前两点应该是制定预警标准首要考虑的问题。一般工程对高边坡安全性要求高，故不需要考虑边坡的破坏规模、影响范围和安全等级等。本文引入边坡安全预警时段作为安全预警标准。

根据前面的混沌时间预测方法，可得到边坡的位移—时间预测曲线。根据混沌时间预测理论，这一曲线已经包含了系统所有变量长期演化的信息。因此，将混沌时间序列分析和能量分析结合起来，并考

虑近期特殊情况，便可做出定量的预测，从而发出预警。弥补以往时间预报方法考虑影响因素过少的，只停留在位移（速度）-时间变形曲线的数学处理上的不足。

3.1 能量分析方法与改进

采用马崇武[4]提出的基于塑性功率概念的临滑预报理论和方法进行能量分析。马崇武提出的这种临滑预报理论和方法最大优点就是：把滑坡预报从单桩预报过渡到群桩预报，解决了单桩预报的离散问题，使边坡变形的局部特征和整体特征有机地统一起来。这一优点可在高边坡拥有丰富勘察和监测资料的背景下，得到充分的利用。

本文将马崇武提出的基于塑性功率概念的临滑预报理论和方法与混沌时间序列预测理论结合起来，并对其进行了改进：

（1）不再使用灰色理论的 GM（1，1）模型处理数据来削弱不确定因素的影响，相反，按上述方法用混沌时间序列对数据进行处理，使其除了反映边坡内应力和强度变化外，还含有系统其他变量长期演化的信息，同时，这样只需根据位移—时间关系，从总体（不在单独考虑孔隙水压力等）上计算塑性变形功率，使计算得到简化；

（2）由于高边坡上一般不存在表面荷载，故不考虑边坡的表面荷载，使其计算得到了简化；

（3）引入 Sarma 提出临界加速度系数 η_b[5]计算外力，改善预报时间比真实滑动时间靠后的情况。

根据基于塑性功率概念的临滑预报理论和方法，塑性耗散功率就是滑坡体的塑性破坏功率。因此可以用塑性耗散功率估算难以计算的边坡的真实破坏功率，以使其预报过程逐渐逼近边坡破坏的实际过程。最后，使边坡塑性变形功率（外力作用的功率）等于塑性耗散功率（破坏功率），经过计算，便可得到边坡破坏的预报时间。

3.2 能量分析具体步骤

能量分析的具体步骤如下。

（1）充分利用高边坡丰富的地质勘察资料，确定潜在滑移面位置。

（2）对边坡全面系统监测，根据混沌时间序列分析法模型分析预测边坡不同监测点位移时间序列。

（3）对原始监测数据基于 Lyapunov 指数的预测进行还原后，便可得到预测累积位移曲线。根据得到的位移-时间关系求得速度-时间关系，$v = v(t)$。

（4）根据相应的速度-时间关系确定综合反映主滑段滑带土强度变化的参数 c^* 和 φ^* 随时间变化的关系式，即确定参数 B_1 和 T_1 的值，以及主滑段滑带土的内摩擦角 φ，不同主滑段 φ 的值可以不同。

c^* 和 φ^* 随时间变化的关系式为

$$c^* = A_1 + B_1 \exp\left(-\frac{t - t_0}{T_1}\right) \tag{4}$$

$$\tan\varphi^* = A_2 + B_2 \exp\left(-\frac{t - t_0}{T_2}\right) \tag{5}$$

式中 A_1、B_1、T_1、A_2、B_2 和 T_2 为常数，t_0 为时间的参考值，t 为时间。求解时，根据基于塑性功率概念的临滑预报理论和方法，马崇武给出了简化的方法[4]。

（5）根据步骤（1）和（2）的结果，分别计算边坡的塑性变形功率 $\dot{W} = \dot{W}(t)$ 和塑性耗散功率 $D = D(t)$，并让其相等，即 $\dot{W} = D$，迭代求解 $\dot{W} = D$ 关系的 t 值，对边坡破坏进行第一次时间预报。

其中

$$\dot{W} = \int_V \sigma_{ij} \dot{\varepsilon}_{ij} \mathrm{d}V = \int_V X_i v_i'' \mathrm{d}V \tag{6}$$

$$D = \int_V \sigma_{ij} \dot{\varepsilon}_{ij} \mathrm{d}V = \int_V \dot{\lambda} c \cos\varphi \mathrm{d}V \tag{7}$$

式（6）中：外力 $X_i = \eta_b G_i$，η_b 为临界加速度系数[5]，G_i 为某条块重力，v_i 为位移速度，V 为整个边坡的体积。

式（7）中：$\dot{\lambda} = [(\dot{\varepsilon}_x - \dot{\varepsilon}_y)^2 + 4\dot{\varepsilon}_{xy}^2]^{0.5}$，$\dot{\lambda}$ 为平面应变下应变率莫尔圆的直径，c 为黏聚力，φ 为内摩擦角，V 为整个边坡的体积。

具体计算时可根据不同监测点的不同位置将边坡划分为几个部分，将式（6）、式（7）中的积分符号改成求和符号，进行近似计算。并且一般的滑坡可视为平动性滑坡[4]。

（6）重复步骤（1）至（4），对参数和的值进行修正，若连续几次预报的边坡破坏时间趋于同一时间，则可确定这个时间为边坡破坏的时间而做出边坡破坏的预报，即作为最初预报的边坡破坏时刻。

4 预警标准

4.1 预警标准建立

边坡安全临界时段：从预警发出时刻算起，到最初预报的边坡破坏时刻为止的这段时间，用 T_l 表示。非预报影响时段：在边坡安全临界时段内，由于受非时间序列上的不可预报因素的影响，而使预报的边坡破坏时刻可能提前的这段时间，用 T_f 表示。边坡安全预警时段：从预警发出时刻算起，到最终预警的边坡破坏时刻为止的这段时间，用 T_y 表示。关系如下：

$$T_y = T_l - T_f \tag{8}$$

边坡安全预警时段就是本文制定的边坡安全预警标准，是一个动态标准。

影响边坡演化的外在因素很多，但由于高边坡附近人为因素[1]对边坡安全的影响较小。对高边坡来说，形成非预报影响时段的不稳定因素主要是地震和降雨。由于地震更加难以预报，加上高边坡安全性要求高，故本文不考虑地震的影响，降雨是边坡破坏的更主要更普遍的因素。因此，可以假定：非预报影响时段只由强降雨产生。

非预报影响时段计算比较困难，根据边坡位移与降雨量的关系[6]来估算 T_f。其具体求解步骤如下：

（1）根据已有降雨历史记录，与边坡的监测资料，建立边坡的位移-降雨量关系。

（2）降雨量与边坡位移具有一定相关性，即

$$S = ae^{br} \tag{9}$$

式中，S 为边坡位移，r 为降雨量，a，b 为系数。根据（1）中的位移与降雨量的关系，进行回归分析可确定 a，b 的值。

（3）根据式（9），可得到预报降雨量对应的位移 S_i，且预报降雨时刻为 t_i，其中 $i = 1, 2, \cdots, n$，n 为预报降雨的总次数。

（4）在时间序列预测的累积位移曲线上，绘出所有预报降雨引起的位移变化点，并根据预报降雨时刻前的预测位移点和新增点重新拟合预测累积位移曲线。

（5）在边坡安全临界时段内，原预测曲线上的末时刻和新预测曲线的末时刻的时间差就是 T_f，其中 $T_f \leqslant |T_e - T_r|$，否则按 $T_f = |T_e - T_r|$ 计算。

若降雨历史记录没有，则只能根据实际经验估计 T_f。在考虑其他因素（如地震等）时，可根据各影响因素的特点（如边坡的地震-位移关系）类似的求出 T_f。

4.2 高边坡安全预警等级

根据有关边坡工程规范[7]与资料[1,2]，以及前人总结的实际工程经验，考虑一般边坡加固所需时间，本文初步拟定了高边坡安全预警等级（见表1）。

全预警等级	安全预警时段（天）	边坡状态	是否发出预警

高边坡安全预警等级　　　　　　　　　　　　表 1
The grading of safety alarm of high slope　　　Tab. 1

全预警等级	安全预警时段（天）	边坡状态	是否发出预警
I	＞180	相对安全	否
II	130～180	危险	是
III	90～130	较危险	是
IV	50～90	十分危险	是
V	＜50	危机	是

5 应用实例

黄茨滑坡位于甘肃省永靖县内，原有四级阶地，后发生整体滑塌。根据监测资料[8]，选择了一个主断面，三个监测桩的实测位移如图 1 所示。利用混沌时间序列预测理论与能量耗散方法，对该边坡进行安全预警分析，从拟定发出预警的算起，边坡安全预警时段为 49 天，安全预警等级为 V 级，处于危机状态，而拟发出预警距实际边坡破坏的时间为 52 天。结果表明，以边坡安全预警时段为预警标准是合理的，是符合边坡系统演化本身实际的。

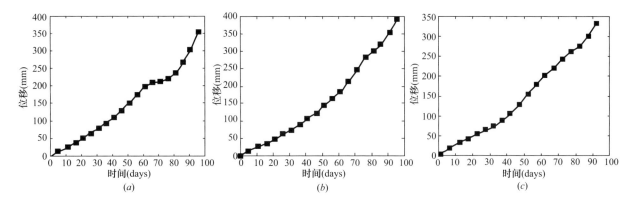

图 1　黄茨滑坡实测位移-时间曲线
Fig. 1　The displacement-time curves of Huangci slope
(a) 1 号桩实测位移-时间曲线；(b) 2 号桩实测位移-时间曲线；(c) 3 号桩实测位移-时间曲线

6 结论

通过稳定性与安全性、预测与预警对比分析，定义了边坡安全预警的概念。并在前人研究基础上，把混沌时间序列预测理论和能量分析结合进行高边坡安全预警分析，以此为基础提出了把安全预警时段作为预警标准，并初步拟定了安全预警等级，从而为实时时间安全预警提供了定量的依据。在此过程中还对原有的基于塑性功率概念的临滑预报理论作了些改进，以简化计算和提高精度。通过对黄茨滑坡的安全预警研究结果表明，把混沌理论和能量分析结合起来的预警具有较高的精度，安全预警标准是合理的，可为滑坡安全预警的相关研究提供参考。

参考文献

[1] 宣剑裕，戴晓栋，韦征，等. 基于感知环境岩土高边坡动态监测系统研究 [J]. 现代交通技术，2015，12（4）：24-27

[2] 谢诣. 岩石高边坡稳定性反馈分析和预警系统关键技术研究 [J]. 黑龙江水利，2013（11）：43-44

［3］　吕金虎，陆君安，陈士华. 混沌时间序列分析及其应用［M］. 武汉大学出版社，2002，5-183

［4］　马崇武. 边坡稳定性与滑坡预测预报的力学研究［博士学位论文］［D］. 甘肃：兰州大学，1999

［5］　陈祖煜. 土力学经典问题的极限分析上、下限解［J］. 岩土工程学报，2002，24（1）：1-11

［6］　戚国庆，黄润秋. 降雨引起的边坡位移研究［J］. 岩土力学，2004，25（3）：379-382

［7］　中华人民共和国国家标准，建筑边坡工程技术规范 GB 50330—2013［S］. 北京：中国建筑工业出版社，2013.

［8］　温文，吴旭彬. Verhulst 模型在黄茨滑坡临滑预测中的应用［J］. 人民珠江，2005，5：38-40

作者简介

苏定立，男，1990 年生，广东湛江人，汉族，在读博士研究生，主要从事岩土工程方面科研工作。电话：020-84111124，E-mail：659127970@qq.com，地址：广州市海珠区新港西路 135 号中山大学 235 栋。

RESEARCH ON SAFETY ALARM STANDARD OF HIGH SLOPE BASED ON CHAOTIC TIME-SERIES AND ENERGY DISSIPATION METHOD

Su Dingli[1,2,3]，Liu Zhen[1,2,3]，Zhou Cuiying[1,2,3]，Yang Xu[1,2,3]

（1. School of Civil Engineering，Sun Yat-sen University，Guangdong Guangzhou 510275，China）

（2. Guangdong Engineering Research Centre for Major Infrastructure Safety，Guangdong Guangzhou 510275，China）

（3. Research Center for Geotechnical Engineering and Information Technology，Sun Yat-sen University，Guangdong Guangzhou 510275，China）

Abstract： To establish a standard is very important for safety alarm of high slope. Based on analyse of stability，safety，forecast and alarm，the concept of slope safety alarm is defined. In this paper，the chaotic time series method and energy dissipation analysis are both used in safety alarm. The concept of period of time for safety alarm of slope is established and regarded as standard of safety alarm. According this standard，this paper preliminary establish the grading of safety alarm. In this process，based on the plastic concept，a prediction theory about failure time is improved. The standard of safety alarm is demonstrated using the case study of the Huangci slope. The results indicate that this standard is credibility and effective. The results of research can present a useful reference for studying safety alarm of slope.

Key words： slope，safety alarm，chaos，energy dissipation，standard，time

九、综合篇

城市地下轨道交通土建技术若干新进展

朱合华[1]，陈湘生[2,3]

（1. 同济大学，上海　200092；2. 深圳大学，广东 深圳　518060；

3. 深圳地铁集团有限公司，广东 深圳　518026）

摘　要：本文从区间隧道盾构施工技术、暗挖车站施工技术、微扰动施工控制技术以及既有车站改扩建技术四方面阐述了我国城市地下轨道交通施工技术的若干新进展，重点介绍了大直径单圆盾构、异形盾构在区间隧道修建中的应用；盾构法用于联络通道施工的创举；新兴的轨道交通车站暗挖方法，包括一次扣拱暗挖逆作法、盾构扩挖法以及首次用于饱和软土地层中暗挖车站的管幕法和顶管法；盾构近接微扰动施工控制技术；一种新型的可实现微扰动施工的基坑围护结构—钢管桩连续墙（WSP桩）；上海徐家汇、世纪大道换乘枢纽和深圳老街换乘车站的改扩建技术。本文对于认清我国城市地下轨道交通土建技术的目前状况以及发展趋势，推动相关技术进一步发展具有重要的意义。

关键词：城市地下轨道交通；区间隧道；地铁车站；施工技术；若干新进展

1　概述

近年来，我国城市轨道交通在缓解城市交通压力方面起到了举足轻重的作用，也得到了前所未有的发展。据《中国城市轨道交通协会年度统计和分析报告》，截止 2017 年末，共 34 个城市开通城市轨道交通，运营车站总数达 3234 座，运营线路总长达 5033km，其中地下线占 77.2%（3884km）；年末在建里程 6246.3km，完成建设投资达 4762 亿人民币。

大规模城市轨道交通建设和地铁域地下空间的修建，给我国城市地下工程带了巨大的挑战和机遇[1]。特别是在地上高楼林立（高密度高层建筑聚集区、大量年代久远和历史保护建筑）、地面车水马龙（多条城市主干道、车流人流量密集）、地下设施纵横交错（密集的燃气、给排水、通信、电力管网、地下车库、大规模运营轨道交通线网、地下换乘枢纽）的城市高密集区，确保地下工程的安全和建成后的地下空间全寿命周期的安全，是我们岩土与地下工程界必须解决的重大课题。经过 50 多年全方位的探索和工程实践，我们已经创立了适合我国技术经济条件的新施工方法，并积累了丰富的工程经验。本文从区间隧道盾构施工技术、暗挖车站施工技术、微扰动施工控制技术和既有车站改扩建技术四个方面，阐述我国城市地下轨道交通近 20 年来修建技术的新进展。这对了解当前现状、认清发展趋势，进而推动相关技术、施工方法及配套施工设备的发展具有积极的作用。

2　区间隧道盾构施工技术

盾构法因其机械化程度高、施工速度快、环境影响小等优点，已经成为我国城市轨道交通区间隧道建设的主流方法。而近年来，随着建设步伐的加快和城市地下空间的不断开发，地下空间资源日趋紧张，线路规划受到的限制越来越多。尤其是在城市核心区域，线路不可避免地要穿越建（构）筑物密集区、道路狭窄的旧城区，以及穿越大江大河。传统双线双洞盾构隧道占用地下空间大、工期长、对周边环境多次扰动，已经不足以满足建设需求。于是涌现出一批空间利用率高、对周围环境影响小、施工周期短、经济性突出的单洞双线盾构隧道，包括采用单圆大直径盾构和异形断面盾

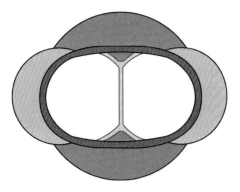

图1　不同断面形式的盾构隧道
空间利用率对比

构施工的隧道。图1呈现了双洞双线和单洞双线盾构隧道的空间利用情况。相比于双洞隧道，大直径单圆隧道的横向占用空间有所缩减，但竖向占用空间增大；而单洞异形断面隧道，在竖向空间未加大的前提下，减小了横向占用空间。由此可见，异形断面盾构隧道能为将来的地下开发预留更多的空间，同时还可以满足隧道断面多样化和浅层空间开发的需求，具有很好的发展潜力。而大直径单圆盾构法因其结构形式合理，便于实现机械化开挖和衬砌拼装，近10年在国内得到了良好的应用与推广。此外，宁波轨道交通成功使用盾构法完成了联络通道的施工，在我国区间隧道施工全机械化进展中具有里程碑的意义。

2.1　大直径单圆盾构技术

表1列出了大直径单圆盾构机在我国城市轨道交通建设中的应用情况，其中有5个用于越江隧道工程，由表1还可知，除北京轨道交通14号线的为土压平衡盾构外，其余均为泥水平衡盾构。泥水平衡盾构直径范围为11.58m～15.76m，而土压平衡盾构直径仅为10.22m。另外，我国大直径单圆盾构机已用于黏土、砂土、卵砾石、混合地层等地层，适应性强。

国内大直径单圆盾构应用情况[2-6]　　　　　　　　　　　　　表1

工程案例	盾构机类型/直径（m）	衬砌形式及尺寸	掘进长度（m）	穿越地层	贯通时间	备注
上海长江隧道（为规划中的轨道交通19号线预留空间）	泥水平衡式/15.43	9块管片，外径15m，厚0.65m，宽2m	7470.0	淤泥质黏土、淤泥质粉质黏土、黏土、砂质粉土	2008年9月	公轨合建越江隧道
上海轨道交通16号线	泥水平衡式/11.58	8块管片，外径11.36m，厚0.48m，宽1.5m	13694	粉质黏土	2012年5月	—
北京轨道交通14号线东风北桥站—望京南站	土压平衡式/10.22	9块管片，外径10m，厚0.5m，宽1.8m	3151.6	饱和砂层和黏土	2012年底	—
南京轨道交通10号线江心洲站—滨江大道站	泥水平衡式/11.64	8块管片，外径11.2m，厚0.5m，宽2m	3583.0	粉细砂、中粗砂、卵砾石及粉质黏土	2013年5月	越江隧道
北京站—北京西站	泥水平衡式/11.97	9块管片，外径11.6m，厚0.55m，宽1.8m	5155.26	富水砂卵石	2013年7月	城市铁路隧道
南京轨道交通3号线柳州东路站—上元门站	泥水平衡式/11.64	8块管片，外径11.2m，厚0.5m，宽2m	3321.6	粉细砂、淤泥质粉质黏土、含砾中粗砂	2014年7月	越江隧道
广州轨道交通4号线资讯园站—南沙客运港站	泥水平衡式/11.67	9块管片，外径11.3m，厚0.5m，宽2m	1484.0	淤泥层	2016年6月	—
武汉轨道交通8号线黄埔路站—徐家棚站	泥水平衡式/12.5	外径12.1m，厚0.5m	3186.0	上软下硬复合地层、砾岩	2017年8月	越江隧道
武汉轨道交通7号线三阳路	泥水平衡式/15.76	外径15.2m，厚0.65m	2950.0	粉细砂层、富含黏土的强风化泥质粉砂岩	2018年4月	公轨合建越江隧道

2.2　异形盾构技术

人类历史上第一台盾构机是矩形盾构，但此后异形盾构机一直处于停滞阶段，直到20世纪90年代初才在日本兴起，日本相继研制出多圆形、矩形、双矩形、马蹄形、椭圆形、球型、可变断面型等各种断面形式的异形盾构机[7]。与日本相比，我国异形盾构机研发与应用进程缓慢。2004年，上海轨道交通8号线和6号线率先引入日本的双圆盾构工法，开创了我国异形盾构工法施工的先河，并随后应用在

10 号线和 2 号线。但由于双圆盾构海鸥块附近容易产生背土、积浆等问题，并且中柱的设立使得空间使用不够灵活，该技术未能在我国进一步推广。此外，我国还有矩形或类矩形异形盾构机用于城市轨道区间隧道的建设。目前国内有 3 台矩形盾构机和 2 台类矩形盾构机，其中，1 台简陋的开敞式矩形盾构已用于修建新疆辰野名品广场 2 期地下商场，1 台尺寸为 3.0m×2.7m 的矩形盾构用于济宁市济北新区电力隧道；另外 3 台可用于轨道交通区间隧道的建设[8]。

我国自主研发的第一台大断面矩形土压平衡盾构机装配有 8 个大刀盘和 3 个小刀盘（图 2a）所示，管片环由 6 块管片通缝拼装而成，外包尺寸为 9.75m×4.95m，厚 0.55m，环宽 1.0m，已于 2016 年 11 月在上海典型的软土地层中完成两个示范工程，即虹桥临空园区两个地下车库之间的人行通道和虹桥商务核心区与中博会会展中心之间的人行通道（图 2b），但目前尚未用于轨道交通隧道的建设[9]。

我国自主研发的世界最大的类矩形"阳明号"盾构机由 2 个反向旋转的辐条式大刀盘和 1 个偏心多轴刀盘组成（图 3a）。管片环由 10 块标准块管片和 1 块中间立柱构成，其外包尺寸为 11.500m×6.937m，厚 0.45m，环宽 1.2m（图 3b）[10,11]。"阳明号"在宁波轨道交通 3 号线陈婆渡车站的出入段工程完成试验后，于 2017 年 5 月在宁波轨道交通 4 号线翠柏里站始发，首次应用于轨道交通正线建设。2017 年 11 月，经升级改造的"阳明二号"类矩形盾构机投入宁波轨道交通 2 号线二期建设，承担三区间共 2.2km 长的施工任务。

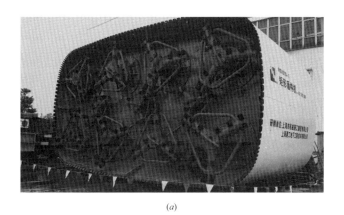

(a)　　　　　　　　　　　　　　　　　　(b)

图 2　我国第一台大断面矩形土压平衡盾构机及应用

(a) 矩形盾构机；(b) 会展中心通道

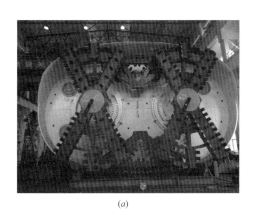
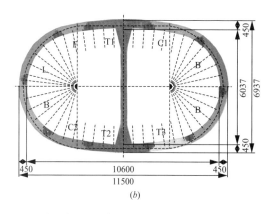

(a)　　　　　　　　　　　　　　　　　　(b)

图 3　世界最大的类矩形土压平衡盾构机及其衬砌

(a) 类矩形盾构机；(b) 类矩形盾构衬砌

2.3　联络通道施工的盾构法

目前国内外联络通道通常采用辅以冻结或注浆地层加固的矿山法施工，或是采用顶管法施工。2018

年1月，位于宁波轨道交通3号线鄞州区政府站—南部商务区站区间的联络通道，采用自主研发的盾构机顺利贯通，成为世界上首次采用盾构法施工的地下联络通道（图4）。该联络通道直径3.15m，长17m，主要穿越淤泥质黏土和粉质黏土。在修建过程中攻克了盾构隧道区间泵房内置，全封闭、狭小空间内盾构进出洞、集约化盾构成套装备研发等技术难题[11]。

图4　宁波轨道交通盾构法施工的联络通道

3　暗挖车站施工法

在我国城市轨道交通建设早期，车站主要采用明挖法或盖挖法施工。但随着轨道交通网络化建设的深入以及城市化进程的加快，明挖法或盖挖法引起的建设与环境、交通、社会的矛盾日益凸显，于是各种暗挖工法应运而生。其中，20世纪80年代首次应用于北京轨道交通复兴门折返线和轨道交通西单车站的浅埋暗挖法是运用最早、最广的暗挖法。1992年针对传统浅埋暗挖法存在工序繁多、废弃量大等问题，我国创造性地提出了洞桩法（PBA工法），并首次应用于北京轨道交通1号线天安门西站。2005年提出的一次扣拱暗挖逆作法，进一步丰富了我国轨道交通车站浅埋暗挖技术。浅埋暗挖法具有断面尺寸与断面形式灵活的优点，在北京、广州、深圳、南京、辽宁、吉林等地的轨道交通车站修建中得到推广应用，但多用于较稳定的地层[12,13]。

随着施工机械化水平的提高，盾构法已被用于构筑车站，包括采用异形盾构或大直径盾构一次开挖成型、在盾构隧道基础上扩挖成型两种构筑方式。在国外已有采用盾构机一次开挖成型车站的施工案例，如日本分别采用三圆盾构机和四圆盾构机修建了大阪轨道交通7号线的OBP站，东京轨道交通7号线的都营饭田桥站、白金台站和六本木站；西班牙直接用直径为12.06m的大直径单圆盾构修建了巴塞罗那轨道交通车站[14,15]。而在我国这种工法尚处于研究阶段。但近几年盾构扩挖法在我国北京、广州等城市得到实践，填补了我国盾构法修建城市轨道交通车站的空白。

目前暗挖法在我国北方以及部分南方城市的岩石、混合地层、黄土等地层中得到了广泛的应用，然而在我国乃至世界范围内还未有在饱和软土地层中进行暗挖车站施工的先例。为此，上海研发了专门用于饱和软土地层中暗挖车站的管幕法与顶管法，目前正在以桂桥路车站和静安寺车站作为试验工程开展研究。

下面分别结合北京黄庄车站、北京将台车站和广州东山口车站、上海桂桥路车站、上海静安寺车站，对一次扣拱暗挖逆作法、盾构扩挖法、管幕法和顶管法这些新兴的暗挖方法及技术进行简要介绍。

3.1　一次扣拱暗挖逆作法

一次扣拱暗挖逆作法（又称一次扣拱法）是在北京轨道交通海淀黄庄车站修建中提出的一种新暗挖工法，相比于PBA工法，它克服了作业空间小，二次扣拱带来的结构多次受力转换等问题。目前在长春轨道交通1号线解放大路站、北京轨道交通14号线大望路站等工程中得到推广应用。图5为海淀黄庄车站的施工过程示意图，其工序为：施作超前管棚及小导管注浆加固，暗挖施工导洞；在导洞内施工边桩、柱、纵梁和基础底板；导洞内一次扣拱；暗挖中导洞，施作中拱二次衬砌；向下逐层开挖并施工车站主体结构。一次扣拱法可在大导洞内直接形成承力框架体系，在此结构体系形成过程中无受力转换过程，但单纯的一次扣拱法只适用于奇数跨的地下框架结构[16]。

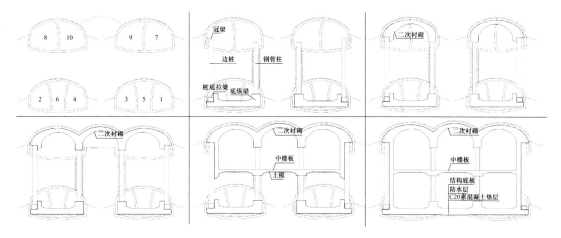

图5　北京轨道交通海淀黄庄换乘车站施工过程示意图

3.2　盾构扩挖法

盾构扩挖法已在苏联、日本、德国、英国、美国等国家得到广泛应用。盾构扩挖法可分为两种：第一种是采用大直径盾构机先行施工车站，而后在此基础上采用暗挖法（如日本木场镇车站、俄罗斯基辅车站、日本高仑车站、日本滨街车站）、半盾构法（如俄罗斯巴维列茨克车站、日本乐街车站、日本永田町车站）或明挖法（如日本八丁沟站、德国科隆城市南北线上的4个车站）进行扩挖；第二种是采用区间盾构机贯通车站行车隧道后，通过明挖法（如俄罗斯十月革命车站、撒玛尔什车站）、半盾构法（如俄罗斯圣彼得堡轨道交通某车站）进行扩挖或以盾构隧道作为拱座基础来修建单拱车站结构（如俄罗斯勇敢广场站）[14,15]。2012年，广州轨道交通在国内首次采用矿山法扩挖盾构隧道修建了轨道交通6号线东山口站，其工法及工序如图6所示[17]。随后，北京轨道交通14号线将台站和高家园站基于区间大直径盾构隧道采用PBA工法扩挖而成，其主要施工步骤为（图7）：第1步，在盾构隧道内施作纵梁和中柱，并架设临时支撑；开挖两侧小导洞，并在导洞内施工围护桩和桩顶冠梁；第2步，对拱顶的土体进行注浆加固；对称开挖两侧拱部土体，并施工顶拱初衬；第3步，分段拆除封顶块两侧的小块，凿除小导洞局部初衬；施工主拱二衬，完成扣拱；第4～6步，向下开挖土方，分段拆除盾构两侧管片及盾构隧道内的支撑，直至开挖至坑底后施工底板和侧墙二衬结构[18]。

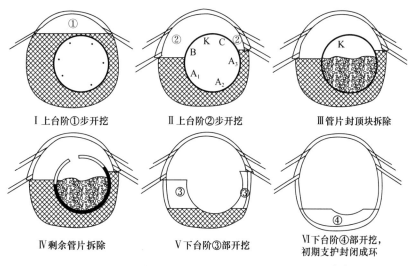

图6　广州轨道交通6号线东山口站施工顺序示意图[17]

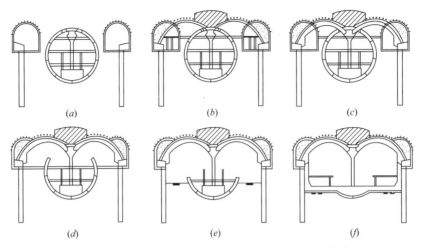

图 7　北京轨道交通 14 号线将台站施工顺序示意图[18]

(a) 第 1 步；(b) 第 2 步；(c) 第 3 步；(d) 第 4 步；(e) 第 5 步；(f) 第 6 步

3.3　管幕法

管幕法也叫排管顶进法，起源于 20 世纪 70 年代，具有断面灵活，适用土层广等特点。比利时、韩国、德国等国家以及我国北京轨道交通 5 号线崇文门车站、沈阳轨道交通 2 号线新乐遗址站都曾使用管幕法修建轨道交通车站[14,15]。建设中的上海市轨道交通 14 号线桂桥路车站的渡线段是国内首个在饱和软土地层中采用管幕暗挖法施工的车站。其全长 100m，埋深约 5.4m，为地下一层钢筋混凝土箱涵结构，结构外包尺寸为 21.99m×7.2m。拟建场地位于③层灰色淤泥质粉质黏土和④层淤泥质黏土中，其均为饱和、低强度、高压缩性的土层。车站下穿曹家沟（图 8a），周边建设条件相对简单。施工方案为：首先采用顶管机在暗挖位置的外周逐根顶进 52 根钢管（图 8b），形成封闭的水平管幕，钢管直径分 1m 和 1.6m 两种；然后采用水平 MJS 工法桩对开挖掌子面进行跳仓加固（图 8c），以防掌子面失稳、倾覆；其次进行管幕间冻结加固，使管幕形成密闭的帷幕；接下来纵向分 4 段采用台阶法从南北两侧同时开挖土体；待全部开挖完成后，进行主体结构施工。

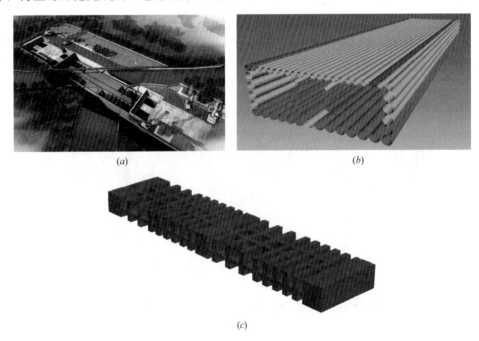

图 8　上海轨道交通 14 号线桂桥路车站

(a) 车站总体布局；(b) 管幕；(c) MJS 桩加固体

3.4 顶管法

顶管法通常用于地下通道的修建，天津新八大里过黑牛城道地下通道采用顶管法施工，该通道与轨道交通线网规划中位于该地区的轨道交通车站同期建设。而目前正在施工中的上海市轨道交通 14 号线静安寺车站是国内首个采用顶管法施工的车站。车站主体沿线路方向分为 A、B、C 三区（图 9a），A、C 两区均采用明挖顺作法修建，而 B 区（长 82m）由于下穿延安路高架桥主线，考虑到高架桥下低净空建设超深地下连续墙难度较大，且车站穿越上海市老城区，现状道路狭窄、地下管线密集，明挖法施工对道路交通及环境的影响较大，最终决定采用顶管法施工。B 区横断面如图 9（b）所示，站台层隧道覆土约 15.3m，外径 9900mm×8700mm，穿越④层淤泥质黏土和⑤$_{1-1}$层黏土，东西两线水平净距仅为 2.05m；站厅层隧道覆土约 4.8m，外径 9500mm×4880mm，穿越③层淤泥质粉质黏土和④层淤泥质黏土，其与站台层西线隧道垂直净距约为 5.4m，叠交距离长达 80m；三条顶管均侧穿延安高架桥桩基础，同时下穿众多管线。施工时先行开挖东线站台层，其次是西线站台层，最后施工站厅层。

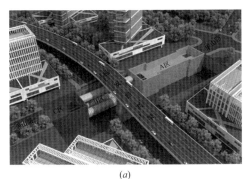 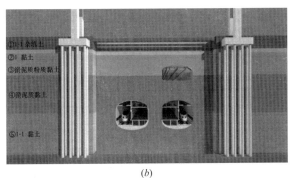

(a)　　　　　　　　　　　　　(b)

图 9　上海轨道交通 14 号线静安寺车站

(a) 车站总体布局图；(b) B 区横断面图

4　微扰动施工控制技术

城市轨道交通在建设过程中将不可避免地对周围岩土介质产生扰动，进而对邻近的建（构）筑物产生影响。而不同的工程条件和工程环境对施工扰动控制的标准是不一样的，比较起来，邻近轨道交通工程设施的地下工程施工、运营条件下的高速铁路和机场跑道的下穿越施工等对施工扰动的要求更为严格，变形控制指标通常在毫米级[19]。为此，必须采用新的微扰动施工方法，严格控制轨道交通施工对周边环境的扰动范围和扰动程度。

4.1 盾构近接微扰动施工控制技术

盾构掘进时，会破坏原有岩土体的平衡和稳定状态，对地层产生扰动，扰动进一步通过岩土体传至邻近建（构）筑物。因此，盾构施工是扰动产生的根源，地层是扰动传播的媒介，而既有结构是扰动的吸收体，盾构微扰动施工控制也应该从这三个方面采取措施。

（1）提高既有结构的承载能力和抗变形能力。当盾构穿越铁路站场或线路时，轨道可进行扣轨防护，路基采取注浆加固；对于建筑物和桥梁等结构，可对其基础注浆加固或进行基础托换；当临近既有运营隧道施工时，可对隧道洞周土体进行加固。例如，上海轨道交通 10 号线曲阳路—溧阳路区间隧道穿越四平路沙泾港桥时进行了桥梁桩基托换[20]；深圳轨道交通 9 号线下穿运营中的 1 号线国贸—罗湖区间隧道时，结合地质雷达扫描和既有隧道洞内跟踪注浆技术，实现了既有隧道结构变形的精细化控制和列车的不间断运营。此外，近年来北京出现了一种在底板施工前事先预埋桩基的新型车站（图 10），有利于后续盾构超近距穿越施工时车站结构的微变形控制[21]。值得注意的是，在采取防护措施前，应当采用数值模拟（图 12）或其他方法对施工扰动范围进行预测，重点关注扰动程度大的区域。

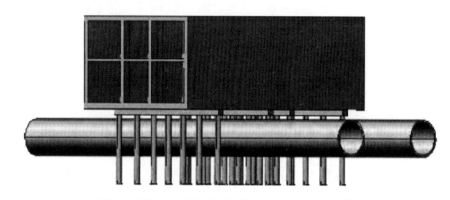

图 10　盾构超近距穿越预埋桩基的轨道交通车站[21]

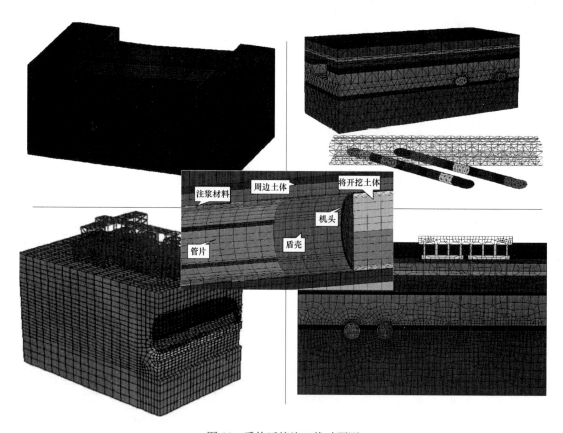

图 11　盾构近接施工扰动预测

（2）隔断扰动传播路径。通常在盾构隧道和建筑物间进行地层预加固以提高土体的变形模量，或设置隔离柱或隔离墙阻隔变形传递。如上海轨道交通 11 号线在下穿徐家汇天主教堂这一重要的历史建筑物之前，在隧道与教堂之间采用 MJS 旋喷设备施工了一排隔离桩，在上行线穿越过程中，教堂的沉降增量约为 3.0mm 左右，下行线穿越过程的增量约为 3.5mm。北京轨道交通 14 号线九龙山—大望路区间在下穿既有轨道交通 1 号线大望路—四惠区间前，对既有隧道下方的土体采用水平超前管棚与袖阀管注浆进行加固，穿越施工引起的轨道结构竖向最大变形值仅为 1.3mm。苏州轨道交通 2 号线三医院—火车站区间隧道下穿苏州火车站站场时，采用了"分区注浆＋板桩隔离"复合加固保护方案（图 12），确保了铁路列车运行的安全，最终普速线和沪宁城际铁路过渡线最大沉降为 3mm，而沪宁城际铁路最大沉降仅为 0.7mm[22]。

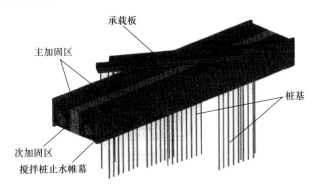

图 12　分区注浆＋板桩隔离复合加固[22]

（3）加强盾构施工质量，从源头上控制施工扰动。主要从渣土改良、盾构机选型、掘进参数优化控制等方面着手。如深圳轨道交通风险较大的穿越工程采用专门用于穿越段的加密注浆孔管片，在穿越敏感区域时进行全面的二次注浆；上海轨道交通 11 号线盾构隧道穿越倾斜楼房时，也使用了多注浆孔管片。上海轨道交通 10 号线下穿越虹桥机场飞行区时，对盾构机的同步注浆系统进行了改进：配备了一套德国产 SCHWING 双出料口注浆系统，增加了注浆管路和注浆孔，并选用新型大密度单液浆作为同步注浆浆液；另外，通过基于现场监测数据的信息化动态反馈分析，对盾构施工的各项参数进行了优化与精细控制，实现了不停航施工的微扰动控制。作者的团队以北京砂卵石地层盾构施工为工程依托，系统地开展了无水、富水砂卵石地层盾构微扰动施工控制研究：①借助离散元法，根据分析所得土舱系统内砂卵石土体运移滞流特征、刀盘与刀具磨损情况、刀盘应力与变形、螺旋输送机出土性能（图 13），对盾构机进行了结构优化，提高其对砂卵石地层的适应性；②通过渣土改良试验研究，选定渣土改良剂及其配比；③采用数据挖掘方法对现场实测数据进行处理，借用支持向量机等机器学习方法对掘进参数进行匹配优化；④对土舱压力提出两步精细化控制策略，包括基于机器学习的平均值控制与基于随机过程的实时波动控制。将研究成果应用于工程实践，确保了盾构以较小的扰动顺利下穿高速铁路框架桥、既有轨道交通车站、古文物建筑等重要建（构）筑物。当然，盾构微扰动施工控制应该是动态的、过程的、增量的控制，应基于信息化动态施工反馈技术，对穿越过程实施分时、分阶段控制。

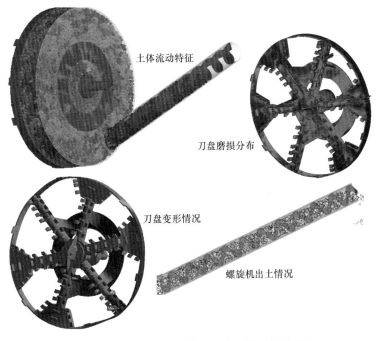

图 13　基于离散元数值模拟的盾构性能分析

4.2 钢管桩连续墙技术

钢管桩连续墙（Wall made of Steel Pipe Piles，简称 WSP 桩）是一种新型的基坑围护结构，其以大直径（直径范围 1~2m）薄壁（壁厚 1~2cm）的钢管桩作为围护结构主体，相邻预制钢管桩用卯榫接头拼接，邻桩接缝处有止水空腔，向止水空腔内充填可回收的止水材料作为止水连接（图 14）。在基坑围护期间，各根预制桩体通过止水连接成一道整体的围护墙，既可挡土，亦可有效止水，形成安全可靠的竖向围护结构。基坑回填后，将隔水连接解除，便可逐根拔出预制桩体[23]。

在钢管桩插入过程中，由于土体对薄壁截面阻力较小，且钻孔内土体已成泥浆状，其挤土效应不明显。在拔桩时，为防止将桩内土体带出，引发拖带沉降，采用"土塞补偿法"进行拔桩：一方面，通过旋喷或搅拌降低桩内土体强度，以减小桩内土塞与桩体内壁间的摩擦阻力；另一方面，拔桩时通过土塞阻挡装置外推钢管内的土，将土塞压实，并随拔桩及时填充桩身释放的缝隙空间，最大程度降低对周围土体的扰动。除具有微扰动施工的优点外，其所有构件工厂预制，施工快捷；可全回收再利用，经济环保；高强无缝，止水性能可靠。目前，WSP 围护结构已应用于上海轨道交通 14 号线铜川路站 3、4 号出入口等基坑工程中。

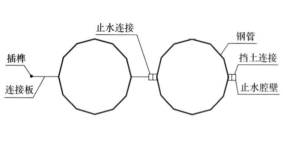 

图 14　WSP 桩构造

5　既有车站的改扩建技术

随着轨道交通的发展，换乘站的需求越来越多，而在原有地下结构上进行改建扩建亦是大势所趋。既有车站的改扩建是一项庞大的工程，既有很强的系统性，又需要用到很复杂的工艺，例如超深基坑施工技术、利用地下空间向下加层扩建的暗挖技术、低净空条件下围护结构施工技术、运营车站结构大面积微损开洞技术等等。不同的工程特点其所用到的技术也不同，下面以上海徐家汇枢纽站、上海世纪大道换乘枢纽及深圳老街换乘车站工程为例，介绍既有车站改扩建技术。

5.1 徐家汇枢纽站[24]

上海轨道交通 1 号线于 1995 年建成，2005 年开工建设的 9 号线和 11 号线在徐家汇与 1 号线形成 3线换乘枢纽。拟建的 9 号线呈东西走向，11 号线呈南北走向，经多方案比选，提出以徐家汇"港汇广场"为中心的"环港汇"3 线换乘方案，如图 15 所示。"环港汇"设计方案在港汇广场北侧路下 3 层地下室改建为地下 2 层的 9 号线车站，在港汇广场西侧的恭城路建地下 5 层的 11 号线车站，在西北角成"L"形相交，形成 2 线的站台换乘。9、11 号线与 1 号线的换乘则通过港汇广场的地下 1、2 层换乘大厅实现。

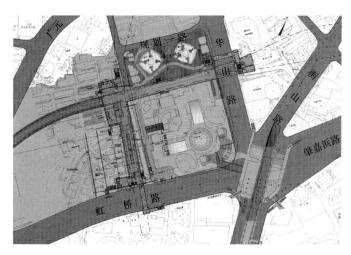

图 15　徐家汇枢纽站 3 线换乘"环港汇"方案

　　9 号线车站为地下二层一柱两跨结构形式，利用原港汇广场 17～19 轴的地下车库改造而成，是国内首次利用已建地下空间改建而成的车站。地下一层车库改作站厅层，拆除下二层楼板，竖向打通地下二、三层作为站台层。为确保既有地下结构改造后的安全性和耐久性，在拆除楼板前，既有结构的部分板、柱、梁采用粘贴碳纤维进行加固。为减少施工对周围环境的影响，楼板的拆除采用切割工艺，其中楼板、车道板采用碟锯切割，主次梁采用绳锯切割。针对部分梁体切割后相邻梁主筋柱中锚固长度不够的问题，对梁端进行锚固处理。由于地下室改建成 9 号线车站部分是分期建造的，存在变形缝，实施中凿除了下一层板内所有的变形缝结构并浇筑了刚性楼板，底板作了局部接缝改造并增强了防水措施。新建车站结构与港汇广场原结构的相接采用了原结构先托换后连接的方法，即先在侧墙内侧东西向梁底设置钢支撑做顶撑托换，然后从上至下对侧墙体进行切割，再浇筑新的框架结构实现连接段与港汇地下室刚性连接。将既有结构底板作为轨道交通道床基础时除需考虑结构的承载力要求外，尚需满足杂散电流的防护要求，故凿去既有底板面层后重新浇筑了新钢筋混凝土层，其内部钢筋按杂散电流防护要求焊接。为了将区间隧道接入新建车站，首先采用双高压旋喷桩加固地下室侧墙与围护桩间的空隙土体，在盾构切削围护结构进入地下室外侧后，保留盾壳，拆除盾构机内部设备及刀头，以盾壳作为外模，地下室外侧植筋后现浇钢筋混凝土区间结构，将管片与地下室连接成整体。

　　11 号线车站主体采用明挖顺筑法施工，以地下连续墙为基坑的围护结构。由于紧靠港汇广场高层建筑，为控制变形，采用 3 道逆作楼板撑加 2 道钢支撑形式的半逆做法施工，坑底采用旋喷桩加固和深井降水。

　　1、9 和 11 号线换乘大厅设在港汇广场东南侧，利用原轨道交通商场向下暗挖而形成。围护结构在东、西、北三方向利用原轨道交通商场已有的围护结构，而西侧采用首创开发的旋喷桩内插型钢的围护形式，以克服地下室低净空的限制。为保证土体在开挖过程中的稳定和 1 号线的安全，加层区地基采用旋喷桩进行加固，为减小旋喷加固施工对周边地层的挤压影响，引进了日本 MJS 工法及设备，机架高度为 3.85m，适合低净空下施工。在完成地基加固和围护结构后，压入静压桩作为盖挖法的支承桩对原结构受力体系进行转换。最后对混凝土底板进行局部开孔、挖土，施作下二层结构。

5.2　世纪大道换乘枢纽[24]

　　上海轨道交通 2 号线东方路站于 1999 年建成，2001 年开工建设的 4 号线张杨路站位于 2 号线车站北侧，两站平行换乘。9 号线东方路站在北侧平行紧靠 2 号线车站，与 9 号线车站工程同步实施的轨道交通 6 号线世纪大道站骑跨投入运营的 2 号线东方路车站、已建 4 号线张杨路车站，四个车站共同形成"卅"字形大型换乘枢纽（图 16）。采用"丰"字形换乘方案，即 6 号线车站以全站台与其余三座车站的站厅层直接沟通。

图 16　世纪大道换乘枢纽平面示意图

6 号线世纪大道站以地下一层的形式在原 2 号线东方路站 15～19 轴范围内穿越，其影响宽度约 30m 左右。由于原东方路站的站厅层空间不能满足 6 号线车站站台层列车通行的要求，因此将相交部分的原结构顶板凿除、抬高后重新建设。为保证结构在顶板凿除阶段的稳定性，施作"门"字形抗浮结构：首先在东方路车站两侧的相应范围内各设置一排直径为 1.0m 的抗拔桩；然后在站厅层相应位置新增 7 道"抗浮横梁"，在车站外部顶板上新增 2 道横梁；在车站顶板尚未凿除前先局部凿除横梁所对应范围的侧墙，并使其与车站外侧设置的抗浮桩连成一体，形成 7＋2 道"门"字形的抗浮结构。利用 6 号线站台与东方路站厅之间的高差（约 1.3m），分别设置了两根承担 6 号线列车荷载的单线槽型梁结构，可将列车荷载传递到东方路车站外侧新增的桩基础上。

为方便换乘车站之间的沟通，新增原 2 号线东方路车站侧墙门洞数量。为确保车站结构的整体安全与稳定，采取了增加顶板厚度，在开洞周边新增暗梁、暗柱补强，在施工阶段增设临时支撑，在新增门洞实施完成后加贴碳纤维布加固等措施。为确保新增门洞结构与原车站结构的有机结合，采取人工凿除。

9 号线车站采用明挖法修建。由于其与 2 号线车站紧邻，将基坑分块并间隔施工，以此来减小对邻近车站的影响。基坑支撑体系采用钢筋混凝土支撑与钢支撑相结合的方式。

5.3　老街换乘车站[25]

2005 年建成的深圳轨道交通 1 号线老街站为重叠车站侧式站台，站台位于线路南侧。建设时考虑到与规划中的 3 号线的换乘问题，故预留了将站台改到北侧的条件，即将车站有效站台部位相应的北侧内衬墙改为壁框梁柱体系，待后期扩建时，拆除该范围内连续墙，施作叠合梁柱，与新建结构连接。由于改边后不满足有效站台长度的要求，需要从车站东端北侧永新商业城高层建筑下方构筑约 50m 长的站台结构作为补充。为确保永新商业城的结构安全，对受影响较大的 50m 部分进行局部桩基托换处理。首先在永新商业城地下室底板下采用浅埋暗挖法施作托换工作室，再在托换工作室内进行土体加固，然后施作矩形人工挖孔桩，并采用连续梁形式对商业城桩基进行托换。随后开挖基坑，逐层施作扩建车站主体，分段破除既有车站地下连续墙，施作叠合梁柱。

6　结语

我国城市轨道交通建设正处于由量到质、由大到强的转变期，也将会遇到各种各样复杂的环境条件和地质条件的制约。总结已有成果和提出方向，将推动该领域的技术发展与进步：

（1）在高密度建筑的城区地下轨道交通区间隧道趋于单洞双线形式。这类大直径单圆盾构法尤其在越江隧道修建中更具优越性。而以矩形或类矩形为主的异形断面盾构发展还很缓慢，还有很多技术难点需要攻关，例如管片受力计算与结构全寿命周期安全可靠、异形管片拼装、同步注浆、全断面切削控制和姿态控制、复杂位姿测控等技术。但其为城市地下空间施工提供了新的选项。

（2）盾构法在城市地下轨道交通区间联络通道的成功实践，使我国隧道施工全机械化进程又向前迈了一步。同样，该工法还有推广至轨道交通出入口、风井等其他连接工程的巨大潜力。

（3）与传统的明挖法相比，暗挖轨道交通车站的设计与施工工程实例很少，尤其是在软土地区是空白。盾构扩挖法不仅可以提高施工机械化水平，还可以解决目前区间盾构隧道施工和车站施工衔接的难题，提高盾构设备的使用效率。不论是强化辅助工法的管幕法，还是机械化的顶管法的研究和尝试，对于解决饱和软土中敏感环境条件下轨道交通车站的建设重大技术难题具有极其重要的现实意义。

（4）由于重要建（构）筑物具有极严格要求的扰动控制标准，城市地下轨道交通微扰动施工控制的理论与技术研究已成为一个重要课题，需要在实践中进一步探索更多新的控制方法、施工工法，以实现建设与环境的和谐。

（5）既有车站的改扩建是一种解决不同线路换乘需求的高效集成、有利于资源共享的方式。不同的环境和工程条件，往往导致施工工艺非常复杂而困难。目前已积累了一些相关的工程经验，今后还有待进一步提高和完善。

7 致谢

深圳市地铁集团有限公司的刘树亚博士、郑爱元博士，上海市政工程设计研究总院有限公司的官林星博士，上海隧道工程有限公司陈鸿副总工程师，上海地固岩土工程有限公司张继红博士以及内蒙古科技大学的许有俊教授为本文提供了丰富的资料，同济大学程盼盼博士生为此文撰写付出了艰辛的劳动，在此一并表示感谢。文中存在的不当此处，请批评指正。

参考文献

[1] 陈湘生等著. 地铁域地下空间利用的工程实践与创新 [M]. 北京：人民交通出版社，2015.

[2] 陈馈，杨延栋. 中国盾构制造新技术与发展趋势 [J]. 隧道建设，2017，37（3）：276-284.

[3] 洪开荣. 我国隧道及地下工程发展现状与展望 [J]. 隧道建设，2015，35（3）：179-187.

[4] 何川，封坤，方勇. 盾构法修建地铁隧道的技术现状与展望 [J]. 西南交通大学学报，2015，50（1）：97-109.

[5] 陈卫军. 大直径盾构在城市轨道交通中的应用前景分析 [J]. 现代城市轨道交通，2017，（4）：39-45.

[6] 王梦恕. 中国盾构和掘进机隧道技术现场存在的问题及发展思路 [J]. 隧道建设，2014，34（3）：179-187.

[7] 张凤祥，朱合华，傅德明. 盾构隧道 [M]. 北京：人民交通出版社，2004.

[8] 郑永光，薛广记，陈金波，等. 我国异形掘进机技术发展、应用及展望 [J]. 隧道建设，2018，38（6）：1066-1078.

[9] 孙巍，官林星，温竹茵. 大断面矩形盾构法隧道的受力分析与工程应用 [J]. 隧道建设，2015，35（10）：1028-1033.

[10] 李培楠，黄德中，朱雁飞，等. 类矩形盾构法隧道在宁波轨道交通建设中应用 [J]. 中国市政工程，2016（S1）：34-36+41+115.

[11] 朱瑶宏. 宁波市轨道交通建设创新成果与展望 [J]. 城市轨道交通研究，2018，21（5）：51-58.

[12] 施仲衡，张弥，王新杰，等. 地下铁道的设计与施工 [M]. 西安：陕西科学技术出版社，1997.

[13] 王梦恕. 地下工程浅埋暗挖技术通论 [M]. 合肥：安徽教育出版社，2005.

[14] 钱七虎，戚承志，译. 俄罗斯地下铁道建设精要 [M]. 北京：中国铁道出版社，2002.

[15] Koyama Y. Present status and technology of shield tunneling method in Japan [J]. Tunnelling and Underground Space Technology，2003，18（2-3）：145-159.

[16] 胡永利，谢庆贺，徐磊. 一次扣拱暗挖逆作法施工技术在北京大望路地铁车站中的应用 [J]. 施工技术，2016，45（9）：102-105.

[17] 孙伟成，张碧文. 广州地铁东山口站站台隧道扩挖修建技术 [J]. 现代隧道技术，2012，49（03）：176-181.

[18] 王芳，汪挺，贺少辉，等. PBA法扩挖大直径盾构隧道修建地铁车站时关键节点的受力分析 [J]. 中国铁道科学，2013，34（5）：54-62.

[19] 朱合华，丁文其，乔亚飞，等. 盾构隧道微扰动施工控制技术体系及其应用 [J]. 岩土工程学报，2014，36（11）：1983-1993.

[20] 徐前卫，朱合华，马险峰，等. 地铁盾构隧道穿越桥梁下方群桩基础的托换与除桩技术研究 [J]. 岩土工程学报，2012，34（7）：1217-1226.

［21］ 许有俊，葛绍英，孙凤. 盾构隧道下穿地铁车站结构沉降特性研究［J］. 施工技术，2018，47（7）：113-123.

［22］ 陈海丰. 软土地层地铁盾构穿越建（构）筑物安全控制研究［D］. 北京：北京交通大学，2017.

［23］ 张继红. 预制隔水桩（WSP桩）及其插拔施工方法：CN 102561314 A［P］. 2012-07-11.

［24］ 朱合华等著. 城市地下空间建设新技术［M］. 北京：中国建筑工业出版社，2014.

［25］ 潘明亮. 高层建筑物地下室底板下的浅埋暗挖隧道内桩基托换技术应用［J］. 隧道建设，2011，31（3）：369-380.

SOME RECENT DEVELOPMENTS OF CONSTRUCTION TECHNOLOGIES IN URBAN UNDERGROUND RAIL TRANSIT SYSTEM

Zhu He-hua[1], Chen Xiang-sheng[2,3]

(1. Tongji University, Shanghai 200092; Shenzhen University, Guangdong Shenzhen 518060;

3. Shenzhen Metro Group Co., Ltd, Guangdong Shenzhen 518026)

Abstract: This paper presents a general introduction to some recent developments about the relevant construction technologies in urban underground rail transit from four aspects, including shield tunneling technologies in the interval tunnel, undercut construction methods for metro station, micro-disturbance control technologies, as well as expansion and reconstruction of existing station. And emphases are focused on the following points: the application of large-diameter shield and special-face shield in the construction of internal tunnels; a pioneering adoption of shield method in the construction of an internal communication channel; several newly developed undercut methods for metro stations (including top-down bored excavation with cast-in-situ arch, enlarging shield tunnel, and specialized pipe-roof method and pipe-jacking method for the saturated soft soil); micro-disturbance control technologies for shield tunneling in the vicinity of important structures; a new retaining structure for pit, namely wall made of steel-pile piles; the technologies adopted in the reconstruction and expansion of three interchange stations. This paper is of utmost significance not only for figuring out the current status and development trend in the following years, but also for prompting the further development of related constructions technologies.

Key words: urban underground rail transit; interval tunnel; metro station; construction technology; some recent developments

岩土工程标准与信息化

黄强，程骐

（中国建筑科学研究院有限公司，北京 100013）

摘 要： 本文通过对我国现行岩土工程实施标准现状、岩土工程信息化技术的全面分析研究，按照《中华人民共和国标准化法》和住建部《关于深化工程建设标准化工作改革的意见》精神，阐述了岩土工程标准改革发展方向，提出了岩土工程标准与信息化有机结合，融合发展的设想与途径。

关键词： 岩土工程；标准；信息化

1 引言

为推进工程建设标准化体制改革，健全标准体系，完善工作机制，2016 年，住房城乡建设部印发了《关于深化工程建设标准化工作改革的意见》（以下简称《意见》），《意见》明确了工程建设标准化工作改革的总体目标：到 2020 年，适应标准改革发展的管理制度基本建立，重要的强制性标准发布实施，政府推荐性标准得到有效精简，团体标准具有一定规模。到 2025 年，以强制性标准为核心、推荐性标准和团体标准相配套的标准体系初步建立，标准有效性、先进性、适用性进一步增强，标准国际影响力和贡献力进一步提升。为达到上述目标，《意见》对改革强制性标准、构建强制性标准体系、优化完善推荐性标准、培育发展团体标准、全面提升标准水平等提出了具体任务要求。《意见》还明确提出，加快制定全文强制性标准，逐步用全文强制性标准取代现行标准中分散的强制性条文。新制定的标准原则上不再设置强制性条文；制定强制性标准和补充条款时，通过严格论证，可以引用推荐性标准和团体标准中的相关规定，被引用内容作为强制性标准的组成部分，具有强制效力；要清理现行标准，缩减推荐性标准数量和规模，逐步向政府职责范围内的公益类标准过渡。推荐性标准不得与强制性标准相抵触；改变标准由政府单一供给模式，对团体标准制定不设行政审批；鼓励具有社团法人资格和相应能力的协会、学会等社会组织，根据行业发展和市场需求，按照公开、透明、协商一致原则，主动承接政府转移的标准，制定新技术和市场缺失的标准，供市场自愿选用，鼓励政府标准引用团体标准。

由前述可知，我国工程建设标准将面临重大改革，标准化体系正面临重新洗牌。岩土工程对信息高度依赖，岩土工程标准要融合、利用日新月异的现代信息技术，使岩土工程标准如何在这次改革中理顺各种关系，提高标准技术水平、产生一套适合岩土工程特点的标准体系、使标准更具有可操作性。

2 我国岩土工程实施标准现状

我国岩土工程标准种类繁多，内容丰富，基本上涵盖了岩土工程勘察、设计、施工及验收、检测与监测等技术工作方方面面。现有岩土工程标准系列基本上反映了我国的国情和在岩土工程领域的技术进步，对保证我国岩土工程的质量与安全起到了关键作用。

目前，我国岩土工程标准（主要在地基基础方面）按标准属性和标准级别划分如表 1 所示。

岩土工程标准
表 1

序号	标准属性	标准级别	标准数量	
1	强制性标准	国家标准	14	84
2		行业标准	14	
3		地方标准	56	
4	推荐性标准	国家标准	4	177
5		行业标准	22	
6		地方标准	126	
7		团体标准	25	
小　计			261	

我国现行岩土工程标准 261 本，如表 2 所示。

我国岩土工程现行标准
表 2

序号	标准名称及编号
1	国家标准《建筑地基基础设计规范》GB 50007—2011
2	国家标准《岩土工程勘察规范》GB 50021—2001（2009 年版）
3	国家标准《湿陷性黄土地区建筑规范》GB 50025—2004
4	国家标准《岩土锚杆与喷射混凝土支护工程技术规范》GB 50086—2015
5	国家标准《土方与爆破工程施工及验收规范》GB 50201—2012
6	国家标准《建筑地基工程施工质量验收标准》GB 50202—2018
7	国家标准《膨胀土地区建筑技术规范》GB 50112—2013
8	国家标准《建筑边坡工程技术规范》GB 50330—2013
9	国家标准《建筑基坑工程监测技术规范》GB 50497—2009
10	国家标准《岩土工程勘察安全规范》GB 50585—2010
11	国家标准《复合土钉墙基坑支护技术规范》GB 50739—2011
12	国家标准《高填方地基技术规范》GB 51254—2017
13	行业标准《高层建筑筏形与箱形基础技术规范》JGJ 6—2011
14	行业标准《高层建筑岩土工程勘察标准》JGJ/T 72—2017
15	行业标准《建筑地基处理技术规范》JGJ 79—2012
16	行业标准《软土地区岩土工程勘察规程》JGJ 83—2011
17	行业标准《建筑工程地质勘探与取样技术规程》JGJ/T 87—2012
18	行业标准《建筑桩基技术规范》JGJ 94—2008
19	行业标准《建筑基桩检测技术规范》JGJ 106—2014
20	行业标准《建筑与市政工程地下水控制技术规范》JGJ 111—2015
21	行业标准《冻土地区建筑地基基础设计规范》JGJ 118—2011
22	行业标准《建筑基坑支护技术规程》JGJ 120—2012
23	行业标准《既有建筑地基基础加固技术规范》JGJ 123—2012
24	行业标准《载体桩技术标准》JGJ/T 135—2018
25	行业标准《地下建筑工程逆作法技术规程》JGJ 165—2010
26	行业标准《湿陷性黄土地区建筑基坑工程安全技术规程》JGJ 167—2010
27	行业标准《三叉双向挤扩灌注桩设计规程》JGJ 171—2009
28	行业标准《逆作复合桩基技术规程》JGJ/T 186—2009
29	行业标准《刚—柔性桩复合地基技术规程》JGJ/T 210—2010
30	行业标准《现浇混凝土大直径管桩复合地基技术规程》JGJ/T 213—2010
31	行业标准《大直径扩底灌注桩技术规程》JGJ/T 225—2010
32	行业标准《高压喷射扩大头锚杆技术规程》JGJ/T 282—2012
33	行业标准《组合锤法地基处理技术规程》JGJ/T 290—2012
34	行业标准《大型塔式起重机混凝土基础工程技术规程》JGJ/T 301—2013

序号	标准名称及编号
35	行业标准《渠式切割水泥土连续墙技术规程》JGJ/T 303—2013
36	行业标准《劲性复合桩技术规程》JGJ/T 327—2014
37	行业标准《建筑深基坑工程施工安全技术规范》JGJ 311—2013
38	行业标准《水泥土复合管桩基础技术规程》JGJ/T 330—2014
39	行业标准《建筑地基检测技术规范》JGJ 340—2015
40	行业标准《随钻跟管桩技术规程》JGJ/T 344—2014
41	行业标准《螺纹桩技术规程》JGJ/T 379—2016
42	行业标准《静压桩施工技术规程》JGJ/T 394—2017
43	行业标准《咬合式排桩技术标准》JGJ/T 396—2018
44	行业标准《锚杆检测与监测技术规程》JGJ/T 401—2017
45	行业标准《现浇 X 形桩复合地基技术规程》JGJ/T 402—2017
46	行业标准《建筑基桩自平衡静载试验技术规程》JGJ/T 403—2017
47	行业标准《预应力混凝土异型预制桩技术规程》JGJ/T 405—2017
48	行业标准《预应力混凝土管桩技术标准》JGJ/T 406—2017
49	团体标准《孔压静力触探测试技术规程》T/CCES 1—2017
50	团体标准《预应力鱼腹式基坑钢支撑技术规程》T/CCES 3—2017
51	团体标准《静力触探技术标准》CECS 04：88
52	团体标准《岩土锚杆（索）技术规程》CECS 22：2005
53	团体标准《锤击贯入试桩法规程》CECS 35：91
54	团体标准《袖珍贯入仪试验规程》CECS 54：93
55	团体标准《孔隙水压力测试规程》CECS 55：93
56	团体标准《氢氧化钠（碱）溶液加固湿陷性黄土地基技术规程》CECS 68：94
57	团体标准《基坑土钉支护技术规程》CECS 96：7
58	团体标准《岩土工程勘察报告编制标准》CECS 99：98
59	团体标准《加筋水泥土桩锚技术规程》CECS 147：2016
60	团体标准《喷射混凝土加固技术规程》CECS 161：2004
61	团体标准《挤扩支盘灌注桩技术规程》CECS 192：2005
62	团体标准《孔内深层强夯法技术规程》CECS 197：2006
63	团体标准《建筑物移位纠倾增层改造技术规范》CECS 225：2007
64	团体标准《工程地质测绘标准》CECS 238：2008
65	团体标准《岩石与岩体鉴定和描述标准》CECS 239：2008
66	团体标准《工程地质钻探标准》CECS 240：2008
67	团体标准《工程建设水文地质勘察标准》CECS 241：2008
68	团体标准《基桩孔内摄像检测技术规程》CECS 253：2009
69	团体标准《强夯地基处理技术规程》CECS 279：2010
70	团体标准《建（构）筑物托换技术规程》CECS 295：2011
71	团体标准《城市地下空间开发建设管理标准》CECS 401：2015
72	团体标准《城市地下空间运营管理标准》CECS 402：2015
73	团体标准《连锁混凝土预制桩墙支护技术规范》CECS 436：2016
74	北京市地方标准《北京地区建筑地基基础勘察设计规范》DBJ 11-501-2009（2016 年版）
75	北京市地方标准《建筑基坑支护技术规程》DB 11/489-2016-2016
76	北京市地方标准《基坑工程内支撑技术规程》DB 11/940-2012
77	北京市地方标准《污染场地勘察规范》DB 11/T 1311—2015
78	北京市地方标准《城市建设工程地下水控制技术规范》DB 11/1115—2014
79	北京市地方标准《城市道路与管线地下病害探测及评价技术规范》DB 11/T 1399—2017

序号	标准名称及编号
80	北京市地方标准《地下管线探测技术规程》DB 11/T 316—2015
81	上海市地方标准《岩土工程勘察规范》DGJ 08—37—2012
82	上海市地方标准《岩土工程勘察外业操作规程》DG/TJ 08—1001—2013
83	上海市地方标准《地基基础设计规范》DGJ 08—11—2010
84	上海市地方标准《沉井与气压沉箱施工技术规程》DG/TJ 08—2084—2011
85	上海市地方标准《地基处理技术规范》DG/TJ 08—40—2010
86	上海市地方标准《基坑工程技术规范》DG/TJ 08—61—2010
87	上海市地方标准《顶管工程施工规程》DG/TJ 08—2049—2016
88	上海市地方标准《地下连续墙施工规程》DG/TJ 08—2073—2016
89	上海市地方标准《逆作法施工技术规程》DG/TJ 08—2113—2012
90	上海市地方标准《城市地下综合体设计规范》DG/TJ 08—2166—2015
91	上海市地方标准《钻孔灌注桩施工规程》DG/TJ 08—202—2007
92	上海市地方标准《基坑工程施工监测规程》DG/TJ 08—2001—2016
93	上海市地方标准《岩土工程勘察规范》DGJ 08—37—2012
94	上海市地方标准《既有地下建筑改扩建技术规范》DG/TJ 08—2235—2017
95	上海市地方标准《全螺纹压灌桩技术规程》DG/TJ 08—2155—2014
96	上海市地方标准《岩土工程勘察外业操作规程》DG/TJ 08—1001—2013
97	上海市地方标准《建筑基桩检测技术规程》DGJ 08—218—2003
98	上海市地方标准《静力触探技术规程》DG/TJ 08—2189—2015
99	上海市《市政地下工程施工质量验收规范》DG/TJ 08—236—2013
100	天津市地方标准《岩土工程技术规范》DB/T 29—20—2017
101	天津市地方标准《建筑基桩检测技术规程》DB 29—38—2015
102	天津市地方标准《劲性搅拌桩技术规程》DB 29—102—2004
103	天津市地方标准《高喷插芯组合桩技术规程》DB/T 29—160—2006
104	天津市地方标准《建筑基坑技术规程》DB 29—202—2010
105	天津市地方标准《天津市地下铁道基坑工程施工技术规程》DB 29—143—2010
106	天津市地方标准《天津市地下铁道盾构法隧道工程施工技术规程》DB 29—144—2010
107	天津市地方标准《预应力混凝土空心方桩技术规程》DB 29—213—2012
108	天津市地方标准《预应力混凝土管桩技术规程》DB 29—110—2010
109	天津市地方标准《挤扩灌注桩技术规程》DB 29—65—2004
110	天津市地方标准《钢筋混凝土地下连续墙施工技术规程》DB 29—103—2010
111	天津市地方标准《天津市地下铁道暗挖法隧道工程施工技术规程》DB 29—146—2005
112	天津市地方标准《土压平衡和泥水平衡顶管工程施工技术规程》DB/T 29—93—2004
113	天津市地方标准《钻孔灌注桩成孔、地下连续墙成槽质量检测技术规范》DB/T 29—112—2010
114	天津市地方标准《天津市地下工程型钢水泥土搅拌墙（SMW）施工技术规程》DB/T 29—145—2010
115	天津市地方标准《建筑基坑降水工程技术规程》DB/T 29—229—2014
116	天津市地方标准《天津市地基土层序划分技术规程》DB/T 29—191—2009
117	天津市地方标准《天津市地下铁道暗挖法隧道工程施工技术规程》DB/T 29—146—2010
118	河北省地方标准《建筑地基基础检测技术规程》DB13（J）148—2012
119	河北省地方标准《既有建筑地基基础检测技术规程》DB13（J）/T 189—2015
120	河北省地方标准《预应力混凝土管桩技术规程》DB13（J）/T 183—2015
121	河北省地方标准《建筑基坑工程技术规程》DB13（J）133—2012
122	辽宁省地方标准《建筑地基基础技术规范》DB21/T 907—2015
123	辽宁省地方标准《预应力混凝土管桩基础技术规程》DB21/T 1565—2007
124	辽宁省地方标准《岩土工程勘察技术规程抽水试验规程》DB21/T 1564.9—2007

序号	标准名称及编号
125	辽宁省地方标准《岩土工程勘察技术规程动力机器基础地基动力特性测试规程》DB21/T 1564.8—2007
126	辽宁省地方标准《岩土工程勘察技术规程旁压试验规程》DB21/T 1564.7—2007
127	辽宁省地方标准《岩土工程勘察技术规程现场直剪试验规程》DB21/T 1564.6—2007
128	辽宁省地方标准《岩土工程勘察技术规程十字板剪切试验规程》DB21/T 1564.5—2007
129	辽宁省地方标准《岩土工程勘察技术规程静力触探试验规程》DB21/T 1564.4—2007
130	辽宁省地方标准《岩土工程勘察技术规程岩土静力载步试验规程》DB21/T 1564.3—2007
131	辽宁省地方标准《岩土工程勘察技术规程圆锥动力触探试验规程》DB21/T 1564.2—2007
132	辽宁省地方标准《岩土工程勘察技术规程钻探、井探、槽探操作规程》DB21/T 1564.14—2007
133	辽宁省地方标准《岩土工程勘察技术规程天然建筑材料勘察规程》
134	辽宁省地方标准《岩土工程勘察技术规程工程地质测绘规程》DB21/T 1564.13—2007
135	辽宁省地方标准《岩土工程勘察技术规程压水试验规程》DB21/T 1564.11—2007
136	辽宁省地方标准《岩土工程勘察技术规程注水试验规程》DB21/T 1564.10—2007
137	辽宁省地方标准《岩土工程勘察技术规程标准贯入试验规程》DB21/T 1564.1—2007
138	辽宁省地方标准《建筑基桩及复合地基检测技术规程》DB21/T 1450—2006
139	广东省地方标准《建筑地基基础勘察设计规范》DBJ 15—31—2016
140	广东省地方标准《锤击式预应力混凝土管桩基础技术规程》DBJ/T—22—2008
141	广东省地方标准《建筑基坑支护工程技术规程》DBJ/T 15—20—97
142	广东省地方标准《静压预制混凝土桩基础技术规程》DBJ/T 15—91—2013
143	广东省地方标准《建筑地基处理技术规范》DBJ 15—38—2005
144	广东省地方标准《建筑地基基础设计规范》DBJ 15—31—2016
145	广东省地方标准《建筑地基基础检测规范》DBJ 15—60—2008
146	广东省地方标准《基桩自平衡静载试验技术规范》DBJ/T 15—103—2014
147	广东省地方标准《土钉支护技术规程 》DBJ/T 15—70—2009
148	广东省地方标准《顶管技术规程》DBJ/T 15—106—2015
149	广东省地方标准《刚性-亚刚性桩三维高强复合地基技术规程》DBJ/T 15—79—2011
150	广州市地方标准《广州地区建筑基坑支护技术规定》GJB 02—98
151	深圳市地方标准《地基基础勘察设计规范》SJG 01—2010
152	深圳市地方标准《深圳市地基处理技术规范》SJG 04—2015
153	深圳市地方标准《深圳市基坑支护技术规范》SJG 04—2015
154	深圳市地方标准《深圳市建筑基桩检测规程》SJG 09—2015
155	福建省地方标准《建筑地基基础技术规范》DBJ 13—07—2006
156	福建省地方标准《岩土工程勘察规范》DBJ 13—84—2006
157	福建省地方标准《先张法预应力混凝土管桩基础技术规程》DBJ 13—86—2007
158	福建省地方标准《福建省可控刚度桩筏基础技术规程》DBJ/T 13—242—2016
159	福建省地方标准《水泥粉煤灰碎石桩复合地基技术规程》DBJ/T 13—128—2010
160	福建省地方标准《建筑地基检测技术规程》DBJ/T 13—146—2012
161	福建省地方标准《水平定向钻进管线铺设工程技术规程》DBJ 13—102—2008
162	福建省地方标准《桩基础与地下结构防腐蚀技术规程》DBJ 13—200—2014
163	福建省地方标准《福建省城市地下管线探测及信息化技术规程》DBJ/T 13—204—2014
164	福建省地方标准《基桩竖向承载力自平衡法静试验方法》DBJ/T 13—183—2014
165	福建省地方标准《建筑边坡工程监测与检测技术规程》DBJ/T 13—282—2018
166	福建省地方标准《地铁基坑工程技术规程》DBJ/T 13—221—2017
167	福建省地方标准《福建省地下连续墙检测技术规程》DBJ/T 13—224—2015
168	福建省地方标准《福建省建筑基桩检测试验文件管理规程》DBJ/T 13—210—2015
169	福建省地方标准《刚性桩桩网路基设计与施工技术规程》DBJ/T 13—221—2015

续表

序号	标准名称及编号
170	福建省地方标准《福建省灌注桩后注浆施工技术规程》DBJ/T 13—247—2016
171	福建省地方标准《福建省螺杆灌注桩技术规程》DBJ/T 13—246—2016
172	福建省地方标准《福建省基础工程钻芯法检测技术规程》DBJ 13—28—2016
173	江苏省地方标准《岩土工程勘察规范》DGJ32/T J208—2016
174	江苏省地方标准《建筑地基基础检测规程》DGJ32/TJ 142—2012
175	江苏省地方标准《现浇混凝土大直径管桩复合地基技术规程》DGJ32/TJ 70—2008
176	江苏省地方标准《预应力混凝土管桩基础技术规程》DGJ32/T 109—2010
177	江苏省地方标准《南京地区建筑基坑工程监测技术规程》DGJ32/J 189—2015
178	江苏省地方标准《孔压静力触探技术规程》DGJ32/TJ 182—2015
179	浙江省地方标准《建筑地基基础设计规范》DB33/1001—2003
180	浙江省地方标准《工程建设岩土工程勘察规范》DB33/T 1065—2009
181	浙江省地方标准《复合地基技术规程》DB33/T 1051—2008
182	浙江省地方标准《建筑基坑工程逆作法技术规程》DB33/T 1112—2015
183	浙江省地方标准《基坑工程钢管支撑施工技术规程》DB33/T 1091—2013
184	浙江省地方标准《基桩完整性检测技术规程》DB33/T 1127—2016
185	安徽省地方标准《双向螺旋挤土灌注桩技术规程》DB34/T 5018—2015
186	安徽省地方标准《先张法预应力混凝土管桩基础技术规程》DB34 5005—2014
187	安徽省地方标准《螺杆桩基础技术规程》DB34/T 5010—2014
188	安徽省地方标准《先张法预应力混凝土管桩基础技术规程》DB34/T 1198—2010
189	安徽省地方标准《长螺旋钻孔压灌管桩技术规程》DB34/T 1787—2012
190	河南省地方标准《河南省建筑地基基础勘察设计规范》DBJ 41/138—2014
191	河南省地方标准《河南省基坑工程技术规范》DBJ 41/139—2014
192	河南省地方标准《螺杆桩技术规程》DBJ41/T 160—2016
193	湖北省地方标准《建筑地基基础技术规范》DB 42/242—2003
194	湖北省地方标准《岩土工程勘察工作规程》DB 42/169—2003
195	湖北省地方标准《基坑工程技术规程》DB42/T 159—2012
196	湖北省地方标准《基坑管井降水工程技术规程》DB42/T 830—2012
197	湖北省地方标准《预应力混凝土管桩基础技术规程》DB 42/489—2008
198	山东省地方标准《挤扩灌注桩技术规程》DBJ 14—019—2002
199	山东省地方标准《建筑基坑工程监测技术规范》DBJ 14—024—2004
200	山东省地方标准《预应力混凝土管桩基础技术规程》DBJ 14—040—2006
201	山东省地方标准《复合土钉墙施工及验收规范》DBJ 14—047—2007
202	山东省地方标准《基桩承载力自平衡检测技术规程》DBJ/T 14—055—2009
203	山东省地方标准《旋挖成孔灌注桩施工技术规程》DBJ/T 14—067—2010
204	山东省地方标准《管桩水泥土复合基桩技术规程》DBJ 14—080—2011
205	山东省地方标准《建筑边坡与基坑工程设计文件编制标准》DBJ/T 14—081—2011
206	山东省地方标准《建筑地基安全性鉴定技术规程》DBJ/T 14—083—2012
207	山东省地方标准《螺旋挤土灌注桩技术规程》DBJ 14—091—2012
208	山东省地方标准《建筑基桩竖向抗压承载力快速检测技术规程》DBJ/T 14—092—2012
209	山东省地方标准《工程勘察岩土层序列划分方法标准》DBJ/T 14—094—2012
210	山东省地方标准《建筑基底静水压力控制技术规程》DB37/T 5038—2015
211	山东省地方标准《建筑桩基检测技术规范》DB37/T 5044—2015
212	山东省地方标准《建筑岩土工程勘察设计规范》DB 37/5052—2015
213	山东省地方标准《工程建设地下水控制技术规范》DB37/T 5059—2016
214	山东省地方标准《沉管压灌桩技术规程》DB37/T 5082—2016

序号	标准名称及编号
215	四川省地方标准《四川省建筑地基基础检测技术规程》DBJ51/T 014—2013
216	四川省地方标准《成都地区建筑地基基础设计规范》DB51/T 5026—2001
217	四川省地方标准《四川省地基与基础工程施工工艺规程》DB51/T 5048—2017
218	四川省地方标准《四川省先张法预应力高强混凝土管桩基础技术规程》DB51/T 5070—2016
219	四川省地方标准《成都地区基坑工程安全技术规范》DB51/T 5072—2011
220	四川省地方标准《四川省建筑地基基础检测技术规程》DBJ51/T 014—2013
221	四川省地方标准《振动（冲击）沉管灌注桩施工及验收规程》DB 51/93—2013
222	四川省地方标准《旋挖成孔灌注桩施工安全技术规程》DBJ51/T 022—2013
223	四川省地方标准《建筑边坡工程施工质量验收规范》DBJ51/T 044—2015
224	四川省地方标准《四川省基桩承载力自平衡法测试技术规程》DBJ51/T 045—2015
225	四川省地方标准《四川省大直径素混凝土桩复合地基技术规程》DBJ51/T 061—2016
226	四川省地方标准《四川省旋挖钻孔灌注桩基技术规程》DBJ51/T 062—2016
227	四川省地方标准《四川省载体桩施工工艺工程》DBJ51/T 075—2017
228	重庆市地方标准《建筑地基基础设计规范》DBJ 50—047—2016
229	重庆市地方标准《工程地质勘察规范》DBJ 50—043—2016
230	重庆市地方标准《建筑边坡工程检测技术规范》DBJ50/T—137—2012
231	重庆市地方标准《旋转挤压灌注桩技术规程》DBJ50/T—207—2014
232	重庆市地方标准《建筑地基基础工程施工质量验收规范》DBJ 50—125—2011
233	重庆市地方标准《建筑地基处理技术规范》DBJ50/T—229—2015
234	重庆市地方标准《建筑桩基础设计与施工验收规范》DBJ 50—200—2014
235	云南省地方标准《建筑基坑工程监测技术规程》DBJ53/T—67—2014
236	云南省地方标准《建筑基坑钢板桩支护技术规程》DBJ53/T—74—2015
237	云南省地方标准《云南省建筑基坑支护技术规程》DBJ53/T—71—2015
238	云南省地方标准《云南省膨胀土地区建筑技术规程》DBJ53/T—83—2017
239	贵州省地方标准《建筑地基基础设计规范》DBJ52/T 045—2018
240	贵州省地方标准《建筑桩基设计与施工技术规程》DBJ52/T 088——2018
241	陕西省地方标准《强夯法处理湿陷性黄土地基技术规程》DBJ61—9—2008
242	陕西省地方标准《建筑基坑支护技术与安全规程》DBJ61/T 105-2015
243	陕西省地方标准《沉管夯扩桩技术规程》DBJ61/T 102-2015
244	陕西省地方标准《建筑场地墓坑探查与处理技术规程》DBJ 61—57—2010
245	甘肃省地方标准《岩土工程勘察规范》DB62/T 25—3063—2012
246	甘肃省地方标准《建筑地基基础工程工艺规程》DB62/T 25—3019—2005
247	甘肃省地方标准《建筑基坑工程技术规程》DB6/T 25—3111—2016
248	广西壮族自治区地方标准《广西建筑地基基础设计规范》DBJ 45/003—2015
249	广西壮族自治区地方标准《岩溶地区建筑地基基础技术规范》DBJ/T 45—023—2016
250	广西地方标准《建筑边坡工程技术规程》DBJ/T 45—012—2016
251	广西壮族自治区地方标准《建筑基坑工程监测技术规程》DBJ/T 011—2015
252	广西壮族自治区地方标准《锚杆土钉试验规范》DBJ/T 45—053—2017
253	广西壮族自治区地方标准《广西岩土工程勘察规范》DBJ/T 45—002—2011
254	广西壮族自治区地方标准《广西膨胀土地区建筑勘察设计施工技术规程》DB45/T 396—2007
255	广西壮族自治区地方标准《先张法预应力混凝土管桩基础技术规程》DBJ/T 45—007—2012
256	广西壮族自治区地方标准《建筑边坡工程技术规程》DBJ/T 45—012—2016
257	广西壮族自治区地方标准《建筑基坑工程监测技术规程》DBJ/T 011—2015
258	广西壮族自治区地方标准《锚杆土钉试验规范》DBJ/T 45—053—2017
259	广西壮族自治区地方标准《广西岩土工程勘察规范》DBJ/T 45—002—2011
260	广西壮族自治区地方标准《广西膨胀土地区建筑勘察设计施工技术规程》DB45/T 396—2007
261	广西壮族自治区地方标准《先张法预应力混凝土管桩基础技术规程》DBJ/T 45—007—2012

3 岩土工程信息化技术

岩土工程信息化技术发展将按照数字化、网络化、智能化路线发展，岩土工程对信息高度依赖。勘探、测试、检测、监测，基本任务是为岩土工程设计、施工提供信息。设计、施工数字化是岩土工程信息化的前提，当前，我国岩土工程设计计算软件已经有了长足进步，但在施工软件方面还是一张白纸，就以桩基施工为例，在所有工地，我们还是在墙上挂着一张CAD图，打完一根桩涂上一个黑点，再用笔记录相关资料，这和古代结绳记事并无太大区别。另外，勘察、设计、计算软件之间的信息孤岛也阻碍了岩土工程信息化技术的发展。

岩土工程信息化技术的发展，需要BIM技术作为支撑。美国BIM标准将BIM定义为：BIM是一个设施物理和功能特性的数字化表达，BIM是一个设施有关信息的共享知识资源，从而为其全生命期的各种决策构成一个可靠的基础，这个全生命期定义为从早期的概念一直到拆除。BIM的一个基本前提是项目全生命期内不同阶段不同利益相关方的协同，包括在BIM中插入、获取、更新和修改信息以支持和反应该利益相关方的职责。BIM是基于协同性能公开标准的共享数字表达。国际buildingSMART的目的在于让参建项目的各方，即使在使用不同的应用软件的情况下也能够分享建成项目全生命周期的所有信息。可机读的高质量的数据应该在设计、采购、施工和运营维护阶段都能够使用。可见，BIM是关于不同软件间数据无缝对接的技术，也是解决建筑业信息化难题的有效技术手段之一。

由此可见，岩土工程信息化需要应用各方开发岩土工程全生命期的各种应用软件（数字化），其次是应用BIM技术使各软件间数据无缝对接（数字化网络化），最后实现岩土工程数字化网络化智能建造。

4 岩土工程标准改革发展方向

岩土工程标准改革既与国家工程建设标准同步又要注意岩土工程技术特点，按照住建部《关于深化工程建设标准化工作改革的意见》，将以岩土工程全文强制标准（工程建设规范）为统领，大力发展团体标准适应岩土工程技术特点。

4.1 工程建设规范《建筑地基基础通用规范》编制情况

《建筑地基基础通用规范》是岩土工程领域的第一本全文强制标准，目前正在编制之中，本规范（送审稿）前言指出：为保障人民生命财产安全、人身健康、工程质量安全、生态环境安全、公众权益和公共利益，促进能源资源利用，满足社会经济管理的基本要求，住房城乡建设部组织编制了国家工程规范体系框架，其中包括室外给水工程、室外排水工程、室外燃气工程、室外供热工程、道路交通工程、城市轨道交通工程、园林工程、市容环卫工程、生活垃圾处理处置工程、居住建筑、公共建筑、特殊建筑、特殊设施、自然与历史保护地保护利用，以及城乡规划、工程勘察、城乡测量、结构作用与工程结构可靠性设计、无障碍、建筑地基基础、混凝土结构、砌体结构、钢结构、木结构、组合结构、建筑与市政工程抗震、建筑防火、建筑环境、建筑节能与可再生能源利用、建筑电气与智能化、建筑给水排水与节水、市政管道、施工脚手架、建筑与市政工程施工质量控制、施工安全卫生与职业健康、既有建筑鉴定与加固、既有建筑维护与改造、建筑安全防范等工程规范。

本规范属于体系框架中的通用技术类规范，主要规定了建筑地基基础的通用功能、性能，以及满足建筑地基基础功能性能要求的通用技术措施，内容覆盖建筑地基基础的勘察、设计、施工、验收等建设过程技术和管理的要求。各类工程项目自身特有的功能性能和技术措施，应执行相关项目规范的规定。

本规范是国家工程建设控制性底线要求，具有法规强制效力，必须严格遵守。在此基础上，国务院有关行政管理部门、各地省级行政管理部门可根据实际情况，补充、细化和提高本规范相关规定和要求。为适应工程项目建设特殊情况和科技新成果的应用需要，对本规范规定的功能性能要求，暂未明确对应技术措施或采用本规范规定之外的技术措施，且无相应标准的，必须由建设、勘察、设计、施工、监理等责任单位及有关专家依据研究成果、验证数据和国内外实践经验等，对所采用的技术措施进行充分论证评估，证明能够达到安全可靠、节能环保，并对论证评估结果负责。论证评估结果实施前，建设单位应报工程项目所在地行业行政主管部门备案。

4.2 推荐性标准的范围和法律地位

《中华人民共和国标准化法》已由中华人民共和国第十二届全国人民代表大会常务委员会第三十次会议于 2017 年 11 月 4 日修订通过，现将修订后的《中华人民共和国标准化法》公布，自 2018 年 1 月 1 日起施行。这次该法修订的主要内容包括：

一是扩大标准范围。标准包括国家标准、行业标准、地方标准和团体标准、企业标准。国家标准分为强制性标准、推荐性标准，行业标准、地方标准是推荐性标准。

二是整合强制性标准。将强制性国家标准、行业标准和地方标准整合为强制性国家标准，取消强制性行业标准、地方标准。

三是将地方标准制定权扩大到设区的市。规定设区的市级人民政府标准化行政主管部门根据本行政区域的特殊需要，经所在地省级人民政府标准化行政主管部门批准，可以制定本行政区域的地方标准。

四是培育发展团体标准。规定国家鼓励学会、协会、商会、联合会、产业技术联盟等社会团体协调相关市场主体共同制定满足市场和创新需要的团体标准，由本团体成员约定采用或者按照本团体的规定供社会自愿采用。

五是明确企业标准的自愿性。规定企业可以根据需要自行制定企业标准，或者与其他企业联合制定企业标准。现行法规定，企业生产的产品没有国家标准和行业标准的，应当制定企业标准，作为组织生产的依据。

4.3 团体标准发展现状与展望

2015 年，国务院印发了《深化标准化工作改革方案》，明确提出建立政府主导制定的标准与市场主导制定的标准协同发展、协调配套的新型标准体系，创新提出培育和发展团体标准的重大举措，激发市场主体活力，完善标准供给结构，团体标准是标准化改革的一大创新点，也是一大亮点。2015 年以来，按照国务院深化标准化工作改革的要求，国家标准委、中国科协大力推进团体标准的培育和发展，适时选择中国标准化协会、中国电子学会、中国土木工程学会等 39 家社会团体开展了团体标准试点，内容涵盖了团体标准管理制度建设、标准制定、推广应用等内容。

2016 年，住房和城乡建设部印发《住房城乡建设部办公厅关于培育和发展工程建设团体标准的意见》，明确指出在没有国家标准、行业标准的情况下，鼓励团体标准制定主体及时制定团体标准，填补政府标准空白。根据市场需求，团体标准制定主体可通过制定团体标准，细化现行国家标准、行业标准的相关要求，明确具体技术措施。团体标准经建设单位、设计单位、施工单位等合同相关方协商同意并订立合同采用后，即为工程建设活动的依据，必须严格执行。

2017 年，由中国标准化协会、中国铸造协会、中国汽车工程学会等多家团体发起成立了包括 170 家团体的团体标准化发展联盟。迄今，在"全国团体标准信息平台"注册社会团体已超过 1500 家，其中，仅城乡建设领域已有包括中国工程建设标准化协会、中国土木工程学会、中国建筑学会、中国城市规划学会、中国建筑业协会、中国勘察设计协会、中国城市科学研究会、中国建筑装饰协会、中国城市燃气协会、中国建筑节能协会、中国风景园林学会等十余家社团参与了团体标准制订工作。截止到 2018 年 6 月 30 日，"全国团体标准信息平台"已发布 3500 余项团体标准信息，基本覆盖了全国 30 个省、自治区、直辖市以及国民经济各个行业。

随着全国团体标准的蓬勃兴起，团体标准的发展面临着机遇与挑战共存的特点，一方面，团体标准的发展寄希望服务社会、服务行业、服务企业，各方共赢。另一方面，由于受市场主导、市场选择的影响，不同团体及其团体标准存在自由竞争关系，而团体标准生存与发展的关键是质量与实施，团体标准质量是基础，团体标准实施是核心。长远来看，团体标准不可避免地会进行全面洗牌，大浪淘沙、适者生存必将是团体标准发展的必然结果。

4.4 以往岩土工程实施标准存在问题

如同我国建设工程标准取得了巨大成就一样，岩土工程标准无论从质量或数量上也取得了巨大发展，但同时也存在以下突出问题：

（1）标准交叉重复

从表2可见，岩土工程标准交叉重复现象严重，其中勘察类标准达40项，基坑类标准达34项，无论如何，这些必然出现重复与矛盾问题；

（2）设计标准欠缺可操作性

由于基坑、边坡工程设计需要各种复杂计算，标准中所列出的验算公式与安全系数匹配不当，在实际工程中缺乏可操作性。

（3）技术标准缺乏可操作的施工内容

表2的261标准本中，标准名称冠以"技术"字眼标准达195本，占标准总数的75%。"技术"标准（标准、规范、规程）原意是包含设计、施工、检测等，但在施工部分着墨极少，写得十分原则，实际上对于施工操作根本不可执行。

4.5 岩土工程推荐性标准与团体标准内容建议

顾宝和大师在"岩土界等待突破的几个重大问题"中指出：我国正在深化标准化体系改革，新的《标准化法》已经发布，标准化体系正面临重新洗牌。应当怎样绘制岩土工程标准化体系的新蓝图？强制性国家标准应规定哪些内容？国家、行业、地方的推荐性标准应包括哪些内容？团体标准应包括哪些内容？怎样鼓励企业标准？新的标准化体系怎样才能适应岩土工程特点，既保证工程安全，又促进技术进步？岩土工程对信息高度依赖。勘探、测试、检测、监测，基本任务是为岩土工程提供信息，其重要性不言而喻。新中国成立之初工程勘察虽然幼稚，但质量是好的，为什么现在质量如此之糟？怎样才能根治？信息技术是当前发展最快的领域，岩土工程怎样和现代信息技术融合，跟上日新月异的信息化时代？

信息化技术与岩土工程技术融合是岩土工程推荐性标准的创新之路，也是解决前述我国以往岩土工程实施标准存在问题的有效途径。按照《中华人民共和国标准化法》和住房城乡建设部印发《关于深化工程建设标准化工作改革的意见》要求，建议我国岩土工程标准体系为图1：

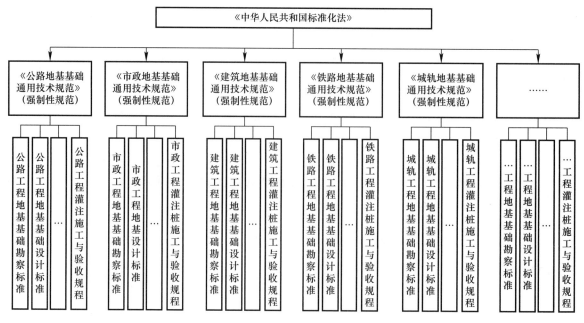

图1 岩土工程标准体系建议

（1）关于标准名称建议

根据住建部标准司关于从标准名称上区分强制性标准和推荐性标准名称方法建议，将全文强制性标准名称定义为"规范"，将推荐性标准名称规定"标准"。为了区分施工标准，图1建议施工与验收标准定义为"规程"，规程公认的说法是对作业、安装、鉴定、安全、管理等技术要求和实施程序所做的统一规定，因此，以"规程"定义施工与验收标准是合适的。

（2）关于岩土工程设计标准编制

我国工程建设行业各子行业多年的蓬勃发展，已形成了建筑、公路、铁路、市政、城轨、水利、电力……各子行业岩土工程设计、施工、验收及造价的特殊要求，推荐性标准可以很好地适合这种发展需要。由于不同子行业对象不同，设计计算方法、安全系数、检测等存在不同，因此，不同子行业的地基基础设计标准可以按不同子行业单列。

以往标准编制与计算机技术是分离的，一般是在标准编制发布后或在送审稿时，软件公司根据市场需求编写软件，没有市场需求的就没有相应软件，由此产生了标准发布后不可操作的结果，如边坡工程，其分析方法众多，很多实际标准对此进行了罗列并赋予不同的安全系数，造成了一个问题有多种解，让设计人员无法适从；同时，由于没有对相关问题进行试设计，设计标准定义的安全系数与实际工程设计情况严重不符，设计条文无法实施，造成概念混乱。此类问题甚多，解决的方法就是在设计标准制定过程中，利用计算机技术对所有条文的计算公式、安全系数，针对不同情况已建工程及其他可能进行分析，使条文安全、经济并具有可操作性。

如中国土木工程学会关于市政工程基坑工程的团体标准为落实专业化、信息化的创新精神，编制组按图1要求将基坑支护标准设立为《市政基坑工程设计技术标准》，施工及验收部分按分部分项工程分别编写《市政基坑工程××施工与验收规程》

（3）关于岩土工程施工规程编制

以往的"技术规范"中涵盖了施工与验收部分，但在实际施工过程中难以操作，也难以达到指导施工的要求，更无法采用信息化技术。由于施工是针对不同分部分项工程进行的，从产品全生命期管理的角度考虑，其施工、验收方法都完全不同。国家标准改革为解决此类问题提供了出路，施工的推荐性标准可以按不同子行业的分部分项工程编制，内容可以详细到施工具体工艺要求及工艺验收表单、监理旁站表、造价定额，一本施工规程包含分部分项工程开工到竣工全过程要求。

表3为中国土木工程学会基坑分部分项工程施工规程的编写要求。

《市政基坑工程××施工与验收规程》章节要求　　　　表3

序号	章	节
第1章	总则	—
第2章	术语、符号与参考标准	2.1 术语 2.2 符号 2.3 参考标准
第3章	基本规定	
第4章	计划施工组织设计	4.1 施工图复核 4.2 深化设计 4.3 技术标制作要求 4.4 商务标制作要求 4.5 工程预算 4.7 交付现场数据
第5章	现场实施组织设计	5.1 总工期管理 5.2 质量管理 5.3 安全管理 5.4 造价管理 5.5 人机料管理 5.6 文明工地管理 5.7 绿色施工管理 5.8 交付施工作业数据

续表

序号	章	节
第 6 章	施工作业	6.1　作业岗位要求 6.2　工艺流程管控 6.3　监理表格内容 6.4　验收表格内容 6.5　变更通知内容 6.6　交付竣工资料数据
第 7 章	竣工资料	7.1　基本资料 7.2　进度数据 7.3　造价数据

同时，要求各编制组就《规程》内容提交相应软件。

（4）关于岩土工程团体标准编制

如前所述，我国工程建设各主要领域，包括城乡规划、城市建设、房屋建筑、工业建筑、水利工程、电力工程、信息工程、水运工程、公路工程、铁道工程、石油和化工建设工程、矿山工程、人防工程、广播电影电视工程和民航机场工程等行业已相继针对建设工程的勘察、规划、设计、施工、安装、验收、运营维护及管理等工程建设活动和结果制订了工程建设国家标准、行业标准。按照《住房城乡建设部办公厅关于培育和发展工程建设团体标准的意见》提出"在没有国家标准、行业标准的情况下，鼓励团体标准制定主体及时制定团体标准，填补政府标准空白。团体标准制定主体可通过制定团体标准，细化现行国家标准、行业标准的相关要求，明确具体技术措施"的指导意见，对于不同行业（或子行业），可根据行业发展、市场需求与技术创新要求，建议在分析研究现行有关国家标准、行业标准技术要求存在的不足与空白，或市场缺失的标准的基础上，制订具有各行业（或子行业）自身特点并满足工程建设需求的岩土工程团体标准；对于同行业（或子行业）除了遵循上述团体标准制订原则外，团体标准制订主体（学会、协会等），应加强沟通与协调，建议从标准立项开始，杜绝各自制订同名称、同范围、同内容等同质化的岩土工程团体标准，避免恶性竞争，力求促进各行业、同行业（或子行业）岩土工程团体标准走上良性发展的道路。

（5）岩土工程标准与信息化

我国工程建设标准改革不应该是简单的标准分类改革，而是通过这个改革能更加适应岩土工程建设发展的需要。从事岩土工程标准化工作者在这次改革中应该大胆创新，利用推荐性标准特点，将标准与信息化技术有机结合，既为国家标准编制工作改革增加活力，又能为自己编制的岩土工程推荐性标准提高市场地位，这应该是今后推荐性标准的一个重要发展方向。

BIM 技术是信息交换技术，前已述及，岩土工程技术发展也将沿着数字化、数字化网络化、数字化网络化智能化的路线发展。只有具备了岩土工程各项技术与工艺数字化的基础上才能实现网络化，岩土工程 BIM 技术才能得以实现。因此，由标准促进岩土工程数字化，数字化提高标准水平，相辅相成提高我国岩土工程技术整体水平。

致谢：建研地基基础工程有限责任公司张雪婵、陈伟、郭金雪、刘朋辉、赵晓光、江书涛，建研科技股份有限公司聂祺，深圳市勘察研究院有限公司肖兵，华东建筑设计研究院有限公司徐中华，上海市基础工程集团有限公司王理想，山东省建筑科学研究院卜发东，华侨大学涂斌雄，大连理工大学高仁哲，福建省建筑科学研究院李志伟，东南大学蔡国军，同济大学李卫超，广东省建筑科学研究院温世聪，云南省设计院集团贺云军，中国建研院任霏霏等有关专家对本文亦有贡献，谨此谢忱。

作者简介

黄强，男，研究员，现任中国建筑科学研究院有限公司顾问总工，国家建筑信息模型（BIM）产业技术创新战略联盟理事长，博士生导师、享受国务院政府特殊津贴专家，长期从事岩土工程科研、开发及工程建设标准研究编制工作。

Geotechnical engineering standard and informatization

HUANG Qiang，CHENG Qi

(China Academy of Building Research，Beijing 100013)

Abstract：In the paper，the current status of geotechnical engineering standard development and implementation is explicated and the information technology for this sector analyzed. In line with the "Standardization Law of the People's Republic of China" and the "Opinions on Deepening Standardization Reform for Engineering Construction" published by Ministry of Housing and Urban-Rural Development，the direction of the geotechnical engineering standard reform is expounded and the approach of the combination and the integrated development of geotechnical engineering standard with information technologies conceived.

Key words：geotechnical engineering，standard，informatization

大面积场地与地基的处理技术

郑刚[1,2,3]，周海祚[1,2,3]

（1. 滨海土木工程结构与安全教育部重点实验室（天津大学），天津　300350；

2. 天津大学建筑工程学院，天津　300350；

3. 天津大学 水利工程仿真与安全国家重点实验室，天津　300350）

摘　要： 针对不同类型的大面积场地的形成和工程服务需求，提出了场地处理和地基处理的概念，并将地基处理分为大面积人工场地以下的天然场地的场地处理、大面积填土形成的人工场地的场地处理和大面积场地上的不同类型单体工程下的地基处理三个层次。以大面积场地的场地处理和地基处理、道路工程地基处理为重点，分别介绍对应常用的地基处理技术及近年来的重要研究进展，并选取代表性的工程应用进行分析，为工程建设提供参考借鉴。

关键词： 大面积场地；地基处理；填土；道路

1　引言

地基指的是承受上部结构荷载影响的那一部分土体，基础下面承受建筑物全部荷载的土体或岩体称为地基。场地一般是指工程群体所在地，具有相似的反应谱特征，其范围相当于厂区、居民小区和自然村或不小于 $1.0km^2$ 的平面面积。在本文中，当拟建设的场地是通过大面积填方形成的人工场地时，场地所指的范围则可包括沿海地区大面积吹填造陆、海域大面积填海筑岛造陆、山区大规模填方等形成的大面积人工场地。

软弱地基上的工程建设大量涉及地基处理，需对拟建工程下的地基根据需求确定处理宽度、深度、处理方法。对人工形成的大面积场地，地基处理可包括三个层次：第一层次是大面积填土之前，如果原地面以下是软弱可压缩土层，则需确定是否需要进行原地面以下的大面积天然场地进行地基处理；第二层次是填土形成的大面积场地如何进行处理以满足形成场地的要求；第三层次是大面积场地上的拟建建筑物下的地基进行处理。前二者可称为场地处理，后者则为地基处理。

2　地基处理技术的分类与回顾

2.1　地基处理技术分类

表1是在最新修订的 JGJ 79—2012《建筑地基处理技术规范》基础上，增加和修改列出的地基处理技术分类。

我国地基处理主要方法　　　　　　　　　　　　　　　表 1

Typical methods of ground improvement in China　　　　Table 1

地基处理分类	处理方法定义	主要方法
换填垫层法	挖除基础底面下一定范围内的软弱土层或不均匀土层，回填其他性能稳定、无侵蚀性、强度较高的材料，并夯压密实形成的垫层	换土垫层法 挤淤置换法 EPS 超轻质料填土法 加筋垫层法 褥垫法

地基处理分类	处理方法定义	主要方法
排水固结	在地基上进行堆载预压或真空预压或联合使用堆载和真空预压，形成固结压密后的地基	堆载预压法 超载预压法 真空预压法 真空预压与堆载联合作用法 降低地下水位法 电渗
压实	利用平碾、振动碾或其他碾压设备将填土分层密实处理的地基	平碾 振动碾
夯实	反复将夯锤提到高处使其自由落下，给地基以冲击和振动能量，将地基土密实或形成密实墩体的地基	强夯法 强夯置换
振冲	利用横向挤压设备成孔或采用振冲器水平振动和高压水共同作用下，将松散土层密实处理的地基	振冲法
复合地基	部分土体被增强或被置换，形成由地基土和竖向增强体共同承担荷载的人工地基	置换砂石桩法 振冲砂石桩法 挤密砂石法 石灰桩法 低强度混凝土桩复合地基法 钢筋混凝土桩复合地基法 水泥粉煤灰碎石桩复合地基 夯实水泥土复合地基 水泥土搅拌桩复合地基 旋喷桩复合地基 灰土桩复合地基 柱锤冲扩桩复合地基 多桩型复合地基 碎石桩加筋桩 微型桩
生物加固	在地基上进行生物的代谢反应，形成加固后的地基	生物酶固土技术法 细菌固土技术

2.2 地基加固技术回顾

我国针对不同工程地质条件的场地常用堆载预压法、真空预压法、强夯法、置换法等，与此同时，生物加固等新兴加固方法也逐步得到推广及应用[1]。

（1）压实法

压实法是利用机械滚轮的压力压实地基，增强土体的密实度，提高土体的承载及变形能力。压实法适用于处理粗颗粒、黏性土与砂或碎石混合的大面积吹填土、填土地基。地基压实可采用静力碾压法、振动碾压法和冲击碾压法。

静力碾压法利用机械滚轮的压力挤压土体，增加土体密实度、强度以及稳定性，主要应用于地下水位以上强度较高的地基；振动碾压利用碾压轮沿填土表面滚动，同时利用偏心质量旋转产生的激振力，使被压土石同时受到碾压轮的静压力和振动力的综合作用，给土石施加短时间的连续振动冲击，使颗粒重新排列，相互嵌挤密实，工作效率可比常规静力压路机提高1~2倍。振动压实法主要应用于吹填砂土或黏粒含量少、透水性较好的地基；冲击碾压法结合了夯实和压实的技术特点，即低频夯实影响深度大，土层穿透力强和压实法连续性好的优点，可处理深度要求高、施工工期短的软弱地基。在施工过程中，正多边形冲击轮高速运动并冲击地面，待处理土体受到冲击、滚压、揉压的综合作用，密实度大幅降低，适合于大面积高填土的压实施工。

压实法的设计和施工方案应根据土体工程性质、场地变形要求及填料特性等因素综合分析确定，当填土厚度较大时，可以采用分层碾压的方式，保证压实质量。

（2）振冲法

振冲法（振动水冲法）。振冲法是砂土地基通过加水振动使之密实的地基加固方法，单纯振动水冲法主要适用于砂土。为了提高振冲法在黏土中的适用性，可用该方法打设振冲碎石桩，经处理后，在地基中形成一个大直径的密实桩体。对地质条件复杂的工程，振冲施工前应进行工艺试验，并应在确认质量能够满足工程要求后，方可进行工程施工。振冲法具有加固深度大、加固效果较好、操作简单、成本较低、施工工期短的优势，被广泛运用于加固软弱地基，特别是吹填土与砂土地基。

（3）换填垫层法

换填垫层法是大面积软土地基处理最常用的方法之一，主要适用于软土层厚度不大的工况。该方法将土层中的软土及不均匀土体挖除，回填其他性能稳定、无侵蚀性、强度较高的材料，随后经夯压密实形成工程性质较好的垫层。根据换填方式的不同可分为挖除换填法、抛石挤淤法、强夯置换法和加筋垫层法等。换填法针对原状土体工程性能较差的工程效果显著，并可通常联合碾压或强夯法等地基处理技术保证换填土层的工作性能。然而，换填垫层法的处理深度具有明显局限性，当软土层较厚时，换填垫层法工程量大，施工困难，造价也较高。在软弱土体换填后，可在垫层中铺设加筋材料，与填料组成加筋垫层，可进一步提高地基承载力，减少地基应力不均匀程度，但是加筋垫层对于地基变形能力的提升一般，因此，土工合成材料加筋垫层方法在地基处理中可以与其他方法配合使用，比如排水固结法、复合地基法等。

（4）排水固结法

排水固结是指对于天然地基设立竖向排水体，根据自重进行加载，或者在建筑物建造前，在场地上进行加载预压，使土体中的孔隙水排出，逐渐固结，并逐步提高土体承载能力的方法。依据加荷方式的不同可分为堆载预压法、超载预压法、真空预压法和真空-堆载联合预压法等。根据排水系统的差异可分为水平砂垫层法、砂井法、袋装砂井法和塑料排水带法等。

① 堆载预压法是通过在地基上施加荷载，从而增大下部土体中的超孔隙水压，加速超孔压消散及土体固结，并在达到预定标准后卸载的方法。该方法适用于处理粗颗粒土、细颗粒土和混合土等吹填土及软土地基。堆载预压法具有操作简单、施工方便、成本低的优点，然而工期相对较长，若要缩短固结时间，可以联合其他加固方式。

② 真空预压法。真空预压法是在需要加固的软土地基在土体中设置竖向排水通道，上部铺设砂垫层和覆盖密封膜，使用真空负压源进行抽气使土体内部处于真空状态，进而排出土中的水分，使土体产生固结沉降。利用密封系统对加固土体进行空气密闭，抽真空系统为土体提供持续稳定的负压，采用大气压力代替土石料堆载对土体进行挤压，并利用排水排气系统将土体中的气体液体排出，最终使孔隙比、含水量降低，达到加固处理的效果。真空预压法具有技术可靠、经济合理、工期较短等优势，主要适用于处理软黏土、淤泥、淤泥质土等地基[2]。

③ 电渗法。电渗法是在要处理土体中插入金属电极，由于水中含有一定的阳离子，通过直流电可以使土体中的水从阳极流向阴极，产生电渗，进而降低土体含水率，加速土体固结，实现土体加固。其适用于处理淤泥、淤泥质土等含水率高、渗透性低、黏粒含量高的细粒土地基，具有适用范围广、后期加固效果显著的优势，近年来得到广泛适用。除此之外，电渗排水法也可以与堆载预压法、真空预压法以及强夯法等联合使用以进一步提升加固效果。

（5）强夯法

强夯法是指将十几吨至上百吨的重锤，从几米至几十米的高处自由落下，对土体进行动力夯击，使土产生强制压密而减少其压缩性、提高强度的地基处理方法。强夯法适用性强，可处理碎石土、砂土、低饱和度的粉土与黏性土、湿陷性黄土、杂填土和素填土等地基。强夯法具有土质适用范围广、施工简单、加固效果显著、施工速度快的优势。值得一提的是，强夯法一般不适用于加固饱和度较高的黏性土，因为容易形成"橡皮土"，造成地基承载力降低。

2.3 复合地基法回顾

复合地基是指天然地基在地基处理过程中部分土体得到增强，或被置换，或在天然地基中设置加筋材料[3]，加固区由基体和增强体两部分组成，共同承担上部荷载的人工地基。复合地基是目前大面积软土地基处理的一个重要手段，广泛用于高速公路、铁路、码头堆场等大面积软土加固工程。依据竖向增强体的材料、成桩后加固体强度与刚度特性，可将其分为如表2所示的四类加固体[4]，即：砂桩、碎石桩等散体材料竖向加固体；旋喷桩、水泥土搅拌桩等半刚性桩；CFG桩、素混凝土桩、钢筋混凝土桩等刚性桩以及由上述不同材料、不同工艺组合形成的组合桩，如图1所示。

我国地基处理主要柱状加固体　　　　　　　　　表2
Main column-type ground reinforced elements in China　　　Table 2

强度特征	第一类 （散体桩）	第二类 （低-中等黏结强度）	第三类 （刚性桩）	第四类 （组合型）
	砂桩 碎石桩 砂石桩	水泥土搅拌桩 石灰桩 水泥/石灰桩 夯实水泥土桩 灰土桩 浆固碎石桩 旋喷桩 袋装砂井 土工织物袋装砂桩 布袋注浆桩	CFG桩 预应力管桩 预装方桩 素混凝土桩 钻孔灌注桩 螺旋成孔灌注桩 Y形混凝土桩 大直径筒桩 X形混凝土桩	水泥土-预制混凝土劲芯复合桩 水泥土-型钢劲芯复合桩 水泥土-现浇混凝土劲芯复合桩 混凝土芯砂石桩 水泥土芯砂桩
黏结强度	无	低-中	高	
抗剪强度	低-中	低-中	高	中-高
抗压强度	低	低-中	高	中-高
抗拉强度	无	无-低	低-高	低-高
抗弯强度	无	无-低	低-高	低-高

（a）　　　　　　　　　　　　　　　　（b）

（c）　　　　　　　　　　　　　　　　（d）

图1　主要柱状加固体图

Fig. 1　Main column-type ground reinforce d elements

（a）第一类加固体；（b）第二类加固体；（c）第三类加固体；（d）第四类加固体

（1）散体桩

对砂桩、碎石桩等散体类柔性加固体来说，桩体无黏结强度、无抗拉与抗弯能力。散体桩适用于松散砂土、黏性土等地基[5]。一方面散体桩提高了地基的抗剪强度和刚度；另一方面散体桩本身是良好的排水通道，加快地基土的固结速度。此外，散体桩有较强的振动挤密效果，能有效地控制振动荷载下土体发生液化，散体桩具有施工速度快、效率高及造价低等优点。然而，散体桩存在应用的局限性，其通过土体的围压发挥抗剪强度，因此不易用于过于松软的土体[6,7]。

（2）低-中等黏结强度桩

低-中等黏结强度桩属于半刚性桩。对于半刚性桩加固体，其桩体具有一定黏结强度、较低的抗拉强度和抗弯刚度与强度，有一定抗压、抗剪强度。

高压旋喷桩。是采用高压设备使浆液冲破土体，通过喷射和旋转的双重作用，使浆液与土体拌和凝固形成固结体。成桩工艺通常采用单管旋喷法高压旋转喷射形成的圆柱状竖向增强体。

水泥土桩是使用水泥或者其他材料作为固化剂，深层搅拌进而形成桩体的一种方法，可分为喷浆搅拌法和喷粉搅拌法2种施工工艺。一般认为，喷浆搅拌法更利于水泥土搅拌均匀，其加固深度更深；而喷粉搅拌法则更利于处理含水量很高的土层。水泥土桩复合地基在道路路堤地基处理中有着独特优势。当路基中水泥土桩达到设计强度，路堤填筑速度快，施工工期较短，沉降量小。相比于换填垫层法或者排水固结法处理道路路堤地基，深层搅拌法工期短，沉降控制效果更好，但是成本较高。

（3）刚性桩

无筋刚性桩加固体具备高抗压和抗剪强度的优点，但其抗拉强度和抗弯强度相对较差（但抗弯刚度较高），包括CFG桩、CMC桩和素混凝土桩等，刚性桩的承载力由桩侧摩阻力和桩端阻力两部分组成。

CFG桩（粉煤灰碎石桩）是利用工业废料［粉煤灰与碎石（或砂、石屑）］和适量水泥按照配比搅拌形成的胶凝体。它具有较高的强度，易于施工，能有效提高承载力，减少沉降，在公路、铁路中被广泛利用。CFG桩有利于废物利用，减少环境污染。

CMC桩（可控模量桩）是使用灌浆，混凝土或水泥材料（包括粉煤灰和矿渣等废弃物）的组合构造的半刚性桩体。

素混凝土桩采用素混凝土桩作为增强体，常采用C10～C25混凝土，桩顶与基础之间设置一定厚度的褥垫层。在上部荷载作用时，桩顶刺入褥垫层，桩间土的承载力充分发挥。此外，常在素混凝土桩上布设桩帽，以便上部荷载的应力扩散，获取最优的桩土应力比，将各自的作用充分发挥，提高地基处理的作用效果。

预应力管桩具有施工速度快，工后沉降小的优点。然而，预应力管桩的接头质量不易控制，当其承受水平方向的荷载时，桩体易发生折断和较大的侧向位移。因此，在预应力管桩的打入过程中，应保持其垂直度，避免临空面的存在[8]。

低-中等黏结强度桩和刚性桩通常适用于工期紧、路堤荷载大的高饱和深厚软土地基处理工程，多用于处理桥头跳车或对道路管线不均匀沉降控制较严的路段。

3 大面积场地地基处理技术

目前最典型的两种人工形成的大面积场地包括大面积吹填形成的场地和山区大面积填方压实形成的场地。前者包括陆域吹填和水域吹填。当吹填土厚度较大、填海造陆的原海床以下是可压缩土层时，或者山区大面积填方场地的原地面以下为高压缩性、土层深厚的软弱地基时，在荷载作用下，由于其地基承载力低、地基总沉降及不均匀沉降大，且沉降稳定历时比较长，须进行地基处理。

3.1 大面积堆场地基处理技术

我国经济发达地区大多集中在东部沿海，随着外来人口的增多及城市建设的高速发展，土地资源稀缺的矛盾日益突出，吹填造陆技术大规模应用以解决这一问题。吹填土是指通过绞吸船把原状淤泥在水中搅拌成一定比例浓度的泥浆经过管道水力吹至围堤内所形成的沉积物。填海造陆过程必须要进行大面积吹填，然而吹填土工程性质较差，在工程过程中主要面临以下几个问题：

沿海大面积场地吹填地基土多为欠固结土，其固结特性与一般软土存在着较大的差异；其含水率高，孔隙比大，压缩性强（$a_{1-2}>2$MPa），固结度低，承载力小（十字板强度一般低于10kPa）。大多数吹填土天然含水量较高，呈软塑到流塑状态，其不具有应力历史的特点。

吹填土在固结过程中，渗透系数与压缩系数呈现非线性的变化规律，尤其在小应力阶段，这种非线性的关系更为显著。初始含水率对吹填土体在小应力阶段的渗透系数与压缩系数关系产生影响，当达到固结转化的界点时才会沿固有的压缩曲线变化。因此，在低应力水平下，传统的固结试验来确定固结系数的方法不再适用，导致吹填土的固结时间与变形量难以预测。吹填土在荷载作用下变形很大，当以吹填土为建筑物地基的主要持力层时，其最终沉降量一般能够达到土层厚度的一半。这是由于，当主固结完成，超静孔隙水压力逐渐消散至0时，土体的沉降并没有停止，吹填土大都为级配不良土，且压缩性大，土骨架会在有效应力的作用下产生较大的蠕变变形，甚至由过大变形引发工程事故[9]。

大面积场地的荷载宽度大，土体附加应力的传递范围广，且随深度衰减速度较常规场地显著降低。以荷载范围较小的建筑地基为对象的传统压缩层厚度计算方法不再适用，须提出适用于大面积荷载作用下地基沉降计算时的压缩层厚度及最终沉降的计算理论。此外，若仅考虑新近吹填土的沉降而忽略原状下卧土体的变形，将低估场地的沉降。针对吹填土底部土体为软弱地基时，可将吹填土视为大面积荷载，采用叶观宝[10]提出的基于广义Gibson模型的地基沉降分析方法。该方法依据成层土体的竖向有效应力分别确定成层Gibson地基参数情况后，基于广义Gibson地基模型，分析大面积填土场地条件下地基中心点的竖向位移解，采用分层总和法得出地基沉降后与吹填土自身变形进行叠加，进而得到大面积吹填土场地总沉降。

目前针对吹填土的处理方法主要分为物理加固法和化学加固法两个方面，其中常用的为强夯法、堆载预压法，排水固结法（主要是真空预压法），振冲法，以及水泥为主要固化材料的化学固化等方法中选择一种，或者几种进行组合处理。由于现阶段对于吹填土地基处理的工期及加固效果要求越来越高，传统的单一加固方式难以满足工程需求，新型真空预压方法以及混合处理方法得到了广泛应用。

随着工程需求的不断提升，国内外学者和工程工作者在不断的实践经验中发展了许多不同类型的真空预压加固新技术，包括直排式（无砂）真空预压法、水下真空预压法、电渗-真空预压联合加固法、分级式真空预压法、增压式真空预压法、交替式真空预压法、化学-真空预压联合加固法等。

电渗-真空预压联合加固法。真空预压等地基加固方法仅能排出土体中的自由水，而无法排出对土体性质影响较大的弱结合水，随着加固时间的增长，加固效果提升较小。电渗法通过对土体施加电压，使土体中的自由水和弱结合水在外加电场作用下向阴极移动，可以集中排出。因此，电渗-真空预压联合加固法可以兼顾两者优点，在多场共同作用下加固土体，与传统的真空预压方式相比，加固效果的优势十分的明显。

直排式（无砂）真空预压法。直排式（无砂）真空预压法将真空负压源装置直接与土体内部排水主管和支管相连，取消了砂垫层，降低了真空度在砂垫层、排水滤管、排水体周围滤膜等部分阻尼作用引起的真空负压能量消耗，提升了真空度的利用率，消除了砂垫层的冒泥污染，同时无需用砂，降低了造价。

水下真空预压加固法。除陆上地基处理外，还有不少水下软土地基需要加固，为此我国已进行一系列水下真空预压工程应用与实践，验证了水下真空预压方法的可行性，然而该技术仍面临不少需要克服的困难与挑战。随着港口建设向深水发展和沿海滩涂的大规模开发建设，水下真空预压加固技术将有广阔的应用前景和适用性。

增压式真空预压法。传统真空预压法在土颗粒运移的过程中，排水路径易被土体颗粒堵塞，造成排水板周围土体的渗透系数减小，会形成淤堵泥层，大大降低了真空预压的效率。增压式真空预压法通过增压来提高竖向排水板与周围土体的水平压差，大幅降低了排水板淤堵的情况，提高对土体处理的效果，其工作原理如图2所示。

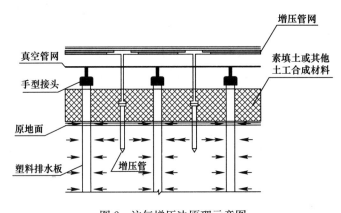

图2　注气增压法原理示意图

Fig. 2　air booster vacuum preloading method

分级式真空预压法。传统真空预压方法一次性将真空荷载值施加至80～85kPa，一次性过大的真空预压值可能会导致淤堵并导致能源的浪费，分级式真空预压法将这个压力值分级施加在待处理地基土中，可以提高被处理吹填软土地基的加固效率，进而实现真空预压法最优真空加载方式。

交替式真空预压法。排水板附近的淤堵泥层是降低真空预压效率的主要原因之一，其主要是由于细颗粒在运移过程中短时间内集聚形成，交替式真空预压法采用两个并排的主管，两个主管与两个不同的射流泵相连，通过控制装置实现交替式抽吸。使得排水量随时间稳定增加，防止排水板的淤堵，保证了排水速率，对于超软土地基具有很好的加固效果。图3为深浅层交替式真空预压法设计示意图。

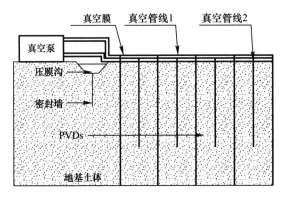

图3　交替式真空预压法原理示意图

Fig. 3　Theory of alternating vacuum preloading

现阶段研究中吹填土场地主要包括的联合处理方法为：

电渗-强夯地基处理联合法。该方法将电渗手段与强夯技术结合，提高水的渗出速度，进而提高地基土承载力。两者的结合可以促进土体中自由水及弱结合水的排出，排水速度快，固结效果明显，保证工程各个阶段均有较好的加固效果。除此之外，该方法噪声低且无环境污染，特别适合于环保、工期要求高的高含水量场地。

水平排水板振动碾压法。该方法在施工时，首先吹填一定厚度砂土后，水平铺设塑料排水板，上覆一定厚度砂土后，进行振动碾压，如此循环直至达到预定填土高度。该方法通过静力压实、振动密实和排水减压三方面作用的联合，大大提高了排水固结和土体加固的效果。

化学-真空联合加固法。化学固化剂是近年来吹填土地基加固的新兴方法，将添加固化剂（化学加固手段）与真空预压（物理加固手段）相结合，可综合发挥各自优点，为大面积吹填土场地加固处理提供全新思路。

3.2 大面积填土场地

大面积填土工程是一种很普遍的工程，如机场建设，城市新城建设等均需要大面积填土，并面临地基处理的问题。截至 2017 年，我国拥有民用机场 200 余座，然而现有机场资源仍不能满足未来我国快速发展的需求，大量新机场即将建设或正在施工。与此同时，随着西部大开发的深入，我国西部城市化进程不断加速，然而，由于我国西部城市多分布在丘陵、高原和山区，可直接利用的大面积城市开发用地非常有限，山区城镇空间拓展势在必行。上述工程均需要进行大面积填土，工程中主要面临以下几个问题：

（1）众多山区大面积填土场地跨越复杂的地形地质单元，存在大量深厚软弱土层以及需要高填方的洼地，陕西、重庆等地的工程填土厚度超过了 40m，甚至超过 100m，挖填交替，填方填料类型众多且性质复杂，如何使大面积填土场地的强度、变形及均匀性满足工程建设要求成为一个亟待解决的问题。

（2）我国西部黄土丘陵沟壑区大都就地采用黄土作为填料填沟造地，然而黄土填料具有较强的湿陷性，必须选择合适的地基处理方式消除黄土填料的湿陷性，保证土体稳定、均匀、密实，进而最大程度上减小工后沉降以及差异沉降。

（3）我国众多高填方工程位于地震高烈度区，加之工程中面临的沿山坡倾斜分布的深厚软弱土层上高填方及顺坡填筑，大大增大了高填方填土工程失稳的风险，必须采用合理的地基处理方式保证高填方边坡的稳定性。

（4）新城拓展以及机场建设对于工期的要求均比较急迫，而大面积填土场地的开挖和充填量较大，现场获取的填筑材料性质、级配差异巨大，在较短的工期内实现有序、高质量的地基处理是一个巨大的挑战[12]。

针对传统强夯方法处理深度较浅，无法满足深厚土体密实效果的问题，传统强夯法开始向复合强夯等方法发展，主要有以下几种方式：

高能级强夯法。该方法指夯击能大于 6000kN·m 的强夯。通常适用于有效加固深度大于 10m 的工程，相比于普通强夯法，其加固效果更为明显，均匀性更好，强度更高。在处理地基土压缩性、湿陷性等方面具有良好的处理效果[13]。与此同时，强夯法的施工工艺也在不断革新，采用"先轻后重，逐级加能，轻重适度"的原则[14]，可以起到更好的加固效果，防止土体孔隙水压力过高，最佳夯击能与夯击次数的确定，也在保证工程质量的同时避免了能源的浪费。对于软土厚度不均的大面积场地，也可采用不同的强夯能级以控制不均匀沉降。

强夯置换法。该方法通过在夯坑里添加碎石等材料，在地基中强夯产生不同直径，不同高度的置换体，如碎石柱、碎石桩、碎石墩等，进一步提高被增强土体的强度及变形性能，同时强夯可以使砂石桩内部破碎、扩散，提高了复合地基置换率及密实度，同时也可提高土体的排水性能。

孔内深层强夯法。该技术手段先利用机具成孔，向孔里注入碎石等材料，然后使用夯锤进行夯击，碎石等材料在强夯作用下挤密并向四周扩散，使得地基土承载力提高。该方法大大提高了强夯的作用深度，同时形成了复合地基，增强了地基承载力、稳定性。

高真空击密法。该方法通过多次的高真空排水结合数遍变能级强夯，从而降低土体含水率，提高处理后土体的强度及变形能力，适用于加固饱和松软的地基土，具有造价低廉、施工速度快、对高含水量地基适应性强的特点。

高能级强夯联合疏桩劲网复合地基。该方法将桩网复合地基与强夯法结合起来，基于沉降控制复合桩基的原理，充分发挥了地基及桩基的承载力，并实现了变形控制。桩网的设置可以增大桩基以及桩帽底板下地基土的承载力，浅层强夯可以协调变形，减小地基的不均匀沉降。

针对高填方机场工程地基沉降较大和边坡稳定等问题，李强[11]分析了高填方工程中地基环境、地基和填筑体变形、高边坡稳定等关键技术问题与机场试航能力的系统性关系，提出了机场高填方工程"三面一体控制"理论。该设计模型的主要内容包括基底面、临空面、平整面以及填筑体，其中基底面为填筑体与原地基的结合面，由于该面新老土体间的接触，必须重点控制原地基承载力、沉降变形并考虑地下水影响；临空面为填方边坡坡面，存在边坡稳定性问题，需根据工程实际控制坡型、同时做好坡面放水工作，防止渗流破坏；平整面是各类设施的建设场地，主要提供平整场地，对沉降控制和强度有严格的控制要求；填筑体即填筑的土体，同时根据其与上述三平面的位置关系，可以分为平整面影响区、土面区、边坡稳定影响区等，不同部位承载不同的功能。该模型建立了高填方工程地质环境、岩土性质、填料分类、场地分区与沉降和稳定性控制之间的系统性关系，揭示了高填方工程基底面、临空面、平整面、填筑体和场地工程条件的相互影响和规律，提出了高填方工程质量控制的要点和方向。针对不同区域的工程特点及性能需求，制定了不同的控制要求及技术措施，进而形成成套的技术措施。

针对大面积填土工程工作面大，开挖及充填量大的特点，为了提高大面积填土场地压实质量及效率，智能压实技术近年来受到了广泛的关注。智能压实技术主要将压实技术、计算机和通信技术有效结合，通过利用现代化的检测设备和反馈系统将压实质量信息与位置信息等进行实时反馈，监控压实机械的工作轨迹和压实信息，使得人们对压路机的压实效果可以更加精确地记录、分析。智能压路机在压实的过程中能够增加其作用深度，增加压实的均匀性和增加生产效率，同时可以降低维修成本等，特别适合于作业面较大的压实场。姚仰平[12]针对机场高填方工程开发了压实质量实时监控系统，大幅度减轻了人为因素的影响，通过压实轨迹的优化以及无人驾驶技术的结合，提高了压实质量及效率。

随着人们环境保护意识的不断加强，绿色施工成为新的发展方向，生物加固法凭借其环保、节能、无污染的特性受到了广泛关注，其中目前应用于大面积地基处理的是生物酶加固技术。它主要是由植物发酵提取出来的一种耐高温、无毒且无腐蚀性的高效环保生物试剂。生物酶在一定范围内能很好地改良天然土体的工程力学性质并可以替代传统的加固掺合剂，目前已在大面积场地中得到初步的应用，并被证明有一定的成效。

4 道路工程地基处理

当铁路工程、公路工程建设在软弱地基上时，也大量涉及地基处理。其特点是涉及的处理宽度不大（铁路站场等可能涉及的地基处理宽度可超过100m），但一次性处理的长度可达数公里至数十公里甚至更长。因此，研发快速、高效、经济的地基处理技术，对于铁路、公路的建设意义重大。

软土地基含水量高，压缩性强，承载能力差，主要有三个特点：①变形量大。软土主要指淤泥或淤质土，含水量较大，水分不易自流出来，与其他土体相比变形量很大；②压缩稳定时间长。软土孔隙比大，孔隙却很细，因此孔中的水难以流动，透水性差。尤其是饱和土，在受荷载作用后，水不能尽快排出，整个变形过程要持续数年或数十年；③侧向变形较大。其侧向变形与竖向变形之比在相同条件下比一般土体大。由于软土地基的特殊性，在软土地区进行市政道路、高速公路、高速铁路等工程的建设主要面临以下几个问题：

（1）软土地基承载能力差，各类道路地基易出现路基失稳。市政道路工程中软土地基由于承载力不足，会出现地基不稳、路面下陷的状况，使市政道路无法通行。在高速公路或者高速铁路工程中地基处理不当，容易出现路堤整体滑动，桥台破坏等问题。

（2）对于市政道路，软土地基上的道路路面容易出现地面下沉、变形等状况。其次，如果道路变形不均匀，还可能发生路面裂缝、断裂。另外，市政道路会埋设管道进行排水，软土地基的不均匀沉降还会导致管道排水能力下降，甚至造成管道损坏、断裂，无法排出积水，造成环境污染。

（3）高速公路工程的修建中如果地基处理不当，会破坏道路质量，容易出现很多变形问题。比如，高速公路的路面宽、路堤高，当高速公路修建在软土地基上时，作用在路堤上的荷载大、范围广，导致地基附加应力大，会产生较大的沉降和较长的沉降发展时间；高速公路桥涵多，桥涵和路堤基础形式和荷载不同，易造成沉降差，进而发生"桥头跳车"现象；高速公路还容易发生涵身、通道凹陷、沉降缝拉宽而漏水、路面横坡变缓等问题。

（4）高速铁路具有高开行密度、高安全性、高稳定性和高平顺性的运营需求，有效控制轨下基础的工后沉降已成为最核心的技术问题，然而目前沉降计算方法（比如排水固结地基采用 e-logp 曲线计算、搅拌桩复合地基采用复合模量法计算）带来的误差对于高速铁路路基沉降的高标准要求仍有待改进和完善。

总的来说，道路工程地基处理主要采取换填垫层法、排水固结法和复合地基等技术，根据各种技术的不同特点在实际工程中有着不同的应用。在传统地基处理技术的基础上，结合道路工程路基处理技术的特点，对一些处理技术进行了研发和再创新。

换填垫层法中出现了冲击压实技术的应用和研究，主要用于高速公路中土石填方高路堤的压实施工，可以明显改善填料的压实质量、减小工后沉降。对于排水固结法，在排水体、加筋技术、预压荷载形式等方面取得了一些进展。比如，塑料排水板逐渐成为竖向排水体的主体，高通水量竖向排水板也得到了应用；高强度土工格栅得到了更多应用，并对其作用机理、施工方法进行了更深入的研究；对真空预压法的加固机理、固结理论、施工方法等方面有了更系统的研究，并且出现了水载预压法，可以兼顾经济效益和工程效果。

针对各类传统复合地基技术在道路工程地基处理中的局限性，这些复合地基技术在近年来取得了一些进展，主要有以下几方面：

4.1 水泥土搅拌桩复合地基

针对水泥土搅拌桩复合地基，提出了更为合理的水泥土搅拌桩基础沉降计算方法，有效减少了因室内和现场拌制的水泥土强度差异大而产生的水泥土搅拌桩工程事故。纠正了以前工程界对粉喷桩存在的一些误区，对粉喷桩的特点进行了进一步研究，结果表明粉喷桩可以被更为广泛地应用。对水泥土搅拌桩复合地基固结理论进行了研究，取得了实用性的成果。新型搅拌桩复合地基亦取得了一定的发展。提出了钉形搅拌桩技术，相比于常规水泥土搅拌桩，钉形搅拌桩可以节省水泥用量和施工时间并且得到更高的承载力。刘松玉团队自行研制了双向水泥土搅拌桩及其施工工艺，该技术能够显著改善搅拌桩的均匀性和质量，有着较大的社会经济效益[15]。此外，对变径水泥土搅拌桩的承载特性及桩身荷载传递机理开展了相关研究。

4.2 刚性桩复合地基

对刚性桩复合地基垫层厚度和桩间土刚度对桩土应力比的影响进行了研究，提出了按照沉降控制的新的计算方法[16]。提出了桩-网复合地基、带帽刚性桩复合地基等新概念。

针对道路路基和处理技术的特点，在传统复合地基基础上出现了一些新型桩复合地基。

（1）异型桩复合地基。典型的异型桩包括 X 型桩和 Y 型桩等。异型桩是针对圆形桩桩身材料用量大、造价高、传统沉管灌注桩桩径不能过大的特点而提出的。相对于等截面积的传统圆形桩，采用 X 型或者 Y 型截面的侧表面积增加，有效增加了桩身侧摩阻力，进而提高了单桩承载力，并且保持了传统沉管灌注桩的优点。

（2）现浇混凝土薄壁管桩（PCC 桩）复合地基。针对水泥土搅拌桩等传统方法处理深厚软土地基时加固深度受限的问题，考虑到实心桩及预制管桩造价高或者承载力不足的特点，河海大学提出了现场浇筑混凝土薄壁管桩专利技术。现浇混凝土薄壁管桩吸收了预应力管桩和振动沉管桩技术的优点，单桩承载力较大，造价相对较低，具有较大的应用价值。在南京市大厂区市政经一路工程中对 PCC 桩复合地基技术进行了软基加固的应用，基于现场检测和试验的数据对桩基承载力和复合地基的变形进行了分析，结果表明该桩型桩身质量完整、承载力高、总沉降小，可以显著改善桥头跳车现象。

4.3 复合处理技术

单一的地基处理方法通常适用范围有限，方案设计不够灵活，容易出现缺陷。在实际工程中，将不同的地基处理技术结合而成的地基复合处理技术能够显著提高地基承载力并减小沉降，方案设计得当更容易取得经济与效益的平衡[5]。

（1）复合加固体。结合碎石桩工法和注浆处理技术发展出的浆固碎石桩技术，是一种新型的高等级公路桥头深厚软基处理方法，具有总沉降量小，稳定速度快，工期短的优点。结合高压旋喷桩和预应力混凝土芯桩形成的高喷插芯组合桩（JPP桩）是一种新型组合桩，具有管桩内芯向水泥土外芯和水泥土外芯向桩周土扩散的双层扩散模式，极大提高了上部荷载传递给周围土体的范围，赋予了JPP桩良好的承载性能[17]。结合预制钢筋混凝土芯桩和外包砂石壳形成了混凝土芯砂石桩复合地基，适用于高含水率的深厚软土地区。其中，混凝土芯桩扮演竖向增强体的角色，砂石壳承担竖向排水体的作用，可以有效缩短地基沉降时间，使得大部分沉降在预压期间完成，减少道路工程地基的沉降和不均匀沉降。

（2）多方法复合加固。结合排水固结法和水泥土搅拌桩法提出了长板短桩工法。其中，短桩增加了浅部土体承载力，长板作为竖向排水体加快了深部土体的排水固结。针对常规粉喷桩加固软土地基存在的问题，提出了粉喷桩结合排水板的2D工法，该工法充分利用二者的优点，经济有效地加固了软土地基[18]。

（3）非等强设计刚性桩复合地基。无配筋刚性桩在路堤荷载下可能发生脆性弯曲破坏，进而引发连续破坏降低路堤的稳定性，通过非等强设计，对更易发生弯曲破坏的位置桩体进行配筋加强，可充分发挥不同位置桩体的抗滑贡献，有效阻止渐进破坏的发生，提高路堤稳定性。由于桩体配筋与否对桩体的造价影响显著，而路堤下复合地基用桩数量巨大，仅对部分关键桩进行配筋，即可显著地提高路堤稳定性，并可节约大量工程造价[19]。

5 典型工程

5.1 大面积堆场

（1）填海机场

城市土地资源的紧缺与航空运输吞吐量的不断增长，机场建设的占用土体成为城市发展中的重要问题，海上机场的建设为沿海城市提供了一个解决方案。现在海上机场主要分离岸式与半岛式两种，其中离岸式机场指离开陆地建设，以孤岛形式完全填海建造并运营的机场；半岛型是指机场由陆地向海域填筑而成的，新建成的机场与陆地连成一片，与外界交通联系较近。国内外典型填海机场工程情况如下：

① 日本关西机场。日本关西国际机场，作为世界最早建成的海上机场，位于大阪湾的海面上。该机场的施工场地的海域水深为16.5～19m。场地处海底20m以上为软黏土组成的冲积层，冲积层下100m左右为黏土层与砂砾层交互而成的洪积层。该洪积层属于海陆交互相沉积地层，其中黏土层间夹有不同厚度的砂层。由于机场占地面积大，护岸内（不包括护岸）的需填筑的土石方总量约为1.5亿 m^3。冲积层含水率高，压缩系数大，难以满足荷载要求。因此，填筑工程施工及地基的沉降处理的排水固结方案选择是该机场建设所面临的关键问题。

护岸的施工采用分段施工法，堆积砂与抛石交替进行，使地基分阶段产生沉降，砂土层假设完全排水，基于非线性一维固结理论进行分析[20]。岛内填筑场采用了在场地的黏土层的相应间隔内用人工贯入砂桩的方法加固黏土层。由于关西机场岛内面积大，填筑土石方量大，随着其上部载荷的不断增加，黏土层中所产生的超孔隙水压力可以向砂桩中逸散，从而加速了黏土层的排水固结过程。同样，填筑施工采用阶段施工法，填筑之间保持一定的时间间隔，给予足够的固结时间。

然而，按照设计计算结果50年的总沉降会达到6～10.5m。为了验证计算结果，场地东北角设立了试验区，两年半间，土层的沉降达到了 5.5m，压缩量接近 30%，计算预估结果略保守，验证计算方法的可靠性。但是到目前为止，关西机场还是在发生不断地沉降，有沉入海平面以下的发展趋势。

其问题主要涉及大面积场地的压缩层厚度、土体压缩性的确定难度大，排水条件的估算不合理等方面。该场地共布置了 65 个勘察钻孔，其中仅 6 个钻孔的钻探深度到达了 400m。然而该场地工程地质条件复杂，黏土层与砂土层交互存在，而砂土层的层间不连续导致砂土层的渗透性较低[20]。但设计人员根据钻孔数据资料认为 160m 以下的洪积层表现出了明显的超固结特性，因此地基沉降计算深度选在深度 160m 处，大大低估了压缩层厚度。同时，通过室内试验结果修正得到的先期固结压力容易与真实情况相差较大。勘察数据与实际差距明显，导致预测结果出现较大的误差。此外，在进行设计时，假设吹填土中的砂土层完全排水，这一假设成立的条件是大面积场地的砂土层是连续的，而这一点无法通过有限的传统钻探方法确定，这一失误导致超孔压的消散速度被高估。因此，在大面积场地工程地质勘察中，应将传统钻探方法与工程物探方法结合，采用包括电法勘探，探地雷达，地震勘探等方法辅助探测，对地层产状分布及突变进行合理评价。

② 澳门国际机场。澳门国际机场为离岸型，跑道设在凼仔与路环两岛之间海域填筑的人工岛上，该岛长 3600m，宽约 400m，全岛划分为跑道区、滑行道区以及东、西安全区。四周由护岸围护起来，在其西侧有南、北联络桥将其与航站区相连接。其地质条件较复杂，地质构成主要分为上层 18m 淤泥和淤泥质黏性土，中层为 40m 厚的灰色黏土、亚黏土和砂土，下层为花岗岩风化残积层。

该场地海底淤泥及下卧黏土层深厚，淤泥呈流塑状态，含水量大，压缩性高，强度很低。地基处理采用堆载排水固结法与换填法相结合的方案。即对于护岸工程采用基槽挖除淤泥再回填砂、石的换填地基法处理；跑道与滑行道除采用换填法外还需结合塑料排水板联合堆载预压加固方案；安全区则不挖除淤泥直接打设塑料排水板在自重作用下进行压密处理。

经采用该方法进行处理后，护岸工程在施工与使用过程中均保持稳定。跑道区超载预压 4 个月后残余沉降在 3cm 以内，个别断面达到 19cm，滑行道区残余沉降在 4cm 以内，个别达到 25cm；安全区各段最终沉降量在 220～340cm 之间，竣工时已消除 95% 的沉降量，平均沉降量达 14cm，截止目前，残余沉降量很小。

③ 深圳宝安国际机场。深圳宝安国际机场于 1989 年开始修建，二期属于半岛式填海机场。跑道区下地质条件复杂，表层为 5～10m 的淤泥，其下有杂色黏土，淤泥质亚黏土等。从地表到软弱土层底部总厚度为 18～27m，一般为 20m。跑道地基的处理方法是拦淤堤围封淤泥，然后将淤泥全部清除，回填石渣。淤泥下方的亚黏土为持力层。持力层以下的土体压缩性较小，通过道面层与回填石渣的自重作用进行固结沉降，沉降量小于 10cm。竣工后的沉降控制在 10cm 以内，目前运营情况良好。

④ 日本东京羽田机场。羽田机场位于用疏浚土吹填的软弱地基上，原海底面高程约为 -12m，填筑层厚度约 17m。地基土从上到下由以下四层组成：杂填土；东京湾疏浚土；欠固结黏土；超固结洪积土。基础主要沉降来源于疏浚土，该层土的差异沉降量随着时间逐渐增加，最大差异沉降为 20cm，不均匀沉降发生的区间长度大概为 200～400m。

（2）津港东突堤辅建区

位于四港池集装码头后方堆场东北侧的天津港东突堤后方辅建区，超软基处理工程为典型的大面积吹填土地基处理，地基处理区域总面积为 206000m²。辅建区地质情况为表层含有 2～3m 的新吹填土，吹填土下为第四世纪全新世海相沉积层，地面以下淤泥以及淤泥质黏土厚度为 20m 左右。而表层的新吹填土因吹填后不久进行施工，土质极软，土体承载能力极低。针对该工程淤泥及淤泥质黏土的情况，采用塑料排水板-真空预压法加固。

经真空预压加固后，东突堤后方辅建区超软地基加固效果明显。从变形结果看，排水固结处理后，地基沉降量 85.5～109.3cm，超过了设计要求（85cm）；从强度与承载能力的角度，按照十字板强度算出相应允许承载力同样符合设计要求。与传统堆载预压方法相比，真空预压方法相对高效，其加固时间短，且在真空作用下土体向预压区内发生土体收缩变形，不易引发土体侧向挤出，因此不发生无效的沉降。

（3）港珠澳大桥珠澳口岸人工岛

港珠澳大桥工程是连接粤、港、澳三地的大型跨海交通运输通道，也是举世瞩目的大型基建工程。三地口岸中，珠澳口岸的人工岛采用吹填砂填海造陆，该工程包括岛壁区和岛内填海区两部分。

岛壁区直接填砂形成，地基处理方法采用真空联合堆载预压的方法。首先，填砂相比于吹填土方法能够最大可能的减少围堤地基处理的排水时间，使围堤结构的施工具有充足的工期。其次，真空联合堆载预压方法具有施工高效、对临时围堰边坡稳定影响小的优点。针对岛壁区，进行护岸工程施工前的地基处理，即土体达到一定强度后再开展开挖工程和相应的基床及护岸结构施工，这种方式能有效地减小岸基槽的开挖量和砂的回填量，达到降低工程造价的目的。

岛内区填海区采用海砂回填方案。砂类土传统的加固为振密法或挤密法，而吹填砂土工程中应用最为广泛的是振冲密实法。珠澳口岸人工岛的回填海砂层下是深厚的淤泥层，但振冲密实法对淤泥地基加固效果较差。因此人工岛岛内地基处理方案选取了井点降水联合堆载预压方案。井点降水能最大限度的缩短工期，其施工方便，经济性高，加固效果良好。故采用人工岛岛内区回填砂方案，地基处理运用降水联合堆载预压方案。

（4）延安新区高填方工程

我国黄土丘陵沟壑区地形起伏、沟壑纵横、可直接利用的平整土地资源较少。近年来，为了解决城镇建设用地不足的问题，一些城镇利用周边的低丘缓坡，采取"削峁填沟"方式造地，形成了一些厚度达几十米甚至上百米的黄土高填方工程。延安市处于黄王山川沟谷之间，地质灾害较为严重，因此新城区建设工程势在必行。然而，延安新区高填方工程量较大，场区地形地貌复杂，不良土体成分复杂，分布广泛，性质多变，具有很强的湿陷性，因此必须采用地基处理进行改良。

某大规模填土工程位于延安新城，该项目湿陷性黄土分布面积广，湿陷层厚度大，且荷载情况复杂，对地基要求很高，采用换填法、垫层法进行地基处理不能满足项目要求，应选择其他可靠又经济的方案，强夯法、复合地基及桩基础为可行方案，经对比分析强夯法节约大量建筑材料，做到了以土治土，在三种处理方法中经济效果最优，并且施工设备和工艺较简单。相比较而言，其具有效率高、省工期、省材料、施工快速简单等优点，因此选用强夯法进行处理。

在施工过程中，依据不同位置土体特性的不同，选用了不同的强夯能级，对于滑坡区湿陷性黄土采用12000kN·m高能级强夯进行处理，其余填方区采用8000kN·m能级处理，挖填方交接区采用6000kN·m能级处理，进而保证了各区域填土的经济与安全，经加固后地基承载力及稳定性满足要求。

（5）贵州某高填方机场

该机场位于西南山区丘陵地带，其地势起伏较大，工作区南西侧标高约为1132.2m，工作区北东侧标高1054.9m，跑道北东侧标高1050m，南段东面山体高程约为1240m，南部高程1080m。本场区内填方最大填方高度为北延段，填方高度约为56m，依照《民航岩土工程设计规范》MH/T 5027—2013超过20m填方高度即为高填方，该机场为典型的高填方工程。场区内红黏土深度分布深度不均匀，依照本场区红黏土承载力进载荷试验，原状土地基其承载力介于156～295kPa之间。部分区域红黏土地基不能满足280kPa的承载力设计要求，按照《民航岩土工程设计规范》MH/T 5027—2013，应对原状土体进行处理。

针对上述工程，对强夯法、强夯置换法以及CFG桩复合地基法进行了现场试验分析，结果表明经强夯法、强夯置换法、多桩复合法对地基进行加固后，承载力要求均能超过设计值。但三种方法的加固深度有所差异。强夯法的有效加固深度为4.5m左右，强夯置换法的有效加固深度最大能达到5.6m左右，而多桩复合法因成桩深度可人为控制，其加固深度能至基岩顶面。在工程中，应根据软土埋深等情况，合理选择加固方式。

（6）昆明新机场

昆明新机场位于昆明市东北方向，是我国西南地区的大型枢纽机场和辐射东南亚、南亚地区的门户枢纽机场。昆明新机场场地的工程地质条件和水文地质条件复杂，大部分区域为岩溶区，基岩之上广泛分布有红黏土及次生红黏土等松软土，其强度及模量较低，不满足工程需求；同时，场地地面起伏大，最大高差超过200m，最大填方高度超过50m，挖填工程量巨大；因此，必须合理选择红黏土地基处理方式，在保证填土强度、稳定性的同时，控制成本。

文松霖等针对昆明新机场场地的特点，选取具有代表性的试验小区进行红黏土地基处理方法及处理效果验证试验研究（3种处理方式：碎石桩、强夯、不处理），以确定合理的红黏土地基处理方法。试验结果表明：对于昆明新机场的红黏土地基，采用碎石桩工法进行处理的效果最为显著；由于碎石桩的置换作用和排水作用，该方法处理后复合地基承载力特征值提升最为显著，增幅达114%，同时该方法具有最快的固结速度，经处理后的地基满足承载力、工后沉降及稳定性的要求。

5.2 道路工程地基处理

（1）京津城际铁路武清段

京津城际铁路是我国《中长期铁路网规划》中的一条连接北京、天津两大直辖市的快速铁路客运通道，设计时速350公里。京津城际铁路全线共有6段路基，武清段路基是其中一个试验段，全长210.22m。京津城际铁路沿线广泛分布新生界深厚的第四系松散堆积层，厚度不等的人工堆积层。武清段位于天津市西北部的海河中下游附近，属近渤海地区冲积层。

京津城际铁路武清段采用桩板结构（桩为PHC桩和CFG桩，板为50cm钢筋混凝土板）复合加固技术。对PHC预应力管桩及CFG桩的两种加固方案进行了对比分析，包括单桩竖向承载力和群桩情况下路基的压力分担比和沉降特征等内容，结果表明，复合加固技术具有良好的沉降控制效果。

（2）福建省平潭县万北路

该工程地处福建省平潭综合试验区，位于福建省福州市东南部，项目路线全长为6.92km。工程场地地势较为平缓，地貌为残坡积台地及海积平原，具有大量海相软土分布。海相软土具有高含水率、高孔隙比、低渗透性、低抗剪强度等特性，不利于地基稳定，须进行地基处理。施工场地地层结构大致分布为：上部是深厚的淤泥层；中部为细砂层，含有不均匀泥质；下部主要为粉质黏土层。

针对地质土层特征和工程技术条件，提出采用水泥搅拌桩-CFG桩组合处理技术，设计比较了三种不同的桩型布置方案。经过方案比选后，最终选用的方案比最初设计的只采用CFG桩的方案，节省了9%的造价。本项目中水泥搅拌桩-CFG桩多元复合地基的应用发挥出了显著的优势，提高了承载力的同时减少了沉降，具有明显的技术效应和经济效益。

（3）京沪高速铁路济南西站

京沪高速铁路济南西站是5个始发站终到站之一，位于济南市西郊。济南西站地处黄河以南冲积平原，位于深厚软土地基上，地质条件复杂。为满足高速铁路的工后沉降标准（小于等于15mm），场地采用CFG桩和管桩复合地基方案进行加固处理。

现场沉降实测结果呈现出一种实体基础的沉降模式，即桩间土未有效分担荷载，未充分发挥桩间土的承载特性，造成一定程度上的浪费。对于大面积场地的地基处理，该种类似实体基础的工作模式使得加固区的外侧周长与加固区面积相比较小，导致加固区向周围土体的应力扩散作用对加固区底部的附加应力减小作用不明显，下卧层沉降远大于加固区沉降。该工程复合地基加固结果所呈现的沉降模式不利于控制工后沉降。因此，有必要针对土体强度和刚度对压缩层深度进行重新估算，提出合理的复合地基沉降计算方法。在此基础上，根据桩土相对刚度（桩土应力比）、桩体长度、和置换率对复合地基进行相关的设计优化，确定最优的加固深度，从而充分发挥复合地基在控制沉降方面的特性。

6 趋势与展望

总结了大面积场地处理工程中的重点问题，通过针对近年来大面积场地地基处理技术的回顾，着力于介绍大面积堆场及道路工程地基处理的特点及相应的地基处理技术，提出了如下回顾总结和展望：

（1）提出了场地处理与地基处理的概念。基于大面积场地形成类型的区别和功能需要的差异，将地基处理划分为大面积人工场地荷载作用下天然场地的场地处理、大面积填土形成的人工场地的场地处理和大面积场地上的不同类型单体工程下的地基处理三个层次。

（2）单一加固技术的进展。在原有传统技术的基础上，对单一加固技术进行了研发和创新，以有利于施工组织、集约化管理及提高处理效果和处理效率为原则，针对场地的不利条件，改良了传统方法的效率和性能，比如复合地基中开发出的新桩型、高能强夯法和低位真空预压技术等。这些改良后的单一加固技术往往能够在保持传统技术优势的同时增强地基加固的性能。

（3）混合处理技术发展。在单一加固技术的基础上进行优势结合，发展出更加多样的混合处理技术。混合处理技术相比于单一加固技术更灵活，解决单一加固方式对于场地及土质条件的局限性，更容易取得经济与效益的平衡。应依据场地工程地质条件，合理划分处理区块和选择处理方法，比如堆载预压、真空预压、真空联合堆载预压、强夯、降水联合强夯、降水联合冲击碾压、组合锤强夯、组合型复合地基、长短桩复合地基、透水桩与不透水桩复合地基、多方法复合加固中的长板短桩工法、2D 工法等。

（4）由传统加固手段向智能、多学科加固方式转变。机械自动化及人工智能技术的不断发展，为大面积场地的智能化处理提供了有利条件，智能压实、电化学加固、生物加固等高新技术不断涌现，传统大面积地基处理手段由单纯的物理方法向化学物理和生物方向发展，大大提高了地基处理的效率。

（5）向性能化设计发展。需要在选择地基处理工法时必须因地制宜，从处理效果、工期和造价、环境保护等方面综合进行考虑，以寻求一种适用于大面积场地工程的最佳处理方法。由于大面积场地的多样性与变异性，不同位置的加固条件存在较大差异，"三面一体控制"理论、分级强夯、复合地基分区不等强设计等设计方法考虑了不同位置工程条件及性能需求的差异，通过基于性能的差异化设计可以有针对性地提高处理后地基的变形能力及稳定性，提高地基性能的同时有效节约了成本。

（6）对于大面积堆场及道路工程等产生的大面积荷载作用下，土体的压缩特性、计算深度和排水条件的确定是地基处理的关键。应根据场地特性和功能需求采取合理的地基处理方案，实现大面积场地的优化设计。

参考文献

[1] 郑刚，龚晓南，谢永利，等. 地基处理技术发展综 [J]. 土木工程学报，2012，45（2）：127-146

[2] Zheng G，Liu J，Lei H，et al. Improvement ofVery Soft Ground by a High-efficiency Vacuum Preloading method：A Case Study [J]. Marine Georesources and Geotecnology，2016，35（5）：631-642.

[3] 龚晓南. 广义复合地基理论及工程应用 [J]. 岩土工程学报，2007，29（1）：1-13.

[4] Zheng Gang，Liu Songyu，Chen Renpeng. State of advancement of column-type reinforcement element and its application in China [C] // Proceedings of the US-China Workshop on Ground Improvement Technologies. US：ASCE，2009：12-25.

[5] 郑俊杰. 地基处理技术 [M]. 武汉：华中科技大学出版社，2004.

[6] 郑刚，周海祚，刁钰，刘景锦. 饱和黏性土中散体桩复合地基极限承载力系数研究. 岩土工程学报，2015，37（3）：385-399.

[7] Zhou，H.，Diao，Y.，Zheng，G.，Han，J.，Jia R. Failure modes and bearing capacity of rigid footings on soft ground reinforced by floating stone columns. Acta Geotecnica，2017. 12（5）：1089-1103.

[8] 郑刚，刘力，韩杰. 刚性桩加固软弱地基上路堤的稳定性问题（Ⅱ）—群桩条件下的分析 [J]. 岩土工程学报，2010，32（12）：1811-1820.

[9] 郑刚，颜志雄，雷华阳，王晟堂. 天津市区第一海相层粉质黏土卸荷路径下强度特性的试验研究 [J]. 岩土力学，2009，30（05）：1201-1208.

[10] 叶观宝，许言，张振. 大面积场地形成与地基处理 [C] //全国岩土工程师论坛文集（2018）.

[11] 李强，韩文喜. 山区高填方机场场地与地基 [C] //全国岩土工程师论坛文集（2018）.

[12] 姚仰平，阮杨志，张星，陈军，耿铁，刘冰阳，余贵珍. 机场高填方的压实质量时监控系统研究［C］// 全国岩土工程师论坛文集（2018）.

[13] 水伟厚，王铁宏，王亚凌. 高能级强夯地基土载荷试验研究［J］. 岩土工程学报，2007，29（07）：1090-1093.

[14] 郑颖人，陆新，李学志，冯遗兴. 强夯加固软粘土地基的理论与工艺研究［J］. 岩土工程学报，2000，22（01）：21-25.

[15] 刘松玉，席培胜，储海岩，宫能和. 双向水泥土搅拌桩加固软土地基试验研究［J］. 岩土力学，2007，28（03）：560-564.

[16] 胡海英，杨光华，张玉成，陈伟超，姜燕，钟志辉，姚丽娜. 基于沉降控制的刚性桩复合地基设计方法及应用［J］. 岩石力学与工程学报，2013，32（10）：2135-2146.

[17] 刘汉龙，任连伟等，高喷插芯组合桩荷载传递机制足尺模型试验研究［J］. 岩土力学，2010，31（5）：1395～1401.

[18] 刘松玉，杜广印，洪振舜，吴燕开. 排水粉喷桩加固软土地基（2D工法）的试验研究［J］. 岩土工程学报，2005（08）：869-875.

[19] 郑刚，杨新煜，周海祚等. 基于渐进破坏的路堤下刚性桩复合地基的稳定性分析及控制［J］. 岩土工程学报，2017，39，27（4）：581-591.

[20] Funk, J. Settlement of the Kansai International Airport Islands［J］. Journal of Geotechnical & Geoenvironmental Engineering，2013，141（2）：04014102.

作者简介

郑刚，男，1967 年生，教授，博士生导师，天津大学研究生院常务副院长，教育部长江学者特聘教授。主要从事岩土工程等方面的教学和科研工作。办公室电话：022-27402341，E-mail：zhenggang1967@163.com。地址：天津市津南区海河教育园区天津大学（北洋园）建筑工程学院土木工程系 43 教 C201。

GROUND TREATMENT TECHNOLOGY FOR LARGE-AREA SITE

ZHENG Gang[1,2,3]，ZHOU Hai-zuo[1,2,3]

（1. Key Laboratory of Coast Civil Structure Safety（Tianjin University），Ministry of Education，Tianjin 300072，China；2. School of Civil Engineering，Tianjin University，Tianjin 300072，China；3. State Key Laboratory of Hydraulic Engineering Simulation and Safety，Tianjin University，Tianjin 300072，China）

Abstract：This investigation proposes a concept of site treatment and ground improvement based on the different formation of the large-area site and the various requirement. The ground improvement techniques can be divided into three levels，that is，the ground improvement for native soils under large-area site，the ground improvement for the site of large-area filling，and the ground improvement for the different elements above a large-area site. The ground improvement methods and recent development are presented with a special attention on the large-area site and the road engineering. Representative engineering applications are investigated to provide guidance in engineering design.

Key words：large-area site，ground improvement method，filling；road

我国岩土工程技术若干进步与思考

杨光华[1,2]

(1. 广东省水利水电科学研究院，广东 广州　510630，

2. 广东省岩土工程技术研究中心，广东 广州　510630)

摘　要： 本文主要总结比较熟悉的岩土本构模型、地基基础和深基坑工程方面我国所取得并且为行业应用的主要成就和存在问题。认为我国在岩土本构模型的研究方面已达到国际先进水平，但还是缺乏能为工程应用的模型，缺乏中国的数值计算软件，应该发展方便实用的本构模型；在地基、桩基和刚性桩复合地基方面，我国形成了具有中国特色的半理论半经验方法，为我国工程建设发挥了重大作用，要使地基设计取得新的进步，今后应该发展变形控制的设计方法；深基坑工程是一个新的学科方向，中国深基坑工程的发展结合现代计算技术，发展了可以考虑施工全过程的内力和变形计算的增量法和全量法的实用计算方法，形成了中国的工程设计方法，是对深基坑工程的重要贡献，目前软土深基坑的设计理论还有待进一步的发展完善。

关键词： 本构模型，基础工程，深基坑工程

1　引言

新中国成立后，尤其是改革开放后，我国的工程建设取得了令人触目的成就，建筑、水利和交通等建设了宏伟的工程，高坝、高层建筑、高速公路、跨海大桥等的建设规模世界领先，而这些重大工程中都涉及岩土工程问题。我国早期主要参考苏联的技术，改革开放后学习西方技术为主。在研究和工程实践中，结合我国的工程建设实践，发展了我国的岩土工程技术，取得了很好的成就，形成了中国特色的技术体系和工程规范，如深基坑工程规范，是改革开放后总结我国自己的研究成果和工程实践而形成的，已更新了西方传统的工程设计方法，处于领先位置。地基基础规范也主要是我国实践经验的总结。在现代土力学的前沿方向土的本构模型和理论的研究方面，也取得了特色的成就，进入国际先进行列。这些成就值得回顾总结，发现不足，明确进一步努力的方向。为此，对于比较熟悉的岩土本构模型、地基基础和深基坑工程方面，试图总结目前的应用情况，探讨存在的问题，提出发展方向的建议，以供同行参考和批评指正。

2　土的本构模型

国际上土的本构模型的研究应该是源于 1963 年 Roscoe 教授等人提出的剑桥弹塑性模型。而我国土的本构模型的研究则开始于黄文熙先生 1979 年发表于《岩土力学》创刊号上（土的弹塑性应力-应变模型理论）的论文，之后吸引了我国大量的学者的研究，形成了一个研究热潮。在 1980～2000 年代的博士硕士研究生论文中，很大部分是关于岩土本构模型研究的。但在高潮之后，随着以经济发展为中心，以工程建设为主体的到来，以及由于依据传统理论的研究思路很难有新的突破，缺乏新的研究热点，属于基础研究的岩土本构模型的研究进入了低潮。其后，随着中国经济实力的增强，科研投入的增加，以 SCI 论文为主要科研考核指标的开始，属于基础理论的本构模型的研究又开始进入一个被重视的新阶段。以中国土木工程学会土力学与岩土分会土的强度与本构理论专委会的成立可以作为一个标志。该委员会 2008 年组织了第一届本构会议，参会人员约 100 多人，到 2014 年在上海组织了第二次会议，超

200 人，历经了 6 年，说明还在复苏阶段，到 2017 年在北京工业大学的第三届会议达到 400 多人，可见又开始受到学界的重视。

在我国的本构理论与模型历经 40 年的发展，我国岩土本构的研究很快赶上国际先进水平，也取得了很有特色的成果，如黄文熙等人的清华模型，沈珠江的南水模型，殷宗泽的椭圆双屈服面模型，屈智炯的 K-G 模型，高莲士的 K-G 解耦模型，杨光华的广义位势理论及模型，郑颖人的广义塑性力学及模型，以及近期姚仰平对剑桥模型的改进和长江科学院程展林等对筑坝粗粒料特性的研究等。这些研究应该都达到了国际先进行列。此外，还加深了对土的力学特性的认识，如对粗粒料破碎、湿化对变形的影响，土的卸载体缩的认识[1]，对塑性应变方向和非关联流动理论的探索等都取得了较好的成果，也跟踪国际潮流开展了应力主轴旋转对变形影响的研究和小应变问题的研究等。

虽然我国学者也提出了很多的模型，但真正能被工程或行业广为应用的模型则几乎没有，部分是模型的提出者在应用或同行少量的应用。目前工程上用于分析计算的主要是理想弹塑性的 M-C 模型、Duncan-Chang 模型或剑桥模型，新近被工程应用较多的是硬化土（Hardning Soil）模型，也只是用于分析和辅助计算。可见，岩土本构模型研究的很多，发表的论文更是很多，但能用于工程设计的则很少，用于工程设计还远没有达到人们期望的状态。通常只是在一般常规的工程计算方法无法计算的问题中应用一下或做些分析来辅助设计，如水利工程的土石坝工程、地下洞室的围岩稳定等。我国最为成功的应用应该是三峡工程二期深水围堰的计算。当时由长江科学院包承纲院长牵头组织了国内一些从事土的本构模型研究和计算的单位武汉水电力学院、南京水科院、河海大学、中科院武汉岩土所、广东省水科院等，采用统一网格、统一的 Duncan-Chang 模型和参数、各单位自己研究的模型对围堰的应力和变形、防渗墙的应力和位移进行计算，各家得到较接近的结果，为工程设计提供重要参考，围堰成功抵御98 年长江大洪水的考验，应该是现代土力学理论在重大工程中成功应用的典范[2]。

总体上，土的本构模型研究的多，真正被行业或工程普遍应用的模型还很少。主要原因可能是：研究的模型复杂，参数多、确定不方便、可靠性不高，计算结果与工程实测结果有时甚至与工程判断都差异较大，一些认为计算与实测符合较好的案例多是在已知结果后，通过调整参数等计算所得，或偶然一个与实测接近的结果。计算结果受模型参数的影响极大，而模型的参数多是从室内土样试验获得，土样取土时不免会存在对土样的扰动，而土石坝工程的室内试验更是难以反映现场大尺寸石料碾压的结果，这样室内土样的结果与现场原位土会存在差异，用这样的参数计算的结果很难保证其可靠性。而目前在工程中得到较多应用的模型多是参数具有明确的物理意义，对参数取值的合理性可以经验判断的，如用常用的黏聚力、内摩擦角等土的强度指标，土的弹性模量等一些简单的指标。因此，要使模型得到广泛应用，应该是模型建立的理论要可靠，建立的模型要简单，参数易于确定，能反映土的主要变形特性。

土的本构模型是现代土力学理论的关键和核心，虽然现代计算手段发达，但没有合理可靠的本构模型，也难以取得好的计算结果，因此，岩土本构模型还是很值得进一步研究与发展的。土的本构模型研究从剑桥模型开始，历经 50 多年，在我国如果从 1979 年开始，也已历经了 40 年的发展，虽然离工程应用的要求还有一定的距离，但对我们加深对土的力学特性的认识还是大有帮助的，其实我们深刻地认识了土的非线性、弹塑性、压硬性和剪胀性等，对提高工程处理的水平提供了帮助。

回顾我国土的本构模型的研究，主要是由水利工程需求推动和理论探索的研究。水利工程需求的推动主要是在土石坝粗粒料的变形计算所需，取得了较好的成果。理论探索在广义位势理论[3]以及广义塑性力学[4]的发展上有新的进步。要使岩土本构理论及模型能推动岩土工程设计的进步，后期应该加强实用模型的研究。同时岩土计算软件的开发也是我国的短板，目前工程应用上都是国外商业软件的天下，早期还有不少自己编制的数值计算软件，随着国际商业软件的进入，目前已少有自己编制数值计算软件的了。没有自己开发的软件，再好的本构模型也难以推广应用。

3　地基、桩基与复合地基

地基设计是日常工程应用最多也是最基本的问题。我们国家的规范以中国的经验建立了中国特色的地基承载力与地基沉降的半理论半经验的计算方法，应用最广泛，对工程设计发挥了重大的作用。其中还建立了地基承载力与土体室内物理参数的经验关系，也建立有与现场标准贯入试验关系的承载力经验关系，方便应用，应该是世界上最具体可用的方法了。但这些关系有时较易误用。地基承载力的研究还有改进的空间，只是要取得新的突破困难很大，故而进一步研究的人越来越少，偏冷淡，很难有新的进展，多年来进步不大。如目前地基承载力的确定，还是以承载力控制为主，变形控制为辅。地基承载力特征值的确定尚不够严密，如认为比较可靠的方法是用现场压板载荷试验来确定，用现场压板试验时通常采用沉降与压板宽度之比即沉降比确定，国家建筑地基规范的沉降比为 0.01～0.015，广东建筑地基规范为 0.015～0.02，这样有可能同一个试验结果，不同的人取不同的沉降比就有不同的地基承载力特征值，这样因人而异所定出的承载力值有时差异还比较大，缺乏统一取值标准。这种方法优点是使用比较简单，地基强度是安全的，但不够合理。即使这样取值，其对应实际基础的沉降也是不能保证满足的，应该还要复核对应承载力时基础的沉降，但有时一些设计人员还是会误用，以为这样取定的承载力是保证了基础沉降也可以满足要求的。最近杨光华建议了一种用压板载荷试验确定地基承载力的新方法[5]，压板试验不是直接用于确定地基承载力，因为压板尺寸与实际基础尺寸不同，存在尺寸效应，沉降比的方法还是不够严谨，建议用压板试验确定原位地基土层的力学参数，由土层力学参数和具体的基础尺寸计算基础的荷载沉降曲线，地基承载力则依据荷载沉降曲线由地基的强度安全和基础的沉降双控确定，这样既保证了地基的安全又控制到了沉降，可能是更合理的方法。对于地基的沉降计算，目前工程中主要还是采用规范的压缩模量的分层总和法计算，计算值用一个变化范围为 1.4～0.2 的经验系数进行修正，说明理论计算与实际的差异很大，这也是我国的一项重要成果，是根据很多实际观测与计算的比较而总结得到的。但对于结构性强的硬土或砂土地基，用压缩模量计算的沉降还是偏大较多，仍有较大的误差，这种地基应该采用变形模量代替压缩模量来计算会比较合理。如广东和深圳的地基规范对残积土地基二十多年前就建议采用变形模量法了，变形模量可以取为 2.2N（MPa），N 为标准贯入的击数。Polous 在 Terzaghi 讲座介绍的用各种方法计算了美国 Briaud 所做的压板对比试验，认为用弹性模量取为 2N（MPa），按弹性理论计算设计荷载下的沉降比其他规范方法或有限元方法都接近试验结果，这个弹性模量取值结果与广东的规范方法较接近。因此，对于结构性强的硬土和砂土地基，用压缩模量计算误差仍较大。杨光华提出的依据原位压板载荷试验的切线模量法可能是一个好的发展方向[6]。另外一个困扰地基的问题则是软土地基的沉降计算，我国建筑、水利、交通等行业的规范也是主要采用分层压缩总和法，但采用的修正经验系数则差异较大，建筑为 1.0～1.4，水利为 1.1～1.6，交通是 1.1～1.8，可能水利的海堤河堤和交通的高速路堤的地基更软，软土的侧向变形引起的地基沉降更大，故而采用了更大的修正系数。由于经验系数范围值较大，实际工程中如何取定合适值也是一个问题。软土的沉降计算与实测差异更大。杨光华等[6]提出的非线性实用计算方法也许是一个可行的发展方向。地基承载力与沉降看似是一个古典而简单的问题，但涉及的工程量大面广，影响大，目前还是缺乏有效实用而准确性高的方法。在现代科技已高度发达的时代也应与时俱进，改进发展。

桩基工程也是工程中应用广泛的一种地基处理形式。对于高层建筑，一般天然地基承载力难以满足要求，因而多采用桩基形式。但桩基的承载力和沉降计算也是一种半理论半经验的方法。对于桩端持力层是土层的桩，桩的承载力应该主要是桩周土摩擦力为主，而摩擦力发挥的变形量小，所以一般桩的静载荷试验的极限承载力的沉降按 40～60mm 控制，长桩可以大一些。对于桩端持力层为中风化或微风化岩层，则沉降更小。桩的承载力计算通常由桩侧摩阻力和端承载力之和组成。侧阻力和端承载力也多是经验值，当地的经验值最重要。静压预制桩等挤土桩的承载力计算方法各地多是经试验总结的经验值较可靠，灌注桩的承载力则与施工质量关系密切，与桩侧泥皮状态密切相关。岩石端承桩桩端承载力占主要部分，岩石桩端承载力通常是按照岩石单轴抗压强度值乘以 0.2～0.5 作为设计值。对于桩的承载力，最主要的还是通过静载试验确定或验证，经验计算值只是参考。对于长大桩，一般是验证性试验，即试验荷载至设计值的 2 倍，做到破坏的很少。对岩石上的桩，静载荷试验做到破坏的更少，不少工程在桩底岩石抽芯试验时，岩石的单轴抗压强度都达不到原设计按规范要求的强度值，但单桩静载荷试验可能是合格的，所以岩石上桩的承载力可能比目前经验计算值更大。桩的承载力有价值的研究似乎更困难，可用的也很少，因此，桩的承载力要计算准确还是比较困难，多数是通过较大的安全系数来保证安全，合理的确定桩的承载力还是一个困难的问题。单桩的沉降计算工程上比较简便的是按弹性法计算桩身压缩和桩底沉降两部分之和。桩身压缩按材料力学的压杆压缩计算即可，桩底沉降可以按 Boussinesq 解，土的参数可用变形模量，也有用 Mindlin 解的，视各地的经验。单桩在满足承载力要求的条件下沉降不大，计算结果差异不大。群桩基础的沉降工程应用是采用等代深基础法，即把群桩作为一个刚性基础，刚性基础的底部在桩底位置，其沉降对等代基础底以下土层按分层总和法计算，分层总和法的变形参数还是压缩模量，然后采用经验系数进行修正，分层总和法进行应力计算时有两种方法，即 Boussinesq 解法或 Mindlin 解法，相应的经验修正系数也不同[7]。群桩沉降计算的准确性取决于压缩模量的准确性，对于结构性强的硬土和砂土，用压缩模量计算沉降与天然地基一样，可能计算值会偏大。

单桩桩基工程的设计方法一般是偏安全的，理论研究成果能用于工程还不容易，目前还是以经验为主。群桩的沉降计算还有待于深入的研究。但总体上，我国还是建立了中国特色的半理论半经验方法，解决了工程应用的主要问题。

复合地基是国内近年的热门问题。对于碎石桩和搅拌桩复合地基已基本成熟，研究已不太多，由于质量控制的困难，在房屋建筑工程或用于基础处理的应用已越来越少，多数是用于对地基承载力和沉降要求不高的场地地基处理。目前主要研究和应用的是刚性桩复合地基，刚性桩桩身质量相对较可靠。早期是阎明礼[8]的 CFG 桩复合地基得到了广泛的应用，现在更多的是推广到素混凝土桩、预制桩或预应力管桩、灌注桩复合地基等刚性桩复合地基。由于刚性桩复合地基承载力高，桩身质量可靠性高，因而得到了广泛的应用，包括广东地区用于岩溶地基的高层建筑地基处理。刚性桩复合地基承载力和沉降目前主要应用的是建筑地基处理规范中阎明礼的方法，这也是我国很有特色并得到广泛应用的方法。这个方法对于非软土均质地基摩擦桩应该是可以的，但对于桩端承担较大荷载的端承明显甚或致是端承桩时则还是需要改进的。例如用于存在软弱土层地基时，一般刚性桩会穿过软弱土层到达较好持力层，这时桩的沉降较少，但如果还按压缩模量乘以复合地基承载力与天然地基承载力的比值作为复合地基的复合模量来计算加固区的沉降时，计算的沉降会明显偏大，对此杨光华提出了改进的方法[9]，对加固区用桩的压缩沉降、褥垫层的压缩沉降和桩底的沉降三部分相加代替，下卧层的沉降按分层总和法，但变形参数用变形模量，不用经验系数。传统的分层总和法计算沉降时采用的变形参数是压缩模量，然后用经验系数修正。对于非饱和的硬土，目前的一种观点是用变形模量取代压缩模量计算沉降效果可能会更好。

复合地基另一个较明显进步的是上海软土地区采用的减沉桩，即对于地基强度满足，但沉降量大的地基，增加部分控制沉降的桩，以减少沉降为目的的地基处理方法，应该也是一个很好的成果。宰金珉等在厦门花岗岩残积土地基采用的调节桩复合地基也是很有特色的成果，由于花岗岩残积土承载力比较高，一般可达 300kPa，但要满足高层建筑 400～600kPa 还不够，采用承载力大的大直径灌注桩补强地基，但大直径灌注桩的沉降较难计算准确，也不易控制，这样就会使桩土共同作用不易达到控制的目的，为此在桩顶设置可调节的承载构件，以调节桩分担的荷载，达到较好的共同作用的目的。

地基土都有一定的承载能力，通过复合地基可以充分利用天然地基的承载力，达到节省的目的，同时也可用于处理一些没有合适桩基持力层的特殊地基，应该是一项很有意义的地基处理技术。我国在这方面还是取得了相当好的成就，建立了中国经验的设计方法。

地基基础的设计主要是解决地基的承载力和变形控制，中国特色方法目前是承载力控制设计方法，变形计算主要是依据压缩模量的分层总和法结合经验系数修正，今后的方向应该发展变形控制设计方法，即以变形为控制变量确定地基的承载力，复核地基承载力的安全储备，要实现变形控制设计，则要提高地基沉降变形计算的准确性，影响变形计算的准确性主要是土的变形参数不准确，提高地基变形参数的准确性应发展原位试验土的变形参数的方法，杨光华[6]提出的依据压板试验计算基础的沉降过程，并依据计算的沉降过程可以实现变形控制设计，这可能是解决的途径。

4 深基坑工程

西方国家由于地铁等工程较早开始研究深基坑工程，早在 20 世纪 40 年代左右国外就从柏林地铁和芝加哥地铁开始研究了。Terzaghi 等 1967 年在其著作中就提出了著名的深基坑支护 Terzaghi-Peck 表观经验土压力了，早期常用的一些计算方法如二分之一分割法，山肩帮男法，弹塑性法等就是西方学者的成果。我国真正开始深基坑工程研究的应该主要是开始于改革开放以后。我国第一本建筑行业深基坑规范是黄强主编的 JGJ 120—99《建筑基坑支护技术规程》，在这之前或几乎同时颁布的基坑规范有：《深圳地区建筑深基坑支护技术规范》SJG 05—96，冶金部颁布的《建筑基坑工程技术规范》YB 9258—97，广州市标准《广州地区建筑基坑支护技术规定》GJB 02—98。我国基坑工程虽然起步晚，但已建立了自己的设计理论体系，并已领先于西方原有的一些理论，真正的取代了西方的方法，广泛用于工程设计。西方原有的支护设计工程方法主要是计算支护结构的内力，由于当时计算手段的限制，尚不能计算支护的变形和位移。而基坑开挖是否影响周边环境的安全，需要位移来进行判断，因此，支护结构的位移计算是很重要的。适逢改革开放我国大量的城市高层建筑需要建设地下室，以及我国城市地铁的快速发展，遇到了大量的深基坑工程，而西方的工程方法难以满足工程设计的要求，有限元等数值方法看似什么问题都可以计算，但要在大量的基层单位中应用难以实施，并且有限元计算与采用的本构模型及参数甚至网格划分方案都有关，作为主要的工程设计方法还是不现实的，但西方的工程方法也不能满足位移计算的要求，而现在的计算手段也远比 Terzaghi 时代强，因此，用弹性地基梁的方法是更有效实用的方法。在黄强主编的行业深基坑规范 JGJ 120—99《建筑基坑支护技术规程》采用的弹性支点法就较好地解决了支护结构内力和位移的计算，尤其规范中提出的 m 值计算经验公式，较好解决了以往经验取定 m 值的困难，其可以由土的强度指标来计算，给工程应用带来了很大的方便，这应该是我国深基坑支护计算的一个很有意义的成果。规范的弹性支点法每次计算施加全部的土压力，是一种全量法，其对支撑施工顺序的影响采用计入支撑施工前已发生位移的影响。与此同时，杨光华在 1989 年进行广州珠江过江隧道的深基坑地下连续墙设计计算时提出的增量计算法则可以更方便有效的模拟支护施工全过程的受力和变形计算[11]，增量法根据施工过程，每次计算时只施加增量荷载，每次计算的力学模型根据实际的情况建立，最后的内力和位移则由各次增量计算结果叠加而得到，而土的弹簧刚度则按陆培炎的方法用 Boussinesq 解通过土的变形模量来计算，由于土的变形模量是有明确物理意义的力学参数，因此，这个方法也是很好的，土的弹簧刚度也可以用"m 法"计算。增量法可以很方便地模拟支撑施加和拆除的计算，可以方便模拟支撑或锚索施加预加力的计算，可以方便计算被动区土体屈服的影响，计算简单，结果可靠，是我国深基坑技术取得的重要成果。目前弹性支点法（全量法）和增量法都已经是我国深基坑工程设计的主要方法，已取代了西方传统的方法。此外，对双排桩支护的计算，深基坑规范综合了何颐华、余志成、郑刚等人的成果形成了弹性地基梁门架的计算方法也具有中国特色。可见岩土工程的有效实用的方法更能在工程实际中推广应用。

在土钉支护方面，如何合理计算土钉力也发展了具有我国特色的方法。早期土钉力计算方法在陈肇元院士主编的《基坑土钉支护技术规程》CECS 96：97 中是采用 Terzaghi 的表观土压力计算的，行业深基坑规范 JGJ 120—99《建筑基坑支护技术规程》则采用朗肯土压力计算，两者差异大，按朗肯土压力计算不符合实测结果。其实作用于支护结构上的土压力应该是朗肯土压力模式，Terzaghi 的表观土压力其实是支撑力的分布形态，支撑力是与支撑的受力先后顺序有关的，支撑力更科学的方法是采用增量法进行计算，杨光华在 1998 年的岩土工程学报就用增量法科学解释了 Terzaghi 的表观土压力。同理，土钉力也是与施工过程有关的，杨光华 2004 年在《岩土力学》上采用增量法计算土钉力，获得较好的结果，但计算偏复杂，为此，杨光华等 2003 年在北京第九届全国土力学大会论文集提出了等效土压力的简化计算方法，即土钉总力与朗肯土压力相等，分布形式用 Terzaghi 表观土压力模式，这比较符合实际，概念明确，计算简单。已在广东省标准《土钉支护技术规程》DBJ/T 15—70—2009 采用，后来深圳基坑规范（2011）和广东基坑规范（2017）均采用这种方法，国家行业规范也进行了改进，这个应该也是中国的成果。

我国深基坑工程的发展适逢计算技术的进步，结合现代计算技术，我国建立了一套先进实用的设计理论体系，这应该是我国岩土工程领域中的一个亮点。目前存在的问题主要是软土深基坑的计算还不够完善，包括稳定计算、m 值取值等还需要完善。

5 总结

我国土的本构模型及理论的研究，历经 40 年的发展，已跟上并进入国际先进行列，有自己特色的成果，但还是缺乏能在工程中被广泛应用的模型，要更好地促进本构模型等现代土力学理论在工程的应用，提高工程设计水平，应该发展实用有效的本构模型，尤其应该发展我国自己的数值计算软件。地基基础工程方面，我国通过大量的工程实践，发展了中国特色的半理论半经验的地基设计方法，主要是承载力控制设计方法，沉降计算以压缩模量的分层总和法结合经验系数修正的方法，无论是天然地基、桩基及复合地基，都采用了这种体系，只是相应的经验修正系数不同，但广东在花岗岩残积土地基的实践则发现这个体系误差大，因而发展了采用变形模量计算沉降的方法。地基设计方法今后应该发展变形控制设计的方法，这就对沉降变形计算提出更高的要求，利用压板载荷试验计算基础的沉降过程并根据强度和变形双控的方法确定地基承载力可能是解决的途径。我国深基坑工程发展的以弹性地基梁法为基础的全量法和增量法是非常实用有效的设计计算方法，已形成了中国深基坑方法。总体而言，我国在以上几个方向的研究形成了中国的系统方法和成果，从工程的角度，今后的发展应该结合现代科技的进步，包括计算技术、测试技术的进步，推动岩土工程技术的进步，将是今后研究的努力方向。

以上是个人从工程应用的角度回顾了我国几个方向的现状和提出的一些思考，主要是依据个人的理解所做的思考，不一定合适和全面，仅供参考。

参考文献

[1] 李广信，郭瑞平. 土的卸载体缩与可恢复剪胀 [J]. 岩土工程学报，2000，22（2）：158-161.

[2] 哈秋舲，包承纲等. 长江三峡工程关键技术研究 [M]. 广州：广东科技出版社，2002.

[3] 杨光华，李广信. 岩土本构模型的数学基础与广义位势理论 [J]. 岩土力学，2002，23（5）：531-535.

[4] 郑颖人，沈珠江，龚晓南. 广义塑性力学——岩土塑性力学与原理 [M]. 北京：中国建筑工业出版社，2002.

[5] 杨光华等. 确定地基承载力的新方法 [J]. 岩土工程学报. 2014，36（4）：597-603.

[6] 杨光华. 地基非线性沉降计算的原状土切线模量法 [J]. 岩土工程学报，2006，28（11）：1927-1931.

[7] 杨光华，徐传堡，李志云，江燕，张玉成. 软土地基刚性桩复合地基沉降计算的简化方法 [J]. 岩土工程学报，2017，39（S2）：21-24.

[8] 张雁，刘金波. 桩基手册 [M]. 北京：中国建筑工业出版社，2009.

[9] 闫明礼，张东刚. CFG 桩复合地基技术及工程实践（第二版）[M]. 北京：中国建筑工业出版社，2006.

[10] 杨光华，姚丽娜. 基于 $e-p$ 曲线的软土地基非线性沉降的实用计算方法 [J]. 岩土工程学报，2015，（02）：242-249.

[11] 杨光华，陆培炎. 深基坑开挖中多撑或多锚式地下连续墙的增量计算法 [J]. 建筑结构，1994，（08）：28-31

作者简介

杨光华，男，1962 年生，广东罗定人，广东省水利水电研究院名誉院长，广东省岩土工程技术研究中心主任，博士、教授级高工，首届广东省工程勘察设计大师，中国力学学会岩土力学专委会副主任，中国建筑学会基坑工程专委会副主任，中国土木工程学会土力学与岩土工程分会常务理事，土的强度与本构专委会副主任，广东省土木建筑学会副理事长，广东省岩土力学与工程学会副理事长兼边坡与基坑专委会主任。从

事土的本构理论、地基基础和深基坑工程等方面的研究和工程设计咨询等工作。发表论文 200 多篇，出版专著 3 本：《深基坑支护结构的实用计算方法及其应用》（2004）、《土的本构模型的广义位势理论及其应用》（2007）和《地基沉降计算的新方法及其应用》（2013）。

SOME ADVANCES AND CONSIDERATIONS OF GEOTECHNICAL ENGINEERING IN CHINA

YANG Guang-hua[1,2]

（1. Guangdong Research Institute of Water Resources and Hydropower，Guangzhou 510610，China；

2. The Geotechnical Engineering Technology Center of Guangdong Province，Guangzhou 510640，China）

Abstract：This paper mainly summarizes the main achievements and existing problems of soil constitutive model，foundation engineering and deep excavation engineering in China. It is believed that China has reached the international advanced level in the study of constitutive model of soil，but there is still a lack of model that can be applied to practice engineering. In terms of foundation，pile foundation and rigid pile composite foundation，China has formed a semi-theoretical and semi-empirical method with Chinese characteristics，which has played an important role in China's engineering construction. In order to make new progress in foundation design，the design method of deformation control should be developed in the future. Deep excavation engineering is a new subject. The development of deep excavation engineering in China is combined with modern computing technology. The practical calculation methods of increment method and total quantity method considering the whole construction process of internal force and deformation calculation are founded and it is an important contribution of China to the deep excavation engineering. At present，the design theory of soft soil deep excavation needs further development and perfection.

Key words：constitutive model of soil，foundation engineering，deep excavation engineering